AF836472

Georg Christoph Lichtenberg
Vorlesungen zur Naturlehre

Georg Christoph Lichtenberg

Gesammelte Schriften
Historisch-kritische und kommentierte Ausgabe

Herausgegeben von der
Akademie der Wissenschaften zu Göttingen
und der
Technischen Universität Darmstadt

Vorlesungen zur Naturlehre
Band 7

Georg Christoph Lichtenberg

Vorlesungen zur Naturlehre

Register

Herausgegeben von der
Akademie der Wissenschaften
zu Göttingen

WALLSTEIN VERLAG

Bearbeiter dieses Bandes:
Albert Krayer

Die Lichtenberg-Edition wird als Vorhaben der Akademie der Wissenschaften zu Göttingen (Kommission für die Edition der naturwissenschaftlichen Schriften Lichtenbergs) im Rahmen des Akademienprogramms von der Bundesrepublik Deutschland und vom Land Niedersachsen gefördert.

Bibliografische Information der Deutschen Nationalbibliothek
Die Deutsche Nationalbibliothek verzeichnet diese Publikation in der Deutschen Nationalbibliografie; detaillierte bibliografische Daten sind im Internet über http://dnb.d-nb.de abrufbar.

© Wallstein Verlag, Göttingen 2017
www.wallstein-verlag.de
Druck: Hubert & Co, Göttingen

ISBN 978-3-8353-0847-3

Inhalt

Die Edition der Vorlesungen Lichtenbergs –
Rückblick und Ausblick VII
Einleitung XXI
Siglen und Abkürzungen XXVII

Sachregister 1
Personen- und Schriftenregister 191
Verweisregister 531
Register der edierten Handschriften 571

Die Edition der Vorlesungen Lichtenbergs – Rückblick und Ausblick

Nach insgesamt neunzehnjähriger Arbeit an der Edition der naturwissenschaftlichen Schriften Lichtenbergs wird hier deren letzter, der siebente Band vorgelegt. Die dafür eingesetzte Leitungskommission, die dieses Unternehmen in Gang setzte, begleitete und kontrollierte, konnte damit ihre Tätigkeit beenden; die Akademie der Wissenschaften zu Göttingen hat zu einem weiteren Teil erfüllt, was der Jenaer Germanist Albert Leitzmann 1899, nach seiner Wiederentdeckung von Lichtenbergs Nachlaß und Ankündigung einer ersten wissenschaftlichen Edition der *Briefe* und *Aphorismen* Lichtenbergs, zu ihrer „Ehrenpflicht" erklärte: eine Gesamtausgabe seiner *Werke* und darunter besonders der naturwissenschaftlichen zu veranstalten.[1] Der Weg dorthin führte über die neue Bearbeitung des kompletten *Briefwechsels*, die Albrecht Schöne und Ulrich Joost zwischen 1983 und 1992 herausgegeben haben (die beiden Registerbände folgten erst 2004). Die 1899 von Leitzmann gleichermaßen für notwendig erachtete Neuausgabe der zu *Lebzeiten Lichtenbergs gedruckten Werke*, die dann neben den zu Lichtenbergs Zeit so genannten ‚schönwissenschaftlichen' Schriften auch die streng naturwissenschaftlichen Werke enthalten wird, sowie sein *chef d'œuvre*, die *Sudelbücher*, ferner die Exzerptenhefte und weitere Postuma, sollen in gleicher Gestalt und demselben Verlag in den nächsten Jahren folgen – die Vorarbeiten sind sehr weit gediehen.

Beim Erreichen eines so wichtigen Zwischenziels ist wohl eine kurze Rückschau auf die Geschichte des Unternehmens erlaubt. Ulrich Joost hatte bald nach Einrichtung seiner Arbeitsstelle an der Technischen Universität Darmstadt zur Edition des Werks von Lichtenberg und zur Erforschung des Lebens und der Wirkung des großen Physikers und Schriftstellers, in Lichtenbergs Heimat also, einen dahingehenden Editionsplan im Jahrbuch *Editio* vorgelegt.[2] Anhand dieses Entwurfs überzeugte Albrecht

[1] Albert Leitzmann (Hrsg.): Aus Lichtenbergs Nachlaß. Weimar 1899, S. XXI f.

Schöne beide Klassen der Göttinger Akademie davon, einen die Vorlesungsmanuskripte betreffenden Förderantrag an die Union der Akademien zu richten. Es mußten freilich bis dahin mancherlei begründete Bedenken auch von Seiten der heutigen Physikerkollegen Lichtenbergs ausgeräumt werden. Der hatte zwar den physikalischen Unterricht an der Georgia Augusta, auf den man in Göttingen immer noch zu Recht stolz ist, durch den reichlichen Gebrauch von Demonstrationsexperimenten nachhaltig verbessert. Aber es war eben auch Lichtenbergs Schicksal, einige bahnbrechende Entdeckungen, die der Physik des 19. und 20. Jahrhunderts vorbehalten bleiben sollten, zwar geahnt, aber öffentlich nicht einmal formuliert zu haben. Immerhin verbindet sich die Sichtbarmachung elektrischer Ladung auf der Erde, die ihm als erstem gelungen ist, mit seinem Namen als den „Lichtenberg-Figuren", und die darauf gestützte, von ihm empfohlene mathematische Bezeichnung der elektrischen Pole mit – (E) und + (E)[3] erinnert daher noch immer an seine Entdeckung. Indessen ist bei Lichtenberg die Denkweise wichtiger als das Erreichte, das *Wie* bedeutender als das *Was*. Umso erfreulicher ist es, daß die Mathematisch-Physikalische Klasse der Göttinger Akademie nicht nur dem Unternehmen niemals ihren Rat versagte, sondern vor allem sich dazu bereit erklärte, über seine ganze Dauer den Vorsitz der zuständigen Kommission zu übernehmen. Zu ihren Mitgliedern berief die Akademie im Lauf der Jahre Wilfried Barner, Gustav Beuermann, Peter Brix (Heidelberg), Ulrich Christensen, Ulrich Joost (Darmstadt), Klaus-Peter Lieb, Gun-

[2] Ulrich Joost: Überlegungen zu einer Historisch-kritischen, kommentierten Gesamtausgabe der Werke von Georg Christoph Lichtenberg. In: editio. Internationales Jahrbuch für Editionswissenschaften. Hrsg. von Winfried Woesler. Bd. 4 (1990), S. 133–147.

[3] Lichtenberg in seinem Akademie-Vortrag vom 21. 2. 1778, gedruckt als „De nova methodo naturam ac motum fluidi electrici investigandi" in den „Novi Commentarii" 8, Göttingen 1778, S. 175 u. passim: „quam semper signo + E notabimus" usw., nicht erst, wie das Grimm'sche Wörterbuch in seiner Neubearbeitung des Bandes 7 („E") Leipzig 1984, Sp. 2 meinen wird, im „Erxleben" 1784, S. 460 (letzteres entspricht in unserer Ausgabe VNat 1, S. 542). Eingehender reflektiert Lichtenberg das Für und Wider der Benennung in dem zweiten Vortrag vom 19. 12. 1778, gedruckt in den „Commentationes" 1, Göttingen 1779, besonders S. 75.

ther von Minnigerode, Günther Patzig, Helmut Rohlfing (für die Göttinger Staats- und Universitätsbibliothek), Konrad Samwer, Albrecht Schöne und Hans-Heinrich Voigt. Sie alle haben in nicht selbstverständlichem Maße Aufgaben der Beratung und Kritik und später auch der Redaktion der Bände übernommen. Als exemplarisch und herausragend sei hier noch einmal eigens der textkritischen Arbeit von Wilfried Barner bei den Bänden 3 bis 5 gedacht, der unermüdlichen fachlichen Hilfe durch Gustav Beuermann und Klaus-Peter Lieb und der großherzigen Unterstützung der Drucklegung mit Geldern aus seinem Leibniz-Preis durch Konrad Samwer.

Dem damaligen Sekretar der Akademie, dem Chemiker Heinz Georg Wagner, gelang es, mancherlei Einwände ausräumend, diesen Antrag durch alle Gremien der Union der Akademien zu bringen. Im Sommer 1997 konnte er die Bewilligung dieses Langzeit-Unternehmens (24 Jahren Arbeitszeit, verteilt auf eine Gesamtdauer von circa 18 Jahren) in Göttingen verkünden – keine Kleinigkeit in Zeiten einer stetig wachsenden Antragsflut und sich allzu schnell leerender öffentlicher Kassen. Anfang Juni 1997 erhielt die Kommission den Auftrag, die Personalfragen zu klären, und schon am 1. Oktober 1997 konnte die ‚Forschungsstelle Lichtenberg' mit zunächst nur einem Mitarbeiter ihre Editionsarbeit aufnehmen, wieder (wie zuvor schon die Akademie-Arbeitsstelle für den Lichtenberg-Briefwechsel) in den Räumen der Göttinger Staats- und Universitätsbibliothek. Obgleich sich in der Folge eine wesentliche Ausweitung des Editionsplans als nötig erwies, war es möglich, unter leichter Mittelaufstockung und einjähriger Verlängerung zweier Stellen die Ausgabe beinahe plangerecht abzuschließen.

Die Bedeutung von Lichtenbergs Vorlesungen für die historische Forschung zur Geschichte der Naturwissenschaften und damit der Wert dieser Edition wird sich naturgemäß erst in der Praxis ihrer Benutzung erweisen können. Während Lichtenbergs Stellung zu wichtigen Fragen seines am Anfang großer Umwälzungen stehenden Faches sich vorher nicht ermessen ließ, sehen wir nun genauer, wie er sich zu den großen Auseinandersetzungen seiner Zeit verhielt, etwa zu der neuen Methode des Messens und den daraus gewonnenen Erkenntnissen des Chemikers La-

voisier, denen er sich nur zögernd anbequemte, oder den intensiv diskutierten Theorien der Gravitation, des Lichts und der Farben. Der akademische Lehrer ist in der Abgeschiedenheit seines Hörsaals durchaus bereit, auch vorläufige Ansichten und kühne Vermutungen (eben nur halböffentlich) mitzuteilen, mit denen er in seinen gedruckten Schriften mitunter geradezu timide hinterm Berge hält. Auch wenn sein Hörsaal die für damalige Verhältnisse schier unglaubliche Zahl von 50 bis 120 Hörern faßte, sein *Collegium publicum* also gar nicht so abgeschieden war, machte der Möglichkeitsdenker Lichtenberg da gar keine Ausnahme – im Gegenteil. Vor Erscheinen unserer Edition konnte man die Authentizität der bislang bekannten Zeugnisse solcher Kühnheit fast gar nicht prüfen. Zwar erschienen ein Jahrzehnt nach Lichtenbergs Tod umfangreiche und für unsere Edition höchst wichtige „Erinnerungen aus Lichtenbergs Vorlesungen", doch waren diese Texte bearbeitet, aus Aufzeichnungen verschiedener Schülermitschriften gemischt und mit gedruckten Sätzen Lichtenbergs sozusagen unterfüttert und damit stark egalisiert. Die circa 15 Seiten dann, die Ernst Paul Heinrich Magin kurz vor dem 1. Weltkrieg in einem Hamburger Schulprogramm für 1913 publizierte, machen nicht viel mehr als ein Prozent des Ganzen aus und wurden geradezu aleatorisch aus dem Gesamtbestand der Vorlesungen herausgezogen. Sie sind vor allem gänzlich unkommentiert und fast immer aus ihrem Zusammenhang gerissen. Magin suchte zudem nicht nach dem physikalisch Erhellenden, sondern nach der aphoristischen Zuspitzung und scharfzüngigen Formulierung. Zwei Seiten aus diesem ohnehin kleinen Korpus nahm Wolfgang Promies 1971 in den Band 2 seiner Werkausgabe der „Schriften und Briefe" Lichtenbergs unter „Undatierbare und verstreute Bemerkungen" auf, doch ohne den Kontext bleibt ihre physikalische Bedeutung verborgen. Der Breslauer Schulmann Paul Hahn, der vor fast 90 Jahren als bisher einziger kompetenter Naturwissenschaftler eine brauchbare Gesamtübersicht über Lichtenbergs physikalische Forscherleistung gab, zitierte lediglich kleine Bruchstücke aus dem Nachlaß.[4] In jüngerer

[4] Paul Hahn: Georg Christoph Lichtenberg und die exakten Wissenschaften. Materialien zu seiner Biographie. Göttingen 1927 (Vorarbeiten zur Geschichte der Göttinger Universität und Bibliothek 4), darin ein paar

Zeit hatten dann Ulrich Joost[5] und Horst Zehe[6] einzelne und kleinere, aber zusammenhängende Stücke aus dem Nachlaß herausgehoben. So läßt sich denken, daß in der vorliegenden Edition noch viele Entdeckungen zu machen sind, zumal da der Kontext der Blätter hier wiederhergestellt ist und sie einläßlich kommentiert sind.

Bei der Übernahme des Lichtenberg-Nachlasses durch die Bibliothek im Jahre 1908 lag das zu edierende Material noch weitgehend in der Ordnung des Erxlebenschen Kompendiums vor (also ganz so, wie Lichtenberg es in der Vorlesung benutzt hat), war auch seither von ein paar zumeist physikalisch kaum geschulten Forschern gesichtet, aber erst vor zirka 60 Jahren archivarisch mit einem Übersichts-Repertorium grob erschlossen worden. Doch die innere Struktur der „Büchelgen" und der „Hefte" erschloß sich so recht erst bei der intensiven editorischen Bearbeitung (man vergleiche zum besseren Verständnis von Lichtenbergs Arbeitsweise die Darlegungen der Bearbeiter in Bd. 3, S. X–XV). Die Besonderheit dieser Handschriften und ihrer Ordnung machte daher alsbald einige Änderungen der Gesamtanlage der Edition notwendig.

Sätze aus den „Prolegomena" und aus der Stunde zur „Phlogistontheorie" (S. 63), ferner zwei wichtige Seiten, die Lichtenberg vielleicht zu anderem Zweck geschrieben, jedoch bei der Vorlesungsstunde über Kants Theorie nach den metaphysischen „Anfangsgründen der Physik" (a.a.O. S. 68–71; unsere Edition: Bd. 3, S. 67–70) einsortiert hatte.

[5] Ulrich Joost: Aus Vorlesungen [„Prolegomena" der Hauptvorlesung Experimentalphysik, die ersten beiden Vorlesungsstunden, in einer frühen Fassung]. In: Einladung ins 18. Jahrhundert. Ein Almanach aus dem Verlag C. H. Beck im 225. Jahr seines Bestehens. München 1988, S. 129–148.

[6] Horst Zehe: Georg Christoph Lichtenberg und die „Metaphysischen Anfangsgründe der Naturwissenschaft" In: Photorin 10 (1986), S. 1–13. – Lichtenberg und James. In: Photorin 11/12 (1987), S. 86 f. – Anmerkungen zur Edition der physikalischen Schriften von Georg Christoph Lichtenberg. Mit Lichtenbergschen Notizen zur Trägheit der Materie als Probestück. In: Lichtenberg-Jahrbuch 1998, S. 7–14. – „Ist es ein Traum, so ist es der größte und erhabenste der je ist geträumt worden ...". Aufzeichnungen über die Theorie der Schwere von George-Louis Le Sage. Hrsg. und erl. von Horst Zehe unter Mitarbeit von Wiard Hinrichs. Göttingen 2003 (= Nachrichten der Akademie der Wissenschaften zu Göttingen. Mathematisch-Physikalische Klasse 2003 Nr. 1).

Ursprünglich waren die beiden ersten Bände unserer Ausgabe und ihr vorletzter gar nicht zur erneuten beziehungsweise erstmaligen Publikation vorgesehen. Der Gehalt dieser drei wichtigen Quellen sollte lediglich fallweise im Anmerkungsapparat erläuternd und Lichtenbergs Text ergänzend herangezogen und dann auch ausführlich zitiert werden: Dieses punktuelle Verfahren wurde zwar als operables Prinzip beibehalten – es hätte aber in solcher Zerstückelung den Blick auf das Ganze der Vorlesungen nicht geöffnet, den Zusammenhang eher verschleiert.

Im einzelnen sind das erstens die Handexemplare Lichtenbergs zu drei der vier von ihm bearbeiteten Neuausgaben des seiner Vorlesung zugrunde gelegten Kompendiums (Erxlebens „Anfangsgründe der Naturlehre“). Sie waren schon vor der Übergabe des Nachlasses an Lichtenbergs Söhne von ihm abgetrennt worden und um die Mitte des 19. Jahrhundert in die Gothaer Bibliothek gelangt (ein viertes Handexemplar hat es gegeben, fand sich aber nicht mehr vor). Hinsichtlich der Präsentation der verschiedenen Ausgaben wählten wir das am ausführlichsten annotierte Exemplar (das der Auflage von 1787, welches Lichtenberg nachweislich noch lange nach Erscheinen der folgenden Auflagen benutzte), zum Leittext und stellten die handschriftlichen Marginalien der anderen Auflagen in umfangreicher Auswahl alles Wichtigen in den Anhang dieses Bandes. Erxlebens Kompendium bildete mit seinen Randnotizen, aus denen Lichtenberg im Unterricht schöpfte, den Leitfaden seines Vortrags. Ohne dieses Handbuch begreift man die Struktur und Gesamtanlage der Vorlesung gar nicht.

Zweitens erwiesen sich als bedeutende Quelle die ein Dutzend Jahre nach Lichtenbergs Tod in Wien und Triest in offenbar sehr kleiner Auflage erschienenen fünf Oktavbändchen von „Erinnerungen aus Lichtenbergs Vorlesungen zur Naturlehre, physischen Geographie und Astronomie“ des studentischen Hörers Gottlieb Gamauf. Diese äußerst seltenen Bücher enthalten die umfangreichste Zusammenstellung von Mit- bzw. Nachschriften aus Lichtenbergs Kolleg. Auch wenn sie nur ein Zeitfenster von drei bis fünf Jahren eröffnen, werden durch sie viele in Lichtenbergs Handschriften nur in Form eines unverständlichen Stichworts notierte Ausführungen aus der Vorlesung überhaupt erst begreif-

lich. Die Publikation der Vorlesungsnachschrift durch Gamauf bietet nun im Gegensatz zu Lichtenbergs oft freiem und nur durch skizzenhafte Notizen belegtem Vortrag einen durchformulierten Text, auch wenn dieser nur punktuell einen Stand der Vorlesung um die Mitte der 1790er-Jahre repräsentiert. Dem Band ist einführend ein Abriß des Vorlesungswesens und der Besonderheiten des Lichtenbergschen Kollegs mit einem vollständigen Überblick über sein Lehrangebot (Bd. 2, S. VII–XL, von Ulrich Joost) sowie erstmalig ein Namenregister beigegeben, das bis zum Erscheinen des vorliegenden Bandes (ähnlich wie beim originalen Sachregister des ‚Erxleben') als Suchhilfe auch für die übrigen Bände dienen konnte.

Drittens wäre ohne eine Darstellung der physikalischen Geräte Lichtenbergs die Edition ein Torso geblieben. Erst ihre reichbebilderte Präsentation macht sichtbar, mit welchen Mitteln dieses unausgesprochene, in seiner konsequenten Durchführung sehr neue didaktische Konzept einer von über 600 Demonstrations-Experimenten[7] begleiteten Vorlesung funktionierte. Es war unser Ziel, nicht bloß die Bestandslisten der Geräte abzudrucken, sondern sie auch möglichst im einzelnen zu beschreiben, ihre Funktionsweise zu erklären und die nicht mehr vorhandenen mit historischen Abbildungen beziehungsweise studentischen Skizzen, die wenigen noch erhaltenen Originalstücke mit aktuellen Photographien wiederzugeben. Diese sind mittlerweile auch in dreidimensionaler Darstellung und sogar Animation im Internet erreichbar auf der Website des I. Physikalischen Instituts in Göttingen: http://www.uni-goettingen.de/physicalisches-cabinet.

Nachdem im Lauf des ersten Jahres der Editionsplan revidiert, die von Ulrich Joost entworfenen Editionsrichtlinien abschließend formuliert und bereits die Handschriftenentzifferung vorangetrieben war, präsentierte die Konferenz der deutschen Akademien in

---

[7] Diese Zahl nennt nach fremder Zählung Lichtenberg selbst (VNat 3, S. 12: „1791"); sie wiederholt Gamauf (VNat 2, S. 18, mit dem Zusatz: „Seit jener Zeit haben sie sich noch vermehrt"). Es kommt freilich ein bißchen darauf an, wie man rechnet beziehungsweise was man unter einem einzelnen Versuch versteht. Wenn man aber etwa die Listen in der Mechanik (VNat 3, S. 197–199), Hydrostatik (S. 271) oder im Kapitel von der Luft (S. 378–380) addiert und jede Abwandlung als eigenen Versuch zählt, so kommt man schon auf eine ganz erkleckliche Anzahl.

der Reihe „Geisteswissenschaft im Dialog" am 26. September 1998 in Bonn eine vom Göttinger I. Physikalischen Institut vorbereitete Ausstellung „Lichtenbergsche Figuren". Der damalige Göttinger Akademiepräsident Rudolf Smend eröffnete sie, Albrecht Schöne erläuterte Lichtenbergsches Denken in einem Vortrag „Man muß mit Ideen experimentieren" – und der Kommissionsvorsitzende Gunther von Minnigerode demonstrierte „Physikalische Experimente mit Lichtenbergs Apparaten". Ein „Abschlußgespräch der Zuhörer" mit den Vortragenden sowie Ulrich Joost und Horst Zehe ermöglichte, Sinn und Zweck der geplanten Edition, Rang und Bedeutung der Vorlesungen Lichtenbergs für seine und unsere Zeit einmal öffentlich zu erörtern.

Nur einen Monat später ließ der überraschende und allzu frühe Tod Gunther v. Minnigerodes den Kommissionsvorsitz verwaist. Glücklicherweise sprang in großer Bereitschaft zur Pflichterfüllung der Göttinger Astrophysiker Hans-Heinrich Voigt übergangsweise ein, reichte aber altersbedingt den Stab im Juni 2001 weiter an den Kollegen Ulrich Christensen (Geophysiker und Planetenwissenschaftler), der des Amtes bis November 2002 waltete und es dann wegen anderer Pflichten dem Kern- und Festkörperphysiker Klaus-Peter Lieb übergeben mußte (bis Frühjahr 2009). Lieb beschleunigte energisch die eigentliche Publikation der Bände: Nach der notwendigen mehrjährigen Vorarbeit erschienen jetzt in rascher Folge das annotierte „Handexemplar von J. C. P. Erxlebens ‚Anfangsgründen der Naturlehre'" (2005),[8]

---

[8] Vorwort von Klaus-Peter Lieb und Ulrich Joost. Bearbeitet von Wiard Hinrichs, Albert Krayer und Horst Zehe. – Das Handexemplar war bis dahin von der Lichtenberg-Forschung nahezu unbeachtet geblieben; ein eingeklebter Brief an Lichtenberg war in die Edition des Briefwechsels eingeflossen, Horst Zehe hatte ferner eine Untersuchung darauf gestützt: „Sonderbare Refraction im Isländischen Krystalle und im Bergkrystalle". Lichtenbergs Gedanken zur Doppelbrechung. In: Lichtenberg-Jahrbuch 1998, S. 15–31. – Ein paar Entwürfe Lichtenbergs fanden sich zu spät, um noch in den Anhang dieses Bandes einzugehen, und mußten anderweit publiziert werden (Ulrich Joost: „Hypothesen sind Gutachten, und Nahmen Mandate". Ungedrucktes aus Georg Christoph Lichtenbergs Notizen für die 6. Bearbeitung von Erxlebens „Anfangsgründen der Naturlehre" (1794). In: Jutta Eckle, Dietrich von Engelhardt (Hrsgg.): Durch Lebensereignisse verbunden. Festgabe für Dorothea Kuhn zum

der dritte Band der Edition mit dem ersten von drei Teilen der handschriftlichen Vorlesungen („Notizen und Materialien zur Experimentalphysik I“: 2007)[9], und Gottlieb Gamaufs „Erinnerungen aus Lichtenbergs Vorlesungen“[10] (als Band 2 der Gesamtreihe: 2008). In die Amtszeit von Klaus-Peter Lieb fiel auch eine Zwischen-Evaluation des Vorhabens durch eine international besetzte Kommission im Jahre 2007. Die Gutachter billigten entschieden die Konzeption des Vorhabens und waren beeindruckt vom Stand der Arbeiten; dank ihres Votums wurde eine personelle Aufstockung erreicht. Nun konnte Klaus-Peter Lieb gelassen den Abschluß in andere Hände legen: Im Januar 2009 bestellte die Akademie auf Vorschlag der Kommission erneut Ulrich Christensen. Während seiner zweiten Amtszeit erschienen dann die Bände 4 bis 7: „Notizen und Materialien zur Experimentalphysik II“ (2010),[11] „Notizen und Materialien zur Astronomie und physischen Geographie“(2013), der von Klaus-Peter Lieb in seiner jetzigen Gestalt angeregte „Katalog von Lichtenbergs Physikalischem Apparat“ und das hier vorliegende, die gesamte Edition aufschließende „Register zu allen sechs Bänden der VNat“ (2017)[12] – alles zusammen 6500 Seiten.

Es ist heutzutage nicht leicht, für die Edition eines so universellen Werkes, wie es Lichtenberg hinterlassen hat, geeignete Mitarbeiter zu finden. So war es ein großes Glück für das Unternehmen, daß es gelang *Dr. Horst Zehe* zu gewinnen (und ihn von der Edition der naturwissenschaftlichen Schriften Goethes abzuwerben, wo er den Polemischen Teil der Optik bearbeitet hatte). Er besaß durch sein abgeschlossenes Studium der Physik in Gießen und das angeschlossene der Geschichte der Naturwissenschaften bei Willy Hartner in Frankfurt und bei Matthias Schramm in

---

90. Geburtstag. Stuttgart 2013 (= Acta Historica Leopoldina 62), S. 311–326).

[9] Bearbeitet von Wiard Hinrichs, Albert Krayer und Horst Zehe.

[10] Bearbeitet von Albert Krayer, Klaus-Peter Lieb und Ulrich Joost. – Vier uns bei ihrer Publikation noch unbekannte wichtige zeitgenössische Kritiken kann man jetzt im Lichtenberg-Jahrbuch 2006, S. 199 f. und 201 f., 2013, S. 236–241 und 241–244 nachlesen.

[11] Bearbeitet von Wiard Hinrichs, Albert Krayer und Horst Zehe.

[12] Die Bände 5 bis 7 bearbeiteten Albert Krayer und Thomas Nickol.

Tübingen[13] eine breite physikalische, physik- und allgemeinhistorische Sachkenntnis, paläographische Erfahrung und literarische Bildung. Seine Vertrautheit mit dem Physiker Lichtenberg hatte er schon durch mehrere kleinere Abhandlungen und Textpublikationen im Lichtenberg-Jahrbuch und durch eine Edition der Entwürfe Lichtenbergs zu dessen eigenem Kompendium[14] kundgetan. Durch eine versetzte Einstellung konnte Horst Zehe dann vor Antritt seines Ruhestands, in dem er noch einige Jahre das Unternehmen fördernd begleitete, seit 2002 *Dr. Albert Krayer* einarbeiten. Dieser wiederum, Schüler von Fritz Krafft in Mainz, hatte nach seiner Promotion über die Vorlesungen eines Mainzer Mathematikers der Frühen Neuzeit[15] gehörige Erfahrungen bei der Mitarbeit an der Edition der Werke des Göttinger Mathematikers Hilbert und vor allem an zwei Bänden der Historisch-Kritischen Leibniz-Edition sammeln können, war mithin gleichfalls mit editorischen und paläographischen Problemen vor allem der Mathematik und Physik des 18. Jahrhunderts vertraut, als er unserer Arbeitsstelle beitrat. 2008 kam *Dr. Thomas Nickol* hinzu, ursprünglich Zahnmediziner und Stomatologe, dann Historiker der Physik und langjähriger Mitarbeiter bei der Briefedition Christian Gottfried Daniel Nees von Esenbeck und bei der Leopoldina-Ausgabe der naturwissenschaftlichen Schriften Goethes. Wie Horst Zehe war auch er von Dorothea Kuhn in die Technik und Methode der Edition solcher Quellen der Goethezeit eingewiesen worden. *Wiard Hinrichs, M.A.* schließlich, der an zwei Bänden beteiligt ist, war Schüler des Göttinger Landeshistorikers Ernst Schubert und hatte früher schon als stu-

---

13 Promotion dort über „Die Gravitationstheorie des Nicolas Fatio de Duillier". Hildesheim 1980.

14 „Ich habe selbst offt über die Compendienschreibung [richtig müßte es heißen: ‚Compendienschreiberey', wie die inzwischen durch unsere Edition wieder aufgefundene Handschrift offenbart] gelacht". Etwas über Georg Christoph Lichtenbergs Notizen zu einem Compendio der Physik. Aus den Sitzungsberichten der Heidelberger Akademie der Wissenschaften. Mathematisch-naturwissenschaftliche Klasse. Jg. 1993/1994, 4. Abhandlung. 80 S. (= S. 109–188).

15 Albert Krayer: Mathematik im Studienplan der Jesuiten. Die Vorlesung von Otto Cattenius an der Universität Mainz (1610/11). Stuttgart 1991.

dentische Hilfskraft am Lichtenberg-Briefwechsel einschlägige Erfahrungen gesammelt.

Außer den in den bereits erschienenen Bänden genannten Studenten haben an der Ausgabe als studentische oder wissenschaftliche Hilfskräfte Diana Bujewitsch, Stefan Krämer, Carola Lücke, Dorle Michaelis, Konstanze Polenz und Arne Ulrich mitgearbeitet.

Lichtenberg hat Teile der Vorlesung jahrelang ganz unverändert vorgetragen, andere wandelten sich im Lauf der Zeit erheblich. Allem Anschein nach hat er seine früheren und durch neue Versionen ersetzten Manuskripte selten weggeworfen (vermutlich erst, wenn sie ihm selber unrichtig erschienen). Selbstredend haben wir nicht jeden Zettel mitgeteilt, allzu viele nutzlose Wiederholungen wären entstanden. So bietet dieser Teil der Lichtenberg-Edition eine sachgerechte Auswahl alles Wichtigen. Über die Verfahren dieser Auswahl unterrichten eingehend die editorischen Berichte (Bd. 1, S. IX–XX und Bd. 3, S. VII–XV). Die Göttinger Bibliothek plant, möglichst bald die Handschriften des Lichtenberg-Nachlasses in einer Datenbank öffentlich zu präsentieren, so daß der Spezialforscher dort finden kann, was ihm in der vorliegenden Edition doch noch fehlt (freilich muß er sich dafür in Lichtenbergs Handschrift einlesen).

Für die innerhalb der Ausgabe edierten Manuskripte Lichtenbergs besteht ein solches Angebot bereits, so daß der an seiner Handschrift Interessierte sich nicht mehr mit den wenigen Faksimiletafeln in Band 3 (S. XVII–XXIII) begnügen muß. Im Jahre 2010 nämlich stellte die Kommission, angeregt von entsprechenden Empfehlungen der DFG und der Union der Akademien, die Weichen für die Präsentation der ganzen Ausgabe im Internet: Jeweils wenige Jahre nach Erscheinen der gedruckten Bände sollten auch sie im Internet verfügbar sein, hier mit dem zusätzlichen Vorteil einer elektronischen Verbindung zu den Scans der Handschriftenseiten. Man erreicht sie auf der Website der Akademie der Wissenschaften: http://lichtenberg.adw-goe.de/baende. Bei Erscheinen dieses Bandes stehen dort bereits die Bände 1 bis 5. 6 und 7, die beiden letzten, sollen in anderthalb Jahren freigeschaltet werden. Die Abbildungen der heute noch im Besitz des I. Physikalischen Instituts befindlichen Originalapparate Lich-

tenbergs, die Gustav Beuermann vor vielen Jahren erstmals zu einem kleinen Museum zur Geschichte der Göttinger Physik formierte, sind (freilich noch ohne die Beschreibungen des Katalogs) bereits jetzt erreichbar (s. oben S. XIII).

Wenn sich Geldgeber dafür finden, sollen künftig auch Text und Handschrift der Bände des Briefwechsels und der noch ausstehenden Werkteile, die für den Druck in der Darmstädter Arbeitsstelle vorbereitet werden, digital mit dem handschriftlichen Nachlaß verlinkt werden, damit dann auch für die anderen Werke Lichtenbergs diese Benutzung möglich wird.

Was man von solchen Unternehmungen erhofft, spiegelt sich nicht bloß in der Kritik, mit der die einzelnen Bände bei ihrem Erscheinen wohlwollend aufgenommen wurden, sondern beinahe mehr noch in den durch sie angeregten Publikationen. Als flankierende Parerga dieser Ausgabe wurden inzwischen schon einige wichtige Vorlesungsmit- und -nachschriften, die allesamt erst seit 25 Jahren bekannt sind, bekanntgemacht, so die Benzenbergs aus der Astronomie-Vorlesung,[16] Dijkerhoffs[17] und Eschers von der Linth.[18] Hans-Joachim Heerde legte mit seinem „Publikum der Physik" einen bis auf weiteres vollständigen Katalog der Hörer Lichtenbergs vor – und leistete damit einen bedeutenden Beitrag zur europäischen Wissensgeschichte.[19]

Am Schluß stehe die angenehme Pflicht des Dankes, soweit er nicht schon in den einzelnen Bänden jeweils am Ende der editorischen Berichte ausgesprochen worden ist. Zunächst danken wir unserem Gastgeber, der Göttinger Bibliothek, die der Arbeits-

---

[16] Johann Friedrich Benzenberg: Die Astronomie, Physische Geographie und Geologie. Georg Christoph Lichtenbergs Vorlesung 1797/1798. Hrsg. und kommentiert von Hartmut Grosser. Göttingen 2004 (Lichtenberg-Studien 13).

[17] Jakob Friedrich Dyckerhoff: Collegium über Naturlehre und Astronomie bei Georg Christoph Lichtenberg, Göttingen 1796/1797. Ein Skizzenbuch der Experimentalphysik. Hrsg., eingel. u. kommentiert von Gunhild Berg. Göttingen 2011 (Lichtenberg-Studien 15).

[18] Ulrich Joost: Aus Georg Christoph Lichtenbergs Kolleg: Nachschrift seiner Astronomie-Vorlesung durch Hans Conrad Escher von der Linth. In: Lichtenberg-Jahrbuch 2014, S. 167–203.

[19] Hans-Joachim Heerde: Das Publikum der Physik. Lichtenbergs akademische Hörer. Göttingen 2006 (Lichtenberg-Studien 14).

stelle in unmittelbarer Nähe der Handschriften und alten Drucke beinahe zwei Jahrzehnte hindurch Gastrecht einräumte und ihr durch Kopien und Scans die Arbeit sehr erleichterte. Wir danken dem Wallstein Verlag, der die Fortsetzung der Gesamtausgabe vom Verlag C. H. Beck übernahm und die Edition in ähnlicher Gestalt und gleicher Qualität fortsetzte. Wir nennen hier dankbar auch Stefan Hagel, den Autor unseres elektronischen Editionsprogramms, und Jakob Jünger, der die Internetseite gestaltete.

Wenn wir jetzt im Auftrag der Göttinger Akademie der Wissenschaften mit den letzten beiden Bänden der „Vorlesungen“, dem Gesamtregister und dem Katalog der physikalischen Geräte, ein Kernstück der Gesamtausgabe von Lichtenbergs Werken dem Publikum übergeben, trauern wir um die von uns gegangenen Förderer dieses Unternehmens: die Kommissionsmitglieder Gunther v. Minnigerode († 31. Oktober 1998), Peter Brix († 21. Januar 2007), Klaus-Peter Lieb († 10. Oktober 2013) und Wilfried Barner († 22. November 2014).[20] Ihrem Andenken sei diese Edition gewidmet.

Göttingen, am Beginn von Lichtenbergs 275. Geburtsjahr

Ulrich Joost, Darmstadt
Ulrich Christensen, Göttingen

20 Nachrufe finden sich u. a. im Jahrbuch der Akademie der Wissenschaften zu Göttingen 2000, S. 249–256 (G. v. Minnigerode, verfaßt von Klaus-Peter Lieb); 2014, S. 190–196 (K.-P. Lieb, verfaßt von Hermann Schmalzried); 2015, S. 235–238 (W. Barner, verfaßt von Gerhard Lauer); im UniSpiegel Heidelberg 8. 2. 2007 (P. Brix, verfaßt von Gisbert Frhr. zu Putlitz); in den Mitteilungen der Lichtenberg-Gesellschaft 34 (Mai 2007), S. 4 f. (P. Brix, verfaßt von Ulrich Joost); im Lichtenberg-Jahrbuch 2013, S. 380 f. (W. Barner, verfaßt von Ulrich Joost).

Einleitung

Der hier nunmehr vorliegende siebente und letzte Band der ‚Vorlesungen zur Naturlehre' enthält – im vorausgehenden Nachwort zur ganzen Edition ist es schon gesagt – als ein Mittel zur Erschließung aller zuvor erschienenen Bände ein ausführliches Gesamtregister. In Anlehnung an dasjenige des Lichtenbergschen Briefwechsels[1] ist es unterteilt in ein Sach- und ein Personen- und Schriftenregister, zu denen sich noch ein Register der Verweise in andere Abteilungen des Lichtenbergschen Gesamtwerks, wie etwa die Sudelbücher oder den Briefwechsel, und eines der in den Bänden 3 bis 5 edierten Handschriften gesellen. Erschlossen sind darin sämtliche in der Ausgabe edierten Texte sowie die Anmerkungen der Bearbeiter in den Bänden 3 bis 5, und die dem Instrumentenverzeichnis vorangestellte Einführung Thomas Nickols über die Göttinger Universitätssammlungen. Ausgenommen sind die übrigen Einleitungen und Vorbemerkungen der Bearbeiter und selbstverständlich die Verzeichnisse und bereits vorhandenen Register (alle Inhaltsverzeichnisse, Sachregister und Literaturverzeichnis in Band 1 [Erxleben], Personenregister in Band 2 [Gamauf] etc.).

Vor der Erläuterung der Einzelheiten ein Wort zur Genese des Registers: Nachdem noch im dritten Band dieser Edition ein gemeinsames Register für die Bände 3 und 4, die Lichtenbergs Notizen zu seiner großen experimentalphysikalischen Vorlesung enthalten, angekündigt worden war, wurde dieser Plan während der weiteren Bearbeitung – teils auch zur Vermeidung von Verzögerungen im Erscheinungsverlauf – zugunsten eines alle Bände umfassenden Gesamtregisters fallengelassen. Als Teil der Edition des Lichtenbergschen Handexemplars von Erxlebens Lehrbuch war ja ein unter Lichtenbergs Aufsicht erarbeitetes Sachregister (ErxH, 855–882) bereits abgedruckt, dem Gamauf-Nachdruck war ein Personenregister (GamN, 1019–1048) beigegeben. Bis zur Veröffentlichung des Gesamtregisters konnten diese aufgrund der Parallelität der Überlieferung von Lichtenbergs Vorlesungstätigkeit im Erxlebenschen Kompendium, seinen eigenen Manuskripten, dem Instrumentenverzeichnis und

[1] Georg Christoph Lichtenberg: Briefwechsel. Bde. V,1–2, hrsg. von U. Joost, München 2004.

schließlich den Vorlesungsnachschriften Gamaufs als vorläufige Hilfen zur Erschließung der bereits erschienenen Bände benutzt werden.

Diese Modifikation im Editionsplan hatte den Vorteil, daß in einem solchen Gesamtregister die genannte Parallelität besser berücksichtigt und demzufolge auch deutlicher sichtbar werden konnte. Es bietet damit die Möglichkeit, die Kommentare und Erläuterungen der Bearbeiter in den Bänden 3 bis 6 auch zum Verständnis der unkommentiert erschienenen Bände 1 und 2 heranzuziehen. Die Verweise auf die einzelnen Seiten der 5 Bändchen von Gamaufs Erinnerungen und unserer Edition des Handexemplars von Erxlebens sowie auf die Paragraphen bzw. Seiten des Kompendiums in seinen verschiedenen Auflagen sollen dabei eine möglichst hohe Treffsicherheit bieten. Einen weiteren Vorteil für die spätere Registererstellung brachte die Ende 2010 begonnene Internet-Präsentation der Ausgabe mit sich. Mit ihrer Volltextsuche stellte sie eine zusätzliche, elektronisch gestützte Erschließungshilfe zur Verfügung. Das dadurch mögliche Auffinden von Zeichenketten, auch ganz gezielt in einzelnen Kapiteln der Ausgabe, erlaubte es, insbesondere beim Sachregister, das Augenmerk weniger auf den Nachweis einzelner Wörter als vielmehr der Sachen zu richten, auch wenn diese durch unterschiedliche Wörter bezeichnet sind. Zugleich war sie während der Registerbearbeitung bei der Suche nach Parallelstellen in den Texten sehr nützlich.

Darüber hinaus war die Online-Version von Beginn an dazu vorgesehen, als Grundlage für die Erstellung des Registers zu fungieren. Um die angestrebte zeilengenaue Stellenangabe zu ermöglichen, wurden die edierten Texte auf den Internetseiten seiten- und zeilentreu dem Druck gemäß dargestellt[2], so daß bei der Speicherung der einzelnen Registereinträge diese Informationen automatisch ausgelesen werden konnten. Zum Anlegen

---

[2] Eine Ausnahme bildet Band 6, in dem wegen der vorgegebenen Listenstruktur des Instrumentenverzeichnisses auf eine Zeilenzählung verzichtet wurde, was wiederum den zusätzlichen Aufwand einer zeilentreuen Wiedergabe erläßlich machte. Die Druckausgabe von Band 2 verfügt zwar ebenfalls über keine Zeilenzählung; dennoch werden die der Online-Ausgabe entnommenen Zeilennummern auch hier das Auffinden der Stellen im Buch erleichtern.

der Einträge wurde ein Werkzeug programmiert, vermittels dessen die zu registrierenden Belegstellen markiert und mit den gewünschten Lemmata verknüpft, erforderlichenfalls im gleichen Arbeitsgang auch neue Lemmata erzeugt werden konnten.

Im *Sachregister* sind in erster Linie die in den Editionstexten selbst vorkommenden Sachverhalte verzeichnet, außer bei geographischen Namen weitgehend in zeitgenössischer Terminologie. Fallweise wird von modernen Begriffen verwiesen, oder der im Text anzutreffende Ausdruck wird in Klammern hinter dem modernen Begriff ergänzt. Die Lemmabildung geschieht nötigenfalls unter Zuhilfenahme der Erläuterungen im Kommentar. Kommentartext wird im Sachregister in der Regel nur berücksichtigt, wenn es sich dabei um Zitate aus nicht in der Ausgabe edierten Lichtenberg-Handschriften (auch Benzenberg und Dyckerhoff) handelt, oder wenn er Sachverhalte berührt, die nicht schon über den durch ihn erläuterten Editionstext im Register erfaßt sind. Einzelnen Lemmata, insb. geographischen Namen, sind in Klammern zusätzliche Informationen beigegeben. Eine systematische Durchführung dieses Verfahrens für das gesamte Register war nicht möglich.

Ins *Personen- und Schriftenverzeichnis* sind zunächst alle erwähnten Personen aufgenommen, in der Regel mit einem Unterlemma, das den Zusammenhang der Nennung andeutet, der sachlicher oder bibliographischer Art sein kann. Bei letzteren wird noch einmal unterschieden, ob die betreffende Person als Autor, Herausgeber oder Übersetzer genannt wird. Diese verschiedenen Arten von Unterlemmata werden in gesonderten Alphabeten aufgeführt, die, soweit erforderlich, durch die Zwischenüberschriften *Schriften*, *Herausgeber* und *Übersetzer* getrennt werden, und ggf. weiter unterteilt. Aus Gründen der Platzersparnis können sachliche Unterlemmata bei selten genannten und solchen Personen entfallen, bei denen der Schrifteneintrag bereits eine sachliche Zuordnung einschließt. Weiterhin entfällt die Zwischenüberschrift, wenn zu einer Person ausschließlich Unterlemmata der Kategorie *Schriften* vorkommen. Die Namensansetzung erfolgt in Anlehnung an die Personennamendatei

der Deutschen Nationalbibliothek, der in der Regel auch die Lebensdaten entnommen werden. Nicht verzeichnet werden Herausgeber von Zeitschriften oder Schriftenreihen, z.B. Gren oder Rozier, wenn ihre Nennung nur der Bezeichnung der von ihnen herausgegebenen Schriften dient.[3]

Von den Schriften werden Zeitschriften, Lexika und vergleichbare Werke ohne Autor ihrem Titel gemäß im allgemeinen Alphabet aufgeführt. Bei anonymen Einzelschriften wird dem Titel ‚Anonym' vorangestellt. Gibt Lichtenberg eine Schrift an, ohne den Autor zu nennen, wird sie möglichst unter dem Namen des ermittelten Autors aufgeführt. Lange Titel werden grammatikalisch sinnvoll gekürzt, bei Schriften ohne Titel wird ein zum Inhalt passender Titel gebildet, der in eckigen Klammern angegeben wird. Eine weitere bibliographische Information bildet die Jahresangabe entsprechend dem Gebrauch in den Bänden der Edition.[4] Neuauflagen und Übersetzungen werden als Unterlemmata zu den Originalveröffentlichungen aufgeführt, sofern diese mit vertretbarem Aufwand identifiziert werden konnten. Die verschiedenen Arten von Unterlemmata zu den Schriften sind nicht alphabetisch, sondern in der Reihenfolge der folgenden Kategorien angeordnet: Enthaltenes Werk, Rezension, Auszug, Exzerpt (worunter ausschließlich Lichtenbergs eigene verstanden werden), Übersetzung (auch auszugsweise) und Neuauflage.[5] Vollständigere Angaben zu den mit Stellen belegten Werken finden sich in Band 1 (Erxleben) an Ort und Stelle bzw. in dem Verzeichnis der in den Marginalien zitierten Literatur, in den Bänden 3–6 in den jeweiligen Literaturverzeichnissen.

---

[3] Zugunsten der Konsistenz mit dem Register von Band 2, in dem die Herausgeber mit verzeichnet worden sind, werden abweichend hiervon die entsprechenden Stellen auch im Gesamtregister nachgewiesen. Ebenso werden, wie im Register von Band 2, die von Gamauf fälschlich verwandten mit Hinweis auf die richtigen Namen aufgeführt.

[4] Normalerweise das Erscheinungsjahr, bei Beiträgen in Periodika das in der Bandbezeichnung genannte Jahr, ergänzt um das Erscheinungsjahr in eckigen Klammern, falls dieses dem Bezeichnungsjahr vorausgeht.

[5] Bei Klassikern wie Newtons Principia wurde im Einzelfall von dieser Reihenfolge abgewichen.

Im *Verweisregister* sind die Stellen verzeichnet, an denen auf den Briefwechsel, Lichtenbergs „Excerpta mathematica et physica“, Gamaufs Nachschrift in 5 Bändchen, die Exemplare des Instrumentenverzeichnisses, das Erxlebensche Kompendium in den verschiedenen Auflagen, die Sudel- und Tagebücher, die Edition des Handexemplars (VNat 1) und die Bände 3 bis 5 unserer Ausgabe, die verschiedenen Arten von Lichtenbergs Notizen zur Vorlesung oder andere Bestandteile des Lichtenbergschen Nachlasses verwiesen wird.

Das *Register der edierten Handschriften* schließlich vervollständigt die in den Bänden 3 bis 5 jeweils am Ende aufgeführten physischen Merkmale der einzelnen Blätter bzw. Heftchen um die Angabe der Stelle, an der sie in unserer Ausgabe ediert sind.

Die Angabe der Belegstellen erfolgt nach dem Schema <Band, Seite$_{\text{[R]Zeile}}$> (edierter Text in den Bänden 1–5, das R steht bei Stellen am Rand von Band 1), <Band, Seite^{Anmerkung}> (Kommentare in den Bänden 3–5 sowie in seltenen Fällen textkritischer Apparat in den Bänden 1 und 3–5) oder <Band, Seite [(Instrument)]> (Band 6, die Instrumentennummer entfällt bei der Einführung). Durch den Schriftschnitt der feinsten Stufe der Stellenangabe wird kenntlich gemacht, ob die jeweilige Stelle Lichtenberg selbst (recte) oder Erxleben, Gamauf oder den Bearbeitern (*kursiv*) zuzuordnen ist, gehört sie zu einer Überschrift, wird sie zusätzlich **fett** gesetzt. Mehrere Eintragungenen im gleichen Band folgen ohne besonderes Trennzeichen aufeinander, mehrere Eintragungen auf einer Seite werden durch . getrennt.

Dank

Der in dem vorausgehenden Rück- und Ausblick für die gesamte Ausgabe ausgesprochene Dank sei an dieser Stelle nochmals bekräftigt. Hinsichtlich des Registers insbesondere gilt er zunächst Jakob Jünger für die Programmierung der erforderlichen Erfassungs- und Ausgabewerkzeuge und die stetige und stets rasche und zuverlässige Hilfe bei Problemen und Zusatzwünschen. Moritz Plate und Raisa Barthauer haben als Wissen-

schaftliche Hilfskräfte bei der Eingabe der Schriften- und Verweiseinträge bzw. beim Handschriftenverzeichnis und bei der Endkorrektur bedeutende Hilfe geleistet. Thomas Nickol hat es übernommen, die Einträge für das von ihm bearbeitete Instrumentenverzeichnis in Band 6 hinzuzufügen.

Albert Krayer

Siglen und Abkürzungen

Siglen der verwendeten Manuskripte und Drucke

A–L	Lichtenbergs Sudelbücher [Zählung nach SB].
AdB	Allgemeine deutsche Bibliothek. Berlin/Stettin 1765–1792.
Bw	Georg Christoph Lichtenberg: Briefwechsel. Hrsg. von U. Joost und A. Schöne. Bd. 1–5, München 1983–2004.
GGA	Göttingische Anzeigen von gelehrten Sachen. Göttingen 1753ff.
GMWL	Göttingisches Magazin der Wissenschaften und Litteratur, hrsg. von G. C. Lichtenberg und Georg Forster. Göttingen 1780–1785.
NL	Nachlaß Lichtenberg (Naturwissenschaftliches vor allem in SUB Göttingen, Ms. Licht. VII–IX)
SB	Georg Christoph Lichtenberg: Schriften und Briefe. Hrsg. von W. Promies. Bd. 1–4. 1/2 K. 3 K., München 1967–1992.
VNat	Georg Christoph Lichtenberg: Vorlesungen zur Naturlehre. Göttingen 2005–2017 (Gesammelte Schriften. Historisch-kritische und kommentierte Ausg. Hrsg. von der Akademie der Wissenschaften zu Göttingen und der Technischen Universität Darmstadt).

Abkürzungen

Die folgende Liste enthält die in diesem Band verwendeten Symbole und Abkürzungen. Fortgelassen wurden Abkürzungen von Eigennamen, ad hoc gebildete Abkürzungen, deren Bedeutung dem Kontext zu entnehmen ist, sowie Abkürzungen, die durch bloßes Weglassen zweifelsfrei zu ergänzender Wortendungen (z. B. engl. für englisch) gebildet sind.

Anm. = Anmerkung
Anz. = Anzeige
a. a. O. = am angegebenen Ort
Art. = Artikel
Aufl. = Auflage
Ausg. = Ausgabe
b. = bei
Bd., Bde. = Band, Bände
bearb. = bearbeitet
Bl. = Blatt
bzw. = beziehungsweise
ca. = circa

chem. = chemisch
Chr. = Christus
d. = der, die
d. Ä. = der Ältere
d. h. = das heißt
d. i. = das ist
d. J. = der Jüngere
dems. = demselben
ders. = derselbe
D., Dr. = Doctor, Doktor
dt. = deutsch
ed. = ediert, edited, edizione
eingel. = eingeleitet
erl. = erläutert
erw. = erweitert
etc. = et cetera
f., ff. = [und] folgende [Seite o.ä.]
Fig. = Figur
franz., frz. = französisch
geb. = geborene
gen. = genannt
Goth. Mag. = Gothaisches Magazin
gr. = griechisch
H. = Hälfte; Heft
hist. = historisch
Hofr. = Hofrat
hrsg., Hrsg. = herausgegeben, Herausgeber
i. e. = id est (das ist)
ital. = italienisch
J. = Jahr
Jh. = Jahrhundert
jr. = junior
Kap. = Kapitel
L. = Lichtenberg; Linnaeus
lat. = lateinisch
M. = Monsieur
M.A. = Magister artium
mathem. = mathematisch
Mitarb. = Mitarbeit
Mr. = Mister, Monsieur
Ms. = Manuskript
n. = nach
ndl. = niederländisch
neg. = negativ
norw. = norwegisch
Nov. = November
Nr. = Nummer
o. = oder; ordentlich
p., P. = pagina; Pater, Père
phys. = physikalisch physisch
πμ = propria meditatio
pos. = positiv
Prof. = Professor
Pseud. = Pseudonym
r. = recto
röm. = römisch
s., S. = siehe; Saint; Seite
s.a. = siehe auch
s.a.u. = siehe auch unter
s.u. = siehe unter
Sp. = Spalte
St. = Sankt, Saint; Stück
T. = tomus, tome
Tab. = tabula
Th. = Theil
u. = und
u. a. = unter anderem
u. d. T. = unter dem Titel
u. ö. = und öfter
überl. = überliefert
übers., Übers. = übersetzt, Übersetzung
unterstr. = unterstrichen
v. = von, van; vor; verso
Verb. = Verbesserung
Vol. = Volume, Volumen
z. B. = zum Beispiel
zus., Zus. = zusammen; Zusätze
&c. = et cetera
* = geboren
† = gestorben
☊ = aufsteigender Knoten

Sachregister

a posteriori 2, 229$_{26}$
– *Prinzipien* **3,** 21$_{1}$ 33$_{12-13}$
– – *Beispiele* **3,** 34$_{1-3}$
a priori 2, 229$_{24}$ 278$_{24}$ 949$_{26}$ **3,** 25$_{12}$ 110$_{18}$ 143$_{27}$ 242$_{28}$ 269$_{11}$ 383$_{7}$ 409$_{10}$ 415$_{30}$ **4,** 61$_{19}$ 62$_{24}$
– *L.s Beweis, dass die im Wasser enthaltene Luft die Ausdehnung beim Gefrieren verursacht* **1,** 434$_{R9-11}$
– *Prinzipien* **3,** 20$_{14}$ 32$_{24-27}$ 64$_{21}$
– – *Beispiele* **3,** 33$_{18-34}$
Aachen 1, 272$_{23-25}$ 745$_{3}$ **2,** 832$_{33}$ **5,** 339$_{11-12}$
Aal 1, 630$_{R13-26}$ **4,** 378$_{10-11}$
– *elektrische Versuche* **1,** 565$_{R12}$
Aarberg (Schweiz) **2,** 940$_{35}$
Aarhus 2, 630$_{31}$ **5,** 62$_{5}$
Abendrot 1, 794$_{27}$
Abendstern 1, 680$_{22}$ **2,** 603$_{17}$ **5,** 23$_{21}$
s.a. Venus.
Abendweite (amplitudo occidua) **1,** 705$_{17-18}$
Aberration, s.u. Fixstern(e).
Aberration, chromatische, s. Linse (optisch) – konvexe – Abweichung wegen der Farben.
Aberration, sphärische, s. Linse (optisch) – konvexe – Abweichung wegen der Gestalt des Glases.
Abessinien (Kaiserreich; heute Äthiopien) **2,** 859$_{36-37}$ 897$_{14}$
Abschrecken
– *Magnetisierung durch Abschrecken* **1,** 615$_{15-16}$ **2,** 553$_{13-14}$ **4,** 346$_{7}$ 359$_{18}$ 367$_{20}$
Absteigung, schiefe 1, 705$_{6-7}$
Abstoßung
– *elektrische* **1,** 537$_{14}$ 547$_{4-7}$ **2,** 496$_{1}$ 501$_{26-27}$ **4,** 336$_{8}$
– – *Eigenschaft der elektrischen Materie* **1,** 579$_{30-31}$ **2,** 526$_{21-23}$ 530$_{15-16}$ **4,** 269$_{34-35}$
– – *Erklärung* **2,** 530$_{27-32}$ 534$_{7.\ 17-18}$
– – *nach Deluc* **4,** 297$_{20}$–298$_{13}$
– – *nach Franklin* **1,** 583$_{24-32}$ **2,** 527$_{21-24}$ **4,** 252$_{12-16}$ 269$_{20}$ 274$_{25}$ 274$_{32}$–275$_{12}$
– – *Wechselspiel mit Anziehung* **1,** 537$_{24}$–538$_{5}$ **2,** 496$_{25-35}$ 534$_{9-13}$
– *magnetische* **1,** 611$_{22-24}$ **4,** 354$_{12}$ 361$_{10}$
– – *Erklärung* **2,** 559$_{15-32}$ **4,** 373$_{3-5}$ 375$_{19-24}$
– – *Kraftgesetz* **1,** 612$_{16-18}$
s.a. Kraft – magnetische.
– *scheinbare* **1,** 192$_{R13-14}$
Abweichungskreis (circulus declinationis) **1,** 704$_{5-6}$ **2,** 591$_{26}$ **5,** 19$_{1}$ 224$_{26}$ 225$_{3}$
Academia scientiarum imperialis Petropolitana (St. Petersburg, gegr. 1724) **2,** 453$_{18-19}$ 941$_{3}$ **5,** 471$_{8}$
s.a. Acta Academiae Scientiarum Imperialis Petropolitanae (1778–1786); Commentarii Academiae Scientiarum Imperialis Petropolitanae (1728–1751); Nova Acta Academiae Scientiarum Imperialis Petropolitanae (1787–); Novi Commentarii Academiae Scientiarum Imperialis Petropolitanae (1750–).
– *G.M. Lowitz* **6,** XLIII
– *Preisfrage 1777 auf 1780: Natur und Eigenart der Vokalklänge* **2,** 335$_{29-30}$ **4,** 30$_{29-30}$
– *Preisfrage 1811 auf 1814: Bestimmung des Sonnendurchmessers* **2,** 727*

– *Preisfrage auf 1762: Einfluß der Planeten auf die Bewegung der Kometen* **5,** 733[1120]
– *Prioritätsfrage* **2,** 404[†]
Académie des sciences, arts et belles-lettres de Dijon (gegr. 1725) **2,** 45$_{7}$ **3,** 114$_{5.\,8}$ **4,** 649[96]
Académie des sciences, belles-lettres et arts de Lyon (gegr. 1700) **4,** 715[363]
Académie des sciences, belles-lettres et arts de Rouen (gegr. 1744) **2,** 109$_{15}$ 939$_{32}$ **4,** 405[121] **5,** 506$_{9}$
Académie royale des sciences (Paris, gegr. 1666), s.a. Histoire (Mémoires) de l'Académie Royale des Sciences depuis 1666 jusqu'à 1699 (1729–1733); Histoire de l'Académie Royale des Sciences. Avec les Mémoires (1702–); Mémoires de mathematique et de physique presentées à l'Académie Royale des Sciences (1750–).
– *animalischer Magnetismus* **4,** 382$_{25}$ 813[301] 818[320]
– *Aufsätze, Briefe, Vorträge* **5,** 733[1120] 742[39] 900[1016]
– *Gradmessung* **5,** 103$_{33}$–104$_{1}$ 104$_{27}$
– *Gründung* **5,** 429$_{28}$
– *Instrumente* **4,** 356$_{1}$ 364$_{5}$ **5,** 114$_{10}$ 292$_{3–4}$ 833[646]
– *Mitglieder* **2,** 630$_{35}$ 673$_{32–33}$ 924$_{30}$
– *Preisfrage* **2,** 763$_{13}$ **5,** 286$_{14}$ 287$_{24}$ 418$_{6}$ 435$_{4}$ 436$_{27}$ 446$_{8}$ 656[591]
– *Sekretär* **2,** 924$_{31}$
Accademia del Cimento (Florenz, gegr. 1657) **1,** 193$_{R7–8}$ **2,** 186$_{7}$ **3,** 118$_{8}$ **4,** 117$_{10}$
– *Schallgeschwindigkeit* **1,** 312$_{17–18}$
Achat 1, 273$_{R12}$ 535$_{1}$
Achromasie, s.a. Fernrohr – achromatisches (Dollondsches).
achromatisches Objektiv 6, 187 (225) 187 (226) 188 (228)
Achse, s. Erde (Erdkugel) – Achse; Linse (optisch) – konkave – in optischen Instrumenten; Weltachse.
actio et reactio sunt aequales 3, 133$_{29–35}$ 143$_{8–9}$ 145$_{28}$ 146$_{11}$ 148$_{12}$ 152$_{16}$
Adhäsion 1, 70$_{4–10}$ **3,** 488[108] 592[320] s.a. Fluida, tropfbare (Flüssigkeiten) – Adhäsion; Kohäsion.
Adler (Sternbild; Aquila) **2,** 789$_{28}$ **5,** 219$_{7}$ s.a. Atair.
– *η Aquilae* (η Antinoi) **2,** 590$_{26}$
Ägäis 2, 932$_{38}$
Ägypten, s.a. Alexandria; Assuan (Syene); Nil; Weltsystem – ägyptisches.
– *Astronomie* **5,** 207$_{1}$
– *Chamsin* (Wind) **1,** 766$_{R27}$ **2,** 862$_{36}$
– *französischer Konsul* **2,** 939$_{37}$
– *Kalender* **5,** 130$_{30}$ 693[870]
– *Obelisk* **2,** 198$_{6}$
– *Pyramiden* **5,** 457$_{12}$ 524$_{6}$
– *Regen* **2,** 897$_{13}$ **5,** 461$_{27}$ 462$_{24}$
– *Zeitrechnung* **2,** 594$_{39–40}$ **5,** 19$_{30}$–20$_{1}$ 35$_{11}$ 129$_{21}$ 131$_{4}$
Aeolipila (Dampfkugel, Windkugel) **1,** 442$_{15–17}$ 446$_{32}$ 458$_{13}$ **2,** 433$_{12}$ **4,** 113$_{21}$ 114$_{28}$ **6,** 198 (241)
– *doppelte Aeolipila nach Klipstein* **6,** 199 (242)
– *Verwendung zu chemischen Versuchen* **3,** 371$_{35}$
Aeonium arboreum (Sempervivum arboreum L.) **3,** 396$_{7}$ 422$_{2}$
Äquator 1, 644$_{19–20}$ **2,** 590$_{4}$ **5,** 107$_{22}$ 224$_{17}$ 225$_{8.\,25}$ 245$_{20}$ 319$_{17}$ s.a. Erde (Erdkugel); Himmelskugel.
– *atmosphärische Elektrizität* **5,** 484$_{24–27}$
– *Klima* **5,** 370$_{18}$ 374$_{26–28}$
– *Länge* **1,** 644$_{32–34}$

– *Luftdruckschwankungen gering* **1,** 823_{37-40} 824_{R1-19} **2,** 305_{25-27} 934_{10-11} 951_{24-36} **5,** 373_{25-27} 374_{22-24} 451_{22-23} s.a. Barometer – Steigen und Fallen – Halleys Regeln.
– *magnetische Inklination* **2,** $849_{6.\ 17}$
– *Meerestiefe* **2,** 817_{35} **5,** 324_{23}
– *Regen- / Trockenzeit in den Tropen* **1,** 828_{21}
– *Schneegrenze* **1,** 819_{1-2} **5,** 492_{19} 494_{25}
– *Umrechnung zwischen Winkel- und Meilenmaß* **1,** 95_{R2-5}
Äquinoktien **5,** 225_{1-2} 488_{27} s.a. Frühlingsäquinoktium (Frühlingspunkt); Herbstäquinoktium (Herbstpunkt).
– *Einfluß auf Flut* **1,** 769_{10}
– *Präzession* **1,** 669_{R12-13} 712_{30-32} **2,** 734_{12-13} 780_{38-39} 781_{1} 787_{10-11} **5,** 195_{12} 197_{13-14} 198_{25}–199_{4} 199_{16} 201_{22-29} 205_{1-16} 206_{1-21} 270_{9-10} 637[454] 692[867]
– *Sturmsaison* **5,** 352_{13}
Ärmelkanal **1,** 726_{R32} **5,** 116_{33}
– *Überquerung im Ballon* **1,** 294_{3-24} **3,** 702[192]
Aerometrie **3,** 47_{23}
aerostatische Maschine **2,** 24_{22} **3,** 269_{7} **4,** 252_{30} 267_{32} **5,** 317_{18} s.a. Ballonfahrt; Metapher – Montgolfiere.
– *Kosten* **2,** 263_{32}–264_{9} **3,** 400_{16-23}
– *mit Warmluft gefüllt* **1,** 293_{19-36}
– *mit Wasserstoff gefüllt* **1,** 269_{31-34} 293_{38-39}
– *Steuerung* **2,** 263_{9-18} **3,** $399_{3.\ 13-20}$ 400_{1-14}
– *von Erxleben nicht erwähnt* **3,** 8_{20-21}
Äther **2,** 773_{16-17} **4,** 28_{1} **5,** 175_{6-10} s.a. Magnetismus – Theorie – Euler.
– *bei Lesage* **2,** 115_{21-34} **3,** 218_{24} 230_{25} 231_{5}
– *Einfluß auf Bewegung der Planeten* **1,** 714_{8} **5,** 192_{21}
– *elastischer* **1,** 71_{32}
– *Erklärung des Hebers* **3,** 416_{6}
– *Existenz fraglich* **4,** 74_{19-22}
– *Licht* **1,** 344_{34} **2,** 347_{22} **4,** 50_{33-34} 75_{6-11} 210_{22}
Äther (chem.) **1,** 222_{4} s.a. Liquor anodynus; Salpeteräther; Vitrioläther.
– *Elastizität seiner Dämpfe* **2,** 435_{22-23}
– *Entzündlichkeit* **1,** 222_{26-29}
– *Herstellung* **3,** 368_{32}
– *im antiphlogistischen System* **2,** 205_{28}
– *Lösungsmittel* **1,** 222_{23-25}
– *spezifisches Gewicht verschiedener Arten* **1,** $185_{R10-13.\ R19-22}$
– *Verdunstungskälte* **2,** 478_{23-31} 490_{15-16} **4,** 115_{28}
Ätna (Vulkan auf Sizilien) **1,** 842_{25} **2,** $954_{10.\ 27-29}$ 956_{6} **5,** 391_{16} 392_{10} 393_{21} 529_{25} $530_{13.\ 33}$
– *Wolken darüber* **1,** 448_{31}
Affe **5,** 217_{18}
Affinität **3,** 302_{16} **4,** 209_{15} s.a. Verwandtschaft (chem.).
– *als umfassendes Prinzip in der Natur* **4,** 348_{8}
– *bei Haarröhrchen* **3,** 301_{12}
Afrika **2,** 813_{3} **5,** 320_{26}
– *Armut an Quellen und Flüssen in regenarmen Gegenden* **1,** 741_{4} **5,** 331_{21-22}
– *Cap Vert* **2,** 872_{8} **5,** 358_{35}
– *Erdbeben von Lissabon spürbar* **5,** 531_{30}
– *Fauna* **2,** 543_{36}
– *Gebirge* **5,** 328_{11-15}
– *Größe* **1,** 722_{27} **2,** 812_{5}
– *Hitze* **5,** 351_{20}
– *Nordküste* **2,** 871_{36}
– *Scirocco* **2,** 861_{33}
– *Sternenhimmel* **5,** 17_{6} 72_{19}
– *Südspitze* **1,** 724_{42} **2,** 814_{22-23}

– *Winde* **1,** 766$_{R18}$ **2,** 861$_{38}$ **5,** 371$_{23}$ 442$_{24}$ 443$_{12}$

Agave (Agave americana L.) **2,** 256$_{36}$ **3,** 396$_{3}$ 422$_{2}$

Aggregatszustand

– *Änderung durch chemische Prozesse* **1,** 203$_{R19}$–204$_{R1}$

Akademien, s.a. Academia scientiarum imperialis Petropolitana; Académie des sciences, arts et belles-lettres de Dijon; Académie des sciences, belles-lettres et arts de Lyon; Académie des sciences, belles-lettres et arts de Rouen; Académie royale des sciences; Accademia del Cimento; Churfürstlich-Baierische Akademie der Wissenschaften; Churfürstlich-Mayntzische Gesellschaft oder Academie nützlicher Wissenschaften; Göttinger Sozietät der Wissenschaften; Kungliga Vetenskapsakademien; Königlich-Preußische Akademie der Wissenschaften; Royal Society for the Improvement of Natural Knowledge.

Aktion (nahe dem heutigen Preveza; Griechenland) **5,** 132$_{4}$

Alabaster **2,** 494$_{34}$ **4,** 280$_{9}$

Alaun **3,** 305$_{23}$ **4,** 174$_{2}$

– *Brandschutz für Holz* **1,** 458$_{39-40}$

– *elektrischer Körper (Nichtleiter)* **1,** 533$_{43}$ **2,** 494$_{1}$ **4,** 279$_{23}$

Alaunerde **2,** 836$_{24}$ 838$_{17-18}$ **5,** 403$_{25}$ 405$_{17}$ 408$_{24}$ 414$_{28}$

– *im Wasser von Quellen* **5,** 339$_{9}$ 400$_{32}$

– *Kennzeichen* **1,** 212$_{12-18}$

Alaunschiefer **2,** 833$_{3}$ **5,** 340$_{18}$ 344$_{27}$

Albany, New York **2,** 444*

Alchemie **2,** 890$_{37}$ **3,** 308$_{25}$ **5,** 448$_{9}$ s.a.u. Gold.

Aldebaran (α Tauri) **1,** 715$_{R13}$ 963$_{38}$ **2,** 690$_{8}$ 787$_{17}$ **5,** 196$_{1.\ 28}$ 214$_{18}$

Aleuten (Inselgruppe im Nordpazifik) **5,** 530$_{17}$

Alexandria **2,** 585$_{20.\ 24}$ 586$_{1}$ 597$_{32}$ 667$_{2}$ 668$_{7-8}$ 670$_{1}$ **5,** 13$_{12}$ 22$_{21}$ 74$_{11}$ 99$_{10.\ 18}$ 100$_{8}$ 102$_{20.\ 27}$

– *Bibliothek* **5,** 22$_{24}$

– *Untergrund* **5,** 514$_{13}$

Alfios (griech. Fluß) **1,** 967$_{15}$ **2,** 834$_{23}$

Algol (β Persei) **2,** 790$_{12.\ 20-30}$ **5,** 220$_{6}$ 220$_{25}$–221$_{31}$ 221$_{35}$ 291$_{17}$

Alkali(en) **1,** 209$_{4}$ **3,** 306$_{23}$ **6,** 77 (81) s.a. Luft, flüchtige alkalische; Pottasche (Alcali vegetabile); Soda (Alcali minerale).

– *Hygroskopizität des fixen* **3,** 413$_{35}$

– *im antiphlogistischen System* **2,** 203$_{13-19}$ **3,** 315$_{25-27}$ 328$_{28-30}$ 340$_{31}$

– *in Pflanzen* **2,** 821$_{12}$ **5,** 326$_{12}$ 398$_{9-10}$

– *Kennzeichen* **1,** 209$_{12-28}$ 927$_{10}$ **3,** 307$_{6-13.\ 32-34}$ 308$_{3.\ 5-12}$

– *principe alcaligène* **3,** 340$_{30}$

– *Reaktion mit Kieselerde* **1,** 202$_{R27}$

– *Trocknungsmittel* **3,** 437$_{19}$

– *Verbindungen mit Erden* **3,** 310$_{24}$

– *Verwandtschaften* **1,** 230$_{10-19}$

Alkmaar **2,** 671$_{19}$ **5,** 101$_{12}$ 103$_{8-9}$ 113$_{26}$

Alkohol, s. Weingeist.

Aller **2,** 827$_{36}$ **5,** 330$_{4-5}$

Allgemeinbildung **5,** 30$_{21-23}$ 67$_{9-10}$ 223$_{11-12}$

Aloe

– *Aloe arborescens* (Aloe perfoliata L.) **3,** 396$_{8}$

– *unelektrischer Körper (Leiter)* **2,** 494$_{35}$ **4,** 280$_{18}$

Alpen **1,** 737$_{R32}$ **2,** 823$_{18}$ 837$_{18}$ **5,** 328$_{25.\ 32-33}$ 343$_{21}$ 400$_{21}$ 412$_{2}$ 523$_{16}$

– *meteorologische Beobachtungen* **2,** 887$_{15}$ 898$_{32}$

– *Ursprung von Flüssen* **2**, 829$_{29}$ **5**, 335$_{11}$
Altai **5**, 520$_{5}$
Altdorf **2**, 323$_{3}$ **4**, 9$_{3}$ 20$_{17}$ **6**, LXXIV
Alter
– *Vorzug* **3**, 16$_{10-11}$
Amalfi **2**, 842$_{10}$ 843$_{18}$ **5**, 420$_{16}$ 421$_{21}$
Amalgam, s.a. Elektrisiermaschine – Reibzeug.
– *beim Elektrophor* **1**, 566$_{2}$ **2**, 515$_{10}$
– *beim Spiegel* **1**, 946$_{2-5}$
– *Verwendung beim Elektrisieren* **2**, 500$_{35}$ 504$_{6}$
Amazonas **1**, 132$_{5}$ **5**, 330$_{11}$
– *Ebbe und Flut* **5**, 446$_{13}$
– *Länge* **1**, 746$_{1-2}$
Ambrym (Vulkaninsel im Südwestpazifik [Vanuatu]) **5**, 530$_{10}$
Ameisen **1**, 809$_{R14}$ **2**, 922$_{20}$
Ameisenbaum (Cecropia peltata L.) **2**, 44$_{10}$ **3**, 83$_{29}$ 112$_{22-23}$ **4**, 279$_{29}$
Amerika **2**, 813$_{3}$ **5**, 320$_{27}$
s.a. Pennsylvania; Peru (span. Vizekönigreich).
– *Entdeckung* **2**, 814$_{14-17}$ 844$_{1-2}$ **5**, 320$_{28-32}$ 422$_{15-16.\ 22}$
– *Erdbeben von Lissabon spürbar* **5**, 532$_{2}$
– *Fauna in Südamerika* **4**, 262$_{18}$ 334$_{12}$
– *Fossilienfunde* **2**, 938$_{1}$ 957$_{10}$
s.a. Huancavelica.
– *Größe* **1**, 722$_{29}$–723$_{1}$ **2**, 812$_{6}$
– *Große Seen* **5**, 397$_{9}$
– *Gummi liefernde Bäume in Südamerika* **2**, 43$_{39}$ **3**, 83$_{22-23}$ 112$_{24-25}$ **4**, 279$_{28-29}$
– *Häufigkeit des Nordlichts* **1**, 811$_{R21}$
– *hat die größten Flüsse* **1**, 745$_{35-36}$
– *hohe Berge* **1**, 739$_{2-3}$ **2**, 823$_{24}$ **5**, 319$_{13}$ 328$_{8}$ 329$_{10}$
– *Landverbindung nach Asien nicht ausgeschlossen* **5**, 321$_{3}$
– *Meteoritenfunde in Südamerika* **2**, 317$_{7}$
– *Pflanzenwachstum* **2**, 927$_{19-21}$
– *Südspitze* **1**, 725$_{2}$ **2**, 814$_{25}$ **5**, 322$_{4}$
– *Unabhängigkeit* **5**, 177$_{7}$
– *Vulkane in Mittel- und Südamerika* **5**, 530$_{19-20}$
– *Wälder in Nordamerika* **5**, 443$_{17}$
– *Wasserfälle* **1**, 747$_{23-24}$ 967$_{30}$ **2**, 834$_{34-35}$
Amianth **2**, 773$_{8}$ **5**, 174$_{17}$
Amiens **2**, 671$_{12}$ 673$_{34}$ 674$_{16}$ 676$_{1}$ **5**, 100$_{17}$ 101$_{19}$ 104$_{2}$ 247$_{7.\ 17.\ 19}$
Ammoniak, s. Luft, flüchtige alkalische.
Ammoniak, salpetersaures (Ammoniumnitrat), s. Tabelle – Kältemischungen.
Ammoniten **5**, 522$_{22}$
Amsterdam **6**, 332 (**82*)
– *Untergrund* **5**, 342$_{9}$ 514$_{12}$
– *Wirkungsort C.G. Königs* **2**, 940$_{31}$
– *Zerlegung des Wassers durch Paets van Trostwyk und Deiman* **2**, 279$_{10}$
Anamorphose **6**, 361 (**141*) 362 (**142*) 378 (**143*) 378 (**144*) 378 (**145*) 380 (**148*)
s. Rautenglas; Spiegel – konischer; Spiegel – zylindrischer.
– *für Zylinderspiegel* **6**, 163 (195)
– *Zeichengerät für Anamorphosen zum Konusspiegel* **6**, 378 (**147*)
– *Zeichengerät für Anamorphosen zum Zylinderspiegel* **6**, 378 (**146*)
Anatomie
– *Definition* **2**, 16$_{40}$ **3**, 37$_{3}$
– *Teil der Naturwissenschaft* **2**, 16$_{12}$ **3**, 35$_{25-26}$
Anden **2**, 823$_{17}$ **5**, 328$_{8}$ 343$_{22}$ 412$_{4}$
Andromeda (Sternbild) **2**, 792$_{23}$
Aneignung (chem.) **1**, 203$_{20-26}$ **2**, 199$_{23}$
s.a. Auflösung – fester Substanzen in Flüssigkeiten – mit Hilfsmitteln.

Aneignungsmittel 1, 204_{2} $896_{27–28}$ **2,** 878_{22} **3,** 345_{5} 352_{3}
Anemometer 1, 766_{21} 767_{17} **2,** 863_{33} 863_{37}–864_{40} **5,** 443_{20}
Anhalt (Fürstentum) 5, 329_{6}
Anisöl 2, $430_{4–10}$ **4,** 113_{19}
Anjou (älteres Haus) 2, 843_{18} **5,** 419_{6} 421_{20}
Anker 6, 38 (*26*)
– *Anwendung des Hebels* **1,** 106_{R1} 921_{24} **2,** 80_{14} **3,** 175_{10}
Annonay
– *Ballonaufstieg* **1,** 293_{32}
Antike, s.a. Cloacina; Griechen; Jupiter (antiker Gott); Magnetismus – Geschichte; Merkur (antiker Gott); Naturlehre – Geschichte; Vesta (antike Göttin), s.a.u. Kalender.
– *Aquädukte* **3,** $272_{9.\ 27}$
– *astronomische Instrumente* **5,** 21_{9}
– *Begriff für Soda* **3,** 307_{21}
– *Bestimmung des Erdumfangs* **2,** 667_{36}–670_{14} **5,** 99_{7}–100_{10} $102_{19–29}$
– *Erdbewegung* **2,** 609_{12}–610_{6} **5,** $58_{24–28}$
– *Kriegsmaschinen,* s. Maschine – Kriegsmaschinen.
– *Militär* **2,** 325_{1} **4,** 21_{23}
– *Musik,* s. Leier.
– *Nachrichten von Kometen* **5,** 176_{33}
– *Naturphilosophie* **3,** $201_{16–20}$ 207_{32} $212_{13–14}$ 215_{12} s.a. Licht – Theorie – Geschichte.
– *Nordlicht* **2,** $924_{3–4}$ **5,** 485_{10}
– *Planetenbewegung* **1,** 708_{27} **5,** $26_{32–34}$ $59_{1–10}$ $187_{30–32}$
– *Schlacht bei Actium* **5,** 132_{4}
– *Schriften* **5,** $177_{10–15}$
– *Sternauf- und -untergänge* **2,** $595_{9–10}$ **5,** 226_{4} s.a. Fixstern(e) – Auf- und Untergänge.
– *Tau stammt von Sternen* **2,** 890_{36}
– *Überlieferung* **5,** $58_{16–17}$
– *Weltsysteme* **2,** $610_{17–23}$
Antillen (Inselgruppe in der Karibik) **2,** $863_{20–21}$ **5,** 440_{6} s.a. Barbados; Jamaika.
Antimon, s. Spießglaskönig.
Antisana (Berg in Ecuador) **5,** 329_{15}
Antropomorphismus 3, 234_{17}
Anziehung, s.a. Attraktion; Kraft – anziehende; Schwere; Wahlanziehung (attractio electiva) – Beispiele.
– *elektrische* **1,** 537_{13} $547_{1–13}$ **2,** 496_{1} $501_{27–28}$
– – *Erklärung* **2,** $530_{32–41}$ $534_{7.\ 18–20}$
– – *Kraftgesetz* **1,** $598_{20–25}$
– – *nach Deluc* **4,** $297_{4–15}$ $298_{14–26}$
– – *nach Franklin* **1,** 582_{38}–583_{1} **2,** $527_{18–21.\ 26–31}$ **4,** 252_{8} 269_{20}
– – *Stärke* **1,** $583_{R6–10}$
– – *Wechselspiel mit Abstoßung* **1,** 537_{24}–538_{5} **2,** $496_{25–35}$ $534_{9–13}$
– *magnetische* **1,** $609_{7–24}$ $611_{20–22}$ **2,** 546_{8} **4,** $344_{11–25}$ $345_{2–6}$ $352_{1–20}$ $360_{2–12}$ 361_{10} 365_{25}
– – *Erklärung* **2,** 559_{33}–560_{8} **4,** $375_{12–19}$
– – *Kraftgesetz* **1,** $612_{5–16}$ **4,** $355_{30–31}$ s.a. Kraft – magnetische.
– – *Vergleich mit elektrischer und gravitativer* **4,** 353_{29}–354_{2}
Apameia am Orontes 2, 669_{30}
Apatit 3, *559*[137]
Apennin 5, 328_{33}
Apfelbaum 1, 805_{R28} **2,** 912_{38}
Aphel, s. Sonnenferne (aphelium).
Apollo (antiker Gott) 2, 792_{1} **5,** 208_{14}
Apparat zum Einatmen von Gasen 6, 469 (*381*)
Araber
– *Entwicklung der Astronomie* **2,** 581_{21} 670[*] **5,** 71_{22} 100_{11} 207_{1}
– *Kompaß* **2,** $842_{26–29}$ **4,** 366_{10} **5,** 420_{27}

Arabien
– *Armut an Quellen und Flüssen* **1,** 741_{3} **5,** 331_{21}
– *Regen* **1,** 821_{13} **5,** 461_{27} 462_{23}
– *Samum* (Wind) **1,** 766_{R25} **2,** 862_{18}
– *Sternenhimmel* **5,** 215_{15-16} s.a. Niebuhr, Karsten – Sternenhimmel in Arabien.
Aräometer 1, 174_{6} **2,** 165_{23} 873_{25} **3,** 269_{16} 276_{3} 278_{17} 384_{10} **4,** 189_{31} **5,** 805^{461} **6,** 67 (65) 67 (66) 420 (*216)
– *andere Bezeichnungen* **1,** 174_{R5-10}
– *Aräometer nach Fahrenheit* **6,** 546 (443)
– *Aräometer zur Branntweinprobe* **6,** 455 (366)
– *Büschs* **3,** 276_{4}
– *Ciarcys* **2,** 166_{26-27} 176_{4} **3,** 278_{2} **6,** 456 (368)
– *Delucs* **3,** 278_{12}
– *F. H. Müllers* **2,** 168_{17} **3,** 277_{8}
– *Funktionsprinzip* **1,** 173_{27}–174_{5} **3,** 278_{18-22}
– *G. G. Schmidts* **3,** 276_{24} 278_{1}
– *Nicholsons* **2,** 168_{11} **3,** 277_{19} **6,** 455 (367)
Archimedischer Versuch 6, 65 (62) 72 (71)
Argandsche Lampe 4, 215_{26} $216_{25.27}$ $217_{9.31}$ 218_{10} $230_{6-7.15-16}$ **6,** 538 (432)
Argumentum ad hominem 5, 450_{26}
Arkadien (griech. Region) **1,** 967_{15}
Arktur (α Bootis) **5,** $196_{1.24-25.27}$ 227_{10}
Armatur, s. Magnet.
Armenspeisung 2, 434_{41}
Armillarsphäre 1, 702_{34-37} **5,** 21_{7} 99_{9} **6,** 424 (*221)
Arsen (Arsenikmetall)
– *Arsensulfid* **2,** 32_{4} **3,** 94_{2} s.a. Realgar.
– *im antiphlogistischen System* **2,** 202_{28} **3,** 314_{17} 340_{15}
Artillerie, s.a. Berlin – Artillerie; Richtinstrument für Geschütze.
– *der angewandten Mathematik zugerechnet* **3,** 48_{2}
– *Ricochet-Schüsse* **3,** 117_{7}
Artilleriemaßstab 6, 307 (*34s) 307 (*34t)
Arzt
– *Ansehen* **4,** 382_{14-16}
Asantharz (asa foetida)
– *Beispiel für Teilbarkeit* **3,** 101_{18}
– *unelektrischer Körper (Leiter)* **2,** 494_{35-36} **4,** 280_{18}
Asbest 5, 404_{25} 414_{5}
Aschaffenburg 1, 931_{18}
Asche 1, 460_{12} **2,** 483_{25}
Asien 2, 813_{2} **5,** 320_{26}
– *Gebirge* **1,** 731_{6} 823_{9} **5,** 328_{20-24} 343_{21}
– *Größe* **1,** 722_{26} **2,** 812_{4}
– *Landverbindung nach Amerika nicht ausgeschlossen* **5,** 321_{4}
– *Nordasien* **5,** 508_{19}
– *Sternenhimmel* **5,** 17_{5} 72_{19}
– *Südspitze* **1,** 724_{44} **2,** 814_{24} **5,** 322_{9}
– *Zentralasien (Große Tatarei)*
– – *Klima* **5,** 371_{10}
Asphalt (Judenpech)
– *elektrischer Körper (Nichtleiter)* **1,** 533_{39}
Aspirationspsychrometer 4, 545^{197}
Assuan (Syene) 2, 585_{25} 668_{7} **5,** 74_{15} 99_{13} 102_{20}
Asteroiden 2, $743^{\dagger}$ 755_{1}
– *Ceres* **2,** 755_{12} 757_{1} 790^{*}
– *Juno* **2,** 756_{8}
– *Pallas* **2,** 756_{23}
– *Vesta* **2,** 755_{28}
Astrachan 2, 286_{15}
– *Klima* **2,** 932_{6-7} 933_{23-24} **5,** 371_{17-19}
Astrolab 1, 703_{8-11} **6,** 282 (*7) 319 (*37)
– *Astrolab nach Ritter* **6,** 297 (*29)

– *Halbkreisinstrument* **6,** 293 (**23[a]*)
Astronomie 5, 13_{4} 30_{4} 71_{12}
s.a. Sternwarte; Weltsystem.
– *Arbeitsfeld der Mathematik* **3,** 43_{6} 45_{22}
– *Definition* **5,** 223_{29-32}
– *der angewandten Mathematik zugerechnet* **3,** 47_{24}
– *Einteilung in sphärische, theorische und physische* **2,** 581_{6-7} **5,** 224_{1}
– *Erhabenheit* **5,** 30_{11} 30_{25}–31_{1} 67_{11-13} 70_{7-12} 222_{22-25} 223_{10-11}
– *exemplarische Wissenschaft* **1,** 904_{28-38} **2,** 27_{2-3} 947_{14-16} **3,** 63_{23-25} **4,** 259_{32} **5,** 376_{14}
– *frühe Entwicklung* **2,** 585_{1}–586_{15} 588_{34}–589_{34} 594_{7-37} 596_{12}–597_{41} 598_{1-39} 600_{22}–602_{34} 602_{38}–603_{29} 782_{21-31} **5,** 13_{5}–14_{27} 17_{19}–20_{34} 21_{1}–24_{30} 34_{23}–35_{33} 72_{29}–74_{27} 75_{5-14} 206_{25}–207_{2}
– *gehört zur Physik* **3,** 29_{26}
– *Kenntnisse daraus nötig für Geographie* **3,** 50_{1}
– *Kenntnisse daraus nötig für Meteorologie* **5,** 223_{16-20}
– *Nomenklatur* **1,** 640_{2-6} 904_{38}–906_{4} **2,** 592_{10-14} **5,** 210_{9-11}
– *physische*
– – *Definition* **1,** 38_{20-26} **2,** 581_{14-16} **5,** 224_{6}
– *rechnende* **1,** 703_{16-20}
s.a. Mathematik – angewandte – Astronomie.
– – *Abhängigkeit von Beobachtungen* **5,** 70_{24-28}
– – *Vorhersagefähigkeit* **3,** 49_{10-11} **5,** 70_{19-23}
– *Schutz gegen Aberglauben* **5,** 70_{34-35}
– *sphärische* **2,** 581_{7-11} **5,** 61_{16} 224_{2-3} 226_{5-7}
s.a. Abendweite; Absteigung, schiefe; Abweichungskreis; Aufsteigung; Azimut; Breite – eines Sterns; Breitenkreis; Deklination (Abweichung); Ekliptik; Himmelskugel; Länge – eines Sterns; Meridian (Mittagskreis); Mittagslinie; Morgenweite; Rektaszension; Scheitelkreis; Stundenwinkel (Zeitbogen); Tageskreis; Äquator.
– *Sternkenntnis* **5,** 213_{8-26}
– *Tafeln* **1,** 707_{2-11} **5,** 88_{16-21} 144_{5}
– *theorische* **2,** 581_{11-14} **5,** 224_{4-5}
– *Uhren* **5,** 47_{33-34} 55_{13-14} 144_{2-3} 145_{33-34}
– *Verhältnis zur Mathematik* **3,** 30_{10-11} **5,** 223_{1-6}
– *Vortrag*, s.a. Lichtenberg, Georg Christoph – Biographisches – Vorlesung / Kolleg – Astronomie, Geographie, Meteorologie – Methode.
– – *einer hypothetischen Entwicklung der Kenntnisse folgend* **2,** 581_{19}–582_{6} **5,** 13_{16-21} 36_{19-22} 71_{13-27} 128_{2-3}
– – *gemäß der Einteilung in sphärische, theorische und physische* **2,** 581_{17-18} **5,** 224_{7-9}
– – *Irrwege übergehen* **5,** 43_{11-12}
– – *Kenntnis der Sterne* **5,** 212_{30}–213_{2}
– – *Vorbild für Naturlehre* **3,** 17_{19} 21_{31}
– *Zeitangaben* **1,** 669_{16-19} **5,** 270_{18-33} 271_{1-4}
Astronomische Bauern 2, 498* 589_{2-3} 763_{5} **5,** 17_{10} 72_{33} 164_{18}
Atair (α Aquilae) **5,** 195_{2} 196_{2} 210_{25}
Atheismus 3, 142_{17}
Atlantik (auch Spanische See) **2,** 861_{38-39}
– *magnetische Deklination / Inklination* **4,** 347_{22} **5,** $430_{7.\,26}$
– *Salzgehalt* **5,** 398_{33}
– *Verbindung zum Mittelmeer* **5,** 323_{18} 324_{3}

– *Windstille* **5,** 351_{21} 439_{15-16}
Atlas 2, 823_{17} **5,** 328_{11}
Atmidometer 1, 775_{32} 969_{12-15} **5,** 361_{26} 447_{33}
Atmometer 1, 775_{32} 969_{5-10} **2,** 872_{34}–874_{4} **5,** 361_{26} 447_{33}
Atmosphäre (Luftkreis, Luftkugel) 1, 760_{4-7} **2,** 851_{7} **5,** 347_{27} s.a. Brechung, atmosphärische; Komet(en); Luft, atmosphärische; Luftdruck (Barometerhöhe) – atmosphärischer; Meteorologie; Mond; Sonne.
– *Anziehung von Mond und Sonne (Gezeiten)* **1,** 761_{13-31} **5,** 358_{19}
– *enthält Wasser* **1,** 447_{34-35}
– *Höhe* **1,** 760_{34}–761_{3} **2,** 219_{11-13} 853_{30} **4,** 13_{24-25} **5,** 347_{28}–348_{16}
– – *am Äquator größer* **1,** 761_{10-13} **2,** 856_{17-21} **5,** 348_{22-23}
– *Schichten* **2,** 967_{29-35} 972_{24-31} 1007_{30} **5,** 453_{29}–454_{9} 544_{24}
– *schlechter Informationsspeicher* **5,** 521_{16}
– *Vergleich mit Leidener Flasche* **5,** 484_{18}
– *Verunreinigung* **1,** 772_{21-24} **2,** 898_{15-16} **5,** 360_{1-2}
– *Wärmeleitung* **4,** 231_{28}
– *Wärmemeer* **5,** 447_{12-13}
– *Wasserdampfgehalt* **1,** 775_{2-18}
Atmosphäre, elektrische 1, 582_{13-22} 589_{17-21} 590_{41-44} $591_{1-7.\ 28-29}$ 598_{6-9} **2,** 504_{26} 535_{3-40} 536_{1-40} **4,** 266_{10-11} 269_{28} $270_{1.\ 3-4}$ s.a. Elektrisieren – Verteilung.
– *Berechnung der Wirkung* **1,** 598_{R3-16}
– *Erklärung für Kapillareffekt* **1,** 200_{R11-14}
Atmung 1, 956_{16} s.a. Luft, fixe – Atmung; Mensch – Körper – zum Atmen benötigtes Luftvolumen; Wärme – tierische.
Atom 2, $38_{4.\ 35}$ **3,** 79_{28} 103_{16} 105_{24} 510^{41}
Atomist 3, 240_{11} 569^{208}
– *Realität des Raumes* **3,** 107_{32}
– *setzt Anziehung und Abstoßung voraus* **3,** 239_{32}
– *Teilbarkeit* **2,** 36_{35} 37_{10} **3,** 78_{1} 104_{21} 105_{11} 106_{11}
Attraktion 5, 26_{13} 187_{13-14} s.a. Kraft – anziehende.
– *Begriff* **1,** 127_{21-33}
– *Einfachheit des Phänomens* **3,** 224_{23-24} 235_{19} s.a. Stoß – Einfachheit des Phänomens – verglichen mit Attraktion.
– *Fernwirkung* **2,** 108_{21-23} **3,** 206_{24} 219_{29-30} 225_{19} 235_{25} 242_{21}
– *Name für Ursache der Schwere* **3,** 184_{8} 185_{18} 188_{6}
– *Ursache*, s.a. Schwere – Ursache.
– – *Lesage* **1,** 128_{29-35} **2,** 109_{25}–113_{24} **3,** 202_{18}–203_{31} 208_{26}–210_{11} $214_{3-4.\ 7}$ 217_{28}
– – – *Diskussion* **2,** 113_{39}–115_{8} 116_{17-28} **3,** 204_{5}–205_{13} 210_{12-30} 213_{4-6} 215_{4-7} 221_{3}–222_{5} 222_{26-29} 229_{15-35} 230_{1-7} 232_{23-25} 235_{6-15} 236_{20-32}
– – *sollte weiter gesucht werden* **1,** 127_{33}–128_{10} 128_{R7-18} **2,** 108_{21}–109_{2} **3,** 224_{25-26}
– – *untaugliche Erklärungen* **1,** 125_{19}–126_{7}
Auerbach (Erzgebirge) 5, 405_{3}
Aufbrausen (chem.) 1, 259_{15-16} **3,** 309_{13}
Auflösung (solutio), s.a. Ausdünstung.
– *Begleitumstände* **1,** 224_{42}–225_{5}
– *Eigenschaften der Komponenten ändern sich* **1,** 225_{32-35} **2,** 199_{18-20}
– *Entwicklung von Luft* **1,** 259_{11}
– *fester Substanzen in Flüssigkeiten* **1,** 202_{14-15} **2,** 199_{14} **3,** 303_{27-28}
– – *mit Hilfsmitteln* **2,** 199_{23-28} **3,** 304_{4-7} s.a. Aneignung (chem.).

– *Förderung* **1,** 204_{5-18} 428_{21-23} **3,** 304_{8-10}
– *in Wasser* **2,** 832_{13} **5,** 337_{27} 463_{3-4}
– *nasser / trockner Weg* **1,** 227_{19-20}
– *Quelle von Elektrizität?* **1,** 578_{14}
– *Schmelzen* **1,** 439_{3-6}
– *Umkehrung* **1,** 204_{20-31} 205_{8-9}
Auflösungsmittel (menstruum) **1,** 202_{17-18} **3,** 303_{35} **5,** 525_{4} s.a. Wasser – Lösungsmittel; Weingeist – Lösungsmittel; Äther (chem.) – Lösungsmittel.
– *Bewegung*
– – *fördert Auflösung* **1,** 204_{10-11}
– *Entdeckung* **3,** 316_{26-28} 365_{27-28}
– *Sättigung* **1,** 203_{13-16}
Aufsteigung
– *gerade*, s. Rektaszension.
– *schiefe* **1,** 705_{2-3}
Auftrieb, s. Fluida, tropfbare (Flüssigkeiten) – Gewichtsverlust eingetauchter Gegenstände.
Auge, s.a. Geist – Auge des G.s; Sehen.
– *Abstandsgrenzen für deutliches Sehen* **1,** 401_{4-24} **2,** 398_{24-25}
– *Achromasie* **1,** 415_{R7-11} 416_{R1-2} **4,** 87_{29-32}
– *(Alters-)Weitsichtigkeit* **1,** 401_{26}–402_{7} 947_{22-26} **2,** 399_{30-39} **4,** 64_{17}
– – *Korrektur* **1,** 402_{9-32}
– *Anatomie des menschlichen* **1,** 395_{R1}–396_{27} 397_{2-25} 947_{14-22} **2,** 395_{20}–397_{34} **4,** 64_{13}
– *Bau*
– – *Modell für Fernrohrobjektiv* **1,** 415_{30-39} 949_{20-26}
– *Bild auf der Netzhaut* **1,** $398_{1-8.\,25-31}$ **2,** 37_{41}–38_{1} 397_{35}–398_{23}
– *Blindheit*
– – *Amaurose (schwarzer Star)* **2,** 400_{15-16} **4,** 64_{20-23}
– – – *elektrische Behandlung* **1,** 565_{3-4} **4,** 263_{28} 266_{33} 277_{18}
– – *Heilung* **1,** 348_{R4-8}
– *gelber Fleck* **1,** 401_{R9-36} **2,** 396_{38-41}
– *Hornhaut*
– – *Anpassung an Entfernung des Gegenstandes* **1,** 947_{26-28} 949_{7}
– *Katarakt (grauer Star)* **2,** 400_{5-14} **4,** 64_{20}
– *künstliches* **6,** 179 (218)
– *Kurzsichtigkeit* **1,** 403_{2-19} **2,** 399_{11-23} **4,** 64_{17}
– – *Korrektur* **1,** 403_{21}–404_{15}
– *Linse* **1,** 397_{25}–398_{1} **2,** 397_{26-34}
– – *Anpassung an Entfernung des Gegenstandes* **1,** 400_{20}–401_{2} 400_{R17}–401_{2} 401_{R1-4} 948_{35}–949_{8}
– *minimaler Sehwinkel, unter dem Gegenstände wahrgenommen werden* **1,** 348_{1-9} 945_{27} **2,** 350_{14-17} **4,** 52_{4} **5,** 214_{6-9}
– *Modell* **6,** 340 340 (**107*) 340 (**108*)
– *Netzhaut (tunica retina)*
– – *mit Eisen als magnetisches Sinnesorgan denkbar* **3,** 184_{27} 186_{8-9}
– *Pupille* **1,** 398_{10-23} **2,** 396_{27-31}
– *Zweck* **5,** 37_{2}
Augsburg **2,** 793_{7} **6,** 328 (**67*) 329 (**68*) 333 (**84*)
– *Blitzeinschlag* **1,** 806_{R25}
Auripigment (Operment) **2,** 32_{3} 892_{5} **3,** 76_{12} 94_{1} **4,** 68_{28} **5,** 449_{1}
Ausdehnbarkeit **3,** 215_{9} 240_{23} s.a. Luft (Gas) – Ausdehnbarkeit.
– *Ursache* **3,** 207_{8}
– – *nicht Attraktion* **3,** 216_{6-7} 218_{5} 222_{23-24}
– *urspünglich / abgeleitet* **3,** 361_{13-21}
Ausdehnung **2,** 28_{26} **3,** 91_{13} s.a. Ausdehnbarkeit; Wärme – Ausdehnung.
– *dreidimensional* **2,** 29_{7-9} **3,** 88_{29-31} 91_{25-27}
– *Figur* **3,** 92_{5-8} 95_{12} 105_{26-27}
– *Gegenstand der allgemeinen Naturlehre* **3,** 23_{26}

– *konstitutiv für den Körper* **1,** 60_{5-7} **3,** 76_{6} 88_{13-14} 91_{15} 92_{11} 95_{13} 102_{30-31}
– *Maß der Wärme* **4,** 165_{2-3}
– *Ursache* **3,** 89_{15}
Ausdehnungskoeffizient, s.a. Tabelle.
Ausdünstung 5, 360_{10} 447_{10} s.a. Regen – Theorie; Tabelle – Ausdünstung des Wassers bei verschiedenen Temperaturen.
– *am Äquator*
– – *verursacht Meeresströmungen* **1,** 771_{25-26} **5,** 359_{9}
– *Art von Auflösung* **1,** 280_{21} 445_{1-4} **5,** 364_{8}
– *Auflösungstheorie* **1,** 447_{R28} **2,** 280_{5-17} 445_{36} 875_{30} 878_{9-16} **3,** 439_{7} **4,** 154_{34}–155_{1} **5,** 463_{2-3} s.a. Saussure, Horace Bénédict de – Theorie der Verdunstung / des Regens.
– – *Diskussion* **2,** 878_{21}–879_{25} **5,** 449_{33}–451_{8}
– *durch Elektrisierung verstärkt* **1,** 538_{34-36} 539_{21-25}
– *jährliche* **1,** 774_{11}–775_{1} **2,** 874_{29-31} 875_{1-5}
– *Mittelmeer* **1,** 726_{18-24} **2,** 816_{13-18} **5,** 323_{28-31}
– *Stärke* **2,** 872_{30-33} **5,** 447_{23-30}
– *tägliche des Menschen* **1,** 775_{18-21} **2,** 875_{9-10} **5,** 360_{32-33} 447_{30-31}
– *Umwandlungstheorie* **2,** 878_{16-18} **5,** 449_{17} 464_{2-6} 858^{821} s.a. Deluc, Jean André (sen.) – Theorie der Verdunstung / des Regens.
– – *Diskussion* **2,** 879_{26}–882_{41}
– *Verdampfungstheorie* **2,** 875_{30} 883_{5}–886_{18} s.a. Verdampfen.
– *Versuch* **2,** 874_{7-14}
– *Vesikularsystem* **2,** 885_{34}–886_{13} 890_{2-15} **3,** 313_{18} s.a. Bläschen.
– *von Pflanzen* **1,** 969_{16}
Auslader, s. elektrischer Auslader.
Australerde, Australsand 1, 210_{R22} 886_{1} 928_{21} **3,** 340_{26}
– *Bestandteile* **1,** 928_{26-37}
Australien 1, 723_{33} **2,** 813_{3-10} **5,** 322_{26} s.a. Espiritu Santo; Neue Hebriden; Neuguinea; Neukaledonien; Neuseeland; Santa-Cruz-Inseln; Tonga; Îles de la Société.
– *Botany Bay* (Sydney) **2,** 813_{28} $814^{\dagger}$ **5,** $395_{20-21.\ 30}$
– *Entdeckung* **2,** 813_{22-25} **5,** $321_{6-9.\ 18-20}$
– *Insel oder Kontinent* **5,** 321_{29-30}
– *Kolonisierung* **2,** 813_{25}–814_{13} **5,** 395_{19-31}
– *Neu-Süd-Wales* **2,** 813_{23-24} $814^{\dagger}$
– *Neuholland* (hist. Name des austral. Festlandes) **1,** 722_{18} 723_{38} 725_{6-7} **2,** 813_{11} 814_{28} **5,** 321_{11} $322_{14.\ 27}$
– – *Größe* **1,** 966_{24} **2,** 812_{7} **5,** 321_{13-14}
– *Port Jackson / Jacksons Bay* (Sydney) **1,** 210_{R22} 928_{21} **5,** 804^{456}
Auxerre 2, 746_{9} **5,** 152_{27}
Avignon 1, 293_{23-24}
Axt
– *Anwendung des Hebels* **2,** 80_{37}
Azimut 1, 704_{18-19} **2,** 588_{6} 592_{27}

Babylon 5, 228_{17} s.a. Metapher – Babylonische Sprachverwirrung.
Bacilli Neperiani 6, 279 (*2)
Bad (Bäder), s. Aachen; Karlovy Vary; Pyrmont; Quellen – kalte und warme; Wiesbaden.
Bad Harzburg
– *Baste* **4,** 359_{23}
Baden (Markgrafschaft), s. Eichen.
Bäche 1, 740_{5}
– *Entstehung* **1,** 745_{29-30} **2,** 834_{9}
Bänder aus Seide 6, 209 (263)

Bär, großer (Sternbild; Ursa maior) **2,** 589_{7} **5,** $291_{6.\,8.\,10}$
Bär, kleiner (Sternbild; Ursa minor) **2,** 589_{7}
s.a. Polarstern.
Bäume, s.a. Ameisenbaum; Apfelbaum; Berg-Ahorn; Birke; Eiche; Esche; Espe; Fichte; Guajakbaum; Hülse; Rotbuche; Sal-Weide; Tanne.
– *Gefährdung durch Blitzschlag* **1,** 805_{R7-34} **2,** 912_{33}–913_{3} **5,** 473_{29} 480_{1}
Bahn, s. Weg.
Baia de Aries (Offenbánya; Rumänien [Siebenbürgen]) **3,** 363_{15}
Balkenwaage 6, 282 (**5*)
Ballonfahrt 2, 246_{21} $263_{5.\,9-32}$
– *Gebrüder Montgolfier* **3,** 446^{16}
– *Geschichte* **1,** 293_{15}–294_{33} **3,** 334_{7} 398_{28} 398_{33}–399_{2} 399_{8-12}
– *Höhenmessung* **5,** 542_{19}
– *meteorologische Forschung* **1,** 782_{32-34} 795_{R10-12} **2,** 817_{6} 897_{3} 909_{15-16} **5,** 465_{5-8} 470_{20}
Ballons für aerostatische Versuche 6, 122 (137)
Bandmaß 6, 315 (**35i*)
Banská Bystrica (Neusohl; Slowakei) **6,** 138 (166)
Banská Štiavnica (Schemnitz; Slowakei) **1,** 444_{R9} **2,** 289_{28} 300_{30} 835_{6} **4,** 156_{3} **5,** 341_{3}
Barbados (Insel in der Karibik) **2,** 699_{5-6} **5,** 115_{22}
Barbaren 5, 34_{17}
Barcelona, s.a. Montjuïc, Festung.
– *Gradmessung* **5,** 246_{6}
Barèges 5, 400_{18}
Barometer 1, 300_{23-30} **2,** 304_{26} **3,** $382_{17.\,22-34}$ 383_{4-26}
s.a. Höhenmessen – barometrisch; Luftdruck; Quecksilber – Verdampfen im Barometer.
– *Adhäsion des Quecksilbers* **2,** 180_{33}
– *Amontons' See- / Meerbarometer* **1,** 303_{33-37} 304_{5-20} **2,** 308_{30} **3,** 382_{30} **6,** 142 (176)
– *Assier-Perricats Reisebarometer* **1,** 305_{R9-11}
– *Barometer in einem Spazierstock* **6,** 420 (**216*)
– *Barometerröhren* **6,** 544 (*438*)
– *Bernoullisches* **1,** 303_{37}–304_{4} **2,** 308_{35-36} **3,** 382_{25} **6,** 141 (174)
– *Bestimmung des spezifischen Gewichts der Luft* **2,** 248_{2}
– *Bezeichnung Elaterometer* **1,** 300_{R13} **2,** 305_{2}
– *Bezeichnung Wetterglas* **2,** 305_{4} **3,** 382_{19}
– *Blondeaus See-Barometer* **1,** 305_{R5-7}
– *Büchsenbarometer* **6,** 144 (178)
– *Changeux' Barometrograph* **1,** 305_{R1-2} **2,** 311_{4}
– *Coxe's* **1,** 305_{13} **2,** 309_{31} **3,** 382_{34} 383_{24}
– *Delucs* **2,** 306_{22} 312_{9} **3,** 382_{31} 383_{4} 442_{29} **4,** 119_{25} 171_{13} **5,** 935^{49} **6,** 141 (173)
– *doppeltes* **1,** 304_{24-30}
– *Einfluß der Wärme* **1,** 476_{9-12} 477_{7-17} **2,** 456^{*} **3,** 443_{7-10} **4,** 121_{30}–122_{13} 122_{22}–123_{5} 167_{1}
– *Empfindlichkeit* **1,** 303_{20-26} **2,** 307_{26}
– *Etymologie* **2,** 304_{29-30}
– *Fahrenheits / Amontons'* **2,** 309_{21-25} **3,** 382_{27}
– *Heberbarometer* **1,** 302_{16-36} **2,** 306_{28} **3,** 685^{51}
s.a. Barometer – Delucs.
– – *Kalibrieren* **1,** 303_{R1-8} 305_{R19} **2,** 307_{14} 312_{8-9}
– *Herstellung* **1,** 305_{35}–306_{11} **2,** 312_{6} **3,** 383_{25}
– *Hookes Radbarometer* **1,** 303_{30-32} **2,** 307_{35} **3,** 382_{28-29} **6,** 143 (177) 202 (248)

– *Hurters Reisebarometer* **1,** 305_{R13-14}
– *Huygens'* **2,** 309_{5} **3,** 382_{26} **6,** 142 (175)
– *Langzeitbeobachtungen* **5,** 376_{1} 377_{29-30}
– *Leuchten* **1,** 553_{30-32} **4,** 281_{17} **5,** 484_{5-6}
– *mit Reservoir* **1,** 300_{32}–301_{2} **2,** 306_{23}
– – *Ablesefehler* **1,** 301_{21-35} 302_{2-9} **2,** 306_{1-14} **4,** 119_{25-28}
– – *Ablesung* **2,** 305_{34-38}
– – *Skala* **1,** 301_{4-19} **4,** 171_{11}
– *Morlands* **1,** 303_{27-30} **2,** 307_{30} **3,** 382_{24}
– *Qualität* **2,** 964_{11-12}
– *Quecksilberbarometer* **6,** 140 (171)
– *Reisebarometer* **6,** 141 (173) 544 (437)
– *relativ geringer Preis* **5,** 542_{30}
– *Skala* **1,** 941_{22-31} **3,** 442_{25}–443_{4} **4,** 122_{15} **5,** 546_{20-21}
– *Steigen und Fallen* **1,** 822_{8-9} **2,** 933_{37} 951_{17-24} 967_{24-25} **5,** 372_{11} 373_{19} 496_{2} s.a. Luftdruckschwankungen.
– – *Halleys Regeln* **2,** 935_{9-32} **5,** 496_{12}
– *Verwendung bei der Luftpumpe* **1,** 248_{35-39} **2,** 304_{17-18}
– *Wasserbarometer* **3,** 383_{26} 415_{26} **6,** 140 (171)
– *Wettervorhersage* **1,** 822_{18-22} 825_{2-4} **2,** 305_{8-15} 934_{37-38} 935_{1-9} **5,** 372_{20-25} 374_{29-30} 461_{32-34} 495_{14} 496_{29}–497_{9}
Baroskop 1, 300_{31}
Baroskopium, s. Baroskop.
Barrow upon Humber 5, 114_{36}
Baryllion, s.a. Aräometer.
Baryt, Schwerspat 1, 370_{8-10} **2,** 341_{27} s.a. Bologneser Stein.
Basalt 2, 837_{25} 838_{36} **5,** 404_{18} $406_{7.25}$ 414_{17} 415_{30} **6,** 268 (333)
– *magnetisch* **2,** 553_{16}
– *Schriften* **1,** 844_{R1}–846_{R15}
– *Ursprung* **1,** 844_{36-37} 974_{2-18} **2,** 955_{31}–956_{12} **5,** 386_{9} 392_{20-29} 407_{19-21} 514_{25-29} 529_{16-21}
– *vom Magneten angezogen* **2,** 547_{7} **4,** 345_{5} 360_{10} **5,** 392_{24-25}
– *Vorkommen* **5,** 392_{29}–393_{4}
Basel 5, 328_{17}
– *magnetische Inklination* **5,** 437_{14}
– *Wetterharfe* **2,** 335_{13}
Basilikum, griechisches (Ocimum minimum L.) **1,** 778_{R17}
Bath 2, 753_{15} **5,** 159_{19}
Batterie
– *elektrische* **2,** 511_{28}
– *aus 4 Leidener Flaschen* **6,** 242 (296)
– *aus 6 Leidener Flaschen* **6,** 241 (295)
– *aus 36 Leidener Flaschen* **6,** 241 (294)
– – *Restladung (Residuum)* **1,** 563_{20-25}
– – *Wirkung* **1,** 564_{21-36}
Baukunst 4, 29_{8}
– *der angewandten Mathematik zugerechnet* **3,** 48_{4}
Baum
– *philosophischer* **1,** 206_{12-13}
Baumwolle, s.a. Franklin, Benjamin – Elektrizität – Versuch – Wolken aus Baumwolle.
– *elektrisch entzündet* **2,** 499_{5}
– *elektrischer Körper (Nichtleiter)* **1,** 534_{5} **2,** 494_{14} **4,** 279_{32}
– *Gewinnung von Sauerstoff* **3,** 423_{7}
Bayern 5, 328_{34}
Beatification (Apotheose), s. Licht, elektrisches – Beatification.
Beaumont-en-Auge 2, 775*
Becherglas 6, 117 (126)
– *großes Becherglas* **6,** 563 (477)

Beharrungsvermögen 1, 84$_{R12}$ **2,** *57*$_{18}$
s.a. Trägheit.
Behutsamkeit im Urteil 1, 194$_{R19}$
s.a. Lichtenberg, Georg Christoph – Biographisches – Hinweise zur wissenschaftlichen Praxis – empfiehlt Behutsamkeit.
Belemnit 2, 493$_{15}$ **4,** 279$_{1}$
Belt, großer und kleiner, s. Meer – Strömung – zwischen Nord- und Ostsee.
Bemerkung, s. Erfahrung.
Beobachtung, s.a. Erfahrung.
– *astronomische* **1,** 708$_{6-10}$ **2,** 685$_{16-18}$ **5,** 90$_{12-20}$
– *bringt nur langsamen Erkenntniszuwachs* **2,** 22$_{28-30}$ **3,** 55$_{12-16}$
– *Definition* **1,** 33$_{27}$
– *meteorologische*, s. Witterung.
Berg-Ahorn (Acer pseudoplatanus L.) **1,** 805$_{R29}$
Bergbau, s.a. Bergwerk.
– *Gänge* **1,** 750$_{10}$ **5,** 344$_{14}$ 518$_{17}$ 520$_{15}$
– *maximale Schachttiefe* **1,** 749$_{R8-14}$ **2,** 835$_{4-6}$ **5,** 340$_{28-29}$ 341$_{2}$
Berg(e) 1, 731$_{27}$ 966$_{32}$ **5,** 400$_{2.\ 10}$
s.a. Antisana; Brocken; Bruchberg; Brèche de Roland; Buet; Cayambe; Chimborazo; Chussalong; Corazón; Cotopaxi; Descabezado; Gebirge; Herzberg b. Ilfeld; Houle du Marboré; Höhenmessen; Kaulberg b. Ilfeld; Kerinchi; Kittisvaara; Lomnický štít; Mond; Mont Blanc; Monte Gregorio; Monte Perdido; Monte Rosa; Monte Santo di Lussari; Monte Somma; Monts Dore; Ochsenkopf; Pic de la Maladeta; Pic du Canigou; Pic du Midi de Bigorre; Pichincha; Pico del Teide; Puy de Dôme; Schiehallion; Schneeberg; Tafelberg; Venus; Vignemale; Vulcan; Vulkan(e); Wetterhorn.
– *anziehende Kraft* **1,** 751$_{23-24}$ **3,** 236$_{23-24}$ **5,** 388$_{15-16}$
s.a. Chimborazo – Anziehungskraftmessung; Schiehallion – Anziehungskraftmessung.
– *die höchsten* **1,** 739$_{4}$
– *Einfluß auf physisches Klima* **1,** 821$_{9}$ **5,** 371$_{7}$ 491$_{3}$
– *Eisbedeckung der höchsten* **1,** 818$_{33-36}$ **5,** 370$_{22}$ 386$_{31}$
– *elektrische Eigenschaften* **5,** 896^{997}
– *für die Gestalt der Erdkugel irrelevant* **2,** 586$_{16-23}$ **5,** 16$_{16-21}$ 74$_{33-35}$ 319$_{12}$ 400$_{3-4}$
– *Nutzen* **5,** 343$_{1-3}$ 542$_{5-21}$ 543$_{18-30}$
– *Schichten* **1,** 749$_{22-31}$ **5,** 409$_{11-13}$
– *wasserspeiende auf der Sonne als Erklärung der Sonnenflecken* **5,** 47$_{14}$ 49$_{13}$ 50$_{1}$ 126$_{6}$
Bergen (Norwegen) **5,** 495$_{4}$
Bergen op Zoom 2, 671$_{19}$ **5,** 101$_{13}$ 103$_{8}$
Bergharz 5, 340$_{18}$
Bergkristall
– *Doppelbrechung* **1,** 369$_{33}$ 370$_{30}$–371$_{R17}$
– – *Theorie des Lichts* **1,** 346$_{R27}$
Bergöl 5, 529$_{8}$
Bergpech 5, 340$_{18}$
Bergwerk 5, 340$_{10}$
s.a. Bergbau.
– *Anwendung des Heronsbrunnens* **1,** 287$_{3-4}$
– *Kohlenbergwerk Schlebusch* **2,** 622†
– *Luftbewegung* **2,** 860$_{2-10}$ **5,** 352$_{2-6}$
– *Salzbergwerk Bochnia* **5,** 341$_{6-7}$
– *Salzbergwerk Wieliczka* **2,** 820$_{21-22}$ 835$_{8}$ **5,** 341$_{6}$
Berlin, s.a. Gesellschaft Naturforschender Freunde zu Berlin; Königlich-Preußische Akademie der Wissenschaften.
– *Ätzen in Glas* **2,** 272$_{27}$
– *Artillerie* **1,** 803$_{R2-3}$ **2,** 915$_{36}$

– *Fahrenheitsches Thermometer* **4,** 167_{26}
– *magnetische Deklination / Inklination* **1,** 757_{39} **2,** 846_{30} 849_{30} **5,** $347_{14.\,23}$
– *Merkurdurchgang* **5,** 151_{7}
– *Mondbeobachtung* **2,** 707_{18} 725_{15} **5,** 256_{12}
– *Nordlicht* **2,** 924_{8}
– *Sauerstoff in Flaschen* **3,** 420_{35}
– *Wirkungsort J.E. Silberschlags* **2,** 940_{25}
– *Wirkunsort Prevosts* **5,** 196_{12}
– *Zeughaus* **6,** LXVI
Berlinerblau 2, 892_{9} **3,** $362_{7–25}$ 363_{8} **4,** 472^{223} **5,** 449_{2}
Bern
– *Kompensationspendel* **2,** 418_{33}
– *Nebel* **3,** 381_{19}
Bernstein 1, 526_{9} **2,** 493_{2} 926_{38} **3,** 115_{1} **6,** 208 (261) 208 (262)
– *Einschlüsse als Metapher für die antike Vorstellung von der Planetenbewegung* **5,** $187_{31–32}$
– *elektrischer Körper (Nichtleiter)* **1,** 533_{38} **4,** 245_{7} 256_{6} 265_{6} 278_{20} 283_{26} **5,** 468_{24}
– *Elektrisieren durch Wärme* **4,** 289_{11}
– *Elektrizität bei Reibung* **1,** $542_{11–12}$
– *Material für Elektrisiermaschinen* **4,** 276_{29}
– *Material für Elektrophor* **4,** $316_{27.\,31–33}$
– *optische Linse aus Bernstein* **6,** 385 (**165*)
– *spezifisches Gewicht* **1,** 185_{21}
Beryll 1, 929_{14} **3,** 282_{26} 283_{19} 288_{6} 340_{28}
Beschleunigung, s.a. Bewegung – beschleunigte (verminderte); Fallbeschleunigung; Kraft – beschleunigende (vis acceleratrix).
Beverungen 2, 900_{9} **5,** 465_{5}
Beweglichkeit 3, 86_{27} 130_{6} 142_{2}
– *Gegenstand der allgemeinen Naturlehre* **3,** 23_{27}
Bewegung, s.a. Auflösungsmittel (menstruum) – Bewegung; Fallbewegung; Schwungbewegung, s.a.u. Philosophie, neue (Kant).
– *absolute* **1,** $76_{11–12}$ **2,** 52_{9}
– *Änderung erfordert Kraft* **1,** $83_{4–9}$ **3,** 142_{30}–143_{2} $145_{30–31}$
– *beschleunigte (verminderte)* **1,** $78_{23–30}$ $114_{19–31}$
– *Drehung* **3,** 163_{14}
– *eigene* **1,** 77_{9}
– *Fluida*, s. Fluida, tropfbare (Flüssigkeiten) – Bewegung.
– *gemeinschaftliche* **1,** $77_{10–11}$
– *geradlinige* **3,** 57_{13}
– *Gesetze* **2,** 24_{17} **3,** $61_{4–5}$
– *gleichförmig beschleunigte* **3,** 209_{16}
– *gleichförmig beschleunigte (verminderte)* **1,** $78_{35–36}$ **2,** 98_{32}
– – *Wege verhalten sich wie Quadrate der Zeiten* **1,** $115_{32–37}$ **2,** $100_{10–11}$ **3,** 183_{9} $184_{29–30}$
– *gleichförmige* **1,** $78_{17–18}$ **3,** $145_{1–3}$
– *Größe* **1,** 81_{9} s.a. Quantitas motus.
– – *beim Stoß* **1,** $134_{26–27}$ $135_{3–4}$ $136_{9–10}$ $137_{12–13}$ 138_{29} $139_{8–9.\,28–31}$ **2,** $129_{3.\,14}$ 130_{5}
– – *proportional zum Produkt aus Masse und Geschwindigkeit* **1,** $82_{21–25}$ $918_{12–17}$ **2,** $57_{2–4}$
– – *verhalten sich wie die Geschwindigkeiten* **1,** $81_{16–19}$ **2,** $56_{23–24}$ **3,** $139_{24–32}$
– – *verhalten sich wie die Massen* **1,** $82_{10–13}$ **2,** $56_{27–28}$ **3,** $139_{23–24}$
– *jährliche*, s.a. Erde (Erdkugel) – Umlauf um die Sonne; Sonne.
– *krummlinige* **1,** $91_{6–19}$ **2,** 68_{19} **3,** $135_{2–3}$
– *Mitteilung* **2,** 151_{36} **3,** 258_{2} s.a.u. Stoß.
– *Raum der* **1,** 77_{28} **2,** $52_{21–22}$

– *relative* 1, 76$_{26–27}$
– *rotierende (motus rotatorius)* 2, 148$_{29}$–149$_{17}$ 3, 192$_{28}$ 193$_{1}$
– *scheinbare* 1, 77$_{6}$
– *tägliche* 5, 200$_{29–32}$
s.a. Erde (Erdkugel) – Umdrehung; Stern(e).
– *Ungewißheit* 1, 76$_{32–36}$ 77$_{R1–2}$
– *ungleichförmig veränderliche* 1, 78$_{36}$
– *Ursache* 1, 917$_{1}$ 2, 115$_{19}$–116$_{29}$ 3, 184$_{24}$ 186$_{10}$ 187$_{15}$ 214$_{14}$ 221$_{19–20}$
– *Widerstand in Fluida* 1, 924$_{31}$
– – *abhängig von Dichtigkeit* 1, 152$_{21–31}$ 2, 155$_{31}$ 3, 196$_{19}$
– – *abhängig von Geschwindigkeit des bewegten Körpers* 1, 153$_{22–29}$ 2, 155$_{32}$ 3, 196$_{21}$
– – *abhängig von Stirnfläche des bewegten Körpers* 1, 152$_{12–16}$ 2, 155$_{30}$ 3, 196$_{20}$
– – *abhängig von Zähigkeit* 3, 196$_{18}$
– – *Bewegung der Flüssigkeit auch zu berücksichtigen* 1, 153$_{33–37}$
– *wirkliche* 1, 77$_{5}$
– *zusammengesetzte* 1, 89$_{36–37}$ 2, 61$_{34}$ 3, 134$_{2}$ 140$_{1–8}$ 158$_{10}$ 162$_{18}$ 163$_{24–25}$
s.a. Kraft – Kräfteparallelogramm.
– – *bei Zentralkräften* 1, 91$_{21}$–92$_{4}$ 920$_{2–3}$ 2, 68$_{31–37}$ 69$_{18}$ 3, 135$_{6}$ 161$_{14}$ 164$_{10}$
– – *Beispiele* 1, 919$_{19–25}$ 2, 63$_{24}$–67$_{5}$ 67$_{22–27}$ 3, 160$_{19}$–161$_{12}$
– – *und Erdrotation* 2, 620$_{11–33}$ 5, 60$_{25–31}$ 82$_{7–32}$
Bibergeil 4, 379$_{21}$ 381$_{12}$
Biene 5, 214$_{28}$
Bier 2, 250$_{30}$ 3, 380$_{22}$ 5, 338$_{16}$
Bierwaage 1, 174$_{9}$
Bild, s.a. Auge; Linse (optisch); Prisma; Spiegel.
– *Bild des Bildes (Optik)* 1, 380$_{11–24}$
Bildhauer (Sternbild; Sculptor) 5, 209$_{7}$
Billiard 2, 147$_{21}$ 148$_{1–34}$ 3, 57$_{15}$ 162$_{5}$ 191$_{23}$ 192$_{25}$ 199$_{22}$ 4, 19$_{21}$ 6, 15 (22)
s.a. Stoß – Reflexion.
Billiardkugel 3, 158$_{19}$ 5, 313$_{16}$ 439$_{7–9}$
– *Beispiel für nur träge, aber nicht schwere Masse* 1, 170$_{R6}$
– *Modell für gebundene Monddrehung* 2, 715$_{1}$ 5, 54$_{4}$ 122$_{15}$
Bimsstein 2, 174$_{29}$ 839$_{8}$ 3, 274$_{19}$ 5, 406$_{28}$ 416$_{1}$
Bindfaden
– *hygroskopisch* 2, 127$_{23}$
Bioko (Fernando Póo; Insel im Ostatlantik [Äquatorialguinea]) 5, 358$_{35}$
Biomechanik
– *Hebel* 1, 106$_{10–11.\ R13–17}$ 921$_{27–28}$ 2, 81$_{4}$ 3, 175$_{11–14.\ 16–18}$ 197$_{9}$
– *Schwerpunkt* 1, 111$_{23–26}$ 2, 90$_{17}$–92$_{24}$ 3, 179$_{1–16.\ 26–29}$ 198$_{4–6}$
– – *Skizzen (Strichmännchen)* 3, 198$_{7–8}$
Birke 1, 805$_{R31}$
Birmingham 4, 152$_{15}$
– *Dampfmaschine* 1, 444$_{R2–3}$ 4, 144$_{31}$
Birne
– *Vakuumversuch* 2, 252$_{8}$
Birnprobe (pear-gage) 1, 248$_{28–35}$ 888$_{1–36}$ 913$_{7}$ 2, 240$_{30–39}$ 3, 388$_{5}$ 411$_{6}$ 6, 97 (107)
Bittersalz
– *als Magnesia bezeichnet* 4, 782[164]
– *im Meerwasser* 1, 729$_{17–18}$
– *im Wasser von Quellen* 5, 339$_{7}$
Bitter(salz)erde 5, 414$_{2}$
– *im Göttinger Trinkwasser* 5, 338$_{4–5}$
– *Kennzeichen* 1, 212$_{1–7}$
– *Verwandtschaften* 1, 230$_{23–25}$
Bjeloje Osero (Weißer See [ca. 400 km östlich von St. Petersburg]) 1, 731$_{10}$ 2, 823$_{10}$

Bläschen, s.a. Ausdünstung – Vesikularsystem.
– *Dampf* **1,** 445_{17-18} **2,** 908*
4, 113_{27}
– *Entstehung durch Niederschlagung* **2,** 887_{12} 892_{35} 894_{36}
5, 364_{27-31} 455_{22-24}
– *Gefrieren* **5,** 365_{34}
– *Nebel* **2,** 895_{9-21} **5,** 455_{20} 458_{15}
– *Wolken* **1,** 448_{37-38} 449_{9} 788_{22}
2, 886_{29-33} **5,** 362_{2}
Blättererde (auch geblätterte Weinsteinerde; Kaliumacetat)
– *Trocknungsmittel* **3,** 437_{19}
Blättererz (Nagyágit) **3,** 363_{16}
Blasebalg **6,** 325 (**54*)
s.a. Ventilator; Wasserblasebalg.
– *Anwendung der Luftverdünnung* **1,** 239_{2}
Blasen
– *beim Sieden* **1,** 451_{1-6} **2,** 446_{4-7}
Blasenstein **2,** 832_{20} **3,** 304_{34} 346_{33}
4, 344_{10} 351_{28} 365_{5}
Blasenstrauch (Colutea arborescens L.) **1,** 265_{R28} **3,** 396_{9}
Blasentang (Fucus vesiculosus L.) **3,** 396_{11}
Blasinstrumente **1,** 332_{32}
s.a. Trompete.
– *Schwingung der Luftsäule* **2,** 327_{13-14} **4,** 30_{25} 33_{24} 34_{21}
Blattläuse **1,** 778_{R11-16} **5,** 363_{8}
Bleche zur Erläuterung der Lehre vom Schwerpunkt **6,** 48 (38)
Blei
– *Ausdehnungskoeffizient* **1,** 427_{R22} 480_{29} **2,** 417_{13}
– *Belegung der Leidener Flasche* **1,** 558_{28}
– *Bleibaum* **1,** 206_{R1} **2,** 199_{33}
– *Bleikalk (Mennige)*
– – *Reduktion gibt dephlogistisierte Luft* **3,** 329_{17} 394_{26} 422_{13}
– *Bleikugel* **6,** 438 (*350*)
– *Bleimonoxid (Lithargit)* **4,** 316_{28}
– *Draht* **6,** 2 (2)
– *Elastizität* **2,** 42_{39} **3,** 85_{23} 117_{15}
– *Elektrizität bei Reibung* **4,** 302_{8}
– *Festigkeit* **1,** 67_{28-37}
– *Gewicht der Bleikalke (-oxide)* **1,** 97_{R7-23} 921_{1-2} **2,** 75_{31-39}
– *Höhe eines Zylinders, dessen Druck dem mittleren Luftdruck gleichkommt* **1,** 240_{R1-3}
– *im antiphlogistischen System* **2,** 202_{17} **3,** 314_{16}
– *Schmelzen* **5,** 360_{23} 466_{31}
– *schmilzt nicht an der Sonne* **5,** 467_{1-2}
– *Schrotherstellung* **2,** 950*
– *spezifische Wärme* **1,** 512_{11}
– *spezifisches Gewicht* **1,** 183_{22}
– *Verwendung zu Reaktionsgefäßen* **3,** 398_{31}
– *Verwendung zu Glasarten* **4,** 89_{21}
– *von Quecksilber benetzt* **1,** 191_{12}
2, 181_{30-31} **3,** 298_{25}
– *Weinverfälschung mit Bleiazetat* **2,** 32_{15-16} **3,** 479[48]
– *(Zerreiß-)Festigkeit* **1,** 66_{6}
– *Zylinder* **6,** 3 (5)
Bleichen **2,** 271_{2} **3,** 427_{1}
Bleifeder **6,** 293 (**22[a]*)
Bleistift **6,** 306 (**34l*)
Bleiweiß **2,** 31_{37} 892_{7} **3,** 93_{21}
4, 316_{29} **5,** 449_{3}
Bleizylinder an Holzstab **6,** 14 (20)
Blitz **1,** 795_{37} **2,** 909_{19} **5,** 366_{25-28}
s.a. Gewitter.
– *Abwehr* **1,** 802_{25-27} 971_{10}
s.a. Blitzableiter.
– *aufwärts fahrender* **1,** 796_{R20} 807_{R1-2} **5,** 480_{17}
– *Baumarten unterschiedlich gefährdet* **1,** 805_{R7-34} **2,** 912_{33-34} 913_{1-3}
– *Beispiele für Einschläge* **5,** 473_{29}
s.a. Blitz – Todesfälle – Richmann.
– *Beispiele für Einschläge trotz Ableiter* **1,** 805_{34}–806_{7} 806_{R1-33}
2, 917_{1-30} **5,** 476_{31-33} $477_{16-18.\ 25-35}$
480_{12-14} 880[926]

– *elektrischer Funken* **1,** 796$_{4}$ 799$_{37–38}$ **2,** 909$_{21}$–910$_{11}$ **4,** 256$_{11–16}$ **5,** 469$_{12–33}$ 470$_{1–4}$ 473$_{28}$ 474$_{12–24}$ 483$_{26}$
– *erdnaher* **1,** 806$_{13–15}$ **5,** 480$_{16}$
– *Erklärung* **5,** 366$_{29–34}$
– *inflammable Luft* **1,** 800$_{11–13}$
– *Magnetisierung durch Blitz* **1,** 615$_{20}$ 619$_{32}$ **2,** 553$_{14–18}$ **4,** 376$_{27}$
– *ohne Donner* **1,** 802$_{1.\ R13}$ **2,** 913$_{34}$ **5,** 474$_{7}$
– *Orte mit erhöhtem Einschlagsrisiko* **1,** 800$_{5–10}$ 803$_{35–44}$ 804$_{1}$ **2,** 915$_{21–22}$ **5,** 473$_{28–29}$
– *Rückschlag (returning stroke)* **1,** 805$_{33–34}$ **5,** 475$_{3}$ 480$_{15}$
– *Todesfälle*
– – *Brown* **2,** 911$_{14–15}$ **5,** 470$_{23}$
– – *in Göttingen* **4,** 260$_{8–14}$ **5,** 367$_{27}$ 369$_{14–15}$
– – *Richmann* **1,** 796$_{31}$–797$_{2}$ 797$_{15–22}$ **2,** 911$_{6–9}$ **4,** 256$_{27}$ **5,** 368$_{1}$ 470$_{21}$ 471$_{2}$
– *tötet schnell* **2,** 913$_{4–6}$ **4,** 260$_{30}$ **5,** 367$_{25}$ 474$_{1}$ 479$_{20}$
– *Weg* **5,** 480$_{22}$–481$_{32}$
– *Wetterleuchten* **1,** 806$_{22–23}$
– *Wirkung* **1,** 800$_{15–26}$ **5,** 474$_{1}$
– *Wirkung der Elektrizität* **1,** 796$_{29–31}$
Blitzableiter 1, 804$_{18–28}$ **2,** 491$_{30}$–492$_{6}$ 916$_{1}$–919$_{11}$ **4,** 256$_{31–36}$ 257$_{1}$–258$_{23}$ 278$_{10–16}$ **5,** 367$_{16}$ 368$_{13–19}$ 475$_{10}$ 476$_{22}$ 479$_{23}$ **6,** 275 (339)
s.a. Blitz – Beispiele für Einschläge trotz Ableiter.
– *auf L.s Gartenhaus* **5,** 475$_{8}$
– *Funken trotz Erdung* **5,** 473$_{6}$
– *Pockenschutzimpfung als Vergleich* **1,** 806$_{8–11}$ **2,** 918$_{10–12}$ **5,** 476$_{6–7}$ 479$_{33}$
– *Stumpfendianer / Spitzendianer* **1,** 805$_{32–33}$ **2,** 916$_{15–26}$ **4,** 257$_{1–3}$ **5,** 368$_{14}$ 423$_{18–27}$ 476$_{24–28}$
Blitzschlag
– *kalter / warmer* **1,** 800$_{30–31}$ **2,** 913$_{7}$ **4,** 261$_{2}$ **5,** 474$_{3}$
– *Schuh eines vom Blitzschlag Getroffenen* **6,** 532 (*427*)
Blütenstaub 1, 772$_{38}$ **2,** 898$_{29.\ 34}$ **5,** 767^{254}
Blumen
– *reelles Bild eines Hohlspiegels* **6,** 160 (194)
Blut
– *enthält Eisen* **4,** 358$_{3–4}$
– *Kreislauf* **3,** 142$_{13}$ **4,** 203$_{28}$–204$_{4}$
– *spezifische Wärme* **1,** 516$_{32–38}$
Blut des heiligen Januarius 6, 198 (240)
s.a. Januarius.
Blutlauge 3, 362$_{2}$
Bochnia (Salzberg; Polen) **5,** 341$_{7}$
Bodensee 5, 397$_{18}$
Böhmen 5, 328$_{34}$ 511$_{15}$
Böhmerwald 5, 328$_{33–34}$
Böotien 5, 352$_{26}$
Bologna
– *Gradmessung* **2,** 673$_{23}$
– *schiefer Turm (Garisenda)* **1,** 109$_{R3}$ 922$_{25}$ **2,** 88$_{34}$ **3,** 178$_{17}$ 197$_{28}$ 199$_{13}$
– *schiefer Turm (Asinelli)* **2,** 621$_{35}$
– *Studienort Copernicus'* **2,** 608$_{25}$ **5,** 76$_{6}$
Bologneser Flasche, s.u. Flasche.
Bologneser Stein 6, 415 (**211*) 547 (*447*) 557 (*461*)
s.a. Baryt, Schwerspat.
Bonn 5, 528$_{26}$
Boracit 1, 536$_{R2}$ 600$_{R10}$ 957$_{8.\ 14–17}$ 960$_{4}$ **2,** 543$_{5}$ **6,** 558 (*462*)
Boraxsäure
– *ihr gemäß der antiphlogistischen Chemie vorausgesetzter Grundstoff* **3,** 315$_{20}$
Bordeaux
– *Gezeitenmühle* **2,** 871$_{26}$
– *Sterbeort Sullys* **2,** 698$_{15}$ **5,** 114$_{12–13}$

Borstenwürmer 2, 822_{39} **5,** 327_{22}
Bosporus
– *Meeresströmung zwischen Mittelmeer und Schwarzem Meer* **1,** 748_{31-37}
Bothmer (zu Schwarmstedt) **2,** 827_{36} **5,** 330_{3}
Bottnischer Meerbusen 1, 727_{15} **5,** 105_{27} 324_{30}
Boulogne 1, 294_{8}
Bourges 5, 247_{21-22}
Bovenden (Flecken ca. 6 km nördl. Göttingen) **5,** 201_{17}
– *Eddigehausen*, s. Eddigehausen.
– *Kunststück* (Ausnutzung der Kapillareffekts bei Holz) **2,** 198_{24} **3,** 301_{21} 303_{13}
Branntwein
– *Bestimmung des Alkoholgehalts* **3,** 277_{9-18}
Bratenwender, elektrischer, s. Versuche (Elektrizität) – Anziehen und Abstoßen; Versuche (Elektrizität) – Licht.
Bratislava (Preßburg)
– *Blitzeinschlag* **1,** 806_{R18-24} **2,** 917_{20}
Braubach
– *Marxburg* **2,** 891_{16}
Braunschweig
– *Federgrasstricke erhältlich* **2,** 184_{15}
– *Feuerkugel* **2,** 923_{26}
Braunschweig-Wolffenbüttel (Fürstentum) 5, 329_{5}
Braunstein 6, 125 (148)
– *Reduktion gibt dephlogistisierte Luft* **1,** 265^{8-20} **2,** 256_{29} **3,** 365_{24} 394_{32-33}
– *spezifisches Gewicht* **2,** 176_{22-24}
Brèche de Roland 5, 400_{18}
Brecheisen 3, 175_{9}
Brechung, s. Licht – Brechung.
Brechung, atmosphärische 1, 706_{17-19} **2,** 787_{28}–788_{4} **5,** 138_{24} 215_{18-33}
– *behindert geometrische Höhenmessung* **1,** 732_{30-32}
– *Sonnenaufgang* **4,** 55_{4}
Brechungsgesetz, s. Licht – Brechung – Brechungsverhältnis.
Breite
– *eines Sterns* **2,** 599_{36} 600_{15} **5,** 198_{16}
– *geographische* **1,** 645_{2} **2,** 688_{21} 927_{38} **5,** 51_{11} 108_{4} 109_{15} 245_{22} 319_{17}
– – *Bestimmung* **2,** 689_{20}–690_{12} **5,** 108_{6-7} 250_{32-33} 709^{965} s.a. Spiegelsextant.
Breitenkreis 1, 705_{25} **2,** 599_{40} s.a. Parallelkreis.
Bremen 2, 755_{30} 756_{24} **5,** 210_{22} 289_{34}
Brennbare Materialien 1, 217_{2}
Brennbares Wesen, s. Phlogiston (brennbares Wesen) – Verwandtschaften.
Brennen, s.a. Flamme.
– *Docht (Dacht)* **1,** 453_{32-36} 454_{6-21} 454_{29}–455_{8} **2,** 482_{34}
– *Glühen von Kohle* **1,** 459_{21}
– *Verhinderung* **1,** 458_{30-42} 459_{1-4}
Brennglas 1, 461_{R2-3} 949_{12} **6,** 352 (**119*) 358 (**126*) 359 (**128*) 359 (**129*) 359 (**130*) 360 (**134*)
– *große gefaßte Brenngläser* **6,** 168 (203)
– *mit Kollektivglas* **6,** 170 (206)
Brennspiegel 1, 489_{38}–490_{1} **3,** 313_{10} **4,** 53_{3} 216_{1} **6,** 358 (**123*) 358 (**124*) 358 (**125*) 431 (*[*230]*)
s.a. Archimedes von Syrakus – Brennspiegel.
– *parabolischer* **1,** 491_{10-15} **2,** 362_{35}
– *zusammengesetzter* **1,** 491_{20-25}
Brescia
– *Blitzeinschlag* **5,** 423_{29}
Brest 5, 430_{4}

Brie (Region in Frankreich) **2,** 843_{20} **5,** 419_{17} 421_{26}
Brille 1, 402_{18} **2,** $400_{4.\ 11}$
– *des Augenmodells* **6,** 179 (218)
– *grüne Brille zum Verkleinern* **6,** 380 (**151*)
Brillenfutteral 6, 380 (**152*)
Bristol 2, 865_{8} **5,** $357_{23.\ 27}$
Brocken (Berg im Harz) **2,** 837_{18} 897_{21} **5,** 412_{5} 524_{19}
– *Höhe* **1,** 131_{R22-24} $738_{21.}$ 924_{29} **2,** 122_{4-5} 825_{9} **3,** 187_{5} **5,** 261_{20-21} 329_{22}
Brot
– *Elastizität* **3,** 85_{24} 117_{16}
Bruchberg (Berg im Harz) **5,** 524_{19}
Brunnen, s.a. Heronsbrunnen; Quellen – Gesundbrunnen; Quellen – Sauerbrunnen; Springbrunnen; Zauberbrunnen.
– *Berechnung der Tiefe* **2,** 320_{13-27} **4,** 8_{19-21} 11_{9-12}
– *bis zum Mittelpunkt der Erde* **2,** 296_{38} **3,** 408_{14}
– *gegrabener* **1,** 745_{20}
– *Zauberbrunnen* **6,** 463 (*374*)
Buchpresse 6, 438
Buchsbaumbecher zur Zündung von Schießpulver 6, 249 (305)
Buchstaben, hölzerne (als Zeichenvorlage) **6,** 348 (**117*)
Buda (Ofen; Ungarn) **2,** 963_{28-35}
Bücher muß man kennen 3, 7_{7}
Büchse 2, 46* **3,** 83_{9-11}
s.a. Flinte.
Büchse, variable 6, 66
Büchsenbarometer 6, 144 (178)
Buet (Berg in Frankreich) **2,** 126_{16} **5,** 450_{33}
Bützow 5, 477_{21}
Bussole, s.a. Kompaß; Etymologie – Bussole.
– *7-zöllige Bussole* **6,** 265 (331)
Butter
– *Ausdehnung beim Erstarren* **4,** 131_{29}
Cabriolet, s. Straßenfahrzeuge – Kabriolett.
Cádiz 5, 532_{1} 659^{611}
Cambridge 2, 938_{29} 939_{1}
– *Ruf* **2,** 776_{20-25}
– *Wirkungsort Newtons* **2,** 776_{20}
Camera clara 6, 184 (221)
Camera obscura (finsteres Zimmer) 2, 403_{2} **4,** 55_{14} 56_{1-5} 57_{18} 64_{24} **6,** 182 (219) 339 (**104*) 339 (**105*)
– *als Zeichenhilfe* **1,** 405_{4-27}
– *Bild* **1,** 404_{19}–405_{2} **4,** 55_{27-28}
– *Camera obscura erecta* **6,** 338 (**101*)
– *tragbare Camera obscura* **6,** 184 (220) 338 (**102*)
Câmpulung Moldovenesc (Rumänien) **5,** 529_{6}
Campus amplissimus 5, 372_{14-15}
Canna (Insel der Inneren Hebriden [Schottland])
– *Magnetnadel ohne Richtung* **1,** 754_{34}
Canopus (α Carinae) **2,** $585_{20.\ 31}$ 670_{2} **5,** 13_{12} $74_{11.\ 19}$ 100_{7} 102_{27}
Capacität (elektr.) 1, 591_{10} **2,** 509_{19} **4,** 273_{29-31}
Capella (α Aurigae) **1,** 715_{R14-17} **2,** 787_{18} **5,** 196_{1} $200_{33.\ 36}$ 201_{16} $214_{19.\ 24}$
Cartesische Teufel 2, 292_{2} 850_{3-4} **6,** 80 (92) 427 (**225*)
s.a.u. Versuche (Hydrostatik); Versuche (Luft) – Elastizität.
Castletown (Derbyshire)
– *fossiles Federharz* **2,** 46_{5} **3,** 84_{18} 114_{28} 115_{28}
Castor (α Geminorum) **5,** 196_{1} 197_{1}
Catania 5, 393_{22}
Causa finalis 3, 175_{19}
s.a. Auge – Zweck; Planeten – Zweck; Teleologie.
Cayambe (Berg in Ecuador) **5,** 329_{14}

Cayenne
– *Gummibaum* **2,** 44_{15}
– *Pendellänge* **1,** 651_{26} **2,** 624_{3} **5,** 60_{9-10} 104_{6}
– *Schallgeschwindigkeit* **1,** 312_{36}
Celle 5, 330_{6}
Centrum inertiae, s.a. Trägheit – Mittelpunkt der T. (beim Stoß).
Centrum virium, s.a. Kraft – Mittelpunkt der Kräfte.
Cereus repandus (Cactus peruvianus L.) **2,** 256_{36-37} **3,** 396_{4}
Cerknica (Zirknitz; Slowenien)
– *intermittierender See* **1,** 299_{R3} 748_{20} **2,** 303_{3} $830_{33.\,38}$ **5,** 335_{29}
Ceuta (Abila; Marokko) **5,** 323_{17}
Chalcedon 4, 69_{5}
Chaldäer
– *Entwicklung der Astronomie* **2,** 581_{21} $791_{6.\,12}$ **5,** 71_{22} 131_{4} 206_{35} 208_{2}
– *Kometen* **2,** 759_{32}
Chamonix 1, 738_{R6} **2,** 824_{10} **5,** 847^{726}
Champagne 2, 589^{*} **5,** 445_{31}
Champignon, elektrischer 6, 234 (286)
Chamsin (Wind) **1,** 766_{R26} **2,** 862_{36} **5,** 439_{35}
Chemie 3, 80_{29}
s.a. Wahlanziehung.
– *Abgrenzung von der Physik* **2,** 832_{4} **5,** 338_{1-2}
– *antiphlogistische (französische, neue)* **1,** 890_{10} 891_{6} **2,** 255_{4-5} **3,** 353_{12}
s.a. Wasser – Zerlegung / Zusammensetzung.
– – *allmähliche Durchsetzung* **1,** 891_{32}–892_{15} **2,** 212_{21-23} **3,** 342_{24-25} 349_{16-19}
– – *Diskussion* **3,** 321_{6}–322_{24} 328_{31}–330_{18} 346_{6-18} 350_{17}–353_{10}
– – *Geburtstag* **2,** 253_{25-26}
– – *Grundzüge* **1,** 952_{6-24} **3,** 317_{26-34} 341_{19-22} 347_{16-23} 348_{29}–349_{5} 357_{4-9} $672\text{-}673^{329}$
– – *ihre Vertreter* **1,** 893_{21-25} 908_{37-38} **3,** 330_{26-27} 335_{12}
– – *Kennzeichen* **2,** 208_{20}–209_{9} $210_{20-23.\,33-34}$
– – *Klassen von Gegnern* **1,** 893_{27-35} **3,** 334_{9-10} 335_{4-5} 344_{22-32} 349_{6-7} 359_{28-34}
– – *kritische Anmerkungen* **1,** 900_{37}–901_{22} 952_{27}–953_{9} **3,** 333_{27} 338_{5-8} 347_{18-28} 351_{32}–352_{13} 352_{21-32} 360_{29-33}
s.a. Chemie – antiphlogistische (französische, neue) – Prüfsteine.
– – *Literatur pro und contra* **3,** 331_{3-14}
– – *Oxidationsstufen* **2,** 210_{40-41} **3,** $328_{21.\,23-27}$
– – *philosophisch nachrangig* **3,** 332_{16-21} 335_{8-12}
– – *Probleme mit meteorologischen Beobachtungen* **1,** 900_{24-29} **3,** 357_{32-35}
– – *Prüfsteine* **1,** 887_{10-26} 894_{6-7} 896_{2-5} 900_{6-23} **2,** 212_{23-26} **3,** 329_{9-35} 333_{18-20} 372_{28-29}
s.a. Chemie – antiphlogistische (französische, neue) – kritische Anmerkungen.
– – *reißender Strom* **3,** 16_{4}
– – *Systematik* **2,** 201_{8-13} **3,** 327_{12} 339_{20}
s.a. Stickstoff (Azote) – Oxidation.
– – – *Grundstoffe* **3,** 316_{9-10} 327_{22-23} 348_{28}
– – – – *Alkalien* **2,** 203_{13-19} **3,** 340_{31}
– – – – *einfache Substanzen* **2,** 201_{22}–202_{10} **3,** $327_{25-28.\,31-33}$ 339_{21-28}
– – – – *Erden* **2,** 203_{5-12} **3,** 327_{30} 340_{24}

– – – – *hypothetische* **2,** 202_{6-10} 272_{2-3} 273_{11-12} **3,** 327_{26-28} 336_{9-10} 340_{1-4} 351_{26-27}
– – – – *Metalle* **2,** 202_{13}–203_{4} **3,** 327_{24} $340_{13-14.\ 21-23}$
– – – – *Säurebasen* **3,** 336_{3-10} 339_{30-34} 351_{22-25}
– – – *Verbindungen*
– – – – *Inflammabilien* **2,** 205_{25-28}
– – – – *Luftarten* **2,** 203_{24}–204_{15}
– – – – *Metalle mit brennbaren Substanzen* **2,** 205_{29-36}
– – – – *Metalloxide* **1,** 929_{16-32} **2,** 204_{18} **3,** 340_{14-15}
– – – – *mit Erden* **2,** 208_{15}
– – – – *Neutralsalze* **1,** 929_{38}–930_{15}
– – – – *Oxide (außer Wasser und Metalloxide)* **2,** 204_{19}
– – – – *Säuren* **2,** 204_{20}–205_{24} **3,** $340_{8-11.\ 18-19}$ 346_{23-33} 347_{1-11} 351_{28-29}
– – – – *Salze* **2,** 206_{1}–208_{9}
– – – – *Schwefelverbindungen* **2,** 205_{37-39}
– – – – *Seifen* **2,** 208_{16}
– – – – *Wasser* **2,** 204_{17}
– – *Überblick* **2,** 201_{7} **3,** 313_{28-29}
– – *Uneinigkeit ihrer Gegner* **3,** 342_{28-30} 350_{19-21}
– – *Verhältnis zur allgemeinen Naturlehre* **1,** 892_{16-26} 897_{35-38}
– – *Verheißung* **3,** 16_{29}
– – *Vermittlung mit phlogistischen Positionen* **3,** 334_{16-25} 346_{8-11} 347_{14-15} 359_{8-12}
– – *wichtige Verbindungen* **2,** 209_{10-38} **3,** 331_{21-30} 341_{4-18}
– *Definition* **2,** 16_{35} **3,** 36_{18}
– *der elastischen Fluida (L.s neue Chemie)* **3,** 364_{2} 366_{28} $369_{16.\ 23}$ 372_{25} 676[345]
– *Eingeschränktheit der gewöhnlichen* **3,** 367_{28}
– *Farben der Körper* **2,** 386_{25-29}
– *Nomenklatur* **1,** 265_{R1-3} 887_{27} 890_{33-35} 901_{23-37} 926_{2-3} **2,** 210_{34} **3,** 330_{19-31} 333_{29} 343_{1-35} 355_{3} 357_{14-16} 359_{15} 360_{13-14}
s.a. Lavoisier, Antoine Laurent – chemische Nomenklatur.
– – *dephlogistisierte Luft* **2,** 258_{33-35} **3,** $393_{12-15.\ 25-26}$ 394_{7-15}
– – *dephlogistisierte Salzsäure* **2,** 270_{32-34} **3,** 426_{14}
– – *fixe Luft* **1,** 904_{5} **2,** 270_{10-14} **3,** 343_{9-15} 391_{13}
– – *flüchtige alkalische Luft* **2,** 260_{31-33}
– – *Halbsäure* **3,** 356_{26}
– – *inflammable Luft* **2,** 264_{11-16} **3,** 396_{24}
– – *Luftarten* **2,** 255_{1} **3,** 389_{28-32} 390_{8-10}
s.a. spiritus sylvestris.
– – *Metallkalk* **1,** 903_{3-13} **3,** 666[302]
– – *phlogistisierte Luft* **2,** 274_{6-8}
– – *Phosphor-Luft* **2,** 266_{12-15}
– – *Salpeter-Luft* **2,** 276_{8-9}
– – *Salze* **2,** 211_{14}–212_{9} **3,** 308_{17-25} 308_{32}–309_{2} 336_{19-30} 382_{21}
s.a. Neutralsalze – Benennung in der antiphlogistischen Chemie.
– – *Sauerstoff* **1,** 903_{25-30}
– – *Sauerstoffverbindungen* **2,** 210_{39}–211_{13} **3,** 336_{11-17} 336_{31}–337_{9}
– – *Schwefelleber-Luft* **2,** 259_{25-27}
– – *spatsaure Luft* **2,** 273_{12-14}
– – *Sumpfluft* **2,** 265_{17-19}
– – *Übersetzung* **1,** 906_{5-15} **2,** 212_{10-18} **3,** 335_{12-31} 343_{26}–344_{20} 354_{31-33} $356_{23-24.\ 26-30}$
– – *vitriolsaure Luft* **2,** 272_{10-11}
– *Reaktionen setzen Flüssigkeit voraus* **2,** 949_{30-34} **3,** 124_{5-14} 369_{30}–370_{1} **5,** 516_{18-19} 526_{11-12}
– *skeptische Betrachtung* **1,** 832_{7-13}
– *Teil der Naturwissenschaft* **2,** 16_{11-12} **3,** 25_{17} 35_{25}
– *Überschneidung mit der Physik* **2,** 17_{23-27} 17_{38}–18_{9} **3,** 26_{11-17} 27_{5}–28_{15} 316_{32}–317_{3}

– *untersucht die Wahlanziehung* **1,** 227_{17-21} **3,** 369_{27}
– *Verhältnis zum Magnetismus* **4,** 348_{9}
– *Verhältnis zur Elektrizität* **1,** 895_{8}–896_{2} 958_{44}–959_{1} **3,** 344_{33}–345_{17}
– *Vorkenntnisse daraus* **1,** 206_{21-27}
– *wichtige Phänomene für Phlogistiker und Antiphlogistiker schwer erklärbar* **3,** 358_{1-2}
Chemischer Ofen **6,** 118 (130)
Chemischer Ofen (Sternbild; Fornax) **5,** 209_{7}
Chimborazo (Berg in Ecuador) **1,** 782_{R26} **2,** 823_{23} **5,** 16_{20} 180_{4} 260_{17} 319_{13} 322_{2} 329_{8-11} 366_{13} 460_{25-26} 530_{21}
– *Anziehungskraftmessung* **1,** 121_{R14} **2,** 106_{35}–107_{3} 676_{29} **5,** 243_{6}
– *erloschener Vulkan* **2,** 107_{13}
– *Höhe* **1,** 121_{R32-33} $739_{9.\,27}$ **2,** 106_{38-39} 586_{18-19} 704_{5-6} 896_{23} **5,** 74_{34} 119_{30} 259_{35}–260_{1} 260_{4} 261_{16}
China **2,** 859_{38} **5,** 514_{13}
Chinesen **2,** 840_{11} $842_{14.\,17}$ **5,** 419_{24} 420_{18-19}
Chlor, s. Salzsäure, dephlogistisierte.
Chlorwasserstoff, s. Luft, salzsaure.
Chordometer **4,** 293_{11-12}
Chrom **1,** 184_{R16} 931_{16}
– *im antiphlogistischen System* **2,** 202_{34} **3,** 340_{23}
Chronologie **2,** 733_{27} **5,** 126_{29} 128_{1} 130_{9}
s.a. Jahr; Kalender; Monat; Tag; Woche.
– *der angewandten Mathematik zugerechnet* **3,** 48_{1}
Chrysolith **5,** 404_{18}
Chur **5,** 328_{16}
Churfürstlich-Baierische Akademie der Wissenschaften (München, gegr. 1759) **4,** 816^{313}
– *Preisfrage* **5,** 792^{375}
Churfürstlich-Mayntzische Gesellschaft oder Academie nützlicher Wissenschaften (Erfurt, gegr. 1754) **4,** 410^{167}
Chussalong (Berg in Südamerika) **1,** 739_{8}
Ciceroskӧpfe **1,** 343_{R16-17} **2,** 324_{25}
Citrin **3,** 282_{22} 283_{16} 287_{19} 288_{1}
Clausthal-Zellerfeld
– *Bergbau* **5,** 341_{12-13}
– *Höhe* **1,** 738_{25-26}
– *meteorologische Beobachtung* **2,** 922_{26}
– *mittlere Barometerhöhe* **1,** 825_{20}
Clermont-Ferrand **2,** 957_{34} 958_{31} **5,** 909^{1057}
Clifton (bei Doncaster; South Yorkshire) **2,** 684_{11}
Cloacina (antike Göttin) **3,** 392_{23}
Coburg **2,** 760_{41}
Collioure **2,** $674_{15.\,23}$ **5,** 104_{29}
Comparni (zu Mileto; Kalabrien) **5,** 532_{16}
Condensator (**Mikroelektrometer**) **2,** 518_{1} **4,** 247_{24} 251_{30} 270_{2} 273_{28} 290_{8}
– *abgewandelter Elektrophor* **1,** 573_{32-38}
– *Analogie zu stark magnetisierten Nadeln* **1,** 626_{30} **2,** 562_{14} **4,** $348_{2.\,21}$ 376_{26} 377_{26}
– *Basis* **4,** 252_{1}
– – *Luft als Basis* **1,** 574_{26-45} 575_{1} 959_{13-15} **4,** 274_{14}
– *Bennets Duplikator* **1,** $959_{11.\,18}$ **4,** 319_{33}
– *Cavallos Kollektor* **1,** 959_{13} **4,** 323_{2} **6,** 255 (316)
– *Cavallos Microelectroscopium compositum* **1,** 578_{40}–579_{5} **4,** 252_{2} 274_{15}
– *Einrichtung* **1,** 573_{29-43} 574_{1-26} 575_{1-39}
– *Gefahr der Entartung zum Elektrophor* **1,** 574_{35-39} 575_{27-32} 576_{32-37} **4,** 274_{12}

– *Grad der Elektrisierbarkeit* **1,** 575$_{41–43}$ 576$_{1–31}$
– *Nachteil* **4,** 322$_{5}$
– *Nachweis sehr schwacher Elektrizität* **1,** 532$_{37–38}$ 576$_{43}$ 577$_{1–44}$ 578$_{1–4}$ **4,** 252$_{32}$ 274$_{7–11}$
– *Name Conservator der Elektrizität* **1,** 959$_{10–11}$
– *Name Mikroelektrometer* **1,** 579$_{1–5}$
– *Theorie* **1,** 591$_{41}$–592$_{24}$ **2,** 537$_{1–32}$ **4,** 274$_{4–5}$
– *Verstärkung* **1,** 578$_{27–37}$

Connecticut 1, 726$_{R18}$

Cor Caroli (α Canum Venaticorum) **5,** 291$_{12}$

Corazón (Berg in Ecuador) **1,** 739$_{7}$

Cornwall 5, 432$_{10}$

Cosoleto (Kalabrien) **5,** 532$_{16}$

Cotopaxi (Berg in Ecuador) **2,** 823$_{28}$ **5,** 329$_{16}$ 530$_{20}$

Crottendorf 5, 344$_{21}$

cubitum (Längenmaß) **3,** 116$_{21}$

cui bono 3, 215$_{10}$

cur opium facit dormire 1, 125$_{R30}$ **3,** 57$_{29}$

Cuxhaven 2, 80$_{25. 30}$ 865$_{10}$ **5,** 358$_{7–8}$ 438$_{4}$ 476$_{4}$

Dachziegel
– *Metapher für die Bestandteile des Weltalls* **5,** 121$_{15}$

Dämmerung 1, 663$_{25–27}$
– *Höhe der Atmosphäre* **2,** 854$_{29}$ **5,** 348$_{9}$
– *Theorie des Lichts* **4,** 49$_{23–24}$

Dänemark
– *Kalender* **2,** 738$_{5–6}$
– *König* **2,** 361$_{39}$

Dame(n) 1, 34$_{R11}$ **2,** 61$_{26}$ 252$_{11}$ 271$_{29}$ 372* **3,** 10$_{24}$ 147$_{15}$ 399$_{2}$ **4,** 86$_{27}$ 382$_{9}$

Dampf 2, 431$_{12}$ **4,** 138$_{15}$ 141$_{2}$ **5,** 364$_{7}$
s.a. Verdampfen; Wasserdampf; Weingeist – Elastizität seiner Dämpfe.
– *Begriff* **1,** 446$_{34–36. R1–14}$ **2,** 431$_{13–17}$ **4,** 114$_{3–5}$ 138$_{16–21}$
– *elastisches Fluidum* **3,** 364$_{5}$ **4,** 328$_{26–28}$
– *Erstarren* **1,** 443$_{7–11}$
– *Verflüssigung* **1,** 443$_{7–11}$ 446$_{22–27}$ **2,** 884$_{25–28}$
– *vernachlässigte Lehre* **1,** 441$_{R2–5}$
– *verursacht Sieden* **1,** 450$_{22}$–451$_{1}$
– *Wirkung auf die Flamme* **1,** 457$_{33}$–458$_{16}$ 458$_{R1–7}$

Dampfmaschine 1, 443$_{24}$ **2,** 436$_{1}$ **4,** 115$_{2. 7–20}$ 116$_{12}$ 141$_{10}$ 142$_{14}$ 144$_{29}$ 151$_{2–12}$ 153$_{4–18. 21}$ 230$_{24}$
s.a.u. Metapher.
– *als Schiffsantrieb* **1,** 444$_{R19–32}$ **2,** 443$_{36}$–444$_{2}$ **4,** 529[137]
– *Funktionsprinzip* **1,** 447$_{3}$ **2,** 438$_{6–10}$
– *Geschichte* **1,** 951$_{1–19}$ **2,** 436$_{19–38}$ **4,** 142$_{6–10}$ 152$_{2–9}$
– *Leistung* **2,** 436$_{8–18}$ 442$_{1–2. 21–25}$ **4,** 115$_{20}$ 142$_{15–33}$ 144$_{29–30}$ 151$_{7–9}$ 152$_{27–28}$
– *Newcomens* **2,** 437$_{11}$–438$_{34}$
– *Symingtons* **2,** 443$_{4–30}$ **4,** 148$_{8}$
– *Watts / Boultons* **2,** 438$_{35}$–443$_{3}$ **4,** 145$_{3}$ 146$_{17}$ 152$_{7. 13–29}$ 156$_{29–30}$
– *Worcesters / Saverys* **2,** 436$_{38}$–437$_{10}$ **4,** 141$_{16}$–142$_{5}$
– *Zeichnungen* **6,** 500 (*405*)

Dampfturbine
– *nach v. Kempelen bzw. Boulton* **6,** 201 (245)

Darmstadt 5, 467$_{25}$

Dasymeter 1, 307$_{R1}$

Datchet 2, 753$_{28}$

Datierung
– *2349 v. Chr. November 28* **5,** 665[657]
– *1472 Januar 19* **5,** 231$_{34}$ 232$_{7}$
– *1472 Februar 19* **5,** 76$_{3}$
– *1473 Februar 19* **2,** 608$_{22}$ **5,** 232$_{5. 19}$

– *1531 August* **5**, 658[602]
– *1538 September* **2**, 953_{40}
– *1543 Mai* **5**, 76_{7}
– *1543 Mai 24* **2**, 608_{31} **5**, 232_{20}
– *1546 Dezember 13* **2**, $616_{24–25}$ **5**, 78_{31}
– *1555 Dezember 28* **5**, 369_{22} $476_{14–15}$
– *1560 August 21* **2**, 616_{28} **5**, 78_{32}
– *1571 Dezember 27* **2**, 645_{13} **5**, $87_{27–28}$
– *1572 November* **2**, $789_{30–31}$ **5**, 219_{12}
– *1582 Oktober 4* **2**, $737_{10–11}$ **5**, 133_{24}
– *1582 Oktober 15* **2**, 737_{13} **5**, 133_{25}
– *1601 Oktober 24* **2**, $617_{7–8}$
– *1604 Oktober* **2**, 790_{6} **5**, 219_{21}
– *1611 Januar 28* **2**, 710_{35} **5**, 258_{25}
– *1611 März* **2**, 729_{13}
– *1611 Juni* **2**, 729_{10}
– *1616 Juni 16* **5**, 342_{9}
– *1618 März 15* **5**, 64_{9}
– *1618 Mai 15* **2**, 646_{6}
– *1630 November 15* **2**, 646_{27} **5**, 608[261]
– *1631 November 6* **2**, 651_{30} **5**, 43_{30} 92_{25}
– *1631 November 7* **5**, 608[260]
– *1631 November 12* **5**, 43_{32}
– *1631 November 15* **2**, 651_{32} **5**, 92_{29}
– *1631 Dezember 6* **2**, 651_{31} **5**, 43_{31} 92_{28}
– *1633 Juni 22* **5**, 39_{3} 81_{31}
– *1635 Dezember 12* **2**, $186_{7–8}$
– *1637 Oktober 5* **3**, 585[291]
– *1638 Juli 13* **3**, 530[2]
– *1638 September 12* **3**, 530[2]
– *1639 Dezember 9* **2**, $651_{38–39}$
– *1642 Dezember 25 (alter Stil)* **2**, $775_{12–13}$ **5**, 188_{17}
– *1644 September 25* **2**, 630_{32} **5**, 62_{5}
– *1648 September 19* **2**, 958_{32}
– *1662 Februar* **3**, 630[104]
– *1662 Juli 14* **3**, 630[104]
– *1663 Juli 16* **3**, 630[104]
– *1663 Oktober 28* **3**, 630[104]
– *1672 Januar 25* **5**, 152_{24}
– *1672 Februar 15* **4**, 493[298]
– *1672 November 27* **4**, 493[298]
– *1675 Februar 7* **5**, 669[699]
– *1675 März 18* **4**, 493[298]
– *1677 März 1* **4**, 806[266]
– *1679 Februar 28* **3**, 557[131]
– *1679 September 28* **5**, 259_{1}
– *1680 Juni 28* **5**, 805[461]
– *1680 November 14* **2**, 760_{41}
– *1683 März* **5**, 126_{12}
– *1685 Dezember 9* **5**, 821[562]
– *1686 August 28* **5**, $152_{24–25}$
– *1687 Januar 28* **5**, 259_{6}
– *1690 Dezember 23* **5**, 291_{23}
– *1698 Juli 25* **4**, 523[122]
– *1699 August 16* **2**, 690[†]
– *1700 Februar 18 (alter Stil)* **2**, 738_{9}
– *1700 März 1* **2**, 738_{9}
– *1709 Oktober 18* **6**, XL
– *1709 November* **4**, 139_{23}
– *1710 September 19* **2**, 630_{39} **5**, 62_{6}
– *1710 Oktober 31* **5**, 796[400]
– *1711 Mai 8* **2**, 677[*]
– *1716 März 6 (alter Stil)* **5**, 485_{14}
– *1719 Dezember 31* **2**, 793_{6}
– *1720 Dezember 31* **5**, 391_{26}
– *1723 Februar 17* **2**, 701_{28} **5**, 111_{8}
– *1724 April 8* **5**, 137_{14}
– *1724 April 9* **2**, 739_{6}
– *1724 April 16* **2**, 739_{7}
– *1727 März 28* **2**, $777_{13–14}$ **5**, 189_{10}
– *1727 März 30* **2**, 777_{15} **5**, $189_{10–11}$
– *1728 Oktober 28* **2**, 631_{2} **5**, 62_{7}
– *1735 Januar 16* **2**, 932_{8} **5**, $371_{13–14}$ 495_{6}
– *1736 Oktober 15* **6**, XLV
– *1738 November* **2**, 753_{1}
– *1740 November 3* **5**, $152_{25–26}$

– *1744 März 17* **4,** 719^{389}
– *1744 August 16* **2,** 682†
– *1744 Oktober 4* **5,** 615^{318}
– *1745 August 30* **2,** 712$_{1}$
– *1745 September 13* **5,** 877^{924}
– *1745 September 17* **5,** 877^{924}
– *1745 Oktober 11* **1,** 556$_{34–35}$ **2,** 510$_{13}$ **4,** 270$_{26}$ 305$_{1}$
– *1746 März* **4,** 699^{298}
– *1747 Februar 19* **4,** 786^{185}
– *1747 Juni 1* **4,** 654^{107}
– *1747 Juli 11* **5,** 873^{911}
– *1747 Dezember 26* **2,** 491$_{11}$ **4,** 266$_{31}$ 277$_{28}$
– *1748 Februar 28* **2,** 491$_{12–13}$ **4,** 266$_{32}$ 277$_{28–29}$
– *1749 März 23* **2,** 775*
– *1749 April 29* **4,** 647^{88} **5,** 870^{892}
– *1749 Juni 11* **5,** 482$_{11–12}$
– *1752 Mai 10* **5,** 474$_{25}$
– *1752 Mai 20* **2,** 910$_{26}$ **5,** 864^{862}
– *1752 Juni* **2,** 910$_{29–30}$ **4,** 256$_{17}$ **5,** 367$_{36}$ 470$_{1}$ 474$_{26}$
– *1752 August 20 (alter Stil)* **2,** 738$_{14}$ **5,** 136$_{3}$
– *1752 September 1* **2,** 738$_{14}$ **5,** 136$_{4}$
– *1753 Februar 17 (alter Stil)* **2,** 738$_{19}$
– *1753 Februar 22* **5,** 252$_{9}$
– *1753 März 1* **2,** 738$_{19}$
– *1753 Mai 6* **5,** 252$_{9}$
– *1753 Juni 7* **5,** 865^{869}
– *1753 Juli 11* **5,** 866^{878}
– *1753 August* **4,** 256$_{24}$ **5,** 470$_{26}$
– *1753 August 6* **1,** 796$_{33}$ **2,** 911$_{9}$ **4,** 256$_{27}$ **5,** 368$_{1}$ 470$_{21}$ 471$_{6–7}$
– *1753 August 17* **5,** 865^{870}
– *1753 September* **5,** 778^{315} 871^{893}
– *1753 Dezember* **4,** 697^{289}
– *1755 November 1* **2,** 956$_{27}$ **5,** 531$_{29}$
– *1756 September 25* **2,** 19$_{35–36}$ 753$_{36}$ **5,** 160$_{28}$
– *1758 November 14* **5,** 733^{1120}
– *1758 Dezember 25* **5,** 652^{573}
– *1759 März 13* **4,** 813^{296}
– *1759 April 13* **4,** 418^{16}
– *1759 August 1* **4,** 469^{209}
– *1759 November 10* **3,** 463^{130}
– *1760 Mai 12* **5,** 761^{199}
– *1760 Juni 19* **2,** 453$_{8}$
– *1760 Juli 15* **2,** 391$_{40}$
– *1760 Juli 19* **4,** 118$_{15}$ 161$_{18}$
– *1761 März 12* **4,** 700^{303}
– *1761 Juni 16* **2,** 652$_{5}$
– *1761 November 18* **2,** 698$_{35}$
– *1762 Februar 20* **2,** 701$_{29}$ **4,** 667^{155} **5,** 111$_{8}$ 872^{899}
– *1762 März* **2,** 698$_{37–38}$
– *1762 April* **6,** XLIII
– *1762 Juli 13* **2,** 632$_{22}$ **4,** 414^{196}
– *1762 Juli 23* **2,** 923$_{25}$
– *1763 Oktober 6* **6,** XLIII
– *1764 Mai* **2,** 699$_{6}$
– *1767 Juli 17* **3,** 271$_{8}$
– *1768 Januar 10* **4,** 816^{310}
– *1768 Juli 16* **5,** 780^{321}
– *1769 April 10* **6,** XLVI
– *1769 April 25* **4,** 530^{138}
– *1769 Mai 28* **3,** 602^{39}
– *1769 Juni 3* **2,** 652$_{6}$
– *1769 Juli 21* **5,** 792^{374}
– *1769 August 9* **5,** 742^{36}
– *1769 September 9* **5,** 659^{611}
– *1769 September 11* **2,** 771$_{5}$ **5,** 171$_{6}$
– *1769 September 18* **5,** 824^{589}
– *1769 Oktober 21* **6,** XLVIII
– *1769 November 22* **6,** XLVIII
– *1770 Januar 18* **2,** 857$_{6–7}$ 924$_{18}$ 925$_{29}$
– *1770 April 21* **6,** XLVII
– *1770 Mai 20* **6,** XLVIII
– *1770 Mai 31* **6,** XLVII
– *1770 Juni 8* **6,** XLVIII
– *1770 Juni 15* **5,** 656^{590}
– *1770 Juni 30* **5,** 656^{590}
– *1770 Juli* **5,** 657^{594}
– *1770 Juli 2* **5,** 656^{590}
– *1770 August* **5,** 608^{259}
– *1770 Oktober 3* **5,** 656^{590}

– *1770 Dezember 17* **5,** 425_{31} 427_{1}
– *1771 Januar 9* **3,** 667[308]
– *1771 Mai* **5,** 656[590] 657[594]
– *1771 Dezember 17* **5,** 427_{6}
– *1772 März* **5,** 423_{26}
– *1772 September 5* **2,** 817_{35} **5,** 324_{25}
– *1772 September 21* **4,** 116_{9-10}
– *1772 November* **5,** 808[484]
– *1772 Dezember 17* **5,** 426_{14} 427_{11} 428_{24}
– *1773 Februar 2* **2,** 817_{37}
– *1773 Februar 8* **5,** 324_{28}
– *1773 März 2* **5,** 619[341]
– *1773 Mai 24* **5,** 767[254]
– *1773 Juli* **2,** 822_{5} **5,** 327_{25} 762[210]
– *1773 Oktober 12* **5,** 663[638]
– *1773 November* **5,** 663[638]
– *1773 Dezember 17* **5,** 427_{16} $428_{17.\ 26}$
– *1774 Januar* **5,** 663[638] 909[1057]
– *1774 April 14* **5,** 663[638]
– *1774 Juli 3* **5,** 532_{33}
– *1774 August 1* **2,** 210_{4} 253_{24}
– *1774 September* **5,** 717[998]
– *1774 September 3* **4,** 472[226]
– *1774 Oktober* **5,** 824[591]
– *1774 Dezember 17* **2,** 849_{9} **5,** 427_{21} $428_{16.\ 33}$
– *1774 Dezember 27* **5,** 424_{1-2}
– *1775 Januar 2* **5,** 428_{32}
– *1775 Februar* **5,** 824[591]
– *1775 März* **5,** 808[484]
– *1775 Mai 24* **5,** 780[321]
– *1775 Juli 12* **3,** 445[4]
– *1775 November 6* **4,** 463[175]
– *1775 Dezember 31* **3,** 445[2]
– *1776 Januar* **4,** 279_{18}
– *1776 März 24* **2,** 419_{28}
– *1776 März 29* **5,** 575[47]
– *1776 April 25* **6,** LXIX
– *1776 Mai* **5,** 921[1181]
– *1776 Mai 20* **2,** 122_{34}
– *1776 Juni* **4,** 755[45]
– *1776 Juli 20* **5,** 779[320]
– *1776 Juli 25* **5,** 629[407]
– *1776 November* **4,** 741[503]
– *1776 November 21* **4,** 480[252]
– *1776 Dezember 20* **5,** 581[78]
– *1776 Dezember 30* **3,** 602[39]
– *1777 Januar 8* **3,** 602[39]
– *1777 Januar 20* **4,** 812[293]
– *1777 Februar 6* **4,** 679[222]
– *1777 Februar 9* **4,** 812[293]
– *1777 März* **4,** 724[423]
– *1777 April 18* **2,** 491_{38} **4,** 278_{12-13}
– *1777 Mai 15* **5,** 777[314]
– *1777 Juni 1* **1,** 693_{7} **2,** 746_{14} **5,** 153_{5}
– *1777 Juni 8* **4,** 812[293]
– *1777 August 12* **4,** 661[136]
– *1777 August 18* **1,** 693_{13}
– *1777 September 10* **5,** 430_{1}
– *1777 September 21* **5,** 827[610]
– *1777 Oktober 11* **4,** 661[136] 721[404]
– *1777 November 22* **4,** 721[404]
– *1778 Mai 11* **4,** 333_{30}
– *1778 Juni* **5,** 120_{16} 282_{19}
– *1778 Juni 24* **2,** 706_{31}
– *1778 Juli* **5,** 793[376]
– *1778 Juli 27* **5,** 619[343]
– *1778 Juli 30* **4,** 652[97]
– *1778 September* **5,** 793[376]
– *1778 November 23* **4,** 736[479]
– *1778 Dezember 19* **4,** 807[268]
– *1779 Januar 18* **5,** 657[594]
– *1779 August* **5,** 392_{14}
– *1779 August 13* **2,** 917_{1-2}
– *1779 August 14* **5,** 477_{17}
– *1779 September* **5,** 871[895]
– *1779 September 13* **5,** 824[587] 879[926]
– *1779 Oktober 11* **5,** 430_{4}
– *1779 Oktober 18* **5,** 792[374]
– *1779 November 8* **2,** 222[*]
– *1780 Mai* **5,** 874[915]
– *1780 Mai 11* **5,** 875[915]
– *1780 Mai 30* **3,** 180_{14}
– *1780 Juni 1* **5,** 875[915]
– *1780 Juni 30* **3,** 463[131]
– *1780 Juli 28* **2,** 924_{18-19}

– 1780 September 9 4, 641[61] 5, 471$_{5}$
– 1780 September 26 5, 671[715]
– 1780 November 3, 504[13]
– 1780 November 8 5, 34$_{8}$
– 1780 November 15 5, 36$_{1}$
– 1780 November 22 5, 37$_{9}$
– 1780 November 29 5, 40$_{25}$
– 1780 Dezember 6 5, 42$_{2}$
– 1780 Dezember 11 3, 193$_{26}$
– 1780 Dezember 12 3, 195$_{20}$
– 1780 Dezember 13 5, 43$_{4}$
– 1781 Januar 1 6, LVI
– 1781 Januar 10 5, 44$_{17}$
– 1781 Januar 17 5, 45$_{19}$
– 1781 Januar 24 5, 47$_{17}$
– 1781 Januar 31 5, 49$_{27}$
– 1781 Februar 4, 286$_{14}$
– 1781 Februar 5 3, 387$_{24}$
– 1781 Februar 8 4, 7$_{16}$ 685[241]
– 1781 Februar 9 4, 8$_{4}$
– 1781 Februar 12 4, 9$_{12}$
– 1781 Februar 14 5, 49$_{28}$ 51$_{1}$
– 1781 Februar 21 5, 51$_{6}$
– 1781 Februar 28 5, 51$_{19}$
– 1781 März 7 5, 52$_{19}$
– 1781 März 13 1, 653$_{21-22}$ 2, 19$_{34-35}$ 752$_{30}$ 3, 51$_{25}$ 5, 159$_{19}$
– 1781 Juni 17 5, 477$_{29}$
– 1781 Juli 3 2, 172$_{5}$ 3, 601[34] 4, 648[90]
– 1781 Juli 10 4, 648[90]
– 1781 Juli 18 2, 753$_{35}$
– 1781 Juli 27 5, 647[537]
– 1781 August 6 5, 779[320]
– 1781 September 18 4, 480[252]
– 1781 Oktober 18 4, 587[381]
– 1781 Oktober 25 4, 531[142]
– 1782 März 12 4, 531[140]
– 1782 April 3, 691[102]
– 1782 Mai 4, 587[381]
– 1782 Juni 4, 735[479]
– 1782 Juli 5, 591[137]
– 1782 Juli 23 3, 691[102]
– 1782 August 4 3, 715[294]
– 1782 August 23 5, 477$_{20}$
– 1782 August 28 4, 629[14]
– 1782 August 29 3, 602[41] 5, 594[162]
– 1782 September 5, 732[1107]
– 1782 September 1 5, 882[930]
– 1782 September 6 5, 647[539]
– 1782 September 12 3, 602[41] 4, 641[59]
– 1782 September 16 5, 647[539]
– 1782 Oktober 26 4, 523[120]
– 1782 November 8 3, 493[142]
– 1782 November 12 5, 151$_{5}$
– 1782 November 13 3, 514[66]
– 1783 Februar 5 5, 532$_{6}$
– 1783 März 14 4, 642[65]
– 1783 März 16 2, 710$_{4}$
– 1783 März 31 4, 406[131]
– 1783 Mai 5, 254$_{32}$ 261$_{35}$ 830[632]
– 1783 Mai 4 2, 707$_{9}$ 5, 254$_{2}$ 256$_{6-7}$ 917[1141]
– 1783 Mai 18 5, 878[925. 926]
– 1783 Mai 19 3, 466[158]
– 1783 Mai 23 5, 928[1265]
– 1783 Juni 5, 853[779]
– 1783 Juni 15 5, 851[772] 852[773]
– 1783 Juni 19 5, 581[78]
– 1783 Juli 3 5, 674[728]
– 1783 Juli 9 5, 852[775]
– 1783 August 5, 853[777]
– 1783 August 11 4, 676[204]
– 1783 August 18 5, 651[568]
– 1783 September 4, 639[51]
– 1783 September 5 2, 922$_{25-26}$ 5, 853[777]
– 1783 September 19 5, 853[778]
– 1783 November 3 3, 466[158. 159]
– 1783 Dezember 5, 648[539]
– 1783 Dezember 6 5, 61$_{19}$
– 1783 Dezember 13 5, 63$_{5}$ 726[1075]
– 1783 Dezember 30 1, 434$_{24}$
– 1784 Januar 10 5, 64$_{24}$
– 1784 Januar 24 5, 652[574]
– 1784 März 12 4, 815[309]
– 1784 März 25 4, 641[59]
– 1784 April 26 5, 738[1]
– 1784 April 28 4, 531[141]

– *1784 Mai* **5,** 686[826]
– *1784 Mai 13* **3,** 479[45]
– *1784 Mai 15* **5,** 315_{9}
– *1784 Mai 17* **3,** 81_{13}
– *1784 Mai 18* **3,** 493[140]
– *1784 Mai 19* **3,** 84_{27}
– *1784 Mai 20* **5,** 675[734]
– *1784 Mai 21* **3,** 511[55]
– *1784 Mai 28* **3,** 635[155]
– *1784 Juni 7* **3,** 177_{13}
– *1784 Juni 12* **5,** 322_{19}
– *1784 Juni 23* **5,** 746[67]
– *1784 Juli 2* **3,** 299_{20}
– *1784 Juli 3* **5,** 329_{28}
– *1784 Juli 5* **3,** 301_{23}
– *1784 Juli 12* **3,** 711[268]
– *1784 August 1* **5,** 635[445]
– *1784 August 6* **5,** 759[190]
– *1784 August 9* **5,** 759[190]
– *1784 August 11* **4,** 815[309]
– *1784 August 13* **4,** 50_{24}
– *1784 September 4* **5,** 364_{2}
– *1784 September 11* **5,** 366_{17}
– *1784 September 15* **3,** 702[188]
– *1784 September 18* **5,** 367_{30} 878[926]
– *1784 Oktober* **4,** 661[136]
– *1784 Oktober 25* **4,** 763[82] **5,** 864[866]
– *1784 November* **1,** 11_{35}
– *1784 Dezember* **4,** 666[153] **5,** 804[457]
– *1784 Dezember 30* **4,** 638[45]
– *1785 Januar 6* **4,** 631[23]
– *1785 Januar 7* **3,** 702[192] **5,** 164_{20}
– *1785 Januar 17* **4,** 440[90] **5,** 664[644]
– *1785 Februar* **4,** 661[136]
– *1785 Februar 3* **4,** 724[423]
– *1785 Februar 10* **4,** 665[148] **6,** XCIX
– *1785 März 18* **4,** 415[196]
– *1785 März 21* **4,** 594[397]
– *1785 Mai 2* **3,** 446[24]
– *1785 Mai 9* **3,** 76_{5}
– *1785 Mai 10* **3,** 76_{24}
– *1785 Mai 11* **3,** 80_{34}
– *1785 Mai 12* **3,** 82_{25}
– *1785 Mai 13* **3,** 84_{21}
– *1785 Mai 23* **3,** 85_{32} 130_{4}
– *1785 Mai 24* **3,** 86_{28} 130_{7}
– *1785 Mai 25* **3,** 133_{14}
– *1785 Mai 26* **3,** 134_{1} 174_{5}
– *1785 Mai 27* **3,** 174_{9}
– *1785 Mai 28* **3,** 446[24]
– *1785 Mai 30* **3,** 174_{11}
– *1785 Mai 31* **3,** 175_{15}
– *1785 Juni 1* **3,** 177_{1}
– *1785 Juni 2* **3,** 179_{25}
– *1785 Juni 3* **3,** 180_{11}
– *1785 Juni 6* **3,** 183_{1}
– *1785 Juni 7* **3,** 184_{28}
– *1785 Juni 8* **3,** 187_{12}
– *1785 Juni 9* **3,** 188_{22}
– *1785 Juni 10* **3,** 189_{18}
– *1785 Juni 13* **3,** 191_{29} 381_{20}
– *1785 Juni 14* **3,** 193_{14}
– *1785 Juni 15* **3,** 193_{24} 702[192]
– *1785 Juni 16* **3,** 266_{5}
– *1785 Juni 20* **3,** 268_{16}
– *1785 Juni 21* **3,** 269_{20}
– *1785 Juni 22* **3,** 271_{12}
– *1785 Juni 23* **3,** 272_{12} 298_{5}
– *1785 Juni 24* **3,** 272_{19} 298_{19}
– *1785 Juni 27* **3,** 272_{20} 298_{20}
– *1785 Juni 28* **3,** 299_{1}
– *1785 Juni 29* **3,** 702[188]
– *1785 Juni 30* **3,** 303_{24}
– *1785 Juli 1* **3,** 304_{14}
– *1785 Juli 4* **3,** 307_{17}
– *1785 Juli 5* **3,** 309_{16}
– *1785 Juli 6* **3,** 310_{22}
– *1785 Juli 7* **3,** 378_{5}
– *1785 Juli 8* **3,** 378_{29}
– *1785 Juli 11* **3,** 380_{25}
– *1785 Juli 12* **3,** 381_{18}
– *1785 Juli 13* **3,** 382_{4}
– *1785 Juli 14* **3,** 383_{3}
– *1785 Juli 15* **3,** 384_{5}
– *1785 Juli 18* **3,** 384_{26} **4,** 440[90]
– *1785 Juli 19* **3,** 389_{8}
– *1785 Juli 20* **3,** 391_{10}
– *1785 Juli 21* **3,** 393_{24}

– *1785 Juli 22* **3**, 397_{3}
– *1785 Juli 25* **3**, 399_{7}
– *1785 Juli 26* **3**, 401_{22}
– *1785 Juli 27* **3**, 402_{32}
– *1785 Juli 28* **3**, 403_{18}
– *1785 Juli 29* **3**, 405_{25}
– *1785 Juli 31* **3**, 713[281]
– *1785 August 1* **3**, 410_{16}
– *1785 August 2* **3**, 411_{29}
– *1785 August 3* **3**, 413_{3}
– *1785 August 4* **3**, 415_{15} 463[130. 130]
– *1785 August 5* **3**, 416_{19} **4**, 48_{5}
– *1785 August 8* **4**, 49_{1}
– *1785 August 9* **4**, 49_{5}
– *1785 August 10* **4**, 50_{26}
– *1785 August 11* **4**, 52_{20}
– *1785 August 12* **4**, 53_{5}
– *1785 August 13* **1**, 802_{9}
– *1785 August 15* **4**, 54_{1}
– *1785 August 16* **4**, 54_{18}
– *1785 August 17* **4**, 55_{22}
– *1785 August 18* **4**, 56_{28}
– *1785 August 19* **4**, 58_{18}
– *1785 August 22* **4**, 58_{20}
– *1785 August 23* **4**, 60_{1}
– *1785 August 24* **4**, 62_{18}
– *1785 August 25* **4**, 64_{12}
– *1785 August 26* **4**, 66_{9} **5**, 445_{29}
– *1785 August 29* **4**, 67_{30}
– *1785 August 30* **4**, 68_{1} 109_{5}
– *1785 August 31* **4**, 110_{1}
– *1785 September 1* **4**, 111_{11}
– *1785 September 2* **4**, 112_{1}
– *1785 September 3* **4**, 660[132]
– *1785 September 4* **4**, 113_{22}
– *1785 September 5* **4**, 113_{22}
– *1785 September 6* **4**, 115_{6}
– *1785 September 7* **4**, 116_{1}
– *1785 September 8* **4**, 118_{18}
– *1785 September 9* **4**, 120_{7}
– *1785 September 12* **4**, 122_{21}
– *1785 September 13* **4**, 126_{17} 128_{4}
– *1785 September 14* **4**, 129_{7} 245_{4}
– *1785 September 15* **4**, 245_{19}
– *1785 September 16* **4**, 247_{31}
– *1785 September 19* **4**, 248_{22} 758[51]
– *1785 September 20* **4**, 250_{3}
– *1785 September 22* **4**, 250_{26}
– *1785 September 23* **4**, 251_{25}
– *1785 September 24* **4**, 252_{29}
– *1785 September 27* **4**, 254_{33} 256_{8} 758[51]
– *1785 September 28* **4**, 257_{22} 259_{26}
– *1785 September 29* **4**, 261_{8} 262_{32} 344_{4}
– *1785 September 30* **4**, 263_{33} 344_{31} 346_{10}
– *1785 Oktober 1* **3**, 447[24] **4**, 347_{27}
– *1785 Oktober 3* **4**, 7_{5} 349_{1} 350_{7} 758[51]
– *1785 Oktober 4* **4**, 7_{9}
– *1785 Oktober 31* **5**, 66_{27}
– *1785 November 7* **5**, 75_{15}
– *1785 November 8* **5**, 78_{29}
– *1785 November 10* **5**, 82_{1}
– *1785 November 15* **5**, 86_{27}
– *1785 November 17* **5**, 92_{6}
– *1785 November 18* **5**, 95_{28}
– *1785 November 28* **5**, 109_{13}
– *1785 Dezember 10* **5**, 135_{18}
– *1786 Januar 25* **5**, 684[805]
– *1786 Januar 27* **5**, 221_{39}
– *1786 März* **3**, 502[4] **4**, 660[132]
– *1786 März 10* **4**, 265_{12}
– *1786 März 13* **4**, 268_{21}
– *1786 März 14* **4**, 269_{31}
– *1786 März 18* **4**, 274_{20}
– *1786 März 23* **5**, 490_{6}
– *1786 März 31* **5**, 376_{17}
– *1786 April 10* **4**, 656[112]
– *1786 April 13* **4**, 660[132]
– *1786 April 21* **4**, 419[23]
– *1786 Mai 4* **2**, 744_{18} **5**, 150_{22-23} 151_{4}
– *1786 Juli* **4**, 441[97] **5**, 720[1029]
– *1786 Juni 16* **3**, 558[133]
– *1786 August 17* **3**, 445[11]
– *1786 September 11* **4**, 123_{7}
– *1786 Oktober 24* **4**, 575[296]
– *1787 Januar* **1**, 521_{26-27} **5**, 151_{20-21}
– *1787 Januar 4* **5**, 135_{28} 137_{6}

– *1787 Januar 11* **1,** 700$_{R1-2}$ **2,** 754$_{25}$
– *1787 Januar 25* **5,** 680[779]
– *1787 Februar 12* **2,** 677[*]
– *1787 Februar 13* **2,** 752$_{35}$
– *1787 April* **5,** 254$_{33}$ 261$_{35}$
– *1787 April 2* **4,** 442[97]
– *1787 April 19* **2,** 707$_{19}$ **5,** 256$_{10}$
– *1787 April 20* **4,** 187$_{34}$
– *1787 Mai* **2,** 813$_{32}$ **5,** 255$_{2}$ 256$_{10}$
– *1787 Juni 28* **4,** 691[270]
– *1787 August* **5,** 277$_{22}$
– *1787 August 1* **2,** 824$_{4-5}$
– *1787 August 3* **1,** 737$_{R33}$ 966$_{34}$
– *1787 August 5* **1,** 577$_{R3}$
– *1787 Oktober 7* **5,** 125$_{13}$
– *1787 Oktober 12* **5,** 690[849]
– *1787 Oktober 24* **2,** 706$_{5}$ **5,** 258$_{18}$
– *1787 Dezember 10* **5,** 135$_{29}$
– *1788 Januar* **2,** 813$_{35}$
– *1788 März 26* **5,** 542$_{3}$
– *1788 April 7* **5,** 930[6]
– *1788 April 23* **3,** 4$_{3}$
– *1788 Mai* **5,** 834[653]
– *1788 Mai 15* **4,** 395[50]
– *1788 Mai 20* **3,** 147$_{20}$ 511[55]
– *1788 Mai 29* **1,** 71$_{R10-11}$ 915$_{21}$ **3,** 113$_{15}$ **6,** 6 (11)
– *1788 Juni* **5,** 834[653]
– *1788 Juni 13* **3,** 260$_{24}$
– *1788 Juli 4* **1,** 757$_{R16}$ **5,** 758[184]
– *1788 Juli 5* **2,** 919$_{29}$
– *1788 August 6* **3,** 316$_{16}$
– *1788 August 27* **2,** 706$_{4}$ **5,** 258$_{15}$
– *1788 August 28* **5,** 758[184]
– *1788 September 26* **5,** 253$_{23}$
– *1788 Oktober 14* **1,** 444$_{R19}$ **4,** 529[137]
– *1788 Oktober 22* **5,** 254$_{10}$
– *1788 November 2* **2,** 706$_{8}$ **5,** 258$_{20}$
– *1788 November 9* **5,** 627[393]
– *1788 November 11* **3,** 113$_{20}$
– *1788 November 14* **2,** 706$_{8}$ **5,** 258$_{20}$
– *1788 November 15* **2,** 706$_{9}$ **5,** 258$_{21}$
– *1788 Dezember* **2,** 47$_{16}$
– *1788 Dezember 2* **2,** 706$_{12}$
– *1788 Dezember 8* **5,** 135$_{30}$
– *1788 Dezember 14* **2,** 428$_{17}$ **4,** 573[288]
– *1788 Dezember 15* **1,** 436$_{R24}$ **2,** 819$_{39}$ **5,** 327$_{12}$
– *1788 Dezember 17* **3,** 318$_{15}$
– *1788 Dezember 19* **4,** 573[288]
– *1788 Dezember 21* **1,** 699$_{R7}$ **2,** 760$_{5}$
– *1788 Dezember 31* **4,** 509[76]
– *1789 Januar* **5,** 830[632]
– *1789 Januar 1* **5,** 734[1123]
– *1789 Januar 9* **4,** 610[481]
– *1789 Februar* **3,** 326$_{13}$
– *1789 Februar 1* **4,** 623[533]
– *1789 Februar 7* **4,** 572[281]
– *1789 Februar 25* **4,** 624[538]
– *1789 März* **4,** 641[65]
– *1789 März 9* **4,** 753[38] 779[145] **5,** 878[926]
– *1789 April 18* **4,** 395[50]
– *1789 April 25* **4,** 395[50]
– *1789 April 26* **4,** 395[50]
– *1789 April 27* **2,** 763$_{11-12}$ **5,** 285$_{28}$
– *1789 Juli 23* **5,** 792[373]
– *1789 August 14* **5,** 813[515]
– *1789 August 15* **5,** 814[515]
– *1789 August 17* **5,** 873[906]
– *1789 August 28* **1,** 692$_{R23}$ 965$_{2}$ **2,** 750$_{15}$ **5,** 159$_{7}$ 277$_{21}$
– *1789 August 29* **5,** 282$_{23-24}$
– *1789 September* **1,** 692$_{R2}$
– *1789 September 1* **3,** 490[125] **6,** 6 (11)
– *1789 September 6* **1,** 757$_{R23}$
– *1789 September 17* **1,** 692$_{R24}$ 965$_{3}$ **2,** 750$_{15}$ **5,** 159$_{9}$ 277$_{23}$
– *1789 September 18* **6,** LXXII 278 (nach 343)
– *1789 September 21* **5,** 687[832]
– *1789 Oktober 5* **6,** LXXIII
– *1789 Oktober 8* **6,** CXIII

– *1789 Oktober 15* **2,** 710$_{11}$
– *1789 Oktober 20* **5,** 283$_{16}$
– *1789 Oktober 21* **1,** 692$_{R11}$
– *1789 November 5* **1,** 692$_{R29}$
– *1790 April 17* **5,** 653[574]
– *1790 Mai* **1,** 71$_{R13–14}$ 915$_{22}$ **2,** 45$_{38}$ **3,** 113$_{22}$
– *1790 Mai 2* **4,** 396[50]
– *1790 Mai 8* **4,** 395[50]
– *1790 Mai 9* **4,** 395[50]
– *1790 Mai 27* **5,** 792[373]
– *1790 Mai 28* **1,** 802$_{R6}$
– *1790 Juli* **3,** 567[196]
– *1790 Juli 26* **5,** 877[921] 884[946]
– *1790 Juli 27f.* **4,** 810[279]
– *1790 Juli 29* **1,** 801$_{R33}$
– *1790 Juli 31* **5,** 731[1096]
– *1790 September 13* **4,** 600[432]
– *1790 Oktober* **3,** 568[203]
– *1790 Oktober 31* **2,** 708$_{34}$
– *1790 November* **3,** 571[215]
– *1790 November 3* **5,** 259$_{8}$
– *1790 November 5* **2,** 750$_{21}$ **5,** 682[795]
– *1790 November 15* **5,** 259$_{8}$
– *1791 Januar* **5,** 212$_{4}$ **6,** CXIII
– *1791 Januar 7* **6,** 506 (*412*)
– *1791 Januar 13* **5,** 772[284]
– *1791 Januar 22* **4,** 585[363]
– *1791 Januar 28* **2,** 790$_{27}$
– *1791 Februar 8* **5,** 814[518]
– *1791 Februar 15* **2,** 286$_{37}$
– *1791 April* **4,** 396[51] 398[63]
– *1791 April 7* **3,** 320$_{26–27}$
– *1791 April 13* **5,** 556$_{10}$
– *1791 April 30* **1,** 889$_{7}$
– *1791 Mai 1* **3,** 667[304]
– *1791 Mai 2* **5,** 872[904]
– *1791 Juli 29* **2,** 914$_{22}$
– *1791 August 5* **5,** 607[256]
– *1791 August 11* **3,** 446[22]
– *1791 September 7* **4,** 397[54]
– *1791 September 9* **4,** 396[54]
– *1791 September 20* **4,** 191$_{17–18}$
– *1791 Oktober* **6,** CXIII
– *1791 Oktober 26* **6,** LI LXXVI 434 (*nach [*234]*)
– *1791 Oktober 30* **3,** 575[244]
– *1791 November 7* **5,** 691[859]
– *1791 November 8* **5,** 691[859]
– *1791 November 29* **3,** 222$_{16}$
– *1791 Dezember 15* **1,** 966$_{14–15}$ **2,** 762$_{8}$ **5,** 259$_{19}$
– *1792 Januar* **5,** 201$_{9}$
– *1792 Januar 14* **5,** 152$_{4}$ 284$_{3}$ 648[539]
– *1792 Januar 26* **5,** 221$_{17}$
– *1792 Februar 6* **5,** 221$_{8}$
– *1792 Februar 9* **5,** 221$_{9}$
– *1792 Februar 11* **5,** 221$_{10}$
– *1792 Februar 14* **5,** 422$_{2}$
– *1792 Februar 17* **5,** 814[518]
– *1792 Februar 24* **4,** 455[144]
– *1792 März 19* **5,** 730[1094]
– *1792 März 31* **5,** 560$_{16}$
– *1792 Juni* **3,** 702[188]
– *1792 Juli* **6,** CI
– *1792 September 6* **3,** 450[53]
– *1792 September 22* **5,** 266$_{17}$
– *1792 Oktober* **6,** LVII
– *1792 Oktober 7* **6,** 524 (*424*)
– *1792 Dezember 1* **5,** 246$_{3}$
– *1792 Dezember 2* **5,** 883[940]
– *1792 Dezember 4* **3,** 720[346]
– *1793 Mai 2* **3,** 13$_{6}$
– *1793 Juni 12* **3,** 446[22]
– *1793 Juni 19* **5,** 775[306]
– *1793 Juli 4* **4,** 732[460]
– *1793 Juli 9* **1,** 206$_{R14}$
– *1793 Juli 17* **3,** 446[22]
– *1793 September 5* **1,** 964$_{8}$ **5,** 629[408]
– *1793 September 9* **4,** 396[54]
– *1793 Oktober 7* **4,** 470[218]
– *1793 November 21* **5,** 705[951]
– *1793 November 22* **5,** 705[951]
– *1793 November 25* **5,** 705[951]
– *1793 November 26* **5,** 705[951]
– *1793 November 27* **5,** 135$_{27}$
– *1793 November 28* **5,** 705[951]
– *1793 November 29* **5,** 705[951]

– *1793 Dezember 2* **5**, 705^{951}
– *1793 Dezember 12* **3**, 716^{302}
– *1794 Januar 18* **2**, 29_{33} **3**, 100_{29}
– *1794 Februar 24* **5**, 416_{8}
– *1794 Februar 25* **5**, 814^{518}
– *1794 März 7* **1**, 963_{33}
– *1794 März 12* **5**, 622^{361}
– *1794 Mai 20* **4**, 799^{233}
– *1794 Juni* **1**, 965_{29} 968_{33} **5**, 725^{1070}
– *1794 Juni 15* **1**, 973_{31-32}
– *1794 Juni 19* **3**, 446^{22}
– *1794 Juni 21* **3**, 502^{6}
– *1794 Juni 24* **5**, 780^{321}
– *1794 Juni 28* **3**, 502^{6}
– *1794 Juli 12* **5**, 878^{926}
– *1794 Juli 21* **3**, 446^{22}
– *1794 August* **1**, 966_{16}
– *1794 August 12* **3**, 559^{137}
– *1794 August 26* **3**, 348_{27}
– *1794 September 14* **4**, 412^{179}
– *1794 Oktober 1* **1**, 911_{3}
– *1794 Oktober 18* **3**, 609^{93}
– *1794 November* **3**, 113_{22}
– *1794 November 10* **4**, 799^{233}
– *1794 Dezember 8* **5**, 135_{32-35}
– *1795 Januar 1* **2**, 627_{18}
– *1795 Januar 8* **2**, 181_{3}
– *1795 Januar 27* **5**, 221_{24}
– *1795 März* **5**, 648^{539}
– *1795 März 15* **5**, 284_{17}
– *1795 März 21* **5**, 285_{1}
– *1795 Mai 13* **4**, 82_{19}
– *1795 Juni 10* **3**, 446^{22}
– *1795 Juni 16* **2**, 102_{25}
– *1795 Juni 25* **3**, 224_{3}
– *1795 Juni 30* **3**, 607^{71}
– *1795 Juli 1* **3**, 607^{71}
– *1795 Juli 2* **3**, 226_{29}
– *1795 Juli 10* **3**, 446^{22}
– *1795 August 1* **5**, 680^{778}
– *1795 August 28* **4**, 38_{5} 410^{159}
– *1795 August 31* **2**, 588_{38}
– *1795 September 30* **5**, 470_{23}
– *1795 November 16* **3**, 162_{2}
– *1795 Dezember* **5**, 154_{9}
– *1795 Dezember 7* **5**, 135_{25-26}
– *1796 Januar 1* **2**, 627_{18}
– *1796 Januar 2* **2**, 790_{28}
– *1796 Januar 28* **2**, 790_{29} **5**, 221_{31}
– *1796 März 31* **1**, 966_{21} **5**, 289_{35}
– *1796 Mai 3* **3**, 507^{19}
– *1796 Mai 24* **3**, 154_{13}
– *1796 Juli 4* **5**, 698^{907}
– *1796 August 3* **3**, 446^{22}
– *1796 August 18* **4**, 362_{6} **5**, $698^{900.\ 907}$
– *1796 Dezember 19* **5**, 135_{22-23}
– *1797 Januar 5* **5**, 270_{32}
– *1797 April 13* **4**, 771^{113}
– *1797 Mai 19* **4**, 779^{143}
– *1797 Mai 31* **4**, 777^{137}
– *1797 Juni 1* **3**, 154_{30}
– *1797 Juli 24* **6**, LXXIV
– *1797 August 18* **4**, 403^{106}
– *1797 November* **3**, 100_{24}
– *1797 November 26* **5**, 135_{20-21}
– *1798 Januar 18* **5**, 683^{800}
– *1798 März 24* **5**, 564_{2}
1798 März 26 **4**, 362_{16} 364_{15}
– *1798 März 27* **4**, 366_{1}
– *1798 März 28* **4**, 366_{31}
– *1798 Mai* **3**, 577^{256} 578^{264}
– *1798 Juni 3* **5**, 879^{926}
– *1798 Juli 16* **5**, 881^{927}
– *1798 September 1* **5**, 879^{926}
– *1798 September 3* **2**, 747^{*}
– *1798 November 5* **3**, 163_{11}
– *1798 November 21* **3**, 238_{3}
– *1798 Dezember 18* **5**, 135_{31}
– *1799 Februar 24* **6**, LXXIII
– *1799 März 14* **6**, CXVI
– *1799 Oktober* **6**, CXVII
– *1799 Dezember 29* **2**, 709^{*}
– *1800 Oktober* **6**, LXXVI
– *1801 Januar 1* **2**, 755_{11} 757_{3}
– *1802 März 27* **2**, 756_{25}
– *1802 November 8* **2**, 744^{*}
– *1802 Dezember 20* **2**, $622^{\dagger}$
– *1803 April 25* **2**, 682_{27}
– *1803 Mai 16* **2**, 457^{*}
– *1803 Juni 17* **2**, 751_{33} **5**, 283_{17}

– *1804 September 1* **2,** 756_{9}
– *1804 September 12* **2,** 682_{31-32}
– *1807 Januar 9* **2,** 401[*]
– *1807 März 29* **2,** 755_{29}
– *1808 Dezember 27* **2,** 646[*]
– *1809 Oktober* **2,** 1015_{8}
– *1811 Juli 8* **6,** CIII
– *1812 Juli 20* **2,** 774[*]
– *1812 August 1* **2,** 774[*]
– *1812 August 2* **2,** 774[*]
– *1813 März 14* **2,** 898[†]
– *1813 August 14* **2,** 963_{29}
– *1813 Dezember 14* **6,** CIII
– *1813 Dezember 25* **2,** 954[*]
– *1814 Mai 2* **6,** CIV
– *1814 Mai 28* **2,** 814[†]
– *1815 Oktober* **6,** CIV
– *1816 Februar* **6,** CIV
– *1819 April 6* **5,** 283_{18}
– *1830 Oktober* **6,** CV
– *1830 November 30* **6,** LXXVIII
– *1831 Oktober 24* **6,** LXXX
– *1832 September 21* **6,** LXII
– *1833 März* **6,** LX
– *1837 Januar* **6,** CXX
– *1837 Dezember* **6,** LXXXII LXXXVI CXXI
– *1837 Dezember 14* **6,** CVII
– *1838 September* **6,** LXXXIV
– *1839 April 18* **6,** CVII
– *1839 Oktober 12* **6,** LXXXVI
– *1844 Juni 3* **4,** 546[198]
– *1847 Dezember* **6,** CIX
– *1848 März 24* **6,** CX
– *1849 April 5* **6,** XCI
– *1865 Juni* **6,** LXIV
– *1871 Oktober* **6,** LXVIII
– *1874 Mai 23* **6,** XCIX
– *1874 Dezember 8* **2,** 652_{10} **5,** 92_{19}
– *1876 Januar* **6,** LXV
– *1879 Juni* **6,** LXVI
– *1884 Dezember 24* **6,** XCIX
– *1888 April 1* **6,** CXII
– *1892 März 31* **6,** LXVII
– *2004 Juni 7* **2,** 652_{10} **5,** 92_{20}
– *2012 Juni* **5,** 92_{21}
– *2117 Dezember 10* **2,** 652_{10-11} **5,** 92_{22}
Daurien (Rußland) **5,** 508_{18-19} 520_{4}
de gustibus non est disputandum **3,** 305_{32-33}
Deal castle **4,** 19_{34}
Definition
– *latior suo definito* **1,** 70_{R2-3} **2,** 41_{25} **3,** 111_{23} 119_{17-18}
Deklination, astronomische **1,** 704_{9} **2,** 591_{39} **5,** 195_{31} 224_{28} 225_{26}
Deklination, magnetische **1,** 753_{26-31} **2,** 545_{38-39} 844_{20-26} **4,** 347_{18} 348_{30} 349_{12} 359_{17} **5,** 346_{15} 421_{24} 422_{27} 424_{33-34} 429_{4} s.a. Magnetnadel (Acus magnetica) – Abweichung; Tabelle.
– *Beobachtungen* **5,** 430_{7-24}
– *Karte* **5,** 346_{18} 423_{5} 431_{2-3}
– *Meßinstrumente* **1,** 759_{9-13} s.a. Deklinatorium.
– *Preisfrage* **2,** 845_{16-18}
– *tägliche Variation* **1,** 754_{R1-9} **2,** 555_{29-30} 847_{3-4} **5,** 420_{5} 423_{9} 424_{34-35} 435_{14} $436_{5.\ 12}$ 478_{11} 830[632]
– *Theorie* **1,** 755_{4-9} **2,** 845_{25-39} 847[*]
– *Veränderung* **2,** 844_{31-33} 849_{8} **5,** 426_{15}–428_{17}
Deklinatorium **2,** 845_{12} **5,** 422_{34} 433_{2} 490_{4} **6,** 266 (*331*)
Deklinierkompaß, s.u. Kompaß.
Delaware (Fluß in den USA) **1,** 444_{R31} **4,** 535[153]
Delfin (Meerschwein) **2,** 816_{20} **5,** 324_{6}
Demantspat, s. Korund
Den Haag **3,** 403_{2}
Denebola (β Leonis) **5,** 210_{25}
Descabezado (Berg in Chile) **1,** 739_{26-27}
Deutsche(r)
– *Verhältnis zur Literatur* **3,** 6_{12} 10_{30-31} 335_{15-17}
Deutschland
– *Basalt* **5,** 392_{21}

– *Erdbeben von Lissabon spürbar* **5,** 531_{30}
– *Gebirge* **2,** 823_{20} **5,** 329_{4}
– *Nivellierung* **5,** 376_{2}
– *westliches* **3,** 193_{18}
Diamant 3, 286_{17}
– *brennbar* **1,** $218_{1-3.\ R19-28}$ 366_{R1-2} **2,** 366_{21}
– *elektrischer Körper* **2,** 493_{32} **4,** 279_{14} 281_{3} 282_{5} 283_{32}
– *genaue Wägung* **1,** 105_{R4}
– *nicht doppelbrechend* **1,** 370_{6}
– *Pole, magnetische* **1,** 961_{10} **2,** 546_{32}
– *Verdampfen* **3,** 313_{10}
– *vom Magneten angezogen* **1,** 609_{23} **4,** 358_{4}
Dianenbaum 6, 76 (78)
s.a. Silberbaum.
Dichter
– *antike* **2,** $595_{1-2.\ 28}$ **5,** 226_{10} 468_{32}
– *neuere* **2,** $595_{4.\ 35}$
Dichtigkeit 1, 60_{32}–61_{11} 61_{25-31} 62_{2-6} **3,** 111_{16-17}
Dieppe 5, 399_{22}
Diopter
– *Fernrohr zur Berichtigung von Diopterm* **6,** 527 (*425*)
Dioptra 2, 670*
docta ignorantia 3, 86_{23}
Dokkum 5, 113_{24}
Dollart 2, 953_{40} **5,** 391_{5}
Donau 1, 742_{27} **2,** 829_{30} **5,** 330_{10} 335_{13}
– *Geschwindigkeit* **1,** $746_{15.\ 20}$ **2,** 834_{13}
– *Länge* **1,** 746_{5-6}
Donner 1, 796_{1-2} $801_{8.\ R29-30}$ **2,** 909_{20} 913_{33}–914_{30} **5,** 473_{13} 474_{5}
s.a. Gewitter.
– *inflammable Luft* **1,** 800_{R3-14} 801_{R18-24} **2,** 914_{4-6}
– *Wirkung der Elektrizität* **1,** 796_{29-31} **4,** 304_{25}
Donnerhaus 6, 273 (338)
Doppelbrechung, s. Licht – Brechung – Doppelbrechung.
Doppelkegel, scheinbar bergauf rollender 6, 44 (33)
s.a. Versuche (Mechanik) – Schwerpunkt – scheinbar bergauf rollender Doppelkegel.
Doppelspat 6, 165 (198) 536 (*431*)
Dover 1, 294_{8}
Drache (Sternbild; Draco)
– *γ Draconis* **5,** 41_{11}
Drachen, s.a.u. Versuche (Elektrizität) – atmosphärische Elektrizität; Kraft – Kräfteparallelogramm.
Drachen, fliegender 1, 809_{21-22}
Draht 6, 278 (343)
Drahtziehen 2, 34_{25} **3,** 98_{22}
Dransfeld 5, $392_{22.\ 31}$
Drehmoment, s. Moment.
Dreieck
– *Winkelsumme* **3,** 42_{8-9}
Dreieck (Sternbild; Triangulum) **5,** 735^{1145}
Dreieck (Zeicheninstrument) 6, 321 (**38a*)
Dreieck, kleines (Sternbild; nicht kanonisch) **5,** 291_{17}
Dreisatz (Regeldetri) 1, 734_{25-26} **2,** 20_{10} 966_{6} 970_{7} 972_{4} **3,** 276_{14-15} 408_{26} **5,** 190_{25} 268_{21}
Dresden 5, 220_{26}
s.a. Porzellan – Dresdner.
– *Blitzeinschlag* **1,** 806_{R8} **2,** 917_{13}
– *Magnetnadel* **5,** 434_{21}
– *Mondbeobachtung* **5,** 262_{1}
– *Venusbeobachtung* **2,** 746_{16} **5,** 276_{20}
Drosi (zu Rizziconi; Kalabrien) **5,** 532_{16}
Drosometer 2, 892_{21} **5,** 449_{22}
Druck 1, 96_{30} **2,** 74_{25}
s.a. Luft, atmosphärische – Dichtigkeit – proportional zur drückenden Kraft.
– *Fluida*

– – *abhängig von Höhe und Grundfläche* **1,** 165_{10-22} **2,** 159_{22} 161_{8-9} 959_{15-16} **3,** 266_{30} $267_{13-14.\,24}$ **5,** 544_{16}
– – *auf das Gefäß* **1,** 164_{26}–165_{10} **2,** 159_{19} **3,** 267_{6} **5,** 446_{21-26}
– *hydrostatischer* **1,** 164_{26-32}
– – *Gesetze* **2,** 24_{18} **3,** 61_{6}
Dubrovnik (Ragusa; Kroatien) **2,** 677^{*}
Dünste, s.a. Elektrizität – atmosphärische – Dünste / Wolken.
– *Aufsteigen* **1,** 447_{31} **4,** 116_{19} **5,** 364_{3}
– *Definition* **1,** 447_{29-30} **2,** 431_{31-33} **3,** 388_{27-30}
– – *Unschärfe* **1,** 446_{2-4}
– *Einfluß auf Luftdruck* **1,** $823_{5-11.\,29-34}$ **2,** 934_{18-20} **5,** 372_{17-18} 373_{22}
– *Elastizität* **1,** 447_{R19-24}
– *Elektrizität* **4,** 258_{29-34}
– *Niederschlag aus Wasserdampf* **1,** 448_{4} **2,** 887_{11} 892_{38}
– *unelektrische Körper (Leiter)* **1,** 535_{12-13}
Dünste, elastische, s. Dampf.
Dünste, elektrische
– *Häufung an den Polen* **1,** 293_{12-13}
Dukate (Gewicht) **6,** 2 (2)
Dumfries **1,** 444_{R19} **4,** 529^{137}
Dunkerque **2,** 674_{30} 679_{12-13} $680_{1.\,3}$ 682_{1-2} 683_{11} **5,** 104_{29} 247_{18}
Duplikator nach Bennet **6,** 255 (315) s.a.u. Bennet, Abraham.
Durchlässigkeit (Permeabilität) **2,** 30_{24}
Dynamik **1,** 81_{R12} **3,** 66_{10}

Ebbe und Flut **1,** 768_{10-11} **2,** 865_{1} **5,** 29_{8} 314_{3-4} 352_{17} $446_{4.\,16}$ **6,** 20 (*23.5*)
– *Amplituden* **1,** 768_{R6-8} **2,** 865_{8-9} **5,** 357_{25-27} 446_{10-11}
– *auf dem Mond* **5,** 260_{30} 358_{17-18}
– *bei Quellen* **1,** 743_{17-18}
– *Einfluß der Sonne* **1,** 770_{6-18} **5,** 356_{6}
– *Erklärung* **1,** 769_{20-38} 770_{1-4} **2,** 114_{35-36} 867_{6}–869_{15} **5,** 353_{7}–355_{25}
– *Forschungsbedarf* **1,** 768_{R1-5}
– *Flut, größte / kleinste* **1,** 769_{6-13} **2,** 866_{25-29} **5,** 356_{8-11} 357_{3}
– *geographische Einflüsse* **1,** 770_{20-30} **2,** 866_{17-22} 870_{22-41} **5,** 358_{3-14}
– *Periode* **1,** 768_{31}–769_{1} **2,** 866_{10-16} 870_{1-21} **5,** 355_{26}–356_{3} 357_{28}–358_{1}
– *Salzigkeit des Meeres* **1,** 728_{35-37} **5,** 326_{29-30}
Echo **1,** 315_{12-15} **2,** 322_{28} **4,** 8_{33}–9_{10} 11_{18} 19_{2}
– *Etymologie* **1,** 315_{R4-6}
Eddigehausen (Dorf ca. 7 km nördl. Göttingen) **3,** 301_{24}
Edelsteine, s.a. Diamant; Smaragd.
– *Bestandteile* **1,** 212_{32-38}
– *einige nicht doppelbrechend* **1,** 370_{6-8}
– *einige vom Magneten angezogen* **1,** 609_{21}
– *elektrische Körper (Nichtleiter)* **1,** 533_{39} **2,** 493_{32} **4,** 279_{14}
– *Pyroelektrizität* **4,** 332_{32}
– *Vorkommen* **5,** 408_{18}
Edinburgh **1,** 520_{34-35} **5,** 161_{6}
Edle Erde **1,** 212_{36-44}
égalité **3,** 18_{2}
Ei **2,** 165_{6} 168_{26-27} 251_{34}–252_{7} 512_{3} **3,** $269_{12.\,21}$ 274_{19} 380_{16-17}
Eiche **1,** 805_{R27} **2,** 912_{38}
Eichen (Dorf in Südbaden)
– *intermittierender See* **1,** 299_{R4} **2,** 303_{2-3} $830_{33.\,37}$ **5,** 335_{32}
Eichsfeld **2,** 827_{35} **5,** 330_{2}
Eidechse **4,** 186_{30}
Eidechse (Sternbild; Lacerta) **1,** 966_{15} **5,** $291_{15.\,19}$
Eimer, gläserne **6,** 460 (*369*)
Eimer (Hohlmaß) **2,** 60^{*}

Einbildungskraft
– *beteiligt bei der Aufstellung brauchbarer Hypothesen* **2,** 731$_{37}$–732$_{3}$ **5,** 68$_{10}$
– *erhitzt* **5,** 217$_{21}$
– *Keplers* **5,** 88$_{6}$
– *Spiele* **5,** 282$_{15.\,15}$ 647^{532}
– *therapeutischer* **4,** 383$_{7-36}$
– *therapeutischer Nutzen* **4,** 385$_{9-11}$
– *verleitet zu falschen Schlüssen* **2,** 86$_{5}$ **3,** 81$_{9}$ **4,** 69$_{25}$ 81$_{35}$
Einfache Maschinen (Potenzen) **1,** 114$_{R3}$ 923$_{11-15}$ **2,** 98$_{14-15}$ **3,** 38$_{18}$ 183$_{3}$ 525^{1}
s.a. Hebel; Keil; Rad – an der Welle; Rolle; Schraube; Waage.
– *Anzahl* **1,** 114$_{R3-7}$ **2,** 98$_{17-29}$ **3,** 182$_{25-29}$
Einfalt **5,** 39$_{15}$
s.a. Gesetz der Sparsamkeit; Wort – einfältiges.
– *der Natur* **5,** 81$_{29}$
– *edle* **5,** 36$_{30-32}$ 38$_{1}$ 77$_{5}$ 233$_{6}$
Eis, s.a. Berg(e) – Eisbedeckung der höchsten; Frost.
– *auf Binnengewässern* **1,** 829$_{9-14}$
– *auf dem Meer* **1,** 829$_{14-23}$ **2,** 428$_{34}$–429$_{5}$
– *Ausdünstung* **2,** 432$_{2}$ **4,** 113$_{32}$
– *Dichteanomalie* **4,** 112$_{26-27}$
s.a. Eis – Volumen – Verhältnis zu dem des Wassers; Wasser – Ausdehnung beim Gefrieren.
– *Eisblumen* **1,** 778$_{33}$
– *Eisnadeln verursachen Nebensonnen und -monde* **1,** 795$_{15}$
– *Elastizität* **1,** 435$_{37-40}$ **3,** 86$_{6}$ 118$_{25-26}$
– *elektrischer Körper (Nichtleiter)* **1,** 534$_{6}$ **4,** 279$_{17}$ 280$_{6}$
– *Entstehung* **1,** 435$_{19-30}$ 438$_{21-23}$ **4,** 336$_{5}$
– *Grundeis* **1,** 433$_{R4-10}$ **2,** 426$_{19}$–427$_{23}$ **4,** 131$_{31}$ 132$_{7}$ 133$_{31}$
– *Hagelkörnchen verursachen Höfe um Sonne und Mond* **2,** 907$_{25}$
– *im südlichen Meer* **1,** 723$_{16-18}$
– *ist kein Wasser* **1,** 909$_{26}$
– *Kapillareffekt* **4,** 170$_{2-5}$
– *Kraft des entstehenden Eises* **2,** 424$_{1}$ **4,** 135$_{16}$
– *Schallausbreitung* **2,** 314$_{33-34}$
– *Schmelzen* **1,** 438$_{20-21}$ **2,** 476$_{5}$
– – *durch Zusatz von Salz* **1,** 439$_{R1-6}$
– *spezifische Wärme* **1,** 512$_{6}$
– *Volumen*
– – *Veränderung bei Abkühlung* **1,** 435$_{R22}$–436$_{R1}$
– – *Verhältnis zu dem des Wassers* **1,** 433$_{24-28}$ 433$_{R11}$–434$_{R1}$ **2,** 423$_{5-7}$
s.a. Eis – Dichteanomalie.
– *Wärmeleitung* **2,** 468$_{34-38}$ 487$_{13-14}$ **4,** 182$_{13-14}$
Eisen, s.a. Lichtenberg, Georg Christoph – Biographisches – Spekulation über einen Magnetsinn; Magnet; Schwefelkies; Versuche (Luftarten) – Zerlegung des Wassers im glühenden Flintenlauf.
– *Ausdehnung beim Erstarren* **1,** 432$_{33-35}$ **2,** 423$_{12}$ **4,** 131$_{29}$
– *Ausdehnungskoeffizient* **1,** 427$_{R17}$ 480$_{33}$ **2,** 417$_{18}$
– *Draht* **6,** 2 (2)
– *Draht elektrisch geschmolzen* **2,** 511$_{31}$
– *Erzeugung von Wasserstoff* **4,** 203$_{7}$
– *Festigkeit* **1,** 67$_{26-27}$
– *im antiphlogistischen System* **2,** 202$_{19}$ **3,** 314$_{16}$
– *im Berlinerblau* **3,** 363$_{8}$
– *im Wasser von Quellen* **5,** 339$_{7-8}$
– *Magnetismus*
– – *Einfluß auf magnetische Kraft / Materie* **1,** 612$_{24-34}$ 625$_{2-23}$ **2,** 561$_{2-14}$ **4,** 371$_{26-28}$
– – *Erklärung seiner Magnetizität* **2,** 551$_{2}$
– – *magnetisierbar* **4,** 368$_{11}$ 375$_{29-34}$
s.a. Magnet – künstlicher.

– – *Seltenheit des magnetisch nicht polarisierten* **4,** 367_{32-33}
– – *vom Magneten angezogen* **1,** 609_{11} **2,** 546_{9} 547_{3-6} **4,** 344_{11} 351_{30} 360_{2} 365_{25} **5,** 345_{26} 417_{14} 447_{6-8}
– – *weißglühendes nicht magnetisch* **2,** 562_{21}
– *Material für Blitzableiter* **2,** 917_{14} 919_{9}
– *Oxidation (Verkalkung)* **3,** 365_{29-31} **4,** 206_{32}
– *Rosten* **5,** 456_{4} 459_{9}
– *spezifische Wärme* **1,** 512_{7}
– *spezifisches Gewicht* **1,** $183_{14.\ R7-10}$ **2,** 179_{21-22}
– *Vorkommen* **5,** 343_{26} $408_{17.\ 27}$ 412_{18} 415_{4} 416_{26}
– *Vulkanismus* **2,** 954_{35}–955_{13} **5,** 340_{13}
– *(Zerreiß-)Festigkeit* **1,** 65_{31}
Eisenach **5,** 413_{10}
Eisenfeilspäne
– *Belegung der Leidener Flasche* **1,** 558_{27-38}
– *Selbstentzündung von feuchten* **1,** 515_{R13-14} **4,** 203_{11-13}
– *Verhalten am Magneten* **1,** 610_{12-19} **4,** 351_{31} 358_{15-19}
Eisenton **2,** 838_{36} **5,** 406_{3}
Eisenvitriol (auch grüner Vitriol; Eisensulfat) **1,** 938_{5} **3,** 124_{18} 394_{21-22} 422_{13} 431_{4}
– *vom Magneten angezogen* **2,** 546_{32} **4,** 360_{10}
Eiskalorimeter
– *Funktionsprinzip* **2,** 469_{9-21}
– *Lavoisiers und de la Place'* **1,** 514_{17-18} **2,** $468_{24-32.\ 41}$ 476_{5} 487_{15} **4,** 170_{1} $208_{10.\ 21}$ 209_{20} **5,** 467_{26}
Eismeer **5,** 328_{23}
Ekliptik **2,** 782_{2} **5,** 20_{6-10} 35_{15-17} 61_{17} 203_{12-18} 207_{28} 224_{21-22} 245_{21} 319_{17}
– *als Bahn der Erde* **2,** 626_{20}
– *Bestimmung* **2,** 593_{37-38} 597_{29-41} 598_{1-39} **5,** 20_{18}–21_{7}
– *Definition* **1,** 656_{7-11}
– *Pole* **2,** 599_{30} 782_{15} 784_{28-29} **5,** $206_{19.\ 23}$
– *Schiefe* **1,** 656_{28-31} **2,** 597_{12-28} 627_{10-11} 640_{34-36} 643_{27-28} **5,** 146_{13}
s.a. Erde (Erdkugel) – Äquator – Neigung gegen die Ekliptik.
– – *Veränderung* **1,** 656_{31}–657_{3} $657_{4-6.\ R1-3}$ 962_{15-24} **2,** 627_{17} 780_{39-40} 785_{3} **5,** 206_{21-22}
– *Teilung in Zeichen* **1,** 656_{14-17} **5,** 129_{11-12} 130_{24} 147_{26-27}
– – *aufsteigende / absteigende* **1,** 658_{25-29}
El Hierro (Ferro; Insel der Kanaren [Spanien]) **5,** 347_{7}
– *Nullmeridian* **1,** 643_{39} 757_{20} **2,** 694_{6} 813_{2} 846_{15} **5,** 197_{22} 320_{21} 834[649]
Elastizität **1,** 70_{38}–71_{10} **2,** 41_{24} **3,** 83_{2} 111_{14}
s.a.u. Versuche (Körper überhaupt).
– *Abgrenzung von anderen Vorgängen, die mit Formänderung einhergehen* **3,** 120_{25-34}
– *Abgrenzung von anderen Vorgängen, die mit Volumenänderung einhergehen* **3,** 111_{24-31}
– *bewirkt Schall* **1,** 310_{17} **2,** 42_{33-39} 328_{1}
– *Fluida* **1,** 485_{34} **3,** 85_{34}–86_{20} 86_{29}–87_{8} 117_{17-22} 118_{31-34} 119_{1-3}
– *Gegenstand der allgemeinen Naturlehre* **3,** 24_{7}
– *harter / weicher Körper* **3,** 85_{17-27}
– *Seile* **2,** 46_{13} **3,** 84_{26} 119_{4} 493[142]
– *Theorie* **3,** 119_{6}
– *Ursache* **1,** 71_{18-35} **2,** 486_{15-16} **3,** 223_{12}
s.a. Elastizität – Theorie.
– *verglichen mit Schwere* **3,** 184_{9}
– *Verlust* **1,** 72_{2-16}

Elba (ital. Insel) **1,** 754_{R31} **2,** 545_{8} **4,** 351_{7} 364_{21}
Elbe 2, 871_{19} **5,** 476_{5}
Elberfeld 2, 940_{30}
Elefant 2, 40_{1} 949_{7} 953_{25} **3,** 81_{37-38} 237_{8} **5,** 217_{18} 387_{26} 519_{21} 520_{10} 522_{16}
elektrischer Auslader 2, 511_{5} **6,** 249 (306)
– *allgemeiner Auslader nach Henley* **6,** 249 (307)
Elektrisieren
– *Erwärmung* **1,** 536_{15-16} **4,** 276_{16} 288_{27} 289_{18}
– *evakuierte gläserne Gefäße* **1,** 553_{18-21}
– *Geruch elektrisierter Körper* **1,** 555_{15-21} 586_{6-7} **2,** 492_{31} **4,** 304_{26-27} 324_{30-31}
– *Isolation* **1,** 532_{42}–533_{4} **2,** 495_{13-16} **4,** 247_{7-13} 265_{32-33}
– *Mitteilung* **2,** 493_{21-23} 532_{38}–533_{3} 534_{1} **4,** 246_{30} 249_{2} 265_{34}–266_{2} 283_{2}
– – *Rolle der Form* **4,** 266_{3-9}
– *möglichst bei trockener Luft* **1,** 536_{1-3}
– *nach Franklin* **1,** 581_{16-31} 581_{34}–582_{11} **2,** 527_{32-41}
– *nach Symmer* **2,** 531_{30-41}
– *Reibung* **1,** 532_{22-24} **2,** 527_{34} 531_{31-32} 532_{1-2} 533_{33-35} **4,** 273_{19} 276_{14} 300_{30} 323_{30-31}
s.a. Metall(e) – Elektrizitätslehre – durch Reiben elektrisierbar.
– – *Parameter* **2,** 532_{11-28} **4,** 303_{25}–304_{4}
– *Rolle der Oberfläche* **2,** 532_{30} 539_{33-39} **4,** 228_{24-26} 300_{7} $301_{17.\,23-26}$ 303_{28-29}
– *Schmelzen* **1,** 536_{16} **4,** 274_{21} 276_{16} 288_{27}
– – *Sonderfall des E. durch Reiben* **1,** 536_{24-34} 537_{R6-23}
– *Verdampfung* **1,** 536_{36}–537_{2} **4,** 289_{32}
– *Verteilung* **1,** 589_{36}–590_{4} 591_{27-28} 594_{1-5} 598_{8-9} **2,** 23_{35}–24_{1} 506_{20}–507_{3} 507_{21-25} 507_{34}–508_{4} 533_{4-11} 535_{3-4} 536_{21-40} 539_{29-31} **4,** 248_{32} 249_{3-5} $251_{3.\,15}$ 252_{4} 270_{3-14} 273_{9-16}
s.a. Atmosphäre, elektrische.
– – *Kontroverse zwischen Stanhope und Volta* **4,** 296_{1-14}
Elektrisiermaschine 1, 590_{17} **2,** 508_{9} 519_{23} **4,** 247_{14} 252_{28} 283_{21} 295_{26} **6,** XLII CXIV 233 (283)
– *Aufbau* **2,** 496_{5-14} 521_{28-31} **4,** 254_{20-22} 255_{14-19}
– *Elektrisiermaschine nach Hauksbee* **6,** 506 (*412*)
– *Elektrophor als Ersatz* **2,** 517_{39}
– *entgegengesetzte Elektrizitäten* **1,** 547_{33} **4,** 300_{13-15}
– *evakuierbare Kugel zur Elektrisiermaschine nach Hauksbee* **6,** 509 (*413*)
– *Funktion im Vakuum* **1,** 554_{19-31}
– *Geschichte* **2,** 519_{27}–520_{19} **4,** 253_{4-7} 276_{20-30}
– *Glas* **1,** 527_{2-18}
– – *Einrichtung* **1,** 527_{30}–528_{10}
– – *Scheibenelektrisiermaschine* **1,** 528_{21-27}
s.a. Scheibenelektrisiermaschine – Erfindung.
– – *Varianten* **1,** 528_{15-21} **2,** 520_{20-27} **4,** 253_{20-35} 276_{31}–277_{1}
– *Gummilack* **1,** 529_{2}
– *Holz* **1,** 529_{3-5} **2,** 494_{8} **4,** 722^{415}
– *kein Mittel der Wahrheitsfindung* **1,** 558_{17-22} **2,** 511_{24-26}
– *Konduktor* **1,** 535_{24-37} **2,** 523_{12-22} **4,** 254_{31} 255_{27-29} **6,** 213 (266) 509 (*414*)
– *Ladung der Leidener Flasche* **2,** 510_{29-30}
– *Metall* **1,** 525_{R14-15} **2,** 495_{7-8}
– *mit Tamis bespannte Elektrisiermaschine* **6,** 218 (268)

– *Prüfung mit dem Condensator* **4,** 251_{34}
– *Reibzeug* **1,** 529_{28-40} 530_{5-13} $956_{22-24.\,26-28}$ **2,** 522_{19}–523_{11} 534_{22}–535_{2} **4,** 253_{17} 254_{24-30} 255_{23-26} $286_{1.\,18}$
– – *Amalgam* **1,** 530_{3-4} 956_{20}
– – – *Anwendung* **1,** 530_{20-24} 531_{R6-13} **4,** $286_{20.\,23}$
– – – *Zubereitung* **1,** 530_{R27-31} 531_{R1-6} 956_{32-34}
– – *Einfluß auf Art der Elektrizität* **1,** 542_{21-22} 581_{R1-21}
– – *Musivgold* **1,** $530_{13-16.\,R7}$ **4,** 254_{26-30}
– *Schwefel, Siegellack* **1,** 528_{28-30}
– *Textilien* **1,** $529_{6-7.\,19-22.\,R15-17}$ **2,** 523_{23-42} **4,** 255_{32} 277_{8}
– *Theorie* **2,** 534_{21}
Elektrizität **4,** 245_{6} 264_{4}
s.a. Abstoßung – elektrische; Anziehung – elektrische; Atmosphäre, elektrische; Elektrisieren; Körper – elektrischer (idioelektrischer, Nichtleiter); Körper – unelektrischer (symperielektrischer, Leiter); Licht, elektrisches; Materie – elektrische; Pyroelektrizität; Versuche (Elektrizität).
– *Abriß* **5,** 367_{1}
– *abundans / superabundans* **4,** 273_{33}
– *Anwendung* **4,** 283_{15-16}
s.a. Elektrizität – medizinische.
– *atmosphärische* **1,** 894_{9-27} **3,** 345_{14-15} **4,** 290_{18-21} **5,** 474_{28} 478_{7-20}
– – *Dünste / Wolken* **1,** 445_{R5} 449_{21-25} 797_{33-34} **2,** 895_{20} 911_{32-35} 912_{19-20} **4,** 155_{5} 157_{6} 258_{29-34} **5,** 364_{19-24}
– – *Eis* **4,** 336_{4}
– – *Hagel* **1,** $784_{22-25.\,R13-25}$ 785_{R11} **2,** 899_{29-34} **5,** 365_{29}
– – *Instrumente in Richmanns Haus* **5,** 471_{14-30}
– – *Regen* **5,** 365_{15} 461_{18}
– – *Schnee* **1,** $786_{7-10.\,R4-7}$
– – *Tau* **5,** 452_{18} 453_{1}
– – *Wasserhose* **1,** 971_{28-31} **2,** 919_{36}
– – *Winde* **1,** 767_{R5-6} **2,** 862_{32} **5,** 441_{17}
– *Ausschluß von chemischen Prozessen unbegründet* **1,** 896_{35}–897_{20} 898_{12-16} **2,** 212_{27-29} **3,** 330_{15} $333_{8.\,27}$
– *bei Erdbeben* **1,** $847_{21.\,R5-16}$ **2,** 956_{14}
– *bei Fischen* **1,** 601_{39}–604_{33} **2,** 543_{6} **4,** 334_{3-33} 335_{1-8}
– *bei Vulkanausbrüchen* **1,** 973_{38} **2,** 955_{21-30}
– *Beitrag zum Meeresleuchten* **1,** 729_{33-34} **2,** 822_{20-21} **4,** 282_{23-24} **5,** 327_{29}
– *beständiger auf Nichtleitern als auf Leitern* **1,** 532_{16-36} 540_{32}–541_{6}
– *dichte Leiter stärker elektrisierbar als dünne* **1,** 541_{6-13}
– *Einfluß auf den Luftdruck* **1,** 598_{35-39}
– *Einfluß auf Wärmeleitung* **4,** 217_{29}
– *entgegengesetzte* **2,** 519_{38} 533_{40-41} 534_{14}
s.a. Elektrizität – positive (+, Glas-El.) / negative (–, Harz-El.).
– *Entladung*
– – *Weg* **1,** 561_{11-26} **4,** 324_{25}
– *Erdkugel* **5,** 13_{30}
– *erste Begriffe* **2,** 492_{15}
– *fördert Ausdünstung* **1,** 538_{34-36} **2,** 899_{33} **4,** 311_{29-30}
s.a. Elektrizität – Wirkung auf organische Körper.
– *Geräusch* **4,** 304_{10-25}
– *Geschichte* **1,** 526_{12-25} **2,** 493_{2-29} **4,** 245_{7-8} 265_{10-11} 278_{20}–279_{8}
– *Hauptsatz* **1,** 582_{22-33} 596_{29-31} **2,** 509_{25-29} **4,** 269_{24-30}
– – *Bedeutung* **1,** 583_{3-12}

– – *von Erxleben nur en passant vorgetragen* **3,** 8_{24}
– *Kälte* **1,** 502_{R16-17}
– *Lehre*
– – *Rückstand* **2,** 492_{12-13}
– – *Wichtigkeit* **2,** 491_{3-7}
– *Literatur* **4,** 262_{28-29} $263_{31.\ 34}$
– *Magnetisierung durch Elektrizität* **1,** 615_{21-22} **4,** 346_{5-6} 348_{10-14} 359_{19} 369_{35}
– *medizinische* **1,** 562_{42} 563_{1-3} 564_{36}–565_{1} 565_{1-15} **2,** 491_{7-19} 524_{3} **4,** 64_{26} 262_{33}–263_{30} 266_{29}–267_{3} 268_{6-7} 272_{18-19} 277_{18-30} 306_{23} 309_{6-32} 381_{12} **6,** CII
– – *Geschichte* **4,** 311_{7-23}
– *Name* **1,** 526_{7-11} **2,** 493_{2-3} **4,** 245_{23-24} 265_{7} 278_{32}
– *Nutzen* **4,** 277_{11}
– *populärer Irrtum* **4,** 309_{5}
– *positive (+, Glas-El.) / negative (–, Harz-El.)* **1,** 541_{22}–542_{3} 580_{27-36} 587_{6} **2,** 499_{28} 527_{1-5} 530_{17-19} $531_{9-13.\ 23-29}$ **4,** $248_{7.\ 24}$ 268_{10} $269_{6-9.\ 15-20}$ 299_{22} 336_{14-16} **5,** $367_{7.\ 33}$
s.a. Tabelle – Elektrizitäten verschiedener Substanzen bei Reibung.
– – *Ausgleich* **1,** 546_{2-28} **2,** 501_{28-29} 531_{1-5} 532_{2-10}
– – *Elektrisiermaschine* **1,** 547_{30}–548_{4}
– – *Lichterscheinungen* **1,** 549_{19-33} **2,** 503_{19-27}
– – *Zuordnung fraglich* **1,** 587_{13-17} **4,** 252_{24-25}
– *Reiben* **1,** $525_{7-18.\ 28-31}$ **2,** 492_{17-21} **4,** 128_{29} 245_{12} 315_{13-32}
– *Schlag / Stoß / Erschütterung* **1,** 556_{24} 593_{23-25} **2,** 510_{11} 539_{20} **4,** 271_{22-23} 305_{13-34}
s.a. Blitzschlag; Erschütterungskreis.
– – *beim Elektrophor* **1,** 567_{5}
– – *Funken* **1,** 548_{R2-3} 562_{8-16} **4,** 336_{20}
s.a. Funken – elektrischer.
– – *Seitenschlag* **1,** 562_{R13-14} 957_{35-36} 958_{1-6}
s.a. Lichtenberg, Georg Christoph – Biographisches – Instrumente – zu Abschnitt 10: Elektrizität – Apparat zum Seitenschlag.
– – *Weiterleitung* **1,** 557_{15-24}
– *sensible / gebundene* **1,** 590_{34-40} 594_{10-14} **2,** 508_{22-36} 508_{39}–509_{9} 531_{5-7} 540_{29-31} **4,** $270_{10-11.\ 15-16}$
– *spezifische* **4,** 271_{8-14}
– *Spitzen* **2,** 533_{21} 910_{2} **4,** 253_{2} 275_{13-18} **5,** 469_{11} 474_{30}
s.a. Blitzableiter – Stumpfendianer / Spitzendianer; Elektrisieren – Rolle der Oberfläche; Licht, elektrisches – Büschel (Feuerpinsel); Wind – elektrischer.
– *Theorie* **2,** 526_{1}
– – *Anziehen und Abstoßen* **4,** 252_{3} 253_{1} 297_{2}
– – *Delucs* **1,** 579_{R1} **2,** 542_{1} **4,** 296_{3-8} 327_{2} 328_{25} 331_{10-27}
– – *Franklin* **1,** 579_{23} 579_{27}–580_{12} 584_{10-17} 586_{19-22} **2,** 501_{7-17} 526_{8} **4,** $248_{19.\ 23}$ $269_{13.\ 33}$ 335_{25}
s.a. Abstoßung – elektrische; Elektrisieren – nach Franklin; Elektrizität – Hauptsatz.
– – – *Indizien dagegen* **1,** 587_{8-17}
– – – *keine Erklärung* **1,** 586_{R1-5}
– – *frühe Erklärungen* **1,** 579_{8-14}
– – *Kratzenstein* **1,** 579_{R7} **4,** 325_{26}–326_{24}
– – *Kriterium zur Beurteilung* **1,** 584_{1-10} 587_{31-45}
– – *Lehre noch nicht mathematisch gefaßt* **2,** 21_{1} **3,** 46_{23} 48_{32}
– – *noch unentschieden* **1,** 587_{3-5}
– – *quadratisches Abstandsgesetz* **2,** 507_{26-30} **4,** 74_{25-26}
– – *Symmer* **2,** 528_{31} **4,** 376_{4-5}

– – *Wirbel* **1,** 586_{22-26}

– – *zwei Materien* **1,** 586_{34-36} 588_{9-29} **2,** 529_{8} **4,** 253_{3} $324_{5.\ 16-17}$
s.a. Elektrizität – Theorie – Symmer.

– – – *Feuer und Phlogiston* **1,** 588_{29-41}

– – – *Indizien dafür* **1,** 587_{17-31} **4,** 252_{20-23} 274_{27-29} 275_{29-30} 276_{1-7}

– *Transport* **1,** 564_{1-17} **2,** 513_{14-15}

– *urspüngliche / mitgeteilte* **1,** 530_{37}–531_{3}

– *Vergleich mit Magnetismus* **1,** 624_{2-22} 624_{23}–628_{41} **2,** 561_{20}–563_{3} 927_{14-15} **4,** 295_{26-28} 314_{15} 357_{34} 371_{29-33} $376_{4-5.\ 12}$ 377_{17}–378_{1} **5,** 488_{20-23}

– *Vergleich mit Wärme* **1,** 589_{1-4} 894_{34}–895_{7} **4,** $222_{6-7.\ 25-28}$ 229_{19-27} 230_{32-34} 252_{25}

– *vermehrte / geschwächte* **1,** 580_{19-27} **2,** 527_{11-14}

– *verstärkte* **1,** 556_{33} 564_{25-26} **5,** 367_{4}

– *Weiterleitung* **4,** 183_{15-18}

– – *Geschwindigkeit* **4,** 283_{9-13} 305_{33-35}

– *Wirkung auf die Sinne* **1,** 555_{15-38} **2,** 492_{29-34} **4,** 304_{9}

– *Wirkung auf organische Körper* **1,** 538_{R5-14} 538_{33}–539_{4} 539_{R1-16} **2,** 491_{19-29} **4,** 266_{19-28} 267_{4-10} 268_{8} 277_{32}–278_{9} $311_{19-20.\ 25}$

– *Wirkung überschätzt* **2,** 955_{21-24} **4,** 267_{11-33}

– *Zeichen – /+* **1,** 11_{26-27} 546_{28-31} 580_{34-36} 588_{43} **2,** $501_{1-2.\ 20}$ 531_{12} **4,** 722^{411}

– *Zusammenhang mit glänzenden Lufterscheinungen* **1,** 809_{26}

– *Zusammenhang mit Lumineszenz* **3,** 359_{24} **4,** 69_{5}

– *Zusammenhang mit Magnetismus* **1,** 630_{2-8}

Elektrizitätstransportflasche nach Cavallo 6, 244 (297)
s.a. Cavallo, Tiberio – Elektrizitätstransportflasche.

Elektrometer 1, 540_{1-6} **2,** 524_{16} **4,** 249_{24} 251_{9} 261_{9}–262_{7} 268_{9} 274_{17} 291_{7} 297_{2} 298_{27-31}

– *Achards* **2,** 524_{26} **4,** 292_{25}–293_{36} 299_{7-20} 302_{6}

– *Bennets* **1,** 540_{R8} **2,** 525_{14-15} **3,** 359_{24} **4,** 224_{31} 320_{11-34} **6,** 226 (279)

– *Brooks* **1,** 540_{R12} **4,** 294_{33-34} 295_{7-9}

– *Cantons* **2,** 524_{18} **4,** 261_{28} 262_{6} $292_{7-11.\ 12-24}$ **6,** 229 (280)

– *Cavallos* **1,** 540_{23} **4,** 290_{3-4}

– *Delucs* **1,** 540_{27-29} **2,** 525_{1} **4,** 295_{12-22}

– *Ellicots* **4,** 294_{4-5}

– *Gralaths* **4,** 294_{7-9}

– *Henl(e)ys* **1,** 540_{12-13} 590_{14-15} 591_{11-22} **2,** 508_{5} 524_{21-22} **4,** 247_{21} 262_{5} 294_{10-18} **6,** 222 (276) 222 (276)

– *J.B. Le Roys und Arcys* **4,** 295_{1-4}

– *Kinnersleys* **4,** 262_{7} 294_{20-32}

– *Lanes* **1,** 565_{16} **4,** 261_{12-15} 287_{13} 294_{1-3}

– *Ludolfs* **4,** 291_{28}–292_{5}

– *Saussures* **1,** 540_{24} 577_{R9} **2,** 525_{10} **6,** 224 (277) 225 (278)

– *zweierlei Elektrizitäten* **4,** 248_{28}

Elektrophor 2, 513_{30} **4,** $270_{17.\ 20}$ 272_{31-32} 283_{4-5} 285_{6} 313_{10}–314_{28} 316_{2} **6,** 254 (313)

– *Abwandlung zum Condensator* **1,** 573_{37-38}

– *Analogie zum künstlichen Magneten* **1,** 614_{25} **4,** 273_{25} 377_{25}

– *Analogie zur Leidener (Kleistschen) Flasche (Platte)* **1,** 571_{24-27} 595_{18-19} 597_{27-28} **2,** 540_{6-22} **4,** 251_{28-29} 273_{7}

– *Einrichtung* **1,** 565_{24}–566_{35} **4,** 251_{12-13}

– *Elektrophor aus Siegellack* **6,** 253
– *Funken* **5,** 469_{15}
– *Funktion* **1,** 566_{37}–568_{19} **4,** 249_{28} 251_{16-21}
– *Geschichte* **4,** 273_{4-5}
– *großer länglicher Elektrophor mit Deckel* **6,** 250 (308)
– *Herstellung* **1,** 569_{2-45} 570_{1-13}
– *kleiner doppelter Elektrophor* **6,** 253 (309)
– *L.s doppelter* **1,** 570_{21} **2,** 516_{3-21} **4,** 251_{24}
– *Lichtenbergfiguren* **2,** 504_{5}
– *Luftelektrophor, eigentlicher* **1,** 567_{R6-7} 597_{30-39} **5,** 473_{12}
– *mit Stoff als elektrischer Substanz* **1,** 570_{14-19}
– *Reibzeug* **4,** 315_{5-12}
– *Rezepte für den Kuchen* **1,** 566_{R15-33} **4,** 317_{14-16}
– *Schaeffers Versuche* **1,** 572_{26-31} 573_{19-28} 626_{22-23} **4,** $317_{10.\,19}$ 317_{24}–318_{15} 815^{307}
– *Schriften* **1,** 566_{R34-35} 571_{34-45}
– *sogenannter Luftelektrophor* **6,** 253 (310)
– *Theorie* **1,** 593_{37}–596_{25} **2,** 539_{22}–541_{34}
– *Verstärkung* **1,** 570_{23-39} **4,** 249_{29-31} 251_{22-23} 273_{4}
– *von Erxleben nicht erwähnt* **3,** 8_{17-18}
– *Webers Luftelektrophor* **1,** 570_{20} **4,** 250_{1} 251_{26} 252_{31} 270_{22} 286_{10} 307_{2-3}
Elementarwelt **1,** 168_{27-28} **2,** 164_{9} 176_{7} **3,** 308_{7} **6,** 64 (60)
– *Bild für Planetensystem* **5,** 27_{10} 521_{5-6}
– *Rezept* **2,** 162_{17-25} **3,** 268_{22}–269_{5} 597^{17}
Elemente, s.u. Körper – Elemente, s.a. quinta essentia.
Elfenbein **2,** 949_{8}
– *Elastizität* **2,** 42_{41}–43_{1} **3,** 85_{21}
– *elektrischer Körper (Nichtleiter)* **1,** 534_{1} **4,** 279_{34} 289_{27}
– *Entstehung unbekannt* **5,** 519_{20}
– *hygroskopisch* **1,** 282_{11-12} s.a. Hygrometer – Elfenbeinhygrometer, Delucs.
– *Vergilben* **3,** 427_{12}
Elfenbeinbecher zur Zündung von Schießpulver **6,** 247 (304)
Elfenbeinkugeln **6,** 20 (23.5) 50 (46) 52 (47)
Elfenbeinmesser **6,** 209 (264)
Ellipse **5,** 127_{13} s.a. Komet(en) – Bahn – elliptisch; Mathematik – Geometrie – Kegelschnitte; Planeten – Bahnen sind Ellipsen.
Ellipsenzeichengerät **6,** 291 (**20*) 302 (**33f*)
Ellipsenzirkel **6,** 308 (**35a*) 308 (**35b*)
Elmsfeuer **1,** 804_{28-31}
Emanationssystem, s. Licht – Theorie – Korpuskularhypothese (Newton).
Emden **5,** 391_{5}
Engländer
– *Ausdrücke für mittlere und wahre Sonnenzeit* **5,** 270_{1}
– *Australien* **5,** 321_{8}
– *mangelnde Kenntnis deutscher Wissenschaftler* **3,** 6_{19}
– *Schwalben, die sich nach der besseren Luft ziehen* **3,** 421_{4}
England
– *Fauna* **4,** 334_{29}
– *Flintglas* **4,** 89_{32}
– *Forschungsförderung* **2,** 819_{28-29} **5,** 396_{13}
– *Gradmessung* **2,** 684_{8}
– *Instrumente* **6,** CXIV
– *Kalender* **2,** 738_{12-17} **5,** $136_{2-5.\,12-15}$
– *Klima* **2,** 932_{39} **5,** 370_{26}
– *Landverbindung mit Holland* **5,** 532_{23}

– *Luftdruck* **5,** 373$_{2}$
– *magnetische Deklination* **5,** 422$_{28}$
– *magnetische Inklination* **2,** 849$_{8}$
– *Schifffahrt* **2,** 818$_{26-32}$
Ente **2,** 90$_{39}$
Entzündung
– *Mischungen von Flüssigkeiten* **4,** 179$_{25}$
Epidot (Arendalit) **3,** 283$_{1}$ 284$_{1}$ 288$_{19}$
Epizykel **5,** 23$_{28-31}$ 24$_{1-11}$ 232$_{35}$
s.a. Weltsystem – copernicanisches – Epizykel; Weltsystem – ptolemäisches – Epizykeltheorie.
Erdbeben **2,** 956$_{13}$ **5,** 393$_{34}$ 531$_{2.\ 6}$
– *17 n. Chr. (Kleinasien)* **5,** 531$_{16-21}$
– *1720 (Azoren)* **5,** 391$_{28}$ 393$_{34}$
– *1746 (Lima)* **1,** 847$_{23}$ **2,** 956$_{26}$ **5,** 531$_{22-27}$
– *1755 (Lissabon)* **1,** 847$_{23-24}$ **2,** 956$_{26-27}$ **5,** 531$_{28}$
– *1774 (Guatemala)* **1,** 847$_{29-30}$ **2,** 956$_{33-34}$ **5,** 532$_{5}$
– *1783* **1,** 780$_{27}$ 847$_{31}$ **2,** 895$_{35}$–896$_{2}$ 956$_{34}$ **5,** 532$_{5-16}$
s.a. Kalabrien – Erdbeben 1783; Sizilien – Erdbeben 1783.
– *chemischer Prozeß* **2,** 18$_{1}$ **3,** 26$_{14}$
– *Erklärung* **1,** 847$_{6-19}$ **2,** 432$_{37}$ 435$_{24}$ 951$_{12-15}$ 956$_{14-24}$ **5,** 340$_{25}$
– *Gestaltung der Erdoberfläche* **1,** 846$_{4}$
s.a. Inseln – neue nach Erdbeben.
Erdbeschreibung, natürliche
– *Definition* **1,** 38$_{13-16}$
s.a. Geographie, physische.
Erdboden, s.a. Erde (Erdkugel) – Rinde; Frost – Frosttiefe.
– *Durchlässigkeit für Wasser* **2,** 827$_{9-19}$ **5,** 331$_{26}$–332$_{8}$ 463$_{16-17}$
– *Einfluß auf physisches Klima* **2,** 933$_{25}$ **5,** 148$_{19}$
– *elektrischer Leiter* **1,** 558$_{1-6}$ **2,** 511$_{16-19}$
– *Garten- / Dammerde* **1,** 749$_{9}$ **2,** 288$_{31}$ **3,** 442$_{10}$ **5,** 342$_{10-11}$ 386$_{12.\ 30}$ 409$_{23}$ 523$_{5-6}$ 914^{1109}
– *Temperaturen* **4,** 134$_{1-2}$ **5,** 371$_{35}$–372$_{2}$
– *unelektrischer Körper (Leiter)* **1,** 535$_{13-15}$
– *wasserführende Schichten* **1,** 741$_{8-9}$
Erde (Element) **1,** 832$_{1}$
Erde (Erdkugel) **2,** 583$_{3}$
s.a. Gradmessung; Meridian (Mittagskreis); Schwere – Richtung; Welt (im Sinne von Erde).
– *abgestumpfte* **2,** 687$_{28-30}$ **5,** 13$_{15}$ 98$_{14}$ 244$_{25}$ 245$_{17}$ 317$_{13-15}$ **6,** 23 (23.7)
– *Achse* **1,** 641$_{17-18}$
– – *Kreiseln* **1,** 713$_{1-2}$
– – *Nutation* **2,** 780$_{39}$ 784$_{9}$ **5,** 186$_{16}$ 206$_{6}$
– – *Parallelismus* **2,** 612$_{19-21}$ 627$_{3-4}$ 643$_{25-27}$
– – *Veränderung* **1,** 842$_{6-8.\ R1-30}$ 973$_{9}$ **5,** 523$_{4}$
– *Äquator*, s. Äquator.
– – *Neigung gegen die Ekliptik* **2,** 747$_{9}$
– *Äquator, magnetischer* **5,** 437$_{3-4}$
– *Alter* **2,** 820$_{31}$ **5,** 326$_{25}$ 520$_{29-33}$ 523$_{8}$ 524$_{23-28}$
– *Anziehung der Sonne ungleichförmig* **1,** 711$_{30-34}$
– *Anziehung des Mondes ungleichförmig* **2,** 867$_{32}$–868$_{1}$ 868$_{31-33}$ **5,** 353$_{28-32}$ 354$_{3-5}$
– *Bevölkerungszahl* **1,** 775$_{21-23}$ **2,** 812* **5,** 31$_{12}$
– *Dunkelheit der Nachtseite*
– – *Argument gegen Wellennatur des Lichts* **4,** 49$_{19}$ 74$_{17}$
– *Durchmesser* **1,** 650$_{16-18}$ **2,** 145$_{14}$ 678$_{9}$ 686$_{36-37}$ 835$_{11}$ **5,** 15$_{19}$ 26$_{21-22}$ 31$_{9-10}$ 45$_{23}$ 97$_{22}$ 106$_{13-14}$ 319$_{25}$ 341$_{17.\ 26-27}$ 809^{494}

– *Einteilung* **2,** 688_{9} **5,** 107_{5-10} 484_{12-14} s.a. Erde (Erdkugel) – Zonen.
– – *geographische Koordinaten* **2,** 688_{15-20} **5,** 107_{13-15}
– – *Land- / Wasserfläche* **2,** 688_{12} **5,** 107_{9-10}
– – *nach maximaler Tageslänge / (Klima-)Zonen* **1,** 662_{30}–663_{9} **5,** 50_{14} 146_{22}–147_{5}
– – *nach Schattenrichtung* **1,** 665_{36}–666_{21} **5,** 147_{7-11}
– – *nach Winkel zwischen Horizont und Sternenbahnen* **1,** 665_{14-34}
– *Entfernung von der Sonne* **1,** 677_{25-29} 678_{34} **2,** $644_{35.\,35}$ 650_{21-23} 665_{12-20} 728_{13} **5,** $43_{13.\,25-26}$ $45_{10-11.\,20-21}$ 54_{20} 63_{26-29} 87_{17-19} 91_{30-32} 92_{7-12} 96_{14-16} 97_{6-18} 124_{14-15} 370_{15-16}
– *Entstehung* **1,** 973_{2-29} **2,** 625_{2-5} 765_{17-33} 821_{17-21} 937_{2} **5,** 83_{1-2} 179_{17}–180_{7} 316_{18} 398_{13-16} 410_{2-3} 488_{34-36} s.a. Erde (Erdkugel) – Theorie.
– – *Aussagen der Bibel* **5,** 388_{21}–390_{23} 518_{32-33} 526_{34-35} 528_{14}
– – *kaum gesicherte Kenntnisse* **2,** 953_{9-15} **5,** 67_{34}
– – *nach Buffon* **1,** 836_{23}–837_{12} **5,** 192_{26-27}
– – *nach Burnet* **1,** 833_{14}–834_{5} **5,** 380_{35}–381_{20}
– – *nach Deluc* **5,** 384_{3}–387_{34} 516_{2} 524_{6}–528_{15}
– – *nach Descartes* **1,** 833_{4-8}
– – *nach Franklin* **2,** 943_{30}–946_{29} 947_{32}–953_{8}
– – *nach Hutton / Williams* **5,** 513_{18}
– – *nach Kant* **5,** 379_{21-35} 511_{2}
– – *nach Leibniz* **1,** 835_{33}–836_{12} **5,** 380_{22-33}
– – *nach Whiston* **1,** 834_{15}–835_{19} **5,** 381_{21-29}
– – *nach Woodward* **5,** 382_{18}–383_{27}
– *Erdschein auf dem Mond* **2,** 709_{8-9} **5,** 256_{33} 257_{14-18}
– *Erdzeitalter* **2,** 950_{24-35} 951_{1-3}
– *Erscheinung vom Mond her gesehen* **5,** 52_{28} 260_{26-33}
– *Festland war Meeresboden* **1,** 838_{24-32} 841_{14-21} **2,** 821_{21-24} 838_{15-16} 953_{16-17} **5,** 345_{6-7} 385_{24} 386_{25-26} 522_{21-22} 527_{16-17}
– *für eben gehalten* **2,** 583_{9-13} **5,** 13_{5-8} 71_{29-33} 317_{1-2}
– *Gestalt* **1,** 962_{11} **2,** 583_{4-6} 665_{26} 677_{26}–678_{23} 685_{23}–687_{9} 811_{8-25} **5,** 16_{12-16} 98_{1} 99_{6} 242_{2} 316_{1} 318_{1-10} 705^{951}
– – *Abplattung* **1,** 646_{15-21} $650_{1-4.\,R2}$ **2,** 674_{38-40} 675_{33-34} 676_{14-21} 682_{8-10} 684_{22}–685_{5} 685_{20-23} 1002_{7-8} **5,** 15_{10-32} 29_{1} 104_{13-14} $106_{10-13.\,18-27}$ 156_{27} 245_{10-12} 319_{3-4} 526_{16-17}
– – *Irregularität* **2,** 685_{5-19} **5,** 107_{3-4} 243_{2} 319_{4-5} 323_{8-9}
– – *länglich* **1,** 647_{25-35} **2,** 124_{22-23} 674_{35-37} **5,** 105_{4-6}
– – *Relevanz* **1,** 893_{5-12}
– – *Umfang* **2,** 666_{18-24} 667_{36}–670_{14} **5,** 99_{12-21} 100_{2-14} 102_{19-34} 395_{5-8}
– – *Verhältnis der Achsen* **1,** 646_{21-27} **2,** 688_{1-2} 811_{30-32} **5,** 83_{7-10} 319_{7}
– *Inneres* **2,** 835_{3} **5,** 341_{22} 409_{7-18} s.a. Bergbau.
– – *chemische Prozesse* **2,** 489_{40} 830_{12-13} 848_{21-22} **3,** 368_{1-6} 369_{17} 371_{22-23} **5,** 371_{33} 440_{6-7}
– – *Dichte* **2,** 685_{9-10}
– – *Einfluß auf Witterung* **5,** 377_{5-6}
– – *Wärmeentstehung* **2,** 832_{34}–833_{6} **5,** 339_{32}–340_{25} 393_{13-15}
– – *weitgehend unbekannt* **1,** 751_{14-22} **2,** 835_{23-27} **5,** 340_{27-28} 409_{22-23} 495_{15}
– – *Zentralfeuer* **1,** 820_{9} 844_{17} **2,** 487_{28} 490_{1} 933_{27-28} 952_{7} 953_{2} **5,** 371_{26} 495_{11}

– *künstliche* **1,** 667_{5} **2,** 586_{18} 688_{3-7} 793_{18} 811_{27} **5,** 16_{20} 75_{2} 212_{2} 319_{8} $341_{19.\,25}$ 431_{9} s.a.u. Globus.
– *Kugelgestalt* **1,** 636_{24-28} 650_{14-18} **2,** 583_{6-7} 666_{1-15} **5,** 16_{30}–17_{1} 31_{9} 71_{28} 76_{18-20} 98_{2-3}
– – *Plausibilität* **2,** 584_{10}–586_{15} **5,** 13_{21}–15_{10} 73_{7}–74_{27} 317_{16-23}
– – *Wasserkugel* **2,** 867_{6-8} **5,** 353_{12-14} 447_{1-2}
– *Magnetismus* **1,** 752_{22-30} **2,** 545_{36-38} 550_{24} 557-558* 840_{3} **4,** 295_{28} 346_{34} 358_{3-8} $359_{7-8.\,16}$ $361_{9.\,27-28}$ 363_{12-18} 368_{1} 371_{19-21} 375_{9-12} **5,** 316_{7} 345_{21} 417_{8} 431_{12} s.a. Magnetnadel (Acus magnetica).
– – *Mayers Theorie* **1,** 756_{17-32} 756_{37}–757_{32} **2,** 846_{4-24} **5,** 346_{22}–347_{10}
– *Maschine* **5,** 374_{33}
– *Oberfläche* **2,** 811_{7} s.a. Meer.
– – *Anteile von Festland- und Wasserflächen* **2,** 812_{10-15} **5,** 320_{10-17}
– – *Festland* **5,** 316_{4} 327_{30}
– – – *Größe* **1,** 966_{25-27}
– – – *ungleichmäßig verteilt* **1,** 723_{20-23}
– – *Größe* **1,** 722_{7-11} **2,** 687_{8} 811_{37} 812* **5,** 31_{10-11} 319_{31}–320_{4}
– – *Hauptgebirgszüge* **1,** 731_{5-7} **2,** 823_{9} **5,** 328_{6-7} 343_{22-23} 410_{6-8} 411_{32}
– – *Höhenunterschiede* **1,** 725_{13-15} 730_{27}–731_{5} **2,** 815_{16-17} 823_{5} **5,** 323_{6-7}
– – *Karte*, s. Landkarte.
– – *Veränderung* **1,** 837_{27-30} 838_{18-24} 842_{20-21} 846_{8-17} 849_{5-26} **5,** 343_{29} 388_{9-15} 391_{2-3} 457_{23-24} 513_{29}–515_{34} 518_{5-9} 518_{34}–519_{5} 527_{10-20} 530_{29}
– – *Verteilung von Land und Meer* **1,** 725_{15-27} **2,** 815_{17-20} **5,** 323_{10}
– – *wenig bekannte Gegenden* **1,** 723_{29-32}
– *Paradoxon einer euklidischen Ebene* **2,** 687_{28-38} **5,** 14_{17-18} 244_{2} 245_{18}
– *Pole* **1,** 641_{18-19} **5,** 225_{7} 319_{17} 346_{20-21}
– – *Änderung* **5,** 183_{1-3} 186_{5} 290_{16}
– – *Schneegrenze* **5,** 494_{28}
– *Pole, elektrische (Vergleich mit Turmalin)* **1,** 625_{41}–626_{7} 812_{34} **2,** 542_{30} 561_{24}–562_{1} 926_{37}–927_{4} **4,** 259_{1-3} 262_{14} 377_{1-2} **5,** 487_{10} 488_{23-33}
– *Pole, magnetische* **1,** 625_{38-41} **2,** 926_{33-34} **5,** 431_{8} $432_{6.\,23}$ 487_{26-28}
– – *Anzahl* **1,** 755_{9-20} **2,** 845_{26-35} **5,** 431_{24-31}
– – *Lage* **1,** 968_{13}
– *Reservoir für elektrische Materie* **4,** 269_{13-14}
– *Rinde* **1,** 749_{3-20} **2,** 835_{28}–836_{1} **5,** 340_{26} s.a. Berg(e) – Schichten; Erdboden; Täler – Schichten.
– – *Entstehung* **5,** 342_{27-31} 517_{24}–518_{1} 525_{2}
– – *Schichten* **5,** 385_{10} 513_{29-33} 514_{1}–515_{14} 525_{9-12} 525_{31}–526_{10}
– – *Vergleich mit Papierschicht auf dem Globus* **5,** 345_{19} 417_{9-10}
– *Schatten auf dem Mond* **2,** 586_{14} **5,** 15_{9-10} 74_{31-32}
– *Theorie* **2,** 809_{33} **5,** 504_{17} 520_{2} 521_{9} s.a. Erde (Erdkugel) – Entstehung; Erde (Erdkugel) – Untergang.
– – *Absurditäten* **2,** 937_{24}–938_{5}
– – *Beurteilungskriterien* **2,** 940_{10-13} **5,** 504_{27-30}
– – *Fortschritt durch Arbeitsteilung* **2,** 946_{32}–947_{14}
– – *Gegenstand* **5,** 341_{34-35}

– – *Nutzen der Berge* **2,** 957_{8-9} **5,** 542_{7-9} 543_{24-26}
– – *Schriften* **1,** 973_{17-19} **2,** 938_{5-6}
– *Umdrehung* **1,** 641_{6-8} 645_{23-25} **2,** 619_{4} **3,** 68_{24} **5,** 37_{11-12} $59_{26.\,31}$ 202_{1-2} 245_{20}
– – *Beweis durch Fallversuche* **2,** 621_{15}–622_{10} $623^{\dagger}$
– – *Beweis durch Pendelversuch* **1,** 651_{20-24} **2,** 624_{3-15} **5,** 83_{15} 104_{10-11}
– – *gefolgert aus der Abplattung* **2,** 624_{31}–625_{11} **5,** 82_{35}
– – *gefolgert aus der Drehung der anderen Planeten* **2,** 624_{23-30} **5,** 82_{34} 83_{14}
– – *Geschwindigkeit* **5,** 15_{22-23} 104_{15} s.a. Göttingen – Geschwindigkeit der Erdrotation.
– – *gestützt durch die Einfachheit der Erklärung* **2,** 625_{13-26}
– – *Gleichförmigkeit* **5,** 138_{3-11} 233_{23-27}
– – *Ursache der Abplattung* **5,** 15_{19-32}
– – *Zeitrechnung* **5,** 118_{5-6} 130_{10} 138_{3} 140_{28-29} 268_{3}
– – *zusammengesetzte Bewegung* **3,** 134_{19} **5,** 82_{7-9}
– *Umlauf um die Sonne* **1,** 654_{11-16} **2,** 625_{37} **3,** 202_{7-8} 208_{13} **5,** 37_{20} 42_{22-23} 60_{32} 83_{14} 245_{21} s.a. Ekliptik.
– – *abarischer Punkt* **5,** 487_{2-3}
– – *Anomalie* **5,** 127_{22-30}
– – *Bahndurchmesser* **5,** 32_{16-17} 201_{33}–202_{1} 216_{8}
– – *Beweis* **2,** 630_{25-28} 632_{15-20} 634_{3-8} 640_{23-27} **5,** 39_{27-28} 40_{21-22} $86_{17-18.\,32-34}$ 167_{1}
– – *Drehung der Absidenlinie* **5,** 144_{19-20}
– – *Form der Bahn* **1,** 677_{20-24} **2,** 627_{31-32} 628_{22}–629_{39} **5,** 127_{1-12} 191_{21}
– – *Geschwindigkeit* **2,** 630_{9-20} 634_{27-32} 741_{17-19} **5,** 31_{13-23} 62_{25-29} 83_{26-29} 127_{18-21}
– – *nach mathematischem Gesetz* **3,** 39_{4-7}
– – *Zeitrechnung* **2,** 733_{30-31} **5,** 118_{3} 138_{1-2}
– *Umlaufszeit* **1,** 679_{29} **2,** 630_{21-24}
– – *verkürzt* **1,** 714_{21-23}
– *Umlaufszeit eines hypothetischen Trabanten an der Erdoberfläche* **5,** $43_{1-2.\,24}$ 91_{1-3}
– *Umsegelung* **1,** 636_{29-38} **2,** 586_{13} 666_{1} 675_{10} 695_{24-25} **5,** 14_{27} 74_{28} $212_{3.\,3}$
– – *Datumswechsel* **1,** 664_{33}–665_{6}
– *Untergang* **1,** 851_{12} **2,** 766_{2-4} **5,** 181_{9-11} 316_{22-23}
– *Verschiebung des Schwerpunkts* **5,** 533_{6-7}
– *Wärme*
– – *Gleichgewicht* **5,** 527_{32-34}
– *Wärme aus dem Inneren* **5,** 370_{3} 371_{29-34} 372_{2-8}
– *Wärme durch Sonneneinstrahlung* **1,** 660_{6-21} 962_{26-28} **2,** 642_{39}–643_{1} 928_{33}–929_{26} **5,** 148_{1-8} 370_{5-15} 374_{25} 491_{12}–492_{2} 493_{3}–494_{13} 518_{30}
– *Wechselwirkung mit Kometen* **1,** 713_{19-32} **5,** 186_{3-18}
– *Zonen* **1,** 659_{16-21} **2,** 926_{9-10} 951_{31-35} **5,** 107_{18-19} 146_{13-22} 450_{30} 484_{10} 488_{37} 492_{20-21} 494_{20-22}
Erden **1,** 210_{9} 928_{4-7} **3,** $309_{15.\,30-33}$ **6,** 77 (81) s.a. Alaunerde; Australerde, Australsand; Bitter(salz)erde; Edle Erde; Kalkerde; Kieselerde; Korunderde; Schwererde; Strontianit(erde); Süßerde (Glycine); Zirkonerde.
– *Auflösung* **1,** 927_{15-18}
– *im antiphlogistischen System* **1,** 927_{20-29} **2,** 203_{5-12} **3,** 313_{30-32} 340_{24-28}

– *Salze* **3,** 310_{16-17}
Erdglobus, s.u. Globus.
Erdorseille (Lecanora parella L.) **3,** 306_{4}
Erfahrung
– *Ausgangspunkt für Hydrostatik* **2,** 157_{9} **3,** 273_{16}
– *beschränkte Allgemeinheit* **1,** 915_{3} **3,** 89_{29-32}
– *Grundlage der Naturlehre* **1,** 33_{14-18} **2,** $22_{13-14.\ 20-21}$ **3,** $54_{5-9.\ 16-25}$ 56_{5-6} 61_{8-9} 89_{26-28} 91_{4-7} 238_{9} 239_{27-29} **4,** 77_{28} **5,** 384_{12-13}
– *Prüfstein für Rechnungen* **3,** 46_{3}
– *Verhältnis zu Hypothesen* **3,** 58_{22} 63_{13-17} 207_{26-30} 242_{29}
– *Voraussetzungen* **1,** 33_{35}–34_{3}
– *zwei Arten: Beobachtungen und Versuche* **2,** 22_{25} **3,** 54_{3} $55_{9-10.\ 29}$
Eridanus (Sternbild) **5,** 196_{17-18}
Eriesee **5,** 397_{8}
Erkenntlichkeit
– *Sinnbild* **4,** 128_{13}
Erläuterung durch mechanischen Vergleich **1,** 197_{R9-11} **3,** 300_{4} 302_{31-33}
Erlangen **6,** LXXV
Erntehüter (Sternbild; Custos Messium, Messier; nicht kanonisch) **2,** 792_{17-18}
Erschütterung
– *elektrische* **1,** 550_{20-30}
– *Magnetisierung durch Erschütterung* **1,** 615_{16-18} **2,** 551_{21-28} $553_{1.\ 15}$ **4,** 346_{4} 358_{11} 359_{1-4} 361_{28-31} 363_{22} **5,** 346_{14}
Erschütterungskreis **1,** 557_{24-34} 562_{22} **2,** 511_{8} **4,** 250_{5} $271_{23.\ 30}$ 272_{14} 305_{30-32}
s.a. Elektrizität.
Erstarren **1,** 74_{11-14}
s.a. Eisen – Ausdehnung beim Erstarren; Fettigkeiten; Metall(e).
Erzgebirge **5,** 344_{21-22} 412_{28}
Esche **1,** 805_{R31} **2,** 913_{1}
Espe **1,** 805_{R32}
Espiritu Santo (Heilig-Geistland; Insel im Südwestpazifik [Vanuatu]) **2,** 813_{17} **5,** 322_{30}
Essig
– *Ausdünstung* **4,** 312_{2}
– *Belegung der Leidener Flasche* **1,** 558_{27}
– *Gährungsprodukt* **1,** 284_{25} **3,** 440_{27} 442_{1}
– *Wärmekapazität* **2,** 465_{38}–466_{2} **4,** 124_{29-33} 125_{21-22} 198_{7-20}
Essigsäure
– *im antiphlogistischen System* **2,** 205_{4}
– *Verwandtschaften* **1,** 230_{7-9}
Eszterháza, Schloß (Fertőd; Ungarn)
– *Blitzeinschlag* **1,** 806_{R16} **2,** 917_{21-22}
Etymologie **3,** 355_{28-29}
– *Barometer* **2,** 304_{29-30}
– *Bussole* **2,** 842_{27-28} **5,** 420_{28-29}
– *campana urinatoria (Taucherglocke)* **2,** 223_{5-6}
– *Echo* **1,** 315_{R4-6}
– *facultas thermagogica (Wärmeleitvermögen)* **4,** 230_{30-31}
– *Fixstern* **5,** 194_{25-27}
– *Flöz* **5,** 416_{17}
– *Florida* **2,** 872*
– *hetero- (homo-)dromus* **1,** 98_{R3-5}
– *Horizont* **2,** 587_{9-10}
– *hypomochlium* **1,** 98_{R2} 921_{7}
– *Komet* **5,** 162_{17-19}
– *Manometer* **3,** 384_{8}
– *Mesarthim (γ Arietis)* **2,** 782_{28} **5,** 206_{29-31}
– *Monsun* **1,** 764_{R8-11} **2,** 859_{35}
– *myops* **1,** 403_{R1-2}
– *Siderum (Eisenphosphat)* **1,** 930_{21-22}
– *sparte (Federgras)* **1,** 189_{6-7}
– *Wasserhammer* **1,** 74_{R16}–75_{R10} **2,** 51_{3-11}
– *Windsbraut* **2,** 863_{16-20}
Euböa (griech. Insel) **5,** 352_{26}

Eudiometer 1, 936_{31}–937_{40} **3,** 402_{21} 428_{9} **6,** 124 (*144*)
s.a. Salpeter-Luft – Reaktion mit Sauerstoff Art von Verbrennung.
– *auf Basis von Stickstoffmonoxid* **1,** 274_{29} 275_{1-4} **2,** 274_{37} 275_{28-29} **3,** 401_{8-26}
– *auf Phosphorbasis (Seguin)* **4,** 225_{28}
– *auf Wasserstoffbasis* **1,** 269_{40}–270_{4} **2,** 262_{35-38} 275_{29-30}
– *auf Weingeistbasis (Ackermanns)* **4,** 225_{12}
– *Einschränkung* **3,** 402_{28-31}
– *Eudiometer nach Landriani* **6,** 472 (*382*)
– *Eudiometerröhre* **6,** 562 (*475*)
– *Luftgüteprüfung* **1,** 938_{1-7} **3,** 337_{17} 401_{12-13} 402_{11-20} 402_{33}–403_{5} 421_{25-26} $423_{2-3.\ 16.\ 28}$ 429_{3} 430_{2} 431_{2-5} **5,** 439_{36-37}
– *nach Fontana* **6,** 123 (143)
– *nach Reboul und Seguin* **6,** 474 (*383*)
– *Name* **1,** 275_{R1-8} 937_{18-23}
– *von Erxleben nicht erwähnt* **3,** 8_{18-19}
– *Wärmeentwicklung* **4,** 202_{34}
Euphon 2, 317_{6} **4,** 414^{196}
Euphrat 2, 862_{19}
Euripos 2, 865_{3} **5,** 352_{25}
Europa 2, 813_{2} **5,** 320_{26}
– *Gebirge* **1,** 731_{5-6} **2,** 823_{9} **5,** 343_{20}
– *Größe* **1,** 722_{25-26} **2,** 812_{3} **5,** 321_{14}
– *Südspitze* **2,** 34_{34-35}
– *Witterung* **2,** 588_{18} **5,** 34_{19} 72_{21-22}
Experimentalphysik 3, 56_{19}
s.a. Lichtenberg, Georg Christoph – Biographisches – Vorlesung / Kolleg – Experimentalphysik.
– *Definition* **2,** 18_{21-33} **3,** 17_{11} 28_{20-26}
– *Vortrag* **3,** 17_{23}
s.a. Naturlehre – Vortrag.
– – *Einbeziehung der metaphysischen Anfangsgründe* **3,** 21_{29}–22_{7} 34_{17}–35_{3}
– – *Rolle der Versuche* **3,** 29_{9-23}
extra nos 3, 19_{12} 69_{8-9} 107_{23} 108_{31} **4,** 164_{9}
s.a. praeter nos – unterschieden von extra nos.

Fadenkreuz 6, 187 (*224*) 192 (*232*)
Fadenpendel 6, 451 (*362*)
Färbende Ochsenzunge (Alkanna tinctoria L.)
– *chemischer Indikator* **1,** 927_{12-13}
– *Pigment* **2,** 162_{23} 430_{11} **3,** 269_{3} **4,** 113_{19}
Färber-Kroton (Maurelle / Croton tinctorium L.) **3,** 306_{2-3}
Fäulnis 2, 288_{23}
– *durch fixe Luft behindert* **1,** 271_{25} **3,** 392_{32}
– *Lumineszenz* **1,** 339_{2-4} **2,** 485_{24} 822_{31-32} **3,** 359_{21-22} **5,** 257_{28} 327_{27}
– *Mittel dagegen* **1,** 285_{14-25}
– *Phosphor-Luft* **2,** 922_{16}
Falkland-Inseln 1, 725_{3-4} **2,** 814_{26} **5,** 322_{5}
Fallbeschleunigung 6, 49 (vor 43)
s.a. Kraft – beschleunigende (vis acceleratrix).
– *Größe* **1,** 117_{4-17}
Fallbewegung
– *Berechnung der Fallzeit durch eine gegebene Höhe* **1,** $117_{R1-4.\ R12-17}$ **2,** 101_{3-20} **3,** 183_{13-16} 185_{1-5} **5,** 245_{1-9}
– *durch Luftwiderstand verlangsamt* **1,** 155_{5-11} **3,** 196_{32}
– – *Versuche Desaguliers* **1,** 156_{9-13}
– *Formel* **1,** 116_{33}–117_{2} **2,** 100_{2-3} **3,** 183_{14}
– *Gesetz* **1,** 116_{12-23} **2,** 20_{18-19} 100_{17} 111_{21}
s.a. Gesetz – Galileisches.
– – *aus Lesages Schweretheorie hergeleitet* **2,** 110_{40-41} 112_{36}

3, 203_{14} 212_{12} 222_{22} 228_{6-7} 234_{31}–235_{3}
– – *Versuche bei seiner Entdeckung* **2,** 22_{34}–23_{6} **3,** 56_{3-4} 209_{21-24}
– *zusammengesetzt* **2,** 68_{2}
Falmouth 1, 726_{R28}
Farbe(n) 1, 946_{31-34} **4,** 66_{29}
s.a. Prisma; Schichten – Farben dünner Schichten (Blättchen); Wärme – Sonnenstrahlen – dunkle Körper stärker erwärmt als helle.
– *Analogie zu Tönen* **1,** 384_{32}–385_{15} **2,** 334_{31} 390_{8-19} 393_{20-24} **4,** 31_{34} 425^{45}
– *Ausbleichen* **2,** 271_{2} **3,** 426_{26} 427_{2}
– *bei Metallen* **1,** 958_{17-19} **3,** 352_{26-29}
– *Brechung unterschiedlich stark* **1,** 385_{28}–386_{4} **2,** 382_{5-15} 383_{21-37}
– *der Wolken* **1,** 782_{17-18}
– *echte / unechte* **1,** 394_{25-30}
– *einfache / zusammengesetzte* **1,** 386_{5-9} 393_{1-6} **2,** 381_{26-31} 382_{39}–383_{2} 392_{2} **4,** 82_{26-27}
– – *Farbendreieck* **2,** 392_{34} **4,** 67_{20-27} 68_{2} 82_{33}
– – *Unterscheidung durch Prisma* **1,** 392_{8-28}
– *Einfluß auf Elektrizität* **4,** 245_{26-27}
– *Einfluß auf Lichtgeschwindigkeit* **5,** 86_{25}
– *Einfluß auf Wärmeleitung* **4,** 223_{23-25} 232_{6-11}
– *Malen* **1,** 394_{2-7} **4,** 83_{9}
– *Mischung* **1,** 390_{R10-18} 391_{4-7} 970_{2-3} **2,** 387_{5-27} 392_{13}–393_{9} 394_{7-10} **4,** 67_{3-27} 68_{6-24} 82_{24-25} 82_{29}–83_{6}
s.a. Licht – weißes – aus farbigem Licht gemischt.
– – *Bild für das Zusammentreffen der beiden elektrischen Materien* **2,** 532_{2-10} **4,** 252_{19} 275_{21}
– *optischer Kasten mit Prisma zur Farbentheorie* **6,** 546 (442)
– *Pigmente* **2,** 394_{5-6} **4,** 67_{22} 68_{8}
s.a. Auripigment; Berlinerblau; Bleiweiß; Florentinerlack; Färbende Ochsenzunge; Grünspan; Gummigutt; Karmin – Pigment; Lackmus – Pigment; Massikot; Realgar; Ruß; Salpetersäure – Farbe; Zinnober.
– – *Färbekräfte (vires tingendi)* **2,** 394_{10} **4,** 67_{25} 68_{19} 82_{30}
– – *Sammlung* **6,** 178 (217)
– – *Taubildung* **2,** 891_{35}–892_{11} **5,** 448_{32}
– *Schwarz keine Farbe* **2,** 387_{28-37} 391_{31-39}
– *spielende* **1,** 393_{24-31}
– *Ursache* **2,** 384_{24}
– – *bloße Vorstellung* **2,** 388_{22-24}
– – *Korpuskularhypothese* **1,** 383_{8-37} 388_{10-16} 388_{35}–389_{18} 389_{28-29} **2,** 384_{25-29} 385_{2}
– – *Licht-Schatten-Mischung* **1,** 394_{32-37}
– – *Verhältnis der Lichtbestandteile* **3,** 342_{37}
– – *Wellenhypothese* **1,** 384_{2-26} 388_{17-22} 390_{4} 390_{24}–391_{3} $391_{9-22.\,31-37}$ **2,** 384_{30-35} 388_{2} **4,** 82_{28}
Farbendreieck
– *nach Mayer* **6,** 176 (216)
– *nach Pfannenschmid* **6,** 178 (217)
Farbenklavier 1, 385_{R1-2}
Farbenmusik 1, 385_{16-22}
Farbensammlung (Pigmente) 6, 178 (217)
Farbenspindel 6, 176 (215)
farbige Quadrate zur Untersuchung der diskreten Farbwahrnehmung 6, 147 (184)
Faucigny (Frankreich) **1,** 737_{40} **2,** 123_{9} 126_{29} **3,** 188_{34} **5,** 329_{17}
Feder, s.a. Stahl – Federn; Taschenschreibfeder.
– *elektrischer Körper (Nichtleiter)* **1,** 533_{42} **2,** 494_{19} **4,** 279_{34}

– *Elektrizität bei Reibung* **1,** 542_8 545_2 **2,** 503_{12} **4,** 300_3 301_{12} 303_{13} 304_5
– – *Versuche* **1,** 544_{3-10}
– *Gewinnung von Sauerstoff* **3,** 423_7
Federgras, echtes (Stipa pennata L.) **3,** 432_{15}
Federkraft **1,** 70_{38}–71_{10} **2,** 42_{28} **3,** 120_2
Federmesser **6,** 305 (**34g*) 315 (**35l*)
Federwaage **6,** 326 (**60a*)
Feldmessung
– *Bestimmung des Abstands Erde–Sonne* **2,** 650_{25}–651_{13} **5,** 43_{14-15} 63_{34-35} 91_{33-39}
– *Höhenmessen* **2,** 957_{17} **5,** 542_{25}
Feldspat **1,** 273_{R13} **2,** 837_{17} **5,** 343_{33} $412_{11.\ 24.\ 31}$
Fell
– *elektrisch* **1,** 730_{R6}
– *Reibzeug* **1,** 566_{3-4} **2,** 500_{34} 504_5 515_{11} 516_9 523_{25-26} **4,** 281_{33} 286_{31}
Fensterscheiben
– *Bersten durch Schalldruck* **4,** 10_{33}
– *Beschlagen* **2,** 463_{15-16} **3,** 410_{8-9}
Fernambuk **1,** 209_{20} **3,** 307_{31}
Fernrohr **1,** 405_{30-34} **2,** 400_{27} 403_5 **4,** 56_8 **5,** 430_2
s.a. Helioskop; Polemoskop; Spiegelteleskop.
– *achromatisches (Dollondsches)* **1,** 415_{17}–416_{17} **2,** 403_{7-8} 404_{1-4} **4,** 85_{28}
– – *Vergrößerung* **1,** 949_{15-17}
– *astronomisches (Keplersches)* **4,** $55_{17.\ 21}$ 57_{20} **6,** 187 (224)
– – *Einrichtung* **1,** 407_{22}–408_6 **4,** 56_{18-20} 58_{24-25}
– – *Objektiv und Okular eines astronomischen Fernrohrs* **6,** 384 (**162*)
– *besondere Arten* **1,** 417_{42}–418_{13}
– *chromatische Aberration*
– – *Abhilfe* **1,** 409_{37}–411_5 411_{36}–412_2 **4,** 62_9 89_{28-29}
s.a. Fernrohr – achromatisches.
– *doppeltes* **1,** 418_8
– *Einstellung* **1,** 408_{26}–409_6
– *Fadenkreuz* **1,** 418_{15-23}
– *Fernrohr zur Berichtigung von Dioptern* **6,** 527 (*425*)
– *Galileisches (holländisches)* **1,** 406_{15-18} **4,** 58_{6-9} **6,** 186 (222) 186 (223)
– – *als Taschenfernrohr* **1,** 407_{15-20}
– – *Einrichtung* **1,** 406_{24}–407_5
– – *Vergrößerung* **1,** 407_{6-14}
– *Geschichte* **1,** 405_{35}–406_{18} **2,** 403_{10-11} **4,** $85_{19.\ 30-31}$ **5,** 295_3
– *Güte* **5,** 255_{6-24}
– *ikonantidiptisches* **1,** 373_{R1-2} **4,** 57_{27}
– *Kometensucher* **6,** 187 (225) 188 (227) 495 (*399*)
– *Mikrometer* **1,** 418_{28-33}
– *Perspektiv* **6,** 188 (228) 189 (229) 331 (**76*) 332 (**79*) 332 (**80*) 332 (**81*) 332 (**82*) 333 (**83*) 333 (**84*)
– – *magisches* **6,** 152 (189)
– – *Theaterperspektiv* **6,** 333 (**85*)
– *sphärische Aberration*
– – *Abhilfe* **1,** 409_{8-26} 411_{17-27} **4,** 60_{7-9}
– *terrestrisches (Erdrohr)* **4,** 55_{21} 56_{21-22} 57_{24-25} 58_{25-26} **6,** 187 (226)
– – *Einrichtung* **1,** 408_{8-24}
– *Tubus* **6,** 327 (**61*) 327 (**61*) 327 (**62*) 328 (**64*) 328 (**65*) 328 (**66*) 328 (**67*) 329 (**68*) 329 (**69*) 329 (**70*) 329 (**72*) 330 (**73*) 330 (**74*) 331 (**75*) 332 (**78*)
– *Vergrößerung* **4,** 59_{18-24} **5,** 291_{26} 292_{14}
Fernwirkung (actio in distans) **4,** 10_{16}
s.a. Attraktion – Fernwirkung.

Fès (Marokko) **5,** 532_{1}
Festigkeit
– *Erhöhung* **3,** 81_{29-34}
– *von Metallen* **1,** 66_{12}–67_{37}
– *von Nichtmetallen* **1,** 68_{2-19}
Festkörper
– *schüttbare verhalten sich ähnlich wie Flüssigkeiten* **2,** 157_{24-25} **3,** 266_{12-13}
Festungsmodell 6, 148 (187)
Fettigkeiten
– *Kennzeichen und Arten* **1,** 219_{27-40}
– *Schmelzen und Erstarren* **1,** 437_{37-38} 438_{17-20}
Feuchtigkeit (Eigenschaft) 3, 413_{16-18}
Feuchtigkeit (Substanz), s.a. Luftfeuchtigkeit.
– *Analogie zur Wärme* **4,** 196_{6-11} 199_{33}–200_{3} 201_{2-4} **5,** 462_{32} 464_{28}
– *behindert das Elektrisieren* **1,** 535_{7} **4,** 279_{12-13} 286_{25} 289_{30}
– *Niederschlag aus Nebel / Wolken* **2,** 889_{32}
– *Wirkung auf hygroskopische Materialien* **3,** 431_{21-28}
Feuer, s.a. Erde (Erdkugel) – Inneres – Zentralfeuer; Griechisches Feuer; Wärme – Feuer(materie).
– *Alltagsbegriff* **4,** 109_{22} s.a. Feuerschlagen.
– *Begriff* **2,** 414_{4-6}
– *chemischer Prozeß* **2,** 18_{8}
– *Element* **1,** 831_{36}
– *Gestaltung der Erdoberfläche* **1,** 842_{19-21}
– *Theorie,* s. Wärme – Theorie.
– *Ursache der Wärme* **1,** 426_{25}–427_{5}
Feuerkugel 1, 809_{22} 810_{R1-17} 972_{4-18} **2,** 923_{3} **5,** 163_{17} 456_{23}
Feuerland 1, 725_{3} **2,** 814_{26} 927_{21} **5,** 322_{4}
Feuermaterie, s.u. Wärme.
Feuersäure 3, 320_{29}
Feuerschlagen 3, 398_{22} **4,** $128_{2.\ 28}$ 206_{28}–207_{13} $208_{7.\ 20}$
Feuerspritze 3, $386_{11.\ 30-31}$
– *Windkessel* **1,** 287_{25-26} **2,** 290_{24} **3,** 404_{24}
Feuerwesen, s. Wärme – Feuer(materie).
Fichte 1, 805_{R30} **2,** 912_{38}
Fichtelgebirge 1, 740_{R9} **5,** 329_{7}
Fieber
– *faules* **1,** 517_{37}
– *Tertianfieber (Malaria)* **5,** 29_{12}
Finsternisse, s.a. Jupiter – Monde – Finsternisse; Mond – Finsternis; Sonne – Finsternis.
– *Abhängigkeit der Einzelheiten vom Beobachtungsstandort als Hinweis auf die Kugelgestalt der Erde* **2,** 585_{38-41} **5,** 14_{9-13} 74_{22-25}
– *Berechnung* **5,** 233_{11}
– *Erklärung* **5,** 21_{35}–22_{5}
– *Gefahr* **5,** 185_{34} 186_{1}
Fischbein
– *elektrischer Körper (Nichtleiter)* **2,** 494_{22} **4,** 279_{35} 289_{27}
– *Fischbeinhygrometer* **6,** 476 (*386*)
– *hygroskopisch* **3,** 439_{16-19} s.a. Hygrometer – Fischbeinhygrometer, Delucs.
Fisch(e), s.a. Aal; Hering; Karpfen; Steinbutt.
– *als hydrostatisches Phänomen* **2,** 165_{11} **3,** 269_{15}
– *Auge* **4,** 66_{10}
– *elektrische* **1,** 961_{2-8} **4,** 331_{9} s.a. Kugelfisch; Trichiurus; Zitteraal; Zitterrochen; Zitterwels.
– *Gas in der Schwimmblase* **3,** 402_{20}
– *Lebensraum* **5,** 397_{34}
– *Steigen und Sinken* **1,** 288_{9-12}
Fische (Sternbild; Pisces) **2,** 598_{31} 756_{10} 782_{5} **5,** 208_{25}
– *γ Piscium* **5,** 675^{732}
– *λ Piscium* **5,** 196_{32}
Fische (Sternzeichen) **1,** 656_{21}

Fischotter 1, 730$_{R3-7}$
Fixstern(e) 1, 639$_{12}$ **2,** 785$_{22}$ **5,** 225$_{33}$ 292$_{25}$
s.a. Adler; Aldebaran; Algol; Arktur; Atair; Canopus; Capella; Castor; Cor Caroli; Denebola; Drache; Fische; Herkules; Hyaden; Jungfrau; Mesarthim; Mira Ceti; Orion; Parallaxe – jährliche (Fixsternparallaxe); Plejaden; Polarstern; Pollux; Prokyon; Regulus; Rigel; Schwan; Sirius; Spica; Tag – Sterntag; Walfisch; Wassermann; Wasserschlange; Wega; Widder; Zeitrechnung – Sternzeit; Zwillinge.
– *Aberration des Lichts* **2,** 633$_{6-32}$ 634$_{33}$–640$_{22}$ 786$_{37}$ 787$_{10}$ **3,** 467^{162} **5,** 42$_{12-19}$ 62$_{30-31}$ 83$_{30}$–85$_{20}$ 86$_{1-6}$ 86$_{34}$–87$_{9}$ 195$_{13-17}$
– – *Beweis für Umlauf der Erde um die Sonne* **2,** 630$_{27-28}$ 640$_{23-24}$ **5,** 40$_{21-23}$ 41$_{5-8}$ 86$_{17-18}$
– – *Entdeckung* **2,** 632$_{24}$–633$_{5}$ **5,** 41$_{10-18}$ 85$_{21-33}$ 105$_{33}$
– *Absurdität ihres Umlaufs um die Erde* **5,** 37$_{16}$
– *äquatoriale Koordinaten veränderlich* **2,** 782$_{32-39}$ 785$_{2}$ **5,** 198$_{20-24}$
– *äquatornahe* **2,** 590$_{20-27}$
– *Anzahl* **2,** 789$_{1-2}$ **5,** 32$_{30-32}$ 293$_{30}$–294$_{2}$
– *Auf- und Untergänge* **2,** 595$_{11-26}$ **5,** 19$_{11-24}$ 35$_{5-8}$ 226$_{4}$
– *Bedeckung* **1,** 695$_{4-7}$ 963$_{38-39}$ **2,** 707$_{9-10}$ **5,** 214$_{13-14}$ 254$_{32-33}$ 256$_{9}$
– *Bezeichnung* **1,** 639$_{35}$–640$_{2}$ **2,** 792$_{39}$–793$_{6}$ **5,** 212$_{12-14}$
– *Doppelsterne* **2,** 786$_{25}$ **5,** 197$_{1.\ 8-12}$
– *Eigenbewegung* **1,** 716$_{18-22}$ **2,** 785$_{27}$ **5,** 193$_{3-8}$ 195$_{19}$–196$_{36}$
– *eigene Planeten* **1,** 717$_{22-29}$ **5,** 32$_{29-30}$
– *Entdeckung der Präzession* **5,** 200$_{17-25}$
– *Entfernung von der Erde* **1,** 641$_{36-37}$ 715$_{4-7.\ 16-22}$ **5,** 32$_{27}$ 36$_{25}$
– – *Argument gegen copernicanisches System* **5,** 40$_{32}$ 61$_{5}$ 81$_{11}$
– *Etymologie* **5,** 194$_{25-27}$
– *Größe* **1,** 716$_{R1-5}$
– – *Argument gegen copernicanisches System* **5,** 61$_{1-3}$ 81$_{14}$
– – *scheinbare* **1,** 639$_{28-31}$ 715$_{R5-14}$ **2,** 787$_{12-13}$ **5,** 194$_{27}$–195$_{4}$ 213$_{32}$
– – *Sterne erster Größe* **5,** 210$_{24-27}$
– *Karten* **1,** 639$_{34-35}$ 640$_{12}$ **5,** 212$_{8}$
– *Länge veränderlich* **1,** 712$_{13-15}$ **2,** 782$_{10}$ 785$_{1}$ **5,** 199$_{10-11}$
– *Licht* **2,** 709$_{29}$ 787$_{24-27}$ **5,** 213$_{29-30}$ 215$_{11}$ 216$_{1-4}$ 216$_{32}$–217$_{9}$
– *Milchstraße* **1,** 718$_{2-9}$ **5,** 33$_{1}$ 217$_{10-11.\ 34-35}$ 218$_{6-8}$ 294$_{9-23}$ 378$_{18-19}$
– – *hypothetisches Zentralgestirn* **5,** 193$_{7-8}$
– *Nebelsterne* **1,** 718$_{16-17}$ **2,** 789$_{9}$ **3,** 184$_{20}$ 186$_{14}$ **5,** 217$_{27}$ 218$_{8-9}$ 292$_{27}$–293$_{16}$ 294$_{3-8}$ 295$_{31-33}$
– *neue* **1,** 716$_{12-13}$ **5,** 86$_{26}$
– – *389 im Adler (nicht nachvollziehbar)* **2,** 789$_{28}$ **5,** 219$_{7}$
– – *1572 in der Kassiopeia* **2,** 345$_{25-27}$ 789$_{30}$ **5,** 219$_{12}$
– – *1604 im Schlangenträger* **2,** 790$_{5-7}$ **5,** 219$_{20}$
– *sind Sonnen* **1,** 715$_{11-14}$ **5,** 32$_{28-29}$
– *Sternhaufen* **5,** 218$_{17-20}$ 295$_{10-22}$
– *Sternkegel* **1,** 640$_{13}$ **5,** 212$_{24}$
– *veränderliche* **2,** 789$_{20-21}$ 790$_{7-12}$ 790$_{31}$–791$_{4}$ **5,** 219$_{27-35}$ 220$_{2-8.\ 20-24}$ 221$_{32-34}$
s.a. Fixstern(e) – neue.
– *Verzeichnis* **1,** 639$_{23-24}$ **2,** 782$_{40}$ 793$_{26}$ **5,** 22$_{18}$ 42$_{19}$ 85$_{19}$ 194$_{30}$ 198$_{24}$ 210$_{17}$
– *Zirkumpolarsterne* **1,** 638$_{30-37}$ **2,** 589$_{22-24}$ **5,** 17$_{27-32}$
Flamme 1, 452$_{25}$
– *Analogie zur Wolke* **5,** 462$_{19}$

– *elektrischer Leiter* **1,** 535_{R6-12} **4,** 320_{24}
– *entzündete inflammable Luft* **1,** 459_{37}–460_{2} **4,** 164_{18-19}
– *Farbe* **1,** 456_{22-25}
– *farbige* **4,** 207_{10}
– *freiwerdendes Licht bei der Zersetzung von Luftarten, insbesondere des Sauerstoffs* **1,** 953_{42}–954_{4} **3,** 314_{24-25}
– *freiwerdendes Licht bei der Zersetzung von Wärmestoff* **2,** 479_{27}
– *löschen* **1,** 457_{14-32}
– *Luft erforderlich* **1,** 455_{13-17}
s.a. Flamme – Nahrung.
– *Nahrung* **1,** 453_{19-32} **2,** 30_{19} 220_{12} 480_{8} **4,** 127_{29} 207_{14}
– *Verstärkung* **1,** 457_{2-3} **4,** 127_{30-31}
Flasche, s.a. Leidener (Kleistsche) Flasche (Platte).
– *Bologneser (phiala bononiensis)* **1,** 429_{R10-11} 430_{28-40} 431_{R1-11} **2,** 422_{7} **4,** 111_{28-29} $112_{12.\ 17-23}$ **6,** 197 (239)
s.a. Springkolben.
Flaschenzug **2,** 98_{1} **3,** 527^{1} **6,** 36 (*25e*) 40 (28) 41 (31) 326 (*59)
– *Anwendung des Hebels* **1,** 107_{13-31} **2,** 86_{2} **3,** 176_{6} 197_{17}
– *Gesetzmäßigkeit* **1,** 108_{10-29} **2,** 86_{23-27}
– *Modell* **6,** 40 (30)
Fleckenausmacher **3,** 14_{24-25} 15_{26}
Fliege, nördliche (Sternbild; nicht kanonisch) **5,** 291_{17}
fliegender Sommer **1,** 773_{4-10} 773_{R13}–774_{R17} **2,** 899_{3-19} **5,** 360_{9}
Flinte
– *Schloß als Anwendung des Hebels* **1,** 106_{R12} **2,** 82_{12}
Flintenlauf zur Herstellung von Wasserstoff **6,** 121 (136)
Flintglas, s.u. Glas.
Flöz **5,** 342_{1-6} 344_{29-30}
Florentinerlack (Rotholzlack) **5,** 449_{2}
Florenz **2,** 957_{32}
s.a. Accademia del Cimento.
Florida **1,** 726_{R16} **2,** 871_{39}–872_{1}
Flüsse **1,** 740_{6} **2,** 834_{8}
s.a. Alfios; Aller; Amazonas; Delaware; Donau; Elbe; Fulda; Guadiana; Hudson; Indus; Innerste ; Leine; Main; Newa; Niagara; Nil; Ohio; Po; Rhein; Rhone; Rhume; Rio Bogotá (Bogocas); Rio de la Plata; Sankt-Lorenz-Strom; Seine; Tajo; Themse; Tiber; Tigris; Timavo; Velino; Wasserfälle; Weser; Wolga.
– *die größten* **1,** 745_{35-36}
– *Ebbe und Flut* **5,** 446_{12}
– *Fließgeschwindigkeit* **1,** 746_{12} 967_{8-13} **2,** 834_{11}
– *Gefrieren* **1,** 518_{44} **4,** 126_{27}
– *Gestaltung der Erdoberfläche* **1,** 837_{30}–838_{1}
– *periodisch (jahreszeitlich) wechselnde Wasserstände* **2,** 829_{20-31} **5,** 334_{24}–335_{13}
– *periodische Überschwemmungen* **1,** 747_{11-12}
– *unterirdische* **5,** 335_{15}
– *Ursprung* **1,** 745_{30-31} **2,** 834_{10} **5,** 330_{1}
– *versiegende* **1,** 746_{36-37} 967_{15-17} **2,** 834_{22}
– *versüßen das Seewasser* **5,** 326_{10} 397_{13}
Flüssigkeit (Eigenschaft) **1,** 73_{34}–74_{7} **2,** 48_{15} **3,** 121_{19} 122_{1-11}
s.a. Tabelle.
– *Abstufung* **3,** 388_{10-12} **4,** 201_{11}
– *Gegenstand der allgemeinen Naturlehre* **3,** 24_{4}
– *kein Maß vorhanden* **1,** 74_{R9-11}
– *Maß für relative* **1,** 916_{2-12} **2,** 50_{3-4}
– *setzt Wärme voraus* **5,** 516_{17-18} 526_{18}
– *Ursache* **1,** 74_{32}–75_{5}
– *ursprünglich / abgeleitet* **3,** 361_{13-21}

– *Voraussetzung für Naturprozesse* **3,** 123_4–125_{28} **5,** 526_{11-15}
Flüssigkeit (Stoff), s. Fluida, tropfbare (Flüssigkeiten).
Flüssigkeitsmesser 1, 74_{R14} 915_{28} **2,** 49_4
Flug-Hafer (Avena fatua L.) **3,** 432_{26-27}
Fluida 1, 73_{34-37}
– *innere Bewegung* **5,** 441_{5-6}
– *leerer Raum zwischen ihren Teilchen* **3,** 97_{28-31}
– *tropfbar / elastisch* **1,** 74_{R5-8}
Fluida, elastische (expansible) **2,** 431_{16-17} 486_{23} **3,** 212_{32} 229_{14} 230_{25-26} 360_{20} 364_2 **4,** 138_{17} 264_{10-13} **5,** 517_{18-19}
– *Eigenschaften* **1,** 627_{28-31} **2,** 562_{28-30}
– *imponderable*, s.a. Materie – imponderable Materien.
– *ponderable*, s. Luft (Gas).
– *Zusammenhang* **4,** 264_{27-28} 327_{7-8} 328_{29-30}
– *Zusammensetzung* **2,** 542_{10-20} **3,** 325_{15} 337_{32-33}
Fluida, tropfbare (Flüssigkeiten), s.a. Schwimmen.
– *Adhäsion* **1,** 188_{17-25} **2,** 180_{5-6}
– *Ausdünstung* **2,** 872_{18-22} **5,** 360_{26}
– *Ausflußgeschwindigkeit* **1,** 165_{35}–166_{10}
– *Bewegung*, s.a. Wasser – Wellen.
– – *Andauern* **1,** 167_{30-34} **2,** 162_{13-14}
– – *fördert Mischung* **1,** 200_{36-38}
– – *Schwierigkeiten der Lehre* **1,** 166_{10-23}
– – *Wellen* **2,** 162_{14-15}
– *Eigenschaft*
– – *Ausfüllung der Gefäße* **2,** 157_{15} **3,** 273_{27-28} **5,** 446_{21-24}
– – *gleichförmiger Druck* **1,** 161_{10-20} **3,** 266_{18-19} 273_{29-30}
– – *innerhalb des gleichen Mediums ohne Gewicht* **2,** 162_{32} **3,** 268_3
– – *Oberfläche horizontal* **1,** 160_{10-11} **2,** $157_{16.\ 22-23}$ **3,** 266_8 273_{26-27} **6,** 61 (55)
– – *Teilchen im Gleichgewicht* **1,** 161_{1-8} **3,** 266_{20}
– – *Verschiebbarkeit* **2,** 157_{13} **3,** 266_{9-10}
– *Elastizität* **1,** 485_{30-34} s.a. Elastizität – Fluida.
– *Gewichtsverlust eingetauchter Gegenstände* **1,** 169_{33}–170_7 169_{R1}–170_7 170_{R1-2} **2,** 163_{6-28} 176_{9-11} **3,** 268_{8-10} 269_{9-10} s.a. Schwimmen.
– – *abhängig vom Gewicht des Fluidums* **1,** 171_{2-7} **2,** 164_{31-37} **3,** 274_6
– – *abhängig vom Volumen des Gegenstandes* **1,** 171_{10-15} **2,** 164_{38}–165_2
– – *Übertragung auf Gase* **3,** 384_{19-20}
– *Kochen* **4,** 113_{33-34} 141_7
– *Mischung* **1,** 200_{19-38} **3,** 281_{12}
– – *Volumenkontraktion* **1,** 201_{2-16}
– – – *Porosität* **2,** 31_{25-34}
– *Oberfläche*
– – *Verformung durch Adhäsion* **1,** 190_{2-11} **2,** 184_{30-31} 185_5 **3,** 298_{31}
– *Schichtung verschieden schwerer Fluida* **1,** 166_{25-35} 167_{9-29} 168_{2-26} **2,** 162_{9-10} **3,** 268_{21}
– *Schweben von Gegenständen* **1,** 172_{2-11} **2,** 163_{11-14} **3,** 274_{12}
– *Siedepunkt* **1,** 451_{36}–452_3 **2,** 446_{8-9} 476_3
– *Tropfenform* **1,** 199_{R21-22}
– *Verfestigung durch chemische Reaktion* **1,** 203_{R21-23}
– *Verwandlung in Luft* **3,** 338_{9-26}
– *vollkommene* **3,** 302_5
– *Widerstand* **3,** 98_{8-9}
– – *bei Bewegung* **1,** 152_{12-16} **3,** 196_{15-16} s.a. Bewegung – Widerstand in

Fluida; Luft, atmosphärische – Widerstand.
– – *ermöglicht Fortbewegung* **1,** 154$_{29-35}$
Fluorwasserstoff, s. Luft, spatsaure.
Flußspat 4, 178$_{25}$ **5,** 398$_{28}$ **6,** 126 (149) 556 (*457*)
s.a. Luft, spatsaure.
Flußspatluft, s. Luft, spatsaure.
Flußspatsäure 6, 126 (150)
– *auf Schwankhardts Art mit Flußsäure geätztes Glas* **6,** 476 (*386*)
– *ihr gemäß der antiphlogistischen Chemie vorausgesetzter Grundstoff* **3,** 315$_{19}$
– *Kästners Porträt mit Flußspatsäure auf Glas geätzt* **6,** 475 (*385*)
Flußwasserfaden (Conferva rivularis L.) **2,** 257$_{9-10}$ **3,** 396$_{12-14}$ 397$_{17}$ 422$_{18}$
Flut, s. Ebbe und Flut.
Follis hydrostaticus 1, 163$_{30-31}$ **4,** 22$_{17-18}$ **6,** 63 (57)
Fons genuinae fraternitatis 6, 139 (169)
Fontäne 6, 200 (243)
s.a. Segner, Johann Andreas von – schwimmende Fontäne; Springbrunnen.
– *doppelte Fontäne* **6,** 452 (*364*)
– *Fontäne nach Wolff* **6,** 465 (*376*)
– *Heberfontäne* **6,** 139 (170)
– *mit Windkessel* **6,** 133 (160)
– *Segners schwimmende Fontäne* **6,** 480 (*390*)
Fontäne im Vakuum 6, 92 (101)
Form
– *Art des Seins einer Sache (komplementär zu Materie)* **3,** 30$_{30}$
forma dat esse rei 3, 30$_{32}$
Formentera (Insel der Balearen [Spanien]) **2,** 680$_{5}$ 682$_{26}$ 683$_{7.\,11-12}$ **5,** 706[953]
Fossilien (Versteinerungen) 2, 957$_{10}$ **5,** 385$_{6-34}$ 544$_{1}$
s.a. Ammoniten; Belemnit; Gummi (Federharz) – fossiles; Mammut; Muscheln – versteinerte; Nautilidae.
– *Funde in nördlichen Ländern* **1,** 725$_{R4-18}$
– *Hinweise auf Veränderungen der Erde* **1,** 841$_{7-8}$ 842$_{10}$ **2,** 937$_{28-29}$ 953$_{19-25}$ **3,** 114$_{30}$–115$_{1}$ **5,** 378$_{20}$ 386$_{20-21}$ 387$_{1}$ 522$_{21-33}$ 525$_{7-13.\,29}$ 528$_{10-12}$
– *Tierknochen* **1,** 841$_{R2}$ **2,** 953$_{21.\,25}$ **5,** 387$_{25-29}$ 504$_{9}$
– *ursprünglicher Bestandteil der Schöpfung* **2,** 940$_{4-5}$ **5,** 504$_{20}$
– *Vorkommen / Fehlen* **2,** 837$_{1}$ 838$_{7}$ 839$_{26}$ **5,** 343$_{27}$ 344$_{18.\,22}$ 345$_{4-6}$ 404$_{4.\,26}$ 405$_{15-16}$ 408$_{18.\,24}$ 411$_{29}$ 412$_{14}$ 413$_{15-17.\,30}$ 414$_{8.\,27}$ 415$_{11-12}$ 416$_{27}$ 417$_{4}$ 524$_{13}$ 527$_{8-9}$
Franeker 5, 372$_{23}$
Franken (Region) **5,** 329$_{4}$
Frankfurt
– *Bergen-Enkheim* **4,** 50$_{28}$
– *Blanchards Ballonflug 1785* **4,** 638[46] 758[51]
– *jüdische Kaufleute* **5,** 521$_{25}$
– *Sachsenhausen* **5,** 476$_{20-21}$
– *Uffenbachsche Sammlung* **6,** XLIV XLVII–XLVIII
Frankreich
– *Beifall für Nollet und Sigaud de la Fond* **3,** 59$_{32-33}$
– *Erdbeben von Lissabon spürbar* **5,** 531$_{32}$
– *Gradmessung* **1,** 649$_{2}$ **2,** 676$_{12}$ 679$_{13}$ **5,** 106$_{6}$ 318$_{17.\,26}$
s.a. Amiens; Collioure; Dunkerque; Malvoisine; Paris – Gradmessung; Saint Malo; Straßburg.
– *Kabinet des Königs* **2,** 361$_{37-38}$
– *Klima des südlichen* **2,** 932$_{17}$ **5,** 370$_{25}$
– *magnetische Deklination* **5,** 422$_{29}$
– *Mode, Naturgesetze aufzuheben* **2,** 938$_{4}$

– *Nationalcharakter* **1,** 891$_{7-15}$ **3,** 349$_{21-24}$
– *Nationalversammlung* **5,** 706–707^{957}
– *Republik* **4,** 19$_{26}$
s.a. Kalender – französischer Revolutionskalender.
– *Schneegrenze* **1,** 819$_{6}$ **5,** 492$_{22}$ 494$_{27}$
Franzose(n) 5, 161$_{19}$
s.a. Physiker – französische.
– *Kompaß* **5,** 419$_{3}$
Freiberg (Sachsen) **1,** 968$_{10}$ **2,** 956$_{11}$ **4,** 333$_{33}$
Freiheit
– *Sinnbild* **1,** 235$_{R1-2}$
Freising 6, 328 (*65) 329 (*72)
Fremdartige Materie 1, 62$_{20}$
Frequenz, s. Saite – Schwingung – Anzahl.
Friedrichs Ehre (Sternbild; nicht kanonisch) **2,** 792$_{22}$ **5,** 209$_{20}$ 291$_{20}$
Friktionsrollen 2, 154$_{16.\ 34}$ 155$_{3-9}$ 849$_{15}$ 873$_{11}$ **3,** 260$_{18-19}$ **5,** 426$_{8}$ **6,** 55 (50)
Frombork (Frauenburg) 2, 608$_{28}$ **5,** 75$_{26}$
Frosch 4, 186$_{31}$
Frost
– *Folgen* **1,** 434$_{5-18}$
– *Frosttiefe* **1,** 820$_{R33}$ 829$_{3-7}$ **2,** 427$_{24}$–428$_{4}$ **4,** 133$_{19-23}$ **5,** 495$_{1-3}$
– *Permafrost* **1,** 821$_{R1-8}$ 829$_{5-8}$
Fruchtbringende Gesellschaft 3, 355$_{19}$
Frühling, s. Jahreszeiten.
Frühlingsäquinoktium (Frühlingspunkt) 1, 657$_{34-35}$ **2,** 590$_{31}$ 599$_{5-6}$ 642$_{16}$ 781$_{8-9}$ 782$_{4.\ 24-25}$ 791$_{12}$ **5,** 132$_{18}$ 208$_{3}$ 270$_{9}$
Fulda (dt. Fluß) **4,** 140$_{1}$
Funken
– *elektrischer* **1,** 549$_{35}$–550$_{14}$ 556$_{22}$ **2,** 510$_{10}$ 923$_{18-19}$ **4,** 273$_{18}$ 311$_{7}$
s.a. Blitz – elektrischer Funken; Versuche (Elektrizität) – Funken.
– – *beim Elektrophor* **1,** 567$_{5.\ 18}$ 568$_{1}$
– – *Entzündung einer Flamme* **1,** 551$_{10-16}$
– – *Entzündung von Irrlichtern* **5,** 482$_{25}$
– – *Entzündung von Schießpulver* **1,** 562$_{35-36}$
– – *Form* **1,** 550$_{R1-22}$

Gährung 1, 221$_{11-20}$ **2,** 288$_{24-33}$ **3,** 440$_{3}$
s.a. Wärme – Gährung und Fäulnis.
– *alkoholische gemäß der antiphlogistischen Chemie* **3,** 442$_{15}$
– *Art von Verbrennung* **4,** 129$_{17-20}$ 203$_{4-6}$
– *durch vitriolsaure Luft behindert* **1,** 272$_{39-40}$
– *erzeugt Kohlendioxid (fixe Luft)* **1,** 270$_{39-40}$ 284$_{R1}$ **2,** 266$_{18-19}$ **3,** 391$_{16-20}$
– *erzeugt Stickstoff (phlogistische Luft)* **1,** 284$_{R2}$
– *Hemmnisse* **3,** 441$_{1-8}$
– *Quelle von Elektrizität?* **1,** 578$_{12-13}$ **4,** 290$_{16}$
– *Vergleich mit anorganischen chemischen Prozessen* **3,** 441$_{9-13}$
Gagat 2, 493$_{16}$ **4,** 283$_{26}$
Galmei 1, 957$_{8}$ 960$_{3}$ **2,** 40$_{19}$ 543$_{4}$ **3,** 82$_{11.\ 13}$
– *vom Magneten angezogen* **4,** 345$_{4}$ 352$_{16}$
Garn
– *elektrischer Körper (Nichtleiter)* **2,** 494$_{15}$ **4,** 279$_{32}$
Gas, s.a. Luftarten.
– *Montgolfiersches* **1,** 240$_{7-9}$ **3,** 382$_{7}$ **4,** 110$_{4}$
– *Wort* **2,** 252$_{15-16}$ 253$_{21}$ **3,** 389$_{4}$
Gas ventosum, s. Luft, atmosphärische.
Gasometer 1, 934$_{33}$–935$_{4}$ **2,** 210$_{15}$ 276$_{10}$ **3,** 342$_{13}$ **6,** 120 (134)

Gaurische Gebirge 1, 731_{11} **2,** 823_{12}
Gdańsk (Danzig) 2, 710_{35} 711_{1} **4,** 378_{11} **5,** 259_{8}
– *Sternwarte* **2,** 710_{37} 711_{18} **5,** 258_{29}
Gebirge 1, 731_{34} **5,** 327_{31} 409_{6}
s.a. Alpen; Altai; Anden; Apennin; Atlas; Berg(e); Böhmerwald; Erzgebirge; Fichtelgebirge; Gaurische Gebirge; Ghats; Harz (Gebirge); Jura; Karpaten; Kaukasus; Kordilleren; Pambamarca (Ecuador); Pyrenäen; Skandinavische Gebirge; Sudeten; Thüringer Wald; Ural.
– *Archiv der Erdgeschichte* **5,** 521_{11}
– *Aufbau* **1,** 750_{2-14}
– *aufgeschwemmte (Sedimente)* **2,** 839_{16} **5,** 408_{3} 416_{20-21}
– *Flözgebirge* **2,** 838_{1} **5,** 344_{25-28} 345_{1-2} 379_{35} 405_{10} 414_{23} 416_{17} 514_{23-25}
– *Kalkgebirge* **1,** 751_{9} **5,** 344_{20-25} 417_{1}
– *Klassifizierung* **1,** 751_{2-12} **2,** 836_{3-15} **5,** 343_{5-19} 403_{10-18} 410_{12}–411_{23} 416_{9-23}
– *Nord-Süd-Ausrichtung* **2,** 823_{15} **5,** 328_{3-27}
– *unerkannte* **5,** 16_{21}
– *Urgebirge (Grundgebirge)* **2,** 836_{16} **5,** 384_{23-26} 403_{19} 411_{15-29} 414_{8} $415_{1.\ 8-9}$ 511_{27}–512_{3}
– – *Granit* **1,** 751_{5} **5,** 343_{20-34} 379_{32-33} 411_{30}–412_{5} $416_{9.\ 24}$ 527_{8}
– – *Tonschiefer (Ganggebirge)* **1,** 751_{8} **2,** 837_{10} **5,** 344_{1-19} $416_{11.\ 28}$
– *vulkanische* **2,** 839_{1} **5,** 345_{14-17} 406_{9} 415_{29}
Gebote, s. Zehn Gebote.
Gedankenexperiment 2, 230_{38}–231_{16} 296_{37}–297_{19} 602_{19-22} **3,** 407_{31}–408_{10} 408_{14}–409_{8} **4,** 296_{15-26} **5,** 350_{8-20} 464_{18-22} 522_{1-2} 525_{14-17}
Gefrieren 2, 422_{22} **4,** 131_{15}
s.a. Erstarren; Frost; Quecksilber; Wasser.
– *Volumenverminderung* **1,** 432_{24-27}
– – *Ausnahmen* **1,** 432_{32}–433_{13} 433_{20-24} **2,** 423_{3-13} **4,** 112_{26} 113_{10}
– *Voraussetzung* **1,** 437_{R39}–438_{R5}
– *Zunahme des spezifischen Gewichts* **1,** 432_{28-30}
Gegenfüßler (antipodes) 1, 666_{28} **2,** 687_{25} **5,** 107_{2} $147_{17-21.\ 24}$ 244_{29}
Gegenwirkung 1, 84_{3-4} **3,** 143_{5}
s.a. reactio.
Gegenwohner (antoeci) 1, 666_{33} **5,** $147_{12-14.\ 22}$
Geist
– *Auge des Geistes* **1,** 350_{R4-5} **3,** 77_{7-8} 102_{28}
– *Funken aus der Sonne der Gottheit* **3,** 55_{22-23}
– *geometrisierender* **3,** 44_{18}
– *Geschichte des menschlichen Geistes* **2,** 937_{25}
– *Subjektivität* **1,** 902_{16-17}
Geister 5, 29_{14} 41_{28}
Gelbsucht, s. Sehen – gelb sehen.
Gelbwurz (Curcuma longa L.) **3,** 308_{2}
Gemüt (Selbst)
– *Ausstattung* **2,** 33_{9-14} **3,** 21_{12-16} 32_{28}–33_{1} 67_{24-28} 68_{5-6} 110_{3-7}
– *Werkzeug des Erkennens* **3,** 449^{44}
Genf 1, 967_{16} **2,** 123_{31} 126_{28} 834_{25} 897_{16} **3,** 188_{33} 711^{268}
– *Jahresniederschlag* **5,** 373_{7}
– *Veraische Maschine* **2,** 183_{17}
Genfer See 1, 748_{18} **2,** 1015_{2} **5,** 326_{27} $397_{7-8.\ 18}$
Genie 2, 19_{21} **3,** 50_{31} **4,** 82_{3} **5,** 13_{9} 34_{21} 77_{31}
s.a. Astronomische Bauern.
Genua
– *Blitzeinschlag* **1,** $806_{2.\ R1}$ **2,** 917_{1} **5,** 477_{18}

Geographie
– *Beispiel für Notwendigkeit von Grenzen zwischen den Wissenschaften* **3,** 49_{29-30}
– *Einteilung* **2,** 809_{11-24}
Geographie, mathematische
– *der angewandten Mathematik zugerechnet* **3,** 48_{1}
– *Vermessung* **5,** 98_{18-19} 318_{5-8}
Geographie, physische 2, 809_{28}
s.a. Geologie.
– *Abgrenzung* **5,** 315_{15-33}
– *Arbeitsfeld der Mathematik* **3,** 45_{22-23}
– *gehört zur Physik* **3,** 29_{26-27}
Geologie, s.a. Erde (Erdkugel) – Theorie; Geographie, physische.
– *Definition* **5,** 409_{32}–410_{3}
Georges Harfe (Sternbild; Psalterium Georgianum; nicht kanonisch) **2,** 792_{38}
Georgia 1, 723_{34}
Gerace 2, 898[†]
Geräusch 1, 308_{R17-19} **2,** 314_{2}
Gerinnung (coagulatio) 1, 206_{11}
– *Milch (bei Gewitter)* **3,** 353_{25} 364_{22}
Geschichte
– *Aufzeichnung* **5,** 521_{23}
Geschlecht
– *männliches* **4,** 382_{7-8}
– *schönes* **2,** 271_{25}
– *weibliches* **4,** 385_{20}
Geschmack 3, 354_{6}
Geschwindigkeit 1, 78_{11-12} **2,** 52_{26} **3,** 137_{34}–138_{8}
– *Geschwindigkeiten verhalten sich wie die Wege durch die Zeiten* **1,** 80_{13-16} 918_{2-8} **2,** 53_{25-27}
– *proportional zum zurückgelegten Weg* **1,** 79_{9-11} **2,** 53_{5-6}
– *umgekehrt proportional zur benötigten Zeit* **1,** 79_{19-21} **2,** 53_{15-16}
– *Vergleich* **1,** 917_{32-35} **2,** 54_{22}–55_{5}
Gesellschaft Naturforschender Freunde zu Berlin 4, 412[179]
s.a. Beobachtungen und Entdeckungen aus der Naturkunde von der Gesellschaft Naturforschender Freunde (1787–); Beschäftigungen der Berlinischen Gesellschaft Naturforschender Freunde (1775–).
Gesetz, s.a. Planetenbewegung – Keplersche Gesetze.
– *Boyle-Mariottesches* **1,** 290_{10-11} **2,** 293_{12} 944_{24} 945_{8} 969_{28-29} 970_{8} 971_{30-31} **3,** $405_{2.\ 21}$ 407_{10-11} 409_{11} 573[229] **5,** $544_{18.\ 27}$ 934[41]
s.a. Luft (Gas) – Proportionalität von Druck und Dichte (Gesetz von Boyle-Mariotte).
– – *Geltungsbereich* **1,** $290_{R1-12.\ R22-25}$ **2,** 296_{19-20} 952_{32-37} 953_{3-8} **3,** 409_{11-14} **4,** 163_{19-20} 165_{28-29}
– – *Korrekturbedarf wegen Temperatur* **2,** 297_{27}
– *Galileisches* **1,** 116_{12-17} **2,** 122_{20-21} **3,** 209_{21} 236_{26}
– – *folgt aus Lesages Theorie der Schwere* **3,** $201_{6-7.\ 12-13}$
– *Newtonsches (Gravitation)* **2,** 775_{5-7} 778_{13} 780_{28-29} **5,** 191_{30}
s.a. Schwere – Gesetz(e).
– – *folgt aus Lesages Theorie der Schwere* **2,** 112_{35-36} **3,** 201_{6-7} 203_{9} 208_{1-2} 215_{12}
Gesetz der Sparsamkeit 2, 151_{2} 529_{18} **4,** 274_{30} 275_{22}
s.a. Einfalt; Naturlehre – Theorien – Kriterien – Sparsamkeit.
Gesteine, s.a. Basalt; Bimsstein; Eisenton; Glimmerschiefer; Gneis; Granit; Grauwacke; Hornschiefer; Marmor; Mergel; Mergelschiefer; Porphyr; Porphyrschiefer; Sandstein; Schiefer; Tonschiefer; Topasfels; Trapp; Tuff; Vulkanasche.
Gewehr, s.a. Büchse; Flinte.

Gewicht **1,** 95_{27} **2,** 74_{25}
s.a. Schwere.
– *absolutes* **1,** 97_{2} **2,** 76_{27}
s.a. Fluida, tropfbare (Flüssigkeiten) – Gewichtsverlust eingetauchter Gegenstände.
– – *Bestimmung bei Flüssigkeiten* **1,** 176_{39}–177_{14}
– *proportional zur Masse* **1,** 920_{16-20}
– *relatives* **3,** 410_{31}
– *spezifisches (eigentümliches)* **1,** $96_{11-16.\,24}$ **2,** 75_{2} **3,** 271_{20-22} 274_{20}
s.a. Tabelle.
– – *Bestimmung* **2,** 175_{12} **3,** 271_{11}
– – – *bei festen Substanzen* **1,** 177_{32}–178_{9} 180_{19}–181_{15} **2,** 176_{14-28} 177_{3-19} **3,** 271_{28-33}
– – – *bei Flüssigkeiten* **1,** 173_{27}–174_{5} **2,** 176_{1-13} **3,** 271_{25-27}
– – – *Methoden neben dem hydrostatischen Wägen* **1,** 182_{15-30}
– – *Bodenschichten* **5,** 342_{26} 345_{2-4}
– – *Einfluß zufälliger Faktoren* **1,** 182_{2-13}
– – *Kriterium zur Unterscheidung zwischen chemischen und mechanischen Verbindungen* **2,** 853_{10-18} 879_{10-15} 884_{5-7}
– – *Luftarten*, s. Luftarten – Tabelle der spezifischen Gewichte.
– – *Normierung auf das des Wassers* **1,** 180_{9-17}
– – *veränderlich* **1,** 97_{11-18}
– – – *Luft als Beispiel* **2,** 76_{30-32}
– – – *Wasser als Beispiel* **1,** 97_{R1-4} **2,** 76_{28-30}
– – *Vergleich bei festen Substanzen* **1,** 179_{30}–180_{7}
– – *Verzeichnisse* **2,** 179_{6}
– – *Zunahme beim Gefrieren* **1,** 432_{28-30}
Gewitter **2,** 909_{17} **5,** 366_{21-24} 478_{6}
s.a. Blitz; Donner; Hagel.
– *bei Vulkanausbrüchen* **5,** 392_{15-16}
– *Brände* **1,** 800_{33-36} 800_{36}–801_{6} **2,** 913_{21-29} **4,** 261_{4} **5,** 367_{28} 476_{13-21}
– *chemischer Prozeß* **2,** 18_{2-3} **3,** 26_{15}
– *Einleitung* **5,** 468_{21}
– *Elektrizität* **2,** 26_{28-29} 491_{29-30} 911_{19-20} **3,** 58_{7-8} 62_{32-34} 63_{21-22} 345_{15} **4,** $256_{3.\,28}$ 273_{3} 282_{29} **5,** 474_{27}
– *Entfall der Vorlesung* **3,** 9_{22} 12_{31}
– *Entfernung* **1,** 314_{R1} 801_{21-25} **2,** 319_{8-17} 914_{31-36} **4,** 8_{26} **5,** 367_{20} 368_{30-34} 478_{29}
– *Entstehung* **2,** 912_{14-25} **4,** 258_{24-25} **5,** 473_{15}
– *Furcht* **1,** 804_{1-8} **4,** 260_{26-27} 277_{31} **5,** 369_{8-9} 478_{30-33} 479_{1-8}
– *Gefahr* **3,** 10_{4} **4,** 259_{21-25} 260_{6-36} **5,** 369_{13-22} 479_{9-14}
– *Häufigkeit abhängig von Zeit und Ort* **5,** 473_{25}
– – *Erklärung* **1,** 798_{22}–799_{9} 799_{22-32} **5,** 368_{3-7}
– – *Wintergewitter* **5,** 366_{20}
– *Irrtümer* **2,** 913_{21-22} **4,** 261_{2-5} **5,** 367_{28}
– *Luftdruck* **1,** 805_{R6}
– *Nutzen* **4,** 313_{8}
– *Regen* **4,** 335_{31}–336_{3}
– *Verhaltensmaßregeln* **1,** 804_{10-18} **2,** 914_{37}–915_{30} **4,** 257_{20-21} 259_{6-20} 260_{3-5} **5,** 367_{19-24} 368_{23}–369_{7}
– *Wolken elektrisch* **1,** 796_{5} **4,** 157_{6} **5,** 366_{33-34}
Geysir **2,** 434_{29} 833_{9}–834_{5} **4,** 115_{27} 116_{4-11} **5,** 339_{21-31} 400_{24}
Gezeiten, s. Ebbe und Flut.
Ghats (Gebirge in Indien) **2,** 823_{18} **5,** 322_{10}
Giants causeway (Riesenweg) **1,** 844_{37-38} **5,** 392_{30-31} 529_{17}
Gibraltar (Calpe) **5,** 323_{17}
– *Belagerung* **2,** 361_{3-10}
– *Meeresströmung zwischen Mittelmeer und Atlantik* **1,** 726_{5-12} **2,** 815_{29}–816_{7} 817_{9-13} **5,** 323_{19}
Gießen **2,** 891_{13} 940_{29}

Gips 3, 339_{19} **4,** 209_{12}
– *Bestandteil von Gebirgsarten* **2,** 838_{35} **5,** 406_{1} 415_{15}
– *Erwärmung* **4,** 232_{1-2}
– *fest gewordene Flüssigkeit* **1,** 204_{R1-2} **2,** 948_{10-17} **4,** 179_{23}
– *im Wasser von Quellen* **5,** 339_{7}
– *Kristallwasser* **2,** 278_{28} 475_{30} **3,** 326_{12} 356_{13-14} **4,** 177_{30}
Glas, s.a. Fensterscheiben; Flasche; Linse (optisch); Prisma; Rautenglas; Springgläser (lacrima vitrea); Springkolben.
– *Ätzen* **1,** 272_{R20} **2,** 272_{25} **4,** 178_{25}
– *angegriffen durch spatsaure Luft* **1,** 273_{19} **2,** 272_{23}
– *Bestandteile* **1,** 209_{26-28} 212_{25-26} **3,** 308_{9-10} 395_{5-8} **5,** 401_{7}
– *blaues Glas* **6,** 214 (267)
– *Elastizität* **2,** 43_{6-7} **4,** 171_{26-27}
– *Elektrizitätslehre,* s.a. Elektrisiermaschine – Glas.
– – *Anziehung wirkt durch Glas* **4,** 290_{33}
– – *durch elektrischen Schlag zerstört* **4,** 250_{10} 272_{6}
– – *Durchlässigkeit für Ausdünstungen unter dem Einfluß der Elektrizität* **1,** 539_{23} **4,** 309_{3}
– – *Durchlässigkeit für elektrische Materie* **4,** 311_{1} s.a.u. Körper – elektrischer (idioelektrischer, Nichtleiter).
– – *elektrischer Körper (Nichtleiter)* **1,** 533_{38} **2,** 494_{2} **4,** 245_{11} 265_{6} 279_{24} 281_{5}
– – – *geläugnet* **1,** 533_{R12} **2,** 23_{16-17}
– – *Elektrisieren durch Wärme* **4,** 289_{11}
– – *Elektrizität bei Reibung* **1,** 542_{6} 545_{2} **2,** 503_{3} **4,** 300_{31} 301_{4-16} 303_{5}
– – – *Versuche* **1,** 543_{36-45}
– – *Elektrizität des mattgeschliffenen bei Reibung* **1,** 542_{15-17} 545_{2} **2,** 500_{31-33} 503_{4-5} **4,** 248_{14} 268_{14} 300_{9} 301_{14-15} 303_{6}
– – *geriebenes zieht leichte Körper an* **1,** 525_{7-15} **2,** 492_{17-21}
– – *Material für Elektrisiermaschine* **1,** 527_{12-18} **2,** 520_{20} 521_{32-39} **4,** 253_{7-12} 255_{21-22} 276_{22-28} 284_{10}
– – *Material für Elektrophor* **1,** 565_{24} 570_{14} **2,** 515_{8} **4,** 270_{21} 336_{27}
– – *Reibzeug* **4,** 288_{22}
– *Festigkeit* **1,** 527_{R7-13}
– *Flintglas* **1,** 397_{R7-9} 416_{9} **2,** 404_{4} **4,** 61_{30} $89_{1. 23. 32}$ **6,** 172 (210) 174 (211) 175 (213)
– – *spezifisches Gewicht* **1,** 183_{R1-4}
– *im antiphlogistischen System* **2,** 208_{15}
– *Kronglas (Crown glass)* **1,** 416_{9} **2,** 404_{3} **4,** 61_{29-30} 88_{35} **6,** 174 (211)
– *mit Flußspatsäure geätzt* **6,** 126 (150)
– *Moskowitisches* **1,** 957_{22-23}
– *spezifisches Gewicht* **1,** 429_{R14-18}
– *Springen bei Erhitzung* **1,** 428_{30-31} **4,** 110_{28}–111_{3}
– *Taubildung* **1,** 777_{3} **2,** 891_{29-35} **5,** 362_{8} 453_{1}
– – *mit Metallfolie belegtes wird nicht betaut* **1,** 777_{15-18} **2,** 891_{31-33} **5,** 362_{10-11} 366_{10}
– *von Quecksilber nicht benetzt* **1,** 191_{9-10} **2,** 180_{13-14}
– *von Wasser benetzt* **1,** 191_{11-12} **2,** 181_{16}
– *Wärmeausdehnung* **1,** 467_{R1-5} **2,** 418_{33} 980^{*} **4,** 110_{18} 172_{8-13}
– *Zerstörung durch Resonanz* **1,** 332_{10-13}
– *Zylinderglas mit Fuß (Nr. 446)* **6,** 547 (446)
Glasfaden (vermiculus vitreus) **1,** 429_{31-38} **2,** 421_{16} **4,** 111_{31} 112_{8} **6,** 197 (239)

Glasfäden 3, 423_{27} **6,** 219 (270)
s.a. Versuche (Elektrizität) – Anziehen und Abstoßen – Glasfäden.
Glasglocke 6, 104 (113) 104 (*114*) 548 (*449*)
Glasgow 1, *520*$_{36}$ **2,** *730*$_{26}$ 851* 897_{33} **4,** 152_{13}
Glasharmonika 4, 33_{30}
Glaskegel 6, 175 (214)
Glaskörper für optische Versuche 6, 431 (*[*230]*)
Glaskonus 6, 384 (**163*)
Glaskugel
– *Glaskügelchen als Mikroskop* **1,** 420_{13-15}
– *Glaskugel zum Manometer* **6,** 481 (*393*)
Glasplatten 6, 2 (4) 3 (6) 278 (343) 559 (*464*) 559 (*465*)
– *zur Demonstration der Kapillarität* **6,** 75 (76)
Glasplatten und -röhren, mit Stanniol belegt 6, 234 (288)
Glasröhren 6, 208 (258) 208 (259)
– *Glasröhren zum Isolieren* **6,** 551 (*452*) 562 (*473*)
– *phosphoreszierende Glasröhren* **6,** 239 (291)
Glasröhren auf schiefen Ebenen 6, 18
Glasröhren, gebogene 6, 61 (54)
Glasseil 6, 437 (*349*)
Glastrompeten 6, 436 (*348*)
Glastropfen 1, 428_{36} **3,** 196_{30} **6,** 197 (239)
s.a. Springgläser (lacrima vitrea).
Glaswaren 6, 278 (342)
Glaszylinder 6, 213 (266) 236 (290)
Glaubersalz
– *im Seewasser* **2,** 819_{7} **5,** 325_{23} 399_{24}
– *im Wasser von Geysiren* **5,** 401_{3}
– *Kältemischung* **2,** 490_{14} **4,** 187_{18} 188_{17} 190_{8}
s.a. Tabelle – Kältemischungen.
– *Preis* **4,** 189_{4}
Gleichgewicht (aequilibrium), s.a. Fluida, tropfbare (Flüssigkeiten) – Eigenschaft – Teilchen im Gleichgewicht; Röhren, kommunizierende – Gleichgewicht verschieden schwerer Fluida; Schwimmen – stabiles und labiles Gleichgewicht.
– *beim Hebel* **1,** 99_{17} 101_{17-18}
– *Gesetze* **2,** 24_{17} **3,** 61_{5-6}
– – *folgen aus dem Prinzip der kleinsten Wirkung* **2,** 151_{10}
– *in kommunizierenden Röhren* **1,** $162_{4-15.\ 17-25}$
– *stabiles / labiles* **1,** 170_{R18-27}
Gletscher 4, 126_{11} **5,** 523_{14}
s. Berg(e) – Eisbedeckung der höchsten.
Gliedermaßstab 6, 305 (**34k*)
Glimmer 2, 837_{17} **5,** 343_{33} 344_{5} $412_{10-11.\ 24.\ 31}$ 416_{14}
Glimmerschiefer 2, 837_{21} **5,** 344_{6} 404_{9} 413_{7}
Globus 6, 269 (*334*) 424 (**220*)
s.a. Erde (Erdkugel) – künstliche; Fixstern(e) – Entfernung von der Erde; Himmelskugel – künstliche; Mondglobus.
– *Erdglobus* **6,** 424 (**221*)
– – *Erdglobus von Bonne* **6,** 527 (*426*)
– *Himmelsglobus* **6,** 424 (**221*)
– – *Himmelsglobus von Lalande* **6,** 527 (426)
– *terrestrische Hemisphäre* **6,** 270 (335)
Glocke, s.a. Glasglocke.
– *erzeugt Klang* **1,** 321_{29-36} **2,** 327_{20}
– *Harmonikaglocke* **6,** 550 (*450*)
– *Läuten als Schutz bei Gewitter* **1,** 802_{31} 803_{9-20} **2,** 915_{31-33} **5,** 480_{3}
– *Schwingung* **4,** 33_{29}
Glockenmetall 4, 171_{25}
Glockenspiel 4, 33_{30}
– *elektrisches Glockenspiel* **6,** 220 (272) 221 (274)

s.a. Versuche (Elektrizität) – Anziehen und Abstoßen.
Glorie (optisches Phänomen)
– *Beobachtung in Island* **1,** 970_{24-25}
– *Beobachtung in Südamerika während der Längengradexpedition* **1,** 790_{R7-18} 791_{32}–792_{2} 792_{R5} 793_{14-22} **2,** 906_{21-25}
Glühen 1, 452_{19}
– *freiwerdendes Licht bei der Zersetzung von kleineren Mengen des Wärmestoffs* **2,** 479_{39}
Gneis 2, 837_{20} **5,** 344_{4} 404_{6} 412_{23}
Gnomon 2, 597_{40} 668_{2} **5,** 20_{30} 34_{32} 35_{21} 99_{14-15}
Gnomonik 3, 48_{1}
Göttingen, s.a. Krieg, 7-jähriger – Franzosen in Göttingen; Leine.
– *Abtragung eines Turms (Jacobiturm?)* **2,** 22_{37}
– *Abweichung zwischen Richtung der Schwere und Verbindungsstrecke zum Erdmittelpunkt* **2,** 687_{23-24} **5,** 106_{29-30}
– *Barfüßerkloster* **6,** LVI
– *Barfüßerstraße* **5,** 779^{320}
– *Brand* **2,** 827_{24}
– *Dreckwarte* **2,** 318_{21-22}
– *erloschene Vulkane* **5,** 386_{3} 528_{26}
– *Gauß* **2,** 755_{33}
– *Geismarstraße* **2,** 358_{27}
– *Geismartor* **5,** 937^{49}
– *geographische Breite (Polhöhe)* **2,** 627_{26}
– *geographische Länge* **1,** 644_{8-9}
– *Geschwindigkeit der Erdrotation* **2,** 61_{35-36} 64_{11-13} 65_{40-41} 619_{16-18} 719_{25-27} 859_{27-28} **3,** 134_{32-35} 161_{6} 163_{8} **5,** 42_{25-26} 60_{29-30} 82_{23-24} 202_{3-5}
– *Glück, in Göttingen zu sein* **5,** 111_{29}
– *Größe* **2,** 712_{7}
– *Groner Tor* **2,** 827_{34}
– *Häuser,* s.a.u. Conradi, Johann Peter; Dieterich, Johann Christian; Feder, Johann Georg Heinrich; Grätzel, Johann Heinrich; Lichtenberg, Georg Christoph – Biographisches – Garten(haus); Meister, Georg Jacob Friedrich; Ruprecht, Karl Friedrich Günther; Willich, NN.
– – *Groner Chausseehaus* **2,** 827_{39}
– – *Michaelis-Haus,* s. Werlhof, Friedrich Gottlieb von – Wohnhaus.
– – *Prinzenhaus* **6,** LI CXIII–CXIV
– *Hainberg* **2,** 95_{16} 709_{22} **4,** 74_{2} **5,** 476_{17} 488_{11-12}
– – *Barometerstand* **2,** 227_{6-7} 305_{22}
– – *barometrische Höhenmessung* **2,** 962_{29} 967_{36} 978_{9}–979_{11} **5,** 555_{2}–567_{28} 932^{24}
– – *elektrische Versuche mit Drachen* **2,** 911_{16}
– – *früher unter dem Meeresspiegel* **1,** 850_{R14} **5,** 345_{7}
– – *Höhe* **2,** 303_{20}
– – *Reinsbrunnen* **5,** 135_{5-6}
– – *Schallgeschwindigkeit* **1,** 314_{R15-16} **2,** 318_{21} **4,** 15_{14} 16_{3}
– – *Wasser darüber leiten* **2,** 303_{18}–304_{2} **3,** 415_{22-24}
– *Höhe* **1,** 738_{23} **2,** 825_{10} **5,** 329_{25}
– *Hospitalstraße* **5,** 874^{915}
– *hypothetische Folgen einer Kometenpassage* **5,** 183_{2}
– *Jacobiturm* **2,** 64_{9} 86_{36} 156_{10} 308_{25} 317_{28} 619_{14} **3,** 111_{26} 161_{4} 187_{25} **5,** $38_{18.\,21}$ 60_{25} 82_{18-20} 474_{6} s.a. Göttingen – Abtragung eines Turms (Jacobiturm?).
– – *Abstand von L.s Gartenhaus,* s.a. Lichtenberg, Georg Christoph – Biographisches – Garten(haus) – Abstand vom Jacobiturm.
– – *Berechnung der Falldauer* **1,** 117_{R12-17} **2,** 101_{3-10} **3,** 185_{3-5} **5,** 244_{30-33}
– – *Bewuchs* **5,** 360_{6-7}

– – *Blitzeinschlag* **5,** 476_{16} 780^{324}
– – *Höhe* **2,** 586_{20-21} 688_{4-5} 823_{27} **5,** 75_{1-2} 319_{13} $329_{13.\ 26}$
– – *Spitze* **2,** 651_{6} **5,** 32_{20} 91_{38} 92_{3-5}
– *Johannis-Pfarrschule* **6,** XCV CXXVIII
– *Johannisturm* **2,** 287_{38} **3,** 412_{18}
– *Jüdenstraße* **2,** 155_{15} **3,** 196_{11-12}
– *Jupiterbedeckung* **2,** 708_{26}
– *Kälteperiode* **2,** 428_{18}
– *Kometenbeobachtung* **5,** 663^{638}
– *Länge des Sekundenpendels* **1,** 131_{R25-27} **5,** 60_{12}
– *Längendifferenz zu Petersburg* **5,** 109_{28-37}
– *Landwehrschenke* **4,** 15_{25}
– *ledige Mütter* **2,** 224_{23} **3,** 680^{12}
– *Leinegraben* **6,** CXXII
– *Leinekanal* **2,** 827_{37} **6,** CXXV
– *Luftqualität* **3,** 704^{214}
– *Magistrat* **6,** LVI LXVII
– *magnetische Deklination* **1,** 757_{R11-25} **2,** 545_{39}–546_{1} 844_{26} **4,** 335_{28} 349_{13} **5,** 346_{15}
– – *tägliche Variation* **2,** 555_{30} 847_{12}
– *magnetische Inklination* **2,** 550_{27} $849_{5.\ 16}$
– *Masch* **2,** 827_{31} **4,** 49_{7}
– *mechanische Werkstätten* **6,** CV
– *Merkwürdigkeiten*
– – *Bovendisches Kunststück* **2,** 198_{22}
– *Mettwürste* **2,** 263^{*}
– *mittlerer Barometerstand* **1,** $825_{21.\ R23-25}$
– *Mondbeobachtung* **2,** 708_{33}
– *Mühle* **2,** 834_{32} **3,** 232_{18}
– *Museum* **6,** LXVII
– *Nestchen* **4,** 349_{21} **5,** 26_{23-24}
– *Nordlicht* **2,** 857_{7} 924_{17-18} **5,** 483_{17}
– *Obere Maschstraße* **5,** 871^{895}
– *Papendiek (Straße)* **6,** LVII LIX
– *Paulinerkirche* **6,** LVII CXXVI
– *Paulinerstraße* **6,** LXII^{156} LXIV–LXVI CXVII
– *Pendelstreit* **2,** 118_{9}
– *Prinzenstraße* **6,** LIX CXXII
– *Ratsziegelei* **5,** 936^{49}
s.a. Göttingen – Hainberg – barometrische Höhenmessung.
– *Regenreichtum* **2,** 832_{7} **5,** 337_{7}
– *Reisestation* **2,** 29_{34} $336_{10.\ 16}$ 552_{17} 588_{23} 705_{14} 777_{22} 820_{6} **4,** 661^{136} **5,** 597^{182} 608^{259} 609^{269} 776^{310}
s.a. Lichtenberg, Georg Christoph – Biographisches – besucht von.
– *Religionssachen* **3,** 46_{10} 50_{13} **4,** 349_{21-22} 366_{5}
– *Schützenhof* **2,** 60^{*}
– *Societät der Wissenschaften*, s. Göttinger Sozietät der Wissenschaften.
– *Sterbeort T. Mayers* **2,** 701_{29} **5,** 111_{8}
– *Technicum* **6,** XCVI
– *Temperatur* **1,** 815_{R27} **2,** 930^{*}
– *Trinkwasser* **2,** 832_{18} **5,** 338_{3}
– *Überschwemmung* **5,** 334_{20}
– *Universität*
– – *Accouchier-Hospital* **2,** 224_{24}
– – *Akademisches Hospital* **6,** CXXVIII
– – *Akademisches Museum* **2,** 286_{33-34} 549_{31} **6,** LVII–LVIII LX LXII–LXIV XCV CXVII–CXXI CXXIV CXXVII
– – *Anatomisches Theater* **3,** 9_{18}
– – *Anekdote* **5,** 227_{15-18}
– – *Antikensaal* **6,** CXXVI
– – *Auditoriengebäude* **6,** LXIV
– – *Auditorienhaus, altes* **6,** LXII^{156} LXIV–LXVI CXVII
– – *Aulagebäude* **6,** CXX–CXXI
– – *Bibliothek* **2,** 648_{19} **4,** 258_{23} 386_{3} **5,** 683^{800} 878^{926} **6,** LVI LXV CXXVII–CXXVIII
– – – *Brandgefahr* **6,** CXX
– – – *Bülowsche Schenkung* **6,** XL

– – – *Globen* **5,** 211_{14} 682^{795}
– – – *Mediceische Venus* **3,** 326_{15-16}
– – – *Uffenbachsche Schenkung* **6,** XLVII–L
– – *Blumenbachsche Schädelsammlung* **6,** CXXVIII
– – *Blumenbachsches Kabinett* **6,** CXXI
– – *Botanischer Garten* **3,** 721^{356}
– – *Chemisches Laboratorium* **6,** XXXIX–XL LXVI XCV
– – *ethnographische Sammlung* **6,** LXVI
– – *Forschungsstätte* **6,** LXXIX
– – *Gemäldesammlung* **6,** LXII CXIX
– – *Gründung* **6,** XL
– – *Haller, A. v.* **3,** 445^{7}
– – *Harding, K.L.* **2,** 756_{11}
– – *Hollmann, S.C.* **2,** 939_{35}
– – *Institute* **6,** LXVI CXI
– – – *physikalisches* **3,** 599^{23} **4,** 387^{1} 607^{469} 754^{38} 759^{56} **5,** 739^{8} 819^{548} **6,** XXXIX–XL LXVI LXVIII LXXXIX XCI CXIII CXXI CXXVI CXXVIII
– – – *physiologisches* **6,** CXXII CXXV
– – *Instrumentensammlung*
– – – *Ankauf von L.s Sammlung* **6,** LXXI XCV
– – – *Bülowsche Schenkung* **6,** XL
– – – *mathematische Instrumente* **6,** LVIII LXIV–LXVII LXXXV XCIV
– – – *physikalische Instrumente (physikalisches Kabinett)* **6,** LIX–LXII LXV LXIX XCIX CXIII
– – – *Thibautsche Schenkung* **6,** LXI
– – – *Uffenbachsche Schenkung* **6,** XLIII LIII LV LIX LXI LXIII LXVIII–LXIX LXXVI LXXX CXIII–CXV
– – *Konzilienhaus* **6,** LXXXIV–LXXXV XCIV CXX–CXXIII CXXVI–CXXVIII
– – *Kuratorium* **6,** LX LXIII–LXIV LXVIII LXXVII LXXXII–LXXXIII LXXXV–LXXXVII LXXXIX XCIII–XCIV XCVI CIII–CVIII CX–CXI CXXIV CXXVI
– – *Lichtenberg* **6,** LXXI
– – *Mathematisch-physikalisches Seminar* **6,** XCVII–XCVIII CXI CXXVIII
– – *Mayer, J.T.* **6,** LXXIV–LXXV LXXVII
– – *Mayer, T.* **3,** 445^{10}
– – *medizinisches (ehemals philosophisches) Auditorium* **6,** XLVII–XLVIII L LII–LVI
– – *Modellkammer* **6,** XLIII XLVIII LI LXXXV CXIX CXXII CXXIV
– – *Mosheim, J.H.* **3,** 445^{8}
– – *Münzsammlung* **6,** CXXVI
– – *Pedell* **6,** LXIII
– – *physikalisches Studium* **6,** LXXXVIII XC XCVI CXV–CXVI CXX
– – *Preisfragen* **2,** 596_{10-11}
– – *Professorenhaus* **6,** LVII
– – *Säkularfeier* **6,** CXX
– – *Sternwarte* **2,** 702_{9} **4,** 16_{12} 253_{18} **5,** 211_{16} 758^{184} **6,** XLII–XLIII LII–LV LXVI LXVIII–LXIX CIX
– – – *achromatisches Fernrohr* **4,** 62_{10}
– – – *Elektrisiermaschine* **4,** 284_{21}
– – – *Spiegelteleskop von Herschel* **4,** 64_{10} **5,** 720^{1029}
– – – *Uhr mit Kompensationspendel* **2,** 419_{7-8}
– – *Studenten* **2,** 790_{16}
– – *Studienerinnerung* **5,** 213_{6}
– – *Universitätskirche* **5,** 368_{18} 477_{6-7}

– – *Vorlesungsverzeichnis*, s.a. Catalogus praelectionum publice et priuatim in Academia Georgia Augusta ... habendarum.
– – – *1784 Sommer* **5,** 738[1]
– – *Weber, W.* **6,** LXXXIX
– *Variabilität des Barometerstandes* **2,** 305_{28} 934_{14}
– *Wall*
– – *Umrundung als Modell für gebundene Monddrehung* **5,** 53_{32}
– *Wasserhose* **2,** 919_{29}
– *Weende*, s. Weende .
– *Weender Straße* **2,** 827_{24} **5,** 367_{27}
– *Weender Tor* **6,** LXIV
– *Weißen Stein* **5,** 547_{16-17}
– *Wilhelmsplatz* **6,** CXX
– *Zeughaus* **2,** 237_{22} **6,** LVI LVIII
Göttinger Sieben 6, LXXXII
Göttinger Sozietät der Wissenschaften 3, 82_{23} 445[7] **4,** 221_{35} 769[105] **5,** 648[539] **6,** LXII
– *Brief von J.H. Schröter* **5,** 152_{3}
– *Brief von L.* **4,** 641[65] **5,** 878[926]
– *Modellsammlung* **6,** LII
– *Preisfragen* **2,** 160_{33-34} **4,** 575[296] 607[470] 778[141] **5,** 604[232]
– – *1757: Warum läuft der Heber im Vakuum?* **2,** 299[*] **3,** 463[130]
– – *1780 auf 1782 (math.): Anwendung der Untersuchungen über die Festigkeit des Holzes* **2,** 41_{12} **3,** 82_{34} 476[16]
– – *1786 auf 1788 (math.): Theorie der Veraischen Maschine und deren beste Einrichtung* **2,** 183_{36} **3,** 614[4]
– *Streit* **2,** 23_{11} 299_{15-17}
Gold
– *Alchemie* **3,** 58_{8-9} 125_{7}
– *Auflösung in Königswasser* **2,** 22_{33} 876_{4} **3,** 55_{26}
– – *Beispiel für Teilbarkeit* **2,** 36_{4} **3,** 76_{26} 99_{26}
– – *Mechanismus* **1,** 439_{R25-30}
– *Ausdehnungskoeffizient* **1,** 480_{35}
– *bei Präzisionsuhren* **5,** 116_{11}
– *Beispiel für Teilbarkeit* **1,** 63_{23-24} **2,** 33_{33} $34_{1-12.\ 21-24}$ 34_{25}–35_{15} **3,** 98_{16}–99_{16} 99_{29}–100_{14} 101_{18}
– *Belegung der Leidener Flasche* **1,** 558_{39-40}
– *dichtester bekannter Körper* **1,** 62_{6-8}
– *Draht* **6,** 2 (2)
– *durch Elektrizität in farbigen Staub verwandelt* **1,** 958_{16} **3,** 352_{26}
– *Festigkeit* **1,** 66_{12-23}
– *Goldblättchen* **4,** 247_{16} s.a.u. Versuche (Elektrizität) – Anziehen und Abstoßen; Versuche (Elektrizität) – Influenz; Versuche (Körper überhaupt).
– – *elektrisch geschmolzen / oxidiert* **2,** 511_{33-35} **4,** 250_{11} 272_{7}
– – *Entzündung mit dephlogistisierter Salzsäure (Chlor)* **1,** 935_{25} **2,** 271_{1} **3,** 427_{19}
– – *Stärke* **2,** 29_{14-18} **3,** 92_{1}
– *Golderze* **1,** 931_{11} **3,** 363_{18}
– *Goldpapier*
– – *Material für Elektrophor* **2,** 514_{12}
– *im antiphlogistischen System* **2,** 202_{15} **3,** 314_{15}
– *Knallgold* **3,** 207_{10} 214_{28} 235_{31}
– – *erzeugt Schall* **1,** 309_{31}
– *Körner in Quellwasser* **1,** 744_{14-15}
– *Porosität* **2,** 31_{12-13} **3,** 96_{31} **6,** 11 (15) s.a. Versuche (Körper überhaupt) – Goldblättchen [Porosität].
– *Prüfung auf Reinheit* **2,** 168_{3-8}
– *Schwimmen auf komprimierter Luft* **2,** 32_{37} 223_{21} 297_{13} $944_{17.\ 34}$ **3,** 408_{33} 409_{6} **5,** 552_{5}
– *spezifisches Gewicht* **1,** 183_{26}
– *Verdampfen* **1,** 461_{R1} **3,** 313_{9}
– *Versuche anzustellen* **3,** 366_{18}
– *Vorkommen* **2,** 839_{25} **5,** 408_{17}
– *(Zerreiß-)Festigkeit* **1,** 65_{35}

Goldschlägerhaut
– *hygroskopisch* **3,** 434_{22}
Goldwaage, ein dazu eingerichtetes Aräometer 6, 67 (66)
Golf von Mexiko 1, 726_{R15} **2,** 871_{39}
Golfstrom, s.u. Meer – Strömung.
Goniometer 6, *533* (*428*)
Goten 3, 303_{19}
Gotha
– *Blitzeinschlag* **1,** 806_{R20}
– *Klindworth* **6,** XCIX
– *Kompensationspendel* **2,** 418_{33}
– *Mondbeobachtung* **5,** 262_{1}
– *Sternwarte* **2,** 750^{*}
– *Witterung* **5,** 793^{376}
Gott 3, 186_{17} **5,** 380_{22} 382_{29} 383_{22} 389_{6}
s.a. Mensch – macht Kapitel, wo vor Gott keine sind; Vernunft – von Gott zum Gebrauch gegeben.
– *Baumeister der Welt* **2,** 627_{5-6} 640_{32-33}
– *Ehrfurcht vor dem Schöpfer des Weltalls* **1,** 717_{35-36} **5,** 31_{3} 33_{31} 217_{17}
– *„Erschaffung" Newtons* **5,** 188_{10}
– *lieber Gott* **2,** 772_{3-4} **5,** 367_{25} 497_{14}
– *meine Wege sind nicht eure Wege* **2,** 949_{26-30} **3,** 175_{21} **5,** 37_{1} 63_{11} 187_{23} 233_{10}
– *nicht Ursache menschlicher Irrtümer (Descartes)* **3,** 108_{16}
– *Omnipräsenz kein Argument gegen die Existenz von leerem Raum* **3,** 97_{18-19}
– *Qualitas occulta* **3,** 211_{31} 225_{10} 563^{158}
– *Schöpfer* **1,** 718_{27} 831_{21} **2,** 608_{7} 940_{4} **3,** 211_{15} **5,** 27_{32} 174_{3} 390_{7-8} 504_{20}
– *Schöpfung nach Maß und Gewicht* **2,** 19_{10} **3,** 38_{28} 42_{23-27} 44_{14-17} 51_{7-10} **5,** 378_{7-9}
– *vor Gott kein Zufall* **3,** 39_{9} 50_{21}
– *Weisheit des Schöpfers* **1,** 831_{16-17} **2,** 937_{7-8} **5,** 362_{2} 365_{6}
– *Werke nicht mit Vorwitz beurteilen* **5,** 121_{8-9} 122_{17}
Gottesbeweis 1, 40_{R1-19}
Grabstichel (Sternbild; Caelum) **5,** 209_{8}
Gradmessung 1, 647_{25-30} **2,** 666_{22-23} **5,** 14_{27-28} 16_{6-12} 60_{18-19} 99_{6} 318_{16-29}
s.a. Erde (Erdkugel) – Gestalt; Tabelle – Gradmessungen.
– *afrikanische* **2,** 677_{12}
s.a.u. Kap der guten Hoffnung.
– *Blaeu* **5,** 101_{32-35}
– *Fernel* **2,** 671_{9-16} **5,** 100_{15}–101_{2} 103_{1-5}
– *italienische* **2,** 677_{3} **5,** 243_{13}
– *Meßkampagne 1683 ff.* **2,** 674_{13-34} **5,** 104_{26-32}
– *Meßkampagne 1735 ff.* **1,** 648_{14}–649_{3} **2,** 675_{7-32} 676_{6-10} **5,** 105_{17-33} 106_{1-9} 612^{286}
– *Meßkampagne 1792 ff.* **2,** 678_{21}–679_{17} 679_{26}–680_{5} 682_{1}–683_{19} **5,** 245_{13} 706^{957}
– *Methode* **2,** 671_{26}–673_{17} **5,** 101_{11-12} 104_{31-32}
– *Mudge* **2,** 684_{8-15}
– *Norwood* **2,** 673_{18-22} **5,** 102_{1-17} 103_{14-20}
– *pennsylvanische* **2,** 677_{4}
s.a.u. Pennsylvania.
– *Picard* **2,** 673_{32-38} **5,** 101_{18-22} $104_{1-5.\ 17-26}$
– *Riccioli* **2,** 673_{23-31} **5,** 103_{24-29}
– *schwedische* **2,** 683_{20}–684_{7}
s.a.u. Tornio (Torneå; Finnland).
– *Snel van Royen* **2,** 671_{17-25} **5,** $101_{4-17.\ 22-31}$ 103_{6-13}
Gräser, s.a. Hafer.
– *Grannen hygroskopisch* **3,** 432_{14}
Granat
– *unelektrischer Körper (Leiter)* **1,** 535_{1} **2,** 494_{34} **4,** 280_{12}
– *Vorkommen* **5,** $404_{6-7.\ 9}$ 413_{12}

Granit 2, 836_{26-27} **5,** 403_{27-28} 404_{5-7} 807^{478}
s.a. Gebirge – Urgebirge (Grundgebirge) – Granit.
– *Bestandteile* **2,** 837_{16-17} **5,** 343_{33-34} 384_{28-29} 412_{9-11}
– *Verbreitung* **5,** 524_{11-21}
– *wasserführende Schicht* **5,** 330_{27}
Grantham 2, 776_{4} **5,** 188_{19}
Graphometer (Halbkreisinstrument) 6, 432 (*[*233]*)
Graubünden 5, $328_{16.\,25}$
Grauwacke 5, 413_{28} 416_{13}
Gravitation, s. Schwere.
Graz 2, 645_{18}
Greifswald
– *geographische Länge* **5,** 250_{14}
– *Sternwarte* **5,** 250_{22-23}
Griechen
– *Beispiel, wie man Physik nicht betreiben soll* **4,** 69_{25}
– *Kompaß* **2,** 842_{20-21} **5,** 420_{22}
– *sinnreichstes Volk der Erde* **3,** 85_{10}
– *Sternbilder* **5,** 207_{1}
Griechenland
– *Klima* **2,** 932_{36-37}
Griechisches Feuer 3, 116_{17}
Grönland 2, 814_{16} 815_{1} $844_{2.\,17}$ **5,** 322_{18} 328_{30} 485_{17} 489_{25} 531_{29-30}
Größe, scheinbare 1, 347_{11} 347_{28}–348_{5} 351_{R1-2} **2,** $350_{2.\,14}$ 351_{24-31} **4,** 51_{20-35} **5,** 51_{30} 123_{25}
Großalmerode 5, 813^{513}
Großenhain [eigentl. Königshain] (Sachsen)
– *Blitzeinschlag* **1,** 806_{R13} **2,** 917_{17}
Grubenhagen (Fürstentum) 5, 329_{6}
Grünenplan 6, 175 (212)
Grünspan 2, 892_{8} **5,** 449_{2}
Guadiana (Fluß in Spanien / Portugal) **1,** 967_{16} **2,** 834_{27}
Guajakbaum (Guaiacum officinale) **3,** 80_{30} **4,** 177_{26} 279_{20}
Guatemala
– *Erdbeben 1774* **1,** 847_{30} **2,** 956_{34} **5,** 532_{5}
Guckkasten 6, 154 (190)
Guerickesche Halbkugeln, s. Magdeburger Halbkugeln.
Guinea 2, 861_{37} **5,** 351_{19} 439_{16}
Gummi (Federharz) 2, 43_{27} **3,** 83_{19-20} 112_{19} 113_{24} $114_{7.\,27}$ 115_{11} **4,** 279_{28}
– *Eigenschaften* **2,** 45_{22-41} 46_{2-3} **3,** $84_{1-9.\,23-25}$ 112_{20-21} 113_{13-14} 114_{17-19} 115_{25}
– *Flasche aus Federharz* **6,** 435 (*344*)
– *fossiles* **2,** 46_{4} **3,** 84_{19} 114_{29} 115_{3}
– *Kugel aus rotem Federharz* **6,** 436 (*346*) 561 (*471*)
– *unelektrischer Körper (Leiter)* **1,** 535_{2} **2,** 494_{35} **4,** 280_{18}
– *Versuch* **1,** 71_{R8-14} 915_{21-23}
– *Verwendung* **2,** 43_{40}–44_{7} 44_{18}–45_{6} 45_{10-22} **3,** 83_{31-39} 112_{27-29} 113_{3-8} 115_{17-24}
– *Vogel aus Federharz* **6,** 435 (*345*)
Gummigutt 4, 472^{223}
Gummilack
– *elektrischer Körper (Nichtleiter)* **1,** 534_{2} **2,** 494_{30} **4,** 280_{3}
s.a. Elektrisiermaschine – Gummilack.
– *Material für Elektrisiermaschine* **4,** 253_{14-15} 286_{30}
– *Material für Elektrophor* **1,** 569_{26}

Haar, s.a. Versuche (Elektrizität) – Anziehen und Abstoßen.
– *Dicke* **2,** 29_{19-27}
– *elektrischer Körper (Nichtleiter)* **1,** 533_{42} **2,** 494_{20} **4,** 279_{34}
– *Elektrizität bei Reibung* **1,** 542_{8} 545_{2} **2,** 503_{15} **4,** 300_{3} 303_{16}
– *Gewinnung von Sauerstoff* **3,** 423_{8}
– *hygroskopisch* **1,** 282_{12-14} **3,** 414_{1}
s.a. Hygrometer – Haarhygrometer, Saussures.

Haar der Berenike (Sternbild; Coma Berenices) **5,** 291_{13} 295_{25}
– *Nebelsterne* **5,** 294_{37}
Haarhygrometer nach Saussure, s.u. Hygrometer.
Haarröhrchen 1, 193_{18} 743_{9-10} **2,** 186_{2} 830_{16} **3,** 299_{13} 301_{25-27} 302_{8-12} **4,** 312_{11} **5,** 333_{20} **6,** 75 (75)
s.a. Kapillareffekt.
– *Höhe der Flüssigkeitssäule* **1,** 194_{2}–195_{4} 196_{2-14}
– – *in Abhängigkeit vom Durchmesser* **1,** 196_{R1-9} 197_{R1-9} **2,** 186_{32-36} **3,** 299_{25-29} **5,** 334_{1-6}
– – *in Abhängigkeit von der Länge* **1,** 194_{R1-21} **2,** 187_{13-31}
– – *Vergleich verschiedener Flüssigkeiten* **1,** 191_{R14-25} **2,** 186_{16-23} **3,** 300_{7-14}
– *Schwierigkeiten bei den Versuchen* **2,** 187_{32-37}
– *Theorie* **2,** 188_{8-38} 189_{3-16} **3,** 300_{19}–301_{19}
Härte 1, 64_{2}–65_{9} **2,** 38_{31-35}
Hafer
– *Grannen hygroskopisch* **1,** 282_{16}
s.a. Flug-Hafer.
Hagel 1, 784_{2} **2,** 899_{20} **3,** 361_{23} **4,** 208_{2} **5,** 365_{21} 467_{6}
– *bei Vulkanausbruch* **1,** 785_{R2-6} **2,** 899_{26-28} **5,** 467_{19-20}
– *Bild für das Sternenlicht bei der Erläuterung der Aberration* **2,** 637_{12-21}
– *chemischer Prozeß* **2,** 18_{7} **3,** 26_{16}
– *Erklärung* **1,** 784_{22-34} **4,** 156_{15-16} **5,** 365_{30-32} 463_{23-30} 464_{11-17} $465_{2-5.\ 16-29}$ 478_{24-25}
– *Form* **1,** 785_{R15-16}
– *Gewitter regelmäßige Voraussetzung* **1,** 784_{14-19} **2,** 899_{25}
– *Graupenhagel* **1,** 785_{10} **2,** 900_{3}
– *Zeit des Auftretens* **1,** 784_{35}–785_{6} **2,** $899_{23.\ 35-39}$ **5,** 365_{25-28} 366_{19-20}
Halberstadt 2, 918_{14} **5,** 480_{8}
Halbkreisinstrument 6, 293 (**23[a]*) 320 (**37c*) 432 (*[*233]*)
Halbkugeln, s.a. Magdeburger Halbkugeln.
Halbleiter (unvollkommener Leiter) 1, 533_{18-25} **2,** 495_{31-35}
– *Basis des Condensators* **1,** 573_{37-38} **2,** 537_{2} **4,** 290_{9}
– *trockenes Holz* **1,** 562_{24-25}
Halbschatten, s.u. Licht.
Halle 6, 328 (**64*)
– *Universität* **2,** 712_{11} **4,** 817[314] **6,** LXXII
– *Vorlesungsverzeichnis* **3,** 156_{6}
– *Waisenhaus* **4,** 817[314]
Hamburg 2, 815_{23} **3,** 189_{5} **5,** 323_{7} **6,** 340 (**108*)
s.a. Wandsbek.
– *Gezeiten* **5,** 358_{7-8}
– *Michaelisturm (Michel)* **2,** 622[†]
– *Neuwerk* **2,** 865_{12} **5,** 353_{2} 399_{9} 719[1018]
– *Nordlicht* **2,** 857_{7}
– *Ritzebüttel* **2,** 865_{9} **5,** 353_{2} 719[1018]
Hanau 6, 396 (**194*) 400 (**195*) 402 (**196*)
Hanf, kanadischer (Apocynum cannabinum L.) **3,** 112_{23-24} **4,** 279_{29-30}
Hannover, s.a. Kurhannover.
– *Bestimmung der Lage* **5,** 712[974]
– *Entfernung von Göttingen* **1,** 116_{R21-23} **2,** 101_{11-12} **3,** 183_{14} **5,** 245_{1}
– *Geburtsort Herschels* **2,** 753_{1}
– *Höhe* **5,** 329_{23}
– *Juden* **4,** 60_{2}
– *Leine* **2,** 827_{28} **5,** 330_{2-3}
– *Technische Hochschule* **6,** LXVI
– *Wetterbeobachtung* **5,** 467_{25}
– *Winterkälte* **2,** 427_{28-38} **4,** 133_{19-29} 231_{32}
Harmattan (Wind) **1,** 766_{R17} **2,** 861_{37} **5,** 439_{33}
Harmonikaglocke 6, 550 (*450*)

Harz (Gebirge) 1, 805$_{R17}$ **2,** 823$_{21}$ 912$_{35}$ **5,** 184$_{26}$ 329$_{7}$ 330$_{5}$ 341$_{14}$
– *Geologie* **2,** 953$_{25}$ **5,** 402$_{3}$ 412$_{8.\,27.\,35}$ 413$_{29}$ 811^{502}
Harz (Substanz), s.a. Bergharz.
– *elektrischer Körper (Nichtleiter)* **1,** 534$_{3}$ **2,** 493$_{35}$ **4,** 279$_{19}$
– *Elektrizität bei Reibung* **1,** 542$_{14}$ 545$_{2}$ **2,** 500$_{33}$ 503$_{6}$ **4,** 248$_{16}$ 268$_{15}$ 303$_{7}$
– *Entstehung unbekannt* **5,** 519$_{18}$
– *Gesteinssammlung* **6,** 276 (341)
– *Harzstaub elektrisch entzündet* **2,** 499$_{5–6}$ **4,** 248$_{3}$ 266$_{16.\,16}$
– *Harzstaubfiguren,* s.a. Lichtenbergfiguren.
– *Kirschharz hygroskopisch* **3,** 433$_{4}$
– *Material für Elektrisiermaschinen* **4,** 253$_{15}$ 276$_{29}$
– *Material für Elektrophor* **1,** 565$_{25}$ 566$_{R32}$ 569$_{25}$ **2,** 514$_{23}$ **4,** 273$_{6}$ 317$_{16}$
Harzstaub 6, 230 (282)
Haspel
– *für elektrische Versuche* **6,** 222 (275) 233 (284) 233 (285) s.a.u. Versuche (Elektrizität) – Anziehen und Abstoßen.
– *Modell der Dampfturbine v. Kempelens* **6,** 201 (245)
– *zur Demonstration der Schwungkraft* **6,** 28 (24) s.a.u. Versuche (Bewegung) – Zentrifugalkraft.
Haubitze 6, 400 (**195*)
Haukadalur (Island) **5,** 339$_{25}$
Hauptsäuren 6, 77 (81)
Hauswurz, gemeine (Sedum majus / Sempervivum tectorum L.) **2,** 257$_{10}$ **3,** 396$_{6}$ 422$_{1}$
Hawkesbury Village (Warwickshire; England) **4,** 152$_{17}$
Haţeg (Hatzeg; Rumänien) **5,** 529$_{5}$
Hebel 1, 114$_{R4}$ **2,** 77$_{1}$ 98$_{17–28}$ **3,** 174$_{10}$ 182$_{26–29}$ 525^{1} s.a. Anker; Biomechanik; Flaschenzug; Rolle; Ruhepunkt; Unterlage; Waage; Winkelhebel.
– *Anwendung im täglichen Leben* **1,** 105$_{21}$–106$_{9}$ 106$_{13–20}$ **2,** 80$_{12}$ 82$_{15–16}$ **3,** 175$_{7–10}$ 197$_{6–7.\,10}$
– *Beispiel für Schwerpunkt* **3,** 177$_{16}$
– *doppelarmiger* **1,** 98$_{29–30}$ 99$_{30.\,33–34}$ 108$_{33}$
– *einarmiger* **1,** 98$_{35}$ 100$_{14}$
– *Gewicht und zurückgelegter Weg bei konstanter Kraft umgekehrt proportional* **1,** 103$_{1–7}$ **2,** 78$_{11–14}$
– *mathematischer* **1,** 98$_{16}$
– *physischer* **1,** 109$_{38}$
– *Stichwortliste* **3,** 197$_{3–17}$
Hebelgesetz 1, 101$_{16–21}$
– *Vergleich mit dem Satz von den kommunizierenden Röhren* **2,** 158$_{29–31}$
Heber 2, 299$_{12}$ **5,** 335$_{28}$ s.a. Barometer – Heberbarometer.
– *als Springbrunnen* **2,** 301$_{27–28}$
– *anatomischer* **1,** 163$_{29–30}$ **3,** 266$_{28}$ **6,** 62 (56)
– *Anwendung beim Kanal von Languedoc* **2,** 303*
– *Bernoullischer* **1,** 941$_{18–19}$
– *der durch Blasen gestartet wird* **2,** 302$_{5–7}$ **6,** 139 (167)
– *einfache Heber aus Glas* **6,** 136 (164)
– *Fons genuinae fraternitatis* **6,** 139 (169)
– *für Versuche im Vakuum* **6,** 140 (171)
– *für Versuche mit Quecksilber im Freien* **6,** 140 (172)
– *Funktion* **1,** 297$_{3}$–298$_{4}$ **2,** 299$_{23–31}$ **3,** 415$_{16}$ s.a. Heber – im Vakuum.
– *Heberfontäne* **6,** 139 (170)
– *Höhe begrenzt* **1,** 299$_{13–27}$ **2,** 303$_{17}$ **3,** 415$_{16}$
– *im Vakuum* **1,** 299$_{29}$–300$_{13}$ **2,** 299* 304$_{13}$ **3,** 56$_{28}$ 415$_{27}$–416$_{8}$ 416$_{20}$

– *kombiniert mit Springbrunnen (Storch und Schlange)* **1,** 286_{R12-13} 299_{2-4} 941_{12} **2,** 301_{4-26}
– *S-förmig gebogen als Fontäne* **6,** 137 (165)
– *Stechheber* **1,** 235_{20} **2,** 224_{4} **3,** $378_{18.\,20}$ **6,** 462 (*371*)
– *versteckter* **2,** 303_{1-5}
– – *Beispiele* **1,** 299_{1-6} **2,** 830_{23-31} 831_{4-17}
s.a. Heber – kombiniert mit Springbrunnen.
– *Vexierbecher* **2,** 300_{18}–301_{2}
– *württembergischer* Heber **1,** $298_{5-11.\,R1-18}$ **2,** 300_{7-14} **6,** 481 (*392*)
– *zum sicheren Zapfen heißer oder ätzender Flüssigkeiten* **6,** 139 (168)
Heckingham
– *Blitzeinschlag* **1,** $806_{4.\,R3}$ **2,** 917_{4} **4,** 257_{16} 258_{17} **5,** 367_{18} 368_{21} 477_{28}
Hekla (Vulkan in Island) **1,** 842_{26} **2,** 899_{26} 954_{11} **5,** 391_{17} 494_{28} 530_{4}
Helgoland (dt. Nordseeinsel) **2,** 822_{6} **5,** 327_{26} 746^{70}
Helioskop 1, 418_{10}
Helmstedt 2, 596_{11} 939_{25}
Hemisphäre, s.u. Globus.
Herberhausen (Dorf ca. 5 km östl. Göttingen) **2,** 303_{19} **4,** 15_{24} 74_{1-2}
Herbst, s.a. Jahreszeiten.
Herbstäquinoktium (Herbstpunkt) 1, 657_{36-37} **2,** 599_{6-7} 642_{29} 781_{8-9} 792_{3} **5,** 208_{16}
Herculaneum 2, 954_{14} **5,** $529_{27.\,30}$ 531_{7}
Hering 5, 165_{30} 172_{4}
Herkules (Sternbild)
– *λ Herculis* **1,** 717_{7} **2,** $786_{11.\,36}$ **5,** 196_{22}
Heronsball 2, 250_{18} 289_{3} **3,** 380_{2} 404_{20} **6,** 94 (104)
s. Versuche (Luft) – Luftdruck.
Heronsbrunnen 2, 289_{3} 301_{5}
s.a.u. Versuche (Luft) – Kompression.
– *Anwendung im Bergwerk* **1,** 287_{1-4} **2,** 289_{27-28} **4,** 156_{2-3}
– *aus Glas* **6,** 134 (161) 136 (*162*)
Herschels großes Teleskop (Sternbild; nicht kanonisch) **2,** 792_{37}
Herschels kleines Teleskop (Sternbild; nicht kanonisch) **2,** 792_{37} **5,** $209_{21.\,21}$
Herzberg b. Ilfeld (Berg im Harz) **5,** 415_{3}
Hessen 5, 329_{4-5}
Hettstedt
– *Dampfmaschine* **2,** 443_{31-35} **4,** 152_{29} $153_{8-9.\,13}$
Hexe 4, 384_{22}
Hexenmehl 3, 301_{31}
– *elektrisch entzündet* **1,** 564_{30}
– *von Wasser nicht benetzt* **1,** 191_{5}
Hildesheim 5, 330_{5}
Himmelskugel 1, 638_{17} **2,** 589_{30}–590_{15} 626_{10} 688_{32} **5,** 18_{9-13} 34_{26} 75_{5-13} 108_{2} 224_{16} 225_{17-22} 293_{22} **6,** 424 (*221)
s.a. Stern(e) – Sternenhimmel; primum mobile.
– *Äquatorialsystem* **2,** 593_{14-28} **5,** 197_{34-35}
– *Ekliptiksystem* **2,** 599_{34}–600_{20} **5,** 198_{2-19}
– *Horizontsystem* **2,** 593_{4-13}
– *konische Darstellung (Koniglobium)* **6,** 427 (*223)
– *künstliche* **1,** 639_{32} 640_{11} **2,** 592_{41} 793_{18} **5,** 211_{9} 227_{26}
Himmelsmechanik
– *Arbeitsfeld der Mathematik* **2,** 20_{3-5} **3,** 43_{6-7} 51_{21}
– *Dreikörperproblem* **2,** 780_{33}
Himmelsrichtungen 1, 637_{27-29} **2,** 587_{25-31} **4,** 344_{30}
Hindustan (Mogulreich) 5, 328_{24}
Hitze 1, 426_{18-19} **2,** 413_{27} **4,** 109_{13}

Höfe um Sonne und Mond 1, 793$_{R6}$ 794$_{12-13}$ 970$_{29-33}$ **2,** 408$_{37}$ 907$_{12}$
Höhe (über dem Horizont) 2, 588$_{5}$
Höhe (über dem Meer)
– *Einfluß auf physisches Klima* **2,** 932$_{14}$ **5,** 148$_{20}$ 370$_{22}$ 491$_{1}$ 492$_{14}$
Höhen- (Heide-, Land-, Sonnen-) rauch, s. Nebel – trockener.
Höhenmessen 5, 329$_{26-27}$
– *barometrisch* **1,** 732$_{33-40}$ 824$_{32-33}$ **2,** 248$_{2}$ 308$_{15}$ 810$_{2}$ 825$_{21-34}$ 957$_{2}$ **4,** 121$_{6}$ 122$_{13}$ **5,** 542$_{25-26}$ 544$_{4}$ s.a. Göttingen – Hainberg – barometrische Höhenmessung.
– – *auf Höhe der Atmosphäre nicht anwendbar* **2,** 853$_{31}$–854$_{27}$ **5,** 347$_{29-33}$
– – *Herleitung der Formel* **2,** 972$_{15}$–977$_{1}$ **5,** 544$_{24}$–547$_{13}$ 547$_{15}$–548$_{21}$
– – *Korrektur wegen Daltons Gesetz der Partialdrücke* **2,** 1016$_{29}$–1017$_{34}$
– – *Korrektur wegen der geographischen Breite* **2,** 1002$_{28}$–1006$_{13}$
– – *Korrektur wegen der Luftfeuchtigkeit* **2,** 999$_{11}$–1000$_{23}$
– – *Korrektur wegen der nach oben hin abnehmenden Schwere* **2,** 1008$_{14}$–1010$_{24}$ 1010$_{1-24}$
– – *Korrektur wegen der Wärmeausdehnung der Luft* **1,** 735$_{2-6}$ **2,** 993$_{4}$–995$_{21}$ **5,** 549$_{1}$ 551$_{4-32}$ 554$_{17-30}$ 558$_{6-15}$ 560$_{1-12}$ 561$_{24}$–562$_{9}$ 566$_{1-11}$
– – *Korrektur wegen der Wärmeausdehnung des Quecksilbers* **1,** 734$_{2-8}$ **2,** 983$_{7}$–990$_{4}$ **5,** 548$_{29-32}$ 549$_{13}$ 554$_{2-15}$ 557$_{3-23}$ 558$_{30}$–559$_{11}$ 561$_{2-20}$ 562$_{12-27}$ 565$_{6-23}$
– – *Regel (Formel)* **1,** 733$_{24-36}$ 736$_{12-26.\ R4-12}$ **2,** 962$_{13-28}$ 977$_{1-7}$ 989$_{14-18}$ 996$_{15}$–997$_{3}$ 1000$_{26}$ 1018$_{6}$ **3,** 456^{93} 708^{249} **5,** 550$_{23-26}$ 552$_{23-29}$ 553$_{1-29}$
– – *Vorzüge* **2,** 957$_{12-26}$ **5,** 543$_{6-15}$
– *geometrisch* **1,** 732$_{28-30}$ **2,** 825$_{17-20}$ 957$_{17-18}$ **5,** 542$_{24-25}$ 542$_{31}$–543$_{5}$ 544$_{7}$
– *mit dem Manometer* **2,** 313$_{1-2}$
– *Vergleich von Resultaten beider Methoden* **2,** 1016$_{19-25}$
Höhle(n)
– *bei Gailenreuth (Fränkische Schweiz)* **1,** 841$_{R5-6}$ 973$_{11}$
– *Grotte des Demoiselles* **1,** 749$_{R1-3}$
– *Hundsgrotte b. Neapel* **1,** 844$_{26}$ **2,** 267$_{15}$ **3,** 390$_{11}$
– *im Gebirge* **1,** 750$_{5}$
– *„Ohr des Dionysios“ in Syrakus* **4,** 19$_{24}$
Hörrohr (Tuba acustica) **1,** 318$_{33}$–319$_{3}$ **2,** 326$_{2}$ **4,** 9$_{30}$ 19$_{29}$ 22$_{22}$ **6,** 144 (181) 418 (**214*)
Hohlprisma 6, 171 (209)
Hohlspiegel 6, 355 (**120*) 359 (**132*) 360 (**133*) 360 (**137*) s.a. Kugelspiegel – konkaver, s.a.u. Brennspiegel; Spiegel.
– *aus Messing zum Versuch nach Zahn* **6,** 155 (191)
– *größere* **6,** 160 (194)
– *Hohlspiegel zum Verkleinern* **6,** 380 (**149*)
– *kleine* **6,** 157 (193)
– *schwarz belegter Hohlspiegel* **6,** 356 (**122*)
– *sehr großer Hohlspiegel* **6,** 156 (192)
– *viereckiger Hohlspiegel* **6,** 359 (**131*)
Holland 3, 180$_{24}$ **5,** 532$_{22}$
– *Bier mit Eis aus Seewasser* **1,** 436$_{R18}$ **2,** 428$_{11}$ 819$_{32}$
– *Entdeckung Australiens* **2,** 813$_{22}$ **5,** 321$_{7}$
– *Gradmessung* **5,** 247$_{8}$ 318$_{18}$
– *Kalender* **2,** 738$_{5}$
– *Luftdruck* **5,** 373$_{2}$
– *Sturmflut 1421* **2,** 953$_{35}$ **5,** 391$_{9}$
Holundermark 4, 292$_{18}$

Holz, s.a. Elektrisiermaschine – Holz; Fäulnis – Lumineszenz; Reibung – Holz.
– *Elektrizitätslehre*
– – *als Halbleiter* **1,** 533_{24} **2,** 495_{33} **4,** 290_{10}
s.a. Halbleiter (unvollkommener Leiter) – trockenes Holz.
– – *elektrischer Körper (Nichtleiter)* **1,** 534_{5} **2,** 494_{7} **4,** 279_{26} 281_{28}
– – *Elektrizität bei Reibung* **1,** 542_{17-18} 545_{2} **2,** 503_{10} **4,** $300_{4.\,34}$ 301_{7-10} 303_{11}
– – *Material für Condensator* **1,** 573_{40-41}
– *Festigkeit* **1,** 68_{18-19} **2,** 40_{24} **3,** 82_{16}
– *hygroskopisch* **1,** 282_{11} **3,** 412_{20} 414_{2-3}
s.a. Hygrometer – Holzhygrometer.
– *Kapillareffekt* **1,** 197_{10} **3,** 301_{20} 302_{24} 303_{12}
s.a. Bovenden – Kunststück; Holzstücke zur Demonstration des Kapillareffekts.
– *Porosität* **3,** 96_{31}
– *reich an Phlogiston* **1,** 453_{8}
– *Schallausbreitung* **2,** 314_{29-30}
– *Schwimmfähigkeit* **2,** 174_{23-29}
– *Wärmeleitung* **4,** 219_{23-27}
Holzarten, verschiedene 6, 74 (72)
– *mikroskopische Präparate* **6,** 193 (235)
Holzkohle
– *unelektrischer Körper (Leiter)* **1,** 535_{2} 957_{1-4} **2,** 495_{2} **4,** 282_{6}
Holzstücke zur Demonstration des Kapillareffekts 6, 76 (77)
Holzzylinder 6, 208 (*260*)
Honigtau 1, 777_{36} $778_{1.\,R12}$ 969_{27} **2,** 894_{6} **5,** 363_{3} 449_{23}
Hopfen 5, 363_{18}
Horizont 1, 636_{19} **2,** 586_{25-33} 587_{7} **5,** 203_{6-7} 225_{28}
– *Abtauchen von Gegenständen zeigt Kugelgestalt der Erde* **2,** 584_{28}–585_{14} **5,** 14_{3-8} 73_{18-34} 317_{18-20}
– *künstlicher* **2,** 692_{31} **5,** 709^{965}
– *Nord- / Südpunkt* **2,** 592_{9}
– *Ost- / Westpunkt* **2,** 590_{18}
– *Parallelkreise* **2,** 592_{35}
– *scheinbarer* **1,** 641_{32-33} **2,** 587_{2-3}
– *wahrer* **1,** 641_{30-31} **2,** 586_{38}–587_{1}
Horizontalebene 1, 94_{32}
Horizontallinie 1, 94_{33-34} **2,** 74_{11}
Horizontalsonnenuhr 6, 390 (**171*) 392 (**178*) 394 (**186*)
Hornblende 5, 404_{18} 406_{24}
Hornschiefer 5, 416_{5}
Hornstein 5, 413_{31}
Horror vacui, s. Raum – leerer – Abscheu vor dem leeren Raum.
Houle du Marboré (Berg in Frankreich / Spanien) **5,** 400_{16}
Huancavelica 5, 386_{32} 542_{13} 544_{2}
Hudson (Fluß in den USA) **2,** 444^{*}
Hühnchen im Ei 1, 64_{R11} **5,** 519_{23-24}
Hülse (Ilex aquifolium L.) **3,** 406_{12}
Hund, großer (Sternbild; Canis maior) **5,** 226_{31}
s.a. Sirius.
Hunde
– *Elektrizität* **4,** 280_{3}
– *in der Vorlesung nicht erlaubt* **3,** 10_{9}
– *Rettung aus Gefahr zu ertrinken* **2,** 169_{20} **3,** 271_{1}
– *Schnauze* **2,** 82_{9-11}
– *Sinnesleistungen (Hundsnasen)* **3,** 101_{20} 184_{14-15} 186_{3} 352_{23} 353_{24} 364_{23-25} **4,** 776^{134}
– *zusammengesetzte Bewegung* **2,** 66_{36} **3,** 135_{1} 160_{20} 161_{8}
Hundstage 2, 930_{26} **5,** 227_{25}
Hven
– *Sternwarte Uraniborg* **2,** 616_{35-36} 632_{24} 739_{4} **5,** 79_{24-25} 85_{22} 137_{13}
Hyaden 5, 736^{1147}
– *Hyadum I* (γ Tauri) **5,** 291_{22}
Hyazinthe (Hyacinthus L.) **2,** 948_{30} **3,** 353_{31}

Hydraulik 3, 47$_{23}$
Hydrodynamik 5, 444$_{7}$
Hydrogen 2, 201$_{28}$ **3,** 339$_{28}$ **5,** 455$_{14}$ s.a. Chemie – antiphlogistische (französische, neue) – wichtige Verbindungen; Luft, inflammable.
Hydrometrischer Flügel 5, 445$_{2}$
Hydrostatik 3, 273$_{3}$ s.a. Fluida, tropfbare (Flüssigkeiten); Lichtenberg, Georg Christoph – Biographisches – Instrumente – zu Abschnitt 5: Hydrostatik; Schwimmen; Versuche (Hydrostatik).
– *Arbeitsfeld der Mathematik* **2,** 20$_{24–25}$
– *der angewandten Mathematik zugerechnet* **3,** 47$_{23}$
– *Effekte bei Messung der Meerestiefe* **2,** 818$_{11–16}$ **5,** 324$_{34}$
– *Möglichkeit von Gegenströmungen* **2,** 816$_{30}$ **5,** 323$_{35}$
Hydrostatische Waage 6, 58 (52)
Hydrostatisches Paradoxon **2,** 159$_{24}$ **3,** 34$_{1–2}$ 266$_{27}$ 267$_{1. 17}$
Hyères (Provence; Frankreich) **3,** 421$_{3}$
Hyetometer, s. Regenmesser.
Hygrologie 2, 280$_{3}$ 281$_{20}$ **3,** 431$_{14}$ 439$_{22}$
Hygrometer 1, 282$_{18}$ 940$_{28}$–941$_{10}$ **2,** 127$_{23}$ 281$_{15}$ 895$_{12}$ **3,** 432$_{3}$ 434$_{28}$ 439$_{9–21}$
– *auf Basis von Formänderung* **2,** 282$_{4–9}$ **3,** 412$_{17–26}$ 431$_{25–28}$
– *auf Basis von Gewichtsänderung* **2,** 281$_{37}$–282$_{3}$ **3,** 412$_{2–15}$ 431$_{24–25}$ 432$_{30–34}$
– *aus Papier zum Selbstbauen* **2,** 288$_{16–20}$
– *Beurteilungskriterien* **3,** 414$_{34}$–415$_{7}$
– *Darmsaitenhygrometer* **3,** 433$_{22–33}$ 434$_{7–9}$
– *Darmsaitenhygrometer, Lamberts* **2,** 287$_{5–6}$ **3,** 412$_{19}$ 437$_{26}$
– *Darmsaitenhygrometer, Pariser* **2,** 288$_{3–11}$ **3,** 412$_{19}$ **6,** 127 (152)
– *Einfluß der Wärme* **2,** 284$_{37}$–285$_{7}$ **3,** 414$_{26–27}$ 435$_{19–21}$ 439$_{27}$ **4,** 123$_{18–22}$ 195$_{29}$
– *Elfenbeinhygrometer, Delucs* **2,** 287$_{9–31}$ **3,** 412$_{21}$
– *Federkielhygrometer, Retz'* **2,** 287$_{7–8}$ **3,** 412$_{21}$
– *Fischbeinhygrometer, Delucs* **2,** 283$_{26}$–284$_{24}$ **3,** 415$_{11–12}$ 434$_{20}$ **5,** 859^{821} **6,** 130 (155) 476 (*386*)
– *Fixpunkte* **2,** 285$_{37–39}$ **3,** 434$_{24}$ 439$_{4–5}$
– *Funktionsprinzipien* **2,** 281$_{35}$–282$_{9}$ **3,** 411$_{34}$–412$_{1}$ 431$_{21–28}$
– *Haarhygrometer, Saussures* **2,** 282$_{10}$–283$_{21}$ **3,** 411$_{27}$ 412$_{23–33}$ 413$_{4–5}$ 437$_{25}$ **6,** 129 (*154*) 129 (154) 202 (*249*)
– *Holzhygrometer* **3,** 433$_{12–21}$
– *hygrometrisches Spielwerk* **6,** 133 (157) 133 (158)
– *hygroskopische Materialien* **1,** 282$_{10–17}$ **3,** 432$_{11–36}$
– *Lederhygrometer, Amontons* **3,** 433$_{8}$
– *Papierhygrometer, Coventrys* **2,** 286$_{8–13}$ **3,** 434$_{29–30}$ 439$_{9}$
– *Salzhygrometer, Loys des Cheseaux'* **3,** 432$_{32}$
– *Schwammhygrometer, Arderons* **3,** 432$_{30–31}$
– *Seilhygrometer* **2,** 287$_{32–37}$
– *Tonschieferhygrometer, Lowitz'* **2,** 286$_{14–38}$ **3,** 412$_{8–15}$ 439$_{28}$ **6,** 479 (*389*)
– *Versuche zur Taubildung* **5,** 454$_{19}$
– *was es anzeigt* **1,** 898$_{35}$–899$_{16}$ 907$_{22}$–908$_{6}$ **2,** 880$_{32–41}$ 881$_{23–34}$ 882$_{2–6. 9–34}$ **4,** 196$_{11}$ **5,** 450$_{27–29}$ 455$_{31–32}$ 462$_{29}$–463$_{1}$
Hygrometrie 3, 431$_{14}$ 435$_{9}$ 439$_{23}$
– *Lehre noch nicht mathematisch gefaßt* **2,** 21$_{1}$

– *Referat von Saussures "Versuch über die Hygrometrie"* **3,** 413$_{11}$–415$_{10}$
– *Schwierigkeiten* **2,** 281$_{27-35}$ **3,** 411$_{7-22}$ 413$_{6-8}$ 415$_{10}$ 435$_{10-12}$
Hygroskop 1, 282$_{18-19}$
– *Weltauge (Opal)* **1,** 283$_{21}$
Hygroskopizität 1, 283$_{32-41}$ **2,** 281$_{30-33}$ **3,** 411$_{7-8.\ 30-33}$ 431$_{22-28}$
s.a. Hygrometer – hygroskopische Materialien; Verwandtschaft (hygroskopisch).
Hylocereus triangularis (Cactus triangularis L.) **2,** 256$_{36}$ **3,** 396$_{4}$ 422$_{3}$
Hyperbel, s.a. Mathematik – Geometrie – Kegelschnitte.
– *mathematische Beschreibung von Haarröhrchen* **1,** 196$_{R1}$ **2,** 187$_{8}$ **3,** 300$_{5}$
Hypomochlium, s.a. Unterlage (beim Hebel).
– *Etymologie* **1,** 98$_{19-20}$
Hypothese
– *Aufstieg zu Wahrheit* **2,** 27$_{1-2}$ **3,** 63$_{17-19}$
– *Definition* **1,** 35$_{24-27}$
– *eine Welt annehmen, um eine andere zu erklären* **3,** 237$_{6-7}$ 238$_{27-32}$
– *Nutzen* **1,** 36$_{13-16}$ **2,** 26$_{27.\ 34}$ **3,** 57$_{31}$–58$_{7}$ 58$_{14-18}$ 62$_{21-32}$ 63$_{1-2}$ 201$_{8.\ 22-23}$ 207$_{10-11.\ 25}$ 210$_{34}$ 212$_{13}$ 219$_{20}$
– *Verhältnis zur Nomenklatur* **1,** 902$_{2-7}$ 903$_{17-38}$ **2,** 264$_{16}$ **3,** 396$_{24}$
Hypothesenmacher 5, 364$_{5}$

Idealist 2, 16$_{4}$ **3,** 23$_{17}$
Îles de la Société (Gesellschaftsinseln; franz. Inselgruppe im Südwestpazifik) **2,** 813$_{20}$ **5,** 322$_{32}$ 323$_{3}$
Ilfeld 5, 415$_{4}$
Impenetrabilität, s. Undurchdringlichkeit.
Impuls, s. Bewegung – Größe.
Impulsübertrag, s. Stoß – Mitteilung der Bewegung.
Indien 2, 823$_{12}$
s.a. Mythos – kosmologischer aus Indien.
– *Gradmessung* **2,** 684$_{16-21}$
– *Luftdruck* **1,** 824$_{R2}$ **5,** 372$_{32}$
Indikator (chem.), s. Fernambuk; Färbende Ochsenzunge; Kalkwasser; Kurkuma; Lackmus; Veilchen – Veilchensirup.
Indischer Ozean
– *magnetische Deklination* **5,** 430$_{11}$
– *Winde* **1,** 764$_{12}$
Indus 1, 746$_{19}$ **5,** 322$_{11}$
Industriespionage 2, 442$_{33-35}$ **4,** 535[152]
Inertia 1, 84$_{26}$ **3,** 147$_{35}$
s.a. Trägheit.
Influenz, elektrische, s. Atmosphäre, elektrische; Elektrisieren – Verteilung; Elektrizität – Hauptsatz.
Infusorien 1, 420$_{R3}$ **2,** 110$_{12-13}$ **3,** 39$_{19}$ 207$_{17-18}$ 212$_{1-3}$ 234$_{14}$ 423$_{22}$ **5,** 33$_{8}$ 37$_{5}$
Ingolstadt 2, 729$_{1}$ 770$_{4}$ **5,** 46$_{31}$ 48$_{12}$ 92$_{26}$ 125$_{2}$
Inklination, magnetische 1, 758$_{28-29}$ **2,** 550$_{27}$ 840$_{31}$ 848$_{25}$ **4,** 350$_{1}$ **5,** 346$_{17}$ 420$_{7}$ 423$_{10}$ 426$_{7}$ 434$_{25}$ 436$_{26}$
s.a. Tabelle.
– *Beobachtungen* **5,** 430$_{26-29}$
– *Meßinstrumente* **1,** 759$_{9-13}$
s.a. Inklinatorium.
– *Veränderung* **2,** 849$_{7}$ **5,** 428$_{18-37}$
Inklinatorium 2, 849$_{13}$ **5,** 437$_{16}$ **6,** 268 (332)
– *Magnetnadel in Glaskugel* **6,** 415 (*210)
Innenohr, s.u. Ohr.
Innerste (Nebenfluß der Leine) **2,** 827$_{35}$ **5,** 330$_{3-4}$
Insekten 3, 380$_{24}$
s.a. Ameisen; Biene; Blattläuse;

Metapher – Insekt; Schmetterling; Seidenraupe.
– *Lumineszenz* **1,** 339_{1} $809_{6–7.\ R7–9}$ **2,** 485_{23} $922_{19–20}$
Inseln 5, 321_{25}
s.a. Aleuten; Ambrym; Antillen; Australien; Barbados; Bioko; Canna; El Hierro; Elba; Espiritu Santo; Euböa; Falkland-Inseln; Formentera; Grönland; Hamburg – Neuwerk; Helgoland; Hven; Îles de la Société; Isla de León; Isla de los estados; Island; Isle of Wight; Jamaika; Kythira; La Réunion; Liparische Inseln; Madagaskar; Mallorca; Mauritius (Isle de France); Molukken; Neue Hebriden; Neufundland; Neuguinea; Neukaledonien; Nowaja Semlja; Ouessant; Philippinen; Rhodos; Santa-Cruz-Inseln; Spitzbergen; Sri Lanka (Ceylon); St. Helena; Staffa; Sumatra; Tahiti; Tanna; Teneriffa; Terceira; Tofua; Tonga; Vatoa; Westindische Inseln.
– *auf der Sonne als Erklärung der Sonnenflecken* **2,** $730_{19–22}$ **5,** 47_{8} 49_{6} 125_{31}
– *Einfluß auf physisches Klima* **5,** 148_{19}
– *Gesamtfläche* **2,** 812_{8}
– *Koralleninseln* **1,** 850_{R5} **5,** 381_{37}
– *neue nach Erdbeben* **1,** 846_{15} **2,** 895_{41} 954_{3} **5,** 391_{29} $393_{34–35}$
Instrumente (Mathematik), s. Armillarsphäre; Halbkreisinstrument; Lineal; Quadrant; Rechenstäbe; Setzwaage; Spiegeloktant; Spiegelsextant; Storchschnabel (Zeichengerät); Tellurium; Winkelmesser; Zirkel (Zeichengerät).
Instrumente (Musik) 1, 331_{27}
s.a. Blasinstrumente; Euphon; Glasharmonika; Glocke; Klavier; Leier; Orgel; Pfeife (Flöte); Saiteninstrumente; Tetrachord; Trompete; Wetterharfe.
– *Erzeugung von Tönen* **1,** $332_{19–38}$ **2,** $335_{3–4}$ **4,** $30_{25–28}$
Instrumente (Naturlehre), s.a. Argandsche Lampe; Armillarsphäre; Batterie; Condensator (Mikroelektrometer); Elektrisiermaschine; Duplikator nach Bennet; Leidener (Kleistsche) Flasche (Platte); Lufttrockner; Maschine; Quadrant; Setzwaage; Spiegelsextant; Tellurium; Wärmesammler; elektrischer Auslader.
– *Einrichtung chemischer* **3,** $366_{31–32}$ 369_{24} 372_{24}
s.a.u. Aeolipila.
– – *Ofen* **3,** $366_{1.\ 31}$ 371_{25}
s.a. Chemischer Ofen.
– – *Röhren* **3,** $367_{24–27}$
– *Güte* **2,** $23_{7–10}$ **3,** $56_{25–26}$
– *kennen lernen* **2,** $18_{31–32}$ **3,** 29_{24} 47_{4}
– *medizinische Elektrizität* **4,** $263_{12.\ 25}$ 308_{1}
– *optische,* s. Camera obscura (finsteres Zimmer); Fernrohr; Mikroskop; Sonnenmikroskop; Zauberlaterne.
Intervall (Musik) 1, $322_{R1–5}$ **2,** 331_{11}
– *Einklang, Unisonus* **1,** $324_{19–20}$ **4,** 35_{15}
s.a. Ton (Musik) – Grundton.
– *Oktave* **1,** 324_{28} **4,** 24_{17} $29_{9–14}$ 32_{30} 35_{16}
– *Quarte* **1,** 325_{32} **4,** 30_{18} 32_{32} 35_{18}
– *Quinte* **1,** 325_{11} **4,** 24_{19} 30_{3} 32_{31} 35_{17}
– *Sekunde* **4,** 30_{21} $35_{30–31}$
– *Sexte* **1,** $325_{35–36}$ **4,** $35_{24–25}$
– *Terz* **1,** 325_{20} **4,** 30_{24} $32_{33–34}$ $35_{19–20}$
Ionisches Meer 2, 932_{37} **5,** 532_{10}
Iren, ihr schlechter Ruf in England 2, 26*
Irrlicht 1, $808_{19–20}$ 972_{2} **2,** 922_{8} **5,** 482_{21}

Isla de León (Insel im Atlantik [Spanien]) **5,** 799[422]
Isla de los estados (Staatenland; Insel im Südosten Argentiniens) **1,** 725_{3} **2,** 814_{26} **5,** 322_{4}
Island 2, 814_{16} 815_{1} 843_{38} $844_{2.5}$ **5,** 16_{3} 322_{18} 339_{13}
– *Geysir* **2,** 434_{30} 833_{7} **4,** 116_{5} **5,** 339_{21}
– *Nordlicht* **5,** 485_{17}
– *Sagas* **5,** 422_{8}
– *Schneegrenze* **5,** 494_{27}
– *Vulkanausbruch (Erdbrand) 1783* **2,** 895_{39} **3,** 548[98] **5,** 456_{21} 460_{2} 530_{5} 854[784]
– *Vulkane* **5,** 530_{16}
s.a. Hekla.
Isle of Wight (Insel vor der engl. Südküste) **2,** 684_{11}
Isolatoren
– *Liste* **1,** 535_{30-34}
Istrien (historische Landschaft) **1,** 967_{15}
Italien
– *Kirchenstaat* **2,** 933_{15} **5,** 532_{24}
– *Klima* **2,** 933_{9} **5,** 148_{23}
– *Stundenzählung* **5,** 140_{1}
Italiener
– *Kompaß* **2,** 842_{27-29} **5,** 419_{21}
İznik (Nikaia; Türkei) **5,** 136_{27}

Jagdhunde (Sternbild; Canes venatici) **5,** 291_{10}
s.a. Cor Caroli.
Jahr 5, 118_{4}
– *annus canicularis* **2,** 594_{39-40} **5,** 19_{31} 35_{11}
– *Definition* **1,** 652_{24-29}
– *Länge abnehmend* **1,** 669_{R5-6} 714_{22-23}
– *Mondjahr* **1,** 685_{36} **5,** 128_{30}–129_{3} 130_{17-20}
– *Platonisches* **2,** 781_{27-28} **5,** 199_{2-3}
– *Schaltjahr* **1,** 670_{21-22} **2,** 734_{22} 737_{16-20} **5,** 130_{32}
– *siderisches* **1,** 669_{R10} **2,** 734_{10-16} 783_{2} **5,** 132_{30} 241_{9} 267_{12}
– *Sonnenjahr (tropisches)* **1,** 669_{21} **2,** 734_{1-5} 783_{2} **5,** 132_{13-16} 138_{2}
– – *bürgerliches* **2,** 734_{17-18} **5,** 133_{1-3}
– – *Länge* **1,** 669_{27-29} **2,** 734_{7-9} $737_{23-24.30-32}$ 741_{36} **5,** 46_{2-3} 54_{23} 129_{17-18} 132_{26-29} 267_{7-11} 268_{19-20} 269_{15-16}
– *Zeitmessung* **5,** 128_{21-25}
Jahreszeiten 1, 661_{7-32} 827_{34-41} **2,** 596_{30}–597_{8} 627_{6} 640_{30} **5,** 20_{1-6} 50_{13} 147_{25-30}
– *Demonstration am Tellurium* **2,** 642_{36}–643_{10}
– *Demonstration mittels Zeichnung* **2,** 643_{11}–644_{34}
– *erläuternde Skizze* **5,** 271_{14}
– *in den Tropen* **1,** 828_{21-24}
– *Länge unterschiedlich* **1,** 678_{24-27}
– *Niederschlagsverteilung* **5,** 468_{5-9}
– *Wettervergleich* **2,** 912_{26-32} **4,** 258_{27-28} **5,** 368_{3} 370_{18-21} $458_{2.18}$
– *Witterung außerhalb der Tropen* **1,** 828_{38}–829_{3}
Jakutsk
– *Frosttiefe* **1,** 821_{R1} **5,** 495_{1}
Jamaika (Insel in der Karibik) **5,** 461_{28} 462_{23}
– *Reise zur Chronometerprüfung* **2,** 698_{35} **5,** 115_{9}
Japan 2, 859_{38} **5,** 530_{16}
Jaspis 1, 535_{1} **5,** 413_{3}
Jena 2, 941_{41}
Jenisseisk 5, 371_{13} 495_{6}
Jerusalem 2, 47_{38} **3,** 116_{28}
Jesuiten 1, 583_{19}
Juden
– *Mikroskope der Hannoveraner Juden* **4,** 60_{2}
– *ungleiche Stunden* **5,** 140_{5}
Jungfer(n) 4, 384_{1-5}
Jungfrau (Sternbild; Virgo) **2,** 598_{30} 755_{30} 756_{25} 791_{24-26} **5,** 208_{12-13}
s.a. Spica.
– *o Virginis* **2,** 590_{26-27}

Jungfrau (Sternzeichen) **1,** 656$_{19}$
Jupiter 2, 747$_{17}$ **5,** 156$_{25}$ 273$_{15}$ 274$_{23}$
s.a. Planeten – äußere.
– *Abplattung* **1,** 696$_{27-32}$ **2,** 748$_{9-12}$ **5,** 83$_{6-7}$ 105$_{9}$ 155$_{16-17}$ 156$_{26}$ 273$_{16}$ 277$_{3}$
– *Bahngeschwindigkeit* **2,** 748$_{1-2}$ **5,** 155$_{8-9}$ 274$_{27}$
– *Bedeckung* **2,** 708$_{26-27}$ **5,** 120$_{27}$ 262$_{13}$
– *Beispiel für das dritte Keplersche Gesetz* **2,** 647$_{1-13}$ **5,** 64$_{12-15}$ 90$_{23-27}$
– *Dichte* **5,** 32$_{11-13}$
– *Einfluß auf Erdbewegung* **5,** 186$_{12}$
– *Einfluß auf Kometen* **5,** 285$_{31}$ 286$_{11}$ 289$_{19}$
– *Entfernung von der Erde* **2,** 747$_{23-25}$ **5,** 155$_{9-10}$
– *Entfernung von der Sonne* **1,** 678$_{36}$ **2,** 747$_{22-23}$ **5,** 150$_{7}$ 155$_{7-8}$ 274$_{26}$
– *Flecken* **1,** 695$_{35-36}$ 697$_{R1-8}$ **5,** 157$_{1-5}$
– *Größe* **1,** 679$_{10}$ **2,** 747$_{18-21}$ **5,** 15$_{7-8}$ 32$_{5-9}$ 83$_{5-6}$ 149$_{22-23}$ 155$_{3-6}$ 274$_{24}$
– *Licht* **5,** 214$_{34}$ 215$_{10}$
– *Monde* **5,** 156$_{8-22}$
– – *Bahnen* **1,** 690$_{14-31.\ R3-7}$ **5,** 191$_{21}$
– – *Entdeckung* **1,** 690$_{7-14}$ **2,** 748$_{17-23}$ **5,** 155$_{27}$–156$_{7}$
– – *Finsternisse* **1,** 690$_{35-37}$
– – *Lichtgeschwindigkeit* **1,** 691$_{11-26}$ **2,** 631$_{3-23}$ **5,** 41$_{9}$ 62$_{17-25}$ 83$_{20-25}$ 86$_{29-32}$
– – *Massen* **3,** 43$_{10}$ **5,** 32$_{14-15}$
– – *Münzgravur* **5,** 276$_{27}$
– *Neigung der Bahn gegen die Ekliptik* **1,** 676$_{16}$ **5,** 150$_{7}$ 274$_{28}$
– *Neigung gegen die Ekliptik* **5,** 157$_{6-7}$
– *Rotation* **1,** 696$_{20-21}$ 696$_{R5}$–697$_{R1}$ **2,** 624$_{24-26}$ 748$_{2-9}$ **5,** 83$_{6}$ 155$_{13-15}$ 156$_{29-35}$ 157$_{4-5.\ 11}$ 274$_{29-33}$ 277$_{4}$
– *Streifen* **1,** 695$_{36-37}$ 966$_{2}$ **2,** 748$_{13-16}$ **5,** 155$_{17-26}$ 156$_{28}$ 265$_{8-10}$
– *Stürme* **5,** 157$_{8-9}$ 254$_{15}$
– *Umlaufszeit* **1,** 679$_{31}$ **2,** 747$_{26}$–748$_{1}$ **5,** 150$_{7}$ 155$_{6-7}$ 274$_{27}$
Jupiter (antiker Gott) 2, 224$_{19}$
– *Blitzeschleuderer* **2,** 910$_{16}$ **5,** 366$_{29}$ 468$_{33}$
Jura 5, 524$_{13}$

Käfig für Tierversuche auf der Luftpumpe 6, 468 (*378*)
Kälte 1, 426$_{19}$ **2,** 413$_{27}$
s.a. Materie – kaltmachende; Verdunstungskälte.
– *bei Auflösungen* **1,** 225$_{15-30}$ 502$_{31-37}$
– – *Erklärung* **1,** 502$_{R24}$–503$_{R30}$
– *bei Expansion von Luft* **4,** 155$_{16}$
– *Entstehung* **4,** 132$_{1-3}$ **5,** 464$_{23-24}$ 465$_{16-17.\ 22-25}$ 467$_{21}$
– – *bei der Umkehrung von exothermen Prozessen* **5,** 466$_{2-11}$
– *Gefrieren* **1,** 432$_{11-16}$ **2,** 422$_{23-26}$
Kältemischung 1, 464$_{27-31}$ 503$_{11-21}$ **2,** 451$_{19-21}$ 476$_{7-8}$ 477$_{21-25}$ **4,** 115$_{31}$ 117$_{26}$ 137$_{7}$ 159$_{24-25}$ 187$_{7-31}$ 188$_{11-34}$ 189$_{18-30}$ 190$_{4-9.\ 16-22}$ 192$_{21}$ 195$_{3-20}$ 200$_{33-34}$ 208$_{17}$
s.a. Kälte – bei Auflösungen; Tabelle – Kältemischungen.
– *Crawfors Erklärung mangelhaft* **4,** 205$_{6-7}$
– *Kosten* **4,** 189$_{2-13}$
– *nicht erklärbar durch Erxlebens Vorstellung* **1,** 492$_{30-34}$
Kaffee 3, 308$_{29}$
Kairo 5, 320$_{24}$
Kajaani (Kajaneborg; Finnland) **5,** 96$_{24}$
Kalabrien 2, 861$_{32-33}$ 898†
– *Erdbeben 1783* **1,** 847$_{33}$ **2,** 895$_{37-38}$ 956$_{36}$ **5,** 532$_{9}$ 852$^{773.\ 774.\ 775}$ 854^{782}
– *Vulkanausbruch 1783* **3,** 548^{98}
Kalender
– *alter / neuer Stil* **1,** 671$_{23-34}$ **2,** 738$_{1-3}$ **5,** 133$_{33-34}$ 134$_{1-18}$

– *altrömischer* **2,** $735_{5–20}$ **5,** $130_{4–7}$ $131_{9–23}$ $227_{13–15}$
– *Annunziationsstil* **5,** $136_{12–13}$
– *bäuerliche / vor- und frühgeschichtliche* **2,** 589_{9} 594_{38}–595_{8} **5,** $19_{26–35}$ 20_{1} $35_{5–12}$ 72_{30} $207_{18–19}$ 226_{10} 597^{184}
– *Festrechnung* **1,** $672_{7–8}$ **2,** 738_{26}–739_{7} $739_{11–13}$ **5,** 136_{22}–137_{17}
– *französischer Revolutionskalender* **1,** 963_{13} **2,** 739_{14}–740_{15} **5,** 136_{1} $208_{22–24}$ 266_{16}
– *frühe Entwicklung* **5,** $128_{2–29}$ 130_{16} $131_{1–6}$
– *gregorianischer* **1,** 670_{37}–671_{21} **2,** 737_{1}–738_{2} **5,** $46_{6–9}$ $133_{27–32}$
– *immerwährender Kalender* **6,** 395 (**189*)
– *julianischer* **1,** $670_{11–22}$ **2,** $735_{25–38}$ $736_{7–28}$ **5,** $129_{21–31}$ $130_{30–33}$ $131_{26–36}$ $133_{7–9. 11–21}$
– *Reichskalender* **1,** $672_{18–24}$ **2,** $739_{7–13}$ **5,** $137_{18–22}$
– *verbesserter* **1,** 671_{34}–672_{5} **2,** $738_{4–12. 24–26}$ **5,** $136_{16–21}$
Kalifornien 5, 96_{25} 432_{12} 530_{19}
Kaliningrad (Königsberg; Rußland) **2,** 788*
Kalk, s.a. Gebirge – Kalkgebirge; Luft, fixe – und Kalk.
– *Auflösung in kohlensäurehaltigem Wasser* **3,** 304_{7}
– *Bestandteil von Gebirgsarten* **2,** 838_{30} **5,** 342_{8} 343_{32} 405_{26} 414_{28} 415_{21}
– *Geologie* **5,** $344_{8. 26}$
– *hygroskopisch* **3,** 414_{3}
– *im antiphlogistischen System* **2,** 203_{17}
– *im Wasser von Quellen* **5,** 339_{8}
– *Kalkstein* **2,** 837_{29} **5,** 404_{26} $414_{6. 12}$ 416_{16} 417_{3}
– *Sediment* **5,** $525_{9–10}$
– *ungelöschter enthält latente Wärme* **4,** 127_{15} 128_{18} 175_{8} 177_{11}
Kalkerde 2, 838_{17} **5,** 405_{17} s.a. Kalk; Kreide.
– *im Göttinger Trinkwasser* **2,** $832_{14. 19}$ **5,** 338_{4}
– *Kennzeichen* **1,** $211_{13–24}$
– *Salze* **3,** $310_{1–9}$
– *Verwandtschaften* **1,** $230_{20–22}$
– *zerlegbar* **1,** 64_{R12} **5,** $519_{24–26}$
Kalkerde, salzsaure (Kalziumchlorid)
– *Kältemischung* **2,** 477_{25} **4,** $193_{7. 29}$
Kalkspat (Doppelspat) 6, 165 (198) 536 (*431*)
Kalkwasser 1, $271_{17–18. R23–25. R33}$ 272_{32} 939_{13} **2,** 268_{1} **3,** 392_{30} $403_{7. 19}$ **5,** 337_{26}
– *chemischer Indikator* **1,** $273_{19–20}$ $277_{3–4}$ **3,** 401_{2} **5,** 459_{6}
Kalmücken 5, 328_{22}
Kampanien 5, 391_{33}
Kampfer 2, $185_{21–26}$
– *Arznei* **4,** 379_{21} 381_{12}
– *Beispiel für Teilbarkeit* **2,** $36_{4–5}$ **3,** 76_{26} 99_{26} 101_{18}
– *chemische Vegetation* **1,** $204_{R19–22}$ **3,** 304_{10} 380_{26} **5,** 468_{16}
– *elektrischer Körper* **2,** 494_{36} **4,** 246_{11}
– *elektrischer Versuch* **4,** 252_{23} 275_{29}
– *Kampferlösung* **6,** 462 (*371*)
– *unelektrischer Körper (Leiter)* **4,** 280_{18}
– *Versuche anzustellen* **3,** 365_{14}
Kanaan 5, 521_{24}
Kanada 5, 371_{10}
Kanal, s.a. Wasserbau – Kanal von Languedoc; Ärmelkanal.
Kaninchen 4, 280_{3}
Kanonen, s.a. Haubitze; Kartaune; Mörser, s.a.u. Versuche (Bewegung) – zusammengesetzte Bewegung.
– *Abfeuern als Schutz bei Gewitter* **1,** $803_{1. 20–33}$ **2,** $915_{33–36}$ **5,** 480_{2}

– *Abfeuern als Schutz gegen Wasserhosen* **2,** 919$_{29-30}$
– *Kugel* **2,** 148$_{35}$ **3,** 191$_{26}$ 193$_{4}$ **4,** 112$_{35}$ **5,** 42$_{27}$
– – *Bild für Lichtkorpuskel* **5,** 42$_{10}$
– – *Geschwindigkeit als Vergleichsgröße* **2,** 788$_{27-29}$ **3,** 98$_{2-3}$ **5,** 31$_{14-15}$ 32$_{24}$ 216$_{24-28}$ 244$_{23}$
– *Reichweite* **2,** 65$_{39-40}$
Kap der guten Hoffnung **2,** 678$_{18}$ 725$_{15-16}$ **5,** 147$_{14}$ 209$_{4}$ 242$_{22}$ 322$_{7}$
– *Gezeiten* **5,** 358$_{5}$
– *Gradmessung* **1,** 649$_{5-6}$ **2,** 677$_{13-14}$ **5,** 16$_{11}$ 247$_{29-30}$ 318$_{22}$
– *magnetische Deklination / Inklination* **1,** 757$_{43}$ **2,** 846$_{34}$ 849$_{33}$ **5,** 347$_{18.\,25}$
– *Meeresströmung* **2,** 872$_{6-7}$ **5,** 359$_{4}$
– *Orkane* **2,** 863$_{21}$
Kap Deschnjow (Tschukozkoi Noß; NO-Sibirien) **1,** 731$_{14}$ **2,** 823$_{13}$
Kap Horn **5,** 437$_{8}$
Kap Komorin **1,** 724$_{45}$ **2,** 814$_{24}$ 823$_{18}$ **5,** 322$_{9.\,12-13}$ 328$_{20}$
Kap St. Vincent (Portugal) **3,** 99$_{10}$
– *Sonnenfinsternis* **1,** 688$_{1}$ **2,** 706$_{32}$
Kapillareffekt **6,** 76 (77) s.a. Haarröhrchen.
– *Anwendung* **2,** 197$_{36-38}$ 198$_{16-18}$ 198$_{35}$–199$_{8}$ **3,** 303$_{16}$
– *bei Eis* **4,** 170$_{2-5}$
– *bei Pflanzen ergänzt durch Lebenskraft* **1,** 198$_{R1-3}$ **2,** 197$_{21-23}$
– *Beispiele* **1,** 197$_{2-16}$ **2,** 197$_{19-38}$ **3,** 301$_{20-22}$ 302$_{17-25}$ 303$_{8-21}$
– *erklärt durch elektrische Atmosphären* **1,** 200$_{R11-14}$
– *Flüssigkeitssäule sinkt bei Nichtbenetzung* **1,** 196$_{16-30}$ **2,** 964$_{30-31}$ 965$_{1-2}$
– *keine Folge des Luftdrucks* **1,** 200$_{R1-3}$
– *mathematische Formulierung* **1,** 195$_{R20-30}$ **2,** 189$_{4-16}$
– *Ursache der Quellen* **1,** 743$_{9-12}$ **2,** 830$_{14-16}$ **5,** 333$_{22-27}$ 463$_{13-14}$
– *Vorrichtung zur Demonstration des Kapillareffekts* **6,** 460 (*370*)
– *Wassersäule steigt in Glasröhren* **1,** 192$_{2-10}$
Karlovy Vary (Karlsberg; Tschechien)
– *Heilwasser* **2,** 832$_{33}$
Karmin
– *Beispiel für Teilbarkeit* **2,** 36$_{8}$ **3,** 99$_{17-18}$ 101$_{21}$
– *Pigment* **4,** 170$_{3}$ 472^{223}
Karneol **2,** 494$_{34}$ **4,** 280$_{10}$
Karpaten **2,** 963$_{27}$ **5,** 412$_{2-3}$
Karpfen **2,** 155$_{14}$ **3,** 196$_{9}$ **5,** 165$_{30}$
Kartaune **6,** 396 (**194*)
Kascholong **1,** 552$_{33-39}$ 729$_{R3}$
Kaspisches Meer
– *Gezeiten* **2,** 866$_{23}$
– *Größe* **1,** 747$_{34}$–748$_{2}$
– *salzig* **1,** 967$_{32}$
Kassel
– *Brennspiegel* **2,** 361$_{40}$
– *historische Sammlungen* **2,** 940$_{16}$
– *Schloß Weißenstein (Napoleonshöhe, Wilhelmshöhe)* **2,** 324$_{20}$
– *Versuch Papins* **2,** 433$_{9}$
Kassiopeia (Sternbild; Cassiopeia) **2,** 789$_{30}$ 790* 792$_{23}$ **5,** 209$_{14}$ 219$_{12}$ 291$_{15}$ 294$_{13}$
Kastrat, s. Versuche (Elektrizität) – Schlag / Stoß / Erschütterung – Kastratenexperiment.
κατ' ἐξοχὴν (par exellence)
– *Beobachtung* **3,** 55$_{31}$
– *fixe Luft* **3,** 391$_{12-13}$
Katapult **3,** 116$_{2}$ **6,** 7 (12) s.a. Maschine – Kriegsmaschinen.
Katelbogen (Mecklenburg) **5,** 477$_{21}$
Katze **4,** 312$_{31}$
Kaukasus **2,** 837$_{19}$ **5,** 328$_{22}$ 343$_{22}$ 412$_{4}$
Kaulberg b. Ilfeld (Berg im Harz) **5,** 415$_{4}$
Kausalprinzip **2,** 935$_{35-36}$ **3,** 142$_{27}$ **5,** 374$_{34-35}$ 378$_{9-11}$

Kegelschieber, s.a.u. Versuche (Elektrizität) – Anziehen und Abstoßen.

– *elektrischer* **6,** 220 (273)

Keil 1, 114$_{R4}$ **2,** 98$_{18}$ **3,** 181$_{17}$ 182$_{23.\,27}$ 183$_{2}$ 529^{1} **6,** 36 (*25d*) 49 (42) 445 (*358*)

– *Anwendung der Schiefen Ebene* **1,** 113$_{19}$ **2,** 95$_{34}$ **3,** 181$_{2}$

– *Anwendung im täglichen Leben* **1,** 114$_{10-11}$ **3,** 181$_{3}$

– *Kräfte* **1,** 113$_{R3-16}$ 923$_{2-9}$ **2,** 96$_{3}$–97$_{32}$ **3,** 181$_{18-29}$ 182$_{1-20}$

Kepheus (Sternbild; Cepheus) **2,** 790* 792$_{23}$ **5,** 291$_{14}$ 294$_{13}$

Kerinchi (Berg auf Sumatra) **1,** 738$_{28}$ **2,** 825$_{5}$

Kew, s.u. London.

Khambhat (Cambaya; Indien) **5,** 322$_{11}$

Kieselerde 2, 836$_{24}$ 838$_{17}$ **5,** 403$_{25}$ 405$_{17}$ 414$_{28}$ 416$_{12}$

– *als Dunst* **2,** 948$_{22}$

– *im Wasser von Geysiren* **5,** 401$_{1}$

– *Kennzeichen* **1,** 212$_{20-31}$

– *Löslichkeit* **2,** 898$_{19}$ **5,** 401$_{4-7}$ s.a. Kieselerde – Kennzeichen.

– *Reaktion mit Alkali* **1,** 202$_{R28}$ **3,** 367$_{16-17}$

– *Schmelzen mit Kreide* **1,** 439$_{R21-22}$ **2,** 430$_{15}$

Kind

– *werdet wie die Kindlein* **5,** 495$_{28}$

Kirche

– *katholische*

– – *Haltung zur Erdumdrehung* **5,** 39$_{1-26}$ 81$_{32-35}$

– – *Papstamt* **5,** 135$_{17}$

– *Konzil von Nicäa* **2,** 736$_{37-38}$ 738$_{28}$ **5,** 136$_{26}$

– *Konzil von Trient* **2,** 738$_{29}$

Kissen, mit Luft gefüllt 6, 325 (*55)

Kitt

– *Festigkeit* **3,** 81$_{34}$

Kittisvaara (Berg in Finnland) **2,** 675$_{27}$ **5,** 105$_{27}$

Klang 1, 308$_{R20-22}$ **2,** 314$_{4}$ **4,** 8$_{1-2}$ 9$_{32}$ 10$_{6-10}$ 24$_{5}$

– *Abgrenzung vom Schall* **1,** 321$_{2-27}$ **2,** 326$_{31}$–327$_{4}$

Klangfiguren, s.u. Schall.

Klavier 4, 39$_{17}$ s.a. Farbenklavier.

– *elektrisches* **1,** 538$_{R1-2}$

Kleinasien 5, 531$_{18}$

Kleistische Flasche, s.a. Leidener (Kleistsche) Flasche (Platte).

Klima

– *geographisches* **1,** 663$_{13}$ 814$_{31}$ **2,** 927$_{38}$ **5,** 146$_{29}$–147$_{5}$ 319$_{17}$ 443$_{5}$

– *physisches* **1,** 814$_{32}$ **2,** 490$_{11}$

– – *Einfluß des geographischen* **2,** 928$_{27-32}$ 931$_{23-24}$

– – *Einfluß des Menschen* **1,** 838$_{9-10}$ **5,** 148$_{23-24}$

– – *Einfluß örtlicher Gegebenheiten* **1,** 820$_{25}$–821$_{15}$ **4,** 186$_{27-30}$ **5,** 148$_{19-21.\,23-24}$ 370$_{17}$–371$_{25}$ 443$_{13-17}$ 495$_{7-10}$

– – *Einfluß von Wärme aus dem Erdinneren* **2,** 933$_{27}$ **4,** 233$_{20-23}$

– – *Geschichte* **5,** 451$_{15-18}$

Knall

– *elektrischer* **1,** 550$_{14-18}$

Knallgasreaktion 1, 269$_{35-40}$ 518$_{38-40}$ **2,** 261$_{31-36}$ **3,** 398$_{6-8}$ **4,** 129$_{3.\,21-22}$ 130$_{8}$ 207$_{21}$ s.a. Versuche (Luftarten) – Luft, inflammable; Wasser – Zerlegung / Zusammensetzung.

– *elektrisch gezündet* **2,** 512$_{19-20}$ **4,** 248$_{4}$ 266$_{15}$ **5,** 466$_{18-19}$

– *Knallluft von Erxleben nicht erwähnt* **3,** 8$_{19}$

– *Ursache des Donners* **1,** 801$_{R18-19}$ **2,** 914$_{6.\,9}$

Knallkugel (-kügelchen) 1, 239$_{R24-25}$ 442$_{17}$ **2,** 433$_{12-13}$ **3,** 382$_{1}$ **4,** 8$_{5}$ 115$_{24-25}$ 116$_{16-17}$ **6,** 560 (*468*)

Knallpulver 4, 129$_{23}$ 130$_{4-10}$ 207$_{25}$

– *erzeugt Schall* **1,** 309$_{30}$

Knochen
– *elektrischer Körper (Nichtleiter)* **1,** 534_{4} **2,** 494_{21} **4,** 279_{35} 289_{27}
Knoten, s.a. Mathematik – Geometrie – Grundbegriffe; Mond; Planeten.
Knutstorp, Schloß (Svalöv; Schweden) **2,** 616_{24}
Kobalt
– *im antiphlogistischen System* **2,** 202_{26} **3,** 314_{16}
– *Material für Magnetnadeln* **2,** 547_{14}
– *vom Magneten angezogen* **1,** 609_{R7} **4,** 345_{3} 353_{25} 359_{24-25} 360_{15}
– *Vorkommen* **5,** 412_{18} 416_{26}
Kochen
– *nach dem Thermometer* **4,** 127_{4}
Kochsalz
– *Auflösung in Wasser* **1,** 203_{R10} **2,** $199_{13-14.\ 27-28}$ **3,** 304_{1} **5,** 326_{18-19}
– *Bedeutung für die belebte Natur* **5,** 398_{29}
– *Beispiel für eine chemisch zusammengesetzte Substanz* **1,** 202_{R24} **2,** 199_{16} 430_{33}
– *Häufigkeit* **5,** 522_{4-5}
– *im Seewasser* **2,** 819_{6} **5,** 325_{22} 398_{26} 399_{23} 522_{3}
– *im Wasser von Quellen* **5,** 339_{5} 401_{2}
– *Kältemischung* **1,** 504_{3} **2,** 476_{10} **4,** 115_{31}
– *Reaktion mit Vitriolöl* **1,** 202_{R12}
Köln 2, 1001_{29} **5,** 156_{2} 392_{32}
Königlich-Preußische Akademie der Wissenschaften (Berlin, gegr. 1700)
– *animalischer Magnetismus* **4,** 381_{27-28} 817[319]
– *Aufsätze, Briefe, Vorträge* **5,** 680[779]
– *Preisfrage* **5,** 349_{13-14}
Königlicher Stier von Poniatowski (Sternbild; Taurus Poniatovii; nicht kanonisch) **2,** 792_{19} **5,** 209_{16-17}
Königsberg, s.a. Kaliningrad; Nová Baňa.
Königsberg in Bayern 2, 736_{31}
Königshain, s. Großenhain [eigentl. Königshain].
Königswasser 2, 22_{33} 430_{31} 876_{4} **3,** 305_{20} 307_{19} 460[120] **4,** 353_{21}
Körper, s.a. Festkörper; Fluida, tropfbare (Flüssigkeiten); Luft (Gas).
– *Bedeutung der Oberfläche* **4,** 217_{28} 222_{31-32} 223_{21-28} 228_{22-28} 229_{8}
– *dunkler*
– – *Farbe* **1,** 388_{28}–389_{18} 390_{24}–392_{11} **2,** 356_{3-6} 385_{33}–386_{37} 392_{3-9}
– *durchsichtige*
– – *Farbe* **1,** 393_{17-24}
– *Eigenschaften* **2,** 28_{8} **3,** 88_{6} 90_{11} s.a. Ausdehnung; Beweglichkeit; Dichtigkeit; Elastizität; Feuchtigkeit (Eigenschaft); Flüssigkeit (Eigenschaft); Gewicht; Härte; Porosität; Rauhigkeit; Schwere; Teilbarkeit; Trägheit; Undurchdringlichkeit; Volumen; Zähigkeit.
– – *Behandlung in der Vorlesung* **1,** 915_{5-11} **3,** 38_{23-25} 89_{17-26} 90_{22-31}
– – *grundlegende nicht berechenbar* **3,** 42_{15}
– – *konstitutive* **1,** 60_{5-21}
– – *Rangfolge* **3,** 142_{3-4}
– *einfache* **3,** 36_{23} s.a. Körper – Elemente.
– *Einteilung in elektrische / unelektrische problematisch* **1,** $532_{1-3.\ 4-6}$ **2,** 495_{4-6} **4,** 246_{2-4} 265_{13-18} 282_{10-20} 301_{29-33}
– *elektrischer (idioelektrischer, Nichtleiter)* **1,** 525_{31-34} 531_{25-28} **2,** 533_{17-18}
– – *bei Feuchtigkeit unelektrisch* **1,** 535_{4-8} **2,** 495_{2}

– – *bei Wärme leitend* **1,** 535_{9-11}
– – *Durchlässigkeit für elektrische Materie* **4,** 324_{27-28} 325_{3}
– – *Elektrisieren durch Mitteilung* **1,** 531_{8-18} **4,** 283_{3-7}
– – *Isolation* **1,** 531_{28-37}
– – *Liste* **1,** 533_{37-43} **2,** 493_{30}–494_{32} **4,** $245_{17.\ 29-30}$ 278_{19}
– – *Liste durch Reibung negativ elektrisierter* **1,** 542_{9-17}
– – *Liste durch Reibung positiv elektrisierter* **1,** 542_{5-9}
– – *Puppen*, s. Versuche (Elektrizität) – Anziehen und Abstoßen.
– – *Schokolade* **4,** 335_{11}
– *Elemente*, s.a. Körper – einfache.
– – *Atome* **3,** 79_{29}
– – *Geschichte* **1,** 831_{25}–832_{7} 832_{17}–833_{4}
– *flüchtige / feuerfeste Teile* **1,** 461_{21-29}
– *Gegenstände der äußeren Sinne* **2,** 15_{12} **3,** 18_{25} 19_{25} 31_{26} 110_{8} s.a. Philosophie, neue (Kant) – Gegenstände außer uns.
– *Grenze* **3,** 102_{17-18}
– *isolierende / nicht isolierende* **1,** 533_{11-14} **2,** 495_{26-28} **4,** 247_{1-3} 265_{23}
– *klingende* **2,** 327_{6}
– *Lichtdurchlässigkeit* **1,** 339_{14-24} **2,** 341_{9} **4,** 48_{25}
– *mathematischer (geometrischer)* **1,** 60_{28-30} **3,** 89_{8} 92_{23} 104_{29} 220_{30} 235_{4-5} **6,** L LXI 1 (1) 556 (*458*) s.a. Platonische Körper.
– *organische / unorganische* **1,** 894_{2-3} s.a. Mensch – Körper; Tiere – tierischer Körper.
– – *Bewegung des organischen* **1,** 917_{5}
– – *Rätsel ihrer Entstehung* **5,** 519_{17-30}
– *selbstleuchtend* **1,** 338_{33}–339_{6}
– – *Farbe* **1,** 388_{10-22} **2,** 386_{37-41}
– *selbstleuchtend / dunkel* **1,** 338_{17-23} **2,** 341_{2} **4,** 48_{23-24}
– *unelektrischer (symperielektrischer, Leiter)* **1,** 525_{34}–526_{2} 531_{19-25} **2,** 533_{14-16} **4,** 282_{9}
– – *elektrisiert durch Mitteilung* **1,** 531_{5-8}
– – *Indifferenzpunkt bei elektrisierten Leitern* **1,** 632_{15-16} **2,** 109_{22} **3,** 219_{14} 567^{196} **4,** 350_{5} 376_{25} 377_{24}
– – *Liste* **1,** 534_{36-39} **2,** 494_{33-36} **4,** $245_{18.\ 31-32}$ 280_{8}
– *unschmelzbarer / ungefrierbarer* **1,** 440_{2-10} **2,** 431_{4-5}
– *Verdampfbarkeit* **1,** 441_{17-21} **2,** 431_{19-21}
Körperlehre 1, 326_{20}
Körperwelt, s.a. Natur; Welt.
– *Gegenstand der Physik* **3,** 42_{1} 50_{29}
– *Kenntnis subjektiv* **1,** 64_{R16-17} **3,** 80_{11-24}
Kohäsion 1, 65_{11-15} 931_{32} **2,** 38_{24} **3,** 81_{1-19} 111_{2} 488^{108} s.a. Festigkeit.
– *Erklärung der Phänomene bei Haarröhrchen* **2,** 188_{10} **3,** 301_{4} 303_{2}
– *Kraft* **1,** 69_{20-35} **2,** 38_{29-30} **3,** 121_{1}
– *Rolle beim Impulsübertrag* **3,** 133_{16} 146_{22} 149_{27}
– *Theorie* **3,** 81_{27}
– *Ursache* **1,** 68_{34}–69_{15} **2,** 41_{17} **3,** 223_{12}
– – *nicht Attraktion* **3,** 213_{1} 216_{6} 219_{10} 222_{24} 242_{23}
– – *Ungewißheit* **1,** 69_{35}–70_{2}
– *verglichen mit Schwere* **3,** 184_{9}
– *vermehrt Reibung* **3,** 260_{2}
– *von Flüssigkeiten* **1,** 73_{37}–74_{7}
– – *Erklärung des Hebers* **2,** 299_{30-31} 304_{1} **3,** 415_{27} 463^{130}
– – *Ursache des horizontalen Standes* **3,** $302_{3-4.\ 28-29}$

Kohl (Brassica oleracea L.) **2,** 257_{9} **5,** 497_{23} 498_{10}
Kohle 4, 279_{11}
s.a. Holzkohle; Schießpulver – Bestandteile.
– *Bestandteile* **3,** 334_{2-4}
– *Braunkohle (bituminöses Holz)* **5,** 415_{25}
– *Erklärung der Sonnenflecken* **2,** 730_{15-19} **5,** 47_{7} 49_{5} 125_{32}
– *Flöz* **5,** 514_{16}
– *Steinkohle* **2,** 838_{32} 955_{9} **5,** 340_{18} 344_{27} 405_{30} 415_{23} 527_{16} 529_{8} 530_{31}
– *tierischer Substanzen*
– – *elektrische Eigenschaften* **1,** 956_{38-40}
– *Wärme* **4,** 221_{13}
Kohlendioxid, s. Luft, fixe.
Kohlenmonoxid 2, 265_{20}
Kohlenstoff 4, 207_{32-33}
– *Diamant besteht daraus* **4,** 282_{5}
– *im antiphlogistischen System* **2,** 202_{3} **3,** $315_{20-21.\ 28-29}$ 327_{26} 336_{6} 339_{32} 351_{23}
Kohlenstoff-Sauerstoff-Kreislauf 2, 266_{28-29} **3,** 396_{22} 397_{22-29}
Kolibri 4, 224_{3}
Kollektor nach Cavallo 6, 255 (316)
s.a. Condensator (Mikroelektrometer) – Cavallos Kollektor.
Kolophonium
– *Material für Elektrophor* **1,** 566_{R16-31} 569_{25} **2,** $514_{23.\ 27}$
Kolurkreise 1, 657_{38-40} 658_{23-24} **2,** 591_{10} 599_{27-28}
Komet(en) 1, 699_{32} **2,** 757_{27} **5,** 65_{12-17} 162_{15} 167_{23}
– *371 v. Chr.* **5,** 663[639]
– *146 v. Chr* **2,** 774_{9-10} **5,** 176_{35}
– *44 v. Chr* **2,** 758_{31-32} 764_{2}
– *531* **2,** 764_{2}
– *1106* **2,** 764_{2}
– *1264* **2,** 763_{38}
– *1454* **2,** 769_{3} **5,** 166_{7-11} 180_{1-2} $289_{14.\ 28}$
– *1531* **5,** 658[602]
s.a. Komet(en) – Halleyscher.
– *1532* **2,** 763_{6-36} **5,** 285_{19} $287_{11.\ 16}$ 288_{11} 653[575]
– *1540* **1,** 701_{4} **5,** 289_{29}
– *1556, 1848 (erwartet)* **2,** 763_{38} **5,** 164_{26} 287_{2}
– *1577* **5,** 668[693]
– *1607* **5,** 163_{8-9}
– *1652* **2,** 774_{14} **5,** 177_{26}
– *1661, 1789 (erwartet)* **1,** 701_{R10} **2,** 763_{6-36} **5,** 164_{25} 285_{11} $286_{20-21.\ 31-32}$ 287_{8-9}
– *1680* **1,** 966_{7-8} **2,** 760_{35}–761_{13} 764_{2} 765_{36-37} 766_{2} **5,** 65_{16} 164_{27-34} $166_{2-5.\ 17-19}$ 180_{23} 289_{5-11}
– – *Ursache für Sintflut* **1,** 839_{32-34}
– *1743/44* **2,** 774_{13} **5,** 166_{12-14} 289_{3-4}
– *1769* **2,** 771_{3} **5,** 170_{15} 171_{4}
– *1770 (Lexells)* **2,** 769_{4} **5,** 166_{20-26} $289_{15-17.\ 32-33}$ 657[594]
– *1773/74* **5,** 663[638]
– *1774* **5,** 176_{20} 663[638]
– *1784* **5,** 652[574]
– *1785* **5,** 164_{20} 652[574]
– *1788* **1,** 699_{R6-7} **2,** 760_{5}
– *1790* **5,** 653[574]
– *1796* **5,** 289_{34}
– *Anzahl* **1,** $700_{35-36.\ R6-16}$ 966_{14-22} **2,** 762_{6-7} 774_{28} **5,** 164_{19-25} 167_{6-17} 186_{34} $289_{23-27.\ 34}$
– *Argument gegen antike Sphärenvorstellung* **5,** 187_{32-34}
– *Argument gegen copernicanisches System* **2,** 617_{31} **5,** 61_{7} 81_{10}
– *Argument gegen Wirbelhypothese* **3,** 185_{13} **5,** 27_{25} 167_{2}
– *Atmosphäre* **1,** 699_{34-35} 701_{6-9} **2,** 757_{34} **5,** 169_{29} 289_{12}
– *Bahn* **1,** 966_{6-9} **2,** 760_{31-35} 761_{5-16} **5,** 40_{18-20}
– – *Bestimmung* **2,** 762_{1-18} **5,** 164_{5-8} 289_{2}

– – *elliptisch* **1,** 700$_{2-12}$ **5,** 163$_{28-34}$ 165$_{27}$
– *Beobachtung schwierig* **5,** 166$_{35-36}$
– *Bestimmung des Abstands Erde–Sonne* **5,** 96$_{10}$
– *bleiben nicht in der Nähe* **5,** 64$_{26-27}$ 164$_{27}$
– *Brennstoff für Sterne* **2,** 345$_{24-25}$ 760$_{29}$ **4,** 72$_{20}$ **5,** 178$_{27-29}$
– *Deutung* **1,** 701$_{27-29}$ **2,** 758$_{3-13}$ **5,** 162$_{20-33}$ 177$_{6-9}$
– *Entstehung* **5,** 194$_{12}$
– *Entstehung der Erde* **1,** 834$_{18-21}$ 836$_{33}$ **2,** 765$_{17-33}$ 766$_{9-11}$ **5,** 179$_{17}$–180$_{7}$ 181$_{29-33}$ 379$_{20}$ 381$_{21-27}$
– *Erklärung* **2,** 758$_{24}$–760$_{30}$ 761$_{18-22}$ **5,** 163$_{5-27}$
– *Erklärung der Sonnenflecken* **5,** 47$_{11}$ 49$_{8}$
– *Gefahr* **1,** 701$_{29-31}$ **2,** 765$_{1}$–769$_{30}$ **5,** 177$_{33}$–186$_{30}$ 290$_{10}$–291$_{4}$
– *Halleyscher* **2,** 762$_{19}$–763$_{6}$ 764$_{23-24}$ **5,** 164$_{3-18}$ 285$_{17-18.\ 30}$ 285$_{30}$–286$_{9}$ 286$_{29-30}$ 287$_{14-15}$ 288$_{1-9}$ 658[599]
– – *erwartet 1835* **5,** 164$_{26}$ 287$_{2}$
– *Kern* **1,** 699$_{33.\ R10-14}$ **2,** 757$_{32}$
– *künftige Forschung* **5,** 177$_{20-25}$ 289$_{36}$–290$_{4}$
– *Licht* **2,** 774$_{30-37}$
– *Nomenklatur* **3,** 355$_{22}$ 666[302] **5,** 162$_{17-19}$
– *Periodizität* **2,** 762$_{19-27}$ 763$_{37}$–764$_{27}$ 774$_{1-7}$ **5,** 164$_{11-18.\ 22-29}$ 166$_{17-19.\ 24-28}$ 180$_{23-30}$ 285$_{15.\ 29}$ 287$_{11-29}$
– *Schweif* **1,** 701$_{9-15}$ **2,** 116$_{7}$ 757$_{35}$ 770$_{1}$–773$_{28}$ **3,** 207$_{12}$ **5,** 162$_{17}$ 169$_{33}$ 185$_{24-29}$ 262$_{16-17}$ s.a. Komet(en) – Atmosphäre.
– – *Argument für Teilchennatur des Lichts* **1,** 344$_{R1-3}$
– – *Krümmung* **2,** 770$_{6-12}$ **5,** 170$_{15-22}$ 176$_{4-32}$
– – *Stoff* **2,** 38$_{20}$ 769$_{9}$ 771$_{22-33}$ 773$_{17.\ 23}$ **5,** 175$_{12-30}$ 181$_{3-8}$
– *Senecas Vorstellung* **1,** 702$_{13-18}$ **2,** 759$_{25-35}$ **5,** 167$_{26}$–169$_{28}$
– *Vergleich mit Planeten* **2,** 764$_{28}$–765$_{1}$ **5,** 165$_{15}$–166$_{1}$ 288$_{28}$
– *Wechselwirkungen mit Erde und Planeten* **1,** 713$_{19-32}$ **5,** 166$_{28-34}$ 285$_{30-31}$
Kometensucher **5,** 891[973] **6,** 187 (225) 188 (227) 495 (*399*)
Kompaß **4,** 349$_{30}$ 366$_{9}$ **5,** 418$_{10}$ 430$_{2}$
– *7-zölliger Kompaß* **6,** 265 (331)
– *Deklinierkompaß* **6,** 289 (**18*) 304 (**33g*) 385 (**168*)
– *Gestaltung* **5,** 419$_{4-6}$ 420$_{17}$
– *Gradmessung* **5,** 102$_{9}$
– *Landvermessung* **5,** 98$_{18}$ 99$_{4-5}$ 318$_{8.\ 14}$
– *Modell für gebundene Monddrehung* **2,** 714$_{15-16}$ **5,** 52$_{5}$
– *Schiffskompaß* **6,** 414 (**207*) 414 (**208*) 415 (**209*)
– *Skizze* **5,** 418$_{16}$
– *Taschenkompaß* **6,** 515 (*421*)
Kompensation einer Spiralfeder nach Harrison **6,** 207 (257)
Kompensationspendel **6,** 206 (256) s.a. Uhr – Pendeluhr – Kompensation der Wärmeempfindlichkeit.
Kompressibilität, s.a. Elastizität – Fluida; Luft, atmosphärische – Kompressibilität; Versuche (Luft) – Kompressibilität.
Kondensator, s. Leidener (Kleistsche) Flasche (Platte).
– *2 mit Stanniol bezogene Bretter* **6,** 247 (303)
– *Bennets Duplikator* **6,** 255 (315)
– *Zinnscheiben mit isolierender Glasscheibe* **6,** 254 (313)
Kondensieren, s. Dampf – Verflüssigung.
Konduktor, s.u. Elektrisiermaschine.

Koniglobium 6, 427 (*223)
Konstantinopel (Istanbul) 2, 47_{35} **4,** 82_{10}
– *Aschenregen* **5,** 360_{5}
– *Hagia Sophia* **4,** 80_{33-34}
Kontinente 5, 322_{22} s.a. Afrika; Amerika; Asien; Australien; Europa.
– *Ähnlichkeiten* **1,** 724_{35-42} 966_{29} **2,** 814_{19-22} **5,** 321_{30-34} 322_{20-21} 328_{28}
– *unbekannter auf der Südhalbkugel* **1,** 723_{11-16}
Konusspiegel, s. Spiegel – konischer.
Konvexspiegel, s.a. Kugelspiegel – konvexer, s.a.u. Spiegel.
Koordinaten, s. Azimut; Breite – eines Sterns; Breite – geographische; Deklination (Abweichung); Höhe (über dem Horizont); Länge – eines Sterns; Länge – geographische; Rektaszension; Stundenwinkel (Zeitbogen).
Kopenhagen
– *Nordlicht* **2,** 925_{30}
– *Saturnbeobachtung* **2,** 750*
– *Stadtbrand* **2,** 631_{1}
– *Studien- / Wirkungsort Rømers* **2,** $630_{33.\,37}$ **5,** 62_{2}
– *Studienort Brahes* **2,** 616_{27} **5,** 78_{31-32}
– *Venusbeobachtung* **2,** 746_{8} **5,** $152_{25.\,27}$
Kopf, geometrischer 3, 40_{9-10} 212_{21}
Kopf, geschickter 4, 114_{25}
Kopf, gesunder 5, 202_{19-20}
Kopf, großer 2, 932_{36}
Kopf, guter 5, 72_{15}
Kopf, seichter 3, 7_{2}
Kopf, stumpfer 5, 193_{11}
Kopiernadel 6, 315 (*35l)
Korallen 5, 381_{37} 533_{3-4}
Kordilleren 2, 124_{32} 823_{29} 953_{23} **5,** 322_{1} 386_{32} 542_{13} 544_{1-2}
Kork
– *Auftriebskörper* **2,** 172_{19}
– *enthaltene Luft* **2,** 251_{14-15}
– *Korkkügelchen,* s. Versuche (Elektrizität) – Anziehen und Abstoßen.
– *Material für Elektrometer* **4,** 292_{17}
Kork mit Bleigewicht 6, 72 (70)
Korkstück mit Bleigewicht 6, 117 (127)
Koromandel (Südostindien) **2,** 895_{28} **5,** 328_{21} $458_{27-28.\,31}$ 459_{10}
Korund, Demantspat 1, 210_{R16} 885_{33} **3,** 283_{4}
Korunderde 1, 210_{R18} 928_{15-16} **3,** 340_{25}
Kraft, s.a. Lebenskraft; Zentralkräfte.
– *absolute (unveränderliche)* **1,** 122_{9} **2,** 98_{35} **3,** 183_{7}
– *anziehende* **1,** 124_{25} 195_{16} **3,** 66_{23-24} **5,** 379_{7} 512_{30} s.a. Anziehung – elektrische; Anziehung – magnetische; Attraktion; Berg(e) – anziehende Kraft; Kohäsion – Kraft.
– – *Analogie zwischen Kohäsion und Schwere* **3,** 121_{1-4}
– – *bei Auflösungen* **1,** 226_{20-26} s.a. Wahlanziehung (attractio electiva) – Beispiele.
– – – *Abgrenzung zu Adhäsion / Kohäsion* **1,** 202_{R1-10}
– – *der Erde* **5,** 28_{32}–29_{2} s.a. Schwere.
– – *Grundkraft der Materie* **3,** $239_{8.\,16}$ 241_{24-25}
– – *Qualitas occulta* **1,** 124_{R18-19} **3,** 185_{22}
– – *Universalität* **5,** 27_{33}–28_{3}
– – *Ursache der Schwere* **1,** 123_{3-5}
– – *Vergleich der verschiedenen Arten* **1,** 192_{R14-16} 226_{26-34}

– – *Wirkung durch leeren Raum* **3,** 66_{30-31}
– – *Wirkungen* **2,** 199_{12}
– *anziehende zwischen festen und flüssigen Körpern* **1,** 190_{11-16} 190_{27}–191_{4} 198_{2-14} **2,** 184_{36} s.a. Fluida, tropfbare (Flüssigkeiten) – Adhäsion; Versuche (anziehende Kraft der Fluida).
– – *Erklärung der Phänomene bei Haarröhrchen* **3,** 301_{6-7} 302_{1-2}
– – *kein allgemeines Gesetz* **1,** 198_{32}–199_{13}
– – *läßt Flüssigkeiten saugfähige Materialien durchfließen* **1,** 198_{16-30} **3,** 94_{22-30}
– – *Stufen* **1,** 925_{35}
– – *Ursache von Auflösung* **1,** 202_{6-13}
– *anziehende zwischen Flüssigkeiten* **1,** 200_{19-23} **3,** 303_{23}
– *anziehende zwischen Luft und anderen Körpern* **1,** 258_{18-32}
– *ausdehnende*, s.a. Elastizität.
– *Begriff* **3,** 240_{19} 241_{9-13}
– *beschleunigende (vis acceleratrix)* **1,** 95_{R1} 114_{19-25} 130_{R21-22} 170_{R14} 920_{10} **2,** 74_{18} 98_{30}
– *bewegende*
– – *gleich Produkt aus Masse und beschleunigender Kraft* **1,** 95_{R9-11} 920_{12} **2,** 74_{27-28}
– *der Trägheit*, s. Trägheit.
– *elementare*, s.a. machinae simplices.
– *Gleichgewicht der Kräfte* **1,** 88_{8} **2,** 62_{2-4}
– *Kräfteparallelogramm* **1,** 89_{12-24} 90_{6} $919_{3-10.\ 27}$ **2,** 62_{12-16} 66_{34-35} 67_{12}
– – *Drachen* **2,** 68_{16-17}
– – *Segelschiff* **2,** 68_{16} **3,** 159_{15}–160_{8} 161_{12}
– *lebendige* **1,** 146_{2-3} **2,** 149_{22} **3,** 252_{29} 257_{12} 456[94]
– – *Schätzung* **3,** 243_{25}
– *magnetische* **5,** 434_{2} s.a. Abstoßung – magnetische; Anziehung – magnetische.
– – *Schwächung durch Wärme* **1,** 631_{R9-11}
– – *T. Mayers Berechnung* **1,** 622_{36}–623_{28}
– – *Wirkung durch Eisen hindurch* **1,** 612_{24}–613_{5} **2,** 547_{25-39} 561_{2-14} **4,** 346_{20-22} 352_{31} 359_{11-13} s.a. Eisen – Magnetismus – Einfluß auf magnetische Kraft / Materie.
– – *Wirkung durch verschiedene Materialien* **1,** 612_{18-23} **2,** 547_{21-25} **4,** 344_{18-20} 352_{27-28} 360_{5-6} 365_{25-26} **5,** 434_{16-17} s.a. Materie – magnetische – Passage durch Körper.
– *Maß der* **1,** $146_{4.\ R27}$ **2,** 149_{33} **3,** 193_{12} 199_{26} 252_{9} 257_{2} **5,** 236_{11}
– – *Auseinandersetzung darum* **2,** 150_{4-13} **3,** 252_{12-15} 253_{12-15} 584[291]
– – *unnütze Materie* **3,** 252_{11-12}
– *Mittelpunkt der Kräfte* **1,** 92_{8-9}
– *relative* **1,** 147_{20} **3,** 209_{17}
– *resultierende (mittlere)* **1,** 89_{35} 90_{17-31} **2,** $67_{17-21.\ 28-34}$
– – *Beispiele* **2,** 67_{34-35} **3,** 158_{12}
– *tote* **1,** 146_{3} **2,** 149_{22} **3,** 257_{12} 456[94]
– *Ursache für Änderung der Bewegung* **1,** 83_{4-9} **3,** 143_{2}
– *Zerlegung* **2,** 68_{4}
– *zurückstoßende* **3,** 66_{12} 102_{11-12} 107_{26} 141_{22} 207_{6} 225_{30} 237_{15-16} 239_{21}
– – *muß nicht angenommen werden* **1,** 196_{31-36} **2,** 197_{14}
– – *Wesensmerkmal der Materie* **3,** 241_{16-18}
Krain (Herzogtum), s. Cerknica.
Kraków (Krakau; Polen) **2,** 608_{24} **5,** 76_{5}

Krankheiten, s.a. Auge – Blindheit; Lichtenberg, Georg Christoph – Biographisches – Abscheu gegenüber der Epilepsie; Lähmung; Rheuma; Taubheit; Zahnschmerzen.
– *„Frauenzimmer Kranckheiten“* **5,** 29$_{12–13}$
Krebs (Sternbild; Cancer) **2,** 598$_{29}$ 791$_{20–22}$ **5,** 201$_{8}$ 208$_{8–9}$
– *Nebelsterne* **5,** 294$_{36–37}$
Krebs (Sternzeichen) **1,** 656$_{18–19}$ **2,** 643$_{34}$ 644$_{18}$
Kreide 2, 838$_{33}$
– *Bestandteil von Gebirgsarten* **5,** 405$_{32}$
– *Flußmittel für Kiesel* **1,** 439$_{R21–22}$ **2,** 430$_{15}$
– *Porosität* **2,** 31$_{9}$ **3,** 96$_{30}$
– *Teilbarkeit* **2,** 33$_{30}$
– *Verwendung beim Elektrisieren* **4,** 286$_{20.\ 23}$
Kreis, s.a. Abweichungskreis; Meridian (Mittagskreis); Parallelkreis; Polarkreis; Scheitelkreis; Tierkreis (zodiacus); Wendekreis.
– *Ursprung der Einteilung in 360 Grad* **5,** 130$_{24–25}$
Kresse 4, 268$_{8}$
Kreuznach 5, 443$_{29}$
Krieg
– *ausgelöst durch Kometen* **5,** 182$_{27–30}$
Krieg, 1. Koalitionskrieg
– *Belagerung von Mainz* **2,** 712$_{9}$
Krieg, 7-jähriger 6, XLV
– *Franzosen in Göttingen* **2,** 688$_{7–8}$ 702$_{5–6}$
– *Schlacht bei Bergen* **4,** 50$_{28}$
– *Schlacht bei Minden* **4,** 81$_{28}$
– *Schlacht bei Roßbach* **4,** 82$_{12}$
Krieg, punischer 2, 595$_{38}$ **5,** 226$_{28}$
Kristall 5, 343$_{26}$ 412$_{18}$ 416$_{26}$
– *elektrischer Körper (Nichtleiter)* **1,** 533$_{40–41}$ **2,** 493$_{34}$ **4,** 279$_{16}$
– *Kristallmodelle* **6,** 533 (429)
Kristall, isländischer
– *Doppelbrechung* **1,** 369$_{32}$ **2,** 372$_{19–20}$
– – *Theorie des Lichts* **1,** 370$_{25–26}$ **2,** 373$_{8–9}$
Kristallisation 1, 204$_{31}$–205$_{5}$ 205$_{R8–12}$ **2,** 39$_{17}$ 199$_{29}$ **3,** 304$_{11}$ **5,** 364$_{33}$
– *Erklärung bei Lesage* **2,** 116$_{10}$
– *Mechanismus unbekannt* **1,** 449$_{30–32}$
– *Neutralsalze* **1,** 209$_{36–37}$
– *Quelle von Elektrizität?* **1,** 578$_{13}$
Kristallisationswärme, s. Wärme – gebundene (latente) – Freisetzung – beim Erstarren.
Krone, nördliche (Sternbild; Corona borealis) **2,** 786$_{11}$ **5,** 196$_{18}$
Kronglas, s.u. Glas.
Kronstadt 2, 314$_{36}$
Kugel, s.a. Aeolipila; Armillarsphäre; Billiardkugel; Erde (Erdkugel); Feuerkugel; Glaskugel; Himmelskugel; Knallkugel (-kügelchen).
Kugelfisch (Stachelbauch; Tetraodon) **1,** 604$_{R17–23}$ 960$_{18}$ **2,** 543$_{37–38}$
Kugeln, aus Blei und Zinn 6, 67 (64)
Kugelspiegel 4, 52$_{30}$
– *konkaver* **2,** 359$_{19}$
– – *Abbildung* **1,** 362$_{36}$–363$_{19}$ **2,** 360$_{10–25}$ **4,** 53$_{28–31}$ 54$_{2–9}$
– – *Beleuchtung am Mikroskop* **1,** 420$_{34}$
– – *Brennpunkt (focus)* **1,** 359$_{20–31}$ **2,** 359$_{24–27}$ **4,** 52$_{31}$
– – *Brennweite* **1,** 359$_{35–37}$ **2,** 359$_{26–27}$
– – *Reflexion* **1,** 361$_{6–27}$
– *konvexer* **1,** 358$_{28}$ **2,** 363$_{12}$ **4,** 53$_{32}$ **6,** 165 (196)
– – *Abbildung* **1,** 362$_{2–34}$ **4,** 54$_{10–15}$
– – *Brennweite* **1,** 359$_{9–12}$
– – *Reflexion* **1,** 360$_{31}$–361$_{4}$

Kungliga Vetenskapsakademien (Stockholm, gegr. 1739) **2,** 683_{23} 748_{30-31} **5,** 276_{28}
Kupfer
– *Ausdehnungskoeffizient* **1,** 427_{R18} 480_{32} **2,** 417_{17}
– *Draht* **6,** 2 (2)
– *Festigkeit* **1,** 66_{34}–67_{6} **3,** 82_{13}
– *im antiphlogistischen System* **2,** 202_{18} **3,** 314_{15}
– *Material für Blitzableiter* **2,** 917_{15} 919_{8} **4,** 258_{11}
– *spezifisches Gewicht* **1,** $183_{11.\ R11-12}$ **2,** 179_{23}
– *Vorkommen* **5,** 412_{18} 416_{26}
– *(Zerreiß-)Festigkeit* **1,** $65_{34.\ 36}$
Kupferteller, mit Elektrophormasse ausgegossen **6,** 230 (282)
Kurhannover (Kurfürstentum Braunschweig-Lüneburg; dann Königreich Hannover) **5,** 329_{5}
– *Gebirge* **2,** 823_{21}
– *Geheimes Rats-Kollegium* **6,** XLVII LIII LXXI LXXIII LXXVI XCIX CI–CIII CXV
– – *Promemoria von L.* **5,** 619[341] 879[926] 881[927]
– *Generaldirektion des öffentlichen Unterrichts* **6,** LXXVII
– *Konsistorium*
– – *Gutachten von L.* **5,** 878[926]
– *Oberschulkollegium* **6,** XCVII
– *Regierung* **6,** XLIV LIII–LIV LVI LXXVIII
Kurkuma **3,** 308_{2}
Kutná Hora (Kuttenberg; Tschechien) **2,** 835_{5} **5,** 340_{28}
Kyrene **2,** 667_{1}
Kythira (griech. Insel) **1,** 973_{14}

La Réunion (Bourbon; Insel östl. von Madagaskar) **2,** 771_{4} **5,** 171_{6}
Lackmus, s.a. Versuche (anziehende Kraft der Fluida) – Lackmustest.
– *chemischer Indikator* **1,** 208_{22} $209_{21-22.\ 36}$ 271_{21-22} $272_{3-4.\ 31-32}$ 273_{30} 274_{31} 277_{5} 555_{40} 939_{13} **2,** $267_{38.\ 40}$ **3,** 306_{1} 307_{11} 309_{6} 310_{5} 392_{27} $401_{2.\ 25}$ $403_{7.\ 26.\ 28}$ **4,** 336_{23-24}
– *Pigment* **2,** 394_{9} **3,** 269_{2} 306_{2-3} **4,** 68_{14} 118_{24}
Lähmung
– *elektrische Behandlung* **1,** 565_{3} **4,** 263_{4-8} 266_{31-32} 277_{18} 306_{24-35} 311_{13}
Länge, s.a. Stern(e).
– *eines Sterns* **2,** 599_{35} 600_{4-5} **5,** 132_{18} 195_{31} 198_{16}
– *geographische* **1,** 643_{16-17} **2,** 694_{1-3} **5,** 51_{11} 108_{13} 109_{15-21} 197_{22} 319_{17} 346_{20}
– – *Umrechnung zwischen Zeit- und Winkelmaß* **1,** 669_{1-7} **2,** 694_{24-34} **5,** 108_{29-32} $115_{13.\ 26-28}$ 267_{29-36}
Längenbestimmung **2,** 694_{15-21} 695_{8-23} **5,** 108_{22-28} 109_{22}
– *Jupitermonde* **1,** 691_{1-4} **2,** 695_{37-38} 696_{24-25} **5,** 51_{21} 108_{35-36} 110_{13}
– *Mondberge* **5,** 120_{3-5}
– *Monddistanzen* **5,** 109_{2}
– *Mondfinsternis* **1,** 686_{34-36} **2,** 695_{36} **5,** 108_{35} 110_{9}
– *Sonnenfinsternis* **2,** 695_{36-37} **5,** 108_{36} 110_{9}
– *Sternbedeckung* **2,** 695_{37} **5,** 108_{36}–109_{1}
– *zur See* **1,** 643_{20} **3,** 112_{9-10} **5,** 51_{10}
– – *Irwins Seestuhl* **2,** 696_{28-37} **5,** 110_{21}
– – *Log* **2,** 697_{1-20} **5,** 51_{13} $110_{6.\ 23}$ 112_{9-20} 113_{1} 251_{8-13}
– – *magnetische Deklination* **5,** 346_{19} 423_{8} 431_{32-33}
– – *Monddistanzen* **2,** 700_{33-36} 701_{3-26} **5,** 51_{22} 110_{7} 110_{24}–111_{5} 112_{1-8}
– – *Preise* **2,** 419_{29-33} 696_{12-23} 699_{2-28} 699_{33}–700_{5} **5,** 109_{25}–110_{5} $114_{3-6.\ 33}$ 115_{14-18} 116_{13-26}

– – *Uhren* **1,** 669$_{7-9}$ **2,** 697$_{30-40}$ 698$_{23}$–699$_{2}$ **3,** 112$_{6-7}$ **5,** 51$_{14}$ 110$_{7}$ 112$_{21-32}$ 113$_{15}$ 252$_{3-4}$
Längenproblem, s. Längenbestimmung – zur See.
Lago di Como 2, 830$_{35}$
Lampe, s.a. Argandsche Lampe; Roll-Lampe.
– *elektrische* **1,** 552$_{4-5}$ **2,** 261$_{30}$ 525$_{28}$ **4,** 331$_{3}$ **5,** 466$_{31}$ **6,** 253 (312) 510 (*417*)
– *Lampe zum Heizen einer Aeolipila* **6,** 498 (*403*)
Lampenofen 6, 553 (*454*)
Land der Verheißung 3, 16$_{29-30}$
Landkarte 1, 667$_{17-18}$
– *Höhenangaben* **2,** 815$_{8-9}$ **5,** 323$_{14-15}$
– *stereographische Projektion* **1,** 667$_{20-23}$ **5,** 323$_{4}$
Langobarden 3, 355$_{30}$
Laon 2, 682† **5,** 436$_{16}$ 490$_{7}$
Lapislazuli 1, 535$_{2}$ **2,** 494$_{35}$ **4,** 280$_{13}$
Lappland 2, 675$_{14}$
– *Gradmessung* **1,** 648$_{18}$ 649$_{3}$ **2,** 676$_{13}$ **5,** 16$_{6-7}$ 106$_{7}$ 247$_{27}$
– *Nordlicht* **5,** 485$_{17}$
Laterna magica, s. Zauberlaterne.
Laugensalz, s. Alkali(en).
Lausanne 2, 125$_{15}$ 126$_{27}$ **3,** 188$_{31-32}$ 189$_{5}$
Lava 1, 842$_{35}$ 843$_{1}$ **2,** 839$_{7}$ 954$_{24}$ **5,** 392$_{5-14}$ 406$_{22}$ 415$_{30-32}$ 530$_{1}$
Lavendelwasser (Eau de lavande)
– *Beispiel für Teilbarkeit* **2,** 36$_{9}$ **3,** 99$_{19-21}$
Le Havre 2, 443$_{2}$
Lebenskraft 1, 198$_{\mathrm{R}2-3}$ **2,** 197$_{23}$
Lecce 1, 968$_{36}$
Leder, s.a. Versuche (Körper überhaupt) – Quecksilber durch Leder [Porosität].
– *als Reibzeug beim Elektrisieren* **1,** 529$_{36-37}$ 530$_{5}$ **2,** 522$_{20}$ **4,** 286$_{26}$
– *elektrischer Körper (Nichtleiter)* **2,** 494$_{24}$ **4,** 279$_{35}$ 289$_{28}$
– *Porosität* **3,** 96$_{31}$ **6,** 12 (*16*)
Lehm 2, 839$_{30}$ **5,** 408$_{26}$ 525$_{9}$
Leiden 5, 101$_{13}$ 103$_{9}$ 448$_{12}$
– *Kleistscher Versuch* **1,** 556$_{37}$ **2,** 510$_{15}$ **4,** 270$_{28}$ 305$_{9}$
– *Springgläser* **2,** 421$_{18}$ **4,** 111$_{5}$ 112$_{14}$
– *Wirkungsort C.G. Königs* **2,** 940$_{31-32}$
Leidener (Kleistsche) Flasche (Platte) 1, 556$_{31}$ 573$_{35}$ **2,** 499$_{7}$ 510$_{1}$ **4,** 248$_{21.\ 29}$ 250$_{4.\ 20}$ 304$_{29}$ 331$_{22}$ **6,** 254 (313) 543 (*435*) 562 (*474*)
s.a. Batterie.
– *Analogie zu künstlichen Magneten* **4,** 376$_{17-19}$
– *Analogie zum Elektrophor* **1,** 571$_{24-27}$ 595$_{18-19}$ 597$_{27-28}$ **2,** 540$_{6-22}$ **4,** 251$_{28-29}$ 273$_{7}$
– *Belegung* **1,** 558$_{33-40}$ 559$_{24-30}$ **4,** 377$_{22}$
– *doppelte* **1,** 557$_{\mathrm{R}1-2}$
– *Einrichtung* **1,** 556$_{11-26}$
– *Entladung* **1,** 561$_{2-10}$ 563$_{5-19.\ 27-36}$ **2,** 913$_{8-9}$ **4,** 272$_{29-30}$
– *evakuierte Leidener Flasche* **6,** 240 (292) 556 (*456*)
– *Geschichte* **1,** 556$_{33}$–557$_{3}$ **4,** 249$_{11-12}$ 270$_{24-32}$ 304$_{30}$–305$_{25}$ **5,** 471$_{25-26}$
– *Ladung* **1,** 560$_{2-35}$ **2,** 538$_{23}$–539$_{5}$ **4,** 249$_{20-23}$ 250$_{22}$ 251$_{4-8}$ 271$_{5-19.\ 33}$ 272$_{33}$ 326$_{25}$ **5,** 478$_{9}$
– – *nach Franklin* **1,** 585$_{2-23}$
– – *synchrone* **1,** 562$_{6-7}$
– *Leidener Flasche mit unterbrochener äußerer Belegung* **6,** 246 (301)
– *Leidener Flasche zur Ladung eines Elektrophors* **6,** 245 (299)
– *Leidener Flasche zur therapeutischen Verwendung* **6,** 511 (*416*) 546 (444)
– *mit Hammerschlag gefüllte und außen mit Stanniol belegte Flasche* **6,** 244 (298)

– *Nachweis ihrer Ladung mit dem Condensator* **4,** 251_{31-32}
– *Pole, magnetische* **2,** 562_{37}
– *Richmanns Versuch* **4,** 306_{2-21}
– *runde Kleistische Platten* **6,** 543 (*435*)
– *Theorie* **1,** 592_{26}–593_{35} **2,** 537_{33}–539_{21} **4,** 325_{5} 733^{465}
– *Transport der Elektrizität* **1,** 563_{36}–564_{18} **2,** 513_{11-15}
– *Varianten* **1,** 558_{24-41} **4,** 250_{29}–251_{2} 271_{1-4} 273_{1-2}
– *Verallgemeinerung des Aufbaus* **1,** 559_{5-24}
– *Verstärkung* **1,** 957_{24-26}
– *Verstärkung des Elektrophors* **4,** 249_{31} 251_{22}
– *zur Scheibenelektrisiermaschine gehörende Leidener Flasche* **6,** 245 (300)
Leier **2,** 334_{3} **4,** 28_{4}
Leine **2,** 155_{16} 224_{24} 827_{29} 832_{10} **3,** 196_{12} 396_{15} **4,** 648^{90} **5,** 330_{2} 337_{23}
Leinöl
– *Ausdehnungskoeffizient* **1,** 480_{26}
– *Elastizität* **3,** 118_{33}
– *Material für Elektrophor* **4,** $316_{27.\,34}$
– *Verwendung beim Elektrisieren* **4,** 286_{19}
– *Wärmeausdehnung* **4,** 158_{19-20}
– *Wärmekapazität* **2,** 465_{29-33} **4,** 125_{22} 208_{15} 213_{25-31}
Leinwand
– *Elektrizität bei Reibung* **1,** 542_{12}
Leipzig
– *Echo vor dem Ranstädter Tor* **2,** 322_{36}–323_{1} **4,** 9_{2}
– *Messe* **1,** 760_{R3-4} s.a. Allgemeines Verzeichnis der Buecher, welche […] neu gedruckt oder aufgelegt worden sind.
– *Studienort Brahes* **2,** 616_{30} **5,** 78_{35} 79_{2}
Leiter, s.a. Körper – unelektrischer – Liste.
Leseglas **6,** 381 (**153*) 381 (**154*) s.a. Brille.
lex parsimoniae, s. Gesetz der Sparsamkeit.
liberté **3,** 18_{2}
Libration, s. Mond.
Lichen roccella L. **3,** 306_{4}
Licht **1,** 336_{R1-4} **4,** 48_{7} s.a. Farbe(n); Irrlicht; Lichtstrahl; Optik; Sehen; Zodiakallicht.
– *Bestandteil von Körpern* **1,** 336_{R5-18}
– *Beugung* **1,** 423_{21-35} 950_{2} **2,** 406_{9} **4,** 68_{36} 90_{4} $91_{10.\,17}$
– – *Argument gegen Wellennatur des Lichts* **4,** 75_{5} 91_{18-21}
– *Brechung* **1,** 364_{32}–365_{1} **2,** 364_{27} **4,** 54_{19-21} s.a. Brechung, atmosphärische; Linse (optisch) – konkave – in optischen Instrumenten; Prisma; Rautenglas.
– – *angewandte Mathematik* **2,** 375_{3}
– – *Argument gegen Wellennatur des Lichts* **2,** 349_{9-10} **4,** 74_{10-12}
– – *besondere* **1,** 365_{23-24} 946_{7-17}
– – *brechende Fläche* **1,** 365_{29}–366_{2} **2,** 365_{18} 788_{8-10}
– – *Brechungsebene* **1,** 366_{16-19} **2,** 365_{30} **4,** 54_{22}
– – *Brechungsverhältnis* **1,** 366_{32}–367_{4} **2,** 366_{26} **4,** 54_{23-26} 62_{25-27}
– – *Brechungswinkel* **1,** 365_{20-21} **2,** 365_{25}
– – *Dichte des Mediums* **1,** 366_{21-30} **2,** 366_{17-18}
– – *Doppelbrechung* **1,** 369_{31-32} 370_{1-32} **2,** 373_{1-11} **3,** 49_{9}
– – *Einfallswinkel* **1,** 365_{17-19} **2,** 365_{23}
– – *Farben*, s. Farbe(n); Prisma; Regenbogen.

– – *gebrochener Winkel* **1,** 365_{19-20} **2,** 365_{24}
– – *Gesetz* **2,** 24_{17-18} 365_{32} **3,** 61_{6}
– – *mechanisches Analogon* **3,** 196_{31}
– – *Modell zur Demonstration des Strahlengangs* **6,** 165 (197)
– – *optische Effekte* **1,** 369_{12-30} **2,** 371_{28} **4,** 55_{1-5}
– – *Regenbogen* **1,** 788_{38}–789_{15} **2,** 901_{35}–902_{11}
– – *Strahlenverlauf* **1,** 368_{20}–369_{7} **2,** 371_{3}
– – *Ursache* **1,** 367_{30}–368_{12} **2,** 367_{8}
– *chemisch hervorgebracht* **2,** 18_{7} **3,** 26_{16-17}
– *chemische Wirkungen* **1,** 346_{R1-25} **3,** 355_{33} 361_{8-9} **4,** 75_{16-26}
– *Geschwindigkeit* **1,** 691_{11}–692_{2} **2,** 344_{33-38} 631_{3-30} 633_{32}–634_{3} 634_{16-27} **3,** 227_{13-14} 234_{30} 249_{18} **4,** 8_{7} **5,** 41_{20-23} 42_{5-11} 61_{20-36} 83_{20-26}
– – *Beweis für Umlauf der Erde um die Sonne* **2,** 632_{15-16} **5,** 86_{29-34}
– *Halbschatten* **1,** 340_{21} **2,** 341_{17} **4,** 48_{27}
– *Lichtmaterie* **1,** 343_{12} 494_{20} **2,** 338_{20} 343_{21-22} **3,** 360_{22} **5,** 526_{25}
– – *Bestandteil des Wärmestoffs* **2,** 479_{11} 484_{28} 485_{34-39} 928_{20} **5,** 516_{29-31} 527_{22}
– – *Einfachheit* **3,** 360_{24-30}
– – *Einfluß auf Bewegung der Planeten* **1,** 714_{8}
– – *Gegenstand der besonderen Naturlehre* **3,** 24_{10}
– – *im antiphlogistischen System* **2,** 201_{24} **3,** 327_{33} 339_{22} 360_{30}
– – *Spekulation über chemische Eigenschaften* **1,** 204_{R5} **2,** 485_{13-30} **3,** 338_{23} 368_{24} 389_{13} **4,** 75_{15}
– – *Theorie der Erde* **5,** 516_{27-31} 526_{29-32} 527_{21}
– – *Vergleich mit Lesages schwermachender Materie* **2,** 110_{21} **3,** 207_{19} 215_{22} 226_{22} 227_{9} 236_{12-13} 568^{204}
– *Lumineszenz* **1,** 338_{R1-11}
– *Phosphoreszenz* **1,** 341_{5-8} 342_{R27} **2,** 341_{29} **4,** 48_{28-29} **5,** 256_{29-30} s.a. Phosphorus.
– *Porosität lichtdurchlässiger Körper* **2,** 31_{3-4} **3,** 94_{19}
– *Reflexion* **3,** 54_{23-24} **4,** 76_{13} s.a. Spiegel.
– – *angewandte Mathematik* **2,** 353_{30-32}
– – *Einfallswinkel* **1,** 353_{10} **2,** 354_{10} **3,** 51_{22} 52_{11} **4,** 76_{26}
– – *Gesetz* **1,** 352_{18-27} **2,** 19_{26-29} 354_{2} **3,** 34_{2} 57_{14} **4,** 52_{10} 76_{18-19} 77_{30-31}
– – – *folgt aus dem Prinzip der kleinsten Wirkung* **2,** 151_{10-11}
– – *nichtspiegelnde Oberflächen* **1,** 354_{28-33}
– – *Reflexionswinkel* **1,** 353_{10-11} **2,** 354_{10} **4,** 76_{26-27}
– – *Ursache* **1,** 353_{16-29} **2,** 354_{24} **4,** 77_{8-29}
– *Refraktion*, s. Licht – Brechung.
– *Schatten* **1,** 340_{1} **2,** 341_{17} **4,** 48_{26}
– *Stärke umgekehrt proportional zum Quadrat der Entfernung* **1,** 337_{14-23} **2,** 112_{27-28} 340_{14-15} **4,** 48_{19}
– *Theorie* **1,** 342_{3-18} **4,** 48_{30} 49_{2} 69_{24} s.a. Farbe(n) – Ursache; Licht – Brechung – Ursache; Licht – Reflexion – Ursache.
– – *Entscheidungsversuch* **4,** 76_{5-6}
– – *Geschichte* **2,** 342_{3} **4,** 69_{25}–70_{37} 71_{1-10}
– – *Irrtum Newtons* **1,** 354_{8-26}
– – *Korpuskularhypothese (Newton)* **1,** 342_{20-24} 366_{R11-12} **2,** 343_{2} 354_{26} **4,** 71_{14-21} 77_{5-8}
– – – *Diskussion* **2,** 345_{6}–347_{2} 355_{31}–356_{2} **4,** 50_{1-7} 72_{1}–73_{17}
– – – *Vorzug* **1,** 347_{R4-5}
– – *noch unentschieden* **4,** 75_{27-28}

– – *Stoßhypothese (Descartes)* **1,** 343_{27}–344_{16} **2,** 347_{4}
– – *Vergleich* **1,** 346_{2-23} **2,** 349_{22-26}
– – *Wellenhypothese (Euler)* **1,** 344_{18-33} 345_{13-14} **2,** 347_{17} **3,** 313_{8} 361_{1-4} **4,** 50_{8-12} 71_{17-22} 210_{23}
– – – *Diskussion* **2,** 348_{35}–349_{19} **4,** 49_{6-28} 73_{22}–75_{26}
– – – *Kritik* **1,** $346_{R1-5.\ R26-30}$ 370_{25-26}
– *Verhältnis zur Feuermaterie* **1,** 506_{38}–507_{4} **3,** 312_{27} 342_{33}
– *weißes*
– – *aus farbigem Licht gemischt* **1,** 383_{8-13} **2,** 382_{31-35} 383_{3-20} 387_{5-9} 391_{20-31}
Licht, elektrisches 1, 548_{7-28} **4,** 247_{36} **6,** 233 (284) 233 (285)
– *alltägliche Erscheinungen* **1,** 552_{12-25}
– *auf dem Mond* **1,** 964_{35} **5,** 256_{30} 262_{16}
– *Beatification* **1,** 551_{2-7}
– *Büschel (Feuerpinsel)* **1,** 548_{35}–549_{17} 626_{2-7} **2,** 927_{6} **5,** 483_{27}
– – *erzeugt säuerlichen Geschmack* **1,** 555_{21-25}
– – *Plausibilität* **1,** 583_{38}
– *Funken,* s. Funken – elektrischer.
– *im Vakuum* **1,** 553_{18-32} 554_{5-17} 562_{16-19} **2,** 504_{23} **5,** 484_{4-5}
s.a. Barometer – Leuchten.
– *männlich / weiblich* **1,** 551_{16-21}
– *positiv / negativ* **1,** 549_{19-33} **2,** 503_{19-27} **4,** $300_{17-21.\ 23-28}$
Lichtbomben (Knallkugeln) 6, 560 (*468*)
Lichtenberg (Hessen) **4,** 259_{13}
Lichtenbergfiguren 1, 547_{14-27} 563_{R11-17} **2,** 504_{1-19} **4,** 248_{30} 268_{22-27} **5,** 367_{34} 483_{17}
– *Darstellung der Figuren mit Harzstaub* **6,** 230 (282)
– *Fixierung* **4,** 268_{28-30}
Lichtmetaphorik
– *göttliches Licht* **1,** 32_{R2-3}
Lichtstrahl 1, 336_{15-16} **2,** 338_{11} **4,** 48_{13}
– *Feinheit* **1,** 336_{26-27} **2,** 339_{23} **4,** 48_{14-15}
– *Parallelität* **1,** 337_{37}–338_{11} **2,** 340_{26} **4,** 48_{21-22}
– *Strahlenkegel* **1,** 337_{7} **2,** 340_{1} **4,** 48_{18}
Lilienthal 2, 707_{18} 711_{28-29} 712_{2} 756_{10} **5,** 210_{22} 256_{13} 262_{3}
Lille 5, 445_{29}
Lima
– *Erdbeben 1746* **1,** 847_{24} **2,** 956_{26} **5,** 531_{22}
Limoges 1, 931_{5}
Lincolnshire 2, 775_{15} **5,** 188_{18-19}
Lineal 6, 292 (**22*) 292 (**23*) 315 (**35k*) 321 (**38d*) 321 (**38e*) 322 (**38f*) 322 (**38g*)
s.a. Parallellineal; Proportionallineal.
– *biegsames Lineal* **6,** 322 (**38k*)
Linie, s.a. Horizontallinie; Mond – Umlauf um die Erde – Knotenlinie; Vertikallinie.
– *mathematische* **2,** 36_{40} 37_{11} **3,** 78_{7-8} 79_{30} 104_{13}
Linse (optisch) 1, 372_{20-29} **6,** 384 (**164*)
s.a. Auge; Camera obscura; Fernrohr; Mikroskop; Sonnenmikroskop; Zauberlaterne.
– *Bikonvexlinse aus Bernstein* **6,** 385 (**165*)
– *Formen* **1,** 372_{33}–373_{10} 946_{21-24} **2,** 373_{17} **4,** 59_{6-17}
– *Grundlage für mikro- und teleskopische Entdeckungen* **5,** 33_{10}
– *kleine Linse für Mikroskop* **6,** 385 (**166*)
– *konkave* **4,** 58_{1}
– – *Brechung* **1,** 379_{2-11}
– – *Brechung weg von der optischen Achse* **1,** 378_{11-22} **2,** 374_{29-38}

– – *Brennweite* **1,** 378_{32-35} **2,** 377_{31-32}
– – *in optischen Instrumenten* **1,** 407_{9-10} **4,** 85_{21-22}
– – *Korrektur der chromatischen Aberration* **4,** 62_{35}
– – *korrigiert Kurzsichtigkeit* **1,** 403_{21-28} **2,** 399_{23-29}
– – *Verkleinerung* **1,** 379_{30}–380_{9}
– – *virtuelles Bild* **1,** 379_{13-28} **2,** 378_{23-36}
– – *Zerstreuungspunkt (auch Brennpunkt)* **1,** 378_{22-31} **4,** $58_{3-5.\ 11-17}$
– *konvexe*, s.a. Brennglas.
– – *Abweichung wegen der Farben* **1,** 387_{16-18} 949_{10-15} **4,** 60_{4-18} 86_{33}–87_{4}
– – – *Korrektur (Achromasie)* **1,** 388_{5-7} 421_{21} 949_{28} **4,** 61_{31-33} 62_{34}–63_{2} 89_{3-7} s.a. Fernrohr – chromatische Aberration – Abhilfe.
– – *Abweichung wegen der Gestalt des Glases* **1,** 375_{17-20}
– – – *Korrektur (Aplanasie)* **1,** 949_{33-34} s.a. Fernrohr – sphärische Aberration – Abhilfe.
– – *als Vergrößerungsglas* **1,** 419_{21-22}
– – *Beleuchtung am Mikroskop* **1,** 420_{34-35}
– – *Bild eines Gegenstandes* **1,** 376_{22}–377_{13} **2,** 378_{2} **4,** $55_{7-9.\ 29-31}$
– – *Bild eines Punktes auf der optischen Achse* **1,** 375_{26}–376_{20}
– – *Bild undeutlich* **1,** 387_{20-38}
– – *Bildarten* **1,** 377_{15}–378_{9} **2,** 379_{1-41} **4,** 55_{10-13}
– – *Bildweite* **1,** 374_{R2-6} **2,** 376_{35}–377_{24} 378_{12}
– – *Brechung zur optischen Achse* **1,** 373_{31}–374_{4} **2,** 374_{15-28}
– – *Brennpunkt (focus)* **1,** 374_{4-8} **2,** 374_{16-18}
– – *Brennweite* (distantia focalis) **1,** $374_{14-38.\ R1}$ 375_{1-4} **2,** 375_{14}–376_{34} **4,** $55_{8.\ 33}$
– – *in optischen Instrumenten* **1,** 405_{5-6} $407_{11-13.\ 23-27}$ 413_{24-25} 421_{34-35}
– – *korrigiert Weitsichtigkeit* **1,** 402_{9-17} **2,** 399_{39}–400_{4}
– *Linse aus Steinsalz* **6,** *559* (*466*)
– *Plankonvexlinse* **6,** 384 (**161*)
– *ungefaßte dicke Linse* **6,** 167 (201)
– *ungefaßte Linse* **6,** 168 (202)
Linz 2, 646_{14}
Liparische Inseln (ital. Inselgruppe vor Sizilien) **5,** $530_{3.\ 13.\ 30}$ 532_{10} s.a. Stromboli; Vulcano.
Liquor anodynus
– *elektrisch entzündet* **1,** 552_{8-9} **4,** 248_{3} 261_{2} 266_{16}
Lissabon
– *Erdbeben 1755* **1,** 847_{25} **2,** 435_{28} 956_{27} **5,** 531_{28}
– *Reise zur Chronometerprüfung* **2,** 698_{24} **5,** 115_{2}
Lithophyten 5, 533_{1}
Lösung, s. Auflösung.
Lösungsmittel, s. Auflösungsmittel.
Löwe 2, 81_{24} **3,** 175_{18} 179_{26}
Löwe (Sternbild; Leo) **2,** 598_{29} 791_{23-24} **5,** 208_{10-11} 291_{6} 694^{879} s.a. Denebola; Regulus.
Löwe (Sternzeichen) **1,** 656_{19} **5,** 201_{9} 694^{879}
Löwe, kleiner (Sternbild; Leo minor) **5,** $291_{6.\ 8}$
Lofoten (norw. Inselgruppe im Nordatlantik) **1,** 968_{21} **5,** 359_{17}
Lomnický štít (Lomnitzer Spitze; Berg in der Slowakei) **2,** 963_{30}–964_{4}
London 6, 327 (**61*) 327 (**63*) 329 (**69*) s.a. Royal Humane Society; Royal Society.
– *Albion Mills* **2,** 442_{20} **4,** 144_{28} 153_{4}

– *Blackfriars Bridge* **2,** 442_{21} **4,** 529^{137}
– *britisches Museum* **2,** 79_{26}
– *Coxe's Museum* **1,** 305_{14} **2,** 309_{32-34} 310_{14} **3,** 382_{33}
– *Fergusons Vorlesungen* **3,** 5_{30} 10_{25}
– *Gradmessung* **2,** 673_{20} **5,** 102_{6} 247_{10}
– *Greenwich* **2,** 632_{23} **5,** 85_{24} 87_{14} $115_{7-8.\ 31-32}$ 834^{649}
– *Gresham College* **2,** 938_{23-24} 939_{6}
– *Instrumentenbau* **4,** 295_{15} **6,** CV
– *Jahresniederschlag* **1,** 787_{38}
– *Kew* (Sternwarte) **2,** 632_{25} **5,** 85_{23} 428_{31} 834^{651} **6,** 207 (257)
– *Kometenbeobachtung* **2,** 771_{3} **5,** 171_{5}
– *Luftdruck* **5,** 496_{26}
– *Luftqualität* **3,** 403_{5}
– *magnetische Deklination / Inklination* **5,** 425_{35} 426_{12}–429_{2} 429_{9-19}
– *Meridian* **5,** 432_{21}
– *Parlament* **2,** 776_{29} **5,** 189_{6}
– *Philidor gestorben* **2,** 588_{38}
– *Richmond* **2,** 849_{10} **4,** 171_{32} **5,** 423_{15} 423_{32}–424_{1} 425_{29-30} s.a. London – magnetische Deklination / Inklination.
– *Rømer, Ole* **5,** 62_{1}
– *Society of antiquaries* **2,** 942_{32-33}
– *St. Pauls Cathedral* **2,** 323_{7-8}
– – *Blitzableiter* **4,** 257_{34} **5,** 423_{25}
– – *Fallversuche* **1,** 156_{11-12}
– *Stadtbrand 1666* **5,** 429_{27}
– *Stratford* **4,** 152_{16-17}
– *Theater* **2,** 352_{13} **4,** 51_{3}
– *Uffenbach* **2,** 549_{32}
– *Untergrund* **5,** 514_{12}
– *Westminster Abbey* **2,** 777_{30} **3,** 706^{233} **5,** 453_{24}
– *Woolwich* **4,** 19_{5} 22_{27}
Lot 6, 287 (**14*) 300 (**33c*)
Louisbourg (Kanada)
– *magnetische Deklination* **1,** 757_{44} **2,** 846_{35} **5,** 347_{19}
Luchs (Sternbild; Lynx) **5,** 291_{9}
Lüneburg 5, 289_{14}
Luft (Element) 1, 832_{1}
Luft (Gas)
– *Ausdehnbarkeit* **2,** 115_{21} 952_{25-32} **3,** 207_{8-9} 214_{28} 225_{33} 235_{31} 325_{14} 337_{31}
– – *erklärt durch Bewegung der Teile* **3,** 218_{11-12} 219_{8} 230_{29-31}
– *Ausdehnung durch Wärme* **1,** 239_{13-22} **2,** 228_{22} 992_{1}–993_{3} **3,** $381_{12.\ 28}$ 382_{5} **4,** 109_{30} 110_{4}
– – *Anwendung im Thermometer* **4,** 158_{3-8} 165_{25} 166_{22-24}
– – *Anwendung zur Füllung von Gefäßen* **1,** 239_{24-37} **2,** 229_{5}
– – *bei weißglühendem Eisen* **1,** 240_{3-7} **2,** 229_{12-19}
– *Behandlung in Erxlebens Anfangsgründen* **3,** 15_{4} 24_{16-17}
– *beim Verdampfen* **1,** 445_{16} 446_{36}
– *Bewegung* **2,** 115_{38-39}
– *Elastizität* **3,** 216_{19-20} 232_{14-15} 419_{18}
– – *absolute* **1,** 292_{12-18} 941_{15}
– – *Funktion der Temperatur* **2,** 297_{25-26}
– – *spezifische* **1,** 292_{18-26} 941_{16}
– *Entwicklung durch Auflösung oder Verbrennung* **1,** 259_{2-10}
– *Gasdruck* **3,** 565^{179} s.a. Luft (Gas) – Elastizität.
– *im Eis eingeschlossene* **1,** 435_{30-37}
– *im Wasser enthaltene*
– – *gebunden* **1,** 434_{R32-37} 435_{R1-5}
– – *Verhalten beim Gefrieren* **1,** 434_{19}–435_{3}
– *Impenetrabilität* **2,** 30_{9} 220_{13}
– *Produkt der Auflösung eines Stoffes durch Feuermaterie* **5,** 447_{17}
– *Proportionalität von Druck und Dichte (Gesetz von Boyle-Mariotte)* **1,** 289_{36-39} **2,** 293_{32-37} $295_{1-8.\ 23-34}$ **3,** 405_{10-20} 406_{29}–407_{4} 407_{13-20} **4,** 119_{6-8} 165_{26-27}
– *Proportionalität von Temperatur und Druck (Gesetz von Amon-*

tons) **1,** 474_{2-4} 954_{20} **2,** 455_{5-6} **4,** 119_{10} 163_{16-17}
– – *Herleitung* **4,** 163_{21}–164_{5} 165_{30}–166_{4}
– *Proportionalität von Volumen und Temperatur (Gesetz von Gay-Lussac)* **1,** 474_{4-8} 954_{20} **2,** 455_{7-9} **4,** 119_{17-19} 121_{19-20} 166_{8-13}
– *Verwandlung* **1,** 458_{25-26}
– *Zusammenhang zwischen Druck, Temperatur und Volumen* **3,** 382_{8-9} **4,** 155_{25-33}
Luft, atmosphärische **1,** 232_{24-25} **2,** 219_{4} 259_{1} s.a. Luftfeuchtigkeit; Verdampfen – Rolle der Luft.
– *Auflösung in Wasser* **3,** 304_{2}
– *Auflösungsmittel* **1,** 280_{1-2} 447_{3-5} **2,** 281_{16-19} 878_{22-23} **3,** 410_{1-2}
– – *bei Fäulnis* **1,** 285_{4-7}
– – *bei Gährung* **1,** 284_{10-19}
– – *Sättigung* **1,** 783_{R17-22} **2,** 285_{19-24} 880_{20-21} 882_{29-31} **3,** 437_{10-14} **5,** 362_{3} 451_{4-6}
– *Ausdehnungskoeffizient* **1,** 239_{R12-18} 478_{R11} 480_{23-24} **2,** 297_{28-30} 455_{12-14} **4,** 500^{44}
– *Dichtigkeit*
– – *bei Schwerelosigkeit* **1,** 237_{24-30}
– – *nimmt mit der Höhe ab* **1,** 236_{27-33} 760_{11-13} **2,** 227_{3-6} **3,** 378_{19} **4,** 231_{28}
– – *paßt sich der Umgebung an* **1,** $238_{3-12.\ 16-22}$
– – *proportional zur drückenden Kraft* **1,** 289_{35-39} **2,** 293_{17-18}
– *Durchlässigkeit verschiedener Materialien* **1,** 252_{26}–253_{2} **2,** 241_{12-15}
– *Elastizität* **1,** 233_{23} 291_{10-15} **2,** 219_{27} 248_{11} 299_{2} **3,** 83_{1} 112_{4} 120_{11-13} 378_{12} 380_{1}
– – *Ursache* **1,** 291_{26-31} **2,** 43_{14-16} **4,** 119_{14-16}
– – *Wirkung aufs Barometer* **5,** 496_{3}
– *Elektrizitätslehre,* s.a. Elektrizität – atmosphärische.
– – *als Basis des Condensators* **1,** 574_{28}
– – *als Basis des Elektrophors* **1,** 597_{30-33} **5,** 367_{8}
– – *elektrische Eigenschaften* **1,** 534_{9-26} **4,** 273_{24} 320_{22} 323_{25-26}
– – *elektrische Erscheinungen bei evakuierten Röhren* **1,** 584_{23-34}
– – *elektrischer Körper (Nichtleiter)* **1,** 534_{9}
– – *Elektrisieren* **1,** 598_{7-15} **2,** 535_{6-31} **4,** 252_{6-7} 258_{26-28} 282_{27-30} 289_{19-23} **5,** 473_{10-11}
– – *erwärmte Luft unelektrischer Körper (Leiter)* **1,** 535_{R5}
– – *Isolator der Leidener Flasche* **1,** 559_{18} **4,** 251_{2} 273_{1}
– – *Modell für Franklins Theorie der Elektrizität* **1,** 587_{5-8}
– – *Pyroelektrizität* **5,** 473_{9}
– – *Rolle bei der Influenz* **4,** 270_{5-9}
– – *verdünnte Luft unelektrischer Körper (Leiter)* **1,** 535_{R1-3}
– – *wichtig für elektrische Erscheinungen* **1,** 534_{R10-23} **4,** 252_{4-5} $274_{26.\ 33}$ 297_{17} 298_{27}
– *Erhaltung der Flamme* **1,** 455_{13-33}
– *Erzeugung* **1,** 435_{4-5}
– *Farbe* **1,** 393_{32-34} **2,** 219_{14-15}
– *Fluidität* **1,** 232_{7-9} **2,** 219_{8-11}
– – *nicht in Festkörper zu verwandeln* **1,** 290_{25-31}
– – *Ungefrierbarkeit* **1,** 440_{10-12} **2,** 431_{6-8}
– *Gegenstand der besonderen Naturlehre* **3,** 24_{11}
– *hält durch ihr Gewicht Flüssigkeiten in oben verschlossenen Röhren* **1,** 234_{5}–235_{6} **2,** 223_{25-30} **3,** 378_{14-16}
– – *Einwände* **2,** 230_{18} **3,** 381_{7}
– – *Problem bei weiten Röhren* **1,** 235_{29-34} **2,** 223_{30-33}
– *hygroskopisch* **5,** 448_{28-29}

– *im antiphlogistischen System* **2,** 203_{27}
– *in Festkörpern enthalten* **1,** 258_{2-3}
– *in Flüssigkeiten enthalten* **1,** 257_{7-29}
– *Kompressibilität* **1,** 233_{19-20} **2,** 32_{35} 944_{3}
s.a. Franklin, Benjamin – Luft.
– – *Hinweis auf Porosität* **2,** 31_{2-3}
– *Lichtdurchlässigkeit nimmt mit der Entfernung ab* **1,** 339_{28-31}
– *Nutzen* **1,** 232_{R2}–233_{R9} **2,** 219_{16-24}
– *Schallausbreitung* **2,** 314_{19-21} **4,** 10_{23}
– *schlechter Feuchtigkeitsleiter* **5,** 458_{23-24}
– *Schwere* **2,** 223_{16} **3,** 378_{13}
– *schwüle* **1,** 798_{31}
– *spezifisches Gewicht* **1,** 186_{4-5} $255_{21-25.\ R20-32}$ 256_{R3-8} **2,** 247-248[*] 247_{27-38} **3,** 410_{26-27}
– *Ursache des Verwitterns* **1,** 286_{2-3}
– *Verdichtung* **3,** 404_{19}
s.a. Versuche (Luft) – Kompression.
– – *Anwendungen* **1,** 286_{21-37} $287_{25-26.\ 28-29}$ 289_{13-22} **2,** 290_{25} 292_{29}
– – *berechnen* **1,** 289_{1-5}
– – *Forschungsbedarf* **1,** 286_{R1-7}
– – *Maximum* **1,** 290_{16-25} **2,** 297_{32} **3,** 404_{26} 406_{1-8}
– – *messen* **1,** 289_{6-8}
– – *Versuche gefährlich* **1,** 286_{R7-8} **2,** 297_{34-35} **3,** 406_{4-5} 409_{28}
– *Verdünnung*
– – *Anwendungen* **1,** 239_{1-6}
– *verunreinigt* **3,** 353_{14} 364_{18-21} **4,** 121_{22-27}
s.a. Luft, atmosphärische – Auflösungsmittel.
– *Volumen verringert durch Flamme* **1,** 456_{2-6}
– *Volumen, dessen ein Mensch zum Atmen bedarf* **1,** 234_{R3-18}
– *Wägung* **1,** 255_{6-20} **2,** 246_{28-29} **3,** 410_{21-28}
– *Wärmeleitung* **2,** 461_{3} 464_{6} **4,** 185_{3-4} **5,** 458_{32-33} 467_{12-15}
– *warme läßt Wolken sich ausregnen* **5,** 365_{11}
– *warme steigt auf in kälterer* **1,** 292_{41}–293_{5}
– – *Anwendungen* **1,** 293_{6-19}
– *Widerstand* **3,** 98_{9-10}
– – *beim freien Fall* **1,** 155_{5-11}
– *Zusammensetzung* **1,** 267_{3-13} 933_{22-29} **2,** 259_{2-10} 851_{20} **5,** 359_{32-34} 451_{28-29}
Luft, dephlogistisierte (auch Aer vitalis; Feuerluft; reinste Luft) **2,** 256_{27} **3,** 393_{12} 421_{22} **4,** 121_{29}
s.a.u. Wasser – Zerlegung / Zusammensetzung; Versuche (Luftarten).
– *Atmung* **2,** 258_{1} **3,** 393_{31} 394_{1-5}
– *Benennung* **2,** 258_{33-35} **3,** $393_{12-15.\ 25-26}$ 394_{7-15}
– *Bestandteil der atmosphärischen Luft* **1,** 267_{8-11} **2,** 852_{6} **5,** 359_{33}
– *Eigenschaften* **1,** 265_{24}–266_{15} 266_{R10-19} **2,** 257_{11}–258_{29} **3,** 312_{20-26} 393_{16-19} 420_{10-20}
– – *Vermischbarkeit mit Wasser* **1,** 933_{19-20}
– *Entdeckung* **2,** 210_{4-5}
– *Förderung von chemischen Reaktionen* **3,** 369_{13}
– *Förderung von Verbrennungsprozessen* **1,** 265_{26-27} **2,** 257_{21-22} **3,** 393_{18} **4,** $128_{22.\ 31-32}$ **5,** 340_{19}
– *Gewinnung* **2,** 256_{28-39} **3,** 420_{28-34}
– – *Erzeugung durch Pflanzen bei Tageslicht* **1,** 265_{20-22} 346_{R17-19} **2,** 256_{34}–257_{10} **3,** 395_{33}–396_{17} 397_{6-12} 427_{7-9} **4,** 49_{27-28} 75_{16-17}
– – *Gewinnung aus Mennige und Schwefelsäure* **1,** 968_{30-31} **3,** 422_{13-14}

– – *Gewinnung aus Salpeter(säure)* **1,** 265$_{16-20}$ 933$_{2-14}$ 940$_{11}$ **2,** 256$_{30-33}$ **3,** 395$_{14-32}$ 421$_{8-10}$
– – *Gewinnung durch Reduktion von Metallkalken(-oxiden)* **1,** 265$_{8-12}$ 958$_{11}$ **3,** 329$_{16-17}$ 337$_{11-12}$ 365$_{25}$ 394$_{17}$–395$_{13}$
– – *mittels organischer Substanzen* **3,** 422$_{25}$
– *im antiphlogistischen System* **2,** 204$_{7}$ 258$_{30-32}$ **3,** 314$_{3}$ 327$_{31}$
– *medizinischer Gebrauch* **1,** 266$_{7-9}$ 517$_{33}$–518$_{5}$ **2,** 258$_{8-19}$ **3,** 394$_{6}$ 420$_{18}$–421$_{5}$
– – *im Einzelfall potentiell schädlich* **1,** 518$_{1-5}$ **2,** 258$_{12-17}$ **3,** 393$_{16-17}$ **4,** 128$_{16-17}$
– *Qualität* **3,** 422$_{21-23}$ 430$_{2}$ s.a. Eudiometer – Luftgüteprüfung.
– *Regen* **5,** 461$_{11}$
– *Säureerzeugung und Schmeckbarkeit* **1,** 904$_{10-16}$ **3,** 354$_{6-11}$ 355$_{6-7}$
– *spezifisches Gewicht* **1,** 932$_{33}$ **2,** 257$_{13-15}$
– *Verbindungen mit phlogistisierter Luft (Stickstoff)* **2,** 853$_{20}$
– *Verbrauch bei der Oxidation von Metallen* **1,** 958$_{10}$
– *Verwandtschaft mit Phlogiston* **1,** 516$_{6-10}$ **4,** 127$_{17}$ 203$_{1}$
– *von Erxleben nicht erwähnt* **3,** 8$_{19}$
– *Voraussetzung für Verbrennung* **2,** 480$_{5-8.\ 18-24}$
– *Wärme* **2,** 480$_{1-4}$ **3,** 351$_{1}$ **4,** 164$_{20}$ 175$_{12}$
– *Zersetzung bei Verbrennungs prozessen* **2,** 481$_{7-17}$ 482$_{36}$–483$_{4}$ **5,** 513$_{15-16}$
– *Zusammensetzung* **2,** 480$_{25}$ **3,** 320$_{19}$ 326$_{4}$ 328$_{1}$ 339$_{6-8}$ **4,** 332$_{4}$
Luft, essigsaure 1, 273$_{38-44}$
Luft, fixe (auch Luftsäure; Mephitis vinosa; wildes Gas) **1,** 216$_{11}$ **2,** 266$_{16-17}$ **3,** 390$_{11-17}$ 419$_{22}$ 425$_{16}$
– *Atmung* **1,** 271$_{16-17}$ **2,** 266$_{25-27}$ **3,** 392$_{31}$
– *Auflösung der Erden* **1,** 927$_{15}$
– *Benennung* **1,** 904$_{5}$ **2,** 270$_{10-14}$ **3,** 343$_{9-15}$ 391$_{11-13}$
– *Bestandteil der atmosphärischen Luft* **1,** 267$_{13}$ 271$_{15-16}$ **2,** 852$_{6-7}$ **5,** 359$_{33}$
– *Bild für gebundene Wärme* **1,** 507$_{41}$ **4,** 127$_{32}$ 200$_{30}$
– *Eigenschaften* **1,** 271$_{1-25}$ **2,** 267$_{1-41}$ 268$_{1}$–269$_{8}$ **3,** 392$_{17-38}$
– *Erzeugung* **6,** 120 (133)
– *Gährungsprodukt* **3,** 440$_{9}$ 441$_{23}$ 442$_{8.\ 16}$ s.a. Luft, fixe – Gewinnung.
– *Gewinnung* **1,** 270$_{29-42}$ 284$_{R1}$ **2,** 266$_{18-25}$ **3,** 342$_{7}$ 391$_{16-24}$ 391$_{30}$–392$_{5}$ 425$_{17-21}$
– *im antiphlogistischen System* **2,** 203$_{31}$ 270$_{9-10}$ **3,** 314$_{6}$
– *im Göttinger Trinkwasser* **2,** 832$_{14}$
– *in Flüssigkeiten* **2,** 250$_{31}$ **5,** 338$_{6}$
– *in Heilwässern* **2,** 832$_{31-32}$ **5,** 339$_{2-3}$
– *künstliches Sauerwasser* **1,** 271$_{7-8}$ **2,** 268$_{12-19}$ 269$_{16-35}$ **3,** 393$_{3-11}$
– *medizinischer Gebrauch* **2,** 269$_{36}$ **3,** 392$_{34-38}$ 393$_{1}$
– *Rolle bei der Zusammensetzung organischer Körper* **3,** 440$_{10-11}$
– *Salze* **3,** 309$_{18-24}$
– *spezifisches Gewicht* **2,** 267$_{10-12}$ **3,** 419$_{8}$ s.a. Luftarten – Tabelle der spezifischen Gewichte.
– *und Kalk* **2,** 268$_{1-8}$ **3,** 304$_{7}$ 316$_{31-32}$ 391$_{22-26}$ 392$_{30}$ **5,** 525$_{4-5}$
– *Verwandtschaften* **1,** 231$_{7-10}$
– *zerlegt mittels des elektrischen Funkens* **3,** 359$_{25-26}$ **4,** 276$_{2-3}$
– *Zusammensetzung und Entstehung* **3,** 314$_{6}$ 315$_{29-34}$ 318$_{3-4}$ 328$_{18-19.\ 22}$

Luft, flüchtige alkalische (auch laugensalzige Luft; Mephitis urinosa) **2,** 259$_{28}$ **3,** 307$_{1}$
– *Eigenschaften* **1,** 268$_{15–24}$ **2,** 260$_{1–21}$ **3,** 403$_{27–31}$
– *Gährungsprodukt* **3,** 440$_{28–29}$ 442$_{9}$
– *Gewinnung* **1,** 268$_{10–14}$ **2,** 259$_{29–33}$
– *im antiphlogistischen System* **2,** 203$_{26}$ 260$_{28–29}$ **3,** 340$_{31–33}$
– *Reaktionen* **3,** 316$_{20–21}$ 372$_{17}$
– *spezifisches Gewicht* **3,** 403$_{29–30}$
– *Zersetzung durch Elektrizität* **3,** 333$_{16}$ 345$_{11}$
– *Zusammensetzung* **1,** 959$_{27–28}$ **2,** 260$_{29–30}$ **3,** 315$_{26–27}$ 328$_{28–30}$ 334$_{33–34}$ 340$_{32–33}$
Luft, inflammable (auch Mephitis inflammabilis) **2,** 260$_{34–35}$ **3,** 396$_{23}$ 424$_{10.\,25}$ **6,** 121 (135)
s.a. Versuche (Luftarten) – Luft, inflammable; Wasser – Zerlegung / Zusammensetzung.
– *Atmung* **2,** 261$_{22}$
– *Brennbarkeit organischer Substanzen* **2,** 483$_{6}$ **3,** 330$_{1–3}$ 346$_{17–18}$ 350$_{34}$
– *Donner* **1,** 800$_{R11}$
– *Druck* **3,** 216$_{16}$
– *Eigenschaften* **1,** 269$_{25–40.\ R5–16}$ 270$_{4–14}$ **2,** 261$_{20}$–262$_{8}$ **3,** 396$_{32–34}$ 397$_{20}$
– *elektrische Pistole* **2,** 499$_{9}$
– *Entzündbarkeit* **4,** 129$_{2}$ 203$_{7–11}$
– *entzündete* **1,** 460$_{2}$
– – *elektrisch entzündet* **1,** 523$_{7–11}$ 552$_{1–4}$
– *Erzeugung* **6,** 120 (133)
– *Erzeugung von Tönen* **2,** 335$_{5–9}$
– *Gährungsprodukt* **3,** 442$_{5}$
– *Gebrauch bei aerostatischen Maschinen* **1,** 269$_{31–34}$ **3,** 398$_{26–27}$
– *Gewinnung* **1,** 269$_{8–22.\ R18–21}$ 277$_{R6–7}$ 552$_{R3–5}$ **2,** 260$_{36}$–261$_{4}$ **3,** 314$_{36}$ 315$_{12}$ 318$_{7}$ 328$_{14–16}$ 329$_{29}$ 333$_{32}$–334$_{1}$ 342$_{8–11}$ 356$_{5–8}$ 396$_{26–30}$ 424$_{28}$–425$_{1}$ 701[187]
– – *aus Weingeist* **1,** 940$_{12}$
– – *Rezept* **1,** 934$_{16–21}$
– *im antiphlogistischen System* **1,** 934$_{27}$ **2,** 204$_{14}$ 261$_{17–19}$ 264$_{10–11}$ **3,** 314$_{4}$ 327$_{31}$
– *in höheren Luftschichten nicht zu finden* **5,** 451$_{30}$
– *Nordlicht* **5,** 486$_{37}$
– *spezifisches Gewicht* **1,** 934$_{14}$ **2,** 263$_{1–4}$ **3,** 398$_{24}$ 425$_{4–7}$
– *steigt auf in atmosphärischer Luft* **1,** 292$_{31–41}$ **3,** 334$_{5–6}$
– *Verbrennung zu Wasser* **1,** 270$_{5–6}$ 934$_{24–25}$ **2,** 483$_{8–19}$ **3,** 318$_{14}$ 321$_{29–30}$ 345$_{32}$
– *Verhältnis zum Phlogiston* **1,** 934$_{26}$ **3,** 312$_{33–34}$ 317$_{11}$ 330$_{7–9}$ 425$_{10–11}$ **4,** 164$_{21}$ 203$_{8–9}$
– *Zusammensetzung* **2,** 261$_{17–19}$ 264$_{10–11}$ 483$_{7–8}$ **3,** 320$_{19}$ 326$_{6}$ 328$_{5}$ 339$_{9–10}$ 425$_{10–13}$ **4,** 332$_{4}$
Luft, künstliche
– *Gegenstand der Chemie* **1,** 259$_{27}$–260$_{2}$
Luft, phlogistisierte (auch phlogistische Luft; Mephitis aeris phlogistica; verdorbene Luft) **1,** 938$_{32}$–939$_{11}$ **2,** 273$_{17}$
s.a. Pflanzen – Regeneration verbrauchter (phlogistisierter) Luft; Tierversuche – Tiere in verbrauchter (phlogistisierter) Luft.
– *ähnlich oder gleich der Luft aus durch glühendes irdenes Rohr geleitetem Wasserdampf* **1,** 900$_{12–14}$ 939$_{27–29}$ **2,** 273$_{26–28}$ **3,** 333$_{23}$ 345$_{34}$ 353$_{21}$
– *bei chemischen Versuchen* **3,** 353$_{15}$
– *Bestandteil der atmosphärischen Luft* **1,** 267$_{11–13}$ 277$_{R25–26}$ **2,** 852$_{6}$ **5,** 359$_{33–34}$
– *Eigenschaften* **1,** 277$_{1–14}$ 939$_{13–20}$ **3,** 397$_{20}$ 403$_{10}$

– *Gewinnung* **1,** 276$_{29}$–277$_{R6}$ 277$_{R8-13}$ 284$_{R2}$ 933$_{16}$
2, 273$_{18-19.\ 26-28}$
3, 403$_{8-9.\ 11-12}$
– *im antiphlogistischen System* **2,** 204$_{9}$ 274$_{4-5}$ **3,** 314$_{5}$ 327$_{31}$
– *Verbindungen mit dephlogistisierter Luft (Sauerstoff)* **2,** 853$_{20}$
– *Zersetzung durch Elektrizität* **1,** 277$_{R21}$
– *Zusammensetzung* **3,** 327$_{1}$ 339$_{10-12.\ 13}$
Luft, salpetersaure, s.a. Stickstoff (Azote) – Oxidation.
– *Eigenschaften* **1,** 273$_{30-37}$
– *Gewinnung* **1,** 273$_{23-29}$ **3,** 404$_{5-6}$
Luft, salzsaure (auch Mephitis muriatica) **2,** 270$_{15}$
– *Bestandteile* **2,** 272$_{1}$
– *Eigenschaften* **1,** 272$_{1-14}$ **2,** 270$_{22-26}$
– *Gewinnung* **1,** 271$_{28-32}$ **2,** 270$_{16-21}$
– *im antiphlogistischen System* **2,** 204$_{5}$
– *Reaktionen* **2,** 270$_{24-26}$ **3,** 316$_{20}$
Luft, spatsaure (auch Mephitis fluoris mineralis) **2,** 272$_{12}$ **3,** 403$_{24}$
– *Eigenschaften* **1,** 273$_{10-21}$ **2,** 272$_{20-24}$ 273$_{7-10}$ 898$_{20}$
– *Gewinnung* **1,** 273$_{3-9}$ **2,** 272$_{13-16}$ **6,** 126 (149)
– *im antiphlogistischen System* **2,** 203$_{29}$ 273$_{11-12}$
Luft, vitriolsaure (auch luftförmige Vitriolsäure) **2,** 272$_{4}$ **3,** 403$_{20}$ **5,** 379$_{12}$
– *Eigenschaften* **1,** 272$_{26-40}$
– *Gewinnung* **1,** 272$_{18-23}$ **2,** 272$_{5-7}$
– *im antiphlogistischen System* **2,** 204$_{10}$ 272$_{9-10}$
– *spezifisches Gewicht* **3,** 389$_{17}$
– *Verhalten in gefrierendem Wasser* **1,** 950$_{22-25}$
Luftarten **2,** 252$_{14}$ **3,** 388$_{8}$
s.a. Luft (Gas); Luft, atmosphärische; Luft, dephlogistisierte; Luft, essigsaure; Luft, fixe; Luft, flüchtige alkalische; Luft, inflammable; Luft, phlogistisierte; Luft, salpetersaure; Luft, salzsaure; Luft, spatsaure; Luft, vitriolsaure; Phosphor-Luft; Salpeter-Luft; Schwefelleber-Luft; Sumpfluft; Versuche (Luftarten) – Dämpfe durch glühendes irdenes Rohr.
– *Abgrenzung gegenüber imponderablen Materien und Dämpfen* **1,** 261$_{42}$–262$_{7}$ 449$_{R1-3}$ **2,** 252$_{26-37}$ **3,** 325$_{18}$ 338$_{1}$ **4,** 138$_{19-21}$
– *Bestandteile fester Körper* **2,** 948$_{4-41}$
– *Definition* **1,** 261$_{29-41}$ **2,** 252$_{20-26}$ **3,** 389$_{14-25}$
– *einatembare / mephitische* **1,** 262$_{8-25}$
– *elastische Fluida* **3,** 364$_{5}$
– *Entbindung durch Wärme* **1,** 932$_{21-23}$ **2,** 474$_{38-39}$
– *Entstehung* **3,** 361$_{22}$ **5,** 454$_{15}$
– *Erzeugung aus Erden* **1,** 968$_{27-28}$
– *Geschichte* **2,** 252$_{38}$–253$_{26}$ **3,** 388$_{32}$–389$_{5}$ 390$_{1-33}$ 391$_{1-2}$
– *Handhabung* **2,** 255$_{33}$–256$_{24}$
– *ihre Erzeugung Quelle von Elektrizität?* **1,** 578$_{14-15}$
– *Mischung* **3,** 427$_{33}$
– *Nutzen ihrer Kenntnis* **1,** 260$_{38}$–261$_{18}$ **2,** 255$_{15-32}$
– *Rolle der Salpetersäure* **3,** 323$_{1-20}$
– *Schall* **1,** 309$_{R12-20}$
– *spezifische Wärme* **1,** 512$_{15-17.\ R12-14}$ 516*) 517$_{13-33}$ **4,** 125$_{23-25}$ 127$_{11-13}$
– *Stellung bezüglich der Physik* **1,** 260$_{35-38}$ **3,** 262$_{2}$
– *Tabelle* **2,** 254 **3,** 391$_{9}$
– *Tabelle der spezifischen Gewichte* **1,** 263$_{R1-19}$ 264$_{2}$ **3,** 418$_{28}$–419$_{2}$ 419$_{11-15}$
– *Theorie* **3,** 325$_{9-10}$ 337$_{25}$ 360$_{19}$
– – *phlogistisch* **2,** 252$_{18-37}$ **3,** 325$_{27}$–327$_{11}$ 338$_{9}$–339$_{14}$

– *Verschiedenheit in einigen Fällen fraglich* **1,** 277_{15-20} **3,** 391_{5-6}
– *von Erxleben nicht erwähnt* **3,** 8_{19-20}
– *Zersetzung als Ursache von Winden* **2,** 863_{1-6} **5,** 439_{23-35}
– *Zersetzung beim Verbrennen bzw. Verkalken* **2,** 475_{3} **3,** 316_{26-31}
– *Zusammensetzung* **1,** 939_{35-36} **3,** 338_{19-26}

Luftdruck (Barometerhöhe), s.a. Heber – Funktion; Luftpumpe; Tabelle; Versuche.
– *atmosphärischer* **2,** 957_{29} 959_{6-8} **3,** 379_{14} $383_{1.\ 31}$
– – *abhängig vom Stand von Mond und Sonne* **1,** 762_{4-16} **5,** 349_{2-33} 438_{2}
– – *bei Gewitter* **1,** 805_{R5}
– – *bei Regen* **1,** 822_{31-32}
– – *Beitrag zur Haftung planer Flächen* **2,** 39_{1-2} **3,** 111_{10-12} 260_{6}
– – *Gewicht der Luftsäule über der Fläche von einem Quadratfuß* **2,** 231_{24}–232_{3}
– – *Gewicht der Luftsäule über der Hautoberfläche eines Menschen* **1,** 243_{1-15} **2,** 232_{7-12} **3,** 379_{17-26} 381_{10} 383_{33}–384_{2}
– – *Gewicht der Luftsäule über der Oberfläche einer Seifenblase* **1,** 243_{R1-8} **2,** 232_{4-6} **3,** 379_{28-33} 381_{11} 384_{6-7}
– – *Gewicht der Luftsäule über der Oberfläche von L.s Magdeburger Halbkugeln* **1,** 254_{R1-10} **2,** 246_{12-16} **3,** 689^{74}
– – *Gewicht der Luftsäule über einem Tisch von 20 Quadratfuß* **1,** 242_{R1-2}
– – *korrespondierende Quecksilbersäule* **1,** 241_{28-35} **2,** 230_{16-17} 958_{4-5} 959_{31} **3,** 415_{18-19}
– – *korrespondierende Wassersäule* **1,** 240_{15-35} **2,** 229_{27-28} 958_{1} **3,** 415_{20-21}
– – *mechanisches Modell* **1,** 825_{R2-6}
– – *mittlerer Wert am Meer* **1,** 736_{27-33}
– – *nimmt mit der Höhe ab* **1,** 733_{8-14} **2,** 958_{32-39} 959_{33-37} **3,** 42_{19-22} **5,** 544_{12-14}
– – *Übergang zwischen flüssiger und Gasphase* **3,** 338_{5-8}
– – *veränderlich* **1,** 242_{17-27} **2,** 231_{21-22} **3,** 382_{16}
– – *Wirkung* **2,** 224_{2}
– *beeinflußt Siedepunkt* **1,** 452_{3-15} 465_{22-26} **2,** 432_{25-26} 452_{16-18} **4,** 113_{34-35}
– *Beispiel für Quantifizierung einer physikalischen Erscheinung* **4,** 165_{10}
– *Demonstration der Stärke* **1,** 254_{18-27}
– *Einfluß der Elektrizität* **1,** 598_{35-39} **4,** 267_{33}
– *Erklärung der Phänomene bei Haarröhrchen* **2,** 188_{15} **3,** 300_{19} 302_{34}
– *Geschichte der Entdeckung* **1,** 240_{36-39} 241_{1-17} **2,** 229_{25-35}
– *nicht Ursache für Kapillareffekt* **1,** 200_{R1-3}

Luftdruckschwankungen, s.a. Barometer – Steigen und Fallen.
– *Abnahme läßt Wolken entstehen* **2,** 889_{4}
– *benachbarte Meßstationen* **1,** 824_{14-19}
– *Theorien* **2,** 305_{16-18} 934_{2-9} **5,** 372_{13}–374_{19} 377_{30-32}
– *wachsen mit geographischer Breite* **1,** 823_{41} **2,** 305_{25-28}
– *Wind läßt ihn fallen* **1,** 825_{6-9}

Luftelektrophor, s.u. Elektrophor.

Lufterscheinungen, s. Blitz; Donner; Drachen, fliegender; Eis; Feuerkugel; fliegender Sommer; Gewitter; Glorie; Hagel; Irrlicht; Nebel; Regen; Regenbogen; Reif;

Schnee; Sternschnuppe; Tau; Wasserhose; Wolke.
Luftfeuchtigkeit 2, 280_{18} **3,** 413_{19-25} 435_{16-17} **5,** 448_{26}
– *absolute* **1,** 783_{R17-22} **2,** 285_{8-33} 880_{20-21} 882_{29-30} **3,** 410_{11-13} 437_{1-31} **5,** 362_{3} 451_{4-6}
– *Bestimmung* **2,** 281_{20-30} **3,** 410_{10-15} 431_{17-19} s.a. Hygrometer; Hygrometrie; Hygroskop.
– *beurteilt mit Hygrometer, Hygroskop, Notiometer* **1,** 282_{17-23}
– *Einfluß auf den Luftdruck* **2,** 998_{3}–999_{10}
– *Einfluß auf physisches Klima* **5,** 370_{18} 491_{2}
– *Gleichgewicht* **5,** 458_{21-22}
– *verursacht Rost* **1,** 283_{41}–284_{8}
Luftkreis, s. Atmosphäre (Luftkreis, Luftkugel).
Luftpumpe 3, 379_{1} 384_{23} **6,** XLII 14 (18) 81 (94) s.a.u. Boyle, Robert; Cuthbertson, John; 's Gravesande, Willem Jacob; Guericke, Otto von; Haas, Jakob Bernhard; Hauksbee, Francis; Hooke, Robert; Hurter, Johann Heinrich; Huygens, Christiaan; Leupold, Jakob; Lichtenberg, Georg Christoph – Biographisches – Instrumente – zu Abschnitt 7: Luft; Musschenbroek, Jan van; Nollet, Jean Antoine; Papin, Denis; Senguerd, Wolferd; Smeaton, John; Wilcke, Johan Carl; Wolff, Christian von.
– *Anwendung zur Verdichtung der Luft* **1,** 288_{19-37} **2,** 241_{1-3} 292_{22} **3,** 409_{25-26}
– *Auspumpen* **1,** 246_{4-22} **3,** 380_{4}
– *Beleg für die Wirkung des Luftdrucks* **2,** 959_{4}
– *Boyles Verbesserungen* **2,** 235_{32}–236_{9} **3,** 385_{27-31}
– *Dichtigkeitsmesser* **3,** 409_{30-31}
– *Geschichte* **1,** 243_{18-39} 244_{7-24} **2,** 232_{17} 235_{28} 238_{1} **3,** 384_{30}
– *Glocke* **1,** 249_{17-34}
– – *haftet aufgrund des äußeren Luftdrucks* **1,** 253_{9-18}
– – *ist stabil aufgrund der Form* **1,** 253_{32}–254_{5} **2,** 245_{30-33}
– *Grad der Verdünnung* **1,** 250_{4-30} **2,** 236_{22-26} 240_{4-16} **3,** 386_{4-6}
– – *Berechnung* **1,** 250_{R1-11}
– – *Messung mit dem Barometer (torricellische Röhre)* **1,** 251_{7}–252_{23} 251_{36}–252_{23} **2,** 240_{17-21}
– – *Messung mit der Birnprobe* **1,** 248_{32-35} 888_{1-36}
– – *zu unterscheiden von Abnahme des Drucks* **1,** 251_{26-34} **2,** 240_{21-27}
– *Güte* **2,** 304_{24} **3,** 416_{10}
– *hydrostatische (mit Quecksilber)* **1,** 244_{R4-7} **2,** 238_{20-41}
– *mit Hahn* **1,** 246_{24}–247_{6} 247_{8-14} **2,** 236_{10-20} 239_{20-26} **3,** 386_{36} 387_{4-5}
– *mit Ventil* **1,** 247_{14-34} **2,** 239_{26-36} **3,** $387_{1.\ 14-17.\ 35-37}$
– *nach Wilcke* **6,** 201 (246)
– *Senguerdische Luftpumpe* **6,** 466 (377)
– *Versuche zur Meteorologie* **2,** 896_{31-32} **5,** 458_{11}
– *Wilckes* **1,** 443_{25-26} **2,** 444_{3} **4,** 114_{29-35} 141_{10} 144_{23}
– – *Funktionsprinzip* **1,** 447_{2}
– *Zubehör* **6,** 80 (90)
– – *aufschraubbare Glasröhre* **6,** 98 (109)
– – *Birnprobe* **6,** 97 (107)
– – *Büchse mit Blase und Gewichten* **6,** 94 (103)
– – *Daumenglas* **6,** 85 (96)
– – *Drahtkäfig als Splitterschutz* **6,** 114 (120)
– – *Einrichtung zum freien Fall im Vakuum* **6,** 98 (110)
– – *elastische Zange* **6,** 116 (123)

– – *Fontäne im Vakuum* **6,** 92 (101)
– – *Gefäß zur Kompression der Luft* **6,** 104 (114)
– – *Glocke mit Haken* **6,** 84 (95)
– – *Glocke zur Erläuterung der Theorie des Schalls* **6,** 110 (119)
– – *Heronsball* **6,** 95 (105)
– – *kleine anschraubbare Glasglocke (Rezipient)* **6,** 104 (115)
– – *kleine Luftpumpe* **6,** 85 (97)
– – *kleiner Käfig für Tierversuche* **6,** 468 (378)
– – *Lungenglas* **6,** 92 (102)
– – *Magdeburger Halbkugeln* **6,** 88 (98)
– – *Quecksilberfilter* **6,** 91 (100)
– – *Saugwerk* **6,** 95 (106)
– – *Transferring Instrument* **6,** 97 (108)
– – *Vorrichtung zum Abwiegen eines Luftvolumens* **6,** 115 (121)
– – *Vorrichtung zur Kompression dephlogistierter Luft* **6,** 105 (116)
– – *zwei Gläser mit einer kommunizierenden Röhre* **6,** 116 (122)
Luftpumpe (Sternbild; Antlia) **2,** 237_{37} **5,** 209_{9}
Luftsäure, s. Luft, fixe.
Luftthermometer **1,** 474_{10} **2,** 455_{11} **4,** 119_{5} 121_{7-15} 163_{4} **6,** 197 (237) 558 (463)
– *Amontons'* **1,** 304_{10} **4,** 166_{27-30}
– *Bernoullis* **1,** 470_{13-14} **4,** 166_{35} **6,** 202 (247)
– *Drebbels* **1,** 304_{11} 462_{20}–463_{8} **2,** 450_{11-29} **3,** $381_{14.\ 29}$ **4,** 110_{5} 117_{1-5} 158_{26-34} **6,** 202 (247)
– *Nachteile* **1,** 463_{4-8} **2,** 450_{21-27} **4,** 117_{3} 119_{1} 158_{27-31}
– *Skala* **4,** 120_{4}
Lufttrockner **3,** 438_{15} 439_{20}
Luftwaage, s. Manometer – Gerstners Luftwaage.
Lumineszenz, s. Fixstern(e) – Entfernung von der Erde; Fäulnis; Insekten; Licht; Meer – Leuchten; Tribolumineszenz.
Lupe **6,** 169 (204)
Lynkurer, s. Turmalin.
Lyon **1,** 967_{17} **2,** 834_{26} s.a. Académie des sciences, belles-lettres et arts de Lyon.

machinae simplices **2,** 17_{12-13}
Madagaskar **1,** 724_{43} **2,** 814_{23} **5,** 322_{8}
– *Gummi* **3,** 115_{11}
– *Meeresströmung* **2,** 872_{7} **5,** 359_{4}
– *Orkane* **2,** 863_{21}
Mähren **5,** 511_{15}
Magdeburg **1,** 243_{24} **3,** 417_{21}
– *Guericke* **2,** $235_{10.\ 13.\ 16}$ **3,** $418_{2.\ 4.\ 9.\ 18}$
Magdeburg (Herzogtum) **5,** 330_{6}
Magdeburger Halbkugeln **1,** 254_{18-35} 254_{R11}–255_{R8} **2,** 246_{2} **3,** 231_{19-20} 232_{3} 235_{26-27} $380_{6.\ 28}$ **6,** 88 (98)
– *Guerickes Versuch in Regensburg* **1,** 254_{R13-16} **2,** 246_{17-19} **3,** 385_{21-22}
– *Modell für Zusammenhalt aufgrund von äußerem Druck* **4,** $362_{8.\ 29}$
Magellanstraße **5,** 432_{18-19}
Magnesia am Mäander **4,** 351_{25-26} 365_{10-11}
Magnesium (Braunsteinkönig) **3,** 395_{3-4}
– *im antiphlogistischen System* **2,** 202_{27} **3,** 314_{17}
– *im Wasser von Quellen* **5,** 339_{6-8}
– *in organischen Körpern* **4,** 352_{19}
– *Name* **4,** 782[164]
– *spezifisches Gewicht* **1,** 184_{R14-15}
– *Vorkommen* **5,** 415_{4}
Magnet **1,** 609_{10} **3,** 22_{21} **4,** 344_{6} 351_{3} 359_{29} 364_{16} **5,** 313_{17} 345_{23} **6,** 413 (*203) s.a. Kraft – magnetische.
– *anomaler* **4,** 354_{6-8} 361_{18}

– *Armatur* **1,** $611_{14–16}$ **2,** 549_{2} **4,** $345_{16–17}$ $346_{16.\,26}$ 352_{26} 354_{17} 356_{12} $361_{6.\,14}$ 362_{22} $366_{17–21}$ $368_{22–23}$ 373_{24}
– – *Analogon zur Belegung bei der Leidener Flasche* **4,** 376_{17} 377_{22}
– *armierter künstlicher Magnet* **6,** 264 (328)
– *armierter Magnet* **6,** 406 (**197*) 406 (**198*) 410 (**199*) 412 (**200*)
– *Ausrichtung nach Norden* **2,** $840_{8–9}$ **4,** 347_{19} 349_{4} **5,** 345_{34} $346_{8–9}$ 417_{19}
– – *Sinnbild für Frömmigkeit* **2,** 546_{2} **4,** 347_{25} $349_{14–16.\,19}$
– *bemerkenswerte Exemplare* **2,** $549_{22–32}$ **4,** 345_{19} 354_{28}–355_{6} 355_{8} $356_{16–22}$ $362_{25–26}$ $364_{6–7}$ $367_{6–7}$
– *Eigenschaften* **2,** $545_{15–20}$ **4,** $351_{13–18}$ 360_{1} $365_{16–24}$
– *Elektrizität* **2,** 562_{36}
– *englische künstliche Magnete* **6,** 261 (324) 261
– *Entmagnetisierung* **1,** $620_{2–17}$ **2,** $562_{20–22}$ **3,** 355_{5} $360_{8–9}$ $363_{9–10}$ **4,** $358_{32–33}$ 359_{20} $367_{21–23}$ $368_{16–18}$
– *Flüsse* **1,** $610_{17–19}$
– *hufeisenförmiger künstlicher Magnet* **6,** 262 (326)
– *Indifferenzpunkt* **1,** 631_{39} 632_{1} **2,** 563_{38} **4,** 350_{4} 376_{25} 377_{24}
– *künstliche Magnete von Klärich* **6,** 262 (327)
– *künstlicher* **2,** 552_{25} **4,** 344_{15} 346_{9} $347_{6–17}$ $348_{16–29}$ $358_{24–31}$ 361_{32} 362_{27} 364_{4} 365_{27} 368_{28} 369_{2} 370_{11} **6,** 412 (**200*)
– – *Analogie zum Elektrophor* **1,** $614_{18–29}$ **4,** 273_{26} $314_{12–15}$
– – *Anleitung zur Herstellung* **2,** 553_{40}–554_{37} **4,** $348_{17–26}$ $364_{8–12}$
– – *aus einer Teigmasse* **1,** $618_{7–14}$ **2,** $555_{20–21}$ **4,** 347_{17} 348_{27} 369_{32}
– – *Dauerhaftigkeit* **1,** $614_{18–24}$
– – *Herstellung der stärksten* **1,** $616_{23–39}$
– – *Herstellung mittels eines natürlichen Magnets* **1,** $613_{22–40}$ **4,** 347_{10}
– – *Herstellung ohne natürlichen Magneten* **1,** $615_{11–18}$ **2,** $552_{30–32}$ **4,** $347_{11–12}$ $368_{5–7}$
– – *Pole* **1,** 617_{36}–618_{3}
– *kulminierender Punkt* **1,** $632_{34–39}$ **2,** 563_{38}
– *medizinischer Gebrauch,* s.a. Magnetismus – animalischer.
– *Name* **4,** $351_{25–26}$ $365_{10–14}$
– *natürlicher Magnet* **6,** 259 (*318*) 534 (*430*)
– *norwegischer Magnet* **6,** 413 (**202*)
– *Pole* **1,** 610_{20} **2,** 548_{11} **4,** 344_{29} 345_{7} $352_{24–25}$ 353_{28} 356_{6} 360_{13} 365_{31} **5,** 345_{30} $417_{16–17}$
– – *Abänderung* **4,** 354_{9}
– – *Ermittlung* **1,** $610_{34–41}$ **2,** $548_{22–38}$ **4,** 345_{8} $354_{4–6.\,13–15.\,20–22}$ $360_{14.\,18–20}$ 361_{8} 365_{32} 366_{13} **5,** 417_{18}
– – *freundschaftliche / feindliche (ungleichnamige / gleichnamige)* **1,** $611_{34–38}$ $752_{5–14}$ **2,** 549_{35} **4,** $345_{13–14}$ 354_{13} $360_{23–27}$ 362_{17} $365_{34–35}$ 366_{12} **5,** 345_{33}
– – *Nordpol / Südpol* **1,** 751_{34}–752_{1} **4,** 366_{3}
– *spezifisches Gewicht* **2,** $545_{12–14}$ **4,** $351_{10–12}$
– *Tragkraft* **1,** $613_{5–12}$ $628_{40–41}$ 961_{20} **2,** 547_{39}–548_{2} $552_{19–21}$ **4,** $346_{23–24}$ $356_{23.\,28–30}$ 362_{3} $363_{32–33}$ $367_{11–12}$ $368_{20–25}$ s.a. Magnet – bemerkenswerte Exemplare.
– *Verbreitung* **2,** $545_{5–10}$ **4,** 344_{7} $351_{4–8}$ $364_{16–23}$ **5,** 345_{24} 417_{12}
– *Verstärkung* **1,** $619_{28–30}$
– *Wert für die Welt* **4,** $345_{23–24}$
– *westindischer Magnet* **6,** 413

– *zieht Eisen stärker als Magnet* **1,** 632_{R1-5} **4,** 364_{2-3} 367_{12-13} 376_{2-3}
magnetische Enten 6, 259 (320)
magnetische Fische 6, 260 (321)
Magnetisches Magazin 1, 616_{41}–617_{5} **2,** 555_{6} **4,** 347_{16} 368_{8-9} 369_{12-31}
– *künstlicher Magnet nach Antheaulme* **6,** 260 (323)
Magnetisierung, s.a. Abschrecken; Blitz; Erschütterung; Funken – elektrischer; Magnetismus – Mitteilung; Reiben; Stahl; Wärme – Einfluß auf magnetische Erscheinungen.
– *im Erdmagnetfeld* **1,** 753_{2-20} **2,** 551_{15-21} 552_{36}–553_{12} **4,** 346_{1-7} 358_{9-12} 363_{19-24} 368_{1-4} **5,** 346_{11-12}
– *Verteilung* **1,** 624_{36}–625_{2} **2,** 560_{37}–561_{2} **4,** 347_{28-30} 374_{25-27} 375_{6-9}
Magnetismus, s.a. Erde (Erdkugel) – Magnetismus; Kraft – magnetische; Materie – magnetische.
– *animalischer* **1,** 633_{4-5} **2,** 564_{1} 925_{25-26} **4,** $350_{6.\,8}$ 378_{13} 384_{24}
– – *L.s Meinung* **1,** 633_{R29-33} 634_{R1-3} **4,** 383_{7-36} 384_{26}–385_{20}
– – *Schriften* **4,** 378_{14-22} 385_{22}–386_{13}
– *Geschichte* **2,** 545_{21-30} 840_{7-8} **4,** 344_{9-10} 351_{19-28} 359_{31} 365_{1-14} **5,** 417_{12-14}
– *Mitteilung* **2,** 550_{16} 551_{29} **4,** 345_{20} 357_{9} 361_{17} 362_{14} 366_{25} 368_{11} **5,** 345_{31} 417_{14-15}
– *Theorie* **2,** 555_{27} **4,** 378_{3}
– – *Elementarmagnete (Gabler)* **2,** 551_{2} **4,** 345_{27-30} 346_{11-19} $357_{6-7.\,12-34}$ 358_{14} 363_{8-10} 367_{14-15}
– – – *weniger Erklärung als Beschreibung* **2,** 550_{19-21} **4,** 361_{19-24} 363_{4-6} 366_{26}
– – *Euler* **2,** 558_{1}–559_{41} **4,** 371_{10}
– – – *Zweifel* **4,** 372_{13-28} 373_{6-13} $374_{1-9.\,15-16}$
– – *magnetische Materie* **1,** 620_{20-24} **2,** 557_{4-7}
– – *Mayers* **1,** 622_{25-31}
– – *Prevosts* **2,** 563_{4-37}
– – *Wirbel* **1,** 621_{5-22} **2,** 557_{8-23}
– – – *Zweifel* **1,** 621_{27}–622_{4} 624_{27-29}
– – *zwei Materien (Brugmans, Wilcke)* **2,** 560_{23}–561_{2} **4,** 374_{18}
– *Vergleich mit Elektrizität* **1,** 624_{2-22} 624_{23}–628_{41} **2,** 529_{15-16} 552_{3-5} 561_{20}–563_{3} 927_{14-15} **4,** 314_{15} 345_{18} 356_{3-4} 363_{1-2} 371_{29-33} 376_{12} 377_{17}–378_{1} **5,** 488_{20-23}
– *Vergleich mit Schwere* **3,** 204_{12} 206_{32} 207_{22} 210_{17} 225_{22} 229_{17} 232_{26} 235_{26} 236_{22} 242_{31-32}
– *wirkt nicht auf die Sinne* **2,** 556_{13-14} **3,** 186_{4-9}
– *Zusammenhang mit Elektrizität* **1,** 630_{2-8} **2,** 545_{3-5} **4,** 281_{21-23}
Magnetnadel (Acus magnetica) 1, 614_{35-36} **2,** 562_{11-12} **3,** 189_{4} **4,** 347_{1} 349_{9} 359_{7} 368_{26} **5,** 417_{23} 462_{25}
– *Abweichung* **1,** 753_{36-37} 755_{2-3} **4,** 335_{27-28} **5,** 346_{8} 432_{1} 433_{26} s.a. Deklination, magnetische.
– *Analogie zu Eisenfeilstaub* **5,** 423_{13}
– *Anforderungen* **2,** 840_{18}–841_{8} **4,** 349_{24-28} **5,** 417_{24-26}
– *Erfindung* **1,** $752_{15-16.\,R1-2}$ **2,** 842_{5}–844_{19} **4,** 349_{31} **5,** 417_{20-21} $419_{2.\,28}$ 420_{9} 422_{3}
– *Feststellen der Himmelsrichtung* **1,** 752_{2-4}
– – *lokale Irregularitäten* **1,** $754_{32-36.\,R30-33}$
– *Magnetnadel auf gläsernem Fuß* **6,** 514 (*418*)
– *Magnetnadel in Glaskugel* **6,** 415 (*210)
– *Magnetnadeln für Versuche* **6,** 414 (*206)

– *mit der Schmalseite aufliegende Magnetnadel* **6,** 264 (330)
– *Neigung* **1,** 758_{28-29} **2,** 849_{4} **5,** 346_{10}
– *Pole*
– – *Umkehrung* **1,** 627_{31-38} **2,** 910_{11} **5,** 469_{28}
– *Pole an den Längsseiten* **4,** 362_{4} 369_{35}–370_{9}
– *vom Nordlicht beeinflußt* **1,** 813_{15-16} **2,** 926_{30} 927_{15-17} **4,** 376_{20} **5,** 487_{7} 490_{2}
Magnetometer 1, 631_{R4-5} **2,** 555_{29} 848_{2} **4,** 359_{27} 378_{8} **5,** 435_{7}
Magnetsand 6, 414 (*207)
Mahagoniholz 6, 81 (94)
Maidenhead (England)
– *Pferderennen* **1,** 917_{27}
Mailand 2, 677*
– *Magnet* **2,** 549_{27} **4,** 354_{28} 355_{3} 356_{18} 367_{6}
– *Saturnbeobachtung* **2,** 750*
– *Villa Simonetta* **4,** 19_{3} 22_{29}
Main 1, 740_{R13}
Mainz
– *Belagerung* **2,** 712_{9}
– *Friedrich I. Barbarossa* **2,** 843_{22} **5,** 419_{8} 421_{34}
– *Rheinknie* **5,** 201_{12}
Malabar (Südwestindien) **2,** 859_{37} **5,** 328_{21}
Maler (Sternbild; Pictor) **5,** 209_{9}
Mallorca (Insel der Balearen [Spanien]) **5,** 245_{14} 246_{7}
Malta 2, 707_{17} **5,** 256_{12}
Malvoisine (bei Champcueil; Frankreich) **5,** 104_{2} 247_{15}
Mammut 1, 751_{R1}
Manchester 2, 874_{6-7}
Mandelsloh 2, 919_{1}
Mandelstein 2, 837_{26} 838_{36} **5,** 404_{22} 406_{6-7} 407_{19-20} 414_{18}
Mannheim 2, 707_{17} **5,** 159_{31} 262_{1} 443_{27}
– *Mannheimer Societas Meteorologica Palatina* **6,** 266 (331)
Manometer 1, 307_{13-16} **2,** 312_{12} **3,** 383_{2} **6,** 100 (111) 144 (179) s.a.u. Glaskugel.
– *Etymologie* **3,** 384
– *Fouchys* **1,** 307_{37-39}
– *Gerstners Luftwaage* **1,** 307_{R11} **2,** 312_{29}
– *Grubers* **2,** 312_{30-31}
– *Guerickes* **1,** 307_{17-25} **2,** 312_{22} **3,** 384_{17-18}
– *Höhenmessung* **2,** 313_{1}
– *Varignons* **1,** 307_{29-36} 308_{R7} **2,** 312_{16} **3,** 384_{15} **4,** 121_{16-17}
Mantova 2, 919_{28}
Marbach 2, 701_{28} **5,** 111_{7}
Margate 2, 171_{1} **3,** 270_{33}
Marienbad 1, 451_{28} **2,** 446_{26}
Mariengroschen, s.u. Münzen.
Markasit 5, 393_{29}
Markscheidekunst 3, 48_{10}
Marly-la-Ville 2, 910_{24} **4,** 256_{20} **5,** 470_{8-9} 474_{25}
Marmor 5, 344_{22} 360_{3} 414_{6} 417_{3}
– *Halbleiter* **1,** 533_{25} **2,** 495_{34} **4,** 290_{10}
– *Material für Condensator* **1,** 573_{39-40} **2,** 518_{8-9} **4,** 274_{5-6}
– *Platten* **6,** 3 (7)
Marmorplatte als Dielektrikum 6, 255 (314)
Marokko 5, 532_{1}
Mars 2, 747_{1} **5,** 274_{6} s.a. Planeten – äußere.
– *Abplattung* **1,** 696_{32-37} **2,** 747_{6-7} **5,** 154_{19-21} 274_{15-16}
– *Atmosphäre* **2,** 747_{10} **5,** 154_{23} 274_{17}
– *der Erde zeitweise näher als die Sonne* **2,** 617_{23-24} **5,** 25_{20}–26_{2} 37_{24} 75_{21-25} 80_{20-21} 154_{15-16} 233_{3-4}
– *Entfernung von der Erde* **5,** 154_{12-13} 274_{8-9}
– *Entfernung von der Sonne* **1,** 678_{35} **2,** 747_{12-14} **5,** 150_{5} 154_{9-10} 274_{8}

– *Erdähnlichkeit* **2,** 747$_{2-3}$ **5,** 154$_{25-27}$ 274$_{20-21}$
– *Exzentrizität / Verhältnis zwischen größter und kleinster Sonnenentfernung* **2,** 747$_{15-16}$ **5,** 154$_{18}$
– – *Argument gegen Kreisbahnen* **5,** 64$_{36}$ 154$_{16-17}$
– *Größe* **1,** 679$_{9}$ **2,** 747$_{11-12}$ **5,** 149$_{20-21}$ 154$_{11}$ 274$_{7}$
– *im ptolemäischen System* **2,** 607$_{8-18}$ 609$_{9-12}$
– *Licht* **5,** 215$_{10}$
– *Name* **5,** 161$_{9}$
– *Neigung der Bahn gegen die Ekliptik* **1,** 676$_{15}$ **2,** 747$_{16}$ **5,** 150$_{5}$ 274$_{12}$
– *Neigung gegen die Bahnebene* **2,** 747$_{8-9}$ **5,** 154$_{24-25}$ 274$_{18-19}$
– *Parallaxe* **2,** 655$_{32}$ **5,** 237$_{20}$
– *Rotation* **1,** 696$_{20}$ **2,** 747$_{4-5}$ **5,** 154$_{8.\ 10-11}$ 274$_{13}$
– *Umlaufszeit* **1,** 679$_{30}$ **2,** 747$_{14-15}$ **5,** 150$_{5}$ 154$_{8}$ 274$_{11}$
Marseille **3,** 494^{153} **5,** 418$_{13}$ 532$_{29}$
Maschine, s.a. Armillarsphäre; Dampfmaschine; Einfache Maschinen; Elektrisiermaschine; Planetarium; Seilmaschine (Modell); Stoßmaschine; aerostatische Maschine, s.a.u. Metapher.
– *Abichs* **3,** 86$_{31}$ 87$_{1}$ 119$_{1}$
– *Antheaulmes* **1,** 619$_{R2}$ **4,** 347$_{12}$
– *Automaten in Menschengestalt* **5,** 145$_{30}$
– *Barkers* **1,** 165$_{32-33.\ R19}$ **2,** 161$_{20}$ 162$_{1}$ **3,** 267$_{3.\ 23}$ **6,** 453 (*365*)
– *Destilliermaschine* **2,** 819$_{28}$ **5,** 396$_{13}$
– *Eberhardsche Diagonalmaschine* **2,** 63$_{18}$ **3,** 134$_{10-11}$
– *Fallmaschine* **2,** 23* 101*
– *Friktionsmaschine* **3,** 112$_{18}$
– *Herberts* **3,** 86$_{20}$
– *Kempelens Dampfmaschine (-turbine)* **1,** 443$_{27}$ **2,** 444$_{26}$ **4,** 116$_{13}$
– *Kempelens Sprechmaschine* **1,** 945$_{8-11}$ **4,** 30$_{34}$ **6,** 551 (*453*)
– *Klipsteins* **1,** 458$_{13-14}$
– *Kriegsmaschinen* **2,** 46$_{17}$–47$_{40}$ **3,** 84$_{30}$–85$_{16}$ 116$_{2-34}$ 119$_{4}$
– *künstlicher Kuckuck* **2,** 335$_{33}$ **4,** 30$_{29}$
– *Mariottische* **1,** 142$_{23}$ **3,** 189$_{22}$ s.a. Stoßmaschine.
– *Parkersche* **1,** 271$_{8}$ **2,** 268$_{19}$–269$_{8}$ **3,** 410$_{17}$ **5,** 338$_{14-15}$ **6,** 120 (132)
– *Potenzenmaschine* **2,** 98$_{15}$ **3,** 182$_{24}$ 183$_{3}$ **6,** 29 (25) 40 (27) s.a. Lichtenberg, Georg Christoph – Biographisches – Instrumente – zu Abschnitt 4: Statik und Mechanik – Potenzenmaschine (Nr. 25).
– *Rechenmaschine* **5,** 521$_{24}$
– *Reißmaschine* **3,** 81$_{21}$ 82$_{31}$
– *Schwammmaschine* **1,** 188$_{R1-2}$ **2,** 184$_{18}$
– *Schwungmaschine* **2,** 67$_{24}$ **3,** 166$_{19}$ s.a. Lichtenberg, Georg Christoph – Biographisches – Instrumente – zu Abschnitt 2: Körper überhaupt – Schwungmaschine (Nr. 23).
– *Segners hydraulische* **1,** 165$_{30-31}$ **2,** 161$_{19}$ 162$_{1-2}$ 444$_{30}$ **3,** 267$_{2.\ 22}$ 268$_{20}$ **6,** 64 (59)
– *Sprachmaschine* **2,** 335$_{28-33}$ **4,** 30$_{29-34}$
– *Veraische in Windsor* **1,** 189$_{8-27}$ 190$_{R1-3}$ **2,** 183$_{18-33}$
– *Veras* **1,** 188$_{26.\ R11}$ 189$_{1}$ **2,** 182$_{30}$–183$_{16}$ 183$_{36}$–184$_{16}$ **3,** 298$_{15.\ 28}$
– *Wurfmaschine* **3,** 454^{76}
– *zur Hebung von Lasten mittels Wärme* **4,** 110$_{27}$
– *zusammengesetzte* **1,** 921$_{16}$
Maßband **6,** 322 (**38i*)
Masse **1,** 61$_{22-25}$ **2,** 32$_{32-33}$ **3,** 92$_{30}$ 95$_{10}$ 96$_{25}$ 138$_{11}$
– *Erhaltung bei Verbrennungsprozessen* **2,** 481$_{18-24}$
– *Messung* **3,** 141$_{11-12}$ 155$_{1}$

Maße, s.a. Meile.
– *französische (metrische)* **2,** 678$_{28-38}$ 682$_{11-20}$ 683$_{15-19}$ **5,** 246$_{9-32}$ 705^{951}
Massikot 2, 892$_{6}$ **5,** 449$_{1}$
Maßstab 6, 293 (**22[a]*)
Mastix 1, 566$_{R23}$ 569$_{27}$ **2,** 514$_{32}$
Materialist 3, 184$_{26}$ 186$_{11}$
Materie, s.a. Licht – Lichtmaterie; Wärme – Feuer(materie).
– *absolut flüssige* **3,** 122$_{10}$
– *Begriff* **3,** 239$_{13-14}$ 240$_{8-9.\ 12-18}$ 241$_{16-18}$
– – *bloß Bestimmbares (komplementär zu Form)* **3,** 30$_{27}$
– – *das Bewegliche im Raum* **3,** 157$_{31}$
– – *Körper ohne anklebende Kräfte gedacht* **3,** 57$_{26-27}$
– – *was in dem Raum Widerstand leistet* **2,** 32$_{31}$ **3,** 92$_{28}$ 95$_{8.\ 18}$ 237$_{14-16}$
– *Eigenschaften* **3,** 57$_{25-28}$ 66$_{23-35}$
– *elektrische* **1,** 580$_{13-15}$ **2,** 530$_{12-22}$ **3,** 332$_{32}$–333$_{7}$ 347$_{31}$ **4,** 252$_{18}$ s.a. Elektrizität.
– – *Art von inflammabler Luft* **1,** 579$_{36-37}$
– – *atmosphärischer Kreislauf* **2,** 926$_{9-26}$
– – *Ausbreitung* **4,** 268$_{24}$ **5,** 483$_{24-25}$
– – *Ausbreitungsgeschwindigkeit* **4,** 255$_{30}$
– – *durchdringt Glas* **4,** 311$_{1}$
– – *elastisches Fluidum* **3,** 364$_{6}$
– – *Erklärung des Kometenschweifs* **2,** 772$_{11}$
– – *Franklins* **1,** 579$_{27}$–580$_{2}$ **2,** 501$_{8-10}$ 526$_{10-30}$ **4,** 269$_{33-35}$
– – *Gegenstand der besonderen Naturlehre* **3,** 24$_{12}$
– – *im antiphlogistischen System* **2,** 201$_{29}$
– – *imponderabel* **1,** 586$_{12-17}$ 959$_{21}$
– – *in elektrischen / unelektrischen Körpern* **1,** 580$_{38}$–581$_{7}$
– – *Spekulation über chemische Eigenschaften* **1,** 895$_{11}$–896$_{2}$ 896$_{13-22}$ 898$_{7-12}$ 959$_{24-38}$ **3,** 323$_{3}$ 325$_{24}$ 332$_{24-25}$ 334$_{23-25}$ 338$_{23}$ 344$_{33}$–345$_{17}$ 345$_{19-21}$ 357$_{11-12}$ 370$_{34}$ **4,** 331$_{29}$–332$_{10}$ **5,** 478$_{26}$ 519$_{30-33}$
– – *spiritus sylvestris (gas sylvestre) der Chemie* **1,** 894$_{27-32}$ **3,** 332$_{22}$ 333$_{30}$
– – *Vergleich mit Wasserdampf* **2,** 542$_{10-20}$ **4,** 327$_{7}$–328$_{23}$ 328$_{29}$–330$_{29}$ 331$_{13-16}$
– – *Verhältnis zu Äther, Feuer- und Lichtmaterie* **1,** 585$_{33}$–586$_{3}$ **4,** 180$_{26}$
– – *Verhältnis zur magnetischen* **4,** 348$_{3-4}$
– – *Zusammenwirken mit Feuermaterie bei chemischen Prozessen* **1,** 959$_{2}$
– *fremdartige* **1,** 62$_{20}$
– *grüne* **3,** 384$_{28}$ 396$_{17}$ 422$_{17}$
– *imponderable Materien* **2,** 344$_{2-6}$ 484$_{16-22}$ **3,** 338$_{27-32}$ s.a. Licht – Lichtmaterie; Materie – elektrische; Materie – magnetische; Phlogiston (brennbares Wesen); Wärme – Feuer(materie).
– – *Zusammenhang* **1,** 522$_{22-37}$ 588$_{29-41}$ 953$_{1-13}$ **2,** 213$_{3-10}$
– *kaltmachende* **1,** 502$_{11-12.\ R13-17}$ **4,** 178$_{23}$
– *konstitutiv für den Körper* **1,** 60$_{10-21}$
– *magnetische* **1,** 620$_{24}$ s.a. Magnetismus – Theorie; Wirbel – magnetische Materie.
– – *Feinheit* **4,** 75$_{11}$ 372$_{1}$
– – *Gegenstand der besonderen Naturlehre* **3,** 24$_{13}$
– – *Nordlicht* **5,** 486$_{25}$
– – *Passage durch Körper* **2,** 31$_{4-8}$ **3,** 94$_{19-20}$ 96$_{32}$ **4,** 371$_{22-23}$
– – *Strom* **5,** 435$_{3.\ 16}$ s.a. Kraft – magnetische.

– – *Verhältnis zur elektrischen* **4,** 348_{3-4}
– – *zweifach* **1,** 624_{29-36} **2,** 560_{24} **4,** 374_{23}
– *säuerndes Prinzip* **3,** 338_{26} 349_{1} 351_{20}
– *schwermachende* **1,** 122_{15-16} **2,** 486_{27} **3,** 185_{15} s.a. Attraktion – Ursache – Lesage.
– *Spekulation über den Zusammenhang zwischen den imponderablen Materien* **3,** 325_{23-26} **4,** 175_{11-14}
– *Spekulation über innere Struktur* **5,** 28_{22-24}
– *Subtilität* **3,** 104_{4} 106_{32}
– *Urstoff der Weltkörper* **5,** 379_{3-5} 512_{25-28}

Mathematik
– *angewandte* **3,** 30_{12} 45_{28} 50_{15} 52_{2-3}
– – *Abgrenzung gegenüber der Physik* **2,** 20_{31-40} **3,** 47_{13-21} 48_{11-22} 52_{28}–53_{20} 109_{23-27} **5,** 223_{23-26}
– – *Astronomie* **5,** 223_{2-3} s.a. Astronomie – rechnende.
– – *Teilgebiete* **3,** 47_{18}–48_{10}
– *Arithmetik* **3,** 42_{5}
– – *arithmetische Folge* **2,** 970_{10} 973_{24} **5,** 547_{20-21} 548_{3}
– – *Dreisatz*, s. Dreisatz (Regeldetri).
– – *geometrische Folge / Reihe* **2,** 970_{9-10} 973_{23-24} **5,** 545_{3-21} 547_{19} 548_{2-3}
– – *Mischungsregel (Regula alligationis)* **4,** 197_{10}
– – *Proportionsrechnung* **4,** 122_{14}
– – *Rechnen mit quadrierten Einheiten* **2,** 812_{15-22} **5,** 320_{5-9}
– *Bedeutung für Astronomie* **3,** 30_{11} **5,** 70_{31-33}
– *Bedeutung für die Naturlehre* **1,** 32_{28}–33_{9} 380_{35}–381_{5} **2,** 19_{9} **3,** 30_{13} 39_{3}
– – *sollte nicht überschätzt werden* **2,** 21_{3-22} **3,** 39_{32}–41_{2}
– *Exhaustion* **3,** 202_{34}
– *Fluxionsrechnung* **3,** 203_{4}
– *Geometrie* **1,** 336_{R21-28} **3,** 42_{4-10} **4,** 48_{11}
– – *Grundbegriffe* **5,** 202_{19}–203_{6}
– – *Kegelschnitte* **1,** 793_{R17} **2,** 104_{32-35} 323_{36}–324_{1} 761_{23} s.a. Planetenbewegung – mögliche Bahnformen.
– – *Kugel* **5,** 197_{27-33} 319_{28-30}
– – *praktische* **2,** 825_{19-20} **6,** CVIII s.a. Feldmessung.
– – – *nicht zur angewandten Mathematik gezählt* **3,** 48_{8-9}
– – *Stereometrie* **2,** 520_{34} **3,** 209_{32}
– *Infinitesimalrechnung (Analysis des Unendlichen)* **2,** 902_{13-14} 974_{2-3} **3,** 39_{33} 153_{30-32} **4,** 209_{26} **5,** 546_{2}
– *Inkommensurabilität* **3,** 202_{33}
– *Logarithmen* **2,** 975_{1}–976_{2} **3,** 42_{16} **5,** 546_{1} $547_{7.\,20}$
– *Nomenklatur* **1,** 902_{19-35} **3,** 354_{16-20} 359_{16-18} 666^{302}
– *Permutationen* **2,** 21_{31}–22_{10} **3,** 47_{10} 48_{26} 49_{14-19}
– *reine*
– – *Hilfsmittel der Astronomie* **1,** 703_{24-26}
– – *reizvoller als der reine (metaphysische) Teil der Physik* **3,** 34_{26}
– *Rolle in der Natur* **2,** 19_{10-12} **3,** 38_{28}–39_{2} 50_{20-24}
– – *Beispiele* **3,** 39_{4-26}
– *Stetigkeit* **3,** 235_{3-4}
– *verdankt ihre Schlüsse Prinzipien a priori* **3,** 33_{32}
– *Verhältnis zur Physik* **2,** 19_{15}–20_{40} **3,** 41_{12}–44_{27} 45_{19-29} 46_{19-30} 50_{26}–51_{27} 52_{1-3} **4,** 75_{28-31} s.a. Mathematik – Bedeutung für die Naturlehre.
– *Wissenschaft im strengen Sinn* **1,** 902_{22-23}
– *Zuständigkeit* **2,** 68_{24-25} 77_{3} 93_{8}

Mathematiker
– *Vorwurf gegenüber dem Physiker* **3,** 17_{1}

Matthier, s.u. Münzen.
Mauerquadrant (Sternbild; Quadrans muralis; nicht kanonisch) **5,** 209$_{19}$
Maulbronn 2, 645$_{14}$
Mauritius (Isle de France) 3, 114$_{9}$ 115$_{26}$ **5,** 324$_{28}$
Mechanik, s.a. Himmelsmechanik.
– *Arbeitsfeld der Mathematik* **2,** 20$_{15–16}$ **3,** 51$_{20–21}$
– *der angewandten Mathematik zugerechnet* **3,** 47$_{22}$
– *höhere* **2,** 761$_{24}$
– – *Arbeitsfeld der Mathematik* **3,** 45$_{21}$
– *nach Kant* **3,** 67$_{3}$ 141$_{23}$
Medizin
– *Beitrag der Einbildungskraft* **4,** 383$_{9–36}$
Meer 2, 815$_{15}$ **5,** 316$_{8}$ s.a. Atlantik (auch Spanische See); Bosporus; Bottnischer Meerbusen; Eismeer; Indischer Ozean; Kaspisches Meer; Meeresspiegel; Mittelmeer; Ostsee; Pazifik; Persischer Golf; Rotes Meer; Schwarzes Meer; Seewasser; Südsee.
– *Einfluß auf physisches Klima* **1,** 820$_{30}$ **2,** 932$_{20}$ **5,** 370$_{26}$ s.a. Luftfeuchtigkeit – Einfluß auf physisches Klima.
– *Eisbildung* **1,** 829$_{14}$
– *Farbe* **1,** 729$_{28}$ **2,** 821$_{28–41}$ **5,** 399$_{4}$
– *Hudsonbay*
– – *magnetischer Pol (Magnetnadel ohne Richtung; Inklination 90°)* **1,** 754$_{36}$ **2,** 75$_{20–21}$ 849$_{5–6.\ 15–16}$ **5,** 431$_{13–14}$
– – *Nebensonnen* **1,** 795$_{R5}$
– – *Venusdurchgang* **5,** 96$_{23}$
– *Leuchten* **1,** 729$_{29–34}$ 730$_{R18–20}$ 798$_{R13–14}$ **2,** 822$_{1–41}$ **4,** 282$_{21–26}$ **5,** 327$_{14–29}$
– *mittlerer Barometerstand* **1,** 736$_{28}$
– *schlechter Informationsspeicher* **5,** 521$_{16}$
– *Strömung* **2,** 871$_{32}$–872$_{10}$ **5,** 358$_{25}$ s.a. Bosporus; Gibraltar (Calpe).
– – *global* **1,** 771$_{10–26}$
– – *Golfstrom* **1,** 726$_{R13–14}$ **2,** 872$_{1}$
– – *lokal* **1,** 771$_{37}$–772$_{4}$ **5,** 358$_{29–31}$
– – *zwischen Nord- und Ostsee* **2,** 817$_{19–30}$ **5,** 324$_{11–17}$
– *Temperatur* **5,** 439$_{18–19}$
– *Tiefe* **1,** 727$_{2–3}$ **2,** 817$_{32}$ **5,** 324$_{19}$
– – *Messung* **1,** 727$_{19–27}$ **2,** 817$_{33}$–818$_{23}$ **5,** 325$_{1–6}$
– *Überflutung* **5,** 391$_{3–4}$
– *Verlandung* **1,** 849$_{18–20}$ **5,** 514$_{9–12}$ 515$_{25–31}$ 532$_{22}$
– *Wirbel* **1,** 772$_{4–10}$ **5,** 359$_{15}$
– – *Malstrom (Norwegen)* **1,** 968$_{18–25}$ **2,** 872$_{8–10}$ **5,** 359$_{15–26}$
– *Zuidersee* **5,** 391$_{6}$
Meeresboden 1, 727$_{10–14}$ **5,** 397$_{11}$ s.a. Erde (Erdkugel) – Festland war Meeresboden; Venedig – Meeresboden steigt.
Meeresspiegel
– *Schwankungen* **1,** 849$_{37}$–850$_{7}$ 850$_{R4–9}$ **5,** 381$_{33}$–382$_{4}$ 386$_{17}$ s.a. Meer – Verlandung; Wasser – globale Abnahme.
Meerschaum 4, 292$_{30}$
Meerwasser, s. Seewasser.
Mehltau 1, 778$_{2.\ R7}$ 969$_{26}$ **2,** 894$_{6}$ **5,** 362$_{28}$ 449$_{23}$
– *Mucor erisyphe L.* **1,** 778$_{R8–10}$ **2,** 894$_{12}$
Meile 5, 45$_{22–32}$ 54$_{21}$ 97$_{20–30}$ 319$_{18–24}$
– *Calenberger* **1,** 116$_{R18}$ **5,** 45$_{30}$ 97$_{26}$ 319$_{21–22}$ 395$_{11}$
– *deutsche* **3,** 116$_{20}$ **4,** 21$_{28}$ **5,** 45$_{30}$ 97$_{25}$ 319$_{24}$ 395$_{3}$
– *englische* **5,** 250$_{28}$
– *englische Seemeile* **5,** 250$_{27}$
– *französische* **2,** 34$_{32–33}$ **3,** 98$_{29–30}$
– *geographische* **1,** 95$_{R6–7}$ 644$_{31}$ 650$_{18–19}$ **2,** 687$_{4–7}$ **5,** 45$_{27}$ 319$_{21}$ 395$_{15}$
– *italienische* **4,** 21$_{27}$

Meilenmesser (Odometer) **1,** 106_{R20}–107_{R2} 921_{30}–922_{6} **2,** 82_{16-17} **3,** 176_{2} 197_{11} **5,** 233_{8} **6,** 41 (32)
– *Modell für gebundene Monddrehung* **5,** 52_{6} 122_{16}
Meißen 3, 464^{134}
Mekka 2, 862_{18}
Melle 2, 89_{12}
Mensch, s.a. Allgemeinbildung; Schwimmen – Mensch.
– *Beeinflussung des physischen Klimas* **1,** 838_{8-10} **2,** 933_{5-6} **5,** 148_{24}
– *Beschränktheit* **2,** 936_{1-5} **3,** 158_{1} **5,** 13_{5} 187_{16-17} 374_{39-40} 375_{8-10} s.a. Gott – meine Wege sind nicht eure Wege; Physik – für Engel.
– – *bei der Suche nach den ersten Ursachen* **2,** 108_{6-8} **3,** 205_{31} 211_{12} $214_{2-3. 16}$ 225_{10-12} **5,** 390_{5-6}
– – *der fünf Sinne* **2,** 556_{10-22} **3,** 184_{12-27} 185_{33}–186_{23} 187_{14} **5,** 28_{6-29}
– *das empfindende, denkende und schließende Wesen* **3,** 32_{26-27}
– *fasziniert vom Sternenhimmel* **2,** 588_{35-36} **5,** 17_{9-10} 73_{4-5} 193_{1-2}
– *Forderung an seine Vernunft* **5,** 68_{3-8}
– *fragt nach den Ursachen der Dinge* **2,** 57_{31} 108_{16-17} 937_{5-6} **3,** 206_{5-6} 211_{15} 224_{31} 238_{10-14}
– *Geschichte seiner Irrtümer* **5,** 24_{30}
– *Gestaltung der Erdoberfläche* **1,** 838_{5-8}
– *gewöhnlicher* **3,** 9_{23}
– *Größe und Kleinheit* **5,** 30_{26-28} 33_{9-25} 70_{8-10} 217_{17}
– *hält an Gewohnheiten fest* **5,** 131_{7}
– *Körper* **3,** 381_{27} s.a. Tiere – tierischer Körper.
– – *elektrisierter* **1,** 550_{30}–551_{5} **4,** 336_{19}
– – *Frieren* **4,** 128_{7-8}
– – *Gewicht* **3,** 269_{31}
– – *Hand*
– – – *Elektrizität bei Reibung* **4,** 303_{19}
– – *scheißt Kochsalz* **5,** 398_{30} 522_{3-4}
– – *schlechtes Thermometer* **2,** 251_{28-29}
– – *spezifisches Gewicht* **2,** $169_{10-15. 34-37}$ 170_{3-7} **3,** 270_{4-6}
– – *tägliche Ausdünstung* **2,** 875_{9-10} **5,** 360_{32-33}
– – *Verwesung* **5,** 519_{34} 520_{26}
– – *Wärmetoleranz* **2,** 477_{32}–478_{6} 490_{16-17} 876_{32-34} **4,** $204_{7-15. 18-20}$ 208_{6}
– – *zum Atmen benötigtes Luftvolumen* **1,** 234_{R3-18} **2,** 220_{20-26} **3,** 417_{9} 421_{12-14}
– *macht Kapitel, wo vor Gott keine sind* **1,** 900_{32-33} **2,** 17_{29-31} **3,** 25_{25-26} 132_{2-3} **4,** 264_{15}
– *Mikrokosmos* **1,** 893_{37-38} **3,** 358_{31}
– *mit dem Keim des Todes geboren* **3,** 222_{6-7}
– *Nebeneinander der verschiedenen Altersstufen analog zum Zustand am Sternenhimmel* **5,** 293_{5-13}
– *sein Los ist, zu bewundern und anzubeten* **3,** 142_{20}
– *übermenschliche Genauigkeit* **2,** 65_{8-9}
– *Unterschiede der Rassen* **5,** 387_{34}–388_{3}
– *Unterschiede zu Tieren* **2,** 170_{18-39} **3,** 270_{12-28}
– *vergleicht Unbekanntes mit Bekanntem* **2,** 707_{23-26}
– *was seine Sorge sein soll* **5,** 178_{9-12}
– *wird weise, wenn seine Kräfte abnehmen* **2,** 931_{6-13} **5,** 148_{17-18} 356_{20-22}
– *zerstört Zeugnisse für die Erdgeschichte* **5,** 523_{27}
Menschheit
– *Entwicklung* **5,** 39_{16-17} 135_{13-15} 523_{31}–524_{3}

Mensula Praetoriana 6, 286 (*9)
Mergel 5, 415$_{21}$
Mergelschiefer 5, 415$_{13}$
Meridian (Mittagskreis) 1, 642$_{29-30}$ 650$_{20-22}$ **2,** 592$_{4-5}$ **5,** 225$_{9-10}$ 346$_{15-16}$
– *erster*, s. Nullmeridian.
– *Länge*, s. Gradmessung.
Merkur 2, 744$_{1}$ **5,** 276$_{1}$
s.a. Copernicus, Nicolaus – Merkur nicht gesehen; Planeten – innere.
– *Bahngeschwindigkeit* **2,** 744$_{14-15}$ **5,** 150$_{28-29}$
– *Bestimmung der Sonnenparallaxe* **5,** 97$_{34}$
– *Durchgang durch die Sonne* **1,** 680$_{25-29}$ **2,** 651$_{29-30}$ 744$_{15-22}$ **5,** 43$_{22-30}$ 92$_{14-25}$ 124$_{25}$ 150$_{31-33}$
– – *1782 November 12* **5,** 151$_{5}$
– – *1786 Mai 4* **2,** 744$_{18}$ **5,** 150$_{22-27}$ 151$_{4}$ 272$_{18}$
– – *1802 November 8* **2,** 744*
– *Elongation* **1,** 680$_{15-16}$ **2,** 603$_{12-13}$ 744$_{7-8}$ **5,** 24$_{22}$ 151$_{1-2}$ 272$_{7-8}$ 276$_{3}$
– *Entfernung von der Erde* **2,** 744$_{23-26}$
– *Entfernung von der Sonne* **1,** 678$_{32}$ **2,** 744$_{26-27}$ **5,** 96$_{20-22}$ 150$_{3.\ 14-15}$
– *Exzentrizität / Verhältnis zwischen größter und kleinster Sonnenentfernung* **2,** 744$_{12-14}$ **5,** 272$_{9}$
– *Exzentrizität der Bahn* **5,** 276$_{4-5}$
– *Größe* **1,** 679$_{6}$ **2,** 744$_{23}$ **5,** 149$_{14-15}$ 150$_{14}$
– *Neigung der Bahn gegen die Ekliptik* **1,** 676$_{13}$ **2,** 745$_{8-9}$ **5,** 150$_{3.\ 30}$ 276$_{2}$
– *Oberfläche* **1,** 696$_{1}$
– *Rotation* **2,** 745$_{9-10}$ **5,** 150$_{27-28}$
– *Umlaufszeit* **1,** 679$_{27}$ **2,** 745$_{8}$ **5,** 44$_{23}$ 150$_{3.\ 17-18}$
Merkur (antiker Gott) 4, 27$_{32}$ 36$_{12}$
Mesarthim (γ Arietis) **2,** 782$_{24}$ **5,** 206$_{25}$
Mesopotamien 1, 967$_{15}$
Messina
– *Erdbeben 1783* **1,** 847$_{31-32}$ **2,** 956$_{35}$ **5,** 532$_{14}$
Messing
– *Ausdehnungskoeffizient* **1,** 427$_{R19}$ 480$_{31}$ **2,** 417$_{16}$
– *Festigkeit* **1,** 67$_{7-11}$ **2,** 40$_{19}$ **3,** 82$_{10-11}$
– *Platten* **6,** 2 (3) 436 (*347*)
– *spezifisches Gewicht* **1,** 183$_{16}$
– *Tombak* **3,** 125$_{8}$
– *Verwendung beim Elektrisieren* **4,** 286$_{24}$
Messinghalbkugel und kleine Messingkugel an einem Draht (Nr. 23.6) 6, 22 (23.6)
Messingkugeln 6, 19 (23.3) 19 (23.4)
Meßinstrumente, s.a. Anemometer; Aräometer; Aspirationspsychrometer; Atmidometer; Atmometer; Barometer; Baroskop; Birnprobe (pear-gage); Chordometer; Dasymeter; Deklinatorium; Dioptra; Drosometer; Elektrometer; Eudiometer; Flüssigkeitsmesser; Gasometer; Hydrometrischer Flügel; Hygrometer; Hygroskop; Inklinatorium; Kompaß; Luftpumpe – Dichtigkeitsmesser; Magnetometer; Manometer; Meilenmesser (Odometer); Meßkette; Meßschnur; Mikrometer; Nonius; Pyrometer; Reflexionskreis; Regenmesser (Hyetometer, Ombrometer); Schrittzähler; Seismometer; Thermometer; Tribometer; Uhr; Windrichtungsanzeiger.
Meßkette 2, 673$_{19}$ **5,** 102$_{7}$ **6,** 288 (*15*) 288 (*16*) 288 (*17*)
Meßschnur 6, 302 (*33d*)
Metall(e) 1, 218$_{6}$ 930$_{28-30}$
s.a. Metallkalke.
– *Belegung der Leidener Flasche* **1,** 558$_{39}$

– *Blitzableiter* **2,** 910$_{4}$ 917$_{38}$ **5,** 480$_{23}$–481$_{32}$
– *Dichte / spezifisches Gewicht* **2,** 461$_{15}$ 462$_{26}$ **4,** 173$_{23}$ 183$_{30}$
– *Elastizität* **2,** 42$_{35}$
– *Elektrizitätslehre*
– – *durch Reiben elektrisierbar* **1,** 532$_{6-7}$ 578$_{35-37}$ **2,** 495$_{6-7}$ **4,** 246$_{25}$ 301$_{33-35}$
– – *elektrisch geschmolzen* **1,** 564$_{29}$
– – *Elektrizität bei Reibung* **1,** 545$_{2}$ **2,** 503$_{16}$ **4,** 302$_{8}$ 303$_{17}$
– – *unelektrische Körper (Leiter)* **1,** 535$_{1}$ **2,** 494$_{33}$ 495$_{2}$ **4,** 280$_{9}$ 302$_{2-3}$
– – *Wirkungen von (verstärkter) Elektrizität* **1,** 958$_{8-36}$ **3,** 352$_{24-26}$
– *exotherme Reaktionen* **2,** 933$_{36}$
– *Festigkeit* **1,** 66$_{12}$–67$_{37}$ **2,** 39$_{39}$ 40$_{17-20}$ **3,** 81$_{35-36}$ 82$_{9-13}$
– *im antiphlogistischen System* **3,** 340$_{13-14}$
– *Kristallisation* **2,** 199$_{32}$
– *Reaktionen mit Säuren* **3,** 314$_{34}$–315$_{11}$ 318$_{6-9}$
– *Rosten* **1,** 284$_{3-4}$ **2,** 288$_{22}$ s.a. Eisen – Rosten.
– *Schlagen der M.* **1,** 66$_{7-10}$
– *Schmelzen* **1,** 438$_{14-17}$ **2,** 461$_{15}$ **4,** 173$_{21}$ 184$_{1}$
– *Schmelzen von Gemischen* **1,** 439$_{8-13.\ R34-36}$ **2,** 430$_{15-25}$ **4,** 169$_{1-3}$ 170$_{14}$
– *Tabelle von Eigenschaften* **4,** 232$_{4}$
– *Taubildung* **2,** 891$_{27-28}$ **5,** 362$_{8}$ 448$_{13-14.\ 31}$ 453$_{2}$
– *Verflüssigung durch Auflösung* **1,** 203$_{R19-21}$
– *Verwandtschaften* **1,** 230$_{26-30}$
– *Volumenkontraktion bei Legierungen* **2,** 178$_{34-37}$
– *Vorkommen / Fehlen* **2,** 837$_{14-28}$ 839$_{25}$ 957$_{8}$ **5,** 344$_{16-17}$ 404$_{5}$–405$_{6}$ 411$_{27}$ 412$_{27.\ 33}$ 413$_{12.\ 18-19.\ 29}$ 414$_{2.\ 9}$ 416$_{25-26.\ 31}$ 417$_{5}$ 543$_{23}$
– *Wärmeleitung* **2,** 459$_{18-25}$ 461$_{10}$–463$_{7}$ **4,** 173$_{25}$ 183$_{29-31}$ 184$_{2-29}$ 185$_{13}$ 219$_{4-19}$ 230$_{26-29}$

Metallkalke
– *absolutes Gewicht größer als das der jeweiligen Metalle* **1,** 97$_{R10-12}$ 217$_{R18-20}$ 266$_{2-5}$ 460$_{23-31}$ 920$_{28}$ **2,** 75$_{34-36}$ 76$_{1-2}$ 257$_{19-20}$ **3,** 321$_{6-9}$ s.a. Verbrennung – Gewichtszunahme bei Verbrennungsprozessen.
– *enthalten künstliche Luft* **1,** 460$_{31-35}$ **2,** 948$_{18}$
– *Entstehung gemäß der antiphlogistischen Chemie* **1,** 929$_{16-23}$ **2,** 210$_{29-32}$ **3,** 314$_{30-33}$ 328$_{21}$ 347$_{23}$ 352$_{16-20}$
– *Entstehung gemäß der phlogistischen Chemie* **2,** 76$_{9-10}$ 210$_{23-27}$ **3,** 353$_{5-8}$
– *im antiphlogistischen System* **2,** 204$_{18}$
– *Kennzeichen* **1,** 213$_{6-14}$
– *Oxide genannt* **1,** 929$_{24-25}$
– *Reduktion durch Elektrizität* **1,** 958$_{9}$ **4,** 326$_{28}$
– *Reduktion durch inflammable Luft* **3,** 341$_{31-32}$
– *Reduktion gibt dephlogistisierte Luft* **1,** 265$_{8-12}$ **3,** 394$_{17-20}$ **4,** 175$_{32}$–176$_{2}$
– *spezifische Wärme größer als die der jeweiligen Metalle* **4,** 127$_{19-20}$ 128$_{19}$ 202$_{32}$
– *spezifisches Gewicht geringer als das der jeweiligen Metalle* **1,** 97$_{R13-14}$ 213$_{11-14}$ 920$_{29}$ **2,** 76$_{3-5}$

Metapher
– *Abend* **5,** 527$_{3}$
– *Ameisen im Bernstein* **5,** 187$_{31-32}$
– *Attraktion* **1,** 126$_{35}$–127$_{5}$
– *Babylonische Sprachverwirrung* **3,** 330$_{30-31}$ **5,** 201$_{19}$
– *Baum der Erkenntnis* **5,** 189$_{24}$
– *Dachziegel* **5,** 121$_{15}$
– *Dampfmaschine* **2,** 830$_{12}$ **5,** 336$_{8}$

– *Feuer und Braten* **5,** 36_{33-35}
– *Freundschaft* **2,** 213_{23}
– *Genealogie in der Bibel* **2,** 108_{8} **3,** 205_{31-32} 211_{12-13} 214_{14-15} 218_{15-16} 224_{16}
– *Hieroglyphe* **5,** 521_{13}
– *Horizont* **2,** 587_{13}
– *Insekt* **2,** 936_{5} **5,** 375_{23} 376_{8}
– *Irrsterne* **3,** 232_{33}
– *Karpfen* **2,** 155_{14} **3,** 196_{9}
– *Kindheit* **2,** 788_{24} **5,** 39_{17} 295_{3}
– *Kleinhandel* **3,** 332_{17-26}
– *Komet* **2,** 915_{29}
– *Landkarte (Maßstab)* **2,** 644_{36-37} 650_{20-21} **5,** 44_{25} 64_{16} 91_{29}
– *Leiter* **5,** 76_{13}
– *Maden* **5,** 36_{35}
– *Maschine* **5,** 77_{16} 374_{33} 378_{11}
– *menschlicher Lebenszyklus* **5,** 293_{6-13}
– *Montgolfiere* **2,** 251_{16} 887_{29} 895_{19} **5,** 365_{4}
– *Mühle* **3,** 122_{23}
– *Nebelschicht* **5,** 217_{34} 294_{22}
– *Planetarium (Orrery)* **3,** 219_{23} 223_{7}
– *Roman* **5,** 384_{27}
– *Schmetterling* **2,** 774_{2}
– *Schwamm* **2,** 828_{11} **5,** 330_{21}
– *Seiltanzen* **4,** 66_{28}
– *Spürhund* **2,** 731_{37}
– *Stangen* **5,** 121_{30}
– *Tortur* **2,** 75_{8}
– *Trägheit* **3,** 144_{30}
– *Traum* **2,** 938_{13} 942_{17} **3,** 62_{13} 219_{20} **4,** 517^{104} **5,** 79_{15} 165_{4} 179_{23} 180_{21} 193_{26} 194_{3} 384_{7} 390_{24} 516_{14} 672^{716}
– *Uhr* **2,** 581^{*} **3,** 122_{23} **5,** 72_{29} 178_{23}
– *Uhrglas* **2,** 584_{6-7} **5,** 72_{10-11}
– *Verkleinerungsglas* **5,** 375_{27} 376_{16} 377_{35}
– *Webstuhl* **3,** 212_{24} 217_{22} 226_{18} 236_{6} **5,** 69_{11}
Metaphorik 1, 126_{41-44} **3,** 144_{32} 148_{1} 149_{20-21}
Metaphysiker
– *leerer Raum* **3,** 92_{32} 95_{31}
– *Vorwurf gegenüber dem Physiker* **3,** 17_{3}
Meteorognomik 5, 497_{29}
Meteorologie 2, 809_{29} **5,** 316_{12-17} s.a. Ballonfahrt – meteorologische Forschung; Witterung.
– *Buch Delucs erwartet* **1,** 450_{9-11}
– *gehört zur Physik* **3,** 29_{27-28}
– *Nutzen der Berge* **5,** 542_{9-21} 543_{27-30}
– *setzt astronomische Kenntnisse voraus* **5,** 223_{17}
– *Wissenschaftlichkeit* **4,** 259_{29-34} **5,** 376_{13-22}
Meter (Längenmaß), s. Maße – französische (metrische).
Methan, s. Sumpfluft.
Metronom nach Feuillet 6, 324 (**52*)
Mikroelektrometer, s. Condensator (Mikroelektrometer).
Mikrokosmos, s.u. Mensch.
Mikrometer 3, 100_{23} 303_{7} **6,** 192 (232) 330 (**73*)
– *im Fernrohr* **1,** 418_{29-30} **4,** 293_{20}
– *im Mikroskop* **1,** 421_{1}
– *Mikrometer von Omstedt* **6,** 496 (*401*)
– *Mikrometer von Schmidt* **6,** 496 (*402*)
– *Mikrometer von Tiedemann* **6,** 496 (*400*)
Mikroskop 2, 400_{27} 405_{13} **6,** 332 (**78*) 334 (**88*) 334 (**89*) 335 (**95*) 335 (**97*) 336 (**98*) 336 (**99*) 338 (**100*) s.a. Sonnenmikroskop.
– *Achromasie* **4,** 62_{12} 63_{3}
– *einfaches* **1,** 419_{21-32} **4,** 55_{15} 57_{19} **6,** 192 (233) 192 (*234*) 335 (**92*) 335 (**93*) 335 (**94*) 335 (**96*)
– – *Vergrößerung* **1,** 419_{34}–420_{12} **2,** 405_{15-18} **3,** 39_{22} **4,** 52_{3} 56_{10-17} 57_{1-11} 58_{22}

– *Erfindung* **4,** 116_{26} 157_{15}
– *für beide Augen* **1,** 421_{5}
– *optische Täuschung* **5,** 124_{5}
– *Sonnenmikroskop* **6,** 193 (235)
– *Spiegelmikroskop* **1,** 421_{4}
– *Universalmikroskop* **6,** 334 (**89*)
– *zusammengesetztes* **1,** 420_{19-38} 421_{24} **2,** 405_{18-19} **4,** 55_{18} 56_{23-24} 57_{21} 59_{1-5} **6,** 193 (235) 334 (**91*)
Mikroskop (Sternbild; Microscopium) **5,** 209_{12}
Milch 2, 251_{5} **3,** 380_{21}
Milchstraße (via lactea) 1, 718_{8-9} **2,** 588_{25} 789_{2} 950_{14} **5,** 17_{7} 72_{23} 209_{16} 293_{24} 295_{26}
Mildtau 1, 778_{R11} 969_{27}
Minden 4, 81_{28}
Mineralien, s.a. Achat; Alabaster; Amianth; Asbest; Baryt, Schwerspat; Bergkristall; Bernstein; Beryll; Blättererz; Boracit; Chalcedon; Chrysolith; Citrin; Edelsteine; Epidot (Arendalit); Feldspat; Gagat; Galmei; Glimmer; Granat; Hornblende; Hornstein; Jaspis; Kalkspat (Doppelspat); Karneol; Kascholong; Korund, Demantspat; Kristall, isländischer; Lapislazuli; Magnet; Mandelstein; Markasit; Opal (Weltauge); Porzellanjaspis; Quarz; Realgar; Schrifterz; Schörl; Serpentin; Smaragd; Stangenschörl; Stinkstein; Strontianit(erde); Syenit; Topas; Turmalin; Türkis; Witherit; Zirkon.
– *phosphoreszierende* **1,** 341_{11-14} **2,** 485_{22} **4,** 69_{3}
– *Systematik* **2,** 839_{32} **5,** 409_{1}
– *unbekanntes norwegisches* **3,** 282_{28} 283_{22} 286_{18} 287_{13}
Mineralogie
– *Abgrenzung gegenüber der Geologie* **5,** 409_{30-32}
– *eigene Wissenschaft* **2,** 835_{31}
– *Vorkenntnisse daraus* **1,** 206_{21-27}
Mira Ceti (o Ceti) **2,** 790_{8} **5,** 219_{27-28}
Mischung, mechanische 2, 832_{9} **3,** 410_{3-4} **5,** 337_{22}
– *Abgrenzung zur chemischen Zusammensetzung* **1,** 202_{R23-27} **2,** 199_{13-18}
– *Übergang zu chemischer Mischung* **2,** 430_{29-34}
Mißweisung, s. Deklination, magnetische.
Mittagslinie 1, 642_{32-33} **2,** 592_{19}
– *Instrument zur Bestimmung der Mittagslinie* **6,** 393 (**182*)
Mittelmeer 1, 726_{2} 748_{33} **2,** 683_{7} 815_{25-26} **5,** 323_{16} 328_{27} s.a. Ionisches Meer; Ägäis.
– *Entstehung* **1,** 849_{10}
– *Fauna* **2,** 543_{32} 823_{2} **4,** 262_{16} 334_{28-29}
– *Gezeiten* **2,** 866_{22-23}
– *Strömung* **2,** 871_{35}
– *Tiefe* **1,** 727_{18} **2,** 817_{33} **5,** 324_{21}
– *Wasserbilanz* **1,** 726_{12-17} **2,** 816_{9-13} 828_{25-28} **5,** 323_{32}
Mittelsalze 3, 309_{4-10} **6,** 77 (80) s. Neutralsalze.
Modena 2, 673_{24} **5,** 247_{13}
Mörser (Geschütz) 6, 402 (**196*)
Mörtel 3, 81_{33}
Molfetta (Apulien) **3,** 305_{24-25}
Molukken (indonesische Inselgruppe) **5,** 16_{2} 530_{16}
Molybdän (Wasserbleikönig)
– *im antiphlogistischen System* **2,** 202_{30} **3,** 314_{17} 340_{16}
– *Molybdänglanz (Wasserblei)* **3,** 195_{28}
– *spezifisches Gewicht* **1,** 184_{R1-2}
Moment
– *beim Hebel* **1,** 102_{12} **2,** 77_{25} **3,** 174_{12} 178_{10}
Monat 1, 669_{32} **5,** 118_{5}
– *anomalistischer* **2,** 723_{14} **5,** 50_{30} 123_{2}

– *drakonitischer* **2,** 723_{4} **5,** 50_{32} 123_{1}

– *Monatsnamen* **2,** 735_{38}–736_{6} 739_{33}–740_{10} **5,** 132_{1-6} 208_{22} 266_{29}–267_{5}

– *periodischer (tropischer)* **1,** 685_{28-29} **2,** 721_{32} **5,** 49_{19-20} 50_{17-18} 122_{26}

– *Sonnenmonat* **1,** 685_{30-31} **2,** 722_{32} **5,** 49_{23-24} 50_{20} 122_{31} 129_{10} 130_{23}

– *Sternmonat* **2,** 722_{4} 779_{13} **5,** 122_{21} 190_{24-25}

– *synodischer* **1,** 685_{19} **2,** 722_{14} **5,** 49_{21-22} 50_{19} 122_{30}

– *Zeitmessung* **5,** 128_{12-17} 130_{11}

Mond 2, 600_{21} 703_{11} **5,** 50_{15} 117_{28} s.a.u. Längenbestimmung.

– *Anteil an der Präzession der Äquinoktien* **2,** 784_{3-6} **5,** 206_{13-14}

– *Atmosphäre* **1,** 697_{30}–698_{3} **2,** 706_{4-24} 708_{7}–709_{2} **5,** 120_{23-28} 121_{1-3} 254_{12} 258_{15-24} $262_{9-15.\ 32}$ 263_{5-10}

– *Beispiel für zusammengesetzte Bewegung bei Zentralkräften* **3,** 135_{5}

– *Bestimmung des Abstands Erde–Sonne* **2,** 651_{13-25} **5,** 64_{1-2} 92_{7-8}

– *Bewohner* **5,** $121_{4-7.\ 34}$ 589[123]

– *Eigenbewegung* **1,** 652_{31}–653_{3} **2,** 600_{24-37} 701_{1-3} **5,** 34_{29} 110_{28-31}

– – *Störung* **1,** 711_{22-28}

– *Einfluß der Position auf die Flut* **5,** 357_{4-23}

– *Einfluß der Position auf die Witterung* **2,** 936_{13-24} **5,** 377_{11-22}

– *Entfernung von der Erde* **1,** $682_{33-36.\ R2-3}$ **2,** 725_{13} **5,** 41_{35} 97_{19} 123_{18-19}

– *Entstehung / Geologie* **2,** 703_{13-17} 774_{22-23} **5,** $119_{7-8.\ 21-22}$ 120_{18-22} 254_{22-23} 259_{26-28} 380_{1-3}

– *Fallbewegung nach Newton* **1,** 709_{13}–710_{9} **2,** 100_{33-36} 111_{22-27} 778_{16}–780_{19} **5,** 41_{31-34} 42_{31-33} 63_{1-4} 189_{18-33} 190_{1-31}

– *Finsternis* **1,** 686_{3} 706_{R1-6} **2,** 601_{18-20} 602_{23-34} 721_{11-21} **5,** 21_{20-23} 35_{29} 170_{2} 348_{26} s.a. Finsternisse; Längenbestimmung.

– – *1772* **5,** 256_{2}

– – *1772 Oktober* **5,** 254_{30-31}

– – *1790 Oktober 31* **2,** 708_{34}

– – *durch Kometen* **2,** 773_{26}

– – *Hinweis auf Kugelgestalt der Erde* **2,** 666_{2} **5,** 98_{11} 317_{23}

– *gemeinsamer Schwerpunkt mit der Erde* **5,** 121_{20-28} 353_{22}

– *Größe* **1,** $682_{28-33.\ R1}$ **2,** 725_{32} **5,** 51_{25} 119_{25} 149_{30-31} 253_{15-20} $260_{1-3.\ 20}$ 261_{14} 262_{32-35} 292_{17-23}

– *im ptolemäischen System* **2,** 607_{35-41}

– *Kugelgestalt* **2,** 602_{1-19} **5,** 15_{2-5} $21_{14-15.\ 31-35}$

– *Libration* **1,** 689_{20-24} **2,** 723_{21} **5,** $52_{10-16.\ 30-34}$ $54_{3.\ 14-17}$ 123_{5}

– *Mondlicht* **5,** 122_{6-8}

– – *optische Täuschung* **5,** 257_{26}

– – *reflektiertes Sonnenlicht* **2,** 601_{36-38} 719_{38-39} **5,** 21_{23-31} 35_{30}

– – *Regenbogen* **1,** 793_{8}

– – *Wärme* **2,** 453* 485_{30} **4,** 177_{6} 178_{18}

– – *Wirkung auf Pflanzen* **1,** 342_{R31-32} 343_{R1-2}

– *Nebenmonde* **1,** 795_{4} **2,** 908_{23}

– *Neumond* **1,** 684_{23} **2,** 601_{4} 720_{6}

– *Nutation der Erdachse* **2,** 784_{17-27} **5,** 186_{15} 206_{14-21}

– *Oberfläche* **1,** 687_{2-19} 964_{35} **5,** 51_{34}

– – *Berge* **1,** $687_{14.\ R11-17}$ **2,** 704_{3}–705_{8} **5,** 119_{21-29} 120_{1-7} 259_{28}–260_{14} 261_{1-23} 511_{7-15}

– – *Farben* **5,** 258_{9}

– – *Flecken* **1,** 964_{29} **5,** 118_{15}–119_{1} 119_{3-12} 255_{30} 257_{29} 261_{29-33}

– – *Forschungsgegenstand* **2,** 809*

– – *Krater* **1,** 687_{R17-23} **2,** 704_{1-3} **5,** 260_{15-18}

– – *Lichterscheinungen* **1,** $689_{7-10.\ R16-20}$ 964_{24-29} **2,** 706_{25-29} 707_{5-6} 709_{12-13} 710_{1-12} **5,** 120_{13-14} 253_{23}–254_{7} 255_{31}–256_{1} 256_{24-32} 257_{1-12}
– – *Loch* **1,** 687_{37}–688_{33} 963_{31}–964_{5} 964_{21-23} **2,** 706_{29}–707_{5} **5,** 120_{15-17}
– – *Veränderlichkeit* **5,** 257_{32}–258_{8}
– – *Vulkan* **1,** 689_{1-6} 964_{13-21} **2,** 705_{9-40} 707_{8}–708_{6} 709_{3-8} **5,** 52_{23} 119_{16-20} 120_{8-13} 254_{29}–255_{5} 255_{29} 261_{34}–262_{11} 512_{19-20}
– *Parallaxe* **2,** 653_{11} 655_{33} 701_{8-11} 724_{1-2} 725_{17} **5,** $51_{16-17.\ 23-24}$ 52_{10} 111_{3} 123_{16-17} 237_{20}
– *Phasen* **1,** $684_{1-23.\ 31-32}$ **2,** 601_{1-8} 719_{35} 720_{3-29}
– – *Einfluß auf Flut* **1,** 769_{6-12} **2,** 866_{5-9} 871_{1-11} **5,** 356_{11} 357_{25-27}
– – *Einfluß auf Witterung* **2,** 936_{12} **5,** 377_{13-16}
– – *Zeitrechnung* **5,** 130_{12}
– *Rotation* **1,** 689_{16-20} **2,** 712_{17} **5,** $52_{1-9.\ 27}$ 52_{35}–53_{2} 53_{20}–54_{7} $122_{10.\ 12}$ 260_{22-25} 358_{22-24}
– – *Neigung der Achse gegen die Ekliptik* **2,** 724_{40-41}
– *scheinbare Größe* **5,** $51_{2-4.\ 16-17.\ 23-24}$ 64_{34} 123_{9}
– *Umlauf um die Erde* **2,** 719_{31}
– – *Anomalie* **1,** 683_{11-13} **5,** 50_{25-27}
– – *Apsidenlinie der Bahn* **2,** 723_{16} **5,** 50_{28} 123_{3}
– – *Bahn elliptisch* **5,** 50_{24} 190_{32}–191_{3}
– – *Bahn exzentrisch* **5,** 50_{23} 123_{10-11} 358_{20}
– – *Irregularität* **5,** 191_{19-28} 192_{18-21} 356_{5} 376_{4} 409_{24}
– – *Knoten* **1,** 683_{1-2} **2,** 721_{5} 723_{6} 783_{9-24} **5,** 22_{9-11} 203_{31} 204_{1-29} 459_{31}
– – *Knotenlinie* **1,** 683_{3-5} **5,** 50_{31} 203_{28} 677^{750}
– – *Neigung der Bahn gegen die Ekliptik* **1,** 682_{36-37} **2,** $602_{27.\ 29}$ 721_{2-3} **5,** 22_{5-7} 123_{7} 203_{33}
– – *Theorie* **5,** 51_{7}
– – *Zeitrechnung* **5,** 117_{29-31} 118_{5} 130_{11}
– *verursacht Gezeiten* **1,** 768_{3-9} 769_{23-25} **2,** 866_{33-39} **5,** 121_{19} 122_{9}
– *verursacht periodische Schwankung des Luftdrucks* **1,** 762_{4-13} **2,** 856_{21-28} **5,** 349_{2-12}
– *Vollmond* **1,** 684_{1} **2,** 601_{6} 720_{19}
– *Zu- und Abnehmen* **1,** 683_{17-19} **5,** 21_{11-14} 35_{23-27}
– *Zweck* **5,** 121_{9-10} 122_{4-9}
Monde, s.a. Jupiter; Saturn; Uranus; Venus.
Mondglobus **2,** 711_{29} **5,** 262_{31}
Mondkarte(n) **1,** 687_{21} **2,** 711_{8}–712_{11} **5,** 52_{23-24} 119_{13-15} 254_{25-28} 262_{30-31}
Mondtäuschung **2,** 351_{16-19} 351_{36}–352_{10} 726_{1-3} **4,** 51_{20} 57_{15} **5,** 51_{26} 52_{20} 123_{21-23} 124_{3}
Monochord **1,** 326_{15} **2,** 330_{21} 331_{26} 332_{5} **4,** 27_{26} 39_{8} **6,** 482 (*394*)
Monoecia monadelphia **2,** 44_{17-18} **3,** 113_{30}
Monsun (Wind) **1,** 764_{14} **2,** 859_{34} **5,** 351_{28}
– *Etymologie* **1,** 764_{R8-11}
Mont Blanc (Berg in Frankreich) **1,** 966_{34} **5,** 180_{4}
– *Col du Géant* **2,** 967_{5}
– *geographische Breite* **2,** 1006_{14}
– *Höhe* **1,** 737_{39-40} $738_{1-6.\ 4-6.\ R25-35}$ 967_{1-3} **2,** 823_{31}–824_{4} 962_{33} 963_{2} 979_{23-27} 991_{12-15} 994^{*} 995_{22}–996_{2} 997_{12-14} 1001_{6-9} 1015_{3} 1016_{32} **5,** 329_{17-19} 400_{7} 552_{14-21}
– *Intensität der Sonnenstrahlung* **1,** 819_{12-14}
– *meteorologische Beobachtungen* **1,** 738_{R10-24} **2,** 824_{16-27} 979_{12-15} 990_{5-14} **5,** 552_{10}

Monte Gregorio (Berg in Italien) **2,** 1015_{9} 1016_{33}–1017_{1}
Monte nuovo (Vulkan in Italien) **2,** 953_{41} **5,** 391_{19}
Monte Perdido (Berg in Spanien) **5,** 400_{17}
Monte Rosa (Berg in Italien / Schweiz) **1,** 737_{R31}
Monte Santo di Lussari (Berg in Italien) **4,** 257_{11} **5,** 480_{13} 779[317]
Monte Somma (Berg in Italien) **2,** 705_{34} **5,** 119_{18}
– *Cognolo di Ottaviano (Monte Ottajano)* **5,** 119_{18}
Montgolfiere, s. aerostatische Maschine.
Montjuïc, Festung (Barcelona; Spanien) **2,** $679_{13.\,27}$ 680_{3} $682_{2.\,26}$ 683_{6}
Montpellier **5,** 938[63]
Monts Dore (Bergmassiv in Frankreich) **1,** 738_{19}
Moor **5,** 408_{29} 523_{19}
Moorbrennen **3,** 381_{23}
Morgenrot **1,** 794_{27}
Morgenstern **1,** 680_{21} **2,** $603_{17–18}$ **5,** 23_{20} 571[15]
s.a. Venus.
Morgenweite (amplitudo ortiva) **1,** $705_{16–17}$
Moschus **4,** 379_{21} 381_{12}
– *Beispiel für Teilbarkeit* **2,** 36_{9} **3,** 77_{1} 99_{25} 101_{18}
Mühle, s.a. Maschine – Barkers; Metapher – Mühle.
– *im weiteren Sinn Dampfmaschine* **5,** $336_{5–7}$
– *Mühlrad als Modell für gebundene Monddrehung* **2,** 715_{10}
– *vom Mond angetrieben* **2,** $871_{17–18}$ **5,** 121_{19}
Münzen
– *Dreigroschenstück* **3,** 187_{24} **4,** $51_{29–32}$ **5,** 26_{28}
– *Dukaten* **1,** 256_{R10} **2,** 34_{30} 36_{13} 297_{17} **3,** $98_{20–21}$ 99_{30} 100_{6}
– *Louisd'or* **2,** 24_{22} 168_{4} $245_{4–13}$ **5,** 214_{26}
– *Mariengroschen* **3,** 456[96]
– *Matthier* **3,** 43_{31} **5,** 51_{30}
– *Regenbogen-Schüsselchen* **1,** $792_{R15–16}$
Mugla (Türkei) **1,** 957_{11}
Mulhouse **5,** 366_{18}
Mundus elementaris, s. Elementarwelt.
Muscheln
– *elektrische Körper (Nichtleiter)* **2,** 494_{25} **4,** 280_{1} 289_{27}
– *versteinerte* **2,** 953_{24} **5,** $383_{1.\,21–25}$ 384_{22} $520_{11–12}$ 542_{14}
Musik **1,** 320_{5} **2,** 326_{20} 333_{30} **4,** 23_{26}
s.a. Instrumente (Musik); Intervall (Musik); Klang; Saite; Ton (Musik).
– *Harmonie* **1,** 328_{19} **2,** 334_{1}
– *Komma* **2,** $333_{7–12}$ **4,** 37_{15} 404[110] 406[130]
– *Melodie* **1,** 328_{18}
– *Stimmung* **4,** 28_{3}–29_{6} 36_{20}–37_{15}
s.a. Temperatur (Musik).
– *Tanz* **4,** 28_{12}
– *Theorie* **4,** 9_{31}
– – *Arbeitsfeld der Mathematik* **3,** 45_{22}
– – *nicht zur angewandten Mathematik gezählt* **3,** 48_{8}
– *Zeitmesser (Metronom)* **1,** 132_{R28} **2,** 122_{10}
s.a. Metronom nach Feuillet.
Musivgold, s. Elektrisiermaschine – Reibzeug.
Mysore (Indien) **5,** 525_{23}
Mythos
– *kosmologischer aus Indien* **3,** 237_{8}

Nacht, s.a. Erde (Erdkugel) – Dunkelheit der Nachtseite.
Nadel, s.a. Magnetnadel (Acus magnetica); Versuche (Elektrizität) – Anziehen und Abstoßen.

Nadir **1**, 642_{11} **2**, 587_{21}
Naphtha
– *brennende Quellen* **1**, 744_{23-25}
– *spezifisches Gewicht* **1**, 185_{R8-9} **2**, 179_{32-33} **3**, 278_{15}
Nase, sterbliche **3**, 76_{29}
Nashorn (Rhinozeros) **2**, 40_{1} **3**, 81_{38} **5**, 528_{10}
Natur, s.a. Körperwelt; Welt.
– *Definition nach Kant* **3**, 18_{10} 30_{22-24} 31_{1-7}
– *Einheit* **3**, 25_{25} 122_{14-31} **4**, 264_{14-15}
– *mechanische Erklärer* **3**, 159_{6-7} 240_{29-30}
– *Ordnung* **3**, 44_{5-14}
– *Polarität als Grundphänomen* **4**, 137_{27}
– *Vergleich mit menschengemachten Maschinen* **2**, 17_{27} **3**, 28_{2-15}
Naturalist, s. Naturforscher.
Naturbegebenheit **1**, 34_{26-28} s.a. Phänomen.
Naturforscher **1**, 36_{33}–37_{11}
– *Aufgabe* **1**, 892_{34-37}
– *fälschlich so genannte* **1**, 37_{11-20}
– *wenige mit umfassendem Überblick* **3**, 50_{9}
Naturgeschichte **1**, 38_{16-20}
– *Definition* **2**, 16_{17} **3**, 36_{5}
– *Teil der Naturwissenschaft* **2**, 16_{11} **3**, 25_{17} 35_{24-25}
Naturgesetz **1**, 34_{34}–35_{2} **2**, 24_{16} **3**, 57_{8} 60_{15} s.a. Radical (Physik).
– *Entdeckung Aufgabe des Physikers* **2**, 19_{22-23} 20_{33-34} **3**, 42_{27-31} 45_{19} 51_{11-12} $52_{11-13.\ 28-29}$ 53_{3-4} **5**, 378_{13-17}
– *Grade der Allgemeinheit* **3**, 62_{15-18}
Naturlehre, s.a. Erfahrung – Grundlage der Naturlehre; Experimentalphysik; Naturwissenschaft; Physik.
– *allgemeine* **1**, 38_{7-13} **3**, 23_{23}–24_{7} **5**, 222_{17-18}
– *besondere* **3**, 24_{8-13}
– *Definition* **1**, 31_{26} **2**, 15_{14-16} **3**, 20_{3-5} 32_{13-14}
– *Einheit* **1**, 892_{37-38} 900_{29-34} **3**, 26_{6-7}
– *Einteilung* **1**, 38_{7-26} **3**, 23_{22}–24_{13} 52_{7-9} 122_{14-20} 452-453[71]
– *Fortschritt* **1**, 885_{2-4} **2**, 19_{23-24} **3**, 8_{16-17} 12_{24} 43_{1} 51_{16-17} **4**, 264_{15-18} **5**, 66_{28-29}
– *Fortschritt durch Arbeitsteilung* **2**, 947_{18-27}
– *Fortschritt durch Auseinander setzung* **1**, 890_{19-26} 893_{18-21}
– *Fortschritt durch Empirie* **1**, 126_{9-35} **4**, 668-669[160]
– *Fortschritt durch Erreichung unbeabsichtigter Zwecke* **1**, 897_{35}–898_{6}
– *Fortschritt durch notwendige Irrtümer* **5**, 76_{11-15}
– *Gebiete, deren Gesetze noch unentdeckt sind* **2**, 20_{40}–21_{2} **3**, 46_{19-22} 48_{28}–49_{7}
– *Geschichte* **3**, 57_{1} 358_{28}
– – *Antike* **1**, 40_{2-24}
– – *jüngste Zeit* **1**, 41_{23}–42_{4}
– – *Mittelalter u. Renaissance* **1**, 40_{26}–41_{21}
– – *Vortrag* **3**, 13_{20-28}
– *Gotteserkenntnis* **1**, 32_{2-7}
– *Irrtumsmöglichkeit* **3**, 358_{25-30}
– *Nutzen* **1**, 31_{8-25} **2**, 19_{4} **3**, 4_{13} 14_{5}
– – *Nebeneffekt* **3**, 122_{25-28}
– *Schriften* **1**, 42_{6-9}
– *Schutz gegen Aberglauben* **1**, 32_{10-13} **5**, 30_{1-2}
– *Theorien*
– – *Kriterien*
– – – *Gleichförmigkeit* **1**, 584_{1-10} 588_{1-3} **2**, 529_{22-23}
– – – *Sparsamkeit* **1**, 587_{31-37} **2**, 529_{17-21} **5**, 394_{3-4}
– – – *Vollständigkeit* **1**, 587_{37-45} 588_{1} **2**, 529_{21-22} **4**, 275_{22-26}
– *tradiertes Wissen empirisch überprüfbar* **3**, 46_{1-4}

– *Verhältnis zur Mathematik* **1,** 380_{35}–381_{5} s.a. Mathematik – Verhältnis zur Physik.
– *Vermutungen riskant* **3,** $56_{6–10}$
– *Vermutungen unzulässig* **1,** $432_{R1–2}$
– *Vortrag* **1,** $37_{28–35}$ **3,** 4_{7} 122_{14} s.a. Lichtenberg, Georg Christoph – Biographisches – Vorlesung / Kolleg.
– – *Astronomie als Vorbild* **3,** 17_{18}
– – *Einleitung* **3,** $4_{23–24}$
– – *kleine Ökonomie* **3,** 122_{31}
– – *über die Körper überhaupt* **1,** $915_{5–11}$
– – *widersprüchliche Forderungen daran* **3,** $17_{1–3}$
– *Zusammenfügung aus einzeln gearbeiteten Teilen* **1,** $892_{22–26}$
Naturreich 1, 38_{19} **3,** $36_{12–15}$
Naturwissenschaft, s.a. Naturlehre; Physik.
– *Definition* **3,** 35_{12}
– – *nach Kant* **3,** 18_{15} 31_{8}
– *Umfang* **2,** $16_{9–13}$ **3,** $25_{14–18}$ $35_{16–26}$
Nautilidae 5, 522_{23}
Neapel
– *Ercolano (ehemals Resina)* **5,** 529_{28}
– *Hundsgrotte* **1,** 844_{26} **2,** $267_{15–16}$ **3,** 390_{11}
– *Nebel von 1783* **5,** 852^{773}
– *Paolo Moccias Schwimmkünste* **2,** 170_{8} **3,** 271_{7}
– *Solfatara* **1,** $844_{26–27}$
– *Vesuv* **1,** 842_{24}
Neapel (Königreich) 2, 843_{18} 953_{41} **5,** 419_{6} 421_{20}
Nebel 1, 779_{15} **2,** 894_{33} **3,** 381_{19} **5,** 362_{27} 449_{26} 455_{19}–456_{25} 458_{10} 459_{16} 462_{15}
– *1783* **2,** $771_{34–35}$ **5,** 182_{22} 290_{15} 456_{27} 457_{20} s. Nebel – trockener – Sommer 1783.
– *bei Wasserfällen* **1,** 747_{18} $779_{26–27}$ **2,** 834_{30}
– *Bläschen* **2,** 886_{10} 887_{22} $895_{8–9}$
– *Niederschlag aus Wasserdampf* **1,** 448_{5} **2,** 894_{34}–895_{1}
– *Steigen/Fallen* **1,** $782_{2–6}$ **2,** $895_{14–21}$
– *trockener* **1,** $780_{17–22}$ **2,** $895_{31–33}$ $951_{15–17}$ **3,** 193_{15} **5,** $456_{10–20}$ 457_{28}–458_{7}
– – *Sommer 1783* **1,** 519_{7} $780_{22–29}$ **2,** $895_{33–36}$ $896_{2–16}$ **3,** $193_{15–16.\,20}$ **5,** $456_{18–25}$
– *Vergleich mit Wolken* **5,** 460_{15}
– *Wichtigkeit der Kenntnis seiner Entstehung* **1,** $779_{R5–12}$
– *Zeit des Auftretens* **1,** 779_{30}–780_{5} **5,** $456_{5–7}$
Nebelbogen 1, 790_{R7}
Nebenwohner (perioeci) 1, 666_{38} **5,** $147_{14–17.\,23}$
Nelkenöl 3, 271_{13}
Neptun (wasserspeiender Berg) **5,** 49_{13} s.a. Berg(e) – wasserspeiende auf der Sonne als Erklärung der Sonnenflecken.
Neptunismus / Vulkanismus **2,** 836_{18} $837_{26–27}$ 839_{2} $950_{18–21}$ $953_{29–33}$ 955_{31}–956_{12} **5,** $384_{15–21}$ $385_{10–20}$ $386_{1–10}$ 403_{22} $406_{14–15}$ 407_{30}–408_{2} 812^{511} s.a. Basalt.
Nérac (Frankreich) **2,** 911_{2} **5,** 470_{25}
Netz (Sternbild; Reticulum) **5,** 209_{8}
Neue Hebriden (Inselgruppe im Südpazifik [Vanuatu]) **2,** 813_{19} **5,** 322_{31}
Neuenburg (Schweiz) **2,** 939_{13}
Neufundland 1, $726_{R19–20}$ **2,** 872_{1}
– *Reise zur Chronometerprüfung* **2,** 700_{19}
Neuguinea 1, 723_{38} **2,** 813_{12} **5,** 322_{28} 322_{34}–323_{2} 328_{9} 530_{15}
– *Louisiade* (Inselgruppe im SO Neuguineas [Papua-Neuguinea]) **1,** 724_{1}

– *Neu-Britannien* (Insel im Bismarck-Archipel [Papua-Neuguinea]) **1,** 723_{39} **2,** 813_{13} **5,** 322_{28}
– *Neu-Hannover* (Insel im Bismarck-Archipel [Papua-Neuguinea]) **5,** 322_{28}
– *Neu-Irland* (Insel im Bismarck-Archipel [Papua-Neuguinea]) **1,** 723_{39}–724_{1} **2,** 813_{14} **5,** 322_{28}
Neukaledonien (franz. Inselgruppe im SW-Pazifik) **2,** 813_{15} **5,** 322_{29} 717^{998}
Neuseeländer Flachs (Phormium tenax) **2,** 813_{36-37} **5,** 395_{23-24}
Neuseeland 1, 724_{1} 725_{8} **2,** 814_{28}–815_{1} 920_{5} **5,** 147_{18} $322_{17.\ 31}$ 323_{5} 432_{26}
Neusohl, s. Banská Bystrica.
Neutralsalze 1, 209_{29} **3,** 307_{14} 308_{14-15} **6,** 77 (80)
– *Benennung in der antiphlogistischen Chemie* **1,** 929_{38}–930_{15} s.a. Chemie – Nomenklatur – Salze.
– *im antiphlogistischen System* **2,** 206_{5-6}
– *Kennzeichen* **1,** 209_{32-38}
– *Kristallisation* **1,** 209_{36-37}
– *Tabelle* **1,** 214_{0-1}
New York City 1, 726_{R29} **2,** 443–444^{*}
Newa 2, 314_{35} **5,** 471_{32}
Newcastle 4, 151_{6}
Newtonsche Ringe 1, 389_{37}–390_{2} **2,** 385_{30-32}
Niagara 1, 747_{25} 967_{20} **2,** 834_{35}
Nichtleiter, s.a. Körper – elektrischer.
– *bei Wärme leitend* **1,** 533_{16} **2,** 495_{29}
Nickel 2, 202_{23} **3,** 314_{18}
Niederschläge, wässrige 2, 872_{11} s.a. Reif; Tau.
– *aus Dunstbläschen* **2,** 889_{17-29}
– *speisen Quellen* **1,** 740_{21-23} **2,** 826_{15} **5,** 330_{26}
Niederschlagsmenge, s.a. Tabelle.
– *Einfluß der Topographie* **1,** 788_{4-7}
– *im Einzugsgebiet der Seine* **2,** 826_{22-36} **5,** 330_{31}–331_{13}
Niederschlagung (praecipitatio) **1,** 205_{14-19} **2,** 887_{6-8} **3,** 304_{10-13} **5,** 364_{9}
– *aufgelöstes Wasser* **1,** 447_{44}–448_{3} **3,** 410_{8-9}
– *durch Abkühlung* **2,** 887_{30-37}
– *Mechanismus unbekannt* **1,** 449_{30-32} **2,** 887_{25-27} **5,** 364_{29-32}
Nikaia (Nicäa), s. İznik.
Nil 2, 816_{9} 897_{14} **5,** 323_{26}
– *Delta verlandet* **1,** 849_{21}
– *Überschwemmung* **1,** 747_{13} **5,** 20_{1} 35_{12}
Nilpferd 5, 520_{10}
Ninive-Ebene (ehem. Ebene von Singar) **2,** 671_{4-5}
Nivellieren 1, 732_{25} **2,** 815_{8} 825_{17} 957_{17} **3,** 267_{10} $272_{11.\ 30-31}$ **5,** 376_{1} 542_{25} 543_{5}
– *Niveau aus Messing* **6,** 562 (*472*)
– *Quecksilberniveau* **6,** 539 (*433*)
– *Sissonsches Niveau* **6,** 524 (*424*)
Nivellierwaage 6, 300 (**33b*)
Nomenklatur 1, 901_{23}–906_{15} **3,** 353_{22} 354_{12-29} 355_{19-32} s.a. Astronomie – Nomenklatur; Barometer – Bezeichnung Wetterglas; Chemie – Nomenklatur; Lavoisier, Antoine Laurent – chemische Nomenklatur; Weingeist – Benennung.
– *Grundlagen* **1,** 902_{12-19} **3,** 330_{22-23} 343_{16} $665\text{-}666^{302}$
– *trockene* **2,** 28_{7}
– *Übersetzung* **3,** 358_{20-21}
Non fingendum aut excogitandum sed experiendum (Bacon) 2, 941_{20-21} **3,** 29_{7} **5,** 384_{14-15} 480_{9-10}
Nonius 5, 251_{3-6}
Nordfriesland 3, 381_{22}
Nordkap 5, 96_{23} 371_{2}

Nordlicht / Südlicht 1, 810$_{5}$ 2, 924$_{1}$ 5, 483$_{2.\ 9}$ 485$_{2.\ 9}$ 489$_{2}$
s.a. Sonne – Atmosphäre.
– *Analogon auf dem Mond* 5, 256$_{31}$ 262$_{16}$
– *Analogon zum Kometenschweif* 2, 772$_{7}$ 5, 165$_{34}$ 486$_{26}$
– *chemischer Prozeß* 3, 26$_{16}$
– *Elektrizität* 1, 625$_{41}$–626$_{18}$ 812$_{30–34}$ 813$_{8–14}$ 2, 561$_{26–39}$ 926$_{8–26}$ 4, 259$_{3}$ 262$_{14}$ 5, 482$_{15}$ 483$_{22}$ 486$_{35}$ 487$_{10–22.\ 24}$
– *Erklärung* 1, 293$_{13–14}$ 810$_{R31}$–811$_{R2}$ 811$_{6–10.\ R4–8}$ 2, 924$_{34}$–925$_{23}$ 925$_{32–36}$ 5, 172$_{3}$ 266$_{4}$ 486$_{17}$ 487$_{31–32}$
– *Geschichte* 2, 924$_{2–8}$ 5, 485$_{10–15}$ 489$_{5–13}$
– *Höhe* 2, 857$_{3–10}$ 5, 487$_{1}$
– *Wetterleuchten* 1, 806$_{30–31}$
– *Wirkung auf Magnet* 1, 813$_{14–17}$ 4, 376$_{19–20}$ 5, 483$_{5}$ 490$_{2}$
– *zunehmende Häufigkeit* 1, 812$_{40–43}$ 2, 924$_{6}$ 5, 489$_{12–19}$
Nordsee 2, 817$_{22}$
Normannen
– *Entdeckungen* 2, 814$_{17}$ 844$_{2.\ 16–19}$ 5, 320$_{31}$ 321$_{1}$ 422$_{16}$
– *Magnet* 2, 844$_{8–10}$ 5, 419$_{32}$ 420$_{3–4}$
Norrköping 4, 139$_{14}$
(North) Carolina 1, 726$_{R17}$ 2, 872$_{1}$
Norwegen 2, 933$_{3}$ 5, 16$_{3}$
– *Erdbeben von Lissabon spürbar* 5, 531$_{30}$
– *Klima* 5, 370$_{31}$
Nostoc commune (Tremella nostoc L.) 3, 396$_{16}$
Nová Baňa (Königsberg; Slowakei) 4, 154$_{9}$
Nowaja Semlja (russ. Inselgruppe im Nordpolarmeer) 2, 34$_{34}$ 3, 99$_{10}$
Nowgorod (Verwaltungsbezirk) 2, 823$_{11}$
Nürnberg 2, 793$_{17}$ 815$_{22}$ 4, 318$_{16–17}$ 5, 212$_{4}$ 323$_{7}$ 6, 340 (*107)
Nürtingen, s. Oberensingen.
nullius in verba 3, 77$_{25}$
Nullmeridian 1, 643$_{32}$ 2, 694$_{3–14}$ 5, 108$_{16–17}$ 202$_{11–13}$ 691^{858}

Obelisk 1, 68$_{R1}$
s.a. Rom – Obelisk.
Oberensingen 2, 790$_{23}$ 5, 220$_{27}$
Oberflächenphänomene 4, 228$_{22}$ 232$_{12}$
s.a. Elektrisieren – Rolle der Oberfläche; Körper – Bedeutung der Oberfläche; Tau – auf verschiedenen Oberflächen; Öl(e) – glättet die Wogen.
Objektiv, s. Fernrohr.
Observatorium, s. Sternwarte.
Ochse 3, 146$_{25}$ 154$_{26}$ 260$_{23–24}$ 5, 520$_{10}$
Ochsenkopf (Berg im Fichtelgebirge) 1, 740$_{R11}$
Öl(e) 1, 220$_{9}$–221$_{8}$
s.a. Anisöl; Leinöl; Nelkenöl; Olivenöl (Baumöl).
– *Ausdünstung* 5, 360$_{34}$
– *enthalten Kohlenstoff* 4, 174$_{25}$
– *glättet die Wogen* 2, 222$_{1–2}$ 4, 228$_{23–24}$ 232$_{12}$ 5, 177$_{15–18}$
– *im antiphlogistischen System* 2, 205$_{26}$
– *Mischungen mit Säuren entzünden sich* 1, 220$_{20–21}$ 488$_{5–9}$ 4, 174$_{23–24}$
– *Reaktion bei Mischung mit Salpetergeist* 4, 174$_{18–19}$ 5, 379$_{17–18}$
– *reich an Phlogiston* 1, 453$_{8}$
– *Schmiermittel* 3, 195$_{4.\ 28}$ 5, 252$_{5.\ 14}$
– *Sieden* 4, 116$_{15}$
– *Zusammensetzung und Entstehung* 3, 315$_{21–25}$ 329$_{35}$–330$_{1}$
Ölkrug der Witwe 6, 79 (87)
Öllampe 3, 378$_{32}$
Öresund, s. Meer – Strömung – zwischen Nord- und Ostsee.
Österreich 2, 823$_{19}$ 5, 329$_{1}$
– *Gradmessung* 2, 677$_{6}$ 5, 318$_{29}$
Ohio (Fluß in den USA) 2, 938$_{2}$

Ohr
– *Anatomie des menschlichen* **1,** 309_{R3} 333_{1-3} 333_{R7}–334_{R20} **2,** 336_{20}–337_{5}
– *Hörgrenzen für Tonhöhen* **1,** 329_{26}–330_{10} **2,** 334_{23-30} **4,** 31_{17}–32_{11}
– *Modell* **6,** 324 (**51*) 483 (*395*)
– *Präparate des Innenohres* **6,** 146 (183) 487 (*396*)
– *Richtungshören* **2,** 323_{22}
– *Schmerzen beim Tauchen mit der Glocke* **2,** 221_{33-34}
– *vergleichende Anatomie* **1,** 334_{R21-29}
Oktant (Sternbild; Octans) **5,** 209_{9-10}
Okular, s. Fernrohr.
Olivenöl (Baumöl)
– *Ausdünstung* **4,** 312_{7}
– *Belegung der Leidener Flasche* **1,** 558_{27}
– *Zündtemperatur* **1,** 454_{R1-4} 484_{R2-5}
Ombrometer, s. Regenmesser.
Onager **3,** 494[149] **6,** 7 (12) s. Maschine – Kriegsmaschinen.
Ontariosee **5,** 397_{8}
Oostende **3,** 403_{1}
Opal (Weltauge) **1,** 273_{R12} 283_{21} 393_{28}
Operngucker (Polemoskop) **1,** 417_{44} **2,** 358_{20-25} **6,** 152 (188)
Opium **6,** 504 (*410*) s.a. cur opium facit dormire.
– *elektrischer Körper* **2,** 494_{36} **4,** 246_{11}
– *unelektrischer Körper (Leiter)* **4,** 280_{18}
Oppido Mamertina (Italien) **2,** 956_{37} **5,** 532_{16}
Optik
– *analytische* **4,** 52_{32} 53_{27}
– *Arbeitsfeld der Mathematik* **2,** 19_{25} 339_{3-4} **3,** 43_{6} 45_{22} 51_{20} **4,** 75_{29-30}
– *der angewandten Mathematik zugerechnet* **3,** 47_{23-24}
opus supererogationis **1,** 902_{27-28} **3,** 64_{14} **5,** 38_{29}
Orgel **1,** 329_{17}
Orient
– *Charakter der Bewohner* **4,** 81_{35}–82_{1}
– *Sodaförderung* **3,** 306_{34}
Orion (Sternbild) **2,** 589_{8} 595_{7} 596_{1-2} 793_{15} **5,** 35_{9} 210_{2} 226_{30} 227_{23} 293_{26} s.a. Rigel.
– *δ Orionis* **2,** 590_{25} 741_{1} **5,** 138_{35-36}
Orkan **1,** 766_{13} **2,** 863_{16}
Orrery, s. Planetarium (Orrery).
Ort
– *absoluter* **1,** 76_{8}
– *relativer* **1,** 76_{23}
oscillatio, s.a. Schwung (oscillatio, vibratio).
Osnabrück **2,** 89_{12} 232_{28}
– *Bestimmung der Lage* **5,** 712[974]
– *Guericke* **2,** 235_{8} **3,** 417_{30}–418_{1} $418_{17.\,20}$
Osteel **2,** 729_{2} **5,** 125_{5}
Ostia **5,** 482_{13}
Ostsee **2,** 817_{21} 866_{22} **4,** 262_{16} **5,** 324_{11} 358_{13} 398_{34} s.a. Bottnischer Meerbusen.
Ostwind, s.u. Wind.
Ouessant (engl. Ushant; franz. Kanalinsel) **5,** 619[343]
Oxford
– *Sternwarte* **2,** 785_{30}
– *Studienort Newtons* **2,** 776_{9} **5,** 188_{25}
– *Vergleich mit Cambridge* **2,** 776_{22}
Oxide, s. Metallkalke.
Oxygen **2,** 201_{26} **3,** 339_{27} s.a. Chemie – antiphlogistische – wichtige Verbindungen; Luft, dephlogistisierte; Materie – säuerndes Prinzip.
– *Bestandteile* **1,** 904_{6-16}

– *Einfluß auf Wärmeleitung in Metalloxiden* **4,** 222_{34}
– *Funktion in der antiphlogistischen Chemie* **1,** 952_{9-24} **2,** 210_{39-40} **3,** 314_{26-33} 351_{30-32}
– *Rolle bei Farbveränderungen organischer Substanzen* **3,** 427_{3-16}
Ozean, s. Atlantik; Indischer Ozean; Pazifik.

Padua 5, 372_{20} 853^{779}
Palästina 2, 922_{30}
Palermo 2, 757_{4}
Palmi (Kalabrien) **5,** 532_{15}
Palmyra 5, 524_{7}
Pambamarca (Ecuador) **1,** 791_{R7} 793_{17}
Papagei 4, 280_{5}
Papier, s.a. Versuche (Elektrizität) – Anziehen und Abstoßen – Papierne Puppen; Versuche (Elektrizität) – atmosphärische Elektrizität – Papierdrachen; Versuche (Körper überhaupt) – Buch mit sympathetischen Papieren [Porosität]; Versuche (Wärme) – Wasser kochen in Papiergefäß.
– *elektrischer Körper (Nichtleiter)* **1,** 534_{4} **2,** 494_{13} **4,** 279_{32}
– *Elektrizität bei Reibung* **1,** 542_{13} 545_{2} **2,** 503_{11} **4,** 300_{33} 301_{11} 303_{12}
– *Herstellung* **2,** 271_{20} **3,** 426_{32}
– *hygroskopisch* **1,** 282_{11}
– *Stärke einer Buchseite* **2,** 29_{18-19}
Papinscher Topf 1, 442_{21-22} **2,** 236_{30-31} 433_{13} 434_{14-41} **3,** 304_{10} 366_{25-26} 371_{23} **4,** $115_{4.\ 21-23}$ 116_{2} 140_{18} 141_{8} **6,** 498 (*404*)
– *Modell eines Papinschen Topfes* **6,** 418 (**215*)
– *Thermometer* **4,** 170_{17}
Pappdeckel, vergoldet 6, 156 (192)
Papuas 1, 723_{39} **2,** 813_{12} **5,** 323_{2}
Parabel 2, 325_{10-16}
s.a. Mathematik – Geometrie – Kegelschnitte.
– *bei der Fallbewegung* **3,** 183_{17}
Paradoxon, hydrostatisches, s. Hydrostatisches Paradoxon.
Parallaxe 2, 652_{14-21} **5,** 32_{18} 43_{16} 64_{3-6} 85_{28-33} 93_{20-24} 237_{4-11} 245_{10}
– *jährliche (Fixsternparallaxe)* **2,** 653^{*} 788_{18-19} **5,** 77_{32} 216_{8-10}
– *Mathematik* **2,** 653_{19}–655_{27} 656_{3-37} **5,** 44_{29-33} 93_{25}–94_{5} 237_{23}–239_{5} 239_{9-22} 240_{4-17}
– *tägliche* **1,** 706_{8} **2,** 653_{1-9} 788_{20} **5,** 216_{11} 242_{29}
Parallelkreis 1, 645_{30} **5,** 107_{20-22} 203_{19} 224_{27} $225_{25.\ 30}$
Parallellineal 6, 310 (**35d*) 315 (**35l*) 321 (**38b*) 321 (**38c*)
Parallelogramm (Zeichengerät) 6, 346 (**114*) 346 (**115*)
Paris 2, 677^{*} **4,** 19_{26} **6,** 333 (**85*) s.a. Académie royale des sciences.
– *antiphlogistische Chemie* **2,** 210_{10}
– *Ausdruck für Spitzel* **4,** 19_{26-27}
– *Ballonaufstieg* **1,** 293_{37-39}
– *Bartholomäusnacht* **2,** 789_{31} **5,** 219_{11-12}
– *Bureau des Longitudes* **2,** 679_{11}
– *Cimetière des Innocents* **5,** 519_{35} 520_{26}
– *Dampfmaschine in Chaillot* **2,** 441_{36} 442_{40}–443_{3}
– *Dampfmaschine in Passy* **4,** 154_{17}
– *Demonstration einer Schwimmhilfe* **3,** 271_{8}
– *geographische Breite* **2,** 971_{4-5}
– *Gradmessung* **2,** 671_{12} 673_{33} $674_{15.\ 16.\ 22}$ 676_{1} **5,** 100_{17} 101_{19} 103_{1} 104_{29} 246_{6} $247_{7.\ 14.\ 19.\ 22}$ 318_{27}
– *jährliche Verdunstung* **2,** 874_{33}
– *Jahresniederschlag* **1,** 787_{14}
– *Kanalisation* **3,** 392_{23}
– *Kartäuserkloster* **2,** 830_{6} **5,** 333_{18}
– *Kastratenexperiment* **1,** 558_{8} **2,** 511_{20}
– *Kometenbeobachtung* **2,** 771_{4} **5,** 166_{14} 171_{5}

– *Länge des Sekundenpendels* **1,** 428_{R3-4} 651_{25-26} **2,** $121_{16-17.\ 16-17}$ 417_{29} 624_{9} 682_{20} **5,** 60_{9} 104_{7}
– *Luftdruck* **1,** 825_{27} **2,** 934_{14} **5,** 909^{1057}
– *Luftqualität* **3,** 403_{4}
– *magnetische Deklination / Inklination* **1,** 757_{38} **2,** 844_{33} 846_{29} 849_{29} **4,** 347_{23} **5,** $347_{13.\ 22}$ 429_{21-35} 437_{12} 830^{632}
– *Meridian* **5,** 320_{22} 432_{28} 712^{975}
– *Mesmer* **4,** 381_{29} $382_{3.\ 18}$
– *Mondparallaxe* **1,** 650_{R3}
– *Rømers Entdeckung der Lichtgeschwindigkeit* **2,** 630_{34} **5,** 62_{2}
– *Schloß La Muette* **5,** 292_{11}
– *Seine*
– – *Durchflußmenge* **1,** 740_{14-15} **2,** 827_{1-3} **5,** 330_{8-9} 331_{14}
– – *Wasserversorgung* **2,** 442_{40}–443_{1}
– *Sternwarte* **2,** 694_{5} 774^{*} **3,** 408_{21}
– – *Mondbeobachtung* **5,** 256_{11}
– – *Temperatur im Keller* **1,** 820_{R2-17} **2,** 448_{35}
– *Temperatur* **2,** 453_{9} **4,** 118_{15} **5,** 371_{16-19}
– *Venusdurchgang* **2,** 651_{31} **5,** 92_{26}
– *Versuch Bertiers* **2,** 127_{13} **3,** 189_{11}
– *Versuch Lefèvre-Gineaus* **2,** 277_{21}
– *Versuch zum elektrischen Schlag* **4,** 305_{29}
– *Versuch zur atmosphärischen Elektrizität* **2,** 910_{25}
– *Wirkungsort der Brüder Le Roy* **5,** 938^{63}
– *Wirkungsort Sullys* **2,** 698_{15} **5,** 114_{9}
Parkersche Maschine, s. Maschine – Parkersche.
Passat (Trade winds) 1, 726_{R23} 764_{13-14} **2,** 859_{38}–860_{15} **5,** 351_{28}–352_{12} 438_{27}
s.a. Wind – Ostwind, beständiger.
Passau 1, 931_{18}
Pavia 2, 62_{38} 185_{31} 513_{34} 677^{*} 900^{*} 911_{32}
Pazifik 1, 850_{R5-6} **2,** 844_{30} **5,** 347_{8} 388_{4}
– *beständiger Ostwind* **5,** 442_{31} 443_{10}
– *magnetische Deklination* **5,** 430_{15}
– *Tidenhub* **1,** 768_{R6} **5,** 446_{10}
Peargage (Birnprobe), s. Birnprobe.
Pech, s.a. Bergpech.
– *elektrischer Körper (Nichtleiter)* **1,** 534_{5}
– *Elektrisierung* **4,** 288_{29}
– *Material für Elektrophor* **1,** 566_{R18} **2,** 514_{28}
Pedavoli (zu Delianuova; Kalabrien) **5,** 532_{15}
Pegasus (Sternbild; Pegasus) **5,** 291_{16}
Peking 1, 583_{19}
Pelusium 2, 604_{22}
Pelz, s. Fell.
Penaten 3, 10_{7}
Pendel 1, 130_{3} **2,** 116_{30} **3,** 186_{31} 188_{18} **6,** 50 (44)
s.a. Kompensationspendel; Schwingung; Sekundenpendel; Uhr – Pendeluhr.
– *Auslenkung an Bergen* **2,** 106_{34} 107_{4} 676_{23-25} 677_{17-20} **5,** 29_{4-5} 98_{22-23} 243_{4-5}
– *Bestimmung der Fallbeschleunigung* **1,** 117_{7-8} 122_{R3-4} **2,** 23_{5} 76_{22-24}
– *Bestimmung des Schwerpunkts* **2,** 88_{25} **3,** 177_{7}
– *Fadenpendel* **6,** 451 (362)
– *Formel* **1,** 130_{R11-22} **2,** 118_{14}
– *mathematisches (Pendulum simplex)* **2,** 117_{1}
– *Minutenpendel* **1,** 131_{R20} **2,** 122_{1} **3,** 187_{3}
– *physikalisches (Pendulum compositum)* **2,** 117_{1-2}
– *Schwingung in Flüssigkeiten verlangsamt* **1,** 156_{33-36}

– *Schwingungsdauer wächst mit abnehmender geographischer Breite* **1,** 651_{14-18}
– *Schwingungsdauer wächst mit abnehmender Schwere* **2,** 123_{23-25}
– *Schwingungsdauer wächst mit zunehmender Höhe* **1,** 131_{21-22} **3,** 187_{6}
– – *angebliche Widerlegung* **2,** 124_{3-16} 125_{8-30}
– *Theorie* **1,** 130_{11} **2,** $118_{1.\,27}$ **3,** 186_{33-34}
– – *Anwendung auf Schwingung einer Saite* **1,** 322_{19}–323_{2} **2,** 326_{26-28} $328_{2.\,21}$ **4,** 32_{21-22} 34_{8}
– *Zeitmessung* **1,** 133_{2-9} **2,** 127_{28} **3,** 189_{16}
Pendeluhr (Sternbild; Horologium) **5,** 209_{8}
Pennsylvania 1, 726_{R17}
– *Gradmessung* **2,** 677_{4} **5,** 247_{34} 318_{23}
Pergament
– *elektrischer Körper (Nichtleiter)* **1,** 534_{1} **2,** 494_{23} **4,** 279_{35}–280_{1} 289_{28}
– *hygroskopisch* **1,** 282_{11}
Perihel, s. Sonnennähe (perihelium).
perpetuum mobile 2, 310_{12} **3,** 382_{34} **4,** 110_{26}
Perpignan 5, 247_{23}
Perseus (Sternbild) **2,** 792_{17}
s.a. Algol.
Persien
– *brennender Berg* **1,** 843_{R12}
– *Könige* **2,** 361_{38} **4,** 81_{9}
– *Samum* (Wind) **1,** 766_{R25} **2,** 862_{19}
Persischer Golf 1, 748_{11} **4,** 262_{16}
Perspektiv, s. Fernrohr – Perspektiv.
Perspektive
– *Instrument zum perspektivischen Zeichnen* **6,** 344 (**112*)
Peru (span. Vizekönigreich)
– *Gradmessung* **1,** 648_{17} 649_{1} **2,** 675_{13} 676_{11} **5,** 16_{8} 105_{23} 106_{5} 247_{25} 318_{21}
s.a. Gradmessung – Meßkampagne 1735 ff..
– *Regen* **2,** 897_{10} **5,** 461_{26} 462_{23}
– *Regenbogen (Glorien)* **1,** 791_{34} **2,** 906_{22}
Petarde 1, 309_{28}
s.a. Knallkugel (-kügelchen).
Petersburg 2, 314_{35}
s.a. Academia scientiarum imperialis Petropolitana.
– *geographische Länge* **5,** 109_{28}
– *Jahresniederschlag* **1,** 787_{37}
– *Luftdruck* **5,** 496_{27}
– *magnetische Deklination* **1,** 757_{42} **2,** 846_{33} **5,** 347_{17}
– *mittlere Barometerhöhe* **1,** 825_{28}
– *Richmann* **1,** 796_{32-33} **2,** 462_{36} 873_{3} 911_{8} **5,** 471_{14}
– *Standbild Peters des Großen* **3,** 81_{39}–82_{15}
– *Temperatur* **5,** 371_{12}
– *Venusdurchgang* **5,** 96_{27}
– *Versuche über künstliche Kälte* **1,** 517_{16-17} **2,** 477_{18}
petitio principii 2, 278_{24} **3,** 133_{28} 147_{19} 240_{30}
Pfeife (Flöte), s.a. Blasinstrumente.
– *erzeugt Klang* **1,** 321_{37}–322_{10}
Pferd
– *als Zugtier* **2,** 80_{35} 94_{18} 154_{17} **3,** 146_{25} 154_{26} 260_{21} 385_{22}
– *Elektrizität* **4,** 280_{4}
– *Galopp* **2,** 92_{12} **3,** $179_{11.\,28}$
– *Geschwindigkeit* **1,** 917_{26} **2,** 54_{22} 55_{8} **5,** 446_{1}
– *Paßgang* **2,** 91_{28}
– *Verhalten* **3,** 270_{19}
Pferdemaß 6, 302 (**33d*)
Pfingstrose (Paeonia L.) **5,** 448_{21}
Pflanzen, s.a. Aeonium arboreum; Agave; Aloe – Aloe arborescens; Ameisenbaum; Apfelbaum; Basilikum, griechisches; Berg-Ahorn; Birke; Blasenstrauch; Blasentang; Cereus repandus; Eiche; Erdorseille; Esche; Espe; Federgras,

echtes ; Fichte; Flug-Hafer; Flußwasserfaden; Färbende Ochsenzunge; Färber-Kroton; Gelbwurz; Guajakbaum; Hanf, kanadischer; Hauswurz, gemeine; Hyazinthe; Hylocereus triangularis; Hülse; Kohl; Kresse; Lichen roccella L.; Lithophyten; Materie – grüne; Mehltau – Mucor erisyphe L.; Monoecia monadelphia; Neuseeländer Flachs; Nostoc commune; Pfingstrose; Queller; Reseda; Rhabarber; Rose von Jericho; Rotbuche; Sal-Weide; Sonnenblume; Sonnenwende; Storchschnabel; Tanne; Telegraphenpflanze; Veilchen; Wetteranzeigendes Sternmoos; Wolfsmilch, s.a.u. Wasser – Zerlegung / Zusammensetzung.
- *Aufsteigen des Safts* **2,** 197_{22} **3,** 302_{20} 303_{11}
- *Auftreten in der Erdgeschichte* **5,** 518_{35} 527_{13}
- *Ausdünstung* **1,** 969_{16} **2,** 875_{10-12} **5,** 360_{31-32} 366_{5} 447_{31} 448_{20}
- *elektrische Körper* **2,** 494_{6}
- *Entstehung aus Wasser und Luft* **2,** 948_{23}–949_{2}
- *Krankheiten* **2,** 894_{6} **5,** 363_{1-22} 449_{25}
- *Regeneration verbrauchter (phlogistisierter) Luft* **1,** 456_{6-10}
- *Wachstum durch phlogistisierte Luft gefördert* **1,** 277_{6-7}
- *Wirkung der Elektrizität auf ihr Wachstum* **1,** 539_{R5} **2,** 927_{17-18} **4,** 312_{16-17} **5,** 488_{28}

Phänomen 1, 34_{26-28}
- *Erklärung durch Naturgesetze* **1,** 35_{4-9} **2,** 24_{23-24} 108_{5-6} **3,** 57_{18-21} 61_{14-18} 206_{20-21} 224_{11-15}

Philadelphia 2, 26_{31} 228_{12} $910_{15.\ 22}$ **5,** 474_{32}

Philippinen 5, 530_{16}

Philologen 3, 307_{20}

Philosoph
- *Aufgabe* **3,** 206_{4} **4,** 264_{19-24} **5,** 375_{25-27}
- *Kriterium* **2,** 934_{27-28} **3,** 16_{19} 122_{26}

Philosophie
- *zuständig für Frage nach dem leeren Raum* **2,** 33_{6}

Philosophie, neue (Kant) 1, 916_{22} **3,** 232_{35}
- *Anfangsgründe der Naturwissenschaft* **3,** 18_{10}–20_{2} 21_{1-28} 30_{20}–34_{8} 64_{20}–67_{19} 109_{29}–110_{23}
- *Anschauung* **3,** 55_{7-8}
- *Bewegung* **1,** 916_{27} **3,** 65_{22} 65_{27}–66_{22} 67_{1-19} 136_{5-8} 136_{28}–137_{3} 138_{32}–139_{3} 141_{28}
- *Erkenntnisvermögen* **1,** 916_{24-25} **2,** 22_{15} **3,** 17_{24-29} 28_{27} 64_{23-24} 68_{3} 70_{25} 108_{14} 211_{15-19} 225_{1-3} s.a. Gemüt (Selbst); Philosophie, neue (Kant) – Verhältnis zwischen Natur und Subjekt.
- – *Vorstellung* **3,** 68_{27}–69_{5} 109_{13-17}
- *Gegenstände außer uns* **2,** 15_{9-13} **3,** 19_{3}–20_{2} 70_{25-32} $108_{5-14.\ 25-29}$ 241_{1-2} s.a. Körper – Gegenstände der äußeren Sinne; extra nos; praeter nos.
- – *Realität ihrer Eigenschaften* **2,** 15_{22-23} 30_{28-33} 37_{37-38} **3,** 22_{13-18} 23_{6} 70_{15-18} 89_{22-26} 90_{26-30} 103_{30-32} 106_{14-29} 136_{14-18} 221_{23-25}
- *Grenzen der Wissenschaft* **3,** 71_{10-12}
- *Kategorien* **3,** 65_{8}
- *Naturlehre als Bewegungslehre* **3,** 65_{24-26}
- *neue Dynamiker* **3,** 240_{12-13}
- *Raum* **1,** 917_{17} **2,** 29_{1-4} 52_{17} **3,** 69_{8}–70_{12} 70_{22-24} 71_{5-6} 88_{22-23} 91_{19-21} 96_{14} 107_{20-22} 108_{3-5} 110_{11-20} 136_{10} 137_{3-13}
- *reißender Strom* **3,** 16_{4}

– *Stütze von Lesages Theorie der Schwere* **2,** 110_{10-11} **3,** 220_{9-11}
– *Verhältnis zwischen Natur und Subjekt* **2,** 15_{24-27} 37_{38-40} **3,** 18_{1-5} 21_{17-23} 22_{22}–23_{6} 33_{1-9} 71_{2-3} 110_{21-23} 237_{10-12} $239_{1-2.\ 22-24}$
– *Verheißung* **3,** 16_{28}
– *Zeit* **1,** 917_{17} **3,** 96_{14} 137_{16-33}
Phlogiston (brennbares Wesen) **1,** 213_{8} 217_{7} 522_{11-18} **3,** 311_{19} 317_{4-10} 321_{2} 326_{3} 327_{21-22} 334_{9-25} 342_{30-32} 358_{25} **4,** 206_{17}
– *beim Thema Gewicht* **1,** 920_{14}
– *Bestandteil der elektrischen Materie* **1,** 588_{33-34} 896_{19} **3,** 345_{20} **4,** 324_{17-18} 325_{23-25} 326_{27}
– *Bestandteil der Metalle* **1,** 218_{9}
– *Element* **4,** 175_{14-17}
– *Entfernung aus Metallen durch Elektrizität* **3,** 352_{29-33}
– *Eudiometrie* **3,** 401_{16}
– *Läugnung* **1,** 890_{11-12} 952_{1-6} **3,** 317_{26} $341_{3.\ 19}$ 347_{16} 348_{29} 350_{18}
– *Mittelweg als Ausweg aus dem Streit* **4,** 208_{23}
– *möglicher Ausweg aus dem Streit* **4,** 209_{27}
– *negative Schwere* **2,** 76_{14-15}
– *Spekulation über chemische Eigenschaften* **3,** 325_{24} 338_{25}
– *symbolische Verbrennung* **1,** 891_{23-24} **3,** 349_{25-26}
– *Verbrauch* **1,** 453_{24-32}
– *Vereinbarkeit mit der neuen Chemie* **1,** 953_{24-26}
– *Verhältnis zu inflammabler Luft* **1,** 934_{26} **3,** 317_{11} **4,** 164_{21}
– *Verhältnis zum Licht* **1,** 346_{R19-25} 366_{R5-7} **2,** 213_{6} **3,** 360_{28} **4,** 176_{22-23}
– *Verhältnis zur Feuermaterie* **1,** 515_{27-30} **3,** $312_{23.\ 34}$ **4,** 127_{23-24} 202_{28-30}
– *Verwandtschaften* **1,** 230_{31-35} **4,** 127_{17-18} 203_{1}
– *Voraussetzung für Brennbarkeit* **1,** 452_{32}–453_{6} **3,** 350_{19-24} 351_{3-5} 361_{27}
Phönizier **5,** 207_{1}
Phoronomie **1,** 81_{R7} **3,** 66_{7} 139_{13}
Phosphor, weißer (Brandscher, Kunckelscher, englischer, Urin- oder Harnphosphor) **3,** 58_{10-11}
– *Beispiel für Teilbarkeit* **1,** 63_{26-27} **2,** 35_{16-30} **3,** 76_{25} 99_{25} 101_{5-17}
– *chemische Eigenschaften* **1,** 933_{35}–934_{2}
– *elektrischer Versuch* **4,** 300_{23}
– *Entzündung* **1,** 518_{36-37} **2,** 481[*]
– *im antiphlogistischen System* **2,** 202_{5} **3,** 314_{15} 327_{25} 336_{8} 339_{34} 351_{25}
– *Lumineszenz* **1,** 339_{4-6} **4,** 463[175]
– *Versuche anzustellen* **3,** 365_{15}
– *Vorrichtung zum Verbrennen von Phosphor* **6,** 469 (*380*)
Phosphor-Luft (Phosphorwasserstoff) **2,** 265_{24-25} 922_{15} **6,** 125 (146)
– *Eigenschaften* **1,** 268_{30}–269_{4} **2,** 266_{1-10}
– – *Vermischbarkeit mit Wasser* **1,** 934_{9-10}
– *Gewinnung* **1,** 268_{25-29} **2,** 265_{27-32}
– – *Rezept* **1,** $268_{R12-18.\ R20-26}$ 933_{32-34} 934_{3-8} **2,** 265_{32-37} **3,** 334_{28-31}
– *im antiphlogistischen System* **2,** 204_{2} 266_{11-12}
Phosphoren, s.a. Mineralien – phosphoreszierende.
Phosphorsäure
– *Entstehung gemäß der antiphlogistischen Chemie* **3,** 328_{22}
Phosphorus, s.a. Phosphor, weißer – Beispiel für Teilbarkeit; Venus.
– *natürlicher* **1,** 808_{25-26}
Phosphorwasserstoff, s. Phosphor-Luft.
Photosynthese, s. Luft, dephlogistisierte – Gewinnung – Erzeugung

durch Pflanzen bei Tageslicht; Pflanzen – Regeneration verbrauchter (phlogistisierter) Luft.
Physik, s.a. Experimentalphysik; Instrumente (Naturlehre); Naturgesetz; Naturlehre; Radical (Physik).
– *Cartesianische*, s.u. Descartes, Réné.
– *Definition* **2,** 17_{17-21} **3,** 25_{1-5}
– – *Unvollkommenheit* **3,** 25_{7-13}
– *Definition nach Kant* **3,** 18_{29} $32_{3.\ 11-13}$
– *dunkles Revier* **5,** 464_{5-6}
– *für Engel* **5,** 175_{32}
– *Grenze zur Metaphysik* **2,** 22_{21-22} **3,** 57_{24-25} 62_{11-12} $109_{5-6.\ 27-28}$ 238_{5-6} 239_{26-27} 569^{208}
– *grundlegende Frage nach der Materie* **3,** 238_{33}–239_{1} 240_{33}–241_{2}
– *menschliche* **3,** 139_{7}
– *Newtonsche* **5,** 389_{12-13}
– *reine (metaphysische)* **3,** 238_{26}
– – *Definition* **3,** 21_{24-28}
– *Überschneidung mit der Chemie* **2,** 17_{23-27} **3,** 27_{5}–28_{15} 316_{32}–317_{3}
– *unabhängig von der objektien Realität der Gegenstände* **2,** 16_{6-8} **3,** 23_{9-20}
– *zerfällt in reine und empirische* **3,** 21_{5-9} 34_{4-8} 64_{20-22}
Physiker
– *französische* **3,** 12_{1-2}
– *können Bedeutendes leisten unabhängig von mathematischen Kenntnissen* **3,** 40_{1}–41_{2}
– *Physikanten* **2,** 25_{18-19}
Physiognomik **4,** 259_{31} **5,** 497_{28-29}
Physiologie
– *Definition* **2,** 17_{3} **3,** 37_{12}
– *Teil der Naturwissenschaft* **2,** 16_{12} **3,** 25_{17-18} 35_{26}
Pic de la Maladeta (Berg in Spanien) **5,** 400_{17}
Pic du Canigou (Berg in Frankreich) **1,** 738_{17} **5,** 400_{19} 744^{49}
Pic du Midi de Bigorre (Berg in Frankreich) **5,** 400_{18}
Pichincha (Berg in Ecuador) **1,** 132_{7} 739_{7}
Pickard, James
– *Dampfmaschine* **4,** 531^{142}
Pico (Vulkaninsel der Azoren [Portugal]) **5,** 530_{14} 804^{453}
Piemont **2,** 677_{5} 678_{21} **5,** 242_{26} 318_{25} 328_{25-26}
Pico del Teide (Pik von Teneriffa; Berg in Spanien) **5,** 202_{12} 393_{35} 530_{13-14}
– *Höhe* **1,** 737_{40-41} $738_{7-10.\ 10-16}$ **2,** 825_{1-5} **5,** 329_{20-21} 400_{8}
– *Nullmeridian* **1,** 644_{6-7}
Pisa
– *schiefer Turm* **1,** 109_{R1} 922_{17} **2,** 88_{34} **3,** 178_{17} 197_{28} 575^{244}
Pistole
– *elektrische* **2,** 262_{34} 525_{38} **6,** 122 (139–141) 235 (289) s.a. Versuche (Elektrizität) – Funken – Abschießen der elektrische Pistole.
– – *Pickels* **1,** $552_{6.\ R1-3}$ **6,** 235 (289)
– – *Voltas* **1,** 552_{5-6}
Pistolen-Feuerzeug **1,** 552_{40}
Planetarium (Orrery) **1,** 702_{38}–703_{7} **2,** 612_{11-16} **5,** 40_{12} 53_{4} 187_{17-22} **6,** 424 (**221*) s.a.u. Metapher.
– *Bodesches Planetarium* **6,** 271 (336)
– *Planetarium nach Seiler* **6,** 420 (**218*)
Planeten **2,** 602_{37} 743_{14} **5,** 22_{17} s.a. Jupiter; Mars; Merkur; Saturn; Uranus; Venus, s.a.u. Tabelle.
– *Aberration des Lichts* **5,** 87_{12}
– *äußere*
– – *scheinbare Bewegung* **1,** 681_{6-20} **2,** 603_{4-9} 614_{21}–615_{36} **5,** 22_{33}–23_{8} 78_{14-15}

– *Anteil an der Präzession der Äquinoktien* **2,** 784_{7-8}
– *Bahnen sind Ellipsen* **1,** 677_{31}–678_{4} **5,** 64_{30}–65_{2} 165_{25-27}
– *Bahngeschwindigkeit ungleichförmig* **1,** 678_{7-15}
– *Bewohner* **1,** 698_{31}
– *dunkle Körper* **1,** 697_{2-12}
– *Eigenbewegung* **1,** 653_{3-13} **5,** 26_{14-18}
– *Entdeckung* **2,** 602_{38}–603_{2} **5,** 22_{30-36} 35_{32-33}
– *Entstehung* **1,** 836_{23} **2,** 766_{9-11} **5,** 181_{31-33} 194_{11}
– *Erklärung der Sonnenflecken* **2,** 730_{22-24} **5,** 47_{9-10} 49_{7-9}
– *Größe* **5,** 26_{19-20}
– *Größenverhältnisse* **5,** 32_{2-9}
– *Haupt- / Nebenplaneten* **1,** 693_{15}–694_{3}
– – *Liste* **3,** 45_{1-8}
– *innere*
– – *scheinbare Bewegung* **1,** 680_{4-14} **2,** 603_{9-15} 607_{33-35} 615_{37}–616_{14} **5,** 23_{12-28} 24_{1-8} 229_{7-12} 230_{3-7}
– *Knoten* **1,** 676_{19-22}
– *Konjunktion und Opposition* **2,** 613_{6}–614_{20}
– *Lücke zwischen Mars und Jupiter* **2,** 648* **5,** 44_{12} 81_{13} 119_{1-2}
– *Merkvers* **3,** 335_{7}
– *scheinbare Bewegung* **2,** 606_{3-13} **5,** 39_{29-30} 59_{1-4}
– *Titius-Bodesche Regel* **2,** 647_{23}–648_{10} **5,** 44_{7-15} 45_{12-16} 59_{19-22} 91_{17-27}
– *untere / obere* **1,** 694_{3-8} **5,** 64_{28-29} s.a. Planeten – innere; Planeten – äußere.
– *wechselseitige Beeinflussung* **5,** 141_{10}
– *Zweck* **1,** 697_{12-22}
Planetenbewegung 6, 22 (23.6)
– *beeinflußt durch Äther oder Lichtmaterie* **1,** 714_{9-11}
– *beeinflußt durch Lesages schwermachende Materie* **2,** 114_{17-19} **3,** 210_{23} 229_{28} 235_{9} 236_{28}
– *Geschwindigkeitsverlauf in der Ellipse* **5,** 65_{5-11}
– *Irregularitäten* **3,** 216_{4} 217_{10-11} 229_{10}
– *Keplersche Gesetze* **1,** 710_{18-35} 965_{6} **2,** 20_{5-8} 72_{12} 645_{5-6} 646_{28-32} **3,** 43_{8-9} 166_{31} 467^{162} 559^{140} 564^{173} **5,** 44_{6} 90_{1-12}
– – *Argument gegen Wirbelhypothese* **5,** 27_{23-25}
– – *aus Lesages Theorie hergeleitet* **2,** 113_{12} **3,** 201_{12-13} 203_{9} 210_{9-11} 215_{27} 229_{4-7} 235_{8}
– – *Beweis des dritten* **2,** 648_{11}–650_{19} **5,** 234_{3-5}
– – *Entstehung* **2,** 645_{34-38} 646_{6-10}
– – *Umlaufszeit eines hypothetischen Trabanten an der Erdoberfläche* **5,** 42_{34}–43_{2} 91_{4-16}
– *mögliche Bahnformen* **2,** 761_{22-32} **5,** 65_{3-4} 165_{17-21} 191_{3-16} 191_{36}–192_{2} 288_{29-32}
– *Ursache*
– – *antike Vorstellung* **1,** 708_{27-32} **5,** 26_{32-34} 77_{5-7}
– – *Descartes' Wirbel* **1,** 708_{32}–709_{1} **5,** 27_{5-16}
– – *Schwere* **1,** 709_{6-11} 711_{1-10} **5,** 27_{27-32} 63_{9-14} 190_{30-31}
Planspiegel 6, 359 (*132) 360 (*134) 360 (*135) 360 (*136) 361 (*139) s.a. Spiegel – ebener.
– *kupferner Planspiegel aus Indien* **6,** 361 (*138)
planum inclinatum 6, 442 (355)
Platin 4, 353_{17} **6,** 268
– *als pyrometrische Substanz* **2,** 457*
– *Auflösung in Königswasser* **4,** 353_{21}
– *bei Präzisionsuhren* **5,** 116_{12}

– *dichtester bekannter Körper* **1,** 62_{8-9}
– *Draht* **6,** 2 (2)
– *durch Elektrizität in farbigen Staub verwandelt* **1,** 564_{R8} 958_{16} **3,** 352_{26}
– *elektrisch geschmolzen* **4,** 272_{16}
– *im antiphlogistischen System* **2,** 202_{14} **3,** 314_{15}
– *Schmelzen* **1,** 439_{14}
– *spezifisches Gewicht* **1,** 183_{30} 183
– *Spiegelmetall* **1,** 414_{38-41} 415_{1-8} 439_{22} **5,** 292_{9}
– *Symbol* **5,** 162_{5}
– *vom Magneten angezogen* **1,** 609_{21} **2,** 547_{7-8} **4,** 344_{22} 352_{17} 360_{9}
Platonische Körper 3, 97_{31} 220_{26-27}
Plauen 2, 761_{2} **5,** 65_{16}
Plejaden 2, 589_{8} 595_{26} **5,** 22_{14-15} 73_{1-2} 227_{10} $291_{18.\ 22}$
Plymouth 2, 818_{31} **5,** 357_{24}
pneumatische Wanne 6, 118 (129)
Po (Fluß in Italien) **1,** 746_{17} **2,** 816_{8} 829_{30} 919_{28} **5,** 323_{24} 335_{13}
Pockenschutzimpfung 4, 380_{13}
s.a.u. Blitzableiter.
Pockholz (Kugeln) 6, 54 (48)
Polarkreis 1, 659_{11-14} **2,** 599_{30-33}
Polarlicht, s. Nordlicht / Südlicht.
Polarstern (α Ursae Minoris) **2,** 107_{20} 589_{18} **5,** 199_{7} 200_{6}
– *behält seine Stellung nicht* **1,** 713_{6} **2,** 782_{15}
Polaruhr 6, 395 (*187)
Pol(e), s.a. Erde (Erdkugel); Magnet; Polhöhe; Turmalin; Weltpole.
Polemoskop 1, 417_{43-44} **2,** 358_{26-33} **4,** $52_{18.\ 24}$ **6,** 152 (188) 190 (*231*)
Polen
– *Klima* **5,** 148_{24}
Polhöhe 1, 642_{16} **2,** 688_{25} **5,** 108_{4} 245_{22}
s.a. Breite – geographische; Tabelle.
Pollux (β Geminorum) **5,** 197_{1}
polyedrisches Glas 6, 166 (199) 332 (*78) 382 (*158) 382 (*159) 382 (*160) 385 (*167)
– *mit Bildern* **6,** 166 (200)
Polynesien (Namensvorschlag für den fünften Kontinent) **1,** 723_{35-36} **2,** 813_{6} **5,** 322_{24}
s.a. Australien.
Pompeji 2, 954_{14} **5,** 529_{31} 531_{7}
pondere, mensura, numero 2, 19_{10} **3,** 38_{27} 50_{19}
Pont-Péan (Bretagne) **5,** 520_{17}
Porosität 1, 61_{1-8} 915_{11-14} **2,** 30_{36} **3,** 76_{7} 93_{8} 94_{15-29} 96_{26-33}
s.a.u. Versuche (Körper überhaupt).
Porphyr 2, 836_{27} 837_{24} **5,** 344_{5} 403_{28} 404_{15} 407_{19} 412_{30} 413_{4}
Porphyrschiefer 2, 837_{23} **5,** 404_{11} 407_{19} 414_{16}
portable soup 6, 562 (*476*)
Portici (Kampanien) **5,** 529_{28}
Porträt von J. F. A. von Uffenbach 6, 434 ([*234])
Portsmouth 2, 818_{32}
Porzellan
– *Dresdner (Meißner)* **3,** 58_{10}
– *elektrischer Körper (Nichtleiter)* **1,** 533_{40}
– *im antiphlogistischen System* **2,** 208_{15}
– *Isolator der Leidener Flasche* **1,** 559_{17} **4,** 250_{32}
– *Taubildung* **1,** 777_{3} **2,** 891_{35} **5,** 362_{9} 366_{8} 453_{1}
– *Triboluminneszenz* **1,** 552_{30}
Porzellanjaspis 2, 839_{14} **5,** $407_{8.\ 15}$
Positano 2, 842_{10} **5,** 420_{15-16}
Potenzenmaschine, s. Maschine – Potenzenmaschine.
Pottasche (Alcali vegetabile) 3, 306_{27}
– *im Wasser von Quellen* **5,** 339_{8}
– *Kältemischung* **2,** 477_{23} **4,** $193_{3.\ 20-21}$
Pozzuoli (Italien) **2,** 953_{41} **5,** 391_{19}

praecipitatio, s. Niederschlagung.
praeter nos 3, 19_{12} 68_{23} 69_{7} 70_{22} 107_{22} 108_{31} 136_{12} 220_{12}
– *unterschieden von extra nos* **2,** 15_{29-30} 33_{17-19} **3,** 469-470[182] 568[203]
Prag 2, 617_{5} $645_{25.\,27}$ 646_{20} **5,** 79_{29} 88_{4}
Preußen
– *Kultusministerium* **6,** LXVI
primum mobile 2, 740_{37} **5,** 27_{3} 138_{27}
s.a. Himmelskugel.
Prinzip der kleinsten Wirkung **1,** $146_{5-6.\,\mathrm{R}20-23}$ **2,** 151_{1}
Prisma 6, 381 (**154*) 381 (**156*) 382 (**157*)
s.a. Farbe(n) – einfache / zusammengesetzte; Regenbogen – Entstehung.
– *achromatisches* **6,** 174 (211)
– *aus Flintglas* **6,** 172 (210)
– *aus Grünenplan* **6,** 175 (212)
– *Farbenzerstreuung* **1,** 382_{3-11} **2,** 380_{11} 394_{5} **4,** 61_{23-27} 62_{19-23} 82_{20} 86_{13-32} 88_{10-14}
– *farbiges Bild* **1,** 381_{14-33} 382_{34}–383_{6} **2,** 381_{1-25}
– – *Rekombination zu weißem Licht* **1,** 382_{13-21} **2,** 382_{16-28}
– – *Trennung der Farben* **1,** 386_{11-32}
– *gewöhnliches Prisma* **6,** 170 (207)
– *Hohlprisma* **6,** 171 (209)
– *rechtwinliges Prisma* **6,** 170 (208)
Probieruhr 6, 394 (**185*)
Prokyon (α Canis Minoris) **5,** $196_{1.\,29}$
Proportionallineal 6, 313 (**35g*)
Proportionalzirkel 6, 287 (**13*) 309 (**35c*) 311 (**35e*) 312 (**35f*) 320 (**37d*) 320 (**37e*)
propositio inversa 5, 462_{27}
Psophia crepitans (Trompetervogel) **3,** 115_{23} **6,** 435 (*345*)
Psychologie
– *Definition nach Kant* **3,** 18_{31} 32_{5}
Puducherry (Südostindien) **1,** 824_{2} **2,** 934_{11}
Puls
– *Wirkung der Elektrizität* **1,** $539_{\mathrm{R}1}$ **4,** 263_{16} 311_{26}
Pulver, s. Knallpulver; Schießpulver.
Pumpe 3, 383_{27}
s.a. Luftpumpe.
– *Modell* **6,** 79 (89) 117 (125)
– *Wasserpumpe* **2,** 227_{18}
s.a. Saugwerk.
punctum saliens 3, 286_{16-17} **4,** 355_{29} 356_{24}
Punktierrad 6, 305 (**34f*) 321 (**37g*)
Puppe, balancierende 6, 46 (35)
Puppe, chinesische (Purzelmännchen) 6, 46 (36)
Purfleet
– *Blitzeinschlag* **1,** $806_{\mathrm{R}4}$ **2,** 917_{9} **5,** 368_{15} 476_{31}
Purzelmännchen (chinesische Puppe) 6, 46 (36)
Puy de Dôme (Berg in Frankreich) **1,** $782_{\mathrm{R}16}$ **2,** 958_{31} **5,** 544_{12-13}
Pyrenäen 1, 731_{9} 738_{18} $739_{\mathrm{R}16-28}$ **2,** 823_{10} 837_{19} 967_{1} **5,** 343_{21} 400_{16} 412_{3}
Pyrmont 2, 89_{12} 595_{8} **3,** 13_{1-2} **5,** 227_{22}
– *Heilwasser* **2,** 832_{30-31} **3,** 421_{2} **5,** 338_{32} 339_{7}
Pyroelektrizität 1, $536_{19-24.\,\mathrm{R}1-11}$ 599_{24-26} $600_{\mathrm{R}7}$ 957_{7-17} **4,** 332_{14-15}
s.a. Turmalin – Elektrisierung durch Wärme.
Pyrometer 2, 456_{8} **4,** 168_{3} **6,** 197 (238) 205 (254) 206 (255)
– *Metallkugel mit passender Öffnung* **6,** 503 (*409*)
– *zur Messung der Wärmeausdehnung* **1,** 479_{20} **2,** 415_{10} **4,** 109_{32} 110_{7-8} 111_{18} 170_{21}–171_{10}
– – *Smeatons* **4,** 168_{13}

– *zur Messung hoher Temperaturen*
– – *Leidenfrosts* **4,** 225_{16}
– – *Wedgwoods* **1,** 479_{R4-5} **2,** 456_{20}–457_{20} **4,** 169_{6} 498^{30}
Pyrophor 1, 488_{13} 518_{37} **4,** 127_{34} 129_{4} 173_{33} 203_{16} 206_{22-24}
– *Alaunschiefer* **2,** 833_{3} 955_{9} **5,** $530_{27.\,31}$
– *Heu* **1,** 518_{42-43} **4,** 208_{3}

Quacksalber 4, 267_{21}
Quadrant 2, 690_{14-15} **5,** 542_{27} **6,** 289 (*19) 302 (*33e) 393 (*181)
Qualitas occulta 1, 125_{R29} **3,** 57_{29} 202_{15-16} 206_{14} $237_{21.\,27}$ 241_{20-21} **4,** 314_{23}
Quantitas actionis 1, $146_{R3-4.\,R10}$
Quantitas motus 1, 81_{R24} **2,** 56_{12} **3,** 67_{5} 138_{12} 139_{10} 154_{31} 204_{21-22} 254_{26-27}
Quarz 2, $837_{17.\,30}$ **5,** 343_{33} 344_{4} 404_{29} 411_{27} $412_{10.\,31}$ $413_{11.\,31}$ 414_{20} 416_{14} 524_{21}
Québec 1, 967_{20} **2,** 424_{4} **4,** 135_{20}
– *Klima* **2,** 932_{5} 933_{23} **5,** 371_{15}
Quecksilber 6, 124 (145) s.a.u. Versuche (anziehende Kraft der Fluida).
– *ätzender Sublimat (Quecksilberchlorid)* **1,** 938_{4} **3,** 431_{4}
– *Analogie zum Planeten Merkur* **5,** 151_{14}
– *angezogen von Glas* **1,** 198_{R4-6} **2,** 180_{7}
– *Ausdehnungskoeffizient* **1,** 477_{R7-23} 480_{28} **2,** 417_{19-21} 457_{28}–458_{9} **4,** 120_{22-24} 173_{30}
– *Ausdünstung* **4,** 312_{7}
– *Auskochen gefährlich* **2,** 280_{36-37}
– *Belegung der Leidener Flasche* **1,** 558_{26} **4,** 305_{3}
– *Benetzung* **1,** 188_{13-17} 191_{9-12} **2,** 180_{9-14} **3,** $298_{10.\,25}$
– *Bestandteil im Amalgam für Elektrisiermaschinen* **1,** $530_{3-4.\,18.\,R26}$ **2,** 522_{32} **4,** $254_{25.\,29}$
– *bleibt in engen Röhren oberhalb von Luft stehen* **1,** 167_{R1} **2,** 162_{10}
– *Elastizität* **1,** 486_{27} **3,** 118_{33}
– *Fließen auf Oberflächen* **1,** 191_{23-26} **3,** 298_{12} 299_{8}
– *fließt nicht durch die Poren mancher Materialien* **1,** 198_{23-28} 253_{R2} **3,** 299_{3}
– *Gefrieren* **1,** 440_{13-15} 481_{10-11} **2,** 431_{8-9} 458_{15} 477_{20-21} **4,** 137_{30} 187_{32}–188_{6} 189_{30}–190_{2} $190_{10-11.\,16}$ 192_{30} $193_{4-5.\,23-28.\,32}$
– *Haarröhrchen* **1,** 196_{16-26} **2,** 186_{22} 197_{12-17} **3,** 299_{18} 300_{13} 301_{15-19} $302_{13.\,30}$
– *im antiphlogistischen System* **2,** 202_{21} **3,** 314_{15}
– *im Thermometer* **1,** 466_{27-31} **2,** 452_{34} **4,** 124_{18} 196_{34}
– *kaltes Löten* **2,** 39_{19} 181_{30}
– *Kohäsion* **1,** 192_{R1-14} **5,** 446_{30}
– *Säule mißt den Luftdruck* **4,** 165_{16}
– *Schwimmen auf komprimierter Luft* **2,** 297_{12} 944_{33} **3,** 408_{32} 409_{5}
– *spezifische Wärme* **1,** 511_{30-31} **2,** 467_{15-20}
– *spezifisches Gewicht* **1,** $183_{18.\,R20-24}$ **2,** 230_{14} 825_{25-31} 964_{20-21} **3,** 279_{20} 280_{13}
– – *barometrische Höhenmessung* **1,** 736_{R16-17} 737_{R2-15}
– *Spiegelherstellung* **2,** 39_{30}
– *Therapeutikum* **3,** 80_{30}
– *Verdampfen im Barometer* **1,** 446_{38-40} **4,** 139_{4}
– *Versuche anzustellen* **3,** 367_{10}
– *Verwendung beim Elektrisieren* **4,** 286_{31} s.a. Quecksilber – Bestandteil im Amalgam für Elektrisiermaschinen.
– *Verwendung im Kompensationspendel* **4,** 131_{5}
– *Verwendung zur Bestimmung des spezifischen Gewichts von Flüssigkeiten* **1,** 177_{15-18}

– *Wärmeausdehnung* **1,** $469_{15-20.\ 30-37}$ 477_{18-23} 478_{R1-4} **2,** 449_{21-23} 456^{*} 981_{7}–983_{6} **4,** 158_{9-12} 161_{1-4} 206_{3-5} s.a. Höhenmessen – barometrisch – Korrektur wegen der Wärmeausdehnung des Quecksilbers; Quecksilber – Ausdehnungskoeffizient.
– *Wärmeleitung* **2,** 464_{18} **4,** 185_{7}
Quecksilberniveau 6, 539 (*433*)
Quecksilberpräzipitat, auch rotes Präzipitat 3, 331_{16} 367_{13-14} **6,** 557 (*460*)
– *antiphlogistische Chemie* **3,** 321_{19-20} 327_{17}
– *Reduktion gibt dephlogistisierte Luft* **1,** 265_{9-10} **3,** 329_{17} 337_{11} $394_{21.\ 26}$
– *Versuche anzustellen* **3,** 371_{30}
Quecksilberthermometer 6, 202 (249) 203 (250) 203 (251) 204 (252) 204 (253)
– *Quecksilberthermometer für chemische Versuche* **6,** 502 (*407*)
– *Quecksilberthermometer für hohe Temperaturen* **6,** 502 (*408*)
Quecksilberuhr 6, 47 (37)
Quellen 2, 826_{2} s.a. Flüsse – Ursprung; Naphtha.
– *auf Berggipfeln* **2,** 828_{1-2} **5,** 332_{20-22}
– *Ergiebigkeit aus Regen- und Schneefällen nicht erklärbar* **1,** 741_{29-38} **2,** 829_{4-18} **5,** 332_{9-17}
– *gespeist aus wasserführenden Schichten* **1,** 740_{R14-16} **2,** 826_{16-20} **5,** 330_{26-27}
– *Gesundbrunnen* **1,** 744_{21-22} **2,** 832_{28} 954_{33} **5,** 338_{27}
– *im Wasser enthaltene Fremdstoffe* **1,** $744_{14-20.\ 37-39}$ **2,** 832_{3} **5,** 339_{4-9}
– *intermittierende* **1,** 743_{13-15} **2,** 830_{20-23} 831_{18-23} 833_{13} **5,** 334_{19} 335_{24-26}
– – *Skizze* **5,** 336_{1}
– *kalte und warme* **1,** 744_{34-36} **2,** 832_{28-29} 933_{34} **5,** 338_{28-30} 344_{28} 372_{7}
– *Mehlquellen* **1,** 744_{27}
– *Sauerbrunnen* **1,** 271_{5-8} **2,** 268_{13-15} **3,** 308_{4} 392_{8-14} **5,** 338_{7-11}
– *Wasser aus Kondensation* **1,** 742_{20-25} **2,** 828_{12-16} **5,** 332_{24-29}
– *Wasser aus Niederschlägen* **1,** 740_{23}–741_{2} **2,** 826_{14-15} 827_{41-42} 829_{19-20} **5,** 331_{19-20} 334_{8}
Queller (Kali geniculatum / Salicornia L.) **3,** $306_{24.\ 35}$
Quinta essentia
– *Elektrizität* **2,** 491_{6-7} **3,** 333_{28} **4,** 277_{12}
Quito
– *Chimborazo* **1,** 739_{28} **2,** 823_{24} **5,** 329_{10}
– *Gradmessung* **2,** 675_{13} **5,** 105_{22-24}
– *Höhe über dem Meer* **1,** 731_{21}
– *mäßig warm trotz Lage am Äquator* **1,** 818_{27} **2,** 932_{15-17} **5,** 148_{20}
– *magnetische Deklination / Inklination* **1,** 757_{45} **2,** 846_{36} 849_{32} **5,** $347_{20.\ 26}$
– *mittlere Barometerhöhe* **1,** 825_{30} **2,** 232_{12-13} **3,** 379_{27} 384_{3-4}
– *Pendelversuche* **1,** 132_{6} **3,** 189_{5}
– *Schallgeschwindigkeit* **1,** 312_{37}
– *Witterung* **2,** 897_{12} **5,** 370_{22} 461_{26}

Raben 2, 844_{6} **5,** 422_{18}
Rad
– *an der Welle* **1,** 114_{R4} **2,** 98_{17-21} **3,** 182_{26-27} **6,** 32 (*25b*) 446 (*359*)
– *Franklins* **1,** 443_{26}
Rad mit Windflügeln 6, 57 (51)
Radbarometer 6, 143 (177) 202 (248)
Radical (Physik) 2, 20_{34} **3,** 24^{25} 47_{19} $48_{13-14.\ 20}$ $52_{11.\ 20.\ 29}$ 53_{3-20} s.a. Naturgesetz.
Radiernadel 6, 319 (**36t*)
Rauch 2, 431_{33}
Rauhigkeit 1, 147_{23-25} **3,** 194_{7-9}

Raum, s.a.u. Philosophie, neue (Kant).
– *absoluter* **1,** 76_{R7-8} 916_{16} **2,** 52_{6}
– – *Realität* **1,** 916_{18-22} **3,** 103_{35-36} 107_{32-33}
– *Begriff* **3,** 96_{9-22}
– *leerer* **1,** 60_{21-27} 62_{25-34} 915_{16} **2,** 33_{4} **3,** 92_{31}–93_{7} 95_{30}–96_{8} 97_{5} 384_{31} s.a. Vakuum.
– – *Abscheu vor dem leeren Raum* **1,** 238_{29-32} **3,** 379_{7}
– – *zerstreuter (vacuum disseminatum)* **3,** 104_{5}
– – *zwischen Saturn und den Fixsternen* **5,** 41_{1}
Rautenglas **2,** 372_{19} **4,** $55_{6.\,23}$ **6,** 166 (199)
– *Anamorphose* **1,** 371_{23-26} **2,** 373_{12-14}
– *mit Bildern* **6,** 166 (200)
– *Vervielfältigung des Bildes* **1,** 371_{2-6}
Ravenna **2,** 834_{21} **5,** 928[1272]
reactio **1,** 84_{4} **2,** 58_{14} **3,** 150_{3-7} 151_{12}–152_{18} 155_{20} s.a. Gegenwirkung; actio et reactio sunt aequales.
Realgar (auch Sandarach, rotes Arsenik)
– *elektrischer Körper (Nichtleiter)* **2,** 493_{40} **4,** 279_{22}
– *Pigment* **3,** 94_{4}
Rechenstäbe **6,** 281 (*3)
– *nach Grillet* **6,** 279 (*1)
– *Neppersche Rechenstäbe* **6,** 279 (*2) 282 (*6)
Rechnung
– *astronomische* **1,** 703_{16-17} **5,** 33_{15} s.a. Astronomie – Tafeln.
Reflexion, s.a. Licht; Schall; Stoß.
– *Analogie von optischer und mechanischer* **2,** 147_{37} 354_{25-30} **4,** 76_{16-19} 77_{2-20}
Reflexionskreis **1,** 643_{R10-11}
Refraktion, s. Licht – Brechung.
Regen **1,** 783_{14} **2,** 897_{4} **5,** 461_{3} 462_{26} 463_{10}
– *Auflösung* **1,** 783_{28-35} **5,** 365_{17-19}
– *aus in der Atmosphäre verfrachteten staubartigen Verunreinigungen* **1,** 772_{24-36} **2,** 898_{14-31} **5,** 360_{4-8}
– *außergewöhnliche Arten* **1,** 774_{R26}
– *Blutregen* **1,** 774_{1-2} **2,** 898_{26}
– *chemischer Prozeß* **2,** 18_{7} **3,** 26_{16} **5,** 461_{8}
– *Einfluß auf Luftdruck* **1,** 822_{32}
– *Einfluß örtlicher Gegebenheiten* **2,** 897_{10-16} **5,** 461_{24-31} 462_{23-25}
– *Entstehung* **1,** 448_{45}–449_{8} 783_{R8-11} **4,** 335_{30} 336_{6} **5,** 365_{9-16} s.a. Regen – Theorie.
– *Gewitterregen* **1,** 799_{9-13}
– *Mengen in unterschiedlichen Höhen über dem Erdboden* **2,** 898_{4-13} **5,** 453_{20} 462_{7-11}
– *Niederschlag aus Nebel / Wolken* **2,** 886_{11} 889_{32}
– *Regenzeit* **1,** 828_{28}
– *Theorie* **1,** 886_{11}–887_{8} 898_{17-27} 907_{20-21} **2,** 875_{22-23} 886_{21-39} 889_{34}–890_{15} s.a. Ausdünstung – Auflösungstheorie; Hygrometer – was es anzeigt; Wasser – Auflösung in der Luft.
– *Wolkenbruch* **1,** 783_{17-18} **2,** 889_{33}
Regenbogen **1,** $970_{2-6.\,11}$ **2,** 787_{32} 901_{1} **6,** 175 (214)
– *bei Wasserfällen* **1,** 747_{19} 793_{22-25} **2,** 834_{31}
– *Beispiel für ein vom Standort abhängiges Phänomen* **5,** 78_{9}
– *Entstehung* **1,** 788_{28}–789_{29} **2,** 901_{20}–902_{11} 903_{4}–904_{8}
– *Erklärung setzt Mathematik voraus* **2,** 902_{13-14} **3,** 39_{31}
– *Geschichte* **1,** 970_{7-9} **2,** 901_{9-16} **4,** 71_{7}
– *Kreisform* **1,** 790_{19-26} **2,** 904_{25}–905_{19}
– *Märchen* **1,** 792_{3-4}

– *Mondlicht* 1, 793_{7-10}
– *Nebenregenbögen* 1, 792_{R23} 792_{12}–793_{5} $793_{R1-14.\ R18-29}$ 970_{16} 2, 906_{26}–907_{3}
– *Position* 1, 790_{27-33} 2, 905_{26-38}
– *Regengalle* 1, 792_{8} 2, 905_{19-23}
– *Sichtbarkeit* 1, $791_{2-23.\ 23-32}$ 2, 902_{30-40} 905_{39}–906_{18}
Regengalle, s.u. Regenbogen.
Regenmesser (Hyetometer, Ombrometer) 1, 786_{37-39} 2, 897_{22}–898_{3} 5, 330_{32} 463_{19}
Regensburg 1, 243_{35} 2, 232_{29} 646_{25}
– *Guericke* 2, 235_{14} 246_{19} 3, $418_{6.\ 10}$
– *Regiomontan* 2, 736_{34}
Regenwasser 2, 176_{39-40}
Regionen, s. Arkadien; Faucigny; Grubenhagen (Fürstentum); Magdeburg (Herzogtum).
Regulus (α Leonis) 5, 284_{18-29} $285_{3.\ 5}$
Reiben, s.a. Elektrizität – Reiben.
– *Magnetisierung durch Reiben* 1, 616_{2-11} 2, $553_{20-21.\ 38-40}$
Reibung 1, 148_{7-8} 2, 152_{19} 3, 193_{25} 259_{10} 6, 55 (vor 49) s.a. Uhr – Reibung.
– *Abhängigkeit vom Druck* 1, 148_{12-13} 2, 152_{27} 153_{6-7} 3, $194_{20.\ 34-35}$
– *Abhängigkeit von der Geschwindigkeit* 3, 195_{22}
– *Abhängigkeit von der Kontaktfläche* 1, 148_{20-23} 2, 152_{26} 3, 194_{22}
– *chemische* 3, 368_{16-17}
– *Einfluß auf Bewegung* 1, 112_{28-32} 154_{2-9}
– *erzeugt Wärme* 1, 487_{3-5} 4, $128_{1.\ 29}$ 129_{11} 179_{30} 203_{18} s.a. Wärme – Reibung.
– *Gleitreibung* 2, 154_{13} 3, 194_{25} $592^{322.\ 323}$
– *Haftreibung* 3, 548^{100}
– *Holz* 1, 150_{16-18} 3, 195_{1}
– *Messung* 1, 150_{5-11}
– *Nutzen* 1, 151_{28-31} 2, 155_{10-18}
– – *Beispiele* 1, 151_{R6-10} 3, 196_{8-14}
– *Rollreibung* 2, 154_{13} 3, 194_{26} $592^{322.\ 323}$
– *Stahl* 1, 150_{19-23} 3, 195_{4-5} 196_{4-7}
– *Verminderung* 1, 151_{6-8} 2, 154_{11}–155_{9} 3, $195_{12-15.\ 26-28}$ 260_{8}–261_{3} s.a. Friktionsrollen.
Reibzeug 6, 230 (281) s.a. Elektrisiermaschine.
– *Einfluß auf Art der Elektrizität* 2, 499_{31}–500_{7} 500_{33-35} 4, 300_{8}
– *wird entgegengesetzt zum geriebenen Körper elektrisiert* 2, 501_{31-33} $528_{2.\ 9}$ 534_{22-23} 4, $248_{18.\ 27}$
Reif 1, 778_{31} 2, 894_{25} 5, $362_{7.\ 27}$ 366_{11} 455_{5}
Reisebarometer, s.u. Barometer.
Reiseschreibfeder 6, 79 (88)
Reißfeder 6, 304 (*34b) 304 (*34d) 304 (*34c) 305 (*34e)
– *2 Reißfedern zum Ziehen paralleler Linien* 6, 306 (*34m)
Reißzeug 6, 292 (*21) 296 (*24)
Rektaszension 1, 704_{28-30} 2, 591_{38} 5, 195_{31} 197_{23} 224_{32-33}
Religion
– *christliche*
– – *Ostern* 2, 738_{26} s. Kalender – Festrechnung.
– – *protestantische Lehre besser als katholische* 3, 662^{281} 5, 134_{18}–135_{11}
– – *Vaterunser beten* 2, 89_{9}
– – *Vertrauen gegenüber theologischen Erkenntnissen* 3, 46_{6-18} 50_{12}
– *durch Astronomie gestützt* 5, 70_{34}
Remplin
– *Sternwarte* 2, 712_{14}
Rentier (Sternbild; nicht kanonisch) 5, 209_{15}
Reseda (Reseda L.) 3, 99_{22}
Resonanz, s.u. Ton (Musik).
Retorten 6, 119 (131) 125 (147)
– *Retorte aus Blech* 6, 475 (384)
– *Retorten mit Vorstößen* 6, 551 (451)

Revolution
– *französische* **5,** 177_{6}
– *in der Chemie* **1,** 891_{33}
Rhabarber 3, 80_{27}
Rhein 1, 742_{28} **2,** 829_{30} 891_{19} **5,** 201_{10-14} 330_{10} 335_{12}
– *Basalte am Niederrhein* **5,** 392_{32}
– *Geschwindigkeit* **1,** 746_{16}
– *Lek* **4,** 132_{25}
– *versiegender Arm* **1,** 747_{6}
– *Vulkane zwischen Göttingen und Rhein* **5,** 386_{3}
– *Wasserfall bei Schaffhausen* **1,** 747_{21} 967_{23} **2,** 834_{33}
Rheuma 4, 307_{22}
Rhodos 2, 585_{23} 669_{30} 670_{1} **5,** 13_{13} 74_{13} 100_{7} 102_{26}
Rhone 2, 829_{30} **5,** 335_{13}
– *teilweise unterirdischer Verlauf* **1,** 747_{5} 967_{16} **2,** 834_{25-26}
Rhume (Nebenfluß der Leine) **2,** 827_{35}
Richtinstrument für Geschütze 6, 302 (**33e*)
Richtung 1, 77_{30} 917_{9} **2,** 52_{22}
Rigel (β Orionis) **5,** 196_{1}
– *Begleiter* **1,** 719_{R6}
Rimini (Italien) **5,** 532_{24}
Ring, s.a. Newtonsche Ringe; Saturn – Ring.
– *eiserner* **5,** 313_{17} 447_{6-7}
– *rotierender* **2,** 148_{39} **3,** 191_{26} 193_{8}
Ringsonnenuhr 6, 386 (**169*)
Rio Bogotá (Bogocas) 1, 747_{25-26} 967_{30} **2,** 835_{1}
Rio de la Plata 1, 746_{3}
Rodez 2, 679_{27} 680_{1} **5,** 247_{21}
Röhre, s.a. Glasröhren.
– *Schallausbreitung* **2,** 324_{14} **4,** 11_{19} 19_{30}
– *sehr hohe Röhre* **6,** 79 (86)
– *Torricellische* **1,** 242_{12} **3,** 311_{6} 380_{31} 382_{15}
– – *Messung des Luftdrucks (Barometer)* **1,** 242_{27-38} 300_{23} **2,** 958 **4,** 165_{14-16}
Röhren, kommunizierende 1, $162_{5.\,19}$ **2,** 158_{3}
– *Anwendung* **1,** 163_{5-18} **2,** 828_{4-5}
– *Bild für die Mischung von Stoffen unterschiedlicher spezifischer Wärme* **4,** 124_{6-8} 212_{21}–213_{9} 213_{20-24}
– *Gleichgewicht verschieden schwerer Fluida* **1,** 168_{31}–169_{4} **2,** 162_{26-28}
Römer
– *Nachahmer der Griechen* **2,** 342_{32-33} 595_{32-33} **4,** 71_{4} **5,** 226_{8-9}
Rötelstift (Nr. *34l) 6, 306 (**34l*)
Roll-Lampe 6, 45 (34)
Rolle 1, 114_{R4} **2,** 98_{17-21} **3,** 182_{26} 527[1]
– *Anwendung des Hebels* **1,** 104_{4} 106_{22}–107_{11} **2,** 78_{28} 86_{3} **3,** 176_{5} 197_{15}
– *Verminderung der Reibung* **2,** 154_{11} **3,** 260_{19}
s.a. Friktionsrollen.
Rom 2, 224_{17} **6,** 330 (**73*) 333 (**87*)
– *Collegium Romanum* **2,** 677
– *Copernicus* **2,** 608_{27} **5,** 76_{7}
– *Gradmessung* **2,** 677_{3} **5,** 247_{33} 318_{24}
– *Obelisk* **2,** 40_{14-15} 198_{3} **3,** 82_{3}
– *Regiomontan* **2,** 736_{32}
– *Vatikanische Bibliothek* **4,** 21_{20}
– *Wirbelwind* **5,** 482_{11}
Rosarno (Kalabrien) **5,** 532_{16}
Rose von Jericho (Anastatica L.) **3,** 432_{15-16}
Roßbach (Sachsen-Anhalt) **4,** 82_{12}
Rostock 2, 646_{24} **5,** 79_{27}
Rotbuche 1, 805_{R8-9} **2,** 913_{2}
Rotes Meer (Arabischer Meerbusen) 2, 671_{5} 816_{22} 821_{32} **3,** 432_{17}
– *Entstehung* **1,** 849_{9}
Rouen 2, 939_{31}
s.a. Académie des sciences, belles-lettres et arts de Rouen.
Royal Humane Society (London, gegr. 1774) **4,** 648[90]

Royal Society for the Improvement of Natural Knowledge (London, gegr. 1660) **2,** 753$_{32}$
s.a. Philosophical Transactions of the Royal Society of London.
– *Aufsätze, Briefe, Vorträge* **1,** 692$_{R30}$ **2,** 750$_{21-22}$ **4,** 131$_{13}$ 440^{89} 493^{298} 505^{65} 552^{217} 583^{343} **5,** 685^{821} 686^{826} 689^{841} 730^{1095}
– *Forschung* **3,** 571^{224}
– *Instrumente* **2,** 555$_{23}$ 690† **4,** 439^{86}
– *Mitglieder* **2,** 589* 938$_{17}$ 939$_{5}$ **5,** 774^{301}
– *Motto* **3,** 474^{3}
– *Organisation* **2,** 777$_{40}$–778$_{2}$
– *Präsident* **2,** 777$_{5}$ **4,** 583^{343} **5,** 189$_{7}$
– *Preise* **3,** 717^{308} **5,** 621^{351}
– *Sammlung* **4,** 355$_{24}$
– *Sekretär* **2,** 210$_{10}$ **4,** 626^{2} **5,** 729^{1084}
– *Vorführung von Versuchen* **2,** 621$_{25-32}$ **3,** 630^{104} **4,** 348$_{25}$ 354$_{9-10}$ 368$_{29-30}$ 784^{173}
Ruhe
– *absolute* **1,** 76$_{10}$
– *relative* **1,** 76$_{25}$
Ruhepunkt (beim Hebel) 1, 98$_{17}$
Ruhla 5, 413$_{10}$
Ruß 1, 456$_{29}$ **2,** 892$_{10}$ **5,** 449$_{3}$
Rußland
– *Kalender* **2,** 738$_{19-23}$ **5,** 136$_{7-11}$

Sacarâmb (Nagyág; Rumänien [Siebenbürgen]) **1,** 931$_{11}$ **3,** 363$_{16-17}$
Sägespäne, s.u. Versuche (Elektrizität) – Anziehen und Abstoßen; Versuche (Hydrostatik); Versuche (Luft) – Luftdruck.
Sättigung 1, 203$_{13-16}$ **3,** 304$_{3}$
Säuren 1, 208$_{5}$ **3,** 305$_{6}$
s.a. Essigsäure; Feuersäure; Luft, fixe; Salpetersäure; Salzsäure; Vitriolsäure.
– *Anzahl* **1,** 926$_{39}$
– *Beispiel für die Notwendigkeit, mehrere Grundstoffe anzunehmen* **4,** 275$_{24-26}$
– *Einteilung* **1,** 926$_{41}$–927$_{4}$
– *Entstehung* **3,** 328$_{22}$ 347$_{21}$
– *Kennzeichen* **1,** 208$_{20}$–209$_{2}$ **3,** 305$_{29}$–306$_{22}$
– *saurer Bestandteil der elektrischen Materie* **4,** 275$_{30}$–276$_{1}$ 324$_{17}$ 325$_{19.\ 23-24}$ 326$_{26}$
Saint Malo 1, 768$_{R7-8}$ **2,** 865$_{9}$ **5,** 105$_{7}$ 243$_{19}$ 357$_{26}$ 358$_{6}$ 446$_{10}$
Saite 2, 326$_{22}$ **4,** 26$_{20}$
– *erzeugt Klang* **1,** 322$_{10-17}$ **2,** 327$_{11}$
– *erzeugt Schall* **1,** 308$_{12-14}$ **2,** 313$_{17}$ **4,** 7$_{23}$ 10$_{6}$
– *Schwingung* **1,** 320$_{7-35}$ **2,** 334$_{12-20}$ **4,** 24$_{20-21}$ 26$_{12-13}$ 32$_{19-26}$ 35$_{1}$
– – *Anzahl* **1,** 322$_{31-32}$ 323$_{6}$ **2,** 327$_{26-27}$
– – *Gesetze* **2,** 327$_{22}$ 330$_{17}$ **4,** 26$_{25}$–27$_{10}$ 32$_{23-25}$ 33$_{23-24}$ 34$_{10-13}$
– – *Verhältnisse* **1,** 322$_{27}$–323$_{2}$ 323$_{6-21.\ R1-15}$
Saite (Darm-)
– *elektrischer Körper (Nichtleiter)* **2,** 494$_{31}$ **4,** 280$_{2}$
– *hygroskopisch* **1,** 282$_{15}$ **3,** 412$_{18}$ 414$_{1}$ 432$_{13}$ 434$_{15}$
s.a. Hygrometer – Darmsaitenhygrometer.
Saiteninstrumente 1, 332$_{19-20}$ **4,** 24$_{26}$ 30$_{4-6}$
Sal-Weide (Salix caprea L.) **1,** 805$_{R31}$
Salé (Marokko) **5,** 532$_{1}$
Salmiak
– *Bestandteil im Amalgam für Elektrisiermaschinen* **4,** 254$_{30}$
– *Herstellung* **3,** 316$_{24}$
– *Kältemischung* **1,** 504$_{3-4}$ **2,** 451$_{22}$ 476$_{20}$ **4,** 159$_{26}$ 187$_{15}$ 191$_{13-20}$
s.a. Tabelle – Kältemischungen.
– *Preis* **4,** 189$_{6}$
– *Verwendung im Hygrometer* **3,** 412$_{3}$

Salmiak, fixer, s. Kalkerde, salzsaure (Kalziumchlorid).
Salmiakgeist
– *Ausdünstung* **4,** 312_{1}
– *im Haarröhrchen* **1,** 191_{R24}
Salpeter, s.a. Schießpulver – Bestandteile.
– *Auflösung in Wasser* **1,** 203_{R8} **2,** 199_{27}
– *Ausgangsstoff für dephlogistisierte Luft* **1,** 265_{17} 933_{2} **2,** 256_{29-32} **3,** 421_{8} 422_{11}
– *Benennung* **3,** 308_{32}
– *Kältemischung* **1,** 504_{4} **2,** 476_{19-20} **4,** 187_{16} $188_{13.\ 18}$ 191_{13-20}
s.a. Tabelle – Kältemischungen.
– *kein Bestandteil von Schnee* **5,** 468_{11}
– *Versuche anzustellen* **3,** 371_{32}
Salpeter-Luft (auch Mephitis nitri phlogistica) **2,** 274_{9} **3,** 400_{26} 427_{22} **6,** 123 (142)
s.a. Eudiometer; Stickstoff (Azote) – Oxidation.
– *Bestandteile* **1,** 274_{7-8} 936_{17-30} **2,** 275_{38-39} 853_{22} **3,** 314_{8} 326_{9} $328_{8.\ 17.\ 26}$ 401_{14-19} 428_{5}
– *Eigenschaften* **1,** 274_{21-45} **2,** 274_{21-33} **3,** 400_{34}–401_{7}
– *Gewinnung* **1,** 274_{8-20} **2,** 274_{10-11} **3,** 315_{9} 322_{14-15} 427_{23-27} 428_{1-2} 429_{22-25}
– *im antiphlogistischen System* **2,** 204_{4} 275_{35-37} **3,** 314_{8}
– *medizinischer Gebrauch* **2,** 274_{16-18}
– *Reaktion mit Sauerstoff Art von Verbrennung* **3,** 324_{5-7} 329_{14-15}
– *Zersetzung durch Elektrizität* **1,** 274_{R1-2} **3,** 329_{6-7} 333_{17} 345_{10}
Salpeter-Luft, dephlogistisierte **1,** 938_{15-25} **2,** 273_{15} **3,** 372_{28} $429_{13.\ 16}$
s.a. Stickstoff (Azote) – Oxidation.
– *Bestandteile* **2,** 853_{22-23}
– *Eigenschaften* **1,** 937_{24-32}
– *Gewinnung* **1,** 937_{32-36} **2,** 276_{3-7} **3,** 400_{27-29}
– *im antiphlogistischen System* **2,** 203_{36}
Salpeteräther **3,** 368_{35}–369_{1}
– *spezifisches Gewicht* **2,** 179_{33-34}
– *Verdunstungskälte* **2,** 478_{28}
Salpetergeist
– *Kältemischung* **1,** 492_{31} 504_{1} **4,** 126_{12} $189_{19.\ 22-23}$ 200_{33}
Salpetersäure **3,** 305_{17}
s.a. Salpetergeist.
– *Auflösung von Gold in Königswasser* **1,** 439_{R28}
– *Bestandteile* **1,** 936_{11-12} 939_{18-20} 940_{2} 959_{28-29} **2,** 273_{24-25} 275_{39-40} 853_{21-22} **3,** 315_{10} 318_{10} 322_{12-15} 324_{25}–325_{7} $328_{9.\ 25}$ 330_{12-14} 428_{6} **4,** 275_{27}
– *erzeugt / zerlegt mittels des elektrischen Funkens* **1,** 556_{5-9} 957_{19} **2,** 273_{22} **3,** 324_{10} 329_{4-7} $345_{8-9.\ 14}$
– *Farbe* **4,** 68_{13}
– *Gewinnung* **3,** 322_{28}
– *Gewinnung von Schwefelleberluft* **1,** 267_{R32}–268_{R11}
– *im antiphlogistischen System* **2,** 204_{25}
– *Kältemischung* **1,** 503_{22-29} **4,** 188_{17} $190_{5.\ 20}$ 192_{24} 195_{4-16}
s.a. Tabelle – Kältemischungen.
– *Nebenprodukt bei Verbrennung von Wasserstoff* **3,** 319_{25} 320_{21-22} 323_{29} 324_{1}
– *Nordlicht* **5,** 486_{36}
– *Preis* **4,** 189_{2}
– *unterkühlte* **1,** 438_{R6-8}
– *Versuche anzustellen* **3,** 365_{10}
– *Verwandtschaften* **1,** 229_{25}–230_{2}
– *Zusammenhang mit Luftarten* **3,** 322_{28}–323_{20}
Salz, s.a. Kochsalz; Steinsalz.
Salze **1,** 207_{25} 926_{32} **3,** 304_{18}
– *Definition* **1,** 207_{26-33} **3,** 304_{25-30}
– *dreifache* **3,** 310_{23}

– *erschweren das Gefrieren von Wasser* **1,** 435_{40}–436_{4} **2,** 428_{6}
– *hygroskopisch* **1,** 283_{35-41} **3,** 414_{3} $432_{32.\ 36}$
– *Reifbildung* **2,** 894_{26-32}
Salzsäure 3, 305_{19}
– *Auflösung von Gold in Königswasser* **1,** 439_{R29}
– *Bestandteile* **1,** 927_{6-7} **3,** 340_{5-6}
– *Erzeugung aus Vitriolöl und Kochsalz* **1,** 202_{R13}
– *ihr gemäß der antiphlogistischen Chemie vorausgesetzter Grundstoff* **3,** 315_{19}
– *im antiphlogistischen System* **2,** 204_{27}
– *im Meerwasser* **2,** 818_{38-39}
– *Kältemischung* **4,** 194_{21}
– *Versuche anzustellen* **3,** 365_{12}
– *Verwandtschaften* **1,** 230_{3-6}
Salzsäure, dephlogistisierte (Chlor) **1,** $272_{14-16.\ R4-10}$ 935_{6-17} **2,** 270_{28} **3,** 426_{2} 650^{216}
– *Bestandteile* **2,** 272_{1}
– *Bleichen* **1,** 935_{13-14} **2,** 271_{4-23} **3,** 426_{25-27} 427_{4-5}
– *Eigenschaften* **2,** 270_{35}–271_{4} **3,** 426_{20-28}
– *Gewinnung* **2,** 270_{29-34} **3,** 426_{3-13}
– *Luft kristallisiert bei Kälte* **1,** 261_{R1-5} $935_{9.\ 23}$
– *Reaktionsprodukte Kalium-(Natrium-)chlorat* **1,** 935_{34} 936_{2}
Salzwaage 1, 174_{9} s.a. Waage – hydrostatische.
Samoëns 2, $123_{9.\ 34}$ $126_{14.\ 18.\ 21}$
Samum (Wind) **1,** 766_{R24} **2,** 862_{18} **5,** 439_{34}
San Procopio (Kalabrien) **5,** 532_{15}
Sand
– *Sediment* **2,** 839_{29} **5,** 342_{8} 408_{22}
– *Verbreitung* **5,** 524_{31-32}
Sandstein 2, 838_{31} **5,** 344_{32} 405_{28} 408_{23} 415_{19} 514_{16} 525_{11}
Sankt-Lorenz-Strom 1, 746_{2-3}
Santa-Cruz-Inseln (Inseln der Königin Charlotte; Inselgruppe im Südwestpazifik [Salomonen]) **2,** 813_{18} **5,** $322_{31.\ 32}$ 530_{15}
São Miguel (Insel der Azoren [Portugal]) **5,** 391_{29}
Saturn 2, 749_{33} **3,** 118_{26} **5,** 158_{27} 273_{11} 275_{1} 277_{8} s.a. Planeten – äußere.
– *Abplattung* **1,** 965_{17-19} **2,** 750_{7-9} **5,** 158_{4-5} 273_{14} 275_{7} 281_{29-30}
– *Einfluß auf Kometen* **5,** 285_{31} 286_{10}
– *Entfernung von der Sonne* **1,** 678_{37} **2,** 749_{38-39} 754_{19-21} **5,** 150_{9} 157_{14-15} 275_{5-6}
– *Größe* **1,** 679_{11} **2,** 749_{36-38} **5,** 149_{24-25} 157_{13-14} 275_{4}
– *Licht* **5,** 216_{33}
– *Modell des Saturn* **6,** 514 (*419*)
– *Monde* **1,** 692_{R1-29} **2,** 750_{12-22} **5,** 157_{17-29} 159_{3} 275_{16-23} 277_{13} 280_{29} 281_{31} 282_{24-32}
– – *Bahnen* **1,** 692_{8-21} 965_{5-13} **5,** 191_{21}
– – *Entdeckung* **1,** $692_{4-8.\ R21-25}$ 965_{2-4} **2,** 750_{13-15} **5,** 157_{18-21} 273_{12} 277_{15-26} 687^{832}
– *Neigung der Bahn gegen die Ekliptik* **1,** 676_{17} **2,** 750_{7} **5,** 150_{9} 157_{16} 158_{21} 275_{8}
– *Oberfläche (Flecken, Streifen)* **1,** 696_{1} 965_{14} **5,** 275_{11} 281_{18}
– *Raum bis zum Saturn* **2,** 110_{10} **3,** 209_{7-8}
– *Ring* **1,** 692_{22-31} 693_{R1-17} $965_{15.\ 23}$ **2,** 750_{23}–752_{28} **3,** 467^{162} **5,** 21_{17-18} 157_{30}–159_{2} 275_{24} 278_{5} 281_{1} 281_{33}–282_{14} 282_{18} 283_{12}
– – *Beispiel eines flachen Körpers im Weltall* **5,** 98_{10} 317_{9}
– – *Beispiel für Hypothesenbildung* **3,** 58_{13} 63_{28}
– – *Dimensionen* **2,** 751_{5-19} **5,** 149_{26-27} 158_{7-10} 278_{26-28} 279_{18-21} 280_{1-12} 281_{2-8} 283_{1-9}

– – *Erklärung* **2,** 752_{7-28} **5,** 158_{16-25}

– *Rotation* **1,** $965_{14.\ 30}$ **2,** 750_{5-7} **5,** 157_{17} 275_{10-12} 281_{26}

– *Umlaufszeit* **1,** 679_{32} **2,** 750_{4-5} **5,** 150_{9} 157_{15-16} 275_{9}

– – *Unregelmäßigkeit* **5,** 186_{23-30}

Satz vom zureichenden Grund 1, 85_{22-23} **2,** 57_{23-24} **3,** 131_{20} 189_{31}

Sauerstoff, s. Luft, dephlogistisierte, s.a. Oxygen, s.a.u. Chemie – Nomenklatur.

Saugen

– *Anwendung der Luftverdünnung* **3,** 379_{6}

Saugwerk, s.a. Pumpe.

– *Anwendung der Luftverdünnung* **1,** 239_{3-4} **2,** 227_{11}

– *Förderhöhe begrenzt* **1,** 240_{11-15} **2,** 229_{26-34} 958_{1}

– *vierfacher Ansatz für ein Saugwerk* **6,** 464 (*375*)

Savoyen 5, 328_{25} 370_{23}

Schach 2, 588_{39}

Schaffhausen, s. Rhein – Wasserfall bei Schaffhausen.

Schalentiere 5, 394_{1} 520_{7} s.a. Muscheln.

Schall 1, 308_{12}–309_{19} **2,** 313_{3} **4,** 7_{7} 10_{3-16} 24_{1} s.a. Ton (Musik).

– *Ausbreitung* **1,** 314_{13-34} 319_{9-22} 330_{15-38} 331_{1-7} **2,** 314_{18} **4,** 12_{2} 22_{20}

– – *Argument gegen Wellennatur des Lichts* **2,** 348_{37}–349_{7} **4,** 49_{7-22} 50_{27-36} 73_{23}–74_{9} 75_{8-11}

– – *Einflüsse* **4,** 19_{7-18}

– – *Erklärung* **1,** 311_{5-16} **2,** 315_{31-32} **4,** $7_{18.\ 30}$ 10_{16-29}

– – *Forschungsprojekt L.s* **4,** 15_{3}–18_{31} s.a. Göttingen – Hainberg – Schallgeschwindigkeit.

– – *geradlinig* **4,** 20_{31}

– – *im Vakuum* **1,** 309_{33-37} 942_{4-14} **2,** 315_{5-6} **4,** $7_{11-13.\ 27}$

– – *im Wasser* **1,** 943_{20-28} **3,** 117_{13} 118_{17-22}

– – *in Luftarten* **1,** 942_{16-24}

– – *in verdichteter Luft* **4,** 7_{10}

– – *quadratisches Abstandsgesetz* **1,** 314_{29-31} **2,** 322_{7} 324_{13}

– – *Veranschaulichung der scheinbar unregelmäßigen Verfinsterung der Jupitertrabanten* **2,** 631_{31}–632_{14} **5,** 62_{10-16} 83_{18-20}

– *Beispiele für Quellen* **1,** 309_{21-33} **4,** 7_{20-28}

– *Bündelung* **1,** 316_{10-17} **2,** 324_{14-18}

– *Dämpfung* **1,** 310_{24-29}

– *Fokussierbarkeit* **4,** 21_{1-4}

– *Geschwindigkeit* **1,** 312_{4-37} **2,** 317_{10} **4,** 7_{14} 8_{6-8} 13_{25-26} **5,** 61_{29} s.a. Lichtenberg, Georg Christoph – Biographisches – Schallgeschwindigkeit, Bestimmung.

– – *Anwendungen* **1,** 314_{R1-14} **2,** 318_{27}–320_{27} **4,** 8_{9-26} 11_{4-13} 19_{5-6}

– – *Einflüsse* **1,** 313_{8}–314_{3} 314_{R17-33} **2,** 321_{2} 322_{21-25} **4,** 8_{27-32} 11_{14} 18_{10-18}

– – *verglichen mit der Erde* **5,** 31_{15}

– *in geschlossenen Räumen* **4,** 7_{28} 20_{16}

– *Klangfiguren* **1,** 942_{32-35} 943_{5-7} **2,** 316_{23-31} **4,** 34_{3-6}

– *Reflexion* **1,** 314_{36}–315_{3} **2,** 322_{29-31} 323_{35-36} **4,** 11_{16-17} 19_{20} s.a. Echo; Hörrohr; Sprachgewölbe; Sprachrohr.

– *Schwingung* **2,** 316_{14-39} **4,** 32_{14} 33_{17}

– *Stärke* **1,** 314_{9-13} **2,** 322_{6}

– – *abhängig von Elastizität des schallenden Körpers* **1,** 310_{16-24}

– *Strahlen (Radii sonorii)* **1,** 314_{16-17}

– *Verhältnis zu Geräusch, Klang, Ton* **1,** 308_{R14-16} **2,** 313_{19} **4,** 8_{1-2} 9_{32} 24_{10}

– *Wellen* **2,** 316_{9} 322_{9}

– – *Vergleich mit Wasserwellen* **2,** 316_{9-10} $322_{10-11.\ 16-21}$ **4,** 11_{15} $12_{3-5.\ 17-18}$ 19_{19} 22_{21} 32_{13}
– *Wirkung der Elastizität der Körper* **1,** 310_{6-16} **2,** 42_{35-36} 315_{24-29}
Schatten, s. Licht – Schatten.
Scheibenelektrisiermaschine 6, 214 (267)
s.a. Elektrisiermaschine – Glas – Scheibenelektrisiermaschine.
– *Erfindung* **1,** 528_{31-38} **4,** 253_{22} 284_{11} 286_{3-9}
– *in Teylers Museum* **1,** 529_{8-13} **2,** 521_{13-27} **4,** 254_{11-19} 254_{34}–255_{9} 277_{2-3} 285_{10} 286_{16}
– *Ramsdens* **4,** 294_{2}
– *Verbesserung* **1,** 956_{28-31} **4,** 288_{24}
Scheitelkreis 1, 703_{34} **5,** 225_{29}
Schellack
– *Material für Elektrophor* **1,** 566_{R22} **2,** 514_{32}
Schemnitz, s. Banská Štiavnica.
Schere 6, 293 (**22[a]*)
– *Anwendung des Hebels* **3,** 175_{7}
Scheveningen 4, 51_{18} **5,** 51_{29} $124_{4.\ 6}$
Schichten, s.a.u. Atmosphäre (Luftkreis, Luftkugel); Berg(e); Täler.
– *Farben dünner Schichten (Blättchen)* **1,** 389_{28-39} $390_{1-10.\ R1-9}$ 390_{R21}–391_{R6} **2,** 385_{16-29}
Schiefe Ebene (planum inclinatum) **1,** 111_{34-35} 114_{R4} **2,** 40_{11} 93_{1} $98_{1-2.\ 18-26}$ 157_{29} **3,** 182_{27-28} 528^{1} **6,** 36 (*25d*) 48 (vor 39) 48 (39) 55 (49) 442 (*355*)
s.a. Keil; Schraube; Schwere – relative bei der Schiefen Ebene.
– *Anwendung im täglichen Leben* **2,** 95_{13-18} **3,** 180_{23-24}
– *Fallbewegung* **2,** 23_{2} 101_{22-23} 102_{1-10} **3,** 247_{18-24} **5,** 353_{26}
s.a. Schwere – relative bei der Schiefen Ebene.
– *Kräfte* **1,** 113_{9-16} 116_{R1-3} **2,** 93_{22}–95_{12} **3,** 180_{12}
– *Reibungsversuch* **1,** 150_{R1-2} **2,** 152_{31} 153_{19} **3,** 259_{12}
– *Schiefe Ebene für Fallversuche* **6,** 446 (*360*)
– *verglichen mit dem Schweben im Wasser* **3,** 274_{13}
Schiefer 5, 344_{26} 416_{13} 524_{20}
s.a. Alaunschiefer; Glimmerschiefer; Hornschiefer; Mergelschiefer; Porphyrschiefer; Tonschiefer.
Schiehallion (Berg in Schottland) **3,** 187_{13} 200_{19}
– *Anziehungskraftmessung* **1,** 121_{R11} **2,** 107_{10-28} 114_{37} **3,** 184_{3} 185_{14} 210_{16-17} 229_{21-22} **5,** 29_{6} 243_{22}
Schießpulver
– *Beispiel für mechanische Mischung* **1,** 202_{R23} **2,** 199_{18}
– *Bestandteile* **2,** 262_{10-12} **3,** 398_{14} **4,** 129_{24-25} 174_{35} 207_{22-23}
– *elektrisch entzündet* **1,** 562_{35} 564_{30} **2,** 512_{9} 913_{8} **5,** 423_{29} **6,** 247 (304)
– *freies* **4,** 130_{1-3}
– *Funktionsweise* **1,** 441_{21-25} 441_{25}–442_{8} 442_{R5-8} **2,** $262_{9-10.\ 19-30}$ 433_{14} 435_{1-10} **3,** 398_{13} **4,** 129_{26-34}
– *Wirkung verglichen mit der von Wasserdampf* **2,** 432_{39} **4,** 114_{22}
Schiff, s.a. Schifffahrt.
– *Bild für die Erde bei der Erläuterung der Aberration* **2,** 637_{27}–638_{20} **5,** 42_{4} 83_{33}–84_{10}
– *Blitzableiter* **2,** 918_{21} **5,** 368_{22} 479_{34}
– *dampfgetrieben* **1,** 444_{R19-32} **2,** 443_{36}–444_{2} **4,** 529^{137}
– *Galeere* **2,** 871_{36}
– *Hydrostatik* **2,** 165_{18} **3,** 269_{22}
Schiff (Sternbild; Argo) **2,** 585_{21} **5,** 74_{12}
– *Kiel des Schiffs (Sternbild; Carina)*, s.a. Canopus.

Schifffahrt, s.a. Längenbestimmung – zur See.
– *Auswirkung von Meeresströmungen* **1,** 726$_{R27-35}$ 771$_{18.\ 32}$ **2,** 872$_{2}$ **5,** 359$_{1-8}$
– *Forschungsreisen* **5,** 327$_{4-5}$ s.a. Erde (Erdkugel) – Umsegelung.
– *Gebrauch des Ankers* **2,** 80$_{18-35}$
– *kardanische Aufhängung des Kompasses* **2,** 90$_{10}$ 696$_{30-33}$ **3,** 199$_{16}$
– *Nutzen von Flaschenzügen* **2,** 86$_{29-30}$ **3,** 176$_{11}$
– *Postschiffverkehr* **1,** 726$_{R27-29}$ **2,** 872$_{4-5}$
– *Proviant* **2,** 434$_{40}$
– *Seenotrettung* **3,** 270$_{9}$
– *Sersons Kreisel als künstlicher Horizont* **5,** 108$_{8-10}$ 709[965]
– *Spiegelsextant* **2,** 690$_{18}$
– *Stürme* **2,** 919$_{17-18}$ **5,** 227$_{1-8}$
– *Trinkwassergewinnung* **2,** 819$_{23-26}$ 820$_{10-12}$ **5,** 396$_{9}$ 806[463]
– *Unglück* **2,** 817$_{13-14}$ **3,** 271$_{6}$ **5,** 108$_{11}$ 324$_{7-8}$ 594[162]
– *Verwendung der Monddistanzen* **2,** 703$_{7-10}$
Schiffskompaß, s.u. Kompaß.
Schiffskompaß (Sternbild; Pyxis) **5,** 209$_{9}$
Schildkröte 3, 237$_{8}$
Schirm, elektrischer 6, 234 (287)
Schlagweite 1, 590$_{9-11}$ **2,** 505$_{1-6}$ 912$_{13}$
Schlangenträger (Sternbild; Ophiuchus) **2,** 790$_{5}$ **5,** 219$_{20}$
Schmelzen 1, 74$_{15-16}$ **2,** 429$_{23}$ 430$_{13}$ **4,** 113$_{16}$ **5,** 360$_{15}$ s.a. Eis; Fettigkeiten; Metall(e); Platin.
– *am Brennspiegel* **4,** 216$_{1-5}$
– *Flußmittel* **1,** 438$_{25}$–439$_{3}$ 439$_{R30-33}$
– *Mechanismus* **1,** 438$_{7-14.\ R16-27}$ **4,** 113$_{23}$
– *Quelle von Elektrizität* **1,** 578$_{13}$ **4,** 288$_{27}$
– *schwer schmelzbare Substanzen* **1,** 438$_{25}$–439$_{3}$ 439$_{R30-33}$
Schmelzkälte 1, 518$_{22-24}$
Schmetterling 2, 774$_{2}$
Schmirgel 3, 429$_{26}$ **4,** 353$_{2}$ **6,** 268 (333)
– *vom Magneten angezogen* **4,** 344$_{22}$ 352$_{17}$ 360$_{9}$
Schnee 1, 785$_{24}$ **2,** 900$_{17}$ **5,** 468$_{3}$
– *chemischer Prozeß* **2,** 18$_{7}$ **3,** 26$_{16}$
– *Entstehung* **5,** 365$_{34-35}$
– *Form* **1,** 449$_{37-38}$ 785$_{34}$–786$_{1}$ **2,** 900$_{19-28}$ **5,** 366$_{1}$ 462$_{22}$ 468$_{11-15}$
– *Kältemischung* **1,** 492$_{30}$ **2,** 477$_{23.\ 25}$ **4,** 188$_{20}$ 189$_{23.\ 25}$ 190$_{22}$ 192$_{28}$ 193$_{4.\ 13.\ 22.\ 30}$ 195$_{4-15}$ 200$_{33}$
– *Niederschlag aus Nebel / Wolken* **2,** 886$_{11}$
– *roter* **1,** 774$_{R20}$ **2,** 898$_{32}$
– *Schneegrenze* **1,** 818$_{37}$–819$_{7}$ **5,** 492$_{16-25}$ 494$_{24}$ 495$_{8.\ 19}$
– *Volumen* **1,** 786$_{27-31}$
Schneeball 1, 200$_{R17}$
Schneeberg (Berg im Fichtelgebirge) **1,** 740$_{R12}$
Schnepfenthal 5, 879[926]
Schöpfer, s. Gott.
Schörl 2, 955$_{33}$ **5,** 343$_{34}$ 393$_{24.\ 28-29}$ 406$_{24}$
– *Elektrisierung durch Wärme* **1,** 536$_{20}$ **4,** 333$_{15}$
– *roter Schörl* **1,** 930$_{33}$ 931$_{5.\ 7}$
Schokolade
– *elektrischer Körper (Nichtleiter)* **2,** 494$_{17}$ **4,** 279$_{33}$ 335$_{11}$
Schorborn (Kreis Holzminden) **2,** 268$_{22}$ **3,** 393$_{10}$
Schottland 1, 121$_{R12}$ **2,** 107$_{10}$
– *Strontian* **1,** 210$_{R27-28}$ 929$_{1}$ **3,** 659[270]
Schraube 1, 114$_{R4}$ **2,** 98$_{18-22}$ **3,** 182$_{27}$ 529[1] **6,** 49 (42) 49 (41)
– *Anwendung der Schiefen Ebene* **1,** 113$_{19-20}$ **2,** 95$_{20}$ **3,** 180$_{25-29}$

– *Modell einer Schraube* **6,** 444 (*356*) 444 (*357*)
– *Reibung* **3,** 259$_{21}$
Schraube ohne Ende **1,** 114$_{2-3}$ **2,** 97$_{33}$ **3,** 180$_{30}$ 181$_{6-16}$ **6,** 34 (*25c*) 446 (*369*)
Schrifterz (Sylvanit) **1,** 931$_{12}$ **3,** 363$_{14}$
Schrittzähler **2,** 85$_{27}$ **3,** 197$_{12.\,14}$ **6,** 320 (**37f*)
Schröpfkopf **1,** 253$_{19-25}$ **3,** 381$_{30}$
Schütze (Sternbild; Sagittarius) **2,** 598$_{30}$ 792$_{4}$ **5,** 208$_{18}$ 294$_{14}$
Schütze (Sternzeichen) **1,** 656$_{20}$
Schwaben
– *schlechter Ruf in Deutschland* **2,** 26*
Schwachheiten meistern **3,** 18$_{6}$
Schwalben **5,** 165$_{31}$
Schwamm **6,** 219 (*271*) s.a. Maschine – Schwammmaschine; Versuche (Elektrizität) – Anziehen und Abstoßen; Zunder.
– *Elastizität* **3,** 120$_{14}$ 223$_{13}$
– *Gewinnung von Sauerstoff* **3,** 423$_{12}$
– *hygroskopisch* **3,** 432$_{31}$
– *Kapillareffekt* **1,** 197$_{9}$
– *Porosität* **2,** 30$_{38}$ **3,** 93$_{15}$ 96$_{30}$
– *Wirkung auf Wasser als Bild für Frei- und Latentwerden von Wärme* **4,** 180$_{32}$ **5,** 465$_{30}$–466$_{1}$
Schwan (Sternbild; Cygnus) **2,** 790$_{10}$ 793$_{14}$ **5,** 210$_{1}$ 219$_{32}$ 291$_{15}$
– *β Cygni* **5,** 210$_{26}$
– *61 Cygni* **2,** 788*
Schwarzes Meer **1,** 748$_{9-10.\,30}$
Schweden **5,** 16$_{3}$ 381$_{34-35}$
– *Erdbeben von Lissabon spürbar* **5,** 531$_{30}$
– *Gradmessung* **2,** 683$_{20}$ s.a. Gradmessung – Meßkampagne 1735 ff..
– *Kalender* **2,** 738$_{18-19}$ **5,** 136$_{5}$
– *Klima* **2,** 933$_{1}$ **5,** 370$_{29}$ 371$_{3-4}$
Schwefel **1,** 217$_{20-25}$ s.a. Schießpulver – Bestandteile.
– *Ausdehnung beim Erstarren* **1,** 433$_{4-7}$ **2,** 423$_{13}$ **4,** 131$_{29}$
– *Elektrizitätslehre*
– – *Bestandteil im Amalgam für Elektrisiermaschinen* **4,** 254$_{27.\,29}$
– – *elektrischer Körper (Nichtleiter)* **1,** 533$_{39}$ **2,** 493$_{36}$ **4,** 245$_{15.\,25}$ 279$_{21}$
– – *Elektrisieren durch Schmelzen* **1,** 536$_{18}$ **4,** 289$_{4}$
– – *Elektrisieren durch Wärme* **4,** 289$_{5}$
– – *Elektrizität bei Reibung* **1,** 542$_{11}$ 545$_{2}$ **2,** 503$_{8}$ **4,** 300$_{3.\,32}$ 301$_{4-12}$ 302$_{7}$ 303$_{9}$
– – *Isolator der Leidener Flasche* **1,** 559$_{17}$ **4,** 251$_{1}$ 273$_{2}$
– – *Material für Elektrisiermaschine* **1,** 528$_{29}$ **2,** 519$_{29}$ **4,** 253$_{6}$ 276$_{21}$ 284$_{3}$ 286$_{28}$
– *im antiphlogistischen System* **2,** 202$_{4}$ **3,** 314$_{14}$ 327$_{25}$ 336$_{7}$ 339$_{33}$ 351$_{24}$
– *im Wasser von Quellen* **1,** 745$_{3-5}$ **5,** 339$_{14}$
– *Nordlicht* **5,** 486$_{20}$
– *reich an Phlogiston* **1,** 453$_{8-9}$
– *Schwefel-Geruch bei Gewitter* **1,** 959$_{31}$ **3,** 345$_{15}$
– *spezifisches Gewicht* **1,** 185$_{22}$
– *Verbindungen* **3,** 336$_{11-30}$
– *Verbindungen mit Erden* **1,** 927$_{25-29}$
– *Verwandtschaften* **1,** 230$_{36}$–231$_{2}$
– *Vorrichtung zum Verbrennen von Schwefel* **6,** 469 (*380*)
– *Vulkanismus* **1,** 844$_{25}$ **2,** 833$_{25}$ 954$_{34}$–955$_{13}$
– *Wärmeleitung* **4,** 223$_{31}$
Schwefeldioxid, s. Luft, vitriolsaure.
Schwefelkies (Eisensulfid) **2,** 833$_{24}$ 955$_{4}$ **3,** 441$_{10}$ **5,** 340$_{9}$ 393$_{23}$ 530$_{24-27.\,31}$

Schwefelleber **2,** 31$_{38}$–32$_{2}$ **3,** 93$_{25-32}$
– *im antiphlogistischen System* **2,** 205$_{38}$
Schwefelleber-Luft (auch hepatische Luft; Mephitis hepatica; stinkende Schwefel-Luft) **2,** 259$_{11-12}$
– *Eigenschaften* **1,** 267$_{30}$–268$_{7}$ **2,** 259$_{14-23}$
– *Gewinnung* **1,** 267$_{19-29}$ **2,** 259$_{13-14}$ **3,** 334$_{26-27}$ 404$_{9-11}$
– *im antiphlogistischen System* **2,** 204$_{12}$ 259$_{24-25}$
– *im Wasser von Geysiren* **5,** 400$_{29}$
Schwefelsäure, s. Vitriolsäure; Vitriolöl.
Schwefelwasserstoff, s. Schwefelleber-Luft.
Schweiz
– *Erdbeben von Lissabon spürbar* **5,** 531$_{31}$
– *Fossilien* **2,** 953$_{24}$
– *Kalender* **2,** 738$_{6}$
– *Klima* **2,** 932$_{17}$ **5,** 370$_{23}$
Schwere **1,** 94$_{25}$ 95$_{5}$ **2,** 38$_{18}$ 74$_{5,\,14}$ **3,** 174$_{7}$ 240$_{3}$ **6,** 49 (vor 43)
s.a. Gewicht; Planetenbewegung – Ursache.
– *Abgrenzung gegenüber Trägheit* **1,** 86$_{22-27}$ **2,** 59$_{3-7}$ **3,** 130$_{21-23}$ 131$_{31}$–132$_{34}$ 146$_{18-19}$ 148$_{31}$–149$_{2}$ 150$_{17-18}$ 152$_{30-32}$ 153$_{6-17}$ 157$_{18-21}$
– *absolute Kraft* **1,** 122$_{6-9}$ 147$_{17-18}$
– *Einfluß ihrer Unterschiedlichkeit auf den Luftdruck* **2,** 1001$_{15-26}$
– *Gegenstand der allgemeinen Naturlehre* **3,** 23$_{28}$
– *Gesetz(e)* **2,** 24$_{16-17}$ **3,** 57$_{12}$ 60$_{24}$–61$_{1}$ 206$_{33-34}$ 214$_{21-22}$ 235$_{32-33}$
– – *quadratisches Abstandsgesetz* **2,** 111$_{15-20}$ 1007$_{9-10}$ 1009$_{4-6}$ **3,** 225$_{24}$ 234$_{26-27}$ 236$_{19}$ **5,** 63$_{4}$ 190$_{1-2}$
s.a. Gesetz – Newtonsches (Gravitation).
– – – *Beweis nach Lesage* **2,** 111$_{28}$–112$_{33}$ **3,** 202$_{23-27}$ 209$_{29}$–210$_{8}$ 223$_{14-21}$ 227$_{23}$–228$_{2}$ 233$_{6}$–234$_{6}$
– *Mehrdeutigkeit im alltäglichen Sprachgebrauch* **1,** 97$_{R19-21}$ 920$_{22-25}$ **2,** 75$_{31-32}$
– *nimmt ab mit zunehmender Höhe* **2,** 122$_{16}$ 1007$_{7-12}$
– *relative bei der Schiefen Ebene* **2,** 103$_{15}$ 141$_{20}$ **3,** 243$_{27}$–244$_{2}$ 244$_{18}$–246$_{12}$
– *Richtung* **2,** 687$_{11-23}$ **5,** 28$_{34}$–29$_{2}$ 106$_{28-29}$ 244$_{27-28}$
– *spezifische (eigentümliche)* **1,** 96$_{28}$ 921$_{4}$ **2,** 75$_{15}$ 156$_{11-13}$ **3,** 76$_{19}$
– – *Ermittlung*
– *und gleichförmige Beschleunigung* **1,** 116$_{2-12}$ **2,** 98$_{30}$ **3,** 183$_{5}$
– *Ursache* **1,** 123$_{29}$–124$_{8}$ **2,** 105$_{9}$ **3,** 62$_{18}$ 183$_{19}$
s.a. Attraktion – Ursache; Kepler, Johannes – Erklärung der Schwere.
– – *aristotelische Tradition* **3,** 200$_{4-6}$ **5,** 41$_{28}$
– – *Benennung erklärt sie nicht* **3,** 186$_{25-26}$ 188$_{7-8}$
– – *Copernicus' Überlegung* **5,** 76$_{22-31}$
– – *Epikuräer* **3,** 207$_{32-33}$ 208$_{6}$
– – *Hypothese der schwermachenden Materie* **1,** 122$_{2-25}$
– – *Hypothese einer anziehenden Kraft (als besonderer Eigenschaft der Materie)* **1,** 122$_{36}$–123$_{21}$ **2,** 105$_{22}$ 107$_{30-32}$ 108$_{11-12}$ **3,** 205$_{29-30}$ 211$_{8-9}$ 213$_{13-15}$ 214$_{8}$ 224$_{18-24}$
– – *kein Gegenstand der Physik* **3,** 238$_{5}$
– – *Problemgeschichte* **3,** 200$_{2}$
– – *Stoßhypothese* **2,** 105$_{21}$ 108$_{12-14}$ **3,** 207$_{1-2}$ 214$_{12}$ 225$_{26}$
– – *ungeklärt* **3,** 184$_{6-7.\,11}$ 185$_{27-31}$

– – *Wirbelhypothese* **1,** 120_{3}–121_{15} **2,** 105_{20} 105_{28}–106_{32} **3,** 185_{12} 200_{12-14} 213_{16} 214_{10} 226_{33-34} **5,** 41_{28}
– *wächst mit der geographischen Breite* **1,** 650_{27-30} **2,** 624_{12} 1002_{21-28} **5,** 37_{15} 41_{6-7} 245_{4}
Schwererde 1, 211_{30-34}
– *im antiphlogistischen System* **2,** 203_{18} **3,** 314_{18}
Schwerpunkt 1, 109_{16} **2,** 87_{1} **3,** 176_{13} $177_{2-4.\ 15}$ 199_{2} **6,** 19 (23.3) 44 (vor 33)
s.a. Schwimmen – stabiles und labiles Gleichgewicht.
– *beim Schwimmen* **1,** 172_{R1}–173_{R12} **3,** 275_{1-14}
– *beim Stoß* **1,** 134_{2} **2,** 128_{20}
– *Bestimmung* **1,** 110_{13} $111_{3-6.\ 7-22}$ **2,** 87_{13}–88_{7} 88_{21-31} **3,** 174_{13-14} $177_{5-9.\ 17-27}$ 178_{5} 197_{20-22} 199_{3-6}
– *Bewegung* **3,** 178_{9-10} 179_{21-23}
– *Existenz* **1,** 109_{24} **3,** 197_{23}
– *Paßgang* **2,** 91_{21}–92_{24} **3,** 179_{7-16} 198_{6}
– *Stichwortliste* **3,** 197_{20-31} 199_{3-17}
Schwimmen 1, 172_{30}–173_{1} 925_{8} **2,** 20_{22-24} 163_{15-19} 168_{24} **3,** 48_{23} $269_{28.\ 29}$ 274_{26}
s.a. Schwerpunkt – beim Schwimmen.
– *flotter / nager* **3,** 274_{16}
– *Mensch* **1,** 175_{R1-12} **2,** 169_{10}–172_{15} **3,** 269_{31}–270_{35}
– *Schwimmkraft (bzw. Sinkkraft) als Pseudoerklärung* **2,** 108_{19} **3,** 206_{1} 211_{26} 224_{27-30} 235_{22}
– *stabiles und labiles Gleichgewicht* **1,** 170_{R28}–171_{R6} **2,** 169_{1-9} **3,** 274_{16-17} 275_{24-30}
– *von Gegenständen, die schwerer sind als das Fluidum* **1,** 174_{38}–175_{5} 175_{37-40} **3,** 271_{9} 272_{23} **4,** 226_{11-12}
Schwimmhilfen 1, 175_{5-9} **2,** 171_{31-41} **3,** 270_{35} **6,** 68 (67) 70 (68)
Schwingung, s.a. Schwung.
– *Mittelpunkt (centrum oscillationis)* **1,** $132_{19.\ R25-26}$ **2,** 117_{29} **3,** 188_{21} 189_{19}
Schwung (oscillatio, vibratio) 1, 130_{8}
s.a. Schwingung.
Schwungbewegung 1, 130_{5}
Schwungkraft, s.a. Zentrifugalkraft.
– *Vorrichtung zu ihrer Demonstration (Nr. 23.8 u. 9)* **6,** 24 (23.8 u. 9)
Scirocco (Wind) **1,** 767_{R1} **2,** 861_{32} **5,** 371_{25} 439_{32}
Seebarometer 6, 142 (176)
s.a.u. Barometer.
Seefeld (Oberbayern)
– *Blitzeinschlag* **5,** 880^{926}
Seeigel 5, 399_{14}
Seele
– *Gegenstand der inneren Sinne* **3,** 18_{27} 31_{29}
– *regiert den Körper mittels Elektrizität* **4,** 277_{16}
– *unsterbliche* **3,** 43_{28}
– *vernünftige* **3,** 42_{6}
Seelenlehre 1, 326_{19}
Seen 1, 748_{17}
s.a. Bjelosero; Bodensee; Cerknica; Eichen; Eriesee; Genfer See; Lago di Como; Ontariosee.
– *Ebbe und Flut* **5,** 446_{12}
– *intermittierende* **2,** 830_{41}–831_{17}
– *Wasserstand* **1,** 748_{17-19}
Seestern 5, 399_{14}
Seewasser
– *Bitterkeit* **1,** 729_{9-10} **2,** 819_{11} **5,** 325_{9}
– *Eis daraus zum Bierbrauen verwendet* **1,** 436_{R17-19} **2,** 428_{10-12} 819_{32-33}
– *gefrorenes ist süß* **1,** 436_{5} 436_{R14}–437_{R14} **2,** 428_{8-39} 819_{30}–820_{12} **5,** 327_{1-13}
– *Quelle des Salzes* **1,** 728_{11-24} **2,** 820_{14}–821_{27} **5,** 326_{11} 397_{3}–398_{28}

– *Sättigungsgrad* **2,** 819$_{3-4}$ **5,** 325$_{18-19}$ 521$_{1-3}$ 522$_{5}$
– *Salzgehalt* **2,** 819$_{4-9}$ **5,** 325$_{21-26}$ 399$_{21}$ 522$_{26-27}$
– *Salzigkeit* **1,** 728$_{2}$ **2,** 818$_{36}$ **5,** 325$_{9}$ 396$_{2-8.\ 18}$
– – *warum am Äquator ausgeprägter* **1,** 728$_{R2-8}$
– *spezifisches Gewicht* **1,** 185$_{6}$ **2,** 818$_{39-40}$ **5,** 325$_{16}$
Seewind, s. Wind – Land- und Seewind.
Segners Maschine, s.u. Maschine
Sehen 1, 336$_{7-19}$ **2,** 338$_{17}$ **4,** 48$_{10}$ 80$_{5-13}$
s.a. Auge; Größe, scheinbare.
– *Abstand*
– – *Täuschung* **1,** 349$_{14-38.\ R2-9}$
– *aufrecht sehen* **1,** 396$_{28}$ 398$_{R1}$ 948$_{12-14}$ **2,** 400$_{32}$–401$_{16}$ **4,** 65$_{6-13}$ 83$_{21}$
– *Augenmaß* **1,** 350$_{33}$ **2,** 29$_{37}$
– *Bewegung* **1,** 351$_{6-14}$ **2,** 353$_{2}$
– – *Mindestgeschwindigkeit* **1,** 351$_{20-25}$ 351$_{R9}$–352$_{R8}$ **2,** 353$_{7-25}$
– – *Täuschung* **1,** 351$_{31}$–352$_{14}$ **5,** 59$_{9-10}$
– *deutlich sehen* **2,** 398$_{24}$–399$_{1}$
– *einfach sehen* **1,** 396$_{29}$–397$_{R6}$ 948$_{12.\ 23}$ **2,** 401$_{17}$–402$_{33}$ **4,** 65$_{14}$–66$_{8}$ 66$_{11-28}$ 83$_{24}$–85$_{15}$
– *Entfernung bzw. Größe schätzen* **1,** 348$_{28}$–349$_{12}$ **2,** 351$_{13}$ **4,** 51$_{3-12.\ 20-25}$ **5,** 51$_{30-33}$ 123$_{27-31}$
– *Farbenblindheit* **4,** 83$_{17-18}$
– *Farbensehen* **1,** 398$_{31}$–399$_{4}$
– *farbige Schatten* **1,** 948$_{15-21.\ 27-33}$ **2,** 395$_{4-17}$
– *Fehlurteile* **5,** 28$_{6-12}$
– *Fixsterne* **5,** 214$_{29-35}$
– *gelb sehen* **4,** 64$_{28}$–65$_{3}$
– *Gestalt*
– – *Täuschung* **1,** 350$_{9-28}$ 945$_{29}$ **2,** 352$_{35-39}$
– *Mouches volantes* **1,** 399$_{26-32}$ 400$_{R1}$ **4,** 64$_{27}$
– *Netzhautpersistenz* **1,** 399$_{9-18}$ **2,** 346$_{7-8}$ **3,** 227$_{11-12}$ **4,** 72$_{31-32}$
– *optische Täuschung* **2,** 352$_{13-25}$ **4,** 51$_{1-6.\ 13-27}$ 57$_{12-14}$ **5,** 52$_{17.\ 20-22}$ 124$_{1-7}$
– *Sehwinkel* **1,** 347$_{10-11}$ 348$_{3}$ **2,** 350$_{2}$ **4,** 48$_{31}$ 49$_{3}$ 50$_{19}$ **5,** 123$_{25-26}$
– *sukzessiver Farbkontrast*, s. Sehen – zufällige Farben.
– *zufällige Farben* **1,** 399$_{18-25}$ 947$_{31-32}$ 948$_{6-11}$ **2,** 394$_{15}$–395$_{3}$
Seide
– *Aufhängung von Magnetnadeln* **2,** 847$_{7}$ **5,** 418$_{2}$
– *Dicke des Fadens* **1,** 63$_{R17-19}$ **2,** 29$_{28}$ 34$_{14}$ **3,** 89$_{5}$ 92$_{1}$ 100$_{30}$
– *Elektrizitätslehre*
– – *elektrischer Körper (Nichtleiter)* **1,** 533$_{43}$–534$_{1}$ **2,** 494$_{26}$ **4,** 245$_{26}$ 280$_{1}$
– – *Elektrizität bei Reibung* **1,** 542$_{12}$ 545$_{2}$ **2,** 503$_{14}$ **4,** 301$_{15}$ 303$_{15}$
– – – *Versuche* **1,** 542$_{34}$–543$_{16}$ **2,** 501$_{40}$–502$_{11}$
– – *Elektrophor* **2,** 514$_{19}$ 515$_{9}$
– – *Reibzeug* **4,** 286$_{19}$ 287$_{10}$–288$_{21}$
– *Gewinnung von Sauerstoff* **3,** 422$_{28}$
Seidenraupe 5, 418$_{3}$
Seife 3, 304$_{6}$
– *Bestandteile* **1,** 209$_{23-26}$ 220$_{36-38}$
– *Elektrizität* **4,** 288$_{30}$
– *Herstellung* **2,** 430$_{34-37}$
– *im antiphlogistischen System* **2,** 208$_{16}$
– *Schmiermittel* **3,** 195$_{28}$
Seifenblasen 1, 191$_{R4}$ **5,** 313$_{16}$ **6,** 65 (61) 122 (138)
– *Elastizität* **1,** 486$_{R13-16}$ 941$_{14}$
– *Farben* **1,** 389$_{38}$ **2,** 385$_{28}$
– *mit Wasserstoff gefüllt* **1,** 168$_{28-29}$ **2,** 261$_{40}$ 914$_{10}$ **3,** 268$_{15}$ 269$_{6}$
– *Schneekristalle* **1,** 786$_{R11-12}$ **2,** 900$_{30}$
– *Vergleich mit der Wasserhülle der Erde* **2,** 868$_{33}$ **5,** 353$_{15}$

Seile
– *Elastizität* **2,** 46$_{13}$ **3,** 84$_{26}$
– *elektrische Körper (Nichtleiter)* **2,** 494$_{12}$ **4,** 279$_{32}$
– *Festigkeit* **1,** 68$_{5-17}$ **2,** 41*
– *hygroskopisch* **1,** 282$_{15}$ **2,** 287$_{32-33}$ **3,** 412$_{18}$ 432$_{11}$ s.a. Hygrometer – Seilhygrometer.
– *Kapillareffekt* **1,** 197$_{12}$ **3,** 302$_{23}$
– *Messung der Meerestiefe* **2,** 818$_{12}$
– *Rohstoffe* **2,** 813$_{39}$ **5,** 395$_{27}$
Seilmaschine (Modell) 6, 74 (74)
Seiltanzen, s.a.u. Metapher.
– *Elastizität der Seile* **2,** 46$_{16}$ **3,** 119$_{4}$
Seine, s.a. Paris.
– *Hydrometrie* **1,** 740$_{12}$ 741$_{14}$ **2,** 826$_{22}$–827$_{7}$ **5,** 330$_{9}$ 330$_{31}$–331$_{17}$ 334$_{26}$
– *Wassertemperatur* **2,** 427$_{7}$ **4,** 133$_{15}$
Seismometer 1, 847$_{R18}$ 848$_{R27}$
Sekundenpendel 2, 120$_{10}$ **3,** 187$_{2}$
– *Formel* **1,** 131$_{R7-14}$ **2,** 121$_{2}$
– *Länge* **1,** 131$_{12-14.\ R15-19}$ 924$_{22}$ **2,** 120$_{16}$ 121$_{11-12}$ 329$_{10-11}$ 330$_{14-15}$ 417$_{29-30}$ 1003$_{23-24}$ **4,** 27$_{20}$ s.a. Göttingen – Länge des Sekundenpendels; Paris – Länge des Sekundenpendels.
– *Verkürzung am Äquator* **1,** 651$_{24-30}$ **2,** 624$_{6-7}$ **5,** 60$_{11}$ 104$_{7-9}$
Sekundenzähler 6, 446 (*360*)
Selbst, s.a. Gemüt (Selbst).
Selterswasser 2, 250$_{29}$ 832$_{31}$ **3,** 380$_{20}$ 392$_{11}$ **5,** 338$_{11.\ 33}$ 339$_{5}$
Seminara (Kalabrien) **5,** 532$_{15}$
Senkel (Lot) 6, 300 (**33c*)
Sens (Erzbistum) 2, 843$_{21}$ **5,** 419$_{17}$ 421$_{27}$
Serpentin 1, 968$_{4-10}$ **2,** 837$_{28}$ **4,** 779^{143} **5,** 344$_{5-6}$ 404$_{24}$ 414$_{1}$
Servon-Melzicourt 5, 445$_{31}$
Setzwaage 2, 667$_{9}$ 668$_{27}$ **5,** 98$_{17}$ 99$_{2-3}$ 318$_{5.\ 14}$ **6,** 287 (**12*) 296 (**24*) 307 (**34r*) 314 (**35h*) 393 (**183*)
Shropshire 4, 152$_{16}$
Siam 5, 328$_{24}$ 420$_{5}$
Sibirien 5, 443$_{17}$ s.a. Jakutsk; Kap Deschnjow.
– *Frosttiefe* **1,** 820$_{R33-34}$
– *Kamtschatka* **5,** 147$_{16}$ 530$_{19}$
– *Klima* **5,** 371$_{10}$
– *Magnetberge* **2,** 545$_{8}$ **4,** 351$_{8}$ 364$_{23}$
– *Meteoritenfunde* **2,** 317$_{7}$
Sieb der Vestalin 6, 78 (85)
Siebenbürgen 3, 94$_{3}$ **5,** 529$_{5}$
– *Salzvorkommen* **2,** 821$_{22}$
Sieden 1, 450$_{24}$ **2,** 446$_{2}$ **4,** 139$_{9}$ s.a. Fluida, tropfbare – Kochen.
Siegellack
– *elektrischer Körper (Nichtleiter)* **1,** 534$_{3}$ **4,** 245$_{15}$
– *Elektrizität bei Reibung* **1,** 542$_{13}$ 545$_{2}$ **2,** 503$_{7}$ **4,** 301$_{5-6}$ 303$_{8}$
– *Isolator der Leidener Flasche* **1,** 559$_{17}$ **2,** 510$_{22}$ **4,** 250$_{31}$
– *Material für Elektrisiermaschine* **1,** 528$_{29-30}$
– *Material für Elektrophor* **1,** 566$_{R27}$ 569$_{26}$ **2,** 515$_{1}$
– *Versuche* **1,** 544$_{17-27}$
Siena 2, 491$_{33}$ **4,** 278$_{12}$ **5,** 480$_{12}$
Silber
– *Ausdehnungskoeffizient* **1,** 427$_{R20}$ 480$_{34}$ **2,** 417$_{15}$
– *Draht* **6,** 2 (2)
– *durch Elektrizität in farbigen Staub verwandelt* **1,** 958$_{16}$ **3,** 352$_{26}$
– *Faden elektrisch geschmolzen* **2,** 512$_{1}$
– *Festigkeit* **1,** 66$_{24-33}$
– *im antiphlogistischen System* **2,** 202$_{16}$ **3,** 314$_{15}$
– *Knallsilber* **3,** 207$_{10}$ 214$_{28}$ 225$_{33}$ 235$_{31}$ 355$_{33}$
– *Schwimmen auf komprimierter Luft* **2,** 297$_{11}$ 944$_{32}$ **3,** 408$_{31}$ 409$_{4}$
– *Silberdrahthygrometer* **3,** 434$_{5}$
– *Silberkugel* **6,** 559 (467)

– *spezifisches Gewicht* **1,** 183$_{23}$
– *Taubildung* **5,** 362$_{8-9}$ 366$_{8-9}$
– *Verdampfen* **1,** 461$_{R1}$ **3,** 313$_{10}$
– *(Zerreiß-)Festigkeit* **1,** 65$_{33}$
Silberbaum (Dianenbaum, arbor Dianae, philosophischer Baum) **1,** 206$_{12-13}$ **2,** 199$_{33-34}$ 200$_{4}$ **3,** 304$_{13.\ 16}$
– *Überlieferung des Rezepts* **2,** 200$_{7-12}$
similia illustrant non probant **5,** 463$_{8}$
Singār (Sindschar; Irak), s. Ninive-Ebene.
Sinkkraft, s. Schwimmen – Schwimmkraft (bzw. Sinkkraft) als Pseudoerklärung.
Sinne, s.a. Geschmack; Sehen.
– *Sinnlichkeit (Vorstellungsvermögen)* **3,** 18$_{19-27}$ 19$_{5-22}$ 31$_{15-31}$ 68$_{7}$ 106$_{26}$
– – *Ausstattung des Gemüts* **2,** 22$_{15}$ **3,** 21$_{12}$ 32$_{28}$ 54$_{14}$ 67$_{25}$ 110$_{5-6}$
– *Spekulation über zusätzliche* **2,** 884$_{1-3}$ **5,** 28$_{25-29}$
Sinnenwelt **3,** 18$_{12.\ 16}$ 31$_{4.\ 6}$
– *zweifach* **3,** 32$_{1-2}$
Sinneseindruck
– *Dauerhaftigkeit* **1,** 947$_{34}$–948$_{4}$
Sintflut **1,** 834$_{3}$ 839$_{7}$–840$_{24}$ **2,** 760$_{36}$ 765$_{33-39}$ **5,** 180$_{8-26}$ 380$_{33}$ 381$_{5.\ 14}$ 382$_{5-9}$
Sirius (Hundsstern; α Canis Majoris) **1,** 715$_{17}$ **2,** 589$_{7}$ 594$_{40}$ 595$_{7}$ 625$_{24}$ 787$_{31}$ 789$_{32}$ **4,** 608^{472} **5,** 19$_{32}$ 196$_{1.\ 24}$ 219$_{14}$ 227$_{11.\ 23}$ 295$_{33}$ 693^{870}
– *Chiffre für die unermeßliche Größe des Weltalls* **2,** 37$_{3}$ 788$_{24}$ **3,** 98$_{1}$ **5,** 32$_{17}$ 216$_{19}$
Sitten (Sion) **2,** 125$_{2}$ 126$_{25}$
Sizilien **2,** 861$_{32}$ **5,** 530$_{3}$
– *Ätna* **1,** 842$_{25}$ **2,** 954$_{27}$
– *Erdbeben 1783* **5,** 532$_{11}$ 854^{782} s.a. Messina – Erdbeben 1783.
– *Landwirtschaft* **3,** 306$_{24}$
– *Scirocco* **5,** 371$_{25}$
– *Vulkane* **1,** 843$_{R3}$
Skandinavische Gebirge **2,** 823$_{17-18}$ **5,** 328$_{18}$ 412$_{3-4}$
Skaphander (Schwimmweste) **6,** 68 *(67)* s.a. Schwimmhilfen.
Sklaverei **5,** 396$_{32-34}$
Skorpion (Balliste) **3,** 116$_{2}$ **6,** 9 s.a. Maschine – Kriegsmaschinen.
Skorpion (Sternbild; Scorpius) **2,** 598$_{15.\ 30}$ 792$_{4-5}$ **5,** 208$_{17}$ 294$_{13}$ 295$_{28}$
Skorpion (Sternzeichen) **1,** 656$_{20}$
Slough **2,** 753$_{30}$
Smaragd **1,** 273$_{R14}$ **4,** 332$_{30}$
Sobieskischer Schild (Sternbild; Scutum) **2,** 792$_{19-20}$ **5,** 209$_{16}$
Societas Meteorologica Palatina (Mannheim, gegr. 1780) **6,** 266 *(331)*
Société royale de médecine (Paris, gegr. 1778)
– *animalischer Magnetismus* **4,** 382$_{25}$
Soda (Alcali minerale) **3,** 306$_{30}$
– *im Meerwasser* **2,** 818$_{38}$
– *im Wasser von Quellen* **5,** 339$_{5-6}$
– *Kältemischung* **4,** 194$_{15}$
– *kaustische*
– – *im Wasser von Geysiren* **5,** 400$_{31}$
Soda, phosphorsaure (Natriumphosphat)
– *Kältemischung* **4,** 194$_{19-20}$
Sodom und Gomorrha **3,** 46$_{11-12}$ 50$_{13}$
Solstitien **5,** 20$_{29}$ 35$_{21}$ s.a. Sommersonnenwende; Wintersonnenwende.
– *Einfluß auf Flut* **1,** 769$_{12}$ **2,** 866$_{29-31}$ 871$_{14-17}$
solutio, s. Auflösung (solutio).
Sommer, s.a. Jahreszeiten; fliegender Sommer.

Sommersonnenwende (Sommerpunkt) **1,** 658$_{20}$ **2,** 599$_{16}$ 642$_{24-25}$
Sonne **1,** 672$_{27}$ **2,** 593$_{31}$ 726$_{5}$ **5,** 46$_{1}$ 124$_{8}$
s.a. Sonnensystem; Wärme.
– *Anteil an der Präzession der Äquinoktien* **2,** 784$_{6-7}$
– *Atmosphäre* **1,** 675$_{16-17}$ **2,** 733$_{12}$ **5,** 265$_{3}$ 266$_{5-9.\ 12-14}$
– – *Ursprung des Nordlichts* **1,** 811$_{8-9}$ **2,** 925$_{1}$ **5,** 486$_{29}$
– *Aufbau* **2,** 730$_{38}$–731$_{2}$ 731$_{12-16}$ 732$_{6-10}$ **5,** 265$_{19}$–266$_{14}$
– *Bewohner* **2,** 731$_{33}$
– *Deklination (Abweichung)* **1,** 658$_{2-15}$ **2,** 596$_{28}$–597$_{11}$
– *Einfluß auf atmosphärische Elektrizität* **5,** 478$_{11}$
– *Einfluß auf Gezeiten* **1,** 770$_{9-10}$
– *Einfluß auf magnetische Deklination* **1,** 754$_{R11-24}$
– *Finsternis* **1,** 695$_{8-9}$ **2,** 721$_{11-21}$ **5,** 35$_{28}$ 266$_{13}$ 362$_{36}$
s.a. Finsternisse.
– – *1560 August 21* **2,** 616$_{29}$ **5,** 78$_{32}$
– – *1706* **1,** 689$_{R18}$ 964$_{22}$
– – *1715* **1,** 689$_{R16-17}$ **5,** 254$_{28-29}$ 255$_{31}$
– – *1764 Arpil 1* **5,** 250$_{18}$
– – *1765 August 16* **5,** 250$_{20}$
– – *1778 Juni 24* **1,** 688$_{1-2}$ **2,** 706$_{31}$ **5,** 120$_{16}$ 256$_{3}$
– – *1787* **2,** 710$_{8}$
– – *1793 September 5* **5,** 629[408]
– – *Argument gegen Wellennatur des Lichts* **2,** 349$_{5}$ **4,** 49$_{18}$ 74$_{17}$
– – *durch Kometen* **2,** 773$_{26}$ 774$_{15-18}$ **5,** 177$_{27-29}$
– – *Instrument zur Beobachtung einer Sonnenfinsternis* **6,** 298 (*30)
– *Größe* **1,** 679$_{5}$ **2,** 726$_{6}$ **5,** 31$_{24}$–32$_{2}$ 46$_{27}$ 48$_{10}$ 124$_{16-17}$ 149$_{12-13}$
– – *Entwicklung der Kenntnis* **5,** 43$_{7-10}$ 63$_{30-33}$ 87$_{19-24}$
– *jährliche Bewegung* **1,** 652$_{17-24}$ **2,** 593$_{37}$ 596$_{12}$–597$_{41}$ 598$_{1-39}$ 611$_{18}$ 626$_{40}$ **5,** 18$_{20}$–19$_{35}$ 20$_{1}$–21$_{7}$ 34$_{28}$ 34$_{30}$–35$_{7}$ 35$_{13-21}$ 141$_{8-21}$ 224$_{20-21}$
– – *wahre / mittlere* **2,** 741$_{32}$–742$_{22}$ 742$_{33}$–743$_{13}$ **5,** 46$_{15-25}$ 47$_{19-28}$ 55$_{1-9}$ 141$_{24-30}$ 142$_{18}$–143$_{28}$ 144$_{9}$ 269$_{9-11}$
– *Mittagshöhe*
– – *Abhängigkeit von geographischer Breite des Beobachtungsstandortes als Hinweis auf die Kugelgestalt der Erde* **2,** 585$_{41}$–586$_{3}$
– *Nebensonnen* **1,** 795$_{2-3}$ **2,** 908$_{23}$
– *Neigung gegen die Ekliptik* **1,** 673$_{22-23}$ **5,** 125$_{19-20}$ 126$_{20}$
– *Parallaxe* **2,** 664$_{25}$–665$_{11}$ 727$_{1}$ 788$_{19-20}$ **5,** 43$_{25}$ 45$_{4-9.\ 20}$ 96$_{13-14.\ 29}$ 124$_{12}$ 216$_{7}$
– *Position in der Milchstraße* **5,** 294$_{9}$
– *Rotation* **1,** 673$_{9-21.\ R1-9}$ **2,** 733$_{15}$ **5,** 37$_{13-14}$ 46$_{28}$ 49$_{16-17}$ 125$_{18}$ 201$_{33}$
– *scheinbare Größe* **1,** 677$_{12-19}$ **2,** 628$_{12-22}$ 727$_{2}$ **5,** 64$_{33}$ 126$_{30-32}$ 149$_{12}$ 263$_{3}$
– – *unabhängig vom Beobachtungsstandort auf der Erde* **5,** 36$_{23-24}$
– *Sonnenausbrüche* **5,** 380$_{4-5}$
– *Sonnenfackeln* **2,** 732$_{27-28}$ **5,** 50$_{9-10}$ 263$_{14}$
– *Sonnenflecken* **1,** 672$_{34}$–673$_{9}$ 673$_{R10-18}$ 673$_{37}$–674$_{7}$ 675$_{R1-11}$ 963$_{18-26}$ **2,** 730$_{1}$–731$_{8}$ 731$_{16-35}$ 732$_{10-17}$ **5,** 47$_{6-15}$ 49$_{4-15.\ 29-35}$ 125$_{21-32}$ 258$_{34}$ 263$_{14}$ 265$_{1}$
– – *Geschichte* **1,** 674$_{11-15.\ R12-21}$ **2,** 728$_{34}$–729$_{33}$ **5,** 46$_{29-34}$ 47$_{1-5}$ 48$_{11}$–49$_{3}$ 124$_{27-28}$ 125$_{1-12}$ 150$_{33}$ 263$_{23-33}$ 628[399]
– *tägliche Bewegung* **2,** 593$_{34}$ 694$_{21-24}$ 733$_{24}$ **5,** 108$_{20}$ 224$_{18-19}$
– – *Hinweis auf Kugelgestalt der Erde* **2,** 584$_{10-27}$ **5,** 73$_{7-16}$
– – *Zeitmessung* **5,** 139$_{22-28}$ 268$_{15-18}$

– *Temperatur* **2,** $928_{4\text{–}6}$ **5,** 148_{1} 372_{9}
– *Ursprung der Lichtmaterie* **2,** 485_{15} **5,** 518_{30} $527_{25\text{–}26}$
– *Verehrung* **2,** $729_{24\text{–}26}$ **5,** 49_{3}
– *verursacht Wind* **1,** 762_{25}–763_{1} **2,** $857_{22\text{–}24}$ **5,** 351_{7}
– *Voraussetzung für Flüssigkeit auf der Erde* **3,** 125_{19}
– *zieht Wasser* **1,** $783_{3\text{–}4}$
Sonne, ausgebrannte 1, 835_{33}
Sonnenbahn, s. Ekliptik.
Sonnenblume (Helianthus annuus L.) **2,** 875_{11} **5,** 360_{31} 843^{695}
Sonnenferne (aphelium) 1, $678_{14\text{–}15}$ **5,** 127_{14}
Sonnenmikroskop 1, 421_{25} $422_{21\text{–}22}$ **2,** 406_{2} **4,** 55_{19} 56_{26} 57_{22} $118_{19\text{–}20}$ **5,** 890^{973} **6,** CXVI 193 (235)
– *von Parker* **2,** 268_{21}
Sonnennähe (perihelium) 1, $678_{11\text{–}12}$ **5,** 127_{15}
Sonnenstrahlen, s.a. Wärme – Sonnenstrahlen.
– *negative als Erklärung der Sonnenflecken* **5,** $47_{14\text{–}15}$ 49_{15} $50_{3\text{–}4}$ $126_{7\text{–}8}$
– *Prisma erzeugt farbiges Bild* **1,** 381_{17} **2,** 381_{2}
Sonnensystem
– *Bewegung* **1,** $717_{2\text{–}4}$ **2,** $786_{9\text{–}13}$ **3,** $213_{8\text{–}9}$ 220_{4} **5,** 294_{11}
Sonnenuhr 5, $56_{1\text{–}2}$ **6,** 390 (**172*) 390 (**173*) 391 (**175*) 391 (**176*) 391 (**177*)
s.a. Gnomonik.
– *Äquinoktialuhr* **5,** $48_{8\text{–}9}$ $55_{15\text{–}16}$
– *Horizontalsonnenuhr* **6,** 390 (**171*) 392 (**178*) 394 (**186*)
– *Instrument zum Konstruieren von Sonnenuhren* **6,** 393 (**184*) 394 (**185*)
– *Polaruhr* **6,** 395 (**187*)
– *Ringsonnenuhr* **6,** 386 (**169*)
– *Skaphe* **2,** 667_{37} **5,** 99_{20}
– *Sonnenuhr mit Magnetnadel* **6,** 390 (**170*)
– *Tischsonnenuhr* **6,** 554
– *tragbare Sonnenuhr* **6,** 395 (**190*)
– *Universalsonnenuhr* **6,** 391 (**173[a]*) 391 (**174*) 395 (**191*)
– *Vertikalsonnenuhr* **6,** 392 (**178*)
– – *Instrument zum Konstruieren von Vertikalsonnenuhren* **6,** 395 (**188*)
– *zeigt wahre Sonnenzeit* **5,** 48_{7} 55_{15} 142_{1} 146_{5}
Sonnenuntergang 3, 193_{16}
Sonnenwende (Helianthus annuus L.) **3,** $306_{6\text{–}7}$ 307_{23}
Spa 2, 832_{31} **5,** $339_{1.\,8}$
Spaltbarkeit 1, $73_{2\text{–}20}$
Spanien 1, 967_{16}
– *Erdbeben von Lissabon spürbar* **5,** 532_{1}
Sperling 4, 312_{31} **5,** 165_{31}
– *schießen* **3,** 133_{15}
Sphaera recta / obliqua / parallela 1, $665_{19\text{–}30}$ **5,** $227_{27\text{–}28}$
Sphärenharmonie 5, 26_{34}–27_{5} 220_{1}
Spica (α Virginis) **5,** 208_{13}
Spiegel 1, $353_{32\text{–}33}$ **2,** 355_{24} **4,** 52_{5} 76_{26}
s.a. Platin – Spiegelmetall; Wasser; Winkelspiegel; Zerrspiegel.
– *als Elektrophor* **1,** 565_{24} **2,** 514_{17} $515_{8\text{–}9.\,33}$ **4,** 270_{21}
– *aus gelbem Glas* **6,** 148 (186)
– *Belegung* **1,** $356_{29\text{–}34}$ 945_{31}–946_{3} **2,** 39_{29} $355_{26\text{–}29}$
– *ebener*, s.a. Planspiegel.
– – *Abbildung* **1,** $355_{9\text{–}22}$ $356_{4\text{–}23}$ **2,** 356_{15} **4,** $52_{11\text{–}17.\,21\text{–}23}$ $78_{5\text{–}10}$ 79_{22}–80_{2}
– *elliptischer* **2,** $363_{5\text{–}8}$
– *gekrümmter*
– – *Arten* **1,** 357_{30}–358_{3} **2,** 359_{9}
– – *Reflexion* **1,** $358_{10\text{–}15}$
– *konischer* **4,** 54_{16} **6,** 362 (**142*)
– – *Bild (Anamorphose)* **1,** $364_{17\text{–}27}$ **2,** $363_{20\text{–}24}$
– *Metall* **4,** $63_{26\text{–}27}$

– *parabolischer* **2,** 362$_{29-34}$
s.a. Brennspiegel – parabolischer.
– – *als Teleskopspiegel* **2,** 362$_{35-36}$ **4,** 63$_{24}$
– *sphärischer*, s. Kugelspiegel.
– *zwei durch ein Scharnier verbundene Planspiegel* **6,** 148 (187)
– *zylindrischer* **4,** 54$_{17}$
– – *Bild (Anamorphose)* **1,** 364$_{17-27}$ **2,** 363$_{24-26}$
Spiegelbelegung 6, 3 (6)
Spiegeloktant 6, 516 (*422*)
Spiegelsextant 2, 690$_{19}$ **5,** 51$_{22}$ 108$_{7}$ 618^{334}
– *Anwendung* **2,** 691$_{20-41}$ 692$_{38}$–693$_{26}$
– *Beschreibung* **2,** 690$_{22}$–691$_{19}$
– *Theorie* **2,** 692$_{1-28}$ 693$_{27-36}$ **5,** 248$_{2}$–249$_{6}$
– *von Cary* **5,** 251$_{6-7}$
– *von Troughton* **5,** 251$_{1-5}$ **6,** 520 (*423*)
Spiegelteleskop 2, 403$_{9}$ 404$_{15-18}$ **4,** 63$_{4}$ 87$_{14-15}$ **5,** 291$_{26}$–292$_{16}$
– *Cassegrains* **2,** 404$_{20}$
– – *Einrichtung* **1,** 413$_{31-32}$
– *Gregorys* **2,** 404$_{19}$ **4,** 62$_{14}$
– – *Einrichtung* **1,** 413$_{11-28}$ **4,** 63$_{8.\ 22-25}$
– *Herschelsches* **2,** 404$_{20-21}$ **5,** 86$_{22}$
s.a. Herschel, Friedrich Wilhelm – Spiegelteleskop
– *nach Gregory* **6,** 189 (230)
– *Nachteile* **1,** 414$_{24-37}$
– *Newtonsches* **2,** 404$_{19}$ **4,** 62$_{15}$ **5,** 159$_{22}$
– – *Einrichtung* **1,** 412$_{23}$–413$_{9}$ **4,** 63$_{16-20}$
– – *Vorteil* **1,** 413$_{R6-22}$
– *Spiegel* **2,** 362$_{35}$
– *Vergleich mit Linsenfernrohren* **1,** 412$_{4-21}$
Spiele, s.a. Billiard; Schach.
– *algebraisches Spiel* **6,** 281 (*4)
– *magnetische Enten* **6,** 259
– *magnetische Fische* **6,** 260 (321)
Spießglas
– *Ausdehnung beim Erstarren* **1,** 433$_{8-13}$ **2,** 423$_{13}$
– *spezifische Wärme* **1,** 512$_{13}$
– *spezifisches Gewicht* **1,** 183$_{18}$
Spießglaskönig
– *im antiphlogistischen System* **2,** 202$_{25}$ **3,** 314$_{16}$
– *spezifisches Gewicht* **1,** 183$_{21}$
– *(Zerreiß-)Festigkeit* **1,** 66$_{5}$
Spinne 2, 899$_{10}$
Spinne, elektrische 6, 218 (269)
s.a.u. Versuche (Elektrizität) – Anziehen und Abstoßen.
Spinnweben
– *in der Luft schwebende*, s. fliegender Sommer.
spiritus sylvestris 3, 389$_{3}$ 390$_{7}$
spiritus vini, s. Weingeist.
Spitzbergen (norw. Inselgruppe im Nordatlantik) **5,** 458$_{26}$
Spitzmaus 4, 224$_{9-11}$
Sprache
– *alltägliche* **4,** 264$_{20-21}$ **5,** 38$_{12-33}$ 375$_{33}$ 527$_{3}$
– *Aussprache im Schwedischen* **5,** 319$_{1-2}$
– *Aussprache von Florida* **2,** 872*
– *in der man keine Unwahrheiten aussprechen kann* **3,** 45$_{15-18}$
– *verwoben mit Philosophie* **3,** 241$_{14-15}$
Sprachgebrauch, s.a. Wort.
– *die Sonne / der Mond geht* **2,** 733$_{25}$ **5,** 38$_{12-27}$ 55$_{2}$ 82$_{2}$ 132$_{8-9}$
– *Drehen (des Mondes)* **2,** 719$_{7}$ **5,** 52$_{2}$ 53$_{1.\ 24-30}$
– *etwas geht über meinen Horizont* **2,** 587$_{12-14}$
– *planeta stationarius / retrogradus* **5,** 38$_{33}$ 59$_{29}$ 82$_{3-4}$
– *schwer* **1,** 97$_{R20-21}$ 920$_{21-29}$ **2,** 75$_{31-32}$
– *Tag* **5,** 139$_{29}$
– *verwandeln* **1,** 909$_{13-26}$
– *Windstille* **2,** 719$_{25}$

Sprachgewölbe 1, 315_{29} **2,** 323_{34} **4,** 19_{21}
Sprachreform, s. Hemmer, Johann Jakob – Sprachreform; Lichtenberg, Georg Christoph – Biographisches – Haltung zu Sprachreformen, s.a. Nomenklatur.
Sprachrohr (Tuba stentorea) **1,** 317_{14-16} 943_{9} **2,** 324_{12} **4,** $9_{8.\ 14-29}$ 19_{29} 19_{30}–20_{3} 20_{5} 22_{33} **6,** 144 (181) s.a. Telephon.
– *Form* **1,** 318_{4-24} **2,** 325_{7-34} **4,** 9_{15-27} 11_{19-23} 20_{12-27}
– *gewundenes Sprachrohr* **6,** 416 (**213*)
– *Horn des Alexander* **4,** 21_{18} 22_{26}
– *Material* **1,** 317_{18-36}
Sprechmaschine, s. Maschine – Kempelens Sprechmaschine.
Springbrunnen 1, 164_{21} **2,** 159_{14-17} **3,** 267_{8} $272_{10.\ 29}$ s.a. Heber – kombiniert mit Springbrunnen (Storch und Schlange); Versuche (Luft) – Luftdruck – Springbrunnen; Versuche (Wärme) – Springbrunnen mittels Dampfdruck.
– *elektrisiert* **4,** 266_{22}
– *Steighöhe* **1,** 164_{R1-7}
Springgläser (lacrima vitrea) 1, 428_{37}–429_{5} 429_{R1-13} 430_{4-18} 950_{12-20} **2,** 421_{16} **4,** $111_{4-7.\ 21-26}$ 112_{2-6} 113_{14} 227_{7} s.a. Glastropfen.
Springkolben 1, 430_{27} s.a. Flasche – Bologneser.
Spritze, s.a. Feuerspritze.
– *Anwendung der Luftverdünnung* **1,** 239_{3} **3,** 379_{5} 380_{4}
– *gläserne Spritze* **6,** 545 (*441*)
Sprödigkeit 1, 72_{18-36}
Spundloch 1, 235_{20-21} **3,** 378_{23}
Sri Lanka (Ceylon) 1, 210_{R10} 724_{45} 928_{11} **2,** 814_{24} **5,** 322_{13}
– *Turmalin* **1,** 599_{22} **4,** 262_{10} 333_{12}
St. Andreasberg 5, 413_{22}
St. Helena (brit. Insel im Südatlantik) **2,** 829_{7-8} 934_{13} **5,** 332_{30} 496_{26}
Stabiae 5, 531_{11}
Stade 2, 898_{27} **5,** 13_{26} 360_{8} 663^{638}
Stadion (Längenmaß) **2,** 47_{33} 670_{12}–671_{3} 670^{*} **3,** 116_{18} **4,** 21_{26} **5,** 102_{24}
Staffa (Insel der Inneren Hebriden [Schottland]) **1,** 974_{2}
Staffordshire 4, 152_{15-16}
Stahl, s.a. Reibung – Stahl.
– *Federn*
– – *Analogie zum hydrostatischen Paradoxon* **2,** 161_{13} **3,** 267_{18}
– – *Elastizität* **3,** 112_{5-14}
– – *erzeugen Schall* **2,** 313_{16}
– *geschmolzener* **4,** 118_{22}
– *Härtung* **3,** 112_{15-17}
– *Härtung durch Abschrecken* **1,** 428_{25-28}
– *Magnetisierung* **1,** 618_{3-6}
– *spezifisches Gewicht* **1,** 183_{11}
– *Stahlstäbe für künstliche Magnete* **6,** 264 (329)
Stangenschörl 5, 405_{2} **6,** 257 (317)
Stangenzirkel 6, 319 (**36s*)
Stanniol, s. Zinn – Folie (Stanniol).
Statera, s.a. Waage.
Statik
– *der angewandten Mathematik zugerechnet* **3,** 47_{22}
Staubbachfall 1, 967_{26}
Stechheber, s.u. Heber.
Stein, s.a. Edelsteine; Mineralien.
– *Bedeutungen des nicht näher spezifizierten Begriffs* **3,** 304_{33}–305_{2}
Steinarten 6, 77 (80)
Steinbock (Sternbild; Capricornus) **2,** 598_{31} **5,** 208_{19-20}
Steinbock (Sternzeichen) **1,** 656_{20-21} **2,** 643_{35} 644_{18}
Steinbutt 3, 713^{281}
Steinsalz
– *Bestandteil von Gebirgsarten* **2,** 838_{34} **5,** 405_{33} 415_{27}

– *elektrischer Körper (Nichtleiter)* **1,** 533_{43} **2,** 494_{1} **4,** 279_{23}
– *Linse aus Steinsalz* **6,** 559 (466)
– *Vorkommen* **5,** 344_{27-28}
Stendal 2, 940_{20}
Sterbewahrscheinlichkeit 3, 454^{79}
Sternbild(er) 1, 639_{8} **2,** 589_{5} 782_{1}
s.a. Adler; Andromeda; Bildhauer; Bär, großer; Bär, kleiner; Chemischer Ofen; Drache; Dreieck; Dreieck, kleines; Eidechse; Eridanus; Erntehüter; Fische; Fliege, nördliche; Friedrichs Ehre; Georges Harfe; Grabstichel; Haar der Berenike; Herschels großes Teleskop; Herschels kleines Teleskop; Hund, großer; Jagdhunde; Jungfrau; Kassiopeia; Kepheus; Krebs; Krone, nördliche; Königlicher Stier von Poniatowski; Luchs; Luftpumpe; Löwe; Löwe, kleiner; Maler; Mauerquadrant; Mikroskop; Netz; Oktant; Orion; Pegasus; Pendeluhr; Perseus; Rentier; Schiff; Schiffskompaß; Schlangenträger; Schwan; Schütze; Skorpion; Sobieskischer Schild; Steinbock; Stier; Tafelberg; Teleskop; Waage; Walfisch; Wassermann; Wasserschlange; Widder; Winkelmaß; Zirkel; Zwillinge.
– *Geschichte* **1,** 961_{29} **2,** 791_{5}–792_{38} 793_{7-23} **5,** 206_{33}–207_{24} 208_{2-36} 209_{22}–210_{3}
– *neue* **2,** 792_{14-38} **5,** 209_{1-21} 291_{6-20}
Stern(e), s.a. Abendstern; Fixstern(e); Morgenstern; Tag – Sterntag.
– *Mittagshöhe* **2,** 592_{25}
– *Sternenhimmel* **2,** 588_{26-31} **5,** 17_{7-9} 34_{11-15} 72_{23-24} 192_{32}–193_{2}
– – *Abhängigkeit von geographischer Breite des Beobachtungsstandortes als Hinweis auf die Kugelgestalt der Erde* **2,** 585_{15-37} **5,** 13_{12-13} 74_{4-21} 317_{21}
– *tägliche Bewegung* **1,** 638_{12} 641_{2-3} **2,** 589_{13-26} 611_{15} 619_{7-8} 625_{14-15} **5,** 17_{21-27} 18_{2-9} 34_{24} 75_{11}
Sternschnuppe 1, 809_{15} 972_{19} **2,** 760_{20} 923_{3} **4,** 259_{5} **5,** 164_{1} 482_{21}
Sternuhr 6, 396
Sternwarte 1, 708_{12-13}
s.a. Buda; Datchet; Gotha – Sternwarte; Göttingen – Universität – Sternwarte; Hven – Sternwarte Uraniborg; Lilienthal; London – Greenwich; London – Kew; London – Richmond; Oxford – Sternwarte; Paris – Sternwarte; Remplin; Slough; Vilnius (Wilna); Wandsbek – Sternwarte.
– *Europa kein guter Standort* **2,** 588_{17-18} **5,** 34_{19} 72_{21}
Sternzeichen (astronomisches Sternbild) 2, 781_{31}
– *Merkvers* **1,** 656_{24-27} **2,** 598_{33-34} **5,** 207_{34}
Stickstoff (Azote) **2,** 201_{27} **3,** 336_{5} 339_{31} 351_{22}
– *Oxidation* **1,** 936_{17-30} $938_{9-14.\ 26-30}$ 939_{20-23} **2,** 275_{35}–276_{7}
s.a. Salpeter-Luft – Bestandteile; Salpetersäure – Bestandteile.
– *Retorte zur Darstellung von Stickstoff* **6,** 475 (*384*)
Stickstoffdioxid, s. Luft, salpetersaure.
Stickstoffmonoxid, s. Salpeter-Luft.
Stier (Sternbild; Taurus) **1,** 905_{33} **2,** 598_{29} 791_{19-20} 793_{12} **5,** 208_{6} 209_{30} 736^{1147}
s.a. Aldebaran; Hyaden.
– *Entdeckung der Ceres* **2,** 757_{5}
– *Uranussichtung* **1,** 653_{R10} **5,** 159_{19-20}
Stier (Sternzeichen) **1,** 656_{18}
Stinkstein 5, 415_{17}
Stockholm 2, 748_{32}
s.a. Kungliga Vetenskapsakademien.

– *Geschwindigkeit der Erdrotation* **3,** 163_{6}
– *Luftdruck* **5,** 909[1057]
Stoff(e), s.a. Tamis.
– *Material für Elektrophor* **1,** 570_{14-15} **2,** 514_{19} $515_{9.\,34}$
Storch 2, 90_{41}
Storchschnabel (Zeichengerät) 3, 433_{12} **6,** 298 (**31*)
Storchschnabel (Geranium L.) **3,** 432_{20}
Stoß 1, 124_{25-30} **3,** 189_{23} 258_{17-21} **6,** 50 (45)
– *Einfachheit des Phänomens* **3,** 217_{17-18}
– – *verglichen mit Attraktion* **3,** 206_{22}–207_{10} $214_{3-5.\,17-30}$ 220_{18-24} 222_{17-21} 225_{15-33} 235_{23-33}
– *elastischer Körper* **1,** 138_{8}–141_{11} **2,** 130_{23}–132_{9} **3,** 191_{30} 192_{13-15} 243_{3-22}
– *gerader* **1,** 133_{30} **2,** $128_{7.\,22}$ **3,** 579[269]
– – *Fallunterscheidung* **2,** 132_{11-14}
– *Gesetze* **2,** 24_{17} **3,** 61_{5}
– *harter Körper* **1,** 134_{24}–137_{20} **2,** 128_{28}–130_{17} **3,** 254_{26}
– *Huygens' Gedankenexperiment* **1,** 143_{19-40} **2,** 144_{19}–145_{14} **3,** 248_{14}–249_{16}
– *mehrerer Körper* **1,** 144_{15-16}
– *Mitteilung der Bewegung* **1,** 146_{17-21}
– *Reflexion*
– – *Einfallswinkel* **1,** 145_{19-20} **3,** 191_{27} 193_{10}
– – *Gesetz* **3,** 57_{15-17}
– – *Reflexionswinkel* **1,** 145_{17-18}
– *relative Kraft* **1,** 147_{19-20}
– *schiefer* **1,** 133_{31} $144_{16-17.\,37-39}$ **2,** 128_{6-7} 146_{2} **3,** 191_{23} 193_{11} 199_{20} 250_{2}
– *Skizze* **3,** 199_{18-19} 256_{21}
– *Unschärfe der Versuche* **1,** 142_{25-31}
– *unterschiedlicher Körper* **1,** 137_{35}–138_{6} 141_{30}–142_{21}
– *weicher Körper* **1,** 137_{22-33} **2,** 130_{18-22}
Stoß, Kleistischer, s. Elektrizität – Schlag / Stoß / Erschütterung.
Stoßmaschine 2, 144_{2} **6,** 50 (45) 50 (46) 451 (*363*) s.a. Maschine – Mariottische.
– *Grundlagen* **2,** 141_{18} **3,** 189_{21-22} 246_{14}–247_{1} s.a. Schwere – relative bei der Schiefen Ebene.
Stoßversuch (Huygens) 6, 54 (48)
Stralsund 5, 358_{14}
Straßburg 5, 105_{8}
Straßenfahrzeuge
– *Kabriolett* **3,** 195_{25}
– *Wagenräder in England* **2,** 154_{30-33}
Stromboli (Vulkaninsel der Liparischen Inseln [Italien]) **5,** 530_{13}
Strontianit(erde) 1, 210_{R26} 885_{33} 929_{1}
– *im antiphlogistischen System* **2,** 203_{19} **3,** 340_{25-26}
Stundenwinkel (Zeitbogen) 1, 704_{26} **5,** 269_{3-6}
Sturm, s.u. Wind.
Stuttgart 6, LXXI LXXII
Sublimat, ätzender, s.u. Quecksilber.
Sudeten 5, 328_{34}
Südsee 5, $530_{9.\,30}$ 533_{1}
Sümpfe 1, 747_{30}
Süßerde (Glycine) 1, 929_{12} **3,** 340_{27}
Suez (Ägypten) **5,** 320_{25} 744[46]
Sumatra 2, 859_{37}
Sumpfluft 2, 264_{17-18} **3,** 399_{6} 400_{25} s.a. Luft, inflammable.
– *Gewinnung* **1,** 269_{21-23} 270_{23-24} **2,** 264_{27}–265_{3}
– *im antiphlogistischen System* **2,** 203_{33} 265_{13-16} **3,** 314_{11-12}
– *spezifisches Gewicht* **3,** 425_{5}
– *Vergleich mit Wasserstoff* **2,** 264_{19-26}

Sydney 2, 814_{3}
s.a. Australien – Botany Bay; Australien – Port Jackson / Jacksons Bay.
Syenit 3, 559[137]
sympathetische Tinte, s.u. Tinte.
Syrakus 4, 19_{24-25}
– *Belagerung* **2,** 360_{35} **4,** 53_{17} 80_{20}
– *Turm des Archimedes* **4,** 81_{11-12}

Tabelle
– *Ausdehnungskoeffizienten* **1,** 427_{R17-22} 480_{23-35} **2,** 417_{13-18} **4,** 172_{17-30}
– *Ausdünstung des Wassers bei verschiedenen Temperaturen* **2,** 874_{15-28}
– *Elektrizitäten verschiedener Substanzen bei Reibung* **1,** 545_{2} **2,** 502_{12}–503_{16} **4,** 303_{3-24}
– – *Erläuterung* **1,** 543_{22-36}
– *Flüssigkeit verschiedener Substanzen* **1,** 915_{31}–916_{1} **2,** 50_{6-13}
– *Gradmessung (Frankreich) 1792 ff.* **2,** 681_{1}
– *Gradmessungen* **5,** 247_{2-4}
– *Jahresniederschlag an verschiedenen Orten* **1,** 787_{6-37}
– *Kältemischungen* **4,** 194_{7}–195_{2}
– *Luftarten* **2,** 254 **3,** 391_{9}
– *Luftarten (einschl. spezifischer Gewichte)* **1,** 263_{R1-19} 264_{2} **3,** 404_{12} 418_{28}–419_{2} 419_{11-15}
– *Luftdruck (mittlerer) an verschiedenen Orten* **1,** 825_{15-34}
– *magnetische Deklination in London für eine Reihe von Jahren* **5,** 426_{17-29} 427_{27-31} 429_{9-19}
– *magnetische Deklination in Paris für eine Reihe von Jahren* **2,** 844_{34}–845_{10} **5,** 429_{21-35}
– *magnetische Deklination und Inklination für einige Orte* **1,** 757_{37}–758_{6} 757_{37}–758_{6} **2,** 846_{28-36} 849_{27-33} **5,** 347_{11-26}
– *neue chemische Nomenklatur* **3,** 344_{7-20}
– *Neutralsalze* **1,** 214_{0-1}
– *Planeten* **5,** 149_{3}
– *Polhöhe verschiedener Orte* **1,** 816_{1}–818_{9}
– *relative Wärme* **2,** 470_{4-31}
– *Säuren* **3,** 346_{23-33} 347_{1-11}
– *spezifische Gewichte vieler Substanzen* **1,** 183_{10-30}
– *spezifische Wärme* **1,** $512_{4-17.\ 30-31}$ **2,** 470_{4-31}
– *Stufenleiter von Temperaturen anhand gewisser Zustände verschiedener Körper* **1,** 481_{2-4} **2,** 458_{15-31}
– *Temperaturbeobachtungen an verschiedenen Orten* **1,** 816_{1}–818_{9}
– *Verwandtschaften* **1,** 229_{20}
– *Wassersäule in Haarröhrchen* **1,** 194_{R3-9} **2,** 187_{20-28}
– *wichtige Verbindungen im antiphlogistischen System* **3,** 331_{21-30} 341_{4-18}
– *Windstärken* **1,** 767_{R19-28} **2,** 863_{24-30}
Täler
– *Schichten* **1,** 749_{32-36} **2,** 839_{24} **5,** 408_{15-17} 409_{18-20}
Tafelberg (Berg in Südafrika) **5,** 334_{4-5}
Tafelberg (Sternbild; Mensa) **5,** 209_{12}
Tag 5, 118_{6}
– *bezüglich des Frühlingspunkts* **5,** 270_{11-12}
s.a. Zeitrechnung – tempus primi mobilis.
– *Schalttag* **1,** 670_{19-20} **2,** 734_{23} **5,** 129_{27-30} 130_{32-33}
– *Sonnentag* **1,** 668_{26} **2,** 741_{8-15} **5,** 54_{25} 140_{14-16}
– – *Beginn* **1,** 669_{11-19} **5,** 140_{17-25} 270_{24-29}

– – *mittlerer* **1,** 668_{35-36} **2,** 741_{26-28} 742_{19} **5,** 140_{35}–141_{4} 267_{15-21} 268_{20-29} 269_{16-23}
– – *Stundenzählung* **5,** 140_{1-11}
– – *wahrer* **1,** 668_{28-29} 678_{22} **2,** 741_{23-25} **5,** 141_{31-33}
– – *Zählung* **1,** 962_{30}–963_{11}
– *Sterntag* **1,** 668_{14-15} **2,** 740_{36}–741_{7} **5,** 54_{25} 137_{23} 138_{12}–139_{15} 267_{22-24} 268_{30-33} 268 269_{23-28} 270_{12}
– *Tagesnamen* **2,** 740_{17-34} **5,** 130_{13}
– *Zeitmessung* **5,** 128_{3-7} 130_{10} 268_{2} 269_{2}
– *Zweideutigkeit im alltäglichen Sprachgebrauch* **5,** 139_{29-32}
Tag- und Nachtgleichen, s. Äquinoktien.
Tageskreis 2, 591_{24}
Tageslänge 2, 640_{31}
– *Demonstration am Tellurium* **2,** 641_{25}–642_{35}
– *Demonstration mittels Zeichnung* **2,** 643_{11}–644_{34}
– *lichte* **1,** 661_{37}–662_{2}
– – *kompensiert Sonnenhöhe* **1,** 821_{22-30}
Tahiti 5, 322_{33}
– *Schwimmkünste der Bewohner* **3,** 271_{4}
– *Venusdurchgang* **5,** 96_{23}
Tajo 2, 956_{30}
Tamis 6, 218 (268) 253 (310)
Tanna (Vulkaninsel im Südwestpazifik [Vanuatu]) **5,** 530_{9}
Tanne 5, 519_{18}
Tanz
– *Modell für gebundene Monddrehung* **2,** 714_{34-41}
Tarent 1, 968_{34} 969_{1}
Taschenkompaß 6, 515 (*421*)
Taschenschreibfeder 1, 235_{25} **2,** 225_{39} **3,** 378_{31}
Taschenspiel 2, 358_{34}
Taschenspieler 2, 57_{28} 226_{31} **3,** 206_{7} **4,** 352_{1} **5,** 21_{16}
Taschenthermometer 6, 547 (*445*)
Tasterzirkel 6, 305 (**34h*) 305 (**34i*)
tâtonnement 3, 82_{24}
Tau 1, $776_{4.\,R9-27}$ **2,** 890_{17} **5,** 362_{4-6} 366_{3} 447_{10} 452_{10} 454_{17} s.a. Honigtau; Mehltau.
– *auf verschiedenen Oberflächen* **1,** 777_{2-13} **2,** 463_{10-15} 891_{26}–892_{4} 893_{30-38} **4,** 228_{24} **5,** 362_{9-19} 366_{6-10} 454_{20}–455_{2}
– *chemischer Prozeß* **2,** 18_{7} **3,** 26_{16}
– *Eigenschaften* **5,** 448_{16-19}
– *gefrorener* **5,** 455_{6}
– *unter verschiedenen Umständen* **2,** 892_{12-19} 893_{39}–894_{5} **5,** 449_{11-21} 452_{29-31}
– *Niederschlag aus Nebel / Wolken* **1,** 448_{8} **2,** 828_{36} 886_{11} 889_{32} **5,** 332_{30} 333_{4} 463_{11}
Taube 2, 512_{4} **4,** 250_{9} 272_{5} 312_{31}
Taubheit
– *elektrische Behandlung* **1,** 565_{4} **4,** 266_{33-34} 277_{18}
Taucher 2, 221_{37-38}
Taucherglocke 1, $234_{1.\,R19-29}$ **2,** 220_{17} 220_{26}–221_{36} 222_{14}–223_{6} 821_{37} **3,** 378_{6} **5,** 807^{482}
Teddington (Middlesex) **3,** 706^{233}
Teekanne 3, 378_{24}
Teekessel 2, 335_{10}
Teilbarkeit 1, 62_{36}–63_{22} 63_{R23-28} 64_{R1-9} **2,** 33_{29} **3,** 98_{15} 99_{28} 100_{22} 102_{20} 107_{2} 141_{10-11}
– *Beispiele* **2,** 33_{33}–36_{17} **3,** 76_{25}–77_{4} 98_{16}–99_{26} 99_{29}–100_{14} 100_{23-32} 101_{2-26}
– *Frage der Endlichkeit* **2,** 36_{18-19} **3,** 77_{9} s.a. Atom.
– – *Argumente pro und contra* **2,** 36_{38-40} 37_{1-28} **3,** 78_{1}–79_{34} 104_{9}–105_{32}
– – *Atome als beliebig klein vorzustellen* **2,** 38_{4-5}
– – *geometrisch unendlich* **3,** 103_{27-29} 105_{28-31} 106_{6-10}

– – *physisch endlich* **2,** 37_{33-36} **3,** 103_{5-16} 105_{12-17} 106_{1-6}
– – *als unendlich zu denken (nach Kant)* **2,** 37_{31-33} **3,** 66_{32} 102_{3-16} 102_{32}–103_{4} 105_{1-10} 107_{3-18}
– – *unentscheidbar* **2,** 36_{19-20} **3,** 80_{1-25}
– – *Vertreter beider Parteien* **2,** 36_{35-37} **3,** 77_{10-18}
– *Gegenstand der allgemeinen Naturlehre* **3,** 24_{2}
– *Theorie* **3,** 102_{2} 109_{2}
– *Unteilbarkeit* **3,** 110_{24}
Teilung, mechanische
– *Abgrenzung zur chemischen Zerlegung* **1,** 202_{R17-21}
Telegraphenpflanze (Hedysarum gyrans L.) **1,** 343_{R2} 538_{R5-6}
Telegraphie **4,** 678[216] **6,** CX[460]
Teleologie **2,** 787_{8} **4,** 161_{15} **5,** 121_{11}
– *Anomalie des Wassers* **2,** 423_{23}
– *Fixsterne* **5,** 32_{29}
– *Gebirge* **5,** 343_{1-3}
– *Kometenbahnen* **5,** 174_{3-5} 290_{9}
– *Planeten* **1,** 697_{14-22}
– *Regen* **5,** 334_{10}
– *Salzigkeit des Seewassers* **5,** 325_{11}
– *Teil der Naturlehre* **1,** 39_{23-36}
– *Welt nicht nur für den Menschen erschaffen* **3,** 184_{16-19}
Telephon **4,** 22_{23}
Teleskop, s. Fernrohr; Spiegelteleskop.
Teleskop (Sternbild; Telescopium) **5,** 209_{11}
Tellur **1,** $931_{11.\,20}$ **3,** 363_{12}
– *im antiphlogistischen System* **2,** 202_{33} **3,** 340_{22}
Tellurium **2,** 641_{3-24}
Temperatur **2,** 927_{36}
s.a. Tabelle; Wärme.
– *Begriff* **2,** 447_{35}
– *Einfluß auf Schallfortpflanzung* **1,** 313_{16-18} **2,** 321_{4-6} **4,** 8_{27-30}
– *Empfindung entspricht nicht Meßwerten* **1,** 819_{8-10}
– *Hinweis zur Beobachtung* **1,** 818_{R4-13}
– *Jahresgang* **1,** 828_{11-16} **2,** 929_{34}–930_{26} **5,** 148_{15-16} 356_{17-18} 492_{9-13}
– *mittlere in verschiedenen Breiten* **2,** 931_{25-38} **5,** 490_{21-28} 491_{15}–492_{4}
– *sinkt mit zunehmender Höhe* **1,** 818_{15-16}
– *steigt in der Erde mit zunehmender Tiefe* **1,** 819_{36}–820_{1}
– *Tagesgang* **1,** 828_{17-19} **2,** 929_{31-34} 930_{27}–931_{5} **5,** 148_{15} 356_{15-17} 453_{29}–454_{6} 492_{13-14}
– – *läßt Wolken enstehen und sich auflösen* **2,** 889_{11}
Temperatur (Musik) **2,** 332_{22} **4,** 38_{7}
– *gleichschwebend* **1,** 327_{R10-24} **2,** 333_{13-28} **4,** 29_{15-20} 33_{3-15} $37_{16.\,21}$ 38_{31}
– *Kirnberger* **1,** 327_{14} **2,** 333_{1-12} **4,** 27_{29} 37_{18} 39_{9} 413[188]
– *Telemann* **4,** 27_{27-28}
Temperaturbeobachtungen, s. Tabelle.
Teneriffa (Insel der Kanaren [Spanien]) **5,** 659[611] 746[71]
– *Meridian* **5,** 437_{5}
– *Pik von*, s. Pico del Teide.
Terceira (Insel der Azoren [Portugal]) **2,** 954_{2} **5,** 391_{29}
– *Sonnenfinsternis* **1,** 688_{1} **2,** 706_{32}
Terpentin
– *Material für Elektrophor* **1,** 566_{R17-33} 569_{29} **2,** $514_{24.\,27.\,33}$ 515_{1-2} **4,** 316_{31-32} 317_{14}
Terpentinöl (Terpentinspiritus)
– *als Medium zur Bestimmung des spezifischen Gewichts* **1,** 178_{12}
– *elektrisch entzündet* **2,** 498_{27} **4,** 247_{30} 248_{3} 266_{14}
– *Entzündung* **4,** 127_{33} 128_{21} 174_{22} 201_{1} 202_{36} 206_{21} 207_{32}
s.a. Versuche (Wärme) – Entzündung von Terpentinöl.
– *im Haarröhrchen* **1,** 191_{R20} **2,** 186_{19}

– *in der Elementarwelt* **3,** 269$_{3}$
– *Material für Elektrophor* **4,** 316$_{27.\,31.\,34}$
– *spezifisches Gewicht* **1,** 185$_{21.\,R14}$
– *Versuche anzustellen* **3,** 365$_{9}$
Tertienuhr, s.u. Uhr.
Tétouan (Marokko) **5,** 532$_{1}$
Tetrachord 6, 145 (182)
Theaterperspektiv 6, 333 (**85*)
Theismus 3, 142$_{17}$
Themse 2, 871$_{17–21}$ **4,** 19$_{5.\,9}$ 22$_{27}$
Theologie, natürliche 3, 43$_{21}$ 51$_{30}$
Thermometer 1, 462$_{17–18}$ **2,** 447$_{36}$ 448$_{27}$ 489$_{9}$ **4,** 115$_{29}$ 116$_{22}$ 157$_{12}$ 179$_{12}$ **6,** 543 (*434*) 561 (*469*) s.a. Luftthermometer; Pyrometer – zur Messung hoher Temperaturen.
– *absoluter Nullpunkt* **4,** 202$_{20–27}$ 208$_{9.\,20}$ 209$_{16}$
– *Achards* **1,** 480$_{9–10}$ **4,** 170$_{16}$
– *aus Metall* **1,** 478$_{11–12}$ **2,** 456$_{8}$
– *Beschränkung*
– – *nur Thermoskope* **1,** 473$_{22–23}$ **2,** 455$_{3}$
– – *ungenau* **1,** 507$_{R11–14}$ **4,** 205$_{22}$
– – *zeigt nicht die Wärmemenge* **4,** 123$_{30}$ 163$_{5–6}$ 167$_{2–9}$ 201$_{22}$
– *Celsius'* **2,** 453$_{21–24}$ **4,** 120$_{33}$–121$_{4}$ 162$_{18}$
– *Delisles* **1,** 469$_{28–29}$ **2,** 453$_{20–21}$ **4,** 120$_{25–32}$ 162$_{11–16}$
– *Delucs* **1,** 734$_{8–16}$ 735$_{26–34}$ **2,** 452$_{33}$ **5,** 548$_{26–29}$
– *Fahrenheit* **2,** 451$_{4}$ **4,** 118$_{1}$
– – *Fixpunkte / Skala* **1,** 464$_{27–33}$ **2,** 451$_{17–24.\,33–37}$ 452$_{3–14}$ **4,** 117$_{23–30}$ 159$_{22–25}$ 159$_{33}$–160$_{8}$ 167$_{17–20.\,26–32}$
– – *Quecksilber* **1,** 466$_{24–27}$ **4,** 159$_{20}$ 161$_{19}$–162$_{1}$ 167$_{32}$
– – *Weingeist* **1,** 464$_{17–25}$ **2,** 451$_{13–14}$ **4,** 159$_{19}$
– *Florentiner* **1,** 463$_{10–13}$ **2,** 450$_{31}$ **4,** 117$_{10–12}$ 159$_{1–3}$ **6,** 202 (248)
– – *Fixpunkte* **2,** 450$_{35–37}$ **4,** 159$_{4–12}$
– – *Nachteile* **1,** 464$_{6–15}$
– *Form* **1,** 467$_{12–33}$
– *Füllung* **2,** 455$_{31–32}$ **3,** 381$_{17}$ 382$_{2.\,6}$ **4,** 162$_{20}$
– *Kalibrierung* **2,** 455$_{26–30}$ **4,** 162$_{20}$
– *La Hire's* **2,** 448$_{36}$
– *Landrianis* **4,** 170$_{17}$
– *Luftthermometer* **6,** 197 (*237*) 202 (*247*) 558 (*463*)
– *Nutzen* **4,** 163$_{9–15}$
– *Quecksilberthermometer für chemische Versuche* **6,** 502 (*407*)
– *Quecksilberthermometer für hohe Temperaturen* **6,** 502 (*408*)
– *Reaumur* **1,** 468$_{R3–4}$ **2,** 452$_{26}$ **6,** 501
– – *Fixpunkte / Skala* **1,** 468$_{3–11}$ **2,** 452$_{28–29}$ **4,** 118$_{7–8}$ 120$_{10}$ 160$_{12–13.\,22–24}$
– – *Quecksilber* **1,** 469$_{8–26}$ **4,** 118$_{13}$ 160$_{29}$
– – *Weingeist* **1,** 467$_{35–36}$ **2,** 453$_{4–12}$ **4,** 118$_{6–7}$ 120$_{18–20}$ 160$_{10–24}$ 162$_{2}$
– *Skalierung* **1,** 465$_{R7}$–466$_{R7}$ **2,** 455$_{32}$–456$_{3}$ **3,** 335$_{6}$
– – *Einfluß des Luftdrucks* **1,** 465$_{34}$–466$_{9}$ **2,** 452$_{19–25}$ **4,** 117$_{32–36}$ 162$_{20–23}$
– *Taschenthermometer* **6,** 547 (*445*)
– *Umrechnung* **1,** 471$_{17}$–472$_{8}$ 472$_{14–37}$ 734$_{33–37}$ 736$_{4–10.\,R1–3}$ **2,** 454$_{14–26}$
– *Vergleich* **1,** 473$_{10–19}$ 734$_{R1–4}$ **2,** 454$_{5}$ **4,** 118$_{13}$ 161$_{10–12.\,16–17}$ 162$_{3–4.\,6–9}$
– *verschiedene* **1,** 470$_{35}$–471$_{3}$ **2,** 453$_{14}$
– *Wahl des Mediums* **2,** 449$_{12–30}$ **4,** 124$_{18}$ 157$_{21}$–158$_{2}$ 165$_{16–17}$ 196$_{34}$ 540[183]
– *Wetterbeobachtung* **4,** 204$_{23–29}$
Thüringen 5, 329$_{4}$
Thüringer Wald 5, 412$_{35}$
Tiber 2, 224$_{21}$ 933$_{10–11}$ **5,** 192$_{29}$
Tibet 5, 341$_{10}$

Tiere 2, 494_{18} **4,** 279_{34}
s.a. Affe; Ameisen; Ammoniten; Biene; Blattläuse; Borstenwürmer; Delfin; Elefant; Ente; Fisch(e); Fischotter; Hunde; Hühnchen im Ei; Insekten; Kaninchen; Katze; Kolibri; Korallen; Löwe; Muscheln; Nashorn; Nautilidae; Nilpferd; Ochse; Papagei; Pferd; Raben; Schalentiere; Schildkröte; Schmetterling; Schwalben; Seeigel; Seestern; Seidenraupe; Sperling; Spinne; Spitzmaus; Storch; Taube; Vögel; Wal; Wildschwein; Ziege.
– *Auftreten in der Erdgeschichte* **5,** 518_{35} 527_{35-36}
– *Aussterben von Arten* **5,** 385 387_{28} 522_{27-28}
– *elektrische Leitfähigkeit unbehaarter Tiere* **1,** 534_{39} **4,** 280_{19}
– *leuchtende Meerestiere* **1,** 729_{29-31} $730_{R14-17.\ R29-30}$ **2,** 822_{33}–823_{3} **4,** 282_{21-22} **5,** 327_{16-23}
– *Regenerationsvermögen* **5,** 233_{28-29}
– *tierischer Körper* **3,** 379_{34}
s.a. Wärme – tierische.
– – *Entstehung aus Wasser und Luft* **2,** 949_{3-11}
– – *Wärmeregulation* **4,** 186_{17-27}
– *Wahrnehmung bevorstehender Erdbeben* **1,** 847_{R1-2}
– *wechselwarme Tiere* **4,** 186_{30-32} 187_{1-2}
Tierkreis (zodiacus) 1, 676_{31}–677_{4} **2,** 598_{37} 781_{30} 782_{22} 791_{10} **5,** 147_{26} 206_{30} 207_{25-34} 213_{14}
Tiermetaphorik
– *Katzen, die sich auffressen* **1,** 202_{R30}
Tierversuche
– *magnetische Versuche* **4,** 385_{7-8}
– *Tiere im Vakuum* **2,** 249_{18-24}
– *Tiere in verbrauchter (phlogistisierter) Luft* **1,** $456_{10-13.\ R1-19}$ **3,** 422_{22} **6,** 102 (112)
– *Tiere in verunreinigter dephlogistisierter Luft* **1,** 938_{6} **3,** 431_{5}
Tigris 1, 746_{19} 967_{15} **2,** 834_{23}
Timavo (Fluß in Italien) **1,** 967_{15}
Tinte
– *Rezept* **3,** 629^{99}
– *sympathetische* **1,** 394_{17-18} **6,** 438 (*350*)
– – *Rezept* **2,** 32_{2-7} **3,** 76_{11} 94_{1-7}
Tintenfaß, magisches 1, 235_{24-25} **2,** 225_{26} **3,** 378_{30} **6,** 78 (83)
Tirol 5, 328_{26}
Titan (Metall) **1,** 930_{36} 931_{4} **2,** 179_{30-31}
– *im antiphlogistischen System* **2,** 202_{32} **3,** 340_{21}
Tofua (Vulkaninsel im Südpazifik [Tonga]) **5,** 530_{10}
Tombak, s.u. Messing.
Ton (Mineral), s.a. Alaunerde.
– *Bestandteil von Gebirgsarten* **2,** 839_{15} **5,** 342_{8} 344_{26} 407_{11} 408_{27} 412_{32} 415_{21} $416_{11.\ 14}$
– *Pyrometer* **1,** 480_{R2} **2,** 456_{25}
– *wasserführende Schicht* **1,** 740_{R15} **2,** 826_{17} **5,** 330_{27}
Ton (Musik) 1, 308_{R23-24} 323_{25-26} **2,** 331_{2} **4,** 8_{1} 9_{32} 24_{14}
s.a. Instrumente (Musik).
– *Akkord* **1,** 328_{20} **4,** 25_{21}
s.a. Ton (Musik) – Konsonanz.
– *Dissonanz* **1,** 326_{6-7} **2,** 332_{4} **4,** 35_{28}
– *Erzeugung* **2,** 335_{2}
– *Grundton* **1,** 324_{31}
– *hörbarer Bereich* **1,** 329_{26}–330_{10} **2,** 334_{23-30} **4,** 31_{17-36} 32_{1-11}
– *Konsonanz* **1,** 325_{29-30} **2,** 331_{31-32} **4,** 30_{8} 35_{26}
– *Längentöne* **1,** 943_{34}–944_{21} 944_{31}–945_{4} **2,** 334_{12} **4,** 33_{26-27} 34_{15}
– *Mitklingen (Obertöne)* **1,** 328_{26-36} **4,** 24_{32-33} 25_{2-18} 32_{35}
– *reiner* **4,** 24_{27}
– *Resonanz* **1,** 331_{17-37}
– – *Folgen* **1,** 332_{6-13}

– *Sauveurs fixer* **1,** $330_{11.\ R1-20}$ **4,** 32_8
– *System* **1,** 326_{30}
– *Tonleiter* **2,** 332_{20} **4,** 23_{12-13} 27_{31} 31_{5-16} 36_2 37_1 38_{13}
s.a. Ton (Musik) – System.
Tonga (Freundschaftliche Inseln; Inselstaat im Südpazifik) **2,** 813_{21} **5,** 16_1 322_{31}
Tonschiefer 2, 837_{22} 838_{36} **5,** 404_{10} 406_7 413_{15}
s.a. Alaunschiefer; Hygrometer – Tonschieferhygrometer, Lowitz'.
– *Tonschiefer zur Hygrometrie* **6,** 479 (*389*)
Topas 1, 273_{R11} 536_{R9} $957_{8.\ 11}$ 960_2 **2,** 543_3 **3,** 283_{13} 285_{28} 286_7
Topasfels 2, 837_{31} **5,** 405_1 414_{22}
Topf, s. Papinscher Topf.
Torf 2, 839_{31} **5,** 342_{12} 408_{29}
Tornado, s. Wasserhose.
Tornio (Torneå; Finnland) **2,** $675_{14.\ 27}$ **5,** 247_{28}
– *Aussprache* **5,** 319_1
– *Gradmessung* **5,** 105_{26} 319_1
– *magnetische Deklination / Inklination* **1,** 757_{41} **2,** 846_{32} 849_{31} **5,** $347_{16.\ 24}$
Torricellischer Versuch 6, 81 (93)
s.a.u. Torricelli, Evangelista.
Toruń (Thorn) **2,** 608_{22} **5,** 76_3 232_9 699^{909}
Totes Meer 5, 325_{20}
Toulouse 2, 914_4
Trägheit 1, 84_{25} $85_{2-10.\ R1-14}$ 124_{35} 918_{20-29} **2,** 57_{18} **3,** 130_9 142_{22} 143_{10} 144_5 150_{21} 155_3 215_{18}
s.a. Beharrungsvermögen; Schwere – Abgrenzung gegenüber Trägheit; Undurchdringlichkeit – Abgrenzung gegenüber Trägheit, s.a.u. Versuche (Bewegung); Wortstreit.
– *bei nicht schweren Körpern* **1,** 170_{R2-5}
– *Gegenstand der allgemeinen Naturlehre* **3,** 23_{29}
– *Materie / Körper ohne sie nicht denkbar* **1,** 96_{R12-13} 125_{R22-24}
– *Mittelpunkt der T. (beim Stoß)* **1,** 134_{17-18} **2,** 128_{21}
– *nach Kant* **3,** 67_7
– *Verhältnis zum Widerstand (reactio)* **2,** 58_{15-16} **3,** 156_{22} 157_{28}
– *verleiht den Körpern keine Bewegung* **1,** 87_{18-25}
Transporteur 6, 307 (*34n) 307 (*34p) 315 (*35l)
Trapp 5, 413_{24}
Traum, s.u. Metapher.
Triangulation, s. Gradmessung – Methode.
Triboluminieszenz 1, 552_{26-33}
Tribometer 1, 150_{11} **2,** 152_{34}–153_1 154_{14} **3,** 550^{108} **6,** 55 (50) 55 (50)
Trichiurus 1, 604_{R27-28} $960_{21.\ 27}$ **2,** 544_1
Trichter
– *Erklärung der Sonnenflecken* **2,** 730_{26-38} **5,** 49_{29}
– *magischer* **1,** 235_{26} **2,** 224_{27} **3,** 378_{27} **6,** 463 (*373*)
Trippstadt 5, 876^{918}
Troja 2, 842_{21} **5,** 420_{23}
Trompete 4, 21_{15}
Trondheim 5, 483_{13} 495_5
Tschukozkoi Noß, s. Kap Deschnjow.
Tuch
– *Festigkeit* **1,** 68_{2-4}
– *Walken des Tuchs* **1,** 68_3 **3,** 81_{31}
Tübingen 2, 645_{14} **5,** 87_{29}
Türkei 3, 94_2
Türkis
– *unelektrischer Körper (Leiter)* **1,** 535_2 **2,** 494_{35} **4,** 280_{14}
Tuff 5, 406_{32} 407_{21}
Turin 5, 247_{31}
Turku (Åbo; Finnland) **5,** 319_2

Turmalin **4,** 261_{6} 262_{9-12} 278_{25} 332_{13} **5,** 756^{164} **6,** 257 (317) s.a. Erde (Erdkugel) – Pole, elektrische (Vergleich mit Turmalin).
– *auf Sri Lanka so genannter* **1,** 599_{R5}–600_{R5}
– *Bestandteile* **1,** 599_{R1-4} **4,** 358_{5} **5,** 519_{27} 522_{8}
– *elektrische Polarität* **1,** 600_{12-14} 624_{12-14}
– *elektrisches Verhalten* **1,** 599_{35}–600_{12}
– *Elektrisierung durch Wärme* **1,** 536_{19} 599_{20-28} 798_{10} 957_{7} **4,** $289_{14.\ 24}$
– *Elektrizität* **2,** 493_{33} 542_{30} **4,** 279_{15} 331_{8}
– – *Theorie des Nordlichts* **2,** 926_{37}–927_{12} **5,** 482_{16} 488_{8-19}
– *Geschichte* **1,** $600_{15-18.\ 18-32}$ 960_{9-10}
– *Pole, magnetische* **2,** 546_{33} 562_{37}
– *spezifisches Gewicht* **1,** 184_{28} **4,** 333_{21-22}
– *Vergleich mit Luft / Wolken* **5,** $473_{9.\ 20}$
– *Vergleich mit Magnet* **1,** 626_{17-18} 628_{30-37} **2,** 542_{30-31} **4,** $362_{18.\ 24}$ 376_{28} 377_{23} **5,** 488_{8-19}

Uhr, s.a. Sonnenuhr, s.a.u. Längenbestimmung – zur See; Metapher.
– *Einstellung* **5,** 47_{29-30} 55_{13} 144_{2-3} 145_{34} 269_{33-34}
– *Gang durch Wärme verlangsamt* **1,** $428_{23-25.\ R1-9}$ **2,** 417_{24-29} 698_{1-3} **4,** $110_{11.\ 22}$ **5,** 60_{13}
– *Genauigkeit* **5,** 145_{21-22} 252_{8}
– *Kuckucksuhr* **2,** 335_{33-34}
– *mittlere Zeit* **1,** 668_{36}–669_{1} **5,** 141_{5-6} 145_{17} 253_{5-7} 268_{29-30} 269_{29-32}
– *Pendeluhr* **1,** 133_{9-13} **2,** 127_{29} **3,** 189_{16} **5,** 252_{11}
– – *Berechnung der Schwere* **2,** 122_{15}
– – *Kompensation der Wärmeempfindlichkeit* **2,** 417_{23} **4,** 110_{10-19} 111_{13} 131_{4} 171_{28-29} **6,** 206 (256)
– – *Überpüfung von Newtons Gravitationstheorie* **2,** 123_{31} 125_{8}
– – *Werk* **2,** 82_{24-25} **3,** 259_{19}
– *Quecksilberuhr* **5,** 79_{21}
– *Reibung* **2,** 697_{41}
– *Sanduhr* **3,** 266_{14}
– *Sekundenzähler* **6,** 446 (*360*)
– *Taschenuhr* **2,** 127_{30} 700_{14} **4,** 16_{14} **5,** 252_{12-13}
– – *Analogie zur Gestalt der Erde* **5,** 16_{15}
– – *Ermittlung der wahren Sonnenzeit* **5,** 55_{12-13} 118_{12} 144_{1} 145_{32}
– – *Kompensation der Wärmeempfindlichkeit* **4,** 110_{21-22} **6,** 207 (257)
– – *Modell für gebundene Monddrehung* **2,** 715_{34}
– – *Regulierung* **5,** 252_{26}
– – *Schnecke als Anwendung des Hebels* **1,** 106_{R11} **2,** 82_{12-13}
– – *Unruh* **5,** 113_{29} 116_{8-12}
– *Tertienuhr* **2,** 23_{1} **4,** 14_{18} 16_{10-32} **5,** 872^{904} **6,** 488 (397) s.a. Lichtenberg, Georg Christoph – Biographisches – Instrumente – zu Abschnitt 7: Luft – Tertienuhr (Nr. 397).
– *Uhrmacher* **2,** 698_{5-16} 700_{6-28}
– *Zeigerbewegung als Bild für die Relativbewegung zweier Planeten* **5,** 241_{16}

Uhrwerk
– *Instrumentenantrieb* **2,** 311_{22}

Undurchdringlichkeit **1,** 60_{17} 915_{14-18} **2,** 30_{1} **3,** 12_{30} 66_{26} 92_{17-18} $95_{2.\ 21}$ 102_{9-12} 107_{24} 141_{22} 237_{18}
– *Abgrenzung gegenüber Trägheit* **1,** 86_{14-22} **2,** 58_{29-33} **3,** 130_{24-28} 131_{27-30} 146_{19-21} 148_{29-30} 150_{19} 152_{28-30} 153_{4-6} 157_{12-17}
– *Gegenstand der allgemeinen Naturlehre* **3,** 23_{26}

unendlich
– *aktual* **3,** 78_{29} $79_{6-26.\ 33-34}$
– *das Unendliche muß nicht mehr schrecken* **4,** 20_{29-30}
– *potentiell* **2,** 38_{14-15}
– *Wirkungsbereich von Attraktion und Repulsion der Materie* **3,** 242_{12}
Ungarn
– *Gradmessung* **2,** 677_{7} 678_{21} **5,** 242_{26} 247_{32} 318_{28}
– *Klima* **5,** 148_{24}
– *rother Schörl* **1,** 931_{7}
– *Salpeterquellen* **1,** 208_{R1-2}
– *Salzvorkommen* **2,** 821_{22}
Universalsonnenuhr 6, 391 (**173[a]*) 391 (**174*) 395 (**191*)
Universalwaage 6, 31 (*25a*)
Unkel 5, 392_{35}
Unterlage (beim Hebel) 1, 98_{19} 108_{32} **2,** 92_{35} **3,** 174_{13-14} $178_{2-3.\ 10}$
Uppsala 1, 757_{40} **2,** 846_{31} 941_{36} **5,** 160_{24} 347_{15}
Ural 5, 343_{21} 412_{3}
Uran
– *Benennung* **5,** 162_{6}
– *im antiphlogistischen System* **2,** 202_{31} **3,** 327_{23}
– *spezifisches Gewicht* **1,** 184_{R12-13} **2,** 179_{28}
Uranus 2, 752_{29} **5,** 159_{15} 201_{8} 284_{2} **6,** 271 (336) s.a. Planeten – äußere.
– *Bahnberechnung* **5,** 160_{16-26}
– *Beispiel für das dritte Keplersche Gesetz* **2,** 19_{35} 20_{11-12} 647_{14-22} **3,** 43_{10-19} 51_{23-24} **5,** 90_{28-36}
– *Beispiel für Zusammenwirken von Beobachtung und Rechnung* **5,** 70_{29}
– *Entdeckung* **1,** 653_{21-39} **2,** 752_{30-31} 753_{33}–754_{1} **5,** 159_{18}–160_{16} 177_{9} 211_{5} 291_{21}
– *Entfernung von der Erde* **5,** 160_{32}
– *Entfernung von der Sonne* **1,** 678_{38} **5,** 90_{36} 150_{11}
– *Größe* **1,** 679_{12} 694_{R14-15} **2,** 754_{21-22} **5,** 149_{28-29} 160_{34-35}
– *in der Antike unbekannt* **5,** 168_{32}
– *Licht* **5,** 216_{34}
– *Monde* **2,** $743^{\dagger}$ 754_{25-31} **5,** $162_{3.\ 8-14}$ 207_{31-33} 292_{7}
– – *Bahnen* **1,** 694_{R1-13}
– *Name* **1,** $653_{39-42.\ R1-2}$ 654_{R8-31} **2,** 754_{3-18} **5,** 161_{1-33}
– *Neigung der Bahn gegen die Ekliptik* **1,** 676_{18} **2,** 754_{23-24} **5,** 150_{11} 207_{30-31}
– *Umlaufszeit* **1,** 679_{33} **2,** 754_{22-23} **5,** 150_{11} 160_{33-34} 272_{21-37}
– *Zeichen* **2,** 754_{7-13} **5,** 162_{5-7}
Uranus (antiker Gott) 5, 161_{26-30}
Urin
– *gefrorener* **5,** 327_{7}
– *im Haarröhrchen* **1,** 191_{R25} **3,** 300_{12}
Urteilskraft
– *Teil der Verstandes* **3,** 68_{17}
Utrecht 5, 51_{28} 448_{13}

Vakuum, s.a. Elektrisieren – evakuierte gläserne Gefäße; Licht, elektrisches; Raum – leerer.
– *Boylesches* **1,** 244_{13-14}
– *durch Kondensation* **1,** 446_{42}–447_{1}
– *Guerickesches* **1,** 251_{3-5}
– *Leidener* **1,** 561_{37} 562_{1}
– *Leidener Vakuum* **6,** 240 (292) 556 (*456*)
– *Lichtenbergfiguren* **4,** 268_{26-27}
– *Magnetismus* **2,** 548_{3-6}
– *Nichtleiter* **1,** 534_{R1-6}
– *spezifische Schwere* **4,** 209_{17}
– *Torricellisches* **1,** 195_{R17} 242_{14-15} 251_{5} 281_{R2-3} **2,** 280_{28} **3,** 380_{31-32} 431_{12} s.a. Verdampfen – im Torricellischen Vakuum.
– – *relative Wärme* **2,** 471_{2-10}
– – *Wärmeleitung* **2,** 464_{19} **4,** 185_{3-4} 225_{34-35}

Valencia 2, 682$_{31}$
Vardøhus 2, 925$_{26}$ **5,** 94$_{13}$ 96$_{26}$ 371$_{2}$
Vaterunser, s.u. Religion – christliche.
Vatoa (Turtle island; Insel im Südpazifik [Fidschi]) **5,** 532$_{33}$–533$_{1}$
Veilchen (Viola L.) **3,** 306$_{16}$
– *Veilchensirup* **1,** 208$_{21}$ 209$_{18.\ 35}$ 268$_{18-19}$ 555$_{26}$ **2,** 260$_{3}$ 821$_{41}$ **3,** 306$_{16}$ 307$_{9.\ 25}$ 309$_{6}$ 403$_{27}$ **4,** 326$_{26-27}$ 336$_{25-26}$
Velino (Fluß in Italien) **1,** 967$_{24}$
Velum mesopticum 6, 346 (**113*)
Venedig 3, 186$_{3}$
– *Meeresboden steigt* **1,** 849$_{23}$ **5,** 532$_{27}$
Ventilator
– *Anwendung der Luftverdünnung* **1,** 239$_{6}$ **2,** 227$_{11}$ 228$_{9}$
Venus 2, 745$_{11}$ **5,** 152$_{2}$ 272$_{19}$ 273$_{3.\ 19}$ 276$_{6}$
s.a. Planeten – innere.
– *Atmosphäre (Dämmerung)* **1,** 698$_{R1-2}$ **2,** 746$_{36-38}$ **5,** 152$_{17}$ 273$_{4.\ 10.\ 32}$ 276$_{12}$
– *Berge* **1,** 695$_{33}$ **2,** 745$_{19-24}$ **5,** 152$_{13-16}$ 273$_{6.\ 31}$ 276$_{11-12}$
– *Bestimmung der Sonnenparallaxe* **5,** 97$_{32-33}$
– *Durchgang durch die Sonne* **1,** 680$_{25-36}$ 963$_{28-29}$ **2,** 286$_{16}$ 651$_{29-36}$ 652$_{4-12}$ 925$_{27}$ **5,** 43$_{22-31}$ 45$_{1.\ 17}$ 92$_{14-27}$ 96$_{1-5}$ 151$_{21}$ 241$_{2}$
– – *Bestimmung des Abstands Erde–Sonne (der Sonnenparallaxe)* **2,** 651$_{26-28}$ 656$_{1-2}$ 657$_{17}$–665$_{25}$ **5,** 64$_{19-20}$ 92$_{9-10}$ 94$_{9-17}$ 95$_{29-34}$ 96$_{23-27}$ 151$_{22-23}$ 240$_{34-35}$ 705^{951}
– *Einfluß auf Erdbewegung* **5,** 186$_{12}$
– *Elongation* **1,** 680$_{16-17}$ **2,** 603$_{13}$ **5,** 24$_{23}$ 151$_{24}$
– *Entfernung von der Erde* **5,** 151$_{18-19}$
– *Entfernung von der Sonne* **1,** 678$_{33}$ **2,** 746$_{30-33}$ **5,** 150$_{4}$ 151$_{16-17}$ 273$_{21-22}$
– *Exzentrizität / Verhältnis zwischen größter und kleinster Sonnenentfernung* **2,** 746$_{34-35}$ **5,** 152$_{21-22}$ 191$_{21}$ 276$_{7-8}$
– *Flecken* **2,** 745$_{29}$ **5,** 151$_{30}$
– *Größe* **1,** 679$_{7}$ **2,** 745$_{13-19}$ **5,** 149$_{16-17}$ 151$_{15-16}$
– *Licht* **5,** 214$_{34}$ 215$_{10.\ 32}$
– *Mond* **1,** 693$_{2-8.\ 8-15}$ **2,** 746$_{4-29}$ **5,** 152$_{23}$–153$_{34}$ 274$_{3}$ 276$_{17}$
– *Name* **5,** 161$_{8}$
– *Neigung der Bahn gegen die Ekliptik* **1,** 676$_{14}$ **2,** 746$_{34}$ **5,** 92$_{30}$ 150$_{4.\ 30}$ 241$_{8}$ 273$_{25}$
– *Oberfläche als Forschungsgegenstand* **2,** 809*
– *Rotation* **1,** 696$_{19-20}$ **2,** 745$_{25}$–746$_{3}$ **5,** 151$_{25-33}$ 152$_{3-11}$ 273$_{7.\ 27-30}$
– *Rückgang der Knoten* **5,** 241$_{13}$
– *Umlaufszeit* **1,** 679$_{28}$ **2,** 746$_{33}$ **5,** 44$_{24}$ 92$_{31}$ 150$_{4}$ 151$_{16}$ 241$_{10}$ 273$_{24}$
Venus (antike Göttin), s.u. Göttingen – Universität – Bibliothek.
Verbindungstechniken 1, 70$_{26-29}$ **2,** 39$_{15}$
Verbrennung 3, 361$_{26}$
– *antiphlogistische Erklärung* **3,** 314$_{20-25}$ 341$_{27-30}$ 350$_{29-31}$ 351$_{1}$
– *Crawfords Erklärung* **1,** 515$_{1-43}$ 516$_{1-28}$ 516*) 954$_{35-42}$ **4,** 127$_{17-28}$ 202$_{28-36}$ 203$_{1-3}$ 206$_{20}$
– *Delucs Erklärung* **2,** 479$_{6}$–482$_{12}$
– *Entwicklung von Luft* **1,** 259$_{10}$
– *Gewichtszunahme bei Verbrennungsprozessen* **3,** 328$_{33-34}$ 329$_{1}$
s.a. Metallkalke – absolutes Gewicht größer als das der jeweiligen Metalle.
– *Zerstörung eines Körpers* **4,** 179$_{27}$
Verdampfen 1, 441$_{9-17}$ **4,** 113$_{24-30}$ 139$_{1-6}$ 208$_{5}$
– *fördert Ausdünstung* **1,** 447$_{15-16}$ **5,** 360$_{26-30}$

– *fördert chemische Reaktionen* **3**, 368$_{17}$ 370$_{8-19}$
– *im Torricellischen Vakuum* **1**, 281$_{R1-2}$ **2**, 280$_{26-36}$ 876$_{11}$ **3**, 431$_{12}$ s.a. Quecksilber – Verdampfen im Barometer.
– *Mechanismus* **1**, 445$_{13-19}$ 446$_{14-20}$ **2**, 280$_{18-25}$ 431$_{13-19}$ 445$_{35-36}$ **4**, 114$_{13-14}$ 138$_{22-25}$
– *Regen seine Umkehrung* **5**, 462$_{27-28}$
– *Rolle der Luft* **1**, 446$_{34-38}$ **2**, 280$_{25-26}$
– *Verhältnis zu Ausdünstung* **1**, 280$_{28-30}$ 444$_{11}$–445$_{13}$ **2**, 875$_{31}$–876$_{2}$ 877$_{7-31}$
Verden **2**, 827$_{36}$ **5**, 330$_{4}$
Verdunstung, s. Ausdünstung.
Verdunstungskälte **1**, 504$_{17-23}$ 518$_{31-32}$ **2**, 476$_{8}$ 477$_{28}$ **4**, 126$_{15}$ 179$_{26}$ 186$_{21}$ **5**, 365$_{31}$ s.a. Wärme – freie – Umwandlung zu latenter – beim Verdampfen.
– *Argument für Verdampfungstheorie der Ausdünstung* **2**, 876$_{28}$
– *im Alltag* **2**, 478$_{6-22}$ 876$_{29-32}$
Verglasung **1**, 460$_{17-21}$
Vergrößerungsglas, s. Mikroskop.
Verheißungen
– *seit jeher trügerisch* **3**, 16$_{30-33}$
Verkalkung **1**, 460$_{12-17}$ **4**, 179$_{27-28}$ s.a.u. Metallkalke.
Vermiculi vitrei (Springglas), s. Glasfaden (vermiculus vitreus).
Vernunft **5**, 495$_{24}$
– *Ausstattung des Gemüts* **2**, 22$_{16}$ **3**, 21$_{15}$ 32$_{32}$ 54$_{15}$
– *Teil der Verstandes im weiteren Sinn* **3**, 68$_{18}$
– *von Gott zum Gebrauch gegeben* **5**, 475$_{21}$
Versammlung deutscher Naturforscher und Ärzte **6**, LXXIX
Verstand
– *Ausstattung des Gemüts* **2**, 22$_{16}$ **3**, 21$_{13}$ 32$_{30}$ 54$_{14}$
– *eingeschränkt* **3**, 39$_{10}$
– *Teil der Verstandes im weiteren Sinn* **3**, 68$_{15}$
verstehen
– *mich* **3**, 17$_{17}$ **5**, 375$_{14}$
– *sich selbst* **1**, 63$_{R12-13}$ **3**, 368$_{11}$
Versuche, s.a. Erfahrung.
– *Beschleunigung des Erkenntniszuwachses* **2**, 22$_{30-32}$ **3**, 55$_{17-21}$
– *Definition* **1**, 33$_{28}$
– *im Großen anstellen* **3**, 195$_{5-6}$ **4**, 193$_{15-16}$
– *Nutzen der Versuche beim Vortrag* **1**, 37$_{36}$–38$_{5}$
– *Prüfstein für Rechnungen* **3**, 46$_{4}$
– *Voraussetzungen* **1**, 34$_{3-12}$ **2**, 23$_{12-13}$ **3**, 56$_{25-30}$ s.a. Lichtenberg, Georg Christoph – Biographisches – Hinweise zur wissenschaftlichen Praxis – Kontrolle der Versuchsbedingungen nötig.
Versuche (anziehende Kraft der Fluida)
– *Adhäsion von Quecksilber in der Glasröhre* **2**, 181$_{1-4}$ **3**, 311$_{5-6}$
– *Adhäsion zwischen Flüssigkeiten und Metallscheiben* **6**, 436 (*347*)
– *Adhäsion zwischen Quecksilber und Glasplatte* **2**, 180$_{17-28}$ **3**, 298$_{14. 26. 27}$
– *Adhäsion zwischen Wasser und Metallscheiben* **2**, 181$_{34}$–182$_{8}$
– *Auflösung von Gold* **2**, 22$_{32-34}$ **3**, 55$_{26-27}$
– *Bleibaum* **1**, 206$_{R1-3}$ **2**, 199$_{33}$–200$_{3}$
– *Chemie*
– – *Schwefel mit Eisenfeil und Wasser* **3**, 357$_{18-19}$ **5**, 340$_{1-7}$
– *Figuren von Seifenbrühe in einer Glasspritze* **2**, 181$_{22-29}$
– *Glaskügelchen auf Quecksilber* **1**, 192$_{R1-2}$
– *Grünfärbung von Veilchensirup durch Eisenvitriol* **3**, 307$_{29}$

– *Haarröhrchen* **3,** 301_{28}
– *Lackmustest* **3,** $306_{9–15}$ $307_{11–12.\ 34–35}$
– *Löschpapier als Heber, der von sich aus läuft* **2,** $197_{28–34}$
– *Mischung von Wasser und Weingeist* **3,** 303_{25} 304_{15}
– *nasser Faden hängt sich an Glas* **2,** $181_{19–22}$
– *Niederschlagung mittels Alkalien* **3,** 308_{4}
– *Papierschnitzel (Glaskügelchen) auf Wasseroberfläche* **2,** $185_{7.\ 17}$ **3,** 299_{4}
– *Reaktion von Lauge und Säure* **3,** 307_{8}
– *Silberbaum* **2,** $200_{12–41}$ **3,** 304_{16}
– *Veras Maschine* **1,** $188_{R11–16}$ **2,** 182_{41} **3,** $298_{15.\ 28}$

Versuche (Astronomie)
– *Abplattung der Ringkugel auf der Schwungmaschine* **2,** $73_{23–26}$ 625_{11} **5,** 318_{12}
– *Mondphasen erklärt mit schwarz-weißer Kugel* **5,** $21_{34–35}$
– *Rotation zweier Körper um gemeinsamen Schwerpunkt* **5,** 122_{1}
– *rote Tinte in der Glaskugel (Mondphasen?)* **5,** 21_{10}
– *Vorführung eines copericanischen Planetariums* **5,** 40_{12}
– *Zentrifugalkraft* **5,** 41_{27}

Versuche (Bewegung)
– *Trägheit*
– – *an Haaren aufgehängte Pfeifenröhre* **2,** $60_{16–19}$ **3,** 133_{19} 149_{35}–150_{2}
– – *Angeln* **3,** $146_{24–25}$
– – *Blase im Gefäß* **2,** 60_{33}–61_{4} **3,** $154_{1–6}$
– – *Blei am Stock* **1,** 87_{R1} **2,** $61_{8–9}$ **3,** 146_{32} 153_{33}
– – *Blei im Hammer* **3,** 133_{9}
– – *Durchschießen der Dose* **3,** 133_{17} 146_{27}
– – *Erbse / Kirschkern im Schlüssel* **1,** $87_{R1–2}$ **3,** 512^{60}
– – *Gewicht an der Waage* **2,** $59_{30–40}$ **3,** 133_{12} 146_{26} 153_{19}
– – *Glas auf der Latte* **3,** 133_{13} 146_{26}
– – *Glastropfen in Wasser* **2,** $60_{25–28}$ **3,** 133_{20} 146_{36}
– – *Hohle und volle Kugel* **2,** $58_{33–34}$ **3,** 150_{19} 153_{5} 154_{22}
– – *Holz spalten auf dem Wasser* **3,** $154_{10–11}$
– – *horizontale Bewegung einer hängenden Bombe* **2,** $59_{21–25}$ **3,** $153_{11–14}$
– – *Kartenkunststück* **3,** 147_{1}
– – *Kugel auf dem Schwungtisch* **2,** $59_{26–29}$ **3,** 130_{18}
– – *Leitertanzen* **1,** 88_{R1}
– – *Pulvertonne* **2,** $60_{29–30}$ **3,** 146_{36}
– – *Schmieden auf der Hand / Brust* **2,** $61_{11–15}$ **3,** $133_{10–11}$ 146_{29}
– – *Schwungtisch* **3,** 144_{23}
– – *Zerklopfen der Steine* **2,** $61_{10–11}$ **3,** 146_{28}
– *Zentrifugalkraft*
– – *Haspel* **2,** $73_{29–32}$ **3,** 135_{9}
– – *Schwungtisch* **2,** $72_{26–27}$ $73_{1–18}$ **3,** $167_{7–9}$ 168_{20}–169_{8}
– *zusammengesetzte Bewegung* **6,** 450 (*361*)
– – *Apfel vom Mast* **1,** 919_{19} **2,** $63_{24–25}$ $620_{27–29}$ **3,** 134_{12} 162_{28}–163_{1} **5,** 82_{15}
– – *Diagonalmaschine* **2,** 63_{18} **3,** $134_{10–11}$
– – *Festung und Kanonenkugel* **2,** 65_{41}–66_{7} **3,** 135_{1} **5,** $59_{26–27}$ 60_{31} 82_{25}
– – *Kästners Brettchen* **5,** 82_{14}
– – *Karussel* **3,** $134_{16–17}$
– – *kleines Billiard* **2,** 63_{20} **3,** 134_{11} **5,** 82_{13}
– – *senkrechter Kanonenschuß* **1,** $118_{R1–15}$ 919_{25} **2,** $64_{28–30}$

103_{5-13} **3,** 134_{19-31} 160_{12-18} **5,** 82_{26-32}
– – *senkrechter Wurf in horizontaler Fahrt* **1,** 919_{22-24} **2,** 66_{10-27} 620_{29-32} **3,** 134_{14-15} 160_{19} 161_{3} **5,** 82_{16}
– – *Stein (Flugbahn)* **2,** 68_{20} **3,** 135_{4}
– – *Windhund* **2,** 66_{35-40} **3,** 135_{1} 160_{20} 161_{8} 163_{1}

Versuche (Elektrizität)
– *Anziehen und Abstoßen*
– – *Bratenwender* **1,** 538_{16}
– – *elektrische Spinne* **1,** 538_{15} **4,** 249_{25} 250_{23} 272_{34} 290_{30}
– – *Franklins Fisch* **4,** 290_{25}
– – *Glasfäden* **1,** 538_{9} **2,** 497_{10-12} **4,** 247_{17}
– – *Glockenspiel* **1,** $538_{16-17.\ 21-22}$ **2,** 498_{17-24} **4,** 247_{20} 290_{27}
– – *Goldblättchen* **1,** 538_{11} **2,** 492_{20} **4,** 245_{11} 247_{16} 252_{9-11} 256_{5-7} 274_{23} 290_{24} 354_{1-2} **5,** 468_{23-26}
– – *Haarbusch* **1,** 538_{10} **2,** 497_{13-19} **4,** 247_{17} 290_{28}
– – *Haspel* **2,** 497_{22-29} **4,** 247_{22} 266_{12} 290_{26} 324_{31}
– – *Henleys Elektrometer* **4,** 247_{21}
– – *Kegelschieber* **1,** 538_{20-21} **2,** 498_{9-14} **4,** 247_{23} 266_{12} 290_{28}
– – *Korkkügelchen* **1,** 538_{6-7} **5,** 205_{26-28}
– – *Nadel* **1,** 538_{11-12}
– – *Papierne Puppen* **1,** 538_{17-18} **2,** 497_{30-36} **4,** 247_{18} 290_{29}
– – *Rackstrows Experiment* **4,** 290_{26}
– – *Sägespäne* **1,** 538_{10-11}
– – *Sand* **2,** 497_{37-39} **4,** 247_{19} 290_{29}
– – *Schwamm, nasser* **1,** 538_{12-13} **2,** 498_{1-8} **4,** 247_{34} 266_{17-18} 312_{13}
– – *taktile Wahrnehmung* **2,** 492_{29-30}
– *atmosphärische Elektrizität* **1,** $796_{8.\ 19-27}$
– – *Luftelektrophor als Modell* **5,** 368_{8-10}
– – *Papierdrachen* **2,** 26_{32} 910_{29}–911_{6} 911_{16} 912_{23} **4,** 255_{31} $256_{17-18.\ 24-26}$ **5,** 364_{26} 368_{11} 469_{30}–470_{1} 470_{24-29} 482_{22} 483_{25}
– – *Stangen* **2,** 910_{17-29} **4,** 256_{20} **5,** 469_{7-8} 470_{8-15}
– *Bennets Duplikator* **2,** 519_{12-14}
– *Cavallos Kollektor* **2,** 519_{17-22}
– *Elektrisieren durch Mitteilung*
– – *Haarbusch* **4,** 283_{8}
– *Elektrisieren durch Reibung*
– – *Glasröhre* **5,** 367_{2}
– – *Konduktor* **5,** 367_{3}
– – *Metalle* **4,** 247_{24-27}
– *Elektrisiermaschine* **4,** 287_{10}–288_{25}
– *Funken*
– – *Abschießen der elektrische Pistole* **2,** 499_{9-24} **4,** 248_{4-6} 266_{15} 331_{4-5}
– – *Entzündung von Harzstaub auf Baumwolle* **2,** 499_{5-8} **4,** 248_{3} **5,** 469_{21}
– – *Zündung brennbarer Flüssigkeiten* **2,** 498_{27-32} 499_{1-3} **4,** 247_{28-30} 248_{2-3} 266_{14-16} **5,** 367_{4} 469_{21}
– – *Zündung der elektrischen Lampe* **4,** 331_{3}
– *Geruch* **2,** 492_{31}
– *Influenz*
– – *Finger* **4,** 249_{6-10} 269_{30}
– – *Goldblättchen* **4,** 248_{33} 270_{17-19}
– – *Konduktor* **4,** 296_{9-14}
– – *Nadel im Glas* **2,** 23_{20-23}
– – – *Analogien aus anderen Gebieten der Physik* **2,** 24_{2-11}
– – *silberne Stange* **4,** 248_{34} 270_{1}
– – *Teller des Elektrophors* **4,** 248_{35}
– *Licht*
– – *Bratenwender* **1,** 548_{32}
– – *elektrischer Stern* **1,** 548_{33}
– – *im Vakuum* **2,** 504_{22-25}
– – *zwischen geladener Röhre und Finger* **2,** 492_{33}
– *Metallkalke reduzieren* **4,** 326_{28-29}

– *Nachweis schwacher Elektrizität mit dem Condensator* **4**, 251_{31-34}
– *positive / negative El.* **1**, 544_{20-27}
– – *Anziehung / Abstoßung eines geladenen Probekörpers* **2**, 500_{8-12} **4**, 248_{11} 269_{4-5}
– – *elektrisch zünden* **1**, 563_{R1-11}
– – *Elektrophor* **4**, $248_{17.\,26}$
– – *Lichtenbergfiguren* **2**, 504_{5-19} **4**, 248_{31} 268_{19-20} 300_{22}
– – *mattgeschliffenes Glas* **4**, $248_{15.\,25}$
– *potentiell gefährlich* **1**, 563_{24-25}
– *Sägespäne in der geladenen Luftschicht* **2**, 513_{22-29} **4**, 251_{10}
– *Schauversuche der Gebrüder Bischoff* **4**, 318_{16}–319_{29}
– *Schlag / Stoß / Erschütterung* **4**, 270_{30}
– – *durch einen mit Draht umwickelten Menschen* **4**, 283_{17-19} **5**, 469_{19}
– – *Ei zerschlagen* **2**, 512_{3} **4**, 250_{15}
– – *elektrische Tür* **1**, 562_{4-5} **2**, 512_{29}–513_{8} **4**, 272_{26}
– – *Erschütterungskreis* **4**, 249_{27} 250_{24} 271_{26-27}
– – *Faden im Glas* **4**, 271_{32}
– – *Franklins Zaubergemälde* **1**, 562_{R1-3} 562 **2**, 513_{19} **4**, 249_{26} 250_{21} 271_{26} $272_{11.\,25}$
– – *Geruch* **1**, 959_{31-35}
– – *Glasplatte zersprengt* **2**, 511_{34} **4**, 250_{10} 272_{6}
– – *Karten durchlöchern* **2**, 530_{1-5} **4**, 250_{13} 252_{20} 272_{9} 274_{27-28} 275_{29} 325_{7}
– – *Kastratenexperiment* **1**, 558_{14-17} **2**, 511_{22-24} **4**, 308_{19}
– – *Kleistischer Versuch* **1**, 556_{28-31} **4**, 249_{13-16} 250_{8} 272_{4} **5**, 367_{6}
– – – *Geschichte* **1**, 556_{33}–557_{3} **2**, 510_{13-18}
– – *Metalle schmelzen / oxidieren* **1**, 564_{R1}–565_{R3} 958_{8-36} **2**, 511_{31}–512_{2} **3**, 352_{24} **4**, 250_{11-12} 252_{21} 272_{7-8} 275_{29}
– – *mit Knallgas gefüllte Blase* **2**, 512_{19-28} **4**, 251_{11} 272_{24} **5**, 466_{16-20}
– – *Schießpulver* **2**, 512_{9-18} 913_{8-9} **4**, 250_{16} 272_{10}
– – *Wirkung auf Tiere* **1**, 565_{R11-23} 959_{33-34} **2**, 512_{4-8} **4**, 250_{9} 272_{5} **5**, 367_{5}
– *Turmalin (Pyroelektrizität)* **4**, 262_{13}
– – *Polarität* **4**, 376_{32-34}
– *Umstände* **1**, 536_{5-15}
– *Wirkung auf chemische Indikatoren* **4**, 326_{26-27} 336_{23-26}
– *Wirkung auf organische Körper* **1**, 539_{R1-16}
– *Wirkung auf Pflanzen* **1**, 33_{R1-4} 565_{R26-27}
– *Zündversuche* **6**, 504 (*411*)
Versuche (Geographie)
– *Luftzug an der Tür als Modell für Luft- und Wasserströme* **5**, 324_{1-2} 438_{31}
– *Modell zur Erklärung von Ebbe und Flut* **5**, 29_{8-11}
– *Tiefenmessung mit Bindfaden* **5**, 324_{34}
Versuche (Hydrostatik)
– *anatomischer Heber* **2**, 158_{19} **3**, 266_{28}
– *Archimedischer Versuch* **1**, 181_{31-34} **2**, 163_{38}–164_{9} 177_{21} **3**, $268_{11-12.\,13}$ 269_{14} 272_{3-7}
– – *Rechnung* **1**, 925_{20-33}
– *Auftrieb*
– – *gleiche Gegenstände in gleichen Flüssigkeiten* **2**, 164_{28-30} **3**, 274_{9}
– – *gleiche Gegenstände in verschiedenen Flüssigkeiten* **2**, 164_{34-37} **3**, 271_{16} 274_{10}
– – *verschiedene Gegenstände in gleichen Flüssigkeiten* **2**, 165_{2-4} **3**, 271_{17}

– *Blei unter der Glasröhre* **2,** 158_{24-26} **3,** 266_{29} 267_{25}
– *Cartesische Teufel* **3,** 269_{27}
– *Demonstration, daß Wasser innerhalb von Wasser sein Gewicht behält* **2,** 164_{12-24} **3,** 268_{4-7}
– *Ei in Süß- und Salzwasser* **2,** 165_{6} 168_{26-29} **3,** $269_{12.\,21}$ 274_{19}
– *Eintauchen eines Gewichts in die Elementarwelt* **2,** 164_{9-11} 176_{6-9}
– *Elementarwelt* **1,** 168_{27-28} **2,** 162_{17} **3,** 268_{14}
– *Finger im Wasserglas auf der Waagschale* **2,** 176_{4-6} **3,** 271_{19}
– *Follis hydrostaticus* **2,** 158_{19-20} **3,** 267_{12} 268_{17}
– *hydrostatischer Druck*, s.a. Follis hydrostaticus; Heber – anatomischer.
– – *Blei unter der Glasröhre* **1,** 163_{R1}
– *Knaul an der Waage* **2,** 161_{35-38} **3,** 267_{4} $268_{1.\,20}$
– *kommunizierende Röhren* **2,** 158_{3-8} **3,** 266_{21-22}
– *Sägespäne im Wasser* **2,** 174_{27} **3,** 269_{21} 271_{13} 274_{18} **4,** 232_{18-19}
– *Schwimmen* **2,** 23_{25-34} **3,** 56_{29-30}
– *Segners Maschine* **2,** 161_{25} **3,** $267_{2.\,22}$ 268_{20}
– *verbundene Holzstäbe mit Rollen* **3,** 266_{16}
– *wasserstoffgefüllte Seifenblasen* **1,** 168_{28-29} **3,** 268_{15} 269_{6}

Versuche (Körper überhaupt)
– *Adhäsion fester und flüssiger Körper* **6,** 3 (8)
– *Adhäsion planer Flächen* **2,** 38_{37}–39_{1} 39_{23-28} **3,** 81_{6-8} 111_{4-9} 260_{3-6} **6,** 2 (3) 2 (4) 3 (5) 3 (7)
– *Adhäsion von Wasser* **3,** 81_{4}
– *belegen eines Spiegels [Adhäsion / Kohäsion]* **2,** 39_{29-38} **3,** 81_{11} **6,** 3 (6)
– *Buch mit sympathetischen Papieren [Porosität]* **3,** 76_{23} 93_{20-24}
– *Elastizität von Elfenbein* **2,** 43_{1-6}
– *Elastizität von Flüssigkeiten* **3,** 86_{7-20} 495[160]
– *Elastizität von Gummi* **1,** 71_{R8-14} 915_{21-23} **2,** 43_{29-34} 45_{37-39} **3,** 83_{30} 113_{14-22} **6,** 6 (9) 6 (10)
– *Goldblättchen [Porosität]* **2,** 31_{13-14} **3,** 94_{18}
– *Quecksilber durch Holz [Porosität]* **2,** 31_{11-12} **3,** 93_{16}
– *Quecksilber durch Leder [Porosität]* **2,** 31_{11} **3,** 76_{8} 93_{15}
– *Quecksilber und Finger [Kohäsion]* **3,** 81_{5}
– *Schwimmende Kerze [Undurchdringlichkeit]* **2,** 30_{10-15} 220_{9-11} **3,** 92_{20}
– *sympathetische Tinte [Porosität]* **2,** 31_{35-38} **3,** 76_{9-10} 93_{18-24}
– *Wasser zwischen Glasplatten [Flüssigkeit]* **2,** 48_{21-23} **3,** 119_{18-19} 121_{30-31}
– *Zinnerne Kugel [Porosität]* **2,** 31_{15-16} **3,** 76_{16} 94_{16}

Versuche (Luft)
– *Elastizität*
– – *Ausdehnung der Luftblase in einem Ei bei sinkendem Außendruck* **2,** 251_{34}–252_{7} **3,** 380_{16-17}
– – *Ausdehnung einer Blase bei sinkendem Außendruck* **1,** 255_{30-37} **2,** 248_{14}–249_{2} **3,** 380_{12-15}
– – *Auspumpen mit der Luftpumpe* **2,** 241_{27-30} **3,** 380_{4}
– – *Cartesische Teufel* **1,** 287_{28}–288_{9} **2,** 292_{5-17} **3,** 380_{18} s.a. Lichtenberg, Georg Christoph – Biographisches – Instrumente – zu Abschnitt 7: Luft – Cartesische Teufel Glas (Nr. 92).
– – *Glättung einer runzligen Birne bei sinkendem Außendruck* **2,** 252_{8-11}
– – *Heronsball* **1,** 256_{9-30} **2,** 250_{20-26} **3,** 380_{2}

– – *Luft in einem durch eine Quecksilbersäule abgeschlossenen Gefäß dehnt sich aus bei Wegnahme der äußeren Luft* **2,** 250$_{2-10}$ **3,** 381$_{6}$

– – *Luft in einem durch eine Wassersäule abgeschlossenen Gefäß dehnt sich aus bei Wegnahme der äußeren Luft* **2,** 242$_{22}$–243$_{17}$

– – *Luft in Festkörpern* **1,** 258$_{2-8}$ **2,** 251$_{7}$

– – *Lungenglas* **2,** 249$_{3-25}$ **3,** 380$_{23}$

– – *Schäumen verschiedener Flüssigkeiten bei Unterdruck* **2,** 250$_{29-32}$ **3,** 380$_{19-22}$

– – *Sprengen einer luftgefüllten Flasche durch Wegnahme der äußeren Luft* **2,** 250$_{11-16}$ **3,** 380$_{30}$

– – *Spritze* **3,** 380$_{4}$

– – *umgekehrt ins Wasser getauchtes Glas* **2,** 219$_{28-32}$

– *Feinheit* **2,** 241$_{15-22}$

– *Knallkugel* **1,** 239$_{R24-26}$ **3,** 382$_{1}$

– *Körperlichkeit*

– – *hydrostatisches Ei* **1,** 232$_{R1}$

– – *umgekehrt ins Wasser getauchtes Glas* **2,** 220$_{5-8}$

– *Kompressibilität* **1,** 165$_{R4}$

– *Kompression*

– – *Aufpumpen einer Gummiblase* **2,** 241$_{7-8}$

– – *Demonstration des Mariotteschen Gesetzes* **6,** 480 (*391*)

– – *Hales Versuche* **3,** 406$_{12-19}$

– – *Heronsball* **1,** 286$_{11-32}$ **2,** 289$_{5-7}$

– – *Heronsbrunnen* **1,** 286$_{33}$–287$_{1}$ **2,** 289$_{11-17}$ **3,** 404$_{22}$

– – *Segners schwimmende Fontäne* **2,** 290$_{15-23}$

– – *Sprengen einer Blase* **2,** 241$_{4-6}$ **3,** 388$_{7}$ 409$_{31}$

– – *Windbüchse* **1,** 289$_{23-26}$

– – *Windkessel* **2,** 291$_{27-37}$ **3,** 404$_{25}$

– *Luftdruck*

– – *Abwiegen des Quecksilbers in der Röhre* **1,** 241$_{R1-2}$ **2,** 230$_{19-28}$

– – *Apfel zerschneiden* **2,** 242$_{1-5}$

– – *Daumenglas* **2,** 241$_{31}$–242$_{1}$

– – *fons genuinae fraternitatis* **2,** 302$_{25-30}$

– – *Fontäne im Vakuum* **2,** 242$_{6-12}$

– – *Glas mit Papier* **2,** 223$_{33-37}$ **3,** 379$_{4}$

– – *Heber* **3,** 415$_{16}$

– – *Heber als Springbrunnen* **2,** 301$_{29}$–302$_{4}$

– – *Heber im Vakuum* **2,** 304$_{18-25}$ **3,** 416$_{9}$

– – *Heber kombiniert mit Springbrunnen* **2,** 301$_{6-26}$

– – *Heber, der durch Blasen gestartet wird* **2,** 302$_{7-17}$

– – *Implosion einer Flasche durch Unterdruck* **1,** 254$_{6-7}$ **2,** 245$_{24-27}$ **3,** 380$_{10.\ 27}$ **4,** 165$_{11-12}$

– – *kleine Glocke* **2,** 242$_{13-21}$ **3,** 380$_{7.\ 29}$

– – *Magdeburger Halbkugeln* **1,** 254$_{R1-10}$ **2,** 246$_{3-12}$ **3,** 380$_{6.\ 28}$

– – *magischer Trichter* **2,** 224$_{27}$ **3,** 378$_{27}$

– – *magisches Tintenfaß* **2,** 225$_{26}$ **3,** 378$_{30}$

– – *Ölkrug der Witwe* **2,** 225$_{5}$ **3,** 378$_{28}$

– – *Öllampe* **3,** 378$_{32}$

– – *Sägespäne ansaugen* **2,** 300$_{1-2}$

– – *Saugen im Vakuum unmöglich* **2,** 243$_{40}$–244$_{12}$

– – *Sieb der Vestalin* **2,** 224$_{10}$ **3,** 378$_{25}$

– – *Siedepunktserniedrigung bei verringertem Luftdruck* **1,** 257$_{33-39}$

– – *Sprengen einer Blase* **1,** 254$_{11-16}$ **2,** 245$_{17-22}$ **3,** 380$_{8}$

– – *Springbrunnen* **1,** 257$_{3-5}$

– – *Springbrunnen im Vakuum* **3,** 380$_{9}$

– – *Stechheber* **2,** 224$_{4}$ **3,** 378$_{18}$

– – *Steigen des Quecksilbers bei Wiederzulassung der äußeren Luft* **2,** 243_{18-30} **3,** 381_1
– – *Taschenschreibfeder* **2,** 225_{39} **3,** 378_{31}
– – *umgekehrte Flasche* **3,** 378_{22}
– – *unter der Pumpe geringer als je in der Natur* **2,** 244_{13-27}
– – *Vexierbecher* **2,** 300_{21-30}
– – *Wasser in oben verschlossenen Röhren* **3,** 378_{14}
– – *Württembergischer Heber* **2,** 300_{8-12}
– – *Zauberbrunnen* **2,** 226_6 **3,** 378_{33}–379_1
– *Luftfeuchtigkeit*
– – *Beschlagen von Fensterscheiben* **2,** 463_{15-19}
– *Luftpumpe*
– – *Nebel bei geringem Druck* **1,** 782_{22-25}
– *Manometer in verdünnter Luft* **3,** 384_{21}
– *Musik*
– – *Monochord* **1,** 326_{15} **2,** 330_{20-21}
– *Pumpen von Flüssigkeiten verschiedener spezifischer Gewichte* **2,** 230_{4-5} **3,** 383_{29-30}
– *Schall*
– – *Demonstration des menschlichen Ohrs* **2,** 336_{15-16}
– – *Erzeugung durch Knallpulver* **4,** 7_{25}
– – *Erzeugung durch schwingende Körper* **4,** $7_{20-21.\ 23}$
– – *im Vakuum* **1,** 942_{6-7} **2,** 315_{15-18} **4,** $7_{8.\ 27}$ 10_{34}
– – *im Wasser* **1,** 943_{20-31}
– – *in Luftarten* **1,** 309_{R21-23}
– – *in verdichteter Luft* **4,** 7_{10}
– *Wägung* **3,** 410_{25}
– *Wärmeausdehnung*
– – *Blase über dem Feuer* **3,** 381_{13}
– – *Füllung des Thermometers* **3,** 381_{17} $382_{2.\ 6}$
– – *Füllung einer Kugel* **3,** $381_{15.\ 32}$
– – *Haftung eines Gefäßes aufgrund von Unterdruck* **2,** 228_{26-32} **3,** 381_{31}
– – *Heronsball* **1,** 256_{31-34}
– – *Luftthermometer* **2,** 228_{32-35} **3,** $381_{14.\ 29}$
– – *Schröpfkopf* **3,** 381_{30}
– – *Springbrunnen* **3,** 381_{16}
– – *warme und kalte Luft auf der Waage vergleichen* **2,** 228_{38}–229_3
Versuche (Luftarten)
– *Dämpfe durch glühendes irdenes Rohr* **1,** 900_{11-14} 908_{26-28} 939_{29-31} 940_{4-17} **2,** 273_{27-28} **3,** 333_{23} 345_{34-35} 353_{20-21} 372_1
– *Eudiometer* **3,** $401_{8-9.\ 31}$ 402_{10}
– *Luft, dephlogistisierte*
– – *Brenndauer eines Lichts* **2,** 258_{2-8} **3,** 393_{29}
– – *Schmelzen (z. B. von Eisendraht und Uhrfeder)* **1,** 266_{R7} 516_{17-19} **2,** 257_{32-40} **3,** 393_{27}
– – *Verbrennung verschiedener Materialien* **2,** 257_{22-32} **3,** 393_{20-23}
– *Luft, inflammable*
– – *Ballons* **3,** 398_{29}
– – *explodierende wasserstoffgefüllte Seifenblasen* **2,** 261_{36}–262_4 914_{12-17}
– – *Herstellung* **3,** 396_{31}
– – *Knallgasreaktion* **3,** 398_{9-11} 424_{12-23}
– – *wasserstoffgefüllte Mettwurstdärme* **2,** 263_{6-7} **3,** 398_{32}
– *Reaktion von Ammoniak mit Chlorwasserstoff* **2,** 260_{17-27}
– *Säuerung von Wasser mit fixer Luft* **2,** 269_{18-35} **3,** 393_{11}
– *Selterswasser* **3,** 392_{11} **5,** 338_{11}
– *Verbrennung von Wasser- mit Sauerstoff zu Wasser* **1,** 896_{30-31} **3,** 348_2
s.a. Lefèvre-Gineau, Louis – Zusammensetzung des Wassers.
– *Wägung* **3,** 398_{25}

– *Zerlegung des Wassers im glühenden Flintenlauf* **1,** 900_{15-16} 939_{31-32} **2,** 261_{4-16} 433_{3-4} 447_{3-4} **3,** 345_{26} 365_{30} 366_{28-29}
– – *Variation* **3,** 366_{4-17} 371_{6-10} 372_{3-9}
– *Zerlegung des Wassers mittels Elektrizität* **1,** 896_{3-4} 958_{36-42} 959_{30} **2,** 212_{29}–213_{1} **3,** 370_{35}
– – *Variation* **3,** 371_{2-5}
Versuche (Magnetismus)
– *Anziehung*
– – *Anziehung verschiedener Substanzen* **4,** 345_{5}
– – *Anziehung von Eisenauflösungen* **2,** 546_{24-29}
– – *Anziehung von Eisenvitriol* **2,** 546_{31-32}
– – *Eisenfeilspäne* **2,** 546_{10-12} **4,** 351_{31} 361_{1} **5,** 345_{27-28}
– – *glühendes Eisen* **4,** 352_{13}
– – *Kartenkunststück* **4,** 352_{7}
– – *Kreisel* **4,** 344_{16} 345_{6} 352_{10} 360_{4} 362_{7} **5,** 345_{27}
– – *Magnet zieht Eisen* **4,** 344_{12} 365_{28} **5,** 345_{27}
– – *Nadel im Wasserglas* **4,** 352_{29}
– – *Papierschiffchen mit Materialproben* **2,** 546_{36}–547_{2} 547_{8-9} **4,** 353_{9}
– – *Stoppen eines Uhrwerks* **4,** 352_{8}
– – *Wirkung durch eine Flamme hindurch* **4,** 352_{30}
– – *Zauberuhr* **4,** 352_{3} 360_{16}
– *eiserne Hohlkörper* **6,** 413 (*205)
– *Erde*
– – *Feldlinien* **5,** 434_{22-23} 435_{11-12}
– *Feldlinien*
– – *Eisenfeilstaub* **2,** 556_{38}–557_{3} **5,** 346_{4}
– – *Platonische Kette (Catena Platonis) aus Eisenfeilstaub* **4,** 356_{15}
– – *Platonische Kette (Catena Platonis) und Eisenfeilstaub an Magneten* **4,** 362_{9}
– *Influenz / Magnetisierung*
– – *Abstoßen zweier durch Influenz erzeugter gleichnahmig Pole* **4,** 347_{33}
– – *Draht* **4,** 345_{22} 347_{35-36}
– – *Eisenstab (Magnetnadel) im Magnetfeld* **4,** $357_{3-4.\ 32}$ 363_{30-31} 367_{30-31}
– – *Magnet in Eisenfeilstaub getaucht* **4,** 347_{5}
– – *Magnet und Eisenfeilstaub (Grenadiere)* **2,** 551_{35-38} **4,** 345_{33-34} 346_{27-29} 347_{31} 357_{5} 362_{1} 363_{29} 366_{16} 367_{10}
– – *Magnetisierung einer Nadel* **2,** 546_{19-20}
– – *Platonische Kette (Catena Platonis)* **2,** 551_{30-34} **4,** 344_{17} $346_{15.\ 25}$ 352_{9} 356_{11} 360_{3} 362_{28} 366_{17} 367_{3-4} 761[69]
– – *Umpolung durch Erschütterung* **4,** 346_{4} 361_{28-29}
– *Magnetnadeln* **6,** 414 (*206)
– *Pole*
– – *Feldlinien zwischen den Polen zweier Magnete* **4,** $362_{10.\ 19}$
– – *freundschaftliche / feindliche Pole mit Magnetnadel* **2,** 550_{2-3} **4,** 361_{12}
– – *gleich- / ungleichnamige Pole an hängendem Magneten* **2,** 548_{28-30} **4,** 345_{12} 356_{7} 360_{24-25} 362_{21} 366_{33}
– – *magnetische Enten* **2,** 550_{11-12} **4,** 351_{31} 352_{4-6} 356_{8} $361_{2.\ 13}$ $362_{11.\ 20}$ 366_{14}
– – *magnetische Fische* **2,** 550_{10-11} **4,** 362_{11}
– – *Pole finden mit Drahtstück* **2,** 548_{31-38} **4,** 360_{20} 361_{8} **5,** 346_{2}
– – *Pole finden mit Eisenfeilstaub* **2,** 548_{24-27} **4,** 356_{9-10} 360_{19} 361_{10-11} **5,** 346_{3-4}
– – *Pole finden mit Magnetnadel* **4,** 364_{1} 367_{1-2}

Versuche (Mechanik)
– *Galileis Fallversuch* **2,** 102$_{24}$
– *Reibung* **2,** 152$_{30}$–153$_{5}$ 154$_{13-16}$ **3,** 194$_{29-31}$
– *Schiefe Ebene*
– – *kleiner Wagen* **3,** 180$_{22}$
– *Schwere*
– – *freier Fall im Vakuum* **1,** 156$_{4-7}$ 256$_{R10}$ **2,** 24$_{20-22}$ 156$_{6-8}$ 244$_{28}$–245$_{13}$
– – *Schwungmaschine* **2,** 106$_{12-18}$ **3,** 183$_{22}$ 185$_{7}$
– *Schwerpunkt*
– – *Bestimmung mit Pendeln* **2,** 88$_{25}$ **3,** 177$_{7}$ 199$_{11}$
– – *chinesische Puppe* **2,** 89$_{40}$ **3,** 179$_{17}$ 180$_{2}$ 198$_{1-2}$ 199$_{15}$
– – *Gehen und Stehen* **2,** 90$_{17}$ **3,** 179$_{2}$ 198$_{4-5}$
– – *Gleichgewicht* **2,** 88$_{9-19}$ **3,** 177$_{6}$ 178$_{26}$ 199$_{12}$
– – *kardanisch aufgehängte Lampe* **2,** 90$_{12}$ **3,** 199$_{17}$
– – *Quecksilberuhr* **2,** 89$_{36-38}$ **3,** 180$_{3}$ 198$_{3}$
– – *Rollen von Kugeln* **2,** 89$_{14-16}$ **3,** 178$_{21}$ 199$_{10}$
– – *scheinbar bergauf rollender Doppelkegel* **2,** 89$_{25-26}$ **3,** 178$_{23}$ 197$_{31}$ 199$_{14}$
– – *scheinbar bergauf rollender Zylinder* **2,** 89$_{21-24}$ **3,** 178$_{22}$ 180$_{4}$
– *Stoß*
– – *Gestell mit Elfenbeinkugeln* **2,** 143$_{35-38}$
– – *senkrecht fallende Tonpfeifenröhre* **2,** 145$_{20-32}$
– – *Stoßmaschine* **1,** 142$_{22-23}$
– *Widerstand in Fluida* **3,** 196$_{17}$
Versuche (Optik)
– *Brechung (Stab im Wasser / Münze in der Tasse)* **2,** 365$_{4-14}$ **4,** 55$_{5}$
– *Brechungsverhältnis Wasser / Luft* **4,** 54$_{28}$
– *Brennspiegel* **2,** 362$_{10-22}$ **4,** 53$_{2}$ **6,** 155 (191)
– *ebener Spiegel* **4,** 52$_{29}$
– *Farbenrad* **2,** 387$_{10-27}$ **4,** 66$_{32}$ 68$_{33-34}$ 82$_{23}$
– *Farbtafeln und -karten zu Versuchen mit dem Prisma* **6,** 491 (398)
– *konvexe Linsen* **4,** 55$_{16}$ 57$_{16}$
– *künstliches Auge* **1,** 404$_{16}$
– *Kugelspiegel* **2,** 360$_{29-30}$
– *reelles Bild eines größeren Hohlspiegels* **6,** 160 (194)
– *Sektion von Ochsenaugen* **4,** 64$_{14}$ 83$_{22}$
– *Triboluminszenz* **1,** 552$_{33-39}$
– *Zauberlaterne* **2,** 405$_{22-24}$ **4,** 58$_{19}$
Versuche (Wärme)
– *Aeolipila* **2,** 433$_{16-26}$ **4,** 114$_{28}$
– *Anblasen einer Flamme mit Sauerstoff* **4,** 128$_{31-32}$
– *Argandsche Lampe* **4,** 128$_{33}$ 181$_{29}$ 216$_{7}$
– *Ausdehnung messen mit dem Pyrometer* **2,** 416$_{1}$ **4,** 217$_{31-32}$
– *Dampfdruck von Wasser im Torricellischen Vakuum* **2,** 432$_{8-16}$ 876$_{11-16}$
– *Eiskalorimeter* **4,** 181$_{27}$
– *Entzündung von Terpentinöl* **2,** 482$_{12-18}$ **4,** 181$_{30}$ 204$_{16-17}$
– *exotherme Reaktionen ohne Sauerstoff* **1,** 954$_{4-9.\ 16}$ 956$_{14}$ **2,** 480$_{8-17}$
– *Feuerschlagen* **4,** 182$_{1}$
– *Gefrieren von Wasser mittels Kältemischung* **2,** 476$_{9}$–477$_{17}$ **4,** 126$_{8-10}$ 191$_{16-18}$
– *Gefrieren von Wasser unter Druck* **2,** 424$_{1}$–426$_{16}$ **4,** 135$_{18-33}$ 136$_{1-28}$
– *Kempelens Dampfturbine* **2,** 445$_{15-26}$
– *Knallgasreaktion* **4,** 181$_{30}$
– *Knallkugeln* **2,** 433$_{33-36}$ **4,** 115$_{24-25}$
– *Knallpulver* **4,** 130$_{11}$ 181$_{31}$
– *Luftthermometer* **2,** 450$_{16-19}$ **4,** 118$_{24-27}$
– *Papinscher Topf* **2,** 434$_{16-27}$

– *Springbrunnen mittels Dampfdruck* **2,** 433_{40}–434_{13} **4,** 115_{26} 153_{19}
– *Springgläser* **2,** 421_{28-29} **4,** $111_{8.27}$ 112_{11}
– *Wärmeleitung* **4,** 181_{32}
– *Wärmesammler* **4,** 129_{9-10}
– *Wasser im Vakuum gefrieren lassen* **1,** 434_{23-29} 515*)
– *Wasser kochen in Papiergefäß* **1,** 501_{20-21}
– *Wasserhammer* **2,** 432_{31-34} **4,** 114_{1} 141_{6}
– *Wilckes Luftpumpe* **2,** 444_{4} **4,** 114_{29-30} 115_{1} 141_{10}
Vertikallinie 1, 94_{29-30} **2,** 74_{10}
Vertikalsonnenuhr 6, 392 (**178*)
– *Instrument zum Konstruieren von Vertikalsonnenuhren* **6,** 395 (**188*)
Verwandtschaft (chem.) 1, 226_{12} 931_{33-34} 932_{1-7} **2,** 115_{21-22} 213_{21}
– *Auswirkung auf Wärmekapazität* **2,** 472_{39-40}
– *Beispiel* **3,** 363_{2}
– *bewirkt Verbindung von Wasser- und Sauerstoff* **2,** 483_{11}
– *bewirkt Zersetzung* **2,** 480_{32}–481_{6} **3,** 351_{7}
– *Erklärung bei Lesage* **2,** 116_{10} **3,** 231_{19}
– *Tabelle* **1,** 229_{20}
– *und elektrische Anziehung* **1,** 580_{17-18} **2,** 530_{36-37} 532_{14} $533_{26-27.39}$ **4,** 327_{22-28} 329_{20-25} 330_{23-29}
s.a. Materie – elektrische – Spekulation über chemische Eigenschaften.
– *Vergleich mit hygroskopischer Verwandtschaft* **3,** 414_{11-17} 439_{26}
Verwandtschaft (hygroskopisch) 3, 413_{34}–414_{17} 439_{25} **5,** 448_{27} 452_{23} 454_{13}
Verwittern 1, 285_{33-38}
Vesta (antike Göttin) 2, 224_{21}
Vestalin 2, 224_{17} **3,** 378_{26} **4,** 206_{34}
Vesuv (Vulkan in Italien) **1,** 842_{23} **2,** 705_{33}–706_{1} 954_{10-24} 956_{6} **5,** 119_{18} 391_{16} $393_{4.28}$ 511_{9} $529_{16.26}$ 530_{19}
– *Ausbruch 1794* **1,** 968_{33} 973_{31-38}
– *Wolken darüber* **1,** 448_{32}
– *Zerstörung von Herculaneum und Pompeji* **2,** 954_{12-15} **5,** 531_{9}
Vexierbecher 6, 138 (*166*)
vibratio, s.a. Schwung.
Vibrationssystem, s. Licht – Theorie – Wellenhypothese (Euler).
Vignemale (Berg in Frankreich / Spanien) **5,** 400_{17}
Vilnius (Wilna) 5, 209_{15}
– *Sternwarte* **2,** 792_{21}
Vinland 2, 814_{17} $844_{2.18}$
Vinte (Kreis Osnabrück) **3,** 381_{20}
Vitriol, s. Eisenvitriol.
Vitrioläther
– *Dämpfe elektrisch entzündet* **1,** 552_{8}
– *Verdunstungskälte* **2,** 478_{27}
Vitriolöl
– *Ausgangsstoff einer inflammablen Luft* **3,** 424_{28}
– *Erwärmung bei Kontakt mit (Luft)feuchtigkeit* **1,** 504_{34}–505_{5} **2,** 478_{32} **4,** 115_{30} 127_{14} $128_{18.20}$ 174_{7-8} 200_{35} 206_{19} 207_{31}
– *hygroskopisch* **3,** 413_{35} 414_{5} **4,** 174_{6-7}
– *im Haarröhrchen* **3,** 300_{11}
– *Reaktion mit Kochsalz* **1,** 202_{R11}
– *spezifisches Gewicht* **1,** 185_{22}
– *Volumenkontraktion bei Mischung mit Wasser* **1,** 201_{R2} **2,** 31_{30} 178_{23} **3,** 97_{2}
Vitriolsäure 3, 305_{10}
s.a. Vitriolöl.
– *Analogon zur latenten Wärme* **2,** 488_{5-6}
– *Entstehung gemäß der antiphlogistischen Chemie* **3,** 314_{29} 322_{12-14} 328_{22}

– *Erwärmung bei Kontakt mit Luftfeuchtigkeit* **2,** 478_{32}
– *Flüssigkeit* **3,** 354_{2}
– *im Alaunschiefer enthalten* **5,** 530_{28}
– *im antiphlogistischen System* **2,** 204_{22}
– *Kältemischung* **1,** 504_{8} **4,** 189_{18} 190_{5} 192_{23}
s.a. Tabelle – Kältemischungen.
– *Reaktion mit Erden* **3,** 309_{33}
– *spezifisches Gewicht* **2,** 179_{33}
– *Versuche anzustellen* **3,** 365_{11}
– *Verwandtschaften* **1,** 229_{21-24}
Vitriolspiritus
– *im Haarröhrchen* **1,** 191_{R15} **2,** 186_{20-21}
Vögel, s.a. Ente; Kolibri; Raben; Schwalben; Sperling; Storch; Taube.
– *elektrische Eigenschaften* **4,** 280_{19}
– *Flug* **1,** 294_{R5-7}
– *Schnabel* **2,** 82_{8}
Vogtland **5,** 329_{4}
Vollkreisinstrument (**Circumferentor**) **6,** 299 (**33a*) 319 (**37a*)
– *Vollkreisinstrument zur Messung in der Vertikalen* **6,** 393 (**180*)
Volumen **1,** 61_{20-22} **2,** 32_{31-32} **3,** 92_{10} 95_{9} 96_{24} 111_{15-16}
– *Bestimmung mittels Wägung des verdrängten Wassers* **1,** 178_{15-26} **2,** 176_{29-32} **3,** $272_{8.\ 26}$
– *des Festkörpers verschwindet bei Auflösung* **3,** 303_{34}
– *Kontraktion bei Lösungen* **1,** 203_{2-8}
– *Kontraktion bei Mischungen* **1,** 61_{R1-5} 201_{2-7} **2,** 178_{22-26}
– *Verminderung beim Gefrieren* **1,** 432_{24-26} **2,** 422_{28-30}
Vorsicht beim Schließen **1,** 536_{35}
Vorstellungsvermögen, s. Sinne – Sinnlichkeit.
Vulcan (Berg in Rumänien) **5,** 529_{10}
Vulcano (Vulkaninsel der Liparischen Inseln [Italien]) **2,** 706_{1-3} **5,** 119_{18-19} 530_{13}
Vulkanasche **2,** 839_{9} **5,** 406_{29} 416_{3}
Vulkan(e) **1,** 842_{22} 843_{R1-18} **2,** 823_{29-30} 833_{25} 954_{9} **5,** 329_{15-16} 391_{1} 416_{23} 528_{18} 529_{23}
s.a. Ambrym; Chimborazo; Cotopaxi; Gebirge – vulkanische; Hekla; Lava; Mond; Monte nuovo; Pico; Pico del Teide; Stromboli; Tanna; Tofua; Vesuv; Vulcano; Yasur; Ätna.
– *Aschenregen* **1,** 968_{33-36} **5,** 360_{5} 529_{31}
– *Erdbeben* **1,** 846_{6} **5,** 392_{1} 531_{12}
– *Erklärung* **1,** 844_{16-23} **2,** 435_{25} 933_{35} 954_{30}–955_{20} **5,** 372_{8} 393_{12-33} 528_{1-8} $530_{24-25.\ 31}$
– *erloschene* **1,** 844_{32} **2,** 823_{25} **5,** 329_{8} 386_{1} 393_{1-2}
– *Form* **5,** 407_{2}
– *Hagel bei Ausbrüchen* **1,** 785_{R3} **5,** 467_{19}
– *Klassifikation* **5,** 530_{12-23}
– *Macaluba (Schlammvulkan)* **1,** 843_{R5}
– *Produkte* **1,** 844_{32-39} **2,** 839_{5} 955_{5-6} **5,** 340_{13} 392_{18-19} 406_{21}
– *Rauch* **5,** 366_{15} 392_{2}
– *Rumänien* **5,** 529_{6-12}

Waage **1,** 114_{R4} **2,** 98_{17} **3,** 182_{26} 526^{1} **6,** 40 (27)
s.a. Bierwaage; Salzwaage.
– *Anwendung des Hebels* **1,** 104_{29} **2,** 78_{31} **3,** 197_{3}
– *Federwaage* **6,** 326 (**59*)
– *gleicharmige Waage* **1,** 104_{37}–105_{1} **2,** 78_{32} 92_{26} **3,** 141_{27} 174_{25} 175_{2-5} 177_{10} 198_{7}
– – *Theorie* **3,** 141_{14}
– *hydrostatische* **1,** 176_{9-17} **2,** 175_{2} 176_{16-17} 180_{17} **3,** 271_{20}
– – *Branders* **3,** $269_{17.\ 24}$
– *Prüfung* **2,** 79_{4-7}

– *Ramsdens* **1,** 105$_{R20}$ **2,** 312$_{23–24}$
– *Robervals* **1,** 105$_{R18}$ 921$_{22}$ **6,** 440 (*353*)
– *Schnellwaage (statera)* **1,** 105$_{10}$ 110$_{1}$ **3,** 174$_{27}$ 175$_{6}$ 197$_{4}$
– *Versuch über die Schwere* **2,** 127$_{13}$
Waage (Sternbild; Libra) **2,** 598$_{16.\ 30}$ 792$_{2–5}$ **5,** 208$_{16}$
Waage (Sternzeichen) **1,** 656$_{19}$ **2,** 644$_{10.\ 30}$
Waage, hydrostatische 6, 58 (52)
Waagebalken 6, 432 (*[*232]*) 438 (*351*)
Wachs
– *Bleichen durch Sonnenlicht* **1,** 343$_{R5}$
– *elektrischer Körper (Nichtleiter)* **1,** 534$_{1}$ **4,** 280$_{3}$
– *Elektrizität bei Reibung* **1,** 542$_{11}$ 545$_{2}$ **2,** 503$_{13}$ **4,** 301$_{13}$ 303$_{14.\ 18}$
– *Material für Elektrophor* **1,** 566$_{R19}$ **2,** 514$_{28}$ **4,** 316$_{32}$ 317$_{15}$
– *Verwendung beim Elektrisieren* **4,** 286$_{22}$
Wachstuch
– *als Dielektrikum* **6,** 255 (314)
Wälder
– *Einfluß auf physisches Klima* **1,** 820$_{26}$ **2,** 933$_{7}$ **5,** 148$_{19}$ 371$_{7}$ 491$_{2}$ 495$_{9}$
Wärme, s.a. Erde (Erdkugel); Temperatur.
– *absolute* **1,** 513$_{2–6}$ **2,** 464$_{30}$ 489$_{22–25}$ **4,** 123$_{24–26}$ 181$_{6–8}$ 195$_{32–33}$ 206$_{13}$
– – *Berechnung* **1,** 506$_{R6–8}$ 514$_{29}$–515$_{25}$ **4,** 201$_{21}$–202$_{27}$
– – *Crawfords Berechnung nicht schlüssig* **4,** 205$_{9–19}$
– – *nicht bestimmbar* **1,** 473$_{R10–18}$ **4,** 200$_{22–24}$ s.a. Thermometer – Beschränkung – zeigt nicht die Wärmemenge.
– – *proportional zu Masse und spezifischer Wärme* **4,** 211$_{15}$–212$_{6}$
– *Auflösungen* **1,** 204$_{17}$ 488$_{9–11}$ **3,** 304$_{10}$ 351$_{9–10}$ **5,** 361$_{4}$
– *Aufzählung damit verbundener Phänomene* **4,** 179$_{5–6}$
– *Ausdehnung* **2,** 414$_{27–29}$ **4,** 179$_{9–11}$ 181$_{14–17}$ s.a. Tabelle – Ausdehnungskoeffizienten.
– – *abhängig von der Substanz* **1,** 428$_{2–13}$ **2,** 417$_{2}$ **4,** 110$_{9–12}$ 161$_{4–6}$
– – *Auswirkungen* **1,** 428$_{15–33}$ **5,** 361$_{6–9}$
– – *Beispiele* **1,** 427$_{9–34}$ **4,** 110$_{2–3}$ s.a. Luft (Gas) – Ausdehnung durch Wärme.
– – *Festkörper* **4,** 110$_{6}$
– – *Quecksilber im Vergleich zu Wasser* **2,** 453$_{25}$–454$_{3}$ **4,** 118$_{2–4}$ 161$_{13–14}$
– – *Reversibilität* **4,** 171$_{15–19}$
– – *scheinbarer Widerspruch* **1,** 442$_{37}$–443$_{5}$
– – *Zusammenhang mit Leitfähigkeit* **4,** 221$_{15–17}$
– *Auswirkung*
– – *verhindern durch Kühlung* **1,** 501$_{10–28}$
– *Begriff* **1,** 426$_{6–15}$ **2,** 413$_{20–25}$ **4,** 109$_{11–12}$ 164$_{9–18}$
– *bei chemischen Prozessen* **2,** 933$_{33}$
– *bei Mischung bestimmter Flüssigkeiten* **1,** 487$_{36}$–488$_{1}$ **4,** 179$_{24}$
– *Einfluß auf Luftdruck* **2,** 934$_{32–41}$ **5,** 374$_{15}$
– *Einfluß auf magnetische Erscheinungen* **2,** 847$_{20}$ 848$_{16}$ **4,** 359$_{5–6}$ s.a. Abschrecken – Magnetisierung durch Abschrecken.
– *Empfindung kann täuschen* **1,** 497$_{7–32}$ **2,** 459$_{12–15}$
– *Feuer(materie)* **1,** 493$_{35}$ 494$_{19}$ **3,** 312$_{27}$–313$_{6}$ 360$_{21}$ **4,** 123$_{9–13}$ 195$_{24}$ **5,** 379$_{5}$
– – *Abgrenzung vom Brennen* **5,** 513$_{5–13}$

– – *Anhäufung* **2,** 952_{10}

– – *Auflösungsmittel für Flüssigkeiten* **1,** 446_{17} **2,** 280_{19-20} 876_{35-37} 877_{18-19} 887_{5} **3,** 338_{9-12} **4,** 109_{26} 114_{13} s.a. Wärme – Feuer(materie) – Wolken.

– – *Ausbreitung* **4,** 206_{10-12}

– – *Begriff* **1,** 426_{R12-14} **2,** 414_{6-8}

– – *Bestandteil der elektrischen Materie* **1,** 588_{33} **3,** 345_{20}

– – *Bestandteil der Luftarten* **1,** 939_{37} **2,** 252_{18-20} 475_{33-34} **3,** 410_{5} **4,** 176_{5-6}

– – *Bestandteil der Wassers* **5,** 516_{32-34}

– – *Bestandteil des Lichts* **3,** 342_{34}

– – *Bestandteile* **2,** 479_{10-11} 484_{26-29} 928_{18-20} **3,** 360_{23-30} **4,** 175_{25-26} 176_{3-4} **5,** 447_{18-20}

– – *(mutmaßliche) Eigenschaften* **1,** 495_{19-34} **2,** 487_{2-37}

– – *Elastizität* **2,** 43_{19} **4,** 119_{15}

– – *Expansibilität* **2,** 486_{6-7}

– – *Gegenstand der besonderen Naturlehre* **3,** 24_{9} 27_{12-22}

– – *im antiphlogistischen System* **2,** 201_{25} **3,** 313_{33} 327_{33} 333_{27} 339_{26} 360_{30} s.a. Chemie – antiphlogistische (französische, neue) – wichtige Verbindungen.

– – *imponderabel* **1,** 494_{28-32} **2,** 484_{13-16}

– – *läßt sich nicht einsperren* **2,** 448_{8-10} 468_{33-34} $487_{11-12. 21-22}$ **4,** 109_{28-29} 228_{9-11}

– – *Rolle bei Auflösungsprozessen* **1,** 225_{8-15} **2,** 431_{15} **4,** 138_{22-26}

– – *Rolle bei der Auflösung von Luft in Wasser* **1,** 435_{R3-10} **2,** 878_{21}

– – *Spekulation über chemische Eigenschaften* **1,** 204_{R5} 438_{R24-27} 954_{24-27} **2,** 473_{11-16} 475_{13-38} 487_{35}–488_{2} **3,** 325_{24} 338_{24} 357_{17} 368_{20} $370_{25-26. 29}$ 388_{19-26} **4,** 177_{2} 205_{23-27} 219_{28} **5,** $360_{11. 22}$ 527_{23-24}

– – *trägt zu den Eigenschaften der Fluida bei* **3,** 266_{11}

– – *Ursache der Wärme* **1,** 426_{R7-12} **2,** 413_{32-34} **4,** 109_{21}

– – *Verhältnis zu elektrischer, magnetischer und Lichtmaterie* **3,** 27_{28-29}

– – *Verhältnis zum Phlogiston* **1,** 515_{27-30} **3,** 312_{4-16} **4,** 127_{23-24}

– – *Verwandtschaften* **1,** 506_{22-32} **4,** 206_{16}

– – *Wolken* **1,** 449_{20} **2,** 885_{39} 886_{32} 887_{28} 895_{20} **5,** 364_{18}

– – *zum Schmelzen nötige Menge* **1,** 498_{38}–499_{1}

– – *Zusammenwirken mit der elektrischen Materie bei chemischen Prozessen* **1,** 959_{4}

– *freie (sensible)* **2,** 464_{25} **4,** 123_{26-27} 181_{12-13} 196_{4-5} 206_{14}

– – *Mischung verschiedener Stoffe* **1,** 510_{13-30} **2,** 465_{4}–466_{3} **4,** 124_{19-33} 125_{1-7} 198_{2-26}

– – *Mischungsregeln* **1,** 508_{11}–509_{43} 510_{1-11} 511_{1-19} **4,** 124_{11-17} 196_{21-33} $197_{1-8. 16-33}$

– – *Umwandlung zu latenter*

– – – *bei der Erzeugung von Luftarten* **2,** 474_{37}–475_{1} **5,** 454_{14-15}

– – – *beim Schmelzen* **1,** 513_{21-29} **2,** 473_{28-31} **4,** $126_{3-4. 24-26}$ 139_{7-8} 175_{5-6} 179_{13-16} 200_{17-19}

– – – *beim Verdampfen* **1,** 513_{36-39} **2,** 474_{21-32} **4,** $126_{14. 29}$ 139_{8} 179_{17-19}

– – – *Beispiele* **2,** 476_{1-2}

– – *Wirkung* **1,** 507_{7-17} **2,** 414_{20} 483_{19-22} 488_{10}–489_{7} **4,** 181_{4-5}

– *Gährung und Fäulnis* **1,** 492_{12-16} **2,** 933_{32} **3,** 440_{9} $441_{24. 33}$ s.a. Gährung – Art von Verbrennung.

– *gebundene (latente)* **1,** 507_{34-40} **2,** $473_{16-17.\,20}$ 475_{16-26} 488_{4-5} **4,** 126_5 180_{25} 204_{22} 208_8 210_{3-4} **5,** 447_{16} 462_{30-31}
– – *Freisetzung* **5,** 464_{27-28}
– – – *bei der Sternentstehung* **5,** 379_{14-15} 512_{31-32}
– – – *bei der Zersetzung von Luftarten* **2,** $475_{1-5.\,37-38}$ **5,** 466_{33}–467_1
– – – *beim Erstarren* **1,** 513_{29-36} 519_{2-3} **2,** 473_{36}–474_1
– – – *beim Kondensieren* **1,** 513_{39-40} **2,** 474_{32-34} 878_{27} **4,** 179_{21-22}
– – – *Beispiele* **2,** 479_1
– – *Zweifel* **4,** 200_{20-32}
– *Geruch von Körpern bei Erwärmung* **3,** 346_{12} 352_{22-23} **4,** 129_{14} 206_{26} 224_{34-35} 231_{29}
– *Lehre*
– – *noch nicht mathematisch gefaßt* **2,** 21_1 413_{11-13} **3,** 49_{1-2}
– – *Wichtigkeit* **2,** 413_{3-10}
– *mechanische Erklärung* **4,** 177_{16-23}
– *Messung* **4,** 164_{30}–165_1 s.a. Thermometer.
– *Mitteilung* **1,** 496_{16-17} 500_{2-30} 522_{36} **2,** 448_{11} 459_3 **4,** 206_{15} s.a. Wärmeleitung.
– – *Argument gegen Wellennatur des Lichts* **4,** 49_{26}
– – *Hinweis auf Porosität der Körper* **2,** 31_{1-2} **3,** 94_{19} 96_{31}
– – *Isolation durch schlechte Wärmeleiter* **2,** 460_{33}–461_3 **4,** 128_{9-12}
– – *lokale Angleichung* **1,** 496_{27-34} **2,** 447_{28-34} 459_{11-12} 489_{4-7} **4,** 196_{14-19}
– – *Parameter* **1,** 497_{16-32} 499_{6-30} 501_{30}–502_8 **2,** 459_{15-18} 460_{21}–461_3 $461_{6-7.\,11-13}$ **4,** 183_{19-28}
– – *Richmanns Regel* **1,** $498_{3-16.\,R1-7}$ 509_{31-32} **2,** 460_1 473_{24} 888_{17} **4,** 197_8 212_{10-11}
– *Quelle von Elektrizität* **4,** 288_{27} 289_{18}
– *Regen* **5,** 461_{14}
– *Reibung* **1,** 487_4 488_{15-20} 489_{9-15} 492_{21-28} 521_{35-44} 522_{1-9} **4,** $128_{1.\,29}$ 129_{11} 179_{30-31} 203_{18}
– – *als Erklärung nicht hinreichend* **1,** 492_{29-38}
– *relative* **2,** 468_{17} 471_{1-18} **4,** 181_{10-24} s.a. Tabelle.
– *Saussures Kasten* **1,** 490_{22-29} **4,** 129_8
– *Selbstentzündung* **1,** $492_{18-21.\,R11}$ 515_{R8} **2,** 482_{24-28} 490_{13} **4,** 129_{19-20} 203_{16-17} 208_{26} s.a. Eisenfeilspäne – Selbstentzündung von feuchten; Pyrophor; Terpentinöl – Entzündung.
– *Sonnenstrahlen* **1,** 489_{6-9} 660_{6-11} **5,** 522_{21}
– – *dunkle Körper stärker erwärmt als helle* **1,** 489_{15-22}
– – *Verstärkung durch optische Instrumente* **1,** 489_{24-36}
– *spezifische* **1,** 511_{21-28} **2,** 460_{16} 464_{32} 465_{3-4} 489_{25-27} **4,** 123_{31-32} 124_{1-5} 181_{18-20} 196_{1-2} 199_{21-29} 206_{13} 207_{29} 208_{12} 210_4 s.a. Tabelle; Wärmekapazität.
– – *bei Verbrennung von Wasserstoff* **3,** 348_{22-25}
– – *beim Gefrieren von Wasser* **1,** 435_{5-15}
– – *Berechnung* **1,** 510_{32-42} 511_{1-19} **2,** 466_{14}–467_{14} **4,** 125_{8-18} 198_{27}–199_{19} 208_{28-33} 212_{14-21} 220_{12-13}
– – *dephlogistisierte Luft hat große* **3,** 312_{26}
– – *in der antiphlogistischen Chemie* **3,** 322_7
– – *maßgebliche Versuche* **2,** 468_{1-24}
– – *Problematik der Definition* **4,** 205_{28-29}
– – *temperaturabhängig* **4,** 206_{2-3}

– – *von Mischungen* **4,** 575^{296}
– *Strahlung* **1,** 522$_{36-37}$ **2,** 486$_{2-6}$ **4,** 218$_{26}$–219$_{3}$ s.a. Farbe(n) – Einfluß auf Wärmeleitung.
– – *Ausbreitungsgeschwindigkeit* **1,** 426$_{R2-4}$
– – *Beobachtung L.s* **2,** 463$_{22-34}$
– – *Forschungsprogramm* **4,** 216$_{9}$–217$_{23}$
– – *Reflexion* **4,** 217$_{22-23}$ 226$_{3-4.\,25}$ 228$_{19-21}$
– *Theorie* **2,** 483$_{26}$
– – *Äther für die Wärme* **4,** 210$_{17-23}$
– – *Crawfords* **1,** 506$_{18}$–522$_{44}$ 523$_{1-11}$ 954$_{24}$–956$_{14}$ **4,** 122$_{17}$ 181$_{4-25}$ 195$_{23}$ 206$_{8}$
– – – *Hauptunterschied zu konkurrierenden Theorien* **1,** 511$_{R9}$–512$_{R9}$
– – – *Kritik* **1,** 506$_{R5-11}$ 511$_{R2}$ 514$_{R23-24}$ 954$_{30-32}$ 955$_{9-21}$ **4,** 205$_{3}$ 213$_{15-19}$
– – – *L.s Darstellung* **1,** 887$_{30-34}$
– – – *Modifikation durch L.* **1,** 955$_{29}$–956$_{13}$
– – *Delucs* **2,** 484$_{26}$–486$_{37}$ 928$_{7-20}$
– – – *Erklärungskraft* **2,** 489$_{32}$–490$_{23}$
– – *Pictet* **4,** 209$_{22}$–210$_{5}$
– – *Scheele* **4,** 175$_{4}$
– – – *Kritik* **4,** 176$_{20-36}$
– – *Teilchenbewegung* **1,** 493$_{7-32}$ **2,** 483$_{34}$–484$_{3}$ **4,** 180$_{4-5}$ 210$_{13-15}$
– – – *Kritik* **2,** 484$_{10-13}$ **4,** 180$_{13-29}$ 182$_{1-8.\,12-15}$ 185$_{10}$
– – *Vergleich* **4,** 176$_{7-18}$
– – *Wärmestoff* **1,** 493$_{34}$–494$_{18}$ **2,** 484$_{4-7}$ **4,** 180$_{6-10}$ 181$_{1-2}$ 210$_{15-16}$ 210$_{23}$–211$_{12}$
– *tierische* **1,** 516$_{30}$–517$_{11}$ 518$_{32-36}$ 954$_{27-30}$ 954$_{42}$–955$_{9}$ **2,** 490$_{2-3}$ 933$_{30}$ **3,** 357$_{28-29}$ **4,** 128$_{3.\,5-6}$ 179$_{29}$ 203$_{23-27}$ 207$_{26-27}$ 208$_{4.\,19}$ 224$_{3-8}$
– *Wirksamkeit* **4,** 164$_{23-29}$ 232$_{13-15}$
– *Wirkung auf Nichtleiter* **1,** 533$_{14-18}$ 535$_{9-11}$ **2,** 495$_{28-30}$
Wärmekapazität 1, 507$_{R5-11}$ **2,** 448$_{20}$ 460$_{16}$ 464$_{21}$ 489$_{18-19}$ **4,** 124$_{26}$ 155$_{23-24}$ 196$_{3}$ 207$_{29}$ 228$_{29}$ 555^{225} s.a. Wärme – spezifische.
– *Änderung führt zu Erwärmung oder Abkühlung* **2,** 471$_{21}$–473$_{5}$ 475$_{9}$ 482$_{24-26}$ 489$_{37-39}$
– *Änderung läßt Wolken entstehen oder sich auflösen* **2,** 888$_{24-25}$
– *geometrische* **4,** 208$_{27}$
Wärmeleitung 1, 497$_{R1-4}$ **2,** 251$_{23-24}$ 448$_{15}$ 459$_{17}$ 460$_{18}$ 487$_{24-25}$ **4,** 183$_{13}$ 196$_{20}$ 214$_{16}$ 215$_{19-33}$ 217$_{26}$–218$_{25}$ 219$_{4-31}$ 221$_{1}$–227$_{34}$ 228$_{14-18}$ 229$_{1}$–230$_{3}$ 231$_{1-21.\,26-32}$ 232$_{16-34}$ 233$_{1-23}$ **5,** 495$_{21-22}$
– *Apparat zur Messung der Wärmeleitung* **6,** 559 (467)
Wärmesammler 4, 233$_{5}$
Wahlanziehung (attractio electiva) **1,** 202$_{R20}$ 226$_{13}$ **3,** 240$_{4}$ 309$_{14}$ s.a. Verwandtschaft (chem.).
– *Beispiele* **1,** 202$_{R10-13}$ 228$_{9-40}$
– *einfache / doppelte* **1,** 227$_{30}$–228$_{8}$ 932$_{9-10}$
– *Förderung* **3,** 368$_{8}$
Wahrheiten
– *Stammtafeln* **1,** 125$_{R34}$ **3,** 206$_{3}$ 211$_{14.\,25}$ 235$_{20}$
Wal 3, 438$_{13}$ 439$_{16}$
– *Walrat (sperma ceti)* **2,** 430$_{4-8}$ **4,** 113$_{19}$
Wales 2, 107$_{5}$
Walfisch (Sternbild; Cetus), s.a. Mira Ceti.
– *δ Ceti* **2,** 590$_{25}$
Wallis (Schweiz) **5,** 328$_{25}$
Walton-on-the-Naze (Essex) **3,** 400$_{32}$
Wandsbek 5, 79$_{28}$
– *Sternwarte* **2,** 617$_{2-4}$
Wardoehus
– *Nordlicht* **1,** 813$_{18}$

Warszawa (Warschau; Polen) **5,** 259$_{11}$
Warwickshire 4, 152$_{16}$
Wassenaar 2, 829$_{2}$ **5,** 332$_{32}$
Wasser 1, 223$_{7}$
s.a. Eis; Lichtenberg, Georg Christoph – Biographisches – Gedanken über das Wasser; Marienbad; Meer; Quellen.
– *Aggregatszustände* **1,** 223$_{10-23}$ **5,** 360$_{19-20}$ 455$_{13-16}$
– *als Spiegel* **1,** 356$_{28-29}$
– *Analogie zum Wärmestoff* **4,** 209$_{24}$
– *Auflösung in der Luft* **1,** 899$_{16-22}$ 907$_{13-21}$ 908$_{11-26}$ 909$_{36}$–910$_{4}$ **2,** 875$_{20-21}$ 876$_{3-5}$ 877$_{33-36}$ **3,** 410$_{6}$ **4,** 155$_{12-13}$ **5,** 463$_{6}$
s.a. Wortstreit – in Luft aufgelöstes Wasser.
– *Ausdehnung beim Gefrieren* **1,** 433$_{20-28}$ 436$_{R3-8}$ **2,** 423$_{4-5}$
– – *Ausnahme* **1,** 950$_{22-23}$
– – *Folgen* **1,** 434$_{5-18}$ **2,** 423$_{37-38}$
s.a. Eis – Kraft des entstehenden Eises.
– – *Ursache* **1,** 433$_{28}$–434$_{4}$ 434$_{19-23. R12-30}$ **2,** 423$_{20-39}$ **4,** 112$_{29}$–113$_{9}$ 131$_{16-28}$
– *Ausdehnungskoeffizient* **1,** 480$_{27}$
– *Ausdünstung* **2,** 432$_{2}$ 872$_{22-26}$ 875$_{19}$ **4,** 113$_{31}$ 312$_{2}$ **5,** 458$_{13-14}$
– *Beimischungen* **1,** 223$_{37}$–224$_{5}$ **2,** 832$_{4-8}$ **5,** 337$_{1-19}$
– *Benetzung* **1,** 188$_{5-12}$ 191$_{4-12}$ 199$_{14-19}$ **3,** 298$_{9. 25}$
– *Bestandteil von Luftarten* **1,** 900$_{9}$ **3,** 320$_{18-19}$ 321$_{31}$ 323$_{23-24. 34-35}$ 325$_{29-30}$ 329$_{27-28}$ 339$_{3}$
– *bleibt in engen Röhren oberhalb von Luft stehen* **1,** 167$_{R3}$
– *Brechung des Lichts* **1,** 369$_{23-30}$ **2,** 372$_{3-14}$ **4,** 55$_{1-3}$
– *destilliertes* **5,** 398$_{21}$
– – *Kristallisation* **1,** 205$_{R14}$ **2,** 199$_{31-32}$
– *Elastizität* **1,** 71$_{R2-3}$ 486$_{5-10}$ 915$_{26}$ **3,** 117$_{10. 24}$
s.a. Elastizität – Fluida.
– *Element* **1,** 831$_{36}$
– *Fließen auf Oberflächen* **1,** 191$_{14-23}$ **3,** 298$_{11}$ 299$_{6-7}$
– *Gefrieren* **2,** 476$_{11}$ **4,** 135$_{11}$ 136$_{31}$ 191$_{16-17}$
– – *im Vakuum* **1,** 434$_{23-42}$ 515$^{*)}$
– – *mittels Kältemischungen* **1,** 505$_{10-12. R1-3}$ **4,** 187$_{9-11}$
– – *mittels Verdunstungskälte* **4,** 170$_{11}$
– *Gefrierpunktserniedrigung durch Salze* **1,** 435$_{40}$–436$_{4}$
– *globale Abnahme* **1,** 849$_{28-31}$ **5,** 393$_{36}$–394$_{4}$ 532$_{18}$
– *hart / weich / mineralisch* **1,** 224$_{5-8}$ 744$_{17-18}$ **5,** 338$_{18-22}$
– *im Haarröhrchen* **1,** 191$_{R19}$ **2,** 186$_{17}$ **3,** 300$_{10-11}$
– *Kochen* **1,** 447$_{R3}$ **2,** 432$_{22-25}$
– *Kristallw.* **1,** 899$_{31-35}$ 909$_{5-13. 31-35}$ **2,** 475$_{29}$ **4,** 187$_{19}$ 188$_{15}$ 209$_{11}$
s.a.u. Gips.
– *Leidenfrost-Effekt* **1,** 443$_{11-16}$ **2,** 446$_{37-39}$ **4,** 127$_{5-10}$ 139$_{16-19}$ 615^{505} 617^{516}
– *Lösungsmittel* **1,** 203$_{R8-14}$ 224$_{22-25}$ **2,** 199$_{27-28}$ **3,** 304$_{1-2}$
– *Marienbad* **1,** 451$_{28-31}$ **4,** 126$_{16. 33-34}$
– *Mischung mit Weingeist oder Säuren erwärmt sich* **1,** 488$_{1-5}$
– *Produkt der Verbrennung von inflammabler Luft* **1,** 270$_{5-6}$ 291$_{1-3}$ 441$_{28-34}$ **2,** 262$_{26-27}$ 435$_{3-8}$ **3,** 328$_{12}$
– *Schallausbreitung* **1,** 319$_{22-34}$ 943$_{20-28}$ **2,** 314$_{25-26}$
– *Schwimmen auf komprimierter Luft* **2,** 297$_{1}$ 944$_{29}$ **3,** 408$_{29}$ 409$_{2}$
– *Siedeverzug* **1,** 483$_{2-7}$
– *spezifische Wärme* **1,** 512$_{5}$
– *spezifisches Gewicht* **1,** 177$_{23-28. R5-8}$ 178$_{R3-12}$

– *Tropfen*
– – *als Mikroskop* **1,** 420_{16-17}
– – *Elastizität* **1,** 486_{R1-12} **2,** 42_{14-17} **3,** 117_{12} 119_{22}
– *unelektrischer Körper (Leiter)* **1,** 535_{3} **4,** 280_{17}
– *unterkühltes* **1,** 436_{23}–437_{19} 482_{R1-3} **2,** 429_{6-21} **4,** 135_{3-9} 136_{34}–137_{27}
– – *Gefrieren* **1,** 437_{R15-33}
– – *Temperatur* **1,** 437_{39-41}
– *Vakuumversuch* **2,** 250_{29} **3,** 380_{19}
– *Verhalten gegenüber Luftarten* **5,** 461_{12-13}
– *Verwandtschaften* **1,** 231_{5-6}
– *Volumenkontraktion bei Mischungen* **1,** $201_{9.\,R1}$ **2,** 31_{26-31} 178_{23} **3,** 97_{2}
– *Wärmeleitung* **2,** 464_{17} **4,** 185_{7}
– *Wellen* **1,** 167_{35-36} 314_{R25-27} **4,** 12_{6-13} **5,** 16_{22-28}
s.a. Schall – Wellen – Vergleich mit Wasserwellen; Öl(e) – glättet die Wogen.
– *Zerlegung / Zusammensetzung* **1,** 223_{29-31} 266_{R19-27} 449_{44}–450_{1} 458_{R9} 887_{12-13} 899_{36}–900_{3} 908_{29-36} 931_{22-27} **2,** 210_{1-2} 261_{5} 447_{1-4} 483_{14} 948_{6-8} **3,** 322_{1-4} 328_{15} 333_{14-15} 342_{4} 347_{17} 353_{10} 356_{9-10} 357_{33} 361_{28} 365_{34-35} **4,** 264_{30}–265_{2}
s.a. Knallgasreaktion; Versuche (Luftarten) – Zerlegung des Wassers mittels Elektrizität.
– – *andere* **3,** 371_{28}
– – *beim Schmieden* **4,** 129_{15-16}
– – *Bestandteile* **2,** 210_{17-19} 276_{11-15} **3,** 314_{10-11} 318_{1-2} 420_{13}
– – *Bild für magnetische Materie* **2,** 563_{33-36} **4,** 374_{30-32} 375_{2-4}
– – *durch Pflanzen* **3,** 342_{23} 346_{2}
– – *Entdeckung* **1,** 217_{R30-31}
– – *Kritik an der antiphlogistischen Interpretation der Versuche* **1,** 896_{2-35} 958_{42-44} **2,** 278_{13-29} $279_{7-8.\,23-28}$ **3,** 320_{3-24} 323_{21-36} 329_{19-34}
– – *Lefèvre-Gineaus Versuch* **2,** 277_{21}–278_{12} 278_{30}–279_{6} **3,** 318_{14}–320_{2}
– – *phlogistische Interpretation der Versuche* **3,** 326_{25-31}
– – *Rolle der Elektrizität* **3,** 333_{2-7} **4,** 331_{32}
s.a. Wasser – Zerlegung / Zusammensetzung – Kritik an der antiphlogistischen Interpretation der Versuche.
– – *Zerlegung mittels Elektrizität* **2,** 279_{9-23} **3,** 345_{7}
– – *Zusammenhang mit dem Donner* **5,** 474_{6}

Wasserbau
– *Dämme* **2,** 161_{10} **5,** 476_{3}
– *Kanal von Languedoc* **2,** 303*
– *Schleusen* **3,** 267_{21}

Wasserblasebalg **1,** 442_{R15}

Wasserblei, s. Molybdän (Wasserbleikönig).

Wasserdampf
– *Analogon zum Wärmestoff* **2,** 479_{15-29} 484_{29}–485_{6} 928_{13-14}
– *Bestandteil der Luftarten* **1,** 939_{38-41} **4,** 332_{4}
– *Dampfmeer* **5,** 448_{1}
– *Eigenschaften* **4,** 114_{6-7}
– *Elastizität* **1,** 442_{13-15} 950_{28} **2,** 262_{28-30} **4,** 114_{16-23}
– – *Beispiele* **1,** 442_{15-24} **5,** 466_{20-21}
– – *Funktion der Temperatur* **1,** 441_{R24-27} **2,** 432_{4-8} 435_{15-20} **5,** 466_{21-30}
– *häufigster Dampf* **5,** 361_{14-18}
– *ist kein Wasser* **1,** 909_{27}
– *Verbindung von Wasser mit Feuermaterie* **2,** 887_{4} **5,** 447_{20-22}
– *Vergleich mit der elektrischen Materie* **2,** 542_{10-20} **4,** 327_{7}–328_{23} 328_{29}–330_{29} 331_{13-16}
– *Vorrichtung zum Heizen mit Wasserdampf* **6,** 556 (459)

Wasserfälle 1, 747$_{15-26}$ 967$_{20-27}$ **2,** 834$_{29}$–835$_{2}$
s.a.u. Nebel; Regenbogen.
Wasserhammer 1, 446$_{41}$ **2,** 50$_{19}$ 432$_{27}$ 876$_{21}$ **4,** 114$_{1}$ 139$_{9}$ 141$_{6}$ **6,** 11 (14) 200 (244) 545 (*439*)
– *Etymologie* **1,** 74$_{R16}$–75$_{R10}$
– *nach Saussure* **6,** 200 (244) 545 (*440*)
Wasserhose 1, 807$_{28. R30-37}$ 971$_{15-34}$ **2,** 919$_{12}$–921$_{35}$ **5,** 482$_{2}$
Wasserkreislauf 2, 872$_{26-30}$ **5,** 323$_{11}$ 336$_{4}$ 398$_{24-25}$ 484$_{8-17}$
– *Nutzen der Berge* **2,** 957$_{7-8}$ **5,** 343$_{1-3}$ 543$_{21-22}$
– *Zweck* **5,** 334$_{9-16}$
Wassermann (Sternbild; Aquarius) **2,** 598$_{31}$ **5,** 208$_{21-22}$
– *η Aquarii* **2,** 590$_{26}$
Wassermann (Sternzeichen) **1,** 656$_{21}$
Wasserschlange (Sternbild; Hydra)
– *α Hydrae* **5,** 210$_{25}$
– *τ Hydrae* **2,** 590$_{27}$
Wasserstoff, s. Luft, inflammable, s.a. Hydrogen.
Wasserwaage 6, 268 (332)
Webstuhl, s. Metapher – Webstuhl.
Weende (Dorf ca. 3 km nördl. Göttingen) **2,** 53$_{1}$ **5,** 36$_{26}$
Weg 1, 77$_{27}$ **2,** 52$_{21}$
– *nasser / trockner*, s. Auflösung.
– *verschiedene Wege zum gleichen Ziel* **3,** 256$_{9-10}$
– *Wege verhalten sich wie die Geschwindigkeiten multipliziert mit den Zeiten* **1,** 80$_{22-24}$ **2,** 55$_{18-19}$
Wega (Lucida [α] Lyrae) **1,** 715$_{R5}$ **2,** 782$_{16}$ 787$_{15}$ **5,** 199$_{5}$ 201$_{25}$ 214$_{17}$
Weil der Stadt 2, 645$_{12}$ **5,** 87$_{27}$
Weilburg/Lahn 4, 758^{51}
Weimar 2, 956$_{12}$
Wein
– *Champagner* **2,** 251$_{1}$ **3,** 391$_{19}$
– *Prüfung*
– – *Hahnemannische Probe* **2,** 32$_{24-25}$ **3,** 94$_{31-32}$
– – *Württembergische Weinprobe* **2,** 32$_{13-24}$ **3,** 94$_{8-14}$
Weingeist 1, 221$_{10}$ **5,** 434$_{6}$
– *als Medium zur Bestimmung des spezifischen Gewichts* **1,** 178$_{12}$
– *Ausdehnungskoeffizient* **1,** 480$_{25}$
– *Ausdünstung* **4,** 312$_{1}$
– *Ausgangsstoff einer inflammablen Luft* **3,** 424$_{29}$
– *Belegung der Leidener Flasche* **1,** 558$_{27}$ **4,** 305$_{3}$
– *Benennung* **3,** 308$_{26-31}$ 382$_{21}$
– *Bestandteile* **3,** 371$_{15-16}$ 441$_{14-19}$
– *bleibt in engen Röhren oberhalb von Luft stehen* **1,** 167$_{R4}$
– *Brennbarkeit* **1,** 454$_{23}$
– *Elastizität* **3,** 118$_{33}$
– *Elastizität seiner Dämpfe* **1,** 441$_{R28-31}$ 442$_{R1-2}$ **2,** 433$_{27}$ 435$_{21-22}$
– *elektrisch entzündet* **1,** 551$_{13}$ **2,** 498$_{27}$ **4,** 247$_{29}$ 248$_{2}$ 266$_{14}$
– *Eudiometer* **4,** 225$_{12-13}$
– *Gährungsprodukt* **1,** 284$_{23}$ **3,** 440$_{24}$ 441$_{27-28}$ 442$_{18}$
– *im antiphlogistischen System* **2,** 205$_{27}$
– *im Haarröhrchen* **2,** 186$_{17}$ 197$_{4}$ **3,** 300$_{10}$
– *im Thermometer* **1,** 167$_{R5-7}$ 463$_{18-23}$ 466$_{18}$–467$_{6}$ 469$_{R4-9}$ **2,** 450$_{32}$ 452$_{29-31}$ **4,** 110$_{5}$ 117$_{11}$ 159$_{21-22}$ 160$_{11. 27}$
– *in der Elementarwelt* **3,** 269$_{2}$
– *Lösungsmittel* **1,** 221$_{36-40}$
– *Mischung mit Wasser oder Säuren erwärmt sich* **1,** 488$_{1-5}$
– *reich an Phlogiston* **1,** 453$_{8}$
– *spezifisches Gewicht* **1,** 185$_{33. R16. R23}$
– *Verbrennung* **1,** 221$_{R2-8}$ **3,** 346$_{17}$
– *Versuche anzustellen* **3,** 365$_{13-15}$
– *Verwandlung in inflammable Luft* **1,** 940$_{11}$
– *Verwandtschaften* **1,** 231$_{3-4}$

– *Volumenkontraktion bei Mischung mit Wasser* **1,** 201$_{9}$ 221$_{32-36}$ **2,** 31$_{26-28}$
– *Wärmeausdehnung* **1,** 468$_{17-24}$ **2,** 449$_{19-21}$ **4,** 158$_{13-17}$ 160$_{11-13}$ s.a. Weingeist – Ausdehnungskoeffizient.
Weinsteinöl (Kaliumkarbonatlauge)
– *in der Elementarwelt* **3,** 269$_{1}$
Weinsteinsalz, s.a. Blättererde.
– *Verwendung im Hygrometer* **3,** 412$_{3}$
Welt, s.a. Körperwelt; Sinnenwelt.
– *Begriff* **1,** 831$_{8}$
– *Ende* **2,** 787$_{3-7}$
– *Entstehung* **5,** 192$_{6-31}$ 193$_{26-32}$ 378$_{2}$ 390$_{4-12.\ 27-30}$ 512$_{23}$
– – *nach Descartes* **1,** 832$_{17-38}$ **2,** 105$_{32}$–106$_{5}$
– – *nicht zufällig* **3,** 44$_{23-24}$
– *Mehrzahl der Welten* **1,** 717$_{29-40}$
– *nicht für den Menschen allein geschaffen* **3,** 184$_{16-21}$
– *ohne Gesetzmäßigkeit* **3,** 42$_{12-14}$ 43$_{23-27}$ 51$_{28-29}$
– *Verbindung zwischen physischer und mathematischer* **3,** 43$_{2-3}$ 51$_{12-13}$
Welt (im Sinne von Erde)
– *alte* **1,** 722$_{24}$ **2,** 813$_{1}$ 823$_{31}$ 825$_{8}$ **5,** 320$_{25}$
– *neue* **1,** 722$_{29}$ **2,** 813$_{1}$
– *Springen aus der Welt* **2,** 43$_{34-38}$ **3,** 84$_{9}$ 113$_{9}$ 115$_{16.\ 31}$
Weltachse **1,** 638$_{29}$ **2,** 590$_{2}$
Weltall
– *Aufbau* **1,** 718$_{21-25}$ **2,** 789$_{9-14}$ **5,** 293$_{20}$
– *Größe* **2,** 611$_{1-11}$ **5,** 32$_{19-27}$ 76$_{32}$–77$_{2}$ 77$_{32-33}$ 218$_{1-5}$
– *Überblick* **5,** 31$_{8}$–33$_{8}$
Weltkugel, s. Himmelskugel.
Weltmaschine **2,** 9$_{19}$ 17$_{17.\ 22-23}$ **3,** 25$_{4.\ 9}$ 27$_{31}$ 38$_{19}$ **4,** 138$_{30}$ s.a. Metapher – Uhr.
Weltpole **1,** 638$_{23}$ **2,** 589$_{32}$ 782$_{15-20}$ 784$_{28}$ **5,** 18$_{14}$ 34$_{25}$ 199$_{5-9}$ 199$_{29}$–200$_{11}$ 201$_{24}$ 206$_{22}$ 209$_{10.\ 15}$ 224$_{17}$ 225$_{25}$
Weltseele **3,** 125$_{18}$
Weltsystem
– *ägyptisches* **2,** 604$_{6}$ **3,** 358$_{3-4}$ **5,** 25$_{15-18}$ 36$_{2}$ 58$_{11}$ 75$_{16}$ 81$_{20}$ 228$_{12-14}$ 229$_{6}$ 230$_{2}$
– – *Grundlage des tychonischen* **2,** 617$_{13}$ **5,** 37$_{28-29}$ 80$_{24}$
– – *Skizze* **5,** 228$_{3}$
– *copernicanisches* **1,** 655$_{12-24}$ **2,** 608$_{21}$ **3,** 233$_{3}$ **5,** 36$_{14-18}$ 59$_{12}$ s.a. Copernicus, Nicolaus; Erde (Erdkugel) – Umdrehung.
– – *Diskussion von Brahes Gegenargument aus der Bibel* **5,** 37$_{34}$–38$_{33}$ 59$_{29-30}$ 82$_{2-6}$
– – *Einfachheit* **2,** 616$_{15}$ **5,** 37$_{19}$ 38$_{1}$
– – *Einwände Brahes* **2,** 617$_{24-32}$ **5,** 61$_{1-9}$ 80$_{26}$–81$_{18}$ s.a. Brahe, Tycho – Auseinandersetzung mit dem copernicanischen Weltsystem.
– – *Entwicklung* **2,** 610$_{24}$–611$_{33}$ **5,** 76$_{16}$–77$_{13}$
– – *Epizykel* **5,** 78$_{19-20}$ 233$_{13-16}$
– – *Erklärung der scheinbaren Planetenbewegung* **5,** 40$_{12-13}$
– – *Plausibilitätsargument gegen zentrale Erde* **5,** 36$_{27-28}$
– – *Rezeption* **2,** 645$_{16}$ **5,** 78$_{1-5}$ 87$_{30}$
– – *Schwachstellen* **2,** 612$_{21}$–613$_{2}$ **5,** 78$_{17-20}$
– *frühe Vorstellungen* **2,** 603$_{33}$ **5,** 23$_{8-12}$ 24$_{12-30}$ 229$_{15-23}$
– *heliozentrische Hypothese* **1,** 654$_{11}$–655$_{10}$ **5,** 36$_{9-13}$
– *ptolemäisches* **1,** 655$_{35-38}$ **2,** 604$_{15}$ 740$_{21-22}$ **3,** 232$_{31}$ 233$_{2}$ 355$_{17}$ 358$_{3}$ **5,** 36$_{5}$ 58$_{13}$ 76$_{10}$ 154$_{15}$ 274$_{10}$
– – *Epizykeltheorie* **2,** 605$_{33}$–607$_{32}$ 608$_{38-39}$ 609$_{1-6}$ **5,** 39$_{31}$–40$_{6}$ 58$_{19-20}$ 78$_{11}$ 228$_{26}$–229$_{4}$ 229$_{28-29}$ 237$_{15-16}$

– – *Skizze* **5,** 228_3
– *pythagoräisches* **2,** 609_{24}–610_5 **5,** 363_{-4} 58_{11-13} 230_{21}
– *tychonisches* **1,** 655_{24-34} **2,** 616_{20} **3,** 358_4 **5,** $37_{22.\ 29-31}$ 232_{31}–233_{12} s.a. Brahe, Tycho – Weltsystem.
– – *Erklärung der scheinbaren Planetenbewegung* **2,** 617_{32-34} **5,** $40_{14-17.\ 27-30}$ 59_{14} 80_{24-25} 81_{21}
– – *Planetenbahnen* **1,** 682_{11-18}
– – *Vergleich mit Eulers Theorie des Lichts* **4,** 417[12]
Wendekreis 1, 659_{1-4} **2,** 599_{19-20} **5,** 319_{17}
– *des Steinbocks* **1,** 725_{5-6} **2,** 814_{27} **5,** 323_5
– *Schneegrenze* **1,** 819_{3-5} **5,** 492_{20-21} 494_{26}
Werst (Längenmaß) **2,** 40_{15} **3,** 82_4
Wesen
– *höheres* **3,** 225_{10}
– *kapriziöses* **3,** 44_4
Weser 2, 827_{36} 871_{20} **5,** 330_4
Westindische Inseln 5, 399_{9-10} 439_{26}
Wetteranzeigendes Sternmoos (Mnium hygrometricum L.) **3,** 432_{28-29}
Wetterau 5, 329_5
Wetterglas, s. Barometer – Bezeichnung Wetterglas.
Wetterharfe 1, 944_{22-28} **2,** 335_{12-27}
Wetterhorn (Berg in der Schweiz) **5,** 343_{32}
Wetterleuchten, s. Blitz.
Wetterprophet (Wetter-Paroskop) 6, 462 (*371*)
Wettervorhersage 2, 935_{33} **5,** 374_{32} 485_{6-7} 497_{11} 498_2 s.a. Barometer – Wettervorhersage; Saussure, Horace Bénédict de – Wettervorhersage.
Widder (Sternbild; Aries) **1,** 712_{18} **2,** $598_{18.\ 29}$ 782_{3-4} 791_{17-19} 793_{12} **5,** 206_{30} 208_6 209_{29} 735[1145] s.a. Mesarthim.
– *α Arietis* **2,** 782_{30-31} **5,** 206_{32} 291_{17}
Widder (Sternzeichen) **1,** 656_{17-18} 712_{20-21} **2,** $644_{11.\ 29}$ 782_2
Widerstand, s.a. Gegenwirkung; reactio.
– *bei Bewegung in Fluida* **2,** 155_{19-20} s. Bewegung – Widerstand in Fluida; Fluida, tropfbare (Flüssigkeiten) – Widerstand; Luft, atmosphärische – Widerstand.
Widerstand, mechanischer 6, 57 (*51*)
Wiederbelebung 4, 266_{34-35} 277_{19}
Wieliczka (Polen) **2,** 820_{22} 835_8 **5,** 341_6
Wien 2, 232_{28} **5,** 341_5
– *elektrische Versuche* **4,** 725[424]
– *Gradmessung* **5,** 247_{36}
– *Ingen-Housz* **2,** 462_{36}
– *Luftqualität* **3,** 403_3
– *Münzkabinett* **2,** 589[*]
– *Palais Schwarzenberg* **4,** $154_{13.\ 26-27}$
– *Sternwarte* **2,** 917_{24} 926_{1-2} 964_{2-6}
– *Wirkungsort Sullys* **2,** 698_{12} **5,** 114_7
– *Witterung* **2,** 936_{31} **5,** 793[376]
Wiesbaden
– *Fossilienfund* **5,** 412_{16}
– *Heilwasser* **2,** 832_{34}
Wilde 2, $171_{15.\ 27}$ **3,** 206_{11-12} 211_{30} 225_9 **4,** 207_1
Wildschwein 5, 497_{22-23} 498_{11-12}
Wind 2, 857_{11} **5,** 350_1 438_{23} 440_3 s.a. Chamsin; Harmattan; Monsun; Orkan; Passat (Trade winds); Samum; Scirocco.
– *bei Gewitter* **1,** 799_{13-16}
– *chemisch verursacht* **5,** 373_{30-32}
– *Einfluß auf Luftdruck* **2,** 934_{32-41} **5,** 372_{26} 373_{1-3} 373_{29}–374_6
– *Einfluß auf physisches Klima* **2,** 933_{22} **5,** 491_7 495_{10}
– *Einfluß auf Schallfortpflanzung* **1,** 314_{R17-33} **2,** 321_6–322_4 **4,** 8_{23-25}

– *elektrischer* **4,** $324_{8.\,30}$
s.a. Versuche (Elektrizität) – Anziehen und Abstoßen – Haspel.
– *Entstehung* **1,** 762_{25}–763_{1} **2,** 857_{12-20} $860_{6-10.\,16-21}$ **5,** 350_{2-6} 352_{1-6} 438_{28} $439_{1-3.\,20-21}$ 440_{14-21} $441_{14-19.\,26-28}$
– *Geschwindigkeit* **1,** 765_{39} **2,** 859_{29} 863_{8} **5,** 374_{12-13}
s.a. Anemometer; Tabelle – Windstärken.
– – *sehr hoher Meßwert* **1,** $766_{9-10.\,R3-4}$ **2,** 859_{32-33} 863_{14-15}
– *Gestaltung der Erdoberfläche* **1,** 838_{1-5}
– *läßt Wolken entstehen* **2,** 888_{7-8}
– *läßt Wolken sich ausregnen* **5,** 365_{12}
– *Land- und Seewind* **1,** 764_{5-6} **5,** 439_{18} 441_{7}
– *Luftdruck als Ursache* **1,** 825_{2-6}
– *Ostwind, beständiger* **1,** 763_{1-23} 764_{8-9} **2,** 114_{30} 857_{21-22} **3,** 210_{31} 229_{35} **5,** 351_{3-27} 438_{26} 439_{14} 442_{6-7} 443_{7-12}
s.a. Passat (Trade winds).
– – *Ursache* **1,** 293_{10-11} **2,** 857_{22}–859_{22} **5,** 442_{9-29}
– – *verursacht Meeresströmungen* **1,** 771_{11-12}
– *regelmäßiger* **5,** 441_{10}
– *Sturm* **1,** 766_{12} **2,** 863_{16} **5,** 351_{1} 439_{25}
– *unbeständiger* **1,** 765_{2-3} **2,** 860_{16} **5,** 443_{5}
– *Windsbraut* **1,** 766_{12} **2,** 863_{16}
– *Wirbelwind* **1,** 766_{24} **2,** 919_{35} **5,** 482_{9}
Windbüchse **2,** 292_{26} **3,** 378_{12} **4,** 155_{26} **6,** 106 (117) 107 (118) 416 (*212*)
s. Versuche (Luft) – Luftdruck.
– *Analogie zum hydrostatischen Paradoxon* **3,** 267_{19}
– *Guerickesche* **1,** $289_{27-29.\,29-33}$
– *Mathis* **3,** 83_{12}
Windkessel, s.u. Feuerspritze; Fontäne; Versuche (Luft) – Kompression.
Windrichtungsanzeiger **2,** 863_{34-37}
Windsbraut, s.u. Wind.
Windsor
– *Veraische Maschine* **1,** 189_{8-27} 190_{R1-3} **2,** 183_{18}
Winkel, s.a. Licht – Brechung; Licht – Reflexion; Schall – Reflexion; Sehen – Sehwinkel; Stoß – Reflexion.
Winkelhaken **6,** 307 (**34q*) 315 (**35l*)
Winkelhebel **3,** 174_{22}
– *Anwendung des Hebels* **1,** 104_{22} **2,** 78_{29} **3,** 197_{5}
– *Beispiele* **1,** 921_{18-19}
Winkelmaß (Sternbild; Norma) **5,** 209_{11}
Winkelmesser **6,** 286 (**10*) 287 (**11*) 287 (**12*) 314 (**35h*)
– *kristallographisches Goniometer* **6,** 533 (*428*)
– *Winkelmesser für geneigte Flächen* **6,** 392 (**179*)
– *Winkelmesser für Winkel in der Vertikalen* **6,** 393 (**180*)
Winkelspiegel **1,** 357_{12-23} **2,** 359_{1} **4,** 52_{26} 53_{7} 78_{12}
Winter, s.a. Jahreszeiten.
Winterlandschaft
– *Erklärung der Sonnenflecken* **5,** 47_{14} 49_{14} 50_{2}
Wintersonnenwende (Winterpunkt) **1,** 658_{21} **2,** 599_{16} 642_{5-6} 643_{40}
Wirbel, s.a. Meer.
– *elektrische Materie* **1,** 586_{22-25}
– *magnetische Materie* **1,** 621_{5-6} **2,** 557_{19-22} 558_{12}
Wirbeltheorie Descartes' **1,** 120_{3-12} 622_{5-6} 708_{33-34} **3,** 95_{26-27} **5,** 27_{6}
s.a. Descartes, Réné.
Wirbelwind, s.u. Wind.

Wismut
– *im antiphlogistischen System* **2,** 202$_{24}$ **3,** 314$_{16}$
– *spezifisches Gewicht* **1,** 184$_{2}$
– *(Zerreiß-)Festigkeit* **1,** 66$_{3}$
Wissenschaften
– *Definition nach Kant* **3,** 20$_{11-12}$ 32$_{19-20}$
– *Grenzziehung* **2,** 17$_{31-32}$ **3,** 49$_{21}$–50$_{4}$ 317$_{2-3}$
– – *im Vortrag* **3,** 16$_{25-27}$ 25$_{20-21}$ 26$_{7-10}$
– *universelle Methode* **5,** 224$_{7-8}$
– *Vertrauen gegenüber vorliegenden Erkenntnissen* **3,** 45$_{32}$–46$_{2}$ 50$_{4-11}$ **5,** 223$_{21-28}$
s.a. Astronomie – rechnende – Abhängigkeit von Beobachtungen.
wissenschaftliche Praxis, s.u. Franklin, Benjamin; Lichtenberg, Georg Christoph – Biographisches.
– *Beispiel einer Fälschung* **1,** 132$_{8-11}$ **2,** 122$_{22-26}$ 126$_{12-13}$ **3,** 188$_{20}$
– *unphilosophisch* **1,** 75$_{R12}$ **3,** 221$_{19}$ **5,** 376$_{8}$
Witherit **1,** 210$_{R29}$ 211$_{R3}$ 929$_{2}$
Wittenberg **5,** 46$_{30}$ 48$_{11}$ 125$_{2}$
Witterung **1,** 814$_{21}$ **2,** 927$_{22}$ **5,** 490$_{20}$ 494$_{15}$
s.a. Temperatur; Wettervorhersage.
– *außerhalb der Tropen* **1,** 828$_{35-38}$
– *Beobachtungen* **1,** 826$_{10}$ **2,** 936$_{1-10}$ **5,** 375$_{15-32}$ 376$_{6-33}$ 459$_{18-19}$
– *Beurteilung* **5,** 497$_{12-29}$ 498$_{12-17}$
– *Einfluß der Mondposition* **2,** 936$_{13-24}$ **5,** 377$_{1-25}$
– *Hochländer haben gleichmäßige* **1,** 818$_{29-33}$
– *Unterschied zwischen Wetter und Klima* **5,** 375$_{1-27}$
Woche **1,** 669$_{35}$
– *Zeitmessung* **5,** 128$_{18}$ 130$_{12}$
Wolfram
– *im antiphlogistischen System* **2,** 202$_{29}$ **3,** 314$_{18}$ 340$_{17}$
– *spezifisches Gewicht* **1,** 184$_{R3}$ **2,** 179$_{27}$
Wolfsmilch (Euphorbia L.) **1,** 565$_{R26}$
Wolga **1,** 746$_{3-5}$ **2,** 286$_{17}$ **5,** 330$_{10}$
Wolke **1,** 781$_{32}$ **2,** 896$_{21}$
– *Bläschen* **1,** 448$_{37-38}$ **2,** 886$_{10}$ 912$_{18}$ 914$_{8-9}$ **5,** 364$_{10-15}$ 365$_{9-10}$
– – *Inhalt fraglich* **1,** 449$_{8-10}$
– *Elektrizität* **1,** 449$_{24-25}$ 799$_{20-21}$ **2,** 26$_{33}$ **4,** 323$_{26}$ **5,** 367$_{9}$ 470$_{19}$ 478$_{21-23}$
s.a. Gewitter – Wolken elektrisch.
– *Entstehung* **1,** 448$_{10-11}$ **2,** 887$_{4}$–889$_{14}$ **4,** 157$_{4-5}$
– *Erklärung ihrer Elektrizität* **1,** 577$_{25-27}$ 797$_{32-38}$ 797$_{38}$–798$_{11}$ 798$_{R10-35}$ **2,** 911$_{20}$–912$_{7}$ **4,** 259$_{27-28}$ **5,** 473$_{16-26}$
– *Farbe* **1,** 782$_{17-21}$
– *Höhe* **1,** 782$_{9-15.\ 26-30.\ R24-27}$ **2,** 896$_{22}$–897$_{3}$ **5,** 366$_{12-14}$ 460$_{23-28}$
– *Niederschlag aus Wasserdampf* **1,** 448$_{4}$ **5,** 365$_{2}$
– *offene Fragen* **1,** 448$_{12-20}$
– *Wärmeleitung* **5,** 452$_{26}$
– *Zersetzung* **5,** 463$_{12}$
Wolken **5,** 460$_{14}$ 462$_{18-22}$
– *Bewegung* **2,** 24$_{24-25}$ 817$_{4-5}$ **3,** 57$_{22}$ 61$_{19}$ 225$_{22}$ 235$_{26}$ **5,** 324$_{2}$
– *Erklärung der Sonnenflecken* **2,** 730$_{11-15}$ **5,** 47$_{6}$ 49$_{4.\ 33}$ 125$_{30}$
Wolkenbruch, s. Regen.
Wolle
– *als Reibzeug beim Elektrisieren* **4,** 286$_{22.\ 29}$
– *Elektrizität bei Reibung* **1,** 542$_{7}$ 545$_{2}$ **2,** 503$_{9}$ **4,** 301$_{7-16}$ 303$_{10}$
– *Gewinnung von Sauerstoff* **3,** 423$_{7}$
– *Vergilben* **2,** 271$_{18}$
Woolsthorpe-by-Colsterworth **2,** 775$_{12}$ **5,** 188$_{17}$

Wort, s.a. Sprachgebrauch.
– *bengelhaft* **5,** 50$_{6-7}$
– *Bezeichnung, nicht Definition* **1,** 902$_{12-13}$ 903$_{1-3}$ **3,** 354$_{20-22}$ 355$_{23-25}$ 665-666[302]
– *einfältiges* **1,** 315$_{R4}$ **5,** 33$_{2}$
– *in verbis simus faciles* **1,** 909$_{13}$ **5,** 120$_{10}$
– *verba valent sicut nummi* **2,** 373$_{31}$ **5,** 54$_{8}$
– *Wert für die Welt* **1,** 903$_{9-11}$
Wortstreit 3, 149$_{19-20}$
– *Attraktion* **1,** 126$_{35}$–127$_{5}$
– *chemische Bindung des Wärmestoffs* **4,** 604[449]
– *in Luft aufgelöstes Wasser* **1,** 899$_{23-36}$ 907$_{30}$
– *Maß der Kraft* **2,** 150$_{23.40}$ **3,** 254$_{1}$ 256$_{4}$
– *Teilbarkeit* **2,** 36$_{24-30}$ **3,** 77$_{26}$ 79$_{35}$
– *Trägheit* **1,** 127$_{5-12}$ 918$_{28-29}$ **2,** 58$_{23-24}$ **3,** 144$_{8}$ 147$_{35}$–148$_{1}$ 151$_{6-7}$
– *Wärmeleitung* **2,** 463$_{2-3}$
Wrocław (Breslau; Polen) **2,** 923$_{26}$
Würfel
– *fällt nach mathematischen Gesetzen* **2,** 19$_{12}$ **3,** 39$_{11}$ 50$_{22}$
Württembergische Weinprobe, s.u. Wein – Prüfung.
Würzburg 2, 235$_{25}$
Wunder 3, 43$_{26}$
s.a. Januarius – Blutwunder.
– *in der Bibel* **5,** 70$_{16}$
Wurf
– *schiefer* **1,** 118$_{26}$–119$_{5}$ **2,** 104$_{31}$ **3,** 155$_{14}$
– – *Bestimmung des Weges* **1,** 119$_{7-28}$ **2,** 104$_{38}$–105$_{7}$
– – *Einfluß des Luftwiderstandes* **1,** 157$_{5-8}$
– *senkrecht nach oben* **1,** 117$_{25}$–118$_{8}$ 118$_{10-24}$ **2,** 103$_{5-7}$ **3,** 155$_{13-14}$ 183$_{18}$ 185$_{6}$ **5,** 81$_{25-26}$
Wurfparabel 2, 104$_{35-37}$ **3,** 39$_{8}$ 57$_{8-10}$ 542[59]
s.a. Galilei, Galileo – Wurfparabel.

Yasur (Vulkan in Vanuatu) **5,** 530$_{9}$
York 2, 673$_{20}$ **5,** 102$_{6}$ 247$_{11}$

Zähigkeit 1, 73$_{22-32}$ **2,** 48$_{2}$
Żagań (Sagan; Polen) 5, 476$_{9}$
Zahnscher Versuch 6, 155 (191)
s.a. Versuche (Optik) – Brennspiegel.
Zahnschmerzen
– *elektrische Behandlung* **4,** 263$_{30}$
– *künstliche Magnete gegen Zahnschmerzen* **6,** 262 (327)
Zange
– *Anwendung des Hebels* **3,** 175$_{8}$
– *Zange zum Halten einer Stahlfeder beim Schmelzen* **6,** 468 (*379*)
Zauberbild, elektrisches 6, 246 (302)
Zauberbrunnen 1, 235$_{22-23}$ **2,** 226$_{6}$ **3,** 378$_{33}$ **6,** 463 (*374*)
Zauberlaterne 1, 421$_{31-41}$ 422$_{1-8}$ **2,** 405$_{21}$ **4,** 55$_{20}$ 56$_{27}$ 57$_{23}$ **6,** 196 (236) 343 (**109*) 344 (**110*)
Zehn Gebote 2, 24$_{38}$
Zeichenkunst 1, 350$_{29-32}$
Zeit 2, 52$_{16}$ **3,** 138$_{14}$ **5,** 142$_{13-17}$ 270$_{1-3}$
s.a.u. Philosophie, neue (Kant).
– *Zeiten verhalten sich wie die Wege durch die Geschwindigkeiten* **1,** 80$_{24-26}$ **2,** 55$_{25-26}$
Zeitgleichung 2, 630$_{19-20}$ 741$_{29-32}$ 742$_{22-28}$ **5,** 46$_{14}$ 142$_{5-6}$ 143$_{29-34}$ 144$_{9.32}$ 269$_{34}$
s.a. Sonne – jährliche Bewegung – wahre / mittlere; Uhr – Taschenuhr – Ermittlung der wahren Sonnenzeit.
Zeitrechnung, s.a. Jahr; Kalender; Monat; Tag; Woche.
– *Sonnenzeit* **5,** 46$_{12}$ 142$_{1-13}$ 269$_{7-8}$
s.a. Sonne – jährliche Bewegung – wahre / mittlere; Zeitgleichung.
– *Sternzeit* **5,** 46$_{11}$ 142$_{4}$ 270$_{4}$
– *tempus primi mobilis* **5,** 137$_{27}$ 267$_{19-20}$ 268$_{7-11.28}$

Zementkupfer 6, 138 (166)
Zenit 1, 642_{8-9} 703_{35} **2,** 587_{21}
Zentralfeuer, s. Weltsystem – pythagoräisches, s.u. Erde (Erdkugel) – Inneres.
Zentralkräfte 1, 92_{14-15} **2,** 68_{23}
s.a. Bewegung – zusammengesetzte – bei Zentralkräften.
Zentrifugalkraft 1, 92_{10-11} 711_{7} **2,** 68_{34} 649_{7-10} **5,** 234_{10-13}
s.a. Schwungkraft; Zentralkräfte.
– *Abplattung der Erde* **2,** 625_{7}
– *Formel* **3,** 185_{8-9}
– *proportional zum Durchmesser bei konstanter Umlaufszeit* **2,** 70_{19-20} **3,** 165_{20-21} 167_{19-21} **5,** 236_{5}
– *proportional zum Durchmesser und umgekehrt proportional zum Quadrat der Umlaufszeit* **3,** 166_{13-15} 168_{16}
– *Wirkung auf die atmosphärische Luft* **5,** 451_{19}
Zentripetalkraft 1, 92_{6-7} 711_{3-4} **2,** 68_{32} 649_{4-6} 761_{24} **5,** 234_{7-9}
s.a. Zentralkräfte.
Zerlegung, chemische
– *Abgrenzung zur mechanischen Teilung* **1,** 202_{R17-21}
Zerrspiegel 6, 361 (**140*)
Ziege 2, 92_{15}
Zink
– *Bestandteil im Amalgam für Elektrisiermaschinen* **1,** $530_{19.\ R19-28}$ **2,** 522_{31} **4,** 254_{25}
– *im antiphlogistischen System* **2,** 202_{22} **3,** 314_{16}
– *spezifisches Gewicht* **1,** 183_{27}
– *vom Magneten angezogen* **1,** 609_{20}
– *(Zerreiß-)Festigkeit* **1,** 66_{4} **2,** 40_{19}
Zinn
– *Ausdehnungskoeffizient* **1,** 427_{R21} 480_{30} **2,** 417_{14}
– *Bestandteil im Amalgam für Elektrisiermaschinen* **1,** $530_{4.\ R25}$ **2,** 522_{32} **4,** 254_{27-28}
– *Bestandteil im Amalgam für Spiegelbelegungen* **1,** 946_{3-4} **2,** 355_{29}
– *Draht* **6,** 2 (2)
– *Festigkeit* **1,** 67_{12-25} **3,** 82_{11}
– *Folie (Stanniol)* **6,** 3 (6)
– – *Belegung der Leidener Flasche* **1,** 558_{39} **2,** 510_{21} 513_{23} **4,** 249_{15}
– – *Material für Elektrophor* **2,** 514_{12} 515_{13}
– – *Spiegelherstellung* **2,** 39_{29-30}
– *im antiphlogistischen System* **2,** 202_{20} **3,** 314_{16}
– *Porosität* **3,** 96_{33} **6,** 14
s.a. Versuche (Körper überhaupt) – Zinnerne Kugel [Porosität].
– *Schwimmen auf komprimierter Luft* **2,** 297_{10} 944_{31} **3,** 408_{30} 409_{3}
– *spezifische Wärme* **1,** 512_{9}
– *spezifisches Gewicht* **1,** $183_{24.\ R13}$ **2,** 179_{24}
– *Vorkommen* **2,** 839_{25} **5,** 343_{26} 408_{17} 412_{18} 416_{26}
– *(Zerreiß-)Festigkeit* **1,** 65_{37}–66_{2}
– *Zinnkegel* **6,** 514 (*420*)
– *Zinnplatte* **6,** 436 (*347*) 513 (*417*)
Zinnober 2, 892_{4} **4,** 316_{29} **5,** 448_{35}–449_{1}
Zins 3, 39_{25} **5,** 550_{17}
Zirkel (Sternbild; Circinus) **5,** 209_{10}
Zirkel (Zeichengerät) 6, 296 (**26*) 296 (**27*) 296 (**28*) 315 (**35l*) 316 (**36a*) 316 (**36d*) 316 (**36e*) 316 (**36f*) 317 (**36g*) 317 (**36k*) 318 (**36m*) 318 (**36o*) 318 (**36p*) 318 (**36q*) 318 (**36r*)
s.a. Ellipsenzirkel; Proportionalzirkel; Tasterzirkel.
– *doppelter Zirkel* **6,** 316 (**36b*) 316 (**36c*)
– *Stangenzirkel* **6,** 319 (**36s*)
Zirkon 1, 600_{R7} 885_{32}
Zirkonerde 1, 210_{R3} 928_{11-14} **3,** 340_{24}
s.a. Zirkon.
Zitteraal (Gymnotus electricus; Electrophorus) **1,** 562_{R3} 601_{40}–

602_{2} $603_{31–34}$ $628_{25–26}$ $630_{10. R34}$ 960_{15} **2,** $543_{7–31}$ **4,** $262_{15. 17–24}$ 276_{17} 280_{4} 334_{3} 378_{9}
– *auch Zitterkahlrücken* **1,** 960_{14}
– *Wirkung auf Menschen* **1,** $602_{2–20. R17–26}$ **2,** $543_{9–13}$
Zitterrochen (Torpedo) **1,** 562_{R2} $603_{2–19. 29–31}$ **2,** $543_{32–35}$ **4,** 180_{26} $262_{16. 18}$ 280_{4} 334_{27}–335_{6}
Zitterwels (Silurus; Malapterurus) **1,** $603_{20–29. R18}$ $960_{17–18. 31}$ **2,** 543_{36}
Zodiak, s. Tierkreis (zodiacus).
Zodiakallicht 1, $675_{5–13}$ **2,** 733_{1} **5,** 126_{11} $265_{4–5}$ 266_{11} 486_{29}
Zucker 3, 194_{15} 442_{12}
– *bei der alkoholischen Gährung* **3,** 441_{22}
– *elektrischer Körper (Nichtleiter)* **1,** 534_{6} **2,** 494_{16} **4,** 279_{33}
– *gehört zu den Salzen* **3,** 304_{32}
Zuckerglas 6, 61 (53)
Zürich 2, 939_{8}
– *Blitzeinschlag* **1,** 806_{R6} **2,** 917_{28}
Zufall
– *Erfindung des beschränkten menschlichen Verstandes* **3,** 39_{9}
Zunder 4, $207_{4–8}$
Zusammenhang
– *der Teile der festen Körper*, s.a. Kohäsion.
– *Gegenstand der allgemeinen Naturlehre* **3,** 24_{1}
– *zwischen Körpern* **1,** $70_{4–10}$ s.a. Adhäsion.
Zusammensetzung, chemische
– *Abgrenzung zur mechanischen Mischung* **1,** $202_{R23–27}$ **2,** $199_{13–18}$
– *graduelle Unterschiede* **2,** $884_{11–22}$
– *Kenntnis wenig entwickelt* **5,** 519_{17}
Zwillinge (Sternbild; Gemini) **2,** 598_{29} 791_{20} **5,** 208_{7} 291_{7} s.a. Castor; Pollux.
– *γ Geminorum* **5,** $284_{4. 15}$
– *μ Geminorum* **5,** 732^{1107}
Zwillinge (Sternzeichen) **1,** 656_{18}
Zyklopen (Gestalten der griechischen Mythologie) **2,** 823_{30}
Zylinder, bergan laufender 6, 441 (*354*)
Zylinderspiegel 6, 163 (195) 361 (**141*)

Personen- und Schriftenregister

Abbe, Ernst (1840–1905) **6,** XCVII
ABC der Optik (1961) 4, 420[32] *448*[121]
Abhandlungen der Churfürstlich-baierischen Akademie der Wissenschaften (1763–) 1, *55_{29-30}*
Abhandlungen der Naturforschenden Gesellschaft in Zürich (1761–) 1, *55_{14-15}*
Abhandlungen einer Privatgesellschaft in Böhmen (1775–) 1, *57_{10-11}*
Abich, Rudolph Adam (1738–1809)
– *Elastizität von Flüssigkeiten* **1,** 486_{24} **2,** 43_{24} **3,** $86_{14.\ 17.\ 31}$ 117_{17} 118_{7} 119_{1}
Abildgaard, Peter C. (1740–1801)
– *spatsaure Luft* **1,** 936_{8}
Abraham (Stammvater des Volkes Israel) **5,** 521_{24}
Abramson, Abraham (1754–1811) **3,** 233_{2}
Academiae Caesareo-Leopoldinae Naturae Curiosorum ephemerides (1712–1722) 1, *50_{15-17}*
Achard, Franz Karl (1753–1821) **6,** 436 (*347*)
– *Adhäsion* **3,** 281_{27} **6,** 3 (8)
– *Elektrizität*
– – *Ausbrüten von Eiern* **2,** *491_{28}* **4,** 266_{26} 277_{32}
– *Elektrizität von Eis* **1,** 534_{7} **4,** 279_{17}
– *Elektrometer* **1,** 540_{R4} **2,** 524_{27} **4,** 261_{23} 291_{8} 292_{25} 293_{25} 299_{7} 302_{4}
– *Gummi* **2,** *45_{30}* **3,** 112_{34} 115_{25}
– *Nachahmung von Bertiers Versuch über die Schwere* **2,** 127_{22} **3,** 189_{13}
– *spatsaure Luft* **2,** *272_{16}*
– *Thermometer* **1,** 480_{9} **2,** *457_{21}* **4,** 170_{16}
– *Versuche über den Einfluß des Luftdrucks auf den Siedepunkt* **1,** 452_{R6}
– *Versuche über die Schwere* **1,** 132_{R19}
– *Versuche über Verdunstungskälte* **1,** 518_{R1-3}
– *Wärmeleitung* **1,** 499_{R16}
Schriften
– *Abhandlung über die durch das Verdünsten verschiedener flüssiger Substanzen hervorgebrachte Kälte oder Wärme (1775)* **1,** *506_{5-10}*
– *Abhandlung von der Kraft der Elektricität verglichen mit der Kraft der Schwere (1775)* **1,** *540_{18-22}* **4,** *292_{25-26}* 302_{4-5} *642*[71]
– – *Rezension 1783* **4,** 697[284] *698*[293] *709*[333]
– – *Exzerpt* **4,** 291_{8}–293_{34}
– – *Mémoire sur la mesure de la force de l'électricité, & sa comparaison avec celle de la gravité (frz. 1782)* **4,** 709[333]
– – – *Beschreibung eines neuen Electricitätsmessers (dt. Auszug 1783)* **2,** *524_{33}*
– *Bemerkungen über die von Herrn Bertier angestellten Versuche (1776)* **3,** 189_{13}
– *Chymisch-physische Schriften (1780)* **1,** 49_{22-23} **6,** 4 (*8*)
– – *Abhandlung von den elektrischen Erscheinungen, die durch das Reiben des Quecksilbers auf verschiedene, vorzüglich harzige Körper, hervorgebracht werden.* **4,** 287_{1-2}
– – *Bemerkungen über die von Herrn Bertier angestellte Versuche* **1,** 132_{14-16}
– – *Theorie des Elektricitätträgers.* **1,** 572_{17-19} **4,** 316_{4}

– – *Ueber eine neue Art, die Hünereyer auszubrüten, ohne künstliche oder natürliche Wärme, durch die Elektricität* **1,** 539_{16-20} **4,** 278_{3} 647[89]
– – *Versuche über das elastische Harz* **3,** 84_{14} 112_{30} 113_{2} **4,** 279_{31}
– – *Versuche über die Kraft mit welcher die festen und flüßigen Körper zusammenhangen* **1,** 70_{33-35} 191_{R1-3}
– – *Von den Unterschied zwischen ursprünglich elektrische Körper, und Leiter der Elektricität* **1,** 533_{34} 799_{34-35} **4,** 280_{27}
– – *Von der Heilung eines Paralitici durch die Elektricität.* **4,** 308_{16}
– – *Von der Elektricität des Eises.* **4,** 280_{6-7} 674[188]
– *Dissertation sur la cause de l'élévation des vapeurs (1780)* **1,** 445_{34-36} **5,** 771[278]
– *Dissertation sur la difference qu'on met entre les corps originairement électriques et les conducteurs (1773)* **4,** 335_{22} 675[199]
– *Mémoire renfermant le récit de plusieurs expériences électriques (1781)* **1,** 599_{6-7}
– *Mémoire sur la force avec laquelle les corps solides adherent aux fluides (1776)* **3,** 610[102]
– *Mémoire sur la mesure de la salubrité de l'air (1778)* **1,** 275_{29-33} **4,** 671[170]
– *Recherche expérimentale (1786)* **1,** 499_{R3-5}
– *Sammlung physikalischer und chemischer Abhandlungen (1784)*
– – *Ueber einige besondere Wirkungen des Blitzes* **1,** 799_{R3-6}
– *Sur l'imperfection de la météorologie (1780)* **5,** 490_{15-17}
– *Ueber die Aehnlichkeit die sich zwischen der Hervorbringung der Elektricität und der Wärme; imgleichen zwischen der Eigenschaft der Körper, die elektrische Materie fortzuleiten und die Wärme anzunehmen, befindet (1783)* **4,** 222_{25-26}
– *Untersuchung der Luft, welche sich bey der Entzündung des Schießpulvers [...] entwickelt (1784)* **1,** 442_{10-12}
Ackermann, Johann Carl Heinrich (1765–1810)
– *Versuch über die Prüfung der Luftgüte, nebst einem Beytrage zur medicinischen Polizey (1791)* **4,** $225_{12.\,26}$
Acta Academiae Electoralis Moguntinae Scientiarum utilium quae Erfordiae est (1757–) 1, 54_{34-36}
Acta Academiae Scientiarum Imperialis Petropolitanae (1778–1786) 1, 53_{R4-6}
Acta Eruditorum (1682–) 1, 57_{22}
Acta Helvetica physico-mathematico-botanico-medica (1751–) 1, 54_{22-23}
Acta philosophico-medica Societatis Academicae Scientiarum Principalis Hassiacae (1771) 1, 56_{18-20}
Acta physico-medica Academiae Caesareae Naturae Curiosorum (1727–1754) 1, 50_{19-21}
Acta Societatis Regiae Scientiarum Upsaliensis (1744–1751) 1, 53_{15-16}
Adam, erster Mensch in der Bibel 2, 258_{25} **3,** 218_{16}
Adami, Jacob
– *Specimen hydrodynamicum de resistentia corporum in fluidis motorum (1752)* **1,** 153_{30-32}
Adams, George (jr.) (1750–1795)
– *Elektrophor* **2,** 515_{1}
– *Globen* **5,** 211_{13}
Schriften
– *An essay on electricity (1784)* **1,** $578_{7-8.\,39}$ **4,** 307_{25} 664[148]

6, 222 (275) 233 (285) 235 (288) 511 (416)
– – *An essay on magnetism* 1, 635$_{37–39}$
– *An essay on vision (1789)* 4, 479[248]
– – *Anweisung zur Erhaltung des Gesichts und zur Kenntniß der Natur des Sehens (dt. von F. Kries 1794)* 4, 444[101]
– – *Verhandeling over het zien (ndl. von H. Aeneae 1792)* 4, 479[248]
– – – *Rezension (engl.)* 4, 479[248]
– *Astronomical and geographical essays (1789)* 5, 681[790] 682[792] 686[827]
– *Geometrical and graphical essays (1791)*
– – *Geometrische und graphische Versuche (dt. von J. G. Geißler 1795)* 6, 517 (422) 518 (422) 520 (422) 524 (424)
Adams, George (sen.) (1704–1773)
– *A treatise describing the construction, and explaining the use of new celestial and terrestrial globes (1766)*
– – *[5]1782 (hrsg. von G. Adams jr.)* 5, 682[792]
Adanson, Michel (1727–1806)
– *Histoire naturelle du Sénégal (1757)* 1, 603$_{R20–21}$
Addison, Joseph (1672–1719)
– *Echo* 4, 19$_{3}$ 22$_{29}$
Schriften
– *Works (1721)* 4, 399[71]
Adelung, Johann Christoph (1732/34–1806)
– *Versuch eines vollständigen grammatisch-kritischen Wörterbuches der Hochdeutschen Mundart (1774–1786)* 4, 675[202] 5, 756[154]
– – *[2]1793–1801 u.d.T. »Grammatisch-kritisches Wörterbuch der Hochdeutschen Mundart«* 3, 510[42] 562[154] 596[14] 620[40] 659[266. 267] 668[310] 4, 400[80] 418[15] 494[7] 502[59] 530[139] 614[503] 642[69] 657[116] 745[1] 5, 591-592[141] 597[181] 601[211] 666[663] 668[696] 676[741] 678[762] 831[635]
Adet, Pierre August (1765–1832)
– *Anmerkungen zu Kirwan, An essay on phlogiston ([2]1789)* 3, 651[219]
– *System der chemischen Zeichen (1793)* 3, 358$_{15–17}$ 5, 649[557]
– – *Rezension 1794* 3, 358$_{19}$
Adickes, Erich (1866–1928)
– *Kant als Naturforscher (1924f.)* 3, 587[294]
Adolf, s. England, Adolf Friedrich von.
Aeneae, Henricus
– *Gewinnung von inflammabler Luft* 3, 425$_{6}$
– *inflammable Luft* 3, 424$_{26}$
Schriften
– *Beschrijving en gebruik van het tellurium van G. Adams (1786)*
– – *Beschreibung und Gebrauch eines von Herrn G. Adams zu London verfertigten Telluriums (1789)*
– – – *Auszug 1790* 1, 655$_{R13–14}$
Übersetzer
– *[1792] Adams, An essay on vision (1789)* 4, 479[248]
Aepinus, Franz Maria Ulrich Theodosius (1724–1802)
– *Magnetismus* 4, 803[249]
– *Mondvulkane* 2, 705$_{14}$
Schriften
– *Cogitationes de distributione caloris per tellurem (1761)* 5, 905[1042]
– *Descriptio ac explicatio novorum quorundam experimentorum electricorum (1758–1759)* 1, 583$_{21–22}$
– *Déscription des nouveaux microscopes (1784)* 1, 421$_{26–28}$

– *Emendatio microscopii solaris (1762–1764)* **1,** 423_{11-13}
– *Letter to Mr. Pallas concerning a volcano discovered in the moon (1784)* **5,** 916^{1137} 917^{1141}
– *Mémoire concernant quelques nouvelles expériences électriques remarquables (1756)* **4,** 333_{4} 673^{185}
– *Recueil de differents memoires sur la tourmaline (1762)* **1,** 601_{14-17}
– *Reflexions concernant la distribution de la chaleur sur le globe de la terre (1761)* **1,** 754_{R25}
– *Sermo academicus de similitudine vis electricae atque magneticae (1758)* **1,** 628_{42-44} 635_{1-3}
– – *Akademische Rede von der Aehnlichkeit der electrischen und magnetischen Kraft (dt. 1759)* **1,** 628_{44-45}
– *Similitudinis effectuum vis magneticae et electricae novum specimen (1764)* **1,** 635_{11-14}
– *Tentamen theoriae electricitatis et magnetismi. Accedunt dissertationes duae, quarum prior, phaenomenon quoddam electricum, altera, magneticum, explicat (1759)* **1,** 536_{R21-23} 606_{6-8} 635_{9-10} **4,** 306_{19-21} 712^{346}
– – *Explicatio phaenomeni cuiusdam lagenae Lugdunensis a celeberrimo Richmanno inventi.* **4,** 306_{21}
– *Ueber den Bau der Mondfläche (1781)* **2,** 705_{15} **5,** 916^{1137}
– *Ueber den Bau der Mondsflächen (1783)* **1,** 688_{R16-17} 964_{30}
– *Zwo Schriften (1771)* **1,** 629_{1-4} 635_{4-8}
– – *Akademische Rede von der Aehnlichkeit der electrischen, und magnetischen Kraft.* **4,** 289_{9-10}

Aetios von Antiocheia (Doxograph) (ca. 100)
– *De placitis collectio (Περὶ ἀρεσκόντων συναγωγή)* **4,** 452^{135}
Aggiunti, Niccolò (1600–1635) **1,** 193_{R2} **2,** 186_{6} **3,** $299_{16.\ 22}$
Agricola, Georg (1490–1555) **2,** 826_{11} **5,** 330_{16}
Agrippa von Nettesheim, Heinrich Cornelius (1486–1535) **4,** 750^{23}
Ahrens, Friedrich Heinrich Gerhard (1750–1822)
– *Instrumente* **2,** 317_{15} $498_{11.\ 25}$ **4,** 629^{14} **6,** 220 (*273*) 221 (*274*)
– *Tertienuhr* **6,** 488 (*397*)
Aineias, sagenhafter trojanischer Prinz und Stammvater der Römer **5,** 578^{67}
Airy, George Biddell (1801–1892)
– *On the intensity of light (1838)* **3,** 454^{80}
Aken, Franz Joachim von
– *Versuche zur schnellen Löschung entstandener Feuersbrünste (1794)* **1,** 459_{R1-3}
Al-Ma'mûn, Abdallah, Kalif von Bagdad (786–833) **2,** 670^{*} 671_{4} **5,** 100_{12} 102_{31} 612^{286}
Albert d'Ailly, Marie Joseph Louis d', duc de Chaulnes (1741 – um 1793) **1,** 260_{26} **2,** 267_{28-29}
Albert von Lauingen, gen. Albert der Große (1193?–1280) **2,** 843_{8-9}
– *De mineralibus et lapidibus* **2,** 842_{34-36} **5,** 420_{30-32} 421_{11-12}
Albertus Magnus, s. Albert von Lauingen, gen. Albert der Große.
Albinus, Bernhard (1653–1721)
– *Auflösung von Phosphor* **2,** 35_{16}
Schriften
– *Dissertatio de phosphoro liquido et solido (1688)* **1,** 63_{28-30} **3,** 101_{3-4}
Alembert, Jean Lerond d' (1717–1783)
– *Gravitation* **2,** 124_{27-40} **3,** 189_{6}

– *Korrespondent Lesages* **3,** 571^{218}
– *Kräfteparallelogramm* **2,** 63_{13}
– *Maß der Kraft* **2,** 150_{29}
– *Preisträger der Berliner Akademie* **5,** 349_{14}
Schriften
– *Élémens de musique, théorique et pratique, suivant les principes de M. Rameau (1752)*
– – *Systematische Einleitung in die Musicalische Setzkunst, nach den Lehrsätzen des Herrn Rameau (dt. von F.W. Marpurg 1757)* **4,** 409^{156}
– *Encyclopédie ou Dictionnaire raisonné (1751–1765)*
– – *9: (1765)* **3,** 525^{1}
– *Meditationes in generalem ventorum causam (1747)* **5,** 760^{197}
– *Mélanges de littérature, d'histoire et de philosophie (1760–1768)*
– – *Éloge historique de Mr. Jean Bernoulli (1760)* **1,** 146_{R27-28} **3,** 589^{301}
– *Nova tabularum lunarium emendatio (1756)* **5,** 51_{8} 191_{32-33}
– *Recherches sur la précession des equinoxes (1749)* **1,** 713_{9-12}
– *Reflexions sur la cause generale des vents (1747)* **1,** 765_{23-27}
– *Traité de dynamique (1743)* **1,** 158_{28-29} **3,** 585^{291} 589^{301}
– *Traité de l'équilibre et du mouvement des fluides (1744)* **1,** 187_{4-6}
– *Opuscules mathématiques (1761–1780)*
– – *Nouvelle démonstration du Parallélogramme des Forces (1773)* **1,** 89_{R13-14} 919_{16}
– – *Sur quelques points d'astronomie physique (1773)* **1,** 811_{14-16}
Alencé, Joachim d' (1640–1707)
– *Traitté de l'aiman (1687)* **1,** 622_{7-9}
– *Traittez des barométres, thermométres, et notiométres, ou hygrométres (1688)* **1,** 306_{16-17} 474_{30}
– – *Abhandlung dreyer so nothwendig als nützlichen Instrumenten, nemlich deß Barometri, Thermometri, und Notiometri oder Hygrometri (dt. 1688)* **3,** 432_{12} 433_{6-7}
Alexander III., gen. der Große, König von Makedonien (356 – 323 v. Chr.) **4,** 21_{22} **5,** 22_{20}
Algarotti, Francesco
– *Il Newtonianismo per le dame ovvero dialoghi sopra la luce e i colori (1737)* **1,** 425_{1-3}
Allamand, Jean Nicolas Sébastien (1713–1787)
– *elektrische Versuche* **1,** 557_{2} **4,** 249_{12} 270_{28} 720^{395}
Schriften
– *Kort verhaal van de uitwerkzelen, welke een americaanse vis veroorzaakt op de geenen, die hem aanraaken (1755)* **1,** 602_{24-28}
Allen, Richard Hinckley (1838–1908)
– *Star-names and their meanings (1899)* **5,** 735^{1145}
Allen, Tim
– *The forgotten chemical revolution (2002)* **3,** 702^{199}
Allgemeine geographische Ephemeriden (1798–1816) **2,** 622^{*}
Allgemeines Adreßbuch für Göttingen (1857–1916)
– *1900* **6,** 151 (*187*)
Allgemeines Magazin der Natur, Kunst und Wissenschaften (1753–1767) **1,** 57_{38-39}
Allgemeines Verzeichnis der Buecher, welche [...] neu gedruckt oder aufgelegt worden sind
– *1783, Michaelis* **4,** 378_{19-20}
– *1795, Ostern* **3,** 609^{93}
Alphons X., s. Kastilien, Alfons X., König von, gen. el Sabio.

Amadei, Giovanni Giacomo (†1768)
– *Bologneser Flaschen* **1,** 431_{R4} **2,** 422_{10}
Ambschell, Anton von (1749–1821)
– *Elementa Physicae e Phaenomenis et experimentis deducta, aut attentione stabilita (1807)* **2,** 909*
Amelung, Gotthilf Hieronymus (1741–1800)
– *Brief von L.* **4,** 419^{23}
Ammersin, Wendelin
– *Brevis relatio de electricitate propria lignorum (1754)* **1,** 534_{32-34}
– – *Kurze Nachricht von der eigenthümlichen Electricität des Holzes (1771)* **4,** 281_{29}
Amontons, Guillaume (1663–1705)
– *Barometer* **1,** 303_{33} 304_{5} **2,** 308_{13} 309_{24} **3,** $382_{27.\,30}$
– *Hygrometer* **3,** 433_{8}
– *Luftthermometer* **4,** 121_{16} 166_{28}
– *Reibung* **3,** 550^{105}
Schriften
– *De la resistance causée dans les machines (1699)*
– – *[Zusammenfassung:] Sur les frottemens des machines.* **1,** 148_{10} **3,** 194_{34}
– *Discours sur quelques propriétés de l'air et le moyen d'en connoître la température dans tous les climats de la terre (1702)* **4,** 548^{205}
– *Extrait d'une lettre écrite à Monsieur Regis (1687)* **3,** 433_{8-9}
– *Que les nouvelles expériences que nous avons du poids et du ressort de l'air, nous font connoître qu'un degré de chaleur médiocre, peut réduire l'air dans un état assez violent pour causer seul de très grands tremblements et bouleversements sur le globe terrestre (1703)* **3,** $707^{245.\,246}$
– *Sur un nouveau barometre (1733 [mdl. 1688])* **1,** 305_{4-5}
Anaximander von Milet (ca. 610 – ca. 546 v. Chr.) **5,** 20_{31}
Ancillon, Ludwig Friedrich (1740–1814)
– *Ueber den Ursprung und die Bedeutung der uralten Namen der Sterne (1785)* **5,** 679^{771}
Andala, Ruardus ab (1665–1727) **5,** 330_{17}
Anderson, John (1726–1796) **2,** $897_{24-25.\,33}$
André, Christian Karl (1763–1831) **2,** 959*
Andreae, Johann Gerhard Reinhard (1724–1793)
– *Briefe aus der Schweiz nach Hannover geschrieben, in dem Jare 1763 (1776)* **4,** 769^{106}
Andreas, Apostel (1. Jh. n. Chr.) **2,** 793_{12} **5,** 209_{31}
Andrier (fiktive Person?) **2,** 124_{13} 126_{23} **3,** 188_{25}
Andry, Charles Louis François (1741–1829)
– *Observations et recherches sur l'usage de l'aimant en médecine (1779) [zus. mit Michel Augustin Thouret]* **1,** 634_{R5-7} **4,** 378_{18-19}
– – *Beobachtungen und Untersuchungen über den Gebrauch des Magnets in der Arzneykunst (dt. 1785)* **4,** 378_{20}
Angos, Jean-Auguste d' (1744–1833) **2,** 707_{17} **5,** 256_{12}
Anna, sagenhafte Schwester der Dido 5, 578^{67}
Annales de Chimie (1789–) 1, 59_{R8}
Anne, s. England, Anne, Königin von.
Anonym (A.Z.), [Brief an den Hrsg. des Gentleman's Magazine bez. Cantons Biographie] (1785) 1, 615_{35-36}
Anonym (B.J.), An historical account and description of Mr. Serson's whirling horizontal

speculum, with its use in navigation (1754) 5, 108_{11}
Anonym (C.D.L.), Mémoire sur les volcans et les tremblemens de terre (1785) 1, 849_{1-3}
Anonym (E.), [Brief an den Hrsg. der Chemischen Annalen bez. Verbrennung des Phlogistons] (1789) 3, 664[296]
Anonym (E.A.A.), Några rön och försök angående håningsdagg (1745)
– *Einige Erfahrungen und Untersuchungen, den Honigthau betreffend (dt. von A.G. Kästner 1752)* 1, 778_{10-13}
Anonym (I.G.S.), Geschichte der ausserordentlichen Naturbegebenheit (1785) 1, 802_{7-14}
Anonym (L.S.), Lettre concernant la chaleur du globe (1780)
– *Rezension 1781* 1, 820_{R22-23}
Anonym (M.D.L.N.), Moyen de diriger le globe aerostatique (1784) 1, 295_{32-33}
Anonym (P.E.P), Abhandlung vom Honigthaue (1754) 1, 778_{14-15}
Anonym (T.A.), Ein anderweitiges Mittel gegen den Mehlthau im Hopfen (1745) 5, 770[272]
Anonym, Abhandlung vom Meere (1786) 5, 807[475]
Anonym, An account of the death of Mr. George William Richman (1755–1756) 1, 797_{7-9} 5, 865[870] 866[875] 867[878. 880] 870[887]
Anonym, An enquiry into the general effects of heat (1770) 1, 524_{23-24}
Anonym, Anmerckung vom Mehlthau am Hopfen (1747) 5, 770[272]
Anonym, Auszug aus dem Reisejournale eines Deutschen (1790–1791) 1, 951_{6-7} 4, 152_{6}
Anonym, Auszug aus den Beobachtungen eines Ungenannten über den Reif, den Frost, die Wärme, den Blitz und den Donner (1790) 1, 502_{R20}
Anonym, Auszug aus einem Schreiben (1811) 2, 908[*]
Anonym, Auszug eines Schreibens aus London (1786) (über Herschels Arbeiten an einem großen Teleskop) 5, 687[832]
Anonym, Balloon intelligence. Extract of a letter from Dover (1785) 5, 790[364]
Anonym, Bemerkungen über das Zerspringen, und die freiwillige Entladung der elektrischen Sammlungsflaschen (1780) 2, 149_{7-8}
Anonym, [Beobachtung von Funken auf dem Mond] (1789 [1786]) 1, 689_{R24} 964_{25}
Anonym, [Bericht aus] Großbritannien (1814) 2, 814[†]
Anonym, [Bericht über Richmanns Tod] Petersburg, den 17. August (1753) 5, 865[870] 867[878. 880] 869[881. 884. 885. 886]
Anonym, [Bericht von der Versammlung der königlichen Akademie der Wissenschaften] (1757) 2, 299[*]
Anonym, [Bericht von der Versammlung der königlichen Akademie der Wissenschaften] (1758) 2, 300[*]
Anonym, [Bericht von der Versammlung der königlichen Akademie der Wissenschaften] (1779) 4, 652[99]
Anonym, Beschreibung des von Assier Perica erfundenen Reise-Barometers (1782) 1, 305_{R9-12}
Anonym, Beschreibung eines neuen Electricitätsmessers (1783) 1, 540_{R2}
Anonym, Biographische Nachrichten von dem Fräulein Therese von

Paradis, aus Wien (1786) 4, 812[294] 813[298]
Anonym, Chemische Neuigkeiten (1795) 4, *578*[314]
Anonym, Construction d'un telescope par reflexion (1741)
Anonym, Das Luftschiff (1783) 1, 294_{R4}
Anonym, Découverte d'un point d'appui dans l'air, à l'usage des machines aérostatiques pour naviguer contre le vent (1784) 1, $296_{21–25}$
Anonym, Einige Nachricht von dem großen Magnetstein, welchen Hr D. Zeiher allhier, in das Churfürstl. Sächsische Naturalienkabinet zu Dresden geliefert hat (1777) 4, 355_{19} 5, 831[636]
Anonym, Einige Nachrichten von der neuesten Reise um die Welt (1788) 1, $637_{R5–6}$
Anonym, Éloge de M. Bradley (1762) 5, 605[234]
Anonym, [Erfindung von Dampfschiffen] (1808) 2, 444*
Anonym, Etwas über die Worte, Desorganisation und Somnambulismus (1787)
– *Zitat* 4, $384_{6–19}$
Anonym, Exposé des résultats des grandes opérations géodésiques, faites en France et en Espagne, pour la mesure d'un arc du méridien, et la détermination du mètre définitif (1810 [1808]) 2, 683*
– *Rezension 1809* 5, 706[953]
Anonym, Extract of a letter from Dumfries (1788) 4, *530*[137]
Anonym, Extrait d'une lettre [...] sur l'origine des glaçons flottans (1765) 4, $134_{10–11}$
Anonym, Fernere Probe der Machine zu Passy (1726) 4, $154_{18–19}$
Anonym, Gegenwärtiger Zustand der englischen Niederlassung auf Neu-Südwallis (1815) 2, 814†
Anonym, Idées sur la navigation aerienne (1784) 1, $295_{34–35}$
Anonym, Island im Jahre 1810 (1813) 2, 833*
Anonym, Kurze Nachricht von Aerostatischen Maschinen, ihrem Baue, und den bisher damit angestellten Versuchen (1784) 1, $296_{8–9}$
Anonym, La Terre habitable (1782) 2, $942_{11–13}$ 5, $509_{16–17}$
Anonym, L'Academie Royale de Rouen (1787) 4, *574*[294]
Anonym, L'art de voyager dans les airs (1784) 1, $295_{28–29}$
Anonym, Lettre à un ami, sur l'utilité de globes volans (1783) 1, $295_{30–31}$
Anonym, Lettre sur un fait d'électricité (1780) 5, 477_{15}
– *Nachricht von dem Einschlagen des Blitzes in eine mit einem Ableiter versehene Kirche zu Genua (dt. 1781)* 1, $806_{2–3}$ 5, 882[929]
Anonym, [Mitteilung über Glassorte für achromatische Linsensysteme] (1798) 2, 404*
Anonym, [Mitteilungen über Funken] (1789 [1786]) 5, 258_{10}
Anonym, [Nachricht über „Versuche über die Fortpflanzung des Schalles" durch Major Müller in Göttingen] (1792) 1, 311_{R14} 4, 396[54]
Anonym, [Nachricht vom tödlichen Ballonunfall Pilâtre de Roziers] (1785) 3, 702[192. 193]
Anonym, Nachricht von den Erscheinungen, nach der Operation eines Staars, an einem Blindgebohrnen (1786) 1, 348_{R8}

Anonym, [Nachricht von der Einweihung der Hevelius-Büste im Danziger Rathaus] (1790) 5, 259_{7}
Anonym, Nachricht von der Sprachmaschine des Herrn Hofr. von Kempelen (1792) 4, 409^{146} 6, *552 (453)*
Anonym, Nachricht von einer neuen Erd- und Himmelskugel (1791) 2, 793_{20} 5, 683^{797}
Anonym, Nachricht von einer vortheilhaft eingerichteten Feuermaschine (1794) 4, 534^{152}
Anonym, Nachricht von elektrischen Fischen oder vom Krampffisch und Zitteraal (1770) 1, 604_{32-33} 4, 335_{7-8}
Anonym, Nachrichten von neuen Erfindungen in mechanischen Künsten (1780) 4, 30_{31-32}
Anonym, Natur-Begebenheiten (1770) 5, 891^{974}
Anonym, Nouvel hygroscope fort simple (1765) 3, 432_{22-23}
– *Beschreibung eines sehr einfachen Hygrometers (dt. 1767)* 3, 432_{24-25}
Anonym, Observation sur l'électricité du chocolat (1778) 4, 335_{11}
Anonym, Observations sur le thermometre universel de comparaison (1772) 1, 473_{R5-8}
Anonym, Observations sur quelques personnes qui ne peuvent distinguer les couleurs (1779) 4, 83_{17-18}
Anonym, Observations sur quelques poissons électriques (1772) 1, 604_{R1-3}
Anonym, Oeconomisches Mittel, wie man den Hopfen vor dem Mehlthau allermeist bewahren, und deßen Laub und Rancken besonders nutzen könne (1745) 5, 770^{272}
Anonym, Ohnmaßgebliche Gedancken und Erinnerungen [zum Mehltau im Hopfen] (1745) 5, 770^{272}
Anonym, Philosophisch-physikalische Fragmente über die Geogenie (1783) 1, 852_{37-41}
Anonym, Philosophische Betrachtung der geheimen Natur (1744) 1, 774_{R22-25}
Anonym, Preservatif contre la nielle (1751)
– *Untersuchung, wie dem Mehlthaue vorzubeugen sey (dt. 1752)* 1, 778_{16-18}
Anonym, Quelques particularitez naturelles remarquables tirées d'une lettre écrite de Dublin (1677) 4, 806^{266}
Anonym, Recherches physiques et mathematiques sur la theorie des vents reglés (1747) 5, 761^{197}
Anonym, Relation des dernieres expériences faites en Angleterre pour la découverte des longitudes (1763)
– *Berättelse om Harrisons försök at finna longituden til sjös (schwed. von F. Mallet 1765)*
– – *Bericht von Harrisons Versuche, die Länge zur See zu finden (dt. von A.G. Kästner 1767)* 5, 111_{27-28}
Anonym, [Relation sur la mort de M. Richmann] (1753) 1, 797_{3-6}
Anonym, Sundry papers relative to an accident from lightning at Purfleet (1778) 5, 777^{314}
Anonym, Sur un satellite apperçu auprès de la planète de Vénus (1741) 1, 694_{9-11}
Anonym, The report of the committee appointed by the Royal Society to consider of the best method of adjusting the fixed

points of thermometers (1777) 1, 475_{34-41}
– *Bericht einer von der königlichen Societät zu London niedergesetzten Commission, über die beste Methode, die festen Puncte der Thermometers zu bestimmen (dt. 1779)* **1,** 475_{41-43}
Anonym, The theory of the syphon (1781)
– *Anzeige (1783)* **1,** 300_{R10-11}
Anonym, Über den Cometen von 1807 (1807) 2, 763^{*}
Anonym, Ueber die Entstehung und Richtung der Winde (1786) 1, 763_{24-26}
Anonym, Über einen [...] neuen Hauptplaneten unseres Sonnen-Systems (1801) 2, 790^{*}
Anonym, Versuch die Erscheinungen des Lichts zu erklären (1794) 1, 945_{23-24}
Anonym, Von dem Caoutchouc, das unter dem Namen elastisches Harz bekannt ist (1781) 3, 114_{1}
Anonym, Von Wetterleitern und dem hierüber noch immer im Schwange gehenden Aberglauben (1783) **1,** 804_{R1-3}
Anonym, Vorschlag einer Verbesserung der Strahlableitung auf hohen Thürmen (1788) 5, 884^{945}
– *Rezension 1789* **1,** 804_{R12}
Anonym, Weitere Nachricht von Hrn. Herschels großem Teleskop (1788) **4,** 574^{290}
Anonymus, d. i. Barin, Théodore.
Antheaulme, NN
– *künstliche Magnete* **1,** 619_{R2} **4,** 347_{12} 361_{34} 363_{25} 367_{19} 755^{46} **5,** 346_{13} 422_{26}
Schriften
– *Dissertation qui a remporté le prix en 1760 au jugement de l'Academie Impériale des Sciences de St. Petersbourg sur les questions proposées par cette academie pour l'année 1758: 1. Quels sont les prérogatives des aimans artificiels par rapport aux naturels? (1760)* **4,** 367_{19} 751^{32} 755^{46} 784^{173} 787^{188}
– *Mémoire sur les aimants artificielles, qui a remporté le prix de physique de l'Academie Impériale des Sciences de S. Petersbourg (1760)* **1,** 619_{1-3} **4,** 369_{6-7}
– – *Auszug 1761* **1,** 619_{5}
Anthemios von Tralles (um 474 – um 534)
– *Brennspiegel* **2,** 361_{29} **4,** 53_{21} 80_{31-32}
Schriften
– *Fragment, περὶ παραδόξων μηχανημάτων* **4,** 80_{29-31} 81_{6}
Antoninus Pius, röm. Kaiser 138–161 (86–161) **2,** 604_{23}
Antonius, s. Marcus Antonius.
Apel, Friedrich Ludwig 6, LXI LXIII LXV LXXVIII LXXX XCIV CIV CVI CX
Apel, Wilhelmine 6, CV
Apelt, Otto (1845–1932)
Übersetzer
– *[1922] Platon, Timaios* **4,** 672^{176}
Apian, Peter (1495–1552)
– *Kometen* **2,** $763_{8.\ 29}$ 770_{3} **5,** 170_{6} $285_{19.\ 24}$ $287_{11.\ 17}$ 653^{575}
Schriften
– *Astronomicum caesareum (1540)* **5,** 658^{602}
Apollonios von Myndos (4. Jh. v. Chr.)
– *Kometen* **2,** 759_{33}
Aquin, Joseph d'
Übersetzer
– *[1784] Toaldo, Della vera influenza degli astri (1770)* **1,** 827_{2}
Arago, Dominique François Jean (1786–1853) **4,** 546^{198}
– *Dichtigkeit der Luft* **2,** 971_{4}
– *Gradmessung* **2,** $683_{2.\ 5}$ **5,** 706^{953}

Aragona, Nicolo Alerbo d' (18. Jh.)
– *A collection of the observations of the remarkable red lights seen in the air on Dec. 5. 1737 (1740–1741) [zus. mit Giovanni Poleni, Eustachio Zanotti, Didacus de Revillas u. James Short]* **5,** 891[974]
Aratos von Soloi (ca. 315 – ca. 245 v. Chr.)
– *Prognostica (Διοσημεῖα)*
– – *I prognostici (it. von A.L. Bricci 1770)*
– – – *Les prognostics (frz. 1784)* **1,** 827_{R5-8}
Arcet, Jean d'
– *Expériences sur l'alliage fusible de plomb, de bismuth et d'etain (1775)* **1,** 439_{R35}
Archenholtz, Johann Wilhelm von (1743–1812)
Schriften
– *Annalen der Brittischen Geschichte (1789–1800)* **1,** 914_{29-31}
– *England und Italien (1785–1787)* **1,** 922_{18} **2,** 89_2 **3,** 536[26]
Herausgeber
– *British Mercury* **1,** 637_{R1}
Archimedes von Syrakus (um 287 – 212 v. Chr.)
– *Archimedischer Versuch* **2,** 168_9 177_{27} **3,** 272_1
– – *Erweiterung* **4,** 178_{26}
– *Brennspiegel* **2,** 360_{33}–361_{34} **4,** 53_{10} 80_{18}
– *Entdeckung des Archimedischen Prinzips* **2,** 177_{27}
– *Erdumfang* **2,** 666[*]
– *Weltsystem* **5,** 229_{20}
Schriften
– *Arenarius (Ψαμμίτης)* **2,** 666[*] **5,** 231_{19}
– – *Ψαμμίτης, καὶ Κύκλου Μέτρησις, Archimedis syracusani Arenarius, et Dimensio circuli (griech.-lat., J. Wallis 1676)* **2,** 666[*]
– *Opera omnia, cum commentariis Eutocii (gr.-lat. hrsg. von J.L. Heiberg 1880–1881; ²1910–1915)* **5,** 697[897]
– – *Werke (dt. von A. Czwalina 1963 u.ö.)* **5,** 570[5]
– *Opera quae extant (1615)*
– – *De insidentibus humido* **1,** 186_{17-20}
Archytas von Tarent (428–347 v. Chr.) **2,** 701[*]
Arcot, d. i. Angos, Jean-Auguste d'.
Arcy, Patrick d' (1725–1779)
– *Elektrometer* **4,** 295_2
Schriften
– *Mémoire sur la durée de la sensation de la vue (1765)* **1,** 337_{R7} 948_{7-8}
– *Mémoire sur l'électricité, contenant la description d'un électromètre (1749)* **4,** 701[304]
Arderon, William (1702/03–1767)
– *Extract of a letter to Mr. Henry Baker, with the description of an improved hygroscope (1746)* **3,** 432_{30}
Are Thorgilsson Frode (1067–1148) **2,** 843_{34} 844_{15} **5,** 420_1 $422_{4-5.\ 11}$
– *Sagan landnama vm fyrstu bygging Islands af nordmønnum (1688)* **5,** 821-822[573]
– – *Liber historicus de Islandia (isl.-lat. hrsg. von A. Bussaeus 1744)* **2,** 843_{37-40} **5,** 422_{13-14}
Arejula, Juan Manuel de (1755–1830)
– *dephlogistisierte Luft* **3,** 394_{13}
Schriften
– *Reflexîones sobre la nueva nomenclatura química (1788)* **3,** 697[147]
Arena, Filippo
– *Physicae quaestiones (1777)*
– – *Dissertatio de lumine* **1,** 346_{37-41}

Aretaios von Kappadokien (1. Jh. n. Chr.) **4,** 65_{1}
Argand, Aimé (1755–1803)
– *Lampe* **2,** 464_{3} 483_{15} **4,** 128_{33} 606^{465}
– *Verbrennung von Wasser- und Sauerstoff zu Wasser* **2,** 483_{17}
Argyropoulos, Johannes (um 1415–1486)
Übersetzer
– *Aristoteles, Schriften* **4,** 70_{17-18}
Aristarch von Samos (um 310 – um 230 v. Chr.)
– *Bewegung der Erde* **1,** 655_{R6} **2,** $610_{5.\,8}$ **5,** 77_{19-20} 231_{18} 697^{892}
– *Skaphe* **2,** 667_{39}
– *Zeitgenosse Platons* **5,** 231_{23}
Aristoteles (384–322 v. Chr.) **1,** 40_{17} 41_{1}
– *Ebbe und Flut* **2,** 865_{3} **5,** 352_{24} 353_{4}
– *Echo* **4,** 393^{40}
– *Elemente* **1,** 831_{34} **2,** 851_{22-23}
– *Erdumfang* **2,** 666^{*}
– *Erklärung der Schwere* **3,** 200_{4} 595^{12}
– *Kometen* **2,** 758_{33} 760_{14} **5,** 163_{5}
– *leerer Raum* **2,** 232_{18} **3,** 384_{31}
– *Magnet* **2,** 842_{37} **4,** $351_{20.\,26}$ 365_{3} **5,** 420_{33}
– *Naturlehre im Mittelalter* **1,** 40_{37}
– *Nordlicht* **2,** 924_{3}
– *Öl glättet die Wogen* **2,** 222_{2}
– *Quellen* **2,** 826_{9} 828_{10} **5,** 330_{14}
– *quinta essentia* **3,** 654^{231}
– *Salzigkeit des Meeres* **2,** 820_{14} **5,** 396_{22}
– *Wärme* **1,** 426_{R34}
– *Wahrnehmungslehre* **2,** 342_{15} **4,** 70_{4}
– *Weltsystem* **5,** 229_{18-19}
Schriften
– *De anima (Περὶ ψυχῆς)* **1,** 344_{20-22} **2,** 342_{16} **4,** 70_{4-6} 451^{134} 672^{175} 760^{67}
– – *Ausg. (lat. von J. Argyropoulos) in ders., Opera (1590)* **4,** 70_{18}
– – *Über die Seele (dt. von Willy Theiler 1959)* **4,** 451^{134}
– *De coelo (Περὶ οὐρανοῦ)* **2,** 666^{*} 670^{*}
– – *Vom Himmel (dt. von Olof Gigon 1950; Nachdruck 1983)* **3,** 553^{125}
– *Historia animalium (Περὶ τά ζῷα ἱστορίαι)*
– – *Ιστοριαι περι ζωων. Thierkunde (gr.-dt. von H. Aubert und F. Wimmer 1868)* **4,** 761^{71}
– *Metaphysik (Τὰ μετὰ τὰ φυσικά)*
– – *Metaphysik (dt. von H. Bonitz, hrsg. von H. Carvallo und E. Grassi 1966)* **4,** 446^{115}
– *Meteorologica (Μετεωρολογικῶν)* **2,** 758_{33} **5,** 163_{5-6} 330_{21} 890^{970}
– – *Ausg. in ders., Opera (1831)* **5,** 650^{565} 749^{90} 806^{465} 890^{970}
– – – *Meteorologie (dt. von H. Strohm 1970)* **5,** 650^{565} 890^{970}
– *Physik (Φυσικὴ ἀκρόασις)*
– – *Physik (dt. von H. Wagner ^{4}1983)* **3,** 508^{33}
– *Physik (Ausg. Paris 1619 u.ö.)* **1,** 47_{19-22}
– *Problemata physika (Προβλήματα) [zugeschrieben]* **1,** 234_{R28-29} **2,** 222_{30-31} **3,** 679^{1}
Aristyllos (3. Jh. v. Chr.) **5,** 22_{27}
Arnaud de Saint-Maurice, Bertrand (†1794)
– *Expériences du thermomètre (1789)* **4,** 133_{14-16}
Arndt, Johann (1555–1621)
– *Vier Bücher vom Wahren Christenthum (1610 u.ö.)* **4,** 754^{38} **6,** 410 (*198)
Arnemann, Justus (1763–1806) **6,** CII–CIII

Arnim, Ludwig Achim von (1781–1831)
– *Beitrag zur Berichtigung des Streits über die ersten Gründe der Hygrologie und Hygrometrie (1800)* **2,** 898*
Arnim, Max (1889–1946)
– *Johann Friedrich Armand v. Uffenbachs Schenkung an die Göttinger Universitäts-Bibliothek (1928)* **6,** XLIV
Arnold, John (1736–1799)
– *Chronometer* **2,** 700_{14} **5,** $116_{3.\ 31}$ 117_{1-24} 252_{23}
– *Kompensationspendel* **2,** 418*
Schriften
– *An account kept during thirteen months in the Royal Observatory at Greenwich of the going of a pocket chronometer (1780)* **5,** 113_{17-21}
– – *Rezension 1780* **5,** $620^{345-347}$ $621^{352.\ 355.\ 356}$ 622^{360}
Arnold, Theodor (1683–1771)
Übersetzer
– *[1732] Ray, Three physico-theological discourses (^{3}1713)* **1,** 851_{32-33} **2,** 938_{19-20} **5,** 505_{17}
Artois, s. Frankreich, Karl X., König von Frankreich, Graf von Artois.
Asbóth, János (1768–1823) **2,** 11_{33-34}
Asch, Georg Thomas von (1729–1807)
– *Respondent*
– – *Dissertationem inauguralem [...] indicit (1750)* **1,** 165_{R7}
– *Schenkung an das Göttinger Akdemische Museum* **2,** 286_{33}
Asclepi, Giuseppe (1706–1776)
– *De nova, et facili methodo elevandi mercurium in tubis ad altitudinem consueta majorem (1767)* **1,** 199_{R4-8} **2,** $181_{8.\ 13}$ **3,** 311_{10-11}
– – *Natuurkundige Verhandelingen over eene nieuwe en gemaakelijke handelwijze om de kwik in pijpen op eene meer dan gewoone hoogte te doen staan (ndl. 1782)* **1,** 197_{R15-16} 199_{R1} **3,** 311_{14-15}
Assier-Perricat, Antoine
– *Reisebarometer* **1,** 305_{R10}
Astronomisches Jahrbuch oder Ephemeriden (1776 [1774] – 1824 [1821]), hrsg. von J.E. Bode **1,** 707_{41-43} **5,** 704^{943} 732^{1107}
– *1786 [1783]* **5,** 648^{548}
– *1789 [1786]* **1,** 689_{13-14}
– *1790 [1787]*
– – *Rezension 1788* **1,** 654_{R28}
– *1793 [1790]* **5,** 277_{27} 281_{20-21}
– *1795 [1792]* **5,** 644^{512} 648^{547}
Atwood, George (1745–1807)
– *Fallmaschine* **2,** 23* 101*
– *für zwei elektrische Materien* **1,** 588_{R13}
Schriften
– *A description of the experiments, intended to illustrate a course of lectures (1776)*
– – *Compendio d'un corso di lezioni di fisica sperimentale (it. von G. Fontana 1781)*
– – – *Rezension 1783* **1,** 588_{R15}
– *The construction and analysis of geometrical propositions, determining the positions assumed by homogeneal bodies which float freely, and at rest, on a fluid's surface (1796)* **1,** 173_{R13} 925_{6-7} **3,** 274_{16} 606^{69}
Aubert, Alexander (1730–1805)
– *besucht von L.* **2,** 280_{34}
– *Uhr* **5,** 252_{16}
Schriften
– *An account of the meteors (1784)* **1,** 809_{R19-21}

Aubert, Jean Louis (1731–1814)
Herausgeber
– *Journal des beaux-arts et des sciences* **2,** 123_{8} 124_{41}
Aublet, Jean Baptiste Christophe Fusée (1720–1778) **2,** 44[*]
– *Histoire des plantes de la Guiane Françoise (1775)* **3,** 84_{12}
Aubuisson de Voisins, Jean François d' (1769–1841) **2,** 1015_{8}
August, s. Augustus (eig. Gaius Julius Caesar Octavianus), röm. Kaiser 27 v. Chr. – 14 n. Chr.; Polen, August II.
August, Ernst Ferdinand (1795–1870)
– *Ueber die Verdunstungskälte und deren Anwendung auf Hygrometrie (1825)* **4,** 545[197]
Augusta, s. England, Augusta von, Princess of Wales, geb. v. Sachsen-Gotha.
Augustinus von Hippo (354–430)
– *Contra Iulianum (421)* **4,** 378_{4}
– – *Gegen Julian (lat.-dt. von R. Habitzky, hrsg. von T.G. Ring 2005)* **4,** 809[275]
Augustus (eig. Gaius Julius Caesar Octavianus), röm. Kaiser 27 v. Chr. – 14 n. Chr. (63 v. Chr. – 14 n. Chr.) **2,** 736_{2} 933_{16} **5,** 226_{11}
– *Obelisk* **3,** 475[11]
Avity, Pierre d' (1573–1635) **5,** 330_{16}
Aycke, Johann Christian
– *Aal* **1,** 630_{R25} **4,** 378_{11}
– *Buchausleihe* **5,** 792[373]
– *Höhenmessung am Hainberg* **5,** 555_{3} 556_{12} 561_{1} 941[83]
– *Mitteilung bezüglich Grundeis* **4,** 132_{32}
– *spezifisches Gewicht des Quecksilbers* **1,** 183_{R20}
Schriften
– *Bemerkungen über Grundeis (1836)* **4,** 508[72]
Baader, Franz Xaver (von) (1765–1841)
– *Vom Wärmestoff (1786)* **1,** 512_{33-35}
– – *Rezension 1787* **4,** 570[276]
– – *Exzerpt* **4,** 177_{15}
Baader, Joseph Anton Ignatz (von) (1763–1835)
– *Luftpumpe* **2,** 238_{39} 239_{1}
Schriften
– *Ueber einige der wichtigsten Fortschritte welche im Maschinenwesen seit dem Anfange dieses Jahrhunderts, besonders in England, gemacht worden sind (1798)* **4,** 534[152]
– *Vorschlag zu einer neuen Luftpumpe (1784)* **1,** 244_{R8-13}
– – *Referat v. Gren (1790)* **1,** 244_{R13-14}
Bachstrom, Johann Friedrich
– *Die Kunst zu schwimmen (1742)* **1,** 175_{12-13}
Back, NN 1, 444_{R2}
Bacmeister, Johann Vollrath (1732–1788)
– *Historische Nachricht von der metallenen Bildsäule Peter des Großen (1783)* **2,** 40_{20-22} **3,** 82_{14-15}
Bacon, Francis (1561–1626) **1,** 41_{7-8} **3,** 63_{12}
– *Elastizität des Wassers* **3,** 117_{25}
– *südliche Landspitzen* **1,** 724_{R1}
– *wissenschaftliche Maximen* **1,** 892_{28-33} 908_{7} **2,** 4_{2} **3,** 15_{27} 29_{6} 63_{15}
s.a. Non fingendum aut excogitandum sed experiendum (Bacon).
Schriften
– *Historia naturalis et experimentalis de ventis (1638)*
– – *The naturall and experimentall history of winds (engl. von R.G. Gent 1653)*

– – – *Ausg. in ders., Works 3 (1733)* **1,** 765_{22}
– – *Ausg. in ders., Opera 1665* **1,** $765_{20–22}$
– *Instauratio magna (1620)* **5,** 797^{410}
– *Novum organum (1620)* **1,** $724_{R7–8}$ 892_{34} **2,** 815_{3} 815^{*} **3,** 117_{25} $360_{1–2}$ 466^{160} **5,** 314_{6}
– – *Neues Organ der Wissenschaften (dt. von A.T. Brück 1830)* **4,** 387^{4} **5,** 797^{410}
– – *Neues Organon (lat.-dt. von W. Krohn 1990)* **3,** 450^{53} 467^{160} 496^{165} $672^{327.\ 328}$
– – *Ausg. in ders., Works (1740)* **3,** 450^{53}
– *Of the proficience and advancement of learning (1605)*
– – *Ausg. in ders., Works (1740)* **3,** 447^{30}
– *Philosophical Works (ed. P. Shaw 1733)* **1,** $47_{33–37}$
– *Scripta in naturali et universali philosophia (1653)* **1,** $47_{30–32}$
– *Sylva sylvarum: or A naturall historie (1626 u.ö.)* **1,** 231_{R1}
– *Works (1740)* **1,** $724_{R8–9}$
Bacon, Roger (ca. 1220 – 1292) **5,** 429_{5}
Baden, Karl Friedrich, Großherzog von (1728–1811, vormals Markgraf von Baden-Durlach) **4,** 318_{10}
Baermann, Georg Friedrich (1717–1769)
– *Dissertatio mathematica de cuneo (1751)* **1,** $114_{4–5}$ **2,** 96_{9} **3,** 182_{21}
Bailly, Jean Sylvain (1736–1793)
– *Lesages Schweretheorie* **3,** 236_{5}
– *über Kepler* **2,** 645_{7}
Schriften
– *Exposé des expériences qui ont été faites pour l'examen du magnétisme animal (1784)* **4,** 813^{301} 815^{309} 818^{320}
– *Histoire de l'astronomie ancienne (1775)* **5,** $207_{5–6}$ 226_{24} 582^{83}
– *Histoire de l'astronomie moderne (1779–1782)* **1,** 923_{21} **3,** 576^{249} **5,** 226_{24} 232_{29} 572^{27} 593^{152} 594^{166} 595^{174} $599^{191.\ 193.\ 194}$ $600^{195.\ 198.\ 201.\ 202}$ $601^{206–209}$ $602^{215–218.\ 221}$ 603^{222} $605^{236.\ 237}$ 606^{246} 669^{700}
– – *Geschichte der neuern Astronomie (dt. von J.M.C. Bartels 1796–1797)* **5,** 572^{27} 599^{193} 600^{197} $602^{215.\ 221}$ 603^{222}
– *Lettres sur l'Atlantide de Platon et sur l'ancienne histoire de l'Asie (1779)* **5,** 910^{1067}
– – *GGA-Rezension 1780* **5,** 910^{1067}
– *Rapport des commissaires chargés par le Roi, de l'examen du magnétisme animal (1784)* **4,** 815^{309}
– *Rapport secret sur le Mesmérisme (1799/1800)* **4,** 814^{305} 815^{309}
Bainbridge, John (1582–1643)
– *Canicularia. Una cum demonstratione ortus Sirii heliaci (1648)* **5,** 226_{20} 694^{879}
Bajon, Bertrand
– *Sur un poisson à commotion électrique (1774)* **1,** $630_{R33–34}$
Balbi, Paolo Battista
– *Bologneser Flaschen* **1,** 431_{R8}
Schriften
– *Experimenta varia in ampullis bononiensibus facta (1745)* **1,** $431_{31–32.\ R9–10}$
– – *Von einigen Arten das Glas zu zersprengen nebst verschiedenen Versuchen mit den bologneser Flaschen (dt. 1753)* **1,** $431_{33–37}$
Balthasar, Theodor
– *Sonnenmikroskop* **1,** 422_{33}
Bancroft, Edward
– *Experimental researches concerning the philosophy of permanent colours (1794)* **1,** 946_{35}–947_{2}
– – *Anzeige 1795* **1,** 947_{3}

Banks, Joseph (1743–1820) **2,** 813$_{27}$
– *Erdumsegelung* **1,** 636$_{36}$
– *Geysir* **2,** 833$_{15}$
– *Glorienbeobachtung* **1,** 970$_{24}$
– *Wärmetoleranz* **2,** 477$_{34}$ **4,** 582[336]
Barberet, Denis
– *Dissertation sur la nature et la formation de la gresle (1752)* **1,** 785$_{17-18}$
Barbeu-Dubourg, Jacques
– *Brief von Franklin* **1,** 629$_{11}$
Barbieri, Lodovico (1719–1791)
– *Salzigkeit des Meeres* **2,** 821$_{27}$ **5,** 398$_{6}$
Schriften
– *De nativa maris salsedine dissertatio (1752)* **5,** 398$_{6}$
– – *Von der ursprünglichen Salzigkeit des Meeres (dt. 1786)* **1,** 728$_{30-34}$ **5,** 398$_{7-8}$
– *Storia del mare (1782)* **1,** 853$_{4-5}$
Bardili, Christoph Gottfried (1761–1808)
– *Ueber die Entstehung und Beschaffenheit des ausserordentlichen Nebels in unsern Gegenden (1783)* **1,** 781$_{3-5}$ **5,** 457$_{1-2}$
Barhov, Laurids (1707–1754)
– *Richtig angestellte und aufrichtig mitgetheilte Observationes von dem seit eines halben Seculi sich in den meisten europäischen Ländern sehr merklich zeigenden und bekannt gewordenen Phaenomeno, unter dem Namen von Nord-Licht (1751)* **5,** 483$_{12-13}$
Barin, Théodore (1634–1692)
– *Le monde naissant ou la création du monde, démonstrée par des principes tres simples & tres conformes à l'histoire de Moyse, Genes. chap. I. & II. (1686)* **1,** 851$_{24-27}$ **2,** 938$_{15}$ **5,** 505$_{20-21}$
Bariolle, NN
– *Carte du voyage aërien de Monsieur Blanchard et du Chr. de L'Epinard. le 26 aoust 1785 (1785)* **5,** 841[689]
Barker, Robert (†1745)
– *Wassermühle* **1,** 165$_{32}$ **2,** 161$_{20}$ 162$_{1}$ **3,** 267$_{3.\ 23}$
Barletti, Carlo (1735–1800)
– *für zwei elektrische Materien* **1,** 588$_{R13-14}$
Barrow, Isaac (1630–1677)
– *Lehrer Newtons* **2,** 776$_{19}$ **5,** 188$_{35}$
Schriften
– *Lectiones XVIII, Cantabrigiae in scholis publicis habitae (1669)* **1,** 424$_{17-18}$
Bartels, Johann Heinrich (1761–1850)
– *Briefe über Kalabrien und Sizilien (1787–1792)* **1,** 848$_{R1-2}$
Bartels, Klaus (*1936)
– *Roms sprechende Steine (2000)*
– – *³2003* **3,** 475[11]
Bartholin, Caspar (1655–1738)
– *De fontium fluviorumque origine ex pluviis (1689)* **1,** 743$_{21-23}$
Bartholin, Thomas
Schriften
– *De nivis usu medico observationes variae (1661)* **1,** 435$_{R12}$
Herausgeber
– *Acta medica & philosophica hafniensia (1671–1679)* **1,** 488$_{23}$
Bartolozzi, Francesco
– *Osservazioni sul granito e conghietture sull' origine di questa e delle altre pietre (1780)*
– – *Ueber die Entstehung des Granits und anderer Steinarten (dt. Zusammenfassung 1783)* **1,** 831$_{R31-33}$
Baudeau, Nicolas (1730–1792)
– *Aux auteurs du journal [über die Atlantis betreffende Stelle in Platons Timaios] (1780)* **5,** 503$_{13-14}$
– *Belles-Lettres [über die Atlantis betreffende Stelle in Platons Timaios] (1780)* **5,** 503$_{13}$

Baudin, NN.
– *Extrait d'un mémoire sur un météore igné (1796)*
– – *Auszug aus einem Aufsatze über ein [...] feuriges Meteor (dt. 1796)* **1,** 972_{9}
Bauer, Wilhelm (1742–1825)
– *magnetisch geheilt von Mesmer* **4,** 380_{34}
Baum, Richard (1930–)
– *Cassini and the rotation period of Venus (1992) [zus. mit William Sheehan]* **5,** 643^{494}
Baumann, Johann Christian (1711–1782)
– *achromatischer Kometensucher* **6,** 187
– *Brettchen* **6,** 76 (77)
– *Camera obscura* **6,** 182 (219)
– *einfaches Mikroskop* **6,** 192 (234)
– *Hohlprisma* **6,** 171 (209)
– *künstliches Auge* **6,** 179 (218)
– *Mondbeobachtung* **2,** 708_{25} **5,** 120_{27} 262_{13}
– *Querschnitte verschiedener Linsenformen* **6,** 169 (205)
Baumé, Antoine **1,** 473_{R2}
– *Chymie expérimentale et raison (1773)*
– – *Des propriétés de l'eau dans l'état de glace* **1,** 504_{R3-4}
– *Nouvel aréomètre, ou pese liqueur (1768/69)* **1,** 174_{27}
Baumer, Johann Wilhelm
– *Dissertatio de fontium origine (1771)*
– – *Dissertation sur l'origine des fontaines (frz. 1773)* **1,** 740_{R20-25}
Baumgarten, Alexander Gottlieb (1714–1762)
– *Acroasis logica (1761; ²1773)* **5,** 858^{818}
Baumgartner, Andreas (1793–1865)
– *Die Naturlehre nach ihrem gegenwärtigen Zustande mit Rücksicht auf mathematische Begründung (1824 u.ö.)* **5,** 781^{328}
Baxter, Andrew (1686?–1750) **3,** 513^{63}
– *Beweis des 3. Keplerschen Gesetzes* **2,** $648_{13.\,25}$ **5,** 234_{3-5} $236_{1.\,22}$
– *Brief von B. Franklin* **1,** 87_{13}
Schriften
– *Matho; sive, Cosmotheoria puerilis (1738)* **3,** 203_{6} **5,** 87_{25} 234_{2}
– – *Matho: or, the Cosmotheoria puerilis (engl. 1740)*
– – – *²1745 (Nachdruck 1754)* **5,** $701^{918.\,919.\,920.\,921}$
– – – *³1765* **2,** 648_{16-17} **5,** 701^{918}
Bayen, Pierre (1725–1798)
– *Vorläufer Lavoisiers* **3,** 321_{19} 327_{14-15}
Schriften
– *Essai d'expériences chymiques (1774)* **3,** 321_{19} 327_{14}
Bayer, Johann (1572–1625)
– *Bezeichnung der Fixsterne* **2,** 793_{3} **5,** 689^{840}
Schriften
– *Uranometria (1603)* **1,** 640_{7-8} **5,** 212_{12} 683^{800}
Bayern, Karl Theodor, Kurfürst von (1724–1799, auch Kurfürst von der Pfalz) **5,** 607^{253} 882^{932}
Bazin, Gilles Augustin
– *Description des courants magnétiques (1753)* **1,** 610_{26-27}
– – *Beschreibung der Flüsse des Magnets (dt. 1754)* **1,** 610_{28-33}
– *Observations sur les plantes (1741)*
– – *Untersuchung, woher es komme, daß die Thiere von Natur schwimmen können (Auszug, dt. 1727)* **1,** 175_{21-25}
Beale, John (1608–1683) **5,** 790^{360}
Beccadelli, Antonio (1394–1471) **5,** 821^{559}
Beccaria, Giambatista (1716–1781)
– *Brief von B. Franklin* **4,** 414^{196}

– *elektrische Versuche* **1,** 543_{19} **4,** 369_{34} **5,** 473_{6} 482_{22}
– *Erklärung elektrischer Erscheinungen* **1,** 596_{45} **4,** 313_{29} $314_{17.\,21}$ 636^{39}
– *Gradmessung* **2,** 677_{6} **5,** 247_{31} 318_{25} 702^{935}
– *Mondvulkan* **5,** 254_{29}
– *Neffe* **2,** 706_{28} **5,** 254_{30} 256_{2}
– *Phosphoreszenz* **4,** 450^{129}
Schriften
– *De quamplurimis phosphoris nunc primum detectis commentarius (1746)* **1,** $341_{19–22}$
– – *Abhandlung von den meisten erst entdeckten Phosphoren (dt. 1755)* **1,** $341_{25–28}$
– *De quamplurimis phosphoris nunc primum detectis commentarius alter (1747)* **1,** $341_{23–24}$
– – *Zwote Abhandlung von den meisten erst entdeckten Phosphoren (dt. 1756)* **1,** $341_{29–30}$
– *Dell'elettricismo. Lettere (1758)* **1,** $606_{3–4}$
– *Dell' elettricismo artificiale, e naturale libri due (1753)* **1,** $544_{30–31}$ **5,** 482_{3}
– *Elettricismo artificiale (1772)* **1,** $606_{40–41}$ $632_{14–15}$ **4,** 806^{264}
– – *A treatise upon artificial electricity (engl. 1776)* **4,** $289_{12–13}$
– *Elettricismo atmosferico (1758)* **1,** 807_{R11} **5,** 870^{888} $886^{953.\,954}$
– *Experimenta, atque observationes, quibus electricitas vindex late constituitur, atque explicatur (1769)*
– – *²[ca. 1775] u.d.T. »Electricitas vindex experimentis atque observationibus stabilita«* **1,** $571_{41–45}$
– *Observations sur la double réfraction du crystal de roche (1772)* **1,** $370_{27–28}$
Becher, Johann Joachim **1,** 217_{R1}
– *Vorläufer Stahls* **3,** 327_{14}
Bechstein, Johann Matthäus (1757–1822)
– *Ueber den wahren Ursprung des fliegenden Sommers (1789)* **1,** $774_{R11–12}$ **2,** $899_{8–10}$
Becker, Friedrich Adolf
– *Cuxhaven und das Amt Ritzebüttel (1880)* **5,** 876^{920}
Beckers zu Westerstetten, Heinrich Anton von (1695–1777) **5,** 876^{918}
Beckmann, Johann (1739–1811) **2,** 222_{25}
s.a. Beiträge zur Geschichte der Erfindungen (1780–1805), hrsg. von J. Beckmann.
– *Hörer* **6,** C
– *Turmalin* **2,** 543_{1}
– *Zeugnis für v. Ciechansky* **6,** LVII–LVIII
Schriften
– *GGA-Anz. von Beiträge zur Geschichte der Erfindungen, Bd. 1, St. 2 (1781)* **4,** 332_{22} 739^{486}
– *Rezensionen*
– – *[1778] Volta, Lettres sur l'air inflammable des marais (1778)* **4,** 317_{5}
– *Ueber eine längst schon bekannte, und noch bessere Art, durch Flußspathsäure auf Glas zu ätzen (1792)* **1,** $273_{R25–27}$
Herausgeber
– *Beiträge zur Geschichte der Erfindungen* **3,** 180_{3} 479^{50} **4,** 21_{33} $332_{20–21}$ 401^{93}
Beckoj, Ivan Ivanovič (1704–1795)
– *Legierung von großer Festigkeit* **2,** 40_{18} **3,** 82_{9}
Beda Venerabilis (um 672 – 735) **2,** 736_{27}
Beddoes, Thomas (1760–1808)
– *A letter to Erasmus Darwin (1793)*
– – *GGA-Rezension 1794* **6,** 470

– *An Account of some new experiments on the production of artificial cold (1787)* **4,** $187_{5–7}$ 583^{344}
– – *Neue Versuche über die Hervorbringung der natürlichen[!] Kälte (dt. 1789)* **4,** $584^{346.\ 350.\ 352–354}$
– *Chemical experiments and opinions (1790)* **3,** 693^{114}
– *Considerations on the medicinal use of factitious airs (1794) [zus. mit J. Watt]* **3,** $361_{29–30}$
– – *Betrachtungen über den medicinischen Gebrauch künstlicher Luftarten (dt. von C.T. Zollikofer 1796)* **1,** $932_{26–29}$
Beek-Calkoen, Jan Frederik van (1772–1811)
– *Über die Theorie der Sonnen-Wärme (1809)* **2,** 929*
Beer, Ferdinand Wilhelm
Übersetzer
– *Mémoires de mathematique et de physique (1752–1754)* **1,** 52_{6}
Beer, Günther 5, 649^{557} **6,** LII^{82} $XCVI^{352}$ $CXXII^{516}$
Beguelin, Nicolas de (1714–1789)
– *Theorie des Lichts* **4,** 71_{29}
Schriften
– *Recherches sur les moyens de découvrir par des expériences comment se fait la propagation de la lumiere (1772)* **1,** $346_{24–28}$ **4,** 462^{174}
– – *Rezension 1775* **4,** 462^{174}
– – *Nachdruck (Journal des Savants) 1779* **4,** $76_{2–5}$
– – *Nachdruck (Observations sur la physique) 1779* **1,** 346_{29}
– *Recherches sur les variations du baromêtre (1773)* **1,** $823_{20–23}$
– *Sur la lumière et les couleurs (1776)* **4,** $76_{7–8}$
– *Sur la source d'une illusion du sens de la vue, qui change le noir en couleur d'écarlate (1771)* **1,** $400_{14–18}$
Behrendsen, Otto
– *Die mechanischen Werkstätten der Stadt Göttingen (1900)* **6,** CV^{415} 215 (267)
– *Zur Geschichte der Entwicklung der mechanischen Kunst (1907)* **3,** 538^{33} **6,** LV^{103} LXIV^{169} LXVII^{193} CIV^{414} CV^{415} 284 (*7) 440 (352)
Beigel, Georg Wilhelm Siegmund (1753–1837)
– *Ueber die Lichtabwechselung des Sterns Algol und Berechnung ihrer Perioden (1788 [1785])* **5,** 220_{32}
Beintema van Peima, Joannes Ignatius Worb (1666–1716)
– *Dissertatio de morbo regio (1697)* **4,** 446^{113}
Beireis, Gottfried Christoph (1730–1809)
– *Kuriosität* **2,** 550*
– *Zauberuhr* **3,** 44_{2}
Beiträge zur Geschichte der Erfindungen (1780–1805), hrsg. von J. Beckmann 2, 222_{25} **3,** 378_{6} $679^{2.–4}$ **4,** $19_{25–26}$
– *Kunst in Glas zu schneiden und zu ätzen (1792)* **1,** $273_{R33–34}$
– *Sprachrohr (1782)* **1,** $943_{9–10}$ **4,** 21_{32}–22_{1} 401^{93}
– *Springgläser, Glastropfen (1797)* **1,** $950_{12–13}$
– *Täucher-Glocke (1782)* **1,** 234_{R28}
– *Turmalin (1781)* **1,** $600_{24–26}$
– *Verstärkungsflasche (1782; ²1783)* **1,** $557_{11–13}$
– *Wasseruhr (1782)* **3,** 180_{3}
– *Weinverfälschung (1782)* **3,** 479^{50}
Bektas, M. Yakup
– *The Copley medal (1992) [zus. mit Maurice Crosland]* **5,** 621^{351}
Belgrado, Giacopo (1704–1789)
– *Elastizität des Wassers* **3,** 118_{13}

Schriften
– *Della riflessione de' corpi dall' aqua (1753)* **3,** 118_{14-15}
Bélidor, Bernard Forest de (1698–1761)
– *Festigkeit von Holz* **3,** 476[15]
Schriften
– *Architecture hydraulique (1737)* **1,** 149_{R1-2} 443_{29-30} **2,** 438_{14}
– *Dictionnaire portatif de l'ingenieur (1740)*
– – *Kurzgefaßtes Kriegs-Lexicon (dt. von F.W. Kratzenstein 1765)* **6,** 400 (**195*)
Bell, George (1755–1784)
– *Some remarks on the opinion that the animal body possesses the power of generating cold (1785)* **1,** 502_{R6-10} **4,** 186_{17} 583[338. 339. 341. 342]
Bellarmino, Roberto (1542–1621) **5,** 39_{11} 81_{34}
Bellin, Jacques Nicolas
– *Carte des variations de la boussole et des vents généraux que l'on trouve dans les mers les plus fréquentées (1765)* **1,** 754_{28-31}
Bemetzrieder, Anton (1743–1817)
– *Leçons de clavecin, et principes d'harmonie (1771)* **4,** 23_{31-32}
– – *Music made easy to every capacity (engl. von G. Bernard 1778–1779)* **4,** 23_{28-30}
Bendavid, Lazarus (1762–1832)
– *Mitbeobachter L.s* **2,** 318_{11}
Bener, Michael
– *Messer mit Sonnenuhr* **6,** 390 (**172*)
Bennet, Abraham (1750–1799)
– *Duplikator* **1,** 573_{R18-19} 959_{11} **2,** 519_{4-6} **4,** 726[435] **6,** 255 (314)
– *Elektrometer* **1,** 540_{R8} **2,** 519_{13} 525_{14} 911_{36}
Schriften
– *An account of a doubler of electricity (1787)* **1,** 573_{R19-22}
– – *Exzerpt* **4,** 319_{34}–320_{6}
– *Description of a new electrometer (1787)* **1,** 540_{R9-10} **4,** 726[427] **6,** 226 (279)
– – *Appendix* **1,** 540_{R9-10}
Bentinck, Wilhelm Gustav Friedrich (1762–1835)
– *Brief an L.* **5,** 876[918]
Bentley, Richard (1662–1742)
– *Brief von Newton* **3,** 560[145]
Benzenberg, Johann Friedrich (1777–1846)
– *Beweis der Erdrotation durch Fallversuche* **2,** 622[†]
– *zusammengesetzte Bewegung* **2,** 64[*]
Schriften
– *Benzenbergs Versuche zur Bestätigung der Lehre von der Umdrehung der Erde (1806)* **2,** 622[†]
– *Beschreibung eines einfachen Reise-Barometers [...] (1811)* **2,** 964[*]
– *[Brief] an die Herausgeber (1803)* **2,** 622[†]
– *[Brief] an die Herausgeber (1804)* **2,** 622[†]
– *Briefe geschrieben auf einer Reise durch die Schweiz im Jahr 1810 (1811)*
– – *2:* **2,** 853[*]
– *Die Astronomie, Physische Geographie, Meteorologie und Geologie. Georg Christoph Lichtenbergs Vorlesung 1797/1798 (2004)* **5,** 582[86] 583[89] 586[107] 587[109] 592[146] 593[158. 159] 598[189] 604[232. 233] 607[253. 257] 615[318] 617[330] 618[331] 620[350] 625[383] 628[404] 632[419] 640[474] 669[705] 680[779] 684[808] 685[816] 691[863] 710[965. 968] 711[969] 714[981] 715[984] 719[1012] 729[1087]
– *Manuskript der Mitschrift von Lichtenbergs Experimentalphysik-Vorlesung (1797–1798)* **3,** 608[83. 84] 609[88] 682[24. 31] 685[49]

712[273] **4,** 628[12. 13] 629[14] 630[16] 706[324]
– *Versuche über das Gesetz des Falls, über den Widerstand der Luft und über die Umdrehung der Erde (1804)* **2,** 622[†] **3,** 520[94]
– *Vollständiges Handbuch der angewandten Geometrie für Feldmesser (1813)* **2,** 962[*] 964[*] 979_{12} 990_5 999[†] 1015[†] 1017[*]

Beobachtungen und Entdeckungen aus der Naturkunde von der Gesellschaft Naturforschender Freunde (1787–) 1, 57_{R3-6}

Beraud, Laurent (1702–1777)
– *Dissertation sur la cause de l'augmentation de poids, que certaines matieres acquiérent dans leur calcination (1748)* **1,** 461_{7-11}

Bergen, Carl August von (1704–1759)
– *De thermometris mensurae constantis (1745)*
– – *²1757* **1,** 475_{16-18}

Bergman, Torbern Olof (1735–1784) **3,** 305_{11}
– *Ausdünstung* **5,** 447_{27}
– *Basalt* **1,** 974_8
– *Benennungen von Luftarten* **1,** 265_6 270_{28} 272_{18} **3,** 393_{13}
– *edle Erde* **1,** 210_{23}
– *Eisenphosphat (Siderum)* **1,** 930_{21}
– *elektrische Versuche* **1,** 543_{19-20} **4,** 304_1
– *für zwei elektrische Materien* **1,** 588_{16} **2,** 529_5 **4,** 666[153]
– *Kieselerde* **5,** 401_4
– *Meinung über einen Pflanzeninhaltsstoff* **3,** 629[99]
– *Quellen* **2,** 826_{12} **5,** 330_{18} 339_2
– *Reif* **2,** 894_{28}
– *Salpetersäure* **3,** 323_5
– *Salze* **1,** 208[*)] **3,** 309_3 **5,** 326_{17} 361_9
– *Salzigkeit des Meeres* **5,** 397_{20} 522_5
– *Schwefelleber-Luft* **1,** 268_6
– *spezifisches Gewicht von Quecksilber* **1,** 737_{R9} **2,** 825_{30}
– *Tabellen chem. Verwandtschaft* **1,** 229_{5-7}
– *Turmalin* **4,** 333_6
– *Vitriolöl* **1,** 185_{25}
– *Zusammensetzung der Edelsteine* **1,** 212_{32-38}

Schriften
– *A letter containing some experiments in electricity (1764)* **1,** 588_{16-17}
– *Afhandling om nordskenens högd (1764)*
– – *Von der Höhe des Nordscheins (dt. von A.G. Kästner 1767)* **1,** 811_{30-32}
– *Afhandling om tourmalinens electriska egenskaper (1766)*
– – *Abhandlung von des Tourmalins elektrischen Eigenschaften (dt. von A.G. Kästner 1768)* **1,** 601_{18-20} **4,** 333_{6-7}
– *Anledning til föreläsningar öfver chemiens beskaffenhet och nytta (1779)*
– – *Anleitung zu Vorlesungen über die Beschaffenheit und den Nutzen der Chemie (dt. 1779)* **3,** 695[138]
– *Anmärkningar om tysta eld-sken (1760)*
– – *Anmerkungen vom stillen Wetterleuchten (dt. von A.G. Kästner 1762)* **1,** 806_{33-35}
– *Commentarius de indole electrica turmalini (1766)* **1,** 601_{10-13}
– *Electriska försök med sammangnidna glas-skifvor (1765)*
– – *Elektrische Versuche mit an einander geriebnen Glasscheiben (dt. von A.G. Kästner 1767)* **1,** 543_{42-43} **4,** 303_{28} 304_{6-7} 709[336]
– *Electriska försök med sidenband af åtskillig färg (1763)*

– – *Elektrische Versuche, mit Seidenbande von unterschiedlicher Farbe (dt. von A.G. Kästner 1766)* **1,** 544_{35} **4,** $300_{23–24}$
– *Hafs-vattnet ifrån ansenligt djup, undersökt (1777)*
– – *Seewasser aus beträchtlicher Tiefe (dt. von A.G. Kästner 1782)* **5,** 808^{484}
– – – *Beobachtungen und Untersuchungen über das Seewasser aus beträchtlicher Tiefe (Auszug 1783)* **1,** $728_{R10–11}$
– *Observations in electricity and on a thunder-storm (1763)* **5,** 475_{4}
– *Opuscula physica et chemica (1779–1790)*
– – *De terra turmalini (1780)* **5,** 919^{1169}
– – *De analysi aquarum (1779)* **1,** $224_{R13–15}$ $744_{31–32}$
– – *De formis crystallorum (1780)* **1,** $205_{R12–13}$
– – – *De la forme des cristaux (frz. von L.B. Guyton de Morveau 1792)* **1,** 205_{R13}
– – *De praecipitatis metallicis (1780)* **3,** 323_{5} 695^{138}
– – *Meditationes de systemate fossilium naturalium (1787)* **5,** 768^{260}
– – *Producta ignis subterranei chemice consideratae (1783)* **5,** 801^{440} 803^{448}
– – – *Vulkanische Producte chemisch betrachtet (dt. von H. Tabor 1785)* **5,** 801^{440}
– – *De attractionibus electivis (1783)* **1,** $512_{31–32}$ **3,** 695^{138} **4,** 178_{13}
– – *Kleine Physische und Chymische Werke (dt. von H. Tabor, hrsg. von E.G.G. Hebenstreit 1782–1790)* **1,** $224_{18–19}$ **5,** 768^{260}
– *Physisk beskrifning ofver jordklotet (1766)* **1,** $830_{27–29}$
– – *²1773–1774*
– – – *Physicalische Beschreibung der Erdkugel (dt. von L.H. Röhl 1780)* **1,** $729_{23–24}$ $773_{R13–15}$ 808_{R27} $830_{34–35}$ $967_{17–18}$ **3,** 425_{22} **5,** 338_{22} 342_{7} 358_{25} 745^{51} 747^{80} $755^{144.\ 146}$ 756^{157} $762^{204.\ 206}$ $763^{212.\ 223}$ $764^{226.\ 237}$ $765^{245–247}$ 785^{337} 838^{678} 843^{696} 904^{1032} 929^{1272}
– – – – *Exzerpt* **5,** 323_{16}–324_{22} $325_{11–29}$ $326_{6–26}$ 338_{31}–340_{18}
– – *Physicalische Beschreibung der Erdkugel (dt. von L.H. Röhl 1769)* **1,** $830_{30–33}$ **2,** 817_{31} 834_{7}
– *Sciagraphia regni mineralis (1782)* **1,** 183 208*) $211_{R7–9}$ $213_{3–4}$ 219_{16}
– – *Manuel du minéralogiste, ou sciagraphie du règne minéral (frz. von J.A. Mongez 1784)* **2,** $839_{33–35}$ **4,** 677^{210} **5,** $814^{516.\ 517}$
– *Vetenskaps historien om skymningarna (1760)*
– – *Geschichte der Wissenschaften von der Dämmerung (dt. von A.G. Kästner 1762)* **1,** $664_{5–8}$
– *Vetenskaps historien, om rägnbågens förklaring (1759)*
– – *Von den Erklärungen des Regenbogens (dt. von A.G. Kästner 1762)* **1,** $794_{1–3}$
– *Von den Würkungen des Feuers […], wie auch vom Basalt (in Troil, Briefe 1779)* **1,** 974_{8}
– *Vorbericht (in Scheele, Abhandlung 2 1782)* **4,** 175_{5}
Herausgeber
– *Scheffer, Föreläsningar (1775)* **1,** 203_{R17}

Bergmann, Ludwig (1898–1959)
– *Lehrbuch der Experimentalphysik (1943–)*

– – *3: Optik (^{4}1966)* **4,** 423[37. 39] 424[41] 430[52] 431[56. 57] 432[58. 59] 435[65. 66]
Berkel, Adriaan van
– *Amerikaansche voyagien (1695)*
– – *Beschreibung seiner Reisen nach Rio de Berbice und Surinam (1789)* **1,** 602[28–603,2]
Berkeley, George (1684–1753)
– *leerer Raum* **3,** 97$_{23}$
Schriften
– *A treatise concerning the principles of human knowledge (1710 u.ö.)* **3,** 482[67]
– – *Eine Abhandlung über die Prinzipien der menschlichen Erkenntnis (dt. von A. Kulenkampff 2004)* **3,** 482[67]
– *An essay towards a new theory of vision (1709)* **4,** 474[232]
– – *Versuch über eine neue Theorie des Sehens (dt. von W. Breidert 1987)* **4,** 474[232]
– *Three dialogues between Hylas and Philonous (1713)*
– – *Drei Dialoge zwischen Hylas und Philonous (dt. von R. Richter, hrsg. von W. Breidert ^{4}1991)* **4,** 445[109]
Berkeley, NN **2,** 549$_{24}$ **4,** 355$_{9}$
Berlepsch, Carl **6,** LXVII[193] 151 (187) 284 (*7)
Berliner Wochenblatt **3,** 403$_{16}$
Berlinische Monatsschrift **2,** 274$_{16}$
Berlinische Sammlungen zur Beförderung der Arzneywissenschaft, der Naturgeschichte, der Haushaltungskunst, Cameralwissenschaft und der dahin einschlagenden Litteratur (1768–) **1,** 58$_{22-24}$
Berlinisches Magazin, oder gesammlete Schriften und Nachrichten für die Liebhaber der Arzneywissenschaft, Naturgeschichte und der angenehmen Wissenschaften überhaupt (1765–) **1,** 58$_{11-15}$
Bernardi, Oronzio de
– *L'uomo gallegiante (1794)* **1,** 925$_{9-11}$
– – *Vollständiger Lehrbegriff der Schwimmkunst (dt. von F. Kries 1797)* **1,** 925$_{16}$
Bernerisches Magazin der Natur, Kunst und Wissenschaften (1775–) **1,** 58$_{38-39}$
Bernoulli (Familie) **1,** 891$_{16}$ **3,** 300$_{21}$
Bernoulli, Daniel I. (1700–1782)
– *Elementarbewegung* **2,** 116$_{13}$ 486$_{16}$ **3,** 218$_{10}$ 230$_{34}$ 231$_{1}$ **4,** 603[444]
– *Gastheorie* **3,** 230$_{28}$ **4,** 119$_{13}$
– *Heber* **1,** 941$_{18}$
– *kommunizierende Röhren* **2,** 157$_{30}$ 158$_{9}$ **3,** 266$_{24}$
– *Kräfteparallelogramm* **2,** 63$_{13}$
– *Luftdruckschwankungen* **2,** 934$_{6}$ **5,** 373$_{10}$
– *Luftthermometer* **1,** 470$_{13}$ **4,** 166$_{35}$
– *Magnet* **4,** 769[106]
– *Magnetismus* **1,** 622$_{11}$ **5,** 437$_{14}$
– *Maß der Kraft* **2,** 150$_{13}$
Schriften
– *Examen principiorum mechanicae, et demonstrationes geometricae de compositione et resolutione virium (1726)* **1,** 89$_{R11-12}$ 919$_{15}$
– *Hydrodynamica, sive de viribus et motibus fluidorum commentarii (1738)* **1,** 187$_{1-3}$ **5,** 790[359]
– – *Hydrodynamik (dt. von K. Flierl 1965)* **3,** 573[229] 593[2] **4,** 549[206]
– *Mémoire adressé à Messieurs les auteurs du Journal des Sçavans (1757)* **5,** 822[578]
– – *Abhandlung von der besten Art einen Neigungscompaß zu machen, und von den Veränderungen der Magnetnadeln (dt. 1757)* **5,** 832[639] 833[644]

– *Memoire sur la maniere de construire les boussoles d'inclinaison (1748)* **5,** 435_{4-5} 834^{647}
– *Nouveaux principes de méchanique et de physique (1748) [zus. mit J. Bernoulli]* **3,** 216_{8} 218_{10} **5,** 832^{642}
– *Recherches physiques, mécaniques et analytiques, sur le son & sur les tons des tuyaux d'orgues différemment construits (1762)* **4,** 410^{168}
– *Remarques sur le principe de la conservation des forces vives (1748)* **1,** 84_{R21}
– *Sur la nature et la cause des courans (1769)* **1,** 772_{11-16}
– *Traité sur le flux et reflux de la mer (1752)* **5,** 446_{7} 764^{235}

Bernoulli, Jakob (1654–1705)
– *Haarröhrchen* **3,** 300_{20}
– *Luftdruck* **3,** 708^{250}
Schriften
– *Dissertatio de gravitate aetheris (1683)* **3,** 617^{25}
– – *Ausg. in ders., Opera (1744)* **1,** 69_{16-17}
– *Nova ratio metiendi altitudines nubium (1688)* **1,** 782_{35-37}
– – *Ausg. in ders., Opera (1744)* **1,** 782_{37-38}
– *Opera (1744)* **1,** 48_{29}

Bernoulli, Johann I. (1667–1748)
– *Barometer* **1,** 303_{37-38} **2,** 308_{35} **3,** 382_{25}
– *Elementarbewegung* **3,** 218_{10} 230_{34}
– *Maß der Kraft* **3,** 253_{10}
Schriften
– *Discours sur les loix de la communication du mouvement (1727)* **1,** 158_{21-23}
– *Dissertatio hydraulica de motu aquarum (1737–1738)* **1,** 186_{37-40}
– *Nouveaux principes de méchanique et de physique (1748) [zus. mit D. Bernoulli]* **3,** 218_{10} **5,** 832^{642}
– *Opera omnia (1742)* **1,** 48_{27-28}
– – *Hydraulica* **1,** 186_{41-42}
– – *Discours sur les loix de la communication du mouvement* **1,** 158_{23-24}

Bernoulli, Johann II. (1710–1790)
– *Theorie des Magnetismus* **1,** 622_{10-11}

Bernoulli, Johann III. (1744–1807)
Schriften
– *Lettres astronomiques (1771)* **1,** 721_{4-5}
Herausgeber
– *Leipziger Magazin für reine und angewandte Mathematik (1786–)* **1,** 59_{19}
– *Recueil pour les astronomes (1771–1779)* **1,** 721_{1-3}

Bernstorff, NN., Baron von
– *Mémoire sur le météore du 18 d'Aoust 1783 (1784)*
– – *Nachricht von einem besondern Feuer-Meteor (dt. Zusammenfassung 1785)* **1,** 810_{R16}

Béroalde de Verville, François (1556–1626)
– *Le Moyen de parvenir (1617)* **5,** 53_{14-15}

Beroldingen, Franz Cölestin von (1740–1798)
– *Beobachtungen Zweifel und Fragen, die Mineralogie überhaupt [...] betreffend (1778)*
– – *²1792–1794* **1,** 972_{2}
– *Die Vulkane älterer und neuerer Zeiten (1791)* **1,** 846_{R3-5}
– *Gedanken über den so lange angehaltenen ungewöhnlichen Nebel (1783)* **1,** 780_{39-42} **5,** 456_{32}
– *Neue Theorie über die Basalte (1790)* **1,** 845_{R26}–846_{R2}

Berthelot, Claude-François (1718–1800)
– *La mécanique appliquée (1782)* **1,** 188_{R26-28} **2,** 183_{41}–184_{1}
– – *Rezension* **1,** 188_{R29-30} **3,** 614[4]
Bertholet, d. i. Berthelot, Claude-François.
Berthollet, Claude Louis de (1748–1822)
– *Gummi* **2,** 45_{31}
– *Knallsilber* **3,** 563[160]
– *Manometer* **2,** 312[*]
– *phlogistisierte Luft* **1,** 939_{23}
– *Verbrennung* **3,** 334_{17}
– *Versuche mit dephlogistisierter Salzsäure (Chlor)* **1,** 935_{14} **3,** 426_{29}
Schriften
– *[Anzeige seiner Erfindung des Knallsilbers (Journal de Paris)] (1788)*
– – *Nachricht von einem neuen Knallsilber (dt. 1789)* **1,** 260_{R10-14}
– *De l'influence de la lumière (1786)*
– – *Über den Einfluß des Lichts (dt. 1787)* **1,** 344_{R20-22}
– *Description d'un manomètre (1807)*
– – *Beschreibung eines Manometers [...] (dt. von L.W. Gilbert 1807)* **2,** 313[*]
– *Méthode de nomenclature chimique (1787)* **1,** 926_{19-20}
– – *Methode der chemischen Nomenklatur (dt. von K. v. Meidinger 1793)* **1,** 926_{23-25} **3,** 344_{1-2} 358_{11-14}
– – – *Rezension 1794* **3,** 358_{19}
– *Zerlegung des flüchtigen Laugensalzes (1791)* **3,** 334_{33}
Bertholon de St. Lazare, Pierre (1741–1800)
– *Elektrizität* **4,** 649[92]
Schriften
– *De l'électricité des météores (1787)* **1,** 773_{R10-11} 785_{R31} 786_{R1-3}
– – *Rezension 1789* **1,** 773_{R11-12}
– – *Die Elektricität der Lufterscheinungen (dt. 1792)* **1,** 760_{R1-3}
– *De l'électricité du corps humain dans l'état de santé et de maladie (1780)*
– – *Die Electricität aus medicinischen Gesichtspuncten betrachtet (dt. von F.A. Weber 1781)* **4,** 644[78] 715[363] 717[372]
– *Des avantages que la Physique et les arts, qui en dépendent peuvent retirer des globes aërostatique (1784)* **1,** 295_{42-45}
Berthoud, Ferdinand (1727–1807)
– *Ausdehnung der Metalle* **4,** 173_{2}
– *Uhren* **2,** 700_{27-28} **5,** $114_{14.\ 34}$
Schriften
– *Éclaircissemens sur l'invention, la théorie, la construction et les épreuves des nouvelles machines proposées en France pour la détermination des longitudes en mer par la mesure du temps (1773)* **5,** 114_{19-21}
– *Essai sur l'horlogerie (1763)* **5,** 640[475]
Bertier, Joseph Étienne (1702–1783) **2,** 127_{21}
– *erfundene Pendelversuche* **3,** 189_{10}
– *Schweretheorie (gegen Newton)* **2,** 124_{25}
Bertram, August Wilhelm (1752–1788)
Übersetzer
– *[1784] Elliot, Elements of the branches of natural philosophy connected with medicine (1782)* **1,** 229_{14-15}
Bertrand, Élie (1712–1797)
– *Essai sur les usages des montagnes (1754)* **1,** 739_{16-17}
– *Mémoire sur les tremblemens de terre (1756)* **1,** 848_{22-23}

– *Memoires historiques et physiques sur les tremblemens de terre (1757)* **1,** 848$_{24–26}$
– *Memoires sur la structure interieure de la terre (1752)* **1,** 830$_{24–26}$ **2,** 940$_{1–3.\ 14}$ **5,** 504$_{18–19}$
– – *Rezension 1753* **5,** 911[1074]
– – *GGA-Rezension 1754* **5,** 911[1074]
Berzelius, Jöns Jacob (1779–1848) **5,** 649[557]
Beschäftigungen der Berlinischen Gesellschaft Naturforschender Freunde (1775–) **1,** 57$_{4–6}$
Beseke, Johann Melchior Gottlieb (1746–1802)
– *Schreiben an Herrn Direktor Achard in Berlin über Elementarfeuer und Phlogiston als Uranfänge der Körperwelt, insbesondere über elektrische Materie (1786)* **4,** 269$_{32}$
– – *Rezension 1786* **1,** 579$_{R16–17}$ 588$_{R17–18}$ **4,** 656[112]
Bessel, Friedrich Wilhelm (1784–1846)
– *Fixsternparallaxe* **2,** 788[*]
Best, Wilhelm Philipp **5,** 111$_{30}$
Bestužev-Rjumin, Aleksej P. (1693 – 1766[?])
– *Nerventinktur* **1,** 945$_{18}$ **4,** 75$_{24}$
Betancourt y Molina, Agustín de (1758–1824)
– *Mémoire sur la force expansive de la vapeur de l'eau (1790)* **1,** 441$_{R16–22}$ **2,** 435$_{14}$
Beuermann, Gustav
– *Die historische Sammlung des I. Physikalischen Institutes der Georg-August-Universität Göttingen (1986–1988)* **4,** 387[1] 538[166] 607[469] 754[38] 759[56] **6,** 26 (23) 30 (25) 71 (69) 84 (94) 408 (*198)
– *Die Sammlung historischer Apparate im I. Physikalischen Institut (2001) [zus. mit G. v. Minnigerode]* **6,** 84
Beuermann, Klaus **5,** 598[186] 632[420]
Bevis, John (1695–1771) **5,** 470$_{18}$
Bewley, William (1726–1783)
– *Brief an Priestley (Pyrophor)* **4,** 173$_{36}$ 174$_{13}$
Beyel, Daniel (1760–1823) **4,** 818[326]
Beyer, Adam **4,** 39$_{16}$
Beyer, Johann (1675–1751)
– *Modell eines Auges* **6,** 340 (*108)
– *Universalsonnenuhr* **6,** 395 (*191)
Schriften
– *Beschreibung eines neu-inventirten Modells von dem Menschlichen Auge (o.J.)* **6,** 342 (*108)
Bianchi, Giovanni Battista (1681–1761) **4,** 309$_{7}$
Bianchi, NN **6,** XLVI
Bianchini, Francesco (1662–1729)
– *Mondbeobachtung* **1,** 688$_{R22}$ **2,** 707$_{5}$ **5,** 52$_{25–26}$ 120$_{14}$ 256$_{6}$
– *Venusrotation* **1,** 696$_{21}$ **2,** 745$_{26–27}$ **5,** 151$_{27}$ 152$_{7}$ 273$_{29}$
Schriften
– *Hesperi et phosphori nova phaenomena (1728)* **1,** 696$_{24–25}$ **2,** 707$_{7}$ **5,** 273$_{29}$
Bianchini, Giovanni Fortunato (1719–1779) **4,** 310$_{16}$
– *Saggio d'esperienze intorno la medicina elettrica (1749)* **4,** 310$_{21–22}$
Bianconi, Giovanni Lodovico (1717–1781)
– *Schallgeschwindigkeit* **1,** 313$_{R19–27}$ **2,** 321$_{4–5}$ **4,** 8$_{28–30}$
Schriften
– *Due lettere di fisica (1746)*
– – *Della diversa velocità del suono*
– – – *Von der verschiedenen Geschwindigkeit des Schalles (dt. Auszug 1756)* **1,** 313$_{18–22}$ **4,** 387[18] 398[62. 68]

Bibel
– *Altes Testament*
– – *1. Buch Mose (Genesis)* **5,** 678[757] 919[1158] 921[1182]
– – *1. Könige* **3,** 680[8]
– – *2. Buch Mose (Exodos)* **5,** 260_{33-34} 353_{3} 654[581]
– – *Buch der Sprichwörter* **3,** 310_{4}
– – *Buch der Weisheit* **3,** 453[73]
– – *Daniel* **4,** 596[409]
– – *Ecclesiastes (Kohelet)* **4,** 605[451]
– – *Jesaja* **2,** 81_{13} **3,** 26_{1} 175_{21} **5,** 37_{1} 579[71]
– – *Josua* **2,** 617_{36} **5,** 580[77]
– – *Samuel* **5,** 910[1064]
– *Babylonische Sprachverwirrung* **3,** 330_{30-31}
– *Exegese fördert die Wissenschaft* **2,** 937_{11-13}
– *Genealogie* **2,** 108_{8}
– *Glaubhaftigkeit* **5,** 390_{31-35}
– *Kometen als Erklärung biblischer Begebenheiten* **2,** 759_{14-17} **5,** 165_{9-13}
– *mißverständlich* **4,** 82_{1}
– *Neues Testament*
– – *Korintherbriefe* **5,** 616[324]
– – *Lukas* **3,** 566[188]
– – *Markus* **5,** 654[581]
– – *Matthäus* **5,** 654[581] 908[1052]
– – *Offenbarung* **5,** 571[15] 616[324]
– *Sintflut* **2,** 844_{6} **5,** 381_{9}
– *Verhältnis der Erzählungen von Schöpfung und Sintflut zur Physik* **5,** 388_{21}–390_{35}
– *Wundererzählungen* **5,** 70_{16}
Die Bibel. Nach der Übersetzung Martin Luthers. Stuttgart 1988. (Bibeltext in der revidierten Fassung von 1984) **5,** 616[324]
Biblioteca fisica d'Europa (1788–) **1,** 58_{R1-6}
Bibliotheque annuelle et universelle 1751–1753
– *1: 1751* **4,** 717[372]

Bicker, Jan Bernd (1746–1812)
– *Dissertatio inauguralis de igne (1765)* **1,** 524_{9-10}
Bieberstein, s. Marschall von Bieberstein, Karl Wilhelm.
Biedersee, Carl Friedrich Wilhelm von († ca. 1791) **3,** 417_{23}
Bignon, Jean Paul (1662–1743) **5,** 787[350]
Bilfinger, Georg Bernhard (1693–1750)
– *Barometer* **1,** 304_{37}
– *Haarröhrchen* **1,** 194_{R21}
– *Maß der Kraft* **3,** 253_{10}
– *Wirbeltheorie* **1,** 120_{R4} 121_{3} **2,** 106_{26} **3,** 184_{1}
Schriften
– *De causa gravitatis physica generali disquisitio experimentalis (1728)* **1,** 121_{22-26}
– – *Ausg. Paris 1732* **3,** 184_{1}
– *De directione corporum gravium in vortice sphaerico, et figura nuclei, dissertatio experimentalis (1726)* **1,** 121_{29-31}
– *De frictionibus corporum solidorum (1727)* **1,** 148_{19} **3,** 194_{35}
– *De thermometris et eorum emendatione (1728)* **1,** 474_{33-36}
– *De tubulis capillaribus dissertatio experimentalis (1727)* **1,** 199_{36-37}
– *De variis barometris sensibilioribus (1726)* **1,** 305_{30-33}
– *Elementa physices (1742)* **1,** 44_{32-33}
Bindheim, Johann Jacob
– *Mineralogische Bemerkungen bey Zerlegung eines Kristalls (1788)* **1,** 536_{R12-16}
Bion, Nicolas (1653–1733)
– *Traité de la construction et des principaux usages des instrumens de mathematique (1709)*
– – *Neu-eröffnete mathematische Werck-Schule (dt. von J.G. Doppelmayr 1712)* **6,** 290 (**19*)

316 (**36b*) 387 (**169*) 392 (**179*) 393 (**184*)
Biot, Jean Baptiste (1774–1862)
– *Dichtigkeit der Luft* **2,** 971_{4}
– *Gradmessung* **2,** 683_{2} **5,** 706[953]
Schriften
– *Exposé des résultats des grandes opérations géodésiques faites en France et en Espagne (Vortrag 1808)*
– – *Bericht darüber 1809*
– – – *Fortgesetzte Nachrichten über die Fortsetzung der französischen Gradmessung bis zu den balearischen Inseln (dt. Auszug 1810)* **2,** 683[*]
– *Sur les variations du magnétisme terrestre a différentes latitudes (1804) [zus. mit A. v. Humboldt]* **2,** 847[*]
– – *Rezension (dt.)* **2,** 847[*]
– – *Ueber die Variationen des Magnetismus der Erde in verschiedenen Breiten (dt. Auszug von L.W. Gilbert 1805)* **2,** 847[*]
– *Tables barométriques portatives donnant les differences de niveau par une simple soustraction (1811)* **2,** 1018_{13}
Birch, Thomas (1705–1766)
– *The History of the Royal Society of London (1756–1757)* **1,** $50_{5–8}$ 132_{R20} 194_{R30} $300_{R22–23}$ $435_{R16–17}$ $436_{R15–16}$ **2,** 127_{10} 428_{10} 777_{37} $778_{2.\ 7}$ 819_{31} $947_{40–41}$ **3,** 311_{7} 681[17] **4,** $91_{25–26}$ **5,** 189_{14} 909[1057]
Bird, John (1709–1776)
– *The method of dividing astronomical instruments (1767)* **5,** $423_{31–32}$ 825[593]
– – *Abschrift der Kommentare Demainbrays* **5,** **423_{31}–424_{2}**
Bischoff, Johann Georg (d.Ä.) (*1733) **4,** 318_{16}
Bischoff, Johann Georg (d. J.) (*1735) **4,** 318_{16}
Black, Joseph (1728–1799)
– *atmosphärische Luft* **2,** 851_{23}
– *chemische Nomenklatur* **3,** 330_{23}
– *Kieselerde* **5,** 401_{6}
– *Wärmelehre*
– – *Anteil an Crawfords Wärmetheorie* **1,** $520_{34.\ R12}$ **4,** 589[381]
– – *latente Wärme* **1,** 513_{R18} **2,** 474_{12}
– – *spezifische Wärme* **3,** 322_{6}
– – *Verbrennungsprozeß* **3,** 321_{14}
– – *Werk über latente Wärme angekündigt* **1,** 514_{12}
– *zur Person* **2,** 851[*]
Schriften
– *Analyse des eaux de quelques sources chaudes d'Islande (1793)* **5,** $400_{25–26}$
– – *Zergliederung des Wassers einiger heißen Quellen auf Island (dt. 1796)* **5,** $400_{26–27}$ 809[492]
– *Erfahrungen über den Gang der Wärme (1783)* **4,** 611[482]
– *Experiments upon Magnesia Alba, Quicklime, and some other Alcaline Substances (1756)* **2,** 851[*]
Bladh, Peter Johan (1746–1816)
– *Anmärkningar vid hafs-vattnets salta och egenteliga tyngd på djupet (1781)*
– – *Anmerkungen und Versuche über die Salzigkeit und eigenthümliche Schwere des Seewassers in der Tiefe (dt. von A.G. Kästner 1784)* **5,** 396_{7}
Blaeu, Willem Janszoon (1571–1638)
– *Gradmessung* **5,** 101_{32}
Blagden, Charles (1748–1820)
– *unterkühltes Wasser* **1,** 437_{R38} **4,** 135_{7}
– *Wärmetoleranz* **2,** $477_{34.\ 36}$ 478_{3} **4,** 582[336]
– *Zusammensetzung des Wassers* **2,** 210_{9}

Schriften
– *An Account of some late fiery meteors (1784)* **1,** $809_{R23–24}$ $812_{R27–28}$ **4,** 136_{32} **5,** 891[976]
– *Experiments and observations in an heated room (1775)* **1,** $502_{R2–3}$ **4,** 204_{9} 582[336]
– *Extract of a letter giving some account of the tides at Naples (1793)* **1,** $769_{R1–5}$
– *History of the congelation of quicksilver (1783)* **1,** 438_{R14} $440_{29–31}$ $481_{R7–9}$ **4,** 516[98]
– – *Geschichte der Versuche über das Gefrieren des Quecksilbers (dt. 1783–1787)* **1,** $481_{R9–10}$ **4,** 516[98]
– – – *Ueber den Grad der Kälte, bey welchem das Quecksilber gefriert (Auszug 1786)* **1,** 481_{R10}
– *Proceedings relative to the accident by lightning at Heckingham (1782) [zus. mit Edward Nairne]* **1,** $806_{4–5}$ **4,** 258_{19} **5,** $477_{25–27}$ 774[301]
– *Report on the best Method of proportioning the Excise upon Spirituous Liquors (1790)* **1,** 174_{R29}
– *Vermischte chemische Bemerkungen (1788)* **1,** $16_{R1–2}$ **4,** 188_{11}
– *Experiments on the cooling of water below its freezing point (1788)* **1,** 438_{R15}
– – *Exzerpt* **4,** $137_{1–2}$
– – *Versuche über die Erkältung des Wassers unter seinem Frierpunkte (dt. 1788)* **1,** $437_{R25–26}$ $438_{R10–13}$
– – *Experimente über Abkühlung des Wassers bis unter seinen Gefrierpunkt (dt. von A.J. v. Oettingen 1894)* **4,** 517[101. 102. 103]
Blair, Robert (1748–1828)
– *Glas* **2,** 404[*]
Schriften
– *Experiments and Observations on the unequal refrangibility of light (1792)* **1,** $949_{35–36}$
Blakey, William
– *Observations sur les pompes à feu avec balancier (1777)* **1,** $444_{R16–17}$ 950_{33}
Blanchard, Jean-Pierre (1753–1809) **1,** 766_{R9} **2,** 433_{7}
– *Ballonfliegerei* **1,** 294_{R1} **2,** 264_{2} **3,** 400_{15} **4,** 349_{2} 638[46] **5,** 445_{28} 465_{8}
– *Kanalüberquerung im Ballon* **1,** 294_{5} **3,** 702[192] **5,** 374_{10}
– *von L. charakterisiert als Luftball* **5,** $465_{9–11}$
Blankaart, Steven (1650–1702)
– *Lexicon medicum tripertitum, renovatum (1777)* **4,** 713[352]
Blech, Ephraim Philipp (1757–1812)
– *Rede bey der Gedächtnißfeyer Hevelii (1787)* **2,** $711_{2–3}$
Bleton, Barthélemy **1,** 573_{R3}
Bloch, Marcus Elieser
– *Naturgeschichte der ausländischen Fische (1786–1787)* **1,** $602_{R3–5}$
Bloeme, Dr. (aus Holland)
– *Glasseil* **6,** 437 (*349*)
Blondeau, Étienne Nicolas (1723?–1783)
– *See-Barometer* **1,** 305_{R6}
Schriften
– *Lettre à l'auteur de ce receuil (1774)*
– – *Schreiben an den Herrn Abt Rozier über die Platina (dt. 1776)* **4,** 765[91]
Blumenbach, Johann Friedrich (1752–1840) **6,** LXXII LXXV 278 (*nach 343*)
– *Australerde* **1,** 885_{33}–886_{1} **3,** 659[271]
– *Blitzeinschlag trotz Ableiter* **1,** 806_{R5} **2,** 917_{27}

– *Brief von L.* **3,** 702^{188} 713^{281} **4,** 661^{136} 732^{460} 771^{113} **5,** 617^{330}
– *Briefe von Deluc* **2,** 941$_{14}$
– *Gutachten für Apel* **6,** CIV
– *Schädelsammlung* **6,** CXXVIII
– *Turmalin* **1,** 601$_{37-38}$
– *Uranerz* **1,** 219$_{R10}$
– *Vorlesung* **6,** CIII
– *Vulkane* **5,** 528$_{26}$
Schriften
– *Beyträge zur Naturgeschichte (1790)* **1,** 973$_{15}$
– – *Beyläufig ein Wort über den Basalt* **1,** 845$_{R19}$
– – *Ein Blick in die Vorwelt* **1,** 840$_{R3-6}$
– *Handbuch der Naturgeschichte (1779–1780)* **2,** 55$_{12-13}$ **3,** 682^{26} **5,** 386$_{4}$
– – ^{4}*1791* **1,** 210$_{R14-15.\ R21.\ R25}$ 604$_{R24-25}$ 885$_{28-29}$ 917$_{29}$ 928$_{8-9}$ **3,** 438$_{14}$ **6,** 534 (429)
– – ^{5}*1797* **3,** 363$_{19}$ 682^{26} **4,** 779^{143}
– – ^{6}*1799* **3,** 612^{112}
– *Über den Bildungstrieb (Nisus formativus) und seinen Einfluß auf die Generation und Reproduction (1780)* **5,** 923^{1197}
– *Vorrede zu Berkel, Beschreibung seiner Reisen (1789)* **1,** 602$^{28-603,2}$
Blumenberg, Hans (1920–1996)
– *Das Fernrohr und die Ohnmacht der Wahrheit (1965)* **3,** 453^{74}
Blumhof, Johann Georg Ludolph (1774–1825)
Übersetzer
– *Brisson, Pesanteur spécifique des corps (1787)* **3,** 281$_{2}$
Blunt, Thomas (um 1745 – 1822/23?) **1,** 8$^{*)}$ 21$_{2}$
– *L.s große Luftpumpe* **2,** 238$_{8}$ **3,** 681^{23} **6,** 81 (94)
Bocanbrey, NN. de
– *[Bericht über einen Feuerwirbel] (1725)*
– – *dt. von W.B.A. v. Steinwehr 1751* **1,** 971$_{16-17}$
Bode, Johann Elert (1747–1826)
– *Erklärung der Sonnenflecken* **2,** 731$_{9.\ 27}$ 732$_{4}$ **5,** 47$_{12}$ 49$_{11}$ 126$_{4}$ 587^{107}
– *Globen* **5,** 211$_{34}$
– *Kometen* **5,** 657^{594}
– *Mond* **2,** 707$_{18}$ 710$_{13}$ **5,** 256$_{12}$ 258$_{12}$
– *Planetarium* **2,** 612$_{16}$ **5,** 78$_{13}$
– *Sonnenfackeln* **2,** 732$_{31}$
– *Sternbild* **2,** 792$_{22}$
– *Titius-Bodesche Regel* **5,** 606^{251}
– *Uranus* **2,** 753$_{35}$
– – *Name* **1,** 653$_{42}$ **2,** 754$_{4.\ 13}$ **5,** 161$_{23}$
– – *Sichtung* **5,** 159$_{30}$
– *Vorgeschichte der Uranus-Entdeckung* **1,** 653$_{29}$ **2,** 753$_{38}$
Schriften
– *Allgemeine Untersuchungen über die Lage und Austheilung aller bisher berechneten Planeten- und Kometen-Bahnen (Vortrag 1787)* **1,** 700$_{R4-8}$ **5,** 186$_{31-32}$
– – *Bericht darüber 1790 [1787]* **1,** 700$_{R14-15}$
– *Anleitung zur allgemeinen Kenntniß der Erdkugel (1786)* **1,** 648$_{7-10}$ **5,** 327$_{32}$ 707$^{958.\ 960}$ 708^{961} 709^{962} 740$^{21.\ 22}$ 781^{329} **6,** 271 (335)
– – ^{5}*1788* **6,** 273 (336)
– *Anleitung zur Kenntniß des Gestirnten Himmels (1768)*
– – ^{2}*1772* **5,** 606^{251}
– – ^{4}*1778* **1,** 640$_{35-37}$ 674$_{41-42}$ **2,** 731$_{11-12}$ **5,** 207$_{7-8}$ 208$_{28-29}$ 212$_{18}$ 630$^{411.\ 411}$ 641^{484} 645^{517} 679$^{773.\ 777}$ 680^{780} 682$^{793.\ 794}$ 684$^{802.\ 809}$ 685$^{813.\ 815.\ 817}$ 689^{840}
– *Bemerkungen über den letzteren Kometen und über die Wiederkehr des Kometen vom Jahr 1661 (1790 [1787])* **5,** 286$_{26-27}$ 288$_{15}$

– *Bemerkungen über die vom Herrn Dr. Herschel aus seinen Beobachtungen gefolgerte Rotation des Saturns, und über den Doppelring dieses Planeten (1798 [1795])* **5,** $283_{24–25}$
– *Beschreibung und Gebrauch einer allgemeinen Himmelscharte mit einem durchscheinenden Horizont (1786)* **1,** $640_{38–41}$
– *Considérations générales sur la situation et la distribution des orbites de toutes les planètes et comètes qui ont été calculées jusqu'à présent (1786–1787)* **1,** $757_{R9–10}$
– *Die Mayerschen Mondstafeln (1776)* **2,** $702_{17–18}$
– *Die nördliche und die südliche Halbkugel der Erde (1783)* **1,** $724_{28–31}$
– – *Beschreibung und Gebrauch einer auf den Horizont von Berlin entworfenen neuen Weltcharte (1783)* **1,** $724_{32–34}$
– *Fortgesetzte Bemerkungen über den neuen Planeten (1786 [1783])* **1,** 679_{19}
– *Friedrichs Sternendenkmal (1787)* **5,** 680[779] 736[1146]
– *Gedanken über die Natur der Sonne und Entstehung ihrer Flecken (1776)* **1,** $674_{38–40}$ **2,** $731_{9–11}$ **5,** 629[407]
– *Kurzer Entwurf der astronomischen Wissenschaften (1794)* **5,** 627[396]
– *Kurzgefaßte Erläuterung der Sternkunde und der dazu gehörigen Wissenschaften (1778)* **1,** $721_{14–16}$ **5,** 151_{27} 627[396] 643[502] 644[514] 645[517] 646[528] 724[1059] 730[1090] 731[1103]
– – *²1793* **1,** 721_{R1} **4,** 455[149]
– *Nachricht von einem neuen Sternbilde (1784 [1781])* **5,** 679[777]
– *Noch einige astronomische Nachrichten (1788 [1785])* **5,** 601[204] 682[796] **6,** 272
– *Sur les points lumineux observés dans la partie obscure de la lune (1788–1789)* **1,** 964_{34}
– – *Ueber die von verschiedenen Astronomen in der dunklen Seite des Mondes bemerkten Lichtpunkte (dt. Auszug 1792 [1789])* **1,** $689_{R12–14}$ $964_{15–16}$ **2,** $709_{29–30}$ **5,** 255_{29} $257_{13–35}$ 720[1027]
– – – *Auszug 1790* **1,** 689_{R14} 964_{16}
– *Tafeln für den Lauf des Uranus (1787 [1784])* **5,** $160_{23–24}$
– *Ueber den im Jahre 1786 geschehenen Durchgang des Merkurs (1789 [1786])* **5,** 151_{3}
– *Uranographia sive Astrorum descriptio (1801)* **1,** 962_{1} **5,** 684[801]
– *Vermischte astronomische Beobachtungen und Nachrichten (1789 [1786])* **2,** $710_{1–3}$
– *Vermischte astronomische Beobachtungen und Nachrichten (1793 [1790])* **2,** $710_{6–7}$
– *Vermischte astronomische Beobachtungen und Nachrichten (1794 [1791])* **5,** 682[796]
– *Vermischte astronomische Beobachtungen und Nachrichten (1796 [1793])* **5,** 682[796]
– *Verzeichnis von der geraden Aufsteigung und Abweichung von 280 Fixsternen (1788 [1785])* **5,** 681[783]
– *Verzeichniss der geraden Aufsteigung und Abweichung von 280 der vornehmsten Fixsterne (1786 [1783])* **5,** 637[456]
– *Von dem im gegenwärtigen 1789sten Jahr vorfallenden Vorübergang des Merkurs vor der Sonnenscheibe (1789 [1786])* **2,** $744_{16–17}$

– *Von dem in diesem 1786sten Jahre vorfallenden sichtbaren Vorübergang des Merkurs vor der Sonnenscheibe (1786 [1783])* **5,** 642[488]
– *Von dem neu entdeckten Planeten (1784)* **1,** 654_{4-5} **3,** 459[115] **5,** 162_{1} 648[549] 649[556] 736[1147]
– *Vorstellung der Gestirne auf XXXIV Kupfertafeln nach der Pariser Ausgabe des Flamsteadschen Himmelsatlas (1782)* **1,** 640_{26-34} **2,** 793_{25} **5,** 210_{36} 212_{16} 213_{19} 598[186] 672[717] 673[719] 677[744] 679[777] 681[786] 732[1107. 1109] 735[1145]
Herausgeber
– *Astronomisches Jahrbuch* **2,** 677_{24} 729[*] 731[*] 746_{2} 787_{14} 790_{25} **5,** 680[778] 684[812] 687[832]
– *Fontenelle, Dialogen über die Mehrheit der Welten (dt. von W.C.S. Mylius 1780)* **1,** 699_{11}
– *Ptolemaios, Beobachtung und Beschreibung der Gestirne (1795)* **1,** 962_{7}
Bodélio, Hyacinth (1760–1820) **2,** 959[*]
Böckmann, Johann Lorenz (1741–1802)
– *Anemometer* **5,** 443_{32}
– *medizinische Elektrizität* **4,** 317_{3}
Schriften
– *Beschreibung einiger neuen Werkzeuge zur Bestimmung der kleinsten Grade der Electrizität (1790)* **1,** $540_{R10-11.\ R24-25}$ 578_{R1-2}
– *Carlsruher meteorologische Ephemeriden vom Jahr 1779 (1780)* **5,** 443_{31} 463_{20-21} 483_{3}
– *Naturlehre (1775)* **1,** 46_{26-28}
– *Rezensionen*
– – *[1780] Brander, Beschreibung eines magnetischen Declinatorii und Inclinatorii (1779)* **5,** 822[578. 579]
– *Ueber Anwendung der Electricität bei Kranken (1786)* **1,** 528_{R3-6}
– – *Rezension 1788* **1,** 528_{R9-10}
Boegehold, Hans (1876–1965)
– *Ein Dollondsches Lehrprisma (1929)* **6,** 174 (211)
– *Geometrische Optik (1927)* **4,** 440[89]
Böhme, Ernst (*1956)
– *Göttingen verändert sein Gesicht: Stadtentwicklung zwischen 1650 und 1866 (2002)* **6,** LVI[108]
Böhmer, Georg Ludwig (1715–1797) **6,** L
Boerhaave, Herman (1668–1738)
– *Gefrieren von Wasser* **5,** 455_{7}
– *Luftthermometer* **1,** 462_{R1-2}
– *Teilbarkeit geht nicht ins Unendliche* **3,** 77_{12-13}
– *Temperaturtabelle* **1,** 482_{R9}
– *Thermometerskala* **2,** $451_{15.\ 28}$ **4,** 117_{28} 160_{2} 167_{28}
– *Wärme* **1,** 507_{18} **4,** 123_{14} 177_{16} 195_{25} 618[516]
Schriften
– *Elementa chemiae (1732)* **1,** 523_{27-29} **4,** 589[382]
– *Methodus studii medici, emaculata et accessionibus locupletata ab A. ab Haller (1751)* **1,** 42_{16-19}
Boethius, Anicius Manlius Severinus (um 480–524)
– *De institutione musica*
– – *Boetius und die griechische Harmonik (lat.-dt. von O. Paul 1872)* **4,** 406[133]
Böttger, Johann Friedrich
– *Porzellan* **3,** 464[134]
Bohnenberger, Gottlieb Christian (1732–1807)
– *Beschreibung einer auf eine neue sehr bequeme Art eingerichteten Elektrisir-Maschine (1784–1791)* **4,** 670[163]
– – *Beschreibung einiger Elektrisirmaschinen und elektrischer Ver-*

suche. Dritte Fortsezung (1788) **1,** 557$_{R3}$
– – – *Rezension 1788* **1,** 529$_{R18–20}$
– – *Beschreibung einiger Elektrisirmaschinen und elektrischer Versuche. Fünfte Fortsezung (1790)* **1,** 563$_{R1}$
Bohnenberger, Johann Gottlieb Friedrich (von) (1765–1831) **6,** LXXIX
– *Astronomie (1811)* **2,** 665* 727* 734* 781* 784* 785*
Boileau Despréaux, Nicolas 3, 480[56]
Boissard, Jean Jacques (1528–1602)
– *Bibliotheca chalcographica (1669)* **1,** 951$_{32}$
Bolten, Joachim Friedrich (1718–1796)
– *Nachricht von einem mit dem künstlichen Magneten gemachten Versuche in einer Nervenkrankheit (1775)* **4,** 381$_{7–9}$
Bond, Henry (um 1600–1678)
– *Erdmagnetismus* **5,** 426$_{23}$ 429$_{13}$ 431$_{21}$
Schriften
– *The longitude found (1676)* **5,** 828[621]
Bondioli, Pietro Antonio (1765–1808)
– *Sopra l'aurora boreale memoria (1791)* **5,** 487$_{12}$
– – *Rezension* **5,** 487$_{12–14}$
Bondt, Nicolaas (1765–1796)
– *Recherches physico-chymiques (1792–1794)*
– – *3: Experiences sur l'inflammation du melange de soufre et de metaux (1794)* **1,** 954$_{10}$ **2,** 480*
– – – *Versuche über die Entzündung des Schwefels mit Metallen (dt. 1793)* **1,** 954$_{12}$ **2,** 480*
– – – – *Rezension* **1,** 954$_{17}$
Bonne, Rigobert (1727–1794) **5,** 682[795]
s.a. LaLande, Joseph Jérôme le Français de – Schriften – Nouveaux globes, céleste et terrestre.
– *Erdglobus* **6,** 527 (426)
Bonnet, Charles (1720–1793)
– *roter Schnee* **2,** 898$_{34}$
Schriften
– *Traité d'insectologie (1745)* **5,** 700[917]
Boos, Franz
– *Gummi* **3,** 492[137]
Borch, Michel-Jean de (1751–1810)
– *Briefe über Sicilien und Maltha (1783)* **1,** 843$_{2–4}$
Borch, Ole (1626–1690) **1,** 488$_{38}$
– *Efficere, ut duo spiritus tactu frigidi, invicem confusi flammam edant (1671–1672)* **1,** 488$_{21–25}$
Borda, Jean Charles (1733–1799)
– *Höhe des Pik von Teneriffa* **1,** 738$_{13}$ **2,** 825$_{1}$ **5,** 329$_{20}$
– *Inklinationskompaß* **2,** 849*
– *Rat an A. v. Humboldt* **2,** 848*
Schriften
– *Description et usage du cercle de réflexion (1787)* **1,** 643$_{R1–7}$
– *Opérations faites tant à bord de la frégate du roi La Flore, qu'en différens ports ou rades d'Europe, d'Afrique et d'Amérique (1773)* **5,** 711[971]
– *Rapport. Fait a l'Académie des Sciences, sur le système général des poids et mesures (1793) [zus. mit Joseph-Louis de Lagrange u. Gaspard Monge, comte de Péluse]* **5,** 707[957]
Boreel, Willem (1592–1668) **2,** 450$_{5}$ **4,** 116$_{29}$ 157$_{16}$
Borel, Pierre (ca. 1620 – 1671)
– *De vero telescopii inventore (1655)* **1,** 406$_{19–22}$
Borelli, Giovanni Alfonso (1608–1679)
– *Fallbeschleunigung* **3,** 204$_{3}$
– *Theorie des Keils* **1,** 113$_{R4}$ **2,** 96$_{27}$ 97$_{2}$ **3,** 181$_{22}$ 182$_{14.\ 20}$

Schriften
– *De motu animalium (1680 u.ö.)* **2,** 96_{16} **3,** 181_{21} 269_{32} 270_{1}
– *De vi percussionis et motionibus naturalibus a gravitate pendentibus (1686)* **1,** $113_{R4.\ R16}$ 923_{3} **3,** 595^{12}
– *Historia et meteorologia incendii Aetnaei anni 1669 (1670)* **1,** 843_{5-7}
Borges, Wilhelm Heinrich Ludwig (1767–1838)
Übersetzer
– *Crawford, Experiments and observations on animal heat (^{2}1788)* **2,** 469_{40}
Borgia, Stefano (1731–1804) **3,** 559^{137}
Borheck, Georg Heinrich (1751–1834) **6,** CXV–CXVII
Born, Ignaz von (1742–1791)
– *Goldgewinnung* **2,** 777_{21}
Schriften
– *Briefe über Mineralogische Gegenstände (1774)* **5,** 755^{147}
Herausgeber
– *Bergbaukunde (1789–1790)* **3,** 492^{136}
– *Physikalische Arbeiten der einträchtigen Freunde in Wien (1783–1788)* **1,** 55_{R2} 56_{R4}
– *Poda, Kurzgefaßte Beschreibung (1771)* **1,** 287_{9-10}
Borough, William (1536–1599) **5,** 426_{20} 429_{9}
Bor(r)ius, Arend
– *3 Zoll langes Perspektiv* **6,** 332 (*82)
Bosc d'Antic, Paul (1726–1784)
– *Mémoire sur la cause de bulles qui se trouvent dans le verre (1763)* **1,** 430_{1-2} **4,** 111_{10}
– *Observations sur la cristallisation de la glace (1788)* **1,** 785_{R18-20}
– *Sur l'évaporation de l'eau jettée sur le verre en fusion (1778)* **1,** 443_{R3-7} **4,** 227_{24}
Bose, Georg Matthias (1710–1761)
– *Elektrizität* **4,** 311_{14}
– *Präses*
– – *Horváth, Placita (1756)* **1,** 848_{R9}
Schriften
– *Extract of a letter to Mr. W. Watson on the electricity of glass, that has been exposed to strong fires (1749/50)* **4,** 281_{25}
– *Tentamina electrica (1744)* **1,** 604_{35-36}
– *Tentamina electrica tandem aliquando hydraulicae chymiae et vegetabilibus utilia. Pars posterior (1747)* **4,** 719^{390}
Bose, Johann Andreas (1626–1674)
– *Meteora heliaca sive de maculis in sole deprehensis (1654–1655)* **1,** 963_{18-19}
Boskovich, Ruggiero Giuseppe (1711–1787) **1,** 791_{R4}
– *Achromasie* **4,** 487^{276}
– *Gradmessung* **2,** 677_{1} **5,** $243_{13.\ 18}$ 247_{33} 318_{24}
– *Korrespondent Lesages* **3,** 571^{218}
– *Schüler Nocetis* **1,** 812_{R24}
– *Theorie der Materie* **5,** 575^{48}
– – *Undurchdringlichkeit der Körper* **4,** 72_{28} 271_{17}
– *Theorie der Wärme* **4,** 215_{33}
– *zur Person* **2,** 677^{*}
– *zusammengesetzte Bewegung* **2,** 62_{21}
Schriften
– *De lunae atmosphaera dissertatio (1753)* **1,** 698_{22-24}
– – *Nachdruck 1766 u.d.T. »Dissertatio de lunae atmosphaera«* **1,** 698_{24}
– *De recentibus compertis pertinentibus ad perficiendam dioptricam (1767)*

– – *Abhandlung von den verbesserten Dioptrischen Fernröhren (dt. von K. Scherffer 1765, nach einem Vorabdruck)* **1,** 417$_{28-32}$ **4,** 64$_{15}$
– *Dissertatio de lumine (1766)* **4,** 456[151]
– *Opera pertinentia ad Opticam (1785)* **2,** 677[*]
– *Philosophiae naturalis theoria (1759 u.ö.)* **1,** 45$_{29-31}$ **2,** 27$_{20}$ 677[*] **3,** 60$_{6-7}$ **4,** 456[151]
– – *Ausg. Venedig 1763*
– – – *A theory of natural philosophy (lat.-engl. 1922)* **4,** 606[466] 658[120]
– *Sopra il turbine, che la notte tra gli XI, e XII giugno del MDCCXLIX danneggiò una gran parte di Roma (1749)*
– – *Rezension* **5,** 482$_{11-12}$
– – *Rezension 1753* **1,** 794$_{R8-10}$
– *Voyage astronomique et geographique (1770) [zus. mit Christopher Maire]* **5,** 703[935] 704[940] 707[959] 709[964]
Bossut, Charles (1730–1814)
– *Recherches sur les altérations que la resistance de l'éther peut produire dans le mouvement moyen des planètes (1766)* **1,** 714$_{29-33}$
– *Traité théorique et expérimentale d'hydrodynamique (1786)* **3,** 607[71]
Bottone, Domenico (1641–1698)
– *Pyrologia topographica* **1,** 341$_{R7-9}$
Bouguer, Pierre (1698–1758)
– *Anemobarometer* **1,** 767$_{18}$ **2,** 864$_{1-2}$ **5,** 444$_{3}$
– *Ausdehnungskoeffizienten* **4,** 172$_{18}$
– *barometrische Höhenmessung* **1,** 736$_{12}$
– *Gestalt der Erde* **1,** 650$_{3-9}$ **5,** 83$_{9}$
– *Höhe des Pik von Teneriffa* **1,** 738$_{7}$
– *Längengradexpedition* **1,** 648$_{23}$ **2,** 675$_{16}$ **5,** 105$_{21}$ 247$_{25}$ 318$_{21}$
– – *anziehende Kraft der Berge* **1,** 121$_{R13}$ **2,** 106$_{35}$ 676$_{28}$ **5,** 29$_{5}$ 243$_{6-12}$ 704[942]
– – *Glorienbeobachtung* **1,** 790$_{R13}$ 791$_{R5}$ 793$_{14}$
– – *Pendelversuche* **1,** 132$_{1}$ **2,** 124$_{39}$ **3,** 546[87]
– *Log* **2,** 697$_{3}$
– *Schneegrenze* **1,** 818$_{37}$ **5,** 492$_{15}$ 494$_{25}$
– *von L. verwechselt* **5,** 544$_{1}$
– *Wolken* **1,** 782$_{R21.\ R24}$ **2,** 896$_{24}$ **5,** 460$_{25}$
Schriften
– *De la manoeuvre des vaisseaux (1757)* **1,** 767$_{18-19}$ **5,** 838[681]
– *Essai d'optique, sur la gradation de la lumiere (1729)* **1,** 424$_{36-38}$
– – *²1760* **1,** 424$_{39}$
– – – *Optice de diversis luminis gradibus dimetiendis (lat. von J. v. Richtenburg 1762)* **1,** 424$_{40-43}$
– *Expériences faites à Quito & dans divers autres endroits de la zone torride, sur la dilatation & la contraction que souffrent les métaux par le chaud & par le froid (1745)* **1,** 479$_{38-42}$ 480$_{1-2}$ **4,** 561[249]
– *La figure de la terre (1749)* **1,** 121$_{R13}$ 649$_{21-24}$ **5,** 704[939] 739[13] 799[427]
– *Nouveau traité de navigation (1753)* **5,** 762[205]
– *Relation abrégée du voyage fait au Pérou (1744)* **1,** 790$_{R8-9}$
– – *Wiederabdruck in La figure de la terre (1749)* **5,** 903[1029. 1031] 904[1032] 905[1040] 908[1052]
– *Remarques sur les moyens de mesurer la lumière (1757)* **1,** 793$_{R15}$

– *Traité du navire, de sa construction, et de ses mouvemens (1746)* **1,** $767_{19–20}$ **3,** 607^{71}
Boullanger, Nicolas Antoine (1722–1759)
– *Traité de la cause et de phénomènes de l'électricité (1750)* **4,** 294_{6}
Boulton, Matthew (1728–1809)
– *Dampfmaschine* **1,** 951_{6} **2,** $442_{26–39}$ $443_{2.\,27}$ **4,** 144_{31} 149_{18} 152_{14}
Bourgeois, David
– *Recherches sur l'art de voler, depuis la plus haute antiquité jusqu'à ce jour (1784)* **1,** $296_{19–20}$
Bourguet, David Ludwig (1770–1802)
Übersetzer
– *[1794] Prevost, De l'origine des forces magnétiques (1788)* **1,** 924_{19} 961_{25}
– *[1796–1804] Guyton de Moreau, Encyclopédie méthodique. Chymie, pharmacie et métallurgie. Tome 1 (1786)* **3,** 660^{275}
Bourguet, Louis (1678–1742)
– *Lettres philosophiques (1729)* **1,** $852_{3–5}$
– – *Memoire sur la théorie de la terre.* **2,** $939_{12–15}$ **5,** $506_{3–5}$
Bourrit, Marc-Théodore (1739–1819)
– *Description des alpes pennines et rhetiennes (1781)* **1,** $819_{33–34}$
– *Description des glacieres, glaciers & amas de glace (1773)* **1,** $819_{31–32}$
Bouvard, Alexis (1767–1843) **2,** 774*
Bowdoin, James (1726–1790) **4,** 677^{212}
Boyle, Charles, 3rd Viscount Dungarvan (1639–1694) **1,** $243_{R13–14}$
Boyle, Charles, 4th Earl of Orrery (1674–1731) **2,** 612*
Boyle, Robert (1627–1691) **1,** 41_{9} **4,** 9_{11}
– *Barometer* **1,** 303_{R22}
– *Bologneser Flaschen* **1,** 431_{R2}
– *Brief von Newton* **1,** 127_{R4} **3,** 557^{131}
– *Elastizität des Wassers* **3,** 117_{31}
– *Elektrizität* **1,** 526_{17} **4,** 288_{31}
– *Irländer* **2,** 26*
– *Kapillareffekt* **1,** 194_{R26} **2,** 197_{24}
– *Kompression der Luft* **1,** 290_{18}
– *Lebensumstände* **2,** 34* **3,** $100_{15–20}$
– *Luftarten* **2,** 253_{22} **3,** 390_{25}
– *Luftpumpe* **2,** 235_{29} $236_{22.\,31–33}$ 237_{2} **3,** 385_{24}
– – *nicht Erfinder* **1,** $243_{R10–23}$ $244_{15–19}$
– *Quecksilber in der Torricellischen Röhre* **3,** 630^{104}
– *Salzigkeit des Meeres* **5,** 397_{20} 398_{3}
– *Teilbarkeit* **2,** 34_{1} **3,** 99_{29}
– *Verbrennungsprozeß* **3,** 321_{9}
– *Wärme* **4,** 603^{444}
Schriften
– *A continuation of New Experiments physico-mechanical, touching the spring and weight of the air, and their effects (1669–1682)*
– – *1: 1669* **1,** $244_{29–32}$
– – – *Ausg. in ders., Works 3 (1744)* **1,** $244_{32–33}$ $303_{R22–23}$ **3,** 685^{48}
– – *2: 1682* **1,** 244_{37}–245_{1}
– – – *Ausg. in ders., Works 4 (1744)* **1,** $245_{1–2}$
– – – *Experimentorum novorum physico-mechanicorum continuatio secunda (lat. 1682)* **4,** $140_{20–21}$
– *Certain physiological essays (1661)* **3,** 118_{1}
– – *Tentamina quaedam physiologica (lat. 1661)*
– – – *Historia fluiditatis et firmitatis* **1,** $74_{17–18}$

– *Essays of the strange subtilty great efficacy determinate nature of effluviums (1673)*
– – *New experiments to make fire and flame ponderable* **1,** 461_{4-6}
– – – *Ausg. in ders., Works 3 (1744)* **1,** 461_{6}
– – *Exercitationes de atmosphaeris corporum consistentium; deque mira subtilitate, determinata natura, & insigni vi effluviorum (lat. 1676)* **2,** 34_{2} **3,** 99_{29}
– *Experiments and notes about the mechanical production of magnetism (1676)* **4,** 747[19]
– *Hydrostatical paradoxes (1666)*
– – *Paradoxa hydrostatica (lat. 1669)* **3,** 593[3]
– – – *Ausg. Genf 1680* **3,** *595*[12]
– *Medicina hydrostatica: Or, Hydrostatics applyed to the materia medica (1690)* **3,** 282_{14}
– *New experiments and observations touching cold, or, An experimental history of cold begun (1665)* **1,** 505[4] 523_{20-21}
– – *²1683* **1,** 523_{21-23}
– – *Ausg. in ders., Works 2 (1744)* **1,** 523_{23-24}
– *New experiments physico-mechanical, touching the spring of the air, and its effects (1660)* **1,** 244_{25-27} **3,** 385_{32} **4,** 548[203]
– – *Nova experimenta physico-mechanica de vi aeris elastica, & ejusdem effectibus (lat. 1661)* **3,** 386_{1-2}
– – *Ausg. in ders., Works 1 (1744)* **1,** $244_{17.\ 27-28}$
– *Opera varia (1676–1685)* **1,** 48_{3}
– *The general history of the air (1692)* **1,** 245_{3-4}
– – *Ausg. in ders., Works 5 (1744)* **1,** 245_{5}
– *The philosophical works (hrsg. von P. Shaw 1725)* **4,** 289_{11}
– *The sceptical chymist (1661)* **1,** 832_{14}
– – *Ausg. in ders., Works 1 (1744)* **1,** 832_{14-15}
– *Tracts consisting of observations about the saltness of the sea (1674)* **5,** 807[471]
– – *Ausg. in ders., Works 3 (1744)* **1,** 728_{25-27} **5,** 807[471]
– *Tracts, Of, A discovery of the admirable rarefaction of the air […] (1671)* **1,** 244_{34-36}
– – *Ausg. in ders., Works 3 (1744)* **1,** 244_{36}
– *Works (1744)* **1,** 48_{5-6} 74_{19} 199_{R24-26} 244_{R1}

Bracciani, s. Orsini, Paolo Giordano II., Herzog von Bracciano.

Brachner, Alto
Herausgeber
– *G.F. Brander, 1713-1783: wissenschaftliche Instrumente aus seiner Werkstatt (1983)* **4,** 481[254] **6,** 71 (*69*) 128 (*153*) 192 (*232*) 266 (*331*) 294 (**23[a]*) 467 (*377*)

Brack, NN
– *Histoire du magnétisme en France (1784)* **4,** 815[308]

Bradley, James (1692–1762)
– *Aberration* **2,** 632_{28} 632[†] $633_{25.\ 32}$ **3,** 467[162] **5,** 41_{17} 85_{24}
– *zur Person* **2,** 632_{21} **5,** 87_{14}
Schriften
– *Miscellaneous works and correspondence (1832)* **5,** 605[234]
– *Right ascensions and zenith distances of the moon (1776 [1778])* **5,** 605[234]

Bragg, Sir William Henry (1862–1942)
– *The universe of light (1933)*
– – *Die Welt des Lichts (dt. von G. Nagelschmidt 1935)* **4,** 426[46] 427[47]

Brahe, Tycho (1546–1601) **5,** 232_{31}
– *Analogie zu Antiphlogistikern* **3,** 345_{28}
– *Auseinandersetzung mit dem copernicanischen Weltsystem* **2,** 617_{28} 619_{25} 646_{8} **5,** 37_{32} 40_{19} 40_{31}–41_{4} 59_{29} 79_{30-31} 81_{3} 82_{2} s.a. Weltsystem – copernicanisches – Einwände Brahes.
– *Beobachter* **2,** 617_{8-10} 628_{3} 646_{9} 739_{4} **5,** 79_{14-18} 88_{34} 89_{5}
– *Fixsterne* **2,** 792_{14} **5,** 209_{3} 735^{1145}
– – *Supernova 1572* **2,** 790_{3} **5,** 219_{18}
– *Frömmigkeit* **5,** $81_{17.\ 22-23}$
– *Gegner des ptolemäischen Weltsystems* **2,** 617_{22} **5,** 37_{23} 78_{27} 154_{14} 274_{9} 701^{924}
– *Kometen* **2,** 758_{37} 771_{38} **5,** 163_{15-16} 172_{8-15} 668^{693}
– *Schüler* **5,** 233_{5}
– *Verhältnis zu Kepler* **2,** 645_{23-39} **5,** 88_{1-11}
– *Weltsystem* **1,** 655_{24-25} **2,** 616_{20} **5,** 59_{13}
– – *Ähnlichkeit mit dem ägyptischen* **2,** 604_{11} 617_{13} **5,** 26_{2-6} 80_{23-24} 81_{19-20}
– – *anziehende Kraft* **5,** 61_{12}
– – *durch Tychos eigene Beobachtungen widerlegt* **1,** 898_{4-6}
– – *Planetenbahnen* **1,** 682_{11-18}
– *Würdigung* **2,** 618_{2} 628_{4} **5,** 37_{26} 59_{16-18} 79_{10-14} 79_{33}–80_{3}
– *zur Person* **2,** 616_{21} **5,** 78_{24-26} 78_{30}–79_{9} 79_{23-29}
Schriften
– *Astronomiae instauratae progymnasmata, quorum haec prima pars de restitutione motuum Solis et Lunae, stellarumque inerrantium tractat et praeterea de admiranda nova stella anno 1572 exorta (1602)* **5,** 219_{18-19} 679^{777} 688^{837}
– – *²1603 (vermehrt um Brahes Vita)* **1,** 719_{12-13}
– – *Ausg. in ders., Opera omnia (1648)* **2,** 790_{3-4}
– *De mundi aetherei recentioribus phaenomenis liber secundus (1603)*
– – *²1610* **1,** 719_{14-15} **5,** 651^{569}
– *De nova et nullius aevi memoria prius visa stella (1573)* **5,** 688^{837}
– *Epistolarum astronomicarum libri, quorum primus hic [...] (1596)* **5,** 601^{214} 603^{223}
– – *²1610* **1,** 719_{16-17}
– *Historia coelestis, ex libris commentariis manuscriptis observationum vicennalium. (1666)* **1,** 719_{26-29} **2,** 617_{11} **5,** 601^{210}
– *Opera omnia, sive Astronomiae instauratae progymnasmata (1648)* **5,** 81_{1} 89_{4} 579^{69} 602^{219}
Brand, Hennig
– *Phosphor* **3,** 464^{134}
Brander, Georg Friedrich (1713–1783) **2,** 35_{26-27}
– *achromatisches Fernrohr* **4,** 481^{254}
– *Deklinatorium* **5,** 490_{4} 833^{646}
– *hydrostatische Waage* **2,** 175_{3} **3,** $269_{17.\ 24}$
– – *L.s Exemplar* **1,** 176_{22-25}
– *Instrumente*
– – *Deklinatorium* **6,** 266 (*331*)
– – *hufeisenförmiger künstlicher Magnet* **6,** 262 (326)
– – *Hygrometer nach Lambert* **6,** 128 (153)
– – *Mikrometer* **6,** 192 (232)
– – *Salzwaage* **6,** 70 (69)
– *Pantometrum* **5,** 607^{253}
– *Skalenteilung* **2,** 34_{18} 35_{26-27} **3,** 100_{9} 101_{14}
Schriften
– *Beschreibung einer neuen hydrostatischen Wage (1771)* **1,** 176_{18-20} **3,** $599^{23.\ 26}$ **6,** 71 (69)
– *Beschreibung eines magnetischen Declinatorii und Inclinatorii*

(1779) **4,** 759^{56} **5,** 417_{28-29} 433_{18-20} 434_{29}
– – *Rezension* **5,** 423_{1} 433_{13-16} 822^{579}
Brander, Johannes
– *Respondent*
– – *Dissertatio physica de magnetismo artificiali (1752)* **1,** 618_{35}
Brandes, Heinrich Wilhelm (1777–1834) **5,** 565_{26} **6,** LXXIX
– *Höhe des Hainbergs* **5,** $566_{12.\ 17}$
Schriften
– *Beytrag zur Theorie der Cometen-Schweife (1812)* **2,** 770*
– *Ueber Nebensonnen und Ringe um die Sonne und Mond (1802)* **2,** 908*
Brandis, Joachim Dietrich (1762–1846) **1,** 13_{35} 14_{6}
Übersetzer
– *Kongl. Vetenskaps Academiens Handlingar (1785–1791)* **1,** 53_{R19}
Braun, Josias (Joseph) Adam (1712–1768)
– *keine Verdunstungskälte bei Ölen und Säulen* **1,** 504_{28}
Schriften
– *Caloris diminuti et aucti phaenomena nova paradoxa et considerationes (1764)* **1,** 506_{1-4}
– *De admirando frigore artificiali quo mercurius seu hydrargyrus est congelatus (1760)* **1,** 440_{16-19}
– – *Nachdruck 1765* **1,** 440_{19-21}
– *De caloris communicationis exceptione, phaenomena nova experimentis elicita, et explicationes (1766–1767)* **1,** 496_{R27-31}
– – *Expériences et phénomènes singuliers sur la communication de la chaleur (1773)* **4,** 215_{15-16}
– *Dissertatio continens partim additamenta nova et supplementa ad dissertationem de congelatione mercurii sive hydrargyri (1765)* **1,** 440_{22-28}
– *Observationes meteorologicae factae Petropoli (1758–1759)* **1,** 473_{7-8} **4,** 162_{4-5}
– *Sermo academicus de insignioribus telluris mutationibus (1756)* **1,** 852_{9-10}
Brauns, W. (Amtmann auf Wilhelmsburg b. Hamburg Ende 18. Jh.) **2,** 427_{8}
– *Grundeis* **1,** 433_{R6} **4,** 133_{4}
Schriften
– *Nachtrag zu den Wahrnehmungen über Grundeis (1787)* **4,** 135_{2}
– *Wahrnehmungen über Grundeis (1787)* **2,** 426_{32-36} **4,** 132_{12-15} $134_{8.\ 30}$
Braunschweig-Lüneburg, Ferdinand, Herzog von (1721–1792) **4,** 418^{16} 469^{209}
Breda, Jakob van (1743–1818)
– *Schreiben an Herrn Ingen-Housz in Betreff des Unterschiedes in dem Resultate der Prüfungen der gemeinen Luft (dt. von J.A. Scherer 1788)* **3,** 428_{30-32}
Brédé, Philipp Ferdinand (1781–1807) **5,** 495_{29}
Bremisches Magazin zur Ausbreitung der Wissenschaften Künste und Tugend (1756–1765) **1,** 58_{5-7}
Bréquin, Jean-Baptiste (1712–1785)
– *Anemometer* **5,** 443_{33}
– *Brandschutz* **1,** 459_{13}
Bricci, Antonio Luigi
Übersetzer
– *[1770] Aratos, Prognostica* **1,** 827_{R8}
Briggs, Henry (um 1556 – 1630) **2,** 975_{34}
Bright, Richard (1789–1858) **2,** 833*
Brigoli, Canonico [Pseud. für Giovanni Cattaneo]
– *Lettera sopra la machina elettrica (1748)* **4,** 309_{8}

Brill, Dieter R. (1933–)
– *Seeing the light (1986)*
– – *Ein Blick ins Licht (dt. von Anita Ehlers 1990)* **4,** 430[52] 434[65] 447[116]
Brisson, Mathurin Jacques (1723–1806)
– *Dictionnaire raisonné de physique (1781)* **1,** 174_{30-31} **5,** 761[202. 204] 835[657] 836[666] 851[763] **6,** 502
– – *Art. Pluie* **1,** 787_{38} 788_{1}
– *Mémoire sur le rapport des différentes densités de l'esprit-de-vin (1769)* **1,** 201_{35-37}
– *Mémoire sur l'action du fluide électrique, sur les chaux métalliques (1775)* **4,** 731[459]
– – *Abhandlung über die Wirkung der elektrischen Flüssigkeit auf die metallischen Kalche (dt. 1780)* **4,** 326_{30-31}
– *Pesanteur spécifique des corps (1787)* **1,** $183_{R2. R8}$ $185_{R12. R18}$ 186_{R3-8} 370_{1-2} **2,** $179_{7. 16}$ 825_{26-27} **3,** 281_{14} 609-610[93]
– – *Die spezifischen Gewichte der Körper (dt. von J.G.L. Blumhof 1795)* **3,** 610[101] 611[103. 104]
Brissot, Jacques Pierre (1754–1793)
– *Nouveau voyage dans les États-Unis de l'Amérique septentrionale, fait en 1788 (1791)* **1,** 444_{R28-30} **2,** 443_{37} 444_{1} **4,** 153_{16}
The British mercury or annals of history, politics, manners, literature, arts etc. of the British Empire (1787–1791) 1, 444_{R24-25} **4,** 530[137]
Brix, Peter (1918–2007)
– *„Der unvergeßliche Name unseres viel zu früh verewigten großen Naturforschers Lichtenberg" (1992)* **4,** 650[97] 653[101]
Der Brockhaus Naturwissenschaft und Technik (2003) 4, 551[213] 784[170]
Brodhagen, Peter Heinrich Christoph (1753–1805)
– *Von den verschiedenen bisher bekannten Methoden zur Bestimmung der geographischen Länge und Breite (1791)* **2,** 697_{23-25} **5,** 711[969]
Broglie, Victor François de (1718–1804) **4,** 418[16]
Brook, Abraham
– *Elektrometer* **1,** 540_{R12} **4,** 294_{33} 295_{7}
Schriften
– *Account of a new electrometer (1782)* **4,** 294_{35} 295_{7-8}
– *Miscellaneous experiments and remarks on electricity (1789)*
– – *Vermischte Erfahrungen über die Elektrizität (dt. von C.G. Kühn 1790)* **1,** 887_{37-38} 913_{7-9} 957_{32-33}
Brougham and Vaux, Henry Brougham (1778–1868)
– *Experiments and observations on the inflection, reflection, and colours of light (1796)* **1,** 950_{2-3}
Brouncker, William (1620–1684) **3,** 630[104]
Broussonet, Pierre Marie Auguste (1761–1807)
– *Mémoire sur le trembleur, espèce peu connue de poisson électrique (1782; Nachdruck 1785)* **1,** 603_{23-24} 960_{31-32}
Browallius, Johan (1707–1755)
– *Betånkande om vattuminskningen (1755)* **1,** 850_{35-36}
– – *Historische und physikalische Untersuchung der vorgegebenen Verminderung des Wassers und Vergrößerung der Erde (dt. von K.E. Klein 1756)* **1,** 850_{37}–851_{2} **5,** 929[1275]
Brown, NN (†1795) **2,** 911_{14} **5,** 470_{23}

Bruchausen, Anton (1735–1815)
– *Institutiones physicae (1775–1785)* **1,** $46_{29-31.\ R12}$
– – *Anweisung zur Physik (dt. von J. Bergmann 1790)* **1,** 46_{R12-14}
Brückmann, Fr. Ernest. (1697–1753)
– *Relatio II. de itinere suo per German. & Hungar: Von den Kayserlichen Saltz-Bergwercken zu Sóowár in Ober-Ungarn (1724)* **3,** 432_{35}
Brückner, Hieronymus (1639–1693)
– *Reisenachrichten, oder Beschreibung dessen, was bei der im J. 1670 von Herzog Albrecht zu Sachsen Gotha nach Holstein, […] gethanen Reise vorgefallen (1786)* **4,** 139_{10-11}
Brühl, Hans Moritz von, Graf (1736–1809) **5,** 621^{357}
– *Mondbeobachtung* **2,** 707_{16} **5,** 255_{3} 256_{11}
– *Uhren* **2,** 700_{23} **5,** 252_{18}
Schriften
– *Astronomische Beobachtungen und Nachrichten aus England (1790 [1787])*
– – *Auszug 1788 u.d.T. »Weitere Nachricht von Hrn. Herschels großem Teleskop«* **1,** 413_{R24-25}
– *Astronomische Beobachtungen, Nachrichten und Bemerkungen (1791 [1788])* **1,** 412_{R13-14}
– *Aus einem Schreiben des Herrn Grafen von Brühl (1792 [1789])* **1,** 692_{R6-7} **5,** 687^{832}
– *[Entdeckung von zwei Saturnmonden durch Herschel] (1789)* **1,** 692_{R16-20}
– *Nachricht über Herrn Doctor Herschels Entdeckung des sechsten und siebenten Saturns-Trabanten (1793 [1790])* **5,** $159_{4.\ 8}$ 273_{12} 277_{26}
– *On the investigation of astronomical circles (1794)* **5,** 114_{33}
– *Three registers of a pocket chronometer (c. 1785)* **5,** 114_{33}
Brünings, Christian (1736–1805)
– *Aanmerkingen over de waarneming van de snelheid der winden (1773)* **1,** 767_{5-8}
Brünnich, Morten Thrane (1737–1827)
– *Mineralogie (1777)*
– – *Mineralogie (dt. von J.G. Georgi 1781)* **4,** 760^{64}
Brugmans, Anton (1732–1789) **1,** 632_{19} **2,** 547_{8}
– *Magnet zieht Eisen auch in gelöster Form und in Verbindungen* **1,** 609_{29} **2,** 546_{24} **4,** 344_{24}
– *Magnet zieht Eisen nicht stärker als Magnet* **1,** 613_{R9-10} 632_{R9}
– *magnetischer Indifferenzpunkt* **1,** 631_{20}
– *Theorie des Magnetismus* **1,** 621_{24-25} **2,** $560_{15.\ 24}$ 561_{15} 563_{4} **4,** 372_{13} 374_{18}
– *Turmalin* **1,** 628_{33}
– *unterkühltes Wasser*
– – *Temperatur* **1,** 437_{39} 438_{1-2}
Schriften
– *Magnetismus, seu de affinitatibus magneticis observationes academicae (1778)* **1,** 635_{23-25} **4,** 353_{13-14}
– – *GGA-Rezension 1778* **4,** 353_{14}
– – *Beobachtungen über die Verwandtschaften des Magnets (dt. von C.G. Eschenbach 1781)* **1,** 610_{3-7} 635_{26-27} 961_{11-12} **3,** 500^{194} **4,** 353_{15-16} $745^{6.\ 8}$ 750^{24} 763^{80} $765^{88.\ 89}$ $773^{122.\ 123}$ 779^{144}
– *Tentamina philosophica de materia magnetica (1765)* **1,** 635_{15-18} **4,** 795^{218} 798^{232}
– – *Philosophische Versuche über die magnetische Materie (dt.*

von C.G. Eschenbach 1784) **1,** 613_{R10-11} 622_{17-20} 632_{9-11} 635_{19-22} 961_{12-13} **4,** 372_{13} 375_{25-36} 773^{122} 782^{161} $792^{212.\,213}$ $793^{214.\,215}$ $794^{216.\,217}$ 795^{218} 799^{237} 800^{238} $801^{241.\,244}$ 802^{246} 805^{264} 807^{266}

Brugmans, Sebald Justin (1763–1819)
– *Besuch in Göttingen* **2,** 336_{16}

Brugnatelli, Luigi Valentino (1761–1818)
Schriften
– *Sinonimia antica e nuova riformata disposta per ordine alfabetico (1795)* **3,** 344_{6}
Herausgeber
– *Biblioteca fisica d'Europa (1788–)* **1,** 58_{R6} 89_{R9} **2,** 62_{39}
– *Giornale di fisica, chimica e storia naturale (1808–1827)* **2,** 900*

Brunet, Pierre (*1893)
– *L'introduction des théories de Newton en France au XVIIIe siècle (1932)* **3,** 542^{61}

Bryant, William
– *Account of an electrical eel, or the torpedo of Surinam (1786)* **1,** 602_{R7-13} **2,** 543_{13}
– – *Rezension 1788* **1,** 602_{R27}

Brydone, Patrick (1741–1818)
– *A Tour through Siciliy and Malta (1773)* **2,** 861_{35}
– – *Reise durch Sicilien und Malta (dt. 1774)* **4,** 81_{10}
– *An account of a thunder-storm in Scotland (1787)* **1,** 805_{R36-38}

Buache, Philippe (1700–1773)
– *Essai de géographie physique (1752)* **1,** 732_{7-9} **5,** 747^{79} 748^{84}

Bucholtz, Wilhelm Heinrich Sebastian (1734–1798)
– *Beytrag zur Geschichte der Selbst-Entzündungen (1783)*
– – *Ueber die Selbstentzündungen (Auszug 1786)* **1,** 492_{R12-14}

Büchner, Andreas Elias (1701–1769)
– *Academiae Naturae Curiosorum historia (1755)* **1,** 50_{35-38}

Bülow, Joachim Heinrich von (1650–1724)
– *Schenkung* **6,** XL–XLI

Bürg, Johann Tobias (1766–1834)
– *Mond* **2,** 726*
Schriften
– *Tables astronomiques publiées par le Bureau des longitudes de France (1806–)*
– – *1: Tables du soleil, tables de la lune (1806)* **2,** 703†
– – – *Rezension (dt.)* **2,** 703†
– – – *Neuausg. in Vince, Compleat system of astronomy, Vol. 3 (1808)* **2,** 703†
– *Ueber meine neuen Monds-Tafeln [...] (1802)* **2,** 703*

Bürger, Gottfried August (1747–1794)
– *Nachlaßversteigerung* **6,** 78 (*84*)

Buerger, Janet E.
– *French daguerrotypes (1989)* **6,** 294 (**23[a]*)

Bürgi, Jost (1552–1632) **6,** 311 (**35e*)

Büsch, Johann Georg (1728–1800)
– *Reflexion des Schalls* **2,** 322_{35}
– *trifft L. in Göttingen* **2,** 154_{37}
Schriften
– *Tractatus duo optici argumenti (1783)* **1,** 365_{23-27}
– *Vermischte Abhandlungen (1777)* **1,** 782_{R6-10}
– *Versuch einer Mathematik zum Nutzen und Vergnügen (1773 u.ö.)* **1,** 151_{R11} 444_{R6-7}
– – *Th. 2: Hydrostatik, Aerometrie und Hydraulik (1791)* **3,** 276_{3}
– – *Th. 3: Praktische Darstellung der Bauwissenschaft (1793–1796 u.ö.)* **3,** 82_{20-21}
– – *¹1773* **1,** 565_{R28}

– – *²1776* **1,** 155_{R1} 159_{3-6}
– – *³1790* **1,** 159_{R1-2}
Büsch, Paul Heinrich (1756–1837)
– *Rezension*
– – *[1788] Böckmann, Ueber Anwendung der Electricität (1786)* **1,** 528_{R6-7}
Büsching, Anton Friedrich (1724–1793) **1,** 648_{R2-3} **5,** $232_{7.\,22}$
Büttner, David Sigismund (1660–1719)
– *Rudera diluvii testes, i. e. Zeichen und Zeugen der Sündfluth (1710)* **1,** 852_{1-2}
Buffon, George Louis Leclerc de (1707–1788)
– *atmosphärische Elektrizität* **4,** 256_{23} **5,** 470_{16}
– *Beobachtung des sukzessiven Farbkontrasts* **2,** 394_{24}
– *Brennspiegel* **2,** 361_{25} **4,** 53_{23} 81_{29}
– *charakterisiert von L.* **2,** 766_{7-9} **5,** 181_{17-27}
– *Doppelbrechung* **1,** 370_{5}
– *Entstehung des Planetensystems* **1,** 836_{28} **2,** 766_{7} 941_{6} **5,** 13_{32} 181_{29-33} 192_{26} 379_{18} 506_{6} 512_{25}
– *Geologie* **5,** 520_{6} 530_{8}
– *Meereis* **1,** 829_{35}
– *Meeresströmung* **2,** 816_{34} **5,** 323_{34}
– *Meerestiefe* **2,** 818_{33} **5,** 325_{7}
– *Versuche zur Festigkeit von Holz* **1,** 68_{19} **2,** 40_{32} **3,** $82_{16.\,21}$
– *Wärmeleitung* **2,** 461_{25} **4,** 184_{2}
Schriften
– *Dissertation sur les couleurs accidentelles (1743)* **1,** 399_{35-38}
– – *Abhandlung von den zufälligen Farben (1748)* **1,** 400_{1-3}
– *Expériences sur la force du bois (1740)* **1,** 68_{26-27} **3,** $82_{16.\,29}$
– – *Erfahrungen von der Stärke des Holzes (dt. 1750)* **1,** 68_{31} **3,** 82_{29}
– *Expériences sur la force du bois. Second mémoire (1741)* **1,** 68_{29}
– *Extrait des registres de l'Académie des Sciences, Arts & Belles-Lettres de Dijon (1774)* **4,** 765^{91}
– *Histoire naturelle des minéraux (1783–1788)*
– – *5: Traité de l'aimant et de ses usages (1788)* **1,** 759_{R7-10} **2,** 845_{21-22} **4,** 759^{62} 803^{248} **5,** 423_{7} 430_{30} 827^{612}
– *Histoire naturelle, générale et particulière (1749–1767 u.ö.)* **1,** 837_{13-14} 841_{31-32} **2,** 941_{6-7} **5,** 506_{6-7} $666^{664.\,666}$ 804^{453} 928^{1271} 929^{1272}
– – *Supplément (1774–1789)* **4,** 184_{3-4}
– – – *Buffon über die Richtung der Gebirge (dt. Auszug 1779)* **1,** 732_{18-22}
– – *Allgemeine Naturgeschichte (dt. 1771–1774)* **5,** 233_{23-28} 569^{4} 670^{710} 743^{44} 745^{54}
– *Invention de miroirs ardens, pour brusler à une grande distance (1747)* **1,** 491_{29-32} **4,** 81_{2-3}
– *Les époques de la nature (1780)* **2,** 842_{16} 941_{7-8} **5,** 420_{18-19} 506_{6-8}
– – *Epochen der Natur (dt. von J.F. Hackmann 1781)* **5,** 912^{1090}
– *Nouvelle invention de miroirs ardens (1748)* **1,** 492_{1-3}
– *Über die Höhen der Berge (1779)* **5,** 748^{86}
– *Über die Richtung der Gebirge (1779)* **5,** 748^{84}
Bugge, Thomas (1740–1815) **2,** 744^{*}
– *Abplattung des Saturn* **1,** 965_{19}
– *Durchmesser des Saturn* **2,** 750^{*}
– *Sehen* **2,** 401^{*}
Schriften
– *Ueber die abgeplattete Gestalt und Rotationszeit der Saturnskugel (1793 [1790])* **5,** 273_{14-17} 281_{29}

Buissart, Antoine Joseph (1737–1820)
– *Hygrometer* **1,** 940_{29} **3,** 439_{10}
Schriften
– *Lettre sur l'invention de l'hygrometre comparable à plume (1784)* **1,** $283_{R14–16}$
Burckhardt, Johann Karl (1773–1825) **2,** 762†
– *Spiegelteleskop* **2,** 404†
Schriften
– *Mémoire sur plusieurs moyens propres à perfectionner les tables de la Lune (1809)* **2,** 703†
– – *Auszug (dt. 1810)* **2,** 703†
– *Trigonometrische Methode zur genäherten Bestimmung der Elemente einer Cometenbahn (1801)* **2,** 762†
– – *Anmerkungen dazu von H.W.M. Olbers (1801)* **2,** 762†
– *Vermischte geographische und astronomische Nachrichten aus Aegypten und Frankreich (1800)* **2,** 781*
Übersetzer
– *[1800–1802] Laplace, Traité de mécanique céleste (1798–1825)* **2,** 775*
Burja, Abel (1752–1816)
– *Anleitung zur Optik, Katoptrik und Dioptrik (1793)* **4,** 436^{70} 464^{183}
– *Beschreibung eines musikalischen Zeitmessers (1790)* **1,** $132_{R28–29}$ **2,** $122_{11–13}$
– *Grundlehren aller mechanischen Wissenschaften (1789–1792)* **3,** 243_{15} 581^{273} 584^{290}
– *Lehrbuch der Astronomie (1794–1806)* **5,** 226_{1}
Burke, Edmund (1729–1797) **4,** 9_{11}
Burnet, Thomas (um 1635 – 1715)
– *Entstehung der Erde* **1,** 833_{10} **5,** 380_{35} 382_{6} 912^{1090}
– *Sintflut* **1,** 839_{20} **5,** 381_{14}
Schriften
– *Telluris theoria sacra* **5,** $380_{35–36}$ 381_{20}
– – *Libri duo posteriores de conflagratione mundi, et de futuro rerum statu (1689)* **5,** 912^{1077}
– – *Libri duo priores de diluvio & paradiso (1681)* **1,** $834_{6–9}$ **2,** 938_{7} **5,** $505_{5–6}$
Burrow, Reuben (1747–1792)
– *Gradmessung* **2,** $684_{16–17}$
Schriften
– *A proof that the hindoos had the binomial theorem (1790)* **1,** $973_{21–22}$ **2,** $943_{1–2}$ **5,** 509_{22}
Burtin, François-Xavier (1743–1818)
– *Reponse à la question physique proposée par la Société de Teyler, sur les revolutions generales, qu'a subies la surface de la terre, et sur l'ancienneté de notre globe (1790)* **2,** $942_{36–39}$ **5,** $509_{11–13}$
Busch, Gabriel Christoph Benjamin (1759–1823)
Herausgeber
– *Almanach der Fortschritte, neuesten Erfindungen und Entdeckungen in Wissenschaften, Künsten, Manufakturen und Handwerken (1795–)* **2,** 239* 288*
Bussche, Ernst August Wilhelm von dem (1727–1789) **3,** 84_{22}
Busse, Friedrich Gottlieb von (1756–1835)
– *Beweis des Parallelogrammes der statischen Kräfte* **2,** 63*
– *Kleine Beyträge zur Mathematik und Physik (1785; Nachdruck 1786)* **1,** $329_{21–23}$
Buttieri, Carlo Antonio
– *3 Fuß langes Teleskop* **6,** 330 (*73)

Caboto, Sebastiano (ca. 1484 – 1557) **5,** 429_6
Cadet de Gassicourt, Louis Claude (1731–1799)
– *Mémoire sur l'action du fluide électrique, sur les chaux métalliques (1775)* **4,** 731^{459}
– – *Abhandlung über die Wirkung der elektrischen Flüssigkeit auf die metallischen Kalche (dt. 1780)* **4,** 326_{30-31}
Cämmerer, August Friedrich (1767–1837)
Übersetzer
– *[1803] Tiruvalluvar, Tirukkuṟaḷ* **2,** $405^{\dagger}$
Caesar, Cajus Julius (100–44 v. Chr.) **2,** 46_{21} **3,** 494^{154}
– *Kalender* **1,** 670_{11} **2,** $735_{21.\,25.\,40}$ $736_{7-8.\,11.\,38}$ $737_{9.\,25}$ $738_{2.\,21}$ **5,** 129_{21} 130_{30} $131_{23.\,32}$ 132_1 133_8
– *Komet von 44 v. Chr.* **2,** 758_{32} **5,** 653^{577}
Schriften
– *Commentarii de bello civili* **2,** 47_{32} **3,** 116_{23}
– – *Der Bürgerkrieg (lat.-dt. von O. Schönberger 1984)*
– – – *^{3}1999* **3,** 494^{153}
Calandrini, Jean-Louis (1703–1758)
– *Kommentator*
– – *Newton, Principia (1739–1742)* **1,** 43_7
Calendrier republicain, décrété par la Convention Nationale, pour la III. année de la République Française (1795) **5,** 722^{1044}
Caligula, eig. Gaius Caesar Augustus Germanicus, röm. Kaiser 37–41 (12–41) **2,** 198_6
Calley, s. Cawley (Calley), John.
Camerarius, Elias (1673–1734)
– *Dissertationes Taurinenses epistolicae, physico-medicae (1712)* **5,** 912^{1079}
Cameron, Robert
– *Dampfmaschine* **4,** 151_3
Campani, Giuseppe (ca. 1635 – 1715) **5,** 729^{1084}
– *Perspektiv* **6,** 333 (*87)
Campbell, John (ca. 1720–1790) **5,** 424_{18}
Campe, Joachim Heinrich (1746–1818)
– *Wörterbuch zur Erklärung und Verdeutschung der unserer Sprache aufgedrungenen fremden Ausdrücke (1801 u.ö.)* **3,** 532^{10} **4,** 679^{221} **5,** 573^{32}
Campenhausen, Christoph von
– *Die Sinne des Menschen (^{2}1993)* **4,** 446^{115}
Camper, Pieter (1722–1789)
– *besucht L. im Oktober 1779* **3,** 489^{114}
– *Härten von Stahl* **3,** 112_{15}
Schriften
– *Sämmtliche Kleinere Schriften die Arzney- Wundarzneykunst und Naturgeschichte betreffend (1784–1790)*
– – *Ueber das Härten des Stahls (1784)* **3,** 489^{114}
Camus, Charles Étienne Louis (1699–1768)
– *Längengradexpedition* **1,** 648_{25} 649_{17} **2,** 675_{20} **5,** 105_{25}
Cancrin, Franz Ludwig von (1738–1816)
– *Erste Gründe der Berg- und Salzwerkskunde (1773–1790)*
– – *7.2: Bergmaschinen (1778)* **1,** 443_{R9-11} 950_{33-34}
Canton, John (1718–1772)
– *Elastizität von Flüssigkeiten* **1,** 485_{20-21} 486_5 **3,** $86_{13.\,16}$ 495^{160}
– *Elektrizität* **4,** 310_{13} 636^{39}
– – *atmosphärische* **5,** 470_{18}
– – *Elektrometer* **2,** 524_{18} **4,** $261_{19.\,28}$ 262_6 292_7
– – *Reibzeug* **4,** 286_{19}

– – *zwei Arten* **4,** 300_{4}
– *künstliche Magnete* **1,** 615_{29-30} **4,** 367_{25} 755^{46}
– *magnetische Deklination* **2,** 847_{17}
Schriften
– *A letter concerning some electrical experiments (1754)* **4,** $705^{321.\,322}$
– *A method of making artificial magnets without the use of natural ones (1751–1752)* **1,** 618_{22-25} **4,** 784^{173}
– – *Methode, ohne Beyhülfe eines natürlichen Magneten, durch die Kunst einen Magneten zu machen (dt. 1752)* **1,** 618_{26-27} **5,** 832^{639}
– *An attempt to account for regular diurnal variation of the horizontal magnetic needle; and also for its irregular variation at the time of an aurora borealis (1759)* **1,** $754_{21-27.\,R16-19}$ **5,** 888^{964}
– *Electrical experiments (1753)* **4,** 697^{289} **5,** 888^{964}
– *Experiments and observations on the compressibility of water and some other fluids (1764)* **1,** 486_{18} **3,** 476^{23}
– – *Experimente und Beobachtungen über die Compressibilität des Wassers […] (dt. 1772)* **1,** 486_{23}
– *Experiments to prove that water is not incompressible (1762)* **1,** 486_{15-18} **3,** 476^{23}
– – *Versuche welche bekräftigen daß das Wasser nicht völlig allem Drucke widerstehe (dt. 1772)* **1,** 486_{19-23}
– *[Mitteilung über die Elektrizität des Turmalins] (1759)* **5,** 870^{889}
Canton, William **4,** 332_{27}
Cantor, Moritz (1829–1920)
– *Vorlesungen über Geschichte der Mathematik (1880–1898 u.ö.)* **5,** 668^{697}
Capella, Martianus Mineus Felix (5. Jh. n. Chr.)
– *De nuptiis Philologiae et Mercurii* **2,** 611_{22} **5,** 228_{21-22} 230_{11-12}
Capelle, Wilhelm (1871–1961), s. Die Vorsokratiker. Die Fragmente und Quellenberichte. Übers. und eingel. von W. Capelle (1935 u.ö.).
Cappelle, Johannes Pieter van (1783–1829)
– *Untersuchungen über Archimed's Brennspiegel (1816)* **4,** 469^{211}
Carafa, Giovanni, duca di Noja (1715–1768)
– *Lettre sur la tourmaline (1759; Nachdruck 1762)* **1,** 601_{1-3} **4,** 280_{10-11}
Cardano, Geronimo (1501–1576)
– *kardanische Aufhängung* **2,** 90_{12}
– *Kometen* **5,** 177_{19}
– *Quellen* **2,** 826_{10-11} **5,** 330_{15}
Schriften
– *De rerum varietate (1557)*
– – *Offenbarung der Natur und natürlicher Dingen, auch mancherley wunderbarlichen und subtilen Würckungen (dt. von H. Frölich 1591)* **5,** 664^{644}
– *De septem erraticis stellis liber (1578)* **5,** 664^{644}
Carette, P. L. G.
– *Sur l'inflammation spontanée des matières tirées du règne végétal & animal (1785)* **1,** 493_{1-3} **4,** 203_{14-15}
Caroché, Noël Simon (1744–1812) **5,** 292_{9}
Carpzov, Benedict (1595–1666) **5,** 934^{36}
Carra, Jean-Louis (1743–1793)
– *Nouveaux principes de physique 1781–1783*
– – *4: 1783* **4,** 214_{3}
– – – *GGA-Rezension 1784* **4,** 214_{5}

Carré, Louis (1663–1711)
– *Experiences sur les tuyaux capillaires (1705)* **1**, 194_{R13} 200_{R4-5}
Carrier, d. i. Beccaria, Giambatista.
Cartes, Cartesius, s. Descartes, Réné.
Cartheuser, Friedrich August (1734–1796) **5**, 412_{17}
Cary, William (1759–1825)
– *Sextant* **5**, 251_{6}
Casali Bentivoglio Paleotti, Gregorio Filippo Maria (1721–1802)
– *De quorumdam vitrorum fracturis (1755)* **1**, 430_{R1-5}
– *De quorumdam vitrorum fracturis sermo alter (1767)* **1**, 430_{R6-9}
Casanova, Giacomo Girolamo (1725–1798)
– *Das Polemoskop oder die durch Geistesgegenwart entlarvte Verleumdung (dt. von V. Ottmann 1900)* **4**, 422^{33}
– *Histoire de ma vie (1960–1962)*
– – *Geschichte meines Lebens (dt. v. H. von Sauter 1964–1967)* **3**, 544^{72}
Casciarolo, Vincenzo (1571–1624)
– *Phosphoreszenz des Schwerspats* **1**, 341_{R14-15}
Caspar, Max (1880–1956)
Übersetzer
– *[1929] Kepler, Astronomia nova (1609)* **5**, 644^{513}
Cassegrain, Laurent (um 1629 – 1693)
– *Spiegelteleskop* **1**, 413_{31} **2**, 404_{20}
– *Sprachrohr* **1**, 318_{17} **4**, 20_{11}
Schriften
– *Extrait d'une lettre; Sur les proportions des trompettes à parler de loin (1773)* **4**, 400^{83}
Cassini, Giovanni Domenico (1625–1712)
– *Gestalt der Erde* **1**, 646_{32} 647_{25} 648_{33}
– *Gradmessung* **2**, 674_{20} **5**, 104_{30-31} 247_{17}
– *Jupiterrotation* **2**, 748_{3} **5**, 156_{29} 274_{30}
– *Komet 1681* **5**, 61_{8}
– *Saturnmonde* **1**, 692_{6} **2**, 750_{14} **5**, 157_{19} 277_{16}
– *Saturnring* **2**, 751_{1} **5**, 278_{31}
– *Schallgeschwindigkeit* **1**, 312_{18}
– *Venusmond* **1**, 693_{2-3} **2**, 746_{5} **5**, 152_{24} 153_{10}
– *Venusrotation* **2**, $745_{26.\ 35}$ **5**, 151_{26} 152_{9} 273_{28}
– *Zodiakallicht* **1**, 675_{13-14} **5**, 126_{12} 266_{8}
Schriften
– *Balance arithmetique (1676)* **6**, 282 (*5)
– *Carte de la lune (ca. 1680)* **1**, 687_{R24}–688_{R3} **2**, 711_{22} **5**, 259_{22}
– *Découverte de la lumière celeste qui paroist dans le zodiaque (1730)* **1**, 675_{21-24} **5**, 630^{410} 722^{1041}
Cassini, Jacques (1677–1756)
– *Gradmessung* **2**, $674_{28.\ 40}$ **5**, 104_{30-31} 105_{7} 247_{20}
– *Höhe des Pic du Canigou und der Monts Dore* **1**, 738_{19}
– *Jahreslänge* **2**, 734_{7} **5**, 132_{26} 267_{8}
– *Kometen* **5**, 655^{586}
– *Kompensationspendel* **4**, 505^{65}
– *Mondtafeln* **1**, 707_{20}
– *Sonne* **5**, 263_{26}
– *Sonnenflecken* **5**, 263_{32}
– *Sonnenrotation* **1**, 673_{R3}
Schriften
– *De la grandeur et de la figure de la terre (1720)* **5**, 708^{962}
– – *Mathematische und genaue Abhandlung von der Figur und der Grösse der Erden (dt. von J.A. Klein 1741)* **1**, 648_{4-6}
– – *Ausg. Amsterdam 1723* **1**, 648_{1-2}
– *Eléments d'astronomie (1740)* **1**, 720_{11-12} **5**, 129_{17} 634^{436} 643^{495}

Cassini de Thury, César François (1714–1784)
– *Gradmessung* **2,** 676_3 **5,** 247_{21} $318_{26\text{–}27}$ 707[959]
– *Schallgeschwindigkeit* **1,** 312_{20} $314_{R17\text{–}18}$
Schriften
– *La méridienne de l'observatoire royal de Paris (1744)* **2,** 676[*] **5,** 708[962]
– *Sur la propagation du son (1740)* **1,** $314_{R17\text{–}18}$
Cassini de Thury, Jean Dominique (1748–1845)
– *Kometen* **5,** 652[574]
– *Temperaturbeobachtung* **2,** 449_3
Schriften
– *Addition à la lettre [...] sur l'influence de l'equinoxe du printems & du solstice d'eté, sur la déclinaison & les variations de l'aiguille aimantée (1792)* **5,** $433_{30\text{–}31}$
– – *Vergleichende Beobachtung über die Bewegung zweyer Magnetnadeln (dt. 1793)* **1,** $753_{R2\text{–}5}$
– *De la déclinaison et des variations de l'aiguille aimantée (1792)* **5,** $433_{28\text{–}30}$ 827[609]
– – *Abweichung und Variation der Magnetnadel (dt. 1793–1794)* **1,** $753_{R6\text{–}9}$ **5,** 830[632]
– *Extrait des observations astronomiques et physiques, faites à l'observatoire royal (1787)*
– – *Exzerpt* **5,** 291_{25}
– – *Astronomische Beobachtungen, auf der Königlichen Sternwarte zu Paris im Jahr 1787 angestellt (dt. Auszug 1792 [1789])* **1,** $412_{R16\text{–}17}$
– *Mémoire sur la température des souterrains de l'observatoire royal (1789)* **1,** $819_{R10\text{–}14}$ $820_{R1\text{–}2}$
– *Voyage fait par ordre du roi en 1768 pour éprouver les montres maritimes inventées par M. Le Roy (1770)* **5,** 114_{25}
Cassius Dio, Lucius Claudius (155 – nach 235) **2,** 360_{38} **4,** 53_{15} 80_{23}
Castberg, Peter Atke (1780–1823)
– *Reisebemerkungen physikalischen Inhalts (1805)* **2,** 303[*]
Castel, Louis Bertrand (1688–1757)
– *Farbenklavier* **1,** 385_{R1}
Catalogus praelectionum publice et priuatim in Academia Georgia Augusta ... habendarum
– *1736* **6,** XLI[7]
– *1763 Winter* **6,** XLI[7]
– *1778 Sommer* **6,** LXX[212]
– *1778 Winter* **6,** LXX[212]
– *1780 Sommer* **1,** IX[2]
Cattaneo, Giovanni (1681 – ca. 1760)
Catani, Alessandro
– *Lettera critico-filosofica su della vesuviana eruttazione (1768)* **1,** $843_{12\text{–}14}$
Cavallo, Tiberio (1749–1809)
– *Aufhängung von Magnetnadeln* **5,** 819[549]
– *Condensator* **1,** 578_{40} **2,** $519_{4.\ 15}$ **4,** 274_{15}
– *dephlogistisierte Luft* **3,** 397_{33}
– *Elektrizität*
– – *medizinischer Gebrauch* **2,** 524_4 **4,** 263_{14} $307_{3.\ 5.\ 27\text{–}28}$
– – *Abstoßung* **4,** 336_8 638[42]
– *Elektrizitätstransportflasche* **1,** 564_{18} **4,** 249_{18} 250_7 271_{24} **6,** 244 (297)
– *Elektrometer* **1,** 540_{23}
– *Erzeugung von Kälte* **1,** $505_{12\text{–}13}$ **2,** 478_{29}
– *Eudiometer* **2,** 275_{21}
– *medizinischer Gebrauch von fixer Luft* **2,** 269_{37}
– *Versuche mit Elektrizität* **1,** 578_4

Schriften
– *A complete treatise of electricity (1777)* **4,** 312_{29-30} $332_{28-29.\ 32-34}$ 336_{8} 644[78] 659[124] 700[303] **5,** 878[925] **6,** 238 (*290*) 250 (*307*)
– – *GGA-Rezension 1779* **5,** 877[925]
– – *Vollständige Abhandlung der […] Lehre von der Elektricität (dt. von J.S.T. Gehler 1779)* **4,** 287_{4} 686[245]
– – – *[3]1785* **1,** 608_{10-16}
– – – *[4]1797 (dt. von J.M.W. Baumann)* **4,** 644[78] 659[124] 670[166] 706[324] 714[358] 739[490]
– – *[2]1782* **4,** 692[272]
– – *[3]1786* **1,** 603_{24-26} 608_{19-20}
– *A treatise on magnetism (1787)* **1,** 635_{R12-14}
– *A Treatise on the nature and properties of air and other permanently elastic fluids (1781)*
– – *Abhandlung über die Natur und Eigenschaften der Luft und der übrigen beständig elastischen Materien (dt. 1783)* **1,** 278_{1-6} **3,** 425_{14} 693[109. 114] 701[177] 709[260] 717[307] 719[329]
– *An account of some new experiments in electricity (1780)* **4,** 692[272]
– *An account of some thermometrical experiments; containing, I. Experiments relating to the cold produced by the evaporation of various fluids (1781)* **1,** 506_{14-17}
– *An essay on the theory and practice of medical electricity (1780)* **4,** 263_{14} 307_{4} 644[78] 646[79] 713[353. 354] 714[360] 715[361]
– *Description of a meteor (1784)* **1,** 809_{R19-21} **5,** 651[568]
– *Description of a new electrical instrument (1788)* **6,** 256 (*316*)
– – *Beschreibung eines neuen electrischen Instruments (1790)* **1,** 574_{R3-6} 959_{13-14}
– *Description of an improved air-pump (1783)*
– – *Beschreibung der von dem Herrn Haas und Harter verbesserten Luftpumpe (dt. Auszug 1785)* **1,** 29_{16-17}
– *Magnetical experiments and observations (1786)* **1,** 609_{R4-5}
– – *Ueber die magnetische Kraft verschiedner metalischer Substanzen (dt. Auszug 1787)* **1,** 609_{R5-6}
– *Of the methods of manifesting the presence, and ascertaining the quality, of small quantities of natural or artificial electricity (1788)* **4,** 725[426]
– – *Rezension 1788* **4,** 725[426]
– – – *Exzerpt* **4,** 323_{3-34}
– *Of the temperament of those musical Instruments, in which the tones, keys, or frets, are fixed, as in the harpsichord, organ, guitar, &c. (1788)* **1,** 327_{R1-7} **4,** 409[158] 412[187]
– – *Rezension 1789* **1,** 327_{R10}
– *The history and practice of aerostation (1785)* **1,** 296_{28-31} **3,** 702[188]
Cavendish, Henry (1731–1810)
– *Erzeugung von Kälte* **1,** 504_{7}
– *Gestalt der Erde* **5,** 243_{16}
– *inflammable Luft* **1,** 269_{30}
– – *Verbrennung zu Wasser* **1,** 270_{4}
– *Komponenten der Salpetersäure (bzw. Salpeterluft) und deren Entstehung bei elektrischen Entladungen* **1,** 556_{7} 936_{11-12} $939_{17.\ 27}$ **2,** 273_{23} **3,** 314_{8} 319_{26-27} 322_{28} 324_{9} 328_{17} 330_{14}
– *Verbrennung ohne Entstehung von Kohlendioxid* **1,** 955_{13}
– *Verbrennungsprozeß* **3,** 321_{14}
– *Zusammensetzung der phlogistisierten Luft* **1,** 277_{R19}

– *Zusammensetzung des Wassers* **1,** 218$_{R1}$ 290$_{39}$ 441$_{32}$ **2,** 210$_{6}$ 435$_{7}$ **3,** 320$_{6}$ 321$_{31}$ **4,** 646[83]

Schriften

– *A report of the committee appointed by the Royal Society, to consider of a method for securing the powder magazines at Purfleet (1773) [zus. mit W. Watson, B. Franklin, J. Robertson u. B. Wilson]* **5,** 777[314]

– *An Account of a new eudiometer (1783)* **1,** 275$_{34-36}$ **3,** 428$_{10}$

– – *GGA-Rezension 1784* **3,** 428$_{11}$

– *An account of experiments made by Mr. John Mc Nab, [...] relating to freezing mixtures (1786)* **1,** 438$_{R8-9}$ 503$_{32-33}$ **4,** 585[357]

– – *Separatdruck* **1,** 503$_{34-38}$ 505$_{32-34}$

– *An account of experiments made by Mr. John Mc Nab, [...] relative to the freezing of nitrous and vitriolic acids (1788)* **1,** 503$_{R35-40}$ **4,** 585[357]

– – *Nachricht von den Versuchen, die Herr John Mc Nab [...] über das Gefrieren der Salpeter- und Vitriolsäure angestellt hat (dt. 1790)* **1,** 504$_{R6-7}$

– *An account of some attempts to imitate the effects of the torpedo by electricity (1776)* **1,** 604$_{R34-35}$

– *An Account of the Meteorological Instruments used at the Royal Society (1776)* **2,** 965$_{8}$

– *Experiments on air (1784)* **3,** 639[175]

– – *Versuche über die Luft [...] (dt. 1785)* **3,** 639[175]

– *Experiments on air (1785)* **3,** 633[131]

– *Observations on Mr. Hutchins's experiments for determining the degree of cold at which quicksilver freezes (1783)* **1,** 440$_{35-38}$

– *On the civil year of the Hindoos (1792)* **1,** 669$_{R2}$

– *On the conversion of a mixture of dephlogisticated and phlogisticated air into nitrous acid, by the electric spark (1788)*

– – *Über die Verwandlung eines Gemisches der dephlogistisierten Luft in Salpetersäure (1790)* **3,** 633[131]

– *On the height of the luminous arch which was seen on Feb. 23, 1784 (1790)* **1,** 813$_{R1}$

– *Three papers, containing experiments on factitious air (1766)* **1,** 260$_{3-6}$ **3,** 719[333]

– – *Experimente mit erkünstelter Luft (dt. 1772)* **1,** 260$_{7-9}$ **3,** 719[333]

Cawley (Calley), John (†1717?)

– *Dampfmaschine* **1,** 951$_{3}$ **2,** 437$_{12}$ **4,** 142$_{10}$

Cazalet, Jean André (1753–1821)

– *Luftpumpe* **2,** 239$_{9}$

Schriften

– *Nouvelle machine pneumatique (1789)* **1,** 245$_{R9-10}$

Celsius, Anders (1701–1744)

– *Längengradexpedition* **1,** 649$_{19}$ **2,** 675$_{21}$ **5,** 105$_{26}$

– *Thermometer* **1,** 471$_{2}$ **2,** 453$_{18.\,21}$ 453[†] 454$_{15.\,20}$ **4,** 120$_{33}$ 162$_{18}$

Schriften

– *Observationer om tvenne beständige grader på en thermometer (1742)*

– – *Beobachtungen von zween beständigen Graden auf einem Thermometer (dt. von A.G. Kästner 1750; Nachdruck 1894)* **1,** 466$_{10-13}$ **4,** 545[198]

Celsus, Aulus Cornelius (ca 45 v. – 25 n. Chr.) **4,** 65$_{1}$

Čermelj, Lavo

– *Roger Joseph Boscovich als Relativist (1929)* **4,** 456[151]

Cesaris, Giovanni Angelo (1749–1832)
– *Saturn* **2,** 750*
Ceulen, Ludolph van (1540–1610)
– *Kreiszahl (pi)* **1,** 130_{R16} 131_{R9-10} **2,** 118_{21} 329_{10} 634_{25}
Chaix, José (1765–1809)
– *Gradmessung* **2,** 683_{3}
Chambers, Ephraim (1680–1740)
– *Heber im Vakuum* **1,** 300_{R5}
– *württembergischer Heber* **1,** 298_{R15}
Schriften
– *Cyclopaedia (1728 u.ö.; Ausg. 1786)* **5,** 767^{255} 802^{445} 847^{722}
– – *Art. Aeolipile, Aeolipila* **1,** 457_{R1}
– – *Art. Week* **3,** 655^{245}
– – *Rezension 1787–1788* **2,** 286_{11-12} **3,** 435_{3-5}
Changeux, Pierre-Jacques (1740–1800)
– *Barometrograph* **2,** 311_{33}
Schriften
– *Barometrographe et autres machines météorographiques (1780)*
– – *dt. Auszug (1781)* **1,** 305_{R1-3} 942_{2} **2,** 312_{4}
– *Examen des effets de l'électricité, soit naturelle, soit artificielle, sur le baromètre (1778)* **1,** 599_{12-15}
Chapman, Fredrik H. af (1721–1808)
– *Physiska Røn (1794)* **1,** 151_{R1-5} 156_{R1-4} 924_{32-34}
– – *Darstellung und Beschreibung der Versuche zu Bestimmung des Widerstandes flüßiger unbegränzter Massen (dt. von J.A. Clemens 1797)* **1,** 925_{1-4}
Chapotot, Jean
– *kleine Nivellierwaage* **6,** 300 (**33b*)
– *Winkelmesser* **6,** 286 (**10*)
Chappe D'Auteroche, Jean (1728–1769) **5,** 96_{25}
Chappe, Claude (1763–1805)
– *Telegraphie* **4,** 403^{105}
Schriften
– *Lettre à M. de la Métherie sur un appareil propre à distinguer les deux espèces d'electrisation (1789)*
– – *Schreiben über einen Apparat, beyde Arten der Electrizität zu unterscheiden (dt. 1790)* **1,** 540_{R6-7}
Chaptal, Jean-Antoine-Claude (1756–1832)
– *Observations sur l'influence de l'air & de la lumière dans la végétation des sels (1788)*
– – *engl. Referat 1788* **1,** 342_{R8-13}
Charles, Jacques Alexandre César (1746–1823)
– *aerostatische Maschine* **1,** 269_{33}
– *Ballonfahrt* **1,** 293_{38}
– *Billiard* **1,** 145_{R1} **2,** 148_{12} **3,** 199_{23}
– *elektrische Versuche* **1,** 565_{R4} 959_{7}
Schriften
– *Essai sur les moyens d'établir entre les thermomètres une comparabilité (1787)* **1,** 467_{R5-7}
Charnock, John (1756–1807)
– *Biographia navalis (1794–1798)* **5,** 594^{162}
Charpentier, Johann Friedrich Wilhelm Toussaint von (1738–1805)
– *Wanderungen unter Tage* **2,** 947_{2}
Schriften
– *Neue Entdeckungen (1797)* **4,** 773^{121}
Chaucer, Geoffrey (ca. 1343 – 1400)
– *The Squier's Tale* **1,** 773_{R21}
Chaulnes, s. Albert d'Ailly, Marie Joseph Louis d', duc de Chaulnes.
Chaussier, François (1746–1828), s. Guyton de Morveau, Louis-Bernard – Schriften – Description de l'aérostate (1784) [zus. mit Chaussier u. Bertrand].

Chauvin, Étienne (1640–1725)
– *Dampf* **1,** 457_{R3}
Chemische Annalen für die Freunde der Naturlehre, Arzneygelahrtheit, Haushaltungskunst und Manufacturen (1784–) 1, 59_{21-24}
– *1789* **1,** 265_{R17-18}
Cheselden, William (1688–1752)
– *An account of some observations made by a young gentleman, who was born blind, or lost his sight so early, that he had no remembrance of ever having seen, and was couch'd between 13 and 14 years of age (1727–1728)* **1,** 348_{R4-5}
Chiminello, Vincenzo (1741–1815)
– *Replique à M. de Saussure, sur la défense de l'hygrometre à cheveux (1789)* **1,** 283_{R1-2}
– *Ricerche sulla comparabilità dell' igrometro (1785)*
– – *Nachdruck 1786* **1,** 941_{5-6}
Chladni, Ernst Florens Friedrich (1756–1827)
– *besucht L. im Februar 1793* **4,** 411[179]
– *Brief an K.F. Hindenburg* **4,** 412[179]
– *Meteoriten* **2,** 317_{6}
– *Monochord* **6,** 482 (*394*)
– *Schall und Musik*
– – *Euphon* **2,** 317_{5} **4,** 414[196]
– – *klingende Körper* **2,** 327_{8}
– – *Längentöne* **2,** 334_{8} **4,** 34_{16}
– – *Monochord* **2,** 330_{20}
– – *Obertöne* **4,** 33_{1}
– – *Schwingungen Schall erzeugender Körper* **2,** 316_{32} **4,** 180_{14}
– – *Sprachrohr* **1,** 318_{R1} **2,** 325_{31}
– – *Temperatur* **4,** 39_{10}
– – *Theorie des Klanges kritisiert von J.M. Hube* **1,** 943_{2}
Schriften
– *[Auszüge aus Briefen] (1794)* **1,** 944_{27-28} **2,** 313[*] **4,** 412[179]
– *Beyträge zur Beförderung eines bessern Vortrages der Klanglehre (1795)* **4,** 411[178] 412[179. 182–187] 576[302]
s.a. Chladni, Ernst Florens Friedrich – Schriften – Manuskript, vermutlich von ders., Beyträge 1795.
– *Die Akustik (1802)* **2,** 317[*] **4,** 412[184] 413[189. 192] 414[193]
– – *Rezension* **2,** 317[*]
– *[Einige allgemeine Bemerkungen über Feuerkugeln und Sternschnuppen] (1796)* **1,** 972_{11}
– *Entdeckungen über die Theorie des Klanges (1787)* **1,** 308_{R27-30} 309_{R1-2} 311_{R5-7} 318_{R1} 328_{R2} 942_{30-31} 943_{33} **2,** 317_{1} **4,** 24_{8} 25_{28}–26_{11} 34_{33}–35_{1} 392[29] 409[156] 410[163. 164] 411[176] 414[195]
– *Fortsetzung der Bemerkungen über Feuerkugeln und niedergefallene Massen (1797)* **1,** 972_{10}
– *Manuskript, vermutlich von ders., Beyträge 1795* **1,** 944_{30} **4,** 35_{32} 37_{19-20}
– *Ueber den Ursprung der von Pallas gefundenen und anderer ihr ähnlicher Eisenmassen, und über einige damit in Verbindung stehende Naturerscheinungen (1794)* **1,** 972_{4-6} **5,** 651[568]
– *Ueber die Längentöne einer Saite (1792)* **1,** 944_{14-15} **4,** 35_{2-3}
– *Über die Longitudinalschwingungen der Saiten und Stäbe (1794–1795)* **4,** 410[167. 168] 411[174]
– – *Auszug 1797* **1,** 944_{20-21} **4,** 410[167–171] 411[172–174]
– – *Separatdruck 1796* **1,** 944_{18-19} 945_{5}
– *Ueber Feuer-Meteore (1819) [zus. mit Carl von Schreibers]* **5,** 767[253]
Choise, NN (Schausteller) **2,** 81_{38}

Christ, Johann Ludwig (1739–1813)
– *Geschichte unseres Erdkörpers (1785)* **1,** 853$_{6–11}$
– *Von der außerordentlichen Witterung des Jahrs 1783 (1783)* **1,** 781$_{1–2}$ **5,** 456$_{28}$
Christie, T.
– *Rezensionen*
– – *[1791] Savioli, Dissertatio (1789)* **5,** 895[992]
Châteaubriant-LaGuerrande, Jean Gilles Jules Joseph de (1737–1818)
– *Nouvel hygrometre de plantes marines (1785)*
– – *dt. Auszug 1785* **1,** 283$_{R30–32}$
Ciarcy, Joseph (†1805)
– *2 zusammengeschmolzene Barometerröhren* **6,** 544 (*438*)
– *Aräometer* **2,** 166$_{27–35}$ 176$_{4}$ 873$_{24}$ **3,** 278$_{2}$ **6,** 456 (*368*)
– *gläserne Spritzen* **6,** 545 (*441*)
– *großer Wasserhammer* **6,** 545 (*439*)
– *Kampfer-Thermometer (sog. Wetter-Paroskop)* **6,** 462 (*371*)
– *Reisebarometer nach Torricelli* **6,** 544 (*437*)
– *Thermometer mit auf die Röhre geätzter Skale* **6,** 561 (*469*)
– *Wasserhammer nach Saussure* **6,** 545 (*440*)
Schriften
– *Beschreibung des allgemeinen Aräometers (1793)* **3,** 278$_{9–11}$
Ciccolini, Ludovico (1767–1854)
– *Über dreyfache Regenbogen (1809)* **2,** 907[*]
Cicero, Marcus Tullius (106–43 v. Chr.) **2,** 669$_{31}$ **5,** 100$_{2}$
– *Academica priora* **2,** 609$_{15}$ 610$_{11}$ **5,** 58$_{24}$ 231$_{21–22}$
– – *lat.-dt. in ders., Akademische Abhandlungen 1995* **5,** 697[898]
– *De divinatione* **1,** 802$_{19–20}$
– *De natura deorum* **2,** 758$_{8}$ **3,** 330$_{34}$ 333$_{26}$ **5,** 162$_{27–28}$
– – *Ausg. in ders., Opera 1661 u.ö.* **5,** 649[562]
– – *Drey Bücher von dem Wesen und den Eigenschaften der Götter (dt. 1739)* **5,** 649[562]
– – *Vom Wesen der Götter (lat.-dt. von W. Gerlach und K. Bayer 1978 u.ö.)* **3,** 649[215]
– *De officiis* **3,** 487[101]
– *De oratore* **3,** 487[101]
– *Somnium Scipionis* **2,** 611[*]
– *Tusculanae disputationes* **3,** 487[101]
Ciechansky, Nikolaus Bogislaus von (1737–1828) **6,** 29 (*23*)
– *Instrumente*
– – *Modellkammer* **6,** LV LVII–LVIII CII CV
– – *Purzelmännchen* **3,** 179$_{17}$ 180$_{2}$ **6,** 46 (*36*)
– – *Skorpion* **6,** 10 (*13*)
– *Tod* **6,** LXI CV
Cigna, Giovanni Francesco (1734–1790)
– *elektrische Versuche* **1,** 543$_{13–19}$
Schriften
– *De analogia magnetismi, & electricitatis (1759)* **1,** 629$_{5–7}$
– – *Abhandlung und Versuche von der Verwandschaft der magnetischen Kraft mit der elektrischen (dt. von J.G. Krünitz 1769)* **1,** 629$_{8–9}$
– *De corrigendis barometrorum erroribus ex calore, et frigore natis (1759)* **3,** 730[442]
– *De frigore ex evaporatione (1760–1761)* **1,** 504$_{R17–20}$
– *De novis quibusdam experimentis electricis (1762–1765)* **1,** 544$_{29}$
Herausgeber
– *Miscellanea philosophico-mathematica Societatis Privatae Taurinensis* **3,** 730[442]

Cinna, Lucius Cornelius (ca. 130 – 84 v. Chr.) **5,** 650[562]
Clairaut, Alexis-Claude (1713–1765)
– *Achromasie* **4,** 61$_{15}$ 88$_{6}$ 487[276]
– *Kometen* **5,** 286$_{1.\,3}$
– *Längengradexpedition* **1,** 648$_{25}$ 649$_{17}$ **2,** 675$_{19}$ **5,** 105$_{25}$
Schriften
– *Du système du monde dans les principes de la gravitation universelle (1745)* **1,** 711$_{11–14}$
– *Mémoire sur la cométe de 1759 (1759)* **5,** 733[1120]
– *Mémoire sur les moyens de perfectionner les lunettes d'approche (1756)* **1,** 417$_{7–13}$ **4,** 484[265]
– *Recherches sur la comete des années 1531, 1607, 1682 et 1759 (1762)* **5,** 733[1120. 1121]
– *Second mémoire sur les moyens de perfectionner les lunettes d'approche (1757)* **1,** 417$_{14–16}$ **4,** 486[271. 273]
– *Tables de la lune (1754)* **5,** 51$_{7}$
– *Theorie de la figure de la terre (1743)* **1,** 646$_{28–30}$
– *Theorie de la lune (1752)* **1,** 712$_{1–5}$
– *Théorie du mouvement des comètes (1760)* **5,** 733[1120]
Clarke, Samuel (1675–1729) **3,** 481[60]
– *Vertrauter Newtons* **2,** 776$_{38}$
Übersetzer
– *[1706] Newton, Opticks 1704* **1,** 424$_{30}$ **2,** 776$_{30}$
– *Rohault, Traité de physique (1702)* **1,** 42$_{34–35}$
Clauberg, Johann (1622–1665)
– *Physica (1664)* **1,** 42$_{30}$
Clemens, J. A.
Übersetzer
– *[1797] Chapman, Physiska Røn (1794)* **1,** 924$_{36–37}$
Clerke, Charles (1741–1779)
– *Erdumsegelung* **1,** 637$_{1}$
Clerke, Francis (1748–1777) **3,** 445[4]
Clüver, Detlev (um 1645 – 1708)
– *Geologia [...] oder: Natürliche Wissenschafft von Erschaffung und Bereitung der Erd-Kugel (1700)* **1,** 835$_{25–28}$ **2,** 939$_{16–18}$ **5,** 509$_{4–6}$
Colbert, Jean Baptiste (1619–1683) **2,** 711$_{20}$
Colden, Cadwallader (1688–1776)
– *Schweretheorie* **3,** 184$_{5}$ 200$_{28}$
Schriften
– *An Explication of the first Causes of Action in Matter, and, of the Cause of Gravitation (1745)* **3,** 185$_{16}$ 200$_{28}$
– – *Erklärung der ersten wirkenden Ursache in der Materie, und der Ursache der Schwere (dt. v. A.G. Kästner 1748)* **1,** 122$_{29–34}$ **3,** 558[132]
Colepresse, Samuel
– *An account of some observations made at and nigh Plimouth, an. 1667. (1668)* **5,** 764[234]
Collini, Cosimo Alessandro (1727–1806)
– *Considerations sur les montagnes volcaniques (1781)*
– – *Betrachtungen über die Vulkanischen Berge (dt. von A.T. v. Gersdorf 1783)* **1,** 843$_{35–38}$ **5,** 528$_{19–20}$
Collinson, Peter (1694–1768)
– *Korrespondenz mit Franklin* **4,** 654[107. 108] **5,** 775[308] 778[315] 871[893] 873[911]
– *Brief von Franklin* **2,** 910$_{20}$
Herausgeber
– *Franklin, Experiments and observations on electricity ([4]1769)* **5,** 864[863]
Colombo, Cristoforo (1451–1506) **2,** 814$_{14}$ **5,** 320$_{29}$

Comenius, Johann Amos (1592–1670)
– *Opera didactica omnia (1657)*
– – *Ventilabrum sapientiae* **5,** 859[823]
– *Orbis sensualium pictus (1658)* **3,** 54_{4}
Comiers, Claude (†1693)
– *Kometen* **2,** 759_{10} 772_{18-19} **5,** 173_{25}
Schriften
– *La nature et presage des cometes (1665)* **2,** 772_{19-20} **5,** 173_{25-26}
Commentarii Academiae Scientiarum Imperialis Petropolitanae (1728–1751) **1,** 53_{4-6} **5,** 434_{27-28}
Commentarii Societatis Regiae Scientiarum Gottingensis (1752–1755) **1,** 54_{8-10}
Commentationes Societatis Regiae Scientiarum Gottingensis Recentiores (1779–) **1,** 54_{14-15}
Commercium litterarium ad rei medicae et scientiae naturalis incrementum institutum (1731–1745) **1,** 57_{24-26}
Commodus, röm. Kaiser 180–192 (161–192) **5,** 132_{5}
Comptes rendus hebdomadaires des séances de l'Académie des Sciences (1835–)
– *T. 18: 1844* **4,** 546[198]
Conaissance de tems ou mouvements celestes à l'usage des Astronomes et Navigatuers **5,** 712[975]
– *(1811 [1809])*
– – *Rezension* **2,** 750[§]
Condamine, s. LaCondamine, Charles Marie de.
Condorcet, Jean Antoine Nicolas de Caritat de (1743–1794)
Schriften
– *Histoire de l'Académie Royale des Sciences (1777)* **3,** 696[138]
Herausgeber
– *Euler, Lettres à une princesse (1787–1789)* **1,** 45_{R4-5} **3,** 59_{15}
Connaissance des temps (1679–) **1,** 707_{37-38}
– *1786* **5,** 160_{21}
– *1787* **5,** 160_{23}
– *1789* **5,** 161_{21-22}
Conradi, Johann Peter (1747–1797)
– *Haus* **2,** 89_{5}
Schriften
– *Der dreyfach geartete Sehe-Stahl, in einer kurtzen doch deutlichen Anweisung zur Optica oder Sehe-Kunst (1710)* **1,** 311_{R12}
Contades, Louis-Georges-Erasme de (1704–1793) **4,** 469[209]
Cook, James (1728–1779)
– *australische Küste* **2,** 813_{25} **5,** 321_{9}
– *Cookstraße* **2,** 920_{4}
– *Eisberg* **2,** 428_{39}
– *Erdumsegelung* **1,** 636_{35-37} 637_{1} **2,** 675_{10} 695_{25} 699_{15} $707_{29.\,31}$ 924_{27} **5,** 116_{4} 212_{3} 256_{23}
– *Reisen* **1,** 850_{R3} **5,** 377_{7} 796[398]
– *Reiseteilnehmer* **2,** 813_{27} **5,** 804[457] 808[484] 833[645]
– *Schwimmkünste der Südseebewohner* **2,** 171_{26}
– *Tiefenmessung* **1,** 727_{29} **2,** 818_{7} **5,** 325_{5}
– *Träger der Copley-Medaille* **2,** 698_{31}
– *Trinkwasser aus Meereis* **2,** 428_{35} 820_{8}
Schriften
– *A voyage towards the south pole and round the world (1777)* **5,** 717[998]
– *First voyage around the world. Captain Cook's journal during his first voyage round the world (2009)* **5,** 742[36]
Cooper, William (†1786)
– *Observations on a remarkable meteor (1784)* **1,** 809_{R19-21}
Copernicus, Nicolaus (1473–1543) **1,** 919_{21} **2,** 605[*] **3,** 233_{4} 355_{16} 575[243]

s.a. Weltsystem – copernicanisches.
– *50 Jahre vor Brahe* **2,** 616_{21} **5,** 59_{13} $78_{24–25.\ 30}$
– *Auseinandersetzung mit der antiken Astronomie* **2,** $608_{20.\ 39}$ 609_{9} $610_{6–7}$ 610[*] **5,** $40_{7–9}$ 58_{21} 75_{27} 230_{25}
– *Ende der Geozentrik* **2,** 589_{29}
– *Erdrotation*, s.a. Erde (Erdkugel) – Umdrehung.
– – *Gegenargumente* **2,** 64_{6} 623[†] **3,** 161_{4}
s.a. Weltsystem – copernicanisches – Diskussion von Brahes Gegenargument aus der Bibel.
– *Merkur nicht gesehen* **2,** 603_{2} 744_{2} **5,** 70_{30} 151_{12} 272_{13}
– *Weltsystem* **1,** $655_{14–20}$ **2,** 27_{1} 608_{21} $616_{18–19}$ 646_{9} **3,** 63_{20} **5,** 36_{14}
– – *Einwände Brahes* **2,** $617_{25–37}$
– – *Entwicklung* **2,** 610_{24} **5,** 59_{11} 76_{16}–77_{13}
– – *Erklärung der Erscheinungen im Jahreslauf* **2,** 612_{18}
– – *Konkurrenz des braheschen* **2,** $617_{17–18}$ **5,** $80_{14–15}$
– *Würdigung* **2,** $610_{11–17}$ 634_{8} **5,** $77_{14–16.\ 22–31}$
– *zur Person* **2,** 608_{22} **5,** $76_{3–9}$ 231_{27}
Schriften
– *De revolutionibus orbium coelestium (1543)* **2,** $608_{32–37.\ 34–35}$ **3,** 564[166] **5,** 76_{21} $88_{29–30}$ $272_{13–14}$ 595[174] 673[719] 697[893]
– – *Widmung* **2,** 610[†]
– – *Über die Kreisbewegungen der Weltkörper. Erstes Buch (lat.-dt. Teilausg. von G. Klaus 1959)* **3,** 564[166]
– – *Über die Umschwünge der himmlischen Kreise (dt. von J. Hamel und T. Posch 2008)* **5,** 600[196]
– – *Ausg. Basel 1566* **1,** $719_{9–10}$ **2,** $744_{4–5}$ **5,** 599[194]
– – *Ausg. Amsterdam 1617 u.d.T. »Astronomia Instaurata«* **5,** 595[174]
– – *Ausg. in ders., Gesamtausgabe (1984)* **5,** 595[174] 663[642] 697[893]
– *Gesamtausgabe (1974–)* **5,** 582[84] 673[719]
Copineau, Alexis (um 1780)
– *Mémoire sur l'hygromètre (1780)* **3,** $432_{8–9}$
Copley, Godfrey (um 1653 – 1709)
– *Medaille* **2,** 698_{29} **3,** 419_{6} **5,** 115_{6}
Coquebert de Montbret, Charles Etienne (1755–1831)
– *Ueber das neue System der Maaße und Gewichte der französischen Republik (1796)* **5,** $246_{16–17}$
Coriolis, Gustave Gaspard (1792–1843)
– *Théorie mathématique des effets du jeu de billard (1833)* **3,** 547[95]
Cornand de Lacroze, Jean
– *A paper about magnetism, or concerning the changing and fixing the polarity of a piece of iron (1694)* **4,** 748[20. 21]
Corneille, Pierre (1606–1684) **1,** 16_{3}
Coronelli, Vincenzo Maria (1650–1718)
– *2 kleine Globen* **6,** 424 (*220)
Corvinus, Johann Friedrich
– *Historia aeris factitii (1776)* **1,** $278_{12–13}$
– *Historiae aeris factitii pars medica (1777)* **1,** $278_{14–15}$
Cossigny, Jean François (1738–1809)
– *Thermometerbeobachtungen (veröff. von Réaumur)* **1,** $818_{11–13}$
Cotes, Roger (1682–1716)
Schriften
– *Hydrostatical and pneumatical lectures (1738 u.ö.)* **4,** $74_{16–18}$
– – [3]*1775* **1,** $187_{13–17}$ $243_{R17–19}$ **3,** 281_{5} $282_{15–16}$ 595[12]

Herausgeber
– *Newton, Principia (^{2}1713)* **3,** 481^{58} 578^{261}
Cotte, Louis (1740–1815)
– *Variation der magnetischen Deklination* **1,** 754_{R3} **5,** 436_{16} 490_{4}
Schriften
– *Expériences sur les quantités d'evaporations (1781)*
– – *Versuche über die Stärke der Ausdünstung (1782)* **1,** 280_{R19-20} 776_{R6}
– *Mémoires sur la météorologie (1788)* **1,** 827_{R16-21}
– – *GGA-Rezension 1789* **1,** 827_{R22-23}
– *Observations faites à Laon d'heure en heure sur la boussole de variation de M. Coulomb [...] & sur celle de déclinaison de Brander (1786)* **5,** 833^{646}
– *[Reflexions sur la formation de la grêle] (1788)*
– – *dt. Referat 1789 u.d.T. »Gedanken über die Bildung des Hagels«* **1,** 784_{R1-5}
– *Suite des observations faites à Laon (1787)* **1,** 754_{R10-11} **5,** 436_{15} 490_{3}
– *Suite des observations faites a Laon (1788)*
– – *Rezension 1788* **5,** 436_{13-14}
– *Sur la chaleur moyenne de différens degrés de latitude (1791)* **1,** 815_{R22-23}
– *Sur la marche simultanée des thermomètres de mercure & d'esprit-de-vin (1790)* **1,** 469_{R1-4}
– *Traité de météorologie (1774)* **1,** 827_{16-17}
Coulomb (frz. Uhrmacher)
– *kleine Horizontalsonnenuhr mit Magnetnadel* **6,** 390 (*171)
Coulomb, Charles Augustin (1736–1806)
– *künstliche Magnete* **4,** 370_{12}
– *Magnetnadel* **2,** $847^{\dagger}$ **5,** 418_{5} 423_{3} 436_{17} 490_{9}
Schriften
– *Beschreibung eines Werkzeugs, wodurch man zeigen kann, daß die Wirkung der elektrischen Materie sich verkehrt, wie das Quadrat der Entfernung verhält (1786)* **1,** 598_{R17-18}
– *Cinquième mémoire sur l'électricité (1787)* **1,** 608_{R1-4}
– *Extrait d'un mémoire pour prouver que l'action du fluide électrique est en raison inverse des quarrés des distances (1785)* **1,** 598_{30-32}
– *Recherches sur la meilleure manière de fabriquer les aiguilles aimantées (1780)* **5,** 433_{22-23} 819^{549} 823^{580} 831^{633}
– *Septième mémoire sur l'électricité et le magnétisme. Du magnétisme (1789)* **4,** 370_{13} 769^{105}
– – *Abhandlung über den Magnetismus (dt. von F. A. C. Gren 1795)* **4,** 370_{14-15} $789^{198.\,201}$ 790^{202} 805^{263}
– *Théorie des machines simples (1785)* **1,** 149_{32-37}
– – *Extrait d'un mémoire sur la théorie des machines simples (Auszug 1785)* **1,** 149_{37-38}
– *Vier Abhandlungen über die Elektricität und den Magnetismus (1785–1786) (dt. von W. König 1890)* **4,** 460^{164}
Coultaud (fiktive Person?) **2,** 123_{10-28} 124_{33} 125_{4} 126_{14-18} **3,** 188_{20-25}
– *Lettre à M. l'Abbé Aubert (1769)* **2,** 123_{7-11}
Couplet, Pierre (um 1670 – 1743)
– *Längengradexpedition* **2,** 675_{16} **5,** 105_{21}
Court de Gébelin, Antoine (1719[?]–1784) **4,** 818^{323}

Courtanvaux, François-César le Tellier de (1718–1781)
– *Journal du voyage [...] pour essayer [...] plusieurs instrumens relatifs à la longitude (1768)* **5,** 114_{22-24}
Courtivron, Gaspard Le Compasseur de Créqui-Montfort de (1715–1785)
– *Brennspiegel* **2,** 361_{26}
Schriften
– *Recherches de catoptrique (1747)* **1,** 491_{33-38}
Cousin d'Avallon, Charles-Yves (1769–1840)
– *Fontelliana ou Recueil des bons mots, réponses ingénieuses, pensées fines et délicates de Fontenelle (1801)* **3,** 466^{157}
Cousin, Jacques Antoine Joseph (1739–1800)
– *Introduction à l'étude de l'astronomie physique (1787)* **1,** 720_{R2-4}
Coventry, John (1735–1812)
– *Hygrometer* **2,** 286_{9} **3,** 434_{29} 439_{9}
Cox, James (um 1723 – 1800) **2,** 310_{39}
– *Barometer* **1,** $305_{13.\ R15}$ **2,** 309_{33} **3,** 382_{33-34} 383_{24}
Crabtree, Adam (1938–)
– *Animal Magnetism, Early Hypnotism and Psychical Research, from 1766 to 1925: An Annotated Bibliography (1988)* **4,** $811^{282.\ 286.\ 287}$ 818^{324}
Crabtree, William (1610–1644) **2,** 652_{1} **5,** 93_{8}
Cramer, Johann Andreas (1710–1777)
– *Gewitterschäden im Wald* **1,** 805_{R24} **2,** 912_{36}
– *Metallurgie* **1,** 530_{R20}
Cramer, Joseph Anton (1737–1794)
– *Physischer Bericht von der feurigen Lufterscheinung (1785)*
– – *Rezension 1787* **1,** 810_{R17-18}
– *Ueber die Entstehung des Nordlichts (1785)* **1,** 812_{16-17} **5,** 489_{3-4}
– – *Rezension 1786* **1,** 812_{R3-4}
– – – *Exzerpt* **5,** 489_{3}
Cranz, David (1723–1777)
– *Meereis* **1,** 829_{36}
Crawford, Adair (1748–1795)
– *Phlogiston* **1,** 515_{27} **3,** 334_{12-13} 342_{32}
– *Wärmetheorie* **1,** 14_{18} 15_{3} 458_{22-23} 492_{39} $506_{19-20.\ 36}$ 507_{R5} 516_{R6} **4,** 127_{23} 175_{34} $176_{4.\ 15}$ $181_{2.\ 25}$ 202_{28} **5,** 148_{22} 379_{9} 512_{30}
s.a. Wärme – Theorie – Crawfords.
– – *Anteile Dritter* **1,** 520_{28-45} 521_{1-2}
– – *Bindung des Wärmestoffs kein chemisches Phänomen* **2,** 475_{12} **4,** 213_{14}
– – *Flamme* **1,** 455_{34}
– – *Kritik* **1,** 521_{3-33} **4,** $178_{13-14.\ 17}$ 201_{14} 210_{6} 602^{443}
– – *L.s Rezeption* **1,** XV_{17}
– – *Mischungsversuche* **4,** 168_{21}
– – *spezifische Wärme* **1,** 512_{41} $516^{*)}$ **2,** 468_{22} **3,** 322_{6-7}
– – *tierische Wärme* **4,** 204_{5} 207_{26}
Schriften
– *Experiments and observations on animal heat (1779)* **1,** 519_{10-16} **2,** 469_{33-36} **4,** 587^{381}
– – *Rezension (1779; dt. 1782)* **1,** 519_{43-45}
– – *GMWL-Rezension 1780* **1,** 520_{2-4}
– – *Sperienze ed osservazioni sul calore animale (ital. 1780)* **1,** 520_{13-16}
– – *Versuche und Beobachtungen über die thierische Wärme (dt. von W.H. Borges 1785)* **1,** 519_{26-34} **2,** 469_{37-39}
– – ^{2}*1788* **1,** 15_{6-7} 519_{19-20} 521_{23-24} 955_{28} **2,** 469_{37} **4,** 202_{28} 203_{23} 587^{381}

– – – *Versuche und Beobachtungen über die Wärme der Thiere und die Entzündung der verbrennlichen Körper (dt. von L.F.F. v. Crell 1789)* **1,** 515_{R5-7} **2,** 469_{39-40} **4,** 181_{3} 204_{16-17} $587\text{-}589^{381}$ 590^{386} $595^{401.\ 407}$ 597^{416} 604^{449}
– – – – *Exzerpt* **4,** 209_{1-17}
– *Experiments on the power that animals, when placed in certain circumstances, possess of producing cold (1781)* **1,** 520_{17-22}
Creech, Thomas (1659–1700)
Herausgeber
– *Lucretius Carus, De rerum natura (1695)* **1,** 47_{25-26}
Crell, Lorenz Florens Friedrich von (1744–1816)
– *Prioritätsbehauptung* **3,** 417_{24}
Schriften
– *Einige Bemerkungen über das phlogistische und antiphlogistische System (1793)* **3,** 342_{2} 353_{5}
– – *Exzerpt* **3,** 347_{13}
– *Extrait d'une lettre à M. de la Metherie (1787)* **1,** 553_{R2-5}
– *Rezensionen*
– – *[1780] Herbert, Theoria phaenomenorum electricorum (^{2}1778)* **4,** 675^{200}
– *Ueber die Erscheinung des Wassers, nach der Verbrennung der entzündlichen, und Feuerluft (1785)* **3,** 637^{167}
– *Vorläufige Bemerkungen über die Versuche von der Entzündung des Schwefels mit Metallen (1793)* **1,** 954_{12-13} **2,** 480^{*}
Herausgeber
– *[1785] Senebier, Recherches analytiques (1784)* **1,** 262_{43}
– *Chemische Annalen (1784–)* **1,** 59_{24} **2,** 477_{26} 480^{*} **3,** 334_{16} 653^{230} **4,** 177_{5} 612^{489}
– *Chemisches Journal (1778–1781)* **4,** 326_{30}
– *Die neuesten Entdeckungen in der Chemie (1781–1784)* **1,** 512_{43-44} 520_{11} 588_{20}
Übersetzer
– *[1783] Kirwan, Experiments and observations (1781–1782)* **1,** 270_{20-21}
– *[1785] Kirwan, Elements of mineralogy (1784)* **5,** 756^{163}
– *[1788] Kirwan, An Estimate of the Temperature (1787)* **1,** 814_{R31} **2,** 931_{29} **5,** 494_{16}
– *[1789] Crawford, Experiments and observations on animal heat (^{2}1788)* **2,** 469_{39} **4,** 587^{381}
– *[1796–1799] Kirwan, Elements of mineralogy (2 1794–1796)* **1,** 931_{3}
Crisp, John
– *Observations on the nature and theory of vision (1796)* **4,** 85_{16-17} $478\text{-}479^{248}$
– *Observations relative to single vision (1794)* **2,** 402_{25-26} **4,** 85_{3-5} 477^{246}
Cromwell, Oliver (1599–1658) **5,** 113_{10}
– *Letters and speeches including the supplement to the first edition (1868)* **5,** 619^{344}
Cronstedt, Axel Fredrik (1722–1765)
– *Försök til mineralogie (1758)* **4,** 333_{33-35}
– – *Versuch einer Mineralogie (dt. von A.G. Werner 1780)* **1,** 601_{33-35}
– – *An essay towards a system of mineralogy (engl. von G. v. Engeström 2 1788)* **1,** 736_{R19-22}
– – – *Rezension 1788* **1,** 737_{R1-2}
Crosland, Maurice (*1931)
– *The Copley medal (1992) [zus. mit M. Yakup Bektas]* **5,** 621^{351}

Cruikshank, William Cumberland (1745–1800)
– *Entdeckung des Kohlenmonoxid* **2,** 265_{21}
Crusius, Christian August (1715–1775)
– *Anleitung über natürliche Begebenheiten ordentlich und vorsichtig nachzudenken (1749)* **1,** 45_{3-5}
Csaplovics, János (1780–1847)
– *Topographisch-statistisches Archiv des Königreichs Ungern (1821)* **6,** 138 (*166*)
Csernák, László (1740–1816)
– *Dissertatio [...] de aqua, intra aquam ferventem, non ebulliente (1775)* **1,** 451_{32-34}
Cullen, William (1710–1790) **2,** 851^{*}
Culloden, d. i. Cullen, William.
Culpeper, Edmund (1670–1737)
– *Mikroskop* **6,** 336 (**99*)
Cumming, Alexander (1733–1814) **4,** 171_{31}
Cunaeus, Andreas (1712–1788)
– *Versuch mit der Leidener Flasche* **1,** 556_{37} **2,** 510_{15} **4,** 249_{12} 270_{28} $305_{8.\ 13}$
Curtz, Albert von (1600–1671) **5,** 601^{210}
Cuspianus, d. i. Cuspinianus, Johannes.
Cuspinianus, Johannes (1473–1529) **2,** 789_{27} **5,** 219_{7}
– *De consulibus Romanorum commentarii (1552 u.ö.)* **5,** 688^{837}
Cuthbertson, John (1743–1821)
– *Gewinnung von inflammabler Luft* **3,** 424_{26}
– *Luftpumpe* **1,** 244_{R3} **2,** 238_{15-16}
Schriften
– *Algemeene eigenschappen van de electriciteit (1780–1794)*
– – *1–2: 1780–1782* **1,** 608_{4-6}
– – – *Abhandlung von der Elektrizität (dt. 1786)* **1,** 608_{7}
– – *3: 1794* **1,** 956_{28-30} 957_{26-27}
– – – *Rezension 1794* **1,** 956_{36}
– *Description of an improved air-pump (1787)*
– – *Rezension 1788* **3,** 716^{299}
Cysat, Johann Baptist (1588–1657) **5,** 608^{260}
Czech, Josef
– *Halbkreisinstrument* **6,** 293 (**23[a]*)

Dänemark, Friedrich II., König von (1534–1588) **2,** $616_{34.\ 38}$ **5,** 79_{23}
Dalberg, Karl Theodor Anton Maria von (1744–1817)
– *Anémométre proposé aux amateurs de météorologie (1780–1781)* **1,** 767_{9-10} **5,** 444_{1-2}
– – *Rezension 1781* **1,** 767_{R9} **2,** 864_{33-36} **5,** 444_{26-28} 838^{680}
– *Beyträge zur allgemeinen Naturlehre (1773)* **1,** 49_{10-11}
– *Quelques vues sur les machines aérostatique (1785)* **1,** 296_{32-35}
Dalibard, Thomas François (1709–1799) **2,** 910_{24} **4,** 256_{18-19} **5,** 367_{35} 470_{8} 474_{25}
Dalin, Olof von (1708–1763) **5,** 533_{8}
Dall'Olmo, Umberto (1925–1980)
– *Latin terminology relating to aurorae, comets, meteors and novae (1980)* **5,** 890^{970}
Dalton, John (1766–1844) **5,** 649^{557}
– *Ausdünstung* **2,** 874_{6} 883^{*}
– *Gase*
– – *atmosphärische Luft* **2,** 852_{25} 853_{25} 1016_{29} 1017_{7}
– – *Mischungen* **2,** 853_{1} 885_{4}
– – *Proportionalität von Volumen und Temperatur* **2,** 889_{9}
Schriften
– *Experimental enquiry into the proportion of the several gases or elastic fluids constituting the atmosphere (1806)*

– – *Untersuchungen über das Verhältniss, wonach die elastischen Flüssigkeiten, welche die Atmosphäre bilden (dt. von L.W. Gilbert, Auszug 1807)* **2,** 853*
– *Experimental essays on the constitution of mixed gases [...] (1802)*
– – *Versuche über die Verdünstung (dt. 1803)* **2,** 874*
– *Experiments and observations on the heat and cold produced by the mechanical condensation and rarefaction of air (1802)*
– – *Versuche über Wärme und Kälte, die bei mechanischer Verdichtung und Verdünnung der Luft entstehen (dt. 1803)* **2,** 889*
– *Experiments and observations to determine whether the quantity of rain and dew is equal to the quantity of water carried off by the rivers and raised by evaporation (1802)*
– – *Versuche und Beobachtungen angestellt, um zu beurtheilen, ob die Menge des fallenden Regens und Thaus der Menge vom Wasser gleich ist, welches die Flüsse und die Verdünstung fortführen. Und etwas über den Ursprung der Quellen (dt. 1803)* **2,** 875*
– *New theory of the constitution of mixed aeriform fluids, and particularly of the atmosphere (1801)*
– – *Eine neue Theorie über die Beschaffenheit gemischter luftförmiger Flüssigkeiten, besonders der atmosphärischen Luft (dt. 1802)* **2,** 853*
– *New theory of the constitution of mixed gases elucidated (1802)*
– – *Weitere Erörterung einer neuen Theorie über die Beschaffenheit gemischter Gasarten (dt. 1803)* **2,** 853*
– *On the supposed chemical affinity of the elements of commen air (1804)*
– – *Ueber die vorgebliche chemische Verwandtschaft der Elemente der atmosphärischen Luft (1805)* **2,** 853*
– *On the tendency of elastic fluids to diffusion through each other (1806)*
– – *Ueber das Bestreben der elastischen Flüssigkeiten, sich durch einander zu verbreiten (dt. von L.W. Gilbert, Auszug 1807)* **2,** 853*
Damen, Christian Hendrik (1754–1793)
– *Dissertatio physica et mathematica de montium altitudine barometro metienda (1783)* **1,** 737_{R19-21}
Dammert, Christian Ludwig (1719–1786) **1,** 189_{11}
Dammert, Richard Adolph (1768–1836)
– *Brief an L.* **5,** 611[283]
Dampier, William (1652–1715)
– *Brennspiegel* **4,** 81_{9}
Dankwerts, Anton Friedrich (†1750)
– *De fontium origine (1733)* **1,** 743_{36-38}
d'Antic de Servin, NN
– *Chemische Untersuchungen der Steinpappen (1787)* **1,** 459_{R19}
Darquier de Pellepoix, Augustin (1718–1802)
– *Observations astronomiques (1782)* **1,** 651_{R6-8}
Darwin, Erasmus (1731–1802)
– *Frigorific experiments on the mechanical expansion of air (1788)* **5,** 467_{21}
– – *Exzerpt* **4,** 155_{17}–157_{7}

– – *Versuche über die Erzeugung der Kälte durch die mechanische Ausdehnung der Luft (dt. 1790)* **4,** 536^{162} $537^{163.\,165}$ $538^{167.\,168.\,174}$ 539^{176} **5,** 861^{840}
– *The botanic garden. A poem (1791)* **1,** 916_{34}
– *Zoonomia; or, the laws of organic life (1794–1796)* **1,** 916_{34}–917_{1}
Darwin, Robert Waring (1766–1848)
– *Sehen* **2,** 402_{27}
Schriften
– *New experiments on the ocular spectra of light and colours (1786)* **1,** 390_{R18-19} **4,** 478^{248}
– – *Neue Versuche über die Spektra von Licht und Farben im Auge (dt. 1789)* **1,** 948_{8-10}
Daumas, Maurice (1910–1984)
– *Scientific Instruments (1972)* **6,** 284 (*7) 466 (*377*)
Davies, Richard († ca. 1761)
– *Tables of specific Gravities (1748)* **1,** 186_{10-13}
Daviet de Foncenex, Pierre Marie François (1734–1799)
– *Sur les principes fondamentaux de la méchanique (1760–1761)* **1,** 919_{17}
Davy, Humphry (1778–1829) **2,** 12_{35}
– *Chlor* **3,** 650^{216}
De Bononiensi Scientiarum et Artium Instituto atque Academia commentarii (1731–) **1,** 52_{33-35}
– *2.1 (1745)*
– – *De quibusdam vitrorum fracturis* **1,** 431_{28-30}
– – – *Von einigen Arten das Glas zu zersprengen nebst verschiedenen Versuchen mit den bologneser Flaschen (dt. 1753)* **1,** 431_{33-37}
De Raet, NN **2,** 829_{2} **5,** 332_{31}
Deane, William (fl. 1718–1748)
– *Tischsonnenuhr* **6,** 554 (*455*)
Dechales, Claude François Milliet (1621–1678)
– *Fallbeschleunigung* **1,** 117_{11} **3,** 183_{11}
Schriften
– *Cursus seu mundus mathematicus (1674 u.ö.)* **1,** 117_{R5} **3,** 541^{56} **6** 179 (*218*) 180 (*218*)
Deike, NN **6,** CVIII–CIX
Deiman, Johan Rudolph (1743–1808)
– *dephlogistisirte Salpeter-Luft* **1,** 937_{26}
– *Zerlegung des Wassers mittels Elektrizität* **1,** 958_{37-38} **2,** 279_{11}
Schriften
– *Lettre de MM. Paets van Troostwyk et Deiman, à M. de la Métherie, sur une manière de décomposer l'eau en air inflammable & en air vital (1789)* **3,** 637^{169}
– – *Schreiben des Herrn Paets von Trostwyk und Deiman an Herrn de la Metherie, über die Zerlegung des Wassers in brennbare und Lebensluft durch den elektrischen Funken (dt. 1790)* **3,** 320_{25} 342_{6} 653^{228}
– *Nachricht wegen einiger Versuche, welche die Zersetzung des Wassers durch den elektrischen Funken näher bestätigen (1796)* **3,** $637\text{-}638^{169}$
– *Recherches physico-chymiques (1792–1794)*
– – *2: Mémoire sur la nature de l'oxide gazeux d'azote (1793)* **1,** 937_{28-29}
– – – *Ueber die Natur des […] dephlogistisirten Salpetergas (dt. 1795)* **1,** 938_{16-17}
– – *3: Experiences sur l'inflammation […] de soufre et de metaux (1794)* **1,** 954_{10-11} **2,** 480*

– – – *Versuche über die Entzündung des Schwefels mit Metallen (dt. 1793)* **1,** 954_{12} **2,** 480^{*}
– – – – *Rezension* **1,** 954_{17}
– *Untersuchung über den Ursprung der Stickluft beym Durchtreiben der Wasserdünste durch eine glühende Röhre (1798)* **3,** 662^{286}
– *Verhandeling over de vaste lucht (1781)* **3,** 721^{362}
– – *GGA-Rezension 1781* **3,** 722^{362}
Übersetzer
– *[1775] Unzer, Beschreibung eines mit den künstlichen Magneten angestellten medicinischen Versuchs (1775)* **4,** 381_{25}
Delambre, Jean-Baptiste Joseph (1749–1822) **2,** 679_{10}
– *Aberration des Lichts* **2,** $632^{\dagger}$
– *Gradmessung* **2,** 679_{18} 680_{1-2} 683_{16} **5,** 246_{4}
– *Jahreslänge* **2,** $734^{*,\dagger}$
– *Präzession* **2,** 781^{*} **5,** 270_{10}
– *Schiefe der Ekliptik* **2,** 627^{*}
– *Sonne* **2,** 665^{*} 727^{*}
– *Uranus* **5,** 160_{25} 724^{1061}
Schriften
– *Base du système métrique décimal [...] (1806–1810)* **2,** 679^{*}
– – *1: 1806* **2,** 679^{*}
– – – *Auszug (dt. 1806)* **2,** 679^{*}
– – *2: 1808* **2,** 679^{*}
– – – *Auszug (dt. 1808)* **2,** 679^{*}
– – *3: 1810* **2,** 679^{*} 685_{22-23}
– *Connaissance des tems ou des mouvements célestes à l'usage des Astronomes et des Navigateurs pour l'an 1810 (1808)*
– – *Auszug (dt. 1809)* **2,** 683^{*}
– *Des travaux de la classe des sciences mathématiques et physiques [...] (1806)*
– – *Bericht über die Arbeiten der mathematisch-physicalischen Classe des französischen National-Instituts [...] (dt. 1807)* **2,** 189^{*}
– – *Übersicht der Arbeiten der mathematisch-physicalischen Classe des französischen National-Instituts [...] (dt. 1807)* **2,** 189^{*}
– *Des travaux de la classe des sciences mathématiques et physiques [...] (1807)*
– – *Bericht über das Arbeiten der Klasse der mathematischen und physikalischen Wissenschaften des französischen Instituts [...] (dt. 1808)* **2,** $404^{\dagger}$
– – *Ergänzung zum Bericht über das Arbeiten der Klasse der mathematischen und physikalischen Wissenschaften des französischen Instituts [...] (dt. 1808)* **2,** $404^{\dagger}$
– *Tables astronomiques publiées par le Bureau des longitudes de France (1806–)*
– – *1: Tables du soleil, tables de la lune (1806)* **2,** $703^{\dagger}$ 742^{*}
– – – *Rezension (dt.)* **2,** $703^{\dagger}$
– *Tables de Jupiter et Saturne (1789)* **1,** 657_{R9-10}
Delanges, Paolo (1750–1810)
– *Esperienze intorno alla resistenza (1782)* **1,** 149_{22-27}
Delaval, Edward Hussey (1729–1814)
– *An experimental inquiry into the cause of the changes of colours in opake and coloured bodies (1777)* **1,** 388_{R1}
Delisle, Guillaume (1675–1726)
– *Sur la déclinaison de l'aiman (1712)* **5,** 429_{8}
Delisle, Joseph Nicolas (1688–1768) **4,** 162_{29}
– *Ausdehnung von Quecksilber* **1,** 477_{R14} 480_{R12-13} **2,** 458_{1}
– *Nullmeridian* **2,** 694^{*}

– *Thermometer* **1,** 469_{30-31} 472_{18} **2,** $453_{17.20}$ $454_{15.20}$ **4,** 120_{25} 162_{11}
Schriften
– *Mémoires pour servir à l'histoire et au progrès de l'astronomie, de la géographie, et de physique (1738)* **1,** 469_{R13-18}
– – *Les thermometres de mercure rendus universels* **4,** 544[196]
– *Observations du thermomètre, faites pendant les grands froids de la Sibérie (1749)* **5,** 784[334]
Delius, Christoph Traugott (1728–1779)
– *Abhandlung von dem Ursprunge der Gebürge (1770)* **1,** 750_{21-24}
– *Anleitung zu der Bergbaukunst (1773)* **1,** 287_{15-18} 444_{R11} 950_{32} **4,** 156_{9-10}
della Torre, Duca, s. Filomarino, Ascanio, Duca della Torre.
Della Torre, Giovanni Maria (1710–1782)
– *Storia e fenomeni del Vesuvio (1755)* **1,** 843_{19-20} **5,** 393_{28}
Delor, NN **2,** 910_{29} **4,** $256_{19.21}$ **5,** 367_{35} $470_{8.12}$
Deluc, Jean André (sen.) (1727–1817)
– *Anekdote* **2,** 284_{28}
– *Aräometer* **3,** 278_{12}
– *Barometer* **1,** 303_{3} 305_{R19} 477_{7} **2,** $306_{22.29.36}$ 307_{28} 312_{9} **3,** 382_{31} 383_{4} **4,** $122_{9.12}$ 123_{3}
– *barometrische Höhenmessung* **1,** 735_{14} $736_{6-7.R4}$ 737_{13} 966_{36} **2,** 984_{38} 1018_{18} **3,** 708[249] **5,** 550_{18} 938[61] 940[75]
– – *Höhe des Mont Blanc* **1,** 737_{43} 738_{R34} **2,** 824_{2} 824* **5,** 329_{17}
– – *Spezialthermometer* **1,** 734_{8} 735_{26} **5,** $549_{2.14}$ 551_{2-3} 560_{19} 939[73]
– *Brief an Lalande* **5,** 674[728]
– *Dämpfe* **1,** 441_{R6-15}
– *Einfluß der Meereshöhe auf den menschlichen Organismus* **2,** 824_{8}
– *Elektrometer* **1,** 540_{28} **2,** $525_{1.4}$ **4,** 295_{17}
– *Erklärung von Luftdruckschwankungen* **1,** 823_{26} **2,** 305_{18} $934_{4.17-25}$ **5,** 372_{15}
– *Feuerkugel* **2,** 923_{31}
– *Flamme* **1,** 460_{R1}
– *Forschungsreisen* **2,** 126_{15-16} 880_{35} 946_{39} **3,** 188_{34} **5,** 450_{32-33}
– *Geologie* **1,** 842_{R6} **2,** $941_{15.26}$ **5,** 384_{3} 506_{20} 508_{4} 510_{24} 511_{18} 513_{29} 515_{13} 516_{2} 523_{13} 524_{5}
– *Harzreise* **2,** 307_{15}
– *Hygrometrie* **1,** 901_{18} 940_{30-31} **2,** 282_{9} 283_{14}–284_{26} 287_{22} **3,** 412_{21} 415_{11} 433_{9} 434_{20} 438_{15} $439_{10.14-20}$
– *Laborversuche genügen nicht zur Erklärung der Natur* **5,** 449_{27}
– *Lesage*
– – *Haltung gegenüber Lesage* **2,** 109_{12} **3,** 211_{5} 236_{5}
– – *informiert L. über Lesage* **3,** 558[133]
– – *inspiriert von Lesage* **2,** 109_{19} **3,** 207_{13-14} 223_{4}
– – *Kenner von dessen Theorie* **3,** 573[228]
– *Lichtenberg*
– – *Brief an L.* **1,** 801_{R15} **4,** 685[241] 703[311]
– – *Brief von L.* **4,** 201_{12-13}
– – *Lichtenbergfiguren* **4,** 268_{31} 653[103]
– – *Mitteilung an L.* **4,** 741[503]
– – *Tischgenosse L.s* **2,** 48_{8}
– – *verteidigt von L.* **1,** $900_{4.24}$ 906_{33} 907_{7-13}
– – *Zustimmung zu Ideen L.s* **1,** 910_{11} **4,** 201_{12}
– *Lichttheorie* **1,** 336_{R9} 342_{R28} **3,** 360_{25}
– *lobt Saussure* **1,** 971_{6}
– *Meilenmesser* **2,** 83_{33} **6,** 42 (32)

– *meteorologische Entdeckungen* **2,** 897_{20}
– *Quellen* **2,** 829_{29} **5,** 335_{10}
– *sein Instrumentenmacher* **2,** 284_{26}
– *Sohn [tats.: Neffe]* **5,** 525_{25}
– *Stellung zur antiphlogistischen Chemie* **2,** 212_{20} 278_{13} 279_{8} **3,** 357_{30}
– *Theorie der Elektrizität* **1,** 579_{R1} 588_{R16} **2,** 526_{4} 542_{21} **4,** 328_{25} $331_{7.10}$ 636^{39}
– – *Blitz* **5,** 879^{926}
– *Theorie der Luftarten* **2,** 278_{18} **3,** 314_{28} 325_{29} 338_{36} 359_{4-5}
– *Theorie der Verdunstung / des Regens* **1,** 447_{R27-28} 449_{R4-5} 898_{17-25} $899_{23.25}$ 907_{14-15} 908_{11} **2,** 280_{16} 281_{8} 445_{37} 877_{1} 877^{*} 878_{20} 880_{9} 882_{8} 886_{35} 908^{*} **3,** 330_{11} **5,** 463_{31} 464_{8}
– – *Gegner* **2,** 281_{2} 877_{2-4}
– – *von Lampadius übernommen* **1,** 906_{36}
– – *von Zylius lächerlich gemacht* **1,** 909_{7}
– *Theorie der Wärme* **1,** 492_{39} 493_{R14} 511_{R14} 520_{R1} 523_{12} **2,** 213_{9} 484_{26} 485_{7} 489_{32} 928_{18} **3,** 360_{25} **4,** 177_{8} 178_{11}
– – *Anteil an Crawfords Wärmetheorie* **4,** 589^{381}
– – *latente Wärme* **1,** 513_{R5} **2,** 474_{11}
– – *spezifische Wärme* **1,** 512_{R19-28}
– – *Zündtemperatur für Verbrennungsprozesse* **2,** 482_{8}
– – *Zweifel an Crawfords Wärmetheorie* **1,** 521_{14-22} **4,** 205_{34} 597^{415}
– *Thermometer* **1,** 468_{R2} **2,** 452_{33} $453_{1.6}$ $454_{14.19-20}$ 456^{*} 458_{14} 477_{14} 478_{25} s.a. Deluc, Jean André (sen.) – barometrische Höhenmessung.
– – *Korrektur des Siedepunkts* **1,** 465_{35} **2,** 452_{20}
– *und die erfundenen Pendelversuche* **2,** 127_{7}
– *Vesuv* **2,** 705_{32}
– *Wärmeausdehnung* **2,** $415\text{-}416^{*}$ **4,** 110_{18} 170_{21} $171_{15.35}$ 172_{6} 173_{2}
– – *Luft* **2,** 992_{25}
– – *Quecksilber* **1,** 477_{R20} **2,** 456^{*} 458_{8} $982_{2.14}$ 983_{1} **4,** 498^{31} **5,** 550_{21}
– *Werk über Physik angekündigt* **1,** 923_{23}
– *Zerlegbarkeit schließt Homogenität nicht aus* **1,** 267_{R18-22}
Schriften
– *A second paper on hygrometry (1791)* **1,** 282_{R2} 283_{R7-9} **2,** 284_{31} **3,** $435_{6-7.12-13}$ $728^{425.427}$ **6,** 478 *(387)*
– – *Exzerpt zum Tau* **5,** 454_{18}
– – *Abhandlung über die Hygrometrie (1792)* **1,** 283_{R9-10} **2,** 284_{32-33}
– *Account of a new hygrometer (1773)* **1,** 283_{8-10} **2,** 284_{31}
– – *Beschreibung des vom Herrn de Luc erfundenen Hygrometers (dt. 1778)* **3,** 432_{5}
– *An essay on pyrometry and areometry (1778)* **1,** 480_{6-7} **2,** 415^{*} **3,** 278_{12-13} **5,** 849^{751}
– – *Exzerpt* **4,** 170_{20}
– – *Separatdruck 1779* **1,** 480_{3-6} **4,** $171_{24.28}$ $172_{5.11}$ $559^{234.235}$ $560^{240.244.245}$ $561^{247.248}$
– *Examen d'un mémoire de M. Monge (1791)* **1,** 442_{R17-21}
– *First letter to Dr. James Hutton [...] on his theory of the earth (1790)* **5,** 506_{25-26} 507_{19-20}
– *Geologische Briefe an Herrn Professor Blumenbach (1793–1796)* **1,** 832_{R1-6} 973_{6-7} **5,** 506_{30-31}
– – *Erster Brief (1793)* **2,** 941_{14}
– – – *Exzerpt* **5,** 524_{6-22}

– – *Zweyter Brief. Zergliederung der geologischen Phänomene, die auf die Bestimmung ihres Ursprungs leitet (1794)* **2,** 941_{15}
– – – *Exzerpt* **5,** 524_{23}–526_{28}
– – *Dritter Brief. Geschichte der Erde, vom Anfang der darauf bemerklichen Dinge, bis auf die Bildung der Sandstein-Schichten (1794)* **1,** 923_{20} **2,** 941_{15}
– – – *Exzerpt* **5,** 526_{29}–527_{37}
– – *Vierter Brief. Geschichte der Erde von der Bildung der Sandsteinschichten an, bis zum Ende des Aufenthalts des Meeres in seinem alten Bette (1794)* **2,** 941_{15}
– – – *Exzerpt* **5,** 528_{1-15}
– *Idées sur la météorologie (1786–1787)* **1,** 15_{14-15} 129_{R8} 267_{R1-11} 277_{R24-25} 437_{R36-37} 446_{R6} 447_{R16-17} 449_{R7-8} 450_{R4-5} 460_{R6} 462_{R5-6} 474_{R4} 482_{R6} 483_{R1} 484_{26-27} 499_{2-3} 503_{R31-32} 505_{34-35} 507_{2-3} 512_{R23} $513_{41.\ R17-18.\ R24}$ $514_{1.\ R22.\ R25}$ 520_{R6} 521_{14-15} 523_{13-14} 524_{R4-5} $540_{29.\ R16-17}$ 547_{20-21} 589_{R6-7} 777_{R2-4} 779_{R3-4} 781_{R26-30} 782_{R18-19} $783_{R14-15.\ R29-30}$ 798_{R30} 819_{R4} 823_{R4} 824_{R6-7} 886_{28} 923_{23} 941_{2-3} $971_{3.\ 7-8}$ **2,** 542_{8} **3,** 434_{20} 435_{17-18} 558^{133} 712^{275} 715^{293} 723^{373} 728^{427} **4,** 136_{32-33} 205_{8} 228_{20-21} 295_{17} 296_{2} 331_{25} 653^{103} 702^{306} 703^{311} 783^{170} 805^{261}
– – *GGA-Rezension 1788* **3,** 715^{293} **4,** 702^{311} 705^{318} 731^{460} 732^{461} 733^{465}
– – *Lesages Theorie der Schwere* **3,** 230_{22}
– – *Exzerpt* **4,** 327_{3}–328_{23} 328_{29}–330_{29}
– – *Exzerpt zum Regen* **5,** 449_{33}–451_{8}
– – *dt. Auszug 1788 u.d.T. »Nachricht von einem allgemeinen und vergleichbaren Elektrometer des Hrn. de Lüc«* **1,** 540_{R18-19}
– – *Nachricht von des Hrn. de Lüc System über die Ausdünstung (dt. Teilauszug 1788)* **1,** 280_{R24-26}
– – *Neue Ideen über die Meteorologie (dt. von J.H. Wittkopp 1787–1788)* **1,** 15_{18} **3,** 435_{12} 641^{182} 729^{427} **4,** 205_{20-21} 593^{394} 594^{397} $598^{418.\ 420}$ $599^{421.\ 423}$ 702^{311} 733^{464} $734^{470.\ 472}$ 735^{475} 783^{170} **5,** 455_{26} 465_{14} 771^{279} 779^{318} 835^{659} 845^{710} $851^{760.\ 762}$ 857^{813} $858^{816.\ 821}$ **6,** 479 (388)
– – *Ueber die Aehnlichkeiten und Verschiedenheiten des elektrischen Fluidums und der Wasserdünste (dt. Auszug 1788)* **1,** 579_{R10-15}
– *Letter to Dr. James Hutton (1789)* **1,** 446_{R18-19}
– *Second letter to Dr. James Hutton […] on his theory of the earth (1790)* **5,** 506_{26} 507_{20-21}
– *Lettre à M. Delamétherie sur un phénomène d'eclairs (1791)* **1,** 802_{R14} **2,** 913_{37}
– *Lettres à la Métherie* **1,** 280_{R2-3} **2,** 941_{13}
– – *Troisième lettre […], Sur les vapeurs, les fluides aériformes et l'air atmosphérique (1790)*
– – – *Exzerpt* **3,** 668^{311}
– – – *Dritter Brief über die Dämpfe, die luftförmigen Flüssigkeiten und die atmosphärische Luft (dt. 1791)* **3,** 346_{5}
– – *Quatrième lettre […], Sur la pluie (1790)* **1,** 275_{R9}
– – *Cinquième lettre […], Sur le fluide électrique (1790)*

1, $579_{R20–26}$ **2,** 542_{9} **4,** 331_{24} 737[480]
– – – *Fünfter Brief über das elektrische Fluidum (1791)* **4,** $297_{18–19}$
– – – – *Exzerpt* **4,** $297_{4–30}$
– – *Sixième lettre […], Sur les rapports qui regnent entre la lumiere et le feu (1790)*
– – – *Sechster Brief über die Verhältnisse zwischen Licht und Feuer (1790)* **3,** 673[333]
– – *Septième lettre […], Sur les difficultés de la météorologie, & ses rapports avec la géologie (1790)* **1,** $802_{R18–21}$
– – – *Siebenter Brief […] über die Schwierigkeiten in der Meteorologie und ihre Beziehungen auf die Geologie (dt. 1790)* **1,** $784_{R11–12}$ $796_{R6–8}$ **5,** 467_{23} 779[318] 871[894] 879[926] 883[935]
– – *Huitième lettre […], Sur quelques points fondamentaux relatifs à l'histoire ancienne de la terre (1790)* **5,** 506_{25}
– – – *Achter Brief […] über einige Fundamental-Sätze in Beziehung auf die Geschichte der Erde (dt. 1792)* **5,** $501_{22–23}$ $522_{11–12}$ 916[1133]
– – *Neuvième lettre […], Sur les substances terrestres, considérées quant à la pondérabilité, & sur quelques autres objets de chimie générale (1790)* **1,** $939_{23–24}$
– – – *Neunter Brief […] über die irrdischen Substanzen in Rücksicht ihrer Wägbarkeit, und über einige Gegenstände der allgemeinen Chemie (dt. 1792)* **1,** $939_{24–25}$ **5,** $522_{11–12}$
– – *Dixième lettre […], Sur l'histoire de la terre (1790)* **1,** $973_{2–3}$ **5,** 506_{28} $519_{12–13}$ 924[1225]
– – – *Zehnter Brief […] über die Geschichte der Erde (dt. 1792)* **5,** $509_{14–15}$ $522_{11–12}$
– – *Onzième Lettre […], Sur la formation des couches calcaires & leurs premières catastrophes, & sur les eruptions volcaniques (1790)* **1,** 973_{3} **5,** 506_{29} $519_{12–13}$
– – – *Eilfter Brief […] über die Bildung der Kalkschichten, ihre ersten Katastrophen, und die vulkanischen Ausbrüche (dt. 1792)* **5,** $522_{11–12}$
– – *Douzième Lettre […], Sur les couches calcaires de la seconde classe & le couches de pierre sableuse de la première, & sur leurs catastrophes. Formation des montagnes du second ordre (1791)*
– – – *Zwölfter Brief […] über die Kalkschichten der ersten und die Sandsteinschichten der ersten Klasse und ihre Katastrophen. Bildung der Berge der zweyten Ordnung (dt. 1792)* **5,** $522_{11–12}$
– – *Treizième lettre […], Sur les couches de craie & celles de houille, & sur leurs catastrophes (1791)*
– – – *Dreyzehnter Brief […] über die Kreide und Steinkohlen-Schichten und ihre Katastrophen (dt. 1792)* **5,** $522_{11–12}$
– – *Quatorzième lettre […], Sur les os fossiles, & les dernières opérations de l'ancienne mer (1791)*
– – – *Vierzehnter Brief […] über die fossilen Knochen, und die letzten Operationen des alten Meeres (dt. 1792)* **5,** $522_{11–12}$
– – *Seizième lettre […]. Examen de la théorie de la terre du P. Pini, & premières remarques sur la notice minéralogique de la*

Daourie, par M. Patrin (1791) **5,** 506_{29} $508_{8.\,21–22}$ $522_{9–10}$
– – – *Exzerpt* **5,** 516_{19}–518_{10}
– – *Dix-Huitième lettre […], Sur les agates, les couches calcaires & une classe des couches d'argile (1791)* **5,** $520_{7–8.\,13–14}$ 919[1167]
– – *Vingtième lettre […], Sur un commencement assignable des phénomènes physiques observés à la surface de notre globe, & sur la cause de l'état actuel de nos couches (1792)* **5,** 919[1167]
– – *Vingt-Unième lettre […]. Considerations cosmologiques, relatives à l'origine des substances minérales de notre globe (1792)* **5,** 919[1167]
– – *Vingt-Deuxième lettre […]. Remarques sur différentes origines particulières dans les phénomènes géologiques (1792)* **5,** 919[1167]
– – *Vingt-Troisième lettre […]. Questions relatives aux cavernes qui ont dû se former dans notre globe, & à quelques phénomènes géologiques attribués à des causes lentes (1792)* **5,** 919[1167]
– – *Vingt-Cinquième lettre […]. Réponse au P. Pini, sur ses objections à la seizième des ses lettres (1792)* **5,** $508_{9–10}$
– – *Vingt-Huitième lettre […]. Résumé des preuves du peu d'ancienneté de nos continens & remarques sur le changement que dut subir l'atmosphère à leur naissance (1792)* **5,** 923[1199]
– – – *Exzerpt* **5,** $522_{17–18}$ $523_{9–33}$
– – *Vingt-neuvième lettre [...], Sur la gravité (1793)* **1,** 923_{19} **3,** 571[218]
– – *Trentième lettre [...], Sur la cohésion & les affinités. - Eclaircissemens sur quelques points géologiques (1793)* **1,** 923_{20}
– – *Trente-unième lettre [...], Sur les fluides expansibles (1793)* **1,** 923_{20}
– *Lettres physiques et morales sur l'histoire de la terre et de l'homme (1779–1780)* **1,** $128_{26–27}$ $132_{11–13}$ **2,** $941_{9–11}$ **3,** 188_{28} **4,** 498[31] **5,** 381_{19} $383_{33–34}$ 506_{24} 528_{21} 796[399. 401–405] 802[442] 803[446]
– – *Exzerpt zur Geologie* **5,** 384_{3}–387_{34} $389_{14–32}$ $390_{1–23}$
– – *Beobachtungen über den Vesuv (dt. Auszug von A.L.F. Meister 1781)* **5,** 623[366]
– – *Physikalische und moralische Briefe über die Geschichte der Erde und des Menschen (dt. von J.S.T. Gehler 1781–1782)* **1,** 132_{R13} $524_{25–27}$ $837_{22–24}$ $840_{35–37}$ 842_{17} $844_{5–6}$ **2,** $122_{26–29}$ 941_{12} **3,** 188_{28} **5,** 384_{1} 795[394] 797[406] 834[651] 926[1245. 1247]
– – *System über die Wärme (dt. Auszug 1782)* **1,** $524_{29–32}$
– *On evaporation (1792)* **1,** $251_{R6–7}$ $281_{R7–8}$
– *Recherches sur les modifications de l'atmosphère (1772)* **1,** $128_{24–25}$ 129_{R12} 303_{R30} $306_{27–29}$ $475_{21–22}$ $509_{1–2}$ 512_{R22} $513_{R21–22}$ $520_{R4–5}$ $553_{32–33}$ $736_{34–35}$ $742_{33–35}$ 823_{27} **2,** $829_{20–21}$ **5,** 334_{24} 748[87] 753[123–125. 127] 909[1054. 1056]
– – *Untersuchungen über die Atmosphäre (dt. v. J.S.T. Gehler 1776–1778)* **1,** 128_{39}–129_{1} $306_{30–32}$ $468_{R4–6.\,R23–24}$ $469_{R22–23}$ **3,** 728[426] **4,** 160_{10} 162_{5} $218_{2–4}$ 501[47] 545[196] 547[200] 590[386] **5,** 786[345. 347] 787[350–352] 788[353] 789[357–359] 790[360] 909[1054] **6,** 544 (437)
Deluc, Jean André (jun.) (1763–1847) **5,** 525_{25}

Demainbray, Stephen (1759–1854) **4,** 648^{91} **5,** 423$_{31}$ 424$_{15.\,30}$ 425$_{3}$ 427$_{37}$ 429$_{20}$
Demokritos von Abdera (460–371 v. Chr.) **2,** 113$_{25}$ 609† **3,** 77$^{16–18}$ 201$_{6.\,25–26}$ 202$_{8}$ 208$_{4.\,14}$
– *Kometen* **2,** 759$_{32}$
– *Lehre vom Sehen* **2,** 342$_{7}$
Demours, Pierre (1702–1795)
– *Extrait d'un mémoire sur des filamens, taches mobiles, globules, & toiles d'arignées très-déliées (1788)*
– – *Demours von den Flecken und Faden vor den Augen (dt. Referat 1792)* **1,** 400$_{\mathrm{R}1–4}$
Denecke, Dietrich (*1935)
– *Göttingen. Geschichte einer Universitätsstadt (1987– 2002)* **5,** 937^{49}
Deneke, Otto (1875–1956)
– *Lichtenbergs Leben (1944)* **5,** 580^{72} **6,** 150 (*187*)
Dengel, Karl Gottlob **3,** 658^{260}
Denina, Carlo (1731-1813)
– *Brandenburgische Briefe (1786)* **1,** 15$_{27}$
Denso, Johann Daniel (1708–1795)
Übersetzer
– *[1751] Wallerius, Hydrologia (1748)* **1,** 745$_{11}$
Der Philosoph für Jedermann (1784–1785) **1,** 296$_{4–5}$
Der Römisch-Kaiserlichen Akademie der Naturforscher auserlesene medicinisch-chirurgisch-anatomisch-chymisch- und botanische Abhandlungen (1755–1771) **1,** 50$_{26–29}$
Derham, William (1657-1735)
– *Echo* **4,** 19$_{5}$ 22$_{27}$
– *Quellen* **5,** 333$_{20}$
Schriften
– *Astro-Theology (1715 u.ö.)* **5,** 653^{578}
– – *Physicotheologie (dt. von C.L. Wiener 1730 u.ö.)* **5,** 751^{115}
– *Experimenta & observationes de soni motu (1708–1709)* **1,** 314$_{4–7}$ **4,** 387^{16} 397^{54} 398^{69} 399^{72}
Herausgeber
– *Hooke, Philosophical Experiments (1726)* **1,** 48$_{16}$
Desaguliers, Jean Théophile (1683–1744)
– *Dampfmaschine*
– – *Geschichte* **1,** 443$_{35}$ 951$_{1}$
– *Fallversuche* **1,** 156$_{9}$
– *Friktionsmaschine* **3,** 489^{115}
– *Maß der Kraft* **2,** 150$_{7}$ **3,** 253$_{8}$
– *Planetarium (Orrery)* **2,** 612*
– *Tribometer* **2,** 153$_{1}$ 154$_{25}$ **6,** 55 (50)
– *Versuch vor König Georg II. von England* **2,** 25
Schriften
– *A course of experimental philosophy (1734–1744 u.ö)* **1,** 443$_{30–31}$ **2,** 27$_{18}$ 89$_{1}$ 436$_{7}$ **3,** 59$_{3}$ 111$_{2}$ **4,** 142$_{11}$ 523^{121} 527$^{126.\,127}$ 528$^{128.\,132.\,135}$ 531^{139} **6,** 45 (*34*) 56 (*50*)
– – *Exzerpt bez. Dampfmaschine* **4,** 142$_{14}$
– – *^{2}1744–1745* **1,** 43$_{41}$ 109$_{\mathrm{R}5}$ 922$_{26}$ **2,** 81$_{35–37}$ 82$_{5}$ 88$_{34}$ **3,** 259$_{10}$ 260$_{7}$ 535^{25}
– *An Account of some Experiments (1719)* **1,** 156$_{28–31}$
– *An account of some magnetical experiments (1737–1738)* **1,** 618$_{18–21}$
– *An attempt to solve the phaenomenon of the rise of vapours (1729/30)* **1,** 281$_{39–42}$
– *Physico-Mechanical Lectures (1717)* **1,** 43$_{39–41}$
– *Some experiments concerning the cohesion of lead (1724)* **3,** 488^{109} 592^{321}
– – *Auszug* **3,** 111$_{3}$

Descartes, Réné (1596–1650)
1, 41_{12} 46_{R21} **3,** 236_{15}
s.a. Cartesische Teufel.
– *Barometer* **1,** 304_{30}
– *Entdeckung der begrenzten Förderhöhe von Saugpumpen* **2,** 229_{34}
– *Entstehung der Welt* **1,** 832_{17}
2 938_{9} **5,** 380_{14} 504_{31}
– *kein leerer Raum* **3,** 97_{8}
– *Körper nur ausgedehnt* **3,** 92_{21}
95_{22} 97_{15}
– *Kometen* **2,** $771_{38.\,41}$ **5,** 172_{8}
172_{19}–173_{6}
– *Licht*
– – *Brechung* **1,** 367_{6} 368_{13} **4,** 425^{43}
– – *Theorie* **1,** 343_{27} 344_{15} **2,** 347_{5}
4, 71_{12} 91_{18}
– *Maß der Kraft* **2,** 150_{7-34} **3,** 253_{8}
254_{10} 585^{291}
– *Meteorologie* **3,** 56_{12-13} 358_{30}
5, 351_{12}
– *Physik nicht empirisch* **2,** 18_{25}
3, 17_{12} 28_{29} 56_{11-18}
– *Quellen* **2,** 826_{11} 829_{37} 830_{2}
5, 330_{16-17} 333_{5} 334_{18} 859^{824}
– *Rolle von Hypothesen* **1,** 38_{R12}
3, 63_{7-11} 467^{162}
– *Stoß* **3,** 258_{25}
– *Theorie des Hebels* **1,** 103_{8} 921_{15}
2, 78_{4} 97_{36} 98_{27} **3,** 174_{21} 176_{9}
$197_{13.\,16}$
– *Theorie des Keils* **1,** 113_{R4} **2,** 96_{28}
$97_{12.\,22}$ **3,** 181_{25-27}
– *versteht die Rolle des Luftdrucks bei Saugwerk und Stechheber als erster* **1,** 241_{1-17}
– *Wahrnehmung ist zuverlässig*
3, 108_{15}
– *Wirbeltheorie* **1,** 891_{26} **2,** 22_{23}
109_{28-29} **3,** 56_{11-12} 95_{26-27}
183_{20-21} 185_{7} 212_{19} 349_{31} 355_{16}
5, 167_{2} 295_{6}
– – *Beispiel für französischen Nationalcharakter* **1,** 891_{15}
3, 349_{27-28}
– – *Magnetismus* **1,** 621_{23} 622_{6-13}
2, $557_{8.\,22-23}$ 557^{*}
– – *Planetenbewegung* **1,** 708_{37}
5, 27_{6}
– – *Schwere* **1,** 120_{4} **2,** 105_{28}
$106_{20.\,23}$ **3,** 200_{12} **5,** 41_{28}
Schriften
– *De mechanica tractatus (1701)*
1, 113_{R4} 923_{3} **2,** 96_{18} **3,** 181_{20}
530^{2}
– *Discours de la methode (1637)*
4, 445^{109}
– – *La dioptrique* **1,** 406_{6-7}
– – – *Dioptrice (lat. in ders., Opera 2, 1692)* **1,** 424_{11-12}
– – *La geometrie* **2,** 776_{11} **5,** 188_{30}
– – *Les meteores* **2,** 901_{12-13}
3, 462^{126}
– – – *Les météores / Die Meteore (frz.-dt. Teilausg. von C. Zittel 2006)* **3,** 462^{126}
– – – *Meteora (lat in ders., Opera 2, 1692)* **1,** 814_{3-4}
– – *Ausg. in ders., Œuvres 6, 1965*
4, 446^{115} 453^{141}
– *Epistolae (1682–1683)* **1,** 241_{18}
– *Meditationes de prima philosophia (1641)*
– – *Meditationen über die Grundlagen der Philosophie (dt. von A. Buchenau 1915; Nachdr. 1972)*
3, 487^{99}
– *Opera omnia (1692–1701)*
1, 48_{9-10}
– – *T. 2: Principia Philosophiae (1692)* **1,** 42_{28-29}
– – *T. 9: Opuscula posthuma, physica et mathematica (1701)*
– – – *De mechanica tractatus*
1, 157_{28-29}
– *Principia philosophiae (1644)*
2, 557^{*} **3,** 56_{20} 462^{125} $480^{54.\,55.\,57}$
555^{128} $585\text{-}586^{291}$ **4,** 453^{141}
790^{204} **5,** 505_{4} $660^{617.\,621}$ 751^{111}
761^{202}

– – *Ausg. Amsterdam 1685* **2,** 938$_{9-10}$

– – *Prinzipien der Philosophie (lat.-dt. von C. Wohlers 2005)* **3,** 462[127] 480[54. 55. 57] 486-487[99] 487[100] 555[128] 585-586[291] 591[316] **4,** 453[141]

– *Œuvres (1897–1913)*

– – *Correspondance, Avril 1622 – Février 1638 (1897)* **3,** 585[291]

– – *Correspondance, Mars 1638 – Décembre 1639 (1898)* **3,** 530[2] 533[16]

Deslandes, Pierre Deslaunay (1722–1803)

– *Sur le phénomène de l'eau jettée dans un creuset, contenant du verre en fusion (1778)* **3,** 356$_{32-33}$ **4,** 227$_{21-22}$

Desmarest, Nicolas (1725–1815)

– *Note sur la glace qui se forme au fond d l'eau (1788)* **4,** 132$_{20-21}$

– *Précis d'un mémoire sur le lieu & les autres circonstances de la formation des glaçons spongieux que les rivières charrient (1783)* **2,** 426$_{37-38}$ **4,** 132$_{22}$

Deudon, Martial-Joseph

– *Harmonica perfectionné (1788)* **1,** 320$_{R1-5}$

Deutsche Encyclopädie oder allgemeines Real-Wörterbuch aller Künste und Wissenschaften (**1778–1804**)

– *Art. Astronomische Tafeln (1779)* **5,** 89$_{12}$ 605[238]

– *Art. Erdbeben (1783)* **5,** 927[1259] 928[1262. 1264. 1269]

– *Art. Granit (1788)* **5,** 412$_{15}$

– *Art. Grundeis (1788)* **1,** 433$_{R5}$ **4,** 513[85]

– *Art. Haarröhrchen (1788)* **1,** 193$_{R13-14}$ **3,** 616[16] 620[42]

– *Art. Höhenrauch (1790)* **1,** 780$_{R2-3}$ **5,** 459$_{31-32}$

Deutsche Schriften von der Königlichen Societät der Wissenschaften zu Göttingen hrsg. (**1771**) **1,** 54$_{17-20}$

Dicquemare, Jacques-François (1733–1789)

– *Meeresleuchten* **5,** 327$_{19-24}$

Schriften

– *Mémoire sur l'usage qu'on pourroit faire du phénomène de la mer lumineuse, relativement à la navigation (1778)* **1,** 730$_{8-10}$ **5,** 327$_{23-25}$

Dictionary of Scientific Biography (**1970–1980**) **3,** 706[233]

Dido, sagenhafte Gründerin und erste Königin von Karthago **5,** 578[67]

Diels, Hermann (1849–1922)

– *Die antike Artillerie (1920)* **3,** 493[145]

Dieterich, Johann Christian (1722–1800) **1,** XVIII$_{6}$

– *Bedienter* **6,** CXIV

– *verlegt*

– – *Erxleben, Anfangsgründe der Naturlehre* **1,** XII[8] XIV$_{19}$ 8$_{25}$ 9$_{1-2}$ **3,** 9$_{5}$

– – *Fischer, Physikalisches Wörterbuch* **4,** 404[106]

– *Wohnhaus* **2,** 85$_{18}$

– – *Vorlesungslokal* **3,** 446[22]

Dieterich, Karl Friedrich (1734–1805)

– *Schöpfung und Schöpfer (1788)* **1,** 32$_{R16-19}$

Dietrich, Jan Ehrenfried (1739–1814) **5,** 259$_{11}$

Dietrich, Philippe-Frédéric de (1748–1793)

Übersetzer

– *[1776] Färber, Briefe aus Wälschland (1773)* **1,** 844$_{9}$

Digby, Kenelm (1603–1665) **3,** 489[113]

Dijksterhuis, Eduard Jan (1892–1965)
– *Die Mechanisierung des Weltbildes (1956)* **3,** 554[125]
Diodoros (†um 30 v. Chr.) **2,** 360$_{38}$ **4,** 53$_{15}$ 80$_{23}$
– *Bibliotheca historica (Βιβλιοθήκη Ἱστορική)* **5,** 663[639]
Diogenes Laertius (3. Jh. n. Chr.)
– *Vitae philosophorum* **3,** 559[138] 563[165] **4,** 450[130]
– – *Leben und Meinungen berühmter Philosophen (dt. von O. Apelt 1955)*
– – – *²1967* **3,** 508-509[33] 559[138] 563[165] **4,** 452[137] 672[175]
Diogenes von Sinope (ca. 400 – ca. 323 v. Chr.) **3,** 138$_{30}$
Dionis du Sejour, Achille Pierre (1734–1794) **2,** 766$_{40}$
– *Kometen* **2,** 767$_{5}$ 768$_{13}$ **5,** 184$_{15.\ 33}$ 290$_{30}$
– *Sonnenparallaxe* **2,** 665$_{7}$ **5,** 97$_{3}$
Schriften
– *Essai sur les comètes en général, et particulièrement sur celles qui peuvent approcher de l'orbite de la terre (1775)* **1,** 702$_{9\text{–}10}$ **2,** 766$_{41}$–767$_{2}$ **5,** 183$_{21\text{–}22}$ 185$_{1}$ 290$_{24}$
– *Traite analytique des mouvemens apparens des corps celestes (1786–1789)* **5,** 97$_{3}$ 186$_{21}$
Dioscorides, Pedanius (1. Jh. n. Chr.) **4,** 379$_{8}$
– *De materia medica (Περὶ ὕλης ἰατρικῆς)*
– – *Arzneimittellehre (dt. von J. Berendes 1902)* **4,** 811[289]
Diruf, Carl Jacob Christoph Joseph (1774 – nach 1833)
– *Ideen zur Naturerklärung der Meteor- oder Luftsteine (1805)* **2,** 923[*]
Dixon, Jeremiah (1733–1779)
– *Gradmessung* **2,** 677$_{5}$ 703[*] **5,** 247$_{35}$ 318$_{23}$
Schriften
– *Observations for determining the length of a degree of latitude (1768) [zus. mit Charles Mason]* **5,** 704[941] 707[958]
Dobrzensky, Jacobus Johannes Wenceslaus (1623–1697) **5,** 330$_{16}$
Dobson, Matthew (1732?–1784)
– *An account of the harmattan, a singular African wind (1781)* **1,** 766$_{R20\text{–}22}$ **2,** 862$_{13}$
– – *Eigenschaften des Harmattan, eines besondern Windes in Afrika (dt. Referat 1783)* **1,** 766$_{R22\text{–}23}$ **2,** 862$_{14}$
Dodson, James (um 1705 – 1757)
– *A letter […] concerning the variation of the magnetic needle (1757–1758) [zus. mit W. Mountaine]* **1,** 754$_{9\text{–}17}$
– *An account of the methods used to describe lines (1746) [zus. mit W. Mountaine]* **5,** 762[205] 830[628]
Döbereiner, Johann Wolfgang (1780–1849)
– *Das atmosphärische Gas ist keine chemische Verbindung […] (1812)* **2,** 879[*]
Dörffel, Georg Samuel (1643–1688)
– *Kometen* **1,** 700$_{13}$ 966$_{8}$ **2,** 761$_{1}$ 761[*] **5,** 65$_{16}$
Schriften
– *Astronomische Betrachtung des grossen Cometen, welcher im ausgehenden 1680. und angehenden 1681. Jahre […] erschienen (1681)* **1,** 966$_{7}$ **5,** 652[571]
Dörffurt, August Ferdinand Ludwig (1767–1825)
– *Abhandlung über den Kampher (1793)* **1,** 926$_{40}$
Dollfuss, Johann Kaspar
Übersetzer
– *[1787; nur angekündigt?] Kirwan, An Estimate of the Temperature (1787)* **1,** 814$_{R34\text{–}35}$

Dollond, John (1706–1761), s.a. Fernrohr – achromatisches (Dollondsches).
– *5 Fuß langes Teleskop* **6,** 327 (*61)
– *Achromasie* **1,** 416_{1-2} **2,** 403_{26} 404_{12} **4,** $61_{12.\ 20-30}$ 86_{7} 88_{1} 88_{24}–89_{9}
Schriften
– *A Letter to James Short, concerning a mistake in M. Euler's theorem for correcting the aberrations in the object-glasses of refracting telescopes (1753)* **4,** 484^{264}
– *An account of some experiments concerning the different refrangibility of light (1758)* **1,** 416_{29-33} **4,** 485^{269}
Dollond, Peter (1730–1820) **4,** 481^{253}
– *achromatisches Prisma* **6,** 174 (211)
– *Fernrohr* **4,** 438^{81}
– *Flintglasprisma* **6,** 172 (210)
– *Kometensucher* **6,** 495 (399)
Dolomieu, Déodat de (1750–1801)
– *Basalt* **2,** 956_{4}
– *Erdalter* **5,** 520_{29} 523_{13}
– *Erdschichten* **5,** 514_{5} 515_{24} 518_{10}
– *Wärmeleitung* **1,** 496_{R19-20}
Schriften
– *Lettre [...] sur la question de l'origine de Basalte (1790)*
– – *Schreiben über den Ursprung des Basalts (dt. 1791)* **1,** 846_{R12-13}
– *Mémoire sur les pierres composées et sur les roches (1791)* **2,** 943_{3-5} **5,** 507_{24-25} 917^{1147} 918^{1153}
– *Mémoire sur les tremblements de terre de la Calabre (1784)*
– – *Abhandlung über das Erdbeben in Kalabrien (dt. 1789)* **1,** 847_{R2} 848_{R3-8}
– *Mémoire sur les volcans éteints du Val di Noto en Sicile (1784)*
– – *dt. Auszug 1785* **1,** 843_{R3-4}
– *Suite du mémoire sur les pierres composées et sur les roches (1792)* **2,** 943_{5} **5,** 507_{26} 520_{33-34} 922^{1193}
– *Suite du mémoire sur les pierres composées et sur les roches [II] (1792)* **5,** 527_{7-8}
– *Voyage aux îles de Lipari fait en 1781 (1783)*
– – *Auszug aus einer Nachricht von dem Luft ausblasenden Berge Macaluba in Sicilien (dt. Auszug 1783)* **1,** 843_{R5-6}
– – *Reise nach den Liparischen Insuln (dt. von L.C. Lichtenberg 1783)* **1,** 843_{39-41} **5,** 528_{22-23} 926^{1248}
– – – *Auszug 1783* **1,** 496_{R25-26}
Dominis, Marco Antonio de (1560–1624) **2,** 901_{12}
Domitianus, Titus Flavius, röm. Kaiser 81–96 (51–96) **2,** 736_{4} **5,** 132_{5}
Donadoni, Carlo Antonio (1672–1756) **4,** 309_{30}
Donati, Vitaliano (1713–1763)
– *Della storia naturale marina (1750)* **1,** 727_{32-34}
– – *Auszug seiner Naturgeschichte des Adriatischen Meers (dt. 1753)* **1,** 727_{35-37}
Donndorf, Johann August (1754–1837)
– *Allgemeine Bemerkungen von den Lufterscheinungen (1796)* **1,** 969_{32}
– *Die Lehre von der Elektricität theoretisch und praktisch aus einander gesezt (1784)* **1,** 608_{26-29}
– *[Erzählung der Merkwürdigkeiten der Berge] (1796)* **1,** 966_{31-32}
– *Ueber Elektricität, Magnetismus, Feuer und Aether (1783)* **1,** 629_{19-25}
– *Versuch eines Beweises wider die Existenz der anziehenden Kraft (1777)* **3,** 301_{4}

Doppelmayr, Johann Gabriel (1671–1750) **1,** 565_{R29}
– *Erdglobus, 1728* **6,** 421 (**219*)
– *Himmelsglobus, 1728* **6,** 423 (**219*)
– *meteorologische Beobachtungen* **5,** 349_{33}
Schriften
– *Atlas coelestis (1742)* **1,** 640_{9-10} **5,** 212_{17}
Doprun, Abraham (fl. 1663)
– *Modell einer Haubitze* **6,** 400 (**195*)
– *Modell einer Kartaune* **6,** 396 (**194*)
– *Modell eines Mörsers* **6,** 402 (**196*)
Dornau, Caspar (1577–1632)
– *Amphiteatrum sapientiae socraticae joco-seriae (1619)* **1,** 786_{12-13}
Dornquist, NN (Kaffeehaus-Wirt in Hamburg) **2,** 148_{19} **3,** 191_{24} 193_{3} 199_{24}
Dorthes, Jacques Anselme (1759–1794)
– *Considérations sur quelques effets de la lumière sur divers corps (1789)*
– – *Bemerkungen über einige Einwirkungen des Lichts in verschiedene Körper (dt. 1790)* **1,** 342_{R20-25}
Drebbel, Cornelis Jakobszoon (1572–1634)
– *Luftthermometer* **1,** 304_{11} 462_{20} 470_{16} **2,** 228_{33} $450_{2.\,11}$ **4,** 110_{5} 116_{24} 118_{23} 121_{8} 157_{14}
Drechsler, Johann Georg (1746–1805) **2,** 849_{13}
– *Inklinatorium* **6,** 268 (*332*)
– *Sissonsches Niveau* **6,** 524 (*424*)
Dresdnisches Magazin, oder Ausarbeitungen und Nachrichten, zum Behuf der Naturlehre, der Arzneykunst, der Sitten und der schönen Wissenschaften (1759–) **1,** 58_{1-3}
Dryfhout, Jan François
– *Naauwkeurige beschouwinge van een hoos; Benevens een onderzoek, hoe dezelve gebooren worden en werken (1757)* **5,** 885^{950}
Du Châtelet, Gabrielle Emilie Le Tonnelier de Breteuil (1706–1749)
– *Dissertation sur la nature et la propagation du feu (1744)* **1,** 524_{1-2}
– *Institutions de physique* **1,** 44_{30-31}
Du Fresne de Francheville, Joseph (1704–1781)
– *Dissertation sur le sel terrestre, marin et coctile (1760)* **5,** 397_{9}
Du Plat, Anton Heinrich (1722–1795)
– *Situations-Risse der neuerbaueten Chausseen des Churfürstenthums Braunschweig-Lüneburg (1780)* **1,** $313_{R6-8.\,R14}$ **3,** 710^{263} **4,** 14_{5} **5,** 97_{29} 395_{9} 705^{948} 713^{979}
du Pont de Nemours, Pierre Samuel (1739–1817)
– *Sur la Thèorie des vents (1804)* **2,** 860^{*}
– – *Auszug (dt. 1805)* **2,** 860^{*}
Dubois de Jancigny, Jean-Baptiste (1753–1808)
– *Tableau annuel des progrès de la physique, de l'histoire naturelle et des arts (1772)* **4,** 295_{3-4}
– – *Lettre […] sur l'origine & les progrès de lélectricité* **1,** 608_{1-3}
DuCarla-Bonifas, Marcellin (1738–1816)
– *Wärmesammler* **1,** 490^{29-34}
Schriften
– *[Description d'un appareil calorifique] (1784)* **1,** 490_{31-33}
– *Expression des nivellemens (1782)* **5,** 742^{39}

– *Lettre [Anzeige der Beschreibung des Feuersammlers] (1784)* **4,** 624[541]
– *Ueber die Planetenringe (1783)* **1,** 695$_{R4-5}$
Duchanoy, Claude-François (1742–1827)
– *Essais sur l'art d'imiter les eaux minérales (1780)*
– – *Versuch über die Kenntniß der mineralischen Wasser (dt. von F.A. Gallisch 1783)* **1,** 271$_{R3-9}$
DuCrest, Jacques Barthelemy Micheli (1690–1766)
– *Thermometer* **1,** 471$_{2}$ **4,** 120$_{15}$
Schriften
– *Description de la methode d'un thermometre universel (1741)* **1,** 474$_{37-38}$
– *Recueil de diverses pièces sur le thermomètre (1756)* **1,** 475$_{4-7}$
– – *Tables de correction des effets du chaud et du froid dans le barométre* **1,** 476$_{37}$–477$_{2}$
– – *Sammlung einiger kleinen Schriften von den Thermometern und Barometern (dt. von J.C. Thenn 1757)* **1,** 475$_{9-15}$ **4,** 499-500[37]
– – *Nachdruck 1758* **1,** 475$_{7-8}$
– *Traité du deluge (1761)* **1,** 840$_{25-27}$
Dufay, Charles François de Cisternay (1698–1739)
– *elektrische Versuche* **1,** 543$_{20}$ **4,** 311$_{8}$
– *Elektrizität* **1,** 526$_{19}$ **2,** 493$_{18}$
– – *Elektrometer* **4,** 261$_{17}$ 292$_{12}$
– – *zwei Arten* **1,** 541$_{38}$ **2,** 500$_{25}$ **4,** 248$_{8}$ 268$_{11}$ 299$_{23}$
– *Phosphoreszenz* **4,** 450[129]
– *Tau* **1,** 777$_{15}$ **2,** 891$_{28}$ **5,** 362$_{8}$ 366$_{7}$ 448$_{15}$ 453$_{2}$
– *Theorie des Magnetismus* **1,** 622$_{9}$ **4,** 371$_{11}$
Schriften
– *Anmerckungen über verschiedene mit dem Magnet angestellete Versuche (1748)* **1,** 634$_{17-20}$
– *Cinquième mémoire sur l'électricité (1734)* **1,** 538$_{28-31}$ **4,** 279$_{7}$ 288$_{32}$ 689[258]
– *Huitième mémoire sur l'électricité (1737)* **1,** 553$_{13-14}$ **4,** 279$_{7}$
– *Mémoire sur la rosée (1736)* **1,** 777$_{24-26}$ **5,** 769[264] 771[281] 844[700] 845[706]
– *Observations sur quelques expériences de l'aimant (1728)* **1,** 634$_{9-12}$
– *Premier mémoire sur l'électricité (1733)* **1,** 526$_{26-29}$ **4,** 279$_{7}$
– *Quatrième mémoire sur l'électricité (1733)* **1,** 538$_{23-27}$ **4,** 268$_{11}$ 279$_{7}$ 299$_{24}$
– *Second mémoire sur l'électricité (1733)* **1,** 534$_{27-31}$ **4,** 279$_{7}$
– *Septième mémoire sur l'électricité (1737)* **1,** 553$_{9-12}$ **4,** 279$_{7}$
– *Sixième mémoire sur l'électricité (1734)* **1,** 553$_{1-8}$ **4,** 279$_{7}$ 719[387]
– *Suite des observations sur l'aimant (1730)* **1,** 634$_{13-14}$
– *Sur quelques expériences de catoptrique (1726)* **1,** 491$_{26-28}$
– *Troisiéme mémoire sur l'aimant (1731)* **1,** 634$_{15-16}$
– *Troisième mémoire sur l'électricité (1733)* **1,** 535$_{16-22}$ **4,** 279$_{7}$ 626[2]
Duhamel du Monceau, Henri Louis (1700–1781)
– *künstliche Magnete* **1,** 615$_{31}$
Schriften
– *Façon singulière d'aimanter un barreau d'Acier (1745)* **1,** 619$_{15-17}$
Duhamel, Jean-Baptiste (1624–1706)
– *Elastizität des Wassers* **3,** 118$_{7}$
– *Quellen* **5,** 330$_{17}$
Schriften
– *Philosophia vetus et nova (1678 u.ö.)* **1,** 42$_{36-38}$ **3,** 497[168]

– *Regiae scientiarum academiae historia (1698)* **1,** $52_{8–9}$ $602_{22–23}$ **5,** 753[121]
– – *²1701* **1,** 52_{10}
Dumotiez, Louis-Joseph
– *Gasometer* **3,** 342_{13}
Dumotiez, Pierre-François
– *Gasometer* **3,** 342_{13}
Dunkel, Johann Gottlob Wilhelm (1720–1759)
– *Historisch-Critische Nachrichten von verstorbenen Gelehrten und deren Schriften (1753–1760)* **5,** 865[870]
Dunn, Richard (*1966)
– *Scoping longitude: Optical designs for navigation at sea (2012)* **5,** 618[331]
Dunn, Samuel (1723–1794)
– *The theory and practice of the longitude at sea (1778)* **2,** 845_{18} **5,** 346_{20} 423_{8} 823[583]
– – *²1786* **5,** 824[583]
Düpain de Nemours, d. i. du Pont de Nemours, Pierre Samuel
Dupain-Triel, Jean Luis (1722–1805) **5,** 742[39]
Dupuy, Louis (1709–1795)
– *Fragment d'un ouvrage grec d'Anthémius sur des paradoxes de mécanique (1777)* **4,** 53_{22} $81_{1–2}$
– – *Rezension* **4,** $81_{3–4}$
Durande, Jean François (1732–1794)
– *Schmelzen von Platin* **1,** 439_{16}
DuRy, Karl Ludwig (1771–1797) **5,** 838[677]
Dutens, Louis (1730–1812)
Schriften
– *Du miroir ardent d'Archimede. Paris 1775.* **4,** 81_{5}
Herausgeber
– *Leibniz, Opera omnia (1768)* **1,** 48_{44}
Dutour de Salvert, Étienne François (1711–1789)
– *Beugung des Lichts* **4,** 91_{14}
– *Sehen* **4,** 66_{26}
– *Theorie des Magnetismus* **1,** 622_{10}
Schriften
– *Addition au mémoire intitulé, discussion d'une question d'optique (1763)* **4,** 447[116]
– *De la diffraction de la lumiére. Premier mémoire (1768)* **4,** 492[295]
– *Dicussion d'une question d'optique (1760)* **4,** 447[116]
– *Discours sur l'aiman (1748)* **5,** 832[642]
Duval, s. Jamerey-Duval, Valentin.
Duvaucel, Charles (1734–1820)
– *Méthode pour reconnoître dans un observatoire s'il y a eu quelque tremblement de terre (1771)* **1,** $847_{R19–20}$
Duvernois, s. Prieur-Duvernois, Claude Antoine, gen. Prieur de la Côte-d'Or.
Dyckerhoff, Jakob Friedrich (1774–1845)
– *Collegium über Naturlehre und Astronomie bei Georg Christoph Lichtenberg, Göttingen 1796/1797 (2011)* **4,** 659[125] 737[479] **5,** 586[107] 587[109] 588[120] 620[350] 623[366] 625[383] 709-710[965] 714[980] 715[984]

Eason, Alexander (1735–1796)
– *An essay on the ascent of vapour (1785)* **1,** $445_{R1–4}$ **4,** $154_{33–34}$ 536[158. 159. 160. 161]
Ebell, Georg August (1745–1824)
– *Brief von L.* **4,** 391[22] 523[120] 641[59]
Schriften
– *Beitrag über den Grad der Kälte des letzteren Winters hier in Hannover (1789)* **1,** 492_{R7} **4,** 133_{18} 231_{32} 623[532]
Eberhard, Christoph (1675–1750)
– *Versuch einer magnetischen Theorie (1720)* **1,** $634_{6–8}$

Eberhard, Johann August (1739–1809)
– *Neue vermischte Schriften (1788)* **1,** 655_{R8-11} **2,** 610*
– – *Ueber die Astronomie des Thales und der Pythagoräer* **5,** 77_{20-21} 578^{68} 600^{200}
– – – *Exzerpt* **5,** 230_{22}–231_{25}
Eberhard, Johann Paul (1723–1795) **6,** C
Eberhard, Johann Peter (1727–1779) **1,** XII^{9}
– *Diagonalmaschine* **2,** 63_{17-18}
Schriften
– *Erste Gründe der Naturlehre (1753 u.ö.)* **1,** 45_{18-19}
– *Gedanken von den Ursachen des Nordlichts und dessen Ähnlichkeiten mit der Elektricität (1758)* **2,** 926_{7}
– *Samlung derer ausgemachten Wahrheiten in der Naturlehre (1755)* **1,** 45_{20-22}
– *Versuch einer nähern Erklärung der Natur der Farben (1749)* **1,** 425_{16-18}
– – *²1762* **1,** 425_{18-19}
Ebert, Johann Jakob (1737–1805)
Schriften
– *Kurze Unterweisung in den Anfangsgründen der Naturlehre (1775)* **1,** 46_{32-35}
Herausgeber
– *Der Philosoph für Jedermann (1784–1785)* **1,** 296_{5}
Edgeworth, Richard Lovell (1744–1817)
– *An account of the meteor of the 18th of August, 1783 (1784)* **1,** 809_{R19-21}
Edwards, John (†1803)
– *Directions for making the best composition for the metals of reflecting telescopes (1787 [1783])* **1,** 414_{17-20} **4,** 63_{26} 559^{239}
– – *Ueber die beste Composition des Metalls, zu Spiegel-Teleskopen (dt. 1786 [1785])* **1,** 414_{20-22}
Egeling, Jan
– *Disquisitio physica de electricitate (1759)* **1,** 606_{9-10}
Eggers, Christian Ulrich Detlev von (1758–1813)
– *Urteil über Holm, Erdbrand (1784)* **1,** 780_{R5}
Schriften
– *Physikalische und statistische Beschreibung von Island (1786)* **1,** 780_{R6-15} 812_{19-21} **5,** 659^{615}
Ego, Anneliese (*1952)
– *„Animalischer Magnetismus" oder „Aufklärung" (1991)* **4,** 816^{312}
Ehrhart, Balthasar (1700–1756)
– *Physicalische Nachricht von einer gegründeten neuen Meinung, welche den Ursprung derer aus der Erden kommenden versteinten Sachen, die bißhero der allgemeinen Sündfluth zugeschrieben worden, betrifft (1745)* **5,** 913^{1092}
Ehrhart, Friedrich (1742–1795)
– *Mehlthau, Mildthau und Honigthau (1791)* **1,** 778_{R1-6} 969_{27-28} **2,** 894_{23-24}
– – *Ausg. in ders., Beyträge zur Naturkunde 7 (1792)* **1,** 778_{R20-25} 969_{28-30}
Ehrmann, Friedrich Ludwig (1741-1800) **4,** 649^{96}
– *Schmelzversuch* **1,** 266_{R7}
Schriften
– *Montgolfier'sche Luftkörper oder Aerostatische Maschinen (1784)* **1,** 295_{6-9}
Eicke, Ludwig Börries (1722–1801)
– *[Bericht über seinen Aufsatz betreffend eine Bewegung schwimmender Körper] (1785)* **1,** 190_{R7-10}

Eisendecher, Wilhelm Christian (1741–1804) **6,** CI
Eisenschmidt, Johann Caspar (1656–1712)
– *Diatribe de figura telluris elliptico-sphaeroide (1691)* **1,** 647_{36-38}
Eisler, Rudolf (1873–1926)
– *Wörterbuch der philosophischen Begriffe (1910)* **3,** 476^{24}
Ekeberg, Carl Gustaf (1716–1784)
– *Seefahrer* **5,** 359_{6}
Schriften
– *Observationer på magnetnålens inclination (1768)*
– – *Beobachtungen der Neigung der Magnetnadel (dt. von A.G. Kästner 1771)* **1,** 759_{19-22}
Ekphantos von Syrakus (um 400 vor Chr.)
– *Bewegung der Erde* **2,** 609_{23-24} $609^{\dagger}$ $610^{\dagger}$
Ekstrand, Lars
– *Respondent*
– – *Dissertatio physica de origine montium (1758)* **1,** 838_{35-36}
Elckner, Johann Friedrich (1746–1812) **4,** 293_{35}
Eller, Johann Theodor (von Brockhausen) (1689–1760)
– *La production de l'air formé dans le vuide de la machine pneumatique (1745)* **3,** 313_{24-25}
Ellicot, John (1706–1772)
– *Ausdehnung der Metalle* **4,** 173_{2}
– *Elektrometer* **4,** 294_{4}
– *Kompensationspendel* **4,** 505^{65}
Schriften
– *A description of two methods, by which the irregularity of the motion of a clock […] may be prevented (1751–52)* **1,** 427_{R7} 479_{R11-12}
– *A letter from —— to Mr. John Ellicot, of weighing the strength of electrical effluvia (1746)* **4,** 699^{298}
– *The description and manner of using an instrument for measuring the degrees of the expansion of metals by heat (1735–36)* **1,** 479_{29-33} **4,** 173_{14} 561^{249}
Ellicott, Andrew (1754–1820)
– *Extract of a letter containing observations at Lake-Erie (1793)* **1,** 946_{11-13}
Elliot, d. i. Ellis, Henry.
Elliot, John (1747–1787)
– *Elements of the branches of natural philosophy connected with medicine (1782)*
– – *Anfangsgründe derjenigen Theile der Naturlehre welche mit der Arzeneywissenschaft in Verbindung stehen (dt. von A.W. Bertram 1784)* **1,** 229_{11-15} **4,** 177_{27}
Ellis, Henry (1721–1806)
– *Lettre de M. Ellis à M. l'abbé Mann (1790)* **2,** 860_{22}
Elvius, Pehr (1710–1749)
– *Vetenskapernas historia om ändringar i magnetnålens missvisning (1747)*
– – *Geschichte der Wissenschaften. Von den Aenderungen bey Abweichung der Magnetnadel (dt. von A.G. Kästner 1753)* **1,** 754_{18-20}
Emery, Josiah (1725–1794)
– *Uhren* **2,** 700_{19} **5,** $252_{19.\ 23}$
Emmerling, Ludwig August (1765–1841)
– *Lehrbuch der Mineralogie (1793–1797)* **4,** 778^{143}
Empain, NN.
– *Observations sur le nouvel électrophore […] avec un précis de la doctrine de M. Minkelers (1788)*
– – *Abriß der Theorie des Hrn. Prof. Minkelers über den Elektrophor (dt. 1788)* **1,** 566_{R9-13}

Empedokles von Akrigent (um 490 – um 430 v. Chr.) **2,** 105_{10}
– *Lehre vom Sehen* **2,** 342_{11}
Encyclopaedia [...] The first american edition (1798) 6, 300 (**33b*) 524 (*424*) 526 (*424*)
– *Art. Carse* **5,** 917^{1148}
– *Art. Compass.* **5,** 820^{551}
Ende, Ferdinand Adolph von (1760–1817) **2,** 750* **6,** LXXVI
Engel, Samuel (1702–1784)
– *Essai sur cette question: Quand et comment l'Amérique a-t-elle été peuplée d'hommes et d'animaux? (1767)* **2,** 938* 940_{35-38} **5,** 509_{18-19}
Engelman, Jan (18. Jh.)
– *Het regt gebruik der natuurbeschouwingen, geschetst in eene verhandeling over de sneeuw figuren (1747)* **1,** 786_{14-17}
Engeström, Gustaf van (1738–1813)
– *Beskrifning på portativa chemiska ugnar (1772)*
– – *Beschreibung tragbarer chymischen Oefen (dt. v. A.G. Kästner 1776)* **6,** 119 (*130*)
England, Adolf Friedrich von (1774–1850) **2,** 512*
England, Anne, Königin von (1665–1714) **5,** 110_2 114_3 189_8
England, August Friedrich von (1773–1843) **2,** 512*
England, Augusta von, Princess of Wales, geb. v. Sachsen-Gotha (1719–1772) **2,** 25_{15} 298_1
England, Ernst August, König von (1771–1851) **2,** 512_{31} 513_8 **6,** LXXXIX
England, Friedrich Ludwig von (1707–1751) **3,** 59_{3-4}
England, Friedrich von, Duke of York and Albany (1763–1827)
– *Student in Göttingen* **2,** 66_{16}
England, Georg II., König von (1683–1760) **2,** 25_{16}
England, Georg III., König von (1738–1820) **2,** 753_{25} **4,** 560^{242} **6,** LXXII LXXIII 172 (*210*)
– *empfängt L.* **2,** 393_{33}
– *Gastgeber L.s* **5,** 824^{591}
– *Protektion Herschels* **2,** 753_{28}
– *Teleskop für Göttinger Sternwarte* **5,** 720^{1029}
– *von L. geschätzt* **2,** 504_{18}
England, Jakob I., König von (1566–1625) **2,** 450_9 **4,** 116_{33-34} 157_{20}
England, Jakob II., König von (1633–1701) **2,** 776_{27} **5,** 189_1
England, Karl I., König von (1600–1649) **5,** 735^{1145}
England, Karl II., König von (1630–1685) **5,** 735^{1145}
England, Sophie Charlotte, Königin von, geb. v. Mecklenburg-Strelitz (1744–1818) **2,** 122_{35}
Ephemerides astronomicae (1757–) 1, 707_{39-40} **5,** 210_{35}
Ephemerides Societatis Meteorologicae Palatinae (1783–1787) 1, 815_{R25} 825_{R7-9} 827_{22-24}
– *Rezension [AdB] 1789* **1,** 825_{R13-17} **2,** 934_{34-35}
– *Rezension [Goth. Mag.] 1789* **1,** 477_{R4}
Epikuros (341–270 v. Chr.) **2,** 113_{25} **3,** 77^{16-18} 201_{24} 208_3
– *Lehre vom Sehen* **2,** 342_7 **4,** 71_1
– *Quellen* **2,** 826_9 **5,** 330_{14}
Eratosthenes (um 284 – 202 v. Chr.) **2,** 666_{23-24} 667_{36} 668_8 $669_{17-18.\,24.\,28}$ 669* 670_{13} 670* 938_{13} **5,** 21_7 99_{7-21} 102_{19} 505_2 612^{286}
Erik der Rote (um 950 – um 1006) **2,** 814_{15}
Ernesti, Johann August (1707–1781)
Herausgeber
– *Hederich, Lexicon (1767)* **5,** 147_{10}
Ernst, s. England, Ernst August, König von.

Ernst II., s. Sachsen-Gotha, Ernst II. Ludwig, Herzog von.
Erxleben, Johann Christian Polykarp (1744–1777) **2,** 133 373_{11} 575_{34} **4,** 64_{28}
– *Definition von Naturwissenschaft (Naturlehre)* **3,** 35_{14}
– *Instrumentensammlung* **6,** LXX
– *kein Mathematiker* **3,** 49_{20}
– *Musik* **2,** 333_{2}
– *nicht auf Mathematik gestützte Beiträge zur Naturlehre* **2,** 21_{18} **3,** 41_{2}
– *seine Magdeburger Halbkugeln* **1,** 254_{36}–255_{4}
– *Versuch zur Elastizität* **3,** 119_{31}
Schriften
– *Anfangsgründe der Chemie (1775)* **3,** 312_{11} **4,** 7_{26} 174_{11} 254_{28}
– – *²1784* **1,** 231_{14-16}
– – *³1793*
– *Anfangsgründe der Naturgeschichte (1768)* **1,** 6_{32} **6,** 146 (183)
– *Anfangsgründe der Naturlehre* **1,** IX_{21} XI_{28} **2,** 75_{28} 76_{25} 80_{2} 239_{19} 255_{17} 581_{18} 803_{3-4} 941_{39} **3,** 62_{20} 230_{10-11} 514^{67} 552^{115} **4,** 346_{20} 501^{47} 536^{158} **6,** LXX s.a. Lichtenberg, Georg Christoph – Biographisches – Vorlesung / Kolleg – Experimentalphysik – Kompendium.
– – *allgemeine Eigenschaften der Körper* **2,** 28_{5-6}
– – *Anordnung* **1,** 9_{7} **2,** 228_{24} 496_{7}
– – – *Kritik L.s* **1,** 239_{R4-9} 257_{R1-3} 554_{35-37} 555_{1-4} **2,** 281_{10-13} **3,** 11_{8-9} 14_{30-31} 431_{7-9}
– – – *unsystematisch* **3,** 15_{1-3} 24_{14-15}
– – *Behandlung eher mathematischer Gegenstände* **2,** 68_{25} 77_{3} 93_{6}
– – *Bücherkenntnis* **2,** 395_{12} **3,** 7_{8} 11_{1-2} 14_{10}
– – *Def. der Naturlehre* **3,** 20_{5} 32_{13}
– – *durch L. nicht verändert, nur vermehrt* **3,** 9_{1}
– – *Eignung* **3,** 16_{6-7}
– – *Einzelkritik*
– – – *Abschnitt vom Schall am falschen Ort* **2,** 313_{4}
– – – *Abweichung bezüglich der Anzahl der großen Landmassen* **5,** 320_{19}
– – – *Bestätigung der Def. des Stoßes* **2,** 128_{3}
– – – *Beurteilung der Behandlung des Pendels* **2,** 116_{32-36} 118_{4}
– – – *Erläuterung zum Ablesen des Barometers unverständlich* **2,** 306_{15}
– – – *Fehler bei Berechnung der Luftverdünnung* **1,** 250_{R12-19} **2,** 240_{14}
– – – *Fehler in der Regel für den Flaschenzug* **1,** 107_{32-37} **3,** 176_{8}
– – – *Korrektur der Aussagen zum Meereis* **1,** 829_{35-40}
– – – *Korrektur einer Aussage zum Zitterrochen* **1,** 603_{17-18}
– – – *Kritik an Ausführlichkeit bei der Festigkeit von Legierungen* **3,** 81_{22-26}
– – – *Kritik an Aussage über den Dampf* **1,** 458_{12}
– – – *Kritik an Aussage über Elektrizität bei evakuierten Röhren* **1,** 584_{34-41}
– – – *Kritik an Aussage zur Sichtbarkeit* **2,** 339_{9}
– – – *Kritik an Behandlung der Erwärmung durch Sonnenstrahlen* **1,** 489_{R1-2}
– – – *Kritik an Behandlung der Reflexion des Lichts* **1,** 353_{R1-4}
– – – *Kritik an Behandlung der Schwere / Attraktion* **1,** 122_{R20-23} 123_{R1}–124_{R19} 125_{R6-21} **2,** 152_{16} **3,** 209_{17-18} 215_{24}

--- *Kritik an Behandlung der Theorie des Lichts* **1**, 343_{R10-13} 389_{R1-3} **4**, 71_{33}–72_{1}
--- *Kritik an Behandlung der Verdunstung* **1**, 280_{R4-15} 446_{9-12} 447_{20} 450_{15} 779_{R1-2} **2**, 280_{4}
--- *Kritik an Behandlung des elektrischen Lichts* **1**, $551_{25-30.\ R1-2}$
--- *Kritik an Bevorzugung der Franklinschen Elektrizitätstheorie* **1**, 586_{37}–587_{3}
--- *Kritik an Beweis für die zusammengesetzte Bewegung* **1**, 919_{11} **2**, 68_{27} **3**, 135_{7}
--- *Kritik an Darstellung von Sedileaus Ergebnis zur Hydrometrie Englands* **5**, 332_{13}
--- *Kritik an Def. der Elastizität* **1**, 70_{R2-3} **2**, 41_{25} **3**, 111_{22-23} 119_{16-17}
--- *Kritik an Erklärung der Flüssigkeit* **2**, 48_{19}
--- *Kritik an Erklärung des beständigen Ostwinds* **2**, 857_{25}
--- *Kritik an Erklärung des Regens* **1**, 783_{R8-11}
--- *Kritik an Erklärung des Schalls* **1**, 311_{R1-3} 942_{27} **2**, 314_{23}
--- *Kritik an Erklärung des Schießpulvers* **2**, 435_{3}
--- *Kritik an Erklärung des Springbrunnens* **2**, 159_{9-10}
--- *Kritik an Erwähnung der Begriffe lebendige / tote Kraft* **2**, 149_{23}
--- *Kritik an Herleitung des Hebelgesetzes* **1**, 101_{22-26} **2**, 77_{16-18}
--- *Kritik an Leugnung eines Einflusses des Mondes auf den Luftdruck* **5**, 349_{2-4}
--- *Kritik an Materiebegriff* **1**, 96_{R15-17}
--- *Kritik an Methode zur Bestimmung des spezifischen Gewichts* **1**, 181_{28-30}
--- *Kritik an Theorie der Haarröhrchen* **2**, 188_{33}
--- *Kritik an Unwissenschaftlichkeit* **1**, 432_{R1-2}
--- *Kritik an Vorstellung vom Nebel* **2**, 895_{5}
--- *Lob für Darstellung der Trägheit* **1**, 87_{2}
--- *Lob für Darstellung von Mayers Theorie des Magnetismus* **1**, 623_{30-33}
--- *Magnet wirkt sehr wohl durch Eisen* **4**, 346_{20}
--- *Präzisierung zu pos. / neg. Elektrizität* **1**, $546_{12-19.\ 35.\ R1-3}$ **4**, 300_{17}
--- *Saturnring schlecht abgebildet* **5**, 158_{12-13}
--- *Satz über die elektrische Influenz nicht ausreichend betont* **4**, 269_{29}
--- *schiefer Stoß fehlt fast völlig* **2**, 146_{3}
--- *Spekulation zum Zitteraal überholt* **1**, 630_{25}
--- *Überbewertung der Rolle der Mathematik* **2**, 21_{3} **3**, 40_{13} 49_{12-13}
--- *Widerstand in Fluida noch wenig verstanden* **2**, 155_{22-27}
--- *Zweifel an Erklärung der Dichteanomalie des Wassers* **1**, 434_{R3-8}
--- *Zweifel an Erklärung des Elektrisierens* **1**, 581_{8-14}
-- *Elektrizität* **4**, 252_{13} 635^{39} 655^{108}
-- *Fehler* **3**, 8_{22-25} 14_{17} 15_{17}
-- *Gegenstand* **1**, 39_{8-14}
-- *Grundlage der Vorlesung* **3**, 7_{15-17} 13_{12-13}
-- *Intention* **3**, 15_{8}
-- *Kapillareffekt* **3**, 299_{24}

– – *L. folgt nicht Wort für Wort* **1,** 12$_{13–14}$ **2,** 232[*] 394$_{13}$ **3,** 8$_{1–2}$ 11$_{5–6}$ 13$_{13–14}$ 15$_{15}$
– – *Luftpumpe (§ 218)* **1,** 21$_{22}$
– – *Magnetismus* **1,** 756$_{34}$
– – *mathematische Methode* **2,** 459[*]
– – *Raubdrucke und Übersetzungen* **1,** XII[8]
– – *Scherz* **2,** 299$_{5}$
– – *Schwere* **2,** 74$_{5}$
– – *Springgläser* **2,** 421$_{35}$
– – *Stoß* **2,** 133[†]
– – *Tabelle der spezifischen Gewichte* **2,** 179$_{12}$
– – *Unzufriedenheit L.s* **1,** XVI$_{19}$ 60$_{R1}$
– – *Vergleich mit Kants Metaphysischen Anfangsgründen* **3,** 66$_{7–10}$
– – *Vorreden* **1,** 890$_{2}$ **2,** 238$_{8–9}$
– – *Zusätze L.s* **1,** XV$_{6}$ **3,** 7$_{23–31}$ 8$_{14–22}$ 11$_{10–11}$ 12$_{9}$
– – *zusammengesetzte Bewegung* **2,** 62$_{21}$ 67$_{21}$
– – *Anfangsgründe der Naturlehre (^{1}1772)*
– – – *Vorrede* **1,** 10$_{26}$ **3,** 445[5] 464[137]
– – *Anfangsgründe der Naturlehre (^{2}1777)* **3,** 445[5. 13] 557[132]
– – – *nötige Ergänzung* **1,** 206$_{19}$ **3,** 8$_{14–22}$
– – – *Vorzüge* **3,** 6$_{7}$
– – *Anfangsgründe der Naturlehre (^{3}1784)* **3,** 445[13] 558[133] 629[99] 683[40] 688[68] 694[118. 119] **4,** 501[52] 587[381] 628[11] 646[83] 666[153] 667[157] **5,** 68$_{25}$
– – – *Druckfehler* **3,** 8$_{27}$
– – *Anfangsgründe der Naturlehre (^{4}1787)* **1,** VIII$_{17–18}$ **3,** 558[133] **4,** 628[11] 648[92] 664[147]
– – – *Preis* **1,** 10$_{2}$
– – *Anfangsgründe der Naturlehre (^{5}1791)* **1,** XVIII$_{18}$ **3,** 558[133] **4,** 439[85] 501[52] 575[297] 587-588[381] 590[383] 592[391. 392] 602[443] 628[11] 710[337] **5,** 687[830] 697[892] 724[1061] 935[44]
– – – *Preis* **1,** 885$_{13}$
– – *Anfangsgründe der Naturlehre (^{6}1794)* **2,** 11$_{22–23}$ 269$_{16}$ **3,** 13$_{12}$ 235$_{16}$ 558[133] **4,** 457[154] 460[164] **5,** 622[362] 647[536] 724[1061] 935[44]
– *Legem vulgarem, secundum quam calor corporum certo temporis intervallo crescere vel decrescere dicitur, ad examen revocat (1778)* **1,** 501$_{3–8}$
– *Physicalische Bibliothek (1775–1779)* **1,** 42$_{20–22}$
– *Physikalisch-chemische Abhandlungen (1776)*
– – *Beschreibung eines neuen Werkzeuges, wodurch man das Wasser sehr bequem mit fixer Luft schwängern kann.* **5,** 754[136] **6,** 120 (*132*)
– – *Einige Anmerkungen über das plötzliche Gefrieren desjenigen Wassers, das ausser Berührung der Luft der Atmosphäre gesetzt worden ist* **1,** 437$_{31–36}$
– *Verzeichniß des Vorraths von Büchern, physikalischen und mathematischen Instrumenten (1777)* **6,** LXX[212]
Eschenbach, Christian Gotthold (1753–1831)
Übersetzer
– *[1781] Brugmans, Magnetismus (1778)* **1,** 610$_{6–7}$
– *[1784] Brugmans, Tentamina philosophica (1765)* **1,** 961$_{15}$
– *[1797–1798] La Métherie, Théorie de la terre (1795)* **1,** 972$_{33}$
Eschenburg, Johann Joachim (1743–1820)
– *Geschichte der Literatur (1793)* **1,** 914$_{31–32}$
– *Rezension / Anzeige*
– – *[1793] Vince, Plan of a course of lectures (1793)* **1,** 914$_{25–26}$

Eslon, Charles-Nicolas d' (1750–1786)
– *Observations sur le Magnétisme animal (1780)* **4**, 385_{24-25}
Esper, Johann Friedrich (1732–1781)
– *Reise zu den Gailenreuther Osteolithen-Höhlen (1784)* **1**, 841_{R9-12} 973_{11-12}
Essays and Observations, Physical and Literary. Read before a Society in Edinburgh and published by them (1754–) 1, 54_{26-28}
Eukleides (um 300 v. Chr.)
– *Elementa (Στοιχεῖα)* **2**, 776_9 **3**, 15_9 560[142] **5**, 188_{27}
– – *Ausg. in ders., Opera omnia (1883–1888)*
– – – *Die Elemente (dt. von C. Thaer 1933–1937; Nachdr. 1980)* **3**, 560[142]
Euler, Johann Albrecht (1734–1800)
– *Erdmagnetismus* **5**, 432_{23}
Schriften
– *Assemblée Publique (1780)* **4**, 408[145]
– *De rotatione solis circa axem ex motu macularum apparente determinanda (1766–1767)* **1**, 673_{27-30}
– *Disquisitio de causa physica electricitatis (1755)* **1**, 605_{39-43}
– *Prix Proposé Par L'Académie Impériale des Sciences de St. Pétersbourg (1777)* **4**, 408[145]
– *Recherches sur la cause physique de l'électricité (1757)* **1**, 605_{44}–606_2
– *Théorie de l'inclinaison de l'éguille magnétique (1755)* **1**, 759_{4-8}
Euler, Leonhard (1707–1783) **6**, 29 (25)
– *Astronomie*
– – *Kometen* **1**, 344_{R7-9} **2**, 764_4 772_{20}–773_{15} **5**, 166_{12} 173_{24} 173_{31}–175_4 175_{24} 180_{29} 289_3 290_5
– – *Längenpreis* **5**, 111_{30}
– – *Sonnenparallaxe* **2**, 665_1 **5**, 96_{31}
– *Brief von Kant* **3**, 587[294]
– *Elastizität der Luft* **1**, 292_2
– *Elementarbewegung* **2**, 116_{13} 486_{16} **3**, 218_{11} 230_{34}
– *Hörgrenzen für Tonhöhen* **1**, 329_{38} **2**, 334_{29} **4**, $31_{20.\ 33}$
– *Korrespondent Lesages* **3**, 571[218]
– *Licht* **4**, 417[10]
– – *Achromasie* **1**, 415_{17} 416_6 **2**, 403_{37} **4**, 61_{8-13} 62_1 87_{21} 88_1 89_{10} 487[276]
– – *Brechung* **1**, 368_1 **2**, 370_{31} **4**, 54_{30} 60_3
– – *Farben* **1**, 384_3 388_{17} 390_{25} 393_{5-6} **2**, 380_{30} 384_{30} 388_2 **4**, 66_{33}
– – – *Zweifel L.s* **1**, 393_{R1-13}
– – *Reflexion* **2**, 355_{17}
– – *Theorie* **1**, 342_{R28} $344_{20.\ 34}$ 346_{3-4} 354_8 **2**, 345_{12} 347_{18} 348_1 $349_{10.\ 19}$ 355_{31} **4**, 50_{35} 71_{22} 180_5 **5**, 174_{29} 265_{24}
– *Magnetismus* **1**, 614_{13}
– – *der Erde* **1**, 755_{14} 756_2 **2**, 845_{32} 847*
– – *Theorie* **1**, 621_{23} 622_{10} **2**, $558_{2.\ 28}$ $559_{8.\ 15}$ $560_{17.\ 19}$ **4**, 357_{19} 371_{10} 747[17] 795[218]
– *Musik* **1**, 322_{R2} 330_{R12} **2**, 329_{19} 330_6 334_{27} **4**, 26_{25} 27_{14} 30_{19} 32_4
– *Nordlicht* **5**, 486_{26}
– *Potenzenmaschine* **3**, 540[51]
– *Schall* **4**, 21_{10}
– *Teilbarkeit geht ins Unendliche* **2**, 36_{37} **3**, 77_{11} 78_{19} 79_5
– *Trägheit* **3**, 152_1
Schriften
– *Considérations sur les nouvelles lunettes d'Angleterre de Mr. Dollond et sur le principe qui en est le fondement (1762)* **4**, 486[272]

– *Construction des objectifs composés de deux différentes sortes de verre qui ne produisent aucune confusion, ni par leur ouverture, ni par la différente réfrangibilité des rayons, avec la maniere la plus avantageuse d'en faire les lunettes (1766)* **2,** 403_{37-38} **4,** 62_{5-7} 89_{24-25}
– *Corrections nécessaires pour la théorie de la déclinaison magnétique (1766)* **1,** 756_{4-5} **5,** 431_{23}
– *De la force de percussion et de sa veritable mesure (1745)* **3,** 252_{20-21} 581[271] 589[306]
– *De observatione inclinationis magneticae dissertatio (1748)* **5,** 832[640] 834[647]
– *De relaxatione motus planetarum (1746)* **5,** 662[633]
– *De statu aequilibrii fluidorum (1768)* **3,** 605[59]
– – *Die Gesetze des Gleichgewichts und der Bewegung flüssiger Körper (dt. von H.W. Brandes 1806)* **3,** 605[59]
– *Détermination du champ apparent que découvrent, tant les télescopes que les microscopes (1761)* **1,** 421_{13-16}
– *Dioptricae pars 1–3 (1769–1771)* **1,** 425_{26-27} **4,** 487[276]
– *Dissertatio de igne in qua eius natura et proprietates explicantur (1739)* **4,** 603[444]
– *Dissertatio de magnete (1748)* **4,** 791[205] 792[211] **5,** 832[642]
– – *Ausg. in ders., Opuscula varii argumenti 3 (1751) u.d.T. »Nova theoria magnetis«* **1,** 634_{31-35} **4,** 371_{13} 372_{24}
– *Dissertatio physica de sono (1727)* **1,** 311_{R8-10}
– *Éclaircissemens plus détaillés sur la génération et la propagation du son et sur la formation de l'echo (1765)* **1,** 335_{22-27}
– *Emendatio laternae magicae ac microscopii solaris (1750/51)* **1,** 423_{7-10}
– *Essai d'une explication physique des couleurs engendrées sur des surfaces extrèmement minces (1752)* **1,** 390_{18-22}
– *Examen d'une controverse sur la loi de réfraction des rayons de differentes couleurs par rapport à la diversité des milieux transparens par lesquels ils sont transmis (1753)* **4,** 484[264]
– *Fortgesetzte Beantwortung der Fragen über die Beschaffenheit, Bewegung und Würckung der Cometen (1744)* **5,** 655[585. 586]
– *Inquisitio physica in causam fluxus et refluxus maris (1752)* **5,** 446_{8}
– *Lettres à une princesse d'Allemagne (1768–1772 u.ö.)* **1,** 45_{32-34} **2,** 10_{14-15} 27_{25} **3,** 59_{10} 97_{13} **4,** 371_{14-29} 407[136. 138] 408[140–142] 409[148] 454[143] 792[210. 211] 794[217] 795[219–221] 796[223–225] 797[226]
– – *Briefe an eine deutsche Prinzessin (dt. 1769–1773 u.ö.)* **1,** 45_{36-39} **3,** 78_{20-21} 218_{11} 475[5] 482[66] 486[91. 96] 563[158] **4,** 50_{35-36} 407[136] 417[10] 436[72] 437[77] 454[143] 460[166. 167] 791[206. 207] 792[208] 794[217] 795[219. 221] 796[223. 225] 797[226]
– *Lettres à une princesse d'Allemagne. Nouvelle edition (1787–1789)* **1,** 45_{R2-10} **3,** 59_{15}
– – *Briefe über verschiedene Gegenstände aus der Naturlehre (dt. von F. Kries 1792–1794)* **2,** 27_{25} 388_{3-6} **3,** 59_{16} 144_{7}
– *Mechanica (1736)* **1,** 158_{25-27}
– – *Mechanik oder analytische Darstellung der Wissenschaft von*

der Bewegung (dt. von J.P. Wolfers 1845) **3,** 502^{3}
– *Mémoire sur l'effet de la propagation successive de la lumière dans l'apparition tant des planètes que des comètes (1746)* **2,** 772_{21}
– *Opuscula varii argumenti (1746–1751)* **1,** 48_{31-32} **4,** 371_{13} **5,** 175_{3}
– – *Conjectura physica circa propagationem soni ac luminis (1750)* **1,** 335_{11-13} 425_{14}
– – *De perturbatione motus planetarum a resistentia aetheris orta (1746)* **1,** 714_{25-28}
– – *Nova theoria lucis et colorum (1746)* **1,** 425_{11-13} **4,** 395^{46} 454^{143} **5,** 662^{632}
– – – *Ausg. in ders., Opera omnia 3.5 (1962)* **4,** 426^{46}
– – – *dt. Auszug 1750* **1,** 345_{11} **4,** 454^{143}
– – *Tabulae astronomicae solis & lunae (1746)* **2,** 702_{13} **5,** 51_{7} 191_{32}
– *Recherches physiques sur la cause de la queüe des cometes, de la lumiere boreale, et de la lumiere zodiacale (1746)* **5,** 173_{24-28} $661^{628.\ 630}$ 663^{637} 893^{980}
– *Recherches sur la confusion des verres dioptriques causée par leur ouverture (1761)* **1,** 409_{27-30}
– *Recherches sur la déclinaison de l'aiguille aimantée (1757)* **1,** 755_{32-35} **5,** $829^{622.\ 623.\ 624}$ 830^{628}
– *Recherches sur l'effet d'une machine hydraulique proposée par Mr. Segner (1750)* **1,** 165_{R22-23} **2,** 161_{22} **3,** 595^{10}
– *Recherches sur les lunettes à trois verres qui représentent les objets renversés (1757)* **1,** 411_{6-10}
– *Recherches sur les moyens de diminuer ou de réduire meme à rien la confusion causée par l'ouverture des verres (1761)* **1,** 409_{31-35}
– *Recherches sur l'origine des forces (1750)* **1,** 86_{17}
– *Régles générales pour la construction des telescopes et des microscopes (1757)* **1,** 421_{7-12}
– *Régles générales pour la construction des telescopes et des microscopes (1761)* **1,** 421_{17-19}
– *Sur la perfection des verres objectifs des lunettes (1747)* **1,** 416_{18-21} **4,** $483^{262.\ 263}$ 484^{264}
– *Sur l'atmosphere de la lune prouvée par la dernière eclipse annulaire du soleil (1748)* **1,** 698_{13-17}
– *Tentamen de sono campanarum (1764)* **4,** 33_{31}–34_{1}
– *Tentamen explicationis phaenomenorum aeris (1727)* **1,** 292_{7-9}
– *Tentamen novae theoriae musicae ex certissimis harmoniae principiis dilucide expositae (1739)* **1,** 335_{8-9} **4,** $409^{151.\ 154}$
– – *Ausg. in ders., Opera omnia 3.1 (1926)* **4,** 406^{126}
– *Theoria motus corporum solidorum seu rigidorum (1765)* **1,** 158_{36-38}
– *Theoria motus lunae (1753)* **2,** 702_{14} **5,** 111_{11}
– *Theoria motuum planetarum et cometarum (1744)* **1,** 720_{13-14}
– – *Theorie der Planeten und Cometen (dt. J. v. Paccassi 1781)* **5,** $655^{586.\ 588}$
Everlange-Witry, Louis Hyacinthe d' (1719–1791)
– *Ueber die Bereitung eines Mahlergoldes (aurum musivum) für die Elektrisirmaschinen (1787)* **1,** 530_{R10}
Evers, Stefan (*1963)
– *Der Fall der Maria Theresia Paradis (1759–1824) (1991)* **4,** 812^{294}

Eytelwein, Johann Albert (1764–1848)
– *Versuch eines Elementarbeweises für die statische Zusammensetzung und Zerlegung der Kräfte* **2,** 63^{*}

Fabbroni, Giovanni (1752–1822)
– *Manuskript: Aerologia Sinoptico-methodica* **3,** 404_{18} 694^{117}
Fabri, Honoré (1607–1688)
– *Elastizität des Wassers* **3,** 117_{26}
Schriften
– *Physica (1669–1671)* **1,** 194_{R10} **3,** 117_{28}
Fabricius, David (1564–1617) **5,** 125_{4}
– *Mira ceti* **5,** 689^{839}
– *Sonnenflecken* **1,** 674_{R14-33} **2,** 729_{3}
Fabricius, Johann (1587–1616)
– *Sonnenflecken* **1,** $674_{12.\,R13}$ **2,** 728_{35} **5,** 46_{30} 48_{11} 125_{2}
Schriften
– *De Maculis in sole observatis (1611)* **1,** 675_{1-3} **2,** 729_{9} **5,** 628^{400}
Fabricius, Johann Albert (1668–1736) **5,** 697^{899}
Schriften
– *Bibliotheca graeca (1705–)*
– – *^{4}1790–*
– – – *1: 1790* **4,** 406^{133}
– – – *9: (1804)* **4,** 470^{214}
Herausgeber
– *Marinos von Neapolis, Procli philosophi platonici vita (1700)* **4,** 470^{214}
Fahrenheit, Daniel Gabriel (1686–1736)
– *Ausdehnung von Quecksilber* **1,** 477_{R15} **2,** 458_{3}
– *Barometer* **1,** 304_{39-40} **2,** 309_{21-25} **3,** 382_{27}
– *Thermometer* **1,** 464_{18-19} 466_{25} 467_{12} 471_{29-30} 472_{19} **2,** 451_{4}–452_{3} $454_{14.\,19}$ 456^{*} 457_{18} 458_{14} $467^{\dagger}$ 472_{15} $477_{21.\,35}$ 478_{29} 861_{34} 932_{10} 983_{14} 988_{11} 992_{29} 993_{1} $996^{\dagger}$ **4,** 117_{21} 159_{13-14} 167_{12}
– *zur Person* **2,** 451_{11-13} **4,** 159_{13-17}
Schriften
– *Barometri novi descriptio (1724–1725)*
– – *Beschreibung eines neuen Barometers (dt. von A.J. v. Oettingen 1894)* **4,** $541^{185.\,186}$ 542^{187} 547^{200}
Falconet, Etienne-Maurice (1716–1791)
– *Standbild Peters des Großen* **2,** 40_{9}
Falk, David S.
– *Seeing the light (1986)*
– – *Ein Blick ins Licht (dt. von Anita Ehlers 1990)* **4,** 430^{52} 434^{65} 447^{116}
Famin, Pierre Noel (1740–1830)
– *Nachricht von einer Verfertigungsart der entzündbaren Luft (1789)* **1,** 552_{R5-6}
Farey, John (1766–1826)
– *A treatise on the steam engine (1827)* **4,** 532^{145}
Farquhar, George (ca. 1677 – 1707) **4,** 9_{11}
Fatio de Duillier, Jean Christophe (1656–1720)
– *Attraktion* **1,** 128_{R24-25}
– *Höhe des Mont Blanc* **1,** 738_{2} **5,** 329_{18}
– *Magnetnadel* **5,** 826^{603}
Schriften
– *Remarques sur l'histoire naturelle des environs du Lac de Geneve (1730)* **5,** 748^{87}
Fauchet, Claude (1530–1602)
– *Recueil de l'origine de la langue et poesie françoise (1581)* **5,** 419_{15}
Faujas de St. Fond, Barthélémy (1741–1819)
– *Ballonversuche* **5,** 853^{778}
– *Montgolfiersches Gas* **1,** 240_{7-9}

Schriften
– *Des ballons aérostatiques (1784)* **1,** 295_{17-18}
– *Description des expériences de la machine aérostatique de MM. de Montgolfier (1783–1784)* **3,** 683^{40} 702^{196}
– – *GGA-Rezension 1784* **3,** 683^{40}
– – *Beschreibung der Versuche mit den aerostatischen Maschinen der Herren von Montgolfier (dt. von J.S.T. Gehler 1784–1785)* **1,** 294_{41-44} 295_{1-5} **3,** $683\text{-}684^{40}$
– *Méthode aisée de faire la machine aérostatique (1784)* **1,** 295_{20-22}
– *Minéralogie des volcans (1784)* **5,** $802^{443.\ 444}$
– – *Mineralogie der Vulkane (dt. 1786)* **5,** 802^{443}
– *Recherches sur les volcans éteints du Vivarais et du Velay (1778)* **1,** 843_{25-31} **5,** 528_{28-30} 800^{435} 911^{1070}
– – *Rezension 1779*
– – – *dt. 1782* **1,** 843_{31-34}
Faxe, Arvid (1733-1793)
– *Steinpapier* **1,** 459_{R17}
Feder, Johann Georg Heinrich (1740–1821)
– *Gartenhaus* **2,** 318_{6}
– *Hörer* **6,** C
– *Sonnenflecken* **2,** 729_{28} **5,** 628^{401}
– *Wohnstraße* **5,** 473_{29}
Fehrman, Carl Gustaf (1746–1798) **5,** 276_{24}
Felbiger, Johann Ignatz von (1724–1788)
– *Blitzableiter* **5,** 476_{8}
Schriften
– *Anleitung, jede Art der Witterung genau zu beobachten (1773)* **1,** 827_{12-15}
– *Die Kunst Thürme oder andere Gebäude vor den schädlichen Wirkungen des Blitzes durch Ableitungen zu bewahren (1771)* **1,** 804_{35-38} **5,** 865^{870} 869^{880} 877^{922}
– *Vorschläge, wie Nordlichter zu beobachten (1771)* **1,** 811_{36-37}
– *Wie weit gewähren wohl Gewitterableiter Sicherheit für umstehende Gebäude? (1786)* **1,** 806_{R10-19}
Félice, Fortuné Barthélemy de (1723–1789)
– *De newtoniana attractione (1757)* **1,** 125_{13-16}
Felter, J. H. W.
– *Thermometer aus Metall* **1,** 479_{R1}
Ferber, Johann Jacob (1743–1790)
– *Briefe aus Wälschland über natürliche Merkwürdigkeiten dieses Landes (1773)* **1,** 844_{7-8} **5,** 391_{20}
– – *Lettres sur la minéralogie et sur divers autres objets de l'histoire naturelle de l'Italie (frz. von P.-F. de Dietrich 1776)* **1,** 844_{8-10} **5,** 800^{436}
– *Reflexions sur l'annciennеté relative des roches et couches terreuses (1783)* **1,** 750_{R1-5}
Ferdinand, s. Braunschweig-Lüneburg, Ferdinand, Herzog von.
Ferdinand II., s. Toskana, Ferdinand II., Großherzog von.
Ferdinand II., röm.-dt. Kaiser (1578–1637) **2,** 450_{6} 646_{17-18} **4,** 116_{31} 157_{17}
Ferdinand III., röm.-dt. Kaiser (1608–1657) **2,** 235_{11} 748_{23} **3,** 418_{3} **5,** 156_{1}
– *Guerickes Vakuumversuche* **1,** 243_{33} 254_{R13-16} **2,** 235_{15} 246_{19}
Ferguson, Adam (1723–1816)
– *Philosoph* **3,** 5_{28-29}
Schriften
– *Institutes of moral philosophy (1769)* **3,** 445^{3}

Ferguson, James (1710–1776) **1,** XVII_{19} **2,** 589_{2} **5,** 17_{10-11}
– *besucht und charakterisiert von L* **3,** 445^{4}
– *von L. bewundert* **5,** 597^{183}
– *Vorlesungen über Experimentalphysik* **3,** 5_{29-30} 6_{3} 10_{23-24} 445^{4}
– *zur Person* **2,** 589^{*}
Schriften
– *An introduction to electricity (1770 u.ö.)* **1,** 607_{42-43}
– *Astronomy explained upon Sir Isaac Newton's principles (1756 u.ö.)*
– – *Die Astronomie nach Newtons Grundsätzen erklärt (dt. von N.A.J. Kirchhof 1783 u.ö.)* **2,** 73_{21-23} **3,** 523^{110} **5,** 624^{378} **6,** 26 (23)
– – – *^{3}1793* **2,** 73_{23}
– *Lectures on select subjects in mechanics, hydrostatics, pneumatics, and optics (1760)* **3,** 445^{4}
– – *^{5}1776* **1,** 49_{12-13} **6,** 454 (*365*)
– *The description of a new hygrometer (1764)*
– – *Beschreibung und Abbildung des vom Herrn Ferguson […] erfundenen Hygrometers (dt. 1767)* **3,** 433_{20-21}
Fernández de Oviedo y Valdés, Gonzalo (1478–1557) **5,** 827^{606}
Fernel, Jean (1497–1558) **5,** 612^{286}
– *Gradmessung* **2,** 671_{10} **5,** 100_{15} 102_{36} 103_{1} 247_{7}
Ferris, NN
– *Ueber ein Paar Beyspiele von aufwärts fahrenden Blitzen (1783)* **1,** 796_{R21}
Festetics, György (1755–1819) **2,** 11_{34}
Feuillée, Louis Éconches (1660–1732)
– *Biographie (1807)* **2,** $690^{\dagger}$ 694^{*}
– *Höhe des Pik von Teneriffa* **1,** 738_{9}
Feuillet, Raoul Auger (1653 o. 1659/60 – 1710)
– *Metronom* **6,** 324 (**52*)
Fiedler, Carl Wilhelm (1758 – ca. 1831)
– *Handbuch der Metallurgie, Bd. 1 (1797)*
– – *Rezension 1798* **1,** 928_{23}
Fiedler, Kurt
– *Fische (1991)* **3,** 704^{210}
Filomarino, Ascanio, Duca della Torre (1751–1799)
– *Vesuv* **1,** 973_{37}
Finnsson, Hannes (1739–1796)
– *Islands landnamabok. Hoc est: Liber originum Islandiae (1774)* **2,** 844_{3} **5,** 422_{17} 822^{573}
Fischer von Erlach, Joseph Emanuel (1693–1742) **4,** $154_{7.\ 12.\ 26}$
Fischer, Ernst Gottfried (1754–1831)
– *Betrachtungen über die Kometen (1789)* **1,** 702_{R1-7}
– *Darstellung und Kritik der Verdunstungslehre nach den neuesten […] Versuchen (1810)* **2,** 883^{*}
– *Einfache Einrichtung der Atwoodischen Fallmaschine (1803)* **2,** $101\text{-}102^{*}$
– *Nachtrag (1796 [1793])* **5,** 137_{28-29}
– *Ueber Sternzeit mittlere und wahre Sonnenzeit und derselben gegenseitige Reduction (1795 [1792])* **5,** 137_{28} 138_{29} 270_{14-15} 723^{1050}
Fischer, Gottlob Nathanael (1748–1800)
– *Sonnenflecken* **2,** 731_{27}
Schriften
– *[Hinweis auf Dunkelnebel am südlichen Sternhimmel] (1790 [1787])* **1,** 718_{R3-4}
– *Ueber die Sonnenflecken (1791 [1788])* **1,** 673_{R10-14} **2,** 731^{*} **5,** 126_{4-5}

Fischer, Irene (1907–2009)
– *Another look at Eratosthenes' and Posidonius' determinations of the earth's circumference (1975)* **5,** 612[288]
Fischer, Johann Carl (1760–1833)
– *Brief an L.* **4,** 403-404[106]
– *Höhe des Mont Blanc* **2,** 824*
Schriften
– *Anfangsgründe der Physik (1797)* **3,** 452[68]
– – *Rezension* **3,** 452[68]
– *Geschichte der Physik (1801–1808)* **3,** 497[171. 172] 549[104] 555[127] 700[172]
– *Physikalisches Wörterbuch (1798–1827)* **2,** 27_{30} 239* 288* 964* **4,** 22_{25} 403[106]
– – *1: 1798* **3,** 71_{8}
– – – *Art. Dampfmaschine* **2,** 439*
– – – *GGA-Rezension 1798* **3,** 472[190] **4,** 404[106]
– – *2: 1799*
– – – *Art. Gas, phlogistisirtes* **1,** 933_{17} 939_{8}
– – *3: 1800*
– – – *Art. Luft* **2,** 455*
– – – *Art. Luftkreis* **2,** 856*
– – *5: 1804* **4,** 404[106]
– – *6: 1805*
– – – *Zusatz Art. Fernröhre* **2,** 404*
– – *7: 1806* **4,** 404[106]
Fischer, Johann Heinrich (1759–1814)
– *besucht L. im Sept. 1785* **4,** 111_{11}
Fischer, Johann Nepomuk (1749–1805)
– *Mond* **2,** 707_{17} **5,** 254_{10} 718[1001]
Schriften
– *Beweis, daß das Glockenläuten bey Gewittern mehr schädlich als nützlich ist (1784)* **5,** $478_{3–4}$
– *Theorie des Schielens (1784)* **1,** $397_{R10–16}$
Fischer, NN **6,** CVIII
Fitch, John (1743–1798) **4,** 535[153]
– *dampfgetriebenes Schiff* **1,** 444_{R30}
Fitton, William (fl. 1770)
– *Spiegeloktant* **6,** 516 (422)
Fitzgerald, Keane (†1782)
– *A description of a metalline thermometer (1760)* **1,** $479_{8–10}$
– *A method of lessening the quantity of friction in engines (1763)* **4,** $154_{23–24}$
Fixlmillner, Placidus (1721–1791)
– *Sonnenparallaxe* **2,** $665_{8–9}$ **5,** 97_{4}
Schriften
– *Acta astronomica Cremifanensia (1791)* **5,** 97_{5}
Flad, Philipp Wilhelm Ludwig (1712–1786)
– *Geschichtmäßige Beschreibung einer alten Teutschen Heydnisch-Allemannisch-Goldenen Müntze (1747)* **1,** $792_{R16–22}$
Flagg, Henry Collins (1742–1801)
– *Observations on the numb fish, or torporific eel (1786)* **1,** $602_{R14–17}$
– – *Rezension 1788* **1,** 602_{R27}
Flammersfeld, Arnold (1913–2001)
– *Lichtenbergs Physikalische Apparate (1974)* **6,** 26 (23) 58 (52) 84 (94) 112 (*119*) 189 (*230*) 230 (282) 238 (290) 266 (*331*)
Flamsteed, John (1646–1719)
– *Bezeichnung der Fixsterne* **2,** 793
– *Schallgeschwindigkeit* **1,** 312_{22}
– *Uranussichtung* **1,** 653_{37} **2,** 20_{1} 753_{39} **3,** 51_{27} **5,** 160_{15} 291_{22}
Schriften
– *Atlas coelestis (1753)* **2,** 786_{19} **5,** 212_{15}
– – *²1776 (hrsg. von J. Fortin)* **5,** 680[777] 683[800]
– *Historiae coelestis Britannica (1725)* **5,** 689[843]
– *Historiae coelestis libri duo (1712)* **1,** $719_{35–36}$
Fleischer, Johann (1539–1593) **1,** 970_{8}

Fleurieu, Charles Pierre Claret de (1738–1810)
– *Voyage fait par ordre du roi en 1768 et 1769 […] pour éprouver en mer les horloges marines inventées par M. Ferdinand Berthoud (1773)* **5,** 114_{26-28}
Flock, NN 3, 179_{16}
Flurance Rivault, David (1571–1616)
Herausgeber
– *Archimedes, Opera (1615)* **1,** 186_{19}
Föppl, August (1854–1924)
– *Vorlesungen über technische Mechanik (1897–1910 u.ö.)* **3,** 570[210] 579[269]
Förtsch, Paul Jacob (1722–1801) **6,** XLVII
Folard, Jean Charles Chevalier de (1669–1752)
Herausgeber
– *Histoire de Polybe (frz. von V. Thuillier 1727–1730 u.ö.)* **3,** 116_{32}
Fontana, Domenico (1543–1607)
– *Aufrichtung des Obelisken in Rom* **2,** 198_{3} **3,** 301_{21} 302_{25} 303_{21}
Schriften
– *Della transportatione dell'obelisco Vaticano (1590)* **3,** 621[44]
Fontana, Felice (1730–1805) **2,** 62_{37} **3,** 705[225]
– *Anatomie des Auges* **2,** 396_{19}
– *dephlogistisierte Luft* **1,** 266_{R14} **3,** 394_{1}
– *elektrische Funken in atmosphärischer Luft* **3,** 345_{12}
– *Eudiometer* **2,** $275_{15.\,21}$ **3,** 402_{14} $430_{2.\,29}$ 703[203]
– *fixe Luft* **1,** 271_{R21-22}
– *Gewinnung von Sauerstoff* **1,** 265_{R12-17} **2,** 256_{30} **3,** 422_{11}
– *inflammable Luft* **1,** 269_{R3}
– *Luft aus Salpeter* **2,** 46[*]
– *spezifische Gewichte der Luftarten* **1,** 262_{28-31} **3,** 418_{25} 709[260]
– *Thermometer* **2,** 453[*]
– *Wärme des Mondlichts* **4,** 177_{6} 178_{18}
Schriften
– *Account of the airs extracted from different kinds of waters; with thoughts on the salubrity of air at different places (1779)* **3,** 420_{14-15}
– *Descrizione, e usi di alcuni stromenti per misurare la salubrità dell'aria (1775)* **1,** 275_{7-8}
– *Extrait d'une lettre à M. Gibelin sur la conversion de l'eau en terre (1782)*
– – *dt. Auszug (1783)* **1,** 212_{R11} 224_{R6-11} 273_{R23}
– *Lettre à M. Priestley relative à l'air qu'on tire de differentes espèces d'eaux (1779–1780)*
– – *Versuche über die aus siedendem Wasser gezogene Luftarten (dt. Auszug 1781)* **1,** 266_{R1-6}
– *Nouvelle méthode pour déterminer le poids absolu de l'air fixe (1778)* **3,** 419_{16-17}
– *Opuscoli scientifici (1783)* **1,** 49_{24-25}
– – *Opuscules physiques et chymiques (frz. von Gibelin 1784)* **1,** 49_{26}
– *Physische Untersuchungen über die Natur der Salpeterluft; der vom Brennbaren beraubten Luft; und der fixen Luft (dt. von F.X. von Wasserberg 1777)* **3,** 419_{30-31}
– – *Rezension [AdB] 1780* **3,** 419_{32-33}
– *Risultati di sperienze sopra l'elasticità de' fluidi aeriformi permanenti sul mercurio (1782)*
– – *dt. Referat 1783* **1,** 260_{R7-9} 290_{R22-27}

– – *Versuche über die Schnellkraft der Luftarten aus Quecksilber (dt. 1784)* **3,** $419_{19–20}$
– *Sopra la luce, la fiamma, il calore, e il flogisto (1782)*
– – *Über Licht, Flamme, Wärme und brennbares Wesen (dt. Auszug 1784)* **1,** $524_{35–37}$
– *Suite de la description abrégée du Cabinet de physique & d'histoire naturelle (1777)* **5,** 423_{2} 433_{17}
Fontana, Francesco (1580–1656)
– *Mikroskop* **1,** 420_{22}
Fontana, Gregorio (1735–1803)
– *Opuscoli matematici sopra il teorema della composizione delle forze (1789)* **1,** $89_{R4–8}$ **2,** $62_{37–38}$ 63_{1}
– – *Nachdruck 1789 u.d.T. »Sopra il teorema della composizione di due forze«* **1,** $89_{R9–10}$ $919_{12–14}$ **2,** $62_{39–40}$
Fontenelle, Bernard le Bovyer (Bouyer) de (1657–1757) **1,** $63_{R14–15}$
– *J'ai toujours taché de m'entendre* **2,** $26_{12–13}$ **3,** 61_{22}
Schriften
– *Diverses observations de physique generale (1721)* **5,** 804^{453}
– *Diverses observations de physique generale (1722)* **5,** 804^{453}
– *Entretiens sur la pluralité des mondes (1686 u.ö.)* **1,** $699_{4–6}$ **2,** 789_{17}
– – *Gespräche von Mehr als einer Welt (dt. von J.C. Gottsched 1726 u.ö.)* **1,** $699_{7–9}$ **5,** $27_{15–16}$ 687^{828}
– – – *²1730* **5,** 574^{42}
– – *Dialogen über die Mehrheit der Welten (dt. von W.C.S. Mylius 1780)* **1,** $699_{10–12}$
– – – *²1789* **1,** $699_{R1–3}$
– – *Nouvelle éditions. Avec des remarques & des figures en taille-douce de M. Bode (1783)* **1,** $699_{14–15}$
– *Histoire de l'Académie Royale des Sciences (1711)* **5,** 787^{350}
– *Histoire de l'Académie Royale des Sciences (1719)* **5,** 780^{326}
– *Histoire de l'Académie Royale des Sciences (1729–1733)* **3,** 556^{130} 707^{246}
– *Sur l'effet du siphon dans le vuide (1714)* **1,** $300_{14–16}$
Forbes, Eric Gray (1933–1984)
– *Tobias Mayer. Pioneer of enlightened science in Germany (1980)* **5,** 618^{340}
Fordyce, George (1736–1802)
– *Eis schwerer als Wasser* **1,** 435_{R13} 495_{14} **4,** $182_{18–30}$
– *Erzeugung von Kälte* **1,** 502_{R1}
– *Wägen der Kälte* **4,** 178_{22}
– *Wärmetoleranz* **2,** 477_{34} **4,** 582^{336}
Schriften
– *An account of some experiments on the loss of weight in bodies on being melted or heated (1785)* **1,** 495_{R1}
– – *Lettre [...] sur la perte de poids qu'éprouvent les corps fondus ou échauffés (frz. 1785)* **1,** $495_{14–15}$
– – *Ueber den Verlust des Gewichts, welchen die geschmolzenen oder erhitzten Körper erleiden (dt. Referat 1787)* **1,** $495_{R3–4}$ **4,** $182_{30–31}$ 578^{314}
– *The Croonian Lecture on muscular motion (1788)* **1,** $493_{R9–11}$
Formey, Jean Henri Samuel (1711–1797)
– *Eloge de Mr. Lieberkühn (1756)* **5,** 645^{522}
Forrest, Thomas (ca. 1729 – ca. 1802)
– *A treatise on the monsoons in East-India (1783)* **1,** $764_{34–36.\ R11}$

Forsskål, Peter (1732–1763)
– *Zitterwels* **1,** 603$_{21}$
Forster, Johann Georg Adam (1754–1794)
– *besucht L. im August 1785* **4,** 58$_{20}$
– *besucht L. im August / Sept. 1785* **4,** 111$_{11}$
– *Brief von L.* **4,** 617[513]
– *Erdumsegelung* **1,** 636$_{38}$ **2,** 699$_{17}$
– *für zwei elektrische Materien* **4,** 666[153]
– *Hochzeit* **4,** 113$_{22}$
– *Karte der Südhalbkugel* **1,** 724$_{23–24}$ **5,** 322$_{34–35}$
Schriften
– *Des Capitain Jacob Cook dritte Entdeckungs-Reise (1787 u.ö.)* **1,** 850$_{R10}$ **5,** 381$_{37}$
– *Rezensionen*
– – *[1780] Crawford, Experiments and observations (1779)* **1,** 520$_{4}$
– – *[1790] Meierotto, Gedanken über die Entstehung der Baltischen Länder (1790)* **5,** 915[1129]
Herausgeber
– *Göttingisches Magazin der Wissenschaften und Litteratur (1780–)* **1,** 59$_{4}$ **2,** 439$_{2}$
Übersetzer
– *[1783] J.R. Forster, Observations made during a voyage round the world (1778)* **1,** 436$_{9}$ 723$_{7}$ 812$_{29}$ **2,** 815$_{7}$
– *[1784] Morozzo, Lettre à M. Macquer (1783)* **1,** 279$_{29}$
Forster, Johann Reinhold (1729–1798)
– *Australien (Neuholland) eigener Kontinent* **1,** 722$_{20}$ **2,** 813$_{4}$
– *Elektrizitätstheorie* **1,** 588$_{38–39}$
– *Erdumsegelung* **1,** 636$_{38}$ **2,** 699$_{17}$ 707$_{28}$ **5,** 256$_{22}$ 322$_{29}$ 530$_{26}$
– *für zwei elektrische Materien* **1,** 588$_{19–20}$ **2,** 529$_{6}$ **4,** 666[153]
– *Geschichte der Magnetnadel* **2,** 842$_{32}$ 843$_{7. 13}$ **5,** 421$_{10. 16}$
– *Gummi* **2,** 44$_{10}$
– *Meereis* **1,** 829$_{37}$
– *Meeresleuchten* **2,** 822$_{15. 31}$
– *Meerestiefe* **2,** 817$_{34}$ 818$_{34}$ **5,** 325$_{8}$
– *System der Pflanzen* **5,** 395$_{23–24}$
– *Wasserhose* **2,** 919$_{38–39}$
Schriften
– *Anhang zu La Metherie, Theorie der Erde (dt. 1797/98)* **1,** 972$_{34}$
– *[Brief über Wärme und Elektrizität] (1784)* **1,** 588$_{19–21}$
– *Observations made during a voyage round the world, on physical geography, natural history, and ethic philosophy (1778)* **1,** 675$_{R28–29}$ **5,** 321$_{12}$ 377$_{7–8}$
– – *Bemerkungen über Gegenstände der physischen Erdbeschreibung, Naturgeschichte, und sittlichen Philosophie auf seiner Reise um die Welt gesammlet (dt. von J.G.A. Forster 1783)* **1,** 434$_{R2}$ 436$_{6–10}$ 723$_{3–7. 27–28}$ 724$_{25–26}$ 725$_{10}$ 727$_{31}$ 729$_{36–37}$ 738$_{16–17}$ 808$_{13–14}$ 812$_{29}$ 829$_{37}$ **2,** 815$_{4–7}$ 819$_{27}$ 820$_{13}$ 822$_{15–16}$ 921$_{35}$ **5,** 324$_{24}$ 325$_{6}$ 396$_{14}$ 530$_{8. 28}$ 532$_{19–20}$ 533$_{9}$ 741[32. 33. 35] 746[68. 74] 805[458] 929[1273]
Übersetzer
– *[1785] Swinburne, Travels in the two Sicilies (1783–1785)* **1,** 752$_{R4}$ **2,** 842$_{6. 9}$ **4,** 759[58] 782[166] **5,** 420$_{10–13}$ 820[555] 821[565]
– *[1790] Le Vaillant, Voyages (1790)* **1,** 960$_{28}$
Forster, Thomas
– *Part of a letter to Mr. Machin concerning a new Island [...] near tercera (1722–1723)* **5,** 804[453]
Fortin, Jean (1750–1831)
– *Gasometer* **2,** 276$_{17}$
– *Magnetnadel* **5,** 490$_{9}$
Herausgeber
– *Flamsteed, Atlas coelestis (^{2}1776)* **5,** 680[777]

Fothergill, John (1712–1780)
– *An account of the magnetical machine contrived by the late Dr. Gowin Knight (1776)* **1,** 617_{10-12} **2,** 554_{40-41} **4,** 368_{8} $369_{13.\,15}$ 753^{34} 755^{46} 785^{173} 788^{194} **5,** 820^{550}
Fougeroux de Bondaroy, Auguste Denis (1732–1789)
– *Mémoire sur la lumière que donne l'eau de la mer (1767)* **1,** 730_{3-7}
Fourcroy, Antoine François de (1755–1809)
– *spezifisches Gewicht von Quecksilber* **1,** 737_{R10} **2,** 825_{29}
– *Vertreter der antiphlogistischen Chemie* **1,** 893_{25} **3,** 344_{22} 359_{28}
– *Zusammensetzung des Wassers* **3,** 348_{2}
Schriften
– *Élémens d'histoire naturelle et de chimie (1789)* **1,** 926_{13-14}
– *Expériences sur le suc qui fournit la gomme élastique (1791)* **3,** 114_{3-4}
– *Mémoire sur la combustion du gaz hydrogène dans des vaisseaux clos (1791)* **3,** 342_{1-3}
– – *Ueber die Verbrennung des entzündlichen Gas's in verschlossenen Gefäßen (dt. 1794)* **3,** 348_{3-4} 660^{276}
– *Méthode de nomenclature chimique (1787)* **1,** 926_{19-20}
– – *Methode der chemischen Nomenklatur (dt. von K. v. Meidinger 1793)* **1,** 926_{23-25} **3,** 344_{1-2} 358_{11-14}
– – – *Rezension 1794* **3,** 358_{19}
– *Notice des expériences [...] sur des détonations par le choc (1797) [zus. mit L.N. Vauquelin]*
– – *Nachricht von [...] Versuchen mit dem Knallsalze (dt. 1797)* **1,** 936_{2-3}
– *Observation sur la formation de l'acide nitrique (1790)*
– – *Beobachtung über die Bildung der Salpetersäure (dt. 1793)* **3,** 372_{16-21}
– *Observations sur le gaz azote (1789)* **1,** 277_{R14-15}
– *Philosophie chimique (1792)*
– – *²1794*
– – – *Chemische Philosophie (dt. von J.S.T. Gehler 1796)* **1,** 926_{37-39}
– *Suite du Mémoire sur la combustion du gaz hydrogène dans des vaisseaux clos (1791)* **3,** 342_{1-3}
Fournier, Georges (1595–1652)
– *Gezeiten* **5,** 29_{12}
Schriften
– *Hydrographie contenant la théorie et la practiqve de tovtes les parties de la navigation (1643)* **5,** 576^{51}
Fowke, Thomas (1690–1765)
– *An account of the earthquake [...] in Barbary (1755)* **5,** 928^{1263}
Francke, August Hermann (1663–1727) **4,** 817^{314}
Frank, Johann Peter (1745–1821)
– *Delectus opusculorum medicorum antehac in Germaniae diversis Academiis editorum (1785–1793)* **2,** 185_{31-32}
Franklin, Benjamin (1706–1790) **1,** 310_{R3} **2,** 249^{*}
– *achtbarer Physiker* **2,** 61_{31}
– *Anekdote* **2,** 26_{14} 872_{3}
– *animalischer Magnetismus* **4,** 383_{3}
– *Beobachtung des sukzessiven Farbkontrasts* **2,** 394_{30} **4,** 417^{13}
– *Brief von Kinnersley* **4,** 700^{303}
– *charakterisiert von L.* **4,** 383_{5-6}
– *Elektrizität* **2,** 542_{7}
– – *Ableitung* **4,** 726^{428}
– – *Blitzableiter* **2,** 491_{30} 916_{15} **4,** 256_{31} **5,** 423_{27} 476_{33} 777^{314} 879^{926}

– – *Drachen* **2,** 910$_{30}$ **4,** 256$_{17}$ **5,** 367$_{36}$ 469$_{30–33}$ 470$_{1}$ 474$_{26}$
– – *elektrische Atmosphäre* **2,** 507$_{10}$
– – *elektrische Materie* **2,** 528$_{28}$ 529$_{29}$ 530$_{13.\ 30}$ **4,** 695^{281} 718^{384}
– – *Gewitter* **1,** 796$_{2.\ 24}$ 800$_{R19}$–801$_{R1}$ **2,** 26$_{30}$ 910$_{15.\ 36}$ 913$_{11}$ **3,** 58$_{7–8}$ **4,** 256$_{9}$ **5,** 469$_{5}$–470$_{7}$
– – *medizinischer Gebrauch* **4,** 307$_{19}$
– – *positiv und negativ* **2,** 500$_{39}$ 527$_{4}$ **4,** 269$_{10}$ 315$_{2}$
– – *Röhrenelektrisiermaschine* **2,** 520$_{2}$
– – *Theorie* **1,** 11$_{23}$ 579$_{23}$ 580$_{32}$ 585$_{20}$ 586$_{31}$ 587$_{5–45}$ **2,** 23$_{16}$ 501$_{22}$ 526$_{3–4.\ 8–9}$ 528$_{18}$ 529$_{1.\ 4.\ 30}$ 530$_{19}$ 531$_{14}$ **3,** 58$_{18–21}$ 63$_{2}$ 462^{128} **4,** 253$_{1}$ 635^{39} 666^{153} s.a. Elektrizität – Theorie – Franklin.
– – – *Entwicklung* **4,** 654^{108}
– – – *keine Erklärung* **4,** 361$_{25}$
– – *Versuch* **2,** 512$_{13}$ **4,** 660^{134}
– – – *Fisch aus Blattgold* **4,** 290$_{25}$
– – – *Hahn getötet* **2,** 910$_{8}$
– – – *Spinne* **4,** 290$_{30}$
– – – *Spitzen* **4,** 291$_{1}$ **5,** 873^{911}
– – – *Wolken aus Baumwolle* **4,** 257$_{17}$ **5,** 368$_{16}$ 470$_{6}$ 479$_{26}$
– – *Wolken* **1,** 798$_{4.\ R10}$ **5,** 367$_{9}$ 473$_{16–18}$ 478$_{14}$
– – *Zauberbild* **2,** 513$_{20}$ **4,** 660^{131}
– *Elektrizität und Magnetismus* **1,** 629$_{10}$
– *Entstehung der Erde* **2,** 32$_{38}$ 943$_{17}$ 943$_{20}$–945$_{39}$ 946$_{29}$ 947$_{33}$ 949$_{9}$ 950$_{13}$ 951$_{4.\ 28}$ 952$_{38}$ 1018$_{17}$ **5,** 509$_{26}$
– *Erdmagnetismus* **2,** 945$_{41}$–946$_{19}$
– *Glättung der Wogen durch Öl* **2,** 222$_{4}$ **5,** 177$_{15}$
– *Glasharmonika* **1,** 320$_{R10}$ **4,** 39$_{17}$
– *Gummi* **2,** 45$_{35}$ **3,** 84$_{6.\ 25}$ 113$_{13}$ 115$_{27}$
– *hypothetische Reaktion auf L.s Ausdehnung seiner Theorie der Erde* **2,** 951$_{37}$
– *Luft* **2,** 32$_{38}$ 223$_{22}$ 297 944$_{3}$ 952$_{16}$ **3,** 408$_{12}$ 409$_{9}$
– *Leidener (Kleistsche) Flasche (Platte)* **1,** 559$_{12}$ 561$_{32}$
– *Meeresleuchten* **1,** 729$_{R6–7}$ **2,** 822$_{28}$ **4,** 282$_{25}$
– *Nebel von 1783* **1,** 810$_{R7–8}$ **5,** 456$_{23}$
– *nicht auf Mathematik gestützte Beiträge zur Naturlehre* **2,** 21$_{14}$ **3,** 40$_{20}$
– *Nordlicht* **2,** 924$_{29}$ 926$_{8}$ **5,** 482$_{18}$ 483$_{15.\ 23}$ 487$_{6}$ 894^{984}
– *Politiker* **2,** 872$_{5}$
– *Rad* **1,** 443$_{26}$ **2,** 435$_{34}$ 445$_{27}$ **4,** 116$_{14}$
– *Regen* **5,** 462$_{11}$
– *Schallausbreitung* **1,** 312$_{R10}$ **2,** 314$_{26}$ 315$_{19}$ **4,** 11$_{1}$
– *Schwimmen* **2,** 174$_{36}$
– *Stellvertretung* **2,** 952$_{3}$
– *Todestag* **1,** 34$_{R22}$
– *Trägheit* **1,** 86$_{35}$–87$_{1}$ **2,** 61$_{16–25}$ **3,** 133$_{21–28}$ 147$_{2–19}$ 149$_{16–18}$ 151$_{4}$ 154$_{12.\ 27}$ 159$_{13}$
– *Versuch zur Absorption von Wärmestrahlung* **1,** 489$_{R3–5}$ **2,** 356$_{6}$ **4,** 230$_{24}$
– *Wärmeleitung* **2,** 461$_{35}$ 462$_{39}$ **4,** 184$_{10–12}$ 226$_{29}$ 229$_{1.\ 15.\ 18}$
– *Wasserhammer* **2,** 432$_{27}$
– *Wasserhose* **2,** 919$_{33}$
– *Winde* **2,** 860$_{29}$ **5,** 350$_{27}$ 439$_{28}$ 440$_{19}$
– *Zeitmessung* **2,** 317$_{19}$
– *zur wissenschaftlichen Praxis* **1,** 801$_{R2–12}$ **2,** 913$_{16–20}$
Schriften
– *A letter to Mr. Alphonsus le Roy, containing sundry maritime observations (1786)* **1,** 86$_{R2}$ 106$_{R17}$ 727$_{R2–3}$ **5,** 766^{249}

– *Conjectures concerning the formation of the earth (1793)* **1,** 973_{29} **2,** 943_{15-16} **5,** 509_{29}
– – *Abdruck u.d.T. »Letter to Abbé Soulavie […] on the theory of the earth« (1793)* **1,** 973_{22-23} **2,** 943_{15-16} **5,** 509_{26-27}
– *Experiments and observations on electricity (1751)* **1,** 605_{27-29} **4,** 290_{30} 291_{3-4} 654^{108} 677^{212} **5,** 873^{907}
– – *Briefe von der Elektricität (dt. von J.C. Wilcke 1758; Nachdruck 1983)* **1,** 605_{31-33} 808_{R12-13} **4,** 635^{39} $637^{41.\ 42}$ 647^{88} 653^{106} 654^{107} 655^{108} 656^{111} 659^{125} 660^{131} 665^{151} 693^{277} **5,** 772^{296} 775^{308} 778^{315} 870^{892} 871^{893}
– – *^{4}1769* **1,** 34_{R12-13} 175_{14-17} 312_{R18-19} 489_{R5-7} 506_{11-13} 533_{R1-2} 550_{R5-6} 605_{29-30} 798_{R20-21} 800_{R15-18} 808_{8-10} **2,** 913_{15-16} **4,** 11_{1} 410^{161} 414^{196} 519^{109} **5,** 761^{199} 773^{296} 824^{589} $863^{855.\ 857}$ $864^{862.\ 863}$ $871^{893.\ 897}$ 872^{899} 873^{911} 888^{964} **6,** 550 (*450*)
– – – *Letter LVI. to Miss S-------n, at Wanstead*
– – – – *Achter Brief an Miß Stewenson zu Wanstead (dt. in Sämmtliche Werke, übers. von G.T. Wenzel 1780)* **4,** 622^{529}
– – – *Letter LVII. to Lord K. at Edinburgh*
– – – – *Ueber die Musik (Auszug eines Briefs an Lord Kairns zu Edinburgh) (dt. von G. Schaz 1794)* **1,** 947_{31-32}
– – *Ausg. 1941* **4,** 641^{63} $654\text{-}655^{108}$ 654^{107} 663^{142} 667^{155} 692^{277} $695^{280.\ 282}$ 728^{439} 729^{442}
– *Extrait des suppositions & des conjectures sur la cause des aurores boréales (1779)* **5,** 482_{18} 483_{15}
– – *Auszug der Muthmaßungen über die Ursache der Nordlichter (dt. 1780)* **1,** 812_{4-5} **5,** 482_{19}
– *Hydraulic and nautical observations on the currents in the Atlantic Ocean (1787) [zus. mit T. Pownall]* **1,** 726_{R11}
– *Meteorological imaginations and conjectures (1785)* **1,** 781_{R23-25} 810_{R9-10} **5,** 459_{32-33}
– – *Meteorologische Gedanken und Vermuthungen (dt. 1787)* **1,** 781_{R25} 810_{R5-6} **5,** 459_{33} 851^{770}
– *Of the stilling of waves by means of oil (1774)* **5,** 664^{643}
– *Political, Miscellaneous, and Philosophical Pieces (1779)*
– – *Suppositions and conjectures towards forming an hypothesis, for the explanation of the Aurora borealis*
– – – *dt. in ders., Sämmtliche Werke 2 (1780)* **1,** 812_{3-4} **5,** 482_{20} 483_{20} 887^{960}
– – *On the vis inertiae of matter* **1,** 86_{28}
– – – *Ueber die Kraft der Trägheit in der Materie (dt. von G.T. Wenzel 1780)* **3,** 513^{63} 514^{64}
– *Queries and conjectures relating to magnetism, and the theory of the earth (1793)* **5,** 509_{29}
– *Sämmtliche Werke (dt. von G.T. Wenzel 1780)* **1,** 605_{34-35}
– *The papers (1959–)*
– – *10: 1966* **4,** 410^{161} 414^{196}
Frankreich, Karl X., König von Frankreich, Graf von Artois (1757–1836) **1,** 558_{14-15} **2,** 511_{22} **4,** 715^{364}
Frankreich, Louis Philippe, König von (1773–1850) **4,** 715^{364}
Frankreich, Ludwig XIII., König von (1601–1643) **1,** 644_{3}

Frankreich, Ludwig XIV., König von (1638–1715) **2,** 673_{33} 674_{13} 711_{20} **5,** 103_{31} 104_{27} 259_{5}
Frankreich, Ludwig XV., König von (1710–1774) **1,** 648_{14} **4,** 256_{21} **5,** 105_{17} 470_{13} 684^{804} **6,** 167 (200)
Frankreich, Ludwig XVI., König von (1754–1793) **2,** 758_{13} **4,** 715^{364} 816^{311}
Frantz, NN **5,** 13_{11} 72_{8}
Franz I. Stephan, röm.-dt. Kaiser (1708–1765) **2,** 589^{*} **5,** 476_{19-20} 597^{183}
Franz, Johann Michael (1700–1761)
– *Avertissement des heritiers de Homann, sur la construction de grands globes (1746)* **1,** 667_{27-29}
François, Samuel Jean (ca. 1730 – 1800)
– *Description d'une machine à feu, pour élever l'eau sans piston (1783)* **4,** 154_{29}
Frauenholz, Johann Friedrich (1758–1822) **2,** 793_{17} **5,** 212_{5}
Fraunhofer, Josef (v.) (1787–1826)
– *Beugung des Lichts* **4,** 493^{296}
Schriften
– *Bestimmung des Brechungs- und Farbenzerstreuungs-Vermögens verschiedener Glasarten, in Bezug auf die Vervollkommnung achromatischer Fernröhre (1814–1815)* **4,** 481^{252} 484^{263}
Fresneau, François (1703–1770) **3,** 84_{11}
Fresnel, Augustin Jean (1788–1827)
– *Beugung des Lichts* **4,** 493^{296}
Frey, Johann Adam (1720 – nach 1784) **3,** $175_{20.\,27}$ **5,** 36_{29} 81_{30} 184_{2}
Friedländer, Michael (1769–1824)
Herausgeber
– *Französische Annalen für die allgemeine Naturgeschichte (1802–1803)* **2,** 457^{*}
Friedrich der Große, s. Preußen, Friedrich II., König in / von, gen. der Große.
Friedrich I., gen. Barbarossa, röm.-dt. Kaiser (1122–1190) **2,** 843_{22} **5,** 419_{8} 421_{34}
Friedrich II., s. Dänemark, Friedrich II., König von; Preußen, Friedrich II., König in / von, gen. der Große.
Friedrich Wilhelm, s. Preußen, Friedrich Wilhelm II., König von.
Frisi, Paolo (1728–1784)
– *Mondbewegung* **1,** 689_{R28}–690_{R1}
Schriften
– *Opera (1782–1785)*
– – *3: Cosmographia, physica, et mathematica (1785)* **1,** 690_{R1-2}
– *Opuscoli filosofici (1781)* **1,** 820_{R31-32} **5,** 760^{196}
– – *Rezension 1781* **1,** 820_{R22-23}
Frobel, Johann Karl von (1726–1789)
– *Ueber […] das große Wasser […] und den […] anhaltenden ungewöhnlichen Nebel (1783)* **1,** 781_{R9-13}
Frobesius, Johannes Nicolaus (1701–1756)
– *Nova et antiqua luminis atque aurorae borealis spectacula (1739)* **5,** $890^{970.\,971}$
Frost, Alan (*1943)
– *Matra, James Mario (Maria) (1746–1806) (2005)* **5,** 805^{457}
Fryer, Edward (1761–1826)
– *Dissertatio […] cogitationes […] de vita animantium et vegetantium complectens (1785)* **1,** 521_{31-33}
Fuchs, Conrad Heinrich (1803–1855) **6,** XCI XCIV
Füchsel, Georg Christian (1722–1773)
– *Historia terrae et maris (1761)* **1,** 852_{26-27}

Fulda, Friedrich Karl (1724–1788)
– *Über Cosmogonie, Androgonie und Menschengeschichte nach der Noachischen Flut (1792)* **2,** 943_{8-12} **5,** 509_{30}
Fulda, Friedrich Karl von (1774–1847)
– *Über Feuer-Kugeln (1797)* **1,** 972_{12-13}
Fulton, Robert (1765–1815)
– *dampfgetriebenes Schiff* **2,** 443–444*
Funck, Johann Michael (um 1725)
– *vertikal- und Horizontalsonnenuhr mit Kompaß* **6,** 392 (**178*)
Funk, Christlieb Benedict (1736–1786)
– *Modell des Erdkörpers* **6,** 269 (*334*)
Schriften
– *Anfangsgründe der mathematischen Geographie (1771)* **1,** 830_{36-38}
– *Anweisung zum Gebrauch der Erdkegel und Erdplanisphären (1781)* **6,** 270 (334)
– *Anweisung zur Kenntniss der Gestirne auf zwey Planiglobien und zween Sternkegeln (1777)* **5,** $212_{19-20.\ 24-25}$ **6,** 270 (334)
– *Anweisung zur Kenntniß der Gestirne vermittelst zweener Sternkegel (1770)* **1,** 640_{20-23} **6,** 270 (334)
– *Bequeme, wohlfeile und niedliche Vorstellung des Erdkörpers (1780)*
– – *Rezension 1780* **6,** 269 (334)
– *De ascensu fluidorum in tubis capillaribus (1773)* **1,** 200_{R6-9}
– *[gestochen von Georg Friedrich Jonas Frentzel] Nördliche und südliche Erd-Oberfläche (1781)* **1,** 759_{23-27} **5,** 423_7
– – *Rezension 1781* **6,** 273 (337)
– *Natürliche Magie (1783)* **1,** 32_{16-17}
Herausgeber
– *Leipziger Magazin zur Naturkunde, Mathematik und Oekonomie (1781–1785)* **1,** 59_{12}
Fuss, Nikolaus (v.) (1755–1826)
– *künstliche Magnete* **1,** 617_{23} 628_{4-5} **4,** 348_{22} 349_3 368_{19}
Schriften
– *Auszug aus einem Schreiben des russ. kaiserlichen Staatsrath N. Fuss (1811)* **2,** 727*
– *Instruction détaillée pour porter les lunettes de toutes les différentes especes au plus haut degré de perfection (1774)*
– – *Umständliche Anweisung, wie alle Arten von Fernröhren in der größten Vollkommenheit zu verfertigen sind (1778)* **1,** 417_{36-40}
– *Observations et expériences sur les aimans artificiels (1782)* **1,** 614_{14-18} 617_{23-26} **4,** 349_3 369_{8-9} 756^{48} 785^{181}

Gabler, Matthias (1736–1805)
– *Magnet*
– – *künstlicher* **4,** 358_{27} 788^{194}
– – *Theorie* **2,** 550_{18} 551_1 552_1 **4,** 345_{26} 357_7 359_{15} 361_{19} 362_{15} 363_3 366_{26} 367_{3-14} 378_8 747^{17}
– – *Tragkraft* **4,** 771^{111}
– *Nordlicht* **2,** 925_{37}
– *zur Person* **2,** 550_{21}
Schriften
– *Naturlehre (1778)* **1,** 46_{36-37}
– *Naturlehre (1778–1780)* **4,** 772^{115} 776^{135}
– – *Exzerpt zum Magnetismus* **4,** 358_{15}–359_{13}
– *Theoria magnetis (1781)* **1,** 635_{35-36} **2,** 550_{22} **4,** 345_{26} 357_7 747^{17} 748^{22} 750^{24} 754^{39} 755^{41} $772^{115.\ 117}$ 773^{125} $774^{126.\ 127}$ 776^{134} 781^{160} 807^{266}

Gadolin, Jacob (1719–1802)
– *Dissertatio philosophica sistens anemometrum novum (1760)* **1,** 767_{12-13}
Gadolin, Johan (1760–1853)
– *Wärmelehre* **4,** 199_{20} $201_{6.\ 20}$ 202_{21}
Schriften
– *Dissertatio chemico-physica de theoria caloris corporum specifici (1784) [zus. mit N. Maconius]* **1,** 512_{37-39} **4,** 203_{19-20}
– *Einige Bemerkungen über die Natur des Phlogistons (1788)*
– – *Anzeige 1790* **1,** 516_{R3-5}
– *Rön och anmärkningar om kroppars absoluta varme (1784)*
– – *Versuche und Bemerkungen über der Körper absolute Wärme (dt. 1786)* **1,** 513_{R1-3}
– – – *Rezension 1786* **1,** 513_{R3-4}
Gärtner, Christian (1705–1782) **2,** 708_{26}
Galenos, Klaudios (129–199) **4,** 379_{8}
– *De symptomatum causis (Περὶ αἰτιῶν συμπτομάτων)* **4,** 65_{1}
– *De temperamentis (Περὶ κρασεῶν)* **4,** 80_{25-26}
– *Opera*
– – *Ausg. (C.G. Kühn) Leipzig 1821–1833* **4,** 811^{289}
Galilei, Galileo (1564–1642) **1,** 41_{14}
s.a. Fernrohr – Galileisches (holländisches); Gesetz – Galileisches; Versuche (Mechanik) – Galileis Fallversuch.
– *Auseinandersetzung mit der Kirche* **5,** 39_{3-13} 81_{31-34}
– *Barometer* **3,** 417_{25}
– *Entdeckung der begrenzten Förderhöhe von Saugpumpen* **1,** 240_{36} **2,** 229_{35} 957_{36} **3,** 383_{27}
– – *zunächst nicht richtig erklärt* **1,** 241_{12-13}
– *Entdeckung des Fernrohrs* **1,** 406_{11} **4,** 435^{66} **5,** 39_{7}
– *Erfindung des Luftthermometers* **1,** 462_{R7}
– *Fallbewegung* **1,** 116_{16} **2,** 110_{40} 111_{20} 112_{36} 122_{20} 621_{39} $622^{\dagger}$ **3,** 203_{32} 235_{1-2} **5,** 39_{8}
s.a. Fallbewegung.
– – *Versuche* **1,** 116_{R4-17} 122_{R2} **2,** 23_{4} 88_{39} 101_{21} 102_{24} 104_{12} **3,** 56_{4}
– *Jupitermonde* **1,** 690_{7} **2,** 748_{20} **5,** 39_{7} 155_{29}
– *Lehrer Torricellis* **2,** 957_{31}
– *Mondberge* **2,** 704_{11} 705_{3} **5,** 119_{27} 261_{17}
– *Phosphoreszenz des Schwerspats* **1,** 341_{R5}
– *Saturnring* **2,** 750_{23} **5,** 157_{31} $278_{8.\ 14-15}$
– *Sonnenflecken* **2,** 729^{*} **5,** 46_{32} 48_{13} 586^{106}
– *Wurfparabel* **1,** 119_{30} **3,** 454^{76}
Schriften
– *De motu (Ms. ca. 1590)*
– – *Ausg. in ders., Le opere, 1 (1890)* **3,** 595^{12}
– *Dialogo (1632)*
– – *Dialog über die beiden hauptsächlichsten Weltsysteme (dt. von E. Strauss 1892; Nachdruck 1981)* **3,** 457^{99}
– – *Dialogus de systemate mundi (lat. 1635)* **1,** 719_{18-19}
– *Discorsi e dimostrazioni mathematiche, intorno a due nuove scienze (1638)*
– – *Unterredungen und Demonstrationen über zwei neue Wissenszweige (dt. von A. v. Oettingen 1890; Nachdruck 1973)* **3,** 454^{76} 461^{124} 562^{150}
– *Il saggiatore (1623)* **3,** 453^{74}
– *Opere (1656)* **1,** 47_{40-41}
– – *Nuova ed. 1718* **1,** 47_{42-43}

– – – *Della scienza meccanica* **1,** $157_{18–19}$
– – – *Discorsi* **1,** $157_{20–24}$
– – – *Discorso intorno alle cose, que stanno su l'Acqua* **1,** $186_{21–24}$
– *Sidereus nuncius (1610)* **5,** 645^{520} 720^{1022}
– – *Sidereus Nuncius. Nachricht von neuen Sternen (dt. von M. Hossenfelder 1965)* **4,** 435^{66}
– – *Ausg. in ders., Opere, 2 (1744)* **1,** $691_{5–6}$
Gall, Franz Joseph (1758–1828)
– *Sehen* **2,** 401*
Gallisch, Friedrich Andreas (1754–1783)
Übersetzer
– *[1783] Duchanoy, Essais sur l'art d'imiter les eaux minérales (1780)* **1,** 271_{R9}
Gama, Vasco da (1469–1524) **4,** 783^{166}
Gamauf, Gottlieb (1772–1841)
– *Erinnerungen aus Lichtenbergs Vorlesungen über Astronomie (1814)* **5,** 592^{146}
– *Erinnerungen aus Lichtenbergs Vorlesungen über Erxlebens Anfangsgründe der Naturlehre (1808–1812)* **2,** $648_{15–16}$ **3,** 447^{27}
– – *Rezension 1814* **3,** 572^{226}
Garcin, Laurent (1683–1752) **5,** 790^{360}
Garden, George (1649–1733)
– *Extracts of two letters [...]; one concerning the causes of several winds (1685)* **1,** $765_{31–32}$ **5,** 373_9
Gardiner, William
– *Motus lunaris accuratior delineatus (1772)* **5,** 52_9 53_2 54_7
Gardini, Francesco Giuseppe (1740–1816) **4,** 649^{96}
Garrick, David (1717–1779) **4,** $274_{21–22}$
Gaspari, Adam Christian (1752–1830)
– *Höhe des Mont Blanc* **2,** 824*
Gassendi, Pierre (1592–1655) **1,** 41_{11}
– *Elektrizität* **2,** 493_{18}
– *Erklärung der Schwere* **3,** 200_{10}
– *Fallbeschleunigung* **3,** 204_3
– *Nordlicht* **5,** 489_5
– *Quellen* **2,** 826_{11} **5,** 330_{17}
– *Saturnring* **5,** 278_{16}
– *Schall* **4,** 12_3
– *Teilbarkeit geht nicht ins Unendliche* **3,** 77_{12}
– *Venusdurchgang* **2,** 651_{30} **5,** 92_{25}
Schriften
– *Animadversiones in decimum librum Diogenis Laertii (1649)* **5,** $419_{19–20}$ 897^{1003}
– *Opera omnia (1658)* **4,** 279_5 **5,** 890^{972} 897^{1003}
– – *Ausg. Florenz 1727* **4,** 393^{40} 394^{42} **5,** 231_{35} 232_{28}
– *Tychonis Brahei [...] vita (1654)*
– – *Ausg. in ders., Opera 6 (1727)* **5,** 651^{569}
Gassner, Johann Joseph (1727–1779) **4,** 310_{33}
– *Apotheose* **1,** 547_{R12}
– *Exorzist* **4,** 383_9
Gatterer, Johann Christoph (1727–1799) **1,** 961_{34} **5,** 747^{79} **6,** 266 (*331*)
– *Deklinatorium* **5,** 819^{548}
– *Hauptgebirgszüge Eurasiens* **1,** 731_8 **2,** 823_7 **5,** 327_{32}
– *Meteorologie* **1,** 826_{R27} **5,** 498_3
– *Name Polynesien für Australien* **2,** 813_5
Schriften
– *Abriß der Chronologie (1777)* **5,** 635^{444}
– *Abriß der Geographie (1775)* **1,** $732_{16–17}$ **5,** 318_{20} 322_{24} 614^{311} 707^{958} 739^{16} $740^{19.\ 24}$ 741^{35} 747^{77}

– *Kurzer Begriff der Geographie (1789)* **5**, 909^{1060}
– – *^{2}1793* **5**, 321_{1-2} 742^{35}
Gauß, Karl Friedrich (1777–1855) **2**, $622^{\dagger}$
– *Asteroiden* **2**, $755_{22.\,33}$ $756_{17.\,33}$ 757_{11}
– *Beurteilung Apels* **6**, CV
– *Physik an der Universität Göttingen* **6**, LXXIX LXXXII–LXXXIII LXXXVI LXXXVIII CVIII
– *Sternwarte* **6**, XCIII^{338}
– *Verbindung mit Weber* **6**, LXXIX LXXXIX XCV
Schriften
– *Aus einem Schreiben des Herrn Professors Gauss (1812)* **2**, 755^{*}–756^{*}
– *Beobachtungen und Berechnungen [...] und Tafeln fürs Höhenmessen mit dem Barometer (1818 [1815])* **2**, 1018_{13}
– *Den Kennern der höhern Geodäsie [...] (1821) [Nachricht über den Heliotrop]* **6**, 521 (423)
– *Neue Aussicht zur Erweiterung des Gebiets der Himmelskunde (1813)* **2**, 788^{*}
– *Über eine Aufgabe der sphärischen Astronomie (1808)* **6**, 521 (423)
Gaussen, Jean (1737–1809)
– *Dissertation sur le thermometre de Réaumur (1789)* **1**, 468_{R29-30}
– – *Auszug 1790* **1**, 468_{R32-34}
Gay-Lussac, Louis Joseph (1778–1850) **2**, 992_{32}
– *Expériences sur les moyens eudiométriques, et sur la proportion des principles constituans de l'atmosphère (1805)* **2**, $262\text{-}263^{*}$
– – *Versuch über die eudiometrischen Mittel, und über das Verhältniß der Bestandtheile der Atmosphäre (dt. von L.W. Gilbert 1805)* **2**, 263^{*}
Gedda, Peter Niklas von (1736–1814)
– *Beskrifning på en ny Iconantidiptisk tub (1782)*
– – *Beschreibung eines neuen Iconantidiptischen Fernrohrs (dt. von A.G. Kästner 1785)* **4**, 57_{27}
– *Mémoire sur une nouvelle methode de construire des hygrometres correspondance (1784)* **1**, 283_{24-26}
Gedike, Friedrich (1754–1803)
– *Verba valent sicut nummi (1789)* **5**, 590^{130}
Gehlen, Adolph Ferdinand (1775–1815) **2**, 480^{*} 529^{*} 900^{*}
Gehler, Johann Samuel Traugott (1751–1795)
– *Höhe des Mont Blanc* **2**, 824^{*}
Schriften
– *Physikalisches Wörterbuch (1787–1796)* **2**, 27_{28} 162_{18} **3**, 281_{3} 465^{155} 694^{126} **4**, 687^{250} 692^{272}
– – *Art. Abweichung der Magnetnadel* **4**, 758^{50} **5**, 421_{25}
– – *Art. Abweichung, dioptrische* **4**, 436^{74} 437^{75}
– – *Art. Abweichungskreis* **5**, 570^{14}
– – *Art. Adhäsion* **3**, 610^{102}
– – *Art. Aether* **4**, 459^{162}
– – *Art. Alaun* **3**, 625^{64}
– – *Art. Anomalie* **5**, 631^{417}
– – *Art. Aräometer* **1**, 174_{R31-32} **2**, 168_{14-15} **3**, 607^{72}
– – *Art. Atmometer* **5**, 447_{34}
– – *Art. Atome* **3**, 71_{9} 472^{189}
– – *Art. Aufgang der Gestirne* **5**, 571^{16} 578^{66}
– – *Art. Auflösung* **3**, 621^{47} **4**, 601^{436}
– – *Art. Auge* **1**, 396_{1} **4**, 475^{232} **6**, 179 (*218*) 180 (*218*)
– – *Art. Auslader* **6**, 249 (306) 250 (307)
– – *Art. Barometer* **2**, 964^{*} **3**, 684^{44} 685^{49} 686^{53} 730^{442} **4**, 676^{205}

6, 141 (*174*) 142 (*176*) 142 (*175*) 143 (*177*) 144 (*178*)
– – *Art. Batterie, elektrische* **6,** 212 (*265*)
– – *Art. Beugung des Lichts* **4,** 493^{297} **6,** 431 (*[*230]*)
– – *Art. Bewegbarkeit* **3,** 510^{46}
– – *Art. Bewegung* **2,** 63$_{18-19}$ **3,** 164$_{8}$ 503^{7} 510^{47}
– – *Art. Bild* **4,** 424^{40}
– – *Art. Bittersalzerde* **4,** 782^{164}
– – *Art. Blitz* **1,** 796$_{R18}$
– – *Art. Brechung der Lichtstrahlen* **4,** 425^{43}
– – *Art. Brennspiegel* **4,** 82$_{5}$
– – *Art. Centralbewegung* **3,** 505^{16}
– – *Art. Centralkräfte* **3,** 505^{16}
– – *Art. Chymie* **5,** 871^{894}
– – *Art. Clavier, elektrisches* **1,** 538$_{R3-4}$
– – *Art. Cohäsion* **3,** 488^{108} 610^{102} **5,** 574^{44}
– – *Art. Compaß* **2,** 843$_{27}$ **5,** 421$_{32-33}$ 820$^{552.\ 553}$
– – *Art. Dampfmaschine, Feuermaschine* **1,** 444$_{R15}$ 951$_{20}$ **2,** 438$_{14}$ 439$_{3}$
– – *Art. Donnerhaus* **6,** 274 (*338*)
– – *Art. Druck* **6,** 63 (*57*)
– – *Art. Druckwerk* **3,** 705^{229}
– – *Art. Echo* **4,** 390^{20}
– – *Art. Elasticität, absolute* **1,** 300$_{R14-15}$
– – *Art. Elasticitätszeiger* **3,** 691^{99}
– – *Art. Elektricität* **1,** 579$_{R5}$ **4,** 627^{7} 647^{85} 674^{193}
– – *Art. Elektricitätssammler des Cavallo* **6,** 256 (*316*)
– – *Art. Elektrisirmaschine* **4,** 679^{222}
– – *Art. Elektrometer* **4,** 692^{272} 696^{283} 697^{288} 698^{296} 700^{303} 701^{304} 702^{305}
– – *Art. Elektrophor* **2,** 541*
– – *Art. Erdbeben* **5,** 928^{1264}
– – – *Exzerpt* **5,** 531$_{6}$
– – *Art. Erdkugel* **3,** 571^{221} **5,** 320$_{1}$ 592^{148} 739^{17}
– – *Art. Eudiometer* **3,** 446^{14} 703^{206} 704^{208} **6,** 124 (*143*) 472 (*382*)
– – *Art. Explosion* **4,** 393^{34}
– – *Art. Fall der Körper* **5,** 838^{683}
– – *Art. Farben* **1,** 391$_{R7-8}$
– – *Art. Farbenzerstreuung* **4,** 470^{216} 482^{258} 484^{265}
– – *Art. Fernrohr* **4,** 431^{55}
– – *Art. Feuer* **4,** 494$^{1.\ 2}$
– – *Art. Fixsterne* **5,** 603^{223} 681^{783}
– – *Art. Flasche, geladne* **1,** 579$_{R1-3}$ **4,** 659^{124} 804^{258}
– – *Art. Flaschenzug* **3,** 527^{1}
– – *Art. Flüßig* **3,** 593^{1}
– – *Art. Gas* **3,** 700^{170} 701^{178} 720^{337} **4,** 630^{18}
– – *Art. Geographie* **5,** 738^{3}
– – *Art. Geologie* **5,** 814^{519}
– – *Art. Gleichung der Zeit* **5,** 640^{474}
– – *Art. Gravitation* **3,** 572^{224}
– – *Art. Halbmetalle* **4,** 764^{83}
– – *Art. Heber* **3,** 715^{297} **6,** 137 (*165*)
– – *Art. Heber, anatomischer* **6,** 62 (*56*)
– – *Art. Himmel* **5,** 598^{189}
– – *Art. Höfe um Sonne und Mond* **1,** 792$_{R3-4}$
– – *Art. Höhenmessung, barometrische* **3,** 456^{93}
– – *Art. Hydrostatik* **3,** 593^{3}
– – *Art. Hygrometer* **3,** 711$^{269.\ 273}$ 712^{275} 715^{293} **6,** 128 (*152*) 479 (*388*)
– – *Art. Hypomochlion* **3,** 535^{23}
– – *Art. Indifferenzpunkt* **3,** 567^{196}
– – *Art. Jahr* **5,** 632^{421}
– – *Art. Kälte* **4,** 574^{293} **5,** 784^{334}
– – *Art. Kalender* **5,** 633$^{432.\ 433}$
– – *Art. Kalkerde* **3,** 628^{97}
– – *Art. Keil* **3,** 529^{1}
– – *Art. Knallkügelchen* **3,** 683^{39}
– – *Art. Krystallisation* **3,** 622^{53}

– – *Art. Länge, geographische der Orte* **5,** 588[115]
– – *Art. Lampe, elektrische* **2,** 525$_{36}$ **4,** 736[479]
– – *Art. Leere* **3,** 481[59] 482[68] 486[93]
– – *Art. Leidner Vacuum* **6,** 240 (292)
– – *Art. Leuchtende Körper* **5,** 718[1003]
– – *Art. Licht* **1,** 342$_{R1-5}$ 343$_{R21-22}$ **4,** 416[2] 461[168]
– – *Art. Luft* **3,** 708[250] 710[264] **4,** 548[203]
– – *Art. Luftelektricität* **5,** 896[997] 897[1000]
– – *Art. Luftelektrometer* **6,** 224 (277) 226 (278)
– – *Art. Luftelektrophor* **4,** 685[238]
– – *Art. Luftkreis* **2,** 856[*] **3,** 686[55]
– – *Art. Luftpumpe* **3,** 690[93. 94. 96] 691[98]
– – *Art. Magnet* **4,** 747[17] 753[33] 754[40. 41] 755[47] 761[73] 769[104] 770[109] 771[114] 779[147] 784[172. 173] 785[176] 793[214] 802[244]
– – *Art. Magnetnadel* **4,** 780[151]
– – *Art. Manometer* **3,** 687[64] 688[65]
– – *Art. Mars* **5,** 644[514]
– – *Art. Maschinen* **3,** 525[1]
– – *Art. Masse* **3,** 478[38]
– – *Art. Mathematik* **3,** 459[111]
– – *Art. Meile* **5,** 804[454]
– – *Art. Merkur* **5,** 724[1059]
– – *Art. Mikrometer* **6,** 192 (232)
– – *Art. Mikroskop* **4,** 431[56]
– – *Art. Mineralien* **5,** 814[519]
– – *Art. Mittagskreis, erster* **5,** 740[27]
– – *Art. Mittelpunkt des Schwunges* **3,** 545[82]
– – *Art. Mittheilung* **4,** 772[114]
– – *Art. Mond* **5,** 625[387. 388]
– – *Art. Mondflecken* **5,** 717[996]
– – *Art. Muskeln* **2,** 81$_{14}$
– – *Art. Nebel* **5,** 851[766. 768]
– – *Art. Neigung der Magnetnadel* **4,** 759[59]
– – *Art. Neunzigster* **5,** 676[738]
– – *Art. Neutralsalze* **3,** 627[86]
– – *Art. Niederschlag* **3,** 627[83]
– – *Art. Nordlicht* **5,** 489$_{24-25}$ 885[952] 891[974] 893[982] 895[989] 898[1007]
– – *Art. Parkerische Maschine* **5,** 754[136]
– – *Art. Passatwinde* **5,** 762[204]
– – *Art. Pendel* **6,** 207 (256)
– – *Art. Pfund* **3,** 604[49]
– – *Art. Phlogiston* **1,** 516$_{R9-10}$ **3,** 642[186]
– – *Art. Phosphorus* **4,** 416[6] **6,** 558 (*461*)
– – *Art. Pistole, elektrische* **4,** 737[479]
– – *Art. Planisphär* **6,** 270 (*335*)
– – *Art. Polyeder* **4,** 427[49]
– – *Art. Polyeder, Rautenglas* **6,** 166 (*199*) 167 (*200*)
– – *Art. Porosität* **3,** 478[40]
– – *Art. Potenzen, mechanische* **3,** 540[51] **6,** 30 (25)
– – *Art. Prisma, gläsernes* **6,** 172 (*210*)
– – *Art. Pumpe* **3,** 686[57]
– – *Art. Pyrometer* **4,** 551[213]
– – *Art. Quadrant, astronomischer* **6,** 290 (**19*)
– – *Art. Rad an der Welle* **6,** 32 (25*b*)
– – *Art. Rad, elektrisches* **4,** 498[28]
– – *Art. Regenbogen* **3,** 454[80]
– – *Art. Reiben* **3,** 489[115] 550[108] 551[113]
– – *Art. Rolle* **3,** 527[1]
– – *Art. Rückschlag* **5,** 874[913]
– – *Art. Salze* **3,** 624[58]
– – *Art. Saugen* **3,** 686[57]
– – *Art. Saugwerk* **6,** 117 (*125*)
– – *Art. Schall* **1,** 311$_{R4}$
– – *Art. schiefe Ebne* **3,** 528[1]
– – *Art. Schnellwage* **3,** 531[5]
– – *Art. Schraube* **3,** 530[1] **6,** 34 (25*c*)

– – *Art. Schwere der Erdkörper* **5,** 705[949]
– – *Art. Schwere, specifische* **3,** 604[48] 709[260] 710[265]
– – *Art. Schwerpunkt* **3,** 538[33]
– – *Art. Schwimmen* **1,** $184_{R4–5}$ **2,** 179_{25} **3,** 463[131] 597[17] 603[43] 606[63] 607[70]
– – *Art. Sehen, Gesicht* **1,** $396_{1. 29}$ **4,** 477[247]
– – *Art. Sonne* **4,** 455[147]
– – *Art. Sonnenflecken* **5,** 585[103. 105] 628[399]
– – *Art. Sonnenmikroskop* **5,** 890[973]
– – *Art. Sonnenzeit* **5,** 640[474]
– – *Art. Spiegelteleskop* **4,** 440[89]
– – *Art. Spitzen, elektrisirte* **4,** 647[86] 665[151]
– – *Art. Springbrunnen* **4,** 537[166]
– – *Art. Stechheber* **3,** 680[9]
– – *Art. Sternkarten* **5,** 684[804. 805]
– – *Art. Südlicht* **5,** 487_{25} 899[1013]
– – *Art. Thau* **5,** 844[700]
– – *Art. Theilbarkeit* **3,** 487[104]
– – *Art. Thermometer* **6,** 502 (*406*)
– – *Art. Thierkreislicht* **5,** 630[411]
– – *Art. Ton* **4,** 409[148. 152]
– – *Art. Turmalin* **4,** 738[485] **5,** 919[1169]
– – *Art. Undurchdringlichkeit* **3,** 480[53]
– – *Art. Untergang der Gestirne* **5,** 571[16]
– – *Art. Venus* **5,** 643[502]
– – *Art. Versuch* **3,** 460[123]
– – *Art. Verwandschaft, chymische* **3,** 714[285] **4,** 461[168]
– – *Art. Vesicularsystem* **3,** 632[118]
– – *Art. Vitriol* **3,** 625[63]
– – *Art. Vitriolsäure* **4,** 630[17]
– – *Art. Vulkane*
– – – *Exzerpt* **5,** 529_{24}–530_{6}
– – *Art. Wärme, specifische* **4,** 598[417] 612[483]
– – *Art. Wärme, thierische* **4,** $204_{9–10}$
– – *Art. Wage* **3,** 526[1] 530[4] 598[23] **6,** 439 (*352*) 440 (*353*)
– – *Art. Wasser* **3,** 594[9]
– – *Art. Wasserhammer* **4,** 519[109] **6,** 11 (*14*)
– – *Art. Wasserwägen* **4,** 397[58] **5,** 930[4]
– – *Art. Weingeist* **3,** 729[434]
– – *Art. Weltsystem* **5,** 599[191] 603[221]
– – *Art. Wetterharfe* **1,** 944_{28}
– – *Art. Widerstand der Mittel* **1,** 307_{R12}
– – *Art. Windbüchse* **3,** 594[8]
– – *Art. Windkugel* **3,** 677[349]
– – *Art. Wirkung* **1,** 146_{R19}
– – *Art. Zeit* **5,** 640[474]
– – *Art. Zimmer, verfinstertes* **6,** 182 (*219*) 184 (*221*) 186 (*221*)
– – *Art. Zitterfische* **2,** 543_{22} **4,** 643[73]
– – *Art. Zurückwerfung der Lichtstralen* **1,** $353_{R6–7}$
– – *Art. Zwischenräume der Körper* **3,** 478[10]
– – *Zusatz Art. Abweichung der Magnetnadel* **5,** 758[184]
– – *Zusatz Art. Ammoniak* **3,** 626[75]
– – *Zusatz Art. Auflösung* **3,** 621[47] **4,** 601[437]
– – *Zusatz Art. Barometer* **5,** 760[196]
– – *Zusatz Art. Berge* **1,** 967_{3}
– – *Zusatz Art. Berlinerblausäure* **3,** 676[336]
– – *Zusatz Art. Dammerde* **3,** 730[437]
– – *Zusatz Art. Erdkugel* **5,** 510_{24}
– – *Zusatz Art. expansible Flüßigkeiten* **3,** 573[230]
– – *Zusatz Art. Laugensalze* **1,** $927_{10–11}$
– – *Zusatz Art. Luft* **1,** $954_{21–22}$
– – *Zusatz Art. Metalle* **3,** 629[98]
– – *Zusatz Art. Phlogiston* **3,** 642[186]
– – *Zusatz Art. Raupensäure* **3,** 659[265]

-- *Zusatz Art. Salzsäure, dephlogistisirte* **4**, 566[262]
-- *Zusatz Art. Schwere, specifische* **3**, 610[93]
-- *Zusatz Art. Thermometer* **1**, 954$_{20}$
-- *Zusatz Art. Verbrennung* **3**, 697[148]
– *Physikalisches Wörterbuch. Neu bearbeitet von Brandes [...] (1825–1845)* **4**, 783[170]
-- *Art. Adhäsion* **3**, 614[4]
-- *Art. Compensation* **4**, 503[63] 505[64]
-- *Art. Elektricität* **4**, 691[266] 730[454]
-- *Art. Elektrometer* **4**, 702[305]
-- *Art. Elektrophor* **4**, 653[103]
-- *Art. Grundeis* **4**, 512[81]
-- *Art. Lampe* **4**, 737[479]
-- *Art. Magnetismus* **4**, 756[47] 778[141]
-- *Art. Schall* **4**, 393[33]
-- *Art. Thermometer* **4**, 544[196] 546[198] 549[205]
-- *Art. uneigentliche Luftpumpe* **4**, 528[136]
-- *Art. Wärmesammler* **4**, 625[541]
-- *Tafeln* **4**, 430[53]
Übersetzer
– *[1776–1778] Deluc, Recherches sur les modifications de l'atmosphère (1772)* **1**, 128$_{39}$–129$_{1}$
– *[1779] Cavallo, Treatise (1777)* **4**, 687[248]
– *[1781–1782] Deluc, Lettres physiques et morales (1778–1779)* **5**, 383$_{34}$
– *[1784–1785] Faujas de St. Fond, Description des expériences de la machine aérostatique (1783–1784)* **1**, 295$_{4}$
– *[1796] Fourcroy, Philosophie chimique (^{2}1794)* **1**, 926$_{38}$
Geijer, Bengt Reinhold (1758–1815)
– *Sätt, att nyttja eldsluft till blåsrörsförsök (1784)*
-- *Art die Feuerluft bey Versuchen mit dem Löthrohr zu gebrauchen (dt. von A.G. Kästner 1786)* **1**, 266$_{R7-8}$
--- *Rezension 1786* **1**, 266$_{R9}$
– *Smältnings-försök med eldsluft (1784)*
-- *Schmelzversuche mit Feuerluft (dt. von A.G. Kästner 1786)* **1**, 266$_{R7-8}$
--- *Rezension 1786* **1**, 266$_{R8-9}$
Geisler, Johann Gottlieb (1753–1816)
– *Der Uhrmacher oder Lehrbegrif der Uhrmacherkunst (1793–1799)* **5**, 640[475]
– *Nachricht von einem partikulären Automate der Erde in Verbindung mit dem Monde (1790)* **1**, 655$_{R14}$
Geitel, Max (1853–1926)
– *Die Geschichte der Dampfmaschine bis James Watt (1913)* **4**, 525[122] 530[138] 531[140. 142]
Gellert, Christlieb Ehregott (1713–1795)
– *De densitate mixtorum ex metallis et semimetallis factorum (1741–1743)* **1**, 201$_{24-26}$
Gellibrand, Henry (1597–1637) **5**, 426$_{22}$ 429$_{12}$
Geminos von Rhodos (1. Jh. v. Chr.)
– *Elementa astronomiae (Εἰσαγωγὴ εἰς τὰ φαινόμενα)* **5**, 226$_{21}$
-- *Ausg. (K. Manitius) Leipzig 1898* **5**, 571[15]
Gemma-Frisius, Rainer (1508–1555)
– *Monddistanzen* **2**, 700$_{35-36}$
– *Uhren* **2**, 698$_{5}$ **5**, 113$_{3.\ 23-25}$
Schriften
– *De principiis astronomiae et cosmographiae (1547)* **5**, 620[347]
Gengembre, Philippe (1764–1838)
– *Erfinder der Phosphor-Luft* **1**, 269$_{2}$

Gensichen, Johann Friedrich (1760–1807)
Bearbeiter
–*[1791] Kant, Allgemeine Naturgeschichte (1755)* **5,** 687[830]
Geoffroy, Claude-Joseph (1685–1752)
– *Différens moyens d'enflammer, non-seulement les huiles essentielles, mais mesme les baumes naturels par les esprits acides (1726)* **1,** 488_{30-35}
Geoffroy, Etienne-François (1672–1731) **1,** 229_{3}
Georg II., s. England, Georg II., König von.
Georg III., s. England, Georg III., König von.
Georges, Karl Ernst (1806–1895)
– *Ausführliches Lateinisch-Deutsches Wörterbuch (8 1913–1918)* **4,** 669[160] 713[352] **5,** 624[371] 689[837] 743[41]
Georgi, Johann Gottlieb (1729–1802)
Schriften
– *Umständliche Nachricht von den berühmten Bestuschewschen Nerventincturen oder so genannten Lamottischen Tropfen (1781)* **4,** 462[173]
– *Versuch einer Beschreibung der Rußisch Kayserlichen Residenzstadt St. Petersburg und der Merkwürdigkeiten der Gegend (1790)* **5,** 866[875]
Übersetzer
– *[1781] Brünnich, Mineralogie (1777)* **4,** 759-760[64]
Gérard, Laurent Gaspard
– *Essai sur l'art du vol aerien (1784)* **1,** 295_{40-41}
Gerber, Ernst Ludwig (1746–1819)
– *Historisch-Biographisches Lexicon der Tonkünstler (1790–1792)* **4,** 414[196]
Gerber, Heinrich (1831–1920) **6,** LXVII
Gerdes, Fredrik (1747–1812)
– *Beskrifning på ett skydrag, observeradt uti Mälaren (1790)*
– – *Beschreibung eines Wolkenzuges (dt. 1792)* **1,** 808_{R18-19}
Gerdil, Giacinto Sigismondo (1718–1802)
– *Dissertations sur l'incompatibilité de l'attraction [...]; et sur les tuyaux capillaires (1754)* **1,** 200_{R15}
Gerding, Theodor (1820 – nach 1874) **6,** XCVI
Gerhard, Carl Abraham (1738–1821)
– *Abhandlung über die Umwandlung und über den Uebergang einer Erd- und Stein-Art in die andere (1788)* **1,** 831_{R3-8}
– – *Rezension 1789* **1,** 831_{R9-10}
– *Grundriß eines neuen Mineralsystems (1797)* **1,** 928_{11-12}
– *Mémoire sur les principes de la tourmaline (1777; Nachdruck 1782)* **1,** 601_{26-28} **4,** 333_{1-2}
– *Versuch einer Geschichte des Mineralreichs (1781–1782)* **2,** 941_{29-31} **5,** 507_{4-5}
Gerling, Christian Ludwig (1788–1864) **6,** LXXIX LXXXVI
Gersdorf, Adolf Traugott von (1744–1807)
– *elektrische Versuche* **3,** 359_{22}
Gersten, Christian Ludwig (1701–1762)
– *Luftdruckschwankungen* **5,** 372_{29}
– *Tau* **2,** 891_{11} **5,** 448_{15}
– *zur Person* **2,** 891_{13-25}
Schriften
– *Die Nacht, ein Gedicht zu seiner und des Nächsten Ermunterung aufgesezt (1749)* **5,** 362_{20-21}
– *Dissertatio roris decidui (1733)* **1,** 777_{19-23} **5,** 844[700]

– *Tentamina systematis novi ad mutationes barometri ex natura elateris aerei demonstrandas (1733)* **1,** 777_{R5} 823_{12-15} **5,** 788^{353}

Gerstner, Franz Joseph von (1756–1832)

– *Luftwaage* **2,** 312_{29}

Schriften

– *Beobachtungen über den Gebrauch des Barometers bei Höhenmessungen (1791)* **1,** 307_{R13-14}

– *Beobachtungen über den Gebrauch des Barometers bey Höhenmessungen (1791)*

– – *Auszug 1791 u.d.T. »Ueber den Gebrauch der Luftwaage bey Höhenmessungen«* **1,** 307_{R16-17} **2,** 312_{31-32}

Gesner, Johann (1709–1790) **2,** 125_{3} 126_{26}

– *De hydroscopiis constantis mensurae disquisitiones physicomathematicae (1754)* **1,** 174_{10-11}

– – *Physisch-mathematische Untersuchung, von der Richtigkeit des Maaßes, und dem Nutzen der Hydroscopien (dt. 1771)* **1,** 174_{12-15}

Gesner, Johann Matthias (1691–1761) **6,** XLII XLIV

Ghetaldi, Marino (1566–1626)

– *Promotus Archimedis (1603)* **3,** 282_{16}

Ghezzi, Nicolò (1683–1766)

– *Dell' origine delle fontane (1742)* **1,** 743_{39-40}

Gibelin, Jacques (1744-1828)

Übersetzer

– *[1777–1780] Priestley, Experiments and observations (1774–1777)* **1,** 260_{25}

Giffard, Bernard

Übersetzer

– *[1778–1779] Bemetzrieder, Leçons de clavecin, et principes d'harmonie (1771)* **4,** 23_{30}

Giglio, Antonio 2, 737_{4}

Giglio, Luigi (um 1510 – 1576) **2,** 737_{2}

Gilbert, Ludwig Wilhelm (1769–1824) **2,** 317^{*} $872^{\dagger}$ 875^{*} 889^{*} **6,** LXXVIII

– *Beugung des Lichts* **2,** 408_{34}

Schriften

– *Nachschrift [zu: Link, Einige Bemerkungen über Anziehung und Verwandtschaft] (1808)* **2,** 867^{*}

– *Nachträge, zu den Aufsätzen in den Annalen über die aus der Luft gefallenen Steine (1804)* **2,** 923^{*}

– *Supplementband zu Gehlers Wörterbuch* **2,** 27_{31}

Herausgeber

– *Annalen der Physik (1799–)* **2,** 25^{*} 63^{*} 102^{*} 239^{*} 288^{*} 303^{*} $409_{1,8}$ $750^{\S}$ 835^{*} $847^{*,\dagger}$ 849^{*} 853^{*} 867^{*} 874^{*} 891^{*} 898^{*} 908^{*} $994^{\dagger}$ 999_{12}

Übersetzer

– *[1804] Jordan, An Account of the Irides [...] (1800)* **2,** 409_{1}

– *[1804] Jordan, The observations of Newton concerning the inflexions of light (1801)* **2,** 408_{22}

– *[1805] Biot / Humboldt, Sur les variations du magnétisme terrestre a différentes latitudes (1804)* **2,** 847^{*}

– *[1805] Gay-Lussac, Expériences sur les moyens eudiométriques [...] (1805)* **2,** 263^{*}

– *[1807] Berthollet, Description d'un manomètre (1807)* **2,** 313^{*}

– *[1807] Dalton, Experimental enquiry into the proportion of the several gases or elastic fluids constituting the atmosphere (1806)* **2,** 853^{*}

– *[1807] Dalton, On the tendency of elastic fluids to diffusion through each other (1806)* **2,** 853^{*}

– *[1813] O(h)lsen, Om vandspringene geiser og strok i island (1805)* **2,** 833*

Gilbert, William (1540–1603)

– *Elektrizität* **1,** 526_{16} **2,** 493_{18} **4,** 283_{28} 288_{30}

– *Magnetismus* **4,** 781[161]

Schriften

– *De magnete (1600)* **1,** 634_{2-5} **4,** 279_{6} 689[259] 747[19] 748[21] 762[79] 764[85] 766[97] **5,** 828[619]

– – *On the magnet (engl. 1900)* **4,** 748[21] 766[97]

Gillmor, Charles Stewart (*1938)

– *Coulomb and the evolution of physics and engineering in eighteeth-century France (1971)* **5,** 823[580]

Ginge, Andreas Christensen (1754–1812)

– *Om nordlysets indflydelse paa magnetnaalens declination (1788)* **1,** 812_{R10-19}

Gingerich, Owen (*1930)

– *Brahe, Tycho* **5,** 602[216]

Giobert, Giovanni Antonio (1761–1834)

– *Extrait d'une lettre à C.L. Berthollet (1791)*

– – *Auszug eines Schreibens (dt. 1793)* **3,** 114_{20}

Gioja, Flavio (um 1300) **2,** 842_{9-10} 843_{17} **5,** $419_{21.\,25.\,32}$ 420_{15} 421_{19-22}

Giorgi, Ferdinando

– *Saggio di naturali esperienze sopra la decomposizione dell'acqua in aria (1785)* **1,** 266_{R22-23}

– – *GGA-Rezension 1787* **1,** 266_{R27}

Girard, Pierre-Jacques-François

– *Mesmer blessé (1784)* **4,** 386_{1-2}

Girardin, René Louis de (1735–1808)

– *Observations sur les eudiomètres (1778)* **1,** 275_{22-24}

Girtanner, Christoph (1760–1800) **4,** 272_{26} **6,** 469 (*380*)

– *Besuch bei F.W. Herschel* **2,** 707_{20} **5,** 255_{2}

– *Brief an L.* **4,** 660[132]

– *Brief von L.* **4,** 455[144] 660[132]

– *chemische Nomenklatur* **2,** 212_{13} **3,** $336_{16.\,25}$ 343_{34} 356_{23}

– *Zerlegung der Salzsäure* **3,** 340_{5}

Schriften

– *Anfangsgründe der antiphlogistischen Chemie (1792)* **1,** 218_{R24-25} 229_{R8} 926_{15-16} 956_{17} **3,** 359_{19-26} 372_{23} 658[261] 674[334] **4,** 677[210]

– – *²1795* **1,** 926_{30} **3,** 658[264]

– *Berichtigung (1795)* **6,** 469 (*381*)

– *Göttingen (1795) [Heilung von Schwindsucht]* **6,** 471 (*381*)

– *[Nachricht von seiner Entdeckung einer Turmalinader] (1786)* **1,** 601_{R2-4}

– *Neue chemische Nomenclatur für die deutsche Sprache (1791)* **1,** 926_{17-18} **3,** 343_{28-29} 656[246. 251]

– *[Versuche über die Bestandtheile der Kochsalzsäure] (1795)* **1,** 927_{8}

– *Versuche und Beobachtungen über die neue Methode des Hrn. Beddoes, die Lungenschwindsucht zu heilen (1795)* **6,** 470 (*381*) 470 (*381*)

Giunta, Carmen J. **5,** 649[557]

Glaser, Johann Friedrich (1707–1789)

– *Ausführliche Beschreibung der glücklich abgelaufenen großen Feuerprobe (1773)* **1,** 459_{5-9}

Glauber, Johann Rudolph (1604–1670)

– *geheimer Salmiak* **3,** 336_{24}

Gleditsch, Johann Gottlieb (1714–1786)

– *Vermischte physicalisch-botanisch-oeconomische Abhandlungen (1765–1767)*

– – *Nachricht von einer ungewöhnlichen [...] Lufterscheinung (1766)* **1,** 809_{R10-13} **2,** 922_{21-22}

Gleichen gen. Rußwurm, Friedrich Wilhelm von (1717–1783)
– *Abhandlung vom Sonnenmikroskop (1781)* **1,** 422$_{35–37}$
– *Von Entstehung, Bildung, Umbildung und Bestimmung des Erdkörpers (1782)* **2,** 942$_{6–10}$ **5,** 507$_{6–8}$
Gleim, Johann Wilhelm Ludwig (1719–1803)
– *Korrespondenz mit L.* **2,** 918$_{17}$ **5,** 877[921] 884[946]
Gli atti dell'Accademia delle Scienze di Siena (1760–) **1,** 52$_{13–14}$
Gmelin, Eberhard (1751–1808)
– *Ueber Thierischen Magnetismus (1787)* **4,** 819[326]
– – *Rezension 1788*
Gmelin, Johann Friedrich (1748–1804)
– *Anhänger der Phlogistontheorie* **3,** 312$_{16}$
– *besucht L.* **2,** 428$_{19}$ 820$_{6}$ **5,** 327$_{13}$
– *Beziehung zu L.* **6,** XXXIX
– *fossiles Federharz* **2,** 46$_{5}$
– *Lowitz' Versuche mit Kältemischungen* **4,** 586[375]
– *Versuche mit L.* **3,** 658[260]
– *Vorlesung* **6,** C CIII
– *Zugehörigkeit zur Medizinischen Fakultät* **6,** XL
Schriften
– *Einleitung in die Chemie (1780)* **1,** 231$_{17–18}$ 278$_{37}$ **3,** 312$_{16}$
– *Grundris der allgemeinen Chemie (1789)* **1,** 219$_{R1}$ 231$_{R5–7}$ **3,** 112$_{32}$ 631[110]
– *Monita litem de phlogisto spectantia (1795–1798)* **1,** 931$_{29–30}$
– *[Neue Argumente gegen die Existenz des Phlogistons] (1795)* **1,** 929$_{34}$ 953$_{37–39}$
– *Rezensionen*
– – *[1778] Brugmans, Magnetismus, seu de affinitatibus magneticis observationes academicae (1778)* **4,** 765[90]
– – *[1781] Deiman, Verhandeling over de vaste lucht (1781)* **3,** 721[362]
– – *Pasumot, Höhen der vorzüglichsten Berge (1786)* **5,** 809[489. 490]
– *Ueber die neuere Entdeckungen in der Lehre von der Luft (1784)* **1,** 278$_{7–11}$
– *Über einige baumähnliche Bildungen von metallischen Salzen (1779)* **3,** 623[55]
Herausgeber
– *Linné, Systema naturae (13 1788–1793)* **1,** 604$_{R28–29}$ 960$_{22}$
Übersetzer
– *Senebier, L'art d'observer (1775)* **1,** 34$_{24}$
Gmelin, Johann Georg (1709–1755)
– *Nordlicht* **5,** 486$_{14}$
Schriften
– *Reise durch Sibirien (1751–1752)* **1,** 821$_{R2}$ **4,** 759[64] **5,** 495$_{1}$ 891[976] 905[1041]
Gmelin, Leopold (1788–1853)
– *Handbuch der theoretischen Chemie (1817–1819)* **3,** 713[280]
Godart, Guillaume-Lambert (1717/1721?–1794)
– *Grundeis* **4,** 134$_{25}$
Schriften
– *Amusement philosophique sur quelques attractions et repulsions (1779)* **1,** 190$_{20–23}$ **3,** 616[11]
– *Réponse […], au sujet de la glace qui se forme au fond de l'eau (1789)* **1,** 433$_{R7–8}$ **2,** 427$_{6–7. 18}$ **4,** 133$_{4–5}$
Goddard, Jonathan (1617–1675) **1,** 300$_{R22}$ **3,** 681[17]
Godeheu de Riville, NN. (18. Jh.)
– *Mémoire sur la mer lumineuse* **1,** 729$_{40–41}$

Godin, Louis (1704–1760)
– *Längengradexpedition* **1,** 648_{23} **2,** 675_{16} **5,** 105_{21}
– – *Glorienbeobachtung* **1,** 793_{14}
Schriften
– *Que l'obliquité de l'écliptique diminuë (1734)* **1,** 657_{13-17}
Goeckingk, Leopold Friedrich Günther von (1748–1828)
Herausgeber
– *Journal von und für Deutschland* **4,** 812[294]
Goethe, Johann Wolfgang von (1749–1832)
– *Brief von L.* **4,** 470[218]
– *Farbenlehre* **2,** 395_{16}
– *Farbtafeln und -karten* **6,** 491 (*398*)
– *L.s Zusätze zu Erxlebens Naturlehre* **1,** XV[14]
Schriften
– *Beyträge zur Optik (1791–1792)* **6,** 171 (*209*) 492 (*398*)
– *Die Schriften zur Naturwissenschaft (1947–, hrsg. von D. Kuhn und W. von Engelhardt)* **6,** 552 (*453*)
– – *1. Abt., 3: Beiträge zur Optik (1951, bearb. von R. Matthaei)* **6,** 494 (*398*)
– – *1. Abt., 5: Zur Farbenlehre (1992, bearb. von H. Zehe)* **4,** 425[43]
– *Faust I* **5,** 573[39]
– *Zur Farbenlehre (1810)* **6,** 492 (*398*) 493 (*398*)
Göttinger Taschen Calender (**1776–1800**)
– *1783*
– – *GGA-Rezension 1783* **5,** 647[539]
– *1786* **5,** 642[488]
– *1794*
– – *Vorarbeiten* **5,** 521_{9}
– *1797* **3,** 521[99]
Göttingische Anzeigen von Gelehrten Sachen (GGA) 4, 255_{10} **6,** LXII CXXII
– *1757* **3,** 463[130]
– *1758* **3,** 463[130]
– *1775* **2,** 309_{36-37}
– *1780* **3,** 476[16]
– *1781* **3,** 476[16]
– *1784* **1,** 49_{R1-2} **3,** 476[16]
– *1791* **4,** 396[54]
– *1792* **4,** 396[54]
– *Verzeichnis der Vorlesungen*
– – *1778 Sommer* **3,** 445[2]
– – *1780 Sommer* **1,** IX[2]
Göttingisches Magazin der Wissenschaften und Litteratur (1780–) 1, 59_{1-2}
Göttling, Johann Friedrich August (1755–1809)
– *Geschenk einer Sammlung von Alkalien und Erden* **6,** 77 (81)
– *Meeresleuchten* **2,** 822_{12}
– *phlogistische Luft* **1,** 939_{2}
Schriften
– *Bereitung eines sehr artigen Silberbaums (1786)* **2,** 200_{11-12}
– *Beschreibung eines bequemen Lampenofens (1794)* **6,** 553 (*454*) 554 (*454*)
– *Beytrag zur Berichtigung der antiphlogistischen Chemie (1794–1798)* **1,** $939_{2-3.\ 7-8}$
– *Elementarbuch der chemischen Experimentirkunst (1808–1809)* **3,** 729[430]
– *Nachricht von einem sehr zweckmäßig eingerichteten Lampenofen (1794)* **6,** 553 (*454*)
– *Salzigte Vegetation (1790)* **1,** 342_{R17-19}
– *Tabelle über die Lehre von den Salzen (1784)* **3,** 310_{25}
– *Vollständiges chemisches Probir Cabinet (1790)* **1,** 224_{R21-25}

Herausgeber
– *Taschenbuch für Scheidekünstler und Apotheker (1780–)* **1,** 213_{29-31}
Goeze, Johann August Ephraim (1731–1793)
– *Die Harzgegend (1785–1788)*
– – *2: Zwote kleine Harzreise (1786)* **1,** 630_{R8-11} 805_{R35} **4,** 378_{10} **5,** 871^{896}
– *Europäische Fauna (1791–1803)* **1,** 730_{R7-9}
– *Natur, Menschenleben und Vorsehung für allerley Leser (2: 1789)* **1,** 515_{R15-17}
Golicyn, Dmitrij A. (1738–1803)
– *besucht L. im Juni 1785* **3,** 299_1
– *Brief an L.* **1,** 931_{20} **3,** 363_{27}
Schriften
– *Lettre sur quelques objets d'éléctricité (1778)* **1,** 607_{39-41}
Goméz Miedes, Bernardino (um 1515 – 1589)
– *Commentarii de sale (1572)* **5,** 397_{30-31}
– – *²1579* **5,** 807^{473}
Goodricke, Henry (1765–1802) **2,** 790_{15}
Goodricke, John (1764–1784) **2,** $790_{12.\ 15.\ 20}$ **5,** 220_{14}
– *A series of observations on, and a discovery of, the period of the variation of the light of the bright star in the head of Medusa, called Algol (1783)* **5,** 689^{841}
– *On the periods of the changes of light in the star Algol (1784)* **5,** 689^{841}
Gordon, Andreas (1712–1751)
– *Physicae experimentalis elementa (1751–1753)* **1,** 45_{13-14} 86_{24}
– *Versuch einer Erklärung der Electricität (1745)* **1,** 605_{9-10}
Gore, John (1730 oder 1729 – 1790)
– *Erdumsegelung* **1,** 637_2
Gottard, d. i. Godart Guillaume-Lambert
Gottsched, Johann Christoph (1700–1766) **2,** 829_{35}
Übersetzer
– *[1726] Fontenelle, Entretiens sur la pluralité des mondes (1686 u.ö.)* **1,** 699_{8-9} **2,** 789_{17} **5,** 217_{24} 687^{828}
Goubert, Jean-Pierre
– *Description et usage des baromètres, thermomètre et autres instrumens météorologiques (1781)*
– – *²1785* **1,** 826_{R20-22}
– – – *Rezension 1786* **1,** 826_{R25}
Gough, John (1757–1825)
– *Reasons for supposing that lakes have been more numerous than they are at present (1793)* **5,** 510_{6-7}
Gould, William (ca. 1640–1686)
– *An account of the increase of weight in oyl of vitriol expos'd to the air (1684)* **3,** 433_{1-2}
– – *Experimenta circa incrementum ponderis in oleo vitrioli aeri exposito (lat. Referat 1685)* **3,** 433_3
Goussier, Louis Jacques (1722–1799) **1,** 493_{R22}
– *Physique du monde (1780–1787) [zus. mit E.C. de Marivetz]* **1,** 708_{R5-6} **2,** 941_{27-28} **5,** 507_{12-13}
– – *Neues System von der Bewegung der himmlischen Körper (dt. Auszug 1782)* **1,** 708_{R1-3}
Gråberg, Jacob, Graf von Hemsö (1776–1847)
– *Leçons élémentaires de cosmographie, de géographie et de statistique (1813)* **2,** 812*
– – *Auszug (dt. 1813)* **2,** 812*
Grätzel, Johann Heinrich (1691-1770)
– *Wohnhaus* **3,** 536^{27}

Graham, George (1675–1751)
– *Kompensationspendel* **4,** 131_{5-13}
– *Lehrer J. Harrisons* **2,** 698_{20}
– *Lehrer J. Sissons* **5,** 424_{17}
– *magnetische Deklination / Inklination* **5,** 426_{26-29} 427_{32} 428_{23} 429_{16-19}
Schriften
– *A contrivance to avoid the irregularities in a clock's motion (1726–1727)* **4,** 131_{5-6}
– *An account of observations made of the variation of the horizontal needle at London (1724–1725)* **5,** 826^{602}
– *Observation of an extraordinary height of the barometer (1720–1721)* **5,** 909^{1057}
– *Observations of the dipping needle, made at London (1724–1725)* **4,** 778^{141} **5,** 824^{584} 826^{604} 832^{640}
– *Some observations, made during the last three years, of the quantity of the variation of the magnetic horizontal needle to the westward (1748)* **5,** $826^{602.\ 605}$
Gralath, Daniel (1708–1767)
– *Elektrometer* **4,** 294_{7}
– *Leidener Flasche* **4,** $305_{5.\ 22}$
Schriften
– *Electrische Bibliothek (1754–1756)* **1,** 526_{34-37}
– *Geschichte der Electricität (1747–1756)* **1,** 526_{30-33} **4,** 305 711^{343}
– *Nachricht von einigen Electrischen Versuchen (1747)* **4,** 294_{8-9}
Grandjean de Fouchy, Jean Paul (1707–1788)
– *Manometer* **1,** 307_{39}
Schriften
– *De atmosphaera lunari, dissertatio astronomica (1739–1741)* **1,** 698_{18-21}
– *Description d'un instrument propre à mesurer la pesanteur de chaque couche de l'atmosphère (1780)* **1,** $308_{1-2.\ R11}$
– – *Beschreibung eines Dasymeters (dt. 1786)* **1,** 308_{R12-13}
Grant, Roger (†1724)
– *Heilung eines Blindgeborenen* **1,** 348_{R7}
Graumann, Peter Benedikt Christian (1752–1803)
– *Disputatio inauguralis medica (1776)*
– – *Rezension* **4,** 378_{15}
's Gravesande, Willem Jacob (1688–1742)
– *Fallbeschleunigung* **3,** 204_{3}
– *follis hydrostaticus* **1,** 163_{30} **2,** 158_{19}
– *Luftpumpe* **2,** 237_{39} **3,** 387_{4-5}
– *Maß der Kraft* **2,** 150_{5} **3,** 252_{21-22} 253_{10}
– *Zitteraal* **1,** 630_{R35}–631_{R1}
Schriften
– *Philosophiae Newtonianae institutiones (1723)*
– – *³1744* **3,** 540^{17}
– *Physices elementa mathematica experimentis confirmata (1720 u.ö.)* **1,** 43_{42-44} **3,** 59_{8}
– – *¹1720/21* **1,** 113_{R7} 923_{4} **2,** 96_{22} **3,** 182_{6-7}
– – *²1725* **1,** 113_{R7} **2,** 96_{23} **3,** 182_{6-7}
– – *³1742* **3,** 454^{76} 593^{4}
– – – *Elemens de physique demontrez mathematiquement (frz. von E. de Joncourt 1746)* **6,** 54 (47) 85 (97) 96 (*106*) 99 (110) 101 (*111*) 112 (*119*) 156 (*191*) 157 (*192*) 441 (*354*) 503 (*409*) 507 (*412*) 509 (*413*)
Herausgeber
– *Huygens, Opera varia (1724)* **1,** 48_{18}
Gray, John
Bearbeiter
–*The Philosophical Transactions abridged (1733)* **1,** 50_{1-2} **3,** 111_{3}

Gray, Samuel Frederick (1780–1836)
– *The operative chemist (1828)* **6,** 563 (476)
– – *Der practische Chemiker und Manufacturist (dt. 1829)* **6,** 563 (476)
Gray, Stephen (1666–1736)
– *Elektrizität* **1,** 526$_{19}$ **4,** 261$_{17}$ 270$_{26}$ 292$_{12}$ 311$_{5}$ 317$_{21}$
Schriften
– *A letter to Cromwell Mortimer containing several experiments concerning electricity (1731)* **4,** 626[2] 719[386]
– *A letter to Dr. Mortimer containing a farther account of his experiments concerning electricity (1732)* **4,** 288$_{31-32}$
– *A letter to Dr. Mortimer containing some experiments relating to electricity (1735)* **4,** 626[2]
– *An account of some electrical experiments (1735–1736)* **1,** 573$_{5-6}$ **4,** 317$_{11}$ 724[422]
– *Experiments and observations upon the light that is produced by communicating electrical attraction to animal or inanimate bodies (1735–1736)* **1,** 557$_{4-7}$
– *His last letter to Granville Wheler concerning the revolutions which small pendulous bodies will, by electricity, make round larger ones from west to east as the planets do round the sun (1736)* **1,** 573$_{5-6}$ **4,** 317$_{7}$ 724[422]
Gregor XIII., Papst 1572–1585 (1502–1585) **2,** 736$_{37}$ 737$_{1.\ 33.\ 39}$ 738$_{1.\ 11.\ 13}$ **5,** 133$_{22-23}$
– *Kalender* **1,** 670$_{37}$–671$_{1}$
Gregory, David (1661–1710) **4,** 63$_{6}$
– *Astronomiae physicae & geometricae elementa (1702)* **1,** 719$_{32-34}$ **5,** 666[670]
– – *The elements of astronomy, physical and geometrical (1715)* **5,** 653[577]
– *Catoptricae et dioptricae sphaericae elementa (1695)* **1,** 415$_{34-35}$ 424$_{24-25}$ 949$_{20}$
Gregory, James (1638–1675)
– *Spiegelteleskop* **1,** 413$_{11.\ \mathrm{R}16}$ **2,** 404$_{19}$ **4,** 63$_{5}$ 87$_{17}$
Schriften
– *Optica promota (1663)* **1,** 424$_{\mathrm{R}1-3}$ **4,** 438[83]
Gregory, John (1724–1773)
– *A father's legacy to his daughters. To which is prefixed an account of the life of the author (1788)* **1,** 949$_{21-22}$
Gren, Friedrich Albrecht Carl (1760–1798) **2,** 184$_{35}$ **3,** 673[329]
– *Anziehung zwischen Wasser und Glas* **2,** 184$_{35}$
– *Bedenken gegen antiphlogistische Chemie* **3,** 653[228]
– *Benennung des Urans* **1,** 219$_{\mathrm{R}7}$
– *Bestandteile des Lichts* **2,** 213$_{5}$ **3,** 342$_{33}$ 351$_{6}$ 360$_{27}$
– *dephlogistisierte Salzsäure* **1,** 935$_{8}$
– *Elastizität* **2,** 42$_{28-30}$ **3,** 120$_{1}$
– *phlogistische Luft* **3,** 327$_{1}$
– *Phlogiston* **3,** 334$_{13-14}$ 342$_{32}$
– *tätiger Physiker* **3,** 676[343]
– *Trägheit* **2,** 58$_{19}$ **3,** 157$_{23}$
– *Verbrennung ohne Entstehung von Kohlendioxid* **1,** 955$_{14}$
Schriften
– *Bemerkungen über das Phlogiston (1786–1787)* **3,** 654[237] **4,** 177$_{3-4}$ 569[274]
– *Beschreibung der wesentlichen Einrichtung der neuern Dampf- oder Feuermaschinen (1795)* **4,** 523[121] 526-527[123]
– *Brief an L. Crell (1790)* **3,** 331$_{15-18}$
– *Gesammelte Nachrichten in Betreff des Streits, ob der reine Kalk*

des Quecksilbers die Basis der Lebensluft als wesentlichen Bestandtheil enthalte (1792–1793) **3,** 647[210]
– *Grundriss der Naturlehre (1788)* **1,** 47_{R1} 207_{R1} **2,** 118_{11} **4,** 215_{11} 676[203]
– – ^{2}*1793* **1,** 175_{R13} $344_{R27–28}$ $474_{R22–23}$ $527_{R1–2}$ $620_{R6–7}$ 939_{33} **2,** 42_{28} 231* 247* **3,** 120_{1} 519[89] 575[246] **4,** $376_{9–10}$ 579[318] 605[461] 619[523] **5,** 738[3] **6,** 257 (*316*)
– – ^{3}*1797* **1,** 934_{9} 938_{25} 940_{19} **3,** 452[68] 674[334] **4,** 803[254]
– *Prüfung der neuern Theorien über Feuer, Wärme, Brennstoff, und Luft (1790)* **4,** 206_{6} 589[381] 604[449]
– *Rezensionen*
– – *Erxleben, Anfangsgründe der Naturlehre (1791)* **1,** XVIII[29] XIX[33]
– *Systematisches Handbuch der gesammten Chemie (1787–1790)* **1,** $231_{R9–12}$ **3,** 654[237]
– – $^{?}$*1794–1796* **1,** 938_{24} 940_{20} $953_{14–16}$ **3,** 626[73] 676[336–341] 722[364] **4,** $215_{12–13}$
– *Vorrede zu Prevost, Vom Ursprunge der magnetischen Kräfte (1794)* **1,** 924_{19} 961_{26}
Herausgeber
– *Journal der Physik (1790–)* **1,** 59_{R9} **2,** 166_{29} 220_{19} 271_{29} 284_{33} 312_{31} 438* 477_{26} 519_{8} 942_{27} **4,** 585[361] 586[376] 608[472] 704[314]
– *Karsten, Anfangsgründe der Naturlehre (1790)* **2,** 152_{2}
Übersetzer
– *[1793] Prevost, Recherches physico-mécaniques sur la chaleur (1792)* **4,** 376_{9}
– *[1795] Coulomb, Septième mémoire sur l'électricité et le magnétisme. Du magnétisme (1789)* **4,** 789[198]
Grenier, NN
– *Mémoire sur un balancier de pendule a secondes (1786)*
– – *Ueber eine Sekundenpendel-Stange (dt. 1787)* **1,** $428_{R11–12}$
Greve, Johann Ludwig 4, 396[54]
Grew, Nehemiah (1641–1712)
– *Musaeum Regalis Societatis (1681)*
– – *Rezension* **4,** $355_{25–26}$
– *Some observations touching the nature of snow (1673)* **1,** $786_{22–24}$
Griepenkerl, Friedrich (1826–1900) **6,** CXXVIII
Grillet, René (17. Jh.)
– *Curiositez mathematiques (1673)* **6,** 279 (**1*)
Grimaldi, Francesco Maria (1618–1663)
– *Beugung des Lichts* **1,** 423_{36} **2,** $406_{13–16.\ 20}$ 407_{16} **4,** 90_{18} 91_{24} $92_{4.\ 16}$ 93_{1}
Schriften
– *Physico-mathesis de lumine, coloribus, et iride (1665)* **1,** $424_{13–16}$ **4,** $90_{5–6}$ 91_{25} 92_{16} 487[282] 489[283. 284]
– – *Rezension 1671–1672* **4,** 487[278]
Grimaldi, Gregorio (1694–1767)
– *Dissertazione sopra il primo inventore della bussola (1741)*
– – *Rezension 1745* **5,** 821[559]
Grimm, Jacob (1785–1863)
– *Deutsches Wörterbuch (1854–1971)* **5,** 693[879]
– – *4,1: 1878 (Nachdruck 1984)* **3,** 689[78]
– – *Elektr. Ausg. der Erstbearbeitung (2004)* **4,** 397[55] 818[321] **5,** 636[452]
Grimsehl, Ernst (1861–1914)
– *Lehrbuch der Physik (1909 u.ö.)* **4,** 390[20] 632[25] 664[143] 688[256. 257] 728[439] 739[485] **6,** 76 (76)
Grötzsch, Helmut (1913–1988)
– *Dresden Mathematisch-physikalischer Salon (^{2}1979)* **6,** 270 (*334*)

Gronau, Karl Ludwig (1742–1826)
– *Einige Bemerkungen über die Gewitter (1788)* **1,** 802$_{R26–27}$
– *Einige Bemerkungen über Nebel und Nordschein (1785)* **2,** 896$_{17–18}$ **5,** 459$_{17–18}$ 485$_{3–4}$ 856[796. 797]
– *Einige Bemerkungen über Schnee, Hagel und Reiff (1786)*
– – *Anzeige 1787* **1,** 827$_{R24–26}$
Gronovius, Laurentius Theodorus (1730–1777)
– *Gymnoti tremuli descriptio, atque experimenta cum eo instituta (1760)* **1,** 602$_{29–31}$ 631$_{R1}$ **4,** 334$_{5–6}$
– – *Rezension 1763* **4,** 334$_{7–8}$
Groschke, Johann Gottlieb von (1760–1828) **1,** 13$_{35}$ 14$_{5}$
– *Auszug aus einem Brief (1789)* **3,** 84$_{19–20}$ 492[136]
Groß, Johann Friedrich (1732–1795)
– *Elektrische Pausen (1776)* **1,** 607$_{37–38}$
Grossart de Virly, Charles André Hector (1754–1805)
– *Gummi* **3,** 115$_{26}$
Schriften
– *Sur les moyens de faire des instrumens de gomme élastique (1791)* **2,** 45$_{6–8}$ **3,** 114$_{2–3.\ 8}$
– – *frz. Referat 1791* **2,** 45$_{6–9}$ **3,** 114$_{12–13}$
Grosser, Hartmut
– *Historische Gegenstände an der Universitäts-Sternwarte Göttingen (1998)* **4,** 438[81] 442[97] **5,** 714[982] **6,** 157 (192) 290 (*19) 297 (*29) 387 (*169) 388 (*169) 517 (422)
– *Verzeichnis der historischen Gegenstände der Universitäts-Sternwarte Göttingen (2005)* **6,** 291 (*19) 297 (*29)
Grosser, Michael
– *Phosphorescentia adamantum (1777)* **4,** 69$_{20–21}$
– – *La phosphorescence du diamant (frz. 1782)* **4,** 450[129]
Gruber, Albrecht Franz von (1767–1827)
– *Hörer L.s* **2,** 171$_{36}$
Gruber, Tobias (1744–1806)
– *Manometer* **2,** 312$_{30}$
Schriften
– *Abhandlung von der Figur der Basalte (1786)*
– – *Zusammenfassung 1786* **1,** 845$_{R3–5}$
– *Briefe hydrographischen und physikalischen Inhalts aus Krain (1781)* **2,** 830$_{38–40}$ **5,** 753[130]
– *Physikalische Abhandlung über die Stralenbrechung und Abprallung auf erwärmten Flächen (1787)* **1,** 365$_{R2–8}$ 946$_{7–8}$
– – *Anzeige 1788* **1,** 365$_{R8–9}$ 946$_{9}$
Gruithuisen, Franz von Paula (1774–1852)
– *Ueber die Natur der Kometen mit Reflexionen auf ihre Bewohnbarkeit und Schicksale (1811)*
– – *Rezension* **2,** 769[*]
Gruner, Gottlieb Sigmund (1717–1778)
– *Die Eisgebirge des Schweizerlandes* **1,** 819$_{24–26}$
Gruner, Johann Ludwig Wilhelm (1771–1849)
– *Tabellarische Uebersicht der Salze und ihrer Bestandtheile (1795)* **1,** 215$_{R24–35}$
Gualtieri, Niccolò (1688–1744)
– *Riflessioni sopra l'origine delle fontane (1725)* **1,** 743$_{32–35}$
Guden, Philipp Peter (1722–1794)
– *Von der Sicherheit wider die Donner-Stralen (1774)* **1,** 805$_{10–15}$
Günther, Siegmund (1848–1923)
– *Handbuch der mathematischen Geographie (1890)* **3,** 546[89]

Guericke, Otto von (1602–1686) **1,** 41_{17} **2,** 34_{1-2} **3,** 100_{16-17}
– *Barometer* **3,** 417_{24-26}
– *Elektrizität* **1,** 526_{16-17} **2,** 232_{24} 519_{28} **4,** 253_{5} 276_{21} 284_{2-3}
– *Erfindung der Luftpumpe* **1,** 243_{22-29} **2,** 232_{20} 233_{9} 234_{21} 235_{4} **3,** 385_{1-19} 417_{12}
– *Luftdurchlässigkeit von Holz* **2,** 241_{14}
– *Luftpumpe* **2,** $234_{33.\,41}$ $235_{24.\,28}$ 236_{3-25} 237_{2} **3,** 386_{9}
– – *Ventile* **1,** 248_{10-14} **2,** 235_{2}
– *Magdeburger Halbkugeln* **1,** 254_{18} **2,** 246_{17}
– *Manometer* **1,** 307_{19} **2,** 312_{22} **3,** 384_{17}
– *Reisen* **2,** 235_{8-15} **3,** 417_{30}–418_{7}
– *Vakuum* **2,** 249^{*} 471_{5}
– *Versuch zur Dichtigkeit der Luft in verschiedenen Höhen* **1,** 238_{12-14}
– *Windbüchse* **1,** 289_{27} **2,** 292_{34}
Schriften
– *Experimenta nova (ut vocantur) Magdeburgica de vacuo spatio (1672)* **1,** 244_{3-5} 583_{14-15} 948_{32-33} **2,** 246_{25} **3,** 380_{28} 417_{26} 418_{7-8} $689^{70.\,71}$ **4,** 284_{9} 387^{3}
– – *Neue (sogenannte) Magdeburger Versuche über den leeren Raum (dt. von H. Schimank 1968)* **3,** 689^{70}
– – – *²1996* **3,** 689^{74} $716\text{-}717^{305}$ **4,** 637^{41} 678^{219}
Guérin, NN
– *Relation des effets singuliers d'un coup de tonnerre (1785)*
– – *Nachricht von den sonderbaren Wirkungen eines Wetterschlags (1785)* **1,** 799_{R10-11}
Guérin, Pierre (1740–1823)
– *Essai sur les maladies des yeux (1769)*
– – *Versuch über die Augenkrankheiten (dt. 1773)* **4,** $444^{102.\,103}$ 445^{104}
Gütle, Johann Conrad (1747–1827)
– *Beschreibung verschiedener Elektrisirmaschinen (1790)* **1,** 525_{R16-17}
Guglielmini, Giovanni Battista (1763–1817)
– *Beweis der Erdrotation durch Fallversuche* **2,** 64^{*} $621_{34.\,39}$ 622_{9} $622^{\dagger}$–$623^{\dagger}$
– *Quellen* **5,** 330_{16}
Schriften
– *De diurno terrae motu (1792)* **2,** 622_{1}
Guichard, nommé Quintus Icilius, Charles Théophile (1724–1775)
– *Mémoires critiques et historiqes sur plusieurs points d'antiquités militaires (1773)* **3,** 116_{3-4} 493^{145}
Guiot de Provins (um 1145 – nach 1208) **5,** 423_{14}
– *zur Person* **2,** 843_{20} **5,** 419_{17-18} 421_{26}
Schriften
– *La Bible de Guyot* **2,** 843_{23-24} **5,** 419_{7-14} 421_{28-29}
Gumbert, Hans Ludwig (1903–1994)
Schriften
– *Lichtenberg und Holland (1973)* **5,** 876^{918}
Herausgeber
– *Lichtenberg in England (1977)* **3,** 685^{50} **4,** 691^{267} **5,** 646^{531}
Guntau, Martin (*1933)
– *Abraham Gottlob Werner (1984)* **5,** 810^{495}
– *Die Genesis der Geologie als Wissenschaft (1984)* **5,** 810^{495}
Gunter, Edmund (1581–1626)
– *magnetische Deklination* **5,** 426_{21} 429_{11}
Schriften
– *The works (⁵1673)* **6,** 313 (*35g)

Guthrie, Matthew (1743–1807)
– *A dissertation on the climate of Russia (1791)* **1,** 312_{R25-29} **2,** 315_{3-4}
– *Nouvelles expériences pour servir à déterminer le vrai point de congélation du mercure et la difference que le degré de pureté de ce metal pourroit y apporter (1785)* **1,** 440_{39}–441_{2} **4,** 197_{2} 518^{106}
– – *Exzerpt* **4,** 137_{31}
– – *Neue Versuche über den Grad der Kälte, bey welchem das Quecksilber gefriert (dt. Auszug 1785)* **1,** 441_{2-4}
Guts Muths, Johann Christoph Friedrich (1759–1839)
– *Kleines Lehrbuch der Schwimmkunst (1798)* **1,** 925_{17-18}
Guyot, Edme Gilles (1706–1786)
– *Nouvelles récreations physiques et mathématiques (2 1772–1775)*
– – *Neue physikalische und mathematische Belustigungen (dt. von J.C. Thenn 1772–1777)* **6,** 65 (*60*) 154 (*190*) 162 (*194*) 218 (*269*) 220 (*272*) 246 (*301*) 260 (*321*)
Guyton de Morveau, Louis-Bernard (1737–1816)
– *Adhäsionsversuche mit Quecksilber* **1,** 198_{R9-17} **2,** 180_{30}
– *Auflösung der Kieselerde* **1,** 212_{R7}
– *Pyrometer* **2,** 457*
– *Schmelzen von Platin* **1,** 439_{15}
– *Volumen und Temperatur bei Gasen nicht proportional* **2,** 455*
Schriften
– *Anmerkungen zu Kirwan, An essay on Phlogiston (1787)* **1,** 934_{32}
– *Des expériences faites sur la force d'adhésion des surfaces (1773)* **1,** 190_{R15-16} 198_{R7-9}
– *Description de l'aérostate (1784) [zus. mit Chaussier u. Bertrand]* **1,** 296_{26-27}
– *Élémens de chymie, théorique et pratique (1777–1778) [zus. mit Maret u. Durande]*
– – *Anfangsgründe der theoretischen und practischen Chemie (dt. 1779–1780)* **1,** 439_{23-24}
– *Encyclopédie méthodique. Chymie, pharmacie et métallurgie. Tome 1 (1786)*
– – *Allgemeine theoretische und praktische Grundsätze über die sauren Salze oder Säuren (dt. Teilübers. von D.L. Bourguet 1796–1804)* **3,** 341_{23-26}
– *Essai sur la dilatabilité de l'air & des gaz par la chaleur (1790)*
– – *Versuch über die Ausdehnbarkeit der Luft und der Gasarten durch die Wärme (dt. 1790)* **1,** 239_{R20-23}
– *Expériences sur l'attraction ou la répulsion de l'eau et de corps huileux (1773)* **1,** 190_{R14-15} 198_{R19-23}
– *Méthode de nomenclature chimique (1787)* **1,** 926_{19-20} **3,** 656^{247}
– – *Methode der chemischen Nomenklatur (dt. von K. v. Meidinger 1793)* **1,** 926_{23-25} **3** 344_{1-2} 358_{11-14}
– – – *Rezension 1794* **3,** 358_{19}
– *Nachricht von einigen vorzüglichen Versuchen (1788)* **3,** 331_{13}
– *Pyrometre de Platine (1803)*
– – *Neues Pyrometer von Platina (dt. 1803)* **2,** 457*

Haas, Jakob Bernhard (†um 1840)
– *Hygrometer* **2,** 284_{26} **6,** 476 (*387*)
– *kristallographisches Goniometer* **6,** 533 (*428*)
– *Luftpumpe* **1,** 244_{R2} 248_{15} **2,** 238_{11} 239_{29} **3,** $416_{18.\,21}$
Haas, Wilhelm (1741–1800)
– *Wetterharfe* **1,** 944_{24} **2,** 335_{23}

Habel, Christian Friedrich (1747–1814) **5,** 412_{16}
Habel, Thomas (*1946)
– *Gelehrte Journale und Zeitungen der Aufklärung (2007)* **4,** 816^{313}
Habrecht, Isaak (1589–1633)
– *Planiglobium coeleste ac terrestre (1628)*
– – *Ausg. Nürnberg 1662* **6,** 427 (*223)
Hacke, Franz Karl Joseph von (†1780) **5,** 876^{918}
Hacquet, Balthasar (1739–1815)
– *Auszug aus einem Schreiben an den Herausgeber (1789)* **1,** 831_{R2}
Hadley, George (1685–1768)
– *Concerning the cause of the general trade-winds (1735–1736)* **5,** $800^{672.\ 674}$
Hadley, John (1682–1744)
– *Spiegelsextant* **2,** $690_{19.\ 24}$ $690^{\dagger}$ 697_{36} **5,** 51_{22} 709^{965} 714^{981}
– *Spiegelteleskop* **4,** 63_{21}
Hällström, Gustaf Gabriel (1775–1844)
– *Abhandling om Jerns utvigning af vaerme foersattad (1805)* **2,** 417^{*}
– – *Auszug (dt. 1807)* **2,** 417^{*}
Haen, Antonius de (1704–1776)
– *elektrische Versuche mit Tieren* **2,** 491_{26}
Hänk, d. i. Haukr Erlendsson.
Häseler, Johann Friedrich (1732–1797)
– *Betrachtungen über das menschliche Auge (1771)* **1,** $425_{28–30}$
– *Vom Ludolfschen Barometer (1780)* **1,** $306_{41–43}$ $477_{3–5}$
Hagemann, Carl Friedrich Leopold **6,** CXXI–CXXII
Hahn, Friedrich von (1742–1805)
– *Mars* **5,** 154_{28}
– *Mond* **2,** 710_{8} 712_{10} **5,** 258_{11}
Schriften
– *[Funken] (1793 [1790])* **1,** 964_{25} **5,** 718^{1005}
– *Gedanken über die Sonne und ihrem Lichte[!] (1795 [1792])* **5,** 126_{10}
– *[Verschiedene astronomische Bemerkungen] (1797 [1794])* **5,** 154_{28}–155_{1}
Hahn, Johann David (1729–1784)
– *Dissertatio philosophica inauguralis, de efficacia mixtionis in mutandis corporum voluminibus (1751)* **1,** $201_{21–23}$
Hahnemann, Christian Friedrich Samuel (1755–1843)
– *chem. Prüfung von Wein* **2,** 32_{24} **3,** 94_{31}
Haidinger, Karl (1756–1797)
– *Entwurff einer systematischen Eintheilung der Gebürgs-Arten (1786)* **1,** $732_{R1–11}$ $750_{30–36}$
– – *Rezension 1787* **1,** $732_{R12–13}$
– – *Nachdruck 1787* **1,** $750_{R9–15}$
Haldat du Lys, Charles Nicolas Alexandre de (1770–1852)
– *[Sur la double vision] (1807)*
– – *Haldat fuhrt die Gesetze des Doppelsehens auf allgemeine Gesetze des Sehens zurück (dt. 1809)* **2,** 402^{*}
Hales, Stephen (1677–1764)
– *Erfindung des Ventilators* **2,** 228_{10}
– *Grundeis* **2,** 426_{29} **4,** 132_{11} 508^{73} 512^{83}
– *Kompression der Luft* **1,** $290_{20.\ R28–29}$ **2,** $298_{1.\ 27}$ **3,** 404_{27} 406_{10}
– *Luftarten* **2,** 253_{23} **3,** 389_{23} 390_{27} $400_{30–32}$ 401_{4}
– *Thermometer* **1,** 471_{1}
– *Verbrennungsprozeß* **3,** 321_{9}
Schriften
– *A description of ventilators (1743)*
– – *Beschreibung der nützlichen Maschine (dt. Referat 1747)* **1,** $239_{7–9}$
– *A treatise on ventilators (1758)* **1,** $239_{10–11}$

– *Statical essays (1733)* **3,** 706[237]
– *Vegetable Staticks (1727)* **3,** 390_{27} **4,** 132_{11} **5,** 360_{31}
– – *Statick der Gewächse (dt. 1748)* **4,** 134_{23} 505[67] **5,** 767[258]
Hall, Diana Long
– *The iatromechanical background of Lagrange's theory of animal heat (1971)* **3,** 730[442]
Hall, Marie Boas (1919–2009)
– *Newton's electric spirit: Four oddities (1959)* **4,** 670[165]
Halle, Johann Samuel (1727–1810)
– *Uhren* **5,** 253_{5}
Schriften
– *Fortgesetzte Magie, Bd. 2 (1789)* **1,** 32_{R25-32}
– *Magie (1783–1786)* **1,** 32_{18-19} 296_{3} **4,** 382_{23-24} 812[295] 813[297]
– *Werkstäte der heutigen Künste oder die neue Kunsthistorie (1761–1779)* **5,** 716[987. 988]
Haller, Albrecht von (1708–1777) **1,** 127_{14} **3,** 570[211]
– *Anatomie* **2,** 249_{5}
– *Enkel* **2,** 172_{6} **3,** 601[34] **4,** 648[90]
– *in England bekannt* **3,** 6_{21}
– *nicht auf Mathematik gestützte Beiträge zur Naturlehre* **2,** 21_{14} **3,** 40_{31}
– *Sintflut* **2,** 838_{14}
Schriften
– *Versuch Schweizerischer Gedichten (1732 u.ö.)*
– – *Die Alpen (1729)* **1,** 967_{28} **2,** 829_{35} **5,** 335_{14}
– – *Ausg. Zürich 1762 u.d.T. »Gedichte des Herrn von Haller«* **5,** 753[128]
Herausgeber
– *Boerhaave, Methodus studii medici (1751)* **1,** 42_{18}
Haller, Jean Emanuel von (1761–1781) **6,** 69 (67)
– *tödlicher Badeunfall* **2,** 172_{6} **3,** 270_{29} **4,** 648[90]
Halley, Edmond (1656–1742)
– *auf St. Helena* **2,** 829_{7} **5,** 332_{29-30}
– *Bestimmung des Abstands Erde-Sonne mittels Venusdurchgang* **2,** 652_{1-13} **5,** 44_{4-5} 45_{3} 93_{10-11} 95_{34}–96_{2}
– *Erderwärmung durch Sonneneinstrahlung* **1,** 962_{26} **5,** 491_{12}
– *Erdmagnetismus* **1,** 755_{9} **2,** 845_{25} **4,** 753[36] **5,** 423_{4} 426_{24-25} 429_{14-15} 431_{17} $432_{6.\ 25}$ 484_{31} 487_{31} 762[205]
– *Komet* **2,** $762_{4.\ 20}$ $764_{3.\ 23}$ **5,** 56_{27} 164_{4}
s.a. Komet(en) – Halleyscher.
– *Kompression der Luft* **1,** 290_{19}
– *Luftdruckschwankungen* **2,** 935_{12} **5,** 372_{26} 496_{12} 790[362]
– *Merkurdurchgang* **2,** 744_{20} **5,** $151_{6.\ 8.\ 11}$
– *Mondbeobachtung* **1,** 689_{8} **2,** 706_{27} **5,** 120_{13} 254_{28} 255_{32}
– *Nordlicht* **1,** 812_{43} **5,** 489_{9} 890[972]
– *Quellen* **2,** 826_{11-12} 828_{34} **5,** $330_{18.\ 23}$ 332_{23} 334_{17}
– *Salzigkeit des Meeres* **2,** 820_{28} **5,** 326_{24} 397_{3} 398_{2}
– *Schallgeschwindigkeit* **1,** 312_{22}
– *Taucherglocke* **1,** 234_{R19} **2,** $220_{28.\ 30.\ 35}$ 222_{15} 821_{36} **5,** 399_{18}
– *Thermometer* **1,** 466_{26} **4,** 159_{20} 160_{27}
– *Winde* **2,** 857_{24} 858_{13} **5,** 351_{6-7} 442_{8}
Schriften
– *A discourse concerning the proportional heat of the sun in all latitudes (1693)* **1,** 660_{28-32} **5,** 901[1022]
– *A discourse of the rule of the decrease of the height of the mercury in the barometer (1686)* **5,** 790[362] 909[1054–1057]
– *A new and correct chart shewing the variations of the compass (1701)* **5,** 823[581] 829[625]

– *A short account of the cause of the saltness of the ocean (1714–1716)* **5,** 806[467]
– *A theory of the variation of the magnetical compass (1683)* **1,** 755$_{21-24}$ **5,** 828[621]
– *An account of several experiments made to examine the nature of the expansion and contraction of fluids by the heat and cold (1693)* **1,** 443$_{28-29}$ **4,** 540[183]
– *An account of the cause of the change of the variation of the magnetical needle (1686–1692)* **1,** 755$_{25-28}$ **5,** 826[601] 828[621]
– *An account of the circulation of the watry vapours of the sea and of the cause of springs (1686–1692)* **1,** 744$_{6-9}$
– *An account of the late surprizing appearance of the lights seen in the air, on the sixth of March last (1714–1716)* **1,** 813$_{1}$ **5,** 487$_{32}$ 489$_{10}$ 889[968] 890[971] 891[975] 892[978] 897[1003]
– *An addition to the description of the art of living under water (1720–1721)* **2,** 220[*]
– *An estimate of the quantity of vapours raised out of the sea (1705)* **1,** 775$_{28-31}$ **5,** 750[108. 109]
– *An historical account of the trade winds, and monsoons (1686–1692)* **1,** 764$_{27-33}$ **5,** 761[201. 203] 789[356] 790[362]
– *Astronomiae cometicae synopsis (1704–1705)* **2,** 762[‡] **5,** 57$_{8-9}$ 285$_{15-16}$ 287$_{12-13}$ 652[572] 653[575. 578] 733[1118. 1122] 734[1130]
– – *A synopsis of the astronomy of comets (engl. 1705 u.ö.)* **5,** 653[577] 733[1119]
– – *Ausg. in ders., Tabulae astronomicae (1749)* **5,** 285$_{16-21}$ 287$_{18-19}$
– *De visibili conjunctione inferiorum planetarum cum sole (1686–1692)* **2,** 652[*]
– *Methodus singularis quâ solis parallaxis sive distantia à terra, ope veneris intra solem conspiciendae, tuto determinari poterit (1714–1716)* **2,** 652[*]
– *The art of living under water (1714–1716)* **2,** 220[*] **5,** 807[482]
– *The true theory of the tides (1695–1697)* **1,** 770$_{31-35}$ **5,** 763[216] 764[227]

Halma, Nicolas B. (1755–1828)
Übersetzer
– *[1813] Ptolemaios, Almagest* **2,** 604[*]

Hamberger, Adolf Albrecht (1737–1789)
– *Allgemeine Experimental-Naturlehre (1774)* **1,** 46$_{18-20}$

Hamberger, Georg Erhard (1697–1755)
– *Anatomie* **2,** 249$_{5}$
– *Dissertatio physica de experimento, ab Hugenio, pro causa gravitatis explicanda, invento (1723)* **1,** 121$_{19-21}$
– *Präses*
– – *Dankwerts, De fontium origine (1733)* **1,** 743$_{36}$
Schriften
– *Dissertatio physica de cohaesione et attractione corporum (1732)* **1,** 125$_{3-5}$
– *Elementa physices (²1735)* **1,** 44$_{25-26}$
– – *³1741* **1,** 34$_{17-20}$ 125$_{6-7}$

Hamburgisches Magazin, oder gesammlete Schriften, zum Unterricht und Vergnügen, aus der Naturforschung und den angenehmen Wissenschaften überhaupt (1747–1763) **1,** 57$_{28-32}$ **5,** 434$_{27}$

Hamilton, Hugh (1729–1805)
– *A dissertation on the nature of evaporation (1765)* **1,** 282_{1-5}
Hamilton, William (1730–1803)
– *Vulkanismus* **5,** 391_{33} 393_{3} 529_{16}
– *Zitterrochen* **2,** 543_{34}
Schriften
– *A letter to Sir John Pringle, giving an account of certain traces of volcanos on the banks of the rhine (1778)* **5,** 803^{446}
– *An account of an eruption of Mount Vesuvius, which happened in August, 1779 (1780)* **5,** 800^{439} 803^{447}
– – *Nachricht von dem merkwürdigen Feuerauswurf des Vesuvs (dt. 1781)* **1,** 843_{R14-16}
– *An account of the earthquakes which happened in Italy, from February to May 1783 (1783)* **1,** 847_{39-40} **5,** $928^{1265-1268}$
– – *Nachricht von dem letzten Erdbeben in Calabrien und Sicilien etc. (dt. von G.F. Wehrs 1783)* **1,** 847_{34-39}
– *Letters concerning the northern coast of the county of Antrim (1786)* **5,** 926^{1242}
– *Observations on Mount Vesuvius, Mount Etna and other volcanos (1772)* **5,** 800^{437}
– – *Beobachtungen über den Vesuv, den Aetna und andere Vulkane (dt. 1773)* **1,** 843_{15-18}
– *Supplement to the Campi Phlegraei being an account of the great eruption of Mount Vesuvius in the month of August 1779 (1779)* **5,** 926^{1241}
– *Œuvres complettes (1781)*
– – *Neuere Beobachtungen über die Vulkane Italiens und am Rhein (dt. Teilübers. von G.A. Rucker 1784)* **1,** 843_{42}–844_{4} **5,** $803^{451.\,452}$

Hanow, Michael Christoph (1695–1773)
– *Erläuterte Merkwürdigkeiten der Natur (1737)* **4,** 167_{21}
– *Erläuter[ung] der hier bemerkten Feuchtigkeit der Luft (1739)* **3,** 434_{10-11}
– *Erörterte Ursachen der meisten Versuche mit den gläsernen Springe-Kölbchen (1751)* **1,** 432_{3-6}
– – *²1756 u.d.T. »Erläuterte Ursachen der Versuche mit den Springkölbchen«* **1,** 432_{5-6}
– *Nachricht [...] von dem merkwürdigen und betrübten Todesfalle des Herrn Professor Richmanns (1753)* **1,** 797_{10-14}
– *Philosophia naturalis (1762–1768)* **1,** 45_{40-41}
– – *Tomus II. continens aerologiam et hydrologiam (1765)*
– – – *Rezension 1769* **3,** 434_{4}
– *Seltenheiten der Natur und Oekonomie (1753–1755)*
– – *Nachricht von Herrn Richmanns [...] plötzlichem Tode (1755)* **5,** 865^{870} 869^{881}
– – *³1755* **4,** 134_{19}
– *Verschiedene neue Versuche mit den gläsernen Springe-Kölbchen (1747)* **1,** 431_{38}–432_{2}
Hansen, NN **6,** CVIII
Hansteen, Christopher (1784–1873)
– *Untersuchungen über den Magnetismus der Erde (dt. von P.T. Hanson 1819)* **5,** 827^{611}
Happel, Eberhard Werner (1647–1690)
– *Mundus mirabilis tripartitus (1687)* **6,** 422 (*219)
Harding, Karl Ludwig (1765–1834)
– *Asteroiden* **2,** 756_{10}
– *Jupitermonde* **2,** 748*

Harlin, Aestan (1735–1806)
– *Respondent*
– – *Dissertatio gradualis de diluvio universali (1761)* **1,** 840_{28-29}
Harriot, Thomas (1560–1621)
– *Sonnenflecken* **1,** 674_{R28-29} **2,** 729*
Harris, John (1667–1719)
– *Lexicon technicum (1704–1710)* **4,** 142_{8}
Harris, NN (farbenblinder Schuster) **4,** 474[231]
Harrison, John (1693–1776)
– *Chronometer* **2,** 419_{33} $698_{15-16.\ 32}$ **3,** 489[113] **5,** 51_{15} $115_{1-8.\ 19}$ 618[330. 331]
– *Copley-Preisträger* **2,** 698_{29-30} **5,** 115_{6}
– *Kompensationspendel* **2,** 418_{7} **4,** 110_{26} 131_{11} **5,** 114_{38}
– *Längenpreis* **2,** 419_{38}–420_{7} 699_{28} **5,** 115_{14-15} 115_{29}–116_{7}
– *Lebensumstände* **2,** 419_{25}
– *Taschenuhrkompensation* **2,** 419_{9-23}
– *zur Person* **2,** 698_{16-22} **5,** 114_{36-38}
Schriften
– *A description concerning such mechanism as will afford a nice, or true mensuration of time (1775)* **2,** 420_{8-24} **5,** 113_{9}
– *The principles of Mr. Harrison's Time-keeper (1767)* **4,** 110_{23}
Harrison, William (1728–1815)
– *Chronometerprüfung* **2,** 698_{39} 699_{6} **5,** $115_{8-9.\ 20-25}$
– *Kompensation einer Uhrfeder* **6,** 207 (257)
Hart, Cheney (1726–1784)
– *Part of a letter to William Watson, giving some account of the effects of electricity (1754)* **4,** 277_{19}
Hartknoch, Christoph (1644–1687)
– *Alt- und Neues Preussen* **5,** 698[907]
Hartley, David (1732–1813)
– *Brandschutz* **1,** 459_{12}
Hartmann, Johann Friedrich (1735–1798)
– *Billiard* **3,** 191_{25} 193_{9} 199_{25}
Schriften
– *Abhandlung von der Verwandschaft und Aehnlichkeit der electrischen Kraft mit den erschrecklichen Luft-Erscheinungen (1759)* **1,** 807_{7-11}
– *Anmerkung [zu den Bemerkungen über das Zerspringen und die freiwillige Entladung der elektrischen Sammlungsflaschen] (1780)* **2,** 149_{8-9}
– *Anmerkungen über die nöthige Achtsamkeit bey Erforschung der Gewitter-Electricität (1764)* **1,** 807_{12-16}
– *Electrische Experimente im luftleeren Raume (1766)* **1,** 606_{11-13}
– *Encyklopädie der elektrischen Wissenschaften (1784)* **1,** 573_{15-16} **4,** 317_{7-8} 723[420]
– *Nachricht von einem im Junio und Julio 1770. gesehenen Kometen (1771)* **5,** 656[590]
Hartsoeker, Nicolas (1656–1725)
– *Haarröhrchen* **3,** 300_{22}
Schriften
– *Conjectures physiques (1707)* **3,** 617[25]
– *Eclaircissemens sur les conjectures physiques (1710)* **3,** 617[25]
Harvey, E. Newton (1887–1959)
– *Benjamin Franklin's views on the phosphorescence of the sea (1940)* **4,** 677[212]
Hase, Johannes Matthias (1684–1742)
– *Sprachrohr* **1,** 318_{13}
Schriften
– *Dissertatio […] de tubis stentoreis (1719)* **1,** 318_{27-28} **4,** 20_{20}
– *Sciagraphia integri tractatus de constructione mapparum omnis generis (1717)* **1,** 668_{1-3}

Hase, Matthias August (1742–1771)
– *Commentatio mathematica de refractionis ratione ope lentium ac prismatum determinanda (1770)* **1,** 367_{26-28}
Hassan, d. i. Isaak ibn Sid.
Hassencamp, Johann Matthäus (1743–1797)
– *Kurze Geschichte der Bemühungen die Meereslänge zu erfinden (1769)* **1,** 643_{27-29}
– – *^{2}1774* **1,** 643_{29-30} **5,** 617^{326}
Hassenfratz, Jean-Henri (1755–1827)
– *Lettre sur la cristallisation de la glace (1785)* **1,** 786_{R8-9}
– – *Ueber die Krystallisation des Schnees und Eises (dt. 1786)* **1,** 436_{R12-13}
– *Neue elektrische Versuche (1783)* **1,** 797_{R10-12}
– *Sur le gas hepatiques (1787)* **1,** 267_{R32-34}
– *System der chemischen Zeichen (1793)* **3,** 344_{3} 358_{15-17} **5,** 649^{557}
– – *Rezension 1794* **3,** 358_{19}
Hatchett, Charles (1765–1847)
– *An analysis of the earthy substance from New South Wales (1798)* **1,** 928_{30-31}
Hattorf, von, NN 2, 66_{15}
Haubold, Georg Gottlieb (1714–1772)
– *De thermometro reaumuriano (1771)* **1,** 469_{5-6}
Hauch, Adam Wilhelm von (1755–1838)
– *Luftarten aus Dämpfen* **1,** 940_{14}
– *Zusammensetzung des Wassers* **3,** 342_{13-22} 345_{31}
Schriften
– *Begyndelses-grunde til naturlæren (1794)*
– – *Anfangsgründe der Experimental-Physik (dt. von L.H. Tobiesen 1795)*
– – – *Rezension 1796* **3,** 142_{25}
– *Beschreibung eines Gazometers oder Luftmessers (1795)* **1,** 935_{3} **3,** 342_{12} 345_{31} 346_{21} 661^{279}
– *Beschreibung einiger mit P[h]osphor angestellten Versuche (1795)* **1,** 940_{4-5}
Haüy, René Just (1743–1822)
– *Aräometer* **2,** 168_{12} **3,** 277_{20}
– *für zwei elektrische Materien* **1,** 588_{R9-10}
Schriften
– *Beschreibung eines bequemen Instruments zur Bestimmung des spezifischen Gewichts der Mineralien (1792)* **1,** 174_{R23-26} 181_{R7-9} **6,** 456 (367)
– *De l'électricité du spath boracique (1791)*
– – *Ueber die Electrizität des Boracits, oder Boraxspathes (1793)* **1,** 536_{R5-7} 957_{14}
– *Exposition raisonnée de la théorie de l'électricité et du magnetisme (1787)* **1,** 588_{R9-12} 607_{R3-6}
– *Sur la pesanteur spécifique des minéraux (1792)* **3,** 277_{21-24}
– – *Beschreibung eines bequemen Instruments [von Nicholson] zur Bestimmung des spezifischen Gewichts der Mineralien (dt. 1792)* **3,** 277_{21}
Haukr Erlendsson (†um 1334) **2,** 844_{12} **5,** 422_{20}
Hauksbee, Francis (1666–1713)
– *Elektrisiermaschine* **4,** 253_{18} $284_{3.\,21}$
– *Elektrizität* **1,** 526_{19} **4,** 288_{29} 676^{205} 695^{281}
– *Luftpumpe* **1,** 21_{41} 22_{24} 244_{20} **2,** $237_{9.\,24}$ **3,** 386_{28} 388_{2}
Schriften
– *A Course of Mechanical Experiments (1709 u.ö.)* **1,** 43_{23-24}
– *An account of an experiment touching the propagation of*

sound through water (1708–1709) **1,** 319_{35-38} 943_{19}
– *An account of an experiment touching the propagation of sound (1708–1709)* **1,** 942_{10-11}
– *An account of an experiment, shewing that actual sound is not to be transmitted through a vacuum (1708–1709)* **1,** 310_{R4-5} 942_{4-5}
– *An account of experiments concerning the proportion of the power of the load-stone at different distances (1710–1711)* **1,** 613_{13-16}
– *An Experiment made at Gresham-College (1705)* **1,** 199_{R28-29}
– *Physico-Mechanical Experiments (1709)* **1,** 245_{12-13} **4,** 689[258] **6,** 507 (*412*)
– – ^{2}*1719* **1,** 43_{25} 199_{R30-31} **4,** 689[258]
– – – *Expériences physico-méchaniques (frz. von F. de Brémond 1754)* **4,** 689[258]
Hausen, Christian August (1693–1743)
– *Elektrisiermaschine* **1,** 527_{10} **2,** 520_{9}
– *Heber im Vakuum* **3,** 715[297]
Schriften
– *Ad memoriam Geyerianam (1741)* **3,** 252_{31}
– *Ad solennia promotionis magistrorum celebranda invitat decanus C.H. Hausen (1741)* **1,** 86_{4-5}
– *Novi profectus in historia electricitatis (1743)* **1,** 527_{27-28}
– *Theoria motus solis circa proprium axem (1726)* **1,** 673_{24-26}
Hawkesworth, John (1715–1773)
– *An account of the voyages for making discoveries in the southern hemisphere (1773)*
– – *Geschichte der See-Reisen und Entdeckungen im Süd-Meer (dt. von J.F. Schiller 1774)* **3,** 602[39]
Hawkins, John (1761–1841) **2,** 777_{20}
Hayne, J.C.G.
– *Versuch über die neuerfundene Luftmaschine des Herrn von Montgolfier (1784)* **1,** 295_{10-13}
Hebenstreit, Ernst Benjamin Gottlieb (1758–1803)
– *De aquae natura aerea (1785)* **1,** 223_{R6-11}
– – *Geschichte und Beurtheilung der neuesten Versuche über die Verwandlung des Wassers in Luft (dt. 1786)* **1,** 223_{R11-13} 224_{R1-3}
Heberden, Thomas (1703–1769)
– *Höhe des Pik von Teneriffa* **1,** 738_{10} **2,** 825_{2} **5,** 329_{20-21}
Schriften
– *Observations made in going up the Pic of Teneriffe (1751–1752) [zus. mit Willliam Heberden]* **1,** 738_{10-11} **5,** 749[87]
Heberden, William (1710–1801)
– *A table of the mean heat of every month for ten years in London (1788)* **1,** 815_{R19} **5,** 906[1045]
– – *Tabelle über die mittlere Wärme eines jeden Monats zu London, aus zehnjährigen Beobachtungen (dt. 1790)* **1,** 815_{R19} **5,** 906[1045]
– *Of the different quantities of rain (1769)* **5,** 453_{21-22} 857[812]
Hecht, L.
– *Titan* **1,** 931_{9}
Hecker, Johann Peter (1747–1835)
– *[Über Blitzableiter auf Strohdächern] (1782)* **5,** 477_{21-24}
Hederich, Benjamin (1675–1748)
– *Graecum lexicon manuale (1722)*
– – *Ausg. Leipzig 1767, bearb. von J.A. Ernesti* **5,** 641[480]
– *Gründliches Antiquitäten-Lexikon (1743)* **3,** 493[139] 494[149]

– *Gründliches Lexicon mythologicum (1724 u.ö.)*
– – *Ausg. Leipzig 1770 u.d.T. »Gründliches mythologisches Lexicon«* **5,** 772[286]
Hedwig, Johann (1730–1799)
– *Versuch zur Bestimmung eines genauen Unterschiedkennzeichens zwischen Tier und Pflanze (1784)* **2,** 17_{33} **3,** 28_{19}
Heenes, Volker
– *Carsten Niebuhr und seine Reise nach Arabien von 1761 bis 1767 (2007)* **5,** 597[182]
Heerde, Hans-Joachim (*1953)
– *Das Publikum der Physik (2006)* **3,** 720[346] **4,** 399[74] 810[279] **5,** 589[124] 821[561] 838[677] 908[1053] 937[51] **6,** LXX[214]
Heeren, Arnold Hermann Ludwig (1760–1842)
– *Wohnhaus* **6,** LXII[156] LXV CXVII
Herausgeber
– *[1792–1801] Stobaios, Eclogae* **5,** 697[894]
Heilbron, John L. (*1934)
– *Electricity in the 17th and 18th centuries (1979)* **4,** 626[2] 635-636[39] 637[42] 640[58] 654[107] 654-655[108] 662[140] 666[153] 674[193] 676[205] 696[283] 708[326] 711[340] 713[347] 718[384] 719[390] 729[442] 743[514]
Heim, Johann Ludwig (1741–1819)
– *Von der äussern Gestalt des Thüringer Waldgebürgs (1796)* **5,** $510_{27–30}$
Heinrich, Placidus (1758–1825)
– *Abhandlung über die Wirkung des Geschützes auf Gewitterwolken (1789)* **1,** $971_{11–12}$
– *Die Phosphorescenz der Körper (1811)* **4,** 449[126]
Heinsius, Gottfried (1709–1769)
– *Tabelle von Temperaturbeobachtungen* **1,** 814_{38}
Schriften
– *Beschreibung des im Anfang des Jahrs 1744 erschienenen Cometen (1744)* **1,** $701_{36–37}$
– *De apparentiis annuli saturni commentatio (1745)* **1,** $692_{34–35}$
Heinsius, Wilhelm (1768–1817)
– *Allgemeines Bücher-Lexicon (1793–1798)* **6,** 492 (*398*)
Heinze, Johann Georg (1718–1801)
– *Neue electrische Versuche (1777)* **1,** $607_{33–36}$
Heise, Johann Christoph Friedrich (1718–1804)
– *Der Wind (1778)* **5,** 762[207]
Hell, Maximilian (1720–1792)
– *Anekdote* **2,** 925_{38}–926_{4}
– *Besuch in Göttingen* **5,** 609[269]
– *Blitzeinschlag trotz Ableiter* **1,** 806_{R11} **2,** 917_{23}
– *Globenempfehlung* **2,** 793_{19} **5,** 212_{6}
– *Magnetkuren* **4,** 378_{25} 379_{5} $380_{20–30}$
– *Nordlicht* **1,** 813_{17} **2,** 924_{29} 925_{24} **5,** 487_{5}
– *Sonnenparallaxe* **2,** $665_{2.\ 11}$ **5,** 96_{32} 97_{6}
– *Sternbilder* **2,** 792_{36}
– *Uranus* **2,** $754_{4.\ 9}$
– *Venusdurchgang* **5,** 96_{26} 609[269]
– *Wetterberechnung* **2,** 936_{25} **5,** $377_{25–34}$
Schriften
– *Appendix ad ephemerides anni 1777. Aurorae borealis theoria nova (1777 [1776])* **1,** $812_{13–15}$ **5,** 483_{11} 487_{5} 891[975] 895[989]
– *Beyträge zur praktischen Astronomie (1791–1794)*
– – *4: 1794*
– – – *Abhandlung über die Sonnenparallaxe* **5,** $96_{32–33}$
– – – *Rezension 1794* **2,** 664[†] **5,** 96_{30} $97_{9–10}$

– *De satellite Veneris (1765)* **2,** 746_{21} **5,** 153_{29} 276_{18}
– *Monumenta aere perenniora inter astra ponenda (1789)* **5,** 680[779]
– *Observationes astronomicae latitudinum et longitudinum geographicarum (1791 [1790])* **1,** 968_{19-20} **5,** 359_{27-28}
Herausgeber
– *Ephemerides astronomicae (1757–1792)* **5,** 681[785]
– *Lacaille, Tabulae solares (²1763)* **1,** 707_{27}
– *T. Mayer, Tabulae lunares (1763)* **1,** 707_{21} **2,** 702_{19} **5,** 111_{14}
Hellant, Anders (1717–1789) **5,** 371_{1}
Hellwag, Christoph Friedrich (1754–1835)
– *Vom vielfachen Regenbogen (1790)* **1,** 792_{R11} 794_{R11-13} **2,** 907_{8-11}
Helmont, Jan Baptista van (1580–1644)
– *Benennungen von Luftarten* **1,** 267_{1-2} 270_{28-29} **2,** 264_{14} **3,** 396_{25} 424_{25}
– *Eis schwerer als Wasser* **1,** 435_{R11}
– *Luftarten* **2,** 253_{12} **3,** 389_{4} 390_{8}
– *Quellen* **5,** 330_{16}
– *spiritus sylvestris* **3,** 652[226]
Schriften
– *Ortus medicinae (1648 u.ö.)*
– – *Complexionum atque mistionum elementalium figmentum* **3,** $390_{8.\,23}$ 693[110]
– – *De flatibus* **3,** 390_{24}
Helmuth, Johann Heinrich (1732–1813)
– *Die ersten Gründe der Sternwissenschaft (1776)* **1,** 721_{17-18}
– *Gemeinnützige Unterhaltungen (1790)*
– – *Ein Gespräch [...] über den Schall, das Echo, und die Glaszerschreier* **1,** 332_{R1-9}
– *Gestirnbeschreibung (1774)* **1,** 640_{24-25}
– *Volksnaturlehre (²1788)* **1,** 32_{R10-14}
Helsham, Richard (1682–1738)
– *A course of lectures in natural philosophy (1739)*
– – *⁴1767* **1,** 45_{25-28}
Hemmer, Johann Jakob (1733–1790)
– *Blitzableiter* **5,** 475_{16}
– – *Verdienste* **1,** 805_{30}
– *Sprachreform* **2,** 493_{7} **4,** 265_{8}
Schriften
– *Anleitung, Wetterleiter an allen gattungen von gebäüden auf di sicherste art anzulegen (1786)* **1,** 804_{R15} **5,** 884[941]
– – *Rezension (1787)* **1,** 804_{R17}
– *Descriptio instrumentorum Societatis Meteorologicae Palatinae (1782)* **1,** 827_{25-27}
– *Lettre à M. Delor, sur l'électricité des métaux (1780)* **1,** 533_{30-31}
– *Nachricht von den in Kuhrpfalz angelegten Wetterleitern (1780)* **4,** 646[84] **5,** 475_{15-16}
– – *GGA-Rezension 1780* **4,** 646[84]
– *Vom Einfluß der Sonne auf das Barometer (1790)* **1,** 762_{R11-14} **5,** 760[196]
Hemsterhuis, Frans (1721–1790) **2,** 774_{22}
– *Vermischte philosophische Schriften (1782)*
– – *Rezension 1783* **1,** 917_{6-7}
Henl(e)y, William (†1779)
– *Brief an L.* **4,** 642[68]
– *elektrischer Versuch* **4,** 325_{10}
– *Elektrometer* **1,** 540_{13} **2,** 508_{5} 524_{21-22} **4,** 247_{21} 262_{5} 294_{10}
– *verdünnte Luft in Leidener Flasche* **1,** 562_{2}
– *Zitterrochen* **2,** 543_{32-33}
– *zur Person* **4,** 691[267]

Schriften
– *An account of some new experiments in electricity (1774)* **4,** 691^{267} **6,** 240 (292)
– *Experiments and observations in electricity (1777)* **4,** 335_{12} 642^{68}
– *Experiments concerning the different Efficacy of pointed and blunted Rods (1774)* **4,** 642^{68}
Henly, William, s. Henl(e)y, William.
Hennert, Johann Friedrich (1733–1813)
– *Commentatio de altitudinum mensuratione, ope barometri (1786)* **1,** $737_{22\text{–}27}$ **2,** $1002_{3\text{–}4}$
– *Eenige vraagstukken weegens der botsinge der lighaamen (1763)* **1,** 144_{11}
– *Traitè des thermométres (1758)* **1,** $475_{19\text{–}20}$
Hennings, August (1746–1826) **5,** 934^{36}
Henry, David (1710–1792)
– *Historical Chronicle, Sept. 1769 (1769)* **5,** 824^{589}
Herakleides Pontikos (um 390 – nach 322 v. Chr.)
– *Bewegung der Erde* **2,** 609_{24} $609^{\dagger}$ $610^{\dagger}$
Herbert, Joseph von (1725–1794)
– *Ausdehnung der Metalle* **1,** $427_{R10\text{–}13}$ **2,** 417_{8} **4,** 172_{18}
– *Ausdehnung verschiedener Flüssigkeiten* **1,** 478_{R6}
– *Ausdehnung von Quecksilber* **1,** 477_{R22} **2,** 458_{2}
– *Elastizität von Flüssigkeiten* **1,** 486_{25} **3,** $86_{15.\ 19}$ 117_{22} $118_{23.\ 31}$
Schriften
– *Dissertatio de aquae, aliorumque nonnullorum fluidorum elasticitate (1773)* **1,** $486_{30\text{–}33}$ **3,** 118_{11} **4,** 561^{249}
– – *Abhandlung von der Federkraft des Wassers, und einiger anderen flüssigen Körper (dt. von A. Ambschell 1778)* **3,** 496^{164} $497^{169.\ 173.\ 174}$ $498^{176.\ 177}$
– *Dissertatio de igne (1773)* **1,** 427_{R14} $435_{R29\text{–}32}$ 436_{R2} 478_{R10} $479_{R6\text{–}8}$ $524_{21\text{–}22}$
– *Theoria phaenomenorum electricorum (1772)* **4,** 280_{28} $377_{3\text{–}4}$
– – *²1778* **1,** $533_{32\text{–}33}$ **4,** 286_{13} 346_{6}
– – – *Rezension 1780* **4,** $280_{28\text{–}29}$
Herder, Johann Gottfried (1744–1803)
– *Ideen zur Philosophie der Geschichte der Menschheit (1784–1791)* **1,** $840_{31\text{–}32}$
Hermann, Jacob (1678–1733)
– *Maß der Kraft* **3,** 253_{10}
Schriften
– *Phoronomia (1716)* **1,** $158_{13\text{–}15}$
Hermann, Johann Bernhard (1761–1790) **4,** 779^{145}
Hermann, Karl Friedrich (1804–1855) **6,** XCIII^{338}
Hermann, Martin Gottfried (1754–1822)
– *Handbuch der Mythologie (1787–1795)*
– – *3: enthaltend die astronomischen Mythen der Griechen (1795)* **1,** $961_{29\text{–}33}$
Hermann, Paul (1646–1695)
– *Musaeum Zeylanicum (1717)* **1,** $600_{R12\text{–}13}$
Hermbstädt, Sigismund Friedrich (1760–1833)
– *Ankündigung einer Übersetzung von La Métherie, Essai analytique (1785)* **1,** 279_{23}
– *Brief an Lichtenberg* **3,** 648^{210}
– *Brief von L.* **3,** 648^{210} 658^{260}
– *chemische Versuche* **3,** 372_{22}
– *dephlogistisierte Luft* **3,** 395_{10}
Schriften
– *Physikalisch-chemische Versuche und Beobachtungen (1786)* **3,** 426_{5} 698^{157}

– *Systematischer Grundris der allgemeinen Experimentalchemie (1791)* **1,** 935_{21}
– – *Rezension 1792* **1,** 265_{R29-31} **3,** 396_{10}
Herausgeber
– *Guyton de Morveau, Grundsätze 1 (1796)* **3,** 341_{26}
Übersetzer
– *[1792] Lavoisier, Traité élémentaire de chimie (1789)* **3,** 342_{11}
Herodotos (ca. 485 – ca. 425 v. Chr.) **4,** 452^{137}
Heron von Alexandria (1. Jh. n. Chr.) **1,** 286_{R9} **2,** 250_{18} 289_{4-8} 300_{19} **3,** 493^{144}
– *Opera quae supersunt omnia (gr.-dt. 1899–1914)*
– – *1: Pneumatica et automata (1899)* **4,** 537^{166}
Herrenschneider, Johann Ludwig Alexander (1760–1843) **1,** 412_{R4}
Herrmann, Constanze (*1965)
– *Das Physikalische Kabinett in Görlitz (2007)* **6,** 213 (265)
Herschel, Alexander (1745–1821) **2,** 753_{2}
Herschel, Friedrich Wilhelm (1738–1822) **2,** 732_{4}
– *Astronomie*
– – *Fixsterne*
– – – *Doppelsterne* **2,** 786_{25} **5,** 197_{8}
– – – *Eigenbewegung* **2,** 785_{31} **5,** $196_{10.\ 23}$
– – – *Flimmern* **5,** 216_{2}
– – – *Milchstraße* **2,** 789_{2} **5,** 217_{26}–218_{8} 293_{24-25}
– – – *Nebelsterne* **1,** 718_{35} **2,** 789_{9} **3,** 184_{20-21} 186_{14} **4,** 64_{9} **5,** 33_{6-7} 218_{8-9}
– – – *scheinbare Größe* **1,** 715_{R4} **2,** 787_{14} **5,** 194_{30} 214_{17} 685^{818}
– – *Jupiter* **2,** 748_{14} **5,** 156_{32} 157_{11} 274_{32}
– – *Kometen* **1,** 699_{R5} **2,** 760_{4}
– – *Kosmologie* **5,** 217_{25}
– – *Mars* **2,** $747_{2.\ 6}$ 747^{*} **5,** 154_{19} 274_{14}
– – – *Abplattung* **1,** 696_{33}
– – *Mond* **1,** $689_{1.\ 11}$ **2,** 707_{19} **5,** 120_{11} 218_{33} $254_{1.\ 32}$ 256_{6} 261_{34} 917^{1141}
– – *Saturn* **2,** $750_{6.\ 10}$ $750^{\ddagger}$ **5,** 159_{6} 281_{30}
– – – *Monde* **1,** 692_{R1-22} $965_{2.\ 5.\ 11}$ **2,** 750_{14-19} **5,** 277_{21-29}
– – – *Oberfläche* **1,** 696_{3} **5,** 281_{19}
– – – *Ring* **1,** 693_{R5} **2,** $750^{\S}$ 751_{4-21} **5,** $278_{26.\ 33}$ 281_{33} 282_{19}
– – *Sonne* **5,** 495_{16} 587^{107}
– – *Sonnensystem*
– – – *Bewegung* **1,** 716_{34} **2,** $786_{7-8.\ 16}$
– – *Sternzählung* **1,** 719_{R1} **2,** 789_{4-8} **4,** 64_{5-8} **5,** 33_{6} 217_{14-16} 293_{30-33} 294_{24-35}
– – *Uranus* **1,** 16_{9-10} **5,** 168_{32}
– – – *Entdeckung* **1,** 653_{22} **2,** 19_{34} 752_{31} **5,** 159_{18} 291_{21} 628^{401}
– – – – *L.s Rezeption* **1,** XV_{27}
– – – *Monde* **2,** 754_{25} **5,** 162_{9}
– – – *Name* **1,** 653_{40} 654_{R8} **2,** $754_{3-4.\ 8}$ **5,** $161_{2.\ 21}$
– – *Venus* **2,** $745_{14.\ 16.\ 31}$ **5,** 149_{32-33}
– *Aufenthalt in Göttingen, Juli 1786* **6,** 156 (192)
– *Brief an L.* **2,** 752_{35} **4,** 64_{4} 440^{90} 441^{97} **5,** 262_{29} 686^{826}
– *Brief von L.* **4,** 440^{90} **5,** 687^{830} 688^{832}
– *Lesages Schweretheorie* **3,** 571^{218}
– *Optik* **2,** 788_{23}
– *Spiegel* **1,** 431_{R16}
– *Spiegelteleskop* **1,** 414_{R10} **2,** 19_{32} 403_{9} 404_{20-21} $405_{4.\ 10}$ 706_{19} 709_{2} 753_{19-27} 754_{31} 789_{2} **3,** 54_{25} **4,** 62_{16} 63_{28}–64_{2} 178_{20} **5,** 262_{28} 263_{25} 291_{27} 292_{12} 294_{34}
– – *7-füßiges* **1,** 412_{R8-10} 413_{R26}
– – *20-füßiges* **5,** 293_{24}
– – *40-füßiges* **1,** 412_{R1-3} 413_{R23} **2,** 363_{2} 404_{22} 750_{20} **5,** 177_{24} 218_{11-13} 277_{26}

– – *für Göttingen* **4,** 64_{10}
– – *in Schröters Besitz* **2,** 712_{2-3} **5,** 262_{22}
– – *in von Hahns Besitz* **2,** 712_{16}
– – *Preise* **5,** 293_{27-29}
– *Träger der Copley-Medaille* **2,** 698_{31}
– *Würdigung* **2,** 792_{37} **5,** 218_{21-28}
– *zur Person* **2,** 753_{1}
Schriften
– *A paper to obviate some doubts concerning the great magnifying powers used (1782)*
– – *Schreiben an Herrn Joseph Banks […], die vom ersteren [Herschel] gebrauchten starken Teleskopischen Vergrösserungen betreffend (1788)* **5,** 292_{14-16}
– *Account of some observations tending to investigate the construction of the heavens (1784)* **5,** 686[826] 737[1158]
– – *dt. Auszug (durch v. Zach) 1788 [1785]* **1,** 719_{R3-5}
– – *Nachricht von einigen Beobachtungen zum Behuf der Erforschung des Baues des Himmels (dt. von G.M Sommer 1791; Nachdruck 2001)* **4,** 440[89. 91] 441[92] **5,** 686[826] 687[830] 916[1136]
– *Account of some particulars observed during the late eclipse of the sun (1794)* **1,** 964_{7-10} **5,** 730[1094] 731[1095]
– *Account of the discovery of a sixth and seventh satellite of the planet Saturn (1790)* **1,** 693_{R1} 965_{21-22} **2,** 750_{21-22} **5,** 726[1079]
– – *Neueste Beobachtungen des Saturns (dt. Auszug 1793 [1790])* **1,** 965_{20-21} **5,** 158_{3} $159_{5.\,13}$ 273_{13} 282_{17} 729[1085] 731[1097. 1099]
– *Astronomical observations on the rotation of the planets round their axes (1781)* **5,** 646[525]
– *[astronomische Notizen] (1786)* **1,** 689_{R6-7}
– *Aus einem Schreiben des Hrn. Herschel an mich [Bode, J. E.] (1786 [1783])* **1,** 654_{R11-12}
– *Aus einem Schreiben des Hrn. Herschel an mich [Bode, J. E.] (1788 [1785])* **1,** 412_{R7-8}
– *[Bestimmung der Rotationsgeschwindigkeit des Saturnrings] (1790)* **1,** 693_{R3-4} **5,** 731[1096]
– *Catalogue of a second thousand of new nebulae and clusters of stars (1789)* **5,** 687[831] 737[1158]
– – *Exzerpt* **5,** 292_{27}–293_{18}
– *Catalogue of double stars (1782)*
– – *Verzeichnis von 269 Doppelt- und Vielfachen Sternen (dt. 1786 [1783])* **1,** 715_{R15} **5,** 214_{20}
– *Catalogue of one thousand new nebulae and clusters of stars (1786)* **5,** 688[833]
– *Discovery of two satellites (1787)* **1,** 16_{R8-10}
– – *Nachricht von den neu entdeckten Uranustrabanten (dt. Auszug 1787)* **1,** 694_{R21}
– *[Entdeckung eines Begleiters von Rigel (β Orionis)] (1789 [1786])* **1,** 719_{R6-7}
– *[Extrait d'une lettre de Londres, annonçant la découverte de la rotation de l'anneau de saturne] (1790)* **1,** 693_{R9}
– *Nachricht von den Lebensumständen Hrn. Wilhelm Herschels […] aus einem Sendschreiben desselben (1783)* **1,** 653_{R4-5} 679_{15-16} **2,** 752_{36-37}
– *Observations of a quintuple belt on the planet Saturn (1794)* **1,** 965_{36-39} **2,** 750_{10-11} **5,** 725[1071]
– *Observations on a comet (1789)* **1,** 699_{R15-16}
– *On the construction of the heavens (1785)* **1,** $718_{32-34.\,R6-7}$

4, 441[93] **5,** 293$_{17-18}$ 686[826] 687[831] 688[833]
– – *Rezension 1787* **1,** 718$_{R7-8}$
– – *Ueber den Bau des Himmels (dt. von G.M Sommer 1791; Nachdruck 2001)* **4,** 440[91] 441[96] **5,** 294$_{6-10}$
– – – *Exzerpt* **5,** 293$_{20}$
– *On the diameter and magnitude of the Georgium Sidus (1783)* **1,** 679$_{21-23}$
– *On the Georgian planet and its satellites (1788)* **1,** 694$_{R18-19}$ **2,** 754$_{1-2}$ **5,** 162$_{13-14}$ 649[558]
– *On the method of observing the changes that happen to the fixed stars (1796)* **5,** 685[818]
– *On the nature and construction of the sun and fixed stars (1795)* **1,** 963$_{20-21}$ **2,** 732$_{6}$ **5,** 907[1050]
– – *Teilabdruck 1794* **1,** 963$_{23-24}$
– *On the parallax of the fixed stars […] (1782)* **1,** 716$_{R6-11}$ **5,** 685[821]
– *On the proper motion of the sun and the solar system (1783)* **1,** 717$_{11-17}$ **2,** 786$_{16-19}$ **5,** 197$_{3}$ 672[717] 674[725] 675[730. 732–734] 676[737]
– – *dt. Referat 1785* **1,** 717$_{R1}$
– – *Anzeige verschiedener Fixsterne (dt. Auszug 1787 [1784])* **1,** 717$_{R2-7}$
– – *Ueber die eigene Bewegung des Sonnen-Systems (dt. Auszug 1787 [1784])* **1,** 717$_{R7-9}$
– *On the remarkable appearances at the polar regions of the planet mars (1784)* **1,** 697$_{R15-20}$ **5,** 154$_{22}$
– *On the ring of Saturn, and the rotation of the fifth satellite upon its axis (1792)* **5,** 725[1072]
– – *Neueste Beobachtungen des Saturns (dt. Auszug 1796 [1793])* **1,** 693$_{R18-19}$
– *On the rotation of the planet Saturn (1794)* **1,** 965$_{40-41}$ **5,** 725[1070]
– *On the satellites of the planet Saturn, and the rotation of its ring on an axis (1790)* **1,** 693$_{R13-14}$ 965$_{24}$ **5,** 279$_{6}$ 281$_{10-11}$
Herschel, Isaac (1707–1767) **2,** 753$_{1-2}$
Herschel, Johann Dietrich (1755-1827) **2,** 753$_{2}$
Herschel, Karoline Lucretia (1750–1848) **2,** 707$_{10-11}$
– *Kometen* **1,** 699$_{R6}$ 966$_{14}$ **2,** 760$_{5}$ 762$_{8}$ **5,** 653[574]
Hertel, Johann Christian
Übersetzer
– *[1747] Passemant, Construction d'un telescope (1741)* **1,** 413$_{36-37}$
Hervier, Charles (1743–1820)
– *animalischer Magnetismus* **4,** 818[324]
Schriften
– *Lettre sur la découverte du magnétisme animal (1784)* **4,** 385$_{29-30}$
Hervieu, Jean Louis François (1764–1847)
– *Nordlicht* **5,** 487$_{19}$
Schriften
– *Lettre à M. De La Métherie, sur une aurore boréale (1790)* **1,** 810$_{R29-31}$ **5,** 895[993]
Herz, Markus (1747–1803) **1,** 14$_{1}$ **2,** 258$_{17}$
Hesiodos (um 700 v. Chr.) **5,** 226$_{13}$ 578[67]
– *Opera et dies (Ἔργα καὶ ἡμέραι)* **1,** 773$_{R17}$ **2,** 899$_{6-7}$ **5,** 597[184] 692[865]
Hessen-Darmstadt, Ludwig VIII., Landgraf von (1691–1768) **2,** 891$_{18}$
Hessen-Kassel, Karl, Landgraf von (1654–1730) **4,** 139$_{24}$ 154$_{7-8}$
Hessen-Kassel, Wilhelm IV., Landgraf von (1532–1592) **2,** 617$_{19-20}$ **5,** 80$_{11}$

Heumann, Johann Paul (1703–1759) **6,** XLII
Hevelius, Johannes (1611–1687)
– *Büste* **2,** 711$_{5-6}$ **5,** 259$_{10}$
– *Fixsterne* **2,** 792$_{14}$ **5,** 209$_{3}$ 735[1145]
– *Kometen* **1,** 966$_{9.\,10}$ **2,** 759$_{5}$ 763$_{8}$ 774$_{14}$ **5,** 65$_{15}$ 163$_{9}$ 173$_{30}$ 177$_{26}$ 285$_{19}$ 287$_{11}$ 653[575]
– *Mondberge* **2,** 704$_{18.\,39}$ 705$_{8}$ **5,** 119$_{27}$ 260$_{13}$ 261$_{2}$
– *Mondkarte* **1,** 687$_{22}$ **2,** 710$_{9}$ **5,** 52$_{23}$ 119$_{15}$ 256$_{7}$
– *Mondvulkane* **1,** 689$_{R2}$
– *Polemoskop* **1,** 417$_{43}$
– *Sonne* **1,** 674$_{9}$
– *Sonnenflecken* **5,** 263$_{32}$ 586[106]
– *zur Person* **2,** 710$_{34}$–711$_{21}$ 772$_{19}$ **5,** 173$_{25-26}$ 258$_{25}$–259$_{6}$
Schriften
– *Cometographia (1668)* **1,** 701$_{34-35}$ 966$_{6}$ **2,** 711$_{12-13.\,21}$ **5,** 258$_{35}$ 650[567] 661[627] 664[645]
– *Descriptio cometae anno aerae Christ. M. DC. LXV. exorti (1666)* **5,** 651[567]
– *Dissertatio, de nativa Saturni facie (1656)* **5,** 278$_{19}$ 728[1083]
– *Epistola ad amicum de cometa, anno M DC LXXII, mense Martio, & Aprili, Gedani observato (1672)* **5,** 651[567]
– *Epistola ad amicum, de cometa, anno M DC LXXVII, Gedani observato (1677)* **5,** 651[567]
– *Machina coelestis (1673–1679)* **1,** 719$_{30-31}$ **2,** 711$_{14-16}$ **5,** 258$_{32}$ 258$_{36}$–259$_{1}$
– *Prodromus astronomicae cum catalogo fixarum, & firmamentum Sobiescianum (1690)* **5,** 679[777]
– *Prodromus cometicus (1665)* **5,** 651[567]
– *Selenographia: sive, lunae descriptio (1647)* **1,** 687$_{29-30}$ **2,** 711$_{8}$ **5,** 258$_{33}$ 278$_{18}$ 720[1019] 728[1083]
Hey, William (1736–1819)
– *medizinischer Gebrauch von fixer Luft* **3,** 392$_{34}$
Schriften
– *An account of some luminous arches (1790)* **1,** 812$_{R31-32}$
Heydenreich, Karl Heinrich (1764–1801)
– *System der Aesthetik (1790)* **1,** 385$_{R4-6}$
Heyn, Johann (1709–1746) **2,** 766$_{6}$
Heyne, Christian Gottlob (1729–1812) **2,** 47$_{23}$ 183$_{39}$ **6,** 278 (*nach 343*) 527 (*426*)
– *Ankauf von Lichtenbergs Instrumenten* **6,** LXXI LXXII LXXV
– *Bibliothek* **6,** LVI
– *Brief von L.* **4,** 587[381] 638[49] **5,** 824[590]
– *Göttinger Instrumentensammlung* **6,** LIV LVII–LVIII LXIX LXXVI CXIII
– *Gutachten über Klindworth* **6,** C
– *Uffenbachsche Schenkung* **6,** XLV–XLVII L LV 259 (319)
Schriften
– *[Bericht] Göttingen (1786)* **3,** 614[4]
– *Opuscula academica, Vol. 3 (1788)* **1,** 32$_{R20}$
Herausgeber
– *Publius Vergilius Maro, Opera* **5,** 692[863. 868] 693[869]
Heyse, Johann Christian (1764–1829)
– *Kurzgefaßtes Fremdwörterbuch (^{4}1825)* **5,** 919[1161]
Hieron II. von Syrakus (um 306 – 215 v. Chr) **2,** 177$_{22.\,28}$
Higgins, Bryan (1737?–1820)
– *Salzigkeit des Meereises* **2,** 428$_{13}$ 819$_{33}$ **5,** 327$_{8}$
Schriften
– *Observations on the floating Ice which is found in high northern and southern latitudes (1776)* **5,** 746[68]

Higgins, William (1763–1825)
– *A comparative view of the phlogistic and antiphlogistic theories (1789)*
– – *Rezension 1790* **1,** $453_{R7–8}$
Hiketas von Syrakus (um 400 – um 335 v. Chr.)
– *Bewegung der Erde* **1,** $655_{R3–4}$ **2,** $609_{17–18}$ 609^{*} $610^{\dagger}$ **5,** 36_{8} 58_{24} 77_{18} 231_{20}
Hilaire-Pérez, Liliane (*1960)
– *L'invention technique au siècle des lumières (2000)* **5,** 711^{971}
Hildebrandt, Friedrich (1764–1816)
– *tätiger Physiker* **3,** 676^{343}
Hill, John (1716–1775)
– *Mehltau* **2,** $894_{19–20}$ **5,** 363_{27}
Schriften
– *Fortsetzung der microscopischen und physikalischen Beobachtungen (1754)* **5,** 770^{273}
Hillary, William (†1763)
– *The nature, properties and laws of motion of fire (1760)* **1,** $524_{6–8}$
Hiller, d. i. Hill, John.
Himly, August Friedrich Karl (1811–1885) **6,** LXXXII–LXXXIII LXXXVIII
Himly, Karl Gustav (1772–1837)
Schriften
– *Einleitung in die Augenheilkunde (1806)* **6,** 134 (*160*)
Herausgeber
– *Ophthalmologische Bibliothek (1802–1807)* **2,** 402^{*}
Hindenburg, Karl Friedrich (1741–1808)
– *Brief von E.F.F. Chladni* **4,** 412^{179}
– *Brief von L.* **1,** IX^{3}
– *Luftpumpe* **2,** 239_{10}
Schriften
– *Antliae novae hydraulico-pneumaticae mechanismus et descriptio (1787)* **1,** $245_{R5–8}$
– *De antlia Baaderiana hydrostatico-pneumatica (1787)* **1,** $245_{R1–4}$
– *Nachrichten und Anzeigen (1783)* **5,** 853^{778}
– *Orationem [...] indicit [...]. Ostenditur, calorem et phlogiston non esse materias absolute leves (1790)* **1,** 495_{R5}
Herausgeber
– *Archiv der reinen und angewandten Mathematik (1795–1800)* **2,** 313^{*} **5,** 680^{778} 719^{1012}
– *Leipziger Magazin für reine und angewandte Mathematik (1786–)* **1,** 59_{20}
– *Leipziger Magazin zur Naturkunde, Mathematik und Oekonomie (1781–1785)* **1,** $59_{12–13}$ **5,** 792^{374}
Hinüber, Karl Heinrich von (1723–1792) **5,** 111_{30}
Hipparchos von Nikaia (um 190 – um 120 v. Chr.) **2,** 785_{7}
– *Astronomie* **5,** $228_{15–16}$
– *Lehre vom Sehen* **2,** 342_{12} **4,** 70_{31}
Hippokrates von Kos (um 460 – um 370 v. Chr.) **4,** 65_{2} **5,** 227_{21}
– *De aere aquis et locis (Περὶ ἀέρων, ὑδάτων, τόπων)* **2,** 595_{5} **5,** 227_{9}
Hirsching, Friedrich Carl Gottlob (1762–1800)
– *Nachrichten von sehenswürdigen Gemälde- und Kupferstichsammlungen [...] (1786–1792)* **6,** 82 (*94*) 205 (*254*)
Hißmann, Michael (1752–1784)
– *Rezensionen*
– – *[1780] Bailly, Lettres sur l'Atlantide de Platon (1779)* **5,** 910^{1067}
Histoire de l'Académie Royale des Sciences. Avec les Mémoires (1702–) **1,** $51_{13–15}$ **2,** 924_{33} **4,** 311_{15} **5,** 434_{28}
– *Der Königlichen Akademie der Wissenschaften in Paris anatomische, chymische und botanische*

Abhandlungen (dt. von W.B.A. von Steinwehr 1749–1760) 1, 51_{21-26}
– *Der Königlichen Akademie der Wissenschaften in Paris physische Abhandlungen (dt. von W.B.A. von Steinwehr 1748–1759)* 1, 51_{16-20}
Histoire de l'Academie Royale des Sciences et des Belles Lettres de Berlin, avec les Mémoires (1746–1771) 1, 52_{24-26}
Histoire et mémoires de l'Academie royale des Sciences, inscriptions et belles lettres de Toulouse (Bd. 1, 1782)
– *Rezension* 1, 689_{R20-21} 964_{23}
Histoire (Mémoires) de l'Académie Royale des Sciences depuis 1666 jusqu'à 1699 (1729–1733) 1, 51_{10-12}
Historia et commentationes Academiae Electoralis Scientiarum et Elegantiorum Literarum Theodoro-Palatinae (1766–) 1, 55_{35-38}
Hjelt, Niklas (1739–1808)
– *Respondent*
– – *Dissertatio philosophica sistens anemometrum novum (1760)* 1, 767_{12}
Hjorter, Olof Petrus (1696–1750)
– *Om magnetens åtskillige åndringar (1747)*
– – *Von der Magnetnadel mannigfaltigen Veränderungen (dt. von A.G Kästner 1753)* 5, 895[989]
Hoare, Joseph (1709–1802) 4, 190_{24}
Hochadel, Oliver (*1968)
– *Öffentliche Wissenschaft (2003)* 4, 725[424]
Hoefer, Ferdinand (1811–1878)
– *Histoire de la chemie (²1869)* 3, 652[226]
Höll, Joseph Karl (1713–1789) 1, 287_{12}
Hölscher, Steffen 6, XLI[6]
Höpfner, Johann Georg Albrecht (1759–1813)
Herausgeber
– *Magazin für die Naturkunde Helvetiens (1787–1789)* 1, 844_{R12}
Hoese, Peter (1686–1761)
– *Brennspiegel* 2, 361_{41} 362_{4} 363_{1}
Hoffmann, Christoph Ludwig (1721–1807)
– *Der Magnetist (1787)* 1, 633_{R3-5} 4, 386_{11}
– – *Rezension 1788*
– *Nachtrag zum Magnetisten (1787)* 1, 633_{R6} 4, 386_{12}
– – *Rezension 1788*
Hofmann, Christian Gotthold (*1713)
– *Nachricht von [...] Peter Hösens großem metallen. Brennspiegel (1750)* 2, 362_{4}
Hofmann, Karl Gottlieb (1762–1799) 5, 698[900]
Hogarth, William (1697–1764) 2, 9_{6} 25[†] 91[*] 372[*] 738_{16} 5, 635[445]
Hogreve, Johann Ludwig (1737–1814)
– *Brief an L.* 4, 396[51]
– *Brief von L.* 5, 872[904]
– *Vermessung* 2, 318_{14}
Schriften
– *Theoretische und praktische Anweisung zur militairischen Aufnahme oder Vermessung im Felde (1785)* 1, 313_{R9}
Hohenheim, Philipp Theophrast von, gen. Paracelsus (1493–1541) 2, 253_{18}
– *Luftarten* 2, 253_{1-3} 3, 388_{33} 390_{2-3}
Holberg, Ludvig (1684–1754) 2, 223_{8}
– *Nikolai Klimii Iter subterraneum (1741)*
– – *Niels Klimm's Unterirdische Reisen (dt. von W.C.S. Mylius 1788)* 3, 108_{30}

Holland, Henry (1788–1873) **2,** 833*
Holleman, Arnold Frederik (1859–1953)
– *Lehrbuch der anorganischen Chemie (1900 u.ö.)* **3,** 694^{124} 698^{156} 699^{158} **4,** 706^{325} $722^{416.\,417}$ 723^{418}
Hollenberg, Georg Heinrich (1752–1831)
– *Brief von L.* **4,** 480^{252} 741^{503} **5,** 779^{320} 878^{926}
– *Quelle einer Anekdote* **5,** 13_{10} 72_{7}
Schriften
– *[Erfindung der farbenlosen Dollondschen Fernröhren] (Ms.)* **4,** 480^{252}
Holler, d. i. Hume(-Campbell), Alexander.
Hollmann, Samuel Christian (1696–1787) **6,** 139 (170)
– *Heber* **2,** 299* 303_{18} **3,** 311_{16} 463^{130}
– *Physik* **6,** XLI^{7}
– *von L. über einen neuen Versuch informiert* **2,** 181_{25}
Schriften
– *Commentationum, in Regia Scientiarum Societate inde ab a. 1756 recensitarum, sylloge (1762)* **1,** $48_{40–42}$
– – *De terrae motibus, inprimis nupero Ulyssiponensi, mantissa* **1,** $848_{31–33}$ **5,** $532_{3–4}$
– – *Ad commentationem, de corporum marinorum [...] origine, quaedam supplementa* **1,** $841_{38–40}$
– – *Congelationis, naturalis, et artificialis, memorabiliora quaedam phaenomena* **1,** $436_{17–20}$
– – *De experimenti florentini circa aquae incondensibilitatem quibusdam fallaciis* **1,** $486_{11–14}$
– *De barometrorum cum aeris et tempestatum mutationibus consensu (1749)* **1,** $823_{16–19}$
– *De corporum marinorum, aliorumque peregrinorum, in terra continente origine (1753)* **1,** $841_{33–37}$ **2,** $939_{34–36}$ **5,** $509_{20–21}$
– *De exiguo, qui adhuc appareat, observationum meteorologicarum usu (1751)* **1,** $826_{27–30}$
– *Epistola de subitanea congelatione, de igne electrico, de micrometro microscopio applicando (1744)* **1,** $437_{26–30}$
– *Fragment einer Geschichte der Georg-Augustus-Universität zu Göttingen (1787)* **6,** XL^{2} LII^{82}
– *In universam philosophiam introductio (1734–1737)* **6,** XLI^{7}
– *Primae physicae experimentalis lineae (1742)* **6,** XLI^{7}
– *Succincta attractionis historia (1755)* **1,** $125_{9–11}$
Holm, Saemund Magnussen (1749–1820) **2,** 896_{14}
– *De incendio terrae in Islandia (1785)* **5,** 855^{785}
– *Om jordbranden paa Island i aaret 1783 (1784)*
– – *Vom Erdbrande auf Island im Jahr 1783 (dt. 1784)* **1,** $780_{32–35.\,R4}$ **2,** 896_{6}
– – – *Nachricht von dem großen Isländischen Erdbrand (Auszug 1788)* **1,** $781_{R1–3}$ **2,** $896_{2–3}$
Holmquist, Daniel Erhard (1764–1808)
– *Gradmessung* **2,** 683_{27}
Schriften
– *Exposition des opérations faites en Lapponie, pour la détermination d'un arc du méridien en 1801, 1802 et 1803 (1805)* **2,** 683†
– – *Auszug (dt. 1805–1806)* **2,** 683†
Holz, d. i. Frauenholz, Johann Friedrich.

Holzhey, Johann Conrad (1. H. 17. Jh.)
– *Sonnenuhr mit Polhöhenangaben* **6,** 390 (**173*)
– *Universalsonnenuhr aus Pappe* **6,** 391 (**174*)
– *Universalsonnenuhr mit Tabelle* **6,** 391 (**173[a]*)
Schriften
– *Heliotropium gnomonicum (1720)* **6,** 391 (**174*)
Homberg, Wilhelm (1652–1715)
– *Heber* **1,** 300_{12}
Schriften
– *Observation sur la quantité exacte des sels volatiles acides (1699)* **1,** 174_{24-25}
– *Observations sur quelques effets des fermentations (1701)* **1,** 488_{26-29}
Home, Everard (1756–1832)
– *Some facts relative to the late Mr. John Hunter's preparation for the Croonian lecture (1794)* **1,** 947_{5-9}
– *The Croonian lecture on muscular motion (1795)* **1,** 947_{11-12} 949_{4-5}
– *The Croonian lecture on muscular motion (1796)* **1,** 949_{5-6}
Home, Roderick Weir (*1939)
– *Aepinus, the tourmaline crystal, and the theory of electricity and magnetism (1976)* **4,** 740[493]
Homeros (9.? Jh. v. Chr.)
– *Odyssea (ἡ Ὀδύσσεια)* **1,** 802_{18} **2,** 842_{24} **5,** 420_{22}
Hooijmaijers, Hans
– *Entrepreneurs in Experiments (2013)* **6,** 466 (*377*)
Hooke, Robert (1635–1703)
– *Barometer* **1,** 303_{30} 304_{22} **2,** 307_{35} 308_{11} 311_{13} **3,** 382_{28}
– *Brief an H. Oldenburg* **1,** 949_{29}
– *eigentlicher Erfinder von R. Boyles Luftpumpe* **1,** 243_{R21-23}
– *Elementarwelt* **3,** 597[17]
– *Fallversuche zum Beweis der Erdrotation* **2,** 621_{25-28}
– *Gegner Newtons* **4,** 454[142]
– *Haarröhrchen* **1,** 195_{7-10} **3,** 303_{1}
– *Licht*
– – *Achromasie* **1,** 949_{29}
– – *Beugung* **2,** 406_{16} **4,** 90_{7} $91_{25.\,28}$ 92_{17}
– – *Theorie* **2,** 347_{19}
– *Luftpumpe* **2,** 235_{30}
– *Uhren* **2,** 698 **5,** $113_{5.\,28}$
– *Volumenkontraktion bei Mischung von Wasser und Schwefelsäure* **1,** 61_{R1} **3,** 97_{3}
– *Wärme* **4,** 603[444]
Schriften
– *A description of an invention, whereby the divisions of the barometer may be enlarged in any given proportions (1786–1792)* **1,** 305_{19-23}
– *Lectiones Cutlerianae, or, A collection of lectures, physical, mechanical, geographical, & astronomical (1674–1679)* **5,** 113_{12} 114_{1}
– *Micrographia (1665)* **1,** 195_{7} 312_{14-15} 344_{24} 430_{25} 688_{R19-20} 964_{32} **2,** 705_{18-19}
– – *²1667* **3,** 303_{1} 619[37]
– *Philosophical Collections (1679–1682)* **2,** 698_{10} **5,** 113_{11-34} 114_{1}
– *Philosophical Experiments and Observations (1726)* **1,** 48_{14-16}
– *The Posthumous Works (1705)* **1,** 48_{11-13} **2,** 939_{5-7} **4,** 487[279. 280. 281]
– – *Lectures and discourses of earthquakes and subterraneous eruptions* **5,** 505_{18-19}
Hopkinson, Francis (1737–1791) **5,** 873[911]
– *Blitzableiter* **5,** 474_{17}
Hoppenstedt, Georg Ernst Friedrich (1779–1858) **6,** LXXXVIII

Hopson, Charles Rivington (1744–1796)
– *chemische Nomenklatur* **3,** 330_{24}
– *Vertreter der antiphlogistischen Chemie* **3,** 327_{19-20}
Schriften
– *Essay on fire (1781)* **1,** 524_{33-34} **3,** 648^{212}
– *Vermischte chemische Bemerkungen (1790)* **3,** 648^{212}
Übersetzer
– *[1789] Wiegleb, Handbuch der allgemeinen Chemie (1781)* **3,** 330_{24} 644^{195}
Horatius Flaccus, Quintus (65–8 v. Chr.) **2,** 933_{10} **5,** 670^{711}
– *Carmina* **1,** 802_{17} **2,** 701^{*}
– *Epistolae*
– – *Satiren und Briefe (lat.–dt. von R. Helm 1962)* **3,** 474^{3}
Hormayr, Josef von (1781–1848) **2,** $814^{\dagger}$
Herausgeber
– *Archiv für Geographie, Historie, Staats- und Kriegskunst (1810–1822)* **2,** 823^{*} 833^{*}
Horn, Werner (1903–1978)
– *Das Globenpaar von R. Bonne und J. J. de Lalande (1978)* **5,** 682^{795} **6,** 530 (426)
– *Die alten Globen der Forschungsbibliothek und des Schloßmuseums Gotha (1976)* **5,** 682^{791} **6,** 422 (*219) 423 (*219) 530 (426)
Horner, Johann Caspar (1774–1834)
– *Grundeis* **4,** 512^{81}
Hornsby, Thomas (1733–1810)
– *anziehende Kraft der Berge* **2,** 107_{5}
– *Buchgeschenk an L.* **2,** 703_{7}
– *Fixsterne* **2,** 785_{29}
– *Präzession* **2,** 781^{*}
– *Sonnenparallaxe* **2,** 665_{6} **5,** 97_{2}
Schriften
– *An inquiry into the quantity and direction of the proper motion of Arcturus (1773)* **1,** 716_{28-31}
– *The quantity of the sun's parallax (1771)* **5,** 97_{2}
Horrebow, Peter (1728–1812)
– *Venusmond* **2,** 746_{8} **5,** 152_{25}
Schriften
– *Tractatus historico-meteorologicus (1780)* **1,** 827_{28-31}
Horrox, Jeremiah (1619–1641)
– *Venusdurchgang* **1,** 680_{31} **2,** 651_{34-40} **5,** 44_{2-3} 93_{5-10}
Horsley, Samuel (1733–1806)
– *A meteorological journal for the year 1774 (1775)* **5,** 909^{1057}
– *An abridged state of the weather at London in the year 1774 (1775)* **5,** 373_{1}
– *M. de Luc's rules, for the measurement of heights by the barometer (1774)* **1,** 737_{R16-18} **5,** 547_{6}
Herausgeber
– *Newton, Opera (1779–1785)* **1,** 48_{R3-4} 127_{R1}
Horváth, György
– *Placita philosophorum de terrae motus causis (1756)* **1,** 848_{R10-13}
Hosack, David (1769–1835)
– *Observations on vision (1794)* **1,** 948_{36-37}
Houttuyn, Maarten Willem (1720–1798)
– *Aanmerkingen over de herfstdraaden (1788)*
– – *Über die Herbstfäden (dt. 1790)* **1,** 774_{R4-8}
Howard, Philip (1730–1810)
– *The scriptural history of the earth and of mankind (1797)* **5,** 510_{14}
– – *Geschichte der Erde und des Menschengeschlechtes nach der Bibel (dt. von J.F. Lehzen 1799)* **5,** 510_{15-16}

Howe, Richard (1726–1799) **5,** 618[330]
Howells, William (vor 1760–1814) **2,** 700$_{25}$ **5,** 117$_{26}$
Hoyer, Johann Gottfried von (1767–1848)
– *Allgemeines Wörterbuch der Artillerie (1804–1831)* **3,** 483[71] 495[159]
Hube, Johann Michael (1737–1807)
– *Gegner von Delucs Theorie der Verdunstung* **2,** 281$_{2}$ 877$_{4}$
– *Wärmelehre* **4,** 218$_{19}$ 220$_{28}$
Schriften
– *De figura telluris ad Antonium Friedericum Büsching epistola (ca. 1760)* **1,** 648$_{R1-4}$
– *Über das Zodiacallicht (1802)* **2,** 733[*]
– *Ueber die Ausdünstung und ihre Wirkungen in der Atmosphäre (1790)* **1,** 762$_{R23-24}$ 764$_{R12}$ 767$_{R2-3}$ 772$_{R18-22}$ 782$_{R14}$ 812$_{R26}$ **2,** 858$_{15-16.\ 28-29}$ 861$_{35-36}$ 863$_{6-7}$ **4,** 613[492] **5,** 486$_{14}$ 800[676] 835[660] 836[661] 845[709]
– – *Exzerpt zum Ostwind* **5,** 442$_{6-7}$
– *Vollständiger und faßlicher Unterricht in der Naturlehre (1793–1794)* **1,** 442$_{R12-16}$ 763$_{R1-3}$ 803$_{R9}$ 943$_{3-4}$ 967$_{7}$ 968$_{15}$ **2,** 10$_{15}$ 27$_{26-27}$ 302[*] 908[*] **3,** 103$_{17}$ **4,** 227$_{11}$ 355$_{32}$ 364$_{7}$ 369$_{34}$ 612[484] 613[492] 769[106] 770[107] 780[153] 788[196. 197] 807[266] **5,** 358$_{8-9}$ 764[235] 765[241]
Huber, Franz Xaver Friedrich
– *Handbuch der Naturgeschichte (1837–1838)* **6,** 138 (166)
Huber, Therese, geb. Heyne, verw. Forster (1764–1829)
– *Heirat mit J.G.A. Forster* **4,** 497[21]
Huber, d. i. Hube, Johann Michael.
Huddart, Joseph (1741–1816)
– *An account of persons who could not distinguish colours (1777)* **4,** 474[231]
– – *Von einigen Personen, welche keine Farben unterscheiden konnten (dt. 1779)* **4,** 474[231]
Hudson, John
– *Of the currents at the streights mouth (1724–1725)* **5,** 744[47]
Hübener, Wolfgang (1934–2007)
– *„Occam's Razor not mysterious" (1983)* **4,** 667[155]
Hübner, Lorenz (1751–1807)
Schriften
– *Höherauch oder Hehrrauch (1784)* **5,** 457$_{20-22}$
– *Kurzgefasste Uibersicht der Geschichte der neuesten Naturbegebenheiten (1784)* **1,** 781$_{R5-8}$
– *Mémoire sur l'analogie de l'électricité et du magnétisme (1784)* **1,** 634$_{R7-8}$
Herausgeber
– *Physikalisches Tagebuch für Freunde der Natur (1784–)* **1,** 59$_{R3-4}$
Hüpsch, Johann Wilhelm Carl Adolph von (1730[?]–1805)
– *Physikalische Untersuchung der natürlichen Ursachen des Nordscheins (1778)* **1,** 811$_{38}$–812$_{2}$
Hufeland, Christoph Wilhelm Friedrich (1762–1836)
– *Brief von L.* **4,** 763[82]
– *elektrische Versuche mit toten Hunden* **2,** 491$_{21}$
Schriften
– *Dissertatio inauguralis medica sistens usum vis electricae in asphyxia (1783)* **4,** 648[90] 716[366]
– – *GGA-Rezension 1783* **4,** 648[90]
– *Mesmer und sein Magnetismus (1784)* **4,** 386$_{4-5}$ 815[309] 816[310]
– *Ueber die Bewegungen des Hedysarum gyrans und die Wirkung der Elektrizität auf daßelbe (1790)* **1,** 343$_{R3}$ 538$_{R14-15}$
Hugo, Georg Konrad von (1733–1797) **6,** XLVI–XLVII

Humboldt, Alexander von (1769–1859) **1,** 342_{R15-16} **6,** LXXIX
– *atmosphärische Luft* **1,** 933_{28}
– *Chimborazo* **2,** 823†
– *Salpeter-Luft* **1,** 936_{32}
– *Serpentin* **4,** 779[143]
– *Südamerika* **2,** 848*
– *tätiger Physiker* **3,** 676[343]
Schriften
– *Abhandlung vom Wasser im Basalt (1790)* **1,** 844_{R1}
– *Anzeige für Physiker und Geognosten (1796)* **1,** 968_{3} **4,** 777[136]
– *Aphorismi ex doctrina physiologiae chemicae plantarum (1793)*
– – *Aphorismen aus der chemischen Physiologie der Pflanzen (dt. von G. Fischer von Waldheim 1794)* **4,** 461[169]
– *Aus einem Schreiben des Ober-Bergraths A[lexander] von Humboldt (1799)* **2,** 848* 849*
– *Beobachtungen über das Gesetz der Wärmeabnahme in den höheren Regionen der Atmosphäre, und über die untern Gränzen des ewigen Schnees (Auszug 1806)* **2,** 994†
– *Entwurf zu einer Tafel für die Wärme-leitende Kraft der Körper (1792)* **4,** 215_{8} 233_{6-7}
– *Expériences sur les moyens eudiométriques, et sur la proportion des principles constituans de l'atmosphère (1805)* **2,** 262-263*
– – *Versuch über die eudiometrischen Mittel, und über das Verhältniß der Bestandtheile der Atmosphäre (dt. von L.W. Gilbert 1805)* **2,** 263*
– *Kosmos. Entwurf einer physischen Weltbeschreibung (1845–1862)* **3,** 576[250]
– *Lettre d'Alexandre Humboldt a J.-C. Delamétherie (1799)*
– – *Alexander von Humboldt's physikalische Erinnerungen auf seiner Reise nach dem spanischen Amerika (dt. 1800)* **2,** 849*
– *Mineralogische Beobachtungen über einige Basalte am Rhein (1790)* **1,** 844_{R3-10}
– *Sur les variations du magnétisme terrestre a différentes latitudes (1804) [zus. mit J.B. Biot]* **2,** 847*
– – *Rezension (dt.)* **2,** 847*
– – *Ueber die Variationen des Magnetismus der Erde in verschiedenen Breiten (dt. Auszug von L.W. Gilbert 1805)* **2,** 847*
– *Ueber die merkwürdige magnetische Polarität einer Gebirgsgruppe von Serpentinstein (1797)* **1,** 968_{11} **4,** 359_{21-22}
– *Versuch über einige physikalische und chemische Grundsätze der Salzwerkskunde (1792)* **4,** 215_{9-10}
Hume(-Campbell), Alexander, gen. Lord Polwarth (1750–1781) **2,** 648_{19-20}
– *besucht von L.* **4,** 391[22]
Hunnius, Curt
– *Pharmazeutisches Wörterbuch (1950 u.ö.)* **4,** 717[373]
Hunter, John (1728–1793) **2,** 162_{4}
– *An account of the Gymnotus Electricus (1775)* **1,** 602_{32-34} $960_{15.\ 34}$ **4,** 334_{25-26}
– *Anatomical observations on the torpedo (1773)* **1,** 604_{17-19}
– *Experiments on animals and vegetables (1775)* **4,** 135_{12}
– *Some observations on the heat of wells and springs in the island of Jamaica (1788)* **4,** 643[74] 741[505]
– *Ueber Wärme und Kälte (1781)* **1,** 820_{R20}
Hunter, John (1754–1809)
– *Some observations on the heat of wells and springs in the island of Jamaica (1788)* **2,** 933_{29}

– – *Bemerkungen über die Wärme der Quellen und Brunnen auf der Insel Jamaika (dt. 1790)* **1,** 820_{R24-25}
Hurter, Johann Heinrich (1734–1799)
– *Luftpumpe* **1,** 29_{12} 244_{R2} 248_{14-15} **2,** 238_{11} 239_{29} **3,** $416_{18.\,21}$
Schriften
– *Lettre à M. de la Metherie, contenant la description d'un nouveau baromètre portatif (1786)*
– – *Beschreibung eines neuen Reisebarometers (dt. Referat 1789)* **1,** 305_{R13-14}
Hutchins, Thomas (1730–1789) **1,** 440_{35}
– *Experiments for ascertaining the point of mercurial congelation (1783)* **1,** 440_{32-34} 481_{9}
Huth, Gottfried (1763–1818)
– *Sprachrohr* **4,** 22_{2-16}
Übersetzer
– *[1796] Lambert, Sur quelques instrumens acoustiques (1763)* **1,** 943_{15-16} **4,** 21_{18} 22_{2}
Hutton, Charles (1737–1823)
– *A mathematical and philosophical dictionary (1795)* **1,** 150_{R12-13} **4,** 19_{8} 20_{1} 397^{56} $399^{70-73.\,76.\,77}$ 479^{248}
– – *Art. Hydrometer* **3,** 278_{13}
– – *Art. Steam Engine*
– – – *Exzerpt* **4,** 152_{11}
Hutton, James (1726–1797)
– *Gefrieren von Wasser* **2,** 426_{10} **4,** 136_{22}
– *Theorie der Erde* **5,** 513_{18} 518_{28} 519_{36}
Schriften
– *Theory of the earth (1788)* **1,** 973_{20-21} **2,** 942_{24-26} 953_{30} **5,** 507_{23}
– – *Die Theorie der Erde (dt. 1792)* **2,** 942_{26-27} **5,** 507_{21-22} 522_{13}
Huxham, John (1692–1768)
– *kaltmachende Materie* **1,** 502_{R15-16}
Huygens, Christiaan (1629–1695) **3,** 236_{15}
– *Barometer* **1,** 304_{22} **2,** 309_{5} **3,** 382_{26}
– *Brief von Descartes* **3,** 585^{291}
– *Fallbeschleunigung* **1,** 117_{13} **3,** 183_{11} 204_{3}
– *Gestalt der Erde* **1,** $646_{14-27.\,37}$ 647_{18} **2,** 666_{17} 673_{40} 674_{7} **5,** 104_{13}
– *Heber im Vakuum* **3,** 463^{130} 716^{298}
– *Höfe um Sonne und Mond* **2,** 907_{24} 908^{*}
– *Luftfernrohr* **4,** 437^{76}
– *Luftpumpe* **1,** 244_{19} **2,** 236_{36} **3,** 386_{22}
– *Nebensonnen und -monde* **2,** 909_{11}
– *Pendel* **1,** 117_{13-15} 130_{R2} **2,** 127_{29} **3,** 544^{76}
– *Rolle von Hypothesen* **3,** 467^{162}
– *Saturnmonde* **1,** 692_{4} **2,** 750_{13} **5,** 157_{18} 277_{15}
– *Saturnring* **2,** 750_{26} **3,** 58_{13} 467^{162} **5,** 158_{1} 278_{12}
– *Schallgeschwindigkeit* **1,** 312_{18-19}
– *Sonne* **5,** 263_{30}
– *Theorie des Lichts* **2,** 347_{18} **4,** 73_{19}
– *Uhren* **2,** 698_{8} **5,** $113_{5.\,28}$
– *Vakuumexperimente* **3,** 630^{104}
– *Wirbeltheorie* , **1,** $120_{24.\,R3}$ **2,** 106_{22} **3,** 184_{4}
Schriften
– *De Saturni luna observatio nova (1656)* **3,** 464^{136}
– *Discours de la cause de la pesanteur (1690)* **3,** 556^{129}
– – *Ausg. in ders., Œuvres complètes 21 (1944)* **3,** 556^{129}
– – *Dissertatio de causa gravitatis (lat. in ders., Opera reliqua 1, 1728)* **1,** 121_{16-17}
– *Extrait d'une autre lettre, touchant une nouvelle maniere de*

barometre, qu'il a inventée (1672) **1,** 305$_{15–18}$
– *Horologium oscillatorium (1673)* **1,** 133$_{14–15}$ **3,** 541-542[56] 545[82] 546[90]
– *Κοσμοθεωρος, sive De terris cœlestibus, earumque ornatu, conjecturae (1698)* **1,** 699$_{1–3}$ **5,** 686[824] 722[1038]
– *Œuvres (1888–)*
– – *7: Correspondance 1670–1675 (1897)* **3,** 463[130]
– *Opera reliqua (1728)* **1,** 48$_{20}$
– *Opera varia (1724)* **1,** 48$_{17–19}$
– *Opuscula postuma (1703)*
– – *De motu corporum ex percussione* **1,** 143$_{17–18}$ **3,** 583[284]
– – – *Ausg. in ders., Opera reliqua 2.2 (1728)* **1,** 157$_{32–34}$
– – – *Über die Bewegung der Körper durch den Stoss (dt. von C. v. Brockdorff, hrsg. von F. Hausdorff 1903)* **3,** 570[210] 583[284]
– – *De vi centrifuga*
– – – *Ausg. in ders., Œuvres complètes 16 (1929)* **3,** 562[151]
– – – *Über die Zentrifugalkraft (dt. von C. v. Brockdorff, hrsg. von F. Hausdorff 1903)* **3,** 523[109] 562[151]
– – *Descriptio automati planetarii*
– – – *Ausg. in ders., Opera reliqua 2.2 (1728)* **1,** 703$_{12–14}$
– – *Dioptrica*
– – – *Ausg. in ders., Opera reliqua 2.1 (1728)* **1,** 424$_{21}$
– – *Dissertatio de coronis et parheliis* **1,** 795$_{26–27}$ **2,** 909*
– – – *Ausg. in ders., Opera reliqua 2.2 (1728)* **1,** 795$_{27}$
– *Systema Saturnium (1659)* **1,** 692$_{32–33}$ **3,** 464[136] **5,** 278$_{11}$ 729[1083]
– – *Ausg. in ders., Œuvres complètes 15 (1925)* **3,** 464[136]
– *Traité de la lumière (1690)* **1,** 344$_{22–23}$ **4,** 73$_{19–20}$ 453[141] 459[158] **5,** 830[631]
– – *Abhandlung über das Licht (dt. von R. Mewes; hrsg. von E. v. Lommel 1890)*
– – – *³1913* **4,** 453[141]
– – *Tractatus de lumine (lat. in ders., Opera reliqua 1, 1728)* **1,** 424$_{19–20}$
– *Œuvres complètes (1888–1950)* **3,** 570[210] 630[104]

Ibn-al-Haiṯam, al-Ḥasan Ibn-al-Ḥasan (ca. 965 – 1039)
– *Kitāb al-manāẓir*
– – *Opticae thesaurus (lat. hrsg. von F. Risner 1572)* **1,** 424$_{3–4}$
Ide, Johann Joseph Anton (1775–1806)
Übersetzer
– *[1800] Laplace, Théorie du mouvement et de la figure elliptique des planètes (1784)* **2,** 775*
Ideler, Christian Ludwig (1766–1846)
– *Ueber das Verhältniss des Copernicus zum Alterthum (1808-1810)* **2,** 610*, † 613*
– – *Auszug 1811* **2,** 610*
– *Über die Gradmessungen der Alten (1811)* **2,** 666* 669* 670*
Ifly, NN 1, 75$_{R9}$
Ilse, NN 6, CVIII–CIX
Inarre, C. F. d'
– *Anfangsgründe der Naturlehre. Von der Elektrizität, erster Theil (1784)* **1,** 607$_{6–8}$
Ingen-Housz, Jan (1730–1799)
– *Elektrizität*
– – *Wirkung auf Pflanzen* **4,** 649[92. 96]
– – *Zitteraal* **2,** 543$_{18.\ 24}$ **4,** 276$_{17–18}$
– *Intervention gegen Mesmer* **4,** 380$_{13}$

– *Luftarten* **3,** 339_{1} 346_{5} 394_{27} 424_{27} $430_{29–31}$
– *Magnetismus* **4,** 358_{28}
– *Nachricht über Franklin* **2,** 45_{35} **3,** 113_{12}
– *Pflanzenwachstum* **2,** $258_{20.\ 29}$
– *Sauerstoffgewinnung durch Pflanzen* **2,** 257_{6} **3,** 395_{35} $397_{6–8.\ 32}$ 398_{5} 422_{15} 424_{5} 662^{280} **4,** 461^{169}
– *Scheibenelektrisiermaschine* **1,** 528_{33} **4,** 284_{11} 286_{3}
– *Schießpulver* **2,** 262_{16} **3,** 398_{16}
– *Selbstversuch mit Sauerstoff* **3,** 394_{3} 421_{23}
– *Silberbaum* **2,** 200_{9}
– *Wärmeleitung* **2,** 459_{20} 461_{36} $462_{11.\ 36}$ 463_{6} **4,** 183_{27} $184_{10–13.\ 24–25}$ 185_{14} 217_{26} 219_{26} $221_{24–25}$ $229_{1.\ 15}$ 612^{486} 616^{511}
Schriften
– *Account of a new kind of inflammable air (1779)* **3,** $420_{1–14}$ 718^{318} 719^{335}
– *Der heilige Schein, ein elektrischer Versuch (1782)* **1,** $547_{R9–12}$
– *Electrical experiments, to explain how far the phenomena of the electrophorus may be accounted for by Dr. Franklin's theory (1778)*
– – *Anfangsgründe der Elektricität, hauptsächlich in Beziehung auf den Elektrophor (dt. von N.K. Molitor 1781)* **1,** $572_{12–16}$
– *Expériences qui prouvent, 1o, que les plantes évaporent une quantité infiniment plus grande d'air vitale […] (1789)* **1,** $265_{R22–25}$
– *Experiments upon vegetables (1779)* **3,** 696^{142} 699^{162}
– – *Expériences sur les végétaux (frz. von dems. 1780)*
– – – *Versuche mit Pflanzen (dt. von J.A. Scherer 1786–1790)* **1,** $275_{27–28}$ **2,** 275_{25} **3,** $428_{18–19.\ 29}$ $429_{1–11}$ $430_{11–12}$ $662\text{-}663^{287}$ **5,** 897^{1000}
– *Lettre à M. de la Métherie sur les métaux come conducteurs de la chaleur (1789)* **4,** 184_{28} 185_{14} 581^{332} 582^{333}
– – *Schreiben an den Herrn de la Metherie über Metalle, in so fern sie Leiter der Wärme sind (dt. 1790)* **1,** $499_{R10–11}$ **4,** 215_{1}
– *Lettre à M. Molitor: Au sujet de l'influence de l'électricité atmosphérique sur les végétaux (1788)* **1,** $539_{R6–8}$
– *Some farther considerations on the influence of the vegetable kingdom on the animal creation (1782)* **3,** $422_{15–16}$
– *Vermischte Schriften phisisch-medizinischen Inhalts (1782)* **1,** $49_{18–20}$ **2,** 258_{10} **3,** 719^{325} **4,** 214_{32} 740^{499} 788^{194}
– – *Abhandlung über die Natur der dephlogistizirten Luft* **1,** $278_{42–45}$ **3,** $421_{30–31}$ 422_{3} $719^{325.\ 327}$
– – *Betrachtungen über die Frage: ob die spitzigen Blitzableiter den stumpfen vorzuziehen sind?* **4,** 258_{4} 641^{62} **5,** 778^{317} 884^{947}
– – *Etwas über Magnete* **1,** $602_{35–37}$ $631_{1–2}$ **4,** $276_{17–18}$ $334_{10–11}$ 741^{503} 742^{507}
– – *Von dem Grade der Heilsamkeit der Seeluft* **3,** 704^{213}
– – *²1784* **1,** $279_{1–2}$ **3,** 719^{325}
– – – *Abhandlung über die Natur der dephlogistizirten Luft* **1,** 276_{R13} **3,** $696^{142.\ 143}$ 698^{153} $699^{164.\ 168}$ 719^{325}
– – – *Uiber den Ursprung und die Natur der Priestley'schen grünen Materie, des Flußwasserfadens und zweyer Arten von Tremellen, und über die Verwandlung des Wassers in de-*

phlogistizirte Luft. **3,** 699^{169} 700^{171}
– – – *Versuch einer neuen Theorie über das Schießpulver* **3,** 398_{16}
– – – *Von dem Unterschiede der Geschwindigkeit, mit welcher Hitze durch verschiedene Metalle gehet.* **1,** 496_{R7} **2,** 461_{36-37}
– – – – *Exzerpt* **4,** 183_{14}
Ippolito, Francesco (Conte)
– *Account of the earthquake which happened in Calabria, March 28, 1783 (1783)* **1,** 847_{41} 848_{1-3}
Ippolito, d. i. Poleni, Giovanni.
Irvine, William (1743–1787)
– *Anteil an Crawfords Wärmetheorie* **1,** 520_{35} **4,** 209_{4}
Irving, Charles (†1794)
– *Destilliermaschine* **2,** 819_{27} **5,** 396_{13}
– *Volumenverhältnis Eis : Wasser* **1,** 433_{R12} **2,** 423_{7}
Irwin, Christopher († 1765)
– *Längenbestimmung zur See* **2,** 696_{28} **5,** 110_{20}
Schriften
– *A summary of the principles and scope of a method, humbly proposed, for finding the longitude at sea (1760)* **5,** 618^{330}
– *Christopher Irwin hath discovered the longitude [and] a copy of Lord Howe's last certificate (1759)* **5,** 618^{330}
Irwing, d. i. Irvine, William.
Isaak (Erzvater des Volkes Israel) **5,** 521_{24}
Isaak ibn Sid (13. Jh.) **2,** 646_{5} **5,** 88_{26-27}

Jabłonowski, Józef Aleksander (1711–1777) **5,** 232_{23}
Jackson, Cyril (1746–1819) **4,** 190_{25}
Jacquet de Malzet, Louis-Sébastien (1715–1800)
– *Précis de l'électricité (1775)* **1,** 607_{4-5}
Jacquier, François (1711–1788)
Herausgeber
– *Newton, Principia (1739–1742)* **1,** 43_{6} 85_{R4} 918_{22} **2,** 27_{11} **3,** 58_{26} 188_{13}
Jacquin, Joseph Franz von (1766–1839) **2,** 276_{16}
Jacquin, Nikolaus Joseph von (1727–1817) **3,** 397_{9}
Herausgeber
– *Collectanea ad botanicam, chemiam, et historiam naturalem, spectantia (1786–1796)* **3,** 360_{6-7}
Jäger, NN (Göttinger Bürger) **2,** 287_{39}
Jäger, Wolfgang (1734–1795)
– *Geographisch-Historisch-Statistisches Zeitungs-Lexikon (1782–1784)*
– – *²1791–1793* **3,** 718^{323}
Jagemann, Christian Joseph (1735–1804)
– *Geschichte des Lebens und der Schriften des Galileo Galilei (1783)* **1,** 341_{R10-11}
Jahn, Gustav Adolph (1804–1857)
– *Wörterbuch der angewandten Mathematik (1845–1846)* **4,** 398^{67}
Jakob (Erzvater des Volkes Israel) **5,** 521_{24}
Jakob I., s. England, Jakob I., König von.
Jakob II., s. England, Jakob II., König von.
Jakob, Ludwig Heinrich von (1759–1827)
– *Grundriß der allgemeinen Logik und kritische Anfangsgründe der allgemeinen Metaphysik (1788)*
– – *²1791* **3,** $68_{4.6}$
Jallabert, Jean (1712–1768)
– *medizinische Elektrizität* **2,** 491_{12} **4,** 266_{31} 268_{3} 277_{26} 307_{27}

– *Wirkung der Elektrizität auf Pflanzen* **4,** 313$_{4}$
Schriften
– *Expériences sur l'électricité (1749)* **1,** 605$_{25-26}$ **4,** 671^{169} 721^{403}
Jamard, Thomas (* um 1720)
– *Recherches sur la théorie de la musique (1769)* **1,** 335$_{28-30}$ **4,** 25$_{27}$
– – *Rezension 1770* **4,** 405^{121}
Jamerey-Duval, Valentin (1695–1775) **2,** 589$_{2}$ **5,** 597^{183}
Jannetti, NN. (Goldschmied) **4,** 185$_{17}$
Jansen, Zacharias (1580–1642) **1,** 405$_{36}$–406$_{1}$
Januarius († ca. 305)
– *Blutwunder* **2,** 429$_{31-38}$ **4,** 113$_{18}$
Jaquet-Droz, Henri-Louis (1752–1791) **5,** 640^{472}
Jaquet-Droz, Pierre (1721–1790) **3,** 457^{97} **5,** 145$_{30}$
Jean Paul (1763–1825) **4,** 753^{38} 779^{145}
Jeaurat, Edme Sébastien (1725–1803) **4,** 434^{64}
– *Mémoire sur les lunettes diplantidiennes (1779)* **1,** 373$_{R1-2}$
Jeffries, John (1744–1819)
– *Kanalüberquerung im Ballon* **1,** 294$_{6}$ **3,** 702^{192}
Jesus Christus **2,** 774$_{18}$ **4,** 383$_{15}$ **5,** 177$_{32}$ 571^{15}
Jetze, Franz Christoph (1721–1803)
– *Neue optische Bemerkungen und Regeln vom Augenmaasse (1783)* **1,** 350$_{35-37}$
Jöcher, Christian Gottlieb (1694–1758)
– *Allgemeines Gelehrten-Lexicon (1750–1751)* **4,** 485^{268} **5,** 76$_{8}$ 232$_{19}$ 898^{1009}
Johannes Philoponos (um 490 – um 570) **2,** 670*
– *In Aristotelis meteorologicorum librum primum commentarium* **2,** 670*
Johnson, Maurice (1688–1755)
– *A letter to James Jurin concerning a metalline thermometer (1748)* **1,** 479$_{4-7}$
Johnson, Samuel (1709–1784)
– *A dictionary of the English language (^{6}1778)* **4,** 614^{503}
– *Experiments and observations on light and colours (1786)* **1,** 425$_{R1-5}$
Jolles, Matthijs
– *Lessing's conception of history (1946)* **3,** 668^{308}
Joly de Maizeroy, Paul Gedéon (1719–1780)
– *Traité sur l'art des sieges et les machines des anciens (1778)* **2,** 47$_{40}$ **3,** 493^{145} **6,** 8 (*12*) 11 (*13*)
Joost, Ulrich (*1951)
Schriften
– *Verstreute Notizzettel Lichtenbergs (1981)* **5,** 619^{344}
Herausgeber
– *Georg Christoph Lichtenberg 1742–1799. Wagnis der Aufklärung (1992)* **6,** 26 (*23.8 u. 9*) 30 (*25*) 71 (*69*) 84 (*89*) 151 (*187*) 177 (*216*) 230 (*282*) 238 (*290*) 266 (*331*) 279 (**2*) 408 (**198*) 444 (*255*) 479 (*389*)
Jordan, Gibbes Walker (1757–1823)
– *Beugung des Lichts* **2,** 408$_{7.\,30}$
Schriften
– *An Account of the irides or coronae, which appear around and contiguous to the bodies of the sun, moon, and other luminous objects (1799)* **2,** 408$_{34-41}$
– – *Erklärung der Höfe, oder der farbigen Kreise, welche dicht um die Sonne, den Mond und andere leuchtende Gegenstände erscheinen (dt. von L.W. Gilbert 1804)* **2,** 408$_{41}$–409$_{2}$ 908*
– *New observations concerning the colours of thin transparent bodies [...] (1800)* **2,** 409$_{2-7}$

– *The observations of Newton concerning the inflexions of light (1799)* **2,** $408_{9–14.\ 21}$
– – *Auszug 1801* **2,** $408_{19–20}$
– – – *Entdeckungen in der Lehre von der Beugung des Lichtes (dt. von L.W. Gilbert 1804)* **2,** $408_{21–25}$
Jordan, Johann (Ende 17. Jh.)
– *Württembergischer Heber* **1,** 298_{8} **2,** 300_{7}
Joseph II., röm.-dt. Kaiser (1741–1790) **2,** 292_{31}
Josephus, Flavius (37/38 – um 100)
– *Belagerung Jerusalems* **3,** $116_{27–28}$
Schriften
– *De bello Iudaico* **2,** 47_{37}
– – *Vom jüdischen Kriege (dt. von J. B. Frise 1804–1805)* **3,** $494^{151.\ 155}$
Josua (Nachfolger Moses' als Anführer des Volkes Israel, Namensgeber des biblischen Buches) **2,** 617_{36} 719_{23} **5,** $38_{6.\ 8.\ 22.\ 26}$ 55_{2} $82_{2.\ 5}$
Journal de Paris 5, 196_{11}
Journal der Physik (1790–) 1, 59_{R9}
Journal des Savans (1665–) 1, 57_{20}
Juan y Santacilia, Jorge (1713–1773)
– *Ausdehnungskoeffizienten* **4,** 172_{18}
– *Längengradexpedition* **2,** 675_{18} **5,** 105_{21}
Schriften
– *Voyage historique de l'Amerique meridionale (1752) [zus. mit António de Ulloa]* **4,** 561^{249}
Juliaans, Arnoldus
– *Dissertatio chemica inauguralis de resina elastica Caiennensi (1780)* **2,** $46_{11–12}$ **3,** $84_{16–17}$
Juncker, Johann (1679–1759) **4,** 383_{15}
Jungius, Joachim (1587–1657)
– *Doxoscopiae physicae minores (1662)* **1,** $48_{1–2}$
Jurin, James (1684–1750)
– *Maß der Kraft* **3,** 253_{8}
Schriften
– *An Account of some experiments (1718)* **1,** $199_{26–30}$
– *An essay upon distinct and indistinct vision (1738)* **1,** 948_{7}
Jussieu, Joseph de (1704–1779)
– *Längengradexpedition* **2,** 675_{16} **5,** 105_{21}
Justi, Johann Heinrich Gottlob von (1720–1771)
– *Geschichte des Erd-Cörpers (1771)* **1,** $852_{19–21}$ **2,** 940_{39}–941_{2} **5,** $506_{14–15}$
Justinian I., oström. Kaiser (um 483 – 565) **2,** 361_{30} **4,** 53_{22} 80_{33}
Jónsson, Finnur (1704–1789)
– *Landnámabók I–III (1900)* **5,** 822^{573}

Kämtz, Ludwig Friedrich (1801–1867)
– *Lehrbuch der Meteorologie (1831–1836)* **5,** 859^{821}
– *Vorlesungen über Meteorologie (1840)* **4,** 545^{197}
Kästner, Abraham Gotthelf (1719–1800) **1,** 905_{20} **2,** 732_{23}
– *Absprache mit L.* **1,** IX_{5}
– *Anekdote / Bonmot / Gedicht* **2,** 151_{33} 556_{26} 595_{2} 679_{2} 701^{*} 792_{31} **5,** 111_{27}
– *Archimedes' Brennspiegel* **2,** 361_{15}
– *Berater L.s* **1,** $8^{*)}$ **2,** 160_{34}
– *Beurteilung von Baxter, Matho (1738)* **2,** 648_{20}
– *Bezeichnung Orrery* **2,** 612^{*}
– *Bezeichnung Tierkreis* **5,** 208_{1}
– *Bibliothek* **4,** 406^{130}
– *Bild von L. in Glas geäzt* **2,** 272_{32}
– *Birnprobe* **2,** 240_{36}
– *Brief an L.* **1,** XIX_{16} **3,** 609^{93} **5,** 680^{779}
– *Brief an Reimarus* **5,** 780^{321}

– *Brief von L.* **2,** 309_{35} **5,** 607^{256} 635^{445} 675^{734} 767^{254}
– *Brief von M. Hell* **2,** 754_{10}
– *Darstellung der Hebeltheorie* **1,** 103_{15}
– *Darstellung der Trägheit* **1,** 87_{2-3} **3,** 146_{2} 149_{4} $152_{1.\ 17}$
– *Gastgeber* **5,** 608^{259} 609^{269}
– *Heber im Vakuum* **3,** 463^{130}
– *Hörer* **6,** C
– *Instrumente*
– – *Brettchen* **5,** 82_{14}
– – *Göttinger Universitätssammlung* **6,** XLIII L–LV LVIII LXI LXIX
– – *Monochord* **4,** 27_{27}
– – *Sprach- und Hörrohr* **6,** 144 (181)
– *Kästners Porträt mit Flußspatsäure auf Glas geätzt* **6,** 475 (*385*)
– *Kritiker Erxlebens* **1,** 7_{29}
– *Längenmaße* **5,** 713^{979}
– *Längenpreis für T. Mayer* **2,** 702_{30}
– *Leihgaben* **5,** $684^{805.\ 806}$
– *Literaturkenner* **2,** 51_{5}
– *Methode, Astronomie vorzutragen* **2,** 581_{23}
– *Preisfrage* **5,** 604^{232}
– *Schüler C.A. Hausen* **2,** 520_{9}
– *spezifisches Gewicht des Wassers* **1,** 177_{26}
– *Teilbarkeit geht nicht ins Unendliche* **3,** 77_{16}
– *Theorie des Winkelspiegels* **2,** 359_{2} **4,** 79_{1}
– *über Kepler* **2,** 646_{11}
– *Universitätsternwarte* **5,** 211_{15}
– *Verhältnis zu L.* **6,** LXIX
– *von L. über einen neuen Versuch informiert* **2,** 181_{25}
– *Vorbild Erxlebens* **1,** XII_{15} 6_{8}
– *Vorstellung der Lichtenbergfiguren vor der Sozietät der Wissenschaften* **4,** 653^{101} **5,** 717^{990}
– *Widmung Erxlebens* **1,** 2_{1}–3_{29} **6,** LXX
– *Widmung L.s* **1,** 4_{1-25}

Schriften

– *Ad motum solis circa axem suum computandum formulae analyticae (1771)* **1,** 673_{31-35}
– *Anmerkung über die Aehnlichkeit des Auges, mit einem verfinsterten Zimmer (1752)* **4,** 474^{232}
– *Anmerkung von Franz Keßlers Wasserharnische und Schwimmgürtel (1748)* **1,** 175_{26}
– *Anmerkungen über die Markscheidekunst nebst einer Abhandlung von Höhenmessungen durch das Barometer (1775)* **1,** 737_{1-4} 760_{21-22} **2,** 300^{*} 974^{*} **3,** 458^{106} 463^{130} **5,** 755^{148} $931^{13.\ 14}$
– – *Exzerpt* **5,** 548_{23}–549_{11}
– *Anzeige seiner nächsten Vorlesungen (1768)* **1,** 33_{10-12}
– *Astronomische Abhandlungen (1772–1774)* **1,** 721_{6-10} **5,** 199_{27} 676^{739} 677^{744}
– – *Untersuchungen die zur sphärischen Astronomie gehören (1772)* **1,** 657_{8-9}
– – *Von Mikrometern in Fernröhren (1774)* **1,** 419_{8-10}
– *[Beobachtungen über die Geschwindigkeit des Schalles] (1778)* **4,** 396^{51}
– *Beytrag zur Geschichte der Untersuchungen über den fliegenden Sommer (1790)* **1,** $774_{\mathrm{R}8-10.\ \mathrm{R}13-15}$ **2,** 899_{15-16}
– *Continuatio dissertationis de aberrationibus lentium (1752)* **1,** 388_{1-4}
– *De aberrationibus lentium sphaericarum (1751)* **1,** 375_{21-24}
– *De mixtorum examine hydrostatico (1775)* **1,** 202_{1-2} **3,** 281_{4-6}
– *De objecti, in speculo sphaerico visi, magnitudine apparente (1777)* **1,** 363_{35-39} **4,** 80_{15-16}

– *Der Komet, den Hr. Bode zu Berlin entdeckt hat (1779)* **5,** 657^{594}
– *Dissertationes mathematicae et physicae (1771)* **1,** 49_{7-9}
– – *De inertia corporum* **1,** 86_{10-11}
– – *Theoria proiectionis stereographicae horizontalis* **1,** 668_{4-7}
– – *Ad theoriam cochleae pertinens observatio geometrica* **1,** 114_{6-8}
– – *De multiplicatione imaginum ope duorum speculorum planorum* **1,** 357_{24-27} **4,** 79_{4} **6,** 148 (187)
– – *Eorum, quae lacrymis vitriis accidunt, nova quadam ratione explicandorum tentamen* **1,** 430_{19-23}
– *Einige Bemerkungen aus und über Herrn Brissons Buch von eignen Schweren (1788)* **3,** 281_{4-5}
– *Erinnerungen gegen Vorhergehendes, von der Aehnlichkeit des Auges mit einem verfinsterten Zimmer (1752)* **4,** $474\text{-}475^{232}$
– *Erläuterung der Halleyischen Methode, die Wärme zu berechnen (1748)* **1,** 660_{33-38}
– *Geometrische Erläuterungen über Iosiah Wedgwood's Thermometer (1785)* **4,** 554^{217}
– *Geschichte der Mathematik (1796–1800)* **1,** 970_{7}
– *Göttingen (1771) [Vorstellung eines papinschen Topfes]* **6,** 499 (404)
– *Mancherley Astronomisch-philologischen Inhalts (1777)* **5,** 692^{863}
– *Mathematische Abhandlungen vermischten Inhalts (1794)* **2,** 321^{*} **4,** 393^{39}
– *Mathematische Anfangsgründe (1758– u.ö.)* **1,** $8^{*)}$
– – *Anfangsgründe der angewandten Mathematik (1759 u.ö.)* **1,** 47_{15} 101_{31-32} **3,** 530^{2} **5,** 585^{103}
– – – *²1765* **1,** 351_{26-27}
– – – *³1780–1781* **2,** 154_{9} 969^{*} **5,** 210_{31-32} 584^{96} 585^{104} 596^{179} 598^{189} 610^{275} 611^{279} 614^{315} 621^{354} 622^{364} 625^{386} 627^{396} $628^{400.\ 402.\ 404}$ 629^{406} 634^{436} $636^{452.\ 453}$ 638^{467} 642^{491} 643^{502} $644^{509.\ 514}$ 645^{520} 652^{573} 656^{589} 657^{593} $682^{793.\ 794}$ 692^{864} 694^{880} 697^{892} 701^{924} 707^{958} 724^{1059}
– – – *⁴1792* **1,** 152_{R3-4} $351_{R3-4.\ R6-7}$ 403_{R3-4} **3,** 281_{3} $525\text{–}529^{1}$ 540^{49} 551^{110} 552^{119} 605^{56} 607^{70} 679^{5} **4,** 81_{14-15} 428^{51} 448^{119} 464^{183} 470^{214} **5,** 273_{8-9} 692^{863} 730^{1094}
– – *Anfangsgründe der Analysis des Unendlichen (1761 u.ö.)* **2,** 975^{*}
– – – *²1770* **5,** 932^{19}
– – *Anfangsgründe der Analysis endlicher Größen (1760 u.ö.)* **2,** 1006_{2-3} 1009¶
– – *Anfangsgründe der Arithmetik, Geometrie (1758 u.ö.)* **1,** 80_{7} 92_{18} **2,** 54_{1-21} 56_{3} 57_{14} 69_{10-11} 70^{*} 71^{*} 72^{*} 100_{10} 104_{6} 174_{10} 357_{35-38} $636_{2.\ 36}$ 637_{2} 656_{26}
– – – *³1774* **3,** 474^{2}
– – *Anfangsgründe der höhern Mechanik (1766 u.ö.)* **1,** 80_{35} 144_{4} 158_{39-41} **2,** 116_{35} **3,** 131_{19} 156_{12} 257_{3}
– – – *¹1766* **1,** 87_{R12-13}
– – – *²1793* **1,** 87_{R14-18} $146_{R7-8.\ R16-18}$ 152_{R1-2} **2,** 150_{10-11} **3,** 243_{12} 252_{18-30} 454^{76} 502^{2} 514^{66} 515^{73} 545^{82} 552^{120} $588^{298.\ 299.\ 301}$
– – *Anfangsgründe der Hydrodynamik (1769 u.ö.)* **1,** 187_{10-12} **5,** 444_{23}
– – – *²1797* **1,** 941_{19}
– – *Fortsetzung der Rechenkunst in Anwendung auf mancherley Geschäffte (1786 u.ö.).* **4,** 591^{389}

– *Prüfung eines von Hrn. le Sage angegebenen Gesetzes für fallende Körper (1776)* **1,** 128$_{38}$ **3,** 561[149]
– *Rezensionen*
– – *[1753] Bertrand, Memoires sur la structure interieure de la terre (1752)* **5,** 911[1074]
– – *[1764] König, Cosmogonia (1763)* **5,** 913[1100]
– – *[1765 u. 1766] G.C. Silberschlag, Neue Theorie der Erde (1764)* **5,** 913[1097]
– – *[1772] Lambert, Beschreibung einer mit dem Calauschen Wachse ausgemalten Farbenpyramide (1772)* **4,** 471[222]
– – *[1775] Beguelin, Recherches sur les moyens de découvrir par des expériences comment se fait la propagation de la lumiere (1772)* **4,** 462[174]
– – *[1778] Kratzenstein, Sella marina observandis eclipsibus satellitum Jovis accomodata (1778)* **5,** 711[970]
– – *[1779] Wallerius, Meditationes physico-chemicae de origine mundi (1779)* **5,** 912[1086]
– – *[1783] Berthelot, La mécanique appliquée (1782)* **3,** 614[4]
– – *[1783] Göttinger Taschen Calender (1783)* **5,** 647[539]
– – *[1783] Wiedeburg, Natur- und Grösen-Lehre (1782)* **5,** 913[1094]
– – *[1784] Carra, Nouveaux principes de physique (4: 1783)* **4,** 604[450]
– – *[1784] Scarella, De principiis visionis (1783)* **4,** 80$_{2-3}$ 466[190]
– – *[1784] Ximenes, Teoria e pratica (1782)* **1,** 149$_{R7-8}$
– – *[1786] Sack, Kosmologische Betrachtungen (1785)* **5,** 671[714]
– – *[1794] Erxleben, Anfangsgründe der Naturlehre ([6]1794)* **1,** XX$_{5}$
– – *[1796] Schröter, New observations 1795* **5,** 641[486]
– *Schreiben an den Herausgeber (1790)*
– – *Exzerpt* **5,** 199$_{17-18}$
– *Ueber die Idee zum Windmesser (1790)* **1,** 767$_{R14}$ **2,** 864$_{40}$ **5,** 444$_{22-23}$ 838[682. 684]
– *Ueber die schiefe Ebene (1782)* **1,** 154$_{24-25}$
– *Untersuchung des Cylinders, der sich eine schiefe Fläche hinauf zu wälzen scheint (1771)* **1,** 113$_{3-5}$
– *Vectis et compositionis virium theoria (1753)* **1,** 103$_{17-19}$
– *Vermischte Schriften (1755)* **1,** 702$_{1-3}$
– *Weitere Ausführung der mathematischen Geographie (1795)* **1,** 962$_{12-13}$ **2,** 673$_{38}$
– *Zeichnung von der scheinbaren Bahn des jetzo sichtbaren Kometen (1774)* **5,** 663[638]
– *Zur Geschichte des Sonnenmikroskops (1786)* **1,** 422$_{R1-3}$
Herausgeber
– *Rohr, Physicalische Bibliothek (1754)* **1,** 42$_{14-15}$
Übersetzer
– *[1748] Colden, An explication of the first causes (1745)* **1,** 122$_{33-34}$ **3,** 557-558[132]
– *[1755] Lulofs, Inleiding 1750* **1,** 830$_{22}$ **2,** 828$_{40}$ 953$_{38}$ **5,** 381$_{11}$
– *[1755] Smith, A compleat system of opticks (1738)* **1,** 425$_{9}$
– *[1756] Klingenstierna, Anmärkning vid brytnings-lagen af särskilta slag ljus-strålar (1754)* **4,** 485[267]
– *[1758] Verhandelingen uitgegeeven door de Hollandsche Maatschapij, 1 (1754)* **1,** 55$_{10-11}$
– *[1767] Mallet, Berättelse om Harrisons försök at finna longituden til sjös (1765)* **5,** 111$_{27}$

– *[1768] Wilcke, Rön, om och huru magnetisme kan upväckas genom electricitet (1766)* **4,** 799[236]
– *[1782] Wilcke, Undersökning, om de vid Herr Voltas's nya elettrophoro-perpetuo förekommande electriske phenomener (1777)* **4,** 722[405]
– *[1784] Wilcke, Rön om eldens specifica myckenhet uti fasta kroppar, om och dess afmätande (1781)* **4,** 613[491]
– *Kongl. Vetenskaps Academiens Handlingar (1739–1779)* **1,** 53$_{32. 36}$ **5,** 613[299]
Kaltenhofer, Joel Paul (†1777) **5,** 657[594] 721[1031]
Kampe, Franz Lebrecht (1712-1785)
– *Smeatonsche Luftpumpe* **1,** 8$_{8}$
– *Spiegelteleskop [?]* **6,** 189 (230)
Kampe, Gottlieb Wilhelm
– *Spiegelteleskop [?]* **6,** 189 (230)
Kant, Immanuel (1724–1804), s.a. Philosophie, neue (Kant).
– *Anhänger* **3,** 69$_{26}$ 241$_{29}$
– *Anschauungsform* **1,** 63$_{R6–12}$ **3,** 96$_{14}$ 138$_{20}$
– *anziehende Kraft* **2,** 116$_{22}$ **3,** 221$_{7}$
– *Bewegung* **2,** 151$_{38}$
– *Elastizität* **2,** 42$_{19–20}$ 43$_{14}$ **3,** 119$_{9}$ 120$_{4. 12}$
– – *Irrtum* **2,** 42$_{20–22}$ **3,** 119$_{26}$
– *Flüssigkeit (Eigenschaft)* **1,** 73$_{R1}$–74$_{R4}$ **2,** 48$_{23}$ 157$_{13}$ **3,** 121$_{25}$ 122$_{11}$
– *Galileis Fallversuche* **3,** 461[124]
– *Kosmologie* **2,** 942$_{16}$ 945$_{16}$ **5,** 192$_{23}$ 378$_{30}$ 380$_{7–8. 17. 24}$ 381$_{1. 23. 28}$ 384$_{8}$ 508$_{24}$ 511$_{2}$ 517$_{3}$ 518$_{3}$ 527$_{23}$
– *Maß der Kraft* **2,** 150$_{15}$
– *Medaille (1784, Turm v. Pisa)* **1,** 922$_{17}$ **3,** 197$_{29}$ 233$_{2–4}$
– *Rezeption durch J. Weber* **1,** 914$_{22}$ **3,** 89$_{16}$
– *Saturnring* **2,** 751$_{22}$ **5,** 158$_{6}$ 279$_{7}$
– *Teilbarkeit* **1,** 64$_{R1}$ **2,** 36$_{37}$ 110$_{11}$ **3,** 102$_{3}$ 103$_{3}$ 486[97]
– *tief ausgeholt* **3,** 226$_{2}$
– *Trägheit* **3,** 155$_{28}$
– *Umdeutung des Begriffs Naturgeschichte* **2,** 16$_{24}$
– *Verdienste um die Grundlegung der Physik* **3,** 28$_{32}$
– *zusammengesetzte Bewegung* **3,** 162$_{2}$
Schriften
– *Allgemeine Naturgeschichte und Theorie des Himmels (1755)* **1,** 716$_{4–10}$ **2,** 751$_{23–25}$ **5,** 217$_{33}$ 279$_{7}$ 670[709] 671[712] 672[716] 916[1136]
– *Aus einem Schreiben des Herrn Professor Kant (1794 [1791])* **5,** 279$_{8}$
– *Critik der reinen Vernunft (1781)* **3,** 518[86]
– – *^{2}1787* **3,** 481[61] 507[21] 508[26. 27. 30–32] 509[35]
– – – *Ausg. in ders., Gesammelte Schriften 3 (1904)* **3,** 451[65] 460[123]
– *Etwas über den Einfluß des Mondes auf die Witterung (1794)* **1,** 761$_{R2}$ **5,** 760[195]
– *Gedanken von der wahren Schätzung der lebendigen Kräfte (1746)* **2,** 150$_{15–17}$ **3,** 252$_{22}$
– *Gesammelte Schriften (1900–)* **3,** 569[206. 207] 570[209] 576[252] 577[258] 578[265] 579[266–268]
– *Metaphysische Anfangsgründe der Naturwissenschaft (1786)* **1,** 73$_{R1–2}$ **2,** 42$_{4–5}$ **3,** 63$_{30–31}$ 119$_{9. 28}$ 120$_{16}$ 139$_{19}$ 155$_{31}$ 156$_{7}$ 447[31] 467[166] 486[95] 500[190. 191]
– – *klassisches Werk* **3,** 34$_{9}$
– – *Überblick L.s* **3,** 64$_{18}$–67$_{19}$
– – *vortrefflicher Grund* **3,** 21$_{9}$
– – *^{2}1787* **1,** 31$_{R1–3}$
– – – *Rezension* **1,** 31$_{R6–10}$
– – *Hrsg. von K. Pollok 1997* **3,** 469[182] 471[187] 472[189] 473[192]

477^{26} 485^{88} 488^{106} 498^{180} 499^{182} 507$^{22.\ 23}$ 509$^{34.\ 37.\ 38}$ 510^{43} 511^{52} 515^{67} 517$^{81.\ 82}$ 518$^{84.\ 86}$ 519$^{88.\ 90}$ 521^{100} 569$^{206.\ 207}$ 570^{209} 576^{252} 577^{258} 578$^{263.\ 265}$ 579$^{266-268}$

– *Prolegomena zu einer jeden künftigen Metaphysik (1783)*

– – *Hrsg. von K. Pollok 2001* **3,** 447^{35} 451^{65} 471^{187}

– *Ueber die Vulkane im Monde (1785)* **1,** 688$_{R17}$ 689$_{2-3}$ 964$_{30-31}$ 973$_{19-20}$ **2,** 705$_{16-18}$ 942$_{16-17}$ **5,** 378$_{33-34}$ 508$_{24-25}$ 670^{709}

– – *Exzerpt* **5,** 379$_{3-35}$ 511$_{5}$–513$_{3}$

– *Von einem neuerdings erhobenen vornehmen Ton in der Philosophie (1796)*

– – *Ausg. in ders., Gesammelte Schriften 8 (1912)* **3,** 451^{57}

Kapff, Sixt Jacob (1735–1821) **2,** 235$_{5}$ **3,** 417$_{12}$

Karl, s. Hessen-Kassel, Karl, Landgraf von.

Karl I., s. England, Karl I., König von.

Karl I., gen. der Große, röm.-dt. Kaiser (747–814) **5,** 150$_{31}$

Karl II., s. England, Karl II., König von.

Karl IV., s. Spanien, Karl IV., König von.

Karl X., s. Frankreich, Karl X., König von Frankreich, Graf von Artois.

Karl Friedrich, s. Baden, Karl Friedrich, Großherzog von.

Karl Theodor, s. Bayern, Karl Theodor, Kurfürst von.

Karl, Konrad Ludwig (* ca. 1765) **4,** 19$_{13}$

Karsten, Dietrich Ludwig Gustav (1768–1810)

– *Mineralien*

– – *Beschreibung* **1,** 496$_{R12}$

Schriften

– *Preisschrift über den Tonschiefer, Hornschiefer, und Waken &c.*

– – *Rezension* **1,** 749$_{R6-7}$

– – *Rezension 1789* **1,** 496$_{R17-18}$

Karsten, Wenzeslaus Johann Gustav (1732–1787)

– *dephlogistisierte Salzsäure* **1,** 935$_{8}$

– *Doppelbrechung* **1,** 369$_{R8}$

– *Elektrizitätstheorie* **1,** 588$_{38}$

– *für zwei elekrische Materien* **4,** 666^{153}

– *für zwei elektrische Materien* **1,** 588$_{17}$ **2,** 529$_{6}$

– *Porträt* **4,** 386$_{10}$

– *Professor in Halle* **2,** 712$_{11}$

Schriften

– *Anfangsgründe der Naturlehre (1780)* **1,** 46$_{38-40}$ **4,** 117$_{25}$ **5,** 738^{3} **6,** 262 (*327*)

– – *Hrsg. von F.A.C. Gren 1790* **1,** 488$_{R12-13}$ 572$_{R2-3}$ **2,** 152$_{3}$ **3,** 327$_{2.\ 21}$ 331$_{19-20}$ **4,** 392$^{26.\ 30}$ 395^{46} **6,** 417 (**213*)

– *Anleitung zur gemeinnützlichen Kenntniß der Natur (1783)* **1,** 46$_{41-45}$ 520$_{6-7}$ 588$_{17-19}$ **4,** 74$_{24}$

– *Kurzer Entwurf der Naturwissenschaft* **1,** 47$_{1-4}$

– *Lehrbegriff der gesamten Mathematik (1767–1777 u.ö.)* **1,** 8$^{*)}$ 47$_{16}$ 114$_{R1}$ **2,** 96$_{11-12}$ **3,** 603^{42}

– – *Th. 1: Die Rechenkunst und Geometrie (1767)*

– – – ^{2}*1782* **4,** 395^{48}

– – *Th. 3: Die statischen Wissenschaften (1769)* **1,** 159$_{7-10}$ 175$_{R9-11.\ R20}$ **2,** 170$_{13}$ **3,** 182$_{22}$ 281$_{3}$

– – *Th. 4: Die Mechanik der festen Körper (1769)* **1,** 159$_{10}$ **2,** 238$_{2-3}$ **3,** 590^{309}

– – *Th. 5: Die Hydraulik (1770)* **1,** 187$_{18-19}$

– – *Th. 6: Beschluß der Hydraulik und die Pneumatik (1771)*

1, $166_{R17–18}$ 187_{19} $255_{R9–11}$ **2,** $233_{36–37}$ **3,** 385_{13} 387_{11} $389_{9–10}$ 688^{68} $689^{82.\ 84}$ $690^{86.\ 95}$
– – *²1778–1780, Erster Theil*
– – – *Bd. 2: Die statischen und mechanischen Wissenschaften (1778)* **3,** 526^{1}
– *Physisch-chymische Abhandlungen, H. 2 (1787)* **1,** $31_{R11–13}$ $261_{R2–6}$
Kartesius, s. Descartes, Réné.
Kastilien, Alfons X., König von, gen. el Sabio (1221–1284) **2,** 608_{5} 646_{3} **5,** 76_{1} $88_{24–25}$
s.a. Tabulae Alphonsinae.
Katharina die Große, s. Rußland, Katharina II., Zarin von, gen. die Große.
Keill, John (1671–1721)
– *Ausdünstung des Menschen* **5,** 447_{31}
Schriften
– *An examination of Dr. Burnet's theory of the earth (1698)* **1,** $831_{10–13}$
– *Introductio ad veram physicam (1702 u.ö.)* **1,** $43_{21–22}$
– – *²1705* **3,** 181_{25}
Keir, James (1735–1820)
– *dephlogistisierte Luft* **3,** 394_{10}
– *Kritik an der antiphlogistischen Chemie* **3,** 324_{21}
– *Pyrophor* **1,** $488_{R8–9}$
– *Salpetersäure* **3,** 322_{26}
– *Zusammensetzung des Wassers* **3,** 323_{23}
Schriften
– *A treatise on the various kinds of permanently elastic fluids, or gases (1777)* **3,** 697^{145}
– – *²1779* **3,** 697^{145}
– *Mémoire sur l'acide nitreux (1789)* **3,** $322_{26–27}$ $323_{18–19}$ $325_{1–2}$
– – *Exzerpt* **3,** $322_{26–27}$
Keitel, Jakob Heinrich
– *Fontäne nach Wolff* (ca. 1730-nach 1797) **6,** 465 (*376*)
– *schwimmende Fontäne* **6,** 480 (*390*)
Keith, Alexander
– *Description of a mercurial level (1790)* **6,** 540 (*433*)
Kellner, Wilhelm Andreas (1694–1744?)
– *Index rerum memorabilium ac notabilium medico-physicarum quae in decuriis III et centuriis X ephemeridum Academiae Caesareae extant (1739)* **1,** $50_{31–34}$
Kels, Heinrich Wilhelm (1759–1792) **1,** $273_{R15–16}$
Kempelen, Wolfgang von (1734–1804)
– *Dampfturbine* **1,** 443_{27} **2,** 435_{34} $444_{26–27}$ **4,** 116_{13}
– *Schachapparat* **5,** 145_{28}
– *Sprechmaschine* **4,** 30_{34}
s.a. Anonym, Nachricht von der Sprachmaschine des Herrn Hofr. von Kempelen (1792).
Schriften
– *Mechanismus der menschlichen Sprache nebst der Beschreibung seiner sprechenden Maschine (1791)* **1,** $945_{9–10}$ **2,** 335_{32} **4,** $31_{1–3}$ **6,** 552 553 (*453*)
– – *Rezension 1792* **4,** 409^{146}
Kempenfelt, Richard (1718–1782) **5,** 62_{8}
Kendall, Larcum (1719–1790)
– *Chronometer* **2,** 699_{13} **5,** 115_{36}
Kepler, Johannes (1571–1630) **1,** $41_{15–16}$
s.a. Fernrohr – astronomisches; Planetenbewegung – Keplersche Gesetze.
– *antike Astronomie* **5,** 230_{25}
– *aus Schwaben* **2,** 26^{*}
– *Bedeutung für Newton* **2,** 628_{5}

– *Erklärung der Schwere* **3,** 200_7 **5,** 41_{28} 89_{23-28}
– *Fernrohr* **1,** 407_{22}
– *fußt auf Brahes Beobachtungen* **2,** 628_5 645_{38-39} 646_{9-10} **5,** 59_{18} 80_{17-18} 88_{11-13}
– *Keplerproblem* **3,** 192_{17}
– *Kometen* **5,** 163_8
– *Merkur- und Venusdurchgänge* **2,** 651_{28} **5,** 43_{28}–44_2 92_{16}–93_4 124_{25} 150_{33}
– *Monddrehung* **2,** 717_{39}–719_{21}
– *Planetenbewegung* **1,** 677_{36} 710_{29} 965_6 **2,** 20_6 72_{12} 113_{12} 613^* 647_{23} $648_{11.\,25}$ $648^\dagger$ $650_{19.\,20}$ **3,** 166_{31} 467^{162} **5,** 701^{918}
– – *3. Gesetz* **2,** 657_{13} **5,** 64_{10-11} 240_{33}
– – *Ellipsenbahn* **2,** 627_{33} 628_{10} **5,** 127_{12} 154_{17}
– – *Flächensatz* **2,** 630_{1-2} **5,** 127_{18} 638^{460}
– *Schneekristalle* **1,** 786_5 **2,** 900_{29}
– *Supernova 1604* **5,** 219_{22}
– *Weiterentwicklung des Copernicanischen Systems* **2,** 617_{18} **5,** 80_{16}
– *Würdigung* **2,** 645_{8-12}
– *zur Person* **2,** 645_{5-32} 646_{11-27} **5,** 87_{26}–88_{14} 89_{21-23}
Schriften
– *Ad Vitellionem paralipomena (1604)* **1,** 424_{5-6} **5,** 645^{522}
– *Astronomia nova (1609)* **1,** 678_{16-19} **3,** 554^{126} **5,** 274_{22} 644^{513}
– – *Neue Astronomie (dt. von M. Caspar 1929)* **5,** 644^{513} 725^{1067}
– – – *Nachdruck 1990* **3,** 555^{126}
– – *Ausg. in ders., Werke 3 (1937)* **3,** 555^{126}
– *De cometis libelli tres (1619–1620)* **5,** 163_{8-9} 652^{570}
– *De stella nova in pede serpentarii (1606)* **5,** 219_{22}
– *Dioptrice (1611)* **1,** 424_{7-8} **2,** 776_{11-12} **5,** 188_{31}
– – *Dioptrik (dt. von F. Plehn 1904)* **4,** $432^{57.\,58}$
– *Dissertatio cum nuncio sidereo (1610)* **4,** $479\text{-}480^{250}$ **5,** 645^{522}
– – *Unterredung mit dem Sternenboten (dt. von F. Hammer 1964)* **4,** 419^{19}
– *Epistolae ad Joannem Kepplerum scriptae (1718)* **5,** 645^{522}
– *Epitome astronomiae Copernicanae (1618–1622)* **5,** 697^{893}
– – *Kurze Darstellung der copernicanischen Astronomie (dt. von O. und E. Schönberger 2010)* **5,** 631^{418}
– – *²1635* **1,** 719_{20-21}
– – *Ausg. in ders., Werke 7 (1953)* **5,** 697^{893}
– *Harmonices mundi (1619)* **5,** 574^{39}
– – *Weltharmonik (dt. von M. Caspar 1939)* **5,** 594^{166}
– *Prodromus dissertationum cosmographicarum continens mysterium cosmographicum (1596)* **2,** 645_{21-22} **3,** 554^{126} **5,** 88_{1-2}
– – *Vorbote Kosmographischer Abhandlungen enthaltend das Weltgeheimnis (dt. von M. Caspar 1923 u.ö.)* **3,** 554^{126}
– – *²1621* **3,** 554^{126}
– – – *Ausg. in ders., Werke 8 (1963)* **3,** 554^{126}
– *Strena seu De nive sexangula (1611)*
– – *Ausg. in Dornau, Amphitheatrum (1619)* **1,** 786_{11-13}
– *Tabulae Rudolphinae (1627)* **1,** 707_{12-13} **2,** 646_1 739_3 **5,** 43_{28} 88_{12} 89_7 92_{16-17} 137_{13-14}
– *Tertius interveniens , das ist, Warnung an etliche Theologos, Medicos und Philosophos (1610)* **3,** 554^{126}
– – *Hrsg. von F. Krafft 1971* **3,** 554^{126}

Keppel, Augustus (1725–1786) **5,** 113_{2}
Kern, Ralf
– *Wissenschaftliche Instrumente in ihrer Zeit (2010)* **6,** 284 (*7) 293 (*23[a]) 320 (*37f) 338 (*99) 387 (*169)
Kessler von Sprengseisen, Christian Friedrich (1731–1809)
– *Untersuchung über die Entstehung der jetzigen Oberfläche unserer Erde, besonders der Gebirge (1787)* **1,** $831_{R17\text{–}21}$ **2,** $942_{19\text{–}22}$ **5,** $509_{7\text{–}9}$
– – *Rezension 1787* **1,** $831_{R22\text{–}23}$ **2,** $942_{22\text{–}23}$ **5,** 509_{10}
Keßler, Johann Gottfried (1754–1830)
– *Bemerkung über die Geschichte der Feuermaschine (1791)* **1,** $951_{5\text{–}6}$ **4,** 152_{8}
Khell von Khellburg, Josef (1714–1772)
– *Physica ex recentiorum observationibus (1751)* **1,** $45_{15\text{–}16}$
Kienmayer, Franz von (†1802)
– *Amalgam für Elektrisiermaschinen* **1,** $956_{20.\ 32}$ **2,** $522_{30\text{–}31}$
Schriften
– *Lettre à M. Ingen-Housz, sur une nouvelle manière de préparer l'amalgame électrique (1788)* **1,** $530_{R16\text{–}18}$ $956_{25\text{–}26}$
Kies, Johann (1713–1781)
– *Präses*
– – *Köstlin, Dissertatio (1775)* **1,** 539_{12}
Kieser, Dietrich Georg (1779–1862)
– *Über die Natur, Ursachen, Kennzeichen und Heilung des schwarzen Staares (1811)* **4,** $445^{104.\ 106}$
Kinnersley, Ebenezer (1711–1778) **1,** 533_{R1} **4,** 667^{155} **5,** 872^{899}
– *Elektrometer* **4,** 262_{7} 294_{20}
Schriften
– *New experiments in electricity (1763)* **4,** 700^{303} **5,** 884^{944}
Kirch, Christine (um 1696 – 1782) **5,** 166_{12} 289_{3}
– *Cometische Observationes (1744)* **5,** 655^{585}
Kirch, Gottfried (1639–1710)
– *Kometen* **2,** 760_{41}
Kircher, Athanasius (1601–1680)
– *Brennspiegel* **2,** 361_{23} **4,** 53_{23} $81_{8.\ 16\text{–}19}$
– *Quellen* **2,** 830_{14} **5,** 333_{22}
– *Salzigkeit des Meeres* **2,** 820_{16} **5,** 396_{24}
– *Sprachrohr* **4,** 20_{1}
– *Verbindung zwischen Rotem und Mittelmeer* **2,** 816_{19} **5,** 324_{5}
– *von L. charakterisiert als Windbeutel* **5,** 333_{22}
– *Zauberlaterne* **1,** 421_{31} **4,** 434^{63}
Schriften
– *Ars magna lucis et umbrae (1646)* **1,** $424_{9\text{–}10}$ **4,** $21_{19.\ 30}$ 393^{40} 400^{89}
– – ^{2}*1671* **4,** 81_{16} 468^{203}
– *Magnes sive de arte magnetica opus tripartitum (1641)*
– – ^{2}*1643* **5,** 826^{606}
– – ^{3}*1654* **2,** $556_{31\text{–}32}$
– *Mundus subterraneus (1665)*
– – ^{3}*1678* **5,** 744^{46} 751^{116} $753\text{–}754^{130}$ 753^{129} 806^{465}
– *Musurgia universalis (1650)* **1,** $334_{9\text{–}11}$ **4,** 400^{81} 408^{144}
– *Phonurgia nova (1673)* **4,** $21_{19\text{–}20.\ 30}$ 401^{93}
– – *Neue Hall- und Thon-Kunst (dt. von T. Nißlen 1684)* **4,** 393^{40} 394^{41}
Kirchhof, Nikolaus Anton Johann (1725–1800)
Übersetzer
– *[1783] Ferguson, Astronomy (1756)* **2,** 73_{22} **3,** 523^{110} **6,** 18 (23.2) 19 (23.3) 20 (23.4) 20 (23.5) 22 (23.6) 25 (23) 26 (23)

Kirchweger, Anton Joseph (†1746)
– *Annulus Platonis (1781)* **4,** 749[23]
Kirnberger, Johann Philipp (1721–1783) **2,** 333$_{9}$
s.a.u. Temperatur (Musik).
– *Die Kunst des reinen Satzes in der Musik (1771)* **1,** 335$_{31-33}$ **2,** 332–333* **4,** 39$_{9}$
Kirwan, Richard (1735–1812) **3,** 673[329]
– *Copley-Preisträger* **3,** 419$_{5-6}$
– *Gebirge* **5,** 343$_{11}$ 411$_{2}$
– *inflammable Luft* **1,** 269$_{R22}$
– – *identifiziert mit Phlogiston* **1,** 270$_{11}$ 522$_{11}$ 934$_{26}$ **3,** 317$_{10}$ 330$_{7-8}$ 425$_{10}$
– – *Nordlicht* **5,** 486$_{37}$
– *Mitteilung Crawford betreffend* **1,** 521$_{25}$
– *mittlere Temperatur* **2,** 931$_{27.\ 32}$ **5,** 490$_{21}$
– *Phlogiston* **3,** 334$_{13}$ 342$_{31}$
s.a. Kirwan, Richard – inflammable Luft – identifiziert mit Phlogiston.
– *Salpetersäure* **3,** 322$_{31}$
– *spezifische Gewichte der Luftarten* **1,** 262$_{35-37}$
– *spezifische Gewichte von Flüssigkeiten* **2,** 179$_{32}$ **3,** 278$_{15}$
– *von Crawford herangezogen* **4,** 595[401]
Schriften
– *An essay on Phlogiston (1787)* **1,** 218$_{R14-15}$ 262$_{R1-2}$ 269$_{R17}$ 270$_{R5-6}$ **3,** 317$_{12-13}$ 331$_{4}$ 425$_{10}$ 651[219]
– – *Essai sur le phlogistique (frz. von M.A.P. Lavoisier 1788, mit Anm. von Guyton de Morveau, A.L. Lavoisier, Laplace, Monge, Berthollet, Fourcroy)* **1,** 263$_{R21}$ 934$_{30-32}$ **3,** 331$_{11-12}$
– – *Versuch über das Phlogiston (in ders., Physisch-chemische Schriften 3, dt. von L. Crell 1788)* **3,** 634[154]
– – *²1789, mit den ins Engl. übersetzten Anm. von Guyton de Morveau, A.L. Lavoisier, Laplace, Monge, Berthollet, Fourcroy und der Erwiderung Kirwans darauf* **3,** 651[219]
– – – *An essay on phlogiston [...] c'est-à-dire, Essai sur le phlogistique (frz. Übers. der Erwiderung Kirwans von P.A. Adet 1790, mit dessen Anm.)* **3,** 651[219]
– – – *Antiphlogistische Anmerkungen [...] zu Kirwan's Abhandlung über das Phlogiston. Nebst Herrn Kirwan's Gegenerinnerungen und Herrn Adet's Beantwortung derselben (dt. von F. Wolff 1791)* **3,** 651[219]
– *An essay on the variations of the barometer (1788)*
– – *Ein Versuch über die Veränderungen des Barometers (dt. 1791)* **1,** 811$_{R19-20}$ 824$_{R27-29}$ **5,** 894[986] 909[1057]
– – *Essais sur les variations du barometre (frz. 1791)* **1,** 824$_{R24-25}$
– *An estimate of the temperature of different latitudes (1787)* **1,** 449[44–450,1] 660$_{R4-7}$ 814$_{R23-27}$ **2,** 931$_{27-29}$ **5,** 900[1017–1019] 901[1020] 905[1043]
– – *Rezension 1787* **1,** 814$_{R28-29}$
– – *Rezension 1788* **1,** 660$_{R10-13}$
– – *Rezension 1789* **1,** 815$_{R3-4}$
– – *Estimation de la température de différens degrés de latitude (frz. von P.A. Adet 1789)*
– – – *Auszug 1790* **1,** 815$_{R5-6}$
– – *Ueber die Temperatur verschiedener Breiten (in ders., Physisch-chemische Schriften 3, dt. von L. Crell 1788)* **1,** 814$_{R30-33}$ **2,** 931$_{29-30}$ **5,** 494$_{16}$ 905[1036–1038]

– – *Versuch über die Grade der Wärme und Kälte (dt. von J.K. Dollfuss 1787; nur angekündigt?)* **1,** $814_{R34–35}$
– *Elements of mineralogy (1784)*
– – *Die Anfangsgründe der Mineralogie (in ders., Physisch-chemische Schriften 2, dt. von L. Crell 1785)* **3,** 608^{87} **5,** $756^{160. 161. 163}$
– – ^{2}1794–1796
– – – *Anfangsgründe der Mineralogie (dt. von L.F.F. Crell 1796–1799)* **1,** $931_{3–4}$
– *Experiments and observations on the specific gravities and attractive powers of various saline substances (1781–1782)* **1,** $262_{33–34}$ **3,** 418_{24} $419_{3–7}$
– – *Versuche und Beobachtungen (in ders., Physisch-chemische Schriften 1, dt. von L. Crell 1783)* **1,** $270_{14–22}$
– *[Nachricht über Cavendishs Erzeugung von Wasser aus Wasserstoff und Sauerstoff] 1784* **1,** $291_{3–5}$
– *Physisch-chemische Schriften (1783–1788)* **3,** 716^{303}
– *Remarks on specific Gravities taken at different degrees of heat (1785)* **1,** $185_{R1–5}$ **3,** 281_{15}
Klärich, Friedrich Wilhelm (1721–1780), s.a. Verzeichniß größtentheils medicinischer und chirurgischer Bücher […] aus der Hinterlassenschaft […] Klärichs (1781).
– *künstliche Magnete gegen Zahnschmerz* **6,** 262 (327)
– *medizinische Anwendung von Magneten* **4,** 378_{23}
Klaproth, Martin Heinrich (1743–1817)
– *Ätzen in Glas* **2,** $272_{25–26}$
– *Australerde* **1,** $928_{23–25}$ **3,** 659^{271}
– *Entdeckung der Zirkonerde* **1,** 210_{R8} 928_{13} **3,** 659^{268}
– *Entdeckung des Chroms* **1,** 184_{R17} 931_{15}
– *Entdeckung des Tellurs* **3,** $363_{13. 23}$
– *Entdeckung des Titans* **1,** 930_{32} 931_{8} **2,** 179_{30}
– *Herschel für die Mineralogie* **3,** 363_{25}
– *Korunderde* **1,** 210_{R18} 928_{17}
– *nicht auf Mathematik gestützte Beiträge zur Naturlehre* **3,** 41_{1}
– *Rezept für Bleibaum* **1,** 206_{R9}
– *spezifisches Gewicht des Diamants* **3,** 286_{17}
– *Strontianiterde* **3,** 659^{270}
– *Uranentdeckung* **1,** $219_{R5–6}$ **2,** 179_{29} 754_{14} **3,** 644^{197}
Schriften
– *Beiträge zur chemischen Kenntniss der Mineralkörper (1795–1815)* **1,** $928_{19–20}$
– – *Chemische Untersuchung des Australsands (1797)* **1,** 928_{25}
– – *Chemische Untersuchung des sogenannten hungarischen rothen Schörls (1795)* **1,** 930_{36}
– – *Chemische Untersuchung des Wassers der siedenden Quelle zu Reikum auf Island (1797)* **5,** $401_{9–10}$
– *Chemisches Wörterbuch (1807–1819)* **3,** 659^{269}
– *Geschichte der Bestuschefschen Nerventinctur und der Lamottischen Goldtropfen (1782)* **4,** 462^{173}
– *Nachricht über das von Herrn D. Semler hieher gesandte Luftgold (1787)* **3,** 500^{195}
– *Nachtrag zu den chemischen Versuchen über die Strontianiterde (1794)* **1,** 929_{7}
– *Neue chemische Untersuchung des Semlerischen Luftgoldes (1789)* **3,** 501^{195}
– *Ueber die siebenbürgischen Golderze (1798)* **1,** 931_{13}

Klein, Felix **6,** LXVII–LXVIII
Klein (Klimm), Johann Albrecht (1698–1778)
Übersetzer
– *[1741] Cassini, De la grandeur et de la figure de la terre (1720)* **1,** 648_{5-6}
Kleist, Ewald Christian von (1715–1759) **2,** 792_{34}
Kleist, Ewald Georg von (1700–1748)
– *elektrischer Schlag* **1,** 567_{5} 568_{3-4} **2,** 516_{33} 517_{29}
– *Leidener Flasche* **1,** 556_{34} **2,** 509_{33} $510_{1.\ 14-17}$ 537_{33} 538_{20} $540_{7.\ 18}$ 562_{37} **4,** 249_{12} 270_{25}
Klengel, Friedrich (1866–1930)
– *Die historische Entwickelung des Begriffs der Schneegrenze von Bouguer bis auf A. v. Humboldt (1889)* **5,** 904^{1032}
Kletwich, Johann Christoph (1668–1709)
– *Dissertatio de phosphoro liquido et solido (1688)* **1,** 63_{28-30} **3,** 101_{3-4}
Klimm, Johann Albrecht, s. Klein (Klimm), Johann Albrecht.
Klindworth, Friedrich Carl Felix (1789 – nach 1824) **6,** C
Klindworth, Johann Andreas (1742–1813) **6,** 74 (73)
– *Einatemapparat nach Girtanner* **6,** 469 (*381*)
– *elektrische Lampe* **4,** 736^{479}
– *elektrischer Versuch mit L.* **1,** 563_{R15}
– *Gasometer* **6,** 120 (*134*)
– *Gehilfe L.s* **2,** 463* **6,** XCIX CI
– *Gewitterbeobachtung* **1,** 802_{R4-5}
– *Glaszylinder mit Fuß* **6,** 547 (*446*)
– *Henleysches Quadrantenelektrometer* **6,** 222 (276)
– *Höhenmessung am Hainberg* **5,** 555_{2}
– *Instrumente* **6,** XCIX
– *Kompensationspendel* **4,** 110_{24}
– *Luftpumpe* **1,** 27_{41} **6,** 84 (*94*)
– *Magnetnadel* **5,** 417_{28}
– *Meilenmesser* **2,** 83_{34} **6,** 41 (*32*)
– *Pyrometer* **6,** 205 (*254*) 503 (*409*)
– *Quecksilberthermometer* **6,** 203 (*251*)
– *Saussuresches Elektrometer* **6,** 224 (277)
– *Sonnenfleckenbeobachtung* **5,** 125_{14}
– *Taschenkompaß* **6,** 515 (*421*)
– *Taschenthermometer* **6,** 547 (*445*)
– *Tertienuhr* **4,** 396^{51} 398^{63}
– *Tribometer* **6,** 56 (*50*)
– *Versuch mit L., die Bewegung des Wassers im Heber sichtbar zu machen zur* **4,** 624^{538}
– *Versuch zur Auflösung von Gummi* **3,** 113_{16}
– *Württembergischer Heber* **6,** 481 (*392*)
– *Zeuge für Beobachtung L.s zur Wärmestrahlung* **2,** 463_{27}
– *Zylindermaschine* **6,** 213 (*265*)
Schriften
– *Kurze Beschreibung eines der größten Elektrophore (1781)* **1,** 566_{R1-4}
Klingenstierna, Samuel (1698–1765)
– *Achromasie* **2,** 403_{30} **4,** 61_{17-18} 88_{7-24}
– *Elektrizität* **5,** 484_{3}
Schriften
– *Anmärkning vid brytnings-lagen af särskilta slag ljus-strålar (1754)* **2,** 403_{30-31}
– – *Anmerkung über das Gesetz der Brechung bey Lichtstrahlen von verschiedener Art (dt. von A.G. Kästner 1756)* **1,** 416_{22-28} **4,** 485^{267}
– *Dissertatio physica de magnetismo artificiali (1752)* **1,** 618_{35-37}

– *Om ljus-strålars aberration efter deras brytning genom sphaeriska superficier och lentes (1760)*
– – *Von der Abweichung der Lichtstrahlen, die in Kugelflächen oder Gläsern, die von Kugelflächen begränzt sind, gebrochen werden (1762)* **1,** 417_{1-6}
– *Tal, om de nyaste rön vid electriciteten (1755)* **1,** 607_{1-3} **5,** 889^{966}
– *Tentamen de definiendis et corrigendis aberrationibus radiorum luminis in lentibus sphaericis refracti et de perficiendo telescopio dioptrico (1762)* **1,** 417_{17-23}
Klinger, Florentin Johannes (1756–1809)
– *Die Höhe des Fichtelgebirgs (1793)* **1,** 740_{R8}
Klinger, Johann Georg (1764–1806) **2,** 793_{17} **5,** 212_5
Klinkosch, Joseph Thaddäus (1735–1778)
– *Luftelektrophor* **1,** 567_{R6}
Schriften
– *Beschreibung eines Elektricitätsträgers ohne Harz und Glas (1777)* **4,** 657^{117} 685^{238}
– *Schreiben, den thierischen Magnetismus, und die sich selbst wieder ersetzende elektrische Kraft betreffend (1776)* **1,** 633_{R28}
Klipstein, Philipp Engel (1747–1808)
– *besucht L. im Juni 1784* **5,** 326_{31}
– *Dunstmaschine* **1,** 458_{13}
– *Salzigkeit des Meeres* **2,** 820_{38} **5,** 326_{31}
Schriften
– *Beschreibung einer neuen Dunst-Maschine (1786)* **6,** 199 (242)
Klügel, Georg Simon (1739–1812)
– *Abstand Erde–Sonne* **2,** 728_{30}
– *Brief an L.* **1,** XIX^{32}
– *Gestalt der Erde* **2,** 688^{*} **5,** 83_{10} 242_3 244_5 245_{12} 260_8 395_4 713^{979} 714^{980}
– *Vorlesungen über Kants „Metaphysische Anfangsgründe"* **3,** 156_5
– *Wasserfall* **1,** 967_{26}
Schriften
– *Analytische Dioptrik (1778)* **1,** 425_{40-41} **4,** 487^{276}
– *Anfangsgründe der Astronomie (1793)* **5,** 83_{11} 149_2 191_{25} 272_5 273_{24} $274_{11-12.\ 24}$ 275_9 279_5
– *Anfangsgründe der Naturlehre (1792)* **1,** XIX^{33} 97_{R23} 921_2 **3,** 152_3 $156_{8.\ 13}$ **4,** 621^{528}
– *Berechnung der Zone zwischen dem Aequator und einem Parallelkreise (1790 [1787])* **1,** 660_{R1-2}
– *Beschreibung der Wirkungen eines heftigen Gewitters (1789)* **1,** 799_{R12}
– *Encyklopädie, oder zusammenhängender Vortrag der gemeinnützigsten Kenntnisse (1782–1784)* **1,** 47_{5-6} 520_5 **2,** 673_{37-38} **4,** 407^{139} 412^{187} **5,** 344_3 345_{10} 740^{31} 741^{35} $756^{159.\ 162.\ 164}$ 757^{167} $758^{169.\ 170.\ 172.\ 173}$
– – *²1792–1794* **1,** 722_{R19-21} 767_{R18} 966_{29} 967_{21}
– *Grundsätze der reinen Mechanik (1789)* **1,** 84_{R13-15} 159_{R3-4} **3,** 516^{74}
– *Rezensionen*
– – *[1786] Erxleben, Naturlehre (³1784)* **1,** XV^{16}
– *Schreiben an Bode (1790 [1787])* **1,** $649_{R1-2.\ R15}$
– *Ueber die Figur der Erde (1787 [1784])* **1,** 649_{R16-19}
– – *Auszug 1785* **1,** 649_{R20}
– – *Fortsetzung 1788 (1785)* **1,** 649_{R19} **2,** 677_{24-25} **5,** 242_4 395_5 570^{11}

Übersetzer
– *[1775–1776] Priestley, The history and present state of discoveries relating to vision, light and colours (1772)* **2,** 901_{10} **4,** 70_{16} 73_{20} 74_{15} 81_{13} 82_{8} 91_{12} 92_{3} 419^{19} 426^{45} 450^{130} 451^{132} 487^{274}
– *[1778] Fuss, Instruction détailée (1774)* **1,** 417_{39}
Knauer, Heinrich Ludwig Zacharias (1746–181)
– *silberne Kugel* **6,** 559 (467)
Knight, Godwin (1713–1772)
– *Kompass* **5,** 418_{11}
– *künstliche Magnete* **1,** 615_{30} 616_{40} **2,** 554_{39} 555_{16} **4,** 347_{16} 348_{23-24} 364_{11} 367_{25} 368_{29} 369_{12} 755^{46}
Schriften
– *A collection of magnetical experiments (1748)* **1,** 619_{39-42} **4,** 354_{9-10} 784^{173} 786^{185} **6,** 261 (324)
– *A description of a mariner's compass (1749–1750)* **4,** 758^{55} 784^{173} **5,** 820^{550}
– *An account of some magnetical experiments (1744–1745)* **1,** 619_{35-38}
– *An account of the mariners compass, that was struck with lightning (1749–1750)* **4,** 784^{173} 807^{266}
Knoefel, Peter K. (*1906)
– *Felice Fontana. Life and works (1984)* **3,** 696^{142}
Knoll, Heinrich Christoph Friedrich (1752–1786)
– *Wunder der feuerspeyenden Berge in Briefen an eine Frau (1784)* **1,** 844_{11-13}
Koch, Julius August (1752–1817)
– *Mayersches Zodiacal-Sternverzeichniss, auf den Anfang des Jahres 1800 reducirt (1790)* **5,** 211_{7-8}
Koeck, Christian (ca. 1759 – ca. 1825)
– *Ohrmodell nach Soemmerring* **2,** 336_{14} **6,** 483 (395)
Köhler, Johann Gottfried (1745–1801)
– *Mars* **2,** 747^{*}
Schriften
– *Ueber den Venustrabanten (1777)* **2,** 746_{16} **5,** 153_{31} 276_{20}
König, Christian Gottlieb (1711–1782)
– *Cosmogonia, oder neueste und älteste Naturgeschichte (1763)* **2,** 940_{32-34} **5,** 507_{9-11}
– – *GGA-Rezension (1764)* **5,** 913^{1100}
König, Karl Joseph (1751 – nach 1819)
– *[Nachricht über Beobachtung eines Nordlichts] (1785)* **1,** 813_{R29-30}
– *[Nachricht über Beobachtung von Sonnenflecken] (1786)* **1,** 675_{R6}
König, Samuel (1712–1757)
– *Prioritätsstreit* **2,** 151_{25}
Schriften
– *De universali principio aequilibri et motus (1751)* **1,** 146_{R24}
Koepf, Hans (1916–1994)
– *Bildwörterbuch der Architektur (1968)* **6,** $CXXII^{516}$
Köppke, Jürgen
– *Hildesheim, Einbeck, Göttingen und ihre Stadtmark im Mittelalter (1967)* **5,** 932^{24}
Köstlin, Carl Heinrich (1755–1783)
– *Dissertatio physica experimentalis de effectibus electricitatis in quaedam corpora organica (1775)* **1,** 539_{12-15} **4,** 308_{32-33} 312_{27} 648^{91}
– – *Rezension 1777* **4,** 308_{33-34}
Kohl, J. E.
– *Erweis, daß das Eisen nicht das einzige Metall sey, welches der Magnet […] an sich ziehet, son-*

dern daß er auch diese anziehende Kraft, gegen das Metall des allerreinesten blaufärbenden Cobalt-Königes äussere (1782) **1,** 609$_{R8-10}$ **4,** 353$_{25-26}$ 359$_{24}$

Kohlrausch, Friedrich (1840–1910) **6,** XCVIII CXII CXXVIII

Kohlreif, Gottfried Albert (1749–1802)
– *Ueber die Verbesserung der Electrisir-Maschinen (1782)* **1,** 530$_{R1-6}$ 956$_{24}$

Kondakov, Nikolaj Ivanovič (1900–1984)
– *Wörterbuch der Logik (1983)* **3,** 514[65]

Kongl. Vetenskaps Academiens handlingar (1740–) 1, 53$_{24-25}$
– *Der Königl. Schwedischen Akademie der Wissenschaften Abhandlungen (dt. 1749–)* **1,** 53$_{27-30}$ **5,** 434$_{27}$
– *Der Königl. Schwedischen Akademie der Wissenschaften neue Abhandlungen (dt. 1780–)* **1,** 53$_{34-36}$

Kononov, Aleksej Kononovič (1766–1795)
– *De motu coni duplicis in altum sponte ascendentis (1789)* **1,** 113$_{R1}$ 922$_{28-29}$

Konstantin I., gen. der Große (eig. Flavius Valerius Constantinus), röm. Kaiser 306–337 (ca. 280 – 337) **5,** 136$_{26-27}$

Konvitz, Josef W. (*1946)
– *Cartography in France 1660–1848. Science, engineering, and statecraft (1987)* **5,** 742[39]

Kopp, Hermann (1817–1892)
– *Geschichte der Chemie (1843–1847)* **3,** 464[134] 713[280] **4,** 496[15]

Kosegarten, David August Josua Friedrich (1754–1787)
– *De camphora (1785)* **1,** 191$_{R8-9}$ **2,** 185$_{28}$
– – *Wiederabdruck 1787* **2,** 185$_{31-32}$

Kosegarten, Johann Gottfried Ludwig (1792–1860)
– *Geschichte der Universität Greifswald (1856–1857)* **5,** 712[976]

Kotel'nikov, Semen Kirillovič (1723? – 1806)
– *Phaenomenorum iridis seu arcus coelestis disquisitio (1758–1759)* **1,** 794$_{7-10}$

Koyré, Alexandre (1892–1964)
– *Études Galiléennes (1966)* **3,** 461[124]

Krämer, Johann Paul (1743–1819)
– *Tetrachord* **6,** 145 (*182*)

Krafft, Fritz (*1935)
– *Alexander von Humboldts „Mineralogische Beobachtungen über einige Basalte am Rhein" und die Neptunismus-Vulkanismus-Kontroverse um die Basalt-Genese (1994)* **5,** 801[441]
– *Phosphor. Von der Lichtmaterie zum chemischen Element (1969)* **4,** 706[325]

Krafft, Georg Wolfgang (1701–1754)
– *Temperaturausgleich* **1,** 498$_{16}$
– *Temperaturtabelle* **1,** 482$_{34}$ 483$_{36}$ 484$_{6. 25. 29. 38}$ 485$_{2. 9}$

Schriften
– *De calore ac frigore experimenta varia (1744–1746)* **1,** 524$_{3-5}$
– *De densitate metallorum secum permixtorum (1744–1746)* **1,** 201$_{28-30}$
– *De invenienda distantia macularum solarium a sole (1734–1735)* **1,** 674$_{25-28}$
– *De vaporum et halituum generatione ac elevatione (1745)* **1,** 445$_{31-33}$
– *Dissertatio academica de corporum naturalium cohaerentia (1752)* **1,** 68$_{23-25}$

– *Explicatio experimenti paradoxi de ascensu coni duplicis in altum spontaneo (1756/57)* **1,** 112_{38-40} **6,** 45 (*33*)
– *Observationes meteorologicae (1741–1743)* **1,** 766_{8-11} **2,** 859_{31} 863_{13}
– *Praelectiones academicae publicae in physicam theoreticam (1750)* **1,** 45_{6-7}

Kraft, Jens (1720–1765)
– *Föreläsninger over mechaniken (1763–1764)* **1,** 158_{30-31}
– – *Mechanica (lat. von J.N. Tetens 1773)* **1,** 158_{33-35}

Kragh, Helge (*1944)
– *The moon that wasn't: the saga of Venus' spurious satellite (2008)* **5,** 643[503]

Kramp, Christian (1760–1826)
– *barometrische Höhenmessung* **2,** 994* 1001_{29}
– *Manometer* **2,** 312*

Schriften
– *Analyse des refractions astronomiques et terrestres (1799)* **2,** 1002_{1-2}
– *Brief an K.F. Hindenburg (1796–1798)* **2,** 313*
– *Brief an K.F. Hindenburg (1799–1800)* **2,** 313*
– *Geschichte der Aerostatik (1784)* **1,** 294_{34-37}
– – *Anhang zu der Geschichte der Aerostatik (1786)* **1,** 294_{38-40}

Kratzenstein, Christian Gottlieb (1723–1795) **1,** XII[9]
– *besucht L. im September 1780* **2,** 911_{9-11} **4,** 641[61] **5,** 471_{5}
– *elektrische Eigenschaften der Luft* **1,** 534_{9-10}
– *elektrische Materie* **1,** 896_{17} **4,** 719[384]
– *Elektrizitätstheorie* **1,** 588_{38}
– *für zwei elektrische Materien* **1,** 588_{12} **2,** 529_{5-6} **4,** 666[153]
– *Heber im Vakuum* **3,** 416_{3}
– *medizinische Anwendung der Zentrifugalkraft* **2,** 73_{33}
– *medizinische Elektrizität* **4,** 311_{12}
– *Nachrichten zu Richmanns Tod* **1,** 797_{16} **2,** 911_{9} **4,** 641[61] **5,** 471_{3-4}
– *Nebel von 1783* **2,** 896_{12}
– *Sonnenflecken* **5,** 126_{1}
– *Sprachmaschine* **2,** 335_{30} **4,** 30_{32}
– *Theorie des Magnetismus* **1,** 620_{R1}

Schriften
– *Abhandlung von dem Aufsteigen der Dünste und Dämpfe (1744)* **1,** 445_{26-30} **5,** 851[759]
– *Abhandlung von dem Einfluß des Mondes in die Witterungen und in den menschlichen Körper (1747; ²1771)* **1,** 826_{31-35} **5,** 760[196]
– *Abhandlung von dem Nutzen der Electricität in der Arzneywissenschaft (²1745)* **4,** 719[389]
– – *GGA-Rezension 1745* **4,** 719[389]
– *Amolitio vis inertiae et vis repulsivae (1770)* **1,** 86_{25-26}
– *Diacrisis hypotheseos franclinianae de electricitate positiva & negativa (1778)* **4,** 336_{21}
– – *Exzerpt* **4,** 324_{11-13}
– *L'art de naviguer dans l'air (1784)* **1,** 295_{14-16}
– *Observationes miscellaneae (1778)* **5,** 629[406]
– *Sella marina observandis eclipsibus satellitum Jovis accomodata (1778)* **5,** 711[970]
– – *GGA-Rezension (1778)* **5,** 711[970]
– *Tentamen resolvendi problema ab Academia scientiarum Imperiali Petropolitana ad annum 1780 publice propositum (1781)* **4,** 408[145]
– *Theoria electricitatis more geometrico explicata (1746)* **1,** 605_{11-13} **4,** 325_{14}

– *Vorlesungen über die Experimental-Physik (1758)*
– – *Forelaesninger over Experimental-Physiken (1791)* **1,** 767$_{R19}$
– – [4]*1781* **1,** 588$_{12–14}$ **3,** 715[298] **4,** 728[440]
– – – *Theorie der Elektricität (Auszug 1783)* **1,** 579$_{R8–9}$ **4,** 728[440]
– – – *Theorie des Magneten (Auszug 1783)* **1,** 620$_{R2–3}$
– – [5]*1782* **1,** 47$_{7–9}$
Krauss, Werner (1900–1976)
– *Fontenelle und die Aufklärung (1969)* **3,** 466[157]
Kraut, Johann Justus (1766–1843) **6,** C
Krayenhoff, Cornelis Rudolph Theodor (1758–1840)
– *Wirkung der Elektrizität auf Pflanzen* **4,** 648[92]
Schriften
– *De l'application de l'électricité a la physique et a la médecine (1788) [zus. mit A. Paets van Troostwyk]* **1,** 539$_{R13}$ **4,** 648–649[92] 715[365] 716[366. 368]
– – *Exzerpt* **4,** 311$_{5–21}$
– *Verhandeling over zekere onderschiedene figuuren (1785) [zus. mit A. Paets van Troostwyk]* **1,** 547$_{22–27}$
– – *Ueber die Lichtenbergischen Figuren auf dem Elektrophor (dt. 1790)* **1,** 547$_{R2–8}$
Kries, Friedrich Christian (1768–1849)
– *Brief an L.* **5,** 232$_{10.\ 24}$
– *Brief von L.* **5,** 698[907]
– *L.s Erxleben-Handexemplare* **1,** X$_{8}$
– *Notizen im Lichtenbergnachlaß* **3,** 450[55]
– – *L.s Kantrezeption* **3,** 452[69]
Schriften
– *Einige Anmerkungen zu dem Aufsatz über den Schein um den Schatten des Kopfes (1796)* **1,** 790$_{R4}$
– *Über die angebliche Verfinsterung des Mondes durch einen Cometen im Jahre 1454 (1811)* **2,** 769[*]
Herausgeber
– *G.C. Lichtenberg, Vermischte Schriften (1800–1806)* **1,** VII$_{15}$
Übersetzer
– *[1792–1794] Euler, Lettres à une princesse d'Allemagne. Nouvelle edition (1787–1789)* **2,** 27$_{25}$ 388$_{6}$
– *[1794] Adams, An essay on vision (1789)* **4,** 444[101]
Krische, NN. 3, 260$_{24}$
Kroemer, Jürgen
– *„Le cronometre de Monsieur Feuillet": absolute Tempoangaben eines barocken Tanzmeisters (2001)* **6,** 324 (*52)
Krüger, Johann Gottlob (1715–1759)
– *De novo musices, quo oculi delectantur, genere (1743)* **1,** 385$_{25–26}$
– *Die ersten Grunde der Naturlehre (1759)* **1,** 45$_{11–12}$
– *Geschichte der Erde in den allerältesten Zeiten (1746)* **1,** 852$_{6–8}$ **2,** 939$_{24–26}$ **5,** 507$_{14–15}$
– – *Anhang von der Electricität* **4,** 336$_{23}$
– *Naturlehre ([3]1750)* **1,** 45$_{9–10}$
– *Zuschrifft an seine Zuhörer Worinnen er Ihnen seine Gedancken von der Electricität mittheilet (1744)* **4,** 311$_{11}$
Krünitz, Johann Georg (1728–1796)
Schriften
– *Oeconomische Encyclopädie (1773–1858)* **6,** 398 (*194)
– – *Art. Caraffine* **3,** 701[180]
– – *Art. Compaß (1776)* **5,** 821[569]
– – *Art. Eis (1777)* **4,** 134$_{16}$
– – *Art. Erdbeben (1777)* **5,** 928[1262. 1264]

– – *Art. Feuer-Maschine (1778)* **4,** $154_{27–28}$ 535^{155}
– – *Art. Gluck-Henne (1780)* **5,** 597^{184}
– – *Art. Hopfen (1782)* **5,** 770^{272}
– – *Art. Hygrometer (1783)* **1,** $283_{27–30}$ **2,** 288_{14} **3,** 433_{5} 712^{274}
– – – *Exzerpt* **3,** 432_{4}–434_{16}
– – *Art. Infusions-Thierchen (1783)* **5,** 577^{61}
– – *Art. Kanonen-Schlag (1785)* **4,** 398^{64}
– – *Art. Knall-Glas (1787)* **4,** 388^{11}
– – *Art. Kochen (1788)* **4,** $140_{31–32}$ 521^{116} 522^{119}
– – *Art. Krebs (1789)* **3,** 694^{125}
– – *Art. Kriegs-Fernrohr (1790)* **4,** 421^{33}
– – *Art. Mineralogie (1803)* **5,** 815^{519}
– – *Art. Mühle (1804)* **5,** 624^{376}
– – *Art. Schach (1824)* **5,** 639^{471}
– – *Art. Schiff (1826)* **5,** 593^{153}
– – *Art. Schneidestein (1827)* **4,** 740^{498}
– – *Art. Seeuhr (1829)* **5,** 621^{358}
– – *Art. Sprachmaschine (1834)* **4,** 408^{143}
– – *Art. Stechbaum* **3,** 706^{235}
– – *Art. Türkisches Leder (1846)* **4,** 686^{245}
– – *Art. Zinsrechnung (1857)* **5,** 934^{36}
– *Verzeichniß der vornehmsten Schriften von der Elektricität (1769)* **1,** $526_{38–40}$ 606_{29} **4,** 262_{27} 716^{371} 719^{389}
Übersetzer
– *[1760] Redi, Observations curieuses (1672)* **1,** 604_{21} **4,** 334_{33}
– *[1772] Priestley, The history and present state of electricity (²1769)* **1,** $606_{23–24}$ **4,** 671^{169} 742^{507} 743^{516}
Kühn, Carl Gottlob (1754–1840)
– *Kontroverse mit L.* **1,** 887_{36} 888_{10} 889_{1}
Schriften
– *Schriften der medizinischen und physikalischen Elektricität (1783–1785)* **1,** $607_{30–32}$
Übersetzer
– *[1790] Brook, Miscellaneous experiments (1789)* **1,** 887_{36} 913_{9}
Kühn, Heinrich (1690–1769)
– *Quellen* **5,** 330_{18}
Schriften
– *Vernünftige Gedancken von dem Ursprung der Quellen, und des Grund-Wassers (1746)* **1,** $744_{1–3}$
Kühn, d. i. Crell, Lornz Florens Friedrich von
Nürnberger Künstlerlexikon (2007) **4,** 725^{424}

La Borde, Jean Baptiste de (1730–1777)
– *elektrisches Klavier* **1,** 538_{R1}
La Chapelle, Abbé de (1710–1792)
– *Traité de la construction théorique et pratique du scaphandre (1775)* **3,** 271_{8}
– – *Gründliche und vollständige Anweisung wie man das von ihm neu erfundene Schwimmkleid oder den sogenannten Scaphander nach untrüglichen Grundsätzen verfertigen und gebrauchen solle (dt. 1776)* **3,** 603^{43} **6,** 69 (67)
La Coudraye, François Célestin de Loynes-Barraud de (ca. 1750 – ca. 1814)
– *Théorie des vents (1786)* **1,** $765_{R5–9}$
La Hire, Gabriel-Philippe (1677–1719)
– *Gradmessung* **2,** 674_{28} **5,** 104_{31}
La Hire, Philippe de (1640-1718)
– *Barometer* **1,** 304_{22}
– *Luftdruck* **3,** 408_{20}
– *Quellen* **2,** 827_{8} **5,** 331_{25} 332_{7}
– *Reibung* **3,** 549^{104}

– *Theorie des Keils* **3,** 182_{9}
– *Thermometer* **2,** 448_{36}
– *Venusberge* **1,** 695_{32}
Schriften
– *Astronomische Tabellen (dt. von J.A. Klimm 1725)* **5,** 760^{194}
– *Continuation d'expériences sur le son (1716)* **4,** $387\text{-}388^{6}$
– *Description d'un nouveau barometre (1708)* **1,** 305_{24-29}
– *Expériences sur le son (1716)* **1,** 311_{29-31} **4,** 387^{5}
– *Remarques sur l'eau de la pluie, & sur l'origine des fontaines (1703)* **1,** 743_{26-29} **5,** $750^{102.\ 104}$
– *Sur la hauteur de l'atmosphere (1713)* **1,** 761_{4-6}
– *Sur les frottemens des machines (1699)* **3,** 194_{31}
– *Traité de mecanique (1695)* **3,** 181_{22}
– – *Neuausg. in Mémoires de l'Académie Royale des Sciences depuis 1666 jusqu'à 1699, T. 9 (1730)* **1,** 158_{7-8}
La Métherie, Jean-Claude de (1743–1817) **3,** 673^{329}
– *Anhänger von Eulers Theorie des Lichts* **3,** 313_{7-8}
– *animalische Luft* **1,** 276_{R2}
– *antiphlogistische Chemie* **3,** 313_{7} $315_{14.\ 34}$ 316_{12} 321_{4}
– *Entstehung der Erde* **5,** 507_{28} 519_{10} 520_{15}
– *fixe Luft* **1,** 271_{R20}
– *Luftarten* **1,** 272_{R12-18}
– *Salpetersäure* **3,** 323_{1}
– *Werk über Zerlegung des Wassers angekündigt* **1,** $449^{44-450,1}$
Schriften
– *Discours préliminaire (1786)* **1,** 271_{R20-21}
– *Discours préliminaire (1787)* **3,** 313_{29} $634^{140.\ 149.\ 151}$
– – *Exzerpte* **3,** 313_{28-29}
– *Discours préliminaire (1789)* **3,** $639^{176.\ 177}$ 640^{179}
– – *Exzerpt* **3,** 321_{3}
– – *Ueber den entzündlichen Grundstoff, das Verbrennen, und die Luftsäure (dt. Auszug 1790)* **1,** 453_{R4-6}
– *Discours préliminaire (1790)* **4,** 510^{76} 649^{92}
– *Discours préliminaire (1792)* **1,** 145_{R2-3} **2,** 148_{13} **3,** 553^{124} **5,** 507_{28-32}
– *Essai analytique sur l'air pur et les différentes espèces d'air (1785)* **1,** 279_{20-22} 579_{34-35} **3,** 313_{5-23}
– – *²1788* **1,** 279_{R1-2}
– – – *Ueber die reine Luft und verwandte Luftarten und Stoffe (dt. von S. Hahnemann 1791)* **1,** 279_{R3-4}
– – *Exzerpte* **3,** 312_{19}
– – *Rezension 1785* **3,** 325_{11}
– *Extrait d'un ouvrage de Mayow sur les airs (1790)* **3,** 693^{114}
– *Lettre à M. de Luc, sur la théorie de la terre (1791)* **2,** 943_{6-7} **5,** 507_{33} 522_{9} 919^{1167}
– *Mémoire sur un bitume élastique fossile trouvé dans le Derbyshire (1787)* **3,** 115_{2}
– *Précis de quelques expériences électriques (1787)*
– – *dt. Referat 1790* **1,** 548_{R3-4} 564_{R7} 959_{7}
– *Suite de la lettre à M. de Luc, sur la théorie de la terre (1791)* **2,** 943_{7} **5,** 507_{33} 522_{9} 914^{1105} 919^{1167} 920^{1174}
– *Théorie de la terre (1795)* **3,** 115_{9}
– – *Theorie der Erde (dt. von C.G. Eschenbach 1797–1798)* **1,** 972_{32-33} **5,** 508_{1-2}
– *Vermischte chemische Bemerkungen aus Briefen an den Herausgeber (1792)* **3,** 334_{16-17}

La Pérouse, Jean-François de Galaup (1741–1788), s.a. Anonym, Einige Nachrichten von der neuesten Reise um die Welt (1788).
– *Erdumsegelung* **1,** 636_{R1} 651_{R10}
Schriften
– *Extract of Count de la Perouse's dispatches (1788)* **1,** 637_{R1-2}
La Pira, Giuseppe Maria
– *Dissertazione fisico-chimica sulla causa mediata ed immediata de' tremuoti (1783)* **1,** 848_{15-17}
Lacaille, Nicolas Louis de (1713–1762)
– *Gradmessung* **1,** 649_{8} 651_{R14} **2,** 676_{3} $677_{13.\ 18-19}$ **5,** 16_{10} 247_{29} $318_{22.\ 27}$
– *Jahreslänge* **5,** 241_{9}
– *Parallaxenbestimmung* **2,** 655_{32-33} 725_{15} **5,** 701[924]
– *Schallgeschwindigkeit* **1,** 312_{21} 314_{R17} **2,** 321_{13}
– *Sternbilder* **2,** 237_{37} 792_{15} **5,** 209_{4}
Schriften
– *Leçons d'astronomie (1746)* **1,** 720_{15-16}
– *Leçons élémentaires d'astronomie (1746)*
– – *²1755*
– – – *Lectiones elementares astronomiae (lat. von K. Scherffer 1757)* **1,** 720_{17-20}
– – *³1761* **1,** 720_{21-22}
– – – *Ad lectiones elementares astronomiae […] appendix (lat. von Karl Scherffer 1762)* **1,** 720_{25-27}
– – *⁴1780 (hrsg. von J.J. de LaLande)* **1,** 720_{27-29}
– *Leçons elementaires d'optique (1750)*
– – *²1756*
– – – *Lectiones elementares opticae (lat. von C. Scheffer 1757)* **1,** 425_{20-21}
– *Mémoire sur la vraie longueur des degrés du méridien en France (1758)* **5,** 707[957] 709[963]
– *Table des ascensions droites & des déclinaisons apparentes des étoiles australes (1752)* **5,** 679[777]
– *Tabulae solares (1758)* **1,** 707_{24-26}
– – *²1763* **1,** 707_{26-27}
Lacépède, Bernard Germain Étienne de Ville-sur-Illon (1756–1825)
– *Essai sur l'électricité naturelle et artificielle (1781)* **1,** 607_{9-11}
– *Mémoire sur les aurores boréales (1778)* **5,** 483_{7}
LaCondamine, Charles Marie de (1701–1774)
– *Ausdehnung der Metalle* **4,** 173_{1}
– *Gummi* **3,** 114_{1}
– *Längengradexpedition* **1,** 648_{24} 649_{22-23} 651_{R13} **2,** 675_{15} **5,** 105_{21} 106_{8} 247_{26} 318_{21}
– – *Glorienbeobachtung* **1,** 791_{R5-6} 793_{15}
– – *Höhe des Chimborazo* **2,** 823_{25-26}
– – *Pendelversuche* **1,** 132_{1} **3,** 546[87]
– – *Schallgeschwindigkeit* **1,** 312_{23}
– *Thermometerskala* **2,** 453_{2}
Schriften
– *Extrait d'un journal de voyage en Italie (1757)* **3,** 83_{13}
– *Journal du voyage fait par ordre du roi, à l'équateur (1751)* **1,** 649_{32-34} **4,** 561[249]
– *Mémoire sur une résine élastique, nouvellement découverte à Cayenne par M. Fresneau (1751)* **3,** 84_{11} 491[128]
– *Mesure des trois premiers degrés du méridien dans l'hémisphere austral (1751)* **1,** 649_{35-38} **5,** 739[13]
– *Relation abrégée d'un voyage fait dans l'intérieur de l'Amérique méridionale (1745)* **3,** 491[128]

Lacroix, Silvestre François de (1765–1843)
Herausgeber
– *Euler, Lettres à une princesse (1787–1789)* **1,** 45$_{R5}$ **3,** 59$_{15}$
LaGalla, Giulio Cesare (1571–1624)
– *De luce et lumine disputatio (1612)* **1,** 341$_{R3–4}$
LaGrange, Joseph-Louis de (1736–1813)
– *Barometer* **3,** 443$_{9}$
– *Lesages Schweretheorie* **3,** 571[218]
Schriften
– *Recherches sur la nature, et la propagation du son (1759)* **1,** 335$_{18–21}$
Herausgeber
– *Miscellanea philosophico-mathematica Societatis Privatae Taurinensis* **3,** 730[442]
Lalande, André (1867–1963)
– *Gradmessung* **5,** 246$_{4–5}$
Schriften
– *Vocabulaire technique et critique de la philosophie (^{9}1962)* **3,** 451[57]
LaLande, Joseph Jérôme le Français de (1732–1807) **2,** 453$_{7}$ 785$_{10}$
– *Brief an L.* **5,** 246$_{2}$
– *Brief von Deluc* **5,** 674[728]
– *Brief von Herschel* **5,** 196$_{11}$
– *Erdbeben* **1,** 847$_{R11}$
– *Erdmagnetismus* **5,** 432$_{27}$
– *Fixsterne* **2,** 792$_{16. 32}$ **5,** 209$_{19}$ 674[728]
– *Gefahr durch Kometen* **2,** 766$_{17. 29. 39}$ 767$_{2}$ 768$_{10}$ **5,** 182$_{10–27}$ 184$_{24}$ 735[1143]
– *Gestalt der Erde* **1,** 650$_{R1}$ **5,** 245$_{11}$
– *Globen* **5,** 211$_{30}$
– *Gradmessung* **1,** 649$_{R10–11}$
– *Haarröhrchen* **1,** 194$_{R20}$ 199$_{R14}$ **2,** 184$_{39}$–185$_{1}$ 188$_{35}$ 189$_{1}$ 197$_{2}$
– *Himmelsglobus* **6,** 527 (426)
– *Jahreslänge* **1,** 669$_{R4}$ **2,** 734$_{8}$ **5,** 46$_{3}$ 132$_{27}$ 267$_{9}$
– *Länge von Greifswald* **5,** 250$_{15}$
– *Mars* **2,** 747*
– *Merkur* **2,** 744$_{2}$
– *Merkurdurchgang* **2,** 744$_{19}$ **5,** 151$_{4. 10}$
– *Parallaxenbestimmung* **2,** 655$_{33}$ 725$_{15}$ **5,** 701[924]
– *Präzession der Äquinoktien* **1,** 669$_{R15}$
– *Saturn* **2,** 750* 752$_{26}$
– *Schiefe der Ekliptik* **1,** 657$_{4}$ **2,** 627$_{18}$
– *Sonnenflecken* **1,** 675$_{R7}$ **2,** 731$_{2. 6}$
– *Sonnenparallaxe* **2,** 665$_{4}$ **5,** 96$_{35}$
– *Uranus*
– – *Name* **1,** 654$_{R29}$
Schriften
– *Abrégé d'astronomie (1774)* **5,** 610[277]
– – *Astronomisches Handbuch (dt. 1775)* **5,** 580[73] 583[87] 584[95] 585[100. 103] 591[140] 593[156] 602[216] 606[247] 610[277] 653[576] 678[765] 682[793] 688[837] 689[838] 694[880. 881] 700[912]
– *Astronomie (1764)* **1,** 720$_{33–34}$ **2,** 791† **5,** 604[234] 669[700] 691[863]
– – *^{2}1771–1781* **1,** 657$_{6–7}$ 720$_{34–35}$ 771$_{7–8}$ **2,** 637$_{28}$ 791$_{7}$ **3,** 520[94] **5,** 39$_{24}$ 41$_{24}$ 96$_{31–35}$ 97$_{1}$ 126$_{31–32}$ 129$_{18}$ 153$_{12}$ 207$_{4}$ 210$_{31}$ 220$_{17}$ 226$_{23}$ 230$_{19}$ 232$_{1}$ 283$_{21}$ 571[15] 580[73. 74. 76. 77] 581[81. 82] 583[87] 584[95. 96. 99] 585[101. 103] 586[106] 592[146. 148] 593[154–157] 594[161. 166] 596[179] 598[189] 599[194] 601[210] 602[216. 217] 606[247] 608[260] 610[275. 277] 611[282] 612[286] 614[309] 617[326] 625[386] 628[402. 404] 630[411] 632[421] 634[436] 642[493] 658[596] 681[783] 688[837] 689[839] 692[866] 693[869–872. 875. 876] 694[879. 881. 882] 696[888] 700[912] 707[958] 709[964] 718[1008] 722[1038. 1042] 728[1083] 729[1084]
– – – *[dt. Notiz aus Bd. 4 (1781)]* **1,** 657$_{R3–4}$ 669$_{R7}$

– – *³1792* **1,** 962_{15} $966_{9–10}$ **2,** $703_{2–3}$ **5,** 111_{20} 153_{24} $162_{8–9}$ 163_{5} 232_{1} 252_{7} 625^{386} 641^{485} 646^{525} 647^{531} 680^{777} $703^{935.\ 936}$ 719^{1011}
– – – *Exzerpt* **5,** $243_{3–23}$
– *Astronomie [Beobachtung eines Mondvulkans] (1788)*
– – *dt. 1789* **1,** $689_{R7–8}$
– *Astronomische Beobachtungen (1791)* **1,** 16_{R14}
– *Astronomische Beobachtungen und Nachrichten. (1795 [1792])* **5,** 723^{1055}
– *[Astronomische Mitteilungen an Lichtenberg] 1789* **5,** 724^{1061}
– *Astronomische Nachrichten (1793)* **5,** $245_{10–11}$ $246_{15–16}$
– *Aus einem Schreiben des Herrn la Lande (1798 [1795])* **5,** 680^{778}
– *Aus einem Schreiben von La Lande (1799)* **2,** 761^{*}
– *Auszüge aus einigen Briefen an Herrn v. Zach (1795)* **5,** 680^{778}
– *[Bestimmung der Lage des magnetischen Nordpols] (1797)* **1,** 968_{13}
– *Bibliographie astronomique avec l'histoire de l'astronomie depuis 1781 jusqu'à 1802 (1802/1803)* **5,** 681^{791} 682^{795} 684^{804} 711^{971} 734^{1123} 736^{1151}
– *[Briefe über Astronomie] (1800)* **2,** 747^{*} 750^{*}
– *Considérations sur l'état actuel de l'astronomie (1785)* **5,** 686^{827}
– – *Considerazioni sopra lo stato attuale dell'astronomia (it. 1788)* **1,** $651_{R19–20}$ $675_{R10–11}$
– *Exposition du calcul astronomique (1762)* **1,** $708_{1–2}$
– *Histoire de l'Astronomie pour 1806 (1807)*
– – *Über die Fortsetzungen der französischen Gradmessung bis zu den balearischen Inseln (dt. Auszug 1807)* **2,** 683^{*}
– *[Lettre] Aux auteurs du journal (1783)* **5,** 459_{29} 674^{728}
– – *Ueber den Nebel im Sommer 1783 (dt. 1783)* **5,** 457_{7} 856^{798}
– *Lettre [betr. Säkulargleichung des Mondes durch Lapace] (1788)*
– – *dt. 1788* **1,** $685_{R4–5}$
– *Lettre sur le nom de la planete Herschel (1788)* **1,** $654_{R14–15}$
– *Lettre sur les tubes capillaires (1768)* **1,** $200_{R15–16}$ **2,** $189_{17–18}$ **3,** 616^{18}
– – *Dissertation sur la cause de l'elévation des liqueurs dans les tubes capillaires (Buchausgabe 1770)* **1,** $200_{8–10}$ **2,** 189_{2}
– – – *Nachdruck 1776* **1,** $193_{R8–9}$ 195_{R19}
– *Lettres ou observations sur les effets et les suites du tremblement de terre (1773)* **1,** $847_{R16–17}$
– *Mémoire sur les taches du soleil (1776)* **1,** $674_{32–35}$ **5,** 628^{406}
– *Mémoire sur un dérangement singulier observé dans le mouvement de Saturne (1765)* **5,** $186_{26–27}$ 667^{688}
– *Nouveautés en astronomie (1775 [1774])* **5,** 736^{1151}
– *Nouveaux globes, céleste et terrestre (1775) [zus. mit R. Bonne]* **5,** 682^{795} **6,** 530 (426)
– *Nouvelles d'astronomie & de physique (1783)* **5,** 674^{728}
– *Observations sur les nouvelles méthodes d'aimanter, et sur la déclinaison de l'aimant (1761)* **1,** $619_{20–24}$ **4,** 787^{188}
– *Réflexions sur les comètes (1773)* **2,** $766_{29–30}$ **5,** 182_{17} 668^{689}
– *Rezensionen*
– – *[1779] Faujas de St. Fond, Recherches sur les volcans éteints (1778)* **1,** 843_{31}
– – *Astronomisches Jahrbuch 1790 [1787]* **1,** 654_{R28}

– *Table pour trouver le temps où Algol est à son moindre éclat (1792)* **5,** 221_{5-6}
– *Traité du flux et du reflux de la mer (1781; in ders., Astronomie 2 1771–1781, T. 4)* **5,** 446_{6} 842[691. 693]
Herausgeber
– *Connaissance der temps* **5,** 292_{2}
– *G.D. Cassini, Carte de la lune* **2,** 711_{23}
– *Lacaille, Leçons élémentaires d'astronomie (⁴1780)* **1,** 720_{28-29}
Lamanon, Jean Honoré Robert de Paul de (1752–1787)
– *Barometer* **3,** 443_{8}
– *Besteigung des Pik von Teneriffa* **1,** 739_{R7}
Schriften
– *Extrait d'un voyage au Pic de Tenerif (1786) [zus. mit J.A. Mongez]*
– – *Verschiedene auf der Spitze des Pic von Teneriffa gemachte Beobachtungen (1787)* **1,** 271_{R29} 739_{R9-10}
– *Lettre à M. Mongez, relative à des observations météorologiques (1782)* **3,** 443_{9} 730[442]
– *Mémoire sur un os d'une grosseur énorme (1781)* **5,** 504_{12-15}
– *Vues sur la nature et l'origine du brouillard (1784)* **1,** 781_{R18}
Lamberg, Maximilian Joseph von (1729–1792) **1,** 547_{R11}
Lambert, Johann Heinrich (1728–1777)
– *Ausdehnung der Luft* **2,** 455_{12} **4,** 120_{4-6}
– *Beweis der Proportionalität von Temperatur und Druck* **1,** 474_{R9-10}
– *Dämmerung* **1,** 663_{37}
– *Farben* **4,** 67_{18} 82_{32}
– *Feldmessung* **5,** 91_{39}
– *Gebrauch von Branders hydrostatischer Waage* **1,** 176_{28}
– *Hygrometrie* **2,** 285_{26} 287_{5} **3,** 411_{23} 412_{19} 413_{31} 414_{24} 432_{11} 434_{12} 437_{22}
– *Kometen* **2,** 774_{28}
– *Korrespondent Lesages* **3,** 571[218]
– *Kosmologie* **1,** 718_{27} **2,** 789_{10}
– *Maß der Kraft* **2,** 150_{13}
– *Mondkarte* **1,** 687_{26-27}
– *Sprache* **4,** 328_{31}
– *Sprachrohr* **1,** $318_{21.\ R9-10}$ **2,** 325_{25} **4,** 9_{15} 11_{20}
– *Temperaturausgleich* **1,** 500_{26}
– *Venusmond* **1,** 693_{10} **2,** 746_{9-10} **5,** 152_{28} 153_{4}
– *Verbindung von mathematischem und experimentellem Talent* **3,** 41_{6}
Schriften
– *Abhandlung von den Barometerhöhen und ihren Veränderungen (1765)* **1,** 736_{36-40}
– *Analyse de quelques expériences faites sur l'aiman (1766)* **1,** 759_{29-31} **5,** 431_{22-23}
– *Anmerkungen über die Branderschen Mikrometer von Glase (1769)* **2,** 175_{4-5} **3,** 484[80] **5,** 607[255]
– *Beschreibung einer mit dem Calauschen Wachse ausgemalten Farbenpyramide (1772)* **1,** 392_{32-35} **4,** 472[223]
– – *GGA-Rezension 1772* **4,** 471[222]
– *Beyträge zum Gebrauche der Mathematik und deren Anwendung (1765–1772)*
– – *Gedanken über die Grundlehren des Gleichgewichts und der Bewegung (1770)* **1,** 158_{42}–159_{1} **3,** 252_{23-24}
– *Cosmologische Briefe über die Einrichtung des Weltbaues (1761)* **1,** 720_{30-32} **2,** 774_{28-29} **5,** 186_{34} 217_{32-33} 687[830]

– *Deutscher gelehrter Briefwechsel (1782–1784)* **4,** 473^{227} **6,** 128 (153)
– *Erklärung der magnetischen Abweichungscharte (1779 [1777])* **1,** $759_{28.\ R4-6}$ **5,** 423_{6} 431_{4} 436_{3-4}
– *Erklärung und Gebrauch der Mondcharte (1776 [1774])* **1,** 687_{27-28}
– *Essai d'une théorie du satellite de vénus (1773)* **1,** 694_{17-20} **2,** 746_{11-12} **5,** 152_{28-29} 643^{505}
– *Essai d'hygrométrie (1769)* **3,** 713^{284} 726^{406}
– – *Hygrometrie oder Abhandlung von den Hygrometern (dt. 1774)* **1,** 282_{35-38} **3,** 713^{284} 728^{422}
– *Essai d'hygrométrie (1771)* **1,** 282_{28-31}
– *Exposé de quelques observations (1771)* **1,** 827_{7-11}
– *Les proprietés remarquables de la route de la lumière par les airs (1759)* **1,** 706_{36-38}
– *Neues Organon oder Gedanken über die Erforschung und Bezeichnung des Wahren und dessen Unterscheidung vom Irrthum und Schein (1764)* **4,** 735^{473}
– *Observations sur les flûtes (1775)* **4,** 410^{168}
– *Observations sur l'influence de la Lune dans le poids de l'atmosphere (1771)* **1,** 762_{17-20} **5,** 349_{32}
– *Photometria sive de mensura et gradibus luminis, colorum et umbrae (1760)* **1,** 425_{22-25} **3,** 456^{90}
– *Pyrometrie oder vom Maaße des Feuers und der Wärme (1779)* **1,** 524_{18-20} **2,** 295_{19} **3,** 456^{90} **4,** 134_{2} 167_{21} 170_{15} 215_{14} 223_{5} $499^{33.\ 37}$ 542^{189} $543^{193-195}$ $551^{208.\ 209.\ 211.\ 212}$ 609^{475} 616^{505} **5,** 781^{326}
– – *Exzerpt* **4,** 167_{11}
– *Suite de l'essai d'hygrométrie (1772)* **1,** 282_{32-34} **3,** 713^{284} 726^{405}
– – *Fortsetzung der Hygrometrie oder Abhandlung von den Hygrometern (dt. 1775)* **1,** 283_{1-4} **3,** 713^{284}
– *Sur la courbure de courant magnétique (1766)* **1,** 759_{29-31} **5,** 431_{22-23}
– *Sur la vitesse de son (1768)* **1,** 313_{4-6}
– *Sur le frottement entant qu'il rallentit le mouvement (1772)* **1,** 149_{18-19}
– *Sur quelques instrumens acoustiques (1763)* **1,** 318_{29-31} **4,** 9_{18} 392^{27} $400^{87.\ 88.\ 90}$
– – *Exzerpt* **4,** 20_{6-7}
– – *Abhandlung über einige akustische Instrumente (dt. von G. Huth 1796)* **1,** 943_{12-16} **4,** 391^{25} 403^{105}
– – – *Exzerpt* **4,** 21_{19}–22_{16}
– *Vom Trabanten der Venus (1777 [1775]; Nachtrag 1778 [1776])* **1,** 694_{21-23}
– *Von dem Gange der Penduluhren (1776)* **1,** 156_{39-40} 157_{1}
Herausgeber
– *Sammlung astronomischer Tafeln (1776)* **2,** 702_{18}
Lambton, William (1756–1823)
– *Gradmessung* **2,** 684_{18-19}
Lampadius, Wilhelm August Eberhard (1772–1842)
– *Anhänger Delucs und Lichtenbergs* **1,** 906_{36}
– *Brief an L.* **3,** 648^{210}
– *charakterisiert von L.* **1,** 910_{24-29}
– *Hagelunwetter* **2,** 900_{12-13}
– *von Zylius angegriffen* **1,** 907_{2}
Schriften
– *Einige Nachrichten und Bemerkungen über die Gewitter vom*

dritten September dieses Jahrs (1792) **5,** 860^{830}
– *Kurze Darstellung der vorzüglichsten Theorien des Feuers (1793)* **1,** 524_{R1} 906_{35} **3,** 642^{186} 662^{282} **4,** 216_{31-32}
– – *Rezension* **1,** 906_{18-20}
– *Versuche und Beobachtungen über die Elektrizität und Wärme der Atmosphäre (1793)* **4,** 331_{26-27}

Landriani, Marsilio (1751–1815) **1,** 47_{R16}
– *besucht L. im Dezember 1788* **2,** 428_{20} 820_{5} **3,** $318_{15.\,23}$ **4,** 178_{16} **5,** 327_{13}
– *Eudiometer* **2,** 275_{14}
– *Kobalt-Magnetnadeln von Wenzel* **2,** 547_{16}
– *leicht schmelzende Legierung* **1,** 439_{R35} **2,** 430_{22}
– *Mitteilung an L.* **1,** 55_{R3}
– *Salpeter-Luft* **3,** 427_{23}
– *Thermometer* **1,** 465_{R1-5} **4,** 170_{17}
– *Wärme* **4,** 178_{17}
– *Wärmeentwicklung beim Erstarren* **1,** 513_{34}
Schriften
– *Description d'une machine propre à élever l'eau par la rotation d'une corde verticale (1782)* **2,** 182_{36-37} **3,** 298_{30} 615^{5}
– – *dt. Referat 1783* **3,** 615^{6}
– *Descrizione di una macchina meteorologica (1782)* **1,** 55_{R5-6}
– *Opuscoli fisico-chimici (1781)*
– – *Del calor latente dissertazione* **1,** 439_{R35} 501_{R1-5} 514_{9-10}
– – – *Dissertation sur la chaleur latente (frz. 1785)* **4,** 611^{482}
– – – *Ueber das gebundene Feuer (dt. Referat 1786)* **1,** 438_{R31-32} 507_{R21-23} **4,** 218_{18}
– – *Della formazione dell' aria deflogisticata cogli acidi minerali* **1,** 279_{12-15}
– *Ricerche ed osservazioni sociali fatte per perfezionare il barometro (1782)* **1,** 55_{R5-6}
– *Ricerche fisiche intorno alla salubrità dell'aria (1775)* **1,** 275_{9-11} **6,** 473 (382)
– – *Lettre à l'auteur de ce recueil (frz. Anzeige 1775)* **1,** 275_{11-12}
– – *Physikalische Untersuchungen über die Gesundheit der Luft (dt. 1778)* **1,** 275_{12-13} **3,** 427_{28-29} 720^{348}
– – – *Rezension 1779* **3,** 427_{29-30} 720^{348}

Lane, Timothy (1734–1807)
– *Description of an electrometer (1767)* **1,** 565_{17-21} **4,** 261_{12} 294_{2-3}

Lang, Heinwig (*1935)
– *Tobias Mayers Abhandlung über die Verwandtschaft der Farben 1758 (1980)* **4,** 471^{222}

Lang, Lorenz Johann Jacob (1731–1801)
– *Respondent*
– – *De microscopio solari (1755)* **1,** 423_{1-3}

Lange, Ambroise Bonaventure
– *Description de la lampe physico-pneumatique à cylindre (1785)* **4,** 606^{465}

Langenbeck, Conrad Johann Martin (1776–1851) **6,** CIII

Langenbucher, Jakob (1738–1791)
– *Praktische Electricitätslehre (1788)* **6,** 239 (291) 245 (300)

Langsdorf, Carl Christian von (1757–1834)
– *Ausführliche Abhandlung von Anlegung, Verbesserung und zweckmäsiger Verwaltung derer Salzwerke (1781)* **1,** 176_{34-36}
– *Physisch-mathematische Abhandlung über Gegenstände der Wärmelehre (1796)* **1,** 950_{5-7}
– *Versuch einer neuen Theorie Hydrodynamischer und*

Pyrometrischer Grundlehren (1787) **1,** 443$_{R13-18}$ 950$_{34-35}$

Langwith, Benjamin (ca. 1684 – 1743)
– *Extracts of several letters [...] concerning the appearance of several arches of colours contiguous to the inner edge of the common rainbow (1722–1723)* **1,** 794$_{R6-8}$
– – *Zusammenfassung 1733* **1,** 793$_{R7}$
– *Observations on the figures of snow (1722–1723)* **1,** 786$_{25-26}$

Lansbergen, Philips (1561–1632) **5,** 89$_{13}$
– *Tabulae motuum coelestium perpetuae (1632)* **2,** 651$_{36-37}$ **5,** 93$_{6-7}$

LaPerrière de Roiffé, Jacques Charles de (1694–1776)
– *Mécanismes de l'électricité, et de l'univers (1756)* **1,** 573$_{12-14}$

Laplace, Pierre Simon de (1749–1827) **2,** 775* 1012*
– *Anekdote* **2,** 342$_{26}$
– *antiphlogistische Theorie der Chemie* **3,** 317$_{17}$
– *barometrische Höhenformel* **2,** 998$_{32}$ 999$_{9.\,30}$ 1000$_{14}$ 1002$_{4}$ 1006* 1016*
– *beim Schmelzen gebundene Wärme* **1,** 513$_{R10}$ **2,** 468$_{23}$ **4,** 206$_{1}$ 555^{225}
– *Biographie (1799)* **2,** 775*
– *Brief von Deluc* **1,** 923$_{24}$
– *Eiskalorimeter* **5,** 455$_{11}$
– *Gestalt der Erde* **2,** 682$_{34}$ 685$_{3}$
– *Kapillarität* **2,** 965$_{6}$
– *Kritik an Guglieliminis Beweis für die Erdrotation* **2,** 622$_{6}$ 622† 623†
– *Lesages Schweretheorie* **3,** 236$_{5}$ 571^{218}
– *Mondtheorie* **2,** 703†
– *Nutation* **2,** 784*
– *Sekundenpendel* **2,** 1003$_{35}$
– *Uranus* **5,** 160$_{21}$
– *Wärmeausdehnung* **2,** 980* 982$_{21}$ 983*

Schriften
– *Anmerkungen zu Kirwan, An essay on phlogiston (1787)* **1,** 934$_{32}$
– *Bemerkungen über den Ring des Saturns (1810)* **2,** 750§
– *Exposition du système du monde (1796)* **3,** 576^{248}
– – *Darstellung des Weltsystems (dt. von J.K.F. Hauff 1797)* **3,** 576^{248}
– – *^{3}1808* **2,** 775*
– *Mémoire sur la chaleur (1780) [zus. mit Lavoisier]* **1,** 514$_{22}$
– *Théorie des attractions des sphéroides et de la figure des planètes (1785)* **2,** 775*
– *Théorie du mouvement et de la figure elliptique des planètes (1784)* **2,** 775*
– – *Theorie der Bewegung der Weltkörper unseres Sonnensystems, und ihrer elliptischen Figur (dt. von J.J.A. Ide 1800)* **2,** 775*
– *Traité de mécanique céleste (1798–1825)* **2,** 775* **3,** 561^{147}
– – *1: 1798 u.ö.* **2,** 775*
– – *2: 1798 u.ö.* **2,** 775*
– – *3: 1802 u.ö.* **2,** 775*
– – *4: 1804 u.ö.* **2,** 775* 999$_{11-12}$
– – – *Von der Messung der Höhen, vermittels des Barometers (dt. Auszug 1807)* **2,** 978* 999$_{12-13}$
– – *Supplément au dixieme livre (1806)* **2,** 189*
– – *Mechanik des Himmels (dt. von J.K. Burkhardt 1800–1802)*
– – – *1: 1800* **2,** 775*
– *Über die Theorie des Mondes (1801)* **2,** 703*

Lasius, Georg Sigismund Otto (1752–1833)
– *besucht L.* **5,** 809^{495}
– *Gesteinssammlung* **6,** 276 (*341*)
– *Vulkan* **1,** 846$_{R14}$

Schriften
– *Beobachtungen über die Harzgebirge, als ein Beytrag zur mineralogischen Naturkunde (1789)* **4,** 777[137] **5,** 341_{15-16} 404_{17-31} 405_{29} 407_{20} $412_{7.\ 21}$ 413_{2-36} 414_{3-19} 415_{20} 809[495] 818[535. 537] **6,** 276 *(341)*
Laumont, François Pierre Nicolas Gillet de (1747–1834)
– *Extrait d'un mémoire [...] sur la description de plusieurs filons métalliques de Bretagne (1786)* **5,** $520_{18.\ 23}$
Lauraguais, Louis Léon Felicité (1733–1824)
– *Mémoire sur la dissolution du soufre dans l'esprit du vin (1758)* **3,** 372_{26}
Lauwerenburgh, Anthoni (1758–1820)
– *Recherches physico-chymiques (1792–1794)*
– – *3: Experiences sur l'inflammation du melange de soufre et de metaux (1794)* **1,** 954_{11} **2,** 480
– – – *Versuche über die Entzündung des Schwefels mit Metallen (dt. 1793)* **1,** 954_{12} **2,** 480*
– – – – *Rezension* **1,** 954_{17}
Lavater, Johann Caspar (1741–1801) **4,** 268_{20} 269_{3}
Lavoisier, Antoine Laurent (1743–1794)
– *Ablehnung der Phlogistontheorie* **1,** 217_{R15} 522_{16} 952_{3-4} **3,** 317_{26}
– *Analyse von Seewasser* **2,** 819_{4} **5,** 399_{22}
– *Anhänger* **3,** 341_{23}
– *antiphlogistische Theorie der Chemie* **1,** 458_{R8} **2,** 213_{11} **3,** 313_{29} 317_{17} 321_{22} 327_{17} 447[31]
– *atmosphärische Luft* **1,** 933_{26}
– *beim Schmelzen gebundene Wärme* **1,** 513_{R10} **2,** 468_{23}
– *chemische Nomenklatur* **1,** 207_{R3-4} 265_{R8-10}
– *dephlogistisierte Luft (Sauerstoff)* **1,** 932_{33} **3,** 328_{1} **4,** 800[240]
– *Eiskalorimeter* **4,** 170_{1} **5,** 455_{11}
– *Eudiometer* **1,** 936_{33-34}
– *inflammable Luft (Wasserstoff)* **1,** 934_{14}
– *Kritik an seiner Theorie des Eudiometers* **4,** 616[506]
– *nicht auf Mathematik gestützte Beiträge zur Naturlehre* **2,** 21_{14} **3,** 41_{1}
– *Salpeter-Luft (Stickstoffmonoxid)* **3,** 401_{18}
– *Verbrennung ohne Entstehung von Kohlendioxid* **1,** 955_{13}
– *Versuche* **1,** 266_{R7}
– *Vorläufer*
– – *Bayen* **3,** 321_{20} 327_{14}
– – *Mayow* **1,** 953_{29} **2,** 213_{13}
– *Wärmeausdehnung* **2,** 980* 982_{21}
– *Zusammensetzung der Salpetersäure* **4,** 275_{27}
– *Zusammensetzung des Wassers* **1,** 441_{32} **2,** 435_{7} **3,** 320_{6} 330_{33} **4,** 646[83]
Schriften
– *Anmerkungen zu Kirwan, An essay on phlogiston (1787)* **1,** 934_{32} **3,** 651[219]
– *De la combinaison de la matière du feu avec les fluides évaporables (1777)* **4,** 178_{7}
– – *Von der Verbindung des Feuerstoffes, mit den, einer Verdunstung fähigen, Flüssigkeiten (dt. von C.E. Weigel 1785)* **1,** 518_{R6-8} **4,** 573[284]
– *Mémoire sur la chaleur (1780) [zus. mit Pierre Simon de Laplace]* **1,** 514_{22-24} **4,** 556[225]
– – *Abhandlung von der Wärme (in ders., Physikalisch-chemische Schriften 3, dt. von C.E. Weigel 1785)* **1,** 512_{R29-31} 514_{24-27}

– – *Abhandlung über die Wärme (dt. 1892)* **4,** 556[225] 599[423]

– *Mémoire sur la combinaison du principe oxygine avec l'esprit-de-vin, l'huile, & différens corps combustibles (1784)* **4,** 606[465]

– *Méthode de nomenclature chimique (1787)* **1,** $926_{19–20}$

– – *Methode der chemischen Nomenklatur (dt. von K. v. Meidinger 1793)* **1,** $926_{23–25}$ **3,** $344_{1–2}$ $358_{11–14}$

– – – *Rezension 1794* **3,** 358_{19}

– *Opuscules physiques et chymiques (1774)* **1,** $260_{14–15}$ **3,** $321_{20–21}$ $327_{15–16}$ 331_{10}

– – *Physikalisch-chemische Schriften (dt. von C.E. Weigel und H.F. Link 1783–1794)* **1,** $277_{27–29}$ $442_{R8–10}$ $926_{11–12}$ 937_{36} **3,** 340_{5} $357_{6–25}$ $359_{4–14}$ 429_{17} 651[218] **4,** 667[156]

– – – *Abhandlung von dem Gebrauche des Weingeistes, bei der Untersuchung der Mineralwässer (1785)* **5,** 399_{27}

– *Sur la nature de l'eau (1770)* **1,** $851_{3–9}$

– *Traité élémentaire de chimie (1789)* **1,** 926_{8} **3,** 331_{14} 644[197–199] 645[200–202] 646[203–205] 647[210] 648[211] 658[261] 659[273. 274] 660[277]

– – *System der antiphlogistischen Chemie (dt. von S.F. Hermbstädt 1792)* **1,** 926_{28} **3,** 342_{11}

– – *dt. Auszug von H.F. Link (1794) in Lavoisier, Physikalisch-chemische Schriften* **1,** $926_{10–11}$

Lavoisier, Marie Anne Pierrette (1758–1836)

– *symbolische Verbrennung des Phlogiston* **1,** $891_{22–23}$ **3,** 349_{25}

Lazzaro, d. i. Moro, Antonio Lazzaro.

Le Bris, NN

– *Nachricht von einer neuen beweglichen Himmelssphäre (1790)* **1,** 655_{R16}

Le Cat, Claude Nicolas (1700–1768)

– *Luftdruckschwankungen* **5,** 786[345]

Schriften

– *Extraits des différens systêmes […] sur la formation du continent, des montagnes, & sur l'origine des coquillages & des animaux fossiles (1750)* **2,** $939_{31–33}$ **5,** $506_{9–10}$

– *Lettre de Mr. V. contre le systême de Mr. le Cat, […]. Réponse de Mr. le Cat, pour défendre son systême sur la formation des montagnes (1750)* **5,** 913[1091]

– *Lettre d'un anonyme à Mr. le Cat, sur son systême de la terre, avec la réponse qu'a fait à cette lettre l'auteur du nouveau systeme (1750)* **5,** 913[1091]

– *Réponse de Mr. le Cat […] au sujet de son systême sur la formation des montagnes (1750)* **5,** 913[1091]

– *Suite de la réponse de Mr. le Cat, aux nouvelles difficultés […] contre son systême de la formation des montagnes (1750)* **5,** 913[1091]

Le Gentil de la Galaisière, Guillaume Joseph Hyacinthe Jean Baptiste (1725–1792)

– *Mémoire sur l'obliquité de l'écliptique, et sur sa diminution (1783)*

– – *dt. Auszug 1787* **1,** $657_{R7–8}$

– *Recherches sur l'obliquité de l'écliptique (1757)* **1,** $657_{18–21}$

– *Voyage dans les mers de l'Inde (1779–1781)* **1,** $730_{16–17}$ $823_{42–43}$ **5,** 372_{32} 387_{3}

– – *Beobachtungen über die Neigung der Magnetnadel (dt. Auszug 1785)* **1,** 759_{R2-3}
– – *Reisen in den indischen Meeren (dt. von C. D. Ebeling 1781)* **5,** 746^{75}
Le Lorrain de Vallemont, Pierre (1649–1721)
– *Description de l'aimant, Qui s'est formé à la pointe du clocher neuf de N. Dame à Chartres (1692)* **1,** 753_{21-24} **4,** 747^{18}
Le Maire, Pierre
– *Transporteur aus Horn* **6,** 307 (**34n*)
Le Monnier, Louis Guillaume (1717–1799)
– *atmosphärische Elektrizität* **1,** 796_{11} **5,** 470_{17}
– *elektrischer Schlag* **4,** 305_{33}
– *Flüssigkeitsmesser* **1,** 915_{28} **2,** 49^{*}
Schriften
– *Recherches sur la communication de l'électricité (1746)* **4,** 711^{345}
– *Sur le rapport des différens degrés des fluidité des liquides (1741)* **1,** 74_{20-21} **2,** 49_{8-9} 49^{*}
Le Monnier, Pierre Charles (1715–1799)
– *Längengradexpedition* **1,** 648_{26} 649_{17-18} **2,** 675_{20} **5,** 105_{25}
– *magnetische Deklination / Inklination* **5,** 430_{3} 437_{13}
– *Sternbilder* **5,** 209_{14}
– *Uranussichtung* **1,** 653_{R13} **2,** 19_{36}–20_{1} 753_{38} **3,** 459^{115} **5,** 160_{15}
Schriften
– *La théorie des comètes (1743)* **5,** 679^{777}
– *Loix du magnétisme (1776–1778)* **1,** 617_{12-13} 759_{14-15} **4,** 369_{14} $753^{36.\,37}$ 785^{176} **5,** 430_{3} 431_{5} 434_{29-30} 437_{1-2} 834^{650}
– *Mémoire sur la variation de l'aimant, en 1772 & 1773 (1773)* **5,** 433_{11-12} 832^{639}
– *Variations de l'aimant à Paris (1770)* **5,** 832^{639}
Le Noble, NN (abbé) **4,** 355_{33} 364_{5}
Le Paute d'Agelet, Joseph (1751–1788)
– *Erdumsegelung* **1,** 651_{R9}
Le Roy, Charles (1726–1779) **5,** 938^{63}
– *Gegner von Delucs Theorie der Verdunstung* **2,** 281_{2} 877_{4}
Schriften
– *Mémoire sur l'élévation et la suspension de l'eau dans l'air, et sur la rosée (1751)* **1,** 777_{27-30} **2,** 280_{13} **3,** 414_{31} **5,** 845^{703} 849^{742}
– *Observations sur une lumière produite par l'eau de ma mer (1760)* **1,** 730_{1-2}
Le Roy, Jean Baptiste (1720–1800) **5,** 938^{63}
– *Elektrometer* **4,** 295_{2}
Schriften
– *Mémoire sur le météore ou globe de feu, observé au mois de Juillet dernier (1771)* **1,** 809_{27-31}
– *Rapport fait à l'académie des sciences sur la machine aérostatique (1784) [zus. mit weiteren Akademiemitgliedern]* **1,** $296_{1-2.\,11}$
– *Reflexions sur les aréomètres (1770)* **1,** 174_{22-23}
Le Roy, Julien (1686–1759) **2,** 700_{28} **5,** $114_{13.\,34-35}$
Le Roy, Pierre (1717–1785) **5,** 938^{63}
Le Seur, Thomas (1703–1770)
Herausgeber
– *Newton, Principia (1739–1742)* **1,** 43_{6} 85_{R4} 918_{21} **2,** 27_{11} **3,** 58_{26-27} 157_{7} 188_{13}
Le Vaillant, François (1753–1824)
– *Voyage dans l'intérieur de l'Afrique (1790)*
– – *Reise in das Innere von Afrika (dt. von J.R. Forster 1790)* **1,** 960_{28-29}

Leche, Johan (1704–1764)
– *Afhandling om honungs-daggen (1762)*
– – *Geschichte des Honigthaues (dt. von A.G. Kästner 1765)* **1,** 777_{39-41} **5,** 770^{271}
– *Undervisning om sättet att förfärdiga barometrar (1763)*
– – *Unterweisung von der Art Barometer zu verfertigen (dt. von A.G. Kästner 1766)* **1,** 306_{24-26}
– *Utdrag af väderleks journalen (1763)*
– – *Auszug aus dem täglichen Verzeichnisse der Witterungen (dt. von A.G. Kästner 1766)* **1,** 788_{8-10}
Leeuwenhoek, Antoni van (1632–1723) **5,** 577^{61}
Lefèvre, NN.
– *Astrolab* **6,** 282 (*7)
Lefèvre-Gineau, Louis (1751–1829)
– *Zusammensetzung des Wassers* **2,** 277_{23-24} **3,** $318_{16.\ 26-27}$ $320_{9.\ 22}$ 323_{22} 324_{2} 329_{19} 342_{1} **4,** 646^{83}
Schriften
– *Expériences […] sur la composition & de la décomposition de l'eau (1788)* **2,** 277_{24-25} **3,** 318_{28-29} 329_{19} 330_{14} 636^{163}
– – *Versuche über die Zusammensetzung und Zerlegung des Wassers (dt 1790)* **3,** 636^{163}
Legrand d'Aussy, Pierre Jean-Baptiste (1737–1800)
– *Voyage d'Auvergne (1788)*
– – *Beschreibung des Puy de Dôme (1789)* **1,** 782_{R17}
Lehmann, Johann Christian von (1756–1804)
– *Basalt* **1,** 845_{R23}
Schriften
– *Der Basalt, physisch und chemisch beurtheilt (1789)* **1,** 845_{R22-23}
Lehmann, Johann Gottlob (1719–1767)
– *Physikalische Gedancken von denen Ursachen derer Erdbeben (1757)* **1,** 848_{27-30}
– *Specimen orographiae generalis (1762)* **1,** 732_{10-14} **5,** 748^{84}
– *Versuch einer Geschichte von Flötz-Gebürgen (1756)* **1,** 839_{1-3}
Leibniz, Gottfried Wilhelm (1646–1716) **2,** 16_{1} 33_{19}
– *Aufgabe an Newton* **2,** 776_{38} **5,** 189_{5}
– *Entstehung der Erde* **1,** 835_{32} **2,** 938_{21} **5,** 192_{27} 380_{18}
– *in England bekannt* **3,** 6_{21}
– *Luftdruckschwankungen* **5,** 372_{24}
– *Maß der Kraft* **1,** 146_{1} **2,** 149_{31} 150_{4-36} **3,** 253_{9} 254_{10} 255_{9} 586^{291}
– *Phosphor* **3,** 464^{134}
– *Prioritätsstreit* **2,** 151_{23}
– *Raum* **2,** 33_{19} **3,** 96_{11}
Schriften
– *Brevis demonstratio erroris memorabilis Cartesii et aliorum (1686)* **1,** 146_{R5-6} **3,** 586^{291} 588^{300}
– *De elevatione vaporum (1710)* **1,** 445_{20-24}
– – *Ausg. in ders., Opera 2.2 (1768)* **1,** 445_{24-25}
– *Essais de Theodicée (1707–1710)* **5,** 380_{20}
– *Hypothesis physica nova (1671)* **1,** 157_{38-41}
– *Hypothesis physica nova […] nec non Theoria motus abstracti (1671)* **1,** $158_{1.\ 4-5}$
– *Kleinere philosophische Schriften (1740)* **3,** 481^{60}
– *Opera omnia (1768)* **1,** 48_{43-45}
– – *Hypothesis physica nova* **1,** 158_{2-3}
– – *Theoria motus abstracti* **1,** 158_{5-6}
– *Protogaea (Ms. 1691)* **5,** 380_{20-21} 505_{12-13}

– – *Ausg. in ders., Opera omnia 2.2 (1768)* **1,** 836_{17-18}
– – *Zusammenfassung 1693* **2,** 938_{21-22} **5,** 380_{20} 505_{13}
– – *Erstdruck postum 1749* **1,** 836_{13-17} **5,** 192_{27-28} 794^{388}
– *Specimen dynamicum (1695)* **3,** 590^{314}
– – *Specimen Dynamicum zur Aufdeckung der bewundernswerten Gesetze der Natur (lat.-dt. von H.G. Dosch, G.W. Most und E. Rudolph 1982)* **3,** $590\text{-}591^{314}$
– *Sur la cause de la variation du barometre (1711)* **5,** 787^{350}
Leidenfrost, Johann Gottlob (1715–1794)
– *De aquae communis nonnullis qualitatibus tractatus (1756)* **1,** 427_{R4} 443_{17-19} 456_{R22-23} 486_{R17-18} **2,** 447_{5-7} **4,** 139_{16}
Leiper, Thomas (1745–1825) **5,** 873^{906}
Leipziger Magazin für reine und angewandte Mathematik (1786) **1,** 59_{17-19}
Leipziger Magazin zur Naturkunde und Oekonomie (1786) 1, 59_{15-16}
Leipziger Magazin zur Naturkunde, Mathematik und Oekonomie (1781–1785) 1, 59_{10-11}
Leiste, Christian (1738–1815)
– *Luftpumpe* **2,** 238_{9}
Schriften
– *Neue Einrichtung der Luft-Pumpe (1772)* **1,** 245_{37-38}
– *Rezension*
– – *[1786] Cramer, Ueber die Entstehung des Nordlichts (1785)* **5,** $898^{1006.\ 1012.\ 1013}$
Lejay de Suvigny
– *Pyrophor* **1,** 488_{R2}
Schriften
– *Nouvelle théorie du pyrophore de M. Homberg (1760)* **1,** 488_{R7} **4,** 174_{1} 564^{257}
Lémery, Louis (1677–1743)
– *[Demonstration eines Turmalins] (1717)* **1,** 600_{16-18} **2,** 542_{34}
Lémery, Nicolas (1645–1715)
– *Reaktion von Eisen, Schwefel und Wasser* **2,** 833_{2} 954_{32} **5,** 393_{14} 926^{1253}
Schriften
– *Explication physique & chymique des feux souterrains (1700)* **5,** 803^{449}
Lemoyne de Villarsy, Antoine-Nicolas (1753–1819)
– *[Mitteilung eines elektrischen Experiments] (1788)* **1,** 547_{R14-15}
– – *dt. Notiz 1789* **1,** 547_{R16}
Lempe, Johann Friedrich (1757–1801)
– *Das Donnerwetter kann auch in die Grubengebäude schlagen (1788)*
– – *Auszug 1789* **1,** 803_{R11}
Lennox, Charles, 2nd Duke of Richmond (1701–1750) **4,** 717^{377}
Lentin, Augustin Gottfried Ludwig (1764–1823)
– *Luftarten aus Salpetersäure* **1,** 938_{10}
– *Mitteilung* **3,** 372_{26}
– *Versuche mit L.* **3,** 658^{260}
Schriften
– *Taschenbuch für Freunde der Gebirgskunde (1798)* **5,** 400_{7}
Lentzner, Christian (ca. 1778 – 1839) **6,** CVI CVIII
Leone, Andrea de (1733 – ca. 1792)
– *Giornale, e notizie de' tremuoti accaduti l'anno 1783 (1783)* **1,** 848_{12-13}
Leonhardi, Johann Gottfried (1746–1823) **1,** 927_{25} **2,** 45_{39}
– *Bestandteile des Lichts* **2,** 213_{4} **3,** 342_{33} 360_{27}
– *Gummi* **3,** 84_{8} 115_{29} 493^{140}
– *Phosphor-Luft* **1,** 934_{11}
– *Schwefelsalmiak* **3,** 336_{23}

Schriften
– *Aerologiae physico-chemicae recentioris primae lineae (1781)* **1,** 278_{16-18}
– *Kurzer Umriß der neuern Entdekkungen über die Luftgattungen (1782)* **1,** 268_{R3-4} 278_{19-22} **3,** 697^{145} **5,** 766^{251}
– *Neue Zusätze und Anmerkungen zu Macquers Chymischem Wörterbuche erster Ausgabe (1792)* **4,** 777^{138}
– *Vermischte chemische Bemerkungen (1794)* **1,** 934_{11-12}
Herausgeber
– *Scheele, Abhandlung 2 1782* **4,** 566^{263}
Übersetzer
– *[1782] Scheele, Expériences sur la quantité d'air pur (1782)* **1,** 276_{22} 937_{14}
– *[1788–1791] Macquer, Dictionnaire de chimie (^{2}1778)* **1,** $231_{26.\ R8}$ **3,** 638^{171} **4,** 449^{127}
Leopold II., röm.-dt. Kaiser (1747–1792), s. Toskana, Leopold I., Großherzog von.
Lesage, George-Louis (1724–1803)
– *Kontakt zu van Swinden* **3,** 311_{12}
– *Magnetismus* **5,** 437_{20}
– *Struktur der Materie* **4,** 457^{154}
– *Theorie der Schwere* **1,** 512_{R20} 923_{22} 924_{1} **2,** 38_{17} 43_{21-22} 105_{12} 108_{4} 109_{9-30} 110_{38} 111_{29} 112_{38} 113_{28-32} 114_{19} 115_{9} 145_{19} 152_{17} 771_{15} **3,** 159_{7} 186_{29} 188_{17} 200_{29} 201_{11} 203_{14} 205_{26} 207_{13} 213_{12} 214_{7} 216_{24} 217_{15} 226_{3} $230_{8.\ 14}$ 584^{288} **4,** 802^{244}
s.a. Attraktion – Ursache – Lesage.
– – *Ablehnung* **1,** 924_{3} **3,** 576^{247}
– – *Kritik* **3,** 240_{24}
– – *L.s Rezeption* **1,** XVI_{11}
– – *Rezeption* **3,** 567^{196} 571^{218}
– – *Verallgemeinerung* **2,** 113_{33-35} 115_{16-30} 116_{25} 486_{24} **3,** 212_{23-34} 215_{28-29} 218_{17-18} 230_{23-26}
– – *Zusammenfassung* **3,** 222_{16} 235_{18}
– *und die erfundenen Pendelversuche* **2,** 125_{41} 126_{33}
– *zur Person* **2,** 109_{10-17} **3,** 208_{20-23} 211_{2-6} $226_{5-7.\ 14-15}$ 236_{4}
Schriften
– *Essai de chymie méchanique (1758)* **1,** 128_{R30} 226_{43-44} 924_{13} **3,** 558^{133} 564^{168} 568^{201} 570^{210} 574^{234} 576^{249}
– *Lettre aux auteurs du Journal [de Paris] [Anzeige von Richés Hygrometer] (1788)*
– – *dt. Auszug 1789* **1,** 283_{R28-29}
– *Lettre sur la fausseté de deux suites d'expériences (1773)* **1,** 132_{R15-16}
– *Lettre sur l'hygromètre de M. Riché (1789)*
– – *Schreiben über das Hygrometer des Herrn Riché (dt. 1790)* **1,** 282_{R17-19} 940_{34-35}
– *Lucrèce Newtonien (1782)* **1,** $122_{R9-10.\ R12}$ $129_{3-5.\ R2}$ 292_{R1-3} 924_{11-12} **2,** 109_{19} 113_{30-31} **3,** 201_{15} 203_{7-33} 204_{3} 208_{25} 226_{8-9} 228_{24} 229_{2} 236_{27} 461^{124} 558^{133} 560^{144} 561^{148} 562^{153} 563^{164} 569^{205}
– – *Exzerpte* **3,** 201_{2} 207_{32}
– *Physique mécanique (1818)* **3,** 572^{228}
LeSemelier, A.
– *Examen physico-chimique des principes de l'air et du feu (1788)* **4,** 214_{6-8}
Leske, Nathanael Gottfried (1751–1786)
Herausgeber
– *Leipziger Magazin zur Naturkunde und Oekonomie (1786)* **1,** 59_{17}

– *Leipziger Magazin zur Naturkunde, Mathematik und Oekonomie (1781–1785)* **1,** 59_{12}
Leslie, Patrick Dugud (1705–1783)
– *A philosophical inquiry into the cause of animal heat (1778)* **1,** 520_{26-27}
Lespinasse, J. B. († vor 1818)
– *Lettre sur une trombe terrible (1780)*
– – *Nachricht von einem Wirbelwinde (dt. Auszug 1781)* **1,** 766_{R15-16}
L'esprit des journaux, francois et étrangers (1772–)
– *1790, Nov. [Wärmeausdehnung des Quecksilbers]* **1,** 478_{R5}
Less, Gottfried (1736–1797) **4,** 817[318]
Lessing, Gotthold Ephraim (1729–1781) **4,** 817[318]
– *Brief an Moses Mendelssohn* **3,** 355_{8}
– *Die drei Reiche der Natur (Gedicht 1749)* **3,** 625[60]
Schriften
– *Samuel Henzi (Fragment 1753)* **4,** 120_{16-17}
Lessius, Leonhardus (1554–1623) **5,** 29_{14}
Schriften
– *De perfectionibus moribusque divinis (1620)* **5,** 576[53]
– *De providentia numinis et animi immortalitate libri duo adversus atheos & politicos (1613)* **5,** 576[53]
Leukippos (5. Jh. v. Chr.) **3,** 559[138]
Leupold, Jakob (1674–1727)
– *Barometer* **1,** 303_{8}
– *Hygrometer* **3,** 433_{11}
– *Luftpumpe* **1,** 244_{21} **2,** $237_{9.\ 19.\ 31}$ **3,** $386_{25.\ 30}$ 387_{29-30}
– *Mensula Praetoriana* **6,** 285 (**8*)
– *Zeichengerät für Anamorphosen zum Zylinderspiegel* **6,** 378 (**147*)
Schriften
– *Anamorphosis mechanica nova (1713)* **1,** 364_{28-29}
– *Antlia pneumatica illustrata. Oder, deutliche Beschreibung der so genandten Lufft-Pumpe (1707)* **1,** 245_{14-16}
– – *Fortsetzung 1712* **1,** 245_{16}
– *Theatri machinarum supplementum (1739)* **6,** 378 (**146*) 379 (**147*)
– *Theatrum arithmetico-geometricum (1727)* **6,** 279 (**1*) 281 (**3*) 285 (**8*) 286 (**10*) 287 (**12*) 288 (**15*) 293 (**23[a]*) 294 (**23[a]*) 299 (**33a*) 306 (**34k*) 312 313 (**35g*) 314 (**35h*)
– *Theatrum hydrostaticum (1726)* **6,** 58 (*52*)
– *Theatrum machinarum generale (1724)* **1,** 158_{16-17} **4,** 153_{27-31} **6,** 36 (*25e*) 444 (*355*)
– *Theatrum machinarum hydraulicarum (1724–1725)* **1,** 186_{34-36} **4,** $154_{1.\ 10}$
– *Theatrum pontificale (1726)* **1,** 175_{R17-18}
– *Theatrum staticum universale (1726)* **3,** 433_{11} 724[391] **6,** 31 (*25a*)
– – *Theatrum aërostaticum* **1,** 303_{13-14} **3,** 382_{31} **5,** 444_{24-25} **6,** 128 (*152*)
Leutmann, Johann Georg (1667–1736)
– *Regenmesser* **2,** 897_{24}
Schriften
– *Anamorphoseos polyedricae constructionis methodus vera atque certa (1729)* **1,** 371_{27-32}
– *Instrumenta meteorognosiae inservientia (1725)* **1,** 306_{18-20} 474_{31-32} **3,** 433_{27}
Leven, Karl-Heinz (1959–)
– *Antike Medizin (2005)* **4,** 445[112]

Lexell, Anders Johan (1740–1784)
– *Besuch in Göttingen* **2,** 705_{13}
– *Sonnenparallaxe* **2,** 665_{3} **5,** 96_{34}
Schriften
– *Disquisitio de investiganda vera quantitate parallaxeos solis (1772)* **5,** 96_{34}
– *Recherches sur la nouvelle planète (1783)* **1,** 654_{6-9}
– *Recherches sur la période de la comète, observé en 1770 (1776)* **5,** $656^{590.\ 591}$
Leybourn, William (1626–1716)
– *The line of proportion or numbers, commonly called Gunters line, made easie (1667)*
– – ^{7}*1702* **6,** 313 (**35g*)
L'Huilier, Simon Antoine Jean (1750–1840)
– *Haltung gegenüber Lesage* **2,** 109_{14} **3,** 211_{6} 236_{5}
Schriften
– *Exposition élémentaire des principes des calculs supérieurs (1786)* **3,** 558^{133}
Libes, Antoine (1752–1832)
– *Donner* **2,** 914_{4}
– *Nordlicht* **5,** 486_{36} 487_{22}
Schriften
– *Mémoire sur plusieurs phénomènes de la nature expliqués d'une manière nouvelle (1790)* **1,** 801_{R26-28} 811_{R9-17} **5,** 894^{985}
Liceti, Fortunio (1577–1657)
– *Kometen* **2,** 759_{14} **5,** 165_{7-8}
Schriften
– *De cometae an[norum] 1652. 1653. observationibus astronomicis (1653)* **5,** 165_{7-9}
– *De novis astris, et cometis aethereis (1622)* **2,** 789_{23-24} **5,** 219_{3-5} 688^{837}
Lichtenberg in England. Hrsg. und erl. von H.L. Gumbert (1977) **3,** 445^{4} **6,** 192 (*232*) 224 (*276*) 439 (*352*)
Lichtenberg, Christian Wilhelm Thomas (1791–1860) **1,** VII_{6}
Lichtenberg, Friedrich Heinrich (1797–1839) **6,** LXXIV
Lichtenberg, Georg Christoph (1742–1799) **2,** 575_{2-30} 799_{15} 803_{26} **6,** 285 (**8*) 434 (*nach [*234]*)
s.a. Lichtenbergfiguren.
***Biographisches 2,** 276*†
s.a. Verzeichniß derjenigen Bücher, welche aus dem Nachlasse des sel. Hrn. Hofraths Lichtenberg [...] meistbietend verkauft werden sollen (1799).
– *Ablehnung von Kratzensteins Theorie des Magnetismus* **1,** 620_{R3-4}
– *Abscheu gegenüber Ausdruck Vergrößerung bei der Lupe* **4,** 52_{1-2}
– *Abscheu gegenüber der Epilepsie* **4,** 383_{23-25}
– *Anekdote / Scherz* **2,** 258_{23} 263_{7-9} 265_{4} 269_{13} 271_{24-29} 287_{38} 323_{7-13} 352_{21} 372_{21} 397_{13} 420_{19} 436_{30} 493_{11-13} 498_{25} 546_{2-5} 550_{5-8} 583_{13}–584_{4} 584_{12-15} 608_{4-9} 675_{39-40} 707_{26-34} 791_{26}–792_{2} 911_{16-18} **3,** 400_{24} **4,** 55_{24-26} 267_{1-3} 360_{28-34} 365_{6-9} 366_{4-5} 384_{1-5} **5,** 13_{10-11} 26_{27-29} 45_{32-37} 68_{18-20} 72_{7-8} 73_{8-11} 75_{28}–76_{2} 97_{31} 109_{22} 116_{26-31} 128_{20} 147_{19-21} 161_{14-18} 182_{27-30} 208_{14-15} 227_{15-18} 256_{20-23} 262_{7-8} 290_{13-14} 338_{16-17}
– *Auseinandersetzung mit Kants Philosophie* **3,** 241_{27} 469^{182} 569^{209}
– – *Grundkräfte der Materie* **3,** 242_{4}
– – *Unterscheidung von praeter nos / extra nos* **3,** 69_{5-10} $469\text{-}470^{182}$
– – *Vergleich mit dem copernicanischen System* **3,** 575^{244}
– *Begegnung mit Chr. Mayer* **5,** 608^{259}

– *Begegnung mit M. Hell* **5,** 609[269]
– *benachrichtigt über die Dampfmaschine* **2,** 438$_{10}$
– *Beobachtung der Farbe des Meeres* **5,** 399$_{8}$
– *Beobachtung der Witterung* **2,** 930* **5,** 334$_{20–23}$ 467$_{25}$ 497$_{4}$
– *Beobachtung des Klangs einer Glocke* **4,** 26$_{18–19}$
– *Beobachtung des Meeresleuchtens* **5,** 327$_{14–15.\ 25–26}$
– *Beobachtung des Mondes* **5,** 119$_{20}$ 120$_{5–7}$
– *Beobachtung des Nordlichts* **2,** 857$_{8}$ 924$_{19}$
– *Beobachtung des Uranus* **5,** 159$_{32}$–160$_{2}$ 195$_{6–9}$ 284$_{2}$–285$_{9}$
– *Beobachtung einer Wasserhose* **1,** 971$_{15}$ **2,** 919$_{28}$
– *Beobachtung eines besonderen Nebels* **3,** 193$_{15}$ 272$_{13}$
– *Beobachtung eines sehr nahen Blitzeinschlags* **5,** 367$_{26}$ 369$_{3}$ 474$_{1.\ 6}$
– *Beobachtung fallender Steine* **2,** 22$_{36}$
– *Beobachtung über die Flüssigkeit von Wasser in Abhängigkeit von der Temperatur* **4,** 201$_{7–19}$
– *Beobachtung über Veränderung des individuellen Sehens* **2,** 788$_{13}$
– *Beobachtung von Kometen* **5,** 166$_{20–21}$ 167$_{4–5}$ 289$_{15.\ 21–22}$ 663[638]
– *Beobachtung von Nebelbogen* **1,** 970$_{33–34}$
– *Beobachtung von Sonnenflecken* **2,** 729$_{30}$ **5,** 125$_{13}$
– *Beobachtung zur Wärmestrahlung* **2,** 463$_{9.\ 24–25.\ 30}$
– *Berechnung des Luftdrucks* **2,** 39$_{8}$ **3,** 111$_{9}$
– *Bestimmung des spezifischen Gewichts von Mineralien* **1,** 885$_{30–31}$ **3,** 282$_{22}$–288$_{35}$
– *Bestimmung des spezifischen Gewichts von Quecksilber* **3,** 279$_{8–20}$ 280$_{1–21}$
– *besucht von*
– – *S.J. Brugmans* **2,** 336$_{17}$
– – *J.G. Büsch* **2,** 154$_{38}$
– – *P. Camper* **3,** 489[114]
– – *E.F.F. Chladni* **4,** 411[179]
– – *J.H. Fischer* **4,** 111$_{11}$
– – *J.G.A. Forster* **4,** 58$_{20}$ 111$_{11}$
– – *J.F. Gmelin* **2,** 428$_{19}$
– – *D.A. Golicyn* **3,** 299$_{1}$
– – *J. Hawkins* **2,** 777$_{22}$
– – *C.G. Kratzenstein* **2,** 911$_{11}$ **4,** 641[61] **5,** 471$_{5}$
– – *M. Landriani* **2,** 428$_{19–20}$ **4,** 573[288]
– – *G.S.O. Lasius* **5,** 809[495]
– – *P.E. Klipstein* **5,** 326$_{31}$
– – *J.G. Pickel* **5,** 940[83]
– – *S.T. v. Sömmerring* **4,** 66$_{9}$ 111$_{11}$
– – *A. Volta* **2,** 552$_{16–18}$ **4,** 357$_{2}$ 661[136] **5,** 864[866]
– – *A.G. Werner* **5,** 814[515]
– – *Weylandt* **3,** 405$_{27}$
– *Beurteilungen*
– – *Achards Elektrometer* **2,** 524$_{34}$ **4,** 293$_{25–27}$
– – *Andry, Observations et recherches sur l'usage de l'aimant en médecine (1779)* **1,** 634$_{R4}$
– – *Anonym, Versuch die Erscheinungen des Lichts zu erklären (1794)* **1,** 945$_{23}$
– – *Atwood, The construction and analysis (1796)* **1,** 925$_{6}$
– – *Baader, Wärmestoff (1786)* **4,** 177$_{16}$–178$_{14}$
– – *Bailly, Histoire de l'astronomie (1779–1782)* **5,** 599[193]
– – *Bancroft, Experimental researches (1794)* **1,** 946$_{31}$
– – *Barometer* **2,** 309$_{27}$
– – *Beguelin, Recherches (1772)* **4,** 76$_{5}$

– – *Bemetzrieder, Music made easy (1778–1779)* **4,** 23$_{27}$
– – *Bergman, De formis crystallorum (1780)* **1,** 205$_{R12}$
– – *Bianchini, Hesperi et phosphori nova phaenomena (1728)* **2,** 707$_{7-8}$ **5,** 273$_{29}$
– – *Bode, Von dem neu entdeckten Planeten (1784)* **5,** 162$_{1}$
– – *Bode, Vorstellung der Gestirne (1782)* **5,** 210$_{35-36}$
– – *Borelli* **3,** 269$_{33-34}$
– – *Boskovich, Philosophiae naturalis theoria (1759)* **3,** 60$_{9-10}$
– – *Brahe* **2,** 618$_{1-3}$ **5,** 37$_{26-27}$
– – *Buffons Versuch zur Wärmeleitung der Metalle* **4,** 184$_{8-9}$
– – *Carra, Nouveaux principes de physique* **4,** 214$_{4}$
– – *Cavallo, An essay on the theory and practice (1780)* **4,** 263$_{14}$
– – *Cavallo, Of the methods of manifesting the presence, and ascertaining the quality, of small quantities of natural or artificial electricity (1788)* **4,** 323$_{30}$
– – *Cavendish, An account of experiments (1786)* **1,** 503$_{29-31}$
– – *Chapman, Physiska Røn (1794)* **1,** 924$_{32}$
– – *Chladni, Entdeckungen über die Theorie des Klanges (1787)* **1,** 308$_{R26-27}$ 942$_{30}$
– – *Ciechansky* **6,** LVII–LVIII
– – *Copernicus, De revolutionibus (1543)* **2,** 610$_{14-15}$ **5,** 59$_{11-12}$
– – *Cotes, Hydrostatical and pneumatical lectures (1738 u.ö.)* **1,** 243$_{R16}$
– – *Cramer, Ueber die Entstehung des Nordlichts (1785)* **1,** 812$_{R4-5}$
– – *Crawfords Wärmetheorie* **4,** 210$_{6}$ **5,** 379$_{9}$
– – *Crell, Einige Bemerkungen über das phlogistische und antiphlogistische System (1793)* **3,** 347$_{29}$
– – *Darwin, Frigorific experiments (1788)* **4,** 155$_{17}$
– – *Deluc, Briefe (1781–1782)* **5,** 384$_{1}$
– – *Deluc, Idées (1786–1787)* **1,** 15$_{16}$ 441$_{R6-7}$ 783$_{R12-14}$ **4,** 732^{461}
– – *Deluc, Lettres (1779–1780)* **5,** 384$_{5}$
– – *Deluc, Recherches sur les modifications (1772)* **1,** 742$_{32-33}$
– – *Delucs Barometer* **3,** 382$_{31}$ 383$_{5}$
– – *Delucs Geologie* **2,** 941$_{15-16}$ **5,** 506$_{20-21}$ 519$_{15-16}$
– – *Demainbray* **5,** 824^{590}
– – *Desaguliers, A course of experimental philosophy (1734–1744 u.ö)* **2,** 27$_{18}$
– – *Descartes Kosmologie* **5,** 380$_{16}$
– – *Dufays Versuch zur Taubildung* **5,** 366$_{10}$
– – *Ephemerides astronomicae* **5,** 210$_{34}$
– – *Erxleben, Anfangsgründe der Naturlehre (^{2}1777)* **3,** 6$_{8}$
– – *Euler, Briefe an eine deutsche Prinzessin (1769–1774)* **2,** 27$_{25-26}$
– – *Euler, Lettres à une princesse d'Allemagne (1768–1772 u.ö.)* **3,** 59$_{11-12}$
– – *Fernels Gradmessung* **5,** 101$_{1-2}$
– – *J.C. Fischer, Anfangsgründe der Physik (1797)* **3,** 452^{68}
– – *Fontanas Bemerkungen zu den Versuchen über die Elastizität des Wassers* **3,** 118$_{28}$
– – *Fontenelle, Entretiens sur la pluralité des mondes (1686 u.ö.)* **1,** 699$_{16-19}$
– – *Franklins Theorie der Erde* **2,** 943$_{17}$
– – *Fulda, Über Feuer-Kugeln (1797)* **1,** 972$_{14}$

– – *Funks Sternkarten* **5,** 212_{21}
– – *Funks Sternkegel* **5,** 212_{26}
– – *Galileis Verhalten im Konflikt mit der Kirche* **5,** 39_{10-12}
– – *Globen* **5,** 211_{12-19}
– – *Göttling, Beytrag zur Berichtigung der antiphlogistischen Chemie (2: 1798)* **1,** 939_{7}
– – *Gren, Grundriss der Naturlehre (³1797)* **3,** 452[68]
– – *Harrison, Description 1775* **5,** 113_{9}
– – *Harrisons Chronometer* **2,** 698_{15-16}
– – *Hartmann, Encyklopädie (1784)* **4,** 724[420]
– – *Hell, Observationes (1791)* **5,** 359_{28}
– – *Hellwag, Vom vielfachen Regenbogen (1790)* **1,** 794_{R13-19}
– – *Herberts Versuche zur Elastizität von Flüssigkeiten* **3,** 118_{31}
– – *Herschels Bedeutung* **5,** 577[61]
– – *Hoffmann, Magnetist (1787)* **4,** 386_{11}
– – *Hube, Unterricht in der Naturlehre (1793–1794)* **2,** 27_{26-27} **3,** 103_{17}
– – *Hubes Erklärung der beständigen Ostwinde* **2,** 858_{30}
– – *Ingen-Housz, Versuche mit Pflanzen 1 (1786)* **3,** 429_{1}
– – *Jahresanfang im julianischen Kalender* **5,** 131_{36}
– – *Kästners Anzeige von: Prevost, Vom Ursprung der magnetischen Kräfte (dt. 1794)* **1,** 961_{26}
– – *Kästners Darstellung der Trägheit* **3,** $152_{2.\ 17}$
– – *Kant, Metaphysische Anfangsgründe (1786)* **3,** 21_{9-10} 34_{9}
– – *Kants Kosmologie* **2,** 942_{17-18} **5,** 380_{6} 512_{12-13}
– – *Kempelen, Mechanismus der menschlichen Sprache (1791)* **4,** 31_{3}
– – *Kempelens Schachapparat und die Automaten von Jaquet-Droz* **5,** 145_{28-30}
– – *Keplers drittes Gesetz* **5,** 64_{8-9}
– – *Kirwan, An Estimate of the Temperature (1787)* **1,** 814_{R23-24}
– – *Klindworth* **6,** XCIX
– – *Lamberts Farbenpyramide* **4,** 67_{18} 82_{32}
– – *Langsdorf, Versuch einer neuen Theorie (1787)* **1,** 443_{R11-12}
– – *Lavoisier, Physikalisch-chemische Schriften 5 (1794)* **3,** 357_{25-26} 359_{14-15}
– – *Libes, Sur plusieurs phénomènes (1790)* **1,** 811_{R12-17}
– – *Liceti, De novis astris (1622)* **2,** 789_{26}
– – *Lulofs, Einleitung (1755)* **5,** 381_{10}
– – *Marcard[?], Sammelrezension zum animalischen Magnetismus (1788)* **4,** 386_{9}
– – *T. Mayers Theorie des Erdmagnetismus* **1,** 758_{12-13} **2,** 846_{37}
– – *mechanische Uhren, die wahre Sonnenzeit zeigen* **5,** 48_{3-5} 55_{17-20} 146_{1-3}
– – *Mesmer* **4,** 380_{16} 381_{31} $382_{4-6.\ 29-30}$ 384_{27}
– – *Mitterpacher, Physicalische Erdbeschreibung (1789)* **1,** 722_{R13}
– – *P. van Musschenbroek, Introductio ad philosophiam naturalem (1762)* **2,** 27_{16-17}
– – *Newton, Principia (1687)* **2,** 775_{8}
– – *Newton, Principia (Ausg. durch Jacquier und Le Seur 1739–1742)* **2,** 27_{11}
– – *Nollet, L'art des experiences (1770)* **3,** 59_{22-26}
– – *Nollet, Leçons de physique expérimentale (1743 ff. u.ö.)* **3,** 59_{17-21}

– – *Norton, The natural history (1712)* **1,** 972_{20}
– – *Olbers, Dissertatio inauguralis physiologica (1780)* **1,** 400_{R11-12}
– – *Pictet, Essais de physique (1790)* **1,** 487_{R1-2} **4,** 210_{3}
– – *Rezension von Cavallo, Of the methods of manifesting the presence, and ascertaining the quality, of small quantities of natural or artificial electricity (1788)* **4,** 323_{10}
– – *Riccioli, Almagestum novum (1651)* **5,** 232_{34}
– – *Richard, Natürliche Geschichte der Luft (dt. 1773–1774)* **3,** 417_{5-6}
– – *Sammlung astronomischer Tafeln (1776)* **5,** 211_{3-4}
– – *Saussure, Versuch über die Hygrometrie (1784)* **2,** 284_{34-35} **3,** 413_{33}
– – *Saussures Beobachtungen* **2,** 941_{24-25} **5,** 508_{3}
– – *A.N. Scherer, Luftgüteprüfungslehre (1785)* **2,** 275_{27}
– – *G.G. Schmidt, Beschreibung eines [...] allgemeinen Aräometers (1793)* **1,** 174_{R14-15}
– – *G.G. Schmidt, Ueber die von Herrn Brook entdeckte Trüglichkeit der Smeatonschen Birnprobe (1796)* **1,** 913_{9-10}
– – *J.G. Schmidt, Curiöse Speculationes (1707)* **1,** 960_{10-12}
– – *Schröter, Beobachtung über die Sonnenfackeln und Sonnenflecken* **2,** 732_{19}
– – *Seyde* **6,** CI
– – *Silberschlag, Geogenie (1780–1783)* **5,** 507_{1}
– – *Spallanzanis Beschäftigung mit der Elastizität des Wassers* **3,** 118_{15}
– – *Stephensen, Kort beskrivelse (1785)* **2,** 896_{12}
– – *Swinden, Oratio de hypothesibus physicis (1785)* **3,** 311_{4}
– – *Swinden, Positiones physicae, T. 1–2 (1786)* **2,** 27_{22-24}
– – *Titius, Tiefe des Meeres (1792)* **1,** 727_{R6-7}
– – *Troil, Briefe (1779)* **1,** 974_{3}
– – *Unzer, Beschreibung 1775* **4,** 381_{14}
– – *Varignons Manometer* **3,** 384_{15}
– – *Versuche der Florentiner Akademie zur Elastizität des Wassers* **3,** 118_{8-10}
– – *Volta, Lettere sulla meteorologia elettrica (1788–1790)* **1,** 58_{R8-9}
– – *Voltas Eudiometer*
– – *Weber, Vorlesungen (1793)* **1,** 914_{22-23}
– – *Wiedeburgs Erklärung der Sonnenflecken* **5,** 49_{10}
– – *Wilcke, Rön om eldens specifica myckenhet (1781)* **1,** 512_{18}
– – *Wilcke, Undersökning, om de vid Herr Voltas's nya elettrophoro-perpetuo förekommande electriske phenomener (1777)* **4,** 313_{14}
– – *Williams, The natural history of the mineral kingdom (1789)* **5,** 515_{31-32}
– – *Wollaston, A specimen of a general astronomical catalogue (1789)* **2,** 793_{26}
– – *Zallinger, Abhandlung von der Elektrizität des in Tyrol gefundenen Turmalins (1779)* **4** 332_{26}
– – *Ziehens astronomische Hypothesen* **5,** 194_{3-5} 201_{1-2}
– *Beziehung zu J.F. Gmelin* **6,** XXXIX
– *Bibliothek* **1,** 524_{R16} 848_{R8}
– – *Astronomisches Jahrbuch (1776 ff.)* **5,** 680^{778}
– – *Bärmann, Dissertatio (1751)* **3,** 540^{49}

-- *Bailly, Geschichte der neuern Astronomie (1796–1797)* **5**, 572[27]
-- *Baxter, Cosmotheoria puerilis (³1765)* **3**, 561[146] **5**, 701[918]
-- *Bergman, Opuscula (1779–1790)* **5**, 768[260]
-- *Bergman, Physicalische Beschreibung der Erdkugel (²1780)* **5**, 785[337]
-- *Bertholon, Die Electricität aus medicinischen Gesichtspuncten betrachtet (1781)* **4**, 715[363]
-- *Bird, Method of dividing astronomical instruments (1767)* **5**, 824[590]
-- *Bode, Anleitung zur allgemeinen Kenntniß der Erdkugel (1786)* **5**, 707[958] 740[21]
-- *Bode, Vorstellung (1782)* **1**, $640_{R2–4}$
-- *Boskovich, Philosophiae naturalis theoria (1759)* **3**, 465[151]
-- *Brühl, Investigation of astronomical circles (1794)* **5**, 620[348]
-- *Brühl, Registers (c. 1785)* **5**, 620[348]
-- *Brugmans, Versuche über die magnetische Materie (1784)* **4**, 798[232]
-- *Buffon, Traité de l'aimant (1788)* **5**, 430_{19}
-- *Cavendish, An Account (1776)* **1**, $604_{R35–36}$
-- *Cicero, Opera (1687)* **5**, 649[562]
-- *Connaissance des temps* **5**, 712[975] 713[977]
-- *Crawford, Experiments and observationes (²1788)* **4**, 587[381]
-- *Deluc, Idées sur la météorologie (1786–1787)* **3**, 558[133]
-- *Deluc, Lettres (1779–1780)* **3**, 188_{30} **5**, 797[407]
-- *Desaguliers, A course of experimental philosophy* **3**, 465[143]
-- *Descartes, Opera (1650)* **5**, 912[1076]
-- *Dissertationssammlung* **1**, $68_{R2–4}$ $423_{R1–3}$ $436_{R10–11}$ $648_{R5–6}$ $777_{R11–13}$ $786_{R18–19}$ $811_{R28–30}$ $848_{R14–15}$
-- *Erwerbung* **5**, 197_2
-- *Erxleben-Handexemplare* **1**, $X_{3–4}$ **4**, 740[499]
-- *Euler, Lettres à une Princesse (1770–1774)* **4**, 791[206]
-- *Fabbroni, Aerologia (Manuskript)* **3**, 705[225]
-- *J.C. Fischer, Wörterbuch (1: 1798)* **2**, $27_{32–33}$
-- *Forster, Observations made during a voyage round the world (1778)* **5**, 740[30]
-- *Gatterer, Abriß der Geographie (1775)* **5**, 739[10]
-- *Gatterer, Kurzer Begriff der Geographie (²1793)* **5**, 740[29]
-- *'s Gravesande, Physices elementa* **3**, $59_{8–9}$
-- *Gren, Grundriß der Naturlehre (1793)* **5**, 738[3]
-- *Hamilton, Observations on Mount Vesuvius, Mount Etna and other volcanos (1772)* **5**, 800[437]
-- *Harrison, Description (1775)* **5**, 619[344]
-- *Heim, Von der äussern Gestalt des Thüringer Waldgebürgs (1796)* **5**, 916[1135]
-- *Henl(e)y, Experiments and observations in electricity (1777)* **4**, 642[68]
-- *Herschel, On the parallax of the fixed stars (1782)* **5**, 685[821]
-- *Humboldt, Entwurf zu einer Tafel (1792)* **4**, 215_{10}
-- *Humboldt, Versuch (1792)* **4**, 215_{10}
-- *Huygens, Systema Saturnium (1659)* **5**, 727[1082]

– – *Klügel, Encyklopädie (1782–1784)* **5,** 740[31]
– – *Krünitz, Verzeichniß (1769)* **4,** 643[75]
– – *Lasius, Beobachtungen über die Harzgebirge (1789)* **5,** 755[149]
– – *l'Huilier, Exposition élémentaire (1786)* **3,** 558[133]
– – *Lulofs, Einleitung zu der [...] Kenntniß der Erdkugel (1755)* **5,** 749[88]
– – *Martin, Philosophia britannica (dt. 1778)* **3,** 465[153]
– – *Chr. Mayer, Expositio de transitu Veneris (1769)* **5,** 608[259]
– – *Musschenbroek, Introductio (1762)* **5,** 690[851]
– – *Musschenbroek, Physicae experimentales et geometricae dissertationes (1756)* **3,** 465[142]
– – *Niceron, Nachrichten 1 (1749)* **5,** 668[695]
– – *Nollet, Leçons de physique expérimentale (1764)* **3,** 465[146]
– – *Pilgram, Untersuchungen über das Wahrscheinliche (1788)* **5,** 792[373]
– – *Pope, Works 4 (1764)* **5,** 668[694]
– – *Prevost, De l'origine des forces magnétiques (1788)* **3,** 558[133]
– – *Robert de Vaugondy, Uranographie (1764)* **5,** 684[804]
– – *Röhl, Einleitung in die Astronomischen Wissenschaften (1768–1779)* **5,** 738[2]
– – *Saussure, Voyages dans les alpes (1779–1796)* **5,** 914[1108]
– – *Scheele, Abhandlung (^{2}1782)* **3,** 698[154] **4,** 566[263]
– – *Scheele, Erfahrungen über die Menge der reinen Luft (1782)* **5,** 766[250]
– – *Scheffer, Chemische Vorlesungen (1779)* **5,** 768[260]
– – *Segner, Einleitung in die Naturlehre (1770)* **5,** 738[3]
– – *Seneca, Physikalische Untersuchungen (1794)* **4,** 452[140]
– – *Shepherd, Tables (1772)* **2,** 703$_{6}$
– – *Sigaud de la Fond, Description et usage d'un cabinet de physique experimentale (1775)* **3,** 465[150]
– – *Sigaud de la Fond, Elémens de physique (1777)* **3,** 465[149]
– – *Sigaud de la Fond, Précis historique et expérimental (1781)* **4,** 720[394]
– – *Somerset, A Century (1767)* **1,** 951$_{18–19}$ **2,** 436$_{37}$
– – *Swinden, Mémoires sur les observations météorologiques (1780)* **1,** 762$_{R19–20}$
– – *Swinden, Positiones physicae, T. 1–2 (1786)* **3,** 465[154]
– – *Tacitus, Opera (1772)* **5,** 650[563]
– – *Ulloa, Physikalische und historische Nachrichten (1781)* **5,** 799[422]
– – *Varenius, Geographia (1693)* **5,** 751[115]
– – *Vega, Tafeln und Formeln (1783)* **5,** 731[1100]
– – *Voigt, Praktische Gebirgskunde (1792)* **5,** 915[1127]
– – *Waitz, Abhandlung von der Electricität (1745)* **4,** 676[204]
– – *Weber, Beschreibung des Luftelektrophors (1779)* **4,** 685[238]
– – *Young, Works (1757)* **5,** 576[56]
– *Brief an*
– – G.H. Amelung **4,** 419[23]
– – J.F. Blumenbach **3,** 702[188] 713[281] **4,** 661[136] 732[460] 771[113] **5,** 617[330]
– – J.A. Deluc **4,** 201$_{12}$ 686[241]
– – G.A. Ebell **4,** 391[22] 523[120] 641[59]
– – Geheimes Rats-Kollegium (Promemoria) **2,** 702$_{31}$ **5,** 619[341] 879[926] 881[927]
– – C. Girtanner **4,** 455[144] 660[132]

– – *J.W.L. Gleim* **5,** 877[921] 884[946]
– – *J.W. v. Goethe* **4,** 470[218]
– – *Göttinger Sozietät der Wissenschaften* **4,** 641[65]
– – *A. Hennings* **5,** 934[36]
– – *S.F. Hermbstädt* **3,** 648[210] 658[260]
– – *F.W. Herschel* **4,** 440[90] **5,** 687[830] 688[832]
– – *C.G. Heyne* **4,** 587[381] 638[49] **5,** 824[590]
– – *J.L. Hogreve* **5,** 872[904]
– – *G.H. Hollenberg* **4,** 480[252] 741[503] **5,** 779[320] 878[926]
– – *C.W. Hufeland* **4,** 763[82]
– – *A.G. Kästner* **2,** 309$_{34}$ **5,** 607[256] 635[445] 767[254]
– – *I. Kant* **3,** 575[244]
– – *F.C. Kries* **5,** 698[907]
– – *J.D. Michaelis* **4,** 641[62] **5,** 679[771]
– – *J.A. Murray* **4,** 661[136] 721[404]
– – *G.H. Nöhden* **5,** 775[306]
– – *H. Oppermann* **4,** 395[47]
– – *J.D. Ramberg* **4,** 656[112] **5,** 577[61] 777[314] 824[587]
– – *H.D. Reimarus* **4,** 724[420]
– – *J.A.H. Reimarus* **4,** 587[381] **5,** 878[926] 883[940]
– – *J.A. Schernhagen*
– – – *1773* **5,** 746[70]
– – – *1776* **4,** 681[226] **5,** 629[407]
– – – *1777* **4,** 661[136] 679[222] 724[423]
– – – *1778* **3,** 719[333] **4,** 652[97] 736[479]
– – – *1780* **3,** 548[97] **5,** 875[915]
– – – *1782* **1,** XIV[13] **3,** 602[41] **5,** 647[539] 732[1107]
– – – *1783* **4,** 406[131] 648[90] 653[103] **5,** 581[78]
– – *E. Schleiermacher* **4,** 442[97]
– – *S.T. v. Sömmerring* **3,** 635[155] 701[187] 711[268] **4,** 573[288] 758[51] **5,** 627[393] 864[866] 871[895]
– – *F.W.H. v. Trebra* **5,** 758[184]
– – *unbekannt* **4,** 396[54]
– – *G.W. von dem Bussche* **5,** 712[975]
– – *G.A. Werner* **5,** 813[515]
– – *G.F. Werner* **4,** 417[11] 455[144] 576[303] 578[312]
– – *F.F. Wolff* **6,** XCIX
– – – *1782* **4,** 629[14] 641[59]
– – – *1783* **4,** 635[36] 639[51] 653[102. 103] 669[162] 676[204]
– – – *1784* **4,** 483[261] 638[45] 666[153] 668[160]
– – – *1785* **4,** 631[23] 640[58] 643[72] 661[136] 665[148] 724[423]
– – *J.F. Wurm* **5,** 689[843]
– *Brief von*
– – *J.W. Ausfeld* **5,** 879[926]
– – *W.G.F. Bentinck* **5,** 876[918]
– – *R.A. Dammert* **5,** 611[283]
– – *J.A. Deluc* **1,** 801$_{R15-16}$ **4,** 703[311]
– – *J.C. Fischer* **4,** 403-404[106]
– – *Forster* (unklar von welchem) **5,** 477$_{3-4}$
– – *G.W.L. Gleim* **2,** 918$_{17}$
– – *C. Girtanner* **4,** 660[132]
– – *D.A. Golicyn* **1,** 931$_{20}$ **3,** 363$_{27}$
– – *W. Henl(e)y* **4,** 642[68]
– – *S.F. Hermbstädt* **3,** 648[210]
– – *F.W. Herschel* **1,** 679$_{13-14}$ **2,** 752$_{35-36}$ **4,** 64$_{4}$ 440[90] 441[97] **5,** 686[826]
– – *J.L. Hogreve* **4,** 396[51]
– – *G.A. Kästner* **3,** 609[93] **5,** 680[779]
– – *S.J. Kapff* **3,** 417$_{17-18}$
– – *J.J. de Lalande* **5,** 246$_{2}$
– – *W.A.E. Lampadius* **3,** 648[210]
– – *L.C. Lichtenberg* **3,** 399$_{8}$ **4,** 31$_{4}$
– – *E. Nairne* **4,** 286$_{14}$
– – *P. Prevost* **1,** 635$_{R10-11}$
– – *C. Ramus* **5,** 422$_{5}$
– – *G.G. Schmidt* **4,** 779[143]
– – *A. Volta* **2,** 281$_{8}$ **4,** 691[270] **5,** 883[933]
– – *P.C. Wattenbach* **5,** 725[1071]
– – *F. Wurzer* **3,** 720[346]
– – *F.X. v. Zach* **5,** 116$_{7}$ 622[361]
– *Bruder,* s.u. Lichtenberg, Georg Christoph – Biographisches – Familie.
– *Bücherkenntnis* **2,** 150$_{15}$

– *Deluc*
– – *L. übernimmt Vorstellung über expansible Fluida* **3,** 641[182]
– – *L. verteidigt Delucs Theorie des Regens* **1,** 898_{33-35} 906_{32-37}
– – *Mitteilung über Versuche mit elektrischen Fischen* **4,** 741[503]
– – *referiert L.* **1,** 499_{1-2}
– – *Verhältnis* **2,** 878_{20} **3,** 572[226]
– *Descartes' Erklärung des Kometenschweifs nicht verstanden* **2,** 772_{4}
– *Duzbruder von Erxleben* **2,** 21_{19}
– *Ehre* **2,** 11_{9}
– *Eigenarten* **3,** 572[226]
– *Einsatz zugunsten Seydes* **6,** CI–CII
– *Empfehlung von Ballons zur militärischen Aufklärung* **2,** 263_{31}
– *Empfehlung zur Schätzung von Zeitspannen ohne Uhr* **2,** 317_{20}
– *Entdeckung der Harzstaubfiguren* **2,** 504_{3-4} **4,** 268_{18-19} 300_{22}
– *Ereignisse nach seinem Tod* **2,** 201_{16} 347[*] 622[†] 679 **6,** LXXIII LXXV CII–CIII CXV
– *Erfahrung optischer Täuschungen* **2,** 352_{13}
– *Erfindung einer Maschine zur Untersuchung des Kapillareffekts* **2,** 188_{1}
– *Erklärer elektrischer Phänomene* **4,** 319_{30}
– *Erklärung der Bauchrednerei* **1,** 343_{R18-19} **2,** 323_{15}
– *Erklärung der Ladung von Federkielen* **1,** 544_{R2-8} **4,** 304_{7}
– *Erklärung der Sonnenflecken* **5,** 47_{14} $49_{13.\ 34-35}$ 587[107]
– *Erklärung der Wasserhose* **1,** 971_{24-34}
– *Erklärung der Zerlegung des Wassers* **3,** 655[239]
– *Erklärung des Bovendischen Kunststücks* **2,** $198_{23.\ 32}$
– *Erklärung des glühend Schmiedens* **1,** 950_{9}
– *Erlebnis eines Leinehochwassers* **2,** 827_{32}
– *Erweiterung des archimedischen Prinzips* **4,** 178_{26}
– *Etymologisches* **2,** 51_{3-7}
– *eudiometrische Beobachtungen* **1,** 937_{8} **2,** 275_{17-18}
– *Familie*
– – *Bruder* **1,** 248_{R1-2} 529_{R10} 968_{30} **2,** 239_{25} 523_{24} **3,** 399_{8} **4,** 31_{4} 254_{32} 277_{8} 286_{13} **5,** 495_{13} 528_{22} s.a. Lichtenberg, Ludwig Christian.
– – *Eheschließung* **6,** LXXIII
– – *Vater* **6,** LXXI s.a. Lichtenberg, Johann Konrad
– *Finanzen* **6,** LXX[214] LXXII–LXXIII
– *Forschungsideen*
– – *Entwicklung von Schwimmfüßen* **2,** 171_{41}
– – *Flüssigkeit der Schwefelsäure aus der Verbrennung von Schwefel mit reinem Sauerstoff* **3,** 354_{1-5}
– – *Haarröhrchen* **3,** 301_{29-31}
– – *Herstellung von Weingeist* **3,** 371_{16-17}
– – *Luftarten und Dämpfe durch glühende Röhren und über glühende Substanzen leiten* **1,** 940_{13} **3,** 364_{28}–367_{35} 369_{8-9} 371_{25-27}
– – *Luftdruckschwankungen* **5,** 372_{14-15}
– – *magnetische Kräfte* **5,** 434_{4-25} 435_{19-20}
– – *Magnetnadeln aus Messing oder Zinn* **5,** 436_{6-7}
– – *Messung spezifischer Gewichte* **3,** 281_{16}
– – *meteorologische Langzeitbeobachtungen* **2,** 936_{7-9} **5,** 375_{30-32}

– – *Niederschläge in Ägypten und Arabien* **5**, 461_{27-28}
– – *Schallausbreitung zwischen durch einen Berg getrennten Punkten* **4**, 15_{3-5}
– – *Untersuchung der Reaktion von Eisen mit Schwefelsäure* **3**, 356_{1}
– – *Untersuchung des Wassers aus Wasser- und Sauerstoff* **3**, 353_{26-29}
– – *Versuche mit künstlicher Kälte in großem Maßstab* **4**, 193_{15-16}
– – *Wärme* **1**, 426_{R2-3}
– – *wörtliche Bedeutung von oxygène* **3**, 358_{9-10}
– *froh über Reduktion einer Kontroverse auf einen Wortstreit* **3**, 79_{35-36}
– *Garten(haus)* **1**, 970_{33} **4**, 217_{21}
– – *Abstand vom Jacobiturm* **1**, 313_{R1-6} **2**, 47_{30} 317_{32}–318_{1} **4**, $14_{2-10.\ 20-27}$
– – *Abstand von L.s Stadtwohnung* **2**, 85_{19}
– – *astronomische Beobachtungen* **5**, 631^{411}
– – *Beobachtung über das Sehen* **2**, 351_{7}
– – *Besuch* **5**, 814^{515}
– – *Blitzableiter* **5**, 475_{8} $879\text{-}881^{926}$
– – *meteorologische Beobachtungen* **2**, 914_{22} **5**, 441_{25}
– – *Schallgeschwindigkeit* **2**, 317_{26} 318_{4}
– – *Sperlinge schießen* **3**, 133_{15}
– *Gedanken über das Horn des Alexander* **4**, 22_{17}
– *Gedanken über das Wasser* **3**, 339_{17} 356_{11-22} 388_{10-30} 389_{11-13} **4**, 209_{24} 264_{29-30}
– *Gedanken über den gelben Fleck im Auge* **2**, 397_{3}
– *Gedanken über den Hagel* **5**, 467_{26}
– *Gedanken über den Mond* **2**, $705_{11.\ 23}$ **5**, 119_{7-8} 218_{28-32}
– *Gedanken über die Aufzeichnung der Geschichte in den Dingen* **5**, 521_{29}
– *Gedanken über die Darstellung meteorologischer Beobachtungsreihen* **5**, 377_{33-34}
– *Gedanken über die Entmagnetisierung des Eisens bei der Oxidation* **3**, 360_{8}
– *Gedanken über die Entwicklung der Erde* **2**, 950_{24}–951_{3} **5**, 388_{3-20}
– *Gedanken über die Magnetizität des Kobalts* **4**, 359_{25}
– *Gedanken über die Stärke der magnetischen Kräfte* **5**, 434_{2-3}
– *Gedanken über Hygrometrie* **4**, 155_{9}
– *Gedenkmünze auf Wargentin* **2**, 749_{31}
– *gelesen*
– – *altes lateinisches Gedicht* **2**, 222_{12}
– – *Beschreibung von China* **2**, 174_{24}
– – *Birchs History of the Royal Society* **2**, 778_{6}
– – *Nachricht von Coventrys Hygrometer* **2**, 286_{11}
– *Georg III. von England* **2**, 504_{18}
– *gesehen*
– – *fossiles Federharz bei Gmelin* **2**, 46_{4}
– – *Hörrohr bei Tompson* **2**, 326_{4-5}
– – *Hufelands elektrische Versuche mit toten Hunden* **2**, 491_{22}
– *Gesprächserinnerung*
– – *J.F. Blumenbach* **2**, 917_{27}
– – *Dauder / Behrens* **4**, 263_{6-7} 308_{1-2}
– – *J.A. Deluc* **5**, 437_{20}
– – *J.G.H. Feder* **2**, 729_{29}
– – *Forster* **2**, 44_{10}
– – *Frantz* **2**, 583_{32-34} **5**, 13_{11} 72_{8}
– – *A.F. v. Gruber* **2**, 171_{37}
– – *H. Goodricke* **2**, 790_{16}
– – *W. Henl(e)y* **4**, 289_{21-23}

– – *F.W. Herschel* **2,** 748_{14}
– – *C.G. Heyne* **2,** 47_{23-24}
– – *K.L. Karl* **4,** 19_{13-14}
– – *M. Landriani* **3,** 318_{15}
– – *A.J. Lexell* **2,** 705_{14}
– – *A.L.F. Meister* **2,** 47_{13}
– – *J.H. Merck* **3,** 420_{34-35}
– – *J.A. Murray* **3,** 428_{24}
– – *Offiziere, die vor Gibraltar standen* **2,** 169_{37-38}
– – *J.G. Pickel* **2,** 45_{34}
– – *G.G. Schmidt* **2,** 710_{28}
– – *A. Volta* **4,** 273_{5}
– – *A.G. Werner* **2,** 553_{16}
– *Gesundheitszustand* **1,** 885_{20}
– *gezeichnet* $\pi\mu$
– – *Akustik* **4,** 21_{2}
– – *Astronomie* **1,** 675_{R10} 690_{R11} 716_{R5} **5,** 144_{30} 265_{17} $293_{2.\,16}$
– – *Chemie* **3,** 315_{11} $323_{16.\,23.\,36}$ $324_{2.\,24}$ **5,** 468_{17} 525_{6}
– – *Elektrizität* **1,** 600_{R7} **4,** 288_{25} 329_{32} 330_{12} **5,** 483_{18}
– – *Geographie* **5,** 489_{19}
– – *Literatur* **1,** 525_{R12}
– – *Luftarten* **1,** $271_{R28.\,R34}$ 937_{4} **3,** 423_{13}
– – *Magnetismus* **4,** 375_{4} **5,** 435_{18}
– – *Mechanik* **3,** 203_{6} $204_{2.\,19.\,28}$ 219_{7} 222_{13}
– – *Meteorologie* **4,** 335_{31} **5,** 440_{25}–442_{3} $442_{26.\,34}$ $452_{28.\,32}$ $453_{3.\,6.\,8}$ 458_{7} 459_{3} $461_{17.\,28}$ 462_{9} 467_{11} 468_{15}
– – *Nomenklatur* **5,** 147_{11}
– – *Nordlicht* **5,** $489_{14.\,32}$
– – *Optik* **4,** 65_{25} 88_{17}
– – *Technologie / Instrumente* **3,** 429_{28} $437_{19.\,29}$ **4,** 171_{14} 189_{31} **5,** 292_{11}
– – *Theorie der Erde* **3,** 115_{1} **5,** 515_{7} $518_{2.\,3.\,11}$ 522_{28} 525_{17} 530_{28} 533_{7}
– – *Wärmelehre* **1,** 435_{R10} 508_{R6} **4,** 133_{1} 134_{13} 135_{3} 175_{34} $177_{19.\,29}$ $186_{30.\,32}$ 233_{23} 510^{77} 612^{485} **5,** 467_{16}
– *gezeichnet Lion* **1,** 193_{R12} 503_{R31} 946_{24} **3,** 63_{16} **4,** 38_{21} **5,** 492_{1}
– *gezeichnet nicht* $\pi\mu$ **1,** 968_{16} **3,** 577^{256} 579^{268}
– *half seas over (betrunken)* **4,** 123_{6}
– *Haltung gegenüber C.F. Nicolai* **2,** 226^{*}
– *Haltung gegenüber Kritik* **1,** 910_{12-23}
– *Haltung in strittigen Fragen bezüglich Trägheit* **2,** 58_{17} **3,** 148_{1-2}
– *Haltung zu den Hypothesen über Elektrizität* **2,** 528_{29} 529_{7} **4,** 635^{39} 666^{153}
– *Haltung zu Sprachreformen* **4,** 646^{84} **5,** 210_{12-15}
– *Haltung zur antiphlogistischen Chemie* **1,** 890_{17-18} 890_{38}–891_{2} **2,** 201_{18} **3,** 317_{13-25} 322_{15} 329_{3-4} 332_{9-30} 335_{8-12} 349_{8-14} 354_{35}–355_{2}
– *Hauskatze* **5,** 37_{6}
– *Hinweise zur wissenschaftlichen Praxis*, s.a. Gesetz der Sparsamkeit.
– – *Beachtung der Logik* **5,** 172_{3-7}
– – *Beobachtungen aufzeichnen für die Nachwelt* **5,** 396_{27-34}
– – *Betrachtung von Details kann den Blick aufs Ganze verstellen* **2,** 936_{1-3} **5,** 374_{39-40} 375_{8-22} 376_{6-8} 377_{34-35} 409_{25-30}
– – *„der reißende Beyfall verdächtig“* **3,** 332_{9}
– – *Einfachheit einer Hypothese beweist nicht ihre Richtigkeit* **5,** 36_{31-32} 81_{29} 98_{5-8} 316_{30-33}
– – *empfiehlt Achtung des Forschungstriebs* **3,** 206_{12-13} 225_{7-8} 238_{14-15}
– – *empfiehlt Behutsamkeit* **1,** 539_{9-11} 565_{8-9} 897_{24-25} **3,** 16_{8} 353_{22} **4,** 263_{23} 267_{34-35} **5,** 25_{11} 154_{5} 256_{18}

– – *empfiehlt Skepsis* **5**, 399_{2}
– – *empfiehlt Toleranz* **1**, 894_{5}
– – *empfiehlt Vermeidung von Absolutheitsaussagen* **3**, 118_{4-6}
– – *empfiehlt Vorsicht* **1**, 536_{35-36} 813_{23-24} **5**, 174_{25}
– – *empfiehlt, hilfreiche Hypothesen gelten zu lassen* **3**, 103_{23-26}
– – *Gefahr des Selbstbetrugs bei Versuchen* **1**, 544_{11-17} **4**, 322_{5-7}
– – *Gefahr, Pseudo-Phänomene erklären zu wollen* **1**, 34_{R9-21} **2**, 25_{1}–26_{12} 26_{14-19} **3**, 61_{23}–62_{8}
– – *gesteht abweichende Meinungen zu* **3**, 210_{33} 212_{17-19} 222_{30}
– – *Größenordnung bei Versuchen* **2**, 828_{29} **5**, 449_{27-32} 521_{4}
– – *Hypothesen empirisch überprüfen* **3**, 202_{16-17} **5**, 349_{17-18}
– – *Kontrolle der Versuchsbedingungen nötig* **2**, 187_{36-37} 619_{34}–620_{4} **3**, 301_{32-34} 324_{21-23} 353_{13-15} 364_{10-21} **4**, 121_{25-27} 267_{36}–268_{2} **5**, 434_{6-7}
– – *kritisiert Herlesen von Sprüchen ohne Einführung in den Geist* **3**, 241_{31-33}
– – *Meinungen großer Männer respektieren* **3**, 232_{32-34}
– – *Methoden sollen überzeitliche Geltung haben* **3**, 16_{11-19}
– – *nicht lehren, was ich nicht weiß* **4**, 378_{6-7}
– – *Problematik Einzelgängertum* **1**, 890_{26-31} **3**, 330_{27-29}
– – *Rolle der Phantasie* **2**, 731_{37}
– – *selbst denken geht vor lesen* **3**, 133_{3-7}
– – *Umgang mit wissenschaftlichen Kontroversen* **2**, 36_{30-34} **3**, 144_{15-16} 256_{6-8} **5**, 349_{17-18}
– – *Voreingenommenheit macht schlechte Beobachter* **2**, 729_{31-33} **4**, 384_{20-21}
– – *Vorrang für Erklärung durch bekannte Ursachen* **2**, 879_{33}–880_{2} 886_{39}–887_{2}
– – *Vorurteile bekämpfen* **5**, 475_{19}
– – *warnt vor Autoritätsgläubigkeit* **3**, 77_{19-25} 342_{25-26} 350_{6-7} **4**, 276_{7-12}
– – *warnt vor Erklärungssucht* **2**, 24_{39}–25_{1} **3**, 58_{23} 61_{20-21}
– – *warnt vor Systemgläubigkeit* **4**, 225_{6-10}
– – *warnt vor Überschreitung der Grenzen der eigenen Wissenschaft* **3**, 175_{23-25}
– – *warnt vor Voreiligkeit* **1**, 958_{36} **3**, 317_{21-25}
– – *Zusammenhang der Dinge keine Entschuldigung für Unordnung* **3**, 49_{27-28}
– – *Zweifel nötig bis zur Klärung eines Sachverhalts* **3**, 350_{11-13}
– *Hochachtung gegenüber Franklin* **2**, 61_{31}
– *Hochachtung gegenüber Herschel* **5**, 218_{21-28}
– *Höhe des Mont Blanc* **2**, 824^{*}
– *Hörer* **2**, 13_{13} 28^{*} 60^{*}
s.a. Benzenberg, Johann Friedrich; Dyckerhoff, Jakob Friedrich; Gamauf, Gottlieb.
– – *J. Asbóth* **2**, 11_{33-34}
– – *Aufforderung zu akustischen Versuchen* **2**, 324_{19}
– – *J.C. Aycke* **4**, 508^{72} **5**, 937^{51}
– – *R.A. Dammert* **5**, 611^{283}
– – *K.L. DuRy* **5**, 838^{677}
– – *J.K. Horner* **4**, 512^{81}
– – *A. Hume* **2**, 648_{18}
– – *J.J. Kraut* **6**, C^{373}
– – *W.A.E. Lampadius* **1**, 906_{36}
– – *Mißverständnis bezüglich der Schiefen Ebene* **2**, 94_{17}
– – *Mißverständnis bezüglich Peargage* **2**, 240_{35}
– – *G.W. Muncke* **3**, 614^{4} **4**, 546^{198}

-- *J.H. Seyde* **6,** C
-- *F. Wurzer* **3,** 720[346]
- *hütet sich vor Entscheidung* **4,** 134_{3}
- *ich verstehe mich* **3,** 368_{11} **4,** 226_{4}
- *Illustration zum Seitenschlag* **1,** 958_{6}
- *Instrumente*
-- *allgemein*
--- *Entwicklung* **4,** 220_{1-5} 221_{3-11} 223_{13-17} **5,** 566_{19-20}
--- *Uhr (nicht im Verzeichnis)* **2,** 700_{13} **5,** 252_{27}
--- *Verbesserung des Eudiometers* **3,** 402_{25}
--- *Vorschlag eines Atmidometers* **5,** 769[263]
-- *Sammlung* **2,** 299_{21} **3,** 58_{24} **6,** LXIX XCVI 278 (nach 343) s.a. Uffenbach, Johann Friedrich Armand von – Instrumente.
--- *Aufbau* **6,** LXX LXXVIII XCV
--- *Aufstellung* **6,** LI CXIII–CXV
--- *Ausleihe* **6,** LXXVI
--- *Besichtigung* **3,** 9_{20}
--- *einzelne Anfertigungen nach Nollet* **3,** 59_{28-29}
--- *Katalog* **6,** XLIV
--- *Kopien von Instrumenten* **6,** XCIX
--- *Umfang* **3,** 11_{27-29}
--- *Verkauf* **6,** XXXIX L LXXI LXXII LXXIII CXIII
--- *Zuwachs* **2,** 237_{22-23} **6,** LXXVII
-- *zu Abschnitt 2: Körper überhaupt*
--- *2 Ellen langes Seil aus Glas (Nr. 349)* **6,** 437 *(349)*
--- *2 rote Federharzkugeln (Nr. 471)* **6,** 561 *(471)*
--- *3 Platten aus Zinn und Messing (Nr. 347)* **6,** 436 *(347)*
--- *6 Glastrompeten (Nr. 348)* **6,** 436 *(348)*
--- *Bleizylinder (Nr. 5)* **2,** 38_{37} **3,** 81_{8} **6,** 3 (5)
--- *Buchpresse, „bei der sympathetischen Tinte zu gebrauchen" (Nr. 350)* **2,** 32_{10} **3,** 479[45] **6,** 438 *(350)*
--- *Drähte aus verschiedenen Metallen (Nr. 2)* **6,** 2 (2)
--- *Glasplatte (Nr. 8)* **6,** 3 (8)
--- *Glasplatten (Nr. 4)* **2,** 39_{23} 48_{21} **3,** 81_{6} 119_{18} 121_{30} **6,** 2 (4)
--- *Glasplatten (Nr. 6)* **2,** 39_{32} **3,** 81_{11} **6,** 3 (6)
--- *Goldblättchen zwischen Glasplatten (Nr. 15)* **2,** 31_{13-14} **3,** 94_{18} **6,** 11 (15)
--- *Gummiflaschen (Nr. 9)* **3,** 83_{32} **6,** 6 (9)
--- *Gummiprobe, hermetisch verschlossen (Nr. 11)* **6,** 6 (11)
--- *Kugel aus rotem chinesischem Federharz (Nr. 346)* **2,** 46_{8} **3,** 115_{30} **6,** 436 *(346)*
--- *kugelrunde Federharzflasche (Nr. 344)* **3,** 115_{21} **6,** 435 *(344)*
--- *Lederbeutel mit Quecksilber (Nr. 16)* **2,** 31_{11} **3,** 76_{8} 93_{15} **6,** 12 (16)
--- *Marmorplatten (Nr. 7)* **6,** 3 (7)
--- *mathematische Körper (Nr. 1)* **6,** 1 (1)
--- *Metallplatten (Nr. 3)* **2,** 39_{26-27} **3,** $81_{7.\,14}$ **6,** 2 (3)
--- *Modelle geometrischer Körper (Nr. 458)* **6,** 556 *(458)*
--- *Onager (Nr. 12)* **2,** 46_{30} **3,** 84_{31} **6,** 7 (12)
--- *Skorpion (Nr. 13)* **2,** 47_{10-14} **3,** 84_{32} **6,** 9 (13)
--- *Vogel aus Federharz [„Psophia crepitans"] (Nr. 345)* **2,** 44_{19} **3,** 115_{23} **6,** 435 *(345)*
--- *Vollgummikugel (Nr. 10)* **3,** 83_{35} **6,** 6 (19)

– – – *Wasserhämmer (Nr. 14)* **6,** 11 (14)
– – – *Zinnkugel (Nr. 17)* **2,** 31_{15-16} **3,** 76_{16} 94_{16} **6,** 14 (17)
– – *zu Abschnitt 3: Bewegung*
– – – *Bleikugel mit Haken und eiserner Waagebalken (Nr. 351)* **2,** 59_{30-32} **3,** 133_{12} 146_{26} 153_{19} **6,** 438 (*351*)
– – – *Bleizylinder an einem Holzstab (Nr. 20)* **3,** 146_{32} 153_{33} **6,** 14 (20)
– – – *Elfenbeinkugel an Messingdraht (Nr. 23.1)* **2,** 43_{2} **6,** 15 (21) 15 (23.1)
– – – *Elfenbeinkugeln, vier auf einem Brett (Nr. 23.5)* **6,** 20 (23.5)
– – – *Glasröhren auf schiefen Ebenen (Nr. 23.2)* **6,** 18 (23.2)
– – – *Hammermaschine nach Nollet (Nr. 361)* **6,** 15 (22)
– – – *Haspel (Nr. 24)* **2,** 73_{29} **3,** 135_{9} **5,** 41_{27} 583^{90} **6,** 28 (24)
– – – *kleines Billiard (Nr. 22)* **2,** 63_{20} **3,** 134_{11} **5,** 82_{13} **6,** 15 (22)
– – – *Kugel zur Schwungmaschine (Nr. 21)*
– – – *Messinghalbkugel und kleine Messingkugel an einem Draht (Nr. 23.6)* **6,** 22 (23.6)
– – – *Messingkugeln, zwei an einem Draht (Nr. 23.3)* **6,** 19 (23.3)
– – – *Messingkugeln, zwei auf einem Brett (Nr. 23.4)* **2,** 73_{12} **6,** 19 (23.4)
– – – *Modell einer Waage nach Roberval (Nr. 353)* **6,** 440 (*353*)
– – – *Ringe, elastische (Nr. 23.7)* **2,** 73_{25} 625_{11} **3,** 119_{30} **6,** 23 (23.7)
– – – *Schwungkraft, Vorrichtung zu ihrer Demonstration (Nr. 23.8 u. 9)* **6,** 24 (23.8 u. 9)
– – – *Schwungmaschine (Nr. 23)* **2,** 59_{26} 72_{27} 73_{19} 625_{11} **3,** 119_{30} 130_{18} 144_{23} 168_{20} 183_{22} **5,** 122_{1} 318_{12} 575^{50} 582^{85} 583^{90} **6,** 14 (19) 15 (23)
– – – *Waage nach Ramsden (Nr. 352)* **2,** 79_{24-25} **6,** 438 (*352*)
– – *zu Abschnitt 4: Statik und Mechanik*
– – – *2 Keile aus Eichenholz (Nr. 358)* **6,** 445 (*358*)
– – – *Achteckiges Prisma (Nr. 41)* **2,** 95_{27} **6,** 49 (41)
– – – *Anker (Nr. 26)* **3,** 175_{10} **6,** 38 (26)
– – – *balancierende Puppe (Nr. 35)* **2,** 88_{17-18} **3,** 537^{30} **6,** 46 (35)
– – – *bergan laufender Holzzylinder (Nr. 354)* **2,** 89_{22} **3,** 178_{22} 180_{4} **6,** 441 (*354*)
– – – *Bleche zur Erläuterung der Lehre vom Schwerpunkt (Nr. 38)* **2,** 88_{22} **3,** 177_{4} $178_{7.\,16}$ 199_{11} **6,** 48 (38)
– – – *chinesische Puppe (Purzelmännchen) (Nr. 36)* **2,** 89_{40} 90_{3} **3,** 179_{17} 180_{2} 198_{1-2} 199_{15} **6,** 46 (36)
– – – *Fallbeschleunigung, Vorrichtung zu ihrer Demonstration (Nr. 43)* **6,** 49 (43)
– – – *Flaschenzug (Nr. 25 e)* **6,** 36 (25e) 41 (31)
– – – *Flaschenzug, großer (Nr. 28)* **6,** 40 (28)
– – – *Flaschenzug, kleiner (Nr. 29)* **6,** 40 (29)
– – – *Flaschenzug, Modell (Nr. 30)* **6,** 40 (30)
– – – *Gestell mit Elfenbeinkugeln (Nr. 47)* **2,** 73_{2} 143_{36} **3,** 190_{26} **6,** 52 (47)
– – – *große Stoßmaschine mit Gradbogen nach Mariotte (Nr. 363)* **6,** 451 (*363*)

– – – *kleines Fadenpendel (Nr. 362)* **6,** 451 (*362*)
– – – *Meilenmesser (Nr. 32)* **1,** 106_{R20-21} 921_{30} **2,** 82_{16-17} 83_{32} **3,** 176_{2} 197_{11} **5,** 52_{6} 122_{16} 233_{8} **6,** 41 (32)
– – – *Modell einer Schraube (Nr. 356)* **6,** 444 (*356*)
– – – *Modell einer Schraube (Nr. 357)* **6,** 444 (*357*)
– – – *Modell eines mit einer Schraube ohne Ende verbundenen Rads an der Welle (Nr. 359)* **6,** 446 (*359*)
– – – *Parallelepiped (Nr. 49)* **2,** 152_{31} **3,** 194_{31} **6,** 55 (49)
– – – *Pendel mit beweglichen Linsen (Nr. 44)* **6,** 50 (44)
– – – *Potenzenmaschine (Nr. 25)* **3,** 175_{6} 179_{19} 197_{3} **6,** 29 (25)
– – – *Quecksilberuhr (Nr. 37)* **2,** 89_{37} **3,** 180_{3} 198_{3} **6,** 47 (37)
– – – *Rad an der Welle (Nr. 25b)* **6,** 32 (*25b*)
– – – *Rad mit Windflügeln (Nr. 51)* **3,** 196_{17} **6,** 57 (51)
– – – *Roll-Lampe (Nr. 34)* **2,** 90_{13-15} **3,** 199_{17} **6,** 45 (34)
– – – *Satz von Holzkugeln (Nr. 48)* **2,** 144_{14-16} **6,** 54 (48)
– – – *scheinbar bergauf rollender Doppelkegel (Nr. 33)* **2,** 89_{30} **3,** 178_{23} 197_{31} 199_{14} **6,** 44 (33)
– – – *Schiefe Ebene für Fallversuche (Nr. 360)* **2,** 102_{26} 103_{1} **6,** 446 (*360*)
– – – *Schiefe Ebene mit Wagen (Nr. 39)* **3,** 180_{22} **5,** 763[214] **6,** 48 (39) 55 (49)
– – – *Schiefe Ebene nach Leupold (Nr. 355)* **6,** 442 (*355*)
– – – *Schiefe Ebene (Nr. 25d)* **6,** 36 (*25d*) 49 (40) 49 (42)
– – – *Schraube ohne Ende (Nr. 25c)* **6,** 34 (*25c*) 49 (42)
– – – *Stoßmaschine (Nr. 45)* **6,** 50 (45)
– – – *Stoßmaschine (Nr. 46)* **2,** 141_{6} **3,** 247_{26} **6,** 50 (46)
– – – *Tribometer (Nr. 50)* **1,** 150_{R14} **2,** 152_{34}–153_{1} 154_{14} **6,** 55 (50)
– – – *Universalwaage (Nr. 25 a)* **6,** 31 (25a)
– – – *Vorrichtung zur Darstellung zusammengesetzter Bewegungen nach Nollet (Nr. 361)* **6,** 450 (*361*)
– – *zu Abschnitt 5: Hydrostatik*
– – – *2 große Gläser (Nr. 477)* **6,** 563 (*477*)
– – – *2 kleine gläserne Eimer (Nr. 369)* **6,** 460 (*369*)
– – – *3 zylindrische Gewichte (Nr. 71)* **2,** 178_{27-28} **3,** 604[49] **6,** 72 (71)
– – – *als Goldwaage eingerichtetes Aräometer (Nr. 66)* **2,** 168_{3-4} **6,** 67 (66)
– – – *anatomischer Heber (Nr. 56)* **2,** 158_{19} **3,** 266_{28} **6,** 62 (56)
– – – *Aräometer nach Fahrenheit von Schmidt (Nr. 443)* **6,** 546 (*443*)
– – – *Blei- und Zinnkugeln (Nr. 64)* **2,** $164_{28-29.\,34}$ 165_{2-3} **3,** 271_{16-17} 274_{9} **6,** 67 (64)
– – – *Brandersche Salzwaage (Nr. 69)* **1,** 176_{22-23} **2,** 175_{3} **3,** $269_{17.\,24}$ **6,** 70 (69)
– – – *Ciarcys Aräometer (Nr. 368)* **2,** 166_{26-27} 167_{4-6} 176_{4} **3,** 278_{2} **6,** 456 (*368*)
– – – *doppelte Fontäne (Nr. 364)* **2,** 301_{4-5} **6,** 452 (*364*)
– – – *Elementarwelt (Nr. 60)* **2,** 162_{17} 176_{7} **3,** $268_{14.\,22}$ **6,** 64 (60)
– – – *follis hydrostaticus (Nr. 57)* **2,** 158_{19-20} **3,** 267_{12} 268_{17} **6,** 63 (57)

– – – *Glasröhren, gebogene (Nr. 54)* **3,** 266_{22} **6,** 61 (54)
– – – *Glaszylinder mit Fuß von Klindworth (Nr. 446)* **6,** 547 (446)
– – – *Holzstäbe zur Demonstration der Horizontalität von Flüssigkeitsoberflächen (Nr. 55)* **3,** 266_{16} **6,** 61 (55)
– – – *hydrostatische Waage (Nr. 52)* **2,** $176_{16–17}$ 180_{17} **3,** 271_{20} **6,** 58 (52)
– – – *Kork mit Bleigewicht (Nr. 70)* **6,** 72 (70)
– – – *Modell von Barkers Mühle (Nr. 365)* **2,** 162_{1} **3,** 267_{23} **6,** 453 (*365*)
– – – *Müllers Aräometer (Nr. 366)* **2,** 168_{17} **3,** 277_{8} **6,** 455 (*366*)
– – – *Nicholsons Aräometer (Nr. 367)* **2,** 168_{11} **3,** 277_{19} **6,** 455 (*367*)
– – – *Röhre mit Bleigewicht (Nr. 58)* **1,** 163_{R1} **2,** $158_{24–25}$ **3,** 266_{29} 267_{25}
– – – *Schwimmwesten (Nr. 67, 68)* **2,** $171_{32–33}$ **3,** 270_{35} **6,** 68 (67) 70 (68)
– – – *Segners Maschine (Nr. 59)* **2,** 161_{25} **3,** $267_{2.\,22}$ 268_{20} **6,** 64 (59)
– – – *variable Büchse (Nr. 63)* **3,** 268_{13} 269_{14} **6,** 66 (63)
– – – *verschiedene Aräometer (Nr. 65)* **3,** 269_{16} 276_{3} **6,** 67 (65)
– – – *verschiedene Holzarten (Nr. 72)* **2,** 174_{23} **3,** 274_{18} **6,** 74 (72)
– – – *Vorrichtung zum Archimedischen Versuch (Nr. 62)* **2,** $163_{35–36}$ **3,** $268_{11–12}$ **6,** 65 (62)
– – – *Wasserwaage von Nairne (Nr. 73)* **6,** 74 (73)
– – – *Zuckergläser, große weiße (Nr. 53)* **6,** 61 (53)
– – *zu Abschnitt 6: Anziehende Kraft der Fluida*
– – – *3 grüne Retorten mit Vorstößen (Nr. 451)* **3,** 337_{22} **6,** 551 (*451*)
– – – *ein Paar Platten, die hyperbolische Linie zu zeigen (Nr. 76)* **2,** $187_{7–8}$ **3,** 300_{2} **6,** 75 (76)
– – – *Haarröhrchen unterschiedlichen Durchmessers (Nr. 75)* **3,** 299_{18} 301_{28} **6,** 75 (75)
– – – *Kampferauflösung (Nr. 371)* **3,** 304_{10} 380_{26} **6,** 462 (*371*)
– – – *Lichtenbergs Maschine zur Untersuchung des Kapillareffekts (Nr. 370)* **2,** $188_{1–4}$ **6,** LXVIII 460 (*370*)
– – – *Material für Dianenbaum (Nr. 79)* **6,** 77 (79)
– – – *Modell von Veras Maschine (Nr. 74)* **2,** 182_{39} 183_{8} **3,** $298_{15.\,28}$ **6,** 74 (74)
– – – *Quecksilberpräzipitat von Hermbstädt (Nr. 460)* **6,** 557 (*460*)
– – – *Sammlung von Hauptsäuren, Alkalien und Erden (Nr. 81)* **6,** 77 (81)
– – – *Sammlung von Neutral- und Mittelsalzen und von Steinarten (Nr. 80)* **6,** 77 (80)
– – – *2 Silber-(Dianen-)bäume (Nr. 78)* **2,** $200_{4–6}$ **3,** 304_{16} **6,** 76 (78)
– – – *verschiedene Holzstücke zur Demonstration des Kapillareffekts (Nr. 77)* **2,** 199_{8} **3,** 301_{22} 303_{14} 412_{20} **6,** 76 (77)
– – *zu Abschnitt 7: Luft*
– – – *2 Harmonikaglocken (Nr. 450)* **6,** 550 (*450*)
– – – *2 zusammengeschmolzene Barometerröhren von Ciarcy (Nr. 438)* **6,** 544 (*438*)
– – – *3 Glasspritzen von Ciarcy (Nr. 441)* **6,** 545 (*441*)

– – – *16 Knallkugeln o. Lichtbomben (Nr. 468)* **6,** 560 (468)
– – – *Amontonssches See-Barometer (Nr. 176)* **2,** 308_{30} **3,** 382_{30} **6,** 142 (176)
– – – *Apparat zum Einatmen von Gasen nach Girtanner (Nr. 381)* **6,** 469 (381)
– – – *auf Schwankhardts Art geätzte Glasprobe (Nr. 386)* **6,** 476 (386)
– – – *aufschraubbare Glasröhre (Nr. 109)* **6,** 98 (109)
– – – *Ballons zu aerostatischen Versuchen (Nr. 137)* **6,** 122 (137)
– – – *Becherglas (Nr. 126)* **6,** 117 (126)
– – – *Bernoullisches Barometer (Nr. 174)* **2,** $308_{35–36}$ **3,** 382_{25} **6,** 141 (174)
– – – *Birnprobe (Nr. 107)* **6,** 97 (107)
– – – *Blase mit Hähnen (Nr. 135)* **6,** 121 (135)
– – – *Braunstein (Nr. 148)* **6,** 125 (148)
– – – *Büchse mit Blase (Nr. 103)* **2,** $248_{22–28}$ **3,** 380_{15} **6,** 94 (103)
– – – *Cartesische Teufel Glas (Nr. 92)* **1,** 206_{R4} **2,** 292_{7} **3,** 269_{27} 380_{18} **6,** 80 (92)
– – – *2 chemische Öfen (Nr. 130)* **2,** 261_{9} **6,** 118 (130)
– – – *Darmseitenhygrometer aus Glas (Nr. 470)* **6,** 561 (470)
– – – *Daumenglas (Nr. 96)* **2,** 241_{31} **6,** 85 (96)
– – – *Delucs Fischbein-Hygrometer von Haas (Nr. 387)* **6,** 476 (387)
– – – *Delucs Fischbein-Hygrometer (Nr. 155)* **2,** $284_{25–26}$ **3,** 439_{10} **6,** 130 (155)
– – – *3 Delucsche Barometer (Nr. 173)* **2,** 307_{20} **3,** 382_{31} $383_{14–17}$ **5,** 566_{19} **6,** 141 (173)
– – – *Drahtkäfig als Splitterschutz (Nr. 120)* **2,** 245_{29} $250_{15–16}$ **3,** $380_{10.\ 30}$ **6,** 114 (120)
– – – *ein großes Stück Flußspat (Nr. 457)* **6,** 556 (457)
– – – *einige gemeine Heber aus Glas (Nr. 164)* **3,** 415_{16} **6,** 136 (164)
– – – *Einrichtung zum Beweis, daß der Heber im Vakuum nicht läuft (Nr. 171)* **2,** 304_{14} **6,** 140 (171)
– – – *Einrichtung zum freien Fall im Vakuum (Nr. 110)* **1,** 256_{R10} **2,** 244_{29} **6,** 98 (110)
– – – *Einrichtung zur Verteidigung des Torricellischen Versuchs (Nr. 93)* **1,** 241_{R2} **2,** $230_{19–20}$ **3,** 681^{17} **6,** 81 (93)
– – – *Einrichtung, den Druck von eingeschlossener Luft zu demonstrieren (Nr. 105)* **2,** $250_{2–5}$ **6,** 95 (105)
– – – *Einrichtung, zu zeigen, daß Saugen im Vakuum unmöglich ist (Nr. 106)* **2,** 243_{40}–244_{6} **6,** 95 (106)
– – – *3 elektrische Pistolen (Nr. 139–141)* **2,** 499_{9} **4,** $248_{5–6}$ $331_{4–5}$ **6,** 122 (139–141) 235
– – – *Eudiometer nach Fontana (Nr. 143)* **2,** 275_{15} **3,** $401_{10.\ 26}$ **6,** 123 (143)
– – – *Eudiometer nach Landriani (Nr. 382)* **2,** $275_{14–15}$ **6,** 472 (382)
– – – *Eudiometer nach Reboul und Seguin von Renard (Nr. 383)* **1,** 937_{39} **2,** $275_{33–34}$ **4,** 225_{28} **6,** 474 (383)
– – – *Fischbein (Nr. 388)* **6,** 478 (388)
– – – *Flintenlauf zur Herstellung von Wasserstoff (Nr. 136)* **2,** $261_{7–8}$ **3,** 399_{5} **6,** 121 (136)

– – – *Flußspat aus Derbyshire (Nr. 151)* **6,** 126 (151)
– – – *Flußspat (Nr. 149)* **6,** 126 (149)
– – – *fons genuinae fraternitatis (Nr. 169)* **1,** 299_{R8-9} **2,** 302_{24-25} **6,** 139 (169)
– – – *Fontäne nach dem Prinzip des Windkessels (Nr. 160)* **2,** 291_{22-23} **3,** 404_{25} **6,** 133 (160)
– – – *Fontäne nach Wolff (Nr. 376)* **6,** 465 (376)
– – – *2 Fontänen, die sich auf den Heber gründen (Nr. 165)* **2,** 301_{27-28} **6,** 137 (165)
– – – *Gasometer (Nr. 134)* **2,** 276_{20} **6,** 120 (134)
– – – *Gefäß zur Kompression der Luft (Nr. 114)* **3,** 410_{18} **6,** 104 (114)
– – – *Gefäß zur Kompression der Luft, die aus einem anderen Gefäß ausgepumpt wird (Nr. 115)* **3,** 410_{19-20} **6,** 104 (115)
– – – *Gefäße mit Röhren zur Gaserzeugung (Nr. 133)* **6,** 120 (133)
– – – *gewöhnliches Büchsenbarometer (Nr. 178)* **3,** 382_{23} **6,** 144 (178)
– – – *2 Gläser mit einer kommunizierenden Röhre (Nr. 122)* **2,** 242_{22-28} **6,** 116 (122)
– – – *Gläser mit eingeriebenen gekrümmten Röhren (Nr. 142)* **6,** 123 (142)
– – – *Gläser (Nr. 82)* **6,** 78 (82)
– – – *gläserne Retorten (Nr. 131)* **6,** 119 (131)
– – – *Glas zum Zersprengen der Blase (Nr. 99)* **2,** 245_{17} **3,** 380_{8}
– – – *Glaskugel mit Gegengewicht zum Manometer (Nr. 393)* **6,** 481 (393)
– – – *Glocke mit Messingkappe (Nr. 113)* **2,** 242_{13} 243_{18} **3,** 682-683[31] **6,** 104 (113)
– – – *Glocke, die Theorie des Schalles zu erläutern (Nr. 119)* **2,** 315_{15} **4,** 7_{8} **6,** 110 (119)
– – – *große Glasglocke (Nr. 449)* **4,** 7_{20-21} **6,** 548 (449)
– – – *Heber für Versuche mit Quecksilber im Freien (Nr. 172)* **6,** 140 (172)
– – – *Heber zum sicheren Zapfen heißer oder ätzender Flüssigkeiten (Nr. 168)* **6,** 139 (168)
– – – *Heber, der durch Blasen gestartet wird (Nr. 167)***1,** 299_{9-11} **2,** 302_{5-6} **6,** 139 (167)
– – – *Heberfontäne (Nr. 170)* **6,** 139 (170)
– – – *Heronsball (Nr. 104)* **2,** 250_{19-20} 289_{4} **3,** 380_{2} **6,** 94 (104)
– – – *Heronsbrunnen aus Glas (Nr. 161, 162)* **2,** 289_{24} **3,** 404_{21} **6,** 134 (161) 136 (162)
– – – *Hookesches Radbarometer (Nr. 177)* **2,** 307_{35} **3,** 382_{28} **6,** 143 (177)
– – – *Huygenssches Barometer (Nr. 175)* **3,** 382_{26} **6,** 142 (175)
– – – *hydrostatisches Ei* **1,** 232_{R1}
– – – *hygrometrisches Spielwerk (Nr. 158)* **6,** 133 (158)
– – – *Innenohr, Präparat (Nr. 183)* **6,** 146 (183)
– – – *Instrument mit vier Rohren (Nr. 375)* **2,** 230_{2} **3,** 687[58] **6,** 464 (375)
– – – *Kästners Porträt mit Flußsäure auf ein Bierglas geätzt (Nr. 385)* **6,** 475 (385)
– – – *kalibrierte Eudiometerröhre (Nr. 475)* **6,** 562 (475)
– – – *kleine Glocke (Nr. 95)* **2,** 242_{13} **3,** $380_{7.\ 29}$ **6,** 84 (95)

– – – *kleine Luftpumpe (Nr. 97)* **2,** 230_6 **3,** 379_1 380_4 **6,** 85 (97)
– – – *kleiner Käfig für Tierversuche auf der Luftpumpe (Nr. 378)* **6,** 468 (*378*)
– – – *Kolben mit Drahtgeflecht (Nr. 146)* **6,** 125 (146)
– – – *Korkstück mit Bleigewicht (Nr. 127)* **6,** 117 (127)
– – – *krumme Messingröhre (Nr. 112)* **6,** 102 (112)
– – – *Lamberts Darmsaiten-Hygrometer (Nr. 153)* **2,** 287_5 **3,** 412_{19} **6,** 128 (153)
– – – *Luftpumpe (Nr. 94)* **2,** 31_{12} 238_{5-9} 241_{26} 245_{16} 248_{11} **3,** 93_{16} 96_{31} $380_{6-24.\ 27-30}$ 381_1 388_{1-6} 409_{25} 416_{14} **4,** 10_{34} **5,** 338_{11} **6,** 6 (6) 14 (18) 80 (90) 81 (94)
– – – *Luftthermometer (Nr. 91)* **2,** 228_{33} **3,** $381_{14.\ 29}$ **6,** 80 (91)
– – – *Lungenglas (Nr. 102)* **2,** 249_4 **3,** 380_{23} **6,** 92 (102)
– – – *Magdeburger Halbkugeln (Nr. 98)* **1,** 254_{R1} **2,** 246_{13} **3,** $380_{6.\ 28}$ **6,** 88 (98)
– – – *Manometer (Nr. 111)* **3,** 384_{18} **6,** 100 (111)
– – – *mit Flußspatsäure auf Glas geätztes Bild (Nr. 150)* **6,** 126 (150)
– – – *Modell einer Saug- und Druckpumpe (Nr. 125)* **6,** 117 (125)
– – – *Mönch mit Kapuze als Hygrometer (Nr. 157)* **2,** 288_{11-12} **6,** 133 (157)
– – – *Monochord von Chladni (Nr. 394)* **2,** 330_{20-21} **6,** 482 (*394*)
– – – *Ölkrug der Witwe (Nr. 87)* **2,** 225_5 **3,** 378_{28} **6,** 79 (87)
– – – *Ohrmodell (Nr. 395)* **2,** 336_{3-19} **6,** 483 (*395*)
– – – *Pariser Hygrometer (Nr. 152)* **2,** 288_{4-5} **3,** 412_{19} **6,** 127 (152)
– – – *Parkersche Maschine (Nr. 132)* **2,** 268_{19-23} **3,** 393_8 410_{17} **5,** 338_{14-15} **6,** 120 (132)
– – – *pneumatische Wanne (Nr. 129)* **2,** 261_{11} **6,** 118 (129)
– – – *Präparate des Innenohres von Loder (Nr. 396)* **6,** 487 (*396*)
– – – *Pumpe, Modell (Nr. 89)* **6,** 79 (89)
– – – *Quecksilber (Nr. 145)* **6,** 124 (145)
– – – *Quecksilberfilter (Nr. 100)* **2,** 31_{11-12} **3,** 93_{16} **6,** 91 (100)
– – – *Reisebarometer nach Torricelli von Ciarcy (Nr. 437)* **6,** 544 (*437*)
– – – *Retorte aus Blech zur Darstellung von Stickstoff (Nr. 384)* **6,** 475 (*384*)
– – – *Retorten (Nr. 147)* **6,** 125 (147)
– – – *Röhre zur Einleitung in die Eudiometrie (Nr. 144)* **3,** 401_8 **6,** 124 (144)
– – – *Röhre zur Fontäne im Vakuum (Nr. 101)* **2,** 242_7 **3,** 380_9 **6,** 92 (101)
– – – *Rohr für Seifenblasen (Nr. 138)* **6,** 122 (138)
– – – *Saussuresches Haar-Hygrometer (Nr. 154)* **2,** 284_{25} **3,** 411_{27-28} 412_{23} 413_4 439_{10} **6,** 129 (154)
– – – *Schiefer für ein Hygrometer nach Lowitz (Nr. 389)* **2,** 286_{37} **6,** 479 (*389*)
– – – *Segners schwimmende Fontäne (Nr. 390)* **2,** 290_{10} **6,** 480 (*390*)
– – – *sehr hohe Röhre (Nr. 86)* **3,** 378_{17} **6,** 79 (86)
– – – *Senguerdische Luftpumpe (Nr. 377)* **2,** 237_{20} **6,** XLII LVI 466 (*377*)
– – – *Sieb der Vestalin (Nr. 85)* **2,** 224_{10} **3,** 378_{25} **6,** 78 (85)

--- *Stechheber (Nr. 372)* **1,** 235_{20} **2,** 224_{4} **3,** 378_{18} **6,** 462 (372)
--- *Taschenschreibfeder (Nr. 88)* **1,** 235_{25} **2,** 225_{39} **3,** 378_{31} **6,** 79 (88)
--- *Tertienuhr von Ahrens (Nr. 397)* **2,** 317_{15} **4,** 396^{51} **5,** 434_{13} **6,** 488 (397)
--- *Tetrachord nach Kirnberger (Nr. 182)* **6,** 145 (182)
--- *Tintenfaß, magisches (Nr. 83, 84)* **1,** 235_{24-25} **2,** 225_{37-38} **3,** 378_{30} **6,** 78 (83) 78 (84)
--- *Transferring Instrument (Nr. 108)* **6,** 97 (108)
--- *Trichter, magischer (Nr. 373)* **1,** 235_{26} **2,** 224_{27} **3,** 378_{27} **6,** 463 (373)
--- *Vexierbecher aus Glas und Zementkupfer (Nr. 166)* **2,** 300_{33} **6,** 138 (166)
--- *von Kempelens Sprechmaschine von Schreiber (Nr. 453)* **4,** 30_{34} **6,** 551 (453)
--- *Vorrichtung zum Abwiegen eines Luftvolumens (Nr. 121)* **6,** 115 (121)
--- *Vorrichtung zum Verbrennen von Phosphor oder Schwefel (Nr. 380)* **6,** 469 (380)
--- *Vorrichtung zur Demonstration des Mariotteschen Gesetzes (Nr. 391)* **6,** 480 (391)
--- *Vorrichtung zur Kompression dephlogistisierter Luft (Nr. 116)* **6,** 105 (116)
--- *Württembergischer Heber (Nr. 392)* **2,** 300_{7} **6,** 481 (392)
--- *Zange für Versuche mit Eiern im Vakuum (Nr. 123)* **2,** 251_{35} **3,** 380_{16-17} **6,** 116 (123)
--- *Zange zum Halten einer Stahlfeder beim Schmelzen (Nr. 379)* **6,** 468 (379)
--- *Zauberbrunnen (Nr. 374)* **1,** 235_{22-23} **2,** 226_{6} **3,** 378_{33} **6,** 463 (374)
--- *zwei Windbüchsen (Nr. 117, 118)* **3,** 378_{12} **6,** 106 (117) 107 (118)
-- *zu Abschnitt 8: Licht*
--- *2-füßiges Fernrohr (Nr. 229)* **2,** 404_{11} **4,** 62_{11} **6,** 189 (229)
--- *7 geschliffene Glasplatten (Nr. 464)* **6,** 559 (464)
--- *7-füßiges achromatisches Fernrohr (Nr. 226)* **4,** 62_{11} **6,** 187 (226)
--- *8-füßiges astronomisches Fernrohr (Nr. 224)* **4,** 57_{20} **6,** 187 (224)
--- *18-zölliges Fernrohr (Nr. 228)* **4,** 62_{11} **6,** 188 (228)
--- *achromatische Prismenkombination (Nr. 211)* **6,** 174 (211)
--- *Baumanns künstliches Auge (Nr. 218)* **2,** 400_{22} **4,** 64_{18} **6,** 179 (218)
--- *Blatt mit farbigen Quadraten (Nr. 184)* **1,** 348_{R2-3} **2,** 350_{31} **6,** 147 (184)
--- *Brennglas mit Kollektivglas nach Tschirnhaus (Nr. 206)* **6,** 170 (206)
--- *Brett zur Demonstration des Brechungsverhältnisses (Nr. 197)* **4,** 54_{28} **6,** 165 (197)
--- *Camera clara (Nr. 221)* **6,** 184 (221)
--- *Doppelspat (Nr. 198)* **6,** 165 (198)
--- *einfacher Kometensucher (Nr. 227)* **6,** LXXVI 188 (227)
--- *Farbensammlung (Pigmente) und Farbendreieck nach Pfannenschmid (Nr. 217)* **4,** 83_{5} **6,** 178 (217)
--- *Farbenspindel (Nr. 215)* **1,** 970_{2} **4,** 66_{32} 82_{23} **6,** 176 (215)

– – – *Farbtafeln und -karten von Goethe (Nr. 398)* **6**, 491 (398)
– – – *Fernrohr zur Berichtigung von Dioptern (Nr. 425)* **6**, 527 (425)
– – – *Festungsmodell (Nr. 187)* **6**, 148 (187)
– – – *Flintglas (Nr. 213)* **6**, 175 (213)
– – – *gelbliche Glasplatte (Nr. 465)* **6**, 559 (465)
– – – *gewöhnliches Prisma (Nr. 207)* **6**, 170 (207)
– – – *Glaskegel (Nr. 214)* **4**, 228_{31} **6**, 175 (214)
– – – *3 größere Hohlspiegel (Nr. 194)* **2**, 360_{31} **6**, 160 (194)
– – – *große Camera obscura (Nr. 219)* **4**, 56_{7} 57_{18} **6**, 182 (219)
– – – *2 große gefaßte Brenngläser (Nr. 203)* **6**, 168 (203)
– – – *großer Hohlspiegel (Nr. 192)* **2**, 362_{6} 463_{35} **6**, 156 (192)
– – – *Guckkasten mit Prospekten (Nr. 190)* **6**, 154 (190)
– – – *Hohlprisma (Nr. 209)* **6**, 171 (209)
– – – *3 kleine Hohlspiegel (Nr. 193)* **6**, 157 (193)
– – – *isländischer Kalkspat (Doppelspat) von Müller (Nr. 431)* **6**, 536 (431)
– – – *kleine Camera obscura (Nr. 220)* **4**, 56_{7} **6**, 184 (220)
– – – *kleiner Bologneser Stein (Nr. 447)* **6**, 547 (447)
– – – *kleiner Konvexspiegel, in einen Planspiegel eingeschliffen (Nr. 196)* **6**, 165 (196)
– – – *kleines holländisches Fernrohr mit silbernem Tubus (Nr. 223)* **6**, 186 (223)
– – – *kleines holländisches Fernrohr (Nr. 222)* **6**, 186 (222)
– – – *Kometensucher von Dollond (Nr. 399)* **6**, 495 (399)
– – – *Kometensucher, achromatisch (Nr. 225)* **4**, 62_{11} **6**, 187 (225)
– – – *Laterna magica (Nr. 236)* **2**, 405_{22} **4**, 57_{23} 58_{19} **6**, 196 (236)
– – – *Linse aus Steinsalz (Nr. 466)* **6**, 559 (466)
– – – *3 Lupen (Nr. 204)* **6**, 169 (204)
– – – *Mayersche Farbendreiecke (Nr. 216)* **4**, 83_{3} **6**, 176 (216)
– – – *2 messingene Hohlspiegel (Nr. 191)* **2**, 362_{10-11} **6**, 155 (191)
– – – *Microscopia simplicia (Nr. 233f.)* **4**, 57_{19} **6**, 192 (233) 192 (233)
– – – *Microscopium compositum nebst Sonnenmikroskop (Nr. 235)* **3**, 93_{17} 96_{31} **4**, 57_{21-22} 118_{19-20} **6**, 193 (235)
– – – *Mikrometer von Brander (Nr. 232)* **2**, 34_{17-18} **3**, 100_{9-11} **6**, 192 (232)
– – – *Mikrometer von Omstedt (Nr. 401)* **6**, 496 (401)
– – – *Mikrometer von Schmidt (Nr. 402)* **6**, 496 (402)
– – – *Mikrometer von Tiedemann (Nr. 400)* **6**, 496 (400)
– – – *2 mit Scharnier verbundene Spiegel (Nr. 187)* **4**, 52_{3-26} **6**, 148 (187)
– – – *optischer Kasten mit Prisma zur Farbentheorie (Nr. 442)* **6**, 546 (442)
– – – *Perspektiv, magisches (Nr. 189)* **6**, 152 (189)
– – – *2 Polemoskope (Nr. 188)* **4**, 52_{24} **6**, 152 (188)
– – – *präparierter Bologneser Stein (Nr. 461)* **6**, 557 (461)
– – – *Prisma aus Flintglas (Nr. 210)* **6**, 172 (210)
– – – *Prismen aus Grünenplan (Nr. 212)* **6**, 175 (212)
– – – *8 Querschnitte von Linsen (Nr. 205)* **6**, 169 (205)

– – – *Rautenglas mit Bildern (Nr. 200)* **6,** 166 (200)
– – – *Rautenglas (Nr. 199)* **6,** 166 (199)
– – – *rechtwinkliges Prisma (Nr. 208)* **6,** 170 (208)
– – – *Spiegel aus gelbem Glas (Nr. 186)* **6,** 148 (186)
– – – *Spiegelteleskop nach Gregory (Nr. 230)* **6,** 189 (230)
– – – *ungefaßte dicke Linse (Nr. 201)* **6,** 167 (201)
– – – *ungefaßte Linse (Nr. 202)* **6,** 168 (202)
– – – *Zylinderspiegel mit Anamorphosen (Nr. 195)* **6,** 163 (195)
– – *zu Abschnitt 9: Wärme*
– – – *Apparat zur Messung der Wärmeleitung mit 4 Kugeln aus verschiedenen Metallen (Nr. 467)* **6,** 559 (467)
– – – *Argandsche Lampe (Nr. 432)* **4,** 128_{33} 181_{29} **6,** 538 (432)
– – – *Bernoullisches Luftthermometer (Nr. 247)* **4,** 118_{27} **6,** 202 (247)
– – – *Dampfmaschine (Zeichnungen auf Pappe) (Nr. 405)* **6,** LXVIII 500 (405)
– – – *doppelte Aeolipila nach Klippstein (Nr. 242)* **6,** 199 (242)
– – – *Drebbelsches Luftthermometer (Nr. 237)* **2,** 450_{12-16} **4,** 110_5 118_{24} **6,** 197 (237)
– – – *Florentiner Thermometer (Nr. 248)* **6,** 202 (248)
– – – *2 Gefäße mit dem Blut des heiligen Januarius (Nr. 240)* **6,** 198 (240)
– – – *gläserne Fontäne (Nr. 243)* **2,** 433_{37-38} **4,** 115_{26} 153_{19} **6,** 200 (243)
– – – *Glastropfen, Bologneser Flaschen und vermiculi vitrei (Nr. 239)* **2,** 60_{26} **3,** 133_{20} 146_{36} **4,** $111_{4.\ 28-29.\ 31}$ 112_{12} **6,** 197 (239)
– – – *großer Wasserhammer von Ciarcy (Nr. 439)* **6,** 545 (439)
– – – *Haspel zur Erläuterung von Kempelens Dampfturbine (Nr. 245)* **2,** 445_{16-22} **6,** 201 (245)
– – – *kleines Quecksilberthermometer mit elfenbeinerner Skala (Nr. 253)* **6,** 204 (253)
– – – *kleines Thermometer von Seyde (Nr. 434)* **6,** 543 (434)
– – – *Kompensationspendel (Nr. 256)* **4,** 110_{24} **5,** 60_{14} **6,** 206 (256)
– – – *Kugel mit Röhre zum Luftthermometer (Nr. 463)* **6,** 558 (463)
– – – *kupferne Aeolipila (Nr. 241)* **2,** 433_{14-15} **4,** 114_{28} **6,** 198 (241)
– – – *Lampe zum Heizen einer Aeolipila (Nr. 403)* **6,** 498 (403)
– – – *Lampenofen nach Göttling (Nr. 454)* **6,** 553 (454)
– – – *Modell einer Kompensation nach Harrison (Nr. 257)* **6,** 207 (257)
– – – *Papinscher Topf (Nr. 404)* **2,** 434_{14-16} **4,** 115_4 141_8 **6,** 498 (404)
– – – *portable soup (Nr. 476)* **4,** 141_9 **6,** 562 (476)
– – – *Pyrometer (Metallkugel und Platte mit passender Öffnung) (Nr. 409)* **1,** 913_{3-4} **6,** 503 (409)
– – – *Pyrometer mit 6 Lampen (Nr. 254)* **2,** 416_1 **4,** 110_7 **6,** 205 (254)
– – – *Quecksilberthermometer für chemische Versuche von Renard (Nr. 407)* **6,** 502 (407)
– – – *Quecksilberthermometer für hohe Temperaturen von Renard (Nr. 408)* **6,** 502 (408)

– – – *Quecksilberthermometer mit elfenbeinerner Skala (Nr. 252)* **6,** 204 (252)
– – – *Quecksilberthermometer mit Metallskala (Nr. 250)* **6,** 203 (250)
– – – *2 Quecksilberthermometer mit Skalen nach Fahrenheit und Reaumur (Nr. 251)* **6,** 203 (251)
– – – *Quecksilberthermometer (Nr. 249)* **6,** 202 (249)
– – – *Taschenthermometer von Klindworth (Nr. 445)* **6,** 547 (445)
– – – *Thermometer mit auf die Röhre geätzter Skale von Ciarcy (Nr. 469)* **6,** 561 (469)
– – – *Verbindung von eisernen Stangen zu gleichen Zweck [Pyrometer] (Nr. 255)* **4,** 110_{20} **6,** 206 (255)
– – – *Vorrichtung zum Heizen mit Wasserdampf (Nr. 459)* **6,** 556 (459)
– – – *Wasserhämmer (Nr. 244)* **2,** 50_{19} 432_{28-29} **4,** 114_{1} 141_{6} **6,** 200 (244)
– – – *Wasserhammer nach Saussure von Ciarcy (Nr. 440)* **6,** 545 (440)
– – – *Weingeistthermometer nach Reaumur (Nr. 406)* **6,** 501 (406)
– – – *Wilckes Luftpumpe (Nr. 246)* **2,** 444_{4} **4,** 114_{29} 141_{10} **6,** 201 (246)
– – – *Zinnkegel (Nr. 420)* **6,** 514 (420)
– – *zu Abschnitt 10: Elektrizität*
– – – *2 Boracite (Nr. 462)* **6,** 558 (462)
– – – *2 kleine Kleistische (Leidener) Flaschen von Seyde (Nr. 436)* **6,** 543 (436)
– – – *2 runde Zinnplatten (Nr. 417)* **6,** 513 (417)
– – – *3 Leidener Flaschen (Nr. 474)* **6,** 562 (474)
– – – *4 Kleistische Platten von Seyde (Nr. 435)* **6,** 543 (435)
– – – *4 Konduktoren nach Volta (Nr. 414)* **6,** 509 (414)
– – – *5 Glasröhren zum Isolieren (Nr. 452)* **6,** 551 (452)
– – – *6 als Isolatoren verwendbare Glasröhren (Nr. 473)* **6,** 562 (473)
– – – *allgemeiner Auslader nach Henley (Nr. 307)* **6,** 249 (307)
– – – *Apparat zum Seitenschlag* **1,** 913_{5}
– – – *Auslader (Nr. 306)* **6,** 249 (306)
– – – *Bänder (Nr. 263)* **6,** 209 (263)
– – – *Batterie aus 4 Leidener Flaschen (Nr. 296)* **2,** 511_{29} **6,** 242 (296)
– – – *Batterie aus 6 Leidener Flaschen (Nr. 295)* **6,** 241 (295)
– – – *Bennets Duplikator (Nr. 315)* **2,** 519_{4} **6,** 255 (315)
– – – *2 Bennetsche Elektrometer (Nr. 279)* **2,** 525_{14-15} **4,** 224_{31} **6,** 226 (279)
– – – *Bernstein (Nr. 261)* **6,** 208 (261)
– – – *Bernstein, ein unten plattes Stück und ein Stockknauf (Nr. 262)* **6,** 208 (262)
– – – *Buchsbaumbecher zur elektrischen Zündung freiliegenden Schießpulvers (Nr. 305)* **6,** 249 (305)
– – – *2 Cantonsche Elektrometer (Nr. 280)* **2,** 524_{18} **6,** 229 (280)
– – – *Cavallos Kollektor (Nr. 316)* **2,** 519_{4-5} **6,** 255 (316)
– – – *Condensator* **1,** $574_{16-20.\ 26-29}$ 575_{13-27} 959_{14-15} **4,** 274_{14}

– – – *Donnerhaus (Nr. 338),* s.u. Lichtenberg, Georg Christoph – Biographisches – Instrumente – zu Abschnitt 13: Erde.
– – – *doppelter Elektrophor (Nr. 309)* **1,** 570_{21} **2,** 516_{3} **4,** 377_{25} 633^{26} 650^{97} **6,** 253 (309) 253 (312)
– – – *ein Stück Opium (Nr. 410)* **6,** 504 (*410*)
– – – *elektrische Lampe mit Elektrophordeckel (Nr. 312)* **2,** 261_{30} 525_{28} **4,** 331_{3} **6,** 253 (312) 255 (314)
– – – *Elektrische Lampe nach Brenner von Czerny (Nr. 415)* **6,** 510 (*415*)
– – – *elektrische Lampe (Nr. 289)* **6,** 235 (289)
– – – *3 elektrische Pistolen (Nr. 289),* s.u. Lichtenberg, Georg Christoph – Biographisches – Instrumente – zu Abschnitt 7: Luft.
– – – *elektrische Spinne (Nr. 269)* **6,** 218 (269)
– – – *elektrischer Champignon (Nr. 286)* **6,** 234 (286)
– – – *elektrischer Kegelschieber (Nr. 273)* **2,** 498_{9} **4,** 247_{23} 266_{12} 290_{28} **6,** 220 (273)
– – – *elektrischer Schirm (Nr. 287)* **6,** 234 (287)
– – – *elektrisches Glockenspiel (Nr. 272)* **2,** 498_{15} **4,** 247_{20} **6,** 220 (272)
– – – *elektrisches Glockenspiel (Nr. 274)* **2,** 498_{15} **6,** 221 (274)
– – – *Elektrisiermaschine mit blauer Scheibe (Nr. 267)* **4,** 217_{24} **6,** 214 (267)
– – – *Elektrisiermaschine mit Kugel nach Hauksbee (Nr. 412)* **4,** 253_{18} 284_{21} **6,** XLII 506 (412)
– – – *Elektrisiermaschine mit Zylinder (Nr. 265)* **2,** 183_{29} **4,** 277_{1} **6,** CXIV 209 (265) 233 (283) 548 (*448*)
– – – *Elektrisiermaschine nach Hauksbee [nicht im Verzeichnis]* **4,** 284_{21-22}
– – – *2 Elektrizitätstransportflaschen nach Cavallo (Nr. 297)* **4,** 249_{18} 250_{7} 271_{24} **6,** 244 (297)
– – – *Elektrophor (großer) [nicht im Verzeichnis]* **1,** 566_{R1-3}
– – – *2 Elektrophore aus Siegellack (Nr. 311)* **4,** 248_{26} **6,** 253 (311)
– – – *Elektroskop* **1,** 797_{R1-2}
– – – *Elfenbeinbecher zur elektrischen Zündung freiliegenden Schießpulvers (Nr. 304)* **6,** 247 (304)
– – – *evakuierbare blaue Leidener Flasche zum sog. Leidener o. Kleistschen Vakuum (Nr. 456)* **6,** 556 (*456*)
– – – *evakuierbare Kugel für die Elektrisiermaschine nach Hauksbee (Nr. 413)* **6,** 509 (*413*)
– – – *evakuierbarer Glaszylinder (Nr. 266)* **6,** 213 (266)
– – – *evakuierbarer Glaszylinder (Nr. 290)* **2,** 504_{24} **6,** 236 (290)
– – – *evakuierte Leidener Flasche, sog. Leidener Vakuum (Nr. 292)* **6,** 240 (292)
– – – *Glasfäden (Nr. 270)* **2,** 497_{10} **4,** 247_{17} **6,** 219 (270)
– – – *großer länglicher Elektrophor mit Deckel (Nr. 308)* **6,** 250 (308)
– – – *halb mattgeschliffene Glasröhre (Nr. 259)* **4,** $248_{15.\,25}$ **6,** 208 (259)
– – – *Haspel für elektrisches Licht (Nr. 284)* **6,** 233 (284)

– – – *Haspel, der bergan läuft (Nr. 275)* **2,** 497_{20} **4,** 247_{22} 266_{12} 290_{27} **6,** 222 (275)
– – – *2 Henleysche Elektrometer (Nr. 276)* **2,** 524_{22} **4,** 247_{21} **6,** 222 (276)
– – – *Instrument für elektrische Zündversuche (Nr. 411)* **6,** 504 (411)
– – – *isolierte Konduktoren (Nr. 266)* **6,** 213 (266)
– – – *isolierte Reibzeuge (Nr. 281)* **6,** 230 (281)
– – – *kleine Leidener Flasche (Nr. 299)* **6,** 245 (299)
– – – *kleine mit Elektrophormasse ausgegossene Kupferteller (Nr. 282)* **6,** 230 (282)
– – – *kleine Scheibenelektrisiermaschine [nicht im Verzeichnis]* **2,** 497_{8}
– – – *Kombination mehrerer Haspel für elektrisches Licht (Nr. 285)* **6,** 233 (285)
– – – *Leidener Flasche mit unterbrochener äußerer Belegung (Nr. 301)* **6,** 246 (301)
– – – *Leidener Flasche zur therapeutischen Verwendung (Nr. 416)* **6,** 511 (416)
– – – *Leidener Flasche zur therapeutischen Verwendung von Seyde (Nr. 444)* **6,** 546 (444)
– – – *Luftelektrophor* **1,** $567_{R7\text{–}14}$
– – – *Marmorplatte und mit Wachstuch überzogenes Brett als Dielektrika (Nr. 314)* **4,** 274_{17} **6,** 255 (314)
– – – *mehrere Glasröhren (Nr. 258)* **2,** 492_{17} **4,** 245_{11} **5,** 367_{2} **6,** 208 (258)
– – – *Messer aus Elfenbein (Nr. 264)* **6,** 209 (264)
– – – *mit Hammerschlag gefüllte und außen mit Stanniol belegte Leidener Flasche (Nr. 298)* **6,** 244 (298)
– – – *36 mit Stanniol belegte Flaschen (Nr. 294)* **4,** 249_{15} **6,** 241 (294)
– – – *mit Stanniol belegte Platten und Röhren für elektrisches Licht (Nr. 288)* **6,** 234 (288)
– – – *mit Stanniol bezogene Bretter zum Laden einer Luftschicht (Nr. 303)* **2,** $513_{23\text{–}24}$ **5,** 368_{8} **6,** 247 (303)
– – – *mit Tamis bespannte Elektrisiermaschine (Nr. 268)* **6,** 218 (268)
– – – *rot lackierter Holzzylinder (Nr. 260)* **6,** 208 (260)
– – – *Saussuresches Elektrometer (Nr. 277, 278)* **2,** 525_{10} **6,** 224 (277) 225 (278)
– – – *Schwamm (Nr. 271)* **2,** 498_{1} **4,** 247_{34} 266_{17} 312_{13} **6,** 219 (271)
– – – *sogenannter Luftelektrophor (Nr. 310)* **4,** 270_{22} **6,** 253 (310)
– – – *Stern aus phosphoreszierenden Glasröhren (Nr. 291)* **6,** 239 (291)
– – – *Trommelmaschine* **1,** 563_{R13}
– – – *Turmaline (Nr. 317)* **4,** 262_{9} **6,** 257 (317)
– – – *Zauberbild (Nr. 302)* **2,** 513_{21} **4,** 249_{26} 250_{21} 271_{26} $272_{11.\,25}$ **6,** 246 (302)
– – – *Zinnscheiben mit isolierender Glasscheibe (Nr. 313)* **4,** $270_{17\text{–}18}$ 634^{35} **6,** 254 (313)
– – – *zur Scheibenelektrisiermaschine gehörende Leidener Flasche (Nr. 300)* **6,** 245 (300)
– – *zu Abschnitt 11: Magnetismus*
– – – *6-zölliges Inklinatorium (Nr. 332)* **5,** 346_{10} **6,** 268 (332)
– – – *7-zölliger Kompass (Nr. 331)* **4,** 759^{56} **5,** 346_{8} **6,** 265 (331)

– – – *Antheaulmes große Maschine (Nr. 323)* **4,** 347_{12} **6,** 260 (323)
– – – *armierter künstlicher Magnet (Nr. 328)* **4,** 348_{29} **6,** 264 (328)
– – – *6 englische künstliche Magnete (Nr. 325)* **6,** 261 (325)
– – – *2 große künstliche englische Magnete (Nr. 324)* **4,** 346_{28} 356_{9} 361_{1} 362_{19} **5,** 346_{3} **6,** 261 (324)
– – – *hufeisenförmiger künstlicher Magnet (Nr. 326)* **2,** 551_{36} **4,** 356_{15} 362_{9} 367_{4} **6,** 262 (326)
– – – *künstliche Magnete von Klärich (Nr. 327)* **4,** 811^{284} **6,** 262 (327)
– – – *magnetische Enten (Nr. 320)* **2,** 550_{11} **4,** 351_{31} 352_{4} 356_{8} $361_{2.\ 13}$ $362_{11.\ 20}$ 366_{14} **6,** 259 (320)
– – – *magnetische Fische (Nr. 321)* **2,** 550_{10} **4,** 362_{11} **6,** 260 (321)
– – – *magnetische Zauberuhr (Nr. 322)* **4,** 352_{3} 360_{16} **6,** 260 (322)
– – – *Magnetnadel auf gläsernem Fuß (Nr. 418)* **2,** 550_{3} **4,** 361_{12} **6,** 514 (418)
– – – *Materialproben zur Untersuchung der Wirkung von Magneten (Nr. 333)* **4,** 345_{3-5} 353_{8} **6,** 268 (333)
– – – *mit der Schmalseite aufliegende Magnetnadel (Nr. 330)* **5,** 819^{548} **6,** 264 (330)
– – – *natürlicher Magnet (Nr. 318)* **6,** 259 (318)
– – – *Stahlstäbe für künstliche Magnete (Nr. 329)* **6,** 264 (329)
– – – *Taschenkompaß (Nr. 421)* **6,** 515 (421)
– – *zu Abschnitt 12: Astronomie*
– – – *Bodesches Planetarium (Nr. 336)* **2,** 612_{16} **5,** 78_{13} **6,** 271 (336)
– – – *Englische Globen (Nr. 334)* **5,** 211_{11} 432_{24} **6,** 269 (334)
– – – *Erdglobus von Bonne und Himmelsglobus von Lalande (Nr. 426)* **5,** 682^{795} **6,** 527 (426)
– – – *Erdkörper nach Funck (Nr. 334)* **6,** 269 (334)
– – – *Fittons Spiegeloktant (Nr. 422)* **5,** 714^{981} **6,** 516 (422)
– – – *Modell des Saturn von Seyde (Nr. 419)* **6,** 514 (419)
– – – *Niveau aus Messing (Nr. 472)* **6,** 562 (472)
– – – *Quecksilberniveau von Riepenhausen (Nr. 433)* **6,** 539 (433)
– – – *Sissonsches Niveau (Nr. 424)* **6,** 524 (424)
– – – *terrestrische Hemisphären (Nr. 335)* **6,** 270 (335)
– – – *Tischsonnenuhr von Deane (Nr. 455)* **6,** 554 (455)
– – – *Troughtons Spiegelsextant (Nr. 423)* **5,** 251_{1} **6,** 520 (423)
– – *zu Abschnitt 13: Erde*
– – – *Blitzableiter (Nr. 339)* **6,** 275 (339)
– – – *Donnerhaus (Nr. 338)* **6,** 273 (338)
– – – *Gesteinssammlung von Lasius (Nr. 341)* **5,** 810^{496} 811^{502} 814^{518} **6,** 276 (341) s.a. Lasius, Georg Sigismund Otto – Schriften – Beobachtungen über die Harzgebirge.
– – – *Gesteinssammlung von Voigt (Nr. 340)* **5,** 757^{166} 810^{496} 814^{518} **6,** 275 (340) s.a. Voigt, Johann Karl Wilhelm – Schriften – Drey Briefe über die Gebirgs-Lehre.

– – – *Karten mit Magnetlinien nach Funk und Dunn (Nr. 337)* **6,** 273 (337)
– – – *Kristallmodelle von List (Nr. 429)* **6,** 533 (429)
– – – *kristallographisches Goniometer von Haas (Nr. 428)* **6,** 533 (428)
– – – *Schuh eines vom Blitzschlag Getroffenen (Nr. 427)* **6,** 532 (427)
– – – *unarmierter natürlicher Magnet von Trebra (Nr. 430)* **2,** $545_{10–11}$ **6,** 534 (430)
– – *Miscellanea*
– – – *Drähte und Glasplatten (Nr. 343)* **6,** 278 (343)
– – – *verschiedene Glaswaren (Nr. 342)* **6,** 278 (342)
– *Irrtum* **2,** 769*
– *Kants Gedanken über Elastizität vorweggenommen* **2,** $42_{2–3}$ **3,** $119_{16–17}$
– – *Dissens in Details* **2,** 42_{21}
– *κέρας*, s. Lichtenberg, Georg Christoph – Biographisches – Trunkenheit.
– *Kometen gezählt* **5,** $167_{10–11}$ $288_{21–26}$
– *Kontroversen*, s.a. Heber – im Vakuum.
– – *Kühn, C.G. (Birnprobe)* **1,** $887_{35–36}$
– – *Zylius, J.D.O. (Theorie des Regens)* **1,** $906_{28–32}$ **2,** 285_{36}
– *Krankheit*
– – *Asthma* **6,** LXXII
– – *raubt Vorlesungszeit* **3,** 41^{10}
– – *wegen bösen Halses ausgesetzt* **3,** 272_{19}
– *kritisiert von J.F. Gensichen* **5,** 687^{830}
– *kritisiert von H.F. Link* **3,** 359_{13}
– *Lebensweisheiten* **1,** $299_{R16–19}$ **5,** $521_{14–15}$
– *Lehrer* **2,** $10_{1–2}$
– *lernt und lehrt das Rezept für den Silberbaum* **2,** $200_{8–11}$
– *Lesages Theorie der Schwere* **2,** 115_{31} **3,** $212_{16–17}$ 214_{31} $216_{14–15}$ $222_{31–32}$ $224_{8–10}$ 558^{133}
– *Lion* **3,** 410_{32} **4,** 38_{7} s.a. Lichtenberg, Georg Christoph – Biographisches – gezeichnet Lion.
– *medizinische Anwendung der Physik*
– – *Kohlendioxid* **2,** 270_{1}
– – *Zahnschmerzen elektrisch behandelt* **1,** $565_{6–8}$ **4,** $272_{19–20}$
– *Meinung über Brahe* **2,** 617_{38}
– *Meinung über das Eiskalorimeter* **2,** 469_{28}
– *Meinung über den Wärmestoff* **2,** 473_{11} **4,** $211_{7–12}$
– *Meinung über die Natur des Lichts* **4,** 71_{32}
– *Meinung über Kometen* **1,** $699_{R17–18}$ **2,** 771_{9} 773_{13} **5,** $167_{3–4}$ 289_{21}
– *Meinung über permanent elastische Fluida* **3,** 325_{27}
– *Meinung über Thermometerbau* **2,** 456_{5}
– *mißtrauisch gegenüber Erklärungen physikalischer Erscheinungen durch Elektrizität* **5,** $362_{12–13}$
– *Nachahmung von Schäffers Elektrophorversuchen* **1,** $573_{19–25}$ **2,** 562_{7}
– *Namen vergessen* **2,** 181_{11}
– *Newtons Totenmaske* **2,** $777_{23–25}$
– *Physik im Alltag* **2,** 78_{23} 287_{38} $288_{16–17}$ $434_{39–41}$ **3,** 197_{6} **4,** $50_{28–29}$
– *Preisfragen* **2,** 160_{32} 183_{36} 274_{2} 278_{16} **4,** 575^{296} 607^{470} 778^{141}
– *Rat zur Lebensführung* **2,** 769†
– *Recherche zu Bertier* **2,** 127_{11}
– *Reisen*
– – *Cuxhaven* **2,** $80_{24–30}$

– – *England*
– – – *Besuch von Pferderennen* **1,** 917_{26} **2,** 55_{7} **5,** 446_{1}
– – – *Esel aus Gummi* **2,** 44_{20} **3,** 113_{6-7} 492^{138}
– – – *Instrumentenkauf* **6,** XCV
– – – *Westminster Abbey* **2,** 777_{31-32}
– – *England, erste Reise*
– – – *Schiffahrt in Holland* **5,** 593^{153}
– – *England, zweite Reise* **2,** 419_{27} **3,** 5_{25-26} **6,** LXIX
– – – *Baden im Meer* **2,** 171_{1-10} **3,** 118_{18-19} 270_{33} 271_{4}
– – – *Begegnung mit Henl(e)y* **4,** 691^{267}
– – – *bei Aubert Versuch gesehen* **2,** 280_{34}
– – – *bei Ferguson gehört* **3,** 10_{23-25}
– – – *bei Priestley Versuch gesehen* **2,** 260_{14}
– – – *Besuch bei J. Harrison* **2,** 420_{3} 699_{28-29}
– – – *Oxford* **2,** 703_{7} **5,** 119_{20}
– – – *Coxe's Museum* **2,** 309_{31}
– – – *Deluc* **2,** 48_{7} **3,** 558^{133}
– – – *dem König Mayers Farbentheorie übergeben* **2,** 393_{33}
– – – *Echo zu Wrest* **4,** 9_{9}
– – – *Gast Georgs III.* **5,** 824^{591}
– – – *Instrumente beim König gesehen* **2,** 308_{7} 311_{9}
– – – *Omai* **2,** 393_{26} **4,** 68_{30}
– – – *Theaterbesuch* **4,** 51_{3-4}
– – – *Windsor* **2,** 183_{34}
– – *England, dritte Reise (nicht verwirklicht)* **5,** 218_{15-16}
– – *Hamburg* **2,** 148_{27}
– – *Hannover* **5,** 467_{25}
– – *Helgoland* **2,** 822_{5} **5,** $327_{16.\ 25-26}$ 399_{9} 762^{210}
– – *Stade* **2,** 898_{27} **5,** 767^{254}
– – *Vermessungsreisen* **6,** LXIX
– *Religion* **3,** 662^{281}
– *Schallgeschwindigkeit, Bestimmung* **1,** 312_{R30}–313_{R18} **2,** 317_{24} **4,** 14_{11-17}
– *Schiedsrichteramt* **2,** 918_{17}
– *schlägt die Zeichen +/– für die beiden Arten der Elektrizität vor* **1,** 11_{26} **2,** 500_{41} 501 **4,** 273_{8} 722^{411}
– *schlägt Luftschicht als Basis des Condensators vor* **2,** 518_{10} 519_{15}
– *Schulzeit* **2,** 891_{22} **3,** 175_{26-27} **5,** 36_{29} 81_{29-30} 184_{2-4} 193_{16} 213_{4-5}
– *Sehschärfe* **5,** 195_{5-6}
– *Selbstcharakterisierung / Selbsteinschätzung*
– – *Fleckenausmacher* **3,** 14_{24-25} 15_{25-26}
– – *Gewitterrespekt* **3,** 9_{23-26} **4,** 259_{8}
– – *sparsam mit dem Prädikat Narr* **4,** 267_{30-32}
– – *Sternkenntnis* **5,** 213_{8-19}
– *Spaziergang* **2,** 66_{35}
– *Spekulation über den Tau* **5,** 452_{23-28} 453_{8-19}
– *Spekulation über einen Magnetsinn* **2,** 556_{13-17} 926_{35-37} **3,** 184_{27} 186_{8-9} **4,** 517^{104} **5,** 487_{29}
– *Spekulation über Gebirge verschiedener Ordnung* **5,** 16_{21-22}
– *Spekulation über Zukunft der Welt* **2,** 787_{3-8}
– *Studium* **3,** 9_{15-17} **6,** XLI^{7}
– *Subskription von Globen* **5,** 211_{32-33}
– *Theorie des Nordlichts* **2,** 926_{32} **5,** 482_{16} 487_{24} 894^{984}
– *Trunkenheit* **1,** 946_{24} **3,** 120_{35} 184_{4} **4,** 344_{8} 384_{25} **5,** 359_{12} s.a. Lichtenberg, Georg Christoph – Biographisches – half seas over (betrunken).
– *Vaterland* **5,** 201_{11}
– *Vaterstadt* **4,** 82_{13}
– *Verehrer* **2,** $622^{\dagger}$
– *Verhältnis zu Kästner* **6,** LXIX
– *vermeidet den Ausdruck Seele* **3,** 54_{4} 110_{3-4}

– *Vermutung über den Schall* **4,** 20_{33}–21_{2}
– *Vermutung über die Bewegung des Sonnensystems* **2,** 786_{35}
– *Vermutung über die elektrische Materie* **1,** 898_{8-9} **3,** 334_{23-25}
– *Vermutung über die Glorien* **1,** 792_{R7}
– *Vermutung über elektrische Polarität der Erde* **4,** 259_{2}
– *Vermutung über weitere Planeten im Sonnensystem* **2,** 755_{9}
– *verspottet die Anhänger der Wellentheorie des Lichts* **4,** 180_{15-19}
– *Versuche*, s.a. Lichtenberg, Georg Christoph – Biographisches – Vorlesung / Kolleg – Experimentalphysik – Versuche.
– – *Adhäsion zwischen Quecksilber und Glasplatte* **2,** 180_{26-27}
– – *Ätzen in Glas* **2,** 272_{26-32}
– – *Anziehung von Kampferteilchen* **2,** 185_{34}
– – *atmosphärische Elektrizität* **2,** 911_{15} **5,** 470_{20}
– – *Beschlagen von Fensterscheiben* **2,** $463_{16-17.\,21}$ **4,** 607^{470}
– – *demonstrieren, daß es eine Lust ist* **4,** 274_{19}
– – *Elektrizität von Kampfer und Opium* **2,** 494_{37} **4,** 246_{14-20}
– – *Elektrophor* **4,** 249_{30} 322_{2-3}
– – *Farbenmischung* **2,** 393_{37} **4,** 67_{26-27} 68_{25-26}
– – *Figuren von Seifenbrühe in einer Glasspritze (Adhäsion)* **2,** 181_{24}
– – *Flüssigkeit von Wasser in Abhängigkeit von der Temperatur* **4,** 201_{9} 206_{1}
– – *Gefrieren von Seewasser* **1,** 436_{R23-36} **2,** 428_{21} 819_{38} **5,** 327_{12}
– – *Gefrieren von Wasser im Vakuum* **1,** 434_{23-42} $515^{*)}$
– – *Gefrieren von Wasser mittels Kältemischung* **4,** 191_{16-18}
– – *Gips* **3,** 326_{13} **4,** 177_{29-30} 232_{1}
– – *Gummi* **2,** 45_{37-39}
– – *Herstellung eines künstlichen Magneten* **2,** 553_{24}
– – *Kältemischung* **4,** 187_{25-26}
– – *kaltes Löten* **2,** 39_{19} 181_{31}
– – *Knallgas* **1,** 896_{32}
– – *Lichtenbergfiguren* **4,** 268_{33}
– – *Lumineszenz des Kascholong* **1,** 552_{33-39}
– – *Magnet zieht Blut nicht* **2,** 547_{19}
– – *Magnet zieht Eisenvitriol* **3,** 124_{18}
– – *magnetische Influenz* **2,** 552_{18} **4,** 357_{2}
– – *Magnetismus bei Aalen* **1,** 630_{R19-21} **4,** 810^{279}
– – *mit der Schwungmaschine* **2,** 72_{28}
– – *mit Wassernüssen aus Brot* **2,** 48_{11}
– – *Quecksilber in der Glasröhre* **2,** $181_{1-2.\,5}$
– – *Reflexion der Wärme* **4,** 217_{18-20}
– – *rote und grüne Gläser (sukzessiver Farbkontrast)* **4,** 50_{13-18}
– – *Sauerstoff aus Quecksilberpräzipitat* **3,** 337_{11-21}
– – *Schall im Vakuum* **1,** 942_{6-7}
– – *Seitenschlag* **1,** 958_{1-2}
– – *Sichtbarmachen der Wasserbewegung mit Sägespänen* **2,** 300_{2} **4,** 624^{538}
– – *Wärmeleitung* **4,** 218_{16-17}
– – *Wasser durch Silber zu pressen* **2,** 31_{20}
– – *Wasserdampf durch glühendes irdenes Rohr* **1,** 900_{19-20} **3,** 365_{8}
– – *Wasserhammer* **2,** 50_{21}
– – *Wirkung des elektrischen Funkens auf Lackmus* **1,** 555_{39}–556_{2}
– *Verwunderung über späte Entdeckung der Sonnenflecken* **2,** 729_{23-31} **5,** 125_{6-7}
– *Vorhaben / Pläne* **1,** 429_{R10-13} s.a. Lichtenberg, Georg Chri-

stoph – Biographisches – Forschungsideen; Lichtenberg, Georg Christoph – Schriften – Plan zu einem eigenen Kompendium.
– – *Anschaffungen* **3,** 567^{196} **4,** 220_{5-8}
– – *dritte Englandreise* **5,** 218_{15-16}
– – *Fragen über die Physik* **3,** 676^{343}
– – *Herstellung von künstlichen Magneten* **4,** 786^{183}
– – *Lektüre* **3,** 369_{8} 425_{14} **5,** 434_{26}
– – *Publikation zur Chemie der elastischen Flüssigkeiten* **3,** 364_{2} 372_{23-25}
s.a. Chemie – der elastischen Fluida (L.s neue Chemie).
– – *Publikation zur Theorie des Regens* **1,** 910_{9-12}
– – *Publikation zur Wärmeleitung* **4,** 217_{26}–218_{6} 221_{35} 230_{5}–231_{21} 624^{541}
– – *Vergleich von Wunderheilungen* **4,** 310_{33}
– – *Versuch zur Bestimmung der spezifischen Wärme* **4,** 220_{9-27}
– – *Versuche zur Reflexion der Wärme* **2,** 464_{1} **4,** 216_{9}–217_{23} $218_{9-15.\,26-32}$ 219_{1-3}
– – *Versuche zur Wärmeleitung* **4,** 215_{19-33} 219_{4-31} 221_{1-34} 222_{1}–225_{35} 227_{10-20} 228_{2-6} **5,** 453_{4-6}
– – *Zusammenfassung von Kants Metaphysischen Anfangsgründen* **3,** 64_{9-14}
– *Vorlesung / Kolleg* **1,** IX_{3} **2,** 9_{24} 10_{12}
– – *allgemein* **2,** 92_{24}
– – – *Abendstunde* **5,** 259_{18}
– – – *abnehmendes Hörerinteresse* **5,** 30_{13-14} 222_{27}
– – – *Amanuensis (Assistent)* **2,** 232^{*} 463^{*} **6,** XCIX–CI
– – – *Auditorium* **2,** 10_{6} 141_{7} 512_{33} **5,** $555_{5.\,20}$ $556_{13.\,22}$ **6,** LI LXXV–LXXVI CXIII–CXV
– – – *Bedeutung* **6,** LXXI
– – – *Beginn verspätet* **3,** 90_{1-6}
– – – *Buch gezeigt* **2,** 312_{29-30} 702_{35-36} 703_{7} **5,** 211_{6} 278_{11} 683^{800}
– – – *Duplieren* **5,** 222_{29}
– – – *entfällt bei Gewitter* **3,** 9_{26-28} 12_{31}
– – – *entfallen* **3,** 179_{25} 267_{7} 272_{19} 298_{19} **4,** 67_{30} 252_{29-30}
– – – *Entschuldigung* **3,** 199_{21} 272_{21} 298_{21} **5,** 262_{19}
– – – *Erfolg* **6,** LXX CXVI
– – – *Hausarbeiten* **2,** 375_{8}
– – – *Hundeverbot* **3,** 10_{9}
– – – *Inkonsistenz* **2,** 466^{*}
– – – *Instrument gezeigt* **5,** 714^{981}
– – – *Karte gezeigt* **5,** 119_{13} 322_{25}
– – – *Kompendium* **2,** 11_{24-25} **3,** 13_{11} **5,** 30_{11} 67_{6} **6,** LXX
– – – *Lokal* **3,** 9_{28}
– – – *Methode* **3,** 27_{1-4} 29_{20-23}
– – – *Nachfolger Erxlebens* **6,** LXX
– – – *Nachschriften* **2,** 11_{32-33}
– – – *Plätze* **3,** 9_{7}
– – – *Randbemerkung* **2,** 224_{22}
– – – *Selbstkritik* **3,** 193_{21-22} **5,** 53_{7-12}
– – – *Tafel* **3,** 272_{22} 299_{2} 407_{29} **4,** 64_{13} **5,** 53_{28} 328_{2}
– – – *Verantwortung für Unklarheiten* **3,** 215_{30-31} 230_{15-17}
– – – *Verwendung eigener Schriften* **2,** 584^{*} 712^{*}
– – – *Verwendung von Quellen* **2,** 47_{37}
– – – *Verwendung von Zeichnungen* **2,** 77_{6} 360_{1} **5,** 54_{4}
– – – *Vortrag* **2,** 11_{19-38} 12_{30}
– – – *Zeitmangel* **5,** 30_{14-15} 53_{17} 66_{32-34} 222_{28-30}
– – *Astronomie, Geographie, Meteorologie* **2,** 576_{1-2} 581_{1} 801_{3} 809_{1} $855^{\dagger}$ 1012^{*}
– – – *1780 Winter* **5,** 53_{7-8} 576^{55} 590^{133} 596^{177} 606^{250} 625^{391} 628^{402} 690^{850}

– – – *1781 Sommer* **5,** 53_{6} 647^{537}
– – – *1783 Winter* **5,** 604^{230} 691^{859}
– – – *1784 Sommer* **5,** 315_{8-9}
– – – *1785 Winter* **5,** 221_{39} 584^{99} 587^{109} 590^{133} 592^{146} 595^{176} 596^{177} $690^{850.\ 853}$ 691^{859} 702^{929} 717^{993} 718^{1001}
– – – *1791 Winter* **5,** 691^{859} 718^{1010}
– – – *1792 Winter* **5,** 611^{283} 838^{677}
– – – *1793 Winter* **5,** 705^{951} 706^{954}
– – – *1794 Winter* **5,** 709^{965}
– – – *1795 Winter* **5,** 709^{965}
– – – *1796 Winter* **5,** 709^{965}
– – – *1797 Winter* **5,** 709^{965}
– – – *Auslassung* **2,** 743* 923*
– – – *Beweise* **5,** 71_{3-9}
– – – *eigene Vorlesung* **5,** 30_{6-7} 222_{9-16}
– – – *Einleitung* **5,** 66_{26} 222_{3} 315_{11}–316_{25}
– – – *Erdmagnetismus* **2,** 840†
– – – *Fixsterne* **5,** 193_{12-15}
– – – *Gebirgsarten* **2,** 836*
– – – *Gestalt der Erde* **2,** 583*·†
– – – *Inhalt* **5,** 69_{29-32}
– – – *Kenntnis der Sterne* **5,** 213_{3-4}
– – – *Keplersches Gesetz* **2,** 648_{13} 649_{1-2} **5,** 236_{22}
– – – *Kompendium* **2,** 581_{18} **5,** 71_{10} 224_{10}
– – – *Methode* **5,** 63_{19-25} s.a. Astronomie – Vortrag.
– – – *Sonnenflecken* **2,** 729*
– – – *Sonnenparallaxe* **2,** 664† 800_{1-3}
– – – *Tellurium* **2,** 641*
– – – *Theorie der Erde* **2,** 938†
– – – *Uhrzeit* **3,** 30_{4-5}
– – – *Venusdurchgang* **2,** 657*
– – – *Versuche* **5,** 69_{33}–70_{1}
– – – *Vorkenntnisse aus der Mathematik* **5,** 67_{8}
– – – *Weltsysteme* **2,** 605*
– – – *Zeitbedarf* **3,** 29_{31}–30_{2} **5,** 316_{26-27}
– – – *Zwischenbilanz nach 6 Stunden* **5,** 63_{17}
– – *Experimentalphysik* **1,** XVI_{16} **2,** 619_{29} 635_{25} 726_{3} 830_{41} 873* 876* 913* 959†
– – – *1778 Sommer* **3,** 445^{2} **6,** LXIX
– – – *1780 Sommer* **3,** 513^{61} 712^{274} **4,** 684^{233} **5,** 576^{55} 589^{124}
– – – *1780 Winter* **3,** 688^{68} 692^{103} 710^{265} 712^{275}
– – – *1781 Sommer* **4,** 641^{65} **5,** 627^{394}
– – – *1781 Winter* **3,** 679^{4} **4,** 498^{31} 631^{21} 648^{90}
– – – *1782 Winter* **3,** 453^{71} 691^{102} 692^{106} **4,** 392^{28} 628^{13} 641^{65} 715^{364} 736^{479}
– – – *1783 Sommer* **3,** 593^{2} 719^{324} **4,** 390^{21} 527^{124}
– – – *1783 Winter* **3,** 692^{106}
– – – *1784 Sommer* **3,** 680^{17} **5,** 627^{394} 759^{190}
– – – *1785 Sommer* **3,** 7_{16} **4,** 546^{198} 740^{499} **5,** 627^{394} 720^{1029}
– – – *1785 Winter* **4,** 636^{39}
– – – *1787 Sommer* **3,** 7_{18}
– – – *1788 Sommer* **1,** XVII_{24} **3,** 4_{3} 7_{19} 147_{21-22}
– – – *1791 Winter* **2,** 18* **3,** 12_{28}
– – – *1794 Sommer* **3,** 348_{27} **4,** 799^{233}
– – – *1794 Winter* **4,** 799^{233}
– – – *1795 Winter* **3,** 13_{4}
– – – *1796 Winter* **3,** 468^{167}
– – – *1797 Winter* **3,** 30_{17}
– – – *1798 Winter* **3,** 360_{19}
– – – *Amalgam für Elektrisiermaschinen* **1,** 956_{20-21}
– – – *Anordnung* **1,** 918_{10} **2,** 201* 232* 252_{16-18} 394_{12} 447_{16} 459* **4,** 35_{11-12}
– – – *Ausflüge in die Physiologie* **3,** 37_{21-26}
– – – *ausgegliederte Themen* **2,** 18_{33}–19_{2} **3,** 29_{25-30} **5,** 30_{8} 67_{5-34}

– – – *Auslassung* **2,** 288$_{24}$ 335* 363$_{17}$ 375$_{3}$ 459* 544$_{7}$ 563$_{39}$ 564$_{1-2}$
– – – *Barometrische Höhenmessung* **3,** 456^{93} **4,** 398^{61}
– – – *Chemische Nomenklatur* **1,** 930$_{15}$
– – – *Dampfmaschine* **1,** 951$_{26-27}$
– – – *Einbeziehung der metaphysischen Anfangsgründe* **3,** 21$_{29-30}$ 34$_{22-23}$ 35$_{4-11}$ 64$_{7-19}$ 452^{69}
– – – *Einleitung* **3,** 17$_{6.\,16}$ 21$_{30}$ 30$_{18-19}$
– – – *Elastizität bei Geschützen* **2,** 46*
– – – *Elektrisiermaschine* **6,** CXIV
– – – *empirischer Teil der Naturlehre* **3,** 89$_{14}$
– – – *Eudiometrie* **2,** 275$_{13.\,32}$
– – – *Gewichtung des Rechnens* **3,** 41^{10}
– – – *Hebel* **2,** 77$_{4}$
– – – *Hygrometer* **1,** 940$_{32-33}$
– – – *Inhalt* **3,** 24$_{25}$–25$_{5}$ 35$_{28-29}$ 37$_{28}$–38$_{21}$ 60$_{24}$ **5,** 66$_{35}$–67$_{3}$ 68$_{25}$–69$_{27}$
– – – *Instrumentenkenntnis* **3,** 29$_{24}$ 47$_{4-8}$
– – – *Kompendium* **3,** 5$_{17.\,23}$ 6$_{5-6}$ 7$_{22-31}$ 215$_{16}$ s.a. Erxleben, Johann Christian Polykarp – Schriften – Anfangsgründe der Naturlehre.
– – – *Lehre vom Regen* **1,** 886$_{8-9}$
– – – *Literatur* **3,** 14$_{12-13}$ 58$_{25}$ 404$_{17}$
– – – *Luftarten* **2,** 255$_{2-3}$ 258$_{35}$ 259$_{3}$ 260$_{17}$ 265$_{22}$ 269$_{35}$ 270$_{21}$ 273$_{16}$ 276* 277$_{23}$ **3,** 384$_{24-25}$ 391$_{8}$
– – – *Luftpumpe* **2,** 232* 238$_{5-6}$ 241$_{25}$ **3,** 416$_{14}$
– – – *mathematischer Beweis* **3,** 209$_{29-30}$ 226$_{25-26}$
– – – *Mayers Wachsmalerei* **2,** 393$_{10}$
– – – *Musik* **2,** 330$_{19}$
– – – *Papins Versuch, mit Dampf zu schießen* **2,** 433$_{10}$
– – – *Prolegomena* **3,** 5$_{8-9.\,19}$ 10$_{15}$ 13$_{9}$ 16$_{2}$
– – – *Rezepte für Elektrophore* **2,** 514$_{21}$
– – – *Sehwinkel* **2,** 350$_{31-34}$
– – – *spezifische Gewichte* **2,** 179$_{16}$
– – – *Stoß* **2,** 134* 146$_{3}$
– – – *Stundenzahl* **3,** 13$_{4}$
– – – *Teilnahme in Astronomievorlesung vorausgesetzt* **5,** 70$_{2-4}$ 222$_{4-8}$
– – – *Uhrzeit* **3,** 446^{21}
– – – *Versuche* **2,** 276$_{21-22}$ 497$_{7}$ 504$_{16-17}$ 511$_{28-29}$ 512$_{31}$ **3,** 88$_{9-10}$ 90$_{18-19}$ 124$_{19}$ s.a. Lichtenberg, Georg Christoph – Biographisches – Versuche.
– – – – *Anzahl* **2,** 18* **3,** 12$_{28}$
– – – – *ausgefallen* **2,** 548$_{8}$
– – – – *Bild im Hohlspiegel* **2,** 360$_{29}$
– – – – *Fallversuch* **2,** 102$_{24}$
– – – – *Gefrieren von Wasser mittels Kältemischung* **2,** 477$_{13-14}$
– – – – *nicht gewagt* **4,** 274$_{19-20}$
– – – – *Reibungselektrizität* **4,** 302$_{10-12}$
– – – – *Stellenwert* **3,** 7$_{13-14}$ 29$_{20-23}$
– – – *vorbereitende Funktion* **3,** 16$_{20}$
– – – *Vorbild Ferguson* **1,** XVII$_{18}$ **3,** 5$_{27}$ 10$_{24}$
– – – *Vorkenntnisse aus der Mathematik* **3,** 30$_{13}$ 50$_{16}$
– – – *Zeitersparnis* **3,** 7$_{25}$ 12$_{13-14}$ 13$_{17-18}$
– – – *Zeitmangel* **3,** 5$_{1-2}$ 7$_{10}$ 13$_{18}$ **5,** 67$_{3-4}$
– – – *Zeitverbrauch* **3,** 132$_{35}$
– – – *Zusatzstunde* **2,** 18* **3,** 9$_{12-13}$ 10$_{10}$ 12$_{6-7.\,29}$ 13$_{1}$ **6,** CI
– – – *Zweck* **3,** 13$_{29}$–14$_{3}$
– – *Höhenmessung* **2,** 972*
– – – *1788 Ostern* **5,** 543$_{15-16}$

– – – *1791 Ostern* **5**, $556_{9–10}$ 557_{2} 558_{18} 935[49]
– – – *1792 Ostern* **5**, $560_{14–16}$ 566_{15}
– – – *1798 Ostern* **5**, 564_{2}
– – *Nutzen für Mathematiker* **3**, $47_{1–3}$
– – *Vorschau* **3**, 333_{31}
– *Wohnung*
– – *Dieterich* **2**, 85_{19}
– *Wunsch nach seltenem Buch* **2**, 698_{14}
– *zitiert bei Lampadius* **1**, $906_{34–37}$
– *Zugehörigkeit zur Philosophischen Fakultät* **6**, XL LXIX
– Herausgeber
– – *Erxleben, Anfangsgründe der Naturlehre* **1**, XII_{2} XIV_{16} $XX_{1–2}$ **2**, 255_{16} 563_{41} **4**, 501[47] 628[11] 725[426] 726[435] 740[499] 747[18] 769[105] **5**, 632[421]
– – – *Beschreibung der Smeatonschen Luftpumpe* **1**, $910_{34–37}$ **2**, 239_{18} $240_{37–38}$
– – – *Methode* **3**, $8_{28–29}$
– – – *Unzufriedenheit* **1**, XVI_{19} XVIII_{4} **3**, $14_{21–28}$ $15_{23–26}$
– – – *Verteidigung gegen Kritik* **1**, 888_{1}–889_{6}
– – – ^{3}*1784* **3**, 445[13] 570[214] 597[19] 685[48] 692[102] **4**, 536[158] 587[381] 646[83] 666[153] 668[159] 669[161] 677[213] 690[266] 705[324] 735[479] **5**, 606[249] 628[400] 658[596]
– – – – *Rezensionen* **1**, $12_{28–29}$
– – – – *Zusätze zur Elektrizitätslehre* **3**, 446[17] **4**, 631[22] 636[39] 663[143] 664[148] 684[237] 710[337] 715[364] 727[438] 728[440] 735[475]
– – – – *Zusätze zur Lehre von den Luftarten* **3**, $24_{19–22}$ 717[307] 720[343]
– – – – *Zusätze zur Schwere* **2**, $107_{37–38}$ **3**, 558[133] 559[134] 563[159] 578[261]
– – – ^{4}*1787* **3**, 685[48] 698[154] 717[307] 720[343] **4**, 649[95] 677[210] 715[364]
– – – – *Randbemerkung* **3**, 705[228] 726[409] **4**, 585[357] **5**, 704[943]
– – – – *Vorrede* **1**, XVI[18] **2**, 258_{15} **3**, 696[140]
– – – – *Zusätze zur Ballonfahrt* **3**, 702[194]
– – – ^{5}*1791* **1**, $400_{R7–10}$ $497_{R6–7}$ **2**, 373_{11} **3**, 572[225] 705[228] 717[307] **4**, 439[85] 471[220] 474[232] 640[57] 710[337] **5**, 600[200] 716[990] 726[1078]
– – – – *Unvollständigkeit* **1**, 885_{22}
– – – – *Vorrede* **1**, 906_{34} **3**, 670[317]
– – – – *Zusätze zur Elektrizitätslehre* **4**, 687[249] 691[266] 726[435]
– – – – *Zusätze zur Wärmetheorie* **4**, 536[158] 575[297] 587[381] 594[396. 400. 400] 596[408] 602[443]
– – – – *Zusatz zum Phlogiston* **3**, 671[322]
– – – ^{6}*1794* **3**, 665[298] 722[367] **4**, 457[154] 460[164] 518[107] 536[158] 601[435] 636[39] 637[42] 691[266] 726[435] **5**, 687[830] 725[1070] 729[1087] 857[815]
– – – – *Vorrede* **1**, 890_{38} **2**, 279_{28} **3**, 447[31] 450[53] 652[226] 664[297] 667[306] **4**, 732[460]
– – *Göttingisches Magazin der Wissenschaften und Litteratur (1780–)* **1**, 59_{3} **2**, 439_{1}
– – *Mayer, Opera inedita (1775; ersch. 1774)* **1**, 49_{16} **3**, 445[10] **4**, 472[226] **5**, 619[341] 622[364]
– Übersetzer
– – *Harrison, Description 1775* **2**, 420*
Schriften
– *Anfangsgründe*
– – *Handexemplar (1787)* **1**, VIII_{16} **3**, 574[234] **4**, 387[5] 648[92] 740[499]
– – *Handexemplar (1794)* **3**, 704[207] 721[351] 722[371]
– *Anmerkungen über einen Aufsatz des Hrn. Tiberius Cavallo (1781)* **4**, $269_{1–2}$

– *Anmerkungen zum 68ten und 72ten Stück des Hannoverischen Magazins (1780)* **2,** 149$_{13-14}$ **3,** 548[97]
– *Antwort auf das Sendschreiben eines Ungenannten über die Schwärmerey unserer Zeiten (1783)* **5,** 594[160]
– *Antwort auf die Frage über Wetterparoskope (1794)* **6,** 462 (*371*)
– *Auffrischung eines veralteten Gemähldes. Ein Gegenstück zum animalischen Magnetismus (1790)* **4,** 716[370]
– *Ausführliche Erklärung der Hogarthischen Kupferstiche (1794–1833)* **2,** 9$_{6-7}$
– – *Lfg. 5 (1799)* **2,** 25[†] 91[*] 372[*] **4,** 428[50]
– *[Auszüge aus einem Brief an A.G. Kästner] (1775)* **1,** 305$_{R16-18}$ 941$_{33}$ **2,** 309$_{36-37}$ **3,** 685[50]
– *Bedlam für Meinungen und Erfindungen (1792)* **2,** 952[*]
– *Bemerkungen uber einen Aufsatz des Herrn Hofr. Mayer zu Erlangen über den Regen, und Herrn de Luc's Einwürfe gegen die französische Chemie (1799)* **3,** 652[226] 654[235] 655[239]
– *Beobachtungen des letzten Kometen (1771)* **5,** 656[590]
– *Briefwechsel. Hrsg. von U. Joost und A. Schöne (1983–2004)* **3,** 701[186] 705[232] 716[302] 721[356] **4,** 397[59] 646[84] 723[420] **5,** 579[70] 619[340. 343] 634[439] 678[756] 693[878] 739[13] 763[213] 774[300] 826[600] 874[915] 878[925] 882[931] 883[933] 910[1069] 940[83] **6,** 26 (*23*) 268 (*332*)
– *Cometen (1774)* **5,** 663[638]
– *Commentatio posterior super nova methodo motum ac naturam fluidi electrici investigandi (1778)* **1,** 547$_{16-17}$ 625$_{36-37}$ 797$_{R2-3}$ **4,** 248$_{30}$ 268$_{19}$ 269$_{1}$ 662[139] 663[142] 809[272]
– – *Zweite Abhandlung über eine neue Methode, die Bewegung und Natur der elektrischen Materie zu erforschen (dt. in ders., Observationes 1997)* **4,** 649[97] 653[100] 666[153] 727[438]
– *Das Neueste von der Sonne; größtentheils nach Herschel (1797)* **5,** 907[1050]
– *De nova methodo naturam ac motum fluidi electrici investigandi commentatio prior (1777)* **1,** 547$_{15-16}$ **4,** 248$_{30}$ 268$_{19}$ 269$_{1}$ 642[66]
– – *Über eine neue Methode, die Natur und Bewegung der elektrischen Materie zu erforschen. Erste Abhandlung (dt. in ders., Observationes 1997)* **4,** 634[34] 649[97] 652[98] 653[101] 660[136] 662[137] 683[231]
– *Der vollkommenste Weg-Messer (Hodometer) (1778)* **2,** 82$_{18-22}$ **3,** 533[14] **5,** 588[120] 700[913] **6,** 42 (*32*)
– – *Ausg. in ders., Vermischte Schriften 6 (1803)* **2,** 82$_{18-22}$
– *Die beyden Magnetnadeln (1785)*
– *Dreht sich der Mond um seine Axe? (1796)* **2,** 712[*] **5,** 589[126] 590[130]
– *Drey Prosaische Fabeln (1785)* **4,** 779[145]
– *Ein neuer Märtyrer der Meteorologie (1797)* **5,** 864[868]
– *Ein paar Worte von unserer Atmosphäre (1792)* **5,** 792[371]
– *Eine astronomische Betrachtung bey diesem Hodometer (1778)* **5,** 588[120]
– *Einige Bemerkungen über die Entstehung des Hagels (1793)* **2,** 900$_{6-8}$ **5,** 860[826–831] 861[833–836] 862[843]

– *Einige Betrachtungen über die Mondsflecken (1781)* **1**, $688_{R13–15}$ 964_{31} **2**, $705_{23–24}$ **5**, $260_{18–19}$ 623[365. 366]
– *Einige Betrachtungen über die physischen Revolutionen auf unsrer Erde (1794)* **5**, 871[894] 921[1179. 1183]
– *Einige Betrachtungen über vorstehenden Aufsatz [d. i. „Nachricht von einer Wallrath-Fabrik“], nebst einem Traum (1794)* **5**, 920[1170]
– *Einige Neuigkeiten vom Himmel (1792)* **5**, $258_{23–24}$ 720[1025]
– *Einige Neuigkeiten vom Himmel (1799)* **5**, 726[1076]
– *Einige physicalische Merkwürdigkeiten (1793)* **1**, $801_{R33–34}$ **2**, $914_{23–24}$ **3**, 720[346] **5**, 779[318. 320] 850[751] 872[901]
– *[Erklärung der Gedenkmünze auf Wargentin] (1785)* **2**, $749_{26–27}$ **5**, 726[1075]
– *Etwas neues vom neuen Planeten (1784)* **5**, 647[537]
– *Etwas über den fürchterlichen Cometen, welcher, einem allgemeinen Gerücht zufolge, um die Zeit des ersten Aprils unsere Erde abholen wird (1778)* **5**, 656[590]
– *Etwas von Herrn Herschels neuesten Entdeckungen (1786)* **4**, 439[88] 440[91] 441[92–94. 96] **5**, $217_{25–26}$ 686[826] 687[831] 688[833] 737[1158]
– *Etwas von Hrn. D. Herschels neuesten Bemühungen (1790)* **5**, 736[1154] 737[1156]
– *Fortsetzung der Betrachtungen über das Weltgebäude (1781)* **2**, 582[*] 583[*] 584[*] **5**, 71_{11} 73_{27} 569[1] 570[12. 13] 571[17. 18. 20] 572[24. 25] 596[178. 180] 597[182. 183. 185] 598[187. 189] 647[531]
– – *Ausg. in ders., Vermischte Schriften 6 (1803)* **2**, 582[*] **3**, 570[211]
– *Fortsetzung der Betrachtungen über das Weltgebäude. Von Cometen (1787)* **2**, 757[*] 773_{14} **3**, 454[75] **5**, 174_{25} 290_{5} 649[560] 650[562] 652[571] 653[574] 654[581] 656[590] 657[596] 670[709] 735[1138. 1143]
– – *Ausg. in ders., Vermischte Schriften 6 (1803)* **2**, 757[*] **3**, 454[75]
– *Fortsetzung des abgebrochenen Artikels über die Verbesserung gemeiner Irrtümer (1781)* **2**, 249[*]
– *Geologisch-Meteorologische Phantasien (1798)* **5**, 685[818]
– *Geologische Phantasien (1795)* **1**, $973_{23–24}$ **2**, $943_{17–19}$ **5**, 915[1125]
– *Gesamtausgabe* **1**, $VII_{2–3}$
– *Gutachten*
– – *Blitzableiter* **5**, 477_{8}
– – *Grundeis* **4**, 512[81]
– *Herrn Haas zu London Einrichtung bey der Smeatonschen Luftpumpe (1785)* **1**, $29_{14–15}$ **3**, 716[299]
– *„Ist es ein Traum, so ist es der größte und erhabenste, der je ist geträumt worden…“ Aufzeichnungen über die Theorie der Schwere von George-Louis Le Sage. Hrsg. u. erl. von H. Zehe unter Mitarb. von W. Hinrichs (2003)* **3**, 559[133] **4**, 799[233] 803[252]
– *Kurze Erklärung einiger physikalischen und mathematischen Instrumente, die sich in -meter endigen (1784)* **2**, 524_{37} **3**, 712[275] **4**, 635[36] 698[294]
– *Kurze Geschichte einige[!] der merkwürdigsten Luftarten (1783)* **3**, 694[118] 702[198]
– *Marginalien zu Erxlebens Naturlehre* **1**, XI_{1}
– *Nachricht von dem ersten Blitz-Ableiter in Göttingen (1904)*

5, 865[870] 875[915] 876[919] 877[921] 878[926] 885[948]
– *Nachricht von einer Wallrath-Fabrik (1794)* **5,** 920[1171]
– *Nachricht von einigen allhier angestellten Eudiometrischen Beobachtungen (1782)* **1,** 937$_{8-9}$ **2,** 275$_{19-20}$ **3,** 403$_{6}$ 703[203] 722[368] **6,** 124 (*143*)
– *Nachtrag zu den kurzen Erklärungen einiger phys. und mathem. Instrumente, die sich in meter endigen (1792)* **4,** 778[141] **5,** 769[262. 263] 845[711]
– *Neue Entdeckungen und Physikalische Merkwürdigkeiten (1781)* **2,** 222* 415* **4,** 558[234] **5,** 849[751]
– *Neue Entdeckungen, physikalische und andere Merkwürdigkeiten (1784)* **2,** 498* **4,** 629[14] **5,** 589[124] 802[443]
– *Neue Entdeckungen, physikalische und andere Merkwürdigkeiten (1790)* **2,** 442$_{29}$ 461$_{37-38}$ **4,** 144$_{28}$ 649[92] **5,** 850[751] **6,** 440 (*352*)
– *Neue Entdeckungen, physikalische und andere Merkwürdigkeiten (1791)* **5,** 906[1045]
– *Neue Entdeckungen, physikalische und andere Merkwürdigkeiten (1794)* **3,** 611[107] 720[346] **4,** 192$_{32-33}$ **6,** 558 (*462*)
– *Neue Entdeckungen, physikalische und andere Merkwürdigkeiten (1795)* **1,** 965$_{35}$ **2,** 32$_{39}$–33$_{2}$ **4,** 776[134] **5,** 725[1070]
– *Neue Entdeckungen, physikalische und andere Merkwürdigkeiten, Anecdoten (1798)* **2,** 623†
– *Neue Erfindungen und andere Merkwürdigkeiten (1783)* **6,** 26 (*23*) 221 (*273*)
– *Neue Erfindungen und Physikalische Merkwürdigkeiten (1778)* **2,** 287* 418* 516* **3,** 504[11] **4,** 204$_{8}$ 597[411] 661[136] **5,** 50$_{5}$ 585[103] 586[106. 107] 629[407] 746[71] 833[643] 838[681] 849[751] 887[957]
– *Neue Erfindungen, Moden, physikalische und andere Merkwürdigkeiten (1782)* **5,** 646[530]
– *Neue Erfindungen, Physikalische und andere Merkwürdigkeiten (1779)* **2,** 453*
– *Neue Erfindungen, physikalische und andere Merkwürdigkeiten (1780)* **4,** 788[194] **5,** 436$_{8-9}$ 646[530] 743[39]
– *Neue Erfindungen, physikalische und andere Merkwürdigkeiten (1786)* **5,** 791[364] 838[681]
– *Neue Erfindungen, physikalische und andere Merkwürdigkeiten (1788)* **5,** 819[549]
– *Neue Erfindungen, physikalische und andere Merkwürdigkeiten (1789)* **1,** 944$_{26}$ **4,** 614[502] **6,** 227 (*279*) 475 (*385*)
– *Neue Erfindungen, physikalische und andre Merkwürdigkeiten (1785)* **3,** 711[268] **5,** 774[301] 849[751] **6,** 84 (*94*)
– *Neues aus Sudelbuch K. Mitgeteilt von Julia Hoffmann (1992)* **3,** 667[303] 677[345]
– *Neueste Geschichte der Blitz-Ableiter (1779)* **2,** 492$_{10}$ 916* 918* **4,** 671[172] **5,** 476$_{26-27}$ 777[314]
– *Neueste Versuche zu Bestimmung der zweckmässigsten Form der Gewitterstangen (1778)* **4,** 679[222] **5,** 476$_{27}$ 777[314]
– *Neuigkeiten vom Himmel (1793)* **2,** 746$_{2-3}$ **5,** 263$_{10-11}$ 730[1094]
– *Nicolaus Copernikus (1800)* **2,** 605* **5,** 694[883] 697-698[900]
– – *Ausg. in ders., Vermischte Schriften 6 (1803)* **2,** 605*
– *Noch ein Wort über Herrn Ziehens Weissagungen (1782)* **5,** 200$_{34-35}$ 672[715]

– *Noctes. Ein Notizbuch (hrsg. von U. Joost 1992)* **5,** 616[318]
– *Observationes. Die lateinischen Schriften (hrsg. von D.N. Hasse 1997)* **4,** 472[223] 473[227] 474[229] 807[268] **5,** 712[974. 975] 896[994. 996] 897[999]
– *P. Jaquet Droz und H. E. Jaquet Droz Vater und Sohn (1780)* **5,** 640[472]
– *Physikalische und andere Merkwürdigkeiten (1787)* **3,** 712[275] **6,** 132 (*155*)
– *Pläne*
– – *Einleitung zu einer Chemie der elastischen Flüssigkeiten* **3,** 369_{26}
– – *Parakletor* **4,** 422[33]
– – *Vorrede zu Brisson, Die spezifischen Gewichte der Körper (dt. von J.G.L. Blumhof 1795)* **3,** 281_{2}
– *Plan zu einem eigenen Kompendium* **1,** XIX_{23} $607_{R6–7}$ **3,** $11_{17–26}$ $431_{7–14}$
– *Prof. Lichtenberg an Herrn Prof. G. Forster (1782)* **4,** 552[217]
– *Rezensionen*
– – *[1779] Cavallo, Treatise (1777)* **5,** 877[925]
– – *[1780] Hemmer, Nachricht von den in Kuhrpfalz angelegten Wetterleitern (1780)* **4,** 646[84]
– – *[1780] Lyon, Experiments and observations (1780)* **4,** 743[514]
– – *[1782] Mahon, Principles of electricity (1779)* **4,** 702[311]
– – *[1784] Faujas de St. Fond, Description des expériences de la machine aérostatique (1783–1784)* **3,** 683[40]
– – *[1784] Wiedeburg, Ueber die Erdbeben (1784)* **5,** 854[782]
– – *[1785] Marum, Beschryving eener ongemeen groote electrizeer-machine (1785)* **4,** 255_{11} 638[49] 644[77]
– – *[1788] Deluc, Idées sur la météorologie (1786–1787)* **3,** 715[293] **4,** 702[311] 705[318] 731[460] 732[461] 733[465]
– – *[1789] Marum, Eerste verfolg der proefneemingen, gedaan met Teyler's electrizeer-machine (1787)* **3,** 322_{16} 329_{3} 636[162] 647[208] 648[213]
– – *[1790] Pictet, Essais de physique (1790)* **4,** 600[432]
– – *[1794] Reimarus, Neuere Bemerkungen vom Blitze (1794)* **5,** 874[913] 875[916] 879-881[926]
– – *[Entwurf] Wilcke, Undersökning, om de vid Herr Voltas's nya elettrophoro-perpetuo förekommande electriske phenomener (1777)* **4,** 313_{10}–315_{32} 661[136]
– – *[1798] Fischer, Physikalisches Wörterbuch 1 (1798)* **3,** 472[190] 576-577[253] **4,** 404[106]
– *Schreiben an den Herausgeber des neuen hannoverischen Magazins [Über den Hagel] (1792)* **5,** 860[830]
– *Schriften und Briefe. Hrsg. von Wolfgang Promies (1967–1992)* **4,** 745[2] 810[279] **5,** 578[67] 581[78] 588[116] 589[125] 590[130] 593[153] 594[160] 599[191. 193] 607[256] 646[531] 653[576] 655[583] 658[596. 597] 662[636] 663[642] 664[643. 647] 690[850] 695[884] 697[892] 698[901] 719[1018] 791[367] 792[370] 859[823] 908[1052] **6,** 172 (*210*) 552 553 (*453*) 562 (*476*)
– *Steinregen zu Siena (1797 [1796])* **1,** 969_{3}
– *Timorus (1773)* **5,** 581[78] 859[823]
– *Ueber das Fortrücken unseres Sonnensystems (1785)* **3,** 568[202] **5,** 195_{33} 672[717] 674[725–728] 675[729–733] 676[737]
– – *Ausg. in ders., Vermischte Schriften 6 (1803)* **3,** 568[202]

– *Ueber das Weltgebäude (1779)* **3,** 570[211] **5,** 576[57] 577[60] 578[62] 584[93] 604[233] 623[366] 686[823]
– *Ueber den Haarputz der Alten, hauptsächlich der Römerinnen (1784)* **5,** 579[72]
– *Ueber die Blitzableiter (1783)* **5,** 773[300]
– *Über die Weissagungen des verstorbenen Hrn. Superintendenten Ziehen zu Zellerfeld (1780)* **5,** 671[715] 677[752] 678[755]
– *Ueber Gewitterfurcht und Blitzableitung (1795)* **5,** 780[321. 322. 324] 879-881[926] 883[937. 938]
– *Ueber öconomische Behandlung der Wasserdämpfe (1798)* **6,** 556 (459)
– *Über Physiognomik; wider die Physiognomen (²1778)* **5,** 50_{5} 921[1181]
– *Vergleichung der Tage des neufranzösischen Kalenders mit dem Gregorianischen (1797)* **5,** 722[1043] 723[1045. 1046]
– *Vermischte Gedanken über die aerostatischen Maschinen (1783)* **1,** 295_{25-27}
– *Vermischte Schriften. Hrsg von L.C. Lichtenberg und F.C. Kries (1800–1806)* **4,** 614[503]
– *Vermischte Schriften. Hrsg. von C.W.T. Lichtenberg und G.C. Lichtenberg (jr.) (1844–1853)* **3,** 470[185]
– *[Versuche „über die Mayerschen Farben-Triangel"] (1774)* **4,** 83_{3}
– *Vertheidigung des Hygrometers und der de Lüc'schen Theorie vom Regen. Hrsg. von L.C. Lichtenberg und F.C. Kries (1800)* **3,** 662[281]
– *Verzeichnis eines vollständigen Apparats von physikalischen Instrumenten [...]* **1,** XI_{25}
– *Von dem neuen Planeten (1783)* **5,** 628[401] 647[537] 648[540]
– *Von dem Nutzen den die Mathematik einem Bel Esprit bringen kan (1766)* **5,** 578[67]
– *Von der Aeolus Harfe (1792)* **2,** 335_{13-14}
– *Vorlesung,* s.a. Verweise – Vorlesungsnotizen
– – *Manuskripte* **1,** IX_{13}
– – – *Abriß von Erxlebens Naturlehre* **1,** XII_{21}
– – – *Hefte*
– – – – *NL VII D 2, Bl. 34–35* **2,** 72_{20}
– – – – *NL VIII A 1, Bl. 1* **2,** 141*
– – – – *NL VIII A 3, Bl. 5* **2,** 146_{7}
– – – – *NL IX F, 165r* **2,** 677_{25}
– *Warum hat Deutschland noch kein großes öffentliches Seebad? (1793)* **5,** 876[920]
– *Zusätze zu Erxlebens Naturlehre,* s. Erxleben, Johann Christian Polykarp – Schriften – Anfangsgründe der Naturlehre – Zusätze L.s.; Lichtenberg, Georg Christoph – Biographisches – Herausgeber – Erxleben, Anfangsgründe der Naturlehre.

Lichtenberg, Georg Christoph (**Eckhard**) (**jr.**) (1786–1845) **1,** VII_{6}

Lichtenberg, Johann Conrad (1689–1751) **4,** 817[314]
– *einfaches Mikroskop* **6,** 192 (233)

Lichtenberg, Ludwig Christian (1738–1812)
– *Brief an L.* **3,** 399_{8} **4,** 31_{4}
– *Elektrisiermaschine* **2,** 523_{24} **4,** 254_{32} 277_{8} 286_{13}
– *Erxleben-Handexemplare* **1,** X_{13}
– *Luftpumpe* **2,** 239_{25}
– *Versuche mit Luftarten* **1,** 968_{30}

Schriften
– *Beschreibung des von Herrn Blondeau erfundenen Meer-Barometers (1782)* **1,** 305_{R7-8}

– *Beschreibung einer neuen sehr wirksamen Elektrisirmaschine (1781)* **1,** 529$_{R10-14}$ **4,** 255$_{32}$ 286$_{13}$ 685[239]
– *Beschreibung eines Werkzeugs, wodurch man das Verhältnis der Grade der Wärme einer kochenden Flüssigkeit zu dem Druck der Luft auf ihre Oberfläche bestimmen kan (1785)* **1,** 452$_{R7-10}$
– *Etwas über den Schachspieler, und die Sprachmaschine des Hrn. Hof-Cammerraths von Kempele[!] (1785)* **5,** 639[471]
– *Nachricht von einem merkwürdigen Donnerwetter (1781)* **1,** 802$_{R2-3}$
– *Rezensionen*
– – *[1777] Köstlin, Dissertatio physica experimentalis (1775)* **4,** 716[369]
– – *[1781] Dalberg, Anémométre proposé aux amateurs de météorologie (1780–1781)* **5,** 838[680] 841[687]
– – *[1782] Priestley, Experiments and observations, relating to various branches 2 (1781)* **1,** 968$_{31}$
– *Ueber die entzündbare Luft, von Fontana (1781)* **1,** 269$_{R4}$
– *Verhaltungs-Regeln bey nahen Donnerwettern, nebst den Mitteln sich gegen die schädlichen Wirkungen des Blizes in Sicherheit zu setzen (1774)* **1,** 805$_{4-8}$
– – [3]*1778* **1,** 805$_{8-9}$ **5,** 773[298. 299] 774[302. 303] 778[316] 865[874] 876[921] 877[923] 884[942]
– *Vorschlag zur Verbesserung der Luftpumpe (1786)* **1,** 248$_{R1-6}$
– *Vorschrift wie die Beobachtungen mit den meteorologischen Werkzeugen anzustellen und aufzuzeichnen sind (1781)* **5,** 906[1047]

Herausgeber
– *G.C. Lichtenberg, Vermischte Schriften (1800–1806)* **1,** VII$_{14}$
– *Magazin für das Neueste aus der Physik und Naturgeschichte (1781–)* **1,** 59$_{8}$ 515$_{R9-10}$ 562$_{42}$ **4,** 534[152] 698[293] 709[333] 725[423] **5,** 856[798]

Übersetzer
– *[1783] Dolomieu, Voyage aux îles de Lipari (1783)* **1,** 843$_{41}$ **5,** 528$_{22}$

Lichtenberg, Margarete Elisabeth, geb. Kellner (1768–1848) **3,** 301$_{24}$ **6,** LXXIII–LXXIV CXV

Lichtenbergs Bücherwelt. Bearb. von W. Hinrichs und U. Joost (1989) 3, 553[125] 558[133] 607[71] **5,** 599[194] 664[644] 683[800]

Lichtenstein, Anton August Heinrich (1753–1816)
– *Verzeichniß einer ansehnlichen Sammlung von mannigfaltigen großentheils kostbaren und auserlesenen Reichen der Natur und Kunst [...] zusammengebracht durch Christoph Gottfried Beireis (1811)* **3,** 457[97]

Lichtscheid, Ferdinand Helffreich (1661–1707)
– *Nova accessio ad hygrometron ex chorda confici solitum (1688)* **3,** 433$_{28-29}$ 726[399]

Lieberkühn, Johann Nathanael (1711–1756)
– *Jupitermonde* **2,** 748$_{24}$ **5,** 156$_{15}$
– *Sonnenmikroskop* **1,** 422$_{20-21}$ **4,** 433[62]

Liebig, Justus v. (1803–1873)
– *Alaunpyrophor (1842; Art. im Handwörterbuch der reinen und angewandten Chemie)* **4,** 564[253]

Liebknecht, Johann Georg (1679–1749)
– *Elementa geographiae generalis (1712)* **1,** 830$_{8-9}$

Liebscher, Georg (1853–1896) **6,** LXVII
Liefmann, Friedrich (†1748)
– *Blitzen auf dem Mond* **2,** 706_{25} **5,** 256_{1}
– *Mond durchlöchert* **1,** 689_{R17} 964_{21} **2,** 707_{38}
Schriften
– *Luna perforata (1722)* **1,** 964_{23}
Lier, Johann Christian 6, CVIII–CIX
Liesganig, Joseph (1719–1799)
– *Gradmessung* **2,** 677_{7} **5,** $247_{32.\,36}$ 318_{28} 702^{935}
Schriften
– *Dimensio graduum meridiani Viennensis et Hungarici (1770)* **5,** 703^{935}
Lilius, s. Giglio.
Lind, James (1716–1794) **5,** 717^{997}
– *An essay on diseases incidental to europeans in hot climates (1771)* **5,** 396_{12}
Lindenau, Bernhard August von (1780–1854) **1,** XV^{14}
– *Höhenmessung* **2,** 824^{*} 967_{4} 1016^{*}
– *Sonne* **2,** 727^{*}
Schriften
– *Tables barometriques (1809)* **2,** $965_{10\text{–}11}$ 967^{*} 978^{*} 989^{*} 1018_{12}
– *Über den Gebrauch der Gradmessungen zur Bestimmung der Gestalt der Erde (1806)* **2,** 684^{*} $685^{\dagger}$
– *Über die Möglichkeit die Gestalt der Erde aus Gradmessungen zu bestimmen (1809)* **2,** $685^{\dagger}$
– *Über Höhenmessungen durch Barometer, nebst einigen dazu dienlichen Tafeln (1805)* **2,** 824^{*} 1015^{*}
– *Versuch einer geschichtlichen Darstellung der Fortschritte der Sternkunde im verflossenen Decennio (1811)* **2,** $632^{\dagger}$ 711^{*} 727^{*} 747^{*} 748^{*} 750-$750^{\S\ddagger}$ 786^{*} 788^{*} $789^{\dagger}$
Linder, Fintanus (Pater Ventan) (1725–1785)
– *Wetterharfe* **1,** 944_{22} **2,** 335_{15}
Link, Heinrich Friedrich (1767–1851)
Schriften
– *Einige Bemerkungen über Anziehung und Verwandtschaft (1808)* **2,** 867^{*}
Übersetzer
– *[1794] Lavoisier, Opuscules physiques et chymiques (1774)* **3,** 340_{5} $357_{6.\,10.\,25}$ $359_{4.\,8.\,13.\,14}$ 429_{17} 651^{218}
– *[1794] Lavoisier, Traité élémentaire de chimie (1789)* **1,** 926_{11} 937_{36}
Linné, Carl von (1707–1778)
– *Erdgeschichte* **1,** 849_{31} **2,** 939_{27} **5,** 381_{30} 519_{35}
– *Meister der Naturbeschreibung* **2,** 16_{31}
– *nicht auf Mathematik gestützte Beiträge zur Naturlehre* **2,** 21_{14} **3,** 40_{31}
– *System der Pflanzen* **1,** 778_{R10} **2,** $44_{11.\,17}$ 894_{12} **3,** 83_{29} 112_{23} $113_{29\text{–}30}$ $306_{3.\,4}$ **4,** 279_{29} **5,** 577^{61}
– *Thermometer* **4,** 546^{198}
– *Turmalin elektrisch* **1,** 600_{28}
Schriften
– *Flora Zeylanica (1747)* **1,** $600_{30\text{–}31}$
– *Oratio de telluris habitabilis incremento (1744)* **5,** 381_{30}
– – *Ausg. in ders., Amoenitates academicae 2 (1751)* **1,** $850_{32\text{–}34}$ **2,** $939_{27\text{–}28}$ **5,** $505_{27\text{–}29}$
– *Systema naturae (1735 u.ö.)* **1,** 7_{9}
– – *13 1788–1793* **1,** $604_{R28\text{–}29}$ $960_{22\text{–}23}$
Lipperhey, Hans 1, 406_{2}
List, NN
– *Kristallmodelle* **6,** 533 (429)

Lister, Martin (1639–1712)
– *A discourse concerning the rising and falling of the quicksilver in the barometer (1684)* **5,** 909[1056]
– *Historiae animalium Angliae tres tractatus (1678)* **1,** 773_{R27}
– *Mr. Lister to Mr. Wray (in: Philosophical letters between the late learned Mr. Ray and several of his ingenious correspondents [1718])*
– – *Auszug 1784* **1,** 773_{R28-30}
Listing, Johann Benedikt (1808–1882)
– *Göttinger Instrumentensammlung* **6,** LXXXI LXXXVI LXXXIX CVIII–CXII CXXII CXXIV
– *Physik-Professor* **6,** LXXXVI XC XCVII CVIII CXXVI
– *Vorlesungen* **6,** LXXXVIII
– *zur Person* **6,** XCIX CIX
Littrow, Joseph Johann von (1781–1840)
– *Sonne* **2,** 727*
Livius, Titus (59 v. Chr. – 17 n. Chr.)
– *Nordlicht* **2,** 924_3
Schriften
– *ab urbe condita* **4,** 53_{17} 80_{24}
Locker, Edward Hawke (1777–1849)
– *The naval gallery of Greenwich hospital (1831)* **5,** 594[162]
Loder, Justus Christian von (1753–1832)
– *Präparate des Innenohres* **6,** 487 (396)
Schriften
– *Index praeparatorum aliarumque rerum ad anatomen spectantium (²1826)* **6,** 552 (453)
Löscher, Karl Immanuel (1750–1814)
– *Angabe einer Schwammmaschine (1788)* **1,** 188_{R1-9} **2,** $184_{17-18.\,25}$
Lomonossov, Michail Vassilevič (1711–1765) **5,** 867[878]
– *Meereis* **1,** 829_{35}
Schriften
– *Anemometrum summam celeritatum cuiusvis venti et simul variationes directionum illius indicans (1749)* **1,** 766_{35-39}
– *Oratio de origine lucis (1756)* **1,** 392_{37-38}
– *Oratio de meteoris vi electrica ortis (1753)* **5,** 865[870] 866[878] 869[881. 883]
– *Tankar om is-bergens ursprung (1763)*
– – *Gedanken, vom Ursprunge der Eisberge (dt. von A.G. Kästner 1766)* **1,** 829_{31-34}
The London Chronicle
– *1786* **5,** 395_{17}
Longomontanus, Christen Sørensen (1562–1647) **5,** 233_5
– *Astronomia Danica (1622)* **5,** 89_5
Lorgna, Antonio Mario (1730–1796)
– *Ausdehnung von Quecksilber* **1,** 478_{R3}
Lorimer, James (Jacobus) (*1753)
– *De oleis tentamen inaugurale (1781)* **3,** 311_{25-26}
Loskiel, Georg Heinrich (1740–1814)
– *Geschichte der Mission der evangelischen Brüder unter den Indianern in Nordamerika (1789)*
– – *Auszug 1790* **1,** 601_{R7}
Louis Philippe, s. Frankreich, Louis Philippe, König von.
Louis, Antoine (1723–1792) **2,** 18_{16} **3,** 26_5
Louville, Jacques Eugéne d'Allonville de (1671–1732)
– *Blitzen auf dem Mond* **1,** 689_{R16} **5,** 254_{28} 255_{31-32}
– *Schiefe der Ekliptik* **1,** 657_3

Schriften
– *De mutabilitate eclipticae dissertatio (1719)* **1,** $657_{10\text{–}12}$
– *Observation faite à Londres de l'eclipse totale du soleil du 3. May 1715. nouveau stile (1715)* **1,** $698_{4\text{–}7}$
Lovell, Robert (1630?–1690)
– *Πανορυκτολογια. Sive Pammineralogicon (1661)* **4,** 811^{289}
Lowitz, Georg Moritz (1722–1774)
– *Erdglobus* **2,** 688_{6}
– *Göttinger Instrumentensammlung* **6,** XLIII LXIX
– *Heber im Vakuum* **2,** 299^{*}
– *Vater von Johann Tobias Lowitz* **2,** 286_{15}
Schriften
– *Description complete ou second avertissement sur les grands globes terrestres et celestes (1749)* **1,** $667_{31\text{–}34}$
– *Sammlung der Versuche, wodurch sich die Eigenschaften der Luft begreiflich machen, und ihre Würkungen erklären lassen (1754)* **1,** $245_{33\text{–}36}$
– *Troisieme avertissement sur les grands globes (1753)* **1,** $667_{35\text{–}37}$
Lowitz, Johann Tobias (1757–1804)
– *Hygrometer* **2,** $286_{14\text{–}38}$ 287_{3} **3,** 439_{28}
– *Kältemischungen* **2,** 477_{18} **3,** 282_{10} **4,** 192_{33} 208_{1}
– *Tonschiefer zur Hygrometrie* **6,** 479 (*389*)
Schriften
– *Anzeige eines, zur vollkommenen Entwässerung des Weingeistes notwendig zu beobachtenden, Handgriffs (1796)* **1,** $185_{R23\text{–}24}$
– *Beschreibung eines anno 1772 im Astrachanischen Gouvernement neu erfundenen Hygrometers (1783)* **1,** $283_{11\text{–}15}$ **2,** 287_{4} **3,** $412_{9\text{–}16}$ **6,** 479 (*389*)
– *Brief an J.E. Gmelin (1793)* **2,** 477_{26} **3,** 611^{107} **4,** $192_{31\text{–}32}$ 586^{375}
Lowth, Robert (1710–1787) **1,** $48_{R5\text{–}6}$
Lowthorp, John
Bearbeiter
– *The Philosophical Transactions abridged (1701)* **1,** $49_{40\text{–}41}$
Loys de Cheseaux, Charles-Louis (1730–1789)
– *Abrégé chronologique pour servir à l'histoire de la physique (1786–1787)* **1,** $40_{R24\text{–}27}$
– *Auszug aus einem Briefe von Erfindung eines Hygrometers (1762)* **3,** $432_{32\text{–}34}$
Lubieniecki, Stanisław (1623–1675)
– *Theatri cometici partes (1667–1668)* **1,** $701_{32\text{–}33}$ **5,** 187_{8} $289_{14.\ 24}$
– – *1: Theatrum cometicum (1668)* **1,** 701_{R2} **2,** $758_{20\text{–}21}$ **5,** 668^{692}
– – *2: Historia cometarum (1667)* **5,** 166_{6} 167_{8} 668^{692}
Lucretius Carus, Titus (um 98 – um 55 v. Chr.) **1,** $40_{20\text{–}21}$ **2,** 113_{25} 949_{41} **3,** 201_{24} 208_{3} 360_{15}
– *De rerum natura* **1,** $96_{R1\text{–}2}$ **2,** 342_{10} **3,** 559^{138} **4,** 64_{29} $71_{2\text{–}3}$
– – *Ausg. London 1712* **1,** $47_{23\text{–}24}$
– – *ed. T. Creech (1695)* **1,** $47_{25\text{–}26}$
– – – *Basel 1770* **1,** $47_{26\text{–}27}$
– – *Von der Natur (lat-dt. von H. Diels 2 1993)* **3,** 673^{330} **4,** 445^{109}
Ludolf, Christian Friedrich (1707–1763)
– *elektrisch zünden* **1,** $551_{33\text{–}34}$
– *Elektrometer* **4,** 291_{28}
Schriften
– *Manière de construire une échelle de baromètre (1749)* **1,** $476_{29\text{–}36}$
Ludwig VIII., s. Hessen-Darmstadt, Ludwig VIII., Landgraf von.

Ludwig XIII., s. Frankreich, Ludwig XIII., König von.
Ludwig XIV., s. Frankreich, Ludwig XIV., König von.
Ludwig XV., s. Frankreich, Ludwig XV., König von.
Ludwig XVI., s. Frankreich, Ludwig XVI., König von.
Ludwig, Christian (1749–1784)
– *Bemerkungen über die in den nächstverflossenen Monaten allgemein sich verbreitete dicke Luft (1783) [zus. mit C.F. Hindenburg]* **5,** 457_{5}
Lüdicke, August Friedrich (1748–1822)
Übersetzer
– *Nicholson, Introduction (1787)* **1,** 46_{R6-7}
Lüschen, Hans (1895–1988)
– *Die Namen der Steine (1968; ²1979)* **3,** 676^{342} 698^{155}
Lulofs, Johan (1711–1768) **2,** 830_{17}
– *Quellen* **2,** 826_{12} **5,** 330_{18}
– *Rechenfehler* **1,** 649_{R12}
Schriften
– *Inleiding tot eene natuur- en wiskundige beschouwinge des aardkloots (1750)* **1,** 830_{16-18}
– – *Einleitung zu der mathematischen und physikalischen Kenntniß der Erdkugel (dt. von A.G. Kästner 1755)* **1,** 830_{19-23} **2,** 828_{39-40} 830_{4-5} 953_{36-38} **5,** 330_{13} 331_{32} 332_{34} 333_{18-19} 380_{34} 381_{10-11} 383_{32-33} $391_{11.\,35}$ 501_{13} 749^{89} $750^{95.\,96.\,99-107.\,109}$ $751^{111-113.\,115.\,116}$ $752^{117-121}$ $759^{192.\,193}$ $764^{225.\,229.\,233}$ 794^{388} $795^{395.\,397}$ 928^{1272}
Lunardi, Vincenzo (1759–1806) **3,** 399_{2}
Lusuerg, Jacobus
– *Zirkel* **6,** 316 (**36e*)
Luz, Johann Friedrich (1744–1827)
– *Ausdehnung von Quecksilber* **1,** 477_{R18} **2,** 456^{*} 458_{6}
– *Barometer* **1,** 477_{19}
– *Eudiometer* **2,** 275_{21}
Schriften
– *Anweisung das Eudiometer des Herrn Abt von Fontana zu verfertigen und zum Gebrauch bequemer zu machen. Ingleichen [...] in kurzer Zeit Mineralwasser zu verfertigen (1784)* **1,** 276_{10-13} **3,** 402_{22} 428_{20-23}
– *Unterricht vom Blitz und den Blitz- oder Wetterableitern (1784)* **4,** 64_{23} 263_{29} 670^{166}
– *Vollständige und auf Erfahrung gegründete Anweisung die Thermometer zu verfertigen (1781)* **1,** 475_{44}–476_{2}
– *Vollständige und auf Erfahrung gegründete Beschreibung von allen [...] Barometern (1784)* **1,** 307_{1-11} 474_{23} **3,** 443_{11-17} $730^{440.\,442}$ **5,** 934^{37} 939^{66}
Lydiat, Thomas (1572–1646) **5,** 330_{16}
Lyon, John (1734–1817)
– *charakterisiert von L.* **1,** 607_{R14-15}
– *Elektrizität* **2,** 24_{1} **4,** 719^{384}
Schriften
– *[Brief an den Herausgeber des Gentleman's Magazine] (1778)* **4,** 335_{20-21}
– *Experiments and observations made with a view to point out the errors of the present received theory of electricity (1780)* **1,** 533_{R13-14} 607_{13-17} **2,** 23_{14-15} **3,** 56_{24} **4,** 743^{514}
– – *GGA-Rezension 1780* **4,** 743^{514}
– – *Rezension 1781* **1,** 607_{R17-18}
– *Farther proofs that glass is permeable by the electric effluvia (1781)* **1,** 533_{R13-14} 607_{R10-14}
– – *GGA-Rezension 1783* **1,** 607_{R19}

Macbride, David (1726–1778)
– *On the nature and properties of fixed air (1767)* **3,** 392_{33}
MacCulloch, Kenneth
– *An account of the new improved sea compasses (1789)* **1,** 759_{R12} **5,** 418_{17}
Mach, Ernst (1838–1916)
– *Die Mechanik in ihrer Entwicklung (1883 u.ö.)* **3,** 587[291]
– *Die Principien der Wärmelehre (1896 u.ö.)* **4,** 539[178] 591[390] 598[416]
Machines et inventions approuvées par l'Academie Royale des Sciences (1735–1777) **4,** $154_{14-15.\ 21-22}$
Mackay, Ruddock F. (*1922)
– *Keppel, Augustus, Viscount Keppel (1725–1786) (2004)* **5,** 619[343]
Mackenzie, Colin (1753–1821)
– *One thousend experiments in chemistry (1821)*
– – *Tausend Experimente der Physik und Chemie (dt. von C.G. Kühn 1823)* **6,** 560 (468)
Mackenzie, George Stewart (1780–1848) **2,** 833*
Maclaurin, Colin (1698–1746)
– *Definition der Physik* **3,** 17_{7}
– *Maß der Kraft* **3,** 253_{8}
Schriften
– *An Account of Sir Isaac Newton's Philosophical Discoveries (1748)* **1,** 48_{34-36} **2,** 27_{11-12} **3,** 58_{28} 447[32]
– *De causa physica fluxus et refluxus maris (1752)* **5,** 446_{8}
Maconius, Nicolaus
– *Dissertatio chemico-physica de theoria caloris corporum specifici (1784) [zus. mit J. Gadolin]* **4,** 595[406]
Macquer, Pierre Joseph (1748–1784)
– *Blutlauge* **3,** 362_{14}
– *dephlogistisierte Luft* **3,** 394_{12}
– *Gummi* **3,** 112_{26} 115_{25}
– *Schmelzen mit dem Brennglas* **4,** 230_{18}
– *Versuche mit Silber* **1,** 958_{28}
Schriften
– *Dictionnaire de chimie (²1778)*
– – *Art. Phosphores pierreux* **4,** 69_{4}
– – *Chymisches Wörterbuch (dt. von J.G. Leonhardi 1781–1783)* **1,** 65_{R8} 220_{6-8} 231_{23-27} 278_{30-32} **6,** 354 (*119)
– – – *Art. Brennglas* **1,** 461_{R8-9}
– – – *Art. Gas* **3,** 697[146]
– – – *Art. Seewasser* **1,** 729_{24-25} **5,** 326_{4-5}
– – – *Art. Silber* **1,** 461_{R7}
– – – *Art. Verglasung* **1,** 527_{R14-15}
– – – *Art. Zink* **1,** 530_{R21-25}
– – – *²1788–1791* **1,** 231_{R8} 265_{R10-11} 268_{R7-8} **3,** 623[54]
– – – – *Art. Aether* **3,** 719[335]
– – – – *Art. Alaun* **4,** 564[256]
– – – – *Art. Alkali* **5,** 807[476]
– – – – *Art. Alkohol* **3,** 729[431]
– – – – *Art. Ammoniakalsäure* **3,** 657[253]
– – – – *Art. Berlinerblau* **3,** 676[341]
– – – – *Art. Bleyglötte* **4,** 722[416]
– – – – *Art. Branntwein* **3,** 729[431]
– – – – *Art. Braunstein* **4,** 764[84]
– – – – *Art. Brennbares* **3,** 331_{7-8}
– – – – *Art. Brennglas* **4,** 621[528]
– – – – *Art. Cadmie* **4,** 745[8]
– – – – *Art. Diamant* **4,** 676-677[210]
– – – – *Art. Dianenbaum* **3,** 623[55]
– – – – *Art. Eisen* **3,** 635[157] 729[433]
– – – – *Art. Feuer* **3,** 674[334]
– – – – *Art. Feuersäure* **3,** 638[171]
– – – – *Art. Gährung* **3,** 694[126] 729[432]
– – – – *Art. Gas* **3,** 697[145]
– – – – *Art. Glasgalle* **4,** 495[11]
– – – – *Art. Glockenspeise* **4,** 559[238]
– – – – *Art. Gummilack* **4,** 674[194]
– – – – *Art. Harz, elastisches* **3,** 490[118] 491[126] 493[140]

– – – – *Art. Hornsilber* **4,** 462[171]
– – – – *Art. Kiese* **3,** 729[433]
– – – – *Art. Knallpulver* **4,** 503[62]
– – – – *Art. Musivgold* **4,** 640[53]
– – – – *Art. Niederschlagen* **4,** 570[277]
– – – – *Art. Oele, wesentliche* **4,** 566[261] **5,** 793[383]
– – – – *Art. Papinianische Maschine* **3,** 622[51]
– – – – *Art. Phlegma* **3,** 631[107]
– – – – *Art. Phosphore, erdichte* **4,** 449[127]
– – – – *Art. Phosphorus* **4,** 174_{9-10} 563[252]
– – – – *Art. Salz* **3,** 624[58]
– – – – *Art. Salz - Bleysalz* **3,** 479[48]
– – – – *Art. Salz - Glaubersalz* **4,** 584[349]
– – – – *Art. Schwefel* **3,** 678[353]
– – – – *Art. Schwefelsäure, flüchtige* **3,** 657[252]
– – – – *Art. Seife* **3,** 622[49]
– – – – *Art. Turbith, mineralisches* **3,** 698[152] **5,** 919[1169]
– – – – *Art. Verglasung* **4,** 676[203]
– – – – *Art. Violensyrup* **3,** 307_{28}
– – – – *Art. Wein* **3,** 479[48] 480[52]
– – – – *Art. Weinsteinsäure* **3,** 625[61]
– – *Dizionario di chimica (ital. von G.A. Scopoli 1784–1785)* **4,** 497[23]
– *Mémoire sur un moyen de dissoudre la résine Caoutchouc (1768)* **3,** 84_{13} 489[117] **4,** 279_{31}
Macrobius, Ambrosius Theodosius (5. Jh.) **2,** 611*
– *Weltsystem* **5,** 229_{20}
Schriften
– *Commentarii in somnium Scipionis* **2,** 611* **5,** 230_{10-11}
– – *Ausg. (J.A. Willis) Leipzig 1963* **5,** 696[890]
Madeweis, Friedrich (1648–1705) **2,** 761*
Mästlin, Michael (1550–1631)
– *Jupitermonde* **5,** 156_{15}
– *Lehrer Keplers* **2,** $645_{15-16.\ 32}$ **5,** 87_{29} 88_{10}
– *Merkur* **5,** 151_{13}
Maffei, Scipione (1675–1755)
– *Blitz* **1,** 806_{21}
Schriften
– *Della formazione de' fulmini (1747)* **1,** 806_{36-38}
– – *Gedanken von den Blitzen (dt. 1758)* **1,** 806_{39}–807_{1}
Magalhães, João Jacinto de (1722–1790)
– *barometrische Höhenmessung* **1,** 737_{R2-9}
– *künstliches Sauerwasser* **3,** 393_{9}
– *medizinischer Gebrauch von fixer Luft* **3,** 393_{1}
– *Waage* **2,** 79_{17}
Schriften
– *Beschreibung einer neuen Probierwaage (1781)* **1,** 104_{R1}
– *Description et usage de nouveaux barometres (1779)*
– – *Beschreibung neuer Barometer (dt. 1782)* **1,** 737_{5-9}
– *Description of a glass apparatus, for making mineral waters (1777)*
– – *Beschreibung eines Glasgeräthes (dt. von G. T. Wenzel, erl. von C. F. Wenzel 1780)* **1,** 275_{14-21} **3,** 420_{3-6}
– *Essai sur la nouvelle théorie du feu élémentaire, et de la chaleur des corps (1780)* **1,** 512_{22-27} 514_{2-3} **4,** 598[417]
– – *Nachdruck 1781* **1,** 519_{35-37}
– – *Versuch über die neue Theorie vom Elementarfeuer, und die Wärme der Körper (dt. 1782)* **1,** 512_{29} **4,** 557[232]
– *Lettre à l'auteur de ce journal [Observations sur la physique] (1781)* **1,** 519_{38-41}

– *Ueber die v. d. Herren Pigott und Goodricke entdeckten veränderlichen Sterne (1788 [1785])* **5,** 293_{29}
Herausgeber
– *Cronstedt, Mineralogy (²1788)* **1,** 736_{R18}
Magalhães, Fernão de (1480–1521) **2,** 79_{18}
– *Erdumsegelung* **1,** 636_{34} 665_{6}
Magalotti, Lorenzo (1637–1712)
– *Saggi di naturali esperienze fatte nell' Accademia del Cimento (1667 u.ö.)*
– – *Esperienze intorno ad alcuni effetti del caldo, e del freddo* **1,** 507_{R23-25}
– – *Tentamina experimentorum naturalium captorum in Academia del Cimento (lat. hrsg. v. P. v. Musschenbroek 1731)* **1,** 464_{3-4} **4,** 539^{179} $540^{180.\ 181}$ 541^{185} 551^{213} 561^{249}
Magazin für das Neueste aus der Physik und Naturgeschichte (1781–) 1, 59_{6-7} **5,** 528_{16} 720^{1027}
– *1,1 (1780)*
– – *Beytrag zur Geschichte der meteorographischen Maschinen* **1,** 797_{R4}
– – *[Rochons Erfindung eines künstlichen Doppelspats]* **1,** 370_{11-12}
– *2,2 (1783)* **4,** 466^{189}
– – *Ueber den Nebel im Sommer 1783* **1,** $781_{16-17.\ R22}$
– *2,4 (1784)*
– – *[Bienvenu, Musivgold]* **1,** 530_{R7-8}
– – *Ueber das phosphorische Leuchten auf der Ostsee* **1,** 730_{14-15}
– *3,2 (1785)* **1,** 458_{16-19}
– *3,3 (1786)*
– – *Charpentier, Selbstentzündung von Eisenfeilspänen* **1,** 515_{R10-12}
– – *Landriani, Thermometereichung* **1,** 465_{R5-6}
– – *[Wasserhose bei Altona]* **1,** 808_{R16-17}
– *4,1 (1786)*
– – *[Faxes Steinpapier]* **1,** 459_{R17-18}
– *4,2 (1787)* **1,** 415_{R5-6}
– *4,3 (1787)*
– – *Beobachtungen über den Samum oder Samyel im Orient* **1,** 766_{R24-25} **2,** 862_{35}
– – *[Felters Thermometer aus Metall]* **1,** 479_{R3}
– – *Ueber einen neuen metallischen Pyrophor; erfunden vom Hrn. Jac. Keir* **1,** 488_{R9-10}
– *4,4 (1787)*
– – *[Elektrizität des Fischotterbalgs]* **1,** 730_{R2}
– – *[Erloschener Vulkan im Harz]* **1,** 846_{R15}
– – *[Höhenmessungen in den Pyrenäen]* **1,** 739_{R17}
– *5,3 (1788)* **1,** 273_{R21}
Magazin für die Botanik (1787–1790), hrsg. von J.J. Römer und P. Usteri 3, 113_{25-26}
Magazin für die Naturkunde Helvetiens (1787–1789) 1, 844_{R12}–845_{R1}
Magellan, s. Magalhães, João Jacinto de.
Magni, Valeriano (1586–1661) **3,** 716^{304}
Mahon, Charles, s. Stanhope, Charles, Viscount Mahon.
Maier, Georg Wilhelm (1758–1802)
– *Versuch über die erste Bildung der Erde nach Moses Bericht in physikalisch-chemischer Rücksicht (1795)* **5,** 510_{11-12}
– – *Rezension 1798* **5,** 916^{1130}
Maillet, Benoît de (1656–1738)
– *Entstehung der Erde* **1,** 835_{32}
Schriften

– *Telliamed ou Entretiens d'un philosophe indien avec un missionaire françois sur la diminution de la mer, la formation de la terre, l'origine de l'homme &c. (1748 u.ö.)* **1,** 850$_{27-31}$ **2,** 939$_{37-40}$ **5,** 506$_{1-2}$

Maimon, Salomon (1753–1800)

Herausgeber

– *Pemberton, Anfangsgründe der Newtonischen Philosophie (1793)* **3,** 50$_{18}$

Mainz, Kurfürst von, s. Schönborn, Johann Philipp von.

Mairan, Jean-Jacques Dortous de (1678–1771) **5,** 265$_{4}$

– *Grundeis* **2,** 426$_{30}$ **4,** 132$_{10}$

– *Kometen* **2,** 772$_{6}$ **5,** 173$_{7-12}$

– *Maß der Kraft* **2,** 150$_{7}$ **3,** 253$_{8}$

– *Monddrehung* **2,** 719$_{9}$

– *Nordlicht* **1,** 811$_{6.\ 13}$ **2,** 857$_{9}$ 924$_{30}$ 925$_{21}$ **5,** 266$_{5}$ 486$_{27}$

– *Schallausbreitung* **1,** 330$_{18}$

– *Volumenverhältnis Eis : Wasser* **1,** 433$_{R11}$ **2,** 423$_{6}$

– *Wärmehaushalt der Erde* **1,** 820$_{5-6}$ **2,** 933$_{28}$

– *Zodiakallicht* **5,** 266$_{8}$

Schriften

– *Description de l'aurore boréale du 26. septembre, & de celle du 19. octobre (1726)* **5,** 891[974]

– *Discours sur la propagation du son dans les différents tons (1737)* **1,** 331$_{8-11}$ **4,** 390[19]

– *Dissertation sur la glace (1716 u.ö.)*

– – *Ausg. Paris 1735* **1,** 436$_{11-12}$

– – *Ausg. Paris 1749* **1,** 436$_{12}$

– – – *Abhandlung Von dem Eisse (dt. 1752)* **1,** 435$_{R21-22}$ 436$_{14-16}$ **4,** 505[66] **5,** 784[336]

– *Éclaircissemens sur le traité physique & historique de l'aurore boréale (1747)* **1,** 811$_{22-25}$ **5,** 893[981]

– *Eclaircissement sur le memoire de la cause generale du froid en hiver, & de la chaleur en été (1721)* **5,** 780[325]

– *Memoire sur la cause generale du froid en hiver, & de la chaleur en été (1719)* **5,** 780[325. 326] 784[336] 785[342]

– *Mémoire sur le satellite vu ou présumé autour de la planète de Vénus (1762)* **1,** 694$_{12-16}$

– *Nouvelles recherches sur la cause générale du chaud en été & du froid en hiver, en tant qu'elle se lie à la chaleur interne & permanente de la terre (1765)* **5,** 780[325]

– – *Separatdruck 1767 u.ö.* **1,** 820$_{19-23}$

– *Recherches sur l'équilibre de la Lune dans son orbite (1747)* **2,** 719$_{10}$

– *Sur la cause generale du froid en hiver, & du chaud en été (1719)* **1,** 820$_{15-18}$ **5,** 780[326]

– *Sur l'ascension des liqueurs dans les tuyaux capillaires (1724)* **1,** 200$_{R10-11}$

– *Traité physique et historique de l'aurore boréale (1733)* **1,** 675$_{25-26}$ 811$_{17-19}$ **5,** 486$_{27-28}$

– – *Zusammenfassung durch B.B. de Fontenelle u.d.T. »Sur un sisteme de l'aurore boréale« (1732)* **5,** 486$_{33-34}$ 894[987. 988]

– – *Physische und historische Abhandlung vom Nordlichte (dt. von W.B.A. v. Steinwehr 1753)* **5,** 486$_{15}$ 660[622] 722[1040. 1041] 891[975] 893[981]

– – ^{2}*1754* **1,** 811$_{20-21}$ **5,** 893[981]

Maire, Christopher (1697–1767)

– *Gradmessung* **2,** 677$_{4}$ **5,** 318$_{24}$

Maison-Neuve, François de

– *Système sur la cause de la salure (1778)* **1,** 728$_{37-38}$ **5,** 326$_{28-29}$

Maistre, Xavier de (1763–1852)
– *Observations sur quelques expériences dans lesquelles le soufre [...] (1801)* **2,** 480[*]
– – *Beobachtungen über einige Versuche [...] (dt. 1808)* **2,** 480[*]
Maizeroy, s. Joly de Maizeroy, Paul Gedéon.
Maler, Jakob Friedrich (1714–1764)
– *Physik oder Naturlehre (1767)* **1,** $45_{42–43}$
Mallet, Frédric (1728–1797)
– *Om rägn-bogens förklaring (1763)*
– – *Ueber die Erklärung des Regenbogens (dt. von A.G. Kästner 1766)* **1,** $794_{4–6}$
Mallet, Paul Henri (1730–1807)
– *Gradmessung* **1,** 651_{R14}
Schriften
– *Introduction à l'histoire de Dannemarc (1755; ^{2}1763)* **5,** 670[711]
Mamon, s. Al-Ma'mûn, Abdallah, Kalif von Bagdad.
Mandyczewski, Eusebius (1857–1929)
– *Zusatz-Band zur Geschichte der k. k. Gesellschaft der Musikfreunde in Wien (1912)* **4,** 414[196]
Manesson-Mallet, Allain (ca. 1630 – ca. 1706)
– *La geometrie pratique (1702)* **6,** 294 (**23[a]*)
Manfredi, Eustachio (1674–1739)
– *De aucta maris altitudine (1746)* **1,** $838_{11–13}$
Mangin, Nicolas († um 1780)
– *Histoire générale et particuliere de l'électricité (1752)* **4,** $277_{29–30}$
Mann, Théodore Augustin (1735–1809)
– *Brief von H. Ellis* **2,** 860_{22}
Schriften
– *[Bericht über seine Englandreise] (1780)* **1,** $603_{R15–17}$
– *Mémoire sur le changement successif de la témperature (1790)*
– – *Ueber die allmählichen Veränderungen der Temperatur (dt. 1790)* **1,** 815_{R20}
– *Mémoire sur les diverses méthodes inventées jusqu'a présent pour garantir les édifices d'incendie (1778)* **1,** $459_{16–18}$
– – *Ueber verschiedene Erfindungen die Gebäude auf eine sehr einfache und wohlfeile Weise gegen Feuersbrünste zu sichern (dt. 1790)* **1,** $459_{R8–15}$
– – *Nachdruck 1778* **1,** $459_{18–19}$
– *Mémoire sur les marées aériennes (1785)* **5,** 358_{19}
Mannigfaltigkeiten. Eine gemeinnützige Wochenschrift (1769–) **1,** $58_{26–27}$
Manuzio, Aldo Pio (1450–1515)
– *Drucker*
– – *Seneca, Naturales quaestiones (1522)* **1,** 47_{29}
Maraldi, Giacomo Filippo (1665–1729)
– *Gradmessung* **2,** 674_{28} **5,** 104_{31}
– *Jupiterrotation* **5,** 156_{31}
– *Schallgeschwindigkeit* **1,** $312_{20–21}$
Schriften
– *Diverses expériences d'optique (1723)* **4,** 91_{12}
Marat, Jean Paul (1743–1793)
– *Lehre vom Sehen* **2,** 342_{25}
Schriften
– *Decouvertes sur la lumière (1780)*
– – *Entdeckungen über das Licht (dt. v. C.E. Weigel 1783)* **1,** $346_{34–36}$
– *Découvertes sur le feu, l'électricité et la lumière (1779)* **1,** $524_{11–13}$
– *Recherches physiques sur le feu (1780)* **1,** $524_{16–17}$
– – *Physische Untersuchungen über das Feuer (dt. von C.E. Weigel 1782)* **1,** $524_{14–15}$

– *Recherches physiques sur l'électricité (1782)* **1,** $607_{18–19}$
– – *Physische Untersuchungen über die Elektricität (dt. von C.E. Weigel 1784)* **1,** $567_{R1–8}$ $607_{20–21}$ $729_{R4–5}$ $806_{R30–31}$
– *[u. d. Pseud.: Soyecourt, Chevalier de] Mémoire sur les expériences données en preuve de la chaleur latente (1788)* **1,** $507_{R1–3}$ $514_{R6–8}$ **4,** 178_{24}
– – *Ueber die zum Beweis der gebundenen Wärme angestellten Versuche (dt. Auszug 1790)* **1,** $507_{R3–4}$ **4,** 574^{294}
Marc, Charles Chrétien Henri (1771-1840)
– *Ueber die Bereitung des Stickgas's im Großen (1795)* **1,** $939_{10–11}$
Marcard, Heinrich Matthias (1747–1817)
– *[Sammelrezension über den thierischen Magnetismus]? (1788)* **4,** $386_{9–10}$
Marcassus de Puymaurin, Jean-Pierre-Casimir (1757–1841)
– *De l'acide fluorique, de son action sur la terre siliceuse (1788)* **1,** $273_{R1–7}$
– – *Von der Wirkung der Flußspathsäure, auf die Kieselerde (1788)* **1,** 272_{R22}
Marcel, Arnold (1672–1748)
– *An abstract of a letter (1731–1732)* **1,** $619_{12–14}$
Marcellinus, Comes (†534) **5,** 766^{253}
Marcellus, Marcus Claudius (um 268 – 208 v. Chr.) **2,** 360_{35} **4,** 53_{11} 80_{19}
Marcorelle, Jean-Francois de, Baron d'Escale (†1787)
– *D'un brouillard extraordinaire (1784)* **1,** $781_{R19–20}$
Marcus Antonius (86/83?–30 v. Chr., röm. Politiker und Feldherr) **2,** 735_{41} **5,** 132_{2}
Marcus Aurelius Antoninus Augustus, röm. Kaiser 161–180 (121–180) **2,** 604_{24}
Maret, Hugues (1726–1786)
– *Schmelzen von Platin* **1,** 439_{15}
Marggraf, Andreas Sigismund (1709–1782)
– *nicht auf Mathematik gestützte Beiträge zur Naturlehre* **3,** 41_{1}
– *Schmelzen von Platin* **1,** $439_{20–21}$
Schriften
– *Examen chemicum aquae*
– – *Chymische Untersuchung des Wassers (dt. in ders., Chymische Schriften 1, 1761)* **1,** $224_{14–17}$
– *Examen des parties qui constituent cette espece de pierres [...] (1750)*
– – *Abhandlung von denen Bestandtheilen dererjenigen Steine, welche [...] das Vermögen erhalten, [...] das Licht anzuziehen (dt. in ders. Chymische Schriften 2, 1767)* **1,** $945_{21–22}$
– *Mémoire concernant certaines pierres (1749)*
– – *Abhandlung dererjenigen Steine, welche [...] soweit gebracht werden, daß sie [...] im dunkeln leuchten (dt. in ders., Chymische Schriften 2, 1767)* **1,** 945_{21}
Maria Theresia, s. Österreich, Maria Theresia, Erzherzogin von.
Mariotte, Edme (um 1620 – 1684)
– *Gasgesetz (Boyle-Mariotte)* **1,** 26_{3} $290_{10–11}$ **2,** 293_{21} $295_{9.\ 21}$ $296_{19.\ 30}$ $297_{17.\ 27}$ 299_{7} $944_{9–24}$ 945_{8} 952_{35} 953_{4} $969_{28–29}$ 970_{8} $971_{30–31}$ $972_{23.\ 34}$ $973_{19–20}$ $1007_{30–31}$ **3,** $405_{2.\ 6}$ 407_{10}
– *Hydrometrie der Seine* **1,** 740_{13} 741_{13} **2,** 826_{21} $827_{3–40}$ **5,** $330_{8.\ 29}$
– *Quellen* **2,** 826_{11} **5,** $330_{18.\ 23}$ 332_{1}

– *Steighöhe beim Springbrunnen* **1,** 164_{R1}
– *Stoßmaschine* **1,** 142_{23} **2,** 141_{4} **3,** 189_{22}
Schriften
– *Essays de physique (1679–1681)*
– – *2: De la nature de l'air (1679)* **1,** 245_{28-29} **3,** 707[242] **4,** 548[203]
– – – *Ausg. in ders., Œuvres 1 (1717)* **1,** 245_{29-30}
– – *3: Du chaud et du froid (1679)*
– – – *Ausg. in ders., Œuvres 1 (1717)* **1,** 523_{25-26}
– – *De la nature des couleurs (1681)*
– – – *Ausg. in ders., Œuvres 1 (1717)* **1,** 424_{32-33}
– *Œuvres (1717)* **1,** 48_{22-23}
– *Traité de la percussion ou choc des corps (1673)* **1,** 157_{35-36}
– – *Ausg. in ders., Œuvres 1 (1717)* **1,** 157_{36-37}
– *Traité du mouvement des eaux et des autres corps fluides (1686)* **1,** 186_{25-27} 743_{19-20}
– – *Ausg. in ders., Œuvres 2 (1717)* **1,** 186_{27}
– – *Ausg. in ders., Œuvres 2 (1740)* **5,** 749[94] 750[95. 96. 99. 100. 103]
– – *Grundlehren der Hydrostatik und Hydraulik (dt. von J.C. Meinig 1723)* **1,** 186_{28-31} **3,** 605[59]
Marius, Gaius (156–86 v. Chr.) **5,** 650[562]
Marius, Simon (1573–1624)
– *Jupitermonde* **1,** 690_{7} **2,** 748_{17} **5,** 155_{27}
Schriften
– *Mundus Jovialis (1614)* **1,** 691_{7-9} **5,** 645[520]
Marivetz, Étienne Claude de (um 1728 – 1794)
– *Physique du monde (1780–1787) [zus. mit L.-J. Goussier]* **1,** 708_{R5-6} **2,** 941_{27-28} **5,** 507_{12-13}
– – *Rezension der Bände 4 & 5 (1788)* **1,** 493_{R24}
– – *Neues System von der Bewegung der himmlischen Körper (dt. Auszug 1782)* **1,** 708_{R1-3}
Mark Aurel, s. Marcus Aurelius Antoninus Augustus, röm. Kaiser 161–180.
Marpurg, Friedrich Wilhelm (1718–1795)
– *Versuch über die musikalische Temperatur (1776)* **1,** 335_{37-39}
Marschall von Bieberstein, Karl Wilhelm (1764–1817)
– *Gedanken über die Ursache des Selbstleuchtens der Sonne (1806)* **2,** 732*
Marsden, William (1754–1837)
– *The history of Sumatra (1783)* **1,** 738_{27} **2,** 825_{5}
Marshall, John (fl. 1685 – 1722) **6,** 384 (*162)
– *1½ Fuß langes Perspektiv* **6,** 331 (*76)
– *8 Fuß langes Teleskop* **6,** 327 (*63)
Marshall, William (1745–1818)
– *Atmometer* **2,** 874_{3}
Schriften
– *Experiments and observations concerning agriculture and the weather (1779)* **1,** 969_{6-7}
Marsili, Luigi Ferdinando (1658–1730)
– *Brot aus Seewasser* **5,** 325_{31}
– *Meerestiefe* **2,** 817_{33}
– *Salzigkeit des Meeres* **5,** 396_{4}
Schriften
– *Osservazioni intorno al Bosforo Tracio (1681)* **5,** 805[461]
– – *Rezension 1692* **5,** 805[461]
– *Osservazioni naturali intorno al mare (1711)*
– – *Histoire physique de la mer (frz. 1725)* **1,** 727_{16-17} 730_{18-20} **5,** 324_{20} 745[60]

Marsollier des Vivetières, Benoît-Joseph (1750–1817)
– *Description de la Baume ou Grotte des demoiselles (1785)*
– – *Beschreibung der Baume oder Jungferngrotte (dt. 1788)* **1,** 749$_{R4}$
Martens, Friedrich (1635–1699)
– *Spitzbergische oder Groenländische Reise Beschreibung (1675)* **5,** 489$_{20–22}$ 898[1010]
Martianus Capella (5. Jh.)
– *De nuptiis Philologiae et Mercurii*
– – *Hrsg. von A. Dick (1925)* **5,** 696[890]
Martin, Benjamin (1704–1782)
– *Heber im Vakuum* **1,** 300$_{R7}$
Schriften
– *An explanation of a new construction and improvement of the sea octant and sextant (1775)* **6,** 517 (422)
– *Philosophia Britannica (1747)* **1,** 444$_{R18}$ **2,** 222$_{21}$
– – *[3]1771* **1,** 234$_{R1–2}$ **4,** 390[20] 768[100]
– – – *Philosophia britannica oder fasslicher Lehrbegriff der Newtonschen Weltweisheit (dt. 1778)* **3,** 60$_{12}$
– *The description and use of both the globes, the armillary sphere, and orrery (1766)* **3,** 568[198]
Martine, George jr. (1702–1741)
– *An Essay towards comparing different thermometers (1740)* **1,** 473$_{1–2}$
– – *Sur la comparaison des différens thermometres (frz. 1751)* **1,** 523$_{39–44}$
– *Essays medical and philosophical (1740)* **1,** 523$_{37–38}$
Martinet, Johannes Florentius (1729–1795)
– *Katechismus der natuur (1777–1779 u.ö.)*
– – *Katechismus der Natur (dt. von J.J. Ebert 1779)* **4,** 134$_{14}$
Martius, Johann Nikolaus
– *Dissertatio de magia naturali (1705)*
– – *Unterricht in der natürlichen Magie (dt. 1717, neubearb. von J.C. Wiegleb, fortges. v. G.E. Rosenthal 1779–1805)* **1,** 32$_{14–15}$ **4,** 761[75] 762[77] 780[155]
Martyn, Thomas (vor 1760 – 1816)
– *Hints of important uses to be derived from aërostatic globes (1784)* **1,** 296$_{36–38}$
Marum, Martinus van (1750–1837)
– *Elektrizität*
– – *Elektrisiermaschine* **1,** 529$_{1}$ 957$_{29}$ **2,** 520$_{32}$ 521$_{2}$ **4,** 254$_{11.\ 34}$ 277$_{2}$ 286$_{16}$
– – *Magnetisierung* **4,** 348$_{12}$ 377$_{5}$
– – *medizinische* **4,** 263$_{17}$ 268$_{7}$ 648[92]
– *Gasometer* **1,** 935$_{4}$
– *Salpetersäure und -luft elektrisch zerlegt* **3,** 329$_{4}$
– *Verkalkung (Oxidation) von Metallen* **1,** 958$_{31}$
Schriften
– *Beschryving eener ongemeen groote electrizeer-machine = Description d'une très grande machine électrique (1785–1787)* **1,** 627$_{39–40}$ **3,** 329$_{7–8}$ 648[213] 652[227] **4,** 268$_{7}$ 377$_{6–7}$ 638[49] 644[77] 755[45] 807[266]
– – *1: Beschryving eener ongemeen groote electrizeer-machine (1785)* **1,** 529$_{14–17}$ 539$_{R3–4}$
– – – *dt. Referat (1786)* **1,** 529$_{R2–3}$
– – *GGA-Rezension 1785* **4,** 255$_{10–11}$ 638[49] 644[77]
– – *2: Eerste verfolg der proefneemingen, gedaan met Teyler's electrizeer-machine (1787)* **1,** 274$_{R4–5}$ 529$_{17.\ R4}$ 564$_{R6}$ 959$_{26–27}$
– – – *dt. Referat (1788)* **1,** 529$_{R7–9}$

– – *GGA-Rezension 1789* **3,** 322_{15-16} 636^{162} 647^{208}
– *Description des frottoirs électriques d'une nouvelle construction (1789)*
– – *dt. Auszug 1790* **4,** 286_{1}
– *Einige Erfahrungen und Betrachtungen über die Thätigkeit der Pflanzengefäße (1792)* **1,** 565_{R25-26}
– *Expériences sur la cause de l'électricité des substances fondues & refroidies (1788) [zus. mit Adriaan Paets van Troostwyk]* **1,** 536_{R24} 537_{R1-6} **4,** 691^{266}
– *Lettre à M. Berthollet, contenant la description d'un gazomètre (1791)*
– – *Beschreibung eines verbesserten Luftmessers, (Gazometers) […]. In einem Schreiben an Herrn Berthollet (dt. 1792)* **1,** 934_{35} **3,** 346_{19}
– *Lettre à M. Deleméthérie (1791)* **1,** 565_{R14-15}
– – *Schreiben an Hrn. de la Metherie über die Wirkung der sehr verstärkten Electrizität auf Thiere (dt. 1792)* **1,** 565_{R23-24}
– *Lettre à Marsilio Landriani, contenant la description de frottoirs electriques (1789)*
– – *dt. Auszug 1790* **1,** 529_{R21-25} 956_{23-24}
– *Seconde lettre à M. Berthollet, contenant la description d'un gazomètre très simple (1792)*
– – *Beschreibung eines sehr einfachen Gazometers […]. In einem zweyten Schreiben an Herrn Berthollet (dt. 1792)* **1,** 934_{35-36} **3,** 346_{19}
– *Sur une nouvelle machine électrique (1791)*
– – *Beschreibung einer neuen, einfachen, und vortheilhaften Electrisirmaschine (dt. 1791)* **4,** 285_{10}
– *Verhandeling over het electrizeeren (1776)*
– – *Abhandlung über das Elektrisiren (dt. von J.W. Möller 1777)* **4,** 286_{32}

Marum, d. i. Mann, Théodore Augustin.

Maskelyne, Nevil (1732–1811) **6,** 192 (*232*)
– *anziehende Kraft der Berge* **1,** 121_{R15} **2,** 107_{9-27} **3,** 571^{224} **5,** 29_{6} 704^{942}
– *Jupitermonde* **2,** 748_{24}
– *Kometen* **2,** $763_{10.\ 15.\ 23}$ **5,** 286_{14}
– *Längenbestimmung zur See* **5,** 110_{21}
– – *Längenpreis für Harrison* **2,** 420_{1} 698_{40} 699_{22} **5,** 115_{32}
– *Nutation* **2,** 784*
Schriften
– *Advertisement of the expected return of the comet of 1532 and 1661 in the year 1788 (1786)* **2,** 763_{10} **5,** 734^{1123}
– – *Exzerpt* **5,** 285_{12-13}
– *An account of an appearance of light […] seen lately in the dark part of the moon (1794)* **1,** 963_{34-37}
– *An account of observations made on the mountain Schehallien for finding its attraction (1775)* **1,** 121_{R15} **5,** 243_{22}
– *An account of the going of Mr. John Harrison's watch (1767)* **2,** 699_{27}
– *An attempt to explain a difficulty in the theory of vision (1789)* **1,** 416_{R3-9} 949_{23-25}
– – *Versuch, die Schwierigkeit in der Theorie des Sehens, welche von der verschiedenen Brechbarkeit des Lichts abhängt, zu erklären (dt. 1790)* **1,** 949_{26}

– *Discours sur l'attraction des montagnes (1776)* **5,** 243_{23}
– *Explanation and use of the articles contained in the astronomical and nautical Ephemeris (1767 [1766])* **5,** 618^{331}
– *M. de Luc's rule for measuring heights by the barometer (1774)* **1,** 737_{R16-18} **5,** 713^{979}
Mason, Charles (1728–1786)
– *Gradmessung* **2,** 677_{5} **5,** 247_{34} 318_{23}
Schriften
– *Observations for determining the length of a degree of latitude (1768) [zus. mit Jeremiah Dixon]* **5,** 704^{941} 707^{958} 709^{964} 713^{979}
Herausgeber
– *T. Mayer, Lunar tables, improved (1787)* **2,** 703_{1} **5,** 111_{19}
Mathesius, Johannes (1504–1565) **1,** 951_{32-33} **4,** 152_{3-4}
– *Sarepta (1562)* **1,** 951_{7} **2,** 436_{19} **4,** 152_{3-9}
– – *^{2}1571* **4,** 152_{3} 533^{148} **5,** 755^{145}
Mathi, NN
– *Hersteller einer Windbüchse* **3,** 83_{13}
Matra, James Mario (1746–1806) **2,** 813_{30} **5,** 395_{19}
Matschoss, Conrad (1871–1942)
– *Die Entwicklung der Dampfmaschine (1908)* **4,** $531^{141.\,142}$
– *Geschichte der Dampfmaschine (1901)* **4,** 535^{152}
Matthaei, Rupprecht (1895–1976)
– *Die Farbenlehre im Goethe-Nationalmuseum (1941)* **6,** 176 (*215*) 492 (*398*) 493 (*398*)
Mauduyt de la Varenne, Pierre Jean Claude (um 1732 – 1792)
– *Extraits de journaux tenus pour quatre-vingt-deux malades qui ont été électrisés (1779)* **4,** 263_{5} 306_{26-27} 713^{350}
– *Lettre [...] sur les précautions nécessaires, relativement aux maladies qu'on traite par l'electricité (1778)* **4,** 307_{23-24}
– *Mémoire sur le traitement électrique, administré à quatre-vingt-deux malades (1777–1778)* **1,** 565_{R5-10}
Maupertuis, Pierre Louis Moreau de (1698–1759)
– *Gefahr durch Kometen* **2,** 766_{22} **5,** 182_{9-10} 183_{1-16} 290_{17}
– *Gestalt der Erde* **1,** 650_{2-8} **2,** 675_{32}
– *Gradmessung* **5,** 100_{21} 247_{19}
– *Längengradexpedition* **1,** 648_{25} **2,** $675_{19.\,30}$ 683_{21} 684_{7} **5,** 105_{25} 247_{27}
– *Prinzip der kleinsten Wirkung* **2,** 151_{3}
– *Prioritätsstreit* **2,** 151_{20-27}
Schriften
– *Discours sur les differentes figures des astres (1732)* **1,** 720_{5-7}
– – *Ausg. in ders., Œuvres 1 (1768)* **1,** 720_{7-8}
– *Elements de geographie (1740; ^{2}1742)* **1,** 830_{10-11} **5,** 612^{289}
– – *Ausg. in ders., Œuvres 3 (1756)* **1,** 830_{11-12}
– *Essay de cosmologie (1750)* **2,** 151_{5}
– *Examen des trois dissertations [...] sur la figure de la terre (1738)*
– – *^{2}1741 u.d.T. »Examen desinteressé des differens ouvrages, qui ont été faits pour déterminer la figure de la terre«* **1,** 649_{25-28}
– *La figure de la terre (1738)* **1,** 649_{15-20} 810_{R20-22} **2,** 924_{21-22} **5,** 593^{151}
– – *Auszug in ders., Œuvres 4 (1768) u.d.T. »Opérations pour déterminer la figure de la terre et les variations de la pesanteur«* **5,** 102_{15-16} $613^{295.\,299}$

– *Les loix du mouvement et du repos (1746)* **1,** 146_{R12-15} **2,** 151_{4-5}
– *Lettre sur la comète (1742)* **2,** 766_{22-23}
– – *Ausg. in ders., Œuvres (1752)* **5,** 666[669] 667[673. 674. 675. 676. 677]
– *Œuvres (1752)*
– – *Ausg. Lyon 1756* **1,** 48_{37-38}
– *Sur la figure de la terre (1733)* **1,** 649_{10-14}
– *Sur la forme des instruments de musique (1724)* **1,** 332_{1-4}
Mayer, Andreas (1716–1782) **5,** 713[976]
Mayer, Christian (1719–1783)
– *Anemometer* **5,** 443_{27}
– *Besuch in Göttingen* **5,** 608[256] 609[269]
– *Uranussichtung* **2,** 753_{36} **5,** 159_{31}
– *Venusdurchgang* **5,** 96_{27}
Schriften
– *Expositio de transitu Veneris ante discum Solis (1769)* **1,** 963_{28} **2,** 665_{24-25} **5,** 92_{23} 610[275]
– *Gründliche Vertheidigung neuer Beobachtungen von Fixsterntrabanten (1778)* **5,** 610[275]
– *Pantometrum Paceccianum (1767)* **5,** 607[253]
Mayer, Christiane 6, LXXVIII
Mayer, Johann (1754–1807)
Herausgeber
– *Sammlung Physikalischer Aufsätze, besonders die Böhmische Naturgeschichte betreffend (1791–1794)* **4,** 225_{11}
Mayer, Johann Tobias (1752–1830) **6,** 563 (477)
– *Ausdehnung von Quecksilber* **1,** 478_{R1}
– *Brief an Lambert* **4,** 473[227]
– *Familie* **6,** LXXVIII
– *Göttinger Instrumentensammlung* **6,** LIX–LXI LXXIV LXXV XCV CIII–CIV CXVII–CXVIII
– *Höfe um Sonne und Mond* **2,** 908[*]
– *Laufbahn* **6,** LXXIV–LXXV LXXVII
– *Nachfolger L.s* **3,** 445[10] **6,** LXXV
– *Nebensonnen und -monde* **2,** 909[*]
– *Schallgeschwindigkeit* **4,** 396[51]
– *Tätigkeitsschwerpunkt* **6,** XCVI
– *Thermometer* **1,** 474_{R5}
– *Tod* **6,** LX LXXVIII LXXXIII XCV CVI
– *Wärmeleitung* **2,** 463_{1} **4,** 173_{26} 217_{26} $219_{11.\ 13.\ 26}$ 221_{24} 225_{22} 229_{13} $231_{1.\ 13}$ 233_{2}
Schriften
– *Anfangsgründe der Naturlehre (1801)*
– – *³1812* **6,** 238 (*290*) 245 (300) 254 (*313*) 550 (449)
– *Auszug aus einen Schreiben des Hrn. Hofrath Mayer (1811)* **2,** 908[*]
– *Bruchstück zu Tobias Mayer's Leben (1804)* **2,** 701[*]
– *Catalog des physikalischen Apparats (Ms. 1813)* **5,** 819[548] **6,** LXXVII LXXX LXXXII–LXXXIII LXXXV LXXXVII XCII–XCIII
– *Commentatio physico-mathematica de halonibus sive coronis (1808)* **2,** 908[*]
– *De lege vis elasticae vaporum (1808–1811)* **2,** 999[*]
– *Gründlicher und ausführlicher Unterricht zur praktischen Geometrie (1777–1783 u.ö.)* **2,** 972[*] **4,** 335_{27} **5,** 607[253] 930[4]
– – *⁴1816* **2,** 965[*] 1011[†]
– *Lehrbuch der phys. Astronomie, Theorie der Erde und Meteorologie (1805)* **2,** 907[†] 912[*]
– *Nachtrag zu L.s Instrumentenverzeichnis (Ms.)* **4,** 606[465]
– *Ob es nöthig sey, eine zurückstoßende Kraft in der Natur anzunehmen (1793)* **1,** 584_{R1-2} **4,** 636[39]

– *Physicalisch-mathematische Abhandlung über das Ausmessen der Wärme (1786)* **1,** 474$_{R11–18}$ 737$_{R22–29}$
– – *Rezension 1787* **1,** 474$_{R7–8}$
– – *Rezension 1788* **1,** 478$_{R2}$
– *Über das Gesetz, welches die Leitungskräfte der Körper für die Wärme befolgen (1791)* **4,** 214$_{29–31}$ 563[251] 622[531]
– *Über das wärmeleitende Vermögen der Körper (1791)* **4,** 562–563[251] 608[475] 613[496] 619[526] 622[531]
– *Ueber die Gesetze und Modificationen des Wärmestoffs (1791)* **1,** 524$_{R2–3}$ **4,** 214$_{27–28}$ 598[417]
– *Versuche über die wärmeleitenden Kräfte verschiedner Holzarten und die specifischen Wärmen derselben (1798)* **4,** 612[489]
– *Vollständige und gründliche Anweisung zur Verzeichnung der Land- See- und Himmelscharten (1794)* **5,** 742[37]

Mayer, Joseph (1752–1814)
– *Uiber ein neues elastisches Harz aus Madagasgar (1795)* **3,** 115$_{12–13}$

Mayer, Simon, s. Marius, Simon.

Mayer, Tobias (1723–1762) **2,** 703*
– *barometrische Höhenmessung* **2,** 1018$_{6}$
– *Farben* **1,** 392$_{23}$ **2,** 392$_{13–34}$ 393$_{17. 31}$ **4,** 67$_{3}$ 68$_{2}$ 82$_{29}$
– – *Wachsmalerei* **2,** 393$_{10–11}$ **4,** 67$_{28}$ 68$_{29}$ 83$_{4}$
– *Farbwahrnehmung, diskrete* **6,** 147 (184)
– *Fixsterne* **2,** 785$_{28}$ **5,** 195$_{25}$ 196$_{6}$
– *Göttinger Instrumentensammlung* **6,** XLII
– *in England bekannt* **3,** 6$_{22}$
– *Längenpreis* **2,** 702$_{27. 32}$ **5,** 111$_{23–26}$ s.a. Mayer, Tobias – Schriften – Novae tabulae motuum solis et lunae (1752).
– *Merkurdurchgang* **2,** 744$_{20}$ **5,** 151$_{8}$
– *mittlere Temperatur* **5,** 490$_{21}$ 491$_{15–17}$ 493$_{36}$
– *Monddurchmesser* **2,** 726*
– *Mondkarte* **1,** 687$_{24}$ 688$_{R9}$ **2,** 711$_{25–29}$ **5,** 254$_{3}$ 258$_{16}$ 262$_{30}$
– *Mondrechnung* **2,** 702$_{11}$
– *Reflexionskreis* **1,** 643$_{R10–11}$
– *Schriftenverzeichnis (1805)* **2,** 701*
– *Sehwinkel* **2,** 350$_{21. 32}$ **4,** 52$_{4}$
– *Theorie des Magnetismus* **1,** 623$_{10}$ **2,** 560$_{11}$ 846$_{1. 4}$ 847$_{1}$ 847* 849$_{23}$ **4,** 751[25] **5,** 346$_{22}$
– *Uranussichtung* **1,** 653$_{29–30}$ 654$_{R3}$ **2,** 19$_{35–36}$ 753$_{36–37. 39}$ **3,** 51$_{26}$ **5,** 160$_{12–14}$
– *Verehrung* **2,** 702*
– *von L. verteidigt gegen Erxleben* **1,** 392$_{R8–14}$
– *zur Person* **2,** 26* 701$_{27}$–702$_{11}$ **5,** 111$_{7–9}$ **6,** XLIII

Schriften
– *Abhandlung über die Umwälzung des Monds um seine Axe (1750)* **1,** 689$_{25}$–690$_{3}$
– *Beobachtungsprotokolle (Ms.)* **5,** 689[843]
– *Bericht von den Mondskugeln, welche bey der kosmographischen Gesellschaft in Nürnberg, aus neuen Beobachtungen verfertiget werden (1750)* **1,** 687$_{31–34}$ **5,** 720[1031]
– *Beschreibung eines neuen Mikrometers (1750)* **1,** 351$_{1–4}$
– *Beweis daß der Mond keinen Luftkreis habe (1750)* **1,** 698$_{10–12}$
– *„Entwurf einer Messung der Farben, durch Hülfe der Vermischung.“ (Ms. 1758)* **6,** 177 (216)
– – *[Bericht über Mayers Vortrag vor der Akademie] (1758)* **4,** 472[223]

– *Experimenta circa visus aciem (1754)* **1,** 348_{15-17} **4,** 420^{30} **6,** 147 (184)
– *Mathematischer Atlas (1745)* **5,** 225_{4}
– *„Neue Theorie des Magnets.“ (Ms. 1760)* **1,** 622_{22-25} 755_{37}–756_{3} 756_{37}
– – *[Bericht über Mayers Vortrag vor der Akademie] (1760)* **1,** 623_{29} **4,** 798^{231}
– *Novae tabulae motuum solis et lunae (1752)* **1,** 707_{14-16} **2,** 420_{5} 699_{31} 701_{27} 702_{16-17} **5,** 51_{9} 111_{13-14} 191_{33} $618^{330.\ 331}$
– – *Nachdruck der Mondtafeln in M. Hells Ephemeriden (1763)* **1,** 707_{17-21} **2,** 702_{18-19} **5,** 111_{14-15}
– – – *Lunar tables, improved by Charles Mason (engl. 1787)* **2,** 703_{1-2} **5,** 111_{19}
– *Opera inedita I, edidit G.C. Lichtenberg (1775; ersch. 1774)* **1,** 49_{14-17} **3,** 445^{10} **5,** 721^{1031}
– – *De affinitate colorum commentatio* **1,** 392_{29-31} **2,** 393_{32} **4,** 409^{149} 470^{217} 471^{222} 472^{226} **6,** 177 (216)
– – *De motu fixarum proprio commentatio* **1,** 716_{25-27} **5,** 673^{720} $674^{725.\ 727}$
– – *De variationibus thermometri accuratius definiendis* **1,** 822_{4-6} **5,** 490_{21} 781^{326} 791^{369} 904^{1034}
– – – *Exzerpt* **5,** 491_{15}–492_{25}
– – *Fixarum zodiacalium catalogus novus* **1,** 653_{35-36} **5,** 160_{12-13} 195_{32} 196_{13} 211_{5} 673^{719}
– – *Tabula selenographica* **1,** 687_{35-36} **5,** 622^{364}
– – *The unpublished writings (engl. von E.G. Forbes 1972)* **4,** 769^{105}
– – – *The theory of the magnet and its application to terrestrial magnetism* **5,** 758^{185} $759^{186.\ 188}$
– *Tabularum lunarium [...] usus in investiganda longitudine maris (1753)* **2,** 702_{20-21} **5,** 111_{15-16} 605^{234}
– *Tabulæ motuum solis et lunae (1770)* **1,** 707_{22-23} **2,** 702_{34-35} **5,** 112_{9} 632^{421}
– *Theoria lunae (1767)* **1,** 712_{6-9}
– *Versuch einer Erklärung des Erdbebens (1756)* **1,** 848_{39-43} **5,** 533_{7}

Mayow, John (1645–1679)
– *dephlogistisierte Luft (Sauerstoff)* **1,** 932_{31}
– *Luftarten* **3,** 390_{28}
– *Vorläufer Lavoisiers* **1,** 953_{29} **2,** 213_{14-17} **3,** 347_{16}
– *Wasserhose* **1,** 971_{19}
Schriften
– *Tractatus quinque medico-physici (1674)* **3,** 693^{114}

Mazéas, Guillaume (1720–1775)
– *Letters concerning the success of the late experiments in France (1751–1752)* **5,** 864^{862}
– *Observations sur des couleurs engendrées par le frottement des surfaces planes et transparentes (1752)* **1,** 390_{11-16}
– – *Nachdruck 1755* **1,** 390_{16-17}

Mazure-Duhamel, Jean-Antoine
– *Über die Aberration der Planeten, Cometen und Fixsterne (1811)* **2,** 632^{*}

McNab, John (1755–1820)
– *Kältemischungen* **1,** 503_{35} 504_{7} **4,** 585^{357}

Méchain, Pierre François André (1744–1804) **2,** $679_{10.\ 18.\ 27}$
– *Biographie (1800)* **2,** $682^{\dagger}$ $763^{\dagger}$
– *Brief an Maskelyne* **2,** 763_{15} **5,** 286_{17}
– *Gradmessung* **2,** 682_{27} 683_{16} **5,** 246_{6} 706^{953}

– *Kometen* **2,** 763$_{25}$ **5,** 164$_{20}$ 286$_{17}$ 287$_{26}$
– *Uranus* **5,** 160$_{18}$
Schriften
– *Base du système métrique décimal [...] (1806–1810)* **2,** 679*
– – *1: 1806* **2,** 679*
– – – *Auszug (dt. 1806)* **2,** 679*
– – *2: 1808* **2,** 679*
– – – *Auszug (dt. 1808)* **2,** 679*
– – *3: 1810* **2,** 679*
– *Beobachtungen der beyden im Jahr 1790 vorgefallenen totalen Mondfinsternisse (1794 [1791])* **5,** 653^{574}
– *Die Elemente der Bahn des Kometen vom Jahr 1783 (1788 [1785])* **5,** 652^{574}
– *Die Elemente der Bahn und die Beobachtungen des zweiten Kometen vom Jahr 1786 (1790 [1787])* **5,** 734$^{1125.\ 1135}$
– *Nachricht von der Pariser Ausgabe einer allgemeinen Charte von Deutschland (1787 [1784])* **5,** 160$_{22}$ 648^{543} 652^{574}
– *Recherches sur les comètes de 1532 & de 1661 (1785)* **5,** 734$^{1132.\ 1133}$
Medici, Ferdinando de’, s. Toskana, Ferdinand II., Großherzog von.
Meidinger, Karl von (1750–1820)
Übersetzer
– *[1793] Guyton de Morveau [u.a.], Méthode de nomenclature chimique (1787)* **1,** 926$_{24}$ **3,** 335$_{30}$ 358$_{13.\ 21}$
Meierotto, Johann Heinrich Ludwig (1742–1800)
– *besucht L. im Juli 1785* **3,** 405$_{26}$
Schriften
– *Gedanken über die Entstehung der Baltischen Länder (1790)* **1,** 837$_{R1–4}$ **3,** 705-706^{232} **5,** 510$_{8–9}$
– – *GGA-Rezension 1790* **1,** 837$_{R5–6}$ **5,** 510$_{9–10}$
Meinecke, Johann Christoph (1722–1790)
– *Vermischte Anmerkungen über verschiedne Gegenstände aus der Naturgeschichte, sonderlich des Steinreichs (1784)* **1,** 369$_{R1–7}$
Meiners, Christoph (1747–1810)
– *Bemerkungen über die Wirkungen des Klima (1785)* **1,** 814$_{R14–21}$
– *Kurze Geschichte und Beschreibung der Stadt Göttingen und der umliegenden Gegend (1801)* **6,** LVI^{108}
Meister, Albrecht Ludwig Friedrich (1724–1788)
– *abgestumpfte Erde* **5,** 13$_{15}$
– *Anleitung zum Modellbau (Skorpion)* **6,** 9 (13)
– *Blatt mit farbigen Quadraten* **6,** 147 (184)
– *Erdachse* **1,** 842$_{R8}$
– *Göttinger Instrumentensammlung* **6,** XLIII LIII–LV LVIII LXIX
– *Tod* **6,** LXXI
– *Urteil über Silberschlag* **2,** 47$_{13–27}$
– *Vesuv* **2,** 705$_{32}$
– *von L. charakterisiert als vortrefflicher Mechaniker* **2,** 47$_{18–19}$
– *Zeichnung von Mayers Quadraten* **2,** 350$_{32}$
Schriften
– *Beobachtungen merkwürdiger Gestalten der Wolken (1780)* **1,** 782$_{R12–13}$ **5,** 460$_{20–21}$ 462$_{20}$
– *Beobachtungen über die Augenkrankheit, da man Fliegen, Spinnweben, oder dergleichen vor den Augen herumfahren zu sehen glaubt (1759)* **1,** 400$_{8–13}$
– *Commentatio de catapulta polybola (1768)* **2,** 47$_{14–15}$ **3,** 85$_{12–13}$ **6,** 10 (*13*)
– *De aberratione attritus a lege inertiae (1769/70)* **1,** 149$_{15–16}$
– *De emendatiori scalae thermometri, inter puncta ex observa-*

tionibus definita, interpolatione (1772) **1**, 475_{23-27}
– *De Heronis fonte educendis ex puteo aquis adhibit, sive De hydraulo pneumatico Schemnitiensi (1773)* **1**, 287_{19-24}
– *Utrum montium origo explicari possit per axis terrestris mutationem et insequentes aquarum motus (1782)* **1**, 842_{R1-5} 973_{10} **5**, 509_{24-25}
– – *Rezension 1787* **1**, 842_{R30-32}
Meister, Georg Jacob Friedrich (1755–1832)
– *Wohnhaus* **6**, LXII LXIV CXVII
Melanderhjelm, Daniel (1726–1810)
– *Gradmessung* **2**, 683
Schriften
– *Afhandling om väderleken förlidne sommar år 1783 (1784)*
– – *Abhandlung über die Witterung im verwichenen Sommer 1783 (dt. 1786)* **1**, 781_{28-29}
– – – *Anzeige 1786* **1**, 781_{R21}
Mélanges de philosophie et de mathématique de la Société Royale de Turin (1761–) 1, 55_{23-24} **3**, 730[442]
Mellin, Georg Samuel Albert (1755–1825)
– *Encyclopädisches Wörterbuch der kritischen Philosophie (1797–1804)* **1**, 916_{31-32}
– – *Art. Anziehungskraft* **3**, 71_{4}
– – *Art. Atomistik* **3**, 71_{7}
Mello, Manuel Pedro de (1765–1833)
– *Kräfteparallelogramm* **2**, 63[*]
Mémoires de la Société des Sciences Physiques de Lausanne (1784) **1**, 57_{16-17}
Mémoires de l'Académie Impériale et Royale des Sciences et Belles-lettres de Bruxelles (1777) **1**, 56_{31-33}
Mémoires de mathematique et de physique presentées à l'Académie Royale des Sciences (1750–) **1**, 51_{31}–52_{1}
– *Auserlesene Abhandlungen, welche an die Königl. Akademie der Wissenschaften eingesendet worden (dt. v. F.W. Beer 1752–1754)* **1**, 52_{3-7}
Memoirs of the Literary and Philosophical Society of Manchester (1785–) **1**, $57_{R11.\ R14-16}$
– *Physikalische und philosophische Abhandlungen der Gesellschaft der Wissenschaften zu Manchester (dt. 1788)* **1**, 57_{R11-12}
Memorie di matematica e fisica della Società Italiana (1782–) **1**, 57_{14-15}
Ménage, Gilles (1613–1692)
– *Menagiana ou les bons mots et remarques critiques, historiques, morales & d'érudition. T. 1–4. Amsterdam 1715–1716.* **5**, 589[125]
Mendelssohn, Moses (1729–1786)
– *Brief von Lessing* **3**, 667[308]
Schriften
– *Briefe, die neueste Litteratur betreffend (1759–1765)* **4**, 457[151]
– *Über die Empfindungen (1755)* **1**, 385_{23-24}
Menzel, Ulrike
– *Die Uhren in der Historischen Sammlung des I. Physikalischen Instituts der Universität Göttingen (1996)* **6**, 447 (*360*)
Menzies, Robert
– *Tentamen physiologicum inaugurale, de respiratione (1790)* **1**, 234_{R11-12} **2**, 220_{17-19} **3**, 679[1] **6**, 471 (*381*)
– – *Tentamen physiologicum (frz. Auszug von P.A. Adet 1791)*
– – – *Ueber das Athemholen (dt. 1792)* **1**, 234_{R13-14} **2**, 220_{19-20}

Mercier (fiktive Person?) **2,** 125_{1} $126_{25\text{–}26}$ **3,** 188_{25}
Mercier, Louis Sébastien (1740–1814)
Schriften
– *Tableau de Paris (1783)* **3,** 188_{26}
– – *Neuestes Gemälde von Paris. Für Reisende und Nichtreisende (dt. von H.A.O. Reichard 1789)* **3,** 545[83]
Herausgeber
– *Recueil sur l'electricité médicale (1752)* **4,** 716[371]
– – *²1763* **4,** 716[371]
Merck, Johann Heinrich (1741–1791)
– *besucht L.* **3,** 420_{34}
Schriften
– *Über den Ursprung der Fossilien, in Teutschland (1784)* **5,** 504_{11}
Merret, Christopher (1614–1695)
– *Pinax rerum naturalium Britannicarum (1667)* **1,** 972_{22}
Mersenne, Marin (1588–1648)
– *Brief von Descartes* **1,** 241_{4} **3,** 530[2] 585[291]
– *Schußversuch (zusammengesetzte Bewegung)* **2,** 65_{11} 619_{27} 620_{6} **3,** 134_{22}
– *Theorie des Keils* **1,** 113_{R4} **2,** 96_{27} 97_{10} **3,** 181_{26} $182_{7.\ 13\text{–}14.\ 20}$
– *Torricellis Vakuum* **5,** 930[9]
Schriften
– *Cogitata physico-mathematica (1644)* **1,** $47_{38\text{–}39}$ $113_{R4.\ R14}$ $923_{3.\ 8}$
– *Harmonicorum libri (1636)* **1,** $334_{7\text{–}8}$
– – *verm. Aufl. 1648* **4,** 387[4]
– *Tractatus mechanicus theoricus et praticus (1644)* **2,** 96_{14} **3,** 181_{18}
Mesmer, Franz Anton (1734–1815)
– *animalischer Magnetismus* **4,** $350_{6.\ 8}$ 378_{25} 378_{30}–381_{4} 381_{29}–383_{2} 385_{26} 818[324] **5,** 576[52]
– *charakerisiert von L.* **4,** 380_{16} 381_{31} $382_{4\text{–}6.\ 29\text{–}32}$
Schriften
– *Dissertatio physico-medica de planetarum influxu (1766)* **4,** $378_{30\text{–}31}$
– *Mémoire sur la découverte du magnétisme animal (1779)* **4,** 811[286]
– – *Abhandlung über die Entdeckung des thierischen Magnetismus (dt. 1781; Nachdruck 1985)* **4,** 812[294. 295] 813[297] 814[303] 815[306] 817[319]
– *Précis historique des faits relatifs au magnétisme-animal (1781)* **4,** $380_{12\text{–}14}$ 813[301] 814[304]
– *Schreiben über die Magnetkur von Herrn A. Mesmer (1775)* **4,** 378_{31}–379_{1} 810[281]
Messier, Charles (1730–1817)
– *Kometen* **5,** 164_{20} 657[594]
– *Saturnring* **5,** 158_{19}
– *Würdigung* **2,** 792_{17}
Schriften
– *Catalogue des nébuleuses et des amas d'étoiles (1783 [1780])* **5,** 294_{3}
– *Catalogue des nébuleuses et des amas d'étoiles (1784 [1781])* **5,** 294_{3}
– *Mémoire contenant les observations de la XIe. comète (1776)* **5,** 646[530]
– *Mémoire contenant les observations de la XIII.e comète (1777)* **5,** 656[590]
– *Mémoire contenant les observations de la XVI.e comète (1775)* **5,** 663[638]
Metherie, s. La Métherie, Jean-Claude de.
Metius, Adriaan (1570–1635)
– *Uhren* **2,** 698_{6} **5,** $113_{4.\ 26}$
Schriften
– *Universae astronomiae brevis, dilucida & facilis institutio (1605)* **5,** 620[347]

Metius, Jacob (nach 1571–1628) **1,** 406$_{8}$ **2,** 698$_{6}$ **5,** 113$_{27}$
Metternich, Matthias (1747–1825)
– *Dissertatio inauguralis [...] de frictione (1786)* **1,** 150$_{1-2}$
– – *Von dem Widerstande der Reibung (dt. 1789)* **1,** 150$_{R3-7}$
Metz, Coenraad
– *Ellipsenzirkel* **6,** 308 (*35b*)
– *Proportionalzirkel* **6,** 309 (*35c*)
Metz, Dirk
– *2 Reißfedern zum Ziehen paralleler Linien* **6,** 306 (*34m*)
– *biegsames Lineal* **6,** 322 (*38k*)
– *Mikroskop* **6,** 338 (*100*)
– *Parallellineal* **6,** 310 (*35d*)
– *Ringsonnenuhr* **6,** 386 (*169*)
– *Winkelhaken* **6,** 304 (*34a*)
– *Zirkel* **6,** 317 (*36g*) 318 (*36p*)
Metzger, Johann Daniel (1739–1805)
– *Die Physiologie in Aphorismen (1789)* **1,** 309$_{R5-6}$
Meusel, Johann Georg (1743–1820)
– *Teutsches Künstlerlexikon (1778–1789)*
– – *²1808–1814* **3,** 575[244]
Meya, Jörg
– *Das fünfte Element (1987) [zus. mit Heinz Otto Sibum]* **4,** 654[108]
Meyer, Friedrich Albrecht Anton (1768–1795)
– *Ueber den Mädchensommer (1794)* **1,** 773$_{R31-33}$
Meyer, Johann Friedrich (1705–1765)
– *Chymische Versuche, zur nähern Erkenntniß des ungelöschten Kalchs (1764)* **1,** 522$_{40-43}$
Meyer, Wilhelm (1845–1917)
– *Die Handschriften in Göttingen (1893–1894)* **6,** XLIV[26]
Meyerhöfer, Dietrich
– *Johann Friedrich von Uffenbach – Sammler, Forscher, Stifter (2000)* **6,** XLIV
– *Lichtenberg und die Sammlung der wissenschaftlichen Geräte des Frankfurter Patriziers Johann Friedrich Armand von Uffenbach (1995)* **6,** 324 (*52*) 327 (*63*) 387 (*169*) 420 (*217*) 434 ([*234*])
Meyers Großes Konversations-Lexikon (6 1902–1908)
– *9: Hautgewebe bis Ionicus (1905)* **3,** 693[110]
Meyerstein, Moritz (1808–1882) **6,** LXIII–LXIV
Michaelis, Johann David (1717–1791)
– *Brief von L.* **4,** 641[62] **5,** 679[771]
– *Längenpreis für T. Mayer* **2,** 702$_{26.\,30}$ **5,** 111$_{21}$
Schriften
– *Deutsche Übersetzung des Alten Testaments mit Anmerkungen für Ungelehrte (2 1773–1782)* **5,** 581[78]
– *Von dem Alter der Brenngläser, oder der Brennkrystalle, desgleichen von einigen andern Mitteln, Feuer hervor zu bringen (1763; Nachdruck 1766)* **1,** 487$_{30-33}$
Michaud, Jean-François (1734–1807, Architekt)
– *Observation d'une trombe de mer (1787)* **1,** 807$_{R29-30}$
Michel, NN
– *Lettre sur une machine pneumatique (1789)* **1,** 245$_{R11-12}$
Michell, John (1724–1793)
– *künstliche Magnete* **1,** 615$_{29}$ **4,** 367$_{25}$ 755[46]
Schriften
– *A treatise of artificial magnets (1750)* **1,** 619$_{18-19}$ **4,** 798[228]
– – *Traité sur les aimans artificiels (frz. von A. Rivoire 1752)* **4,** 756[47] 798[228]
– – *²1751* **4,** 784[173]

– *Conjectures concerning the cause, and observations upon the phaenomena of earthquakes (1759–1760)* **1,** 848_{34-38}
– *Experiments on two dipping-needles (1772) [zus. mit Edward Nairne]* **5,** 437_{17-19} 826^{600}
Michelmann, Wilhelm **6,** CIX
Michling, Horst (1909–2003)
– *Der Gauß'sche Vizeheliotrop (1967)* **6,** 521 (*423*)
Mignot de Montigny, Étienne (1714–1782)
– *Mémoire sur la construction des aréomètres de comparaison (1768)* **1,** 174_{16-19}
Miller, Patrick (1731–1815)
– *dampfgetriebenes Schiff* **1,** 444_{R20} **4,** 153_{15} 529^{137}
Mills, A. A.
– *The mercury clock of the Libros del Saber (1988)* **6,** 47 (*37*)
Milly, Nicolas-Christian de Thy de (1728–1784)
– *Observations sur les expériences de MM. de Montgolfier, Robert et Charles (1784)* **1,** 296_{11}
Milner, Isaac (1750–1820)
– *On the production of nitrous acid and nitrous air (1789)*
– – *Ueber die Erzeugung der Salpetersäure und Salpeterluft (dt. 1790)* **3,** 372_{19}
– *Reflections on the communication of motion by impact and gravity (1778)* **3,** 257_{4-5}
Miltenberg, Wilhelm Adolph
– *Die Höhen der Erde [...] (1815)* **2,** 825*
Miltenberger, Marie Elisabeth (1721–1786) **4,** 259_{13}
Milton, John (1608–1674)
– *Paradise lost (1667)* **5,** 217_{12}
– – *Ausg. in ders., The poetical works (16 1748)* **5,** 378_{19}
Minutes of the proceedings of the national convention of France (1793) **5,** 723^{1045}
Mirone, Giuseppe (1753–1804)
– *Descrizione de' fenomeni osservati nell' eruzione dell' Etna (1787)*
– – *Beschreibung des letzten Feuerauswurfs des Etna (dt. 1789)* **1,** 843_{R17-18}
Mirus, Christian Erdmann (1730–1803)
– *Über die dunstige Luft des heurigen Sommers (1783)* **1,** 781_{6-8} **5,** 457_{3} 770^{269}
Miscellanea Berolinensia ad incrementum scientiarum ex scriptis Societati Regiae Scientiarum exhibitis (1710–1743) **1,** 52_{20-22}
Miscellanea curiosa medico-physica Academiae Naturae Curiosorum (1670–1706) **1,** 50_{11-13}
Miscellanea philosophico-mathematica Societatis Privatae Taurinensis (1759) **1,** 55_{20-21} **3,** 730^{442}
Mitterpacher, Ludwig (1734–1814)
– *Physikalische Erdbeschreibung (1789)* **1,** 722_{R10-12} **5,** 770^{269}
Moccia, Paolo **1,** 175_{R6}
– *Schwimmkünste* **2,** 170_{5} **3,** 271_{7}
Moesgaard, Kristian Peder (*1939)
– *Copernican influence on Tycho Brahe (1972)* **5,** 601^{214}
Molina, Juan Ignacio (1740–1829)
– *Saggio sulla storia naturale del Chili (1782)* **5,** 899^{1013}
– – *Versuch einer Naturgeschichte von Chili (dt. 1786)* **1,** 739_{24-26} 812_{35-36}
Molitor, Nikolaus Karl (1754–1826)
Herausgeber
– *Ingen-Housz, Vermischte Schriften (1782 u. 1784)* **3,** 417_{10}
Übersetzer
– *[1781] Ingen-Housz, Electrical experiments (1778)* **1,** 572_{15}

Mollet, Joseph 6, 108 (*118*)
Mollweide, Karl Brandan (1774–1825)
– *Errata dans les tables de la lune, publiées par le Bureau des longitudes (1806)* **2,** 703†
– *Theorie der Abweichung und Neigung der Magnetnadel (1808)* **2,** 847*
– *Ueber die Reduction der Newtonischen sieben Hauptfarben auf eine geringere Anzahl (1806)* **4,** 471^{220}
Molyneux, Samuel (1689–1728)
– *Aberration* **2,** 632_{24} **5,** 41_{10} 85_{23}
Molyneux, William (1656–1698)
– *A letter concerning a new hygroscope (1685)* **3,** 725^{399}
– – *Inventum novum hygroscopicum (lat. Referat 1686)* **3,** 433_{25-26}
Monconys, Balthasar de (1611–1665)
– *Voyages (1695)*
– – *Beschreibung seiner [...] Reisen (dt. von C. Juncker 1697)* **6,** 345 (**112*)
Monestier, Blaise (1717–1776)
– *Dissertation sur la nature et la formation de la gréle (1752)* **1,** 785_{13-16}
Monge, Gaspard, comte de Péluse (1746–1818)
– *Mémoire sur quelques effets d'attraction ou de répulsion apparente entre les molécules de matière (1787)* **1,** 188_{R24-25}
– *Memoire sur quelques phénomènes de la vision (1789)* **1,** 948_{20-21}
– – *Ueber einige Phänomene des Sehens (dt. 1790)* **1,** 350_{R1-3} 948_{21}
Mongez, Jean André (1751–1788), s.a. Lamanon, Jean Honoré Robert de Paul de.
– *Besteigung des Pik von Teneriffa* **1,** 739_{R7}
Schriften
– *Lettre à M. de Morveau, sur la formation de la grêle (1778)* **1,** 785_{19-21}
– *Mémoire sur les molécules des liquides, & sur leur compressibilité (1778)* **1,** 486_{33-36}
Übersetzer
– *[1784] Bergman, Sciagraphia regni mineralis (1782)* **2,** 839_{33} **5,** 409_{4}
Mons, Jean Baptiste van (1765–1842)
– *Auszug einiger Briefe [...] über die Versuche [...] die Entzündung einiger geschwefelten Metalle ohne Lebensluft betreffend (1794)* **1,** 954_{15}
Montaigne, Jacques (1716 – nach 1761)
– *Venusmond* **1,** 693_{3-4} **2,** 746_{7} **5,** 152_{26} 153_{20}
Montanari, Geminiano (1633–1687)
– *Veränderlichkeit des Algol* **2,** 790_{15} **5,** 220_{17}
Schriften
– *Speculazioni fisiche sopra gli effetti di que' vetri temprati (1671)* **1,** 429_{R5-7} **2,** 421_{20} **4,** 111_{6} 112_{15-16}
Montbar(r)on, NN
– *Venusmond* **2,** 746_{9} **5,** 152_{27}
Montenay, Georgette de (1540 – ca. 1606)
– *Monumenta emblematum christianorum virtutum (1619)* **6,** 408 (**198*)
Montgolfier, Jacques Etienne (1745–1799) **1,** 293_{21}
– *Ballonversuche* **3,** 446^{16} **5,** 457_{5}
– *Montgolfiersches Gas* **1,** 240_{8-9} **3,** 382_{7}
Schriften
– *Mémoire sur les moyens mécaniques appliqués à la direction des*

machines aérostatiques (1784) **3,** 400$_{6}$

Montgolfier, Joseph Michel (1740–1810) **1,** 293$_{20}$

– *Ballonversuche* **3,** 446[16] **5,** 457$_{5}$

Montucla, Jean Étienne (1725–1799)

– *Histoire des mathématiques (1758)* **2,** 360$_{40}$ 581$_{24}$–582$_{1}$ **4,** 81$_{7}$ 466[191] **5,** 13$_{4}$ 21$_{7–8}$ 570[13] 571[17. 18. 20] 572[24–26. 28] 573[30. 35] 574[43] 595[177] 596[178] 597[181. 185] 598[186. 189] 612[286] 613[295. 296] 668[693] 669[700] 691[859] 695[884. 887] 708[961]

– – [2]*1798/99* **4,** 480[251]

Morel de Vindé, Charles-Gilbert (1759–1842)

– *Des révolutions du globe (1797)* **5,** 510$_{17–19}$

– – *Rezension 1797* **5,** 510$_{19–20}$

Morgan, William (1750–1833)

– *An examination of Dr. Crawford's theory of heat and combustion (1781)*

– – *Versuche und Beobachtungen über die thierische Wärme und die Entzündung brennbarer Körper (dt. von W.H. Borges 1785)* **1,** 521$_{8}$

– – *Uiber die Anwendung der Theorie des Herrn D. Crawford auf die Erscheinungen bei der Wärme, der Verbrennung u.s.w. (dt. Auszug 1785)* **1,** 519$_{32}$ **2,** 469$_{37–38}$

– *Electrical experiments made in order to ascertain the non-conducting power of a perfect vacuum (1785)*

– – *dt. Notiz (1787)* **1,** 534$_{R7–9}$

– *Observations and experiments on the light of bodies in a state of combustion (1785)* **1,** 344$_{R18–19}$ 388$_{R17–22}$

– – *Rezension 1786* **1,** 344$_{R10–14}$

– – *Beobachtungen und Versuche über das Licht verbrennender Körper (dt. 1788)* **1,** 344$_{R15–18}$

Morhof, Daniel Georg (1639–1691)

– *Epistola de scypho vitreo per certum humanae vocis sonum rupto (1672)*

– – [2]*1682 u.d.T. »Stentor ὑαλοκλαστης, s. de scypho vitreo per certum humanae vocis sonum fracto«* **1,** 332$_{14–17}$ **6,** 428 (*226)

– *Polyhistor (1688–1692 u.ö.)* **1,** 765$_{36–37}$

Morland, Samuel (1625–1695)

– *Barometer* **1,** 303$_{30}$ **2,** 307$_{30}$ **3,** 382$_{24}$

– *Sprachrohr* **2,** 325$_{4}$ **4,** 19$_{31}$ 20$_{8}$

Schriften

– *An Account of the speaking trumpet (1671)* **4,** 400[81]

– *Tuba stentoro-phonica (1671)* **1,** 318$_{25–26}$

– *Tuba stentoro-phonica (1672)* **4,** 400[81]

– – *Discours du Chevalier Morland, sur l'invention & sur les usages d'une trompette à parler de loin (frz. 1678)* **4,** 400[81]

Moro, Antonio Lazzaro (1687–1764)

– *Bergentstehung* **1,** 846$_{18}$

Schriften

– *De' crostacei e degli altri marini corpi che si truovano su' monti (1740)* **1,** 846$_{21–24}$ **2,** 939$_{21–23}$ **5,** 506$_{11–13}$

– – *Neue Untersuchung der Veränderungen des Erdbodens (dt. 1751)* **1,** 847$_{1–4}$

Morozzo, Carlo Lodovico (1744–1804)

– *Expériences eudiométrique sur l'air pur, vicié par la respiration animale (1784/85)*

– – *Eudiometrische Versuche mit der durch das Athmen der Thiere verdorbenen reinen Luft (dt. 1791)* **1,** 938_{2-3} **3,** 431_{2-3} 722^{371}
– *Expériences sur la respiration animale dans le gaz déphlogistiqué (1784)* **3,** 719^{329}
– *Lettre à M. Ma[c]quer sur la décomposition du gaz méphitique et du gaz nitreux (1783)* **1,** 461_{18-19}
– – *Graf Morozzo an Herrn Macquer über die Zerlegung der fixen und Salpeterluft (dt. von J.G.A. Forster 1784)* **1,** 279_{25-29}
Mortimer, Cromwell (1698–1752)
– *Elektrizität* **4,** 310_{13} 317_{21}
Schriften
– *A discourse concerning the usefulness of thermometers in chemical experiments (1746–1747)* **1,** 478_{18}–479_{3}
Morton, Alan Q.
– *Public & private science: The King George III collection (1993)* **4,** 560^{242} **6,** 450 (*361*)
– *Science in the 18th century: The King George III collection (1993)* **6,** 44 (*33*) 120 (*132*) 210 (*265*) 213 (*265*) 362 (**142*)
Morton, John (1670/71 – 1726)
– *The natural history of Northamptonshire (1712)* **1,** 972_{20-21}
Morveau, s. Guyton de Morveau, Louis-Bernard.
Moscati, Pietro (1739–1824)
– *Atmometer* **2,** 874_{3}
Schriften
– *Descrizione dell' osservatorio meteorologico (1790)* **1,** 972_{27-29}
– – *GGA-Rezension 1795* **1,** 972_{29-30}
– *Lettera […] que contiene la descrizione d'un atmidometro (1781)* **1,** 776_{R2-3} 969_{8-9}
Moses (Anführer des Volkes Israel)
– *Schöpfungsgeschichte* **1,** 833_{12} 840_{33} **2,** 941_{22} **5,** 381_{9} 388_{27-28} 389_{4} 509_{32}
– *Sintflut* **1,** 839_{7} **5,** 389_{14-15} 390_{1}
Mosheim, Johann Lorenz von (1694–1755)
– *in England bekannt* **3,** 6_{21}
Schriften
– *Institutionum historiæ ecclesiasticae antiquae et recentioris libri quatuor (1755)* **3,** 445^{8}
Motte, Andrew (1696–1734)
Übersetzer
– *[1729] Newton, Philosophiae naturalis principia mathematica (1687)* **4,** 670^{165}
Motte, Benjamin (1693–1738)
Bearbeiter
–*The Philosophical Transactions abridged (1721)* **1,** 49_{42}
Mouchot, Augustin (1825–1912)
– *La chaleur solaire et ses applications industrielles (²1879)*
– – *Die Sonnenwarme und ihre industriellen Anwendungen (dt. von F. Griese 1987)* **4,** 501^{56}
Mountaine, William (um 1700 – 1779)
– *A letter […] concerning the variation of the magnetic needle (1757–1758) [zus. mit James Dodson]* **1,** 754_{9-17}
– *An account of the methods used to describe lines, on Dr. Halley's chart of the terraqueous globe, shewing the variation of the magnetic needle (1746) [zus. mit James Dodson]* **5,** 762^{205} 830^{628}
Mourgue, Jacques-Augustin (1734–1818)
– *Observation sur la direction & les effets de quelques coups de tonnerre (1778)* **1,** 807_{R3-4}

Moutier, NN **1,** 919_{21}
– *Schußversuch (zusammengesetzte Bewegung)* **1,** 118_{R2} **2,** 65_{25} 103_{8} 619_{27} **3,** 134_{24} 160_{12} 161_{5} **5,** 82_{26}
Mudge, John (1721–1793)
– *Directions for making the best composition for the metals of reflecting telescopes (1777)* **1,** 414_{1-9}
– – *Anweisung, die beste Composition zu den metallenen Spiegeln der Telescope zu machen (dt. 1779)* **1,** 414_{9-11}
Mudge, Thomas (1715–1794) **2,** 684_{10}
– *Uhr* **2,** 700_{16} **5,** 252_{18}
Mudge, William (1762–1820)
– *Gradmessung* **2,** 684_{9}
Schriften
– *An account of the measurement of an arc of the meridian [...] (1803)* **2,** 684*
– – *Auszug (dt. 1812)* **2,** 684*
Müller (fiktive Person?) **2,** 125_{18}
Müller von Reichenstein, Franz Joseph (1740–1825)
– *Schrifterz (Sylvanit)* **3,** 363_{21}
Schriften
– *Nachricht von den in Tyrol entdeckten Turmalinen oder Aschenziehern (1778)* **1,** 601_{29-31} **4,** 333_{16-18} 739^{492} 740^{498}
Müller, Franz Henrich sen. (1732–1820)
– *Aräometer* **2,** 168_{17-21} **3,** 277_{8} **6,** 455 (*366*)
– *Kalkspat (Doppelspat)* **6,** 536 (*431*)
Schriften
– *Om maaden og midlerne at undersøge, prøve og vurdere alle i handelen forekommende braendevine (1788)* **3,** 277_{8}
– – *[nicht ermittelt (frz. 1789)]* **2,** 168_{21-22}
Müller, Georg Elias (1850–1934) **6,** LXVII
Müller, Gerhard Andreas (1718–1762)
– *Schreiben [...] von der Ursache und von dem Nutzen der Electricität (1746)* **1,** 573_{7-12}
Müller, Gotthard Christoph (†1803) **6,** 74 (*73*) 284 (**7*)
– *Ermittlung der Schallgeschwindigkeit* **1,** 311_{R13} **2,** 318_{20}
– *Instrumente* **6,** LXXVI
– *Modellkammer* **6,** LVII–LVIII
– *Vermessung* **4,** 15_{22}
Schriften
– *Beschreibung eines neuen , vorzüglich gemeinnützigen und bequemen Werkzeugs zum Nivelliren (1792)* **4,** $397^{54.\ 58}$ **6,** 539 (*433*) 540 (*433*) 542
– *Militärische Encyklopädie (1796)* **6,** 400 (**195*) 403 (**196*)
Müller, Johann Heinrich (1671–1731)
– *Collegium experimentale (1721)* **3,** 418_{13}
Müller, Johann Heinrich Jacob (1809–1875)
– *Lehrbuch der Physik und Meteorologie (1842–1843)*
– – *⁵1858* **4,** 634^{32} 700^{303}
– – *⁸1876–1881* **6,** 183 (*219*) 216 (*267*)
– – *10 1905–1914* **3,** 592^{323}
Müller, Johann Michael (1723–1777) **6,** L LV
– *Göttingen (1763) [Anzeige seines Graphometers]* **6,** 432 (*[*233]*)
Müller, Johannes Peter (1801–1858)
– *Handbuch der Physiologie des Menschen für Vorlesungen (1833–1840.)* **4,** 446^{114}
Müller, Johannes, gen. Regiomontanus (1436–1476) **2,** $736_{30.\ 34-35}$ **5,** 88_{28}
Münchhausen, Gerlach Adolph von (1688–1770) **6,** XLV XLVII–XLVIII LII

Münchhausen, Hieronymus Carl Friedrich von (1720–1797) **6,** XLII
– *Lügengeschichten* **4,** *576*[305]
Münchhausen, Otto von (1716–1774)
– *Die Natur der Dinge nach einer neuen Theorie erklärt, oder allgemeine Physik (= Der Hausvater, 6. Th., 1773)* **1,** 46_{8-10}
Mulerius, Nicolaus (1564–1630) **5,** *595*[174]
Mulgrave, s. Phipps, Constantine John, 2nd Baron Mulgrave.
Muncke, Georg Wilhelm (1772–1847) **4,** *528*[136]
– *Hörer L.s* **3,** 614[4]
Mundt, Georg Wilhelm
– *Nachricht von Watts neuesten Verbesserungen seiner Dampfmaschinen (1797)* **2,** 438-439*
Murberg, Johan (1734–1805)
– *Respondent*
– – *Dissertatio gradualis de tellure olim per ignem non fluida (1761)* **1,** 836_{19-20}
Murr, Christoph Gottlieb von (1733–1811)
– *Beschreibung der vornehmsten Merkwürdigkeiten in des H. R. Reichs freyen Stadt Nürnberg und auf der hohen Schule zu Altdorf (1778)* **4,** 725[424]
Murray, Adolph (1751–1803) **4,** 313_{30}
Murray, Johann Andreas (1740–1791)
– *Brief von L.* **4,** 661[136] 721[404]
– *Fontanas Versuch zur Wärme des Mondlichts* **4,** 177_{5}
– *Gedenkmünze auf Wargentin* **2,** 749_{24}
– *Mitteilung an L.* **3,** 428_{24}
– *Pflanzen und Sauerstoff* **3,** 397_{14}
Schriften
– *Rezensionen*
– – *[1783] Hufeland, Dissertatio inauguralis (1783)* **4,** 648[90]
Musäus, Johann Karl August (1735–1787)
– *Physiognomische Reisen (1778–1779)* **5,** 154_{5}
Muser, Stefan (*1963)
– *Auktionen Dr. Crott. 85. Auktion Samstag, 12. Mai 2012 (2012)* **6,** 489 (*397*)
Musgrave, Samuel (1732–1780)
– *Reasons for dissenting from the report of the committee appointed to consider of Mr. Wilson's experiments (1779)* **5,** 777[314]
Musschenbroek, Jan van (1687–1748)
– *Laterna magica* **6,** 343 (**109*)
– *Luftpumpe* **2,** 237_{21}
– *Senguerdische Luftpumpe* **6,** 466 (*377*)
Schriften
– *Description de nouvelles sortes de machines pneumatiques (1739)*
– – *Beschreibung der doppelten und einfachen Luftpumpe (dt. von J.C. Thenn 1765)* **3,** 717[306]
Musschenbroek, Pieter van (1692–1761) **2,** 33_{22} **3,** 77[11] 418_{12}
– *anziehende Kraft* **1,** 195_{R16}
– *Ausdehnungskoeffizienten* **4,** 172_{17-18}
– *philosophischer Physiker* **2,** 29_{5-6}
– *Elastizität der Luft* **1,** 291_{20} **2,** 299_{6}
– *elektrische / unelektrische Körper* **4,** 246_{11}
– *Elektrizität und Magnetismus* **1,** 629_{26} **4,** 376_{15}
– *Erdmagnetismus* **5,** 351_{29} 434_{28}
– *Festigkeit von Holz* **2,** 40_{33} **3,** 476[15]
– *Festigkeit von Seilen* **2,** 41*
– *Gradmessung* **2,** 671_{24} **5,** 101_{29} 247_{9} 318_{18}
– *Grundeis* **2,** 426 **4,** 132_{10}

– *Haarröhrchen* **1,** $194_{R1-2. R14-19}$ **2,** 187_{15-31}
– *Hof um den Mond* **1,** 794_{R21}
– *kaltmachende Materie* **1,** 502_{R14-15}
– *Kohäsionsversuche* **1,** 65_{15} **3,** 81_{21}
– *leerer Raum* **2,** 33_{22}
– *Liste vom Magneten angezogener Substanzen* **2,** 547_{17} **5,** 434_{18}
– *Luftdruckschwankungen* **2,** 934_{3} **4,** 156_{18} **5,** 372_{16}
– *Luftthermometer* **1,** 462_{R2-3}
– *Magnetsand* **6,** 414 (*207)
– *Maß der Kraft* **2,** 150_{5} **3,** 252_{21} 253_{10-11}
– *Nomenklatur* **2,** 75_{13-14}
– *Pyrometer* **1,** 479_{19-20} **2,** 415* 416_{1} 456_{15}
– *Reibung* **3,** 195_{1-5}
– *spezifische Gewichte* **3,** 272_{25}
– *spezifisches Gewicht des Menschen* **2,** 169_{11-12}
– *Tau* **2,** 891_{37} 892_{21-22} **5,** $448_{12. 32}$
– *Teilbarkeit geht nicht ins Unendliche* **2,** 36_{37}
– *Thermometerfüllung* **1,** 466_{31-32}
– *Verdichtung der Luft* **3,** 406_{21}
– *Versuch mit der Leidener Flasche* **1,** 557_{1} **2,** 510_{16-18} **4,** 249_{12} $270_{28. 30}$ $305_{8. 14}$
– *Versuche zur Sauberkeit der Verbrennung* **1,** 456_{34}

Schriften

– *An Abstract of a Letter (1734)* **6,** 414 (*207)
– *Binae dissertationes physicae experimentales de tubis capillaribus (1753)* **1,** 193_{R10} 194_{R14} 195_{R17}
– *De viribus magneticis (1724–1725)* **5,** 828[618] 831[635] 832[639]
– *Elementa physicae (1734)* **1,** 44_{20-21}
– – *Essai de physique (frz. 1739)* **5,** 786[346] 829[627]
– – *Grundlehren der Naturwissenschaft (dt. von J.C. Gottsched 1747)* **3,** 482[69] 483[70]
– *Introductio ad philosophiam naturalem (1762)* **1,** 44_{22-23} 148_{36} **2,** 27_{15} 90_{1-2} 179_{12} **3,** 58_{29-31} 97_{27} 98_{11} 194_{36} 195_{8} 271_{33} 475[7] 481[65] 482[69] 483[71] 717[306] **4,** 283_{11} 289_{26} 334_{9} 352_{14} 561[249] 668[158] 672[174] 673[180. 181. 185] 674[194] 675[196. 198. 201] 718[384] 745[6. 8] 783[168] 804[255] 807[267] 808[271] 809[274] **5,** 30_{18-19} 223_{6-7} 762[205] 770[267] 772[287] 831[635] 832[639] 835[658] 844[699. 701. 703] 845[705. 707. 708] 851[759. 764] 892[978] **6,** 46 (*36*) 99 (*110*) 108 (*118*) 174 (*211*)
– – *spezifische Gewichte* **1,** 183_{6-7} $185_{R15. R17}$
– – *spezifisches Gewicht des Menschen* **1,** 175_{R1}
– – *Exzerpt bez. elektrischer Körper* **4,** 281_{3-27}
– *Oratio de methodo (1731)* **1,** 34_{13-15}
– *Physicae experimentales et geometricae dissertationes (1729)* **1,** 48_{24-26} **3,** 59_{1} **4,** 753[36] 775[132] 778[141] **5,** 423_{6} 613[293] 762[205] 820[557] 827[608] 828[620] 831[635] 832[639]
– – *Dissertatio de magnitudine terrae* **1,** 830_{13-15}
– – *Dissertatio physica experimentalis de attractione speculorum planorum vitreorum* **1,** 199_{23-25}
– – *Dissertatio physica experimentalis de magnete* **1,** 634_{21-23}
– – *Dissertatio physica experimentalis de tubis capillaribus vitreis* **1,** 199_{20-22}
– – *Introductio ad cohaerentiam corporum firmorum* **1,** 68_{20-22} **3,** 81_{21} $82_{17. 30-31}$ 478[40]

Herausgeber

– *Magalotti, Tentamina experimentorum naturalium (1731)* **1,** 34_{15} 51_{5-6} 464_{4} 479_{27-28}

Muth, Heinrich Ludwig (1673–1754)
– *Deklinierkompaß* **6,** 304
– *Lineal mit Fußmaß* **6,** 322 (**38b*)
– *Modell eines Auges* **6,** 340 (**106*)
– *Proportionalzirkel mit Dioptern* **6,** 320 (**37e*)
Muys, Wyerus Guilielmus (1682–1744)
– *Elementa physices methodo mathematica demonstrata (1711)* **1,** 43_{26-28}
Mylius, Christlob (1722–1754)
– *Gedanken über die Atmosphäre des Monds (1746)* **1,** 698_{8-9}
– *Versuch einer Bestimmung der Gesetze der Winde wenn die Erde überall mit einem tiefen Meere bedeckt wäre (1747)* **5,** 761^{197}
Myndius, s. Apollonios von Myndos.

Nairne & Blunt, s.a. Blunt, Thomas; Nairne, Edward.
– *evakuierbarer Glaszylinder* **6,** 236 (290)
– *Fischbeinhygrometer* **6,** 130 (*155*)
– *Glocke zur Erläuterung der Theorie des Schalls* **6,** 110 (*119*)
– *Handluftpumpe* **6,** 85 (*97*)
– *Henleysches Quadrantenelektrometer* **6,** 222 (276)
– *kleines Saugwerk* **6,** 95 (*106*)
– *Luftpumpe* **6,** 81 (*94*)
– *Magdeburger Halbkugeln* **6,** 88 (*98*)
– *Manometer* **6,** 100 (*111*)
– *Quecksilberfilter* **6,** 91 (*100*)
– *Schwungmaschine* **6,** 25 (*23*)
Nairne, Edward (1726–1806) **5,** 437_{17}
– *Auslader* **6,** 249 (306)
– *Blitzableiter* **2,** $916_{17.\ 22}$ 916^{*}
– *Brief an L.* **4,** 286_{14}
– *elektrisches Zauberbild* **6,** 246 (302)
– *Elektrisiermaschine* **1,** 528_{R1} **2,** 520_{14} **4,** 284_{13} 285_{4}
– *Elektrometer nach Canton* **6,** 229 (*280*)
– *künstliche Magnete* **6,** 261
– *L.s große Luftpumpe* **2,** 238_{7} **3,** 681^{23} **6,** 81 (94)
– *magnetisches Magazin* **2,** 555_{23}
– *Salzigkeit des Meereises* **2,** 428_{12} 819_{34} **5,** $327_{8.\ 10}$
– *Schwungmaschine* **2,** 73_{19} **6,** 15 (23)
– *verbesserte Smeatonsche Luftpumpe* **1,** $8^{*)}$ 21_{2} 27_{39}
– *Wägung von Luft* **3,** 410_{22}
– *Wasser- / Pulshammer* **4,** 519^{109}
– *Wasserwaage* **6,** 74 (73)
– *Zylinderspiegel* **6,** 163 (195)
Schriften
– *Electrical experiments (1774)* **4,** 679^{222}
– *Experiments on electricity (1778)* **4,** 284_{13} **5,** 777^{311} **6,** 210 (265) 211 (265)
– *Experiments on water obtained from the melted ice of sea water (1776)* **5,** 746^{68}
– *Proceedings relative to the accident by lightning at Heckingham (1782) [zus. mit Charles Blagden]* **4,** 258_{19} **5,** 477_{25-27}
– *Some directions for using the improved air pump (Ms. 1782, ed. von T. Nickol 2014)* **6,** 84 (94) 105 (*115*)
Napier, John (1550–1617)
– *Rabdologiae, seu numerationis per virgulas libri duo (1617)* **6,** 280 (*2)
Nautical Almanac and astronomical ephemeris (1767 [1776] – 1959 [1957]) 5, 111_{33}
Navarre, Antoine Marie Hevin de **1,** 106_{R28}

Nebel, Daniel Wilhelm (1735–1805)
– *Dissertatio de magnete artificiali (1756)* **1,** 618_{38-39}
– – *Versuch künstliche Magnete zu machen (dt. Auszug 1756)* **1,** 618_{40-41}
– *Specimen inaugurale de electricitatis usu medico (1758)* **4,** 311_{21}
Needham, John Turberville (1713–1781)
– *Extract of a letter to Martin Folkes concerning some new electrical experiments lately made at Paris (1746)* **4,** 711^{344}
Nero Claudius Caesar Augustus Germanicus, röm. Kaiser 54–68 (37–68) **2,** 736_{4} **5,** 132_{5} 531_{7}
Neue deutsche Biographie (1953– **4,** 817^{314}
Neue physicalische Belustigungen (1770–) 1, 58_{28}
Neue Sammlung von Versuchen und Abhandlungen der Naturforschenden Gesellschaft in Dantzig (1778–) 1, 54_{3-4}
Neuer Schauplatz der Natur (1775–1781) 6, 436 (*345*)
Neues Bremisches Magazin zur Ausbreitung der Wissenschaften Künste und Tugend (1766–) 1, 58_{9}
Neues Geographisches Magzin. Hrsg. von J.E. Fabri 1785–1789
– *2: 1786*
– – *Beobachtungen der Temperatur der Luft und Witterung in Suriname in Südamerika* **1,** 826_{25-26}
Neues Hamburgisches Magazin, oder Fortsetzung gesammleter Schriften, aus der Naturforschung, der allgemeinen Stadt- und Land-Oekonomie, und den angenehmen Wissenschaften überhaupt (1767–) 1, 57_{34}
Neuffer, Christoph (1733–1822)
– *Respondent*
– – *Dissertatio academica de corporum naturalium cohaerentia (1752)* **1,** 68_{25}
Neugebauer, Otto (1899–1990)
– *A history of ancient mathematical astronomy (1975)* **5,** $695^{883.\ 884}$ 696^{890}
Newcomen, Thomas (1663–1729)
– *Dampfmaschine* **1,** 951_{2} **2,** 437_{12} 438_{6} 440_{12} 441_{29} **4,** 142_{9}
Newton, Isaac (1642–1726) **1,** 48_{34} 891_{25} **2,** 549_{26} 698_{7-8} 775^{*} **3,** 63^{2-7} 303_{29} 349_{27} 355_{16}
– *Autorität* **4,** 61_{6} 87_{10} 88_{27}
– *barometrische Höhenmessung* **2,** 1001_{27}
– *Barrow sein Lehrer und Vorgänger* **2,** 776_{16-20} **5,** 188_{34-35}
– *Diamant brennbar* **1,** 218_{R19} 366_{R1-4} **2,** 366_{21}
– *Elektrizität* **4,** 277_{15}
– *Entstehung der Erde* **2,** 947_{38}
– *Fehlbarkeit* **4,** 267_{27} **5,** 191_{31} s.a. Newton, Isaac – Licht – Achromasie.
– *Flüssigkeitsmesser* **2,** 49_{5}
– *fußt auf Keplers Entdeckungen* **2,** 628_{5}
– *Gestalt der Erde* **1,** $646_{14-25.\ 37}$ 647_{18} 648_{30} **2,** 666_{17} 673_{40} $674_{8.\ 26.\ 34-38}$ $675_{1.\ 33}$ **5,** 104_{14} $105_{7.\ 14.\ 29}$ 245_{11}
– *Halley sein Freund und Schüler* **2,** 762_{4}
– *Kometen* **2,** 38_{20} $760_{28.\ 33-34}$ 761_{16} 762_{1} 764_{8-11} 772_{18} 773_{16} $773^{\dagger}$ **3,** 563^{161} **4,** 72_{20} **5,** 65_{17} 164_{31} 173_{29} 175_{6-30} 181_{4}
– *Kritiker* **5,** 671^{714}
– *Leistung* **2,** 775_{4-7} **5,** 188_{1-7}
– *Lesage sein Schüler* **2,** 126_{3}
– *Licht*
– – *Achromasie* **1,** 415_{29} **2,** 403_{32} 404_{13} **4,** 60_{19}–61_{3} 61_{22} 87_{5-8}

– – *Beugung* **2,** 407_{1}–408_{26} 409_{6} **4,** 90_{28} 91_{11} 92_{9} 93_{15}
– – *Brechung* **1,** 366_{26} 367_{30} **2,** 367_{9} 368_{7} 369_{16} **4,** 54_{29}
– – *Farben* **1,** 381_{R1-8} 383_{8} 385_{33} 386_{5} $388_{12.\,35.\,R11}$ 389_{28-29} 391_{23} 392_{18} 946_{33} **2,** 344_{21} 356_{3} $380_{24.\,33.\,34}$ 381_{33} $382_{29.\,40-41}$ 383_{25} 384_{25} $385_{2.\,3.\,7.\,30}$ 386_{13} 387_{10} **4,** $66_{31.\,34}$ 86_{21} 470[217] **5,** 399_{20}
– – *Reflexion* **1,** 353_{16} **2,** 354_{31} **4,** 77_{22}
– – *Regenbogen* **2,** 901_{14} **5,** 78_{10}
– – *Sehen* **4,** 65_{17} 84_{3}
– – *Theorie* **1,** 342_{20} 346_{5} 354_{14} 366_{R11-12} 714_{3} **2,** $343_{3.\,18.\,37}$ $349_{12.\,25}$ **4,** 71_{21}
– *Maß der Kraft* **2,** 150_{8}
– *Mechanik* **1,** 710_{30}
– – *Attraktion* **1,** 127_{4} $128_{34.\,R19}$ 709_{6} **2,** 107_{35} 650* 775_{4} **3,** 201_{19} 208_{1-2} 215_{12} 239_{25} 577[255] **5,** 27_{28-29} 187_{34}
– – *Gezeiten* **1,** 770_{32} 968_{16} **2,** 865_{2} **5,** 58_{6} 352_{20} 353_{7-11} 355_{8} 842[692]
– – *Gravitation* **1,** 573_{11} **2,** 111_{15-16} 112_{35} 123_{16} 124_{18-30} 125_{33} 507_{30} 581* 778_{35} 783_{5} **3,** 58_{12} 63_{20-21} 200_{25}
– – – *Apfelgeschichte* **1,** 709_{14} **2,** 778_{17-18} **5,** 41_{29-30} 189_{15-24}
– – *Planetenbewegung* **2,** 72_{13} 646_{12} 764_{26} 778_{15} 780_{20} **3,** 166_{32} 188_{10} 453[75] **5,** 90_{9} 190_{16-31}
– – *Präzession* **2,** 783_{35}
– – *Schall* **4,** 13_{23} 21_{7}
– – *Trägheit* **1,** 84_{R19-20} 85_{R7-12} 918_{24-34} **2,** 58_{19} **3,** 144_{3} 151_{35} 154_{28} 156_{12} 517[82]
– – *Wasserwellen* **4,** 12_{10} 13_{16}
– *Rolle von Hypothesen* **1,** 38_{R4-8} **3,** 467[162]
– *Spiegelsextant* **2,** 690†
– *Spiegelteleskop* **1,** $412_{4.\,23}$ 413_{R9} **2,** 404_{19} 753_{21} **4,** 61_{4-5} 63_{11} 87_{16}
– *Teilbarkeit geht nicht ins Unendliche* **2,** 36_{35} **3,** 77_{12} 104_{11}
– *Temperaturtabelle* **1,** $483_{10.\,27.\,30.}$ $483_{34.\,38}$ $484_{3.\,22.\,36}$ $485_{5.\,7.\,13.\,15}$
– *Thermometer* **1,** 471_{1} 474_{R4} **4,** 158_{19}
– *Verbindung von mathematischem und experimentellem Talent* **3,** 41_{5}
– *Verehrung* **2,** 702* 777_{30} **5,** 188_{9-14}
– *Whiston sein Nachfolger* **2,** 939_{2} **5,** 179_{15-16}
– *wissenschaftliche Praxis* **3,** 238_{21}
– *Zeitbegriff* **5,** 142_{15} 270_{2}
– *zur Person* **2,** 775_{3} **5,** 188_{16}
– *zusammengesetzte Bewegung* **1,** 89_{R1} 919_{3} **2,** 64* 621_{20} **3,** 162_{2}
Schriften
– *A letter containing his new theory about light and colors (1672)* **4,** 453[142] 493[298]
– – *Neue Theorie des Lichts und der Farben (dt. 1779)* **4,** 454[142]
– *An hypothesis explaining the properties of light (Ms. 1675)* **4,** 454[142] 490[285]
– – *Druck in ders., The correspondence (1959)* **4,** 454[142]
– *Answer to some considerations (1672)* **1,** 38_{R3-4}
– *Answer to the foregoing letter (1672)* **1,** 38_{R1-3}
– *Arithmetica universalis (1707)*
– – *Universal arithmetick (engl. von J. Raphson 1720)*
– – – *²1728* **4,** 393[39]
– *De mundi systemate (1728 u.ö.)* **1,** 720_{1-2}
– – *Ueber das Weltsystem (dt. 1872)* **3,** 559[140] 572[224]
– *Lectiones opticae (Ms. ca. 1670)* **4,** 448[118]
– *Observations upon the prophecies of Daniel and the Apocalypse of St. John (1733)* **2,** 618_{6} **5,** 80_{6}

– *Opera quae exstant omnia (1779–1785)* **1,** 48_{R1-9}
– – *A letter to the Hon. Mr. Boyle on the cause of gravitation (in Vol. 4, 1782)* **1,** 127_{R1-5}
– *Optics (1704)* **1,** 424_{26-27} 789_{R2-3} 792_{R25} **2,** 408_{15-16} **3,** 104_{12} **5,** 188_{33-34}
– – *Optice (lat. von S. Clarke 1706 u.ö.)* **1,** 424_{27-31} **3,** 485^{90} 557^{131} **4,** 447^{118} 454^{142} 463^{175} 472^{224} 482^{260} 491^{292} **5,** 808^{482}
– – – *Ausg. Lausanne u. Genf 1740.* **4,** 416^{2} 437^{75} 464^{180} 473^{226} 475^{235} $482^{256.\,258}$ 483^{262} 484^{263} 489^{285} 490^{286} $491^{287-292}$ **5,** 662^{633}
– – *Optik (dt. von W. Abendroth 1898; Nachdruck 1983 u.ö.)* **3,** 486^{94} 577^{255} **4,** 416^{2} 437^{75} 448^{118} 464^{180} 470^{217} 473^{226} 475^{235} 482^{258} 489^{285} 490^{286} $491^{287-292}$ 603^{445} 624^{539} **5,** 808^{482}
– – *^{2}1718* **1,** 347_{R5}
– *Philosophiae naturalis principia mathematica (1687)* **1,** 43_{3-4} 89_{R1-2} 720_{3-4} 891_{27} **2,** 27_{9} 63_{2} 775_{8-9} 780_{29} **3,** 186_{27} 188_{9} 238_{22} 480^{58} 515^{71} $560^{143.\,145}$ 561^{147} **4,** 464^{180} **5,** 57_{21-22} 188_{33} 591^{138} 592^{145} 654^{580} 661^{626} $662\text{-}663^{637}$ $662^{634.\,635}$ 665^{661} 678^{765} 725^{1064}
– – *^{2}1713 (hrsg. von R. Cotes)* **5,** 652^{571} 653^{578} 658^{604}
– – *hrsg. von F. Jacquier und T. Le Seur (1739–1742)* **1,** 43_{5-7} 113_{R9} **3,** 58_{26-27} 157_{7} 188_{13-14} **5,** 670^{706}
– – *hrsg. von Tessanek, T. 1 (1780)* **1,** 43_{9-14}
– – *The mathematical principles of natural philosophy (engl. von A. Motte 1729)* **4,** $394^{43.\,44}$ $395^{45.\,46}$ 670^{165} **5,** 638^{462} 723^{1053} $763^{213.\,215}$ $764^{227.\,228.\,230.\,232-234}$ $765^{239.\,242}$
– – *Die Mathematischen Prinzipien der Physik (dt. von V. Schüller 1999)* **3,** 453^{75} 456^{95} 480^{58} 506^{17} 509^{40} 511^{54} 512^{57} 516^{75} 519^{91} 522^{103} $543^{68.\,69}$ 553^{121} 563^{161} 564^{173} 577^{255} 578^{261} **4,** 455^{150} 458^{155} **5,** $591^{138.\,140.\,141}$ 592^{145} 652^{571}
– *Scala graduum caloris (1700–1701)* **4,** 539^{178}
– – *Ausg. in ders., Opuscula 1744* **4,** 539^{178}
– *The correspondence. Edited by H.W. Turnbull (1959–1977)* **3,** 557^{131} 560^{145} **4,** 438^{84} 483^{262}
Newton, NN 2, 549_{25} **4,** $355_{11.\,14}$ 356_{16}
Niceron, Jean Pierre (1685–1738)
– *Nachrichten von den Begebenheiten und Schriften berümten Gelehrten (1749–1777)* **5,** 189_{12} $668^{695.\,697}$
Nicetas, d. i. Hiketas von Syrakus.
Nichols, John (1745–1826)
– *Drucker*
– – *Newton, Opera (1779–1785)* **1,** 48_{R8}
Nicholson, William (1753–1815)
– *Aräometer (Hydrometer)* **1,** 174_{R23-24} **2,** 168_{11} 312^{*} **3,** 277_{19}
– *Elektrizität* **1,** 544_{R9} **2,** 519_{6} 520_{30} **4,** 640^{57}
Schriften
– *A description of a new instrument for measuring the specific gravity of bodies (1785)* **1,** 181_{R3-7} **3,** 277_{19} **6,** 455 (367)
– *A description of an instrument which, by the turning of a winch, produces the two states of electricity (1788)* **2,** 519_{7-8}
– – *Beschreibung eines neuen electrischen Instruments, welches den doppelten Zustand der*

Electricität hervorbringt (dt. 1790) **1,** 573$_{R22}$–574$_{R2}$ 959$_{12-13}$ **2,** 519$_{8}$ **4,** 726[435]
– *An introduction to natural philosophy (1782)* **1,** 46$_{R1-4}$ 493$_{R25-26}$
– – *Einleitung in die Naturlehre (dt. von A.F. Lüdicke 1787)* **1,** 46$_{R5-8}$
– – – *Rezension* **1,** 46$_{R10-11}$
– *Experiments and observations on electricity (1789)* **1,** 581$_{R8-9}$ **4,** 665[152] 688[254]
– – *Exzerpt bez. des Reibzeugs* **4,** 287$_{6-8}$
– – *Versuche und Beobachtungen über die Electrizität (dt. 1791)* **4,** 285$_{9}$ 687[249. 250] 688[251. 253–256]
– *Magnetical telescop (1806)*
– – *Troughton's magnetisches Teleskop (dt. 1806)* **2,** 847[†]
Herausgeber
– *Journal of natural philosophy (1797–1813)* **2,** 408$_{19}$
Nicolai, Christoph Friedrich (1733–1811) **2,** 226[*]
– *Reiseschreibfeder* **6,** 79 (88)
– *Taschenschreibfeder* **2,** 226$_{4}$
Schriften
– *Beschreibung einer Reise durch Deutschland und die Schweiz (1783–1796)* **2,** 85[*] **4,** 725[424. 425]
Herausgeber
– *Allgemeine Deutsche Bibliothek* **5,** 199$_{17}$
Niebuhr, Karsten (1733–1815)
– *Sternenhimmel in Arabien* **2,** 588$_{22}$ 787$_{26}$ **5,** 17$_{7}$ 34$_{14}$ 72$_{25}$
– *zur Person* **5,** 597[182]
Schriften
– *Beschreibung von Arabien (1772)* **5,** 597[182]
– *Biographische Nachrichten aus Tobias Mayer's Jugendjahren (1803)* **2,** 701[*]
– *Noch etwas als Beytrag zu Tobias Mayers Biographie (1804)* **2,** 701[*]
Nieuhof, Johan (1618–1672)
– *Gedenkweerdige Brasiliaense zee-en lant-reize (1682)* **1,** 960$_{27-28}$
Nieuwentijt, Bernard (1654–1718)
– *Het regt gebruik der werelt beschouwingen (1715 u.ö.)* **1,** 43$_{31-33}$
– – *Rechter Gebrauch der Welt-Betrachtung (dt. von Segner 1747)* **1,** 43$_{34-38}$
Nieuwland, Pieter (1764–1794)
– *Recherches physico-chymiques (1792–1794)*
– – *3: Experiences sur l'inflammation du melange de soufre et de metaux (1794)* **1,** 954$_{11}$ **2,** 480
– – – *Versuche über die Entzündung des Schwefels mit Metallen (dt. 1793)* **1,** 954$_{12}$ **2,** 480[*]
– – – – *Rezension* **1,** 954$_{17}$
Nikolaus, von Kues, Kardinal
– *De docta ignorantia* **3,** 476[24]
Noach (in der Bibel Erbauer der Arche) **2,** 844$_{6}$ **5,** 422$_{19}$
Noceti, Carlo (1694–1759)
– *De iride et aurora boreali carmina (1747)* **1,** 791$_{R2-3}$ 812$_{R23}$
Nöhden, Georg Heinrich (1770–1826)
– *Brief von L.* **5,** 775[306]
Nollet, Jean Antoine (1700–1770)
– *Elektrizität* **4,** 695[281]
– – *elektrischer Schlag* **4,** 305$_{26}$
– – *Elektrisiermaschine* **4,** 284$_{23}$ **5,** 778[315]
– – *Elektrometer* **4,** 261$_{17}$ 292$_{12}$
– – *medizinische Elektrizität* **4,** 310$_{5}$ 311$_{8}$
– – *Theorie der Elektrizität* **1,** 586$_{27-30}$
– – *Versuche* **4,** 311$_{28}$–313$_{3}$
– *Grundeis* **4,** 132$_{10}$ 134$_{25}$ 512[83] 513[85]
– *Haarröhrchen* **1,** 194$_{R21}$
– *Kritik an seiner Meinung über die Luftteilchen* **1,** 253$_{3-7}$

– *Luftpumpe* **1,** 244_{20} **2,** $237_{9.\,34–40}$ **3,** $387_{4.\,7.\,25}$
– *nicht auf Mathematik gestützte Bedeutung für die Naturlehre* **2,** 21_{9} **3,** 40_{2}
– *Teilbarkeit* **3,** 99_{21}
– *verbesserte Stoßmaschine* **1,** 142_{22} **2,** 141_{6}
Schriften
– *Comparaison raisonée des plus célebres phénomènes de l'électricité (1753)* **4,** $335_{16–17}$ 718[384]
– *Essai sur l'électricité des corps (1746 u.ö.)* **1,** $605_{17–18}$ **3,** 465[147]
– – *Versuch einer Abhandlung von der Electricität der Cörper (dt. 1749)* **1,** $605_{19–21}$
– *Expériences et observations faites en differens endroits de l'Italie (1749)* **4,** 717[371. 377]
– – *An examination of certain phaenomena in electricity, published in Italy (engl. von W. Watson 1749–50)* **4,** 717[371. 377]
– – – *Untersuchung gewisser elektrischer Erscheinungen, welche in Italien bekannt gemacht worden (dt. 1752)* **4,** 310_{32}
– *L'art des experiences (1770)* **1,** $44_{40–41}$ $767_{20–21}$ **3,** $59_{22–23}$ $60_{4–5}$ 454[76] **6,** 107 (*117*) 182 (*218*) 364 (**142*)
– – *Die Kunst physikalische Versuche anzustellen (dt. 1771)* **1,** $44_{43–44}$
– *Lettres sur l'électricité (1753–1760)* **1,** $605_{36–38}$ **5,** 864[863]
– *Leçons de physique expérimentale (1743 ff. u.ö.)* **1,** $37_{24–26}$ $44_{34–35}$ **3,** $59_{17–21.\,31}$ 195_{8} 454[76. 83] 479[45] 484[77] 550[107] **4,** $371_{11–12}$ 374_{7} 433-434[63] 433[62] 438[83. 84] 509[75] 540[182] 719[387] 750[25] 751[27] 761[75] 762[76] 764[86] 766[98] 770[109] **5,** 469_{6} **6,** 51 (*46*) 54 (*47*) 156 (*191*) 157 (*192*) 163 (*195*) 164 (*195*) 166 (*199*) 172 (*210*) 261 (*324*) 450 (*361*) 465 (*375*)
– – *Exzerpt zur Herstellung künstlicher Magnete* **4,** $368_{13–31}$
– – *Vorlesungen über die Experimental-Natur-Lehre (dt. von Rudolph 1749–1766)* **1,** $44_{37–39}$
– *Mémoire dans lequel on examine par voie d'expérience, quelles sont les forces & les directions d'un ou de plusieurs Fluides renfermés dans une même Sphere qu'on fait tourner sur son Axe (1741)* **1,** $121_{33–38}$
– *Mémoire sur la manière dont se forment les glaçons (1743)* **1,** $829_{24–30}$ **4,** 133_{12}
– *Mémoire sur les effets du tonnerre (1764)* **1,** $807_{17–22}$
– *Mémoire sur les instruments qui sont propres aux expériences de l'air (1740–1741)* **1,** $245_{17–23}$
– *Mémoire sur l'ouie des poissons (1743)* **1,** $320_{1–4}$
– *New experiments upon ice (1737–1738)* **1,** $504_{R12–13}$
– *Observations sur quelques nouveaux phénomènes d'électricité (1746)* **4,** 711[342]
– *Part of a letter […] to Martin Folkes […] concerning electricity (1748)* **4,** 721[398. 399. 402]
– *Recherches sur les causes du bouillonnement des liquides (1748)* **1,** $451_{24–27}$
– *Recherches sur les causes particulieres des phénomènes électriques (1749)* **1,** $605_{22–24}$ **4,** 311_{28} 312_{26} 720[396] 721[398]
Nooth, John Mervin (1737–1828)
– *Reibzeug für Elektrisiermaschinen* **1,** 956_{26}
Schriften
– *An extract of a letter to D. Franklin on some improvements in the*

electrical machine (1773)
4, 287_{3-4} 640[57] 687[250]
– *The description of an apparatus for impregnating water with fixed air (1775)* **3,** 393_{6}
Nordmark, Zacharias (1751–1828)
– *Die vom Herrn Professor Prosper in Upsal gefund. Elemente der Bahn des neuen Planeten (1787)* **5,** 648[544]
Norman, Robert
– *The newe attractive (1581)* **4,** 759[59]
North, John (1934–2008)
– *The Fontana History of astronomy and cosmology (1994)* **5,** 600[201]
Norwood, Richard (1590–1675) **5,** 612[286]
– *Gradmessung* **2,** 673_{18-19} 780_{21} **5,** 102_{1} 103_{14} 247_{10}
Schriften
– *The sea-man's practice: containing a fundamental problem in navigation, experimentally verified (1702)* **5,** 102_{16-17} 103_{19-20}
Nouveaux Mémoires de l'Académie de Dijon pour la partie des sciences et arts
– *1782* **1,** 49_{R3-5}
– – *Rezension* **1,** 49_{R1-2}
Nouveaux Mémoires de l'Académie Royale des Sciences et Belles-Lettres de Berlin, avec l'Histoire (1772–) 1, 52_{28-30}
Nova Acta Academiae Scientiarum Imperialis Petropolitanae (1787–) 1, 53_{R12-13}
Nova Acta physico-medica Academiae Caesareae Naturae Curiosorum (1757–) 1, 50_{22-24}
Nova Acta Societatis Regiae Scientiarum Upsaliensis (1773–) 1, 53_{18-19}
Novi Commentarii Academiae Scientiarum Imperialis Petropolitanae (1750–) 1, 53_{7-8} **5,** 434_{27-28}
Novi Commentarii Societatis Regiae Scientiarum Gottingensis (1771–1778) 1, 54_{11-13}
Noël, François (1651–1729)
– *Spiegelteleskop* **5,** 292_{11}
– *Zodiakallicht* **1,** 675_{R24}
Numa Pompilius (750 – 671 v. Chr., sagenhafter[?] zweiter König von Rom) **2,** 735_{13} **5,** $131_{19.27}$
Nye Samling af det Kongelige Danske Videnskabers Selskabs Skrifter (1781–) 1, 50_{R4-9}
Nyström, Nils
– *Afhandling om eldsläckande ämnen (1793)*
– – *Abhandlung von feuerlöschenden Stoffen (dt. 1793)* **1,** 459_{R4-5}
– – – *anonyme Erwiderung u.d.T. »Ueber die besten Löschungsmittel bey Feuersbrünsten« (1794)* **1,** 459_{R6-7}

Oberdiek, Alfred
– *Göttinger Universitätsbauten (1989)* **6,** LXII[156]
– – ²*2002* **6,** LII[82]
Oberschelp, Walter (*1933)
– *Cassini, Campani und der Saturnring (2007) [zus. mit R. Oberschelp]* **5,** 729[1084]
Obert, NN.
– *Beschreibung eines neuen Elektrophors (1788)* **1,** 566_{R5-8}
O'Brien Drury, William (†1811)
– *Observations on the magnetic fluid (1788)* **1,** 758_{R2-3} **5,** 422_{32-33}
Observations et memoires sur la physique, sur l'histoire naturelle et sur les arts (1773–) 1, 58_{34-36} 914_{34-35} **5,** 436_{14}
– *Bd. 34–43*
– – *Rezension 1796* **1,** 914_{35}

Observations sur la physique, sur l'histoire naturelle et sur les arts (1771–1772) **1,** 58_{30-31}
Octavius, Gnaeus (†87 v. Chr) **5,** 650^{562}
Öfverbom, Jonas (1758–1819)
– *Gradmessung* **2,** $683^{\dagger}$
Schriften
– *Exposition des opérations faites en Lapponie, pour la détermination d'un arc du méridien en 1801, 1802 et 1803 (1805)* **2,** $683^{\dagger}$
– – *Auszug (dt. 1805–1806)* **2,** $683^{\dagger}$
Oertel, NN
– *Ideen zur Einrichtung eines Windmessers (1789)* **1,** 767_{R10-12} **2,** 864_{38-39} **5,** 839^{685}
– – *Anmerkungen dazu von A.G. Kästner (1790)* **1,** 767_{R13-15} **2,** 864_{40}
– *Merkwürdige meteorologische Erscheinung (1788)* **1,** 802_{R10-11} 810_{R25-26} **2,** 913_{37}
Oesterley, Georg Heinrich (1774–1847) **6,** LXXX LXXXIII LXXXV LXXXVII
Österreich, Maria Theresia, Erzherzogin von (1717–1780) **3,** 701^{176} **4,** 380_{18}
Oesterreichischer Beobachter
– *1814* **2,** $898^{\dagger}$
Oestmann, Günther (*1959)
– *Uhren und wissenschaftliche Instrumente der Familie Hager (1999)* **5,** 622^{363}
Ohage, August (*1933)
– *„Raserei für Physiognomik in Niedersachsen". Lavater, Zimmermann, Lichtenberg und die Physiognomik (1992)* **5,** 587^{108}
O(h)lsen, O(h)le (†1814)
– *Om vandspringene geiser og strok i island (1805)* **2,** 833^{*}
– – *Beschreibung zweier natürlicher Springbrunnen siedendheissen Wassers, des Geysers und des Strok in Island (dt. von L.W. Gilbert 1813)* **2,** 833^{*}
– – *Mémoire sur les jets d'eau bouillante du Geyser et du Strok, en Islande (frz. von T.C.C. Neergaard 1812)* **2,** 833^{*}
Olbers, Heinrich Wilhelm Matthias (1758–1840)
– *Asteroiden* **2,** $755_{20.\,30}$ 756_{24}
– *Funktion des Auges* **1,** 947_{28}
– *Kometen* **1,** 966_{21} **2,** 763_{33} 767^{*} 768^{*} 772^{*} $773^{*,\dagger}$ **5,** 287_{3} 289_{34} 734^{1123}
Schriften
– *Abhandlung über die leichteste und bequemste Methode, die Bahn eines Cometen zu berechnen (1797)* **2,** $762^{\dagger}$
– – *Fortsetzung der [...] Tafel (1811)* **2,** 762^{*}
– – *GGA-Rezension 1797* **2,** $762^{\dagger}$
– *Anmerkung und Zusatz zu obriger Burckhardt'schen Abhandlung (1801)* **2,** $762^{\dagger}$
– *Dissertatio [...] de oculi mutationibus internis (1780)* **1,** 400_{R12-16}
– *Ueber den auf 1789 erwarteten Cometen (1787)* **2,** 763_{33-34} **5,** 286_{28} 734^{1127}
– *Ueber den auf 1789 erwarteten Kometen (1787)* **1,** 701_{R11-14}
– *Über den Schweif des grossen Cometen von 1811 (1812)* **2,** 770^{*} 772^{*} $773^{\dagger}$
– *Ueber die im November 1795 und April 1796 erschienenen Kometen (1799 [1796])* **5,** 735^{1141}
– *Ueber die Möglichkeit, dass ein Comet mit der Erde zusammen stossen könnte (1810)* **2,** 767^{*}
Oldenburg, Henry (um 1618 – 1677)
– *Beitragserlaß für Newton* **2,** 778_{3}
– *Brief von G.D. Cassini* **5,** 729^{1084}
– *Brief von R. Hooke* **1,** 949_{30}

Oldenburg, Peter Friedrich Ludwig, Herzog von (1755–1829) **2,** 907_8
Oliver, Andrew (1731–1799)
– *Theory of water spouts (1786)* **1,** 808_{R8-10}
Olivet, NN.
– *Thermometer* **1,** 473_3
Oltmanns, Jabbo (1783–1833)
– *Auszug aus zwey Schreiben (1810)* **2,** 703[†]
– *Tables hypsometriques ou tables auxiliaires pour le calcul des hauteurs a l'aide du baromètre (1809)* **2,** 1018_{12-13}
Olufsen, Oluf Christian (1763–1827)
– *Luftarten aus Salpetersäure* **1,** 938_{11}
Omai (†1737?, Südseeinsulaner, der mit Cooks zweiter Expedition nach England kam) **2,** 393_{26} **4,** 68_{30}
Omstedt, NN 2, 34_{19}
– *Mikrometer* **6,** 496 (*401*)
Onofrio, Michele Arcangelo d'
– *Relazione ragionata della eruzione del nostro Vesuvio (1794)*
– – *Ausführlicher Bericht von dem lezten Ausbruche des Vesuvs (dt. 1795)* **1,** 973_{31-34}
Onomatologia medica completa oder Medicinisches Lexicon (1755) **4,** 713[348] 714[355] 716[366–368] 717[373–375]
Ons-en-Bray, Louis Léon Pajot, Comte d' (1678–1754)
– *Anémometre (1734)* **1,** 766_{27-34} **5,** 444_{25}
Oppel, Friedrich Wilhelm von (1720–1769)
– *Anleitung zur Markscheidekunst (1749)* **1,** 749_{R10-11} **5,** 340_{29}
Oppermann, Heinrich (1750–1804) **4,** 14_2
– *Brief von L.* **4,** 395[47]
Oriani, Barnaba (1752–1832)
– *Brief von Piazzi* **2,** 709[*]
Orléans, Louis Philippe II. Joseph de Bourbon, duc d' (1747–1793) **4,** 715[364]
Orléans, Philippe II. de Bourbon, duc d' (1674–1723) **2,** 696_{17} **5,** 109_{26}
Orlov, Aleksej G. (1737–1808) **3,** 186_3
Orrery, s. Boyle, Charles, 4th Earl of Orrery.
Orsini und Rosenberg, Vinzenz von (1722–1794) **4,** 257_{11-12} 258_4 **5,** 368_{20-21} 480_{14}
Orsini, Paolo Giordano II., Herzog von Bracciano (1591–1656) **2,** 729_{21} **5,** 46_{34} 47_1 48_{14-15} 125_{8-9}
Osiander, Johann Friedrich (1787–1855) **6,** XCIII[338] CIII
Osório, Jerónimo (1506–1580)
– *De rebus Emmanuelis regis Lusitaniæ invictissimi virtute et auspicio gestis (1571)* **4,** 783[166]
Otto I., röm.-dt. Kaiser (912–973) **2,** 790[*]
Otto, Johann Friedrich Wilhelm (1743–1814)
Schriften
– *Abriss einer Naturgeschichte des Meeres (1792)* **1,** 725_{R19-21} **5,** 320_{17} 326_{1-2} 396_{11-15} $399_{10.\ 20}$ 746[65. 74. 75] 805[460. 461] 806[462] 807[480. 481] 808[483. 484]
Herausgeber
– *Vermischte Beyträge zur physikalischen Erdbeschreibung* **1,** 853_{19}
Outhier, Réginald (1694–1774)
– *Längengradexpedition* **1,** 648_{26} 649_{18} **2,** 675_{20} **5,** 105_{25}
Ovidius Naso, Publius (43 v. Chr. – 17/18? n. Chr.)
– *Epistulae Heroidum* **2,** 791[†]
– *Fasti* **1,** 393_{R14} **2,** 392_{10} **5,** 226_{22}
– *Metamorphoses* **2,** 22_{22-23} **3,** 55_{2-3} 514[66]

– – *Metamorphosen (dt. von A. Rode und G. Fink 1989)* **3,** 460[119] 514[66] **4,** 453[140]

Pabst, Justus Ludwig
– *Electricität ohne Reibung hervorgebracht (1784)* **4,** 335_{13}
Pacheco de Uceda, Rafael (†1764) **5,** 91_{37}
Paets van Troostwyk, Adriaan (1752–1837)
– *dephlogistisirte Salpeter-Luft* **1,** 937_{26-27} 938_{19} **3,** 372_{28} $429_{4.\ 12}$
– *elektrische Versuche mit Schwefel- und Salpetersäure* **3,** 333_{20}
– *medizinische Elektrizität* **4,** 308_{21-31}
– *Wirkung der Elektrizität auf Pflanzen* **4,** 649[92]
– *Zerlegung des Wassers mittels Elektrizität* **1,** 958_{37} **2,** 213_{1} 279_{11} **3,** 333_{16} 345_{18} 370_{35}
Schriften
– *De l'application de l'électricité a la physique et a la médecine (1788) [zus. mit C.R.T. Krayenhoff]* **1,** 539_{R11-12} $807_{R9.\ R15-22.}$ 807_{R25-26} **4,** 308_{20} 648-649[92] 716[366. 368] **5,** $474_{18.\ 31}$ 873[908–910]
– – *Exzerpt* **4,** 311_{5-21}
– *Expériences sur la cause de l'électricité des substances fondues & refroidies (1788) [zus. mit Martinus van Marum]* **4,** 691[266]
– *Recherches physico-chymiques (1792–1794)*
– – *3: Experiences sur l'inflammation du melange de soufre et de metaux (1794)* **1,** 954_{10} **2,** 480
– – – *Versuche über die Entzündung des Schwefels mit Metallen (dt. 1793)* **1,** 954_{12} **2,** 480*
– – – – *Rezension* **1,** 954_{17}
– *Verhandeling over zekere onderschiedene figuuren (1785) [zus. mit C.R.T. Krayenhoff]* **1,** 547_{22-27}
– – *Ueber die Lichtenbergischen Figuren auf dem Elektrophor (dt. 1790)* **1,** 547_{R2-8}
Paine, Lincoln P. (*1959)
– *Ships of the world (1998)* **3,** 602[41]
Palander, Gabriel (1776–1821)
– *Gradmessung* **2,** 683_{28}
Schriften
– *Exposition des opérations faites en Lapponie, pour la détermination d'un arc du méridien en 1801, 1802 et 1803 (1805)* **2,** 683[†]
– – *Auszug (dt. 1805–1806)* **2,** 683[†]
Palissy, Bernard (ca. 1510 – 1589/90)
– *Quellen* **5,** 330_{18}
Palitzsch, Johann Georg (1723–1788) **2,** 763_{4} **5,** 164_{18}
Pallas, Peter Simon (1741–1811)
– *Observation sur le froid de Krasnojarck (1773)* **1,** 815_{R28-29}
– *Observations sur la formation des montagnes (1777)* **1,** 750_{25-26} 839_{4} **2,** 941_{3-5} **5,** 508_{29-31}
– – *Rezension 1779 u.d.T. »Réflexions sur quelques observations de M. Pallas«*
– – – *dt. 1782* **1,** 750_{28-29}
– – *Beobachtungen über die Berge, und die Veränderungen der Erdkugel (dt. 1779)* **1,** 750_{27-28}
– *Reise durch verschiedene Provinzen des Rußischen Reichs (1773)* **1,** 552_{R7} **4,** 759[64]
– *Ueber einen brennenden Berg in Persien (1783)* **1,** 843_{R12-13}
Palliser, Hugh (1723–1796) **5,** 113_{2}
Palma, NN **4,** 309_{8}
Pantheon der Deutschen (1794–1800) **5,** 698[900]
– *3: (1800)* **2,** 605*
Panthoc, NN
– *Description des effets surprenans d'un miroir ardent (1679)* **4,** 468[204]

Papacino d'Antoni, Alessandro Vittorio (1714–1786)
– *Esame della polvere (1765)*
– – *Examen de la poudre (frz. von G.J.B.L. de Flavigny 1773)* **3,** $83_{13–14}$
Pape, Wilhelm (1807–1854)
– *Handwörterbuch der griechischen Sprache (1842–1843)* **6,** 446 (*359*)
Papin, Denis (1647 – um 1714), s.a. Papinscher Topf.
– *Luftpumpe* **2,** $236_{28–31}$ 237_{5} **3,** 386_{20}
– *Papinscher Topf* **2,** 433_{13} 434_{37} $833_{22–23.\ 27}$ 955_{17}
– *Quellen* **2,** 826_{11} **5,** 330_{17}
– *Schießen mit Dampf* **2,** 433_{5} **4,** $140_{4–5}$
– *zur Person* **4,** 115_{24} 139_{25}–140_{15} 140_{19}
Schriften
– *A continuation of the new digester of bones (1687)* **4,** 140_{27}
– – *Rezension 1687* **4,** 140_{24}
– – *La manière d'amolir les os […]. Nouvelle edition revûë & augmentée (1688)* **4,** 522[119]
– *A new digester or engine for softning bones (1681)* **4,** $140_{22–23}$
– – *Rezension 1682* **4,** 140_{24}
– – *La manière d'amolir les os (frz. 1682)* **1,** $442_{25–28}$ **4,** 140_{25} 520[114]
– *Ars nova ad aquam ignis adminiculo efficacissime elevandam (1707)* **4,** $153_{29–30}$
– *Augmenta quaedam et experimenta nova circa antliam pneumaticam (1687)* **2,** $237_{2–4}$
– *Nouvelles experiences du vuide avec la description des machines qui servent a les faire (1674)* **1,** $245_{6–7}$ **3,** $386_{20–21}$ 682[26] 690[87]
– *Nova methodus ad vires motrices validissimas levi pretio comparandas (1690)* **1,** $442_{R22–23}$
– *The description of a siphon (1685)* **1,** $298_{R13–14}$
Pappos von Alexandria (ca. 300–350)
– *Mathematicae collectiones* **3,** 525[1]
Paracelsus, s. Hohenheim, Philipp Theophrast von, gen. Paracelsus.
Paradis, Joseph Anton (1733–1808) **4,** 812[293]
Paradis, Maria Theresia von (1759–1824) **4,** 379_{35} 379_{34}–380_{19}
Paragallo, Gaspare
– *Istoria naturale del monte Vesuvio (1705)* **1,** $843_{8–9}$
Pardies, Ignace Gaston (1636–1673) **4,** 454[142]
Parent, Antoine (1666–1716)
– *[Bericht über seine Untersuchungen zur Reibung:] Sur les centres de conversion et sur les frottemens (1700)* **1,** 148_{17}
– *Nouvelle statique avec frottemens et sans frottemens (1704)* **1,** 148_{17} **3,** 194_{34}
Paris de L'Epinard, Joseph (*1744) **5,** 445_{29}
Parker, George, 2nd Earl of Macclesfield (1697–1764)
– *Adressat*
– – *Mountaine / Dodson, Letter (1757–1758)* **1,** 754_{10}
Parker, William (1714–1802)
– *Brenngläser* **2,** 361_{9}
– *Gerät zum Versetzen von Wasser mit Kohlensäure* **2,** 268_{20} **3,** 393_{7}
Parthey, Gustav (1798–1872)
– *Die Mitarbeiter an Friedrich Nicolai's Allgemeiner Deutscher Bibliothek (1842)* **4,** 819[326]
Partington, James Riddick (1886–1965)
– *A history of chemistry (1961–1964)* **3,** 693[108. 109] 720[345] 722[364]

Partridge, Seth (1603–1686)
– *The description and use of an instrument, called the double scale of proportion (1692)* **6,** 313 (**35g*)
Pascal, Blaise (1623–1662)
– *barometrische Höhenmessung* **1,** 733_{1} **2,** 957_{33} $958_{23.\,30}$ 959_{29} $961_{24.\,37}$ **5,** 544_{11}
– *Luftdruck* **5,** 526_{28} 786[345] 790[360]
Schriften
– *Récit de la grande expérience de l'équilibre des liqueurs (1648)* **5,** 930[9]
– *Traitez de l'equilibre des liqueurs, et de la pesanteur de la masse de l'air (1663)* **1,** $733_{4\text{–}6}$ **5,** 909[1057] 930[9]
Pasch, Georg (1661–1707)
– *Schediasma de curiosis hujus seculi inventis (1695)*
– – *²1700 u.d.T. »De novis inventis [...] tractatus«* **5,** 821[559]
Pasquich, Johann (ca. 1735 – 1829)
– *Versuch eines Beytrags zur allgemeinen Theorie der Bewegung (1789)* **1,** $921_{13\text{–}14}$
Passemant, Claude Siméon (1702–1769)
– *Construction d'un telescope par reflexion (1741)* **1,** $413_{33\text{–}34}$
– – *Richtige Anweisung, reflectirende Telescopia [...] zu verfertigen (dt. von J.C. Hertel 1747)* **1,** $413_{35\text{–}37}$
Pasumot, François (1733–1804)
– *Lettre aux auteurs du Journal de Physique (1783)* **1,** $739_{20\text{–}22}$ **2,** $825_{14\text{–}15}$ **5,** $400_{5\text{–}6}$
– – *Höhen der vorzüglichsten Berge (dt. 1786)* **1,** $739_{R13\text{–}15}$ 967_{5} **5,** $400_{11\text{–}13}$ 808-809[487]
– – – *Rezension 1787* **5,** $400_{14\text{–}15}$ 809[490]
– – *Vergleichende Tafel der höchsten Berge (dt. Version der beigefügten Tafel 1786 [1785])* **1,** $739_{22\text{–}23}$ **2,** $825_{15\text{–}16}$ **5,** 808[486]
Paterson, William (1755–1810)
– *An account of a new electrical fish (1786)* **1,** $604_{R8\text{–}12}$ $960_{18\text{–}19.\,25}$
– – *GGA-Rezension 1787* **1,** $604_{R13\text{–}15}$
Patrin, Eugène Louis Melchior (1742–1815)
– *Apperçu des mines de Sibérie (1788)* **2,** 942_{28} **5,** 508_{23}
– *Notice minéralogique de la Daourie (1791)* **2,** 942_{28} **5,** 508_{23} 518_{10} 520_{4}
– *Suite d'un voyage minéralogique en Daourie (1791)* **2,** 942_{28} **5,** 508_{23}
Paul III., Papst 1534–1549 (1468–1549) **2,** 608_{36} 610[†]
Paul, Jacques (1733–1796) **3,** 711[268]
– *Haarhygrometer nach Saussure* **6,** 129 (*154*)
– *Saussuresches Elektrometer* **6,** 225 (*278*)
Paulet, Jean-Jacques (1740–1826) **4,** 818[324]
Paulus, Heinrich Gottlob Eberhard (1761–1851) **2,** 943_{11}
Der kleine Pauly. Lexikon der Antike (1964–1975; Taschenbuchausg. 1979 u.ö.) **4,** 452[135] 466[191] **5,** 572[24] 692[865. 866]
Paulys Realencyclopädie der classischen Altertumswissenschaft (1839–1864)
– *²1864–*
– – *Bd. 4, Halbbd. 7: Claudius mons – Cornificius (1900)* **3,** 695[129]
Pekarskij, Petr P. (1828–1872)
– *Istorija Imperatorskoj Akademii Nauk v Peterburge (1870)* **5,** 866[875]
Pelletier, Bertrand (1761–1797)
– *Phosphor-Luft* **1,** 933_{32}
Pelletrio, NN
– *Zeitmesser* **1,** 132_{R29}

Pemberton, Henry (1694–1771)
– *A view of Sir Isaac Newton's philosophy (1728)* **5,** 669[700]
– – *Anfangsgründe der Newtonischen Philosophie (dt. von S. Maimon 1793)* **3,** 50_{18}
Pennant, Thomas (1724–1798) **4,** 741[505]
– *Geysir* **2,** 834_{5}
Schriften
– *Supplement to the arctic zoology (1787)* **5,** 456_{22} 460_{3-4}
Penrose, Francis (1718–1798)
– *An essay on magnetism (1753)* **1,** 635_{31-32}
Percival, Thomas (1740–1804)
– *On the different quantities of rain (1785)* **5,** 462_{10}
Percy, Henry, 9th Earl of Northumberland (1564–1632) **2,** 761[*]
Pereboom, Cornelis (* um 1735)
– *[Nachricht über seine Erklärung des fliegenden Sommers] (1788)* **1,** 774_{R2}
Périer, Auguste Charles (1745–1820) **2,** 441 442_{33-34}
Périer, Florin (1605–1672)
– *barometrische Höhenmessung* **1,** 733_{3} **2,** 958_{30-31}
Périer, Jacques Constantin (1742–1818) **2,** 441_{37} 442_{33-34}
Perkins, John
– *Conjectures concerning wind and water-spouts, tornados and hurricanes (1786)* **1,** 808_{R3-7}
Perlicius, Johannes Daniel (1705–1778)
– *Dissertatio meteorologica exhibens drososcopium (1727)* **1,** 777_{R6-11}
– *Dissertatio meteorologica exhibens hyetoscopium (1727)* **1,** 786_{R13-17}
Perrault, Charles (1628–1703)
– *Paralelle des anciens et des modernes (1688–1697)* **5,** 419_{18-19}
Perrault, Claude (1613–1688)
– *Essais de physique (1680)* **4,** 387[5]
Perrault, Pierre (1611–1680)
– *Quellen* **2,** 827_{8} **5,** 330_{17} 331_{25} 333_{24}
Schriften
– *De l'origine des fontaines (1674)*
– – *Ausg. in C. u. P. Perrault, Œuvres diverses de physique et de mechanique (1721)* **5,** 751[114] 752[117]
Perrolle, Etienne (1752–1831)
– *Expériences physico-chimiques relatives à la propagation du son (1786/87)* **1,** 309_{R10-11} 942_{17-19}
– – *dt. Anzeige 1790* **1,** 309_{R14-15} 942_{19}
Petau, Denis (1583–1652)
– *Opus de doctrina temporum (1627–1630 u.ö.)* **5,** 226_{19}
Peter der Große, s. Rußland, Peter I., Zar von, gen. der Große.
Petrus, Apostel († ca. 65) **2,** 793_{11} **5,** 209_{30}
Petzki, s. Beckoj, Ivan Ivanovič.
Peuerbach, Georg von (1423–1461) **5,** 88_{28}
Peyroux de la Coudrenière, Henri (1743 – nach 1800)
– *Mémoire sur le mammouth (1782)*
– – *Ueber den Mammouth (dt. 1783)* **1,** 751_{R2}
– *System sur le soleil et les etoiles fixes*
– – *Neues System über die Sonne und Fixsterne (dt. 1781)* **1,** 812_{R5-8}
Pfaff, Christoph Heinrich (1773–1852)
Schriften
– *Aphorismen über die Experimentalphysik (1800)* **1,** XX_{19}
Herausgeber
– *Französische Annalen für die allgemeine Naturgeschichte (1802–1803)* **2,** 457[*]

Pfaff, Johann Friedrich (1765–1825)
– *zur Person* **2,** 596_{11}
Schriften
– *Commentatio de ortibus et occasibus siderum apud auctores classicos commemoratis (1786)* **2,** 596_{8-10} **5,** 578^{67} 692^{868} 693^{869}
Pfalz, Karl Theodor, Kurfürst von der, s. Bayern, Karl Theodor, Kurfürst von.
Pfannenschmid, August Ludewig
– *Versuch einer Anleitung zum Mischen aller Farben aus Blau, Gelb und Roth (1781)* **1,** 393_{7-11} **4,** 68_{35} 83_5 **6,** 178 (*217*)
– – *²1799* **4,** 473^{228} **6,** 178 (*217*)
Pfeffel, Gottlieb Conrad August (1761 – nach 1801)
– *Hallers Badeunfall* **2,** 172_7
Pfeffel, Gottlieb Konrad (1736–1809)
– *Sohn* **2,** 172_8
Pfleiderer, Christoph Friedrich von **3,** 564^{168}
Pharmacopoea rossica (1778)
– *Russisches Apothekerbuch (dt. von K.F. Schröder 1788)* **1,** 209_{R4-7}
Philidor, François André Danican (1726–1795) **2,** 588_{37} **5,** 17_{16} 73_6
Philipp III., s. Spanien, Philipp III., König von.
Phillip, Arthur (1738–1814) **2,** 813_{32}
Phillippes, Henry († ca. 1677) **5,** 431_{20}
Philolaos von Kroton (um 470 – um 385 v. Chr.) **3,** 202_{10} 208_{16} **5,** 231_{25}
– *Bewegung der Erde* **1,** 655_{R2} **2,** 609_{25} $609^{\dagger}$ $610^{\dagger}$ **5,** 36_8 58_{25-26} 77_{18} 230_{28} 231_{14}
Philon von Byzanz (ca. 3./2. Jh. v. Chr.) **3,** 493^{144}
Philoponus, s. Johannes Philoponos.
Philosophical Transactions of the Royal Society of London (1665–) **1,** 49_{32}
– *1773* **5,** 824^{589}
Phipps, Constantine John, 2nd Baron Mulgrave (1744–1792)
– *Meerestiefe* **2,** 817_{39}
Schriften
– *A voyage towards the north pole (1774)* **1,** 433_{R12-14} **2,** 423_7 **5,** 826^{600}
Physicalische Bibliothek, s.u. Erxleben, Johann Christian Polykarp – Schriften.
Physikalische Arbeiten der einträchtigen Freunde in Wien (1783–1788) **1,** 55_{R1-2} 56_{R1-4}
Physikalische Belustigungen (1751–1757) **1,** 57_{36}
Das Physikalische Kabinett Haus Neissstrasse 30 [Görlitz] (1953) **6,** 213 (*265*)
Physikalisches Tagebuch für Freunde der Natur (1784–) **1,** 59_{R1-2}
Piazzi, Giuseppe (1746–1826)
– *Asteroiden* **2,** 757_3
– *Biographie* **2,** 709^*
– *Jahreslänge* **2,** 734^*
– *Mond* **2,** 709^*
– *Präzession* **2,** 781^*
– *Schiefe der Ekliptik* **2,** 627^*
– *Sonne* **2,** 727^*
Picard, Jean (1620–1682)
– *Aberration* **2,** 632_{24} **5,** 85_{21}
– *Berufung von Rømer* **2,** 630_{33} **5,** 62_1
– *Gradmessung* **2,** 673_{32} 674_{29} $780_{10.\,24}$ **5,** $101_{18.\,34}$ 103_{23} $104_{1.\,17}$ 105_{33} 247_{14} 318_{17}
– *Mars* **2,** 747^*
– *Schallgeschwindigkeit* **1,** 312_{19}
Schriften
– *Mesure de la terre (1671)* **5,** 103_{24} 708^{961}
– – *Ausg. in Mémoires de l'Académie Royale des Sciences. Depuis*

1666. jusqu'à 1699, T. 7 (1729) **5,** 101_{22}
Pichler, Johann Friedrich Christian (1754–1807)
– *Der wahre Magnetist (1787)* **1,** $633_{R8–9}$
Pickel, Johann Georg (1751–1838)
– *Barometer* **5,** 566_{19}
– *besucht L. 1781/82* **5,** 940^{83}
– *Bleichen mit Chlor*, s. Pickel, Johann Georg – Schriften – Auszug eines Briefes an den Herrn Bergrath D. Bucholtz (1791).
– *elektrische Pistole* **1,** $270_{8–9}$ 552_{6} **6,** 122 (141)
– *Elektrisiermaschine* **1,** 529_{3}
– *Elektrophor* **1,** 566_{R15} **4,** 316_{10}
– *eudiometrische Beobachtungen* **1,** 937_{8} **2,** 275_{17} **3,** 704^{214}
– *Meerwasser* **1,** 729_{R1}
– *Nachricht über Franklin* **2,** 45_{34} **3,** 113_{12}
– *Silberbaum* **2,** 200_{9}
Schriften
– *Auszug eines Briefes an den Herrn Bergrath D. Bucholtz (1791)* **1,** $272_{R1–3}$ **2,** $271_{29–31}$ **3,** 426_{30}
– *Experimenta physico-medica de electricitate et calore animali (1778)* **1,** $572_{23–25}$ **4,** $277_{22–23}$ $316_{6–9}$
Pictet, Marc Auguste (1752–1825) **1,** 280_{R1}
– *elektrische Reize bei toten Tieren* **2,** 491_{19}
– *Höhe des Mont Blanc* **1,** 738_{R27} 967_{2} **2,** 823_{33} 824*
– *meteorologische Beobachtungen* **1,** 776_{R13} **2,** 897_{20}
– *verteidigt Delucs Theorie des Regens* **2,** 281_{4}
– *Wärme*
– – *Feuer* **1,** $426_{R15–32}$ 495_{R6}
– *Wärmestrahlung* **1,** 426_{R3}
Schriften
– *Essais de physique (1790)* **1,** $426_{R22–23}$ 487_{R4} 496_{R7} $776_{R19–21}$ $818_{R2–3}$ **4,** 209_{32}
– – *1: Essai sur le feu* **1,** 524_{R8}
– – – *GGA-Rezension 1790* **4,** 600^{432}
– – – *Exzerpt* **4,** 209_{22}–210_{5}
– – – *Versuch über das Feuer (dt. 1790)* **4,** 209_{29} $215_{2–20}$ $232_{8–9}$
– – *Exzerpt zur Temperatur in verschiedenen Luftschichten* **5,** 453_{25}–454_{9}
– *Extrait d'une lettre [betr. W. Herschel] (1787)* **1,** $653_{R6–7}$
– – *Einige Nachrichten von den Lebensumständen und Beschäftigungen des Hrn. Herschel (dt. 1788)* **1,** $653_{R7–8}$ $719_{R1–2}$
Pieces qui ont remporté le prix de l'Académie Royale des Sciences en MDCCXLIII et MDCCXLVI sur la meilleure construction des boussoles d'inclinaison; & sur l'attraction de l'aimant avec le fer (1748) **1,** $634_{24–29}$ **5,** $436_{27–28}$
Pierer, Heinrich August (1794–1850)
– *Universal-Lexikon (1835–1836)* **3,** 475^{6} 597^{17}
– – *²1840–1846* **3,** 446^{20} 492^{138}
– – *⁴1857–1865* **4,** 816^{312} 817^{315} **5,** 748^{80}
– *Universal-Lexikon, 4. Aufl. (1857–1865)* **6,** 54 (47) 551 (451)
Pigott, Nathaniel (1725–1804)
– *An account of an observation of the meteor of August 18, 1783 (1784)* **1,** $809_{R19–21}$
Pilâtre de Rozier, Jean François (1756–1785)
– *Salpeterluft* **2,** 267_{8}
– *tödlicher Ballonunfall* **1,** 294_{12} **2,** 817_{7} **3,** 398_{33} 399_{9}

Pilgram, Anton (1730–1793)
– *Untersuchungen über das Wahrscheinliche der Wetterkunde (1788)* **1,** 283_{R34-35} 701_{R5-6} 773_{R1} 824_{R26} **2,** 936_{28-29} **5,** 167_{10} 289_{27} 377_{23} 735^{1137} 760^{196} 891^{974}
Pingeron, Jean-Claude (1730–1795)
– *L'art de faire soi-même les ballons aerostatiques (1783)* **1,** 295_{36-39}
Pingré, Alexandre Guy (1711–1796)
– *Kometen* **2,** 771_{10}
– *Sonnenparallaxe* **2,** 665_{5} **5,** 97_{1}
Schriften
– *Cométographie (1783–1784)* **1,** 702_{23-24} **2,** 767_{3-4} **5,** 167_{9} 187_{8} 289_{25} 609^{274} $650^{562.\ 563.\ 566}$ $652^{570.\ 571}$ 654^{581} $655^{583.\ 584}$ 656^{591} $663^{638-641}$ 664^{645}
– – *Exzerpt bez. Atmosphäre der Kometen* **5,** 169_{29}–174_{24}
– – *Exzerpt bez. Gefahr durch Kometen* **5,** 179_{3}–186_{30}
– – *dt. Anzeige 1786* **1,** 702_{R9-10}
– *De la recherche de la comète de 1532 & 1661 (1789 [1786])* **5,** 286_{20-24}
– *Dissertation sur la comète de l'année 1264 (1760)* **5,** 653^{576}
Pini, Ermenegildo (1739–1825)
– *Addizioni al saggio di una nuova teoria della terra (1792)* **5,** 508_{8-9}
– *De l'élévation des principales montagnes (1785)*
– – *Ueber die physische Beschaffenheit der Berge (dt. Auszug 1786)* **1,** 818_{R14-18}
– *Saggio di una nuova teoria della terra (1790)* **2,** 942_{40-41} **5,** 508_{11-12} 518_{27}
Pirn, Melchior de (1526–1607) **5,** 232_{12}
Pistoj, Candido (um 1736 – um 1780)
– *Extrait d'une lettre (1777; Nachdruck 1778)* **2,** 492_{8-9} **4,** 278_{16}
Pitt, William, 1st Earl of Chatham (1708–1778) **2,** 699_{38}
Pius, s. Antoninus Pius, röm. Kaiser 138–161.
Pivati, Giovanni Francesco (1689–1764)
– *medizinische Elektrizität* **4,** 309_{6-30} 310_{27}
Schriften
– *Della elettricità medica lettera (1747)* **4,** 309_{18} 717^{375}
– – *Lettre sur l'électricité médicale (frz. 1750; Nachdruck 1763)* **4,** 716^{371} 718^{381}
– *Riflessioni fisiche sopra la medicina (1749)* **4,** 309_{19}
Plairfay, d. i. Playfair, John.
Planman, Anders (1724–1803) **5,** 96_{24}
Plant, Johann Traugott (1756–1794)
– *Handbuch einer vollständigen Erdbeschreibung und Geschichte Polynesiens (1793)* **1,** 723_{R1-9}
Planta, Andreas Joseph (1717–1773) **4,** 286_{7}
Planta, Martin (1727–1772)
– *Scheibenelektrisiermaschine* **1,** 528_{34} **2,** 520_{25} **4,** 286_{5}
Plaßmeyer, Peter **5,** 831^{636}
Platon (427–347 v. Chr.) **1,** 40_{16} **3,** 44_{17} 69_{20} **5,** 231_{24}
– *Höhlengleichnis* **4,** 74_{15}
– *Lehre vom Sehen* **2,** 342_{11} **4,** 70_{35}
– *Magnet* **2,** 545_{30} 551_{30} **4,** 351_{21}
– *Platonisches Jahr* **2,** 781_{28}
– *Quellen* **2,** 826 **5,** 330_{14}
– *Weltsystem* **5,** 24_{17} 36_{3} 229_{18} 230_{15-16}
Schriften
– *Io* **4,** 750^{23} 760^{68}
– *Opera*
– – *Werke (dt. von J.F. Kleuker 1778–1797)* **4,** 750^{23} 760^{68}
– *Politeia* **4,** 459^{160}
– *Timaios* **2,** 609^{*} **4,** 70_{35} 278_{26}

– – *Ausg. in Opera 3 (1578)* 5, 910[1067]
– – *dt. in ders., Platons Dialoge Timaios und Kritias (übers. von O. Apelt 2 1922)* 4, 452[136] 672[176]
Playfair, John (1748–1819) 2, 1001$_{27}$
Plinius Caecilius Secundus, Caius, gen. der Jüngere (61/62? – um 113)
– *Weltsystem* 5, 229$_{20}$
Schriften
– *Epistulae* 1, 743$_{R5}$ 2, 830$_{34-35}$
Plinius Secundus, Gaius, gen. der Ältere (um 23 – 79) 1, 40$_{23}$
– *Basalt* 5, 392$_{20}$
– *Nordlicht* 2, 924$_{3}$
– *Quellen* 2, 826$_{10}$ 5, 330$_{15}$
– *Tod* 2, 954$_{15}$
– *Wasser- und Windmühlen* 4, 140$_{29}$
Schriften
– *Historia naturalis* 1, 487$_{33}$ 4, 278$_{28}$ 5, 457$_{13}$ 531$_{17}$ 650[562] 801[441] 890[970]
– – *Histoire naturelle (frz. von L. Poinsinet de Sivry 1771–1782)* 5, 853[781]
– – *Naturgeschichte (dt. von G. Große 1781–1788)* 5, 853[781] 928[1261]
– – *Naturkunde (dt. von R. König mit J. Hopp 1973–1996)* 4, 672[178]
Plot, Robert (1640–1696)
– *The natural history of Oxfordshire (1677)* 4, 134$_{23-24}$
Pluche, Noël Antoine (1688–1761)
– *Histoire du ciel considéré selon les idées des poètes, des philosophes et de Moïse, où l'on fait voir (Paris 1739)* 2, 791$_{8-9}$ 791[†]
– *Le spectacle de la nature (1733–1739 u.ö.)* 2, 791[†] 939$_{19-20}$ 5, 207$_{4-5}$ 505$_{25-26}$
– – *Schau-Platz der Natur (dt. 1746–1755 u.ö.)* 5, 207$_{5}$
Plutarchos von Chaironeia (um 45 – nach 120)
– *Öl glättet die Wogen* 2, 222$_{3}$ 5, 177$_{17}$
Schriften
– *De facie quae in orbe lunae apparet (Περὶ τοῦ ἐμφαινομένου προσώπου τῷ κύκλῳ τῆς σελήνης)* 5, 231$_{17}$
– *De placitis philosophorum (Περὶ τῶν ἀρεσκόντων τοῖς φιλοσόφοις φυσικῶν δογμάτων) [zugeschrieben]* 2, 609$_{16-17.\,23}$ 3, 564[166] 4, 450[130] 451[135] 5, 58$_{25}$ 177$_{17}$ 230$_{31}$ 231$_{14}$
– – *lat. Ausg. von E. Corsinus 1750* 5, 697[894]
– *Moralia (Ἠθικά)*
– – *Moralphilosophische Schriften (Auswahl, dt. von H.-J. Klauck 1997)*
– – – *Über den Fortschritt in der Tugend (Πῶς ἄν τις αἴσθοιτο ἑαυτοῦ προκόπτοντος ἐπ' ἀρετῇ)* 4, 576[305]
– *Opuscula aliquot hactenus non conversa (lat. von G. de Longueil 1542)* 5, 664[643]
– *Platonicae quaestiones (Πλατωνικὰ ζητήματα)* 5, 231$_{17-18}$
– *Quaestiones conviviales (Συμποσιακά)* 3, 457[98]
– – *Tischgespräche (dt. von J.F.S. Kaltwasser, hrsg. von H. Conrad 1911)* 3, 457[98]
– *Quaestiones naturales (Αἴτια φυσικά)* 5, 664[643]
– *Vitae parallelae (Βίοι παράλληλοι)* 4, 80$_{24}$
Pockrich, Richard (ca. 1695 – 1759)
– *Glasharmonika* 1, 320$_{R7}$
Poczobutt-Odlanicki, Marcin (1721–1810) 2, 792$_{18}$ 5, 209$_{15}$

Poda von Neuhaus, Nicolaus (1723–1798)
– *Schemnitz* **5,** 341_{4}
Schriften
– *Berechnung der Luftmaschine […] in der Niederungarischen Bergstadt zu Schemnitz (1771)* **1,** 287_{11-14} 950_{31-32}
– *Kurzgefaßte Beschreibung der, bey dem Bergbau zu Schemnitz in Nieder-Hungarn, errichteten Maschinen (1771)* **1,** 287_{5-10} 444_{R8-10} **4,** 539^{177}
Poggendorff, Johann Christian (1796–1877)
– *Biographisch-literarisches Handwörterbuch zur Geschichte der exacten Wissenschaften (1863)* **3,** 700^{176} 706^{232}
Poissonnier, Pierre Isaac (1720–1798)
– *Rapport des commissaires de la Société Royale de Médecine nommés par le Roi pour faire l'examen du magnétisme animal (1784)* **4,** 816^{309}
Poldauf, Susanna (*1969)
– *Philidor (2001; ²2009)* **5,** 570^{12}
Polen, August II., König von, gen. der Starke (1670–1733) **2,** 81_{18}
Polen, Stanislaus II. August Poniatowski, König von (1732–1798) **2,** 711_{5} 792_{21} **5,** 209_{17} 259_{15}
Poleni, Giovanni (1683–1761)
– *Epistola, qua continetur summarium observationum meteorologicarum (1737–1738)* **2,** 935_{7} **5,** 372_{20} 374_{30}
Polhem, Christopher (1661–1751)
– *Theoriens och practiquens sammanfogning i mechaniquen (1741)*
– – *Verbindung der Theorie und Practik in der Mechanik (dt. von A.G. Kästner 1750)* **1,** 149_{R3-6}
Polo, Marco (um 1254 – 1324) **2,** 842_{14-15} **5,** 419_{22}
Polybios (um 200 – um 120 v. Chr.)
– *Historiai (Ἱστορίαι)* **2,** 595_{37} **4,** 53_{17} 80_{24} **5,** 226_{27}
– – *Geschichte (dt. von D.C. Seybold 1779–1783)* **3,** 495^{157}
Pompeius Magnus, Gnaeus (106–48 v. Chr.) **2,** 669_{30-31}
Poniatowski, s. Polen, Stanislaus II. August Poniatowski, König von.
Pons, Jean-Louis (1761–1831) **2,** 774*
Poole, Robert (*1957)
– *Time's alteration. Calendar reform in early modern England (1998)* **5,** 635^{444} $636^{445.\ 448}$
Pope, Alexander (1688–1744)
– *Grabschrift auf Newton* **2,** 777_{32} **5,** 668^{698}
Schriften
– *An essay on criticism (1711 u.ö.)* **4,** 64_{29}
– – *Ausg. in: Pastoral poetry and An essay on criticism (1961)* **4,** 445^{110}
– *The works, complete (1751 u.ö.)* **5,** 668^{694}
– – *Sämmtliche Werke (dt. von J.J. Dusch 1758–1764)* **4,** 445
Popowitsch, Johann Siegmund Valentin (1705–1774)
– *Untersuchungen vom Meere (1750)* **1,** 730_{21-23}
Poppe, Johann Heinrich Moritz von (1776–1854)
– *Technologisches Lexicon (1816–1820)* **3,** 597^{17}
– – *Art. Münzkunst* **3,** 531^{7}
– – *Art. Wegmesser* **3,** 533^{14}
Porta, Giambattista della (1538–1615)
– *Brennspiegel* **4,** 82_{6}

Schriften
– *Magiae naturalis, sive De miraculis rerum naturalium, Libri IIII (1562)* **4,** 85_{24}
– – *Ausg. Neapel 1589* **4,** 85_{20-21}
Porterfield, William (†1771)
– *Erklärung des Einfachsehens* **4,** 65_{19} $84_{7.\ 16}$
Schriften
– *A treatise on the eye, the manner and phaenomena of vision (1759)* **4,** 475^{236} 476^{239}
Posch, Maria Anna von (ca. 1725 – 1790) **4,** 816^{310}
Poseidonios (135–51 v. Chr.) **2,** 669_{28} 670^{*} **5,** 100_{2-10} 102_{26} 598^{186} 612^{286}
Posselt, Ernst Ludwig (1763–1804) **2,** 404^{*}
Postels, Joannes Konrad Daniel **5,** 792^{373}
Potain, NN **3,** 399_{1}
Pott, Jules-Henri (1692–1777) **2,** 427_{8}
– *Grundeis* **1,** 433_{R6} **4,** 133_{3-4}
Schriften
– *Kleine Naturlehre oder die vier Elemente (1779)* **4,** 134_{21-22} 507^{69}
– *Lettre au sujet de la glace qui se forme au fond de l'eau (1788)* **2,** 426_{35-36} **4,** 132_{17-20} 507^{70} 514^{87}
Potter, Isaac (1690–1735) **1,** 444_{R1} **4,** $154_{8.\ 26}$
Pouillet, Claude Servais Mathias (1790–1868)
– *Lehrbuch der Physik und Meteorologie (1842–1843)*
– – *10 1905–1914* **3,** 592^{323}
Power, Henry (ca. 1626 – 1668)
– *Subterraneous experiments, and observations made on the damps of coal-mines (1756 [vorgelegt 1662])* **3,** 546^{89}
Pownall, Thomas (1722–1805)
– *Hydraulic and nautical observations on the currents in the Atlantic Ocean (1787) [zus. mit Benjamin Franklin]* **1,** 726_{R4-8} **5,** 766^{249}
Prange, Christian Friedrich (1756–1836)
– *Die Schule der Mahlerey (²1782)* **1,** 393_{14-15} **4,** 83_{10-11}
– *Farbenlexicon (1782)* **1,** 393_{12-13} **4,** 83_{13-14}
Praël, Otto (1793–1862) **6,** CXVIII–CXXIV CXXVI
Prechtl, Johann Joseph (1778–1854)
Schriften
– *Beiträge zur electrischen Meteorologie [...] (1808)* **2,** 900^{*}
Übersetzer
– *[1808] Volta, Memoria sopra la gradine (1808)* **2,** 900^{*}
Preußen, Friedrich II., König in / von, gen. der Große (1712–1786) **2,** 47_{9} 152_{6} 792_{35} **5,** 680^{779}
– *Anekdote* **2,** 618_{3-6} **5,** 80_{4}
– *Dampfmaschine* **4,** 535^{152}
– *in England bekannt* **3,** 6_{23}
– *Tod* **5,** 177_{8}
Preußen, Friedrich Wilhelm II., König von (1744–1797) **3,** 420_{36}–421_{1}
Prevost, Pierre (1751–1839)
– *Geschenk an L.* **5,** 675^{734}
– *Kenner von Lesages Theorie* **3,** 573^{228}
– *Sonnensystem*
– – *Bewegung* **1,** 716_{34} **2,** 786_{8} **5,** 196_{12}
– *Theorie des Magnetismus* **1,** 620_{R5} **2,** 563_{4-31} **4,** 376_{6}
Schriften
– *De l'origine des forces magnétiques (1788)* **1,** 129_{R4-7} 588_{R7-8} 635_{R10} 754_{R25} 820_{R35} 924_{15} 961_{22-23} **2,** 116_{8} **3,** $215_{15.\ 30}$ 216_{9-10} 217_{1-5} 218_{6-29} 219_{2-13} 230_{33} 231_{18} 232_{21-22} 558^{133} 572-

573[228] 574[233. 235. 236. 238] 575[239] **4,** 376_{6} 799[233] **5,** 905[1042]
– – *Exzerpte* **3,** 216_{25}
– – *Vom Ursprunge der magnetischen Kräfte (dt. von D.L. Bourguet 1794)* **1,** 924_{18-19} 961_{25-26} **4,** 803[254] **5,** 829[626]
– – – *GGA-Rezension 1794* **1,** 961_{26-27}
– *Extrait d'un mémoire sur la rosée (1802)*
– – *Einige Versuche über den Thau (dt. 1803)* **2,** 891[*]
– *Mémoire sur le mouvement progressif du centre de gravité de tout le système solaire (1781)* **1,** 717_{18-20} **2,** 786_{19-23} **5,** 197_{3} 674[725. 728]
– *Mémoire sur l'origine des vitesses projectiles, contenant quelques recherches sur le mouvement du système solaire (1781)* **1,** 717_{18-20} **2,** 786_{19-24} **5,** 674[728. 728] 675[729]
– *Notice de la vie et des écrits de George-Louis Le Sage (1805)* **3,** 564[167] 571[218]
– *Recherches physico-mécaniques sur la chaleur (1792)* **4,** 215_{3-4} 376_{8-9} 605[452]
– *Sur la limite des alisés (1791)*
– – *Ueber die Gränze der regelmäßigen Winde (Alisés) (dt. 1793)* **1,** 764_{R14-15}
Herausgeber
– *Lesage, Physique mécanique (1818)* **3,** 572[228]
Priestley, Joseph (1733–1804) **3,** 673[329]
– *Anhänger der Phlogistontheorie* **3,** 320_{17-18} 324_{2-3}
– *Beispiel für mangelhafte Literaturkenntnis englischer Autoren* **3,** 6_{29}
– *Elastizität von Wasserdampf* **2,** 432_{40}
– *elektrische Funken in atmosphärischer Luft* **3,** 345_{12}
– *Elektrisiermaschinen* **2,** 520_{4} **4,** 284_{15} 285_{7}
– *Eudiometer* **2,** 275_{14} **3,** 430_{31}
– *Luftarten* **1,** 522_{23} **2,** 253_{24} **3,** 389_{24} 391_{1}
– – *Benennung* **1,** 265_{6} 268_{9} 270_{27} 272_{17} $273_{22. 38}$ **3,** 393_{25}
– – *dephlogistisierte Luft* **1,** 266_{R11} 933_{2-13} **2,** 210_{4} 256_{31} **3,** 397_{33}
– – *dephlogistisierte Salpeter-Luft* **1,** 937_{24-33}
– – *essigsaure Luft* **1,** 273_{40} 274_{2} **3,** 404_{2}
– – *flußspatsaure Luft* **2,** 898_{18}
– – *inflammable Luft* **1,** 269_{29} 934_{16} **3,** 425_{12}
– – – *Verbrennung* **3,** 330_{16} 345_{33}
– – *phlogistisierte Luft* **2,** 273_{30} **3,** 353_{18}
– – *Reaktion von Ammoniak mit Chlorwasserstoff* **2,** 260_{18}
– – *Säuren in Luftgestalt* **3,** 403_{32}
– – *Salpeter-Luft* **3,** 400_{30} 401_{5} 428_{1}
– – *Theorie* **3,** 325_{29} 338_{36}
– *nicht auf Mathematik gestützte Beiträge zur Naturlehre* **2,** 21_{14} **3,** 40_{21}
– *pneumatische Wanne* **1,** 28_{23} **2,** 256_{12}
– *Salpetersäure* **3,** 324_{31} 333_{22}
– *Verbrennungsprozeß* **3,** 321_{14}
– *Zerlegung des Wassers* **3,** 320_{3} 323_{29} 361_{28}
Schriften
– *A familiar introduction to the study of electricity (1768 u.ö.)* **1,** 607_{22-24}
– *Additional experiments and observations relating to the principle of acidity, the decomposition of water, and phlogiston (1788)* **3,** 323_{30-31}
– *An account of a new electrometer (1772)* **1,** 540_{12-17} **4,** $294_{16. 19}$

– *Directions for impregnating water with fixed air (1772)* **3,** 695^{133}
– *Experiments and observations on different kinds of air (1774–1777)* **1,** 260_{17-19} **3,** 392_{36} 394_{8} 424_{21} 693^{116} 695^{133} 718^{312} **4,** 122_{20} 173_{36-37}
– – *Expériences et observations sur différentes especes d'air (frz. von J. Gibelin 1777–1780)* **1,** 260_{24-27}
– – *Versuche und Beobachtungen über verschiedene Gattungen der Luft (dt. von C.L. Ludwig 1778–1780)* **1,** 260_{21-23} **3,** $702\text{-}703^{200}$ **4,** 565^{260}
– *Experiments and observations on different kinds of air, and other branches of natural philosophy (1790)* **1,** 260_{R1-6} 968_{27-29}
– *Experiments and observations relating to the principle of acidity, the composition of water, and phlogiston (1788)* **3,** 320_{11-12} 323_{30-31}
– – *Versuche und Beobachtungen über den sauren Grundstoff, die Zusammensetzung des Wassers und das Phlogiston (dt. 1790)* **3,** 320_{14-17}
– *Experiments and observations, relating to various branches of natural philosophy (1779–1786)* **1,** 265_{R5-7} 346_{R9} **3,** 419_{29} 693^{116} 720^{339}
– – *1: 1779* **1,** $957_{4-5.\ 19-20}$
– – *2: 1781* **1,** 562_{R17-18} 942_{22-23} 957_{36} 958_{5-6}
– – – *Rezension 1782* **1,** 774_{R18-19}
– – *3: 1786* **1,** $449^{44-450,1}$ 932_{23-24} 934_{16} 938_{32-33} 940_{6} $950_{25-26.\ 28}$ 956_{40} 974_{13} **2,** 273_{29-30} 433_{5}
– *Experiments on the phlogistication of spirit of nitre (1789)* **1,** 75_{R7}
– – *Expériences sur la phlogistication de l'acide du nitre (frz. 1790)* **1,** 75_{R3-5} **2,** 51_{7-8}
– – *Versuche über die Phlogistisirung der Salpetersäure (dt. 1790)* **1,** 346_{R13-15}
– *Farther experiments relating to the decomposition of dephlogisticated and inflammable air (1791)* **1,** 940_{24-25} **3,** 320_{26}
– – *Fernere Versuche und Beobachtungen über die Zersetzung der dephlogistisirten und brennbaren Luft (dt. 1792)* **3,** 638^{170}
– – *Nachdruck 1793 u.d.T. »Experiments on the generation of air from water«* **1,** 940_{21-24}
– *Objections to the experiments and observations relating to the principle of acidity, the composition of water, and phlogiston, considered (1789)*
– – *Einwürfe gegen die Versuche und Beobachtungen, den Grundstoff der Säure, die Zusammensetzung des Wassers und das brennbare Wesen betreffend (dt. 1795)* **3,** 653^{229}
– *Observations on different kinds of air (1772)* **1,** 260_{10-13} **3,** 454^{87}
– *The history and present state of discoveries relating to vision, light and colours (1772)* **1,** 425_{31-34}
– – *Geschichte und gegenwärtiger Zustand der Optik (dt. von G.S. Klügel 1775–1776)* **1,** 425_{35-39} 730_{12-13} 794_{R1-2} **2,** 901_{10} **4,** 70_{16} 73_{20} 74_{15} 81_{13} 91_{12-13} 92_{3} 419^{19} 420^{32} 426^{45} 429^{51} 433^{63} 434^{63} 439^{86} $450^{130.\ 131}$ $451^{132.\ 135}$ $452^{137-140}$ 480^{251} 483^{260} $487^{274.\ 281}$ 492^{293} 493^{298} **5,** 685^{815}
– *The history and present state of electricity (1767)* **1,** 606_{16-18}

4, 671^{169} 672^{174} **5,** 473_{8} $873^{907.\ 908}$ 874^{912}
– – *^{2}1769* **1,** 606_{19}
– – – *Geschichte und gegenwärtiger Zustand der Elektricität (dt. von J.G. Krünitz 1772)* **1,** $606_{20–24}$ **4,** 227_{27} $304_{14–15}$ 324_{6} $335_{25–26}$ 626^{2} 632^{24} 639^{51} 641^{60} 647^{89} 648^{91} 668^{158} 671^{169} $672^{174.\ 175}$ 673^{186} 678^{217} $686^{242.\ 244.\ 245}$ 688^{257} 694^{278} 696^{283} 697^{287} $699^{297–300}$ 700^{303} $711^{338.}$ $711^{340–344}$ 716^{370} $717^{372.}$ $717^{374–376.\ 378}$ 718^{379} $720^{395.}$ 720^{396} $721^{398.\ 399.\ 401–403}$ 723^{420} 740^{499} 742^{507} **5,** 473_{1} 867^{880} 869^{885} 870^{889} 874^{912} 886^{953} **6,** 507 (*412*)
– – – – *Exzerpt bez. Elektrisiermaschinen* **4,** 283_{22}–285_{7}
– – *Exzerpte zum Thema Blitz* **5,** 469_{5}–470_{22}
Prieur-Duvernois, Claude Antoine, gen. Prieur de la Côte-d'Or (1763–1832)
– *Volumen und Temperatur bei Gasen nicht proportional* **2,** 455^{*}
– *Wärmeausdehung von Gasen* **1,** 954_{21}
Pringle, John (1707–1782)
– *A discourse on the attraction of mountains (1775)*
– – *Discours sur l'attraction des montagnes (frz. von J.B. Le Roy 1776)*
– – – *Auszug 1776* **1,** $121_{R17–18}$
– *A discourse on the different kinds of air (1774)* **1,** $278_{26–29}$
– *A discourse on the invention and improvements of the reflecting telescope (1778)* **1,** $414_{12–14}$
– *Several accounts of the fiery meteor, which appeared on sunday the 26th of November, 1758 (1759)* **5,** 651^{568}
– – *Some remarks upon the several accounts of the fiery meteor, and upon other such bodies (1759)* **5,** 651^{568}
– *Some experiments on substances resisting putrefaction (mit Forts. 1749/50)* **1,** $285_{26–29}$
Privat de Molières, Joseph (1677–1742)
– *Leçons de physique (^{2}1745)* **1,** $46_{R15–17}$
Procopius, Caesariensis (ca. 500 – ca. 562) **5,** 766^{253}
Proklos Oneirokrites 4, 82_{10}
Promies, Wolfgang (1935–2002)
Schriften
– *Georg Christoph Lichtenberg (1964 u.ö.)* **3,** 701^{186} **4,** 650^{97}
Herausgeber
– *G.C. Lichtenberg, Schriften und Briefe (1967–1992)* **3,** 470^{185} 667^{307}
Prony, Gaspard Claire François Marie Riche de (1755–1839), s.a. Riché, NN (d.i. Gaspard Clair François Marie Riche de Prony?).
– *Instrument zur Messung der magnetischen Deklination* **2,** $847^{\dagger}$
Schriften
– *Description et usage d'un instrument qui sert à mesurer, [...] (1794)*
– – *Beschreibung und Gebrauch eines Instrumentes [...] (dt. 1807)* **2,** $847^{\dagger}$
– *Nouvelle architecture hydraulique (1790–1796)* **1,** $951_{28–29.\ 35–36}$
Prosperin, Erik (1739–1803) **5,** 160_{24}
Prudhomme, René-Louis (1749–1840)
– *Trombe terrestre, à Blanquefort, près Bordeaux (1788)*
– – *Nachricht von einer Landwasserhose zu Blanquefort bey Bordeaux (dt. 1789)* **1,** 808_{R22}

Pryce, William (um 1725 – 1790)
– *Mineralogia Cornubiensis (1778)*
– – *dt. Auszug 1782* **1,** 443_{33-34} 444_{R13-14} 951_{20} **2,** 439_{1-2}
Pseudo-Aristoteles, s. Aristoteles – Schriften – Problemata physika (Προβλήματα) [zugeschrieben].
Pseudo-Plutarch, s. Plutarchos von Chaironeia – Schriften – De placitis philosophorum.
Ptolemaios I. Soter (367–283 v. Chr.) **5,** 22_{20}
Ptolemaios II. Philadelphos (308–246 v. Chr.) **5,** 22_{20-21}
Ptolemaios III. Euergetes I. (284–221 v. Chr.) **2,** 667_{1-2}
Ptolemaios, Klaudios (2. Jh. n. Chr.) **2,** 670* **5,** 24_{15} 228_{2}
– *Analogie zu Antiphlogistikern* **3,** 345_{27-28}
– *Erdumfang* **5,** 102_{3} 103_{17}
– *Fixsterne* **2,** 792_{13} **5,** 208_{27} 735^{1145}
– *Nullmeridian* **5,** 740^{27}
– *Weltsystem* **2,** 604_{15-31} 608_{38-39} 612_{30} 617_{21} 740_{22} **5,** 36_{5}
– – *innere Planeten* **2,** 605_{22} 5 $229_{16.\,20}$
– *Würdigung* **5,** 228_{6-11}
Schriften
– *Almagest (μαθηματική σύνταξις)* **2,** 604* 646_{4} **5,** 36_{7} 58_{15} 88_{23} 229_{24-27} 599^{193} 681^{783} 695^{885}
– – *Almageste ou astronomie de Ptolemée en grec et en français (frz. von N.B. Halma 1813–)* **2,** 604*
– – – *Ankündigung (1811)* **2,** 604*
– – *Ausg. Basel 1538* **1,** 719_{2-4} **2,** 604_{25-30}
– – *Ausg. in Opera 1 (1898–1903)*
– – *Beobachtung und Beschreibung der Gestirne (dt. Teilübers. hrsg. von J.E. Bode 1795)* **1,** 962_{3-7}
– – – *Rezension 1795* **1,** 962_{8-9}
– – *Handbuch der Astronomie (dt. von K. Manitius 1912–1913; Nachdruck 1963)* **5,** 672^{719} 695^{885} 696^{888}
– *Harmonica (Ἁρμονικά)* **5,** 574^{39}
– – *Ausg. (J. Wallis) Oxford 1682* **1,** 334_{4-5}
– *Omnia quae extant opera, praeter geographiam (1551)* **1,** 719_{5-8}
– *Opera*
– – *Ausg. (J.L. Heiberg) Leipzig 1898–1907* **5,** 605^{239} 681^{783} 695^{885}
Pütter, Johann Stephan (1725–1807) **6,** XLVI
– *Versuch einer academischen Gelehrten-Geschichte von der Georg-Augustus-Universität zu Göttingen (1765–1838)* **6,** XL^{2} XLI^{7} L^{76} LII^{82} $LVI^{108.\,116}$ LVII^{119} LXX^{214} LXXVIII^{258} $XCVI^{353}$ CXV^{485} $CXXVI^{527}$ 212 (265) 213 (265) 500 (404)
Putzer, Hannfrit (*1913)
– *Industrie-Minerale (1968)* **3,** 695^{126}
Puymaurin, s. Marcassus de Puymaurin, Jean-Pierre-Casimir.
Puységur, Louis Pierre de Chastenet comte de (1726–1807) **3,** $298_{16.\,29}$
Pythagoras von Samos (um 570 – nach 510 v. Chr.) **1,** 40_{15} **3,** 208_{15} **5,** 58_{26} 231_{24}
– *Lehre vom Sehen* **2,** 342_{4}
– *Musik* **2,** 333_{7-12} **4,** 37_{15} 404^{110}
– *Weltsystem* **2,** 604_{18} **3,** 202_{9} **5,** 228_{3}

Quenot, François Marie (1761–nach 1798)
– *Sonne* **2,** 727*
Queriau, François Guillaume (1714–1790)
– *Memoire sur l'usage oeconomique du digesteur de Papin (1761)* **1,** 442_{29-33} **4,** 140_{30-31}

Quinquet, Antoine (1745–1803)
Schriften
– *Mémoire sur l'origine des météores aqueux (1783)*
– – *Referat 1783* **1,** 784_{R35}
Quiroz, Alfonso W. (*1956)
– *Corrupt circles (2008)* **5,** 799^{422}

Rabelais, François (1494–1553)
– *[La vie, faits & dits heroïques de Gargantua, & de son filz Pantagruel] (1532–1563)* **4,** 180_{29}
– – *Gargantua und Pantagruel (dt. von G. Regis 1832–1841; hrsg. von L. Schrader 1964)* **4,** 576^{305}
Rabiqueau, Charles
– *Le microscope moderne (1781)*
– – *Rezension 1782* **1,** 661_{R4-7}
Raccolta d'autori che trattano dell moto dell' acque (1723 u.ö.) **1,** 186_{32-33}
Racine, Jean Baptiste (1639–1699) **1,** 16_{3}
Racknitz, Joseph Friedrich zu (1744–1818)
– *Schreiben an einen Freund über den Basalt (1790)* **1,** 846_{R10-11}
Rackstrow, Benjamin (†1772)
– *elektrischer Versuch* **4,** 290_{26}
– *zur Person* **4,** 693^{278}
Schriften
– *Miscellaneous observations, together with a collection of experiments on electricity (1748)* **4,** 694^{278}
Raen, d. i. De Raet, NN.
Raff, Georg Christian (1748–1788)
– *Geographie für Kinder (1776 u.ö.)* **2,** 643_{14}
Ramberg, Johann Daniel (1732–1820)
– *Brief von L.* **4,** 656^{112} **5,** 577^{61} 777^{314} 824^{587}
– *Globus* **2,** 586_{17} **5,** 16_{20} 75_{2} 319_{14}
– *Laterna magica* **6,** 196 (236)
Schriften
– *Zusätze zu den Anmerkungen, das Zerspringen der elektrischen Flaschen betreffend (1780)* **2,** 149_{17-18} **3,** 548^{97}
Rameau, Jean-Philippe (1683–1764)
– *Traité de l'harmonie (1722)* **1,** 335_{6-7}
Ramler, Karl Wilhelm (1725–1798) **2,** 792_{22}
Ramond de Carbonnières, Louis François Élisabeth (1753–1827)
– *Mémoires sur la formule barométrique de la mécanique céleste, et les dispositions de l'atmosphère qui en modifient les proprieties (1811)* **2,** 966_{33} 967_{13} 978^{*}
– – *GGA-Rezension (1811)* **2,** 966^{*}
– *Observations faites dans les Pyrénées (1789)* **1,** 739_{R24-26} **2,** $971^{\dagger}$
– – *Reise nach den höchsten französischen und spanischen Pyrenäen (dt. 1789)* **1,** 740_{R1-3}
Ramsden, Jesse (1735–1800)
– *Geiz* **2,** 36_{1}
– *lobt Brander* **2,** 34_{18}
– *Scheibenelektrisiermaschine* **1,** $528_{23.\ 32-34}$ **4,** 284_{11} 286_{4} 294_{2}
– *Skalenteilung* **2,** 35_{36} **3,** 100_{24}
– *Thermometer* **2,** 45_{1}
– *Waage* **1,** 105_{R20} **2,** 79_{22-26} 312_{23-24} **4,** 178_{21}
– *zerbricht Delucs Hygrometer* **2,** 284_{28}
Schriften
– *Description d'une nouvelle balance, construite par M. Ramsden (1788)* **1,** 105_{R20} **2,** 79_{28-29} **4,** 574^{291} **6,** 439 440 (352)
– – *Nachricht von einer neuen von Hrn. Ramsden verfertigten Waage (dt. 1790)* **1,** 105_{R21-22} **2,** 79_{29-30} **6,** 439
– *Expériences pour déterminer les gravités spécifiques des fluides (1792)* **1,** 174_{R27-28}

Ramsey, James
– *dampfgetriebenes Schiff* **1,** 444_{R30}
Ramsey, John T. (*1946)
– *The comet of 44 B.C. and Caesar's funeral games (1997) [zus. mit A. Lewis Licht]* **5,** 653^{577}
Ramus, Christian (1765–1832) **5,** 422_{5}
Rantzau, Heinrich von (1526–1599) **2,** 617_{2} **5,** 79_{28}
Rappolt, Wilhelm Gottlieb (1748–1808)
– *Ueber die Stärke rund gewobener Saile (1795)* **2,** 41*
– – *Rezension* **2,** 41*
Raspe, Rudolf Erich (1736–1794)
– *Beytrag zur allerältesten und natürlichen Historie von Hessen (1774)* **1,** 845_{3-9}
– *Specimen historiae naturalis globi terraquei (1763)* **1,** 852_{11-14} **2,** 940_{15-18} **5,** 506_{32-33}
Ray, John (1628–1705)
– *Miscellaneous discourses concerning the dissolution and changes of the world (1692)* **1,** 851_{28-29} **2,** 938_{17-19} **5,** 505_{14-15}
– – *³1713 u.d.T. »Three physico-theological discourses«* **1,** 851_{29} **2,** 938_{19} **5,** 505_{14-16}
– – – *Drey Physico-Theologische Betrachtungen von der Welt Anfang, Veränderung und Untergang (dt. von T. Arnold 1732)* **1,** 851_{30-33} **2,** 938_{19-20} **5,** 505_{14-17}
Raymond, François (1724–1788)
– *Lettre [...] sur un coup de tonnerre (1777)* **1,** 807_{R5-6}
Raymond, Jean-Michel (1766–1837)
– *De l'action de la chaux & de quelques oxides métalliques sur le phosphore (1791)* **1,** 268_{R19}
– – *Über eine leichtere Bereitungsart der Phosphorluft, und die Wirkung des Kalks und einiger metallischer Kalke auf den Phosphor (dt. 1792)* **1,** 268_{R19-20}
Razumovskij, Grigorij Kirillovič (1759–1837)
– *Dissertation sur le feu naturel de Pietra-Mala (1785)*
– – *Extrait d'une dissertation sur le feu naturel de Pietra-Mala (Auszug 1786)*
– – – *Ueber das natürliche Feuer von Pietra-Mala (dt. 1789)* **1,** 781_{R4} 848_{R19-20}
– *Idées sur la formation des granits (1791)* **5,** 398_{28}
Read, John
– *Experiments and observations made with the doubler of electricity (1794)* **1,** 959_{18-19}
Réaumur, René Antoine Ferchault de (1683–1757)
– *Korrespondenz* **4,** 270_{31} 305_{15} 719^{390}
– *Thermometer* **1,** 467_{35} 468_{15} 471_{32} 472_{8} **2,** $452_{26-27. 36}$ 453_{5-11} 454_{14-15} 824_{21} 982_{22} 983_{14-15} $984_{23. 33}$ 985_{23} 986_{15} $988_{7. 25}$ 990_{2-3} 992_{27} 996_{4} 1000_{23} **4,** 117_{22} 120_{26} 159_{9} $160_{9. 25}$
– *Wärme durch Reibung* **1,** 487_{R6}
Schriften
– *Des effets que produit le poisson appellé en françois torpille (1714)* **1,** 604_{7-12}
– *Essais sur le volume qui résulte de ceux de deux liqueurs mêlées ensemble (1733)* **1,** 201_{17-19}
– *Expériences et réflexions sur la prodigieuse ductilité de diverses matieres (1713)* **3,** 99_{16}
– *Expériences qui montrent avec quelle facilité le fer & l'acier s'aimantent, même sans toucher l'aimant (1723)* **1,** 619_{8-11} **4,** 747^{18} 748^{21} 775^{132} 781^{159}

– *Expériences sur les différents degrés de froid qu'on peut produire, en mêlant de la glace avec différents sels, ou avec d'autres matiéres (1734)* **1,** $504_{10–15}$
– *Memoires pour servir à l'histoire des insectes (1734–1742)* **5,** 770[271]
– *Observations du thermometre (1733–1740)* **1,** $818_{11–13}$
– *Que le fer est de tous les métaux celui qui se moule le plus parfaitement (1726)* **1,** $433_{14–18}$
– *Regles pour construire des thermometres dont les degrés soient comparables (1730)* **1,** $468_{33–36}$ **4,** 542[188]
– *Second memoire sur la construction des thermometres dont les degrés sont comparables (1731)* **1,** 468_{R25} 468_{37}–469_{4}
– *Sur le son que rend le plomb en quelques circonstances (1726)* **3,** 117_{15}

Reboul, Henri (1763–1839)
– *Eudiometer* **2,** 275_{34}
Schriften
– *Description d'un eudiomètre atmosphérique (1788)*
– – *Nachdruck in: Annales de chimie (1792)*
– – – *Beschreibung eines atmosphärischen Eudiometers (dt. 1795)* **1,** $275_{R17–20}$ $937_{39–40}$ **6,** 474 *(383)*

Recueil de mémoires sur l'analogie de l'électricité et du magnétisme, couronnés & publiés par l'Académie de Bavière (frz. von J.H. v. Swinden 1784) **1,** $629_{33–36}$ $633_{R12. R20–21}$ $812_{22–24}$ $813_{R21–22}$ $814_{R2–3}$
– *Rezension 1786* **1,** $629_{R1–2}$ $630_{R30–31}$

Recueil des pièces qui ont remporté le prix de l'Académie Royale des Sciences (1732–) **1,** $51_{27–29}$ $523_{35–36}$
– *4: Contenant les pieces depuis 1738 jusqu'en 1740 (1752)*
– – *Pieces qui ont remporté le prix […] en MDCCXL. Sur le flux & reflux de la mer.* **1,** $770_{36–37}$ $771_{1–2}$
– *5: Contenant les pieces depuis 1741 jusqu'en 1744 (1752)* **1,** $634_{29–30}$

Recupero, Giuseppe (1720–1778) **5,** 393_{21}
– *Storia naturale e generale dell'Etna (1815)* **5,** 393_{25}

Redern, Sigismund Ehrenreich von, Graf (1720–1789)
– *Considérations sur le globe (1755–1765)* **1,** $724_{7–13}$
– *Hémisphère septentrional et méridional (1762)* **1,** $724_{14–17}$
– *Observations sur l'état présent de la dioptrique (1759)* **1,** $416_{34–42}$

Redi, Francesco (1626–1697)
– *Observations curieuses sur diverses choses naturelles, extraites d'une lettre qu'il a écrite au R. P. Kircker (1672)*
– – *Auszug aus Herrn Redi Sendschreiben an den Pater Kircher, worinn sonderbare Nachrichten von merkwürdigen physikalischen Sachen mitgetheilet werden (dt. von J.G. Krünitz 1760)* **1,** $604_{20–21}$ **4,** 334_{32}

Regiomontanus, s. Müller, Johannes, gen. Regiomontanus.

Registre de l'academie royale des sciences (1785) **4,** 415[196]

Regnier, Edme (1751–1825) **2,** 733*

Rehberg, August Wilhelm (1757–1831)
– *Ueber das Verhältniß der Metaphysik zu der Religion (1787)* **1,** $40_{R20–22}$

Reichard, Heinrich August Ottokar (1751–1828)
Übersetzer
– *[1789] Mercier, Tableau de Paris (1783)* **3,** 545[83]
Reid, Andrew
Bearbeiter
–*The Philosophical Transactions abridged (1733)* **1,** 50_{1} **3,** 111_{3}
Reid, Thomas (1710–1796)
– *An inquiry into the human mind (1764)*
– – *³1769*
– – – *Untersuchung über den menschlichen Geist (dt. 1782)* **4,** 476[240]
Reimarus, Hermann Dietrich (1759–1785)
– *Brief von L.* **4,** 724[420]
Reimarus, Johann Albert Heinrich (1729–1814)
– *Blitzableiter* **2,** 919_{4} **5,** 477_{22} 879–881[926]
– *Brief von Kästner* **5,** 780[321]
– *Brief von L.* **4,** 587[381] **5,** 878[926] 883[940]
Schriften
– *Die Ursache des Einschlagens vom Blitze, nebst dessen natürlichen Abwendung von unsern Gebäuden (1769)* **5,** 877[922]
– *Neuere Bemerkungen vom Blitze (1794)* **2,** 919_{11} **5,** 875[916] 880[926] 882[930]
– – *GGA-Rezension 1794* **5,** 874[913] 875[916] 878-881[926]
– *Vom Blitze (1778)* **1,** 805_{25-26} 806_{R32} **5,** $475_{12.\ 14}$ 778[316] 780[321] 865[870] 870[889] 875[917] 880[926]
– *Vorschriften zur Anlegung einer Bliz-Ableitung an allerley Gebäuden (1778)* **1,** 805_{27-29} **4,** 258_{21-22}
Reinhold, Christian L. (1737–1791) **5,** 671[713]
Reinhold, Erasmus (1511–1553)
– *Prutenicae tabulae coelestium motuum (1551)* **5,** 88_{32-33}
Reisel, Salomon (1625–1701)
– *Sipho Wurtembergicus (1684 u.ö.)* **1,** 298_{R9-10}
– – *Rezension 1685* **1,** 298_{R10}
– – *Rezension 1690* **1,** 298_{R10}
Remler, Johann Christian Wilhelm (1759–1834)
– *Neues chemisches Wörterbuch (1793)* **1,** 926_{26} **3,** 344_{4-5}
Remus Quietanus, Johannes (ca. 1630) **5,** 92_{26}
Renard, Jean Jacques
– *Eudiometer* **1,** 937_{39} **6,** 474 (*383*)
– *Quecksilberthermometer für hohe Temperaturen* **6,** 501 (*406*) 502 (*408*)
– *Quecksilberthermomter für chemische Versuche* **6,** 502 (*407*)
– *Weingeistthermometer nach Reaumur* **6,** 501 (*406*)
Retz de Rochefort, Noël (1758–1810)
– *Hygrometer* **1,** 940_{28} **2,** 287_{7} **3,** 412_{21} 433_{10} 439_{10}
Schriften
– *Météorologie appliquée a la médecine et a l'agriculture […]. On y a joint le traité du nouvel hygrometre comparable (1779)* **1,** 283_{R17-20} **3,** 432_{7}
– – *Abhandlung vom Einflusse der Witterung auf die Arzneywissenschaft und den Ackerbau. Nebst der Beschreibung eines neuen vergleichbaren Hygrometers (dt. von C.F. Held 1786)* **1,** $283_{R21-22.\ R22}$
Reuss, Franz Ambrosius (1761–1830)
– *Orographie des nordwestlichen Mittelgebirges in Böhmen (1790)* **1,** 846_{R6-9}

Reyher, Samuel (1635–1714)
– *Tractatus mathematicus de pneumatica (1714)* **1,** 429_{R1} **2,** 421_{18} **4,** 111_5 112_{14}
Rheinthaler, Christian Friedrich Ernst
– *Camera clara* **6,** 184 (221)
Ribini, Johann Daniel (1760–1820) **2,** 799_4
Riccioli, Giovanni Battista (1598–1671)
– *Fallversuche* **2,** 621_{38}
– *Gradmessung* **2,** 673_{23} **5,** $103_{22.\,24}$ 247_{12}
– *keine Erdrotation* **2,** 619_{25} **5,** 81_5 232_{32-33}
– *Mondkarte* **1,** 687_{23} **5,** 52_{24} 119_{15} 717^{996}
Schriften
– *Almagestum novum (1651)* **1,** 719_{22-23} **3,** 541^{56} **5,** 150_{31} 232_{32-34} 574^{39} 602^{219} 642^{493} 699^{911}
– *Astronomia reformata (1665)* **1,** 719_{24-25}
– *Geographiae et hydrographiae reformatae libri duodecim (1661; ²1672)* **1,** 742_{16-17} 830_{3-4} **5,** 332_{11-12} 750^{105}
Richard, Jérôme (†1800)
– *Histoire naturelle de l'air et des météores (1770–1771)* **1,** 675_{R21-22} 814_{5-7} **3,** 417_4
– – *Natürliche Geschichte der Luft und der Begebenheiten in derselben (dt. 1773–1774)* **1,** 814_{8-11} **3,** 417_{4-5}
Richard, Louis Claude Marie (1754–1821)
– *[Nachricht über die Blüten des Federharzbaums] (1787 u. 1788)* **2,** 44_{12-15} **3,** 113_{26-27}
Riché, NN (d.i. Gaspard Clair François Marie Riche de Prony?)
– *Hygrometer* **1,** 283_{R28} 940_{34}
Richelet, Pierre (1626–1698)
– *Dictionnaire de la langue françoise, ancienne et moderne (1679–1680 u.ö.)* **4,** 133
Richer, Jean (1630–1696) **1,** $602^{28-603,2}$
– *Pendelversuche* **1,** 651_{24} **2,** 121_{20} 624_3 674_6 **5,** 60_9 81_{36} 83_{13} 104_6
– *Zitteraal* **1,** 602_{21} **2,** 543_7
Schriften
– *Observations astronomiques et physiques faites en l'isle de Caïenne (1679)* **5,** 592^{148}
Richmann, Georg Wilhelm (1711–1753)
– *Atmometer* **2,** $873_{3.\,25}$ **5,** 447_{33-34}
– *Leidener Flasche* **4,** 306_3
– *Temperaturausgleich* **1,** 498_3 500_{15-16} **2,** 460_{1-11} 465_{12} 473_{24} 888_{17} **4,** 197_8
s.a. Wärme – Mitteilung – Richmanns Regel.
– *Tod durch elektrischen Schlag* **1,** 796_{32} **2,** $911_{8.\,10}$ **4,** 256_{27} **5,** 367_9 368_1 470_{21} 471_2
– – *Bericht* **1,** $797_{3.\,8.\,12}$
– *Wärmeleitung* **2,** 462_{36} $463_{1.\,3}$ **4,** 219_{19} 226_{17} 229_{13} 231_1 608^{475}
Schriften
– *Atmometri sive machinae hydrostaticae ad evaporationem aquae [...] mensurandam aptae constructio (1749)* **1,** 281_{32-38} 775_{R2-3} 969_{13-14} **5,** 769^{262}
– *De argento vivo calorem celerius recipiente et celerius perdente quam multa fluida leviora (1750–51)* **1,** 499_{31-36} **4,** 214_{18-20}
– *De indice electricitatis (1752–53)* **4,** 306_3 **5,** 772^{296} 865^{873} $866^{877.\,878}$ 867^{880} 869^{883}
– *De quantitate caloris (1747–48)* **1,** 498_{26-30}
– *De virtute magnetica absque magnete communicata experimenta (1752–1753)* **1,** 618_{28-32}

– *Formulae pro gradu excessus caloris supra gradum caloris mixti ex nive et sale ammoniaco [...] confirmatio per experimenta (1747–1748)* **1,** 498_{31-37}
– *Inquisitio in decrementa et incrementa caloris solidorum in aere (1752–53)* **4,** 173_{26-28} 214_{21-22}
– – *Untersuchungen der Ab- und Zunahme der Wärme fester Körper in der Luft (dt. 1798)* **4,** 562[250]
– *Inquisitio in legem, secundum quam calor fluidi in vase contenti, certo temporis intervallo, in temperie aeris constanter eadem descrescit vel crescit (1747–1748)* **1,** 500_{31}–501_{2}
– *Qua ratione instrumentum, quo quantitas aquae [...] commode mensuratur, construi debeat (1744–1746)* **1,** 281_{20-26} 775_{R4-5} 969_{12-13} **5,** 769[262]
– *Tentamen explicandi phaenomenon paradoxon (1747–1748)* **1,** 505_{36-43}
– *Tentamen legem evaporationis [...] definiendi (1747–1748)* **1,** 281_{27-31} 969_{13}

Richter, August Gottlieb (1742–1812) **6,** CIII
– *Abhandlung von der Ausziehung des grauen Staars (1773)* **4,** 444[103]

Richter, Jeremias Benjamin (1762–1807)
– *Bestandteile des Lichts* **2,** 213_{5} **3,** 342_{33} 351_{6} 360_{27}
Schriften
– *Ueber die Entzündung des Schwefels mit Metallen (1794)* **1,** 954_{15}
– *Ueber die neuern Gegenstände der Chemie (1791–1802)*
– – *3: Versuch einer Critik des antiphlogistischen Systemes (1793)* **1,** 953_{13-14} **3,** 674[334]

Richter, Johann Paul Friedrich, s. Jean Paul.

Richter, Karl August
– *Respondent*
– – *Dissertationem inauguralem [...] indicit (1750)* **1,** 165_{R11-12}

Riecke, Eduard (1845–1915) **6,** LXVII LXVIII XCIX CXII

Riekher, Rolf (*1922)
– *Fernrohre und ihre Meister (1957)*
– – *2, 1990.* **4,** 441[91]

Riemann, Bernhard (1826–1866) **6,** XCVII

Rienitz, Joachim (1917–2009)
– *Historisch-physikalische Entwicklungslinien optischer Instrumente (1999)* **6,** 162 (*194*)

Riepenhausen, Johann Christian
– *Halbkreisinstrument nach Müller* **6,** 432 (*[*233]*)
– *Windbüchse* **6,** 107 (*118*) 108 (*118*)

Riepenhausen, Johann Franz (1748– ca. 1804)
– *Quecksilberniveau* **6,** 539 (*433*)

Ries (Riese), Adam (1492–1559) **2,** 21_{24} **3,** 458[107]

Riesbeck, Johann Kaspar (1754–1786)
– *Briefe eines Reisenden Franzosen über Deutschland (1783)* **2,** 812_{24} **5,** 740[21]

Rigby, Edward (1747–1821)
– *An essay on the theory of the production of animal heat (1785)* **1,** 492_{R15-16}
– – *Etwas von Herrn Rigby's Theorie über die Erzeugung der thierischen Wärme (dt. Referat 1787)* **1,** 492_{R18}

Rimrod, Friedrich August (1731–1809)
– *Unterhaltungen über die Erde und den Menschen (1795)* **5,** 510_{25-26}

Rinman, Sven (1720–1792)
– *Anledningar til kunskap om den gröfre jern- och stål-förädlingen och des förbättrande (1772)*
– – *dt. Notiz (1787)* **1,** 414_{R1-2}
– *Försök till järnets historia (1782)*
– – *Versuch einer Geschichte des Eisens (dt. von J.G. Georgi 1785)* **1,** 619_{25-26}
– – – *Anzeige 1786* **1,** 619_{R7}
– *Mineralogiska rön, om tourmalin (1766)*
– – *Mineralogische Untersuchung vom Tourmalin oder Aschenblaser (dt. von A.G. Kästner 1768)* **4,** 333_{8}
– *Ytterligare rön, om brasilisk tourmalin (1766)*
– – *Fernere mineralogische Untersuchung der brasilischen Tourmaline (dt. von A.G. Kästner 1768)* **4,** 333_{8}
Risner, Friedrich (1533–1580)
Herausgeber
– *Ibn-al-Haiṯam, Opticae thesaurus (1572)* **1,** 424_{3}
Rittenhouse, David (1732–1796)
– *Biographie (1803)* **2,** 703*
Schriften
– *Account of a meteor (1786)* **1,** 809_{R25}–810_{R6}
– *Account of several houses in Philadelphia, struck with lightning (1793) [zus. mit John Jones]*
– – *Nachricht von Wetterschlägen, die auf einige Häuser in Philadelphia ohne Ableiter gefallen sind (dt. von J.A.H. Reimarus 1795)* **1,** 806_{R27-28}
– *An account of some experiments on magnetism (1786)* **1,** 635_{R5-9} **4,** 363_{3} 367_{15} 748[20]
– – *Rezension 1788* **1,** 635_{R1-3}
– *An account of the effects of a stroke of lightning on a house furnished with two conductors (1793) [zus. mit Francis Hopkinson]* **5,** 873[906]
– – *Nachricht von der Wirkung eines Wetterschlages auf ein Haus, welches mit zwey Blitzableitern versehen war (dt. von J.A.H. Reimarus 1795)* **1,** 806_{R27-28}
Ritter, Franz (†1641)
– *Astrolabium (1613)* **6,** 297 (*29)
Ritter, Johann Wilhelm (1776–1810)
Übersetzer
– *[1806] Trémery, Examen des phénomènes électriques [...] (1802)* **2,** 529*
Rivoire, Antoine (1709–1789)
Übersetzer
– *[1752] Canton, A method of making artificial magnets (1751–1752)* **4,** 784[173]
– *[1752] Michell, A treatise of artificial magnets (1750)* **4,** 755[47] 784[173]
Robert de Vaugondy, Didier (1723–1786)
– *Hémisphère austral ou antarctique (1773)* **1,** 724_{18-21}
– *Uranographie ou description du ciel en deux hémisphères (1764)* **5,** 212_{18-19}
Robert, Anne Jean (1758–1820)
– *Mémoire sur les expériences aérostatiques faites par MM. Robert Freres (1784)* **1,** 296_{15-16}
Robert, Nicolas Louis (1761–1828)
– *Mémoire sur les expériences aérostatiques faites par MM. Robert Freres (1784)* **1,** 296_{15-16}
Robert, Paul (1910–1980)
– *Le grand Robert de la langue française (2001)* **4,** 509[74]
Robertson, John (1712–1776)
– *spezifisches Gewicht des Menschen* **2,** 169_{35}

Schriften
– *A useful hint to sea-faring people (1758)*
– – *Von der eigenen Schwere des menschlichen Körpers (dt. 1758)* **1,** 175$_{27-29}$ 177^{8} **3,** 270$_{3}$ 600^{33}
– *An essay towards ascertaining the specific gravity of living men (1757)* **1,** 177^{8} **3,** 270$_{4}$ 601^{34}
Roberval, Gilles Personne de (1602–1675)
– *Elastizität der Luft* **1,** 291$_{15-16}$ **2,** 299$_{3}$
– *Saturnring* **5,** 278$_{22}$
– *Waage* **1,** 105$_{R18}$ 921$_{22}$ **2,** 80$_{10}$
Schriften
– *Nouvelle maniere de balance* **6,** 440 (*353*)
Robins, Benjamin (1707–1751)
– *Ausdehnung der Luft durch Wärme* **1,** 240$_{3-7}$ **2,** 229$_{12}$
Schriften
– *New principles of gunnery (1742)*
– – *Neue Grundsätze der Artillerie (dt. von L. Euler 1745)* **3,** 454^{76}
Robins, d. i. Robinson, Ebenezer.
Robinson, Ebenezer
– *Anwendung des Blasebalgs zur Luftverbesserung* **2,** 228$_{15}$
Rocaut, NN.
– *Observations sur les variations du baromêtre, & sur le mécanisme de l'univers (1776)* **1,** 599$_{16-17}$
Rochon, Alexis Marie de (1741–1817)
– *Doppelspat beim Fernrohr* **2,** 373*
– *magnetische Deklination* **5,** 430$_{3-4}$
– *Mars* **2,** 747*
– *Platinspiegel für Teleskop* **1,** 415$_{R1}$ **2,** 754$_{32}$
– *Saturn* **2,** 750*
– *Uranus* **5,** 292$_{7}$
Schriften
– *[Anzeige von Untersuchungen zur Doppelbrechung] (1781)* **1,** 370$_{11}$
– *Mémoire sur les verres acromatiques (1801)*
– – *frz. Bericht über den Vortrag vor dem »Institut national« (1801)*
– – – *dt. Anzeige (1803)* **2,** 373*
– *Mémoire sur un moyen d'observer facilement en mer les éclipses des satellites de Jupiter (1768)* **5,** 712^{972}
– *Voyage à Madagascar et aux Indes orientales (1791)* **1,** 766$_{R1-2}$ **2,** 44$_{8}$ 863$_{14}$
– – *Reise nach Madagaskar und Ostindien (dt. von G. Forster 1792)* **3,** 114$_{25}$
Rochow, Friedrich Eberhard von (1734–1805)
– *Bemerkungen über die Abhandlung [...], betitelt: ‚Verba valent, sicut nummi' (1789)* **5,** 590^{130}
Rock, Irvin
– *Wahrnehmung. Vom visuellen Reiz zum Sehen und Erkennen (1985)* **4,** 420^{24}
Rodriguez, José (1776–1821)
– *Gradmessung* **2,** 683$_{3}$
Röderer, Johann Georg (1726–1763) **5,** 396$_{31}$
– *Sermo de pondere et longitudine infantum recens natorum (1753)* **5,** 806^{466}
Rödkier, NN
– *Venusmond* **2,** 746$_{8}$ **5,** 152$_{26}$
Röhl, Lambert Heinrich (1724–1790)
– *Länge von Greifswald* **5,** 250$_{16-21}$
Schriften
– *Einleitung in die Astronomischen Wissenschaften (1768–1779)* **1,** 720$_{42-45}$ **5,** 52$_{11}$ 102$_{18}$ 108$_{10}$ 123$_{5}$ 130$_{7-8}$ 144$_{18}$ 315$_{10}$ 587$^{110-113}$ 612^{286} 614^{312} 625$^{383.\ 386}$ 632$^{419.\ 424}$ 633$^{427.\ 428.\ 430.\ 431.\ 433}$ 639^{469}
– *Merkwürdigkeiten von den Durchgängen der Venus durch*

die Sonne (1768) **1,** 681$_{1-4}$ **2,** 665$_{22-24}$ **5,** 44$_{4}$ 45$_{1}$ 92$_{30-31}$ 94$_{6-8}$ 95$_{29}$ 608^{263} 609^{273} 702^{932}
– *Rezensionen*
– – *[1765] G.C. Silberschlag, Neue Theorie der Erde (1764)* **5,** 913^{1097}
– *Vita Andreae Mayeri (1783)* **5,** 713^{976}
Übersetzer
– *[1769] Bergman, Physisk beskrifning over jordklot (1766)* **1,** 830$_{32-33}$
Röhrbein, Waldemar R. (1935–2014)
Herausgeber
– *Zum 175. Todestag Lichtenberg's des Göttinger Physikers, Schriftstellers, Philosophen. Dokumente Bilder Geräte (1974)* **4,** 387^{1} 443^{101}
Römer, Johann Jakob (1763–1819) **2,** 44$_{12}$ **3,** 113$_{25-26}$
Rømer, Ole (1644–1710)
– *Lichtgeschwindigkeit* **2,** 630$_{30-31}$ 631$_{24.\,31}$ 633$_{3}$ **5,** 40$_{23}$ 41$_{19}$ 83$_{23}$ 85$_{25}$ 86$_{30}$
– *Schallgeschwindigkeit* **1,** 312$_{19}$
– *zur Person* **2,** 630$_{31}$–631$_{2}$ **5,** 62$_{1-7}$
Rösler, Gottlieb Friedrich (1740–1790)
– *Handbuch der praktischen Astronomie für Anfänger und Liebhaber (1788)*
– – *2: 1788* **2,** 657*
Rogier, Gideon Hermann de (1738–1814)
– *Verstreute Aufzeichnungen aus Georg Christoph Lichtenbergs Vorlesungen über die Experimental-Physik 1781 (dt. von A.-B. Gerecke 2004)* **3,** 512^{60} 513^{62} 596^{15} 600^{27} **4,** 631^{22} **6,** 4 (*8*)
Rohault, Jacques (1618–1672) **3,** 269$_{31}$ 480^{56}
– *Quellen* **5,** 330$_{17}$
– *Winde* **5,** 351$_{12}$
Schriften
– *Traité de physique (1671 u.ö.)* **1,** 42$_{32-33}$
– – *Physica (lat. von S. Clarke 1702 u.ö.)* **1,** 42$_{34-35}$ **4,** 748^{21} **5,** 761^{202}
Rohde, Johann Philipp (von) (1759–1834)
– *korrigiert Fehler in Erxlebens Anfangsgründen der Naturlehre* **1,** 12$_{17-24}$
Schriften
– *Register zu Erxlebens Anfangsgründen der Naturlehre (1787)* **1,** 12$_{24-27}$ 16$_{25}$
Rohr, Julius Bernhard von (1688–1742)
– *Physicalische Bibliothek (1724)* **1,** 42$_{11-12}$
– – *mit Zus. u. Verb. hrsg. v. A.G. Kästner (1754)* **1,** 42$_{13-15}$
Romain, Pierre-Ange (1751–1785)
– *tödlicher Ballonunfall* **1,** 294$_{14-15}$ **3,** 702^{192}
Romas, Jacques de (1713–1776)
– *atmosphärische Elektrizität* **2,** 911$_{1}$ **4,** 256$_{24}$ **5,** 367$_{9-10}$ 470$_{24}$
Schriften
– *Mémoire, où [...] on rapporte des observations frappantes (1755)* **1,** 797$_{23-28}$ **5,** 470$_{30}$ 773^{296}
Romé de L'Isle, Jean Baptiste Louis de (1736–1790)
– *Essai de cristallographie (1772)*
– – *^{2}1783 u.d.T. »Cristallographie«* **1,** 785$_{R21-22}$
– *L'action du feu central (1779)*
– – *^{2}1781*
– – – *Rezension 1781* **1,** 820$_{R22-23}$
Romieu, Jean-Baptiste (1723–1766)
– *Kampfervegatation* **2,** 185$_{26}$
Schriften
– *Mémoire sur une nouvelle végétation chymique faite avec le camphre (1756)* **1,** 204$_{R23-26}$

– – *Abhandlung von einer neuen mit dem Campher angestellten Vegetation (dt. 1772)* **1,** 191$_{R6–7}$ 204$_{R27–28}$ **3,** 622^{52}
Romulus (sagenhafter Gründer und erster König von Rom) **2,** 735$_{6}$ **5,** 130$_{6}$ 131$_{9}$
Rosenthal, Gottfried Erich (1745–1814)
– *Ausdehnung von Quecksilber* **1,** 477$_{R16}$ **2,** 458$_{4}$
– *Barometer* **1,** 941$_{22–31}$ **3,** 382$_{32}$ 442$_{24}$ 443$_{7}$ **4,** 122$_{11.\,13.\,33}$ 123$_{4}$
– *barometrische Höhenmessung* **1,** 734$_{R5–6}$
– *Thermometer* **4,** 121$_{5}$
Schriften
– *Anleitung wie das de Lücsche Barometer zu einem viel grösseren Grade der Vollkommenheit gebracht werden kann (1779)* **3,** 382$_{32}$ 730^{440}
– *Auszug aus einem Schreiben an den Herrn Legationsrath Lichtenberg (1786)* **1,** 805$_{R3–4}$
– *Beyträge zu der Verfertigung, der wissenschaftlichen Kenntniß, und dem Gebrauche meteorologischer Werkzeuge (1782–1784)* **1,** 306$_{35–40}$ **5,** 939^{67}
– – *1: 1782* **1,** 476$_{3–5}$ **3,** 730^{439}
– – – *Rezension 1783* **1,** 734$_{R6–7}$
– *Rezensionen*
– – *Erxleben, Anfangsgründe der Naturlehre (1791)* **1,** XIX^{30}
– *Ueber des Hrn. P. Cott's Versuch die Stärke der Ausdünstung […] (1783)* **1,** 280$_{R21–23}$ 776$_{R7}$
– *Unterricht in der natürlichen Magie, s.a. Martius, Johann Nikolaus* **1,** 32$_{R22–23}$
– *Versuch wie die meteorologischen Beobachtungen zur schicklichsten Zeit zu machen (1781)* **1,** 827$_{18–21}$
Rost, Johann Leonhard (1688–1727)
Schriften
– *Warhafte, ausführliche und vollständige Beschreibung, desjenigen merckwürdigen so genandten Nord-Scheines (1721)* **1,** 811$_{R24–27}$ **5,** 486$_{16}$ 891^{975} 892^{977}
Übersetzer
– *[1720] Smith, The history of the most noted highway-men (1714)* **3,** 445^{6}
Roth, Erwin (1931–2002)
– *Tobias Mayers Mondkarten und Mondkugel (1993)* **5,** 721^{1031}
Rothkopf, s. Erik der Rote.
Rothmann, Christoph (1550–1605) **2,** 617$_{19}$ **5,** 80$_{11}$
Roubillac, Louis François (um 1700 – 1762) **2,** 777$_{16}$
Rouelle, Guillaume François (1703–1770)
– *Sur l'inflammation de l'huile de térébinthine par l'acide nitreux pur (1747)* **1,** 488$_{36–40}$ 489$_{1–4}$
Rouland, N.
– *Description des machines électriques à taffetas (1785)* **1,** 529$_{22–26}$ **4,** 669^{163}
– *Tableau historique des proprietés de l'air (1784)* **1,** 279$_{16–19}$
Rousseau, Jean-Jacques (1712–1778) **5,** 263$_{19}$
– *Émile ou De l'éducation (1762)* **2,** 550$_{12}$ **4,** 352$_{4}$ 362$_{20}$
Roux, Augustin (1726–1776)
– *Recherches historiques et critiques, sur les différens moyens […] pour réfroidir les liqueurs (1758)* **1,** 504$_{R15–16}$
Roy, William (1726–1790) **1,** 307$_{R2}$
– *Ausdehnung von Quecksilber* **1,** 477$_{R17}$ **2,** 456* 458$_{5}$ **5,** 550$_{22}$ 558$_{31}$ 559$_{17}$
– *Barometer* **1,** 477$_{19}$
– *Höhenformel* **5,** 558$_{16.\,18}$ 559$_{12}$

Schriften
– *Experiments and observations made in Britain, in order to obtain a rule for measuring heights with the barometer (1777)* **1,** 239_{R10-19} 474_{21-22} 737_{17-21} **5,** 939^{67}
– – *Rezension 1779* **4,** 121_{21} 122_{32}
– – *dt. Referat 1777* **1,** 474_{22-23}
Rozier, François (1734–1793) **2,** 148_{13} 427_{6}
Schriften
– *Observation sur le phénomène de l'eau jettée dans un creuset, contenant du verre en fusion (1778)* **1,** 443_{R1-3}
– *Observation sur une nuée rendue phosphorique (1781)*
– – *Nachricht von einer […] leuchtend gewordenen Wolke (dt. 1782)* **1,** 802_{R3-4}
Herausgeber
– *Observations sur la physique (1771–1772)* **1,** 58_{32} **6,** 438 (352)
– *Observations sur la physique (1773–)* **1,** 58_{36} **2,** 51_{10} 79_{28} 277_{24} 426_{37} 542_{9} 825_{15} 913_{37} 933_{18} 941_{13} 942_{28} $943_{4.\,6}$ **4,** 704^{314} 765^{91}
Rubín de Celis, Miguel (* um 1746)
– *An account of a mass of native iron (span.-engl. 1788)*
– – *Ueber eine gediegene Eisenmasse (dt. von F.A.A. Meyer 1790)* **1,** 972_{6}
Rucker, Georg Albrecht (1736–1804)
Übersetzer
– *[1784] Hamilton, Œuvres complettes (1781)* **1,** 844_{2}
Ruda, Erik (1733–1767)
– *Respondent*
– – *Dissertatio physica de geocosmo senescente (1758)* **1,** 838_{14}
Rudolf II., röm.-dt. Kaiser (1552–1612) **2,** 646_{2} 739_{3} **5,** 79_{28} 88_{4} 89_{8}
Rudolph, Anton (1712–1791)
Übersetzer
– *Nollet, Leçons de physique expérimentale* **1,** 44_{37-39}
Rückert, Georg Christian Albrecht (1763–1800)
– *Von einem Salpeterflötz in Ungarn (1793)* **1,** 208_{R2-5}
Rüpke, Jörg (*1962)
– *Zeit und Fest. Eine Kulturgeschichte des Kalenders (2006)* **5,** $634^{433.\,434}$
Rumann, Cuno **6,** 397 (**194*)
Rumford, s. Thompson, Benjamin, Reichsgraf von Rumford.
Rumovski, Stephan (1734–1815)
– *Methodus exactior declinationem acus magneticae observandi (1781)* **1,** 755_{R5}
Rumpf, Johann Philipp (1791–1833) **6,** LXIV
Ruprecht, Karl Friedrich Günther (1730–1816)
– *Nachbarhaus* **2,** 827_{23}
Russell, John (1745–1806) **2,** 711*
Rußland, Katharina II., Zarin von, gen. die Große (1729–1796) **5,** 136_{8}
Rußland, Peter I., Zar von, gen. der Große (1672–1725)
– *Standbild* **2,** 40_{6-22}
s.a. Petersburg – Standbild Peters des Großen.
Rust, Johann Nepomuk (1775–1840)
– *Theoretisch-praktisches Handbuch der Chirurgie (1830–1836)* **6,** 134 (*160*)
Ruyer, s. Reyher, Samuel.

Saalfeld, Friedrich (1785–1832)
– *Versuch einer academischen Gelehrten-Geschichte (3: 1820)*

6, LX CXIV
s.a.u. Pütter, Johann Stephan.
Sachs, Curt (1881–1959)
– *Handbuch der Musikinstrumentenkunde (1920; ²1930)* **4,** 414^{196}
Sachsen-Gotha, Ernst II. Ludwig, Herzog von 2, $700_{22.\,26}$
Sack, Friedrich Wilhelm (1726–1800)
– *astronomischer Schwärmer* **5,** 193_{34}
Schriften
– *Geologie oder Betrachtung der Erde (1785)* **5,** 671^{714}
– *Kosmologische Betrachtungen über den neu entdeckten Planeten (1785)*
– – *GGA-Rezension 1786* **5,** 671^{714}
Sagar, Johann Baptist Michael von (1702–1778)
– *Abhandlung von dem Mehlthau (1775)* **1,** 778_{19-20}
Sage, Balthazar Georges (1740–1824) **3,** 226_{4}
– *Feuersäure* **3,** 320_{29}
– *Versuche mit Gold* **3,** 55_{28}
Schriften
– *Analyse chimique et concordance des trois règnes (1786)* **3,** 638^{171}
– – *Referat 1786* **3,** 638^{171}
– *L'art d'essayer l'or et l'argent (1780)* **3,** 460^{121}
– *[Untersuchungen über das Kalkbrennen; dt. Auszug] (1788)* **1,** 831_{R11}
Sage, Letitia Anne 3, 702^{188}
Saggi di naturali esperienze fatte nell' accademia del Cimento (1667) 1, 50_{42}–51_{1}
Saladin, N.J.
– *Mémoire sur l'inflammation spontanée des herbes cuites dans des corps gras (1784)* **1,** 493_{3-4}
– – *dt. Notiz 1785* **1,** 493_{R1}
– – *Versuche über die Selbstentzündung der in fetten Substanzen gekochten Kräuter (dt. Referat 1785)* **1,** 493_{R2}
Salis-Marschlins, Carl Ulysses von (1760–1818)
– *Beiträge zur natürlichen und ökonomischen Kenntniß des Königreichs beeder Sicilien (1790)* **1,** 843_{R19-26}
Salle, Jean-Baptiste (1759–1794)
– *Moyen de diriger l'aérostat (1784)* **1,** 296_{13-14}
Salsano, Domenico
– *Descrizione di un geo-sismometro o sia misura-terremoto (1783)*
– – *Beschreibung des von dem Mechanikus Salsano zu Neapel erfundenen Erdbebenmessers (dt. Auszug 1783)* **1,** 848_{R28-29}
Saluzzo di Menusiglio, Giuseppe Angelo (1734–1810)
Schriften
– *Reflexions pour servir de suite aux mémoires sur le fluide elastique de la poudre à canon (1760–1761)* **1,** 442_{R4}
– *Sur la nature du fluide elastique qui se dévelope de la poudre à canon (1759)* **1,** 442_{R3-4}
Herausgeber
– *Miscellanea philosophico-mathematica Societatis Privatae Taurinensis* **3,** 730^{442}
Salvino degli Armati (fiktive Person) **1,** 402_{33-36}
Salzmann, Johann Daniel
– *Dissertatio medica inauguralis, de morbo regio seu ictero (1710)* **4,** 446^{113}
Sambursky, Samuel (1900–1999)
– *Das physikalische Weltbild der Antike (1965)* **4,** 451^{132}
Sammlung astronomischer Tafeln (1776) 1, 701_{R3-4} **5,** 167_{9-10} 211_{2-3} 289_{26} 627^{396} 652^{574} 656^{590} 673^{719} 679^{770} 684^{802} $730^{1090-1092}$ $732^{1107.\,1109}$ 735^{1137}

Sammlungen zur Physik und Naturgeschichte von einigen Liebhabern dieser Wissenschaften (1778–) **1,** 58$_{41–43}$
San Martino, Giovanni Battista da (1739–1800)
– *Ausdehnung von Quecksilber* **1,** 478$_{R4}$
– *Ausdünstung* **2,** 875$_{7}$ **5,** 842[695]
– *Hygrometer* **1,** 941$_{9–10}$ **3,** 434$_{21}$
Schriften
– *Lettre à M. de Saussure, en réponse à quelques objections sur l'hygrometre à baudruche (1788)* **3,** 434$_{22–24}$ 727[411]
– – *Nachricht von dem Hygrometer aus Goldschlägerhäutchen (dt. Auszug 1789)* **1,** 283$_{R24–27}$ **3,** 727[411]
– *Lettre au François-Marie Stella (1790)* **1,** 969$_{16–17}$ **2,** 875$_{7–9}$ **3,** 326$_{19}$ **5,** 842-843[695]
Sanchuniathon (ca. 9. Jh. v. Chr.) **5,** 509$_{32}$
Sander, Heinrich (1754–1782)
– *Kleine Schriften (1784–1785)*
– – *Von einem merkwürdigen See in der obern Marggrafschaft Baden (1784)* **1,** 299$_{R4–5}$ **2,** 830$_{37–38}$ **5,** 335$_{32–33}$
Sanders, Daniel (1819–1897)
– *Fremdwörterbuch (1871; ²1891)* **4,** 546[199]
Sans, Joseph
– *[Notiz über Wirkungen der Elektrizität auf den menschlichen Körper] (1782)* **1,** 539$_{R15}$ **4,** 649[92]
Santorio, Santorio (1561–1636)
– *Ausdünstung des Menschen* **5,** 447$_{34}$
– *Erfindung des Luftthermometers* **1,** 462$_{R8}$
Schriften
– *Ars [...] de statica medicina (1614 u.ö.)* **5,** 844[698]
Sarpi, Paolo (1552–1623)
– *Erfindung des Luftthermometers* **1,** 462$_{R11}$ **2,** 449$_{38}$
Sarti, Cristofano
– *Saggio di congetture su i terremoti (1783)* **1,** 848$_{8–9}$ **5,** 531$_{3}$
Sartorius von Waltershausen, Wolfgang (1809–1876) **6,** XCIX
Sartorius, Georg Christian (1774–1838)
– *Versuche über das Zerbrechen freiliegender Hölzer (1805)* **2,** 40[*]
Sátor, János **3,** 100$_{24}$
Saul, Edward
– *An historical and philosophical account of the barometer, or weather-glass (1730 u.ö.)* **1,** 306$_{21–23}$
Saussure, Horace Bénédict de (1740–1799)
– *Ätna* **5,** 393$_{22}$
– *Alpenreise* **2,** 946$_{40}$
– – *Besteigung des Mont Blanc* **1,** 737$_{R34}$–738$_{R24}$ 966$_{34}$ **2,** 824$_{4–27}$ 979$_{12–13}$ 990$_{5–6}$ **5,** 215$_{14}$
– – *fixe Luft in großer Höhe* **1,** 270$_{R22}$
– – *geologische Beobachtungen* **2,** 941$_{24–25}$ **5,** 508$_{3}$ 516$_{3–4}$ 523$_{29}$
– – *Höhe des Mont Blanc* **1,** 738$_{4.\ R29}$ **2,** 991[†] **5,** 329$_{18}$
– – *Höhenbestimmung in den Alpen* **2,** 967$_{4}$ **5,** 400$_{20}$
– – *Luftdruck auf dem Mont Blanc* **3,** 681[20]
– – *roter Schnee* **2,** 898$_{35}$
– – *Winde* **5,** 374$_{7}$
– *Alter der Erde* **5,** 523$_{13}$
– *Elektrizität der Dünste* **1,** 797$_{R19}$
– *Elektrometer* **1,** 540$_{24}$ **2,** 525$_{10}$
– *Eudiometrie* **2,** 275$_{22–23}$ **3,** 402$_{23}$
– *für zwei elektrische Materien* **1,** 588$_{R3–7}$
– *Hygrometrie* **1,** 783$_{R17}$ 940$_{30}$ **2,** 282$_{31}$–283$_{28}$ 284$_{22–24}$ 285$_{8.\ 31}$ 880$_{20}$ 882$_{29}$ **3,** 412$_{23}$ 413$_{4}$ 415$_{13}$

434_{23} 435_{19} 439_{10-11} 711[268] **5,** 451_{4}
– *Luftdruckschwankungen* **1,** 823_{R5} **2,** 934_{23} **5,** 372_{33}
– *Magnetometer* **2,** $555_{29.\,32}$ 556_{6} 847_{21} 848* **5,** 435_{6}
– *Manometer* **2,** 312*
– *meteorologische Entdeckungen* **2,** 897_{20}
– *Tau* **2,** 893_{35}
– *trockener Nebel* **5,** 456_{14} 457_{28-29}
– *Trocknung der Luft* **2,** 282_{32}–283_{4} **3,** 412_{30-32} **4,** 121_{25}
– *Theorie der Verdunstung / des Regens* **1,** 447_{17} 506_{R1} 783_{R27} **2,** 877_{9} 878_{19} 886_{24} **5,** 360_{28-29}
– – *Gegner von Delucs Theorie* **2,** 281_{5} 877_{4} 934_{26}
– – *Kondensation in Bläschen* **1,** 448_{39} 449_{11} **2,** 886_{29} $887_{13.\,21}$ 895_{9} 896_{31} 908* **5,** 364_{14}
– *Wärmesammler* **1,** 490_{23} **4,** 128_{9} 129_{8}
– *Wasserhammer* **2,** 432_{26-27}
– *Wettervorhersage* **1,** 794_{R29-30}
Schriften
– *Défense de l'hygromètre à cheveu (1788)* **1,** 941_{3-4} **3,** 726[410] 727[411]
– *Dissertatio physica de electricitate (1766)* **1,** 606_{14-15}
– *Essais sur l'hygromètrie (1783)* **1,** 824_{12-13} **5,** 847[729]
– – *Versuch über die Hygrometrie (dt. von J.D. Titius 1784)* **1,** 283_{16-20} 427_{R8-10} 448_{44-45} 776_{R1} 886_{28-29} **2,** 284_{34} **3,** 411_{24} 412_{29} 415_{8} 434_{18-19} 438_{1} 711[270] 713[277. 282. 283] 715[292] **4,** 519[109] **5,** 372_{22} 767[257] 768[261] 769[265] 770[268. 269. 274] 771[275. 282] 787[349] 788[355] 790[361. 363] 851[757] 855[786] **6,** 129 (154) 200 (244) 202 (249)
– – – *Exzerpt* **3,** 413_{11}–415_{10} 435_{22}–437_{31}
– *Lettere phisico-meteorologiche [in: Vassalli-Eandi, Lettere (1789)]* **1,** 810_{R13}
– *Lettre aux auteurs du journal (1784)* **4,** 129_{8}
– *Relation abrégée d'un voyage à la cime du Mont-Blanc (1787)* **1,** 738_{R38}–739_{R3} **2,** 824_{27} **5,** 935[44]
– – *dt. Auszug (1787)* **1,** 738_{R37}
– – *Kurzer Bericht von einer Reise auf den Gipfel des Montblanc (dt. 1788)* **5,** 748[87]
– – *Nachricht von einer Reise nach dem Gipfel des Montblanc (dt. 1788)* **1,** 739_{R5-6} **2,** 824_{28-29} **5,** 935[44]
– *Suite de la défense de l'hygromètre à cheveu (1788)* **1,** 941_{4-5}
– *Suite de la notice des observations faites sur le Col du Géant (1789)* **5,** 768[262]
– – *Beobachtungen auf dem Col du Geant (dt. 1790)* **1,** 506_{R3-4} **5,** 768[262]
– *Voyages dans les alpes (1779–1796)* **1,** 540_{26-27} 588_{R1-2} 631_{R5-7} 738_{4-5} 759_{R11} 774_{R20-21} 797_{R16} $819_{15-16.\,27-30}$ 824_{40-41} 971_{5} **2,** 525_{10-11} 848_{1} 941_{23-24} **3,** 704[211] **4,** 809[276] **5,** 508_{3-7} 525_{26-27} 748[87] 833[643] 922[1195] 923[1198]
– – *Beobachtung einer besondern Luftelektricität auf den Alpen (dt. Auszug 1787)* **1,** 797_{R6}
– – *dt. Auszug 1787 u.d.T. »Beschreibung eines Elektrometers, nebst einigen Untersuchungen über die natürliche Elektricität«* **1,** 540_{R20-21}
– – *Reisen durch die Alpen (Bde. 1–2 dt. von J.S. Wyttenbach 1781–1788)* **5,** 685[814] 803[452]
– – *Ueber eine Art rothen Alpen-Schnee (dt. Auszug 1787)* **1,** 774_{R21} **2,** 898_{33}

Saussure, Nicolas-Théodore de (1767–1845)
– *Atmometer* **1,** 969_{22}
– *Mariottesches Gesetz in größeren Höhen* **1,** 290_{R1-2} **2,** 295_{17}
Schriften
– *Mémoire sur la densité de l'air a différentes hauteurs (1790)* **1,** 290_{R17-21}
Sauveur, Joseph (1653–1716)
– *fixer Ton* **1,** $330_{11.\,R16}$
– *Hörgrenzen für Tonhöhen* **1,** 329_{30} **2,** 334_{24} **4,** 31_{17} 32_{10}
Schriften
– *Sur la détermination d'un son fixe (1700)* **4,** $409^{148.\,152}$
– *Systême général des intervalles des sons (1701)* **1,** 330_{R1-4} 335_{1-5} **4,** 409^{152}
Savérien, Alexandre (1720–1805)
– *Dictionnaire universel de mathématique et de physique (1753)* **3,** 553^{125} 554^{126}
Savery, Servington (um 1670 – um 1744)
– *künstliche Magnete* **1,** 615_{24-25} **4,** 347_{8} 367_{24} 369_{10} 783^{169}
Schriften
– *Magnetical observations and experiments (1729–30)* **1,** 618_{15-17} **4,** 369_{11} 784^{173}
Savery, Thomas (um 1650 – 1715)
– *Dampfmaschine* **1,** 443_{40} 951_{10} **2,** 436_{33} 437_{11} **4,** 142_{6} 153_{18}
Schriften
– *An account of Mr. Tho[mas] Savery's engine for raising water by the help of fire (1699)* **4,** 153_{24-26}
– *The miners friend: or an engine to raise water by fire (1702)* **4,** 525^{122}
Savioli, Giovanni Battista (1748–1823)
– *Nordlicht* **5,** 487_{17}
Schriften
– *Dissertatio in caussam physicam aurorae borealis (1789)* **5,** 895^{992}
– – *Rezension 1791* **5,** 895^{992}
– – *Dissertazione sulla causa fisica dell'aurora boreale (1790)* **5,** 895^{992}
Scaliger, Joseph Juste (1540–1609) **5,** 632^{420}
Scaliger, Julius Caesar (1484–1558)
– *Quellen* **2,** 826_{10} **5,** 330_{15}
Scarella, Giambattista (1711–1779)
– *Bologneser Flaschen* **1,** 430_{R7-8}
Schriften
– *De magnete (1759)* **1,** 635_{28-30} **5,** 434_{27} 762^{205}
– *De principiis visionis (1767–1783)* **4,** 79_{19-22}
Scarlett, Edward (fl. 1705 – 1743)
– *Mikroskop* **6,** 336 (**98*)
Scarpa, Antonio (1752–1832) **6,** 146 (*183*)
– *Anatomicae disquisitiones de auditu et olfactu (1789)* **1,** 309_{R8-9} 333_{R3-5}
Schack, NN **4,** 39_{19}
Schäfer, Clemens (1878–1968)
– *Lehrbuch der Experimentalphysik (1943–)*
– – *3: Optik (⁴1966)* **4,** $423^{37.\,39}$ 424^{41} 430^{52} $431^{56.\,57}$ $432^{58.\,59}$ $435^{65.\,66}$
Schaeffer, Jacob Christian (1718–1790) **2,** 562_{2} **4,** 661^{136}
s.a. Elektrophor – Schaeffers Versuche.
– *Abbildung und Beschreibung des beständigen Electricitätträgers (1776)* **1,** 572_{33-39} **4,** 724^{423}
– *Fernere Versuche mit dem beständigen Electricitätträger (1777)* **1,** 572_{43-44} 573_{1-2} **4,** 724^{423}
– *Kräfte, Wirkungen und Bewegungsgesetze des beständigen Electricitätträgers (1776)* **1,** 572_{40-43} **4,** 724^{423}

Schafhäutl, Karl Emil von (1803–1890)
– *Berichtigung eines Fundamentalsatzes der Akustik und Beiträge zur Theorie einiger akustischer Instrumente (1833)* **4,** 393[33]
Schall, Carl Friedrich Wilhelm (1756 – ca. 1800)
– *Oryktologische Bibliothek nach geographischer Ordnung (1789)*
– – *²1789 u.d.T. »Anleitung zur Kenntniß der besten Bücher in der Mineralogie und physischen Erdbeschreibung«* **1,** 722$_{R1-9}$
Schaubach, Johann Konrad (1764–1849)
– *Ueber die Meynungen der Alten von unserm Sonnensystem (1796)* **2,** 610* **5,** 230$_{14-15}$ 695[884–886] 696[889] 697[892]
Schaz, Georg (1763–1795)
Übersetzer
– *[1794] Franklin, Letter LVII. to Lord K. at Edinburgh (1769)* **1,** 947$_{32}$
Scheele, Carl Wilhelm (1742–1786) **5,** 374$_{19}$
– *Benennungen von Luftarten* **1,** 265$_{7}$ 276$_{28}$ **3,** 393$_{15}$ 426$_{14}$
– *Brief von Bergman* **3,** 393$_{13}$
– *chemische Wirkung des Lichts* **1,** 346$_{R16}$
– *Entdeckung des Chlorgases* **3,** 426$_{14}$
– *Eudiometer* **2,** 275$_{33}$
– *Flußspatsäure* **1,** 272$_{42}$ **2,** 272$_{18}$
– *inflammable Luft* **1,** 269$_{30}$
– *nicht auf Mathematik gestützte Beiträge zur Naturlehre* **3,** 41$_{1}$
– *Salpeter-Luft* **2,** 274$_{11}$
– *Wärmetheorie* **1,** 523$_{1-2}$ **3,** 330$_{32}$
Schriften
– *Chemische Abhandlung von der Luft und dem Feuer (1777)* **1,** 523$_{1-3}$ **3,** 333$_{25}$ 648[214] 696[139] 698[154] **4,** 566[263]
– – *Chemical observations and experiments on air and fire (engl. von J.R. Forster 1780)*
– – – *Rezension* **1,** 520$_{40-42}$
– – *²1782* **1,** 268$_{R4}$ 278$_{22-25}$ 954$_{16}$ **3,** 698[154] **4,** 176$_{3-33}$
– – – *Exzerpt* **4,** 175$_{5}$–176$_{36}$
– *Expériences sur la quantité d'air pur qui se trouve dans notre atmosphère (1782)* **1,** 276$_{19-21}$ 937$_{13}$
– – *Erfahrungen über die Menge der reinen Luft die sich in unsrer Athmosphäre befindet (dt. von J.G. Leonhardi 1782)* **1,** 276$_{21-25}$ 937$_{14-15}$ **5,** 766[250]
Scheffer, Henrik Teofilus (1710–1759)
– *Chemiske föreläsningar (1775)*
– – *Chemische Vorlesungen (dt. von C.E. Weigel 1779)* **1,** 203$_{R4.\ R17-18}$ 208*) 224$_{20-21}$ 229$_{10}$ 397$_{R7-8}$ **3,** 628[90] 629[101] **5,** 768[260]
Scheibel, Johann Ephraim (1736–1809)
– *Einleitung zur mathematischen Bücherkenntnis (1769–1798)* **1,** 425$_{42-45}$ **5,** 163$_{3}$
Scheidt, Christian Ludwig (1709–1761)
Herausgeber
– *Leibniz, Protogaea (1749)* **1,** 836$_{16-17}$
Scheiner, Christoph (1575–1650)
– *Sehen* **4,** 475[233]
– *Sonnenflecken* **1,** 674$_{13}$ **2,** 728$_{36}$ 729$_{13}$ **5,** 46$_{31}$ 48$_{12}$ 125$_{2}$ 263$_{32}$
Schriften
– *De maculis solaribus et stellis circa Iovem errantibus (1612)* **1,** 674$_{19-22}$
– *Pantographice (1631)* **6,** 346 (*115)
– *Rosa Ursina (1630)* **1,** 674$_{23-24}$ **2,** 729$_{19}$ **5,** 46$_{33-34}$ 48$_{14}$ 125$_{8}$

– *Tres epistolae de maculis solaribus (1612)* **1,** $674_{16–18}$ **2,** $729_{16–18}$ **5,** $47_{4–5}$ 48_{17}–49_{2} $125_{16–17}$

Schelling, Friedrich Wilhelm Joseph von (1775–1854)

– *Ideen zu einer Philosophie der Natur (1797)* **1,** $924_{3–4}$ **3,** $240_{6.\ 19–20}$

– – *Rezension 1797* **1,** $924_{5–6}$

Schenmark, Nils (1720–1788)

– *Utdrag af 11 års observationer (1764)*

– – *Auszug aus eilfjährigen Beobachtungen (dt. von A.G. Kästner 1767)* **1,** $788_{14–16}$

Scherer, Alexander Nikolaus (1771–1824)

– *Entzündung von Goldblättchen mittels dephlogistisierter Salzsäure (Chlor)* **1,** 935_{25} **2,** 270_{37} **3,** 427_{18}

– *tätiger Physiker* **3,** 676^{343}

Schriften

– *Auszug eines Schreibens an den Herausgeber (1794)* **1,** $935_{25–26}$

– *Grundzüge der neueren chemischen Theorie (1795)* **3,** 441_{20} 635^{157} 729^{435}

– *Nachträge zu den Grundzügen der neuern chemischen Theorie (1796)* **1,** 945_{18}

Herausgeber

– *Allgemeines Journal der Chemie*

– – *[Anm. über Messungen Humboldts]* **1,** $933_{29–30}$ 936_{32}

Scherer, Johann Andreas (1755–1844)

– *chemische Nomenklatur* **2,** 212_{13} **3,** $336_{15.\ 27}$ 356_{23}

– *Vertreter der antiphlogistischen Chemie* **3,** 360_{5}

Schriften

– *Bemerkungen über die Prüfung der Luftgüte, vermittelst des brennenden Weingeists (1792)* **4,** $225_{11–12}$

– *Beschreibung einer eudiometrischen Geräthschaft auf physikalischen Reisen (1787)* **3,** $429_{6–8}$

– *Beweis, daß Johann Mayow vor hundert Jahren den Grund zur antiphlogistischen Chemie und Physiologie gelegt hat (1793)* **1,** $953_{32–34}$ **2,** $213_{17–19}$

– *Geschichte der Luftgüteprüfungslehre für Aerzte und Naturfreunde (1785)* **1,** $276_{6–9}$ **2,** $275_{25–27}$ **3,** 702^{200}

– *Scrutinum hypotheseos principii inflammabilis (1790)* **3,** $360_{5–7}$

– *Ueber Mayow's Theorie der Wasserhosen (1794)* **1,** $971_{20–22}$

– *Versuch einer neuen Nomenclatur für Deutsche Chymisten (1792)* **1,** $926_{21–22}$ **3,** $335_{2–3}$ $343_{30–31}$ $656^{247–251}$ $657^{254.\ 256–258}$ 658^{259}

Übersetzer

– *[1786–1790] Ingen-Housz, Expériences sur les végétaux (1780)* **3,** 428_{18}

Scherffer, Karl (1716–1783)

Übersetzer

– *[1757] Lacaille, Leçons élémentaires d'astronomie (^{2}1755)* **1,** 720_{19}

– *[1765] Boskovich, De recentibus compertis (1767)* **1,** 417_{32}

Schering, Ernst Christian Julius **6,** LXVII

Schernhagen, Johann Andreas (1722–1785)

– *Brief von L.* **1,** XIV^{13} **3,** 548^{97} 602^{41} 719^{333} **4,** 406^{131} 648^{90} 652^{97} 653^{103} 661^{136} 679^{222} 681^{226} 724^{423} 736^{479} **5,** 581^{78} 629^{407} 647^{539} 732^{1107} 746^{70} 875^{915}

– *Komet* **5,** 657^{594}

Scheuchzer, Johann Jakob (1672–1733)

– *Physica oder Natur-Wissenschafft (^{2}1711)* **1,** $43_{29–30}$

Scheuchzer, Johannes (1684–1738)
– *Schediasma de montium origine (unveröffentlicht)* **2,** 939_{8-9}
– – *frz. Auszug (in Histoire de l'Académie Royale des Sciences) 1708* **2,** 939_{10} **5,** 505_{22-24}
Schickard, Wilhelm (1592–1635)
– *Sternbilder* **5,** 209_{26}
Schriften
– *Astroscopium, pro facillima stellarum cognitione (1623 u.ö.)* **5,** 680^{780} **6,** 427 (*223)
Schiffermüller, Ignaz (1727–1809)
– *Versuch eines Farbensystems (1771)* **4,** 470^{217}
Schille, d. i. Klinger, Johann Georg.
Schiller, Johann Christoph Friedrich (1759–1805)
– *aus Schwaben* **2,** 26^{*}
Schriften
– *Kastraten und Männer (Gedicht 1782)* **3,** 631^{107}
Schiller, Julius (†1627)
– *Coelum stellatum christianum (1627)* **2,** 793_{7-8} **5,** 209_{25-26} 680^{780}
Schilleus Reita, d. i. Schyrleus de Rheita, Antonius Maria.
Schilling, Gottfried Wilhelm
– *Zitteraal* **1,** $630_{8-9.\ 29}$ **4,** 276_{18} 741^{502}
Schriften
– *Diatribe de morbo in Europa pene ignoto, quem Americani vocant Jaws (1770)* **1,** 630_{R1-4} **4,** 335_{2-3}
– *Observatio physica de torpedine pisce (1770)* **1,** 604_{23-26} **4,** 335_{1} 643^{73} 669^{161}
– *Sur les phénomenes de l'anguille tremblante (1770)* **1,** 630_{22-24} **4,** 742^{507}
Schimank, Hans (1888–1979)
Übersetzer
– *[1968] Guericke, Experimenta nova (1672)* **3,** 689^{70}
Schimmelmann, Heinrich Karl von (1724–1782) **2,** 617_{3}
Schimpf, Wolfgang (*1953)
– *Konrad Siegmund Ziehen. Bibliographischer Beitrag zur Geschichte einer nichtaufgeklärten Epoche (1993)* **5,** 672^{715}
Schissler, Christoph (um 1531 – 1608)
– *Zirkel* **6,** 296 (*28)
Schleiermacher, Ernst (1755–1844)
– *Brief von L.* **4,** 442^{97}
Schlichtegroll, Friedrich (1765–1822)
– *Georg Christoph Lichtenberg (1805) [Nachruf]* **6,** LXXI^{215}
Schlögl, Quarin (1752–1788)
– *Tabulae pro reductione quorumvis statuum barometri ad normalem quemdam caloris gradum (1787)* **1,** 476_{R3-10} 826_{R14-15}
Schmid, Carl Christian Erhard (1761–1812)
– *Wörterbuch zum leichtern Gebrauch der Kantischen Schriften (1788)* **3,** 68_{2} 88_{28} $448^{38.\ 42}$ $449^{45.\ 46}$ 451^{58-63} 469^{182} 477^{27} 486^{98} 507^{21}
Schmid, Günther (1888–1949)
– *Goethe und die Naturwissenschaften. Eine Bibliographie (1940)* **6,** 492 (398)
Schmid, Nikolaus Ehrenreich Anton (1717–1785)
– *Von den Weltkörpern (1766)* **1,** 720_{37-40}
– – ^{2}*1772* **1,** 720_{40-41}
Schmidt, Georg Christoph (1740–1811)
– *Beschreibung einer Electrisir-Maschine und deren Gebrauch (1773)*
– – *Rezension 1777* **1,** 528_{38-39} 529_{1} **4,** 286_{8-9}

Schmidt, Georg Gottlieb (1768–1837)
– *Aräometer* **2,** 166$_{27}$ **3,** 278$_{1}$
– *Aräometer nach Fahrenheit* **6,** 546 (443)
– *Birnprobe* **1,** 914$_{12}$
– *Brief an L.* **4,** 779[143]
– *lobt Brander* **2,** 34$_{20}$
– *Mikrometer* **6,** 496 (402)
– *Mondatmosphäre* **2,** 710$_{28}$
– *spezifisches Gewicht des Wassers* **1,** 178$_{R6}$–179$_{R3}$ **2,** 176$_{38}$
Schriften
– *Beschreibung eines sehr bequem eingerichteten allgemeinen Aräometers (1793)* **1,** 174$_{R16-20}$ 178$_{R11-12}$ **2,** 166$_{29-30}$ **3,** 276$_{24}$ 608[78]
– *Chemische Untersuchung über den phosphorescirenden Bestandtheil des Quarzes; nebst Versuchen, über die Verwandlung des Wassers in Stickluft beym Durchgang durch glühenden Thon und Quarz (1795)* **1,** 938$_{34-35}$ **3,** 345$_{36}$ 665[301]
– *Ueber die von Herrn Brook entdeckte Trüglichkeit der Smeatonschen Birnprobe (1796)* **1,** 913$_{10-11}$
– *Über die vortheilhafteste Einrichtung eines Aräometers (1796)* **3,** 279$_{5-6}$
– *Versuche über die Gewichtsveränderungen, welche in einigen Körpern […] durch das Elektrisieren hervorgebracht werden (1793)* **1,** 959$_{22-23}$
– *Vollständiger Unterricht über den Gebrauch der Mikrometer (1795)* **6,** 498 (402)
Schmidt, Johann Adam (1759–1809)
Herausgeber
– *Ophthalmologische Bibliothek (1802–1807)* **2,** 402*
Schmidt, Johann Andreas (1652–1726) **2,** 711$_{32}$
Schmidt, Johann Georg (1660–1722)
– *Curiöse Speculationes bey Schlaflosen Nächten (1707)* **1,** 600$_{21-24}$
– – *Anzeige 1707* **1,** 960$_{8}$
Schmidt, Johann Karl Eduard (1803–1832) **6,** LXXVIII LXXXIII
Schmidt, Mathias Heinrich (Schiffer) **2,** 222*
Schneider, Wolfgang (*1912)
– *Lexikon alchemistisch-pharmazeutischer Symbole (1962 u.ö.)* **3,** 597[17]
Schober, Christian Georg
– *Zweene Versuche mit dem Barometer (1749)* **5,** 755[148]
Schober, Herbert (1905–1975)
– *Das Sehen (1950–54; ³1960–64)* **4,** 409[150] 420[25] 447[116]
Schön, Adam Ehregott (1725–1805)
– *Bemerkungen über das Zodiakallicht (1789 [1786])* **1,** 675$_{R16-17}$
Schönborn, Johann Philipp von (1605–1673)
– *Guerickes Instrumente* **1,** 243$_{38-39}$ **2,** 235$_{23}$
Scholz, Benjamin (1786–1833)
– *Anfangsgründe der Physik als Vorbereitung zum Studium der Chemie (1816)* **2,** 853*
Schott, Kaspar (1608–1666)
– *publiziert über Guerickes Vakuumversuche* **1,** 243$_{36}$
– *Quellen* **5,** 330$_{17}$
Schriften
– *Experimentum novum Magdeburgicum (1657)* **2,** 235$_{25-26.\,29}$
– *Magia universalis naturae et artis (1657–1659)* **2,** 549$_{29}$ **4,** 354$_{27}$ 355$_{3}$ 356$_{18}$ 367$_{6}$ 475[233] 745[5] 746[15] 767[99] 768[101]

– *Mechanica hydraulico-pneumatica (1652)* **1,** 244_{1-2} **3,** 385_{25-26}
– *Technica curiosa (1664)* **1,** 308_{8-9} **2,** 222_{26} 233_{38} **3,** 385_{12} 688[65] 689[83]
Schrader, Johann Gottlieb Friedrich (1763–1821/33?)
– *Luftpumpe* **2,** 238_{12-13}
– *Spiegelteleskop* **2,** 404[†]
Schramm, Erwin (1856–1935)
– *Die antiken Geschütze der Saalburg. Bemerkungen zu ihrer Rekonstruktion (1918)* **3,** 493[145]
Schrank, Franz von Paula (1747–1835)
– *Bemerkung zweier weissen Nordlichter, nebst Herrn Hells Gedanken über das Steigen und Fallen des Quecksilbers (1783)* **2,** 936_{26-27} **5,** 377_{26-27}
Schreber, Johann Christian Daniel (1739–1810)
– *Das Weltauge, ein Hygroskop (1783)* **1,** 283_{21-23}
Schreckenfuchs, Erasmus Oswald (1511–1579)
Herausgeber
– *Ptolemaios, Opera (1551)* **1,** 719_{7}
Schreiber, NN
– *Sprechmaschine nach v. Kempelen* **6,** 551 (453)
Schröder, Christian Friedrich (1750–1800)
– *Abhandlung vom Brocken (1785)* **1,** 739_{R19-20}
– – *Referat 1786* **1,** 739_{R20-21}
Schröder, Johann Friedrich (1737–1814/16?)
– *Barometer* **2,** 307_{21}
Schroeder, Karl August (1750–1811) **6,** LVI
Schröder, Karl Franz (1756–1789)
Übersetzer
– *[1788] Pharmacopoea rossica (1778)* **1,** 209_{R6}
Schröter, Johann Hieronymus (1745–1816)
– *Asteroiden* **2,** $756_{12.\,27}$ 757_{13}
– *Beobachter* **2,** 712_{3-7} **5,** 210_{21} 255_{6-24} 262_{21-26}
– *Biographie* **2,** 711[†]
– *Jupiter* **1,** 696_{R1} **2,** 748[*] **5,** 155_{23} 156_{33}
– *L. bestellt Globen für ihn* **5,** 211_{32}
– *Mars* **2,** 747[*]
– *Merkur* **2,** 744[†]
– *Mond* **5,** 260_{15} 261_{26} 380_{2}
– – *Atmosphäre* **2,** 706_{22} **5,** 718[1001]
– – *Berge* **2,** 704_{9} 705_{6} **5,** 119_{28}
– – *Lichterscheinung* **2,** 707_{18} 710_{11} **5,** 253_{23} 256_{13} 257_{35} 258_{11} 262_{3}
– – *Mondkarte* **2,** 710_{32} 711_{28}
– – *Veränderung* **2,** 706_{4} **5,** 258_{15}
– *Sonne* **2,** 732_{18} **5,** 263_{34}–266_{14}
– *Venus* **1,** 698_{R3} **2,** $745_{17.\,20.\,34}$ 746_{36} **5,** 149_{32} 151_{30} 152_{3-20} 273_{30}
Schriften
– *Aldebarans Bedeckung vom Monde (1796 [1793])* **5,** 221_{37}
– *Anweisung zur genauen Verfertigung einer künstlichen Himmels- und Erdkugel (1786 [1783])* **6,** 530 (426)
– *Aphroditographische Fragmente, zur genauern Kenntniss des Planeten Venus (1796)* **5,** 274_{2}
– *[Atmosphäre der Venus] (Referat von A.G. Kästner 1792)* **5,** 273_{10}
– *[Atmosphäre des Mondes] (Referat von A.G. Kästner 1792)* **5,** 263_{5-6}
– *[Aufsatz über Sonnenfackeln und -flecken] (Referat von A.G. Kästner 1788)* **1,** 673_{R17-18} 689_{R25-26} **2,** 732_{23-26}
– *Aus einem Schreiben die Venusbeobachtungen betreffend (1793 [1790])* **5,** 276_{13}
– *[Auszug aus einem Schreiben] (1793 [1790])* **1,** 698_{R6-7} **5,** 152_{18-19}

– *Beiträge zu den neuesten astronomischen Entdeckungen (1788–1798)* **1**, 697_{R12-14} **5**, 292_{15}
– – *Bemerkungen über das Verhältnis des Polar- und Aequatorialdurchmessers, oder die sphäroidische Gestalt des Planeten Jupiter (1798)* **5**, 277_{2-4}
– – *Beobachtungen und Folgerungen über die Rotation und Atmosphäre des Jupiters (1788)* **5**, 645^{519} $645\text{-}646^{523}$ $646^{524.\,525}$
– – *Darstellung des Herschelschen siebenfüssigen Teleskops (1788)*
– – – *Auszug 1789 u.d.T. »Kurze Darstellung des Herschelschen siebenfüßigen Teleskops«* **1**, 413_{R27}
– – *Entwurf zu einer Monds-Topographie (1788)* **1**, 964_{17-19} **5**, 254_{20} 255_{15} 623^{367} $717^{991.\,994}$ $720^{1024.\,1026}$
– *Beobachtung der großen Sonnenfinsterniss den 5ten September 1793 (1797 [1794])* **5**, 126_{9}
– *Beobachtung der Sonnenfinsterniss vom 4. Jun. 1788 (1791 [1788])* **5**, 221_{37-38}
– *[Beobachtung eines merkwürdigen Lichtflecks in der nicht erleuchteten Mondscheibe] (Referat von A.G. Kästner 1788)* **1**, 689_{R27} **5**, 717^{990}
– *Beobachtungen über die Rotation der Venus (1795 [1792])* **2**, 746_{2} **5**, $152_{10-11.\,19}$ 263_{12} 273_{4}
– *Beobachtungen über die sehr betraechtlichen Gebirge und Rotation der Venus (1793)* **5**, $152_{1.\,11-12}$ 273_{30} 274_{1}
– *Beobachtungen über die Sonne und ihre Flecken (Ms. 1788)*
– – *Zusammenfassung von J.E. Bode 1792 [1789]*
– – – *Auszug 1790* **1**, 675_{R1-3}
– *Beobachtungen über die Sonnenfackeln und Sonnenflecken (1789)* **1**, 673_{R6} 674_{R1-9} **2**, 732_{20-23} **5**, 587^{109}
– – *Exzerpt* **5**, 263_{14-15}
– *Beobachtungen und Bemerkungen über den Mond (1792 [1789])* **5**, 718^{1004}
– *Beobachtungen und Bemerkungen über Ungleichheiten der Venus-Kugel (1793 [1790])* **5**, 152_{20} 273_{6}
– *Beobachtungen verschiedener merkwürdiger Flecken des Jupiters (1789 [1786])*
– – *Sur plusieurs taches nouvelles noires & rondes de Jupiter (frz. 1787)* **1**, 697_{R9}
– – *gekürzter Nachdruck 1788* **1**, 697_{R11-14}
– *Beschreibung seiner Sternwarte (1788 [1785])* **5**, 680^{782}
– *Hermographische Fragmente zur genauern Kenntniss des Planeten Mercur (1800)* **2**, $745^{\dagger}$
– *[Lichtsprudel] (1793 [1790])* **5**, 258_{11-12}
– *[Nachtrag zu den Beobachtungen des Saturns] (Referat von A.G. Kästner 1790)* **5**, 152_{18} 276_{9-10}
– *New observations in further proof of the mountainous inequalities, rotation, atmosphere, and twilight, of the planet Venus (1795)* **5**, 273_{31}
– – *GGA-Rezension 1796* **5**, 149_{32}
– *Observation of the great eclipse of the sun (1794)* **1**, 964_{10-11}
– *Observations on the atmosphere of Venus and the moon (1792)* **5**, 152_{10} 721^{1032}
– *Selenotopographische Fragmente zur genauern Kenntniss der Mondfläche (1791–1802)* **1**, 687_{R2-5} 964_{19-20} **2**, 711_{35}–712_{1} **5**, $718^{1006.\,1007}$ $719^{1013.\,1014}$ 794^{386}

– – *GGA-Anzeige 1790* **1,** 687_{R9-10}
– *[Umdrehung der Venus um eine Axe] (Referat von A.G. Kästner 1792)* **5,** 273_{7-8} $643^{497.\,499}$
Schubert, Friedrich Theodor (1758–1825)
– *Populäre Astronomie (1804–1810)*
– – *1: Geschichte der Astronomie und Sphärische Astronomie (1804)* **2,** 581^{*}
– *Ueber die Parallaxe der Fixsterne (1796 [1793])* **1,** $715_{R1-3.\,R12}$ **5,** 214_{23} 216_{13-14}
Schübler, Christian Ludwig (1754–1820)
– *Revision der vorzüglichern Schwierigkeiten in der Lehre von der Elektrizität (1789)* **1,** 525_{R1-5}
Schülen, Maximilian Ludwig Christoph (1722–1790)
– *Sonnenflecken* **5,** 126_{2}
Schriften
– *Beyträge zu Dioptrik und Geschichte des Glases (1782)* **5,** 629^{406}
– – *Rezension (1783)* **5,** 126_{3}
Schulz, Joachim Christian Friedrich (1762–1798)
– *Aphorismen zur allgemeinen Kunde der gesamten kaiserlichen Staaten (1787)* **5,** 529_{3-4} 926^{1240}
Schulze, Christian Friedrich (1730–1775)
– *Kurze Nachricht von der Wirkung der hösischen parabol. Brennspiegel (1756)* **2,** 362_{4}
Schulze, Johann Karl Gottlieb (1749–1790)
– *Neue und erweiterte Sammlung logarithmischer, trigonometrischer und anderer zum Gebrauch der Mathematik unentbehrlicher Tafeln (1778)* **5,** 610^{275}
Schumacher, Georg Friedrich (1806–1843) **6,** LXXXVII
Schumacher, Peter (1717–1776)
– *Umständliche Beschreibung eines neu erfundenen Meilenmessers (1773)* **6,** 42 (*32*)
Schur, Adolf Christian Wilhelm **6,** LXVII LXVIII
Schurer, Friedrich Ludwig (1764–1794)
– *Extrait d'une lettre à M. Berthollet (1790)* **3,** 637^{169}
– *Historia praecipuorum experimentorum circa analysin chemicam aeris atmosphaerici (1789)* **1,** 267_{R23-30}
– *Synthesis oxygenii experimentis confirmata (1789)* **3,** 327_{13} 652^{225}
Schurer, Jakob Ludwig (1734–1792)
– *Elemens de physique (1786)* **1,** 47_{10-12}
Schuster, Julius (1886–1949)
– *Nachwort zu Goethe (1928; Nachdruck 1964)* **6,** 494 (*398*)
Schuth von Schutdorff, Christian Friedrich Ferdinand (ca. 1757 – 1786) **5,** 53_{4}
Schwab, Johann Christoph (1743–1821)
– *Prüfung der Kantischen Hypothese von dem mechanischen Ursprung des Planetensystems (1792)* **1,** 973_{26-27} **5,** 511_{3-4} 517_{3-4}
Schwabe, NN **2,** 708_{26}
Schwan, Christian Friedrich (1733–1815)
– *Nouveau dictionnaire de la langue françoise et allemande (1787–1793)* **4,** 509^{74}
Schwanhard, Heinrich (1625–1693)
– *Ätzen in Glas* **1,** 273_{R29-32}
Schwankhardt, Heinrich
– *auf Schwankhardts Art mit Flußspatsäure geätztes Glas* (fl. 1672) **6,** 476 (*386*)

Schwankhardt, Johann Daniel
– *Lettre à M. Ehrmann, au sujet de l'influence de l'electricité sur la végétation (1785)* **4,** 268_{8}
– – *dt. Auszug 1788* **4,** 649[96]
Schwartz, Carl Gottlieb (1757–1824)
– *Recherches sur l'origine et la signification des constellations de la sphère grecque (1807)*
– – *²1809 u.d.T. »Le Zodiaque expliqué, ou recherches […]«* **2,** 791*
– – – *Rezension (dt.)* **2,** 791*
Schwarz, Hermann Amandus (1843–1921) **6,** LXIV–LXVII
Schwarzenberg, Adam Franz zu (1680–1732) **4,** 154_{12}
Schweigger, Johann Salomo Christoph (1779–1857) **2,** 879*
Schwenk, Ernst (*1923)
– *Maßmenschen (2003 u.ö.)* **6,** CX[460]
Schyrleus de Rheita, Antonius Maria (1597/1604?–1660)
– *Jupitermonde* **2,** $748_{21\text{–}22}$ **5,** 155_{32}
Schriften
– *Oculus Enoch et Eliae (1645)* **5,** 645[520]
Scopoli, Giovanni Antonio (1732–1788)
– *Abhandlung über die Wärme (1784) [zus. mit Volta]* **1,** $506_{R16\text{–}19}$ $520_{9\text{–}12}$
Scriptorum a Societate Hafniensi bonis artibus promovendis dedita (1745–1747) **1,** $50_{R2\text{–}3}$
Seckendorff, Friedrich Heinrich von (1673–1763) **5,** 358_{14}
Sédileau, NN (†1693)
– *Ausdünstung* **2,** 874_{31}
– *Hydrometrie Englands* **1,** 741_{34} **2,** 826* 827_{40} **5,** $332_{9\text{–}11}$
Schriften
– *De l'origine des rivieres (1693 [1730])* **1,** $742_{14\text{–}15}$ **5,** 750[105]
Seeber, Ludwig August (1793–1855) **6,** LXXIX
Seeger, Johann Friedrich
Übersetzer
– *[1789] Stanhope, Principles of electricity (1779)* **1,** 525_{R13} **3,** 567[196]
Seelhorst, Julius Wilhelm (1802–1847) **6,** LXXXVII CVI CVIII
Segner, Johann Andreas von (1704–1777) **1,** XII[9]
– *Brennspiegel* **2,** 361_{30} **4,** 53_{25}
– *Bülowsche Instrumente* **6,** XLI–XLII
– *hydraulische Maschine* **1,** 165_{30} **2,** 161_{25} $162_{1\text{–}2}$ 444_{30} 497_{21} **3,** $267_{2.\,22}$ 268_{20}
– *physikalische Instrumente* **6,** XLII
– *Reibung* **2,** 155_{17}
– *schwimmende Fontäne* **1,** $286_{R14\text{–}15}$ **2,** 290_{10} **3,** 705[228]
Schriften
– *Astronomische Vorlesungen (1775–1776)* **1,** $721_{11\text{–}12}$
– *De aequandis thermometris aeris (1739)* **1,** $470_{32\text{–}33}$ **4,** $120_{1\text{–}3}$ 551[206]
– *De igne (1743)* **4,** $225_{32\text{–}33}$ 227_{12}
– *De raritate luminis (1740)* **1,** $337_{11\text{–}12.\,R1}$ **3,** 571[220] **4,** 76_{10} 457[152]
– *De speculis Archimedeis (1732)* **1,** $492_{9\text{–}10}$ **2,** $361_{31\text{–}32}$ **4,** $82_{4\text{–}5}$
– *Descriptio fonticuli natantis (1743)* **1,** $286_{R17\text{–}19}$
– *Dissertationem inauguralem […] indicit [cum dissertatione] Computatio formae atque virium machinae hydraulicae nuper descriptae (1750)* **1,** $165_{R13\text{–}16}$ **2,** $161_{20\text{–}21}$
– *Dissertationem inauguralem […] indicit Programmate de fonte Pliniano (1737)* **2,** $830_{36\text{–}37}$
– *Dissertationem inauguralem […] indicit Theoriam machinae*

cuiusdam hydraulicae praemittit (1750) **1,** 165_{R5-9} **2,** 161_{20-21}
– *Einleitung in die Natur-Lehre (1746 u.ö.)* **1,** 45_{1-2}
– – *³1770* **5,** 738[3]
– *Exercitationum hydraulicarum fasciculus (1747)* **1,** 187_{7-9}
– *Novum barometrum navale (1743)* **1,** 306_{33-34}
– *Observationes quasdam et conclusiones circa calorem et frigus [...] proponet et defendet F.L.C. Cropp (1740)* **1,** 815_{R12-15}
Übersetzer
– *[1747] Nieuwentijt, Het regt gebruik der werelt beschouwingen (1715 u.ö.)* **1,** 43_{37-38}
Séguin, Armand (1767–1835)
– *Eudiometer* **2,** 275_{33}
– *Zusammensetzung des Wassers* **3,** 342_{1} 348_{2}
Schriften
– *Mémoire sur l'eudiométrie (1791)* **1,** 937_{12-16}
– – *Abhandlung über die Eudiometrie (1792)* **1,** 275_{R11-17} 937_{16-17} **4,** 616[506] **6,** 474 (*383*)
Seidel, Werner (†1959)
– *Baugeschichte der Niedersächsischen Staats- und Universitätsbibliothek in Göttingen (1953)* **6,** CXXVIII[536]
Seiferheld, Georg Heinrich (1757–1818)
– *Electrischer Versuch wodurch Wassertropfen in Hagelkörner verändert worden (1790)* **1,** 784_{R35-36}
– *Sammlung electrischer Spielwerke für junge Electriker (1787)* **4,** 695[279]
Seiler (Magister) (fl. 1709) **6,** 420 (**218*)
Sejour, s. Dionis du Sejour, Achille Pierre.
Semler, Johann Salomo (1725–1791)
– *Goldmacherei* **3,** 500[195]
Schriften
– *Erklärung über die neue chemische Untersuchung des Luftgoldes (1789)* **3,** 501[195]
Senckenberg, Heinrich Christian von (1704–1768) **6,** XLIV
Senebier, Jean (1742–1809) **2,** 1014_{34}
– *meteorologische Entdeckungen* **2,** $897_{10.\ 20}$
– *Pflanzenstoffwechsel* **3,** 396_{21} 397_{34}
– *trockener Nebel* **5,** 458_{4}
– *Wohnung* **2,** 1015_{2}
Schriften
– *Dissertatio de vapore Genevae observato durante anno 1783 (1783)* **5,** 457_{25-26}
– *Gedanken über das Entzünden der Pflanzen (1782)* **1,** 515_{R14-15} 518_{R9-11}
– *L'art d'observer (1775)* **1,** 34_{21-22}
– – *Die Kunst zu beobachten (dt. v. Gmelin 1776)* **1,** 34_{23-24}
– *Lettere phisico-meteorologiche [in: Vassalli-Eandi, Lettere (1789)]* **1,** 810_{R12}
– *Mémoire sur l'action de la lumière solaire pour blanchir la cire jaune (1791)* **1,** 343_{R8-9}
– *Mémoire sur les moyens [...] pour perfectionner la météorologie (1785)* **1,** 772_{R5}
– *Mémoires physico-chymiques, sur l'influence de la lumière solaire pour modifier les êtres des trois règnes de la nature, & sur-tout ceux du règne végétal (1782)* **1,** 279_{3-6} **3,** 422_{4-7}
– *Observation sur la vapeur qui a régné pendant l'été de 1783 (1784)* **1,** 781_{20-22} **5,** 457_{26-27} 855[786]

– *Premier mémoire sur les hygromètres (1778)* **3,** 432_{6} 434_{17}
– *Recherches analytiques sur la nature de l'air inflammable (1784)*
– – *Analytische Untersuchungen über die Natur der brennbaren Luft (dt. von J.H. Wittekop, hrsg. von L.F.F. v. Crell 1785)* **1,** $262_{37–43}$
– *Recherches sur l'influence de la lumière solaire (1783)* **1,** $279_{8–11}$ **3,** $422_{9–10}$
– *Second mémoire sur les moyens de perfectionner la météorologie (1787)* **1,** 267_{R14} $772_{R2–4}$ $784_{R26–27}$ $796_{R1–3}$ $971_{2–3}$ **5,** 457_{28} 851^{767} 855^{787} $856^{793–795}$ $857^{811.\ 814}$
– – *Exzerpt* **5,** 451_{10}
– – *Exzerpt zu den Wolken* **5,** 460_{14}
– – *Exzerpt zum Hagel* **5,** 467_{6}
– – *Exzerpt zum Nebel* **5,** 458_{10}
– – *Exzerpt zum Regen* **5,** 461_{4}
– – *Exzerpt zum Reif* **5,** 455_{5}
– – *Exzerpt zum Schnee* **5,** 468_{3}
– – *Exzerpt zum Tau* **5,** 452_{10}
– – *Exzerpt zum Wind* **5,** 440_{3}
– *Suite du second mémoire sur les moyens de perfectionner la météorologie (1787)* **1,** $772_{R9.\ R14–15}$ $796_{R4–5}$ $798_{R37–38}$ 802_{R24} 808_{R23} $971_{2–3}$
– *Suite du second mémoire sur les moyens de perfectionner la météorologie (1787 [b])* **1,** 772_{R10} $785_{R9–10}$
Seneca, Lucius Annaeus (4?–65) **1,** $40_{21–22}$
– *Kometen* **1,** 702_{15} **2,** 759_{24} 774_{11} **5,** $167_{20–22}$ 176_{34}–177_{4}
– *Nordlicht* **2,** 924_{3}
– *Quellen* **2,** 826_{10} **5,** $330_{14.\ 24}$
– *Regenbogen* **2,** 901_{11} **4,** 71_{5}
Schriften
– *Naturales quaestiones* **1,** $702_{15–16}$ **2,** $759_{24–25}$ **5,** 36_{13} 40_{10} 58_{28} 531_{8} 592^{146} 663^{640} 890^{970}
– – *Exzerpt bez. Kometen* **5,** 167_{25}
– – *Ausg. Venedig 1522* **1,** $47_{28–29}$
– – *Physikalische Untersuchungen (dt. von F.E. Ruhkopf 1794)* **4,** 452^{140} **5,** 749^{91} 927^{1257}
– – *Questions naturelles (frz. von P. Oltramare 1929; ^{3}1973)* **4,** 452-453^{140}
Senex, John (1678–1740/41)
– *Zodiacus stellatus (1710)* **5,** 212_{23}
Senfft, Adam Andreas (1740–1795)
– *Präses*
– – *Pickel, Experimenta physico-medica (1778)* **4,** 316_{6}
Senguerd, Wolferd (1646–1724)
– *Luftpumpe* **1,** 244_{20} **2,** $237_{8–19}$ 238_{23} **3,** 386_{24} 387_{27}
Schriften
– *Inquisitiones experimentales (1699)* **1,** $245_{8–10}$
– *Philosophia naturalis (^{2}1685)* **1,** $43_{1–2}$ $245_{10–11}$ **6,** 468 (377)
– *Rationis atque experientiae connubium (1715)* **6,** 468 (377)
Sennert, Daniel (1572–1637)
– *Epitome naturalis scientiae (1618)* **1,** $42_{24–25}$
– – *Editio ultima (1651)* **1,** $42_{26–27}$
Serain, Pierre Eutrope (1748–1820)
– *Nouvelles recherches sur la génération des êtres organisés (1783)* **1,** $851_{R3–7}$ **2,** $942_{14–15}$ **5,** $509_{2–3}$
Serao, Francesco (1702–1783)
– *Historia dell' incendio del Vesuvio (1738)*
– – *Histoire du mont Vésuve (frz. von L.-A du Perron de Castera 1741)* **1,** 843_{10}
– – *^{2}1768*
– – – *Geschichte und Naturbegebenheiten des Vesuvs (dt. von L.F.B. Lentin 1783)* **1,** 843_{24}
– – – *Histoire et phenomenes de Vesuve (frz. 1771)* **1,** $843_{21–23}$

Seraphim, Hans-Günther (1903–1992)
– *Joachim Hinrich von Bülow und seine Bibliothek (1929)* **6,** XL[3]
Serson, John (†1744) **5,** 108_{8} 249_{8}
Sevin, Pierre (fl. 1662 – 1685)
– *kleiner Transporteur* **6,** 307 (**34p*)
Seybold, Johann Georg
– *Historisch-Physikalischer Versuch von dem Erdbeben (1784)* **1,** 849_{R3-8}
Seyde, Johann Hermann (1768–1813) **2,** 28[*] **6,** C
– *Abwesenheit* **2,** 548_{7}
– *Gehilfe L.s* **2,** 463[*] **6,** CXIII
– *Instrumente*
– – *kleine Kleistische Flaschen* **6,** 543 (*436*)
– – *kleines Thermometer* **6,** 543 (*434*)
– – *Kleistische Platten* **6,** 543 (*435*)
– – *Leidener Flasche zur therapeutischen Verwendung* **6,** 511 (*416*) 546 (*444*)
– – *magischer Trichter* **6,** 463 (*373*)
– – *Maschine zum Hebelgesetz* **1,** 922_{8}
– – *Modell des Saturn* **6,** 514 (*419*)
– – *Modell von Barkers Mühle* **6,** 453 (*365*)
– – *Ölkrug der Witwe* **6,** 79 (*87*)
– – *Reiseschreibfeder* **6,** 79 (*88*)
– – *Schiefe Ebene* **6,** 442 (*355*)
– – *Schlüssel zur Luftpumpe* **6,** 82 (*94*)
– – *Stoßmaschine nach Mariotte* **6,** 451 (*363*)
– – *Taschenschreibfeder* **2,** 226_{4-5}
– – *Zauberbrunnen* **6,** 463 (*374*)
– – *2 Zeichnungen einer Dampfmaschine* **6,** 500 (*405*)
– *künstliches Sauerwasser* **2,** 269_{34}
– *Nachfolger* **6,** CIV
– *Reparatur*
– – *Sieb der Vestalin* **6,** 78 (*85*)
– *Revision der Sammlung* **6,** LXXVI
– *Vorführung von Versuchen* **2,** 18[*] **3,** 447[27] **4,** 608[472] **6,** LXXV
Seyffer, Karl Felix von (1762–1822)
– *Barometer* **5,** 556_{12} 936[49] 941[83]
– *Hörer* **6,** C
– *Instrumente* **6,** LXXV
– *magnetische Deklination in Göttingen* **1,** 757_{R13}
– *Mondbeobachtung* **2,** 708_{33} 709_{1}
– *Saturnring* **5,** 730[1094]
– *Tellurium* **2,** 641[*]
– *Weggang von Göttingen* **6,** XLIII
Schriften
– *Über die Abweichung der Magnetnadel (1788)* **1,** 757_{R17-18} **5,** 758[184]
Shakespeare, William
– *King Henry IV* **4,** 50_{30}
Shakespeare, William (1564–1616)
– *King Lear* **1,** 773_{R25-26}
Shaw, Peter (1694–1763)
Herausgeber
– *Bacon, Philosophical Works (1733)* **1,** 47_{36}
Shaw, Thomas (um 1692 – 1751)
– *Irrlicht* **2,** 922_{30}
Schriften
– *Travels, or observations relating to several parts of Barbary and the Levant (1738–1746)*
– – [2]1757 **1,** 809_{R15}
Sheehan, William (1954–)
– *Cassini and the rotation period of Venus (1992) [zus. mit Richard Baum]* **5,** 643[494]
Sheldrake, Timothy
– *The causes of heat and cold (1756)* **1,** 821_{35-39}
Shelton, John
– *Uhr* **5,** 252_{16}
Shepherd, Anthony (1721?–1796)
– *Tables for correcting the apparent distance of the moon and a star from the effects of refraction and parallax (1772)* **2,** 703_{4-5}

Short, James (1710–1768) **6,** 161 (*194*)
– *Saturnring* **2,** 751_{2} **5,** 278_{32}
– *Uhr* **5,** 252_{9}
– *Venusmond* **1,** 693_{3} **2,** 746_{7} **5,** 152_{25} $153_{10.\ 12}$
Schriften
– *A letter [...] concerning the inventor of the contrivance in the pendulum of a clock, to prevent the irregularities of its motion by heat and cold (1751–52)* **4,** $131_{9–10}$
– *An account of a remarkable appearance in the moon (1751–1752)* **1,** $688_{R24–31}$
Shuckburgh-Evelyn, George Augustus William (1751–1804)
– *Ausdehnung von Quecksilber* **1,** 477_{R19} **2,** 458_{7} **5,** 935[46]
– *Höhe des Mont Blanc* **1,** 738_{R25} **2,** 823_{32} 824[*]
– *spezifisches Gewicht der Luft* **1,** $255_{R20–21}$ **2,** 247_{28}
Schriften
– *Observations [... in order to ascertain the height of mountains by means of the barometer (1777)* **1,** $737_{10–16}$ **5,** 547_{8} $553_{8–9}$ 935[48]
– *On the variation of the temperature of boiling water (1779)* **1,** $466_{14–16}$
Sibthorp, John (1758–1796) **4,** 190_{25}
Sibum, Heinz Otto (*1756)
– *Das fünfte Element (1987) [zus. mit Jörg Meya]* **4,** 654[108]
Sickingen, Carl Heinrich von (1737–1791)
– *Versuche über die Platina (1782)* **1,** $65_{R4–5}$ 183 $415_{1–2}$
– – *Rezension* **1,** $183_{R25–26}$
Siebenkees, Johann Christian (1753–1841)
– *Nachrichten von einigen Nürnbergischen Künstlern und ihren Arbeiten (1777)* **4,** 725[424]
Sigaud de la Fond, Joseph-Aignan (1740–1810)
– *Elektrizität* **4,** 308_{18} 311_{22}
– *medizinischer Gebrauch von fixer Luft* **2,** 270_{3}
Schriften
– *Description et usage d'un cabinet de physique experimentale (1775)* **1,** $46_{11–13}$ **3,** 60_{3} **6,** 464 (*374*)
– *Elémens de physique théorique et expérimentale (1777)* **1,** $46_{15–17}$ **3,** 59_{30}
– *Essai sur différentes especes d'air, qu'on désigne sous le nom d'air fixe (1779)* **1,** $277_{24–26}$ **3,** 390_{17} 393_{1} 693[114]
– *Lettre sur l'électricité médicale (1771)* **4,** 720[394]
– *Leçons de physique experimentale (1767)* **1,** $46_{1–3}$
– – *Anweisung zur Experimental-Physik (dt. 1774)* **1,** $46_{4–6}$ **3,** 194_{33} 529[1] 548[99]
– *Précis historique et expérimental des phénomènes électriques (1781)* **1,** $558_{8–11}$ $629_{14–16}$ **4,** 336_{23} 715[364] 720[394]
– – *[2]1785* **2,** 511[*] **4,** 720[394]
– *Traité de l'électricité (1771)* **1,** $606_{25–26}$ **4,** $295_{2–3}$ 720[394]
Silberschlag, Georg Christoph (1731–1790)
– *Ausgesuchte Closter-Bergische Versuche (1768)* **1,** $49_{3–6}$
– *Neue Theorie der Erde (1764)* **1,** $852_{15–18}$ **2,** $940_{19–24}$ **5,** $507_{1–2}$
– – *Rezensionen*
– – – *A.G. Kästner (AdB) 1766* **5,** 913[1097]
– – – *A.G. Kästner (GGA) 1765* **5,** 913[1097]
– – – *A.G. Kästner (Wöchentliche Anzeigen) 1766* **5,** 913[1097]
– – – *L.H. Röhl 1765* **5,** 913[1097]

Silberschlag, Johann Esaias (1721–1791) **3,** 493[144]
– *Anekdote* **2,** 152$_{5}$
– *antike Kriegsmaschinen* **2,** 47$_{8–9}$
Schriften
– *Ausführliche Abhandlung der Hydrotechnik oder des Wasserbaues (1772–1773)* **4,** 133$_{32}$ 513[85] 515[91]
– *Dissertation sur les trois principales machines de guerre des anciens, savoir la catapulte, la baliste et l'onagre (1760)* **2,** 47$_{24–26}$ **3,** 84$_{28–29}$ 85$_{14}$ 116$_{3}$
– – *beurteilt von Meister* **2,** 47$_{26–27}$
– *Geogenie oder Erklärung der mosaischen Erderschaffung nach physikalischen und mathematischen Grundsätzen (1780–1783)* **1,** 852$_{28–36}$ **2,** 940$_{24–28}$ **5,** 507$_{1–3}$ 528$_{24–25}$
– – *Kritische Beylage zu dem dritten Theile der Geogenie (1784)* **1,** 852$_{R1–4}$
– *Sur l'origine et les effets des machines de guerre que les anciens nommoient tormenta (1760)* **3,** 116$_{3}$
– *Systema inclinationis et declinationis utriusque acus magneticae (1786–1787)* **1,** 757$_{R2–8}$
– *Theorie der am 23. Julii, 1762 erschienen Feuer-Kugel (1764)* **1,** 809$_{32–36}$
– *Von dem die Bilder verdoppelnden so genannten Isländischen Crystall oder Doppelspath (1787)* **1,** 370$_{13–17}$
– – *Kritik* **1,** 370$_{20–25}$ **2,** 373$_{9}$
– – *Auszug (1788)* **1,** 370$_{19}$
– *Von dem Fluge der Vögel (1781)*
– – *Auszug 1783* **1,** 294$_{R7–8}$
Simplikios (6. Jh. n. Chr.)
– *Aristotelis de caelo commentaria* **2,** 670*
Sinclair, John (1610–1676)
– *Parallelogrammum prosopographicum (1673)* **6,** 345 (*112)
Siscoe, George L. (*1937)
– *An historical footnote on the origin of 'Aurora borealis' (1986)* **5,** 897[1003]
Sisson, Jonathan (1690–1747) **5,** 424$_{6–8. 17. 25}$ 426$_{5}$
Six, James (1731–1793)
– *meteorologische Beobachtungen* **1,** 776$_{R14}$
Sixtus IV., Papst 1471–1484 (1414–1484) **2,** 736$_{29}$
Sixtus V., Papst 1585–1590 (1521–1590) **2,** 198$_{3}$ **3,** 82$_{3}$ 303$_{21}$
Sloane, Hans (1660–1753) **1,** 437$_{21}$
Small, Alexander (1710–1794) **5,** 761[199]
Smeaton, John (1724–1792)
– *Erfindung der Veraischen Maschine* **3,** 614[4]
– *Luftpumpe* **1,** 8$_{7}$ 21$_{1. 41}$ 22$_{30}$ 24$_{1}$ 244$_{21}$ 248$_{23}$ 289$_{9. 10}$ **2,** 232* 237$_{8}$ 238$_{1. 4–14}$ 239$_{18–19}$ 241$_{2}$ **3,** 387$_{18. 38}$ 691[100. 101]
– – *Birnprobe* **1,** 27$_{26}$ 248$_{29}$ **2,** 240$_{31}$
– *Pyrometer* **4,** 168$_{5}$
– *Wärmeausdehnung* **4,** 171$_{36}$ 173$_{2. 29}$
– *Windstärke* **5,** 374$_{12}$
Schriften
– *A letter to Mr. John Ellicott concerning some improvements made by himself in the air-pump (1751–1752)* **1,** 245$_{24–27}$
– *An account of some improvements of the mariners compass (1749–50)* **4,** 784[173]
– *An engine for raising water by fire (1751–52)* **4,** 154$_{3–6}$
– *An experimental enquiry concerning the natural powers of water and wind (1759)* **5,** 791[365]
– *Description of a new hygrometer (1771)* **1,** 283$_{5–7}$

– *Description of a new pyrometer (1753–54)* **1,** 427_{R6} 479_{34-37} **4,** $552^{213.\ 214.\ 215.\ 216}$ 561^{249}
Smith, Alexander
– *The history of the most noted highway-men [...] (1714)* **3,** 445^{6}
Smith, Caleb
– *A new method of improving and perfecting catadioptrical telescopes (1739–1740)* **1,** 415_{11-15}
Smith, Robert (1689–1768)
– *A compleat system of opticks (1738)* **1,** 425_{4-5} 948_{7}
– – *Vollständiger Lehrbegriff der Optik (dt. von A.G. Kästner 1755)* **1,** 425_{6-10} 794_{R5-6} **4,** $475\text{-}476^{237}$ **5,** 51_{33} 52_{22} 626^{391}
– *Harmonics, or the philosophy of musical sounds (1749)* **1,** 335_{15-17}
Smollett, Tobias George (1721–1771) **3,** 487^{101}
Snel van Royen (Snellius), Willebrord (1580–1626)
– *Brechungsgesetz* **1,** 367_{4-5} **4,** 425^{43}
– *Gradmessung* **2,** $671_{17.\ 26}$ $673_{18.\ 34-35}$ 674_{9} **5,** $101_{6.\ 23.\ 32}$ $103_{6.\ 14}$ $104_{1.\ 31}$ 247_{8} 318_{17} 705^{951}
Schriften
– *Eratosthenes batavus (1617)* **5,** 101_{16} 103_{10}
Snell, Christian Wilhelm (1755–1834)
– *Ueber die Frage: Wie es komme, daß wir die Gegenstände als aufrecht stehend sehen, da sie sich doch umgekehrt auf der Retina abbilden? (1788)* **1,** 398_{R2}
Sobel, Dava (*1947)
– *Longitude (1995)*
– – *Längengrad (dt. von M. Fienbork 1996)* **3,** 489^{113}
Socin, Abel (1729–1808)
– *Elektrophor* **1,** 566_{25}
Schriften
– *Anfangsgründe der Elektricität (1777)* **1,** 544_{32-33} 572_{21-22}
Soemmerring, Samuel Thomas von (1755–1830)
– *Anatomie des Auges* **2,** $396_{25.\ 38-39}$ 397_{1}
– *Besuch in Göttingen* **2,** 336_{9} **4,** 66_{9} 111_{11}
– *Brief von L.* **3,** 635^{155} 701^{187} 711^{268} **4,** 573^{288} 758^{51} **5,** 627^{393} 864^{866} 871^{895}
– *Innenohr (Präparat)* **6,** 146 (183)
– *Ohrmodell* **2,** 336_{9} **6,** 483 (395)
Schriften
– *Abbildungen des menschlichen Hoerorgans (1806)* **6,** 487 (395)
– *De foramine centrali limbo luteo cincto retinae humanae (1795)*
– – *Referat 1795* **1,** 401_{R5-8} **2,** 397_{1}
– *Schriften zu den Sinnesorganen (1998)* **6,** 486 (395)
– *Über einen elektrischen Telegraphen (1809–1810)* **4,** 678^{216}
Sokolov, Ivan A. (1717–1757)
– *Richmanns Tod* **1,** 796_{35} **5,** 470_{21} 471_{11} 472_{10-20}
Sokrates (um 469 – 399 v. Chr.) **4,** 760^{68}
– *Mäeutik* **2,** 75_{8}
Solander, Daniel Carlsson (1733–1782)
– *Erdumsegelung* **1,** 636_{36}
– *Geysir* **2,** 833_{15}
– *Glorienbeobachtung* **1,** 970_{24}
– *Wärmetoleranz* **2,** 477_{34} **4,** 582^{336}
Somerset, Edward, 2nd Marquis of Worcester (1601–1667)
– *Dampfmaschine* **1,** 443_{38-39} 951_{12} **4,** 142_{7}
Schriften
– *A century of the names and scantlings of such inventions, as at present I can call to mind to have tried and perfected (1663)* **1,** 951_{14-15} **2,** $436_{23.\ 35}$ **4,** 115_{3} 523^{120}
– – *Exzerpt (Übersetzung der Stelle zur Dampfmaschine)* **4,** 141_{14}

– – *Nachdruck Glasgow 1767* **1,** 444_{3-7} 951_{18-19} **2,** 436_{38} **4,** 153_{17}

Sommerfeld, Arnold (1868–1951)
– *Vorlesungen über theoretische Physik*
– – *1: Mechanik (1943 u.ö.)* **3,** 547^{95}

Sophie Charlotte, s. England, Sophie Charlotte, Königin von.

Sorge, Georg Andreas (1703–1778)
– *Ausführliche und deutliche Anweisung zur Rational-Rechnung, und der damit verknüpften Ausmessung und Abtheilung des Monochords (1749)* **4,** 406^{130}
– *Gespräch zwischen einem Musico theoretico und einem Studioso musices (1748)* **4,** 406^{130}

Sorriot de l'Host, Andreas von (1767–1831)
– *Prospectus einer Generalkarte von Europa […] (1815)* **2,** 823^{*}

Sosigenes von Alexandria (1. Jh. v. Chr.) **2,** 735_{31} **5,** 130_{30} $131_{26.\ 32}$ 133_{9}

Soulavie, Jean-Louis Giraud (1752–1813)
– *Entstehung der Erde* **2,** 32_{38} 943_{21} 951_{39}
– *Faktensammler* **2,** 946_{24}
Schriften
– *Histoire naturelle de la France méridionale (1780–1784)* **5,** 393_{17-18}
Herausgeber
– *Hamilton, Œuvres complettes (1781)* **1,** 844_{1}

Spagni, Andrea (1716–1788) **2,** 181_{11}

Spalding, Charles (†1783) **3,** 378_{10}

Spallanzani, Lazzaro (1729–1799)
– *Elastizität des Wassers* **3,** 118_{15}
Schriften
– *Lettera prima relativa a diverse produzioni marine (1784)*
– – *Beobachtungen über verschiedene Merkwürdigkeiten des Meers (1789)* **1,** 603_{R5-9} 730_{R10-13} **2,** 823_{1-4}
– – *Première lettre sur diverses productions marines (frz. 1786)*
– – – *Nachricht von verschiedenen Seebeobachtungen (dt. 1788)* **1,** 603_{R9-10}
– *Lettera […] al Sig. Marchese Lucchesini (1783)* **1,** 631_{4-5}
– *Osservazioni fisiche istituite nell'isola di Citera (1786)*
– – *Physikalische Beobachtungen auf der Insel Cythera (dt. 1789)* **1,** 973_{13-14}
– *Viaggi alle due Sicilie (1792–1797)*
– – *Reisen in beyde Sicilien (dt. 1795–1798)* **5,** 530_{32}

Spanien, Karl IV., König von (1748–1819) **2,** 276_{18}

Spanien, Philipp III., König von (1578–1621) **2,** 696_{16} **5,** 109_{25}

Sparrman, Anders (1748–1820)
– *Bitterkeit des Meerwassers* **5,** 745^{59} 808^{484}
– *Kugeln für Jagd auf Elefanten* **2,** 40_{1-4} **3,** 81_{37}
– *Meeresleuchten* **2,** 822_{40}
– *zur Person* **5,** 808^{484}
Schriften
– *Försök med saltsjövattn (1777)*
– – *Versuch mit salzigem Seewasser (dt. von A.G. Kästner 1782)* **5,** 399_{28}
– – – *Beobachtungen und Untersuchungen über das Seewasser aus beträchtlicher Tiefe (Auszug 1783)* **1,** 728_{R10-11}
– *Resa till Goda Hopps-udden (1783)* **2,** 39_{40}–40_{1}
– – *Reise nach dem Vorgebirge der guten Hoffnung (dt. von C.H. Groskurd, hrsg. von G. Forster 1784)* **1,** 730_{R27} **3,** 475^{10}

– – – *Ueber den Maarschein (maarsken) (Auszug 1786)* **1,** $730_{R27–28}$
Spazier, Karl (1761–1805)
– *Erfindung (1793)* **4,** 39_{15}
Specht, Karl von 1, $106_{R29–30}$
Speed, John (1703–1781)
– *De aqua marina commentarius (1755)* **1,** $728_{28–29}$
Spengler, Lorenz (1720–1807)
– *Briefe, welche einige Erfahrungen der electrischen Wirkungen in Krankheiten enthalten (1754)* **4,** $301_{26–28}$
Sphrantzes, Georgios (1401 – ca. 1478) **5,** 655[583]
Spinoza, Benedictus de (1632–1677)
– *Tractatus theologico-politicus (1670)*
– – *Theologisch-Politischer Traktat (lat.-dt. hrsg von G. Gawlick und F. Niewöhner 1979)* **3,** 457[101]
Sporon, Friedrich Gottlieb
– *Respondent*
– – *Amolitio vis inertiae et vis repulsivae (1770)* **1,** 87_{10}
Sprat, Thomas (1635–1713)
– *The History of the Royal-Society of London (1667)* **1,** $50_{3–4}$
Sprengel, Matthias Christian (1746–1803)
– *Geschichte der wichtigsten geographischen Entdeckungen (1783)* **2,** 814_{18} **5,** $320_{32–33}$
St. Martin, s. San Martino, Giovanni Battista da.
St. Real, s. Vichard di San Reale (de Saint Réal), Giacomo (Jacques-Alexis) (1746–1832).
Staats- u. gelehrte Zeitung des Hamburgischen unpartheyischen Correspondenten 4, 30_{31}
– *1745* **5,** 877[924]
Stade, Franz
– *Die Holzkonstruktionen. Lehrbuch zum Selbstunterrichte (1904)* **4,** 407[137]
Stahl, Georg Ernst (1659–1734)
– *Phlogistontheorie* **1,** 217_{R11} 522_{13} 952_{2} 953_{16} **2,** 213_{7} **3,** 311_{20} 317_{4} 321_{13} 334_{12} 342_{31}
Schriften
– *Gründliche Abhandelung Des Aderlassens (1734)* **5,** 869[882]
– *Zymotechnia fundamentalis, seu Fermentationis theoria generalis (1697)* **1,** $284_{35–36}$
– – *Zymotechnia Fundamentalis Oder allgemeine Grund-Erkänntniß der Gährungs-Kunst (dt. 1734 u.ö.)*
– – – *Ausg. 1748* **1,** 284_{37}–285_{2}
Stamford, Franz Karl von (1742–1807)
– *Vom Nutzen und Gebrauch der Klindworthschen Uhr, wenn man Entfernungen nach dem Schalle messen will (1783)* **4,** 396[51]
Standage, Tom
– *Der Türke. Die Geschichte des ersten Schachautomaten (2005)* **5,** 639[471]
Stanhope, Charles, Viscount Mahon (1753–1816)
– *Brandschutz* **1,** 459_{10}
– *elektrische Influenz* **1,** 598_{R3} **4,** $296_{1–2}$ 331_{23}
– *inspiriert von Lesage* **2,** 109_{21} **3,** 207_{14} 219_{14} 223_{4} 234_{8} 236_{5}
– *returning stroke* **1,** 805_{34} **5,** 475_{3}
Schriften
– *Principles of electricity (1779)* **1,** $129_{R13–14}$ $525_{R11–12}$ $598_{27–29}$ $606_{38–39}$ $632_{12–14}$ **3,** 567[196] **4,** 297_{18} 636[39] 806[264] **5,** 874[913]
– – *GGA-Rezension 1782* **3,** 567[196] **4,** 702[311]

– – *Grundsätze der Elektrizität (dt. von J.F. Seeger 1789)* **3,** 567[196] **5,** 874[913]
Stanislaus, s. Polen, Stanislaus II. August Poniatowski, König von.
Stechard, Maria Dorothea (1765–1782)
– *Sterbetag* **3,** 415_{15}
Steele, Richard (1672–1729) **2,** 612* **4,** 9_{11}
Stegmann, Johann Gottlieb (1725–1795)
– *7-zöllige Bussole* **6,** 265 (*331*)
– *elektrischer Champignon* **6,** 234 (286)
– *elektrischer Schirm* **6,** 234 (287)
– *Eudiometer nach Landriani* **6,** 472 (*382*)
Schriften
– *Beschreibung eines Luftmessers (1778)* **6,** 473 (*382*)
– *Fortgesetztes Verzeichniß physikalischer und mathematischer Instrumente (1783)* **6,** 31
Steiglehner, Cölestin (1738–1819)
– *Reponse à la question sur l'analogie de l'electricité et du magnétisme (1784)* **1,** $633_{R14.\ R19-20}$ 634_{R3-4} 814_{R1-2}
Steinberg, Franz Anton von (1684–1765)
– *Gründliche Nachricht, Von dem in Inner-Crain liegenden Czirknizer-See (1761)* **5,** 754[130]
Steinheil, Carl August (1801–1870) **6,** LXXXVI
Steinmetz, Dirk
– *Die Gregorianische Kalenderreform (2011)* **5,** 637[453]
Steinwehr, Wolf Balthasar Adolf von (1704–1771)
Übersetzer
– *Histoire de l'Académie Royale des Sciences [anatomische etc. Abhandlungen] (1749–1760)* **1,** 51_{24-25}
– *Histoire de l'Académie Royale des Sciences [physische Abhandlungen] (1748–1759)* **1,** 51_{18-19} 971_{16}
Stella, Francesco Maria (1745–1800) **2,** 875_{8} **5,** 842[695]
Stephensen, Magnús (1762–1833)
– *Kort beskrivelse over den nye vulcans ildsprudning i Vester-Skaptefields-Syssel paa Island i aaret 1783 (1785)* **2,** 896_{13} 899_{26}
– – *Beschreibung des Ausbruches eines neuen Vulkans im Vestriskaftafellssyssla im Jahre 1783 (dt. 1786)* **1,** 780_{R9-11} 784_{R40} **2,** 896* **5,** 460_{10} 467_{17-19} 857[815]
Stern, Moriz A. (1807–1894) **6,** XCVII
Sterne, Laurence (1713–1768) **4,** 9_{11}
Sterzinger, Josef (1746–1821)
– *Die aufgedeckten Gaßnerischen Wunderkuren (1775)* **4,** 383_{9}
Stevenson, Edward Luther (1858–1944)
– *Terrestrial and celestial globes (1921)* **5,** 682[791] **6,** 269 (*334*) 423 (*219) 530 (426) 532 (426)
Stevin, Simon (1548–1620)
– *Les œuvres mathematiques. […] Le tout reveu, corrigé, & augmenté par A. Girard (1634)*
– – *Traité des acrobariques* **3,** 275_{21-22}
– *Wisconstige gedachtenissen (1605–1608)*
– – *Hypomnemata mathematica (lat. von W. Snel van Royen 1605–1608)*
– – – *1.2: De geographia (1605)* **5,** 829[625]
Stewart, John (1715?–1759)
– *Some remarks on the laws of motion, and the inertia of matter (1754)* **1,** 86_{6-8}

Stobaios, Johannes (5. Jh.)
– *Eclogae (Ἐκλογαι)* **5**, 230_{31}
– – *gr.-lat. Ausg. (A.H.L. Heeren) Göttingen 1792–1801* **5**, 697^{894}
– – *gr.-lat. Ausg. (W. Canter) Antwerpen 1575* **5**, 697^{894}
Störck, Anton von (1731–1803) **4**, 380_{8}
Stokes, Jonathan (1755–1834)
– *Dissertatio de aere dephlogisticato (1782)* **1**, $278_{40–41}$
Stoltz, Ernst Matthias (1743/4–1814)
– *Potenzenmaschine* **3**, 540^{51} **6**, 29 (25)
Schriften
– *Verzeichniß derer Optischen [...] Instrumenten (1787)* **6**, 31 (25)
Stork, David G.
– *Seeing the light (1986)*
– – *Ein Blick ins Licht (dt. von Anita Ehlers 1990)* **4**, 430^{52} 434^{65} 447^{116}
Strabon (63 v. Chr. – 23 n. Chr.) **2**, 938_{14} **5**, $505_{2–3}$
– *Geographica (Γεωγραφικά)* **5**, 911^{1075}
– – *Allgemeine Erdbeschreibung (Auswahl, dt. von A.J. Penzel 1775–1777)* **5**, 911^{1075}
Strahl, NN
– *Theorie des Windes und der Kälte (1782)* **1**, $765_{33–35}$
Stralsundisches Magazin, oder Sammlungen auserlesener Neuigkeiten, zur Aufnahme der Naturlehre, Arzneywissenschaft und Haushaltungskunst (1767–) **1**, $58_{17–20}$
Straton von Lampsakos (ca. 340 – ca. 268 v. Chr.) **5**, 505_{2}
Strömer, Mårten (1707–1770)
– *Präses*
– – *Zegollström, De theoria declinationis magneticae (1755)* **1**, 755_{29}
Strohmeyer, Ernst August (1718–1775)
– *Thermometer* **4**, 121_{5}
Schriften
– *Anleitung übereinstimmende Thermometer zu verfertigen (1775)* **1**, 473_{9} $475_{28–30}$ **4**, 163_{4} 500^{40} 547^{201}
Stromeyer, Friedrich
– *Systematisch geordneter Catalog des im Königlichen chemischen Laboratorio zu Göttingen befindlichen chemischen Apparats. (Ms. 1811)* **6**, XXXIX[1] 84 (94)
Struensee, Karl August von (1735–1804)
– *Anfangsgründe der Artillerie (1760 u.ö.)* **6**, 403 (*194. *196)
Struyck, Nicolaas (1686–1769)
– *Inleiding tot te allgemeene geographie (1740)* **5**, $320_{10–11}$
Stryk, Samuel (1640–1710)
– *Tractatus de cautelis testamentorum (1703)* **5**, $116_{27–28}$
– – *²1708* **5**, 621^{359}
Stukeley, William (1687–1765)
– *The philosophy of earthquakes (1750; ³1756)* **1**, $848_{18–21}$
Sturges, William[?]
– *An account of two rainbows (1793)* **1**, 970_{12}
– – *GGA-Rezension 1796* **1**, $970_{13–14}$
Sturm, Johann Christoph (1635–1703) **1**, $41_{18–19}$
– *Collegium experimentale sive curiosum (1676–1685 u.ö.)* **1**, $43_{18–19}$ 194_{R11} **4**, $20_{17–18}$
– *Physica electiva sive hypothetica (1697–1722)* **1**, $43_{15–16}$ **4**, 391^{21}
– *Physicae conciliatricis conamina (²1687)* **1**, $48_{7–8}$
Sturmy, Samuel (1633–1669)
– *An account of some observations [...] concerning the tydes (1668)* **5**, $764^{234.\ 235}$

Stutterheim, Heinrich Gottlieb von (1717–1789) **5,** 220_{26}
Suckow, Georg Adolf (1751–1813)
– *Beugung des Lichts* **1,** 423_{31}
Übersetzer
– *[1788] Cuthbertson, Description of an improved air-pump (1787)* **2,** 238_{19}
Süssmilch, Johann Peter (1707–1767)
– *Respondent*
– – *Dissertatio physica de cohaesione et attractione corporum (1732)* **1,** 125_{4}
Sulla, Lucius Cornelius (138–78 v. Chr.) **5,** 650^{562}
Sully, Henry (1680–1729)
– *zur Person* **2,** 698_{12-15} **5,** 114_{6-13}
Schriften
– *Règle artificielle du temps (1714)* **2,** 698_{11-13} **5,** 114_{7-8}
Sulzer, Friedrich Gabriel (1749–1830)
– *Benennung des Strontianits* **1,** 210_{R26}
Sulzer, Johann Georg (1720–1779) **2,** 295_{18}
– *Kur am Mittelmeer* **3,** 421_{3}
– *Musik* **4,** 8_{2} 27_{1} 39_{11}
– *Schrittzähler* **2,** 85_{28}
– *Uhren* **2,** 700_{23}
Schriften
– *Allgemeine Theorie der Schönen Künste (1771–1774)* **1,** 335_{40-42} **2,** 333_{4} **4,** 24_{10} 27_{28} 392^{29} $404^{111.\ 113}$ $405^{115.\ 117.\ 123.\ 125}$ 406^{127} 407^{134} 409^{156} 411^{176} $413^{188.\ 190-192}$ $414^{193.\ 194}$ **6,** 145 (182)
– *Gutachten einiger Mitglieder der Königl. Academie der Wißensch. über den Inhalt des Schreibens über die Magnetencur vom Herrn D. Mesmer in Wien (1775)* **4,** 378_{16-17} 381_{27-28}
– *Tagebuch einer von Berlin nach den mittäglichen Ländern von Europa in den Jahren 1775 und 1776 gethanen Reise und Rückreise (1780)* **3,** $718^{320.\ 321}$
– *Untersuchung von dem Ursprung der Berge (1746)* **1,** 838_{33-34}
Suvigny, s. Lejay de Suvigny.
Svanberg, Jöns (1771–1851)
– *Gradmessung* **2,** 683_{24}
Schriften
– *Exposition des opérations faites en Lapponie, pour la détermination d'un arc du méridien en 1801, 1802 et 1803 (1805)* **2,** $683^{\dagger}$
– – *Auszug (dt. 1805–1806)* **2,** $683^{\dagger}$
Swartz, Nicolaus **1,** 291_{6-7}
Swedenborg, Emanuel von (1688–1772)
– *Miscellanea observata circa res naturales (1722)* **1,** 245_{R12-15}
Swen, Michael
Übersetzer
– *[1713] Whiston, A new theory of the earth (1696)* **1,** 835_{23}
Swieten, Gerard van (1700–1772) **3,** 397_{9}
Swift, Jonathan (1667–1745) **3,** 487^{101} **4,** 9_{11} 384_{22}
– *Travels into several remote nations of the world by Lemuel Gulliver (1726 u.ö.)* **2,** 916_{24-25} **4,** 257_{3} **5,** 368_{14-15}
– – *Des Capitains Lemuel Gulliver Reisen in unterschiedliche entfernte und unbekandte Länder (dt. 1727 u.ö.)* **5,** 777^{313}
Swift, William
– *Blitzableiter* **5,** 477_{1}
Swinburne, Henry (1743–1803)
– *Travels in the two Sicilies (1783–1785)* **1,** 754_{R32}–755_{R2}
– – *Reisen durch Beide Sicilien (dt. von J.R. Forster 1785–1787)* **1,** 752_{R4-7} **4,** 759^{58} 782^{166} **5,** $820^{555.\ 558}$

– – – *Exzerpt zur Magnetnadel* **2,** 842$_{5}$–843$_{16}$ **5,** 420$_{10}$–421$_{23}$
Swinden, Jan Hendrik van (1746–1823)
– *Anziehungskraft des Magneten* **2,** 552$_{6}$ **4,** 356$_{29}$ 364$_{2}$ 367$_{12}$
– *Aräometer* **2,** 166$_{13}$
– *culminierender Punkt beim Magneten* **1,** 632$_{18-38}$
– *Magnetismus* **4,** 803[249]
– – *Magnetisieren durch Elektrizität* **4,** 348$_{12-13}$ 377$_{6}$ 807[266]
– *Magnetnadel* **5,** 418$_{7}$ 490$_{11}$
– *Nordlicht* **1,** 813$_{19.\ R11-21}$ 814$_{R6}$
– *Wirkung des Magnets auf den Zitterrochen* **1,** 630$_{R29}$
Schriften
– *De paradoxo phoenomeno magnetico (1778)* **4,** 781[161]
– – *Dissertation sur un phénomène magnétique paradoxe (frz. 1784)* **1,** 613$_{R1-8}$ 632$_{R5-8}$ **4,** 782[161]
– *Dissertatio philosophica inauguralis, de attractione (1766)* **1,** 125$_{17-18}$
– *Dissertation sur la comparaison des thermomètres (1778)* **1,** 475$_{31-33}$ **2,** 453$_{15}$ 454$_{10}$ **4,** 160$_{25}$
– *Extrait d'un mémoire sur la météorolgie (1778) [zus. mit Louis Cotte]* **5,** 490$_{18}$
– *Mémoire sur les observations météorologiques faites a Franeker (1780)* **1,** 762$_{R3-6.\ R15-19}$ **2,** 935$_{6}$ **5,** 372$_{23}$ 373$_{1-2}$ 374$_{30}$ 900[1016]
– *Observations sur le froid rigoureux du mois de janvier 1776 (1778)* **1,** 438$_{2-3}$ 767$_{21-23}$
– *Oratio de hypothesibus physicis (1785)* **1,** 36$_{R1-5}$ 128$_{R3-5.\ R22-24}$ 199$_{R2-3}$ 242$_{R5-6}$ 381$_{R9-10}$ **2,** 181$_{6-7}$ **3,** 63$_{27}$ 311$_{4-5}$ 630[105]
– *Positiones physicae, T. 1–2 (1786)* **1,** 47$_{R4-11.\ R16-17}$ 170$_{R16}$ 174$_{R1}$ **2,** 27$_{22}$ **3,** 60$_{13}$ 606[69] 607[71]
– *Recherches sur les aiguilles aimantées (1780)* **1,** 632$_{R11-15}$ 813$_{R7-10}$ **5,** 433$_{21-22}$ 819[549] 887[962] 899[1014]
– *Recueil de mémoires sur l'analogie de l'électricité et du magnétisme (1784)* **4,** 782[161] **5,** 888[962] 895[989]
– *Réflexions sur le magnétisme animal, et sur le système de M. Mesmer (1784)* **1,** 633$_{R10-11}$
– *Résultats des observations météorologiques faites en l'année 1778 à Franeker (1780)* **5,** 900[1016]
– *Sur les degrés de la terre et sur les nouvelles mesures (1799)* **2,** 679*
– – *Rezension* **2,** 679*
– *Tentamina theoriae mathematicae de phaenomenis magneticis (1772)* **1,** 632$_{40}$–633$_{3}$
Symington, William (1764–1831)
– *Dampfmaschine* **1,** 444$_{R23}$ **2,** 443$_{4.\ 27}$ **4,** 148$_{8}$ 149$_{17}$ 529[137]
Symmer, Robert (1707–1763)
– *elektrische Versuche* **1,** 543$_{18-19}$
– *Elektrizität* **2,** 542$_{7}$
– *Elektrizitätstheorie* **1,** 587$_{35}$ 588$_{4}$ **2,** 526$_{4}$ 528$_{31-32}$ 529$_{5.\ 9.\ 25-26}$ 531$_{10}$ 533$_{24}$ 534$_{8}$ **4,** 252$_{17}$ 275$_{20}$ 324$_{6}$ 331$_{6}$
– *für zwei elektrische Materien* **1,** 588$_{11}$ **2,** 529$_{27}$ **4,** 252$_{17}$
Schriften
– *New experiments and observations concerning electricity (1759)* **1,** 544$_{28}$ 588$_{11-12}$ **2,** 528$_{32-33}$ **4,** 666[153]
Szabó, István (1906–1980)
– *Geschichte der mechanischen Prinzipien und ihrer wichtigsten Anwendungen (1977)*
– – ^{2}1979 **3,** 591[314]
Széchényi, Ferenc (1754–1820)
– *Widmung Gamaufs* **2,** 5$_{5}$

Tabulae Alphonsinae 5, 88$_{27–28}$
Tachard, Guy (1648–1712)
– *magnetische Deklination* **5,** 420$_{5}$
Schriften
– *Voyage de Siam (1686 u.ö.)*
– – *Curieuse und Merckwürdige Reise nach Siam (dt. 1706)* **5,** 821[562]
Tacitus, Publius Cornelius (um 55 – um 120)
– *Annales* **2,** 758$_{10–12}$ **5,** 162$_{31}$
– *Opera* **5,** 650[563]
– – *Ausg. (J.A. Ernesti) Leipzig 1772*
– – – *Tacitus (dt. von C.F. Bahrdt 1781)* **5,** 650[563]
Taeger, Angela (*1955)
– *Intime Machtverhältnisse (1999)* **4,** 399[79]
Targioni Tozzetti, Giovanni (1712–1783)
– *Notizie degli aggrandimenti delle scienze fisiche accaduti in Toscana (1780)* **1,** 51[*]
Taschenbuch für Scheidekünstler und Apotheker (1780–)
– *1784* **1,** 213$_{29–30}$
Taylor, Brook (1685–1731)
– *An account of an experiment in order to discover the law of the magnetical attraction (1714–1715)* **1,** 613$_{17–19}$
Taylor, Eva Germaine Rimington (1879–1966)
– *The mathematical practitioners of Hanoverian England (1966)* **6,** 517
– *The mathematical practitioners of Tudor & Stuart England (1954)* **6,** 554 (455)
Taylor, John Crawshaw (*1933)
– *John Harrison. Clockmaster and Copley medalist (2007) [zus. mit Arnold Whittaker Wolfendale]* **5,** 620[350]
Teichmeyer, Hermann Friedrich (1685–1744)
– *Elementa philosophiae naturalis experimentalis (^{3}1733)* **1,** 44$_{17–19}$
Telemann, Georg Philipp (1681–1767) **4,** 27$_{27}$
s. Temperatur (Musik) – Telemann.
Telliamed (literarische Figur in Benoît de Maillets [1656–1738] Werk »Telliamed, ou entretiens d'un philosophe indienne...«) **2,** 127$_{1}$
Tempelhoff, Georg Friedrich von (1737–1807)
– *Gedanken über die Temperatur Herrn Kirnbergers (1775)* **1,** 335$_{34–36}$
Templeman, Peter (1711–1769)
– *Dissertation sur la torpille (1759)* **1,** 604$_{27–31}$ **4,** 335$_{4–6}$
Tenner, Johann Gottlob (1748–1811)
– *Anleitung, vermittelst der dephlogistisirten Salzsäure [...] zu bleichen (1793)* **2,** 271[*]
– – *^{2}1794* **1,** 935$_{28–31}$ **2,** 271$_{32–34}$
– – *^{3}1800* **2,** 271[*]
Tentamina experimentorum naturalium captorum in academia del Cimento (1731) 1, 34$_{15–16}$ 51$_{3–6}$
Tesánek, Jan (1728–1788)
Herausgeber
– *Newton, Principia (1780–1785)* **1,** 43$_{10}$
Tessier, Alexandre-Henri (1741–1837)
– *Expériences propres à développer les effets de la lumière sur certaines plantes (1783)*
– – *GGA-Rezension 1787*
– – – *Referat 1787* **1,** 342$_{R31–35}$

Tetens, Johann Nicolaus (1736–1807)
Schriften
– *Dissertatio physica de caussa fluxus siphonis bicruralis in vacuo continuati (1763)* **1,** 300_{17-19}
– *Ueber die beste Sicherung seiner Person bey einem Gewitter (1774)* **1,** 805_{1-3}
Übersetzer
– *Kraft, Föreläsninger (1763–1764)* **1,** 158_{34}
Teuber, Gottfried (†1731)
– *Acus hygrometra (1688)* **3,** 433_{16-17}
– *Novum genus hygrometri (1687)* **3,** 433_{14-15}
Teyler van der Hulst, Pieter (1702–1778)
– *Museum* **1,** 529_{10} **2,** 521_{14}
Thales von Milet (um 624 – um 546 v. Chr.) **1,** 40_{14} **2,** 493_{5} 545_{22} 610^{*} **4,** 265_{10} 278_{20} 283_{28} 344_{9} 351_{19} 365_{1} **5,** 20_{28}
The Gentleman's Magazin: and Historical Chronicle (1731–1907)
– *1783* **1,** 689_{4}
The Philosophical Transactions abridged and disposed under General Heads
– *to the Year 1700 (v. J. Lowthorp 1701)* **1,** 49_{38-41}
– *to the Year 1720 (v. B. Motte 1721)* **1,** 49_{42-43}
– *to the Year 1732 (v. Reid u. J. Gray 1733)* **1,** 50_{1-2}
Theiler, Willy (1899–1977)
Übersetzer
– *[1959] Aristoteles, De anima (Περὶ ψυχῆς)* **4,** 451[134]
Thenn, Johann Christoph (1729–1784)
Übersetzer
– *[1757] DuCrest, Recueil de diverses pièces sur le thermomètre (1756)* **1,** 475_{14}
Theon von Alexandria (ca. 335 – ca. 405)
– *Kommentator*
– – *Ptolemaios, Almagest 1538* **1,** 719_{3-4}
Theophrast, s. Hohenheim, Philipp Theophrast von, gen. Paracelsus.
Theophrastos von Eresos (um 370 – um 285 v. Chr.) **2,** 609^{*} **5,** 58_{24}
– *De lapidibus (Περὶ λίθων)* **4,** 278_{22}
– – *Von den Steinen (dt. von A.H. Baumgärtner 1770)* **4,** 672[175]
Thévenot, Melchésedec (1620–1692)
– *L'art de nager (1696 u.ö.)* **1,** 175_{18-20}
Thibaut, Bernhard Friedrich (1775–1832)
– *Modellkammer* **6,** LVIII–LX LXII
– – *Beurteilung Apels* **6,** CV
– – *Beurteilung v. Ciechanskys* **6,** LVII
– *Sammlung physikalischer Instrument* **6,** LXI
– *Schenkung* **6,** LX–LXI
Thiroux d'Arconville, Marie Geneviève Charlotte (1720–1805)
– *Essai pour servir à l'histoire de la putréfaction (1766)* **1,** 285_{30-31}
Thompson, Benjamin, Reichsgraf von Rumford (1753–1814)
– *Besuch in Göttingen* **2,** 29_{33-34}
– *Eudiometrie* **3,** 429_{22}
– *Salpetersäure* **1,** 936_{15}
– *Sauerstoffgewinnung durch Pflanzen* **2,** 257_{7} **3,** 424_{3}
– *Wärmeleitung* **1,** 499_{R14-15} **2,** 461_{4} 464_{5} **4,** 185_{1} 186_{5} 225_{34} $226_{9,\ 15}$ 612[486]
– *Wärmetheorie* **2,** 484_{4} **4,** 603[444]
Schriften
– *An account of a method of measuring the comparative intensities of the light emitted by luminous bodies (1794)* **1,** 945_{14-16}

– *An account of some experiments upon coloured shadows (1794)* **1,** 948_{27-28} **2,** 395_{14-16}
– – *Nachricht von einigen Versuchen über die gefärbten Schatten (dt. 1795)* **1,** 946_{26-27} 948_{30}
– *Experiments made to determine the positive and relative quantities of moisture (1787)* **4,** 186_{5-7}
– *Experiments on the production of dephlogisticated air (1787)* **1,** 63_{R16} 278_{R1-3} **2,** 29_{27-30} **3,** 89_{4-5} 92_{2} 100_{29-32} 719[331. 332] 722[367]
– – *Exzerpt* **3,** 422_{26-27}
– – *Versuche über die Erzeugung der dephlogistirten Luft (dt. 1789)* **1,** 278_{R4-6} **3,** 722[367]
– *Experiments upon heat (1792)* **4,** 214_{25-26}
– – *Versuche über die Wärme (dt. 1793)* **4,** 214_{26}
– *New experiments upon heat (1786)* **1,** 523_{R1-4} **4,** 214_{23-24} 581[331] **5,** 458_{33-34} 467_{15-16}
– – *Versuche über die Wärme (dt. Referat 1788)* **1,** 496_{R9-11}
– *Of the manner in which heat is propagated in fluids (1797–1798)*
– – *Bemerkungen über das eigenthümliche Gesetz, wonach erkaltendes Wasser nahe beim Frostpunkt seine Dichtigkeit ändert [...] (dt. 1799)* **2,** 872[†]
Thompson, James Matthew (1878–1956)
– *Le Maitre, alias Mara (1934)* **4,** 574[294]
Thompson, NN 2, 702_{34}
Thompson, William (†1803) **4,** 190_{25}
Thorey, Ernst (Apotheker in Hamburg)
– *Vom elastischen Harze (1779)* **3,** 84_{15}
Thouret, Jacques Guillaume (1746–1794) **5,** 519_{34} 520_{25}
– *Rapport sur les exhumations du cimetière et de l'église des Saints Innocents (1789)* **5,** 920[1171]
Thouret, Michel Augustin (1748–1810)
– *Observations et recherches sur l'usage de l'aimant en médecine (1779) [zus. mit C.L.F. Andry]* **1,** 634_{R5-7} **4,** 378_{18-19}
– – *Beobachtungen und Untersuchungen über den Gebrauch des Magnets in der Arzneykunst (dt. 1785)* **4,** 378_{20}
Thouroude, NN (1. H. 18. Jh.) **5,** 764[235]
Thouvenel, Pierre (1747–1815)
– *Mémoire physique et médicinal (1781)*
– – *Rezension 1781* **1,** 573_{R4-5}
Thunberg, Carl Peter (1743–1828)
– *Turmalin* **1,** 599_{R16} **2,** 542_{32}
Schriften
– *Beskrifning på ön Ceilons mineralier och ädla stenar (1784)*
– – *Beschreibung der Mineralien und Edelgesteine der Insel Ceylon (dt. 1786)* **1,** 600_{R5}
– – – *Rezension 1786* **1,** 600_{R6}
Tiaden, Enno Johann Heinrich (1722–1781)
– *Entdeckung der Sonnenflecken* **2,** 729_{11}
Schriften
– *Das gelehrte Ost-Friesland (1785–1790)* **1,** 674_{R21-25}
– – *1: 1785* **2,** 729_{5-6}
– – – *Rezension (1787)* **1,** 674_{R25-26} **2,** 729_{7-8}
Tiedemann, Johann Heinrich (1742–1811) **2,** 34_{19}
– *Mikrometer* **6,** 496 (*400*)

Tielebein, Christian Friedrich (1753–1786)
– *Farbenverwandlung (1785)* **1,** 394_{19-24}
Tillet, Mathieu (1714–1791)
– *Mémoire sur les degrés extraordinaire de chaleur auxquels les hommes & les animaux sont capables de résister (1764)* **4,** 204_{8-9}
Timaios von Lokroi (ca. 5. Jh. v. Chr.) **5,** 229_{18}
Timocharis von Alexandria (ca. 320 – 260 v. Chr.) **5,** 22_{27}
Tiruvalluvar (1. Jhtsd. n. Chr., tamilischer Dichter)
– *Tirukkuṛaḷ*
– – *Des Tiruwalluwer Gedichte und Denksprüche (dt. von A.F. Cämmerer 1803)* **2,** 405†
– – – *Rezension* **2,** 405†
Titius, Johann Daniel (1729–1796)
– *Blitzableiter* **5,** 877[922]
– *Grundeis* **4,** 513[85]
– *Titius-Bodesche Regel* **5,** 606[251]
Schriften
– *De electrici experimenti lugdunensis inventore primo (1771)* **1,** 557_{8-10}
– *Fortsetzung der Anzeige von den Witterungsbeobachtungen (1773)* **3,** 434_{4-5}
– *Physicae dogmaticae elementa (1774)* **1,** 46_{21-23}
– *Physicae experimentalis elementa (1782)* **1,** 46_{24-25}
– *Rezension*
– – *[1769] Hanow, Philosophiae naturalis […] tomus II. (1765)* **3,** 434_{3}
– *Thermometri metallici […] descriptio (1765)* **1,** 479_{14-16}
– *Tiefe des Meeres (1792)* **1,** 727_{R7-11}
– *Ueber die Verbesserung der Hygrometer (1768)* **3,** 434_{2-3}
– *Vestigia fluxus et refluxus in Mari Baltico (1760) [zus. mit Adolph Julian Bose]* **5,** 358_{15-16}
– *Vom Gebrauche der hier täglich angemerkten Feuchtigkeit der Luft und des Regens (1768)* **3,** 433_{31} 434_{7-8} 726[401]
– *Vom Grundeise (1772)* **4,** 134_{18}
Übersetzer
– *[1784] Saussure, Essais sur l'hygromètrie (1783)* **3,** 434_{19}
Toaldo, Giuseppe (1719–1797)
– *Adressat*
– – *Torcia, Briefe (1784)* **1,** 781_{10-11}
– *Einfluß des Mondes auf das Barometer* **1,** 762_{R17} **2,** 856_{24} 936_{13}
Schriften
– *Della vera influenza degli astri, delle stagioni, e mutazioni di tempo (1770)* **1,** 826_{36-39} **5,** 349_{19}
– – *Essai météorologique sur la véritable influence des astres, des saisons et changemens de tems (frz. von J. Daquin ²1784)* **1,** 827_{1-2}
– – – *Anzeige 1786* **1,** 827_{R1}
– – – *Auszug 1785* **1,** 827_{4-6}
– *Essai de météorologie appliquée a l'agriculture (1774)*
– – *La meteorologia applicata all' agricoltura (it. 1775)*
– – – *Witterungslehre für den Feldbau (dt. von J.G. Steudel 1777 u.ö.)* **5,** 457_{16-17}
– – *Abdruck (Observations sur la physique) 1777* **1,** 827_{R10-14}
– *Examen de quelques objections sur l'influence de la lune dans les changemens des tems (1779)* **5,** 377_{10}
– *Lettere phisico-meteorologiche [in: Vassalli-Eandi, Lettere (1789)]* **1,** 810_{R13}
– *Novae tabulae barometri aestusque maris (1773)* **1,** 762_{21-23}

– *Osservazioni meteorologiche (1783)* **1,** 781_{14-15} **5,** 457_{6}
– – *Observations météorologique (frz. von J.H.R. de Lamanon 1784)* **1,** 781_{R17-18}
Tompson, Johannes (John) (1693–1768) **2,** 326_{4}
Torcia, Michele (1736–1808)
– *Briefe an den Herrn Professor Toaldo zu Padua von dem Höhenrauch des vergangenen Jahres zu Neapel und in Calabrien (1784)* **1,** 781_{10-13} **5,** 456_{29-31}
Torricelli, Evangelista (1608–1647) **2,** 957_{31}
s.a. Röhre – Torricellische; Vakuum – Torricellisches.
– *Luftdruck* **2,** 958_{24-26} 959_{1}
– *Torricellischer Versuch (Erzeugung eines Vakuums)* **1,** 242_{9-11} **2,** 958_{6-13} **3,** 715^{295} 716^{304} **5,** 544_{10} **6,** 81 (93)
– *Vakuum* **2,** 280_{28} 432_{10} 464_{19} $471_{3-4.\,9}$ 773_{10}
Schriften
– *De motu gravium (1644)* **1,** 157_{25-27}
Toskana, Ferdinand II., Großherzog von (1610–1670) **1,** 193_{R5-6}
Toskana, Leopold I., Großherzog von (1747–1792, seit 1790 als Leopold II. röm.-dt. Kaiser) **2,** 453^{*} **5,** 822^{579}
Towers, Joseph (1737–1799)
– *British biography (1766–1780)* **5,** 664^{648}
Traber, Zacharias (1611–1679)
– *Nervus opticus (1675 u.ö.)* **1,** 424_{22-23} **4,** 52_{28} 78_{21}
Traités sur les aimans artificiels ; […], traduits de deux ouvrages anglois de J. Michell & J. Canton, par le P. Rivoire. Avec une préface historique du traducteur […]. Paris 1752 **1,** 618_{33-34} **4,** 369_{4-5} 755^{47}
Tralles, Johann Georg (1763–1822)
– *Höhe des Mont Blanc* **2,** 1015_{5}
Schriften
– *Bestimmung der Höhen der bekanntern Berge des Canton Bern (1790)* **1,** 740_{R6-7}
– *Beytrag zur Lehre von der Elektrizität (1786)* **1,** 797_{R7-8}
– – *Rezension 1787* **1,** 797_{R8-9}
– *Grundgesetze der Aerometrie auf die allgemeinste Weise dargestellt, und angewendet auf den Wasserdampf […] (1807)* **2,** 853^{*}
Herausgeber
– *Physikalisches Taschenbuch (1785–1786)* **2,** 825_{16}
Transactions of the American Philosophical Society (1771–) **1,** 56_{24-25}
Transactions of the Royal Humane Society (1795) **4,** 648^{90}
Transactions of the Royal Society of Edinburgh (1788–) **1,** 54_{R4-5}
Trebra, Friedrich Wilhelm Heinrich von (1740–1819)
– *Brief von L.* **5,** 758^{184}
– *natürlicher Magnet* **6,** 534 (*430*)
– *schenkt L. einen Magnetstein* **2,** 545_{10}
– *Wanderungen unter Tage* **2,** 947_{1}
Schriften
– *Beyträge zu den elektrischen Erscheinungen des laufenden Jahres (1783)* **1,** 781_{9} 809_{12-13} **2,** 922_{26-27} **5,** 457_{4}
– *Erfahrungen vom Innern der Gebirge (1785)* **1,** 750_{37-40} 831_{R24}
– – *Rezension 1785* **1,** 831_{R25-26}
Herausgeber
– *Bergbaukunde (1789–1790)* **3,** 84_{20} 492^{136}
Trembley, Abraham (1710–1784)
– *medizinische Elektrizität* **4,** 311_{26}
Schriften
– *Part of a letter to Martin Folkes concerning the light caused by*

quicksilver shaken in a glass tube, proceeding from electricity (1746) **4,** 632[24] 720[395]
Trembley, Jean (1749–1811)
– *Analyse de quelques expériences faites pour la détermination des hauteurs par le moyen du barometre (1786)* **1,** 737_{29-32}
Trémery, Jean Louis (1773–1851)
– *Examen des phénomènes électriques, qui ne paroissent pas s'accorder avec la théorie des deux fluides (1802)* **2,** 529*
– – *Prüfung der elektrischen Phänomene, welche mit der Theorie zweier Flüssigkeiten nicht übereinzustimmen scheinen (dt. von J.W. Ritter 1806)* **2,** 529*
The trial of the honourable Augustus Keppel (1779) 5, 619[343]
Triesnecker, Benjamin Franz von Paula (1745–1817) **2,** 573_{4}
– *Fixsterne* **5,** 197_{6}
– *Präzession* **2,** 781*
Schriften
– *Disquisitio de motibus propriis fixarum in ascensionem rectam, & declinationem (1792 [1791])* **5,** 675[736]
Triewald, Marten (1691–1747)
– *Erfindung des Ventilators* **2,** 228_{11}
– *Taucherglocke* **1,** 234_{R25} **2,** $222_{14.\ 18}$ **3,** 378_{8}
Schriften
– *A letter to Sir Hans Sloane relating to an extraordinary instance of the almost instantaneous freezing of water (1731–1732)* **1,** 437_{20-25}
Troil, Uno von (1746–1803)
– *Geysirbeobachtung* **4,** 116_{10}
– *Glorienbeobachtung* **1,** 970_{24}
Schriften
– *Bref, rörande en resa til Island (1777)*
– – *Briefe welche eine [...] nach Island angestellte Reise betreffen (dt. von J.G.P. Möller 1779)* **1,** 970_{25-27} 974_{2-3}
Trommsdorff, Johann Bartholomäus (1770–1837)
Schriften
– *Allgemeine Übersicht der einfachen und zusammengesetzten Salze (1789)* **1,** 215_{R3-10}
– *Tabelle über alle bis jetzt bekannte Luftarten (1791)* **1,** 263_{R22-23} 278_{R7-9}
Herausgeber
– *Annalen der Fortschritte (1809–1812)* **2,** 402*
Trostwy(c)k, s. Paets van Troostwyk, Adriaan.
Troughton, Edward (1753–1835)
– *Magnetisches Teleskop* **2,** 847†
– *Sextant* **5,** 251_{1} **6,** 520 (*423*)
Troxler, Ignaz Paul Vitalis (1780–1866)
– *Ueber die Frage: Warum sehen wir mit zwey Augen die Gegenstände nicht doppelt? (1807)* **2,** 402*
Trudaine de Montigny, Jean Charles Philibert (1733–1777)
– *Brennglas* **1,** 949_{12} **4,** 230_{18}
Tschirnhaus, Ehrenfried Walther von (1651–1708)
– *Brennspiegel* **2,** 361_{40-41}
– *Porzellan* **3,** 464[134]
Schriften
– *De magnis lentibus seu vitris causticis (1697)* **6,** 352 (**119*)
– *Effets de verres brulans (1699)* **1,** 439_{R22-23}
– *Singularia effecta vitri caustici bipedalis (1691)* **6,** 354 (**119*)
Tubeuf, Carl von (1862–1941)
– *Pilze (1904)* **5,** 718[1003]
Tucholsky, Kurt (1890–1935)
– *Französischer Witz (1932)* **5,** 595[171]

Türk, Daniel Gottlob (1750–1813)
– *Anleitung zu Temperaturberechnungen (1808)* **2,** 332-333[*]
– – *Rezension* **2,** 333[*]
Turberville, Dawbeney (1612–1696)
– *Two letters to Mr. Willam Musgrave, containing several remarkable cases in physick, relating chiefly to the eyes (1684)* **4,** 474[231]
Turner, Gerard L'Estrange (1926–2012)
– *Van Marum's scientific instruments in Teyler's Museum (1973)* **6,** 108 (*118*) 175 (*212*) 215 (*267*) 226 (*278*) 238 (*290*) 240 (*292*) 261 (*324*) 478 (*387*) 503 (*409*) 534 (*429*)
Tycho, s. Brahe, Tycho.
Tyndall, John (1820–1893)
– *Heat considered as a mode of motion (1863 u.ö.)*
– – *Die Wärme betrachtet als eine Art der Bewegung (1867; ⁴1894)* **4,** 612[488]
Tzetzes, Johannes (um 1110 – um 1180)
– *Brennspiegel des Archimedes* **4,** 53$_{13}$
Schriften
– *Historiarum variarum Chiliades (Βίβλος ἱστοριῶν)* **2,** 360$_{38}$ **4,** 80$_{21-22}$

Uffenbach, Johann Friedrich Armand von (1687–1769)
– *Bibliothek* **5,** 684[806]
– *Instrumente* **6,** XCVI
– – *Im Katalog nicht angezeigt*
– – – *7 Glaskörper für optische Versuche (Nr. [*230])* **6,** 431 (*[*230]*)
– – – *Brennspiegel (Nr. [*231])* **6,** 431 (*[*231]*)
– – – *Halbkreisinstrument oder Graphometer nach Müller (Nr. [*233])* **6,** 432 (*[*233]*)
– – – *Porträt von J. F. A. von Uffenbach (Nr. [*234])* **6,** 434 (*[*234]*)
– – – *Waagebalken nach Magellan (Nr. [*232])* **6,** 432 (*[*232]*)
– – *Sammlung* **4,** 216$_{20-21}$ **6,** XLVI XLIX 259 (*319*)
– – *Zur Architektur und Artillerie*
– – – *Modell einer Haubitze (Nr. *195)* **6,** 400 (**195*)
– – – *Modell einer Kartaune (Nr. *194)* **6,** 396 (**194*)
– – – *Modell eines Mörsers (Nr. *196)* **6,** 402 (**196*)
– – *Zur Arithmetik*
– – – *algebraisches Spiel (Nr. *4)* **6,** 281 (**4*)
– – – *Balkenwaage nach Cassini (Nr. *5)* **6,** 282 (**5*)
– – – *Kästchen mit Rechenstäben (Nr. *3)* **6,** 281 (**3*)
– – – *kleine Neppersche Rechenstäbe (Nr. *6)* **6,** 282 (**6*)
– – – *Rechenstäbe nach Grillet (Nr. *1)* **6,** 279 (**1*)
– – – *Rechenstäbe, Neppersche (Nr. *2)* **6,** 279 (**2*)
– – *Zur Geometrie*
– – – *2 hölzerne Dreiecke (Nr. *38a)* **6,** 321 (**38a*)
– – – *2 Reißfedern zum Ziehen paralleler Linien von Metz (Nr. *34m)* **6,** 306 (**34m*)
– – – *als Setzwaage und Winkelmesser brauchbares Instrument (Nr. *12)* **6,** 287 (**12*)
– – – *Artilleriemaßstab aus Holz (Nr. *34t)* **6,** 307 (**34t*)
– – – *Artilleriemaßstab aus Messing (Nr. *34s)* **6,** 307 (**34s*)
– – – *Astrolab nach Ritter (Nr. *29)* **6,** 297 (**29*)

– – – *Astrolabium Lefèvre (Nr. *7)* **6,** 282 (*7)
– – – *Astrolabium (Nr. *37b)* **6,** 319 (*37b)
– – – *Besteck mit Maßstab, Bleifeder und Schere (Nr. *22[a])* **6,** 293 (*22[a])
– – – *biegsames Lineal von Metz (Nr. *38k)* **6,** 322 (*38k)
– – – *Blei- und Rötelstift (Nr. *34l)* **6,** 306 (*34l)
– – – *Deklinierkompaß von Muth (Nr. *33g)* **6,** 304 (*33g)
– – – *doppelter Zirkel (Nr. *36b)* **6,** 316 (*36b)
– – – *doppelter Zirkel (Nr. *36c)* **6,** 316 (*36c)
– – – *eiserne Meßkette nach rheinländischem Maß (Nr. *17)* **6,** 288 (*17)
– – – *eisernes Lot (Nr. *33c)* **6,** 300 (*33c)
– – – *Ellipsenzeichengerät (Nr. *20)* **6,** 291 (*20)
– – – *Ellipsenzirkel aus Messing (Nr. *35a)* **6,** 308 (*35a)
– – – *Ellipsenzirkel von Metz (Nr. *35b)* **6,** 308 (*35b)
– – – *englischer Deklinierkompaß mit Libelle (Nr. *18)* **6,** 289 (*18)
– – – *Federmesser (Nr. *34g)* **6,** 305 (*34g)
– – – *Gliedermaßstab aus Messing (Nr. *34k)* **6,** 305 (*34k)
– – – *großer Transporteur (Nr. *34o)* **6,** 307 (*34o)
– – – *großer Zirkel mit Kreidespitzen (Nr. *36a)* **6,** 316 (*36a)
– – – *großer Zirkel (Nr. *26)* **6,** 296 (*26)
– – – *großes Punktierrad (Nr. *37g)* **6,** 321 (*37g)
– – – *Halbkreisinstrument (Nr. *37c)* **6,** 320 (*37c)
– – – *Halbkreisinstrument von Czech (Nr. *23[a])* **6,** 293 (*23[a])
– – – *hölzerner Proportionalzirkel (Nr. *13)* **6,** 287 (*13)
– – – *Instrument zur Beobachtung von Sonnenfinsternissen (Nr. *30)* **6,** 298 (*30)
– – – *kleine Bürste (Nr. *36u)* **6,** 319 (*36u)
– – – *kleine hölzerne Setzwaage (Nr. *34r)* **6,** 307 (*34r)
– – – *kleine Nivellierwaage von Chapotot (Nr. *33b)* **6,** 300 (*33b)
– – – *kleiner Tasterzirkel (Nr. *34h)* **6,** 305 (*34h)
– – – *kleiner Tasterzirkel (Nr. *34i)* **6,** 305 (*34i)
– – – *kleiner Transporteur von Sevin (Nr. *34p)* **6,** 307 (*34p)
– – – *kleiner Winkelhaken von Metz (Nr. *34a)* **6,** 304 (*34a)
– – – *kleiner Zirkel (Nr. *36d)* **6,** 316 (*36d)
– – – *kleines Lineal aus Buchsbaum (Nr. *35k)* **6,** 315 (*35k)
– – – *Lineal aus Buchsbaum (Nr. *38f)* **6,** 322 (*38f)
– – – *Lineal aus Ebenholz (Nr. *38g)* **6,** 322 (*38g)
– – – *Lineal aus Elfenbein (Nr. *38e)* **6,** 321 (*38e)
– – – *Lineal mit Anschlag (Nr. *38d)* **6,** 321 (*38d)
– – – *Lineal mit Fußmaß von Muth (Nr. *38h)* **6,** 322 (*38h)
– – – *Lot zur Einrichtung eines Meßtisches (Nr. *14)* **6,** 287 (*14)
– – – *Maßband aus Pergament (Nr. *35i)* **6,** 315 (*35i)
– – – *Maßband aus Pergament (Nr. *38i)* **6,** 322 (*38i)

– – – *Mensula Praetoriana mit Diopterlineal (Nr. *8)* **6,** 285 (*8)
– – – *Mensula Praetoriana mit Gestell (Nr. *9)* **6,** 286 (*9)
– – – *Meßkette aus Eisen (Nr. *16)* **6,** 288 (*16)
– – – *Meßkette aus Messing (Nr. *15)* **6,** 288 (*15)
– – – *Meßschnur oder Pferdemaß (Nr. *33d)* **6,** 302 (*33d)
– – – *mit einem Winkelmesser kombinierte Setzwaage (Nr. *35h)* **6,** 314 (*35h)
– – – *Parallellineal aus Ebenholz (Nr. *35d)* **6,** 310 (*35d)
– – – *Parallellineal aus Holz (Nr. *38c)* **6,** 321 (*38c)
– – – *Parallelllineal aus Buchsbaum (Nr. *38b)* **6,** 321 (*38b)
– – – *Proportionallineal nach Gunter (Nr. *35g)* **6,** 313 (*35g)
– – – *Proportionalzirkel aus Messing (Nr. *35e)* **6,** 311 (*35e)
– – – *Proportionalzirkel mit Diooptern (Nr. *37d)* **6,** 320 (*37c)
– – – *Proportionalzirkel mit Diooptern von Muth (Nr. *37e)* **6,** 320 (*37e)
– – – *Proportionalzirkel nach Bürgi (Nr. *35f)* **6,** 312 (*35f)
– – – *Proportionalzirkel von Metz (Nr. *35c)* **6,** 309 (*35c)
– – – *Punktierrad (Nr. *34f)* **6,** 305 (*34f)
– – – *Quadrant mit Lot (Nr. *19)* **6,** 289 (*19)
– – – *Radiernadel (Nr. *36t)* **6,** 319 (*36t)
– – – *Reißfeder mit einem Bleirohr (Nr. *34d)* **6,** 304 (*34d)
– – – *Reißfeder mit Punktierrad (Nr. *34e)* **6,** 305 (*34e)
– – – *Reißfeder mit Spatel (Nr. *34c)* **6,** 304 (*34c)
– – – *Reißfeder und Kopierstift (Nr. *34b)* **6,** 304 (*34b)
– – – *Reißzeug in einem Futteral (Nr. *21)* **6,** 292 (*21)
– – – *Reißzeug in einem Futteral (Nr. *24)* **6,** 296 (*24)
– – – *Richtinstrument für Geschütze (Nr. *33e)* **6,** 302 (*33e)
– – – *Schrittzähler (Nr. *37f)* **2,** 85_{27} **6,** 320 (*37f)
– – – *Setzwaage (Nr. *25)* **6,** 296 (*25)
– – – *silberner Zirkel (Nr. *36k)* **6,** 317 (*36k)
– – – *Stangenzirkel aus Messing (Nr. *36s)* **6,** 319 (*36s)
– – – *Storchschnabel (Nr. *31)* **6,** 298 (*31)
– – – *Transpoteur aus Horn von Le Mair (Nr. *34n)* **6,** 307 (*34n)
– – – *vergoldeter Zirkel (Nr. *36r)* **6,** 318 (*36r)
– – – *verschiedene geometrische Instrumente in einem Futteral (Nr. *35l)* **6,** 315 (*35l)
– – – *viereckiger Winkelmesser (Nr. *11)* **6,** 287 (*11)
– – – *Vollkreisinstrument (Nr. *37a)* **6,** 319 (*37a)
– – – *Vollkreisinstrument oder Circumferentor (Nr. *33a)* **6,** 299 (*33a)
– – – *Winkelhaken aus Messing (Nr. *34q)* **6,** 307 (*34q)
– – – *Winkelmesser von Chapotot (Nr. *10)* **6,** 286 (*10)
– – – *Zeichengerät für Ellipsen (Nr. *33f)* **6,** 302 (*33f)
– – – *Zirkel aus Messing (Nr. *36f)* **6,** 316 (*36f)
– – – *Zirkel aus Messing (Nr. *36m)* **6,** 318 (*36m)
– – – *Zirkel aus Messing (Nr. *36q)* **6,** 318 (*36q)

--- *Zirkel mit Bleifeder (Nr. *36o)* **6,** 318 (**36o*)
--- *Zirkel mit einer auswechselbarn Spitze (Nr. *36n)* **6,** 318 (**36n*)
--- *Zirkel mit gebogenen Enden (Nr. *27)* **6,** 296 (**27*)
--- *Zirkel mit Zubehör von Metz (Nr. *36p)* **6,** 318 (**36p*)
--- *Zirkel von Lusuerg (Nr. *36e)* **6,** 316 (**36e*)
--- *Zirkel von Metz (Nr. *36g)* **6,** 317 (**36g*)
--- *Zirkel von Schissler (Nr. *28)* **6,** 296 (**28*)
--- *zwei Fuß langes Lineal aus Messing (Nr. *22)* **6,** 292 (**22*)
--- *zweieinhalb Fuß langes Lineal aus Ebenholz (Nr. *23)* **6,** 292 (**23*)
-- *Zur Gnomonik*
--- *als Probieruhr zu brauchende Horizontalsonnenuhr (Nr. *186)* **6,** 394 (**186*)
--- *auf Holz gezeichneter Quadrant (Nr. *181)* **6,** 393 (**181*)
--- *Deklinierkompaß* **6,** 385 (**168*)
--- *große Setzwaage (Nr. *183)* **6,** 393 (**183*)
--- *großer hölzerner Zylinder mit Sonnenuhr (Nr. *175)* **6,** 391 (**175*)
--- *Instrument zum Konstruieren vertikaler Sonnenuhren (Nr. *188)* **6,** 395 (**188*)
--- *Instrument zum Konstruieren von Sonnenuhren nach Clavius (Nr. *184)* **6,** 393 (**184*)
--- *Instrument zur Bestimmung der Mittagslinie nach Hevelius (Nr. *182)* **6,** 393 (**182*)
--- *kleine Horizontalsonnenuhr mit Magnetnadel von Coulomb (Nr. *171)* **6,** 390 (**171*)
--- *kleine Sternuhr (Nr. *192)* **6,** 396 (**192*)
--- *kleiner Holzzylinder mit Sonnenuhr (Nr. *176)* **6,** 391 (**176*)
--- *kleines Instrument zum Konstruieren von Sonnenuhren (Nr. *185)* **6,** 394 (**185*)
--- *Messer mit Sonnenuhr und Polhöhenangaben von Bener (Nr. *172)* **6,** 390 (**172*)
--- *Pappkapsel mit Kompaß, Vertikal- und Horizontalsonnenuhr von Funck (Nr. *178)* **6,** 392 (**178*)
--- *Polarsonnenuhr auf Holzscheibe (Nr. *187)* **6,** 395 (**187*)
--- *Ringsonnenuhr von Metz (Nr. *169)* **6,** 386 (**169*)
--- *silberner immerwährender Kalender (Nr. *189)* **6,** 395 (**189*)
--- *Sockel mit verschiedenen Sonnenuhren (Nr. *177)* **6,** 391 (**177*)
--- *Sonnenuhr mit Magnetnadel von Muth (Nr. *170)* **6,** 390 (**170*)
--- *Sonnenuhr mit Polhöhenangeben von Holzhey (Nr. *173)* **6,** 390 (**173*)
--- *tragbare Sonnenuhr in Buchform (Nr. *190)* **6,** 395 (**190*)
--- *Universalsonnenuhr aus Pappe von Holzhey (Nr. *174)* **6,** 391 (**174*)
--- *Universalsonnenuhr mit Tabelle von Holzhey (Nr. *173[a])* **6,** 391 (**173[a]*)
--- *Universalsonnenuhr von Beyer (Nr. *191)* **6,** 395 (**191*)

– – – *Vollkreisinstrument zur Messung in der Vertikalen (Nr. *180)* **6,** 393 (*180)
– – – *Winkelmesser für geneigte Flächen (Nr. *179)* **6,** 392 (*179)
– – *Zur Mechanik*
– – – *2 kleine Flaschenzüge (Nr. *59)* **6,** 326 (*59)
– – – *Blasebalg (Nr. *54)* **6,** 325 (*54)
– – – *Federwaage (Nr. *60a)* **6,** 326 (*60a)
– – – *Metronom nach Feuillet (Nr. *52)* **2,** $122_{13–14.\ 13–14}$ **6,** 324 (*52)
– – – *mit Luft gefülltes Kissen (Nr. *55)* **6,** 325 (*55)
– – – *Modell eines menschlichen Ohres (Nr. *51)* **6,** 324 (*51)
– – *Zur Naturforschung*
– – – *2 große und 20 kleine Magnetnadeln zu Experimenten (Nr. *206)* **6,** 414 (*206)
– – – *2 kegelförmige Darstellungen der Himmelskugel nach Habrecht (Nr. *223)* **6,** 427 (*223)
– – – *2 kleine Globen von Coronelli (Nr. *220)* **6,** 424 (*220)
– – – *3 gläserne Aräometer (Nr. *216)* **6,** 420 (*216)
– – – *armierter Magnet mit Motto (Nr. *198)* **4,** 366_{4} 754^{38} **6,** 406 (*198)
– – – *armierter Magnet (Nr. *200)* **6,** 412 (*200)
– – – *Bologneser Steine (Nr. *211)* **6,** 415 (*211)
– – – *cartesische Teufel oder Satyri aquatici (Nr. *225)* **6,** 427 (*225)
– – – *drei kleine Magnete ohne Armierung, mit Eisenfeilspänen (Nr. *204)* **4,** 347_{5} **6,** 413 (*204)
– – – *ein kleiner Himmels- und ein kleiner Erdglobus, der eine Armillarsphäre mit einem Planetensystem nach Kopernikus enthält (Nr. *221)* **6,** 424 (*221)
– – – *Fuß eines Weinglases (Nr. *226)* **6,** 428 (*226)
– – – *gewundenes Sprachrohr (Nr. *213)* **6,** 416 (*213)
– – – *großer armierter Magnet (Nr. *197)* **4,** 364_{1} **6,** 406 (*197)
– – – *großer Schiffskompaß (Nr. *208)* **4,** 759^{57} **6,** 414 (*208)
– – – *Inklinationsnadel in Glaskugel (Nr. *210)* **6,** 415 (*210)
– – – *Kieselsteine aus dem Rhein (Nr. *224)* **6,** 427 (*224)
– – – *kleiner Schiffskompaß mit cardanischer Aufhängung (Nr. *209)* **4,** 759^{57} **6,** 415 (*209)
– – – *künstlicher Magnet (Nr. *201)* **6,** 412 (*201)
– – – *Magnetsand von Musschenbroek (Nr. *207)* **6,** 414 (*207)
– – – *Modell eines Papinschen Topfes (Nr. *215)* **6,** 418 (*215)
– – – *norwegischer Magnet ohne Armierung (Nr. *203)* **4,** 344_{13} **5,** 345_{25} **6,** 413 (*203)
– – – *parabolisches Hörrohr (Nr. *214)* **6,** 418 (*214)
– – – *Planetarium nach Seiler (Nr. *218)* **6,** 420 (*218)
– – – *sehr kleiner armierter Magnet in Goldfassung (Nr. *199)* **1,** $961_{18.\ 18}$ **2,** $549_{30.\ 31}$ **4,** $356_{20.\ 20}$ 362_{25} **6,** 410 (*199)
– – – *Spazierstock mit Barometer nach Scheuchzer (Nr. *217)* **6,** 420 (*217)
– – – *verschiedene Hohlkörper aus Eisen (Nr. *205)* **4,** 351_{22} $356_{11.\ 15}$ **5,** $314_{12–13}$ 345_{27} **6,** 413 (*205)

– – – *westindischer Magnet ohne Armierung (Nr. *202)* **4,** 344_{14} **5,** 345_{25} **6,** 413 (*202)
– – – *Windbüchse ohne Pumpe (Nr. *212)* **6,** 416 (*212)
– – *Zur Optik*
– – – *1½ Fuß langes Perspektiv von Marshall (Nr. *76)* **6,** 331 (*76)
– – – *1½ Zoll langes Perspektiv (Nr. *84)* **6,** 333 (*84)
– – – *1 Fuß langes Teleskop, kombiniert mit einem Mikroskop und einem polyedrischen Glas (Nr. *78)* **6,** 332 (*78)
– – – *2½ Fuß langes Teleskop (Nr. *74)* **6,** 330 (*74)
– – – *2 Brillenfutterale (Nr. *152)* **6,** 380 (*152)
– – – *3 Fuß langes Teleskop mit Mikrometer (Nr. *73)* **6,** 330 (*73)
– – – *3 Fuß langes Teleskop (Nr. *75)* **6,** 331 (*75)
– – – *3 Zoll langes Perspektiv (Nr. *81)* **6,** 332 (*81)
– – – *3 Zoll langes Perspektiv (Nr. *83)* **6,** 333 (*83)
– – – *3 Zoll langes Perspektiv von Bor(r)ius (Nr. *82)* **6,** 332 (*82)
– – – *4 Fuß langes Teleskop (Nr. *70)* **6,** 329 (*70)
– – – *4 Fuß langes Teleskop (Nr. *72)* **6,** 329 (*72)
– – – *4 Zoll langes Perspektiv (Nr. *80)* **6,** 332 (*80)
– – – *4 Zoll starke optische Linse mit besonderem Schliff (Nr. *164)* **6,** 384 (*164)
– – – *5 Fuß langes Teleskop (Nr. *69)* **6,** 329 (*69)
– – – *5 Fuß langes Teleskop von Dollond (Nr. *61)* **6,** 327 (*61)
– – – *6 Fuß langes Teleskop (Nr. *68)* **6,** 329 (*68)
– – – *6 Zoll langes Perspektiv (Nr. *79)* **6,** 332 (*79)
– – – *8 Fuß langes Teleskop (Nr. *62)* **6,** 327 (*62)
– – – *8 Fuß langes Teleskop (Nr. *67)* **6,** 328 (*67)
– – – *8 Fuß langes Teleskop von Marshall (Nr. *63)* **6,** 327 (*63)
– – – *9 Fuß langes Teleskop (Nr. *66)* **6,** 328 (*66)
– – – *12 Fuß langes Teleskop (Nr. *65)* **6,** 328 (*65)
– – – *13 Anamorphosen zur Betrachtung mit einem Planspiegel (Nr. *143)* **6,** 378 (*143)
– – – *14 Fuß langes Teleskop (Nr. *64)* **6,** 328 (*64)
– – – *24 Holzbuchstaben als Zeichenvorlagen (Nr. *117)* **6,** 348 (*117)
– – – *altes Futteral mit 2 Lesegläsern (Nr. *153)* **6,** 381 (*153)
– – – *aufrechte Camera obscura (Nr. *101)* **6,** 338 (*101)
– – – *Bikonvexlinse aus Bernstein (Nr. *165)* **6,** 385 (*165)
– – – *Brennglas mit elfenbeinerner Fassung (Nr. *128)* **6,** 359 (*128)
– – – *Brennglas mit Handgriff (Nr. *126)* **6,** 358 (*126)
– – – *Brennglas mit Kollektivglas (Nr. *119)* **6,** 352 (*119)
– – – *Brennglas ohne Fassung (Nr. *129)* **6,** 359 (*129)
– – – *Camera obscura in Buchform (Nr. *105)* **6,** 339 (*105)
– – – *Camera obscura (Nr. *103)* **6,** 339 (*103)
– – – *dicke Plankonvexlinse (Nr. *161)* **6,** 384 (*161)

– – – Dose aus Horn mit Brennglas und Planspiegel (Nr. *134) **6**, 360 (*134)
– – – einfaches Mikroskop (Nr. *92) **6**, 335 (*92)
– – – einfaches Mikroskop (Nr. *96) **6**, 335 (*96)
– – – einfaches Mikroskop von Muth (Nr. *93) **6**, 335 (*93)
– – – gläserner Brennspiegel (Nr. *124) **6**, 358 (*124)
– – – gläserner Brennspiegel (Nr. *125) **6**, 358 (*125)
– – – gläsernes Prisma (Nr. *155) **6**, 381 (*155)
– – – Glaskonus (Nr. *163) **6**, 384 (*163)
– – – großer Brennspiegel (Nr. *123) **6**, 358 (*123)
– – – großes polyedrisches Glas (Nr. *159) **6**, 382 (*159)
– – – großes polyedrisches Glas (Nr. *160) **6**, 382 (*160)
– – – grüne Konkavbrille zum Verkleinern (Nr. *151) **6**, 380 (*151)
– – – herzförmige Dose aus Horn mit Planspiegel (Nr. *135) **6**, 360 (*135)
– – – Hohl- und Planspiegel in Futteral (Nr. *132) **6**, 359 (*132)
– – – Hohlspiegel auf rotem Gestell (Nr. *120) **6**, 355 (*120)
– – – Hohlspiegel ohne Rahmen (Nr. *133) **6**, 360 (*133)
– – – Hohlspiegel zum Verkleinern (Nr. *149) **6**, 380 (*149)
– – – Instrument zum perspektivischen Zeichnen von Wren (Nr. *112) **6**, 344 (*112)
– – – kleine Linse von Hartsoecker (Nr. *166) **6**, 385 (*166)
– – – kleines Brennglas ohne Fassung (Nr. *130) **6**, 359 (*130)
– – – kleines einfaches Mikroskop (Nr. *94) **6**, 335 (*94)
– – – kleines Mikroskop (Nr. *95) **6**, 335 (*95)
– – – kleines Mikroskop (Nr. *97) **6**, 335 (*97)
– – – kleines Prisma aus dunklem Glas (Nr. *156) **6**, 381 (*156)
– – – langes Prisma aus dunklem Glas (Nr. *157) **6**, 382 (*157)
– – – Laterna magica aus Weißblech (Nr. *110) **6**, 344 (*110)
– – – Laterna magica von Musschenbroek (Nr. *109) **6**, 343 (*109)
– – – Leseglas auf Gestell (Nr. *154) **6**, 381 (*154)
– – – metallener Hohlspiegel (Nr. *137) **6**, 360 (*137)
– – – metallener Konusspiegel mit 13 Anamorphosen (Nr. *142) **2**, $364_{11–17}$ **6**, 362 (*142)
– – – Microscopium compositum nach Cherubin (Nr. *91) **6**, 334 (*91)
– – – Mikroskop nach Marshall (Nr. *90) **6**, 334 (*90)
– – – Mikroskop (Nr. *88) **6**, 334 (*88)
– – – Mikroskop von Culpeper (Nr. *99) **6**, 336 (*99)
– – – Mikroskop von Metz (Nr. *100) **6**, 338 (*100)
– – – Mikroskop von Scarlett (Nr. *98) **6**, 336 (*98)
– – – mit Anamorphosen beklebte Blechpyramide (Nr. *145) **6**, 378 (*145)
– – – mit Anamorphosen beklebter Blechkonus (Nr. *144) **6**, 378 (*144)
– – – Modell eines Auges (Nr. *107) **6**, 340 (*107)
– – – Modell eines Auges von Beyer (Nr. *108) **6**, 340 (*108)
– – – Modell eines Augus von Muth (Nr. *106) **6**, 340 (*106)

– – – *Objektiv und Okular eines astronomischen Fernrohrs von Uffenbach (Nr. *162)* **6,** 384 (*162)
– – – *ovaler metallener Planspiegel (Nr. *139)* **4,** 216_{18-19} **6,** 361 (*139)
– – – *Parallelogramm nach Scheiner (Nr. *115)* **6,** 346 (*115)
– – – *Parallelogramm von Metz (Nr. *114)* **6,** 346 (*114)
– – – *Perspektiv von Campani (Nr. *87)* **6,** 333 (*87)
– – – *polyedrisches Glas mit Fassung aus Buchsbam (Nr. *167)* **6,** 385 (*167)
– – – *polyedrisches Glas (Nr. *158)* **6,** XLVIII 382 (*158)
– – – *runder kupferner Planspiegel aus Indien (Nr. *138)* **4,** 216_{18} **6,** 361 (*138)
– – – *Schnupftabakdose mit Anamorphose (Nr. *148)* **6,** 380 (*148)
– – – *schwarz belegter Hohlspiegel (Nr. *122)* **4,** 216_{20} **6,** 356 (*122)
– – – *Theaterperspektiv (Nr. *85)* **6,** 333 (*85)
– – – *tragbare Camera obscura von Buttieri (Nr. *102)* **6,** 338 (*102)
– – – *Universalmikroskop (Nr. *89)* **6,** 334 (*89)
– – – *Velum mesopticum (Nr. *113)* **6,** 346 (*113)
– – – *viereckiger gläserner Hohlspiegel (Nr. *131)* **6,** 359 (*131)
– – – *viereckiger gläserner Zerrspiegel (Nr. *140)* **6,** 361 (*140)
– – – *viereckiger metallener Planspiegel (Nr. *136)* **4,** 216_{18-19} **6,** 360 (*136)
– – – *Zeichengerät für Anamorphosen zum Konusspiegel nach Leupold (Nr. *147)* **6,** 378 (*147)
– – – *Zeichengerät für Anamorphosen zum Zylinderspiegel nach Leupold (Nr. *146)* **6,** 378 (*146)
– – – *Zylinderspiegel mit 45 Anamorphosen (Nr. *141)* **6,** 361 (*141)
– *Schenkung* **6,** XL XLIII–XLV LV s.a. Göttingen – Universität – Instrumentensammlung – Uffenbachsche Schenkung.
– *Tod* **6,** XLVI
– *Uffenbachs Porträt* **6,** 434 ([*234])
Schriften
– *1710 Dritter Theil des Reiß Diarii durch Hollandt nach Hauß (Manuskript)* **6,** 309 (*35c)
– *Register über die Drey Theile des Reis Diarii (Manuskript)* **6,** 310 (*35c)
– *Wochentliche Sammlung (Manuskript)* **6,** 324 (*52)
– *Zweiter Teil des Reiß Diarii durch Engelland 1710 (Manuskript)* **6,** 428 (*226)
Uffenbach, Zacharias Konrad von (1683–1734)
– *Merkwürdige Reisen durch Niedersachsen Holland und Engelland (1753–1754)* **1,** 961_{19} **2,** 433_{10} 549_{32} **4,** 362_{25} 770[110] **5,** 382_{15} **6,** 279 (*2) 412 (*199) 420 (*218) 428 (*226)
– – *Exzerpt* **4,** 139_{23}–140_{15}
Ullmann, Dieter
– *Chladni und die Entwicklung der Akustik von 1750–1860 (1996)* **4,** 414[196]
Ulloa, António de (1716–1795)
– *Fossilien* **5,** 386_{32} 542_{13} 930[8]
– *Längengradexpedition* **2,** 675_{18} **5,** 105_{22}

– *Loch im Mond* **1,** 687_{38} 688_{27} **2,** 706_{30} 707_{39} 774_{25} **5,** 120_{15} 254_{29} 256_{4}
– *Mondatmosphäre* **1,** 698_{25}
Schriften
– *Noticias americanas (1772)*
– – *Physikalische und historische Nachrichten vom südlichen und nordöstlichen America (dt. von J.A. Dieze 1781)* **5,** 387_{5}
– *Observation de l'eclipse de soleil (1780)* **1,** $688_{42–43}$ $698_{25–26}$
Ulloa, Georg Juan, d. i. Juan y Santacilia, Jorge.
Ullrich, Hermann (1888–1982)
– *Maria Theresia Paradis und Dr. Franz Anton Mesmer (1961)* **4,** $812^{293.\ 294}$ 814^{305} 816^{310}
Ulrich, Georg Karl Justus (1798–1879)
– *Göttinger Instrumentensammlung* **6,** LXXXII LXXXII LXXXVII XCIV CVII–CVIII
– *Modellkammer* **6,** LX–LXV LXVIII LXXXV XCIII^{338}
Unzer, Johann August (1727–1799)
– *Mehltau* **2,** 894_{10}
Schriften
– *Sammlung kleiner Schriften. Physicalische (1766)*
– – *Abhandlung vom Mehlthaue* **1,** $778_{21–22}$
– – *Beweis, daß der Mehl- und Honigthau nicht von Insekten herrühre* **1,** $778_{23–25}$
– – *Gespräch vom Nebel, Thaue, Regen und dergleichen Lufterscheinungen* **1,** $777_{31–35}$
Unzer, Johann Christoph (1747–1809)
– *Beschreibung eines mit den künstlichen Magneten angestellten medicinischen Versuchs (1775)* **4,** $378_{21–22}$ $381_{14–16}$
– – *Geneeskundige proefneeming met den door konst gemaakten magneet (ndl. von J. R. Deiman 1775)* **4,** $381_{25–26}$
– *[Magnetkuren. Sammelrez. einer Reihe von 1775 gedruckten Texten zur medizinischen Anwendung von Magneten, darunter Mesmer, Schreiben 1775; Unzer, Beschreibung 1775] (1775)* **4,** 378_{14} 810^{281} $813^{300.\ 302.\ 303}$
– – *Exzerpt* **4,** 378_{23}–379_{31} 380_{20}–381_{13}
– *Rezensionen*
– – *[1776] Graumann, Disputatio inauguralis medica (1776)* **4,** 810^{280}
Urban VIII., Papst 1623–1644 (1568–1644) **2,** 748_{23} **5,** 155_{34}
Ursini, s. Orsini, Paolo Giordano II., Herzog von Bracciano.
Usteri, Paul (1768–1831) **2,** 44_{12} **3,** 113_{25}
Utenhove, Jacob Maurits Carel van (1773–1836) **5,** 685^{818}

Valderrama, Pedro de (1550–1611)
– *Kometen* **2,** 759_{8}
Valentiner, Friedrich (1756–1813)
– *Beschreibung der Sternbilder (1785)* **1,** $640_{42–43}$
Vallet, NN
– *Mémoire sur les aréomètres (1788)* **1,** $174_{R11–12}$
Vallisnieri, Antonio (1661–1730)
– *Lezione accademica intorno all' origine delle fontane (1715)* **1,** $743_{30–31}$
Valmont de Bomare, Jacques Christoph (1731–1807)
– *Dictionnaire raisonné universel d'histoire naturelle (1764 u.ö.)* **4,** 344_{22} 352_{17} 353_{8} 360_{9} 760^{66} 764^{87} 765^{91}
Valperga di Caluso, Tommaso (1737-1815) **1,** 15_{29}
Valperga di Masino, NN, conte **1,** 15_{30}

Valperga, Giovanni Alessandro, marchese di Albery **1,** 15_{30}
Valvasor, Johann Weikhard von (1641–1693)
– *Die Ehre deß Hertzogthums Crain (1689)* **5,** 754^{130}
Vandenhoeck, Anna (1709–1787) **6,** LVI
Vanloo, Charles André (1705–1765) **6,** 167 (200)
Varenius, Bernhard (1622–1650)
– *Quellen* **5,** 333_{20} 859^{824}
Schriften
– *Geographia generalis (1650)* **5,** $835^{656.\ 657}$
– – *Ausg. Cambridge 1672* **1,** $830_{6–7}$
– – *⁴1693* **5,** $342_{12–23}$ 751^{115} 753^{121}
Varignon, Pierre (1654–1722)
– *Manometer* **1,** $307_{29–30}$ **2,** 312_{16} **3,** 384_{15} **4,** 121_{16}
– *Schweretheorie* **3,** 200_{24}
Schriften
– *Manometre (1705)* **1,** $308_{3–7}$
– *Nouvelle mecanique ou statique (1725)* **1,** $158_{18–20}$ **3,** 182_{10}
– *Nouvelles conjectures sur la pesanteur (1690)* **3,** 556^{130}
Vassalli-Eandi, Antonio Maria (1761–1825)
– *Lettere fisico-meteorologiche de' celeberrimi fisici Senebier, de Saussure, e Toaldo (1789)* **1,** $810_{R12–14}$
Vauban, Sébastien Le Prestre de (1633–1707)
– *Veritable maniere de bien fortifier (1694)* **6,** 150 (*187*) 151 (*187*)
Vaucanson, Jacques de (1709–1782) **3,** 457^{97}
Vauquelin, Louis Nicolas (1763–1829)
– *Entdeckung der Süßerde* **1,** 929_{14} **3,** 659^{272}
– *Entdeckung des Chroms* **1,** $184_{R17–18}$ 931_{15}
– *Titan* **1,** 931_{9}
– *Zusammensetzung des Wassers* **3,** 348_{2}
Schriften
– *Notice des expériences [...] sur des détonations par le choc (1797) [zus. mit A.F. de Fourcroy]*
– – *Nachricht von [...] Versuchen mit dem Knallsalze (dt. 1797)* **1,** 936_{2}
– *Ueber die neue Erde im Beryll, Glucine genannt (1798)* **1,** 929_{13}
Vay de Vaja, Miklós (1756–1824)
– *Lebensumstände* **2,** $35_{40–41}$
– *Mikrometer von Ramsden* **2,** 35_{33} **3,** 100_{23}
Vega, Georg von (1756–1802)
– *Logarithmische, Trigonometrische, und andere zum Gebrauche der Mathematik eingerichtete Tafeln und Formeln (1783)* **5,** 716^{989} 731^{1100}
Veltheim, August Ferdinand von (1741–1801) **3,** 559^{137}
– *Gebirge* **5,** 343_{12} $411_{2.\ 13}$
– *Wanderungen unter Tage* **2,** 947_{1}
Schriften
– *Etwas über die Bildung des Basalts (1787)* **1,** $845_{R14–16}$ **5,** 529_{17} 926^{1242}
– – *²1789* **1,** $845_{R17–18}$
– *Grundriss einer Mineralogie (1781)* **1,** 212_{8} 219_{6}
Venel, NN
– *Description d'une nouvelle machine (1784/86)* **1,** $189_{1–2}$ $190_{R4–6}$ **2,** $182_{37–38}$
Ventan, s. Linder, Fintanus.
Venturi, Giovanni Battista (1746–1822)
– *Seitenmittheilung der Bewegung in flüssigen Körpern [...] (1799)* **2,** 835*

Vera(t), NN
– *Maschine* **1,** $188_{26.\ R11}$ 189_{1}
2, $182_{30.\ 31}$ $183_{26.\ 37}$ $184_{17.\ 22}$
3, $298_{15.\ 28}$
– *zur Person* **2,** 182_{35-36}
Veratti, Giovanni Giuseppe (1707–1793)
– *Osservazioni fisico-mediche intorno alla eletricittá (1748)* **4,** 309_{6-7}
– – *Observations physico-medicales sur l'electricité (1750)* **4,** 716^{371}
Verdeil, François (1747–1832)
– *Mémoire sur les brouillards électriques vus en juin & juillet 1783 (1783)* **1,** 781_{23-27}
Verdries, Johann Melchior (1679–1735)
– *Conspectus philosophiae naturalis (1720)* **1,** 44_{3-4}
Verdun de LaCrenne, Jean René Antoine de (1741–1805)
– *Voyage fait par ordre du roi en 1771 et 1772 (1778)* **5,** 114_{29-32} 749^{87}
Vergilius Maro, Publius (70–19 v. Chr.) **5,** 148_{23}
– *Aeneis* **4,** 391^{22} **5,** 578^{67} 582^{84}
– *Georgica* **1,** 802_{19} **5,** 226_{17} 692^{863}
– *Opera*
– – *Ausg. (C.G. Heyne) Leipzig 1767–1775* **5,** 578^{67} 582^{84} $692^{863.\ 868}$
Verhandelingen uitgegeven door de Hollandsche Maatschappije der Weetenschappen, te Haarlem (1754–) 1, 55_{4-6}
– *Abhandlungen der Holländischen Gesellschaft der Wissenschaften zu Harlem (dt. von A.G. Kästner 1758–)* **1,** 55_{8-10}
Verhandelingen uitgegeven door het Zeeuwsch Genootschap der Wetenschappen te Vlissingen (1769–) 1, 56_{4-6}
Verhandelingen van het Bataafsch Genootschap der Proefondervindelyke Wysbegeerte te Rotterdam (1774–) 1, 56_{11-13}
Vermischte Beyträge zur physikalischen Erdbeschreibung (1773–1785), hrsg. v. J.F.W. Otto 1, 853_{16-18}
Verne, Jules (1828–1905)
– *Cinq semaines en ballon (1863)*
– – *Fünf Wochen im Ballon (1875)*
– – – *^{4}1887* **5,** 645^{522}
Versuche und Abhandlungen der Naturforschenden Gesellschaft in Dantzig (1747–1756) 1, 53_{40}–54_{1}
Verzeichniß der Vorlesungen, die [...] für das künftige halbe Jahr angekündigt sind [Universität Göttingen], s.u. Göttingische Anzeigen von Gelehrten Sachen (GGA); Göttingen – Universität.
Verzeichniß derjenigen Bücher, welche aus dem Nachlasse des sel. Hrn. Hofraths Lichtenberg [...] meistbietend verkauft werden sollen (1799) 1, X^{5}
Verzeichniß großtentheils medicinischer und chirurgischer Bücher [...] aus der Hinterlassenschaft des sel. Herrn Hofmed. Klärichs (1781) 6, 262 (*327*)
Vespucci, Amerigo (1451–1512)
– *Biographie (1810)* **2,** 700^{*}
– *Monddistanzen* **2,** 700^{*}
Viallon, Jean Marie (1746–1805)
– *Philosophie de l'univers (1781–1782)* **2,** 941_{32-34} **5,** 507_{16-18}
Viborg, Erik (1759–1822)
– *Tentamen eudiometriae perfectioris (1784)* **1,** 276_{1-5} **3,** 402_{24} 428_{13-17}
Vichard di San Reale (de Saint Réal), Giacomo (Jacques-Alexis) (1746–1832)
– *Observations sur quelques expériences dans lesquelles le soufre [...] (1801)* **2,** 480^{*}

– – *Beobachtungen über einige Versuche [...] (dt. 1808)* **2,** 480^{*}

Viera y Clavijo, José de (1731–1813)

– *Los ayres fixos (1780)* **1,** 279_{30-32}

Vieth, Gerhard Ulrich Anton (1763–1836)

Schriften

– *Physikalischer Kinderfreund (1800–1809)*

– – *9: Astronomische Unterhaltungen für die Jugend nebst Planisphären zur Astrognosie (1808)* **2,** 690^{*}

Übersetzer

– *[1806] Young, Outlines of experiments and inquiries respecting sound and light (1800)* **2,** 317^{*}

Villars, Dominique (1745–1814)

– *Mémoire sur la construction et l'usage du microscope (1806)* **2,** $405^{\dagger}$

– – *Rezension* **2,** $405^{\dagger}$

Villette, François (1621–1698)

– *Brennspiegel* **2,** 361 **4,** 81_{9}

Villette, François, Nachfahren

– *A description of the great burning-glass made by Mr. Villette and his two sons (1718)* **4,** 468^{204}

Vince, Samuel (1749–1821)

– *A compleat system of astronomy (1797–1808)* **2,** $703^{\dagger}$

Schriften

– *A plan of a course of lectures on the principles of natural philosophy (1793)* **1,** 914_{24-25}

– – *dt. Anzeige von J.J. Eschenburg (1793)* **1,** 914_{25-29}

– *Observations on the fundamental property of the lever (1794)* **1,** 921_{9-11}

– *On the motion of bodies affected by friction (1785)* **1,** 150_{R8}

– – *Rezension (1786)* **1,** 150_{R11}

Vincentius Bellovacensis (Vincent de Beauvais) (vor 1200 – 1264) **2,** 843_{7}

– *Speculum historiale (1244)* **2,** 842_{33-35} **5,** 420_{30-31} 421_{10}

Vitalianos (†520) **4,** 82_{10}

Vitruvius Pollio, Marcus (um 80 – um 25 v. Chr.) **2,** 177_{22} **3,** 493^{144}

– *Quellen* **2,** $826_{10.\,20}$ **5,** $330_{14.\,26}$

Schriften

– *De architectura libri decem* **2,** 611^{*} **3,** 116_{30} **5,** 228_{19-20} 230_{10}

– – *Ausg. Straßburg 1543* **5,** 749^{92}

– – *Les dix livres d'architecture (frz. von M. Perrault 2 1684)* **3,** 116_{30-31}

– – *Ausg. (F. Krohn) Leipzig 1912* **5,** 696^{890}

– – *Zehn Bücher über Architektur (lat.-dt. von C. Fensterbusch 1964)* **3,** 604^{48} **5,** 749^{92}

Vivenzio, Giovanni (†1819)

– *Istoria e teoria de tremuoti (1783)* **1,** 848_{10-11}

Voegen van Engelen, Jacob (1753–1803?)

Übersetzer

– *[1782] Asclepi, De nova et facili methodo (1767)* **2,** 181_{10} **3,** 311_{13-14}

Vogel, Johannes (1775–1824) **2,** 287_{1}

Vogel, Rudolf Augustin (1724–1774)

– *Experimenta chemicorum de incremento ponderis corporum quorundam igne calcinatorum examinat (1753)* **1,** 461_{12-16}

Vogel, Samuel (1764–1820) **2,** 287_{1}

Voigt, Johann Gottfried (1743–1819)

– *Beytrag zu den Versuchen über die Klangfiguren (1796)* **1,** 943_{5-7}

Voigt, Johann Heinrich (1751–1823) **1,** 514_{R7}
Schriften
– *Etwas von des Herrn Hofrath Gatterers meteorologischen Grundjahre (1781)* **1,** 826_{R26-29}
– *Nachschrift zu Snell, Ueber die Frage (1788)* **1,** 398_{R3}
– *Prüfung der Crawfordischen Theorie der thierischen Wärme und Entzündung von Herrn W. Morgan (1782)* **1,** 506_{R12-14}
– *Ueber einige physikalische Merkwürdigkeiten der Gegend von Burgtonna (1786)* **1,** $831_{R1-2.\ R27-30}$
Herausgeber
– *Magazin für den neuesten Zustand der Naturkunde* **2,** 40*
Voigt, Johann Karl Wilhelm (1752–1821)
– *Basalt* **1,** 845_{R25} **2,** 956_{12}
– *Gebirge* **5,** 411_{8}
– *Gesteinssammlung* **6,** 275 (340)
Schriften
– *Drey Briefe über die Gebirgs-Lehre (1785; ²1786)* **2,** 426_{38} **4,** 132_{29} **5,** $404_{14.\ 28}$ 405_{27-31} $406_{2.\ 25-33}$ 407_{7} $412_{6.\ 29}$ 413_{1-32} 414_{4-31} 415_{14}–416_{6} $757^{166.\ 168}$ 758^{171} 813^{513} 815^{520} $816^{524-526}$ $818^{535.\ 537}$
– *Mineralogische und bergmännische Abhandlungen (1789–1791)* **1,** 845_{R25} **5,** 510_{2-3}
– *Praktische Gebirgskunde (1792)* **2,** 943_{13-14} **5,** 510_{1-2}
– *Vorrede zu Schall, Anleitung (²1789)* **1,** 722_{R7}
Voigt, Woldemar (1850–1919) **6,** LXVII LXVIII
Volney, Constantin-François Chassebeuf (1757–1820)
– *Voyage en Syrie et en Égypte (1787)*
– – *Reise nach Syrien und Aegypten (dt. 1788)*
– – – *Etwas von der physischen Beschaffenheit Egyptens (Auszug 1788)* **1,** 766_{R26-27} **2,** 862_{38}
Volta, Alessandro (1745–1827)
– *atmosphärische Elektrizität* **5,** 478_{9}
– *Besuch in Göttingen* **2,** 552_{16} **4,** 357_{2} 367_{31} 661^{136} **5,** 776^{310} 864^{866}
– *Besuch in London* **4,** 703^{311}
– *Beziehung zu L.* **4,** 273_{5}
– *Blitzableiter* **5,** 879^{926}
– *Brief an L.* **4,** 691^{270} **5,** 883^{933}
– *Condensator* **1,** 573_{29} 626_{31} **2,** 518_{3} **4,** 247_{24} 274_{1} 320_{8} 635^{36}
– *elektrische Pistole* **1,** 552_{5}
– *Elektrizität der Dünste* **1,** 797_{R19} **2,** 911_{31} **4,** 290_{1} **5,** 368_{2} 473_{19} 478_{15}
– *Elektrophor* **1,** 567_{39} 568_{37} 571_{29} 572_{20} **2,** $513_{33.\ 36-37}$ 515_{35} 517_{22} **4,** 273_{6} 313_{10} 314_{4}
– – *Theorie* **1,** 591_{8}
– *Erklärung des Hagels* **2,** 900* **5,** 771^{280}
– *Eudiometer* **2,** 262* 275_{29-30}
– *Gasometer* **2,** 276_{21}
– *Halbleiter* **1,** 533_{22} **2,** 495_{34}
– *Konduktor* **4,** 255_{28}
– *Lichtenbergfiguren* **4,** 268_{31} 653^{103}
– *Luftarten* **2,** 252_{31} **3,** 320_{20} 323_{36} 325_{29} 338_{36} 692^{105} **4,** 114_{9} **5,** 482_{24}
– *Nachweis schwacher Elektrizität* **1,** 577_{R1-10}
– *Schreiben an L.* **1,** 577_{R1-3} **2,** 281_{7}
– *Theorie der elektrischen Einflüsse* **4,** 296_{1} 327_{5} 331_{23}
Schriften
– *Abhandlung über die Wärme (1784) [zus. mit Scopoli]* **1,** 506_{R17} 520_{9-12}

– *Articolo di una lettera al Signor Dottore Giuseppe Priestley (1775)* **1,** $572_{3–5}$
– – *Seguito della lettera (1775)* **1,** 572_{6}
– *Auszug aus einem Schreiben (1797)* **6,** 228 (279)
– *[Brief an Kosegarten] (1787)* **2,** $185_{29–32}$
– *De vi attractiva ignis electrici (1769)* **5,** 776^{310}
– *Del modo di render sensibilissima la piu debole elettricità sia naturale, sia artificiale (1782)* **1,** $578_{22–23}$
– – *Of the method of rendering very sensible the weakest natural or artificial electricity (1782)* **4,** 663^{143} **5,** 776^{310}
– *Kurze Anzeige einer neuen elektrischen Entdeckung (1783)* **4,** 665^{148} $692^{272.\,273.\,275}$
– – *Exzerpt* **4,** $289_{32–33}$
– *Le opere (1918–1929)* **4,** 663^{142}
– *Lettere sulla meteorologia elettrica (1788–1790)* **1,** $58_{R8–11}$ $798_{R8–9}$
– – *Meteorologische Briefe nebst einer Beschreibung seines Eudiometers (dt. von J.G. Schäffer (1793)* **2,** 911^{*} **5,** 776^{310}
– *Lettere sull' aria infiammabile nativa delle paludi (1777)*
– – *Lettres [...] sur l'air inflammable des marais (frz. 1778)* **5,** 482_{24}
– – – *Rezension 1778* **4,** $317_{5–6}$
– *Lettre sur l'electrophore perpétuel (1776)* **1,** 572_{8}
– *Mémoire sur les grands avantages d'une espèce d'isolement très-imparfait (1783)* **1,** $578_{19–22}$
– *On the electricity excited by the mere contact of conducting substances of different kinds (1800)* **6,** 228 (279)
– *Osservazioni sulla capacità de' conduttori elettrici (1778)* **4,** 640^{58} 663^{142}
– – *Observations sur la capacité des conducteurs électriques (1779)* **4,** 640^{58} 663^{142} **6,** 509 (*414*)
– *Proposizioni e sperienze de aerologia (1776)* **1,** $278_{33–34}$
– *Sopra di grandine (1806)* **2,** 900^{*}
– – *Memoria sopra la gradine (Auszug 1808)* **2,** 900^{*}
– – – *Ueber den Hagel (dt. von J.J. Prechtl 1808)* **2,** 900^{*}
Voltaire, François-Marie Arouet de (1694–1778)
– *über Newton* **2,** 403_{21} **4,** 60_{30}
Schriften
– *Collection complette des œuvres (1768–1781)*
– – *Mélanges philosophiques, litteraires, historiques, &c. (1771)* **4,** 437^{80} **5,** 669^{700}
– – *Questions sur l'encyclopédie par des amateurs (1774)* **3,** 480^{56} **4,** 437^{80}
– *Elémens de la philosophie de Neuton (1738)* **1,** $44_{27–29}$
– *Histoire du Docteur Akakia et du natif du St. Malo (1753)* **1,** 146_{R25} **2,** 151_{31}
– *Séance mémorable (1753)* **1,** 146_{R26}
Die Vorsokratiker. Die Fragmente und Quellenberichte. Übers. und eingel. von W. Capelle (1935 u.ö.) **4,** 760^{67}
Vossius, Isaac (1618–1689)
– *De Nili et aliorum fluminum origine (1666)* **1,** $743_{24–25}$
Vulliamy, Benjamin (1747–1811) **4,** 171_{31}

Wad, Gregers (1755–1832)
3, 559[137]
Wagenseil, Johann Christoph (1633–1705)
– *De hyperaspide sua (1691)* **1,** 175$_{R15–16}$
Wagner, Hermann (1840–1929) **6,** LXVII
– *Der geographische Apparat (1890)* **6,** 532 (426)
Wagner, Rudolph (1805–1864) **6,** LXXXVIII XCIII[338] CXXII CXXIV
Wahlenberg, Göran (Georg) (1780–1851)
– *Höhenmessung* **2,** 963$_{27}$
Schriften
– *Flora Carpatorum Principalium (1814)* **2,** 963[*]
Waitz, Jakob Sigismund von (1698–1776)
– *Elektrometer* **4,** 261$_{19}$ 292$_{15}$
Schriften
– *Abhandlung von der Electricität und deren Ursachen (1745)* **1,** 553$_{37–38}$ 605$_{6–8}$ **4,** 281$_{12}$ 697[288]
– *Undersökning om orsakerna, hvarföre strömen altid går in i medelhafvet genom sundet vid Gibraltar (1755)*
– – *Untersuchung der Ursache, warum das Wasser […] allezeit in das mittelländische Meer durch die Enge bey Gibraltar hineinströmet (dt. von A.G. Kästner 1757)* **1,** 726$_{29–34}$ **5,** 324$_{7}$ 743[42]
Walch, Christian Wilhelm Franz (1726–1784)
– *Sintflut* **1,** 840$_{R1}$
Walcher, Wilhelm (1910–2005)
– *Praktikum der Physik (1966 u.ö.)* **4,** 592[392]
Walckiers, Édouard de (1758–1837)
– *Elektrisiermaschine* **2,** 523$_{31}$ **4,** 277$_{8}$
Waldherr, Gerhard (*1956)
– *Erdbeben. Das Aussergewöhnliche Normale (1997)* **5,** 927[1257]
Wales, William (1734–1798) **5,** 116$_{5}$
– *magnetische Deklination* **5,** 436$_{8}$
Schriften
– *Journal of a voyage (1770)* **1,** 795$_{R9}$
– *The original observations, made in the course of a voyage towards the south pole, and round the world (1777) [zus. mit William Bayly]* **5,** 792[372]
Walker, Richard
– *Kältemischungen* **4,** 187$_{8}$ 188$_{12.\ 23}$ 192$_{21}$
Schriften
– *Experiments on the congelation of quicksilver in England (1789)*
– – *Versuche über das Gefrieren des Quecksilbers in England (1790)* **2,** 477$_{26–27}$ **4,** 191$_{10–11}$ 192$_{22}$ 585[361] 586[369]
– – *Exzerpt* **4,** 189$_{15–17}$
– *Experiments on the production of artificial cold (1788)* **4,** 187$_{5–6}$
– – *Versuche über die Hervorbringung einer künstlichen Kälte (dt. 1790)* **1,** 504$_{R8–9}$
– *Observations on the best methods of producing artificial cold (1795)* **4,** 587[377]
– – *Beobachtungen über die beste Methode, künstlicherweise Kälte hervorzubringen (1796)* **4,** 587[376]
– – *Exzerpt* **4,** 193$_{33–34}$
Wallenstein, Albrecht Wenzel Eusebius von (1583–1634) **2,** 646$_{21}$
Waller, Richard (ca. 1650 – 1715)
Herausgeber
– *Hooke, Posthumous Works (1705)* **1,** 48$_{12}$

Wallerius, Johan Gottschalk (1709–1785)
– *Dissertatio gradualis de diluvio universali (1761)* **1,** 840_{28-30}
– *Dissertatio gradualis de indole aquae mutabili (1761)* **1,** 291_{6-8}
– *Dissertatio gradualis de origine fontium (1761)* **1,** 744_{4-5}
– *Dissertatio gradualis de tellure olim per ignem non fluida (1761)* **1,** 836_{19-21}
– *Dissertatio physica de geocosmo senescente (1758)* **1,** 838_{14-16}
– *Dissertatio physica de origine montium (1758)* **1,** 838_{35-37}
– *Hydrologia, eller watturiket (1748)*
– – *Hydrologie, oder Wasserreich (dt. von J.D. Denso 1751)* **1,** 745_{7-9}
– *Meditationes physico-chemicae de origine mundi (1779)* **5,** 912^{1086}
– – *Physisch-chemische Betrachtungen über den Ursprung der Welt (dt. von C.F. Keller 1782)* **2,** 941_{35-38} **5,** 505_{30-32}
Wallerius, Nils (1706–1764)
– *Försök om dunsters uppstigande uti lufttoma rum (1740)*
– – *Versuch von dem Aufsteigen der Dünste in einem luftleeren Raume (dt. von A.G. Kästner 1749)* **1,** 281_{10-13}
– *Rön om vattnets och andra flytande materiers utdunstning (mit Forts. 1746–1747)*
– – *Von den Gesetzen der Natur, beym Ausdünsten des Wassers (dt. von A.G. Kästner 1752–1753)* **1,** 281_{14-19}
Wallis, John (1616–1703)
– *Luftdruck* **3,** 379_{10} 381_{8}
– *Theorie des Keils* **1,** 113_{R4} **2,** 96_{29} $97_{12.\ 23}$ **3,** 182_{8}
– *Torricellischer Versuch* **6,** 81 (93)
Schriften
– *Mechanica (1670–1671)* **1,** 113_{R4} 300_{R17-20} 923_{4} **2,** 96_{18}
– – *De percussione* **1,** 157_{30-31}
– *Opera mathematica, Vol. 1 (1695)*
– – *Mechanica* **1,** 158_{10-12} **3,** 181_{20} 681^{17}
Herausgeber
– *Archimedes, Arenarius (Ψαμμίτης)* **2,** 666^{*}
Wallis, Prinzessin von, s. England, Augusta von, Princess of Wales, geb. v. Sachsen-Gotha.
Walsh, John (1726–1795)
– *Zitteraal* **2,** $543_{18.\ 24.\ 28}$ **4,** 334_{21} 741^{502}
– *Zitterrochen* **1,** 603_{17} **2,** 543_{34}
Schriften
– *Of the electric property of the torpedo (1773)* **1,** 603_{R11-12} 604_{13-16}
– – *[Lettre sur l'électricité de la torpille] (frz. mit einem Begleitschreiben von J.B. Le Roy 1774)* **1,** 603_{R13-14}
– *Of torpedos found on the coast of England (1774)* **1,** 603_{R13} **4,** 643^{73} 742^{505}
Wargentin, Pehr Wilhelm (1717–1783)
– *Elektrophor* **4,** 314_{1}
– *Gedenkmünze* **2,** 748_{33}–749_{10} **5,** 276_{22}
– *Jupitermonde* **2,** 748_{29}
– *Längenberechnung* **5,** 713^{977}
– *Parallaxenbestimmung* **2,** 655_{32} **5,** 701^{924}
– *Venusmond* **5,** $153_{19.\ 27}$
Schriften
– *Berättelse om ebb och flod (1753)*
– – *Geschichte von der Ebbe und Fluth (dt. von A.G. Kästner 1756)* **1,** 771_{3-6} **5,** $762^{208.\ 212}$

– *Kårta anmärkningar om blåsvädren (1762)*
– – *Kurze Anmerkungen vom Winde (dt. von A.G. Kästner 1765)* **1,** $765_{28–30}$
– *Newtons förklaring på hafvets ebb och flod (1754)*
– – *Newtons Erklärung der Ebbe und Fluth (dt. von A.G. Kästner 1756)* **1,** 771_{6} **5,** 764^{231}
– *Observationes quaedam astronomicae (1780)* **5,** 153_{21}
– *Om climater, och om orsakerne til deras skiljaktighet i köld och värma (1757)*
– – *Anmerkungen vom Unterschiede des Climas (dt. von A.G. Kästner 1759)* **1,** $822_{1–3}$ **5,** $783^{333.\ 334}$ 784^{335}
– – – *Exzerpt* **5,** 370_{4}–371_{36}
– *Om rägn-vattnets olika myckenhet (1763)*
– – *Von der ungleichen Menge des Regenwassers (dt. von A.G. Kästner 1766)* **1,** $788_{11–13}$
– *Tabulae pro calculandis eclipsibus satellitum Jovis (1740)* **1,** $707_{28–32}$
– *Vetenskapernas historia, om jordens skapnad och storlek (1749–1750)*
– – *Von der Gestalt und Größe der Erde (dt. von A.G. Kästner 1754)* **1,** $649_{29–31}$ **5,** $101_{13–14}$ 102_{37} 105_{1} 612^{286} $613^{294.\ 295.\ 299–301}$ 614^{305}
– *Vetenskapernas historia. Om nord-skenet (1752–1753)*
– – *Geschichte der Wissenschaften. Vom Nordscheine (dt. von A.G. Kästner 1755–1756)* **1,** $811_{26–29}$
– *Vetenskapernas historia. Om thermometrar (1749)*
– – *Geschichte der Wissenschaften. Von den Thermometern (dt. von A.G. Kästner 1754)* **1,** $475_{1–3}$

Wark, David (†1766)
– *Method of determining the strength and direction of earthquakes (1771)*
– – *Méthode pour déterminer la force & la direction des tremblemens de terre (frz. 1773)* **1,** $847_{R21–22}$

Warnstedt, Adolf Eduard Friedrich Johannes von 6, LXVI

Waschkies, Hans-Joachim (1939–2014)
– *Physik und Physikotheologie des jungen Kant (1987)* **5,** 655^{585}

Wasserberg, Franz August Xaver von (1748–1791)
Übersetzer
– *[1777] Fontana, Recherches (1776)* **3,** 419_{31}
– *[1777] Fontana, Ricerche (1775)* **3,** 419_{31}

Watson, Richard (1737–1816)
– *Auflösung von Salz in Wasser* **1,** 203_{R3}
– *Salzigkeit des Meeres* **2,** 821_{5} **5,** 397_{22}

Watson, William (1715–1787)
– *Elektrizität* **2,** 501_{3} **4,** 269_{11} 285_{1} 310_{13}
Schriften
– *A collection of electrical experiments (1748)*
– – *An account of the experiments made by several gentleman* **1,** $541_{14–19}$ **4,** $678^{215.\ 216}$
– – *Some further inquiries into the nature and properties of electricity.* **4,** 654^{107}
– *A letter to the Royal Society (1749–50)*
– – *Brief an die königl. Gesellschaft (dt. von J.E. Zieher 1752)* **1,** 551_{8}
– *An account of Dr. Bianchini's recueil d'experiences faites à*

Venise sur le medicine electrique (1751–52) **4,** $718^{378.\ 380}$
– *An account of Professor Winkler's experiments (1751–52)* **1,** 539_{30-37} **4,** 686^{242} 718^{379}
– *An answer to Dr. Lining's query relating to the death of Professor Richman (1754)* **5,** 867^{880}
– *Chemical Essays (1781–1787)* **5,** 397_{14}
– – *Of the saltness and temperature of the Sea* **5,** $806^{465.\ 468}$ $807^{469.\ 471-474}$
– *Some observations relating to the lyncurium of the ancients (1759)* **4,** 278_{24} 673^{187}

Watt, James (1736–1819) **2,** 438_{11} 443_{27}
– *beim Schmelzen gebundene Wärme* **1,** 513_{R5}
– *beim Verdampfen gebundene Wärme* **2,** 474_{25} **4,** 200_{16}
– *Dampfmaschine* **1,** 951_{21} **2,** 438_{36} $440_{11.\ 20}$ 441_{37} $442_{3.\ 30}$ 461_{10} **4,** 145_{3} 146_{17} 149_{18} 152_{13} 529^{137}
– *dephlogistisierte Luft* **1,** 266_{12-13}
– *inflammable Luft* **3,** 425_{13}
– *Kondensationswärme* **1,** 513_{40}
– *Salpetersäure* **3,** 324_{32} 325_{2}
– *Zusammensetzung des Wassers* **1,** 441_{31} **2,** 210_{6} 435_{7} **3,** 320_{6} 361_{29}

Schriften
– *Considerations on the medicinal use of factitious airs (1794) [zus. mit T. Beddoes]*
– – *Betrachtungen über den medicinischen Gebrauch künstlicher Luftarten (dt. von C.T. Zollikofer 1796)* **1,** 932_{26-29}
– *Thoughts on the constituent parts of water and of dephlogisticated air (1784)* **3,** 720^{340}
– – *Gedanken über die Bestandtheile des Wassers und der dephlogistisirten Luft (dt. 1786)* **3,** 636^{164}

Wattenbach, Paul Christian (1773–1824)
– *Brief an L.* **5,** $725^{1070.\ 1071}$

Weber, Ernst Heinrich (1795–1878)
– *Wellenlehre auf Experimente gegründet (1825) [zus. mit W. Weber]* **6,** LXXIX

Weber, Joseph (1753–1831)
– *Ausdehnung* **3,** 89_{15}
– *Gewährsmann* **1,** 915_{3}
– *Verbreitung von Kants Philosophie* **3,** 64_{16}

Schriften
– *Abhandlung vom Luftelektrophor (1778)* **4,** 685^{238}
– – *²1779* **4,** 685^{238}
– – *³1779 u.d.T. »Beschreibung des Luftelektrophors«* **4,** 286_{11-12}
– *Die Theorie der Elektricität (1783)* **1,** 607_{25-27}
– *Vorlesungen aus der Naturlehre (1793)* **1,** 914_{17-21} 915_{24} 916_{30} **3,** 89_{16} $92_{9.\ 19}$ $101_{20.\ 26}$ 136_{9} 138_{10} $141_{26.\ 29}$ 143_{15} 452^{68} 467^{166} 486^{95} 507^{24}
– – *Vorbild für L.s Behandlung der reinen Naturlehre* **3,** 452^{69}

Weber, Wilhelm (1804–1891)
– *Ansehen* **6,** LXXXII–LXXXIII XCIX
– *gemeinsame Experimente mit Gauß* **6,** XCV
– *Göttinger Instrumentensammlung* **6,** LXXVII LXXIX LXXXIII–LXXXV LXXXVII LXXXIX CVI–CVIII CX–CXII CXVIII–CXXII CXXIV CXXVIII
– *Entlassung (Göttinger Sieben)* **6,** LXXXII CVII CXXI
– *Haltung zu Listing* **6,** LXXXVIII CXXVI
– *Nachfolge* **6,** LXXXVI
– *Nachfolger J.T. Mayers* **6,** LXXIX–LXXX
– *Physik an der Göttinger Universität* **6,** LXXXIX–XC XCVI–

XCVIII CXVII CXX–CXXI CXXVI CXXVIII
– *Ruhestand* **6,** XCVIII
– *Vorlesung* **6,** CVIII
– *Wiederberufung* **6,** LXXXIX–XCI CXXVI
Schriften
– *Compensation der Orgelpfeifen (1828)* **6,** LXXIX
– *Das Inductions-Inclinatorium (1838)* **6,** 34 (*25b*)
– *Wellenlehre auf Experimente gegründet (1825) [zus. mit E.H. Weber]* **6,** LXXIX
Wedemeyer, NN 3, 134_{16}
Wedgwood, Josiah (1730–1795)
– *Eiskalorimeter Lavoisiers* **1,** 514_{R13} **4,** 170_{6} **5,** 455_{10}
– *Entdeckung (vermeintliche) der Australerde* **1,** 210_{R22-23} $928_{21.\ 32}$ **3,** 659[271]
– *Pyrometer* **1,** 479_{R4} $480_{8.\ R1}$ 485_{R1-6} **2,** $456_{19.\ 24}$ $457_{16.\ 22}$ **4,** 498[30]
– *Schmelzpunkte von Metallen* **4,** 173_{22}
– *Tintenfaß* **2,** 225_{37}
Schriften
– *Additional observations on making a thermometer for measuring the higher degrees of heat (1786)* **1,** 480_{R6-7} **2,** 457_{18-19}
– *An attempt to compare and connect the thermometer for strong fire [...] with the common mercurial ones (1784)* **1,** 485_{R8-9} 514_{R15-16} **4,** 168_{28-31} 170_{2} 557[227] **5,** 455_{11-12} 851[758]
– – *Versuch zu Verfertigung eines Thermometers, um die höhern Grade der Hitze vom Rothglühen bis zur stärksten Hitze zu bestimmen [Teil 2] (1798)* **4,** 554[218] 555[219–224] 556[225] 557[226. 229]
– – *Exzerpt* **4,** 169_{6-7}
– *An attempt to make a thermometer for measuring the higher degrees of heat (1782)* **4,** 168_{27-28}
Wedgwood, Thomas (1771–1805)
– *Continuation of a paper on the production of light and heat from different bodies (1792)* **4,** 215_{5-7} 233_{8-9}
– *Experiments and observations on the production of light from different bodies, by heat and by attrition (1792)*
– – *Versuche und Bemerkungen über die Erzeugung des Lichts in verschiedenen Körpern durch Hitze und Reiben (1793)* **1,** 338_{R12-13}
Wehrs, Georg Friedrich (ca. 1752 – 1818)
Übersetzer
– *[1783] Hamilton, An account of the earthquakes (1783)* **1,** 847_{38}
Weidler, Johann Friedrich (1691–1755)
– *Präses*
– – *Perlicius, Hyetoscopium (1727)* **1,** 786_{R13}
Schriften
– *Historia astronomiae (1741)* **1,** 720_{9-10} **5,** 231_{34} 599[191] 645[520]
Weidler, Johann Gottlob (1708–1750)
– *Respondent*
– – *Dissertatio meteorologica exhibens drososcopium (1727)* **1,** 777_{R7}
Weigel, Christian Ehrenfried (1748–1831)
– *Wärme* **4,** 177_{16}
Schriften
– *Beiträge zur Geschichte der Luftarten (1784)* **1,** 279_{R6-12}
– – *Rezension 1788* **1,** 279_{R13-14}
– *Grundriß der reinen und angewandten Chemie (1777)*

1, 795_{29-31} 810_{1-2} 812_{10-11} 827_{32} 844_{14} 848_{44}
– *Historiae baryllorum rudimenta (1785)* **1,** 174_{34-35}
Übersetzer
– *[1779–1780] Guyton de Morveau, Élémens de chymie (1777–1778)* **1,** 439_{24}
– *[1783] Marat, Découvertes sur la lumière (1780)* **1,** 346_{35}
– *[1783–1794] Lavoisier, Opuscules physiques et chymiques (1774)* **3,** 651^{218}
– *[1784] Marat, Recherches physiques sur l'électricité (1782)* **1,** 567_{R1}
– *[1785] Lavoisier, De la combinaison de la matière du feu avec les fluides évaporables (1777)* **1,** 518_{R5}
– *[1785] Lavoisier, Mémoire sur la chaleur (1780)* **1,** 514_{26}
Weigel, Erhard (1625–1699)
– *Coelum heraldicum (1688)* **2,** 793_{12} **5,** 209_{32-34} 680^{780}
Weigel, Karl Christian Leberecht (1769–1845)
Herausgeber
– *Versuch einer französisch lateinisch italienisch teutschen Nomenklatur der neuern Chemie (1792)* **3,** 343_{32-33}
Weiß, C.G.
– *Etwas über die unterirdischen Waldungen (1784)* **1,** 831_{R14-15}
– *Versuch über das Entstehn des See-Schlamms (1786)* **1,** 831_{R12-15}
– – *Anzeige 1787* **1,** 831_{R16}
Weitbrecht, Josias (1702–1747)
– *Haarröhrchen* **1,** 194_{R21} **2,** 186_{33-34}
Schriften
– *De thermometris concordantibus (1736)* **1,** 470_{9-11} **4,** 545^{196}
– *Explicatio difficiliorum experimentorum circa ascensum aquae in tubos capillares (1737)* **1,** 191_{R26} 194_{R22} 200_{3-5}
– *Tentamen theoriae qua ascensus aquae in tubis capillaribus explicatur (1736)* **1,** 191_{R26} 194_{R22} 199_{40-41} 200_{1}
Weld, Isaac (1774–1856)
– *Travels through the states of North-America, and the provinces of upper and lower Canada, during the years 1795, 1796 and 1797 (1799)* **2,** 834-835*
Welser, Markus (1558–1614) **1,** $674_{17-18.\,21}$ **2,** 729_{17} **5,** 47_{4} 48_{17} 125_{16}
Wenman, Thomas Francis (1745–1796) **4,** 190_{24}
Wenzel, Johann Gottfried Traugott (1747– ca. 1822)
Übersetzer
– *[1780] Franklin [Papers]* **1,** 605_{34-35}
Wenzel, Karl Friedrich (1740–1793)
– *Kobalt ferromagnetisch* **2,** 547_{14} **4,** 359_{24} 360_{15}
– *Mitarbeiter*
– – *Magalhães, Beschreibung eines Glasgeräthes (1780)* **1,** 275_{21}
Werlhof, Friedrich Gottlieb von (1772–1842)
– *Wohnhaus* **6,** LXXXVIII CIX CXXII CXXIV–CXXVIII
Werner, Abraham Gottlob (1749–1817) **2,** 840_{2}
– *Basalt* **1,** $845_{R10.\,R20}$ **2,** 553_{15} 955_{34} 956_{11}
– *Brief von L.* **5,** 813^{515}
– *Gebirge*
– – *Entstehung* **2,** 838_{4} **5,** 405_{13} 408_{5} 810^{495}
– – *Klassifizierung* **2,** 838_{19} 839_{36} **5,** $405_{7.\,18-23}$ 406_{11} 410_{27} 411_{9} 413_{12} $414_{15.\,29}$ 756^{159}
s.a. Werner, Abraham Gottlob – Schriften – Kurze Klassifikation

und Beschreibung der verschiedenen Gebirgsarten (1787).
– *Mineralien* **3,** 559^{137} **5,** 406_{24} 412_{25}
– – *Beschreibung* **1,** 496_{R12}
– *Wanderungen unter Tage* **2,** 947_{1}
Schriften
– *Bekanntmachung einer […] über die Entstehung des Basaltes gemachten Entdeckung (1788)* **5,** $407_{32–33}$
– *[Beobachtung über das Verhältnis des Basalts zu dem darunter liegenden Gebirge] (1788)*
– – *Ueber den Ursprung des Basalts etc. (Bericht 1789)* **1,** $845_{R6–8}$
– *Herrn D. Fausts Nachricht von dem […] über Steinkohlen und bituminösem Holze liegendem Basalte (1789)* **5,** 407_{33}
– *Kurze Klassifikation und Beschreibung der verschiedenen Gebirgsarten (1787)* **1,** $845_{R11–13}$ **2,** 836^{*} **5,** 814^{518} $816^{524.\ 526}$ 818^{535}
– – *Exzerpt* **2,** 836^{*} **5,** $403_{2–4}$
– *Neue Theorie von der Entstehung der Gänge (1791)* **5,** $518_{23–24}$
– *Oryktognosie oder Handbuch für die Liebhaber der Mineralogie (1792)* **1,** $388_{R5–9}$
– *Schreiben des […] Herrn Eversmann […] über eine von ihm an dem berühmten Basaltberge […] bey Edinburg in Schotland gemachte ganz conforme Beobachtung mit der […] am Scheibenberger Hügel (1789) [zus. mit A.F.A. Eversmann u. F.A. Reuß]* **5,** 407_{33}
– *Ueber das Vorkommen des Basaltes auf Kuppen vorzüglich hoher Berge (1789)* **5,** 407_{33}
– *Von den äußerlichen Kennzeichen der Foßilien (1774)* **4,** 226_{33}
Übersetzer
– *[1780] Cronstedt, Försök til mineralogie (1758)* **1,** 601_{33} **4,** 333_{33}

Werner, Georg Friedrich (1754–1798)
– *Brief von L.* **4,** 417^{11} 455^{144} 576^{303} 578^{312}
Schriften
– *Entwurf einer Neuen Theorie der anziehenden Kräfte, des Aethers, der Wärme und des Lichts (1788)* **4,** $182_{8.\ 12}$ 578^{311}
– *Versuch einer Theorie des Ethers (1788)* **1,** $493_{R19–21}$

Werner, Thomas
– *Historische Apparate von Georg Christoph Lichtenberg (1981)* **6,** 26 (23) 84 (94) 214 (267) 238 (290)

Westfeld, Christian Friedrich Gotthard (1746–1823)
– *Die Erzeugung der Farben (1767)* **1,** $399_{5–7}$

Westphal, Sven (18. Jh.)
– *Respondent*
– – *Dissertatio gradualis de origine fontium (1761)* **1,** $744_{4–5}$

Westrumb, Johann Friedrich (1751–1819) **3,** 673^{329}
– *antiphlogistische Chemie* **2,** 949_{20}
– *Entzündung von Metallen mittels dephlogistisierter Salzsäure (Chlor)* **1,** 935_{11}
– *Quecksilberpräzipitat* **3,** 333_{24}
Schriften
– *Auszug eines Schreibens an den Herausgeber [Gren] (1792)* **3,** 653^{230}
– *Etwas über den Luftgehalt des Quecksilberkalks (1793)* **3,** 653^{230}
– *Kleine physikalisch-chemische Abhandlungen (1785–1800)*
– – *Auch ein Beytrag zu den Theorien vom Feuer, der Lufft und Wassererzeugung (1788)* **1,** $493_{R3–7}$ $524_{R9–15}$
– – *Enthalten die Metallkalke Wasser? (1788)* **1,** $213_{R16–18}$

– – *Kurze Anleitung zur Prüfung eines Mineralwassers (1786)* **1,** 224_{R16-20}
– *Mitteilung an den Herausgeber L. v. Crell (1789)* **3,** 331_{5-6}
– *Ueber die Zuckersäure als einen Bestandtheil der Säuren des Pflanzenreichs (1783)*
– – *Ausg. in ders., Kleine physicalisch-chemische Abhandlungen, aus den chemischen Journalen gesammlet (1788)* **1,** 208_{R9}
Wetterling, Nils Israel (1754–1807)
– *Om hägring och sjö-syner, tvenne vid Sveriges hafskuster anmärkta phénomener (1788)*
– – *Von zwey an den schwedischen Küsten bemerkten Erscheinungen: Erhebung und Seegesicht (dt. 1789)*
– – – *Rezension 1790* **1,** 365_{R11-12} 946_{9}
Weylandt, NN (aus Darmstadt)
– *besucht L. im Juli 1785* **3,** 405_{27}
Whiston, William (1667–1752)
– *charakterisiert von L.* **2,** 765_{10-11} **5,** 179_{12-14}
– *Entstehung der Erde* **1,** 834_{15} $835_{12.\ 30}$ **2,** 765_{17-33} 939_{1} **5,** 179_{17}–180_{7} 381_{25} 382_{6} 912^{1090}
– *Erdmagnetismus* **5,** 431_{21}
– *Gefahr durch Kometen* **2,** 765_{10} 766_{5} **5,** 179_{6}
– *Sintflut* **1,** 839_{31} **2,** 760_{36} 765_{38} **5,** 180_{8-11} 182_{19}
– *Untergang der Erde* **1,** 851_{14}
Schriften
– *A new theory of the earth (1696)* **2,** 765_{12-13} 939_{3} **5,** 664^{647} 665^{655} 795^{395}
– – *Nova telluris theoria, das ist: Neue Betrachtung der Erde (dt. von M. Swen 1713)* **1,** 835_{22-24}
– – *²1708* **1,** 835_{20-21} **2,** 939_{3-4} **4,** 291_{3} **5,** 505_{7-8} $664^{647.\ 649-653}$ $665^{654-657.\ 660}$ 666^{662}
– – *⁵1737* **5,** 665^{655}
– *The cause of the deluge demonstrated (1714)* **5,** 665^{657}
– *The longitude and latitude found by the inclinatory or dipping needle (1721)* **4,** 759^{59} **5,** 826^{603} $828^{620.\ 621}$
– *The longitude and latitude found by the inclinatory or dipping needle (1721) [zus. mit Robert Norman]*
White, William (1744–1790)
– *Experiments upon air (1778)* **1,** 937_{7} **3,** 427_{31-32}
Whitehurst, John (1713–1788)
– *An attempt towards obtaining invariable measures of length, capacity, and weight (1787)* **1,** 132_{R12}
– *An inquiry into the original state and formation of the earth (1778)* **1,** 848_{R24} 853_{1-3} **2,** 942_{29-31}
– – *Rezension 1779* **5,** 503_{15-16}
– – *²1786* **1,** 853_{3}
– – – *Untersuchungen über den ursprünglichen Zustand und die Bildung der Erde (dt. 1788)* **1,** 843_{R7-10} 853_{R1-2} **2,** 942_{31} **5,** 508_{26-28}
Widenmann, Johann Friedrich Wilhelm (1764–1798)
– *Pyroelektrizität* **1,** 957_{12}
Schriften
– *Handbuch des oryktognostischen Theils der Mineralogie (1794)* **1,** 957_{15-16}
– *Von der Nothwendigkeit, bey der Haupteintheilung der natürlichen Körper ein viertes Natur-Reich anzunehmen (1793)* **3,** 36_{16}
Wiedeburg, Johann Ernst Basilius (1733–1789)
– *Erklärung der Sonnenflecken* **5,** 49_{10}
Schriften
– *An die Bürger (1769)* **1,** 702_{11-12}

– *Beobachtungen und Muthmasungen über die Nordlichter (ca. 1770)* **1,** 813$_{33–35}$
– *Beschreibung eines verbesserten Sonnen-Microscops (1758)* **1,** 423$_{4–6}$
– *De microscopio solari (1755)* **1,** 423$_{1–3}$
– *Einleitung in die Physisch-Mathematische Kosmologie (1776)* **1,** 830$_{39–41}$
– *Natur- und Grösen-Lehre in ihrer Anwendung zur Rechtfertigung der heiligen Schrift (1782)* **2,** 941$_{40}$–942$_{2}$ **5,** 506$_{16–19}$
– – *GGA-Rezension 1783* **5,** 913^{1094}
– *Neue Muthmasungen über die SonnenFlecken Kometen und die erste Geschichte der Erde (1776)* **1,** 852$_{22–25}$ **2,** 942$_{2–4}$ **5,** 585^{105} 913^{1094}
– *Ueber die Erdbeben und den allgemeinen Nebel 1783 (1784)* **1,** 781$_{18–19}$ **5,** 457$_{8}$ 854^{782}
– – *GGA-Rezension 1784* **5,** 854^{782}
Wiedern, NN von 1, 106$_{R27}$
Wiegleb, Johann Christian (1732–1800)
– *dephlogistisierte Luft* **3,** 394$_{14}$
Schriften
– *Handbuch der allgemeinen Chemie (1781)* **1,** 231$_{19–21}$ **3,** 330$_{24–25}$ 391$_{29}$ 697^{148}
– – *A general system of chemistry (engl. von C.R. Hopson 1789)* **3,** 644^{195}
– – – *Rezension 1789* **3,** 668^{311}
– – ^{2}*1786* **1,** 231$_{21–22}$
– *Ueber die Entstehung und Natur der sogenannten Stick- oder azotischen Luft (1796)* **1,** 939$_{1}$
– *Unterricht in der natürlichen Magie* **1,** 32$_{14–15}$
s.a.u. Martius, Johann Nikolaus
Herausgeber
– *Erxleben, Anfangsgründe der Chemie*
– – ^{2}*1784* **1,** 231$_{14}$
– – ^{3}*1793* **4,** 174$_{11–12}$
Wieland, Christoph Martin (1733–1813)
– *aus Schwaben* **2,** 26*
Wiesen, G. L.
– *Ueber das Gespinnst, welches im Frühling und Herbst die Felder überzieht (1792)* **1,** 774$_{R16}$ **2,** 899$_{16–17}$
Wilcke, Johan Carl (1732–1796)
– *Anemobarometer* **2,** 864$_{18}$ **5,** 444$_{3}$
– *Elektrizität* **2,** 509$_{31}$
– – *Atmosphäre* **4,** 269$_{26}$
– – *Elektrophor* **1,** 566$_{25}$ **2,** 513$_{34}$ **4,** 313$_{17–18}$ 314$_{15–21}$ 660-661^{136}
– – *für zwei elektrische Materien (Feuer und Säure)* **1,** 588$_{15}$ **2,** 529$_{4}$ **3,** 345$_{20}$ **4,** 315$_{1–4}$ 324$_{7}$ 666^{153}
– – *Musivgold* **4,** 255$_{25}$
– – *Reibzeug* **4,** 286$_{23}$
– – *Turmalin* **1,** 599$_{31}$ **4,** 333$_{9}$
– – *Versuche* **1,** 543$_{38}$–544$_{1}$ **4,** 300$_{27}$ 313$_{18–20}$ 728^{439}
– *Eudiometer* **2,** 275$_{21}$
– *Gedenkmünze auf Wargentin* **2,** 748$_{32}$–749$_{28}$
– *Luftpumpe* **1,** 443$_{25}$ **2,** 435$_{33}$ 444$_{3.\ 23}$ **4,** 114$_{29}$ 144$_{23}$
– *Magnetismus* **2,** 560$_{24}$ 563$_{4}$
– *Nordlicht* **2,** 926$_{5}$
– *Papinscher Topf* **2,** 434$_{31}$
– *Schneekkristalle* **2,** 900$_{29}$
– *Wärmelehre*
– – *Anteil an Crawfords Wärmetheorie* **1,** 520$_{31}$ **4,** 589^{381}
– – *latente Wärme* **2,** 474$_{11}$
– – *spezifische Wärme* **2,** 468$_{29}$ **3,** 322$_{6}$
Schriften
– *Anmärkning vid föregäende skydrag (1790)*

– – *Anmerkung über vorerwähnten Wolkenzug (dt. 1792)* **1,** $808_{R19–20}$
– *Anmärkningar vid ett i Stockholm timadt åskslag (1770)*
– – *Bemerkungen bey einem [...] in Stockholm geschehenen Donnerschlage (dt. von A.G. Kästner 1774)* **5,** 475_{13}
– *[Bericht über] Abtritts-Rede vom Magnete (1765)* **2,** $844_{13–14}$ **5,** 422_{5}
– – *Exzerpt* **5,** 419_{29}–420_{7}
– *Beskrifning på en ny declinations-compass (1763)*
– – *Beschreibung eines neuen Abweichungscompasses (dt. von A.G. Kästner 1766)* **5,** 422_{35} $433_{3–4}$ 832^{639}
– *De naturkunnigas meningar om orsakerna till åskdundret; Fortsättning häraf (1759)*
– – *Die Meynungen der Naturforscher, von den Ursachen des Donners; Fortsetzung [...] (dt. von A.G. Kästner 1762)* **1,** $807_{3–6}$ **5,** 473_{13} 870^{892} 871^{893}
– *Die neuesten Erklärungen des Nordscheines (1783)* **1,** $812_{6–9}$
– *Disputatio [...] de electricitatibus contrariis (1757)* **1,** $536_{R18–19}$ $543_{38–40}$ $585_{24–25}$ **4,** 300_{34}–301_{1} $301_{9–10}$ 302_{9} 686^{244} 706^{326} $708^{327.\ 329–332}$ **5,** 473_{11} 482_{8} 776^{312}
– – *Exzerpt bez. Elektrisieren durch Wärme und Schmelzen* **4,** 288_{29}–289_{4}
– *Electriska försök med phosphorus (1763)*
– – *Elektrische Versuche mit Phosphorus (dt. von A.G. Kästner 1766)* **4,** 300_{25}
– *Electriska rön och försök, om den electriska laddningens och stötens åsradkommande vid flera kroppar än glas och posslin (1758)*
– – *Electrische Versuche und Untersuchungen (dt. von A.G. Kästner 1759)* **1,** $559_{31–36}$
– *Försök til en ny inrättning af eudiometer (1783)*
– – *Versuch einer neuen Einrichtung vom Eudiometer (dt. 1785)* **1,** $276_{16–17}$ **3,** 402_{26}
– – *Versuch zu einer neuen Einrichtung des Eudiometers (dt. von A.G. Kästner 1785)* **1,** $276_{14–15}$ **3,** $402_{26–27}$ 428_{27}
– – – *Zusammenfassung 1786* **1,** 276_{R4}
– *Försök til uplysning am lufthvirflar och sky-drag (1780)*
– – *Versuche zu Erläuterung der Luftwirbel und Wasserhosen (dt. von A.G. Kästner 1784)* **1,** $808_{12–13}$
– *Försök till en magnetisk inclinations-karta (1768)*
– – *Versuch einer magnetischen Neigungscharte (dt. von A.G. Kästner 1771)* **1,** $759_{16–18}$ **5,** 423_{11} $437_{1–3}$ 832^{639}
– *Försök till en ny inrättning af Papini digestor (1773)*
– – *Versuch einer neuen Einrichtung von Papins Digestor (dt. von A.G. Kästner 1780)* **1,** $442_{R25–29}$ **4,** $140_{33–34}$ $153_{2–3}$
– *Historien om tourmalin (1766)*
– – *Geschichte des Tourmalin (dt. von A.G. Kästner 1768)* **1,** $601_{21–22}$ **4,** 333_{10}
– *Historien om tourmalinen (1768)*
– – *Fortsetzung der Geschichte des Tourmalins (dt. von A.G. Kästner 1771)* **1,** 601_{22} **4,** 333_{11}
– – *Schluß der Geschichte des Tourmalins (dt. von A.G. Kästner 1771)* **4,** 805^{262} 807^{267}

– *Nya rön om vattnets frysning till snölika is-figurer (1769)*
– – *Neue Versuche vom Gefrieren des Wassers zu schneegleichen Eisgestalten (dt. von A.G. Kästner 1772)* **1,** 502_{27-29} **4,** 513^{85}
– *Nytt försök till en anemobarometer eller vindvåg (1782)*
– – *Neuer Versuch zu einem Anemobarometer oder einer Windwage (dt. von A.G. Kästner 1785)* **1,** 767_{14-16} **5,** 838^{681}
– – – *Zusammenfassung 1785* **1,** 767_{R16} **2,** 864_{24}
– *Om snöns kyla vid smältningen (1772)*
– – *Von des Schnees Kälte beym Schmelzen (dt. von A.G. Kästner 1776)* **1,** 514_{6-8}
– *Rön och tankar om snö-figurers skiljaktighet (1761)*
– – *Versuch und Gedanken von der Verschiedenheit der Gestalten des Schnees (dt. von A.G. Kästner 1764)* **1,** 786_{18-21}
– *Rön om eldens specifica myckenhet uti fasta kroppar, om och dess afmätande (1781)*
– – *Über die specifische Menge des Feuers in festen Körpern und deren Abmessung (dt. von A.G. Kästner 1784)* **1,** 512_{18-21} **4,** 613^{491}
– – – *Ueber die specifische Menge des Feuers in festen Körpern und derselben Abmessung (Referat 1785)* **1,** 512_{R15-17}
– *Rön, om och huru magnetisme kan upvåckas genom electricitet (1766)*
– – *Abhandlung von Erregung der magnetischen Kraft durch die Elektricität (dt. von A.G. Kästner 1768)* **4,** 799^{236}
– *Slutet af den samma (1768)*
– – *Schluß der Geschichte des Tourmalins (dt. von A.G. Kästner 1771)* **1,** 599_{34-35} 601_{22}
– *Tal, om de nyaste förklaringar öfver norr-skenet (1778)* **5,** 483_{14} 484_{15-16}
– – *Von den neuesten Erklärungen des Nordscheines (dt. 1783)* **5,** $889^{966.\ 967}$
– – – *Exzerpt* **5,** 483_{22}
– *Tal, om magneten (1764)* **1,** 635_{33-34}
– *Undersökning, om de vid Herr Voltas's nya elettrophoro-perpetuo förekommande electriske phenomener (1777)* **4,** 313_{10-11}
– – *Rezensionsentwurf L.s* **4,** 313_{10}–315_{32}
– – *Untersuchung der bey Herrn Voltas neuen Electrophoro perpetuo vorkommenden elektrischen Erscheinungen (dt. von A.G. Kästner 1782)* **1,** 572_{9-11} 588_{15} 597_{11-12} **3,** 662^{284} **4,** 721^{404} 722^{408} 727^{438}
– *Ytterligare rön och försök om contraira electriciteterna (1762)* **4,** 313_{18-19}
– – *Fernere Untersuchung von den entgegengesetzten Elektricitäten (dt. von A.G. Kästner 1765)* **1,** 571_{39} 585_{26-31}
Übersetzer
– *[1758] Franklin, Experiments and observations (1751)* **1,** 605_{32-33} 808_{R12} **4,** 654^{107} 655^{108} **5,** 775^{308}
Wilckens, Heinrich David (1763–1832)
– *Aufsätze mathematischen, physikalischen, chemischen Inhalts (1790)* **1,** 544_{R11-14}
– – *Beyträge zur Lehre von der Elektricität* **1,** 544_{R1-2} **4,** 710^{337}
– *Specimina duo mathematicum et physicum (1789)* **1,** 757_{R19-22}

Wild, Franz Samuel (1743–1802)
– *Antikritik (1792)* **4,** 229_{29}
– *Essai sur la montagne salifere du gouvernement d'Aigle (1788)*
– – *Rezension 1791* **4,** 619^{526}
Wildt, Johann Christian Daniel (1770–1844) **6,** LXXV CIII CXV
– *Purzelmännchen* **6,** 46 (*36*)
Wilhelm IV., s. Hessen-Kassel, Wilhelm IV., Landgraf von.
Wilkins, William (1751–1815)
– *An account of an appearance of light […] seen in the dark part of the moon (1794)* **1,** 963_{32-33}
– – *Rezension 1795* **1,** 964_{4-5}
Williams, Edward
– *Experiments on the expansive force of freezing water (1790)* **2,** 424_{2-4} 426_{10-11}
– – *Exzerpt* **4,** 135_{18-19}
– – *Versuche über die ausdehnende Kraft des gefrierenden Wassers (1793)* **4,** $515^{95.\ 96}$
Williams, John (um 1730 – um 1795)
– *Theorie der Erde* **5,** 513_{18}
Schriften
– *The natural history of the mineral kingdom (1789)* **2,** 942_{32-35} **5,** 508_{13-17} 513_{19-23}
– – *Rezension 1791*
– – – *Exzerpt* **5,** 513_{24}–515_{34}
Williamson, Hugh (1735–1819)
– *An attempt to account for the change of climate (1769–1771)* **1,** 821_{16-20}
– – *Essai dans lequel on tâche de rendre raison du changement de climat (1773)* **2,** 933_{17-18} **5,** 148_{23}
– *An essay on comets (1769–1771)* **1,** 702_{4-8}
Willich, Friedrich Christoph (1745–1827)
– *ehemaliges Wohnhaus* **6,** LIX LXXVI CXV–CXVII CXXII
Wilson, Alexander (1714–1786)
– *Blitzableiter* **2,** 916_{23} 916^{*}
– *Erklärung der Sonnenflecken* **2,** 730_{25} 731_{6} **5,** 47_{13} $49_{12.\ 29}$ 126_{1}
– *Sonne* **2,** 730_{38}
Schriften
– *An answer to the objections (1783)* **1,** 674_{35-37} **5,** 628^{406}
– *Observations on the solar spots (1774)* **1,** 674_{29-31} **5,** 585-586^{106}
Wilson, Benjamin (1721–1788)
– *Blitzableiter* **4,** 258_{4} **5,** 368_{15}
– *Elektrisiermaschine* **4,** 285_{2}
– *Photolumineszenz* **4,** 76_{7}
Schriften
– *A letter to Mr. Aepinus (1763)* **1,** 601_{7-9}
– *A series of experiments relating to phosphori (1775)* **1,** 341_{31-33} **4,** 69_{18}
– – *Auszug aus Wilsons Erzählung einer Reihe von Versuchen, über einige Phosphoren (dt. 1779)* **1,** 341_{34-36}
– – *Von dem Farbenlichte der Phosphore (dt. Notiz 1781)* **1,** 342_{R29-30}
– *A short view of electricity (1780)* **1,** 607_{28-29}
– *Account of Dr. Knight's method of making artificial loadstones (1779)* **4,** 785^{173} 788^{194}
– *Experiments on the tourmalin (1759)* **1,** 601_{4-6} **4,** 333_{5}
– *Försök i electriciteten (1761)*
– – *Auszug aus einem Briefe […] neue Versuche die Elektrizität betreffend (dt. von A.G. Kästner 1764)* **4,** 303_{27-28}
– *Observations upon lightning, and the method of securing buildings from its effects (1773)* **5,** 423_{18-20} 824^{589}
Windler, Peter Johann
– *Tentamen de causa electricitatis (1747)* **4,** 283_{9}

Winkler, Johann Heinrich (1703–1770) **1,** XII^{9}
– *Elektrizität* **1,** 528_{15} **4,** 310_{14}
– – *Elektrisiermaschine* **2,** 520_{7} **4,** 253_{19} 284_{18}
– – *Gewitter* **2,** 26_{30} 910_{15} **3,** 464^{133} **5,** 474_{9}
– – *Versuche* **4,** 310_{1}
– *Kompression der Luft* **2,** 298_{37}
– *Mariottescher Versuch* **1,** 290_{11} **2,** 295_{10} 296_{12} **3,** 407_{5}
Schriften
– *An extract of a letter to a friend in London; concerning the effects of electricity upon himself and his wife (1746)* **4,** $305_{17–18}$
– *Anfangsgründe der Physic (1753 u.ö.)* **1,** $45_{23–24}$ 814_{38}–815_{1}
– *Caussas frigoris et glaciei expositas (1737)* **1,** $436_{R9–10}$ $523_{30–31}$
– *De avertendi fulminis artificio (1753)* **1,** $796_{R16–17}$ $804_{32–34}$
– *De vi electrica vaporum solarium in lumine boreali (1763)* **1,** $813_{30–32}$
– *Die Eigenschaften der Electrischen Materie und des Electrischen Feuers (1745)* **1,** $605_{3–5}$
– *Die Stärke der Electrischen Kraft des Wassers in gläsernen Gefäßen (1746)* **1,** $605_{14–16}$ $796_{R10–14}$ **5,** $474_{9–11}$
– *Gedanken von den Eigenschaften, Wirkungen und Ursachen der Electricität, nebst einer Beschreibung zwo neuer Electrischen Maschinen (1744)* **1,** 604_{37}–605_{2} **4,** $284_{19–20}$
– *Novum reique medicae utile electricitatis inventum (1748)* **1,** $539_{26–29}$ **4,** 309_{7} $310_{11–12}$ $717^{374.\ 375}$
– – *A new discovery of the usefulness of electricity in medicine (engl. Zusammenfass. 1756)* **4,** 716^{370} 717-718^{378}
– *Sententiae primariae de caussis coniunctionis corporum naturalis (1736)* **1,** $70_{30–32}$
– *Tentamina circa soni celeritatem per aerem atmosphaericum (1763)* **1,** $313_{1–3}$
– *Untersuchungen der Natur und Kunst (1765)* **1,** $290_{11–12.\ R30}$ $313_{R27–28}$ **3,** $406_{20–23}$ 706^{239} $707^{241.\ 245}$ **4,** 8_{23} 387^{18} $390^{19.\ 20}$ $391^{21.\ 22}$
Winn, Isaac Lascalles
– *Remarks on the aurora borealis (1774)* **1,** $811_{33–35}$
Winter, Carl
– *Scheibenelektrisiermaschine* **6,** 216 (267)
Winterfeld, Moritz Adolph von (1744–1819)
– *Über den hellen Schein, den einige um den Schatten ihrer Köpfe gesehen haben (1804)* **2,** 25^{*}
– *Ueber den Schein um den Schatten des Kopfes (1795)* **1,** $790_{R2–3}$
Withering, William (1741–1799)
– *A letter, containing an account of a new method of impregnating water with fixed air [in Priestley, Experiments and observations relating to various branches of natural philosophy 2 (1781)]*
– – *Beschreibung des [...] Apparats das Wasser mit fixer Luft zu schwängern (dt. 1788)* **1,** $271_{R11–13}$
– *Experiments and observations on the Terra Ponderosa (1784)* **1,** $211_{R10–12}$
Wittekop, Jakob Heinrich (1764–1799?)
Schriften
– *Mitteilung an den Herausgeber [Crell] (1786)* **3,** 623^{55}

Übersetzer
– *[1785] Senebier, Recherches analytiques (1784)* **1,** 262_{41-42}
Wittstein, Georg Christoph (1810–1887)
– *Vollständiges etymologisch-chemisches Handwörterbuch (1849)* **3,** 721^{348} 722^{364}
Wöhler, Friedrich (1800–1882) **6,** XCIII^{338} XCIV
Physikalisches Wörterbuch. Hrsg. von Wilhelm H. Westphal (1952) **4,** 405^{124}
Historisches Wörterbuch der Philosophie (1971–2007) **4,** 667^{155}
Wörterbuch der Medizin (1994) **4,** 445^{108}
Wörterbuch der philosophischen Begriffe (1998) **3,** 476^{24}
Wolf, Abraham (1876–1948)
– *A history of science, technology, and philosophy in the 16th and 17th centuries (²1950)* **4,** 437^{76}
Wolf, Nathanael Matthäus von (1724–1784)
– *Descriptio fontis Heronis in metallifodinis Chemnicensibus in Hungaria (1762)* **4,** 157_{9}
Wolf, Rudolf (1816–1893)
– *George-Louis Lesage von Genf. 1724–1803. (1862)* **3,** 564^{167}
Wolfendale, Arnold Whittaker (*1927)
– *John Harrison. Clockmaster and Copley medalist (2007) [zus. mit John Crawshaw Taylor]* **5,** 620^{350}
Wolff, Christian von (1679–1754)
– *anatomischer Heber* **1,** 163_{29} **2,** 158_{19}
– *Definition von Raum bzw. Zeit* **1,** 917_{22}
– *in England bekannt* **3,** 6_{22}
– *Luftpumpe* **2,** 237_{18} **3,** 418_{14}
– *Maß der Kraft* **3,** 253_{10}
– *Monadenlehre* **3,** 474^{4}
– *Schweretheorie* **1,** 122_{14} **3,** 185_{15}
– *spezifisches Gewicht der Luft* **1,** 255_{21}
– *Thermometer* **4,** 163_{8}
Schriften
– *Aerometriae elementa (1709)* **1,** 245_{31-32} **3,** 717^{306}
– *Allerhand nützliche Versuche (1721–1723 u.ö.)* **1,** XII^{9} 44_{5-7} 199_{R11-12} **3,** 386_{25-26} $710^{262.\ 263}$ 717^{306} **4,** $388^{8.\ 11}$ 392^{30} $495^{10.\ 13.}$ 495^{14} 548^{202} 767^{99} **6,** 58 62 (56)
– *Anfangsgründe aller mathematischen Wissenschaften (1710 u.ö.)* **1,** 47_{15}
– – *Neue [6.] Aufl. 1750–1757* **1,** 113_{R6} 923_{5}
– – – *Theil 2, welcher die Artillerie, Fortification, Mechanick, Hydrostatick, Aerometrie und Hydraulick in sich enthält (1750)* **2,** 96_{20} 96^{*} **3,** 181_{26}
– *Elementa matheseos universae (1713–1715)* **1,** 113_{R6} 923_{5} **3,** 181_{26} **4,** 52_{27} 78_{20-21} **6,** 452 (364) 454 (365) 464 (374) 466 (376)
– – *²1733–1742* **2,** 96_{21} **3,** 593^{4}
– *Gedancken über das ungewöhnliche Phoenomenon, Welches […] zu Halle und an vielen andern Orten in und ausserhalb Deutschland gesehen worden (1716)* **5,** 890^{971} 891^{975}
– *Mathematisches Lexicon (1716 u.ö.)* **3,** 450^{51} 481^{60} 717^{306} **5,** 573^{39} 574^{40}
– *Philosophia prima sive ontologia (1730)*
– – *²1736* **3,** 508^{29}
– *Vernünfftige Gedancken von dem Gebrauche der Theile in Menschen, Thieren und Pflantzen (1725)* **1,** 44_{13-16}
– *Vernünfftige Gedancken von den Absichten der natürlichen Dinge (1724)* **1,** 44_{10-12}

– *Vernünfftige Gedancken von den Würckungen der Natur (1723)* **1,** 44_{8-9} **3,** 572[225]
– *Vollständiges Mathematisches Lexicon (1734–1742 u.ö.)* **4,** 394[43] 398[67] **6,** 311 (**35e*)
Wolff, Franz Ferdinand (1747–1804)
– *Brief von L.* **4,** 483[261] 629[14] 631[23] 635[36] 638[45] 639[51] 640[58] 641[59] 643[72] 653[102. 103] 661[136] 665[148] 666[153] 668[160] 669[162] 676[204] 724[423] **5,** 809[495] **6,** XCIX
– *Buchausleihe* **5,** 792[373]
– *Schiefe Ebene für Fallversuche* **2,** 102_{27}
Schriften
– *Beschreibung eines Apparats frey liegendes Schiespulver mittelst des elektrischen Funken anzuzünden (1783)* **1,** 562_{36-42} **6,** 248 (*304*)
– *Der leuchtende Hauch (1782)* **1,** 562_{R10-12}
Wolff, Friedrich (1766–1845)
Übersetzer
– *[1791] Adet, An essay on phlogiston [...] c'est-à-dire, Essai sur le phlogistique (1790)* **3,** 651[219]
– *[1791] Kirwan, An essay on phlogiston (^{2}1789)* **3,** 651[219]
Wollaston, Francis (1731–1815)
– *A specimen of a general astronomical catalogue (1789)* **1,** 640_{R1} **2,** 793_{26-27}
Woltmann, Reinhard (1757–1837)
– *Anemometer* **2,** 864_{38}
– *Buchausleihe* **5,** 792[373]
– *Einfluß des Mondes auf das Barometer* **1,** 762_{R16} **5,** 438_4
Schriften
– *Einige Anmerkungen zu den Wahrnehmungen über Grundeis (1787)* **4,** 135_1
– *Resultate aus zweijährigen Beobachtungen der Fluth und Ebbe zu Cuxhaven (1788)* **1,** 762_{R7-8} **5,** 760[196] 834[653. 654]
– *Theorie und Gebrauch des Hydrometrischen Flügels (1790)* **1,** 767_{R17} **5,** 445_2
Wood, NN 4, 190_{25}
Woodward, John (1665–1728)
– *charakterisiert von L.* **5,** 382_{13-17}
– *Luftdruckschwankungen* **5,** 382_{22-23} 790[360]
– *Quellen* **5,** 333_5 383_{16}
– *Sintflut (Entstehung der Erde)* **1,** 840_{18-19} **2,** 938_{23} **5,** 382_5 383_1 912[1090]
– – *absurde Annahmen* **2,** 937_{32}
Schriften
– *An essay toward a natural history of the earth (1695)* **1,** 851_{34-35} **2,** 938_{25-26} **5,** 382_{13} 505_{9-10}
– – *^{2}1702* **5,** 751[112]
– – *^{3}1723* **1,** 851_{36-38} **2,** 938_{27-28} **5,** 912[1079]
– *Naturalis historia telluris illustrata & aucta. Una cum ejusdem defensione (1714)* **5,** 505_{9-11}
– – *The natural history of the earth, illustrated, inlarged, and defended (engl. von B. Holloway 1726)* **5,** 912[1079]
– – – *Physicalische Erd-Beschreibung, oder Versuch einer natürlichen Historie des Erdbodens (dt. 1744; ^{2}1746)* **1,** 851_{39-40}
Worcester, s. Somerset, Edward, 2nd Marquis of Worcester.
Wrede, Erhard Georg Friedrich (1766–1826)
– *Geologische Betrachtungen aus Beobachtungen über einen Theil der südbaltischen Länder (1794)* **5,** 510_{21-22}
Wren, Christopher (1632–1723)
– *Instrument zum perspektivischen Zeichnen* **6,** 344 (**112*)

Schriften
– *The Description of an Instrument (1669)* **6,** 345 (**112*)
Wright, Thomas (1711–1786)
– *An original theory or new hypothesis of the universe (1750)* **1,** 716$_{1-3}$
Wrisberg, Heinrich August (1739–1808) **6,** CIII
Wünsch, Christian Ernst (1744–1828)
– *Schallgeschwindigkeit* **1,** 312$_{R1}$
Schriften
– *Beleuchtung einiger in der Naturlehre überflüssig eingeführter Stoffe und Kräfte (1809)* **2,** 528*
– *Versuche und Beobachtungen über die Farben des Lichts (1792)* **4,** 470^{217}
Wurm, Johann Friedrich (1760–1833) **2,** 792$_{33}$
– *Algol* **2,** 790$_{23}$ **5,** 220$_{27}$ 221$_{1}$
– *Korrespondent L.s* **5,** 689^{843}
– *Mars* **2,** 747*
– *Merkur* **2,** 744†
Schriften
– *Geschichte des neuen Planeten Uranus (1791)* **5,** 162$_{13}$
– *Tafeln für den veränderlichen Stern η Antinous; über die Fortrückung des ☊ beym Uranus; erste Muthmassung von 5 Saturnstrabanten; verglichene Beobachtungen vom Algol; die Grösse der Fixsterne aus Hrn. Herschels Beobachtungen gefolgert &c. (1789 [1786])* **1,** 716$_{R5}$ **5,** 684^{812}
– *Ueber den Grad der Zuverlässigkeit unserer Kenntniss von einer eigenen Bewegung unseres Sonnensystems (1795 [1792])* **5,** 197$_{4-5}$
– *Ueber die geograph. Lage von Tübingen; über Algols Lichtveränderung und Algols Tafeln; Bemerkungen über den Uranus und Original-Beobachtungen des zwischen 1789 und 1791 zurückerwarteten Kometen (1788 [1785])* **2,** 790$_{25}$ **5,** 220$_{32}$ 689$^{844.\ 846.\ 847}$
– *Versuch einer genaueren Bestimmung der Massen der Planeten [...] (1802)* **2,** 734†
– *Weitere biographische Nachrichten von Tobias Mayer's Jugendjahren (1804)* **2,** 701*
Wurzer, Ferdinand (1765–1844)
– *Brief an L.* **3,** 720^{346}
– *Versuche mit dephlogistisierter Salzsäure (Chlor)* **1,** 935$_{15}$ **3,** 426$_{29}$

Xanthos der Lyder (5. Jh. v. Chr.) **2,** 938$_{14}$ **5,** 505$_{2}$
Ximenes, Leonardo (1716–1786)
– *Versuche zur Reibung* **1,** 149$_{R9}$ **2,** 153$_{12}$
Schriften
– *Teoria e pratica delle resistenze de' solidi (1782)* **1,** 149$_{28-31}$
– – *Rezension* **1,** 149$_{R7}$

Yorick (literarische Figur in L. Sternes Werk »Life and opinions of Tristram Shandy«) **5,** 463$_{8}$
York, Herzog von, s. England, Friedrich von, Duke of York and Albany.
Young, Arthur (1741–1820)
– *Travels during the years 1787, 1788 and 1789 [...] (1792)* **2,** 871$_{26-30}$
– – *Rezension* **2,** 871$_{30-31}$
Young, Edward (1683–1765)
– *The works of the author of the Night-thoughts. In four volumes. Revised and corrected by himself (1757)* **5,** 31$_{2}$
Young, Matthew (1750–1800)
– *An enquiry into the principal phaenomena of sounds and musical strings (1784)* **1,** 335$_{R1-5}$

Young, Thomas (1773–1829)
– *Observations on vision (1793)* **1,** 948_{35-36}
– *Outlines of experiments and inquiries respecting sound and light (1800)*
– – *Untersuchungen über Schall und Licht (dt. von G.U.A. Vieth 1806)* **2,** 317^{*} 347^{*}

Zach, Franz Xaver von (1754–1832) **1,** 905_{20} **2,** $632^{\dagger}$ $703^{\dagger}$ **5,** 680^{778}
– *Brief an L.* **5,** 116_{7} 622^{361}
– *Brief von A. v. Humboldt* **2,** 848^{*}
– *Gestalt der Erde* **2,** 685_{16}
– *Jahreslänge* **1,** 669_{R8} **2,** $734_{9.\ 15-16}$ 734^{*} **5,** 267_{11}
– *Kometen* **2,** 762^{*} 763_{34}
– *Nutation* **2,** 784^{*}
– *Obristwachtmeister* **1,** 674_{R34}
– *Präzession der Äquinoktien* **1,** 669_{R14} **2,** 781^{*}
– *Saturn* **2,** 750^{*}
– *Schiefe der Ekliptik* **2,** 627^{*}
– *Sekundenpendel* **1,** 132_{R1} 924_{27}
– *Sonne* **2,** 665^{*} 727^{*}
– *Uhren* **2,** 700_{23} **5,** 117_{25}
– *Uranus* **5,** 724^{1061}
Schriften
– *Auszug aus einem astronomischen Tagebuche [...] (1801)* **2,** $745^{\dagger}$
– *Beantwortung einer optischen Anfrage (1795) [Zuschreibung L.s]* **1,** $949_{31-32.\ 36-37}$
– *Bemerkungen über Algols- und des VIsten Saturnstrabantentafeln, Berechnung und Elemente der Bahn des von der Miss Herschel den 15. Dec. 1791 entdeckten Kometen (1796 [1793])* **1,** 700_{R17-18} 966_{17-18}
– *Beobachtungen des Uranus; Herrn Herschels neue Entdeckungen am Himmel; verschiedene astronomische Wahrnehmungen und Nachrichten [...] (1788 [1785])* **1,** 674_{R30-31} 689_{5-6} **2,** 729^{*} **5,** 161_{8} 688^{835} 717^{997}
– *Beschreibung einer neuen Vorrichtung, womit [...] die Versuche und Bestimmungen der wahren Länge des einfachen Sekunden-Pendels angestellt und gemacht werden mögen (1793)* **1,** 651_{R3-4} 924_{24-25}
– *Considérations sur l'aplatissement de la terre d'après les nouvelles observations [Auszug aus einem Brief] (1810)* **2,** $685^{\ddagger}$
– *[Einrichtung des neuen Kalenders der französischen Republik] (1796; Autorschaft v. Zachs unsicher)* **1,** 963_{14-16}
– *Etwas von Hevelius und Harriot's Handschriften (1803)* **2,** 761^{*}
– *Gedanken über die Figur der Erde (1806)* **2,** $685^{\dagger}$
– *Geographische Bestimmung einiger Orte in Ungarn, aus Liesganig's ungarischer Gradmessung [...] (1803)* **2,** 685^{*}
– *Geschichte der Astronomie vom Jahr 1796 (1798)* **1,** 966_{20-21}
– *Kurze Lebens-Nachrichten von R.J. Boscovich (1799)* **2,** 677^{*}
– *Kurze Nachrichten (1788)* **2,** 763_{34-35}
– – *Exzerpt* **5,** 287_{10}
– *Nachricht von einem sehr vortheilhaft eingerichteten Deklinatorium (1794)* **2,** 845_{12-15}
– *Nachrichten (1789)* **5,** 160_{25-26}
– *Nachtrag und Fortsetzung der Elementen-Tafel aller bisher berechneten Cometen-Bahnen (1812)* **2,** 762^{*}
– *Tables abrégées et portatives de la lune [...] (1809)* **2,** $703^{\dagger}$
– – *Rezension (dt.)* **2,** $703^{\dagger}$
– *Tables abrégées et portatives du soleil (1809)* **2,** $685^{\ddagger}$ 785^{*}

– *Tabulae motuum solis novae et correctae (1792)* **1,** 669_{R9} **2,** 742[*] **5,** 132_{28}
– – *Supplementum (1804)* **2,** 742[*]
– *Ueber die Entstehung und Bildung der Streifen auf der Scheibe des Jupiters (1796)* **1,** 966_{3-4}
– *Über die Gradmessung am Äquator (1812)* **2,** 676[†] 685[‡]
– *Über einen neuen von J.L. Pons im Monat Julius 1812 in Marseille entdeckten Cometen (1812)* **2,** 764[*]
Herausgeber
– *Monatliche Correspondenz zur Beförderung der Erd- und Himmels-Kunde* **2,** 747[*]
– *Supplement (1793) zum Astronomisches Jahrbuch* **5,** 706[957]
Zahn, Johannes (1641–1707)
– *Oculus artificialis teledioptricus (1685–1686)*
– – [2]*1702* **1,** 424_{34-35} **6,** 156 (*191*) 157 (*192*) 167 (*200*) 180 (*218*) 180 (*218*) 354 (**119*)
Zallinger zum Thurn, Franz Seraphin (1743–1828)
– *Abhandlung von der Elektricität des in Tyrol gefundenen Turmalins (1779)* **1,** 601_{23-25} **4,** 332_{24-25}
Zapf, Georg Wilhelm (1747–1810)
– *Zauberbibliothek (1776)* **4,** 816[312]
Zauzig, Oliver (*1969)
– *Modell einer Belagerungsbatterie (2014)* **6,** 151 (*187*)
Zedler, Johann Heinrich (1706–1751)
– *Grosses vollständiges Universal-Lexicon (1732–1754)* **3,** 501[196] **5,** 748[81. 82] 762[204] 821[571] 924[1207] **6,** 397 (**194*)
Zedlitz, Karl Abraham von (1731–1793) **3,** 501[195]
Zegollström, Johan Gustav (1724–1787)
– *De theoria declinationis magneticae (1755)* **1,** 755_{29-31}
Zehe, Horst (*1936)
– *„... Schellings Ideen zu einer Philosophie der Natur zu lesen" (1996)* **3,** 577[257]
– *„Ich habe selbst offt über die Compendienschreibung gelacht." Etwas über Georg Christoph Lichtenbergs Notizen zu einem Compendio der Physik (1994)* **3,** 723[373] **4,** 779[148]
– *„Sonderbare Refraction im Isländischen Krystalle und im Bergkrystalle" (1998)* **3,** 458[108] **6,** 536 (*431*)
– *„Über die eigentlichen Grenzen der Physik nachzudenken ..." (1992)* **3,** 577[257]
– *„Wenn sich das violette Licht z. B. langsamer bewegte als das rothe" (1995)* **5,** 604[232]
Zeiher, Johann Ernst (1720–1784)
– *Glas* **2,** 403_{36} **4,** 62_{7} 89_{20}
– *Magnet* **4,** 355_{20} 356_{22} 364_{6}
Schriften
– *Abhandlung von denjenigen Glasarten, welche eine verschiedene Kraft die Farben zu zerstreuen besitzen (1763)* **1,** 417_{24-27} **4,** 487[274]
– *Acus nauticae novae descriptio (1760–1761)* **5,** 832[639]
– *Acus novae declinatoriae descriptio (1761)* **5,** 831[636] 832[639]
– *De novis dioptricae augmentis (1768)* **1,** 417_{34-35}
– *Descriptio duplicis microscopii solaris (1764–1766)* **1,** 423_{14-17}
– *Dissertatio de quibusdam circa lentes causticas et specula ustoria emendatis et noviter inventis (1758–1759)* **1,** 492_{4-8}

– *Methodus expedita velocitatem venti absolutam determinandi (1764)* **1,** 767_{1-4}
– *Mistionum metallicarum examen hydrostaticum (1764)* **1,** 201_{32-34}
– *Thermometri metallici descriptio (1762–1763)* **1,** 479_{11-13}
Zenon von Kition (um 333 – 264 v. Chr.) **3,** 138_{30}
– *Lehre vom Sehen* **2,** 342_{20}
Zernecke, Jacob Heinrich (1672–1741)
– *Thornische Chronica (²1727)* **5,** 232_{3-4} 698[907]
Ziegler, Johann Heinrich (1738–1818)
– *Wärmemessung* **4,** 170_{14}
Schriften
– *Specimen physico-chemicum de digestore Papini (1769)* **1,** 442_{34-36} **4,** *557*[231]
Ziehen, Conrad Siegmund (1727–1780) **5,** 71_{1} 179_{12} 674[725] 678[758]
– *astronomische Dummheiten* **5,** 194_{3} 200_{34-35}
Schriften
– *Nachricht von einer bevorstehenden großen Revolution der Erde (1780)* **5,** 678[755]
Zillesen, Cornelis (1736–1828)
– *Project tot vorkomminge van ysdammen in de rivieren van ons vaderland (1774) [zus. mit Jan van der Geer]* **4,** 132_{23-24}
Zimmermann, Eberhard August Wilhelm von (1743–1815)
– *Elastizität des Wassers* **3,** 87_{5} 119_{2}
– *Erdoberfläche* **1,** 722_{R15} **5,** 320_{13}
Schriften
– *Allgemeiner Blick auf Italien (1797)* **3,** 625[65]
– *Geographische Geschichte des Menschen und der allgemein verbreiteten vierfüßigen Thiere (1783)* **2,** 812_{13-14} **5,** 320_{13}
– *[Nachricht von Schäffers Elektrophorversuchen] (1787)* **1,** 573_{R9} **4,** 725[423]
– *Rezensionen*
– – *[1779] Landriani, Physikalische Untersuchungen (1778)* **3,** 720[348]
– – *[1792] Bondioli, Sopra l'aurora boreale memoria (1791)* **5,** 487_{13}
– *Ueber die Elasticität des Wassers (1779)* **1,** 486_{28-30} **3,** 118_{3} 497[168] 498[178. 179]
Zimmermann, Johann Jakob (1644–1693)
– *Coniglobium nocturnale stelligerum seu conus astroscopicus geminus (1704 u.ö.)* **1,** 640_{17-18} **5,** 212_{24-25}
– – *Ausg. 1770* **1,** 640_{18-19}
Zinner, Ernst (1886–1970)
– *Deutsche und niederländische astronomische Instrumente (2 1967; Nachdruck 1979)* **6,** 293 (**23[a]*) 425 (**222*) 555 (*455*)
Zollikofer, Caspar Tobias (1774–1843)
Übersetzer
– *[1796] Beddoes / Watt, Considerations on the medicinal use of factitious airs (1794)* **1,** 932_{29}
Zonaras, Johannes (12. Jh.)
– *Brennspiegel des Archimedes* **4,** 53_{14}
Schriften
– *Epitome historiarum (Ἐπιτομὴ ἱστοριῶν)* **2,** 360_{37} **4,** 80_{22} 82_{9}
Zuidervaart, Huib J. (*1951)
– *The 'Invisible Technician' made visible (2012)* **6,** 332 (**82*)
Zwerger, Max (*1857)
– *Die lebendige Kraft und ihr Maß (1885)* **3,** 588[296. 298]

Zylius, Johann Diedrich Otto (1764–1820)
– *Kontroverse mit L. / Deluc* **1,** 906_{28} 907_{7} 909_{6} 910_{3} **2,** 285_{36} 877_{15}
Schriften
– *Prüfung der neuen Theorie des Herrn de Lüc vom Regen und seiner daraus abgeleiteten Einwürfe gegen die Auflösungstheorie (1795)* **2,** 877*
– *Rezension*
– – *[1794] Lampadius, Kurze Darstellung (1793)* **1,** 906_{28}

Verweisregister

Briefwechsel
– *Nr. 2 an Hennings* **5,** 934[36]
– *Nr. 14 an Kästner* **5,** 588[116] **6,** 175 (*213*)
– *Nr. 22 an Kästner* **5,** 656[590]
– *Nr. 28 an Kästner* **6,** 188 (*226*)
– *Nr. 36 an Schernhagen* **6,** 265 (*331*)
– *Nr. 63 an Dieterich* **5,** 573[38]
– *Nr. 136 an Geheimes Rats-Kollegium* **5,** 111$_{32}$
– *Nr. 150 an Schernhagen* **6,** 6 (*9*)
– *Nr. 163 an Kästner* **5,** 590[129] 721[1031] 767[254]
– *Nr. 164 an Schernhagen* **5,** 767[254]
– *Nr. 165 an Schernhagen* **5,** 762[210]
– *Nr. 166 an Schernhagen* **5,** 767[254]
– *Nr. 168 an Kaltenhofer* **5,** 762[209. 210]
– *Nr. 169 an Schernhagen* **5,** 590[129]
– *Nr. 181 an Schernhagen* **5,** 746[70] 762[210]
– *Nr. 189 an Friedr. Chr. Lichtenberg* **5,** 746[70]
– *Nr. 197 an Tietermann* **5,** 746[70]
– *Nr. 205 an Schernhagen* **6,** 182 (*218*)
– *Nr. 222 an Schernhagen* **5,** 657[594]
– *Nr. 260 an v. dem Bussche* **5,** 712[975] 713[977]
– *Nr. 265 an Dieterich* **5,** 824[591]
– *Nr. 266 an Brander* **5,** 826[600]
– *Nr. 288 an Kästner* **4,** 691[267]
– *Nr. 312 an Heyne* **5,** 824[590]
– *Nr. 318 an Schernhagen* **5,** 779[320]
– *Nr. 319 an Schernhagen* **5,** 629[407]
– *Nr. 333 an Schernhagen* **6,** 41 (*32*)
– *Nr. 336 an Hollenberg* **6,** 41 (*32*)
– *Nr. 344 an Hollenberg* **4,** 480[252] 741[503]
– *Nr. 364 an Schernhagen* **4,** 681[226]
– *Nr. 373 an Schernhagen* **6,** 41 (*32*)
– *Nr. 377 an Schernhagen* **6,** LXX[213] 210 (*265*)
– *Nr. 380 an Schernhagen* **4,** 679[222]
– *Nr. 386 an Schernhagen* **4,** 683[231]
– *Nr. 387 an Schernhagen* **4,** 661[136] 724[423]
– *Nr. 390 an Schernhagen* **4,** 661[136]
– *Nr. 401 an Schernhagen* **4,** 661[136]
– *Nr. 410 an Murray* **4,** 661[136] 721[404]
– *Nr. 413 an Murray* **4,** 722[404]
– *Nr. 447 an Schernhagen* **6,** 268 (*332*)
– *Nr. 450 an Schernhagen* **1,** IX[1] **6,** 265 (*331*) 268 (*332*)
– *Nr. 482 an Schernhagen* **4,** 642[68]
– *Nr. 485 an Schernhagen* **6,** LXX[212]
– *Nr. 492 an Schernhagen* **6,** LXX[212]
– *Nr. 495 an Schernhagen* **6,** 268 (*332*)
– *Nr. 496 an Schernhagen* **5,** 826[600] **6,** 268 (*332*)
– *Nr. 499 an Schernhagen* **6,** 268 (*332*)
– *Nr. 500 an Schernhagen* **4,** 652[97] **5,** 773[296]
– *Nr. 511 an Schernhagen* **5,** 619[343]
– *Nr. 513 an Göttinger Sozietät der Wissenschaften* **4,** 698[293]
– *Nr. 514 an Schernhagen* **5,** 619[343]
– *Nr. 516 an Schernhagen* **4,** 648[90] **5,** 619[343]
– *Nr. 524 an Boie* **4,** 679[222] **5,** 777[314] **6,** 210 (*265*)
– *Nr. 526 an Schernhagen* **5,** 619[343]
– *Nr. 528 an Schernhagen* **6,** 406 (**197*)
– *Nr. 534 an Schernhagen* **5,** 619[343]
– *Nr. 552 an Schernhagen* **3,** 719[333] **4,** 736[479] **6,** 122 (*139–141*)
– *Nr. 573 an Meister* **5,** 657[594]
– *Nr. 574 an Hindenburg* **5,** 657[594]

– *Nr. 575 an Schernhagen* **5,** 657[594]
– *Nr. 610 an Reimarus* **6,** LXX[213]
– *Nr. 611 an Ramberg* **5,** 777[314] 824[587] 879[926]
– *Nr. 616 an Sömmering* **5,** 871[895]
– *Nr. 620 an Schernhagen* **3,** 489[114]
– *Nr. 621 an Schernhagen* **3,** 489[114]
– *Nr. 645 an Schernhagen* **6,** 210 (*265*)
– *Nr. 646 an Schernhagen* **6,** 210 (*265*)
– *Nr. 681 an Ehrmann* **4,** 653[101]
– *Nr. 692 an Schernhagen* **5,** 875[915] **6,** 275 (*339*)
– *Nr. 701 an Schernhagen* **5,** 907[1047] **6,** 266 (*331*)
– *Nr. 705 an Schernhagen* **5,** 875[915] **6,** 275 (*339*)
– *Nr. 712 an Gerstenberg* **5,** 887[961] 898[1007]
– *Nr. 721 an Schernhagen* **6,** 196 (*236*)
– *Nr. 725 an Reimarus* **4,** 724[420]
– *Nr. 741 an Schernhagen* **3,** 548[97]
– *Nr. 754 an Olbers* **5,** 657[594]
– *Nr. 755 an Olbers* **5,** 657[594]
– *Nr. 756 an Olbers* **5,** 657[594]
– *Nr. 760 an Hemmer* **4,** 646[84]
– *Nr. 765 an Deluc* **4,** 686[241] **6,** 210 (*265*)
– *Nr. 772 von Deluc* **4,** 268_{32} 686[241]
– *Nr. 786 an Merck* **3,** 718[319] **5,** 589[124]
– *Nr. 826 von Schernhagen* **6,** 7 (*12*)
– *Nr. 833 von Heyne* **6,** 7 (*12*)
– *Nr. 840 an Hollenberg* **3,** 601[34] **4,** 648[90]
– *Nr. 857 an Hollenberg* **5,** 779[320]
– *Nr. 864 an Reimarus* **4,** 587[381] **6,** 26 (*23*)
– *Nr. 869 von Reimarus* **6,** 26 (*23*)
– *Nr. 870 von Klügel* **3,** 576[250]
– *Nr. 873 an Reimarus* **6,** 82 (*94*)
– *Nr. 876 an die Göttinger Sozietät der Wissenschaften* **6,** 266 (*331*)
– *Nr. 877 an Heyne* **6,** 123 (*139–141*)
– *Nr. 878 an Heyne* **5,** 906[1047] **6,** 266 (*331*)
– *Nr. 879 an Heyne* **6,** 266
– *Nr. 895 an Geheimes Rats-Kollegium* **3,** 692[102] **6,** 82 (*94*)
– *Nr. 896 an Ramberg* **5,** 579[72]
– *Nr. 904 von Blumenbach* **6,** 188 (*226*)
– *Nr. 906 an Hollenberg* **3,** 691[102]
– *Nr. 907 von Graf Bentinck* **5,** 876[918]
– *Nr. 910 an Heyne* **3,** 719[325]
– *Nr. 911 an Heyne* **3,** 719[325] **4,** 587[381]
– *Nr. 922 an Wolff* **3,** 697[149] **6,** 247 (*304*)
– *Nr. 927 an Wolff* **4,** 736[479] **6,** 210 (*265*) 210 (*265*) 221 (*274*)
– *Nr. 937 an Wolff* **6,** 119 (131) 210 (*265*)
– *Nr. 939 an Schernhagen* **3,** 691[102] **4,** 387[1] **5,** 575[50] **6,** 26 (*23*) 82 (*94*) 84 (*94*)
– *Nr. 940 an Schernhagen* **6,** 98 (*110*)
– *Nr. 943 an Schernhagen* **6,** 6 (*9*) 195 (*235*)
– *Nr. 945 von Wolff* **6,** 221 (*274*)
– *Nr. 956 an Schernhagen* **6,** 84 (*94*)
– *Nr. 957 an Wolff* **4,** 629[14] **6,** 210 (*265*) 221 (*273*)
– *Nr. 960 von Wolff* **6,** 221 (*273*)
– *Nr. 961 an Forster* **4,** 520[112] 617[513] 703[311]
– *Nr. 965 an Kästner* **5,** 647[539]
– *Nr. 966 an Schernhagen* **5,** 647[539] 681[786] 732[1107]
– *Nr. 967 an Schernhagen* **3,** 602[41] **5,** 594[162] 647[539]
– *Nr. 968 an Wolff* **4,** 641[59] **5,** 647[539]

– *Nr. 970 an Schernhagen* **5**, 647[539]
– *Nr. 972 an Schernhagen* **1**, XIV[13]
– *Nr. 974 an Schernhagen* **5**, 647[539]
– *Nr. 975 an Schernhagen* **5**, 647[539]
– *Nr. 977 an Schernhagen* **5**, 647[539]
– *Nr. 980 an Schernhagen* **5**, 647[539]
– *Nr. 982 an Ebell* **4**, 523[120]
– *Nr. 986 an Garve* **5**, 583[90] **6**, 26 (*23*)
– *Nr. 993 an Schernhagen* **6**, 150 (*187*)
– *Nr. 1023 an Schernhagen* **4**, 653[103]
– *Nr. 1039 an Ebell* **4**, 391[22]
– *Nr. 1041 an Reimarus* **5**, 594[160]
– *Nr. 1048 an Wolff* **6**, 210 (*265*)
– *Nr. 1058 an Schernhagen* **1**, XVII[23] **4**, 406[131]
– *Nr. 1078a an Konsistorium in Hannover* **5**, 878[925. 926]
– *Nr. 1081 an Michaelis* **4**, 641[62] **5**, 779[317]
– *Nr. 1087 an Schernhagen* **4**, 648[90]
– *Nr. 1089 an Schernhagen* **5**, 809[495]
– *Nr. 1093 an Wolff* **4**, 387[14] **5**, 809[495]
– *Nr. 1096 an Schernhagen* **5**, 581[78]
– *Nr. 1102 an Amelung* **5**, 851[771]
– *Nr. 1110 an Wolff* **4**, 653[102. 103] 715[364] **6**, 232 (*282*)
– *Nr. 1127 an Wolff* **4**, 676[204]
– *Nr. 1142 an Wolff* **4**, 639[51] 669[162] **6**, 210 (*265*) 213 (*265*)
– *Nr. 1165 an Wolff* **4**, 669[162]
– *Nr. 1166 an Schernhagen* **6**, 146 (*183*)
– *Nr. 1172 an Wolff* **6**, 84 (*94*) 85 (97) 88 (*98*) 97 (*108*) 98 (*110*) 100 (*111*) 110 (*119*)
– *Nr. 1210 an Wolff* **4**, 635[36] **5**, 774[300]
– *Nr. 1220 an Wolff* **5**, 662[636]
– *Nr. 1228 an Sömmering* **3**, 701[187]
– *Nr. 1255 an Ebell* **4**, 641[59]
– *Nr. 1258 an Kästner* **5**, 675[734]
– *Nr. 1268 von Herschel* **5**, 675[734] 686[826]
– *Nr. 1270 an Sömmering* **3**, 635[155]
– *Nr. 1274 an Kästner* **5**, 746[67]
– *Nr. 1275 an Heyne* **5**, 746[67]
– *Nr. 1276 an Kästner* **5**, 746[67]
– *Nr. 1278 an Soemmering* **3**, 711[268] **6**, 129 (*154*)
– *Nr. 1282 an Ramberg* **6**, 174 (*211*)
– *Nr. 1284 an Kästner* **5**, 635[445]
– *Nr. 1285 an Herschel* **5**, 687[830] 688[834]
– *Nr. 1308 an Sömmering* **6**, 146 (*183*)
– *Nr. 1310 an Hufeland* **3**, 500[194] **4**, 763[82]
– *Nr. 1311 an Sömmering* **5**, 773[296] 864[866]
– *Nr. 1312 an Blumenbach* **4**, 661[136]
– *Nr. 1314 (ohne Adressaten)* **3**, 454[84]
– *Nr. 1317 an Wolff* **4**, 661[136] **5**, 773[296] 776[310]
– *Nr. 1322 an J.G. Müller* **6**, 54 (*47*)
– *Nr. 1324 an Wolff* **4**, 483[261]
– *Nr. 1326 an Wolff* **4**, 638[45] 666[153] 668[160] **5**, 579[72]
– *Nr. 1331a von Michaelis* **5**, 679[771]
– *Nr. 1337 an Wolff* **4**, 631[23] 643[72] 646[81]
– *Nr. 1343 an Herschel* **4**, 440[90]
– *Nr. 1348 an Wolff* **4**, 635[36]
– *Nr. 1351 an Wolff* **4**, 724[423]
– *Nr. 1354 an Wolff* **4**, 640[58] 661[136] 665[148] **6**, XCIX[371] 232 (*282*) 261 (*324*)
– *Nr. 1363 an Wolff* **4**, 626[4]
– *Nr. 1365 an Wolff* **4**, 626[5] **5**, 906[1047] **6**, 108 (*118*) 504 (*410*)
– *Nr. 1366 an Nicolai* **1**, XVII[21]

– *Nr. 1369 an Wolff* **5,** 907[1047]
– *Nr. 1381 an Girtanner* **6,** 146 (*183*)
– *Nr. 1384 von Herschel* **4,** 440[90] 441[97] **5,** 686[826]
– *Nr. 1385 an Blumenbach* **3,** 713[281]
– *Nr. 1394 von Girtanner* **4,** 660[132] **6,** 129 (*154*)
– *Nr. 1395 an Sömmering* **4,** 497[21]
– *Nr. 1396 an Heyne* **4,** 638[49]
– *Nr. 1397 an Sömmering* **4,** 638[46] 758[51]
– *Nr. 1400 an Schröter* **5,** 682[795] **6,** 530 (426)
– *Nr. 1401 an Sömmering* **4,** 758[51]
– *Nr. 1403 an Herschel* **4,** 441[93]
– *Nr. 1406 von Schröter* **5,** 682[795]
– *Nr. 1407 an Schröter* **5,** 682[795]
– *Nr. 1419 von Göttling* **6,** 77 (*81*)
– *Nr. 1420 an Kästner* **6,** 270 (*334*)
– *Nr. 1421 von Tralles* **6,** 225 (*278*)
– *Nr. 1422 an Kästner* **5,** 684[805. 806] **6,** 270 (*334*)
– *Nr. 1429 an Ramberg* **4,** 656[112] **5,** 692[863] **6,** 425 (*222)
– *Nr. 1431 an Girtanner* **4,** 660[132]
– *Nr. 1435 an Amelung* **4,** 419[23]
– *Nr. 1437 an Köhler* **6,** 172 (*210*) 175 (*212*)
– *Nr. 1438 an Kästner* **5,** 601[204]
– *Nr. 1441 an Ramberg* **6,** 7 (*12*) 8 (*12*) 74 (*74*) 271 (*336*)
– *Nr. 1446 an Wittekopp* **6,** 224 (*276*) 275 (*340*)
– *Nr. 1450 an Blumenbach* **6,** 74 (*74*)
– *Nr. 1451 von Schröter* **5,** 682[795]
– *Nr. 1453 an Blumenbach* **6,** 75 (*74*)
– *Nr. 1461 an Geheimes Rats-Kollegium* **4,** 441[97]
– *Nr. 1464 von Tralles* **4,** 765[91] **6,** 225 (*278*)
– *Nr. 1467 an Ramberg* **5,** 577[61]
– *Nr. 1468a an Wolff* **5,** 907[1047]
– *Nr. 1479 an Göttinger Sozietät der Wissenschaften* **4,** 575[296]
– *Nr. 1486a an Wolff* **5,** 809[495]
– *Nr. 1488 an Blumenbach* **4,** 570[276]
– *Nr. 1514 an Amelung* **6,** 175 (*212*)
– *Nr. 1516 an Schleiermacher* **4,** 442[97]
– *Nr. 1518 von Kästner* **1,** XIX[34] **5,** 680[779]
– *Nr. 1522 vom Geheimen Rats-Kollegium* **6,** 82 (*94*)
– *Nr. 1531 an Hindenburg* **1,** IX[3]
– *Nr. 1533 an Herschel* **5,** 688[832]
– *Nr. 1539 an Büttner* **1,** XVIII[27]
– *Nr. 1539a an Große* **6,** 265 (*331*)
– *Nr. 1542 von Volta* **4,** 691[270] **5,** 883[933]
– *Nr. 1543 von Volta* **5,** 883[933]
– *Nr. 1545 von Volta* **5,** 883[933]
– *Nr. 1546 von Volta* **5,** 883[933]
– *Nr. 1547 von Volta* **5,** 883[933]
– *Nr. 1556 an Forster* **3,** 711[268] **5,** 747[76] **6,** 132 (*155*) 227 (*279*)
– *Nr. 1557 an Schroeter* **6,** 530 (*426*)
– *Nr. 1566 an Wurm* **5,** 689[843]
– *Nr. 1576 an Hollenberg* **5,** 774[300. 301] 878–880[926] 884[947]
– *Nr. 1581 an Reuß* **5,** 628[400]
– *Nr. 1592 an Kielmeyer* **6,** 203 (*251*)
– *Nr. 1598 an Hollenberg* **5,** 878[926]
– *Nr. 1614 an Woltmann* **4,** 493[296]
– *Nr. 1618 an von Trebra* **5,** 758[184]
– *Nr. 1619 an Oppermann* **4,** 395[47. 50] **6,** 189 (*230*)
– *Nr. 1621 an Amelung* **6,** 175 (*212*)
– *Nr. 1624 von Amelung* **6,** 175 (*212*)
– *Nr. 1628 an Amelung* **6,** 175 (*212*)
– *Nr. 1633 von Amelung* **6,** 175 (*212*)

– *Nr. 1638 an Sömmering* **5**, 627[393] 717[992]
– *Nr. 1639 von Tralles* **4**, 803[252]
– *Nr. 1641 an Werner* **3**, 576[250] **4**, 417[11] 455[144] 466[189] 574[291. 292] 576[303] 577[306] 578[312] 677[210] **5**, 672[715]
– *Nr. 1645 an Landriani* **5**, 746[69]
– *Nr. 1646 an Hindenburg* **3**, 636[160]
– *Nr. 1647 an Göttinger Sozietät der Wissenschaften* **3**, 636[160] **5**, 746[69] **6**, 473 (*382*)
– *Nr. 1648 an Sömmering* **3**, 636[160] **4**, 573[288] 574[289] **5**, 746[69]
– *Nr. 1661 von Göttinger Sozietät der Wissenschaften* **4**, 641[65]
– *Nr. 1663 von Klipstein* **6**, 199 (*242*)
– *Nr. 1667 an Göttinger Sozietät der Wissenschaften* **4**, 641[65] **5**, 878[926]
– *Nr. 1675 an Wolff* **6**, 56 (*50*) 437 (*348*)
– *Nr. 1677 an Blumenbach* **5**, 617[330]
– *Nr. 1680 an Forster* **6**, 484 (*395*)
– *Nr. 1690 an Woltmann* **5**, 792[373]
– *Nr. 1694 an Werner* **5**, 813[515]
– *Nr. 1703 von LaLande* **5**, 724[1061]
– *Nr. 1715 von Woltmann* **5**, 792[373]
– *Nr. 1716 von Schroeter* **5**, 720[1030]
– *Nr. 1728 an Gleim* **5**, 877[921] 883[936] 884[946] 885[948]
– *Nr. 1744 an Forster* **6**, 496 (*400*)
– *Nr. 1761 an Wilckens* **4**, 710[337]
– *Nr. 1805 an Soemmerring* **6**, 485 (*395*)
– *Nr. 1807 von Kästner* **6**, 270 (*334*)
– *Nr. 1809 von Wilckens* **4**, 585[363]
– *Nr. 1810 an Wilckens* **4**, 585[363]
– *Nr. 1812 von Häcker* **5**, 772[284]
– *Nr. 1818 von Hogrewe* **6**, 489 (*397*)
– *Nr. 1820 von Brodhagen* **6**, 516 (*422*)
– *Nr. 1825 an Wolff* **6**, 437 (*348*)
– *Nr. 1827 von Wolff* **6**, 10 (*13*)
– *Nr. 1829a von Ramus* **5**, 821[561. 573] 822[574]
– *Nr. 1834 an Soemmerring* **6**, 485 (*395*)
– *Nr. 1838 von Kapmeyer* **3**, 695[135]
– *Nr. 1849 von Soemmerring* **6**, 485 (*395*)
– *Nr. 1853 von Schroeter* **5**, 720[1030]
– *Nr. 1854a von Soemmerring* **6**, 485 (*395*)
– *Nr. 1857 an Blumenbach* **6**, 486 (*395*)
– *Nr. 1859 an Soemmerring* **6**, 486 (*395*)
– *Nr. 1862 von Hogreve* **4**, 396[51]
– *Nr. 1864 von Soemmerring* **6**, 486 (*395*)
– *Nr. 1869 an Hogreve* **5**, 872[904]
– *Nr. 1875 an Hindenburg* **1**, XVIII[29]
– *Nr. 1876 an Heyne* **6**, 538 (*432*)
– *Nr. 1885 an Dieterich* **6**, CXIV[484]
– *Nr. 1894 an Soemmerring* **6**, 486 (*395*)
– *Nr. 1906 von Haas* **6**, 476 (*387*) 533 (*428*)
– *Nr. 1922 an Wrisberg* **6**, C[373] CI[381]
– *Nr. 1937 an Kästner* **5**, 607[256]
– *Nr. 1950 an Kant* **3**, 575[244]
– *Nr. 1953 von Schroeter* **5**, 720[1030]
– *Nr. 1996 an Wolff* **5**, 792[373]
– *Nr. 2028 an Girtanner* **4**, 455[144]
– *Nr. 2047 von Harding* **6**, 495 (*399*)
– *Nr. 2077 von Humboldt* **3**, 577[254]
– *Nr. 2092 von Goethe* **6**, 491 (*398*)
– *Nr. 2093 von Klügel* **1**, XIX[32]
– *Nr. 2094 von Kästner* **5**, 711[969]

– *Nr. 2108 an Blumenbach* **3,** 702[188]
– *Nr. 2112a an Senat der Universität* **6,** CI[380]
– *Nr. 2116 an Willich* **6,** CI[384]
– *Nr. 2125 an Eisendecher* **4,** 736[479]
– *Nr. 2136 an Werner* **6,** 536 (*431*)
– *Nr. 2184 von LaLande* **5,** 246_{2}
– *Nr. 2187 von Wurzer* **3,** 720[346]
– *Nr. 2188 an Reimarus* **5,** 878–879[926] 883[940] 884[946] 885[948]
– *Nr. 2206 von Lampadius* **3,** 648[210]
– *Nr. 2210 von Hermbstädt* **3,** 648[210] **6,** 557 (*460*)
– *Nr. 2211 an den Herausgeber des Hannoverischen Magazins* **5,** 860[826] 862[843]
– *Nr. 2234 von Seyde* **6,** CI[387]
– *Nr. 2241 von Eisendecher* **6,** CII[388]
– *Nr. 2248 an Hermbstädt* **3,** 648[210] 658[260] **6,** 551 (*451*) 557 (*460*)
– *Nr. 2253 von Hermbstädt* **3,** 648[210] **6,** 474 (*383*)
– *Nr. 2277 an Nöhden* **5,** 775[306]
– *Nr. 2281 an Blumenbach* **4,** 732[460] **5,** 590[130] 672[715]
– *Nr. 2292a (ohne Adressaten)* **4,** 396[54]
– *Nr. 2295 von Aycke* **6,** 132 (*155*)
– *Nr. 2301 an Blumenbach* **6,** 416 (**213*)
– *Nr. 2303 an Goethe* **4,** 470[218]
– *Nr. 2304 von Geheimes Rats-Kollegium* **6,** CII[389]
– *Nr. 2310 von v. Ende* **5,** 891[973] **6,** 495 (*399*)
– *Nr. 2325 von Dammert* **5,** 611[283]
– *Nr. 2330 von Kapff* **3,** 417_{12} 716[303]
– *Nr. 2348 von v. Ende* **5,** 714[981] **6,** 520 (*423*)
– *Nr. 2351 von v. Zach* **5,** 116_{7} 622[361]
– *Nr. 2394 von Wattenbach* **5,** 725[1070]
– *Nr. 2395 an Ramberg* **6,** 196 (*236*)
– *Nr. 2405 von Kästner* **6,** 532 (*427*)
– *Nr. 2410 an Heyne* **5,** 878[926]
– *Nr. 2412 von Loder* **6,** 487 (*396*)
– *Nr. 2431 an Reimarus* **5,** 879[926]
– *Nr. 2444 an den Hrsg. des Hannoverischen Magazins* **6,** 457 (*368*) 462 (*371*)
– *Nr. 2452 von Kästner* **3,** 609[93]
– *Nr. 2454 an Schaubach* **6,** 496 (*400*)
– *Nr. 2499 von Schmidt* **6,** 498 (*402*)
– *Nr. 2518 von Brandes* **6,** CII[392]
– *Nr. 2531 an Gleim* **6,** 78 (*84*)
– *Nr. 2536 von Townson* **6,** 558 (*462*)
– *Nr. 2552 an Wolff* **6,** 447 (*360*)
– *Nr. 2589 an Loder* **6,** 487 (*396*)
– *Nr. 2593 von Goethe* **5,** 698[900]
– *Nr. 2651 an Kries* **5,** 698[907]
– *Nr. 2653 von Kries* **5,** $232_{10–11}$ 699[909]
– *Nr. 2661 von Kries* **5,** 232_{24} 698[900. 907]
– *Nr. 2677 von Loder* **6,** 487 (*396*) 552 (*453*)
– *Nr. 2682 an Geheimes Rats-Kollegium* **6,** CII[390] CXIII[481]
– *Nr. 2687 von Geheimes Rats-Kollegium* **6,** CII[391]
– *Nr. 2697 von Aycke* **5,** 937[51]
– *Nr. 2722 an Kästner* **5,** 684[806] **6,** 270 (*334*)
– *Nr. 2734 an Blumenbach* **4,** 771[113]
– *Nr. 2746 an Aycke* **6,** 457 (*368*)
– *Nr. 2750 an Dieterich* **6,** 556 (*459*)
– *Nr. 2751 von Schmidt* **4,** 777[136] 779[143]

– *Nr. 2757 von Schmidt* **4,** 777[136] **6,** 457 (*368*)
– *Nr. 2759 von v. Humboldt* **4,** 777[136]
– *Nr. 2775 von Fischer* **4,** 403[106]
– *Nr. 2777 an Schmidt* **6,** 457 (*368*)
– *Nr. 2805 von Heyne* **5,** 881[928]
– *Nr. 2809a (ohne Adressaten)* **5,** 671[714]
– *Nr. 2811 an Blumenbach* **5,** 601[212]
– *Nr. 2829 an Blumenbach* **6,** 179 (*218*)
– *Nr. 2842 an Blumenbach* **3,** 611[112]
– *Nr. 2843 von Blumenbach* **3,** 611[112]
– *Nr. 2853 an Dieterich* **6,** 552 (*453*)
– *Nr. 2856 an Geheimes Rats-Kollegium* **4,** 641[65] **5,** 879[926] 885[948]
– *Nr. 2879 an Geheimes Rats-Kollegium* **5,** 881[927]
– *Nr. 2890 an Kästner* **6,** 88 (*98*)
– *Nr. 2896 an Göttinger Sozietät der Wissenschaften* **4,** 608[470] **6,** 560 (*467*)
– *Nr. 2900 Schnepfenthal* **5,** 879[926]
– *Nr. 2934 von Fischer* **4,** 404[106]
– *Nr. 2959 an Reimarus* **5,** 599[191]

Excerpta mathematica et physica (NL VI 55) **1,** 453_{R3} $801_{R16–17}$
– *p. 2* **1,** 168_{R1} **3,** 597[17]
– *p. 3* **5,** 719[1012]
– *p. 6* **5,** 651[568]
– *p. 7* **1,** 283_{R14} **3,** 712[275] **5,** 670[711]
– *p. 8* **1,** 743_{R5}
– *p. 9* **1,** 208_{R22}
– *p. 11* **1,** 815_{R17}
– *p. 12–14* **3,** 330_{24}
– *p. 13* **3,** 327_{20}
– *p. 14–15* **3,** 355_{31}
– *p. 15* (Bl. 67r) **1,** $539_{R13–14}$ **4,** 132_{6} 133_{17} 510[77] 649[92]
– *p. 17* **1,** 754_{R15} **4,** 450[128]
– *p. 23–24* **1,** $766_{R10–11}$
– *p. 25* **1,** 919_{12}
– *p. 31* **1,** 969_{24} **3,** 326_{19}
– *p. 32* **5,** 447_{31}
– *p. 33* **1,** 722_{R14}
– *p. 34–36* **1,** $309_{R7–8}$ 333_{R6}
– *p. 44* **3,** 355_{31}
– *p. 52* **1,** 275_{R9} 400_{R5}
– *p. 53* **1,** $499_{R5–6. R17}$
– *p. 56* **1,** 844_{R2}
– *p. 57–64* **4,** 704[314]
– *p. 59* **4,** 737[480]
– *p. 70* **1,** 802_{R22}
– *p. 71* **1,** 824_{R20} **3,** 693[114]
– *p. 72* **1,** 199_{R15}
– *p. 80 [nicht überl.]* **1,** 577_{R12}
– *p. 81 [nicht überl.]* **1,** 919_{12}
– *p. 84 [nicht überl.]* **5,** 507_{20}
– *p. 88 [nicht überl.]* **1,** $806_{R25–26}$
– *p. 91 [nicht überl.]* **1,** $441_{R22–23}$
– *p. 92 [nicht überl.]* **5,** 506_{29} 522_{10}
– *p. 99 [nicht überl.]* **1,** 758_{R4} **5,** 422_{33}
– *p. 100 [nicht überl.]* **1,** 802_{R15} 948_{23} **5,** 474_{5} 522_{9}
– *p. 100–101 [nicht überl.]* **4,** 84_{25}
– *p. 101 [nicht überl.]* **5,** $515_{24–25}$ 522_{9}
– *p. 105 [nicht überl.]* **1,** 775_{R5} 969_{20}
– *p. 106 [nicht überl.]* **3,** 114_{11}
– *p. 107 [nicht überl.]* **1,** 426_{R6} 810_{R21}
– *p. 108 [nicht überl.]* **1,** $766_{R7–8}$
– *p. 111 [nicht überl.]* **1,** 846_{R5}
– *p. 112 [nicht überl.]* **1,** 275_{R10} **5,** 448_{19}
– *p. 119 [nicht überl.]* **4,** $193_{19–20}$
– *p. 120 [nicht überl.]* **4,** 152_{29} 153_{14}
– *p. 122 [nicht überl.]* **1,** 184_{R10} **4,** 193_{20}
– *p. 124 [nicht überl.]* **1,** 604_{R33}
– *p. 130 [nicht überl.]* **5,** $509_{27–28}$

– *p. 136 [nicht überl.]* **1,** 223$_{R2}$ 269$_{R1–2}$ **3,** 353$_{32}$
– *p. 137 [nicht überl.]* **5,** 510$_{7}$
– *p. 139* **3,** 671^{324}
– *p. 143* **1,** 972$_{2}$
– *p. 145* **1,** 915$_{28–29}$
– *p. 146* **1,** 949$_{37}$
– *p. 149* **3,** 492^{137}
– *p. 157* **1,** 146$_{R29}$ **3,** 589^{301}
– *p. 158* **1,** 962$_{1–2}$ **5,** 684^{801}
– *p. 164–165* (Bl. 23v–24r) **4,** 392^{27}
– *p. 166* **5,** 685^{818}
– *p. 168* **5,** 680^{778}
– *p. 171* **1,** 205$_{R7}$
– *p. 172* **5,** 719^{1012}
– *p. 174* (Bl. 28v) **4,** 777^{136}
– *p. 179* **5,** 508$_{7}$
– *p. 180–181* **1,** 950$_{3}$
– *p. 181* **1,** 173$_{R15}$ 925$_{7}$ **3,** 606^{64}
– *p. 182* **1,** 948$_{25}$ **4,** 85$_{17}$
– *p. 183* **1,** 968$_{13}$ **5,** 432$_{27}$
– *p. 184* **1,** 969$_{22}$ **5,** 768^{262}
– *p. 186* **5,** 510$_{13}$
– *p. 189* **3,** 452^{68}
– *p. 194* **1,** 929$_{13}$

Gamaufs Erinnerungen aus Lichtenbergs Vorlesungen
– **1:** *Experimentalphysik I*
– – *S. 1* **3,** 449^{47}
– – *S. 3* **3,** 448^{40}
– – *S. 7* **4,** 646^{81}
– – *S. 8* **3,** 449^{47}
– – *S. 11* **3,** 450^{50}
– – *S. 13* **3,** 454^{77} 456^{91}
– – *S. 15* **3,** 459^{115}
– – *S. 17* **3,** 460^{117}
– – *S. 18* **3,** 454^{85}
– – *S. 19* **3,** 454^{89}
– – *S. 20* **3,** 458^{107}
– – *S. 23* **3,** 460^{120}
– – *S. 25* **3,** 462^{128}
– – *S. 28* **3,** 465^{156}
– – *S. 30* **3,** 466^{158}
– – *S. 31* **3,** 466^{159}
– – *S. 34* **3,** 466^{157}
– – *S. 36* **3,** 465$^{140. 155}$
– – *S. 39* **3,** 477^{30}
– – *S. 41* **3,** 477^{31}
– – *S. 44* **3,** 478^{36}
– – *S. 47* **3,** 479^{51} **6,** 12 (*15*) 12 (*16*) 14 (*17*)
– – *S. 48* **3,** 481^{64}
– – *S. 49* **6,** 438 (*350*)
– – *S. 50* **3,** 479^{45}
– – *S. 52* **3,** 707^{244}
– – *S. 60* **3,** 485^{82}
– – *S. 62* **3,** 484^{79}
– – *S. 70* **3,** 488^{110} **6,** 3 (*5*)
– – *S. 72* **6,** 2 (*3*) 2 (*4*) 3 (*6*)
– – *S. 73* **3,** 475^{13}
– – *S. 74* **6,** 91 (*100*)
– – *S. 76* **3,** 475^{14}
– – *S. 78* **3,** 499^{187}
– – *S. 80* **3,** 499^{183}
– – *S. 82* **6,** 436 (*348*)
– – *S. 84* **3,** 490^{124}
– – *S. 84* **6,** 6 (*10*)
– – *S. 88* **3,** 492^{138} **6,** 435 (*344*) 435 (*345*)
– – *S. 89* **5,** 700^{913}
– – *S. 90* **3,** 493^{139}
– – *S. 92* **3,** 493^{141}
– – *S. 93* **6,** 8 (*12*)
– – *S. 94* **3,** 494$^{146. 148}$
– – *S. 95* **6,** 9 (*13*)
– – *S. 97* **3,** 493^{145}
– – *S. 98* **6,** 108 (*118*)
– – *S. 105* **6,** 11 (*14*) 200 (*244*)
– – *S. 117* **3,** 509^{36}
– – *S. 125* **3,** 517^{76}
– – *S. 126* **3,** 502^{1} 517^{77} **6,** 16 (*23.1*) 438 (*351*)
– – *S. 127* **3,** 512^{60}
– – *S. 128* **3,** 513^{61} 515^{69}
– – *S. 130* **3,** 512^{60} 517^{80} **6,** 15 (*20*)
– – *S. 131* **3,** 512^{59} 513^{63}
– – *S. 132* **5,** 603^{224}
– – *S. 137* **3,** 503^{7}
– – *S. 138* **3,** 503^{8} **6,** 15 (*22*)
– – *S. 141* **3,** 504^{10}
– – *S. 143* **3,** 504^{11}

– – S. 145 3, 503[9] 5, 604[225]
– – S. 146 3, 520[95]
– – S. 147 3, 505[14]
– – S. 150 3, 520[92]
– – S. 152 3, 505[17]
– – S. 155 3, 522[102] 5, 701[918]
– – S. 163 3, 524[110]
– – S. 164 6, 26 (23)
– – S. 165 3, 507[18] 6, 23 (23.7) 28 (24)
– – S. 174 3, 525[1]
– – S. 175 3, 526[1]
– – S. 179 3, 531[6]
– – S. 181 2, 312_{24} 6, 438 (352) 440 (352)
– – S. 182 6, 440 (353) 441 (353)
– – S. 183 6, 38 (26)
– – S. 184 3, 531[8]
– – S. 185 3, 532[9]
– – S. 189 3, 532[11] 6, 42
– – S. 190 3, 533[14] 5, 588[120]
– – S. 199 6, 320 (*37f)
– – S. 200 6, 40 (29)
– – S. 201 3, 533[17] 6, 36 (25e)
– – S. 202 3, 533[18] 6, 41 (30)
– – S. 204 3, 534[22]
– – S. 205 3, 535[24] 537[30]
– – S. 206 3, 534[19] 6, 46 (35)
– – S. 207 3, 534[20] 535[25] 6, 48 (38)
– – S. 208 3, 536[27]
– – S. 209 3, 537[28] 6, 441 (354)
– – S. 210 6, 44 (33)
– – S. 211 3, 538[33] 539[34] 6, 46 (36) 47 (37)
– – S. 212 3, 538[31] 553[123] 6, 45 (34)
– – S. 216 3, 538[32]
– – S. 219 3, 534[21]
– – S. 222 3, 539[36]
– – S. 223 3, 539[37] 6, 48 (39)
– – S. 224 3, 529[1]
– – S. 225 3, 539[36]
– – S. 227 3, 539[38] 6, 36 (25d) 444 (356)
– – S. 228 6, 49 (41)
– – S. 230 3, 540[47]
– – S. 234 3, 539[39] 6, 34 (25c)
– – S. 236 3, 540[52] 6, 29 (25) 31 (25)
– – S. 238 3, 541[55]
– – S. 244 3, 542[58]
– – S. 249 3, 542[60] 6, 447 448 (360)
– – S. 251 2, 141–141[†*]
– – S. 254 6, 49 (43)
– – S. 259 6, 16 (23.1)
– – S. 260 3, 542[61] 5, 575[49]
– – S. 271 3, 563[163]
– – S. 295 4, 560[241] 6, 50 (44)
– – S. 302 6, 451 (362)
– – S. 306 3, 544[77]
– – S. 307 6, 324 (*52)
– – S. 308 3, 545[79]
– – S. 309 3, 546[85]
– – S. 323 3, 546[90]
– – S. 333 3, 590[314]
– – S. 341 6, 51 (46)
– – S. 357 3, 582[277] 6, 451 (363)
– – S. 358 6, 51 (46)
– – S. 359 3, 582[277]
– – S. 362 3, 246_{13} 583[281]
– – S. 365 4, 392[32] 6, 54 (47)
– – S. 367 6, 55 (48)
– – S. 379 3, 548[96]
– – S. 381 3, 548[97]
– – S. 392 6, 55 (49) 56 (50)
– – S. 393 6, 56
– – S. 399 3, 551[114]
– – S. 400 3, 552[115]
– – S. 402 3, 552[120] 6, 99 (110)
– – S. 406 3, 593[2. 4] 6, 62 (56)
– – S. 407 6, 63 (57) 63 (58)
– – S. 410 2, 959[†] 3, 594[6]
– – S. 415 3, 594[10] 6, 64 (59)
– – S. 416 2, 497_{21} 6, 453 (365)
– – S. 417 3, 595[11]
– – S. 418 3, 596[16] 6, 64 (60)
– – S. 422 3, 596[14] 6, 65 (62)
– – S. 423 3, 596[13]
– – S. 425 3, 606[61]
– – S. 426 3, 597[21. 22] 606[62]
– – S. 427 3, 608[72]

-- *S. 428* **6**, 67 (*65*)
-- *S. 430* **2**, 873* **3**, 608[84] **6**, 457 (*368*)
-- *S. 435* **6**, 67 (*66*) 455 (*367*)
-- *S. 436* **3**, 608[79. 83] **6**, 455 (*366*)
-- *S. 439* **3**, 601[37]
-- *S. 441* **3**, 603[42]
-- *S. 444* **3**, 602[39]
-- *S. 446* **3**, 601[36] **6**, 68 (*67*)
-- *S. 447* **6**, 69 (*67*)
-- *S. 448* **3**, 601[35]
-- *S. 451* **5**, 724[1061]
-- *S. 454* **3**, 606[65] **6**, 74 (*72*)
-- *S. 455* **3**, 602[40]
-- *S. 456* **3**, 599[23. 24] 603[47] **6**, 71
-- *S. 462* **6**, 72 (*70*) 460 (*369*)
-- *S. 463* **3**, 604[48]
-- *S. 464* **3**, 604[48]
-- *S. 466* **3**, 604[49] **6**, 72 (*71*)
-- *S. 467* **3**, 604[49]
-- *S. 470* **6**, 4
-- *S. 471* **3**, 613[3]
-- *S. 472* **6**, 544 (*438*)
-- *S. 478* **3**, 614[4] **6**, 75 (*74*)
-- *S. 481* **3**, 614[4]
-- *S. 486* **3**, 616[11]
-- *S. 488* **3**, 616[15]
-- *S. 491* **6**, 75 (*76*)
-- *S. 493* **6**, 76 (*76*) 460 (*370*)
-- *S. 526* **3**, 620[42] 621[44]
-- *S. 527* **3**, 620[41]
-- *S. 532* **3**, 624[55] **6**, 76 (*78*)
- *2: Experimentalphysik II* **2**, 726$_{3–4}$
-- *S. 2* **3**, 680[7]
-- *S. 4* **3**, 679[1] 680[7]
-- *S. 6* **3**, 679[2]
-- *S. 10* **3**, 679[3]
-- *S. 11* **3**, 679[1]
-- *S. 14* **6**, 462 (*372*)
-- *S. 15* **3**, 680[8. 12] **6**, 78 (*85*) 472 (*382*)
-- *S. 16* **6**, 463 (*373*)
-- *S. 17* **6**, 79 (*87*)
-- *S. 18* **6**, 78 (*83*)
-- *S. 19* **6**, 78 (*84*) 79 (*88*)
-- *S. 20* **6**, 79 (*88*) 464 (*374*)
-- *S. 23* **6**, 79 (*89*)
-- *S. 26* **3**, 683[32]
-- *S. 27* **3**, 683[34. 38] **6**, 80 (*91*)
-- *S. 29* **3**, 686[56]
-- *S. 30* **3**, 687[58] **6**, 464 (*375*)
-- *S. 31* **6**, 81 (*93*)
-- *S. 32* **3**, 681[17]
-- *S. 33* **3**, 681[17] 683[37]
-- *S. 37* **3**, 688[68. 69]
-- *S. 41* **3**, 689[73]
-- *S. 44* **3**, 689[83]
-- *S. 46* **3**, 689[76]
-- *S. 47* **3**, 689[77]
-- *S. 49* **3**, 690[87]
-- *S. 50* **3**, 690[88] **6**, 466 (*377*)
-- *S. 51* **3**, 690[90]
-- *S. 53* **3**, 692[102]
-- *S. 56* **6**, 82 (*94*)
-- *S. 60* **3**, 723[373] **6**, 97 (*107*)
-- *S. 61* **3**, 708[252]
-- *S. 63* **6**, 85 (*96*) 92 (*101*)
-- *S. 64* **3**, 682[24] **6**, 84 (*95*)
-- *S. 65* **6**, 95 (*104*) 116 (*122*)
-- *S. 67* **3**, 682[31]
-- *S. 68* **6**, 95 (*106*)
-- *S. 70* **6**, 99 (*110*)
-- *S. 72* **3**, 682[24] **6**, 90 (*99*)
-- *S. 73* **3**, 682[28] **6**, 114 (*120*)
-- *S. 74* **6**, 88 (*98*)
-- *S. 76* **3**, 709[258] 710[264] **6**, 115 (*121*)
-- *S. 80* **3**, 682[25]
-- *S. 81* **6**, 92 (*102*) 94 (*103*)
-- *S. 84* **3**, 682[31] **6**, 95 (*105*)
-- *S. 85* **3**, 681[22] 682[30] **6**, 94 (*104*)
-- *S. 87* **6**, 117 (*127*)
-- *S. 89* **6**, 116 (*123*)
-- *S. 91* **3**, 692[105]
-- *S. 99* **6**, 118 (*129*)
-- *S. 100* **3**, 695[137] **6**, 125 (*148*)
-- *S. 101* **3**, 699[163]
-- *S. 103* **3**, 696[141] **6**, 469 (*379*) 469 (*380*) 547 (*446*)
-- *S. 107* **3**, 704[222]
-- *S. 108* **3**, 704[219]

– – *S. 111* **3,** 700[173]
– – *S. 112* **6,** 121 (*136*)
– – *S. 114* **6,** 121 (*135*)
– – *S. 115* **2,** 435$_{10}$ **3,** 701[181]
– – *S. 117* **6,** 122 (*137*)
– – *S. 119* **5,** 930[2]
– – *S. 120* **3,** 700[173]
– – *S. 121* **3,** 700[173] 702[191]
– – *S. 124* **6,** 125 (*146*)
– – *S. 126* **3,** 694[121]
– – *S. 132* **3,** 695[135] **5,** 754[136] **6,** 120 (*132*)
– – *S. 134* **3,** 695[136]
– – *S. 136* **3,** 695[132]
– – *S. 138* **3,** 720[343]
– – *S. 142* **3,** 704[218] **6,** 126 (*149*) 475 (*385*)
– – *S. 145* **3,** 704[215]
– – *S. 146* **6,** 475 (*384*)
– – *S. 148* **3,** 702[198] 704[216] **6,** 123 (*142*)
– – *S. 149* **5,** 835[661]
– – *S. 151* **3,** 703[200. 203] **6,** 123 (*143*)
– – *S. 153* **6,** 121 (*134*)
– – *S. 154* **6,** 120 (*134*)
– – *S. 164* **3,** 723[372]
– – *S. 168* **6,** 129 (*154*)
– – *S. 171* **5,** 859[821]
– – *S. 178* **5,** 847[729]
– – *S. 179* **6,** 479 (*389*)
– – *S. 181* **6,** 128 (*153*)
– – *S. 182* **3,** 712[275]
– – *S. 184* **3,** 712[273. 274] **6,** 127 (*152*)
– – *S. 185* **6,** 133 (*157*)
– – *S. 186* **3,** 708[253]
– – *S. 187* **3,** 705[227. 228] **4,** 538[169] **6,** 134 (*161*)
– – *S. 190* **3,** 705[228] **6,** 480 (*390*)
– – *S. 191* **3,** 705[229]
– – *S. 193* **3,** 705[230]
– – *S. 195* **3,** 600[27] **6,** 80 (*92*)
– – *S. 197* **6,** 108 (*118*)
– – *S. 198* **3,** 707[240] **6,** 480 (*391*)
– – *S. 204* **3,** 707[241]
– – *S. 207* **5,** 935[41]
– – *S. 208* **3,** 708[249]
– – *S. 211* **3,** 706[234]
– – *S. 216* **6,** 140 (*170*)
– – *S. 217* **6,** 138 (*166*) 481 (*392*)
– – *S. 222* **6,** 139 (*167*)
– – *S. 223* **6,** 139 (*168*) 139 (*169*)
– – *S. 224* **2,** 830$_{41}$
– – *S. 228* **3,** 686[55] **6,** 140 (*171*)
– – *S. 230* **3,** 684[44]
– – *S. 234* **3,** 685[51] **6,** 141 (*173*)
– – *S. 237* **3,** 684[46] **6,** 143 (*177*)
– – *S. 238* **3,** 684[46. 47] **6,** 142 (*176*)
– – *S. 240* **3,** 684[46] **6,** 141 (*174*)
– – *S. 241* **3,** 684[46] **6,** 142 (*175*)
– – *S. 242* **3,** 684[46]
– – *S. 243* **3,** 684[46]
– – *S. 249* **3,** 686[54]
– – *S. 250* **3,** 687[63]
– – *S. 251* **3,** 688[65] **6,** 100 (*111*) 481 (*393*)
– – *S. 257* **4,** 393[35. 37]
– – *S. 260* **4,** 411[176]
– – *S. 263* **5,** 642[489]
– – *S. 264* **4,** 387[14] 393[38] 395[47]
– – *S. 267* **4,** 387[15]
– – *S. 269* **4,** 397[54]
– – *S. 270* **4,** 387[13]
– – *S. 271* **4,** 393[39]
– – *S. 278* **4,** 394[44]
– – *S. 279* **4,** 390[19]
– – *S. 280* **4,** 390[21] 391[23]
– – *S. 288* **6,** 417 (**213*)
– – *S. 288 f.* **6,** 418 (**214*)
– – *S. 292* **4,** 405[125]
– – *S. 296* **4,** 406[126]
– – *S. 299* **4,** 406[131] **6,** 482 (*394*)
– – *S. 300* **4,** 409[155]
– – *S. 304* **4,** 25$_{20}$
– – *S. 306* **4,** 404[110] 408[139]
– – *S. 308* **4,** 410[167]
– – *S. 310* **4,** 409[150. 152]
– – *S. 313* **4,** 408[144] 409[146] **6,** 483 (*395*) 484 (*395*) 553 (*453*)
– – *S. 319* **4,** 463[178]
– – *S. 327* **6,** 558 (*461*)

– – *S. 347* **4,** 461[168]
– – *S. 349* **5,** 625[390]
– – *S. 350* **6,** 147 (*184*)
– – *S. 352* **5,** 588[117] 626[391]
– – *S. 355* **4,** 418[18]
– – *S. 359* **4,** 463[177]
– – *S. 366* **4,** 466[190]
– – *S. 369* **4,** 464[183]
– – *S. 371* **6,** 152 (*188*)
– – *S. 372* **4,** 422[34] **6,** 152 (*189*)
– – *S. 373* **4,** 465[184] **6,** 148 (*187*) 149 (*187*)
– – *S. 375* **6,** 161 (*194*)
– – *S. 381* **6,** 155 (*191*)
– – *S. 385* **6,** 163 (*195*) 362 (**142*)
– – *S. 387* **6,** 364 (**142*)
– – *S. 392* **6,** 165 (*197*)
– – *S. 407* **4,** 426[46]
– – *S. 409* **4,** 428[50] **6,** 165 (*198*) 166 (*199*)
– – *S. 412* **6,** 169 (*205*)
– – *S. 418* **4,** 435[68]
– – *S. 419* **6,** 65 (*60*)
– – *S. 462* **4,** 448[121] **6,** 176 (*216*)
– – *S. 465* **4,** 449[124]
– – *S. 467* **4,** 448[123]
– – *S. 471* **4,** 443[98]
– – *S. 475* **4,** 444[102]
– – *S. 485* **6,** 179 (*218*)
– – *S. 493* **4,** 438[80]
– – *S. 496* **6,** 174 (*211*)
– – *S. 499* **6,** 193 (*234*)
– – *S. 500* **6,** 195 196 (*236*)
– – *S. 528* **6,** 76 (*77*)
– *3: Experimentalphysik III* **2,** 840[†]
– – *S. 8* **4,** 551[213] **6,** 205 (*254*)
– – *S. 16* **4,** 503[63] 505[65] **6,** 206 (*256*)
– – *S. 19* **6,** 207 (*257*)
– – *S. 23* **5,** 619[344]
– – *S. 26* **6,** 197 (*239*)
– – *S. 30* **4,** 496[16]
– – *S. 41* **5,** 746[69]
– – *S. 45* **4,** 496[19] **6,** 198 (*240*)
– – *S. 52* **6,** 200 (*244*)
– – *S. 54* **4,** 497[20] **6,** 198 (*241*)
– – *S. 56* **4,** 497[25] 535[154]
– – *S. 57* **6,** 498 (*404*)
– – *S. 59* **4,** 521[116] 522[119] **6,** 500 (*404*) 562 (*476*)
– – *S. 63* **4,** 533[148]
– – *S. 64* **4,** 523[121]
– – *S. 65* **4,** 526[123]
– – *S. 70* **4,** 530[138]
– – *S. 74* **4,** 531[140] **6,** 500 (*405*)
– – *S. 82* **4,** 532[144]
– – *S. 85* **4,** 529[136] **6,** 201 (*246*)
– – *S. 86* **6,** 201 (*245*)
– – *S. 87* **4,** 497[27]
– – *S. 99* **4,** 500[38]
– – *S. 101* **4,** 499[33] **6,** 80 (*91*) 197 (*237*)
– – *S. 102* **6,** 202 (*248*)
– – *S. 113* **4,** 499[34]
– – *S. 117* **5,** 934[37]
– – *S. 129* **4,** 501[55]
– – *S. 135* **4,** 608[470] 611[481]
– – *S. 136* **4,** 608[470]
– – *S. 140* **4,** 592[391]
– – *S. 161* **4,** 575[298] 593[395]
– – *S. 164* **4,** 576[299. 300]
– – *S. 167* **4,** 594[396]
– – *S. 168* **4,** 585[368]
– – *S. 173* **2,** 876[*]
– – *S. 190* **4,** 603[444]
– – *S. 207* **4,** 601[435]
– – *S. 209* **4,** 648[90] 670[164]
– – *S. 211* **4,** 671[172]
– – *S. 213* **4,** 626[1] **6,** 208 (*258*)
– – *S. 214* **6,** 208 (*261*)
– – *S. 215* **4,** 646[84]
– – *S. 217* **6,** 208 (*260*)
– – *S. 218* **4,** 674[193]
– – *S. 219* **4,** 626[3] 627[6]
– – *S. 220* **4,** 655[108]
– – *S. 222* **4,** 627[9]
– – *S. 225* **4,** 628[11. 13] **6,** 219 (*270*) 222 (*275*)
– – *S. 227* **4,** 629[14] 647[87] **6,** 219 (*271*) 221 (*273*)
– – *S. 228* **4,** 628[12] 629[14] **6,** 220 (*272*) 221 (*274*) 222 (*274*)

– – *S. 229* **4,** 630[17]
– – *S. 230* **4,** 737[479] **6,** 122 (*141*)
– – *S. 233* **4,** 630[19]
– – *S. 234* **6,** 208 (*259*)
– – *S. 235* **4,** 653[107]
– – *S. 238* **6,** 209 (*263*)
– – *S. 241* **4,** 705[324]
– – *S. 242* **6,** 230 (*282*)
– – *S. 243* **4,** 652[98] 706[324] **6,** 236 (*290*)
– – *S. 253* **6,** 224 (*276*)
– – *S. 259* **4,** 632[25]
– – *S. 262* **4,** 633[27]
– – *S. 263* **4,** 715[364]
– – *S. 264* **4,** 660[126] **5,** 863[854] **6,** 242 (*296*) 250 (*307*)
– – *S. 265* **5,** 772[293] **6,** 247 (*304*) 248 (*304*)
– – *S. 266* **2,** 913[*] **4,** 633[28] 660[130. 132]
– – *S. 267* **4,** 633[28] **6,** 246 (*301*)
– – *S. 268* **4,** 657[118] **6,** 246 (*302*) 247 (*303*) 543 (*435*)
– – *S. 269* **4,** 633[28] 661[136]
– – *S. 270* **4,** 633[29] **5,** 863[854]
– – *S. 271* **6,** 253 (*310*)
– – *S. 274* **6,** 253 (*310*)
– – *S. 275* **4,** 634[34] 809[272] **6,** 253 (*309*)
– – *S. 277* **4,** 632[23]
– – *S. 280* **4,** 806[265]
– – *S. 281* **4,** 664[147]
– – *S. 283* **6,** 255 (*315*)
– – *S. 284* **6,** 255 (*316*)
– – *S. 285* **4,** 636[41]
– – *S. 287* **4,** 638[48]
– – *S. 289* **4,** 639[49. 50]
– – *S. 290* **4,** 684[232]
– – *S. 294* **4,** 640[52] **6,** 230 (*281*)
– – *S. 295* **6,** 218 (*268*)
– – *S. 296* **4,** 669[163]
– – *S. 297* **6,** 229 (*280*) 244 (*297*)
– – *S. 298* **4,** 700[301] 705[319]
– – *S. 299* **6,** 224 (*277*)
– – *S. 300* **4,** 726[427] **6,** 226 (*279*)
– – *S. 301* **6,** 510 (*417*)
– – *S. 302* **4,** 655[108]
– – *S. 308* **3,** 464[138] **4,** 655[108]
– – *S. 311* **4,** 667[155]
– – *S. 312* **6,** 249 (*307*)
– – *S. 319* **4,** 667[154]
– – *S. 347* **4,** 739[490] **6,** 257 (*317*)
– – *S. 351* **6,** 238 (*290*)
– – *S. 353* **4,** 760[65. 66] 761[71] 782[165]
– – *S. 354* **4,** 750[23] 761[70]
– – *S. 355* **4,** 754[38] 758[53]
– – *S. 357* **4,** 763[82] 778[143] 779[144]
– – *S. 358* **4,** 763[80] 766[92] 777[138] **6,** 268 (*333*)
– – *S. 359* **4,** 764[85. 86] 792[208]
– – *S. 360* **4,** 781[160]
– – *S. 361* **4,** 745[7] **6,** 259 (*318*)
– – *S. 362* **4,** 766[95]
– – *S. 364* **4,** 767[98] 768[100]
– – *S. 365* **4,** 767[99] 770[110]
– – *S. 366* **4,** 762[76] 779[145] **6,** 259 (*320*) 260 (*321*)
– – *S. 367* **4,** 746[13] 779[148]
– – *S. 369* **4,** 747[17] 772[117]
– – *S. 370* **4,** 780[152]
– – *S. 371* **4,** 781[161]
– – *S. 372* **4,** 751[31] 771[112. 113]
– – *S. 373* **4,** 747[18]
– – *S. 375* **4,** 748[19] 751[32] 785[178] **6,** 260 (*323*)
– – *S. 376* **4,** 785[175]
– – *S. 380* **4,** 751[27]
– – *S. 382* **4,** 778[141]
– – *S. 388* **4,** 790[203]
– – *S. 395* **4,** 792[211] 798[231. 232]
– – *S. 398* **4,** 808[268]
– – *S. 400* **4,** 806[265]
– – *Tab. 1* **4,** 519[109] 525[123] 532[144] 535[154]
– – *Tab. 2* **4,** 662[140] 737[479] 750[23]
– **4:** *Astronomie*
– – *S. XIX* **5,** 690[853]
– – *S. 1* **5,** 594[165] 595[176] 596[178]
– – *S. 4* **5,** 596[179]
– – *S. 6* **5,** 578[63]
– – *S. 7* **5,** 596[180]
– – *S. 11* **5,** 597[185]

– – *S. 20* 5, 678[761]
– – *S. 23* 5, 597[182]
– – *S. 24* 5, 570[12] 597[183]
– – *S. 26* 5, 570[13]
– – *S. 27* 5, 691[859]
– – *S. 28* 5, 673[722]
– – *S. 43* 5, 571[17]
– – *S. 44* 5, 571[16] 691[863]
– – *S. 48* 5, 571[18]
– – *S. 52* 5, 571[20]
– – *S. 55* 5, 679[774]
– – *S. 56* 5, 673[722]
– – *S. 58* 5, 634[435]
– – *S. 61* 5, 572[25]
– – *S. 66* 5, 572[24]
– – *S. 68* 5, 572[28]
– – *S. 69* 5, 573[30]
– – *S. 77* 5, 694[883]
– – *S. 84* 5, 599[191]
– – *S. 85* 5, 600[196]
– – *S. 90* 5, 697[892]
– – *S. 98* 5, 601[204]
– – *S. 104* 5, 601[205]
– – *S. 113* 5, 580[75] 582[86] 601[210]
– – *S. 115* 5, 603[221]
– – *S. 116* 5, 601[212]
– – *S. 130* 5, 592[148]
– – *S. 145* 5, 631[415]
– – *S. 148* 5, 631[417]
– – *S. 150* 5, 631[414]
– – *S. 151* 5, 631[416]
– – *S. 153* 5, 604[233]
– – *S. 175* 5, 583[89]
– – *S. 194* 5, 678[763]
– – *S. 205* 5, 606[251]
– – *S. 207* 3, 561[146]
– – *S. 208* 3, 561[146] **5**, 701[918]
– – *S. 213* 5, 606[252] 702[929] 705[951]
– – *S. 214* 5, 607[254]
– – *S. 215* 5, 608[257]
– – *S. 216* 5, 608[263]
– – *S. 227* 5, 701[925]
– – *S. 229* 5, 701[924]
– – *S. 232* 5, 609[271]
– – *S. 235* 5, 609[268]
– – *S. 261* 5, 612[286]
– – *S. 263* 5, 612[284]
– – *S. 265* 5, 612[287]
– – *S. 289* 5, 614[307]
– – *S. 290* 5, 614[308]
– – *S. 295* 5, 614[310]
– – *S. 298* 5, 702[933]
– – *S. 300* 5, 706[953]
– – *S. 323* **2**, 855[†] **5**, 705[951]
– – *S. 324* 5, 614[313]
– – *S. 325* 5, 704[943] 705[945]
– – *S. 326* 5, 706[955]
– – *S. 327* 5, 615[316]
– – *S. 330* 5, 615[316]
– – *S. 332* 5, 615[316] 714[981] **6**, 518 (422)
– – *S. 336* 5, 709[965]
– – *S. 339* 5, 709[965]
– – *S. 342* 5, 710[965]
– – *S. 343* 5, 678[759]
– – *S. 344* 5, 616[320]
– – *S. 345* 5, 616[321]
– – *S. 348* 5, 616[325]
– – *S. 350* 5, 617[326]
– – *S. 351* 5, 711[969]
– – *S. 352* 5, 617[330] 715[984]
– – *S. 353* 5, 626[392]
– – *S. 354* 5, 617[327] 710[968] 711[969]
– – *S. 363* 5, 620[346]
– – *S. 365* 5, 618[332]
– – *S. 367* 5, 618[340]
– – *S. 376* 5, 623[366]
– – *S. 381* 5, 718[1001. 1007]
– – *S. 383* 5, 624[370] 717[995]
– – *S. 384* 5, 717[997]
– – *S. 386* 5, 717[998]
– – *S. 389* 5, 624[373] 719[1011]
– – *S. 393* 5, 718[1002. 1005]
– – *S. 396* 5, 718[1008]
– – *S. 401* 5, 589[126]
– – *S. 422* 5, 590[130]
– – *S. 430* 5, 625[383]
– – *S. 434* 5, 587[112] 625[383]
– – *S. 435* 5, 589[122] 625[385]
– – *S. 442* 5, 627[396]
– – *S. 446* 5, 627[398]
– – *S. 448* 5, 585[100] 628[400]

– – *S. 450* 5, 628[401]
– – *S. 451* 5, 585[103]
– – *S. 452* 5, 629[406]
– – *S. 453* 5, 629[407]
– – *S. 457* 5, 587[109]
– – *S. 458* 5, 630[411]
– – *S. 460* 5, 628[404]
– – *S. 463* 5, 632[419]
– – *S. 471* 5, 635[444]
– – *S. 472* 5, 635[440] 636[452]
– – *S. 475* 5, 723[1045]
– – *S. 476* 5, 633[428]
– – *S. 480* 5, 723[1051]
– – *S. 483* 5, 640[476]
– – *S. 496* 5, 645[522]
– – *S. 497* 5, 726[1075]
– – *S. 504* 5, 729[1087] 6, 514 (*419*)
– – *S. 505* 5, 730[1092]
– – *S. 506* 5, 647[531. 532] 731[1101]
– – *S. 512* 5, 724[1061]
– – *S. 513* 5, 603[222] 649[554]
– – *S. 534* 5, 734[1123]
– – *S. 543* 5, 735[1143]
– – *S. 574* 5, 669[699]
– – *S. 575* 5, 669[700]
– – *S. 576* 5, 594[164] 669[701. 705]
– – *S. 581* 5, 679[766]
– – *S. 584* 5, 641[481] 678[754]
– – *S. 586* 5, 676[740] 679[769]
– – *S. 588* 5, 678[765]
– – *S. 597* 5, 603[223]
– – *S. 598* 5, 603[223]
– – *S. 599* 5, 685[816]
– – *S. 601* 5, 686[823]
– – *S. 603* 5, 686[828] 689[837]
– – *S. 611* 5, 680[779]
– – *S. 612* 5, 680[779]
– – *Tab. 1* 5, 580[75] 673[722]
– – *Tab. 2* 5, 609[267] 710[965]
– – *Tab. 3* 5, 617[330] 715[984]
– *5: Geographie, Meteorologie*
– – *S. 9* 5, 740[21]
– – *S. 11* 5, 805[459]
– – *S. 17* 5, 742[39]
– – *S. 18* 5, 742[38]
– – *S. 20* 5, 744[45]
– – *S. 25* 5, 745[52]
– – *S. 29* 5, 746[69]
– – *S. 31* 5, 746[67]
– – *S. 36* 4, 677[212] 5, 746[70]
– – *S. 41* 5, 748[85]
– – *S. 57* 5, 750[109]
– – *S. 59* 5, 753[128]
– – *S. 61* 5, 753[130] 754[132]
– – *S. 65* 5, 754[133]
– – *S. 67* 5, 693[878]
– – *S. 85* 5, 814[516]
– – *S. 88* 5, 819[547]
– – *S. 91* 4, 759[58]
– – *S. 98* 5, 821[560]
– – *S. 99* 5, 827[611]
– – *S. 100* 6, 273 (*337*)
– – *S. 109* 5, 831[634]
– – *S. 122* 5, 759[191]
– – *S. 124* 5, 759[192]
– – *S. 130* 5, 761[201]
– – *S. 137* 5, 762[206]
– – *S. 139* 5, 838[678]
– – *S. 140* 5, 761[199]
– – *S. 143* 5, 835[660]
– – *S. 149* 5, 838[681]
– – *S. 152* 5, 592[145]
– – *S. 160* 5, 763[220. 222]
– – *S. 162* 5, 592[144]
– – *S. 175* 5, 768[262]
– – *S. 181* 5, 767[258] 843[695]
– – *S. 189* 5, 859[821]
– – *S. 214* 5, 858[819]
– – *S. 227* 5, 769[266]
– – *S. 236* 5, 770[273]
– – *S. 240* 5, 851[771]
– – *S. 251* 5, 772[284]
– – *S. 254* 5, 858[817]
– – *S. 255* 5, 600[203]
– – *S. 282* 5, 772[288] 873[907]
– – *S. 285* 5, 865[870. 871]
– – *S. 286* 5, 871[894]
– – *S. 287* 5, 776[310]
– – *S. 290* 5, 774[305]
– – *S. 291* 5, 872[899]
– – *S. 292* 5, 775[307]
– – *S. 293* 5, 872[901]

– – *S. 295* **4,** 642[67]
– – *S. 296* **5,** 774[304]
– – *S. 299* **5,** 774[300]
– – *S. 300* **5,** 777[313]
– – *S. 302* **5,** 774[301]
– – *S. 306* **5,** 884[941]
– – *S. 322* **4,** 642[66]
– – *S. 328* **5,** 886[952]
– – *S. 333* **5,** 785[343]
– – *S. 335* **5,** 641[482] 780[326]
– – *S. 345* **5,** 784[334]
– – *S. 348* **5,** 641[483] 671[711]
– – *S. 351* **5,** 786[345]
– – *S. 352* **5,** 909[1057]
– – *S. 356* **5,** 909[1059]
– – *S. 360* **5,** 910[1062]
– – *S. 363* **5,** 911[1073]
– – *S. 378* **5,** 915[1125]
– – *S. 405* **5,** 800[434]
– – *S. 406* **5,** 800[438] 927[1257]
– – *S. 407* **5,** 926[1247]
– – *S. 408* **5,** 926[1250]
– – *S. 409* **5,** 927[1253]
– – *S. 411* **5,** 813[515]
– – *S. 412* **5,** 928[1269]
– – *S. 415* **5,** 930[7] 931[9]
– – *S. 425* **5,** 931[10]
– – *S. 459* **5,** 931[14]
– – *S. 460* **5,** 931[15] 932[18]
– – *S. 461* **5,** 931[17]
– – *S. 463* **5,** 931[14]

Handexemplar von Krünitz' »Verzeichniß der vornehmsten Schriften von der Elektricität« (NL VI 54) 1, 602_{R28}–603_{R1} **4,** 670[167. 168] 675[200] 715[365] **5,** 872[905]

Instrumentenverzeichnis
– *NL VII Q1*
– – *Bl. 48r* **6,** 438 (*352*) 476 (*387*) 481 (*393*) 495 (*399*) 516 (*422*) 538 (*432*)
– – *Bl. 48v* **6,** 460 (*370*) 483 (*395*) 488 (*397*) 515 (*421*)
– – *Bl. 60r* **6,** 466 (*377*) 501 (*406*) 511 (*416*)
– – *Bl. 60v* **6,** 442 (*355*) 453 (*365*) 481 (*392*) 492 (*398*) 533 (*428*)
– – *Bl. 61r* **6,** 472 (*382*) 510 (*417*) 533 (*429*)
– – *Bl. 62r* **6,** 539 (*433*)
– – *Bl. 63r* **6,** 501 (*406*)
– – *Bl. 65r* **6,** 511 (*416*) 543 (*434*) 543 (*435*) 543 (*436*)
– – *Bl. 66r* **6,** 453 (*365*) 466 (*377*)
– – *Bl. 67r* **6,** 442 (*355*)
– – *Bl. 68r* **6,** 533 (*428*)
– – *Bl. 69r* **6,** 491 (*398*)
– – *Bl. 70r* **6,** 481 (*392*)
– – *Bl. 77r* **6,** 440 (*353*)
– – *Bl. 78r* **6,** 121 (*136*) 455 (*367*) 514 (*419*)
– – *Bl. 81r* **6,** 447 (*360*)
– – *Bl. 81v* **6,** 257 (*317*) 455 (*366*) 457 (*368*) 457 (*368*) 536 (*431*)
– – *Bl. 82r* **6,** 451 (*363*) 500 (*405*)
– – *Bl. 83r* **6,** 544 (*438*) 545 (*439*) 545 (*440*) 545 (*441*)
– – *Bl. 84r* **6,** 447 (*360*) 546 (*442*)
– – *Bl. 88r* **6,** 451 (*363*)
– – *Bl. 90r* **6,** 500 (*405*)
– – *Bl. 91r* **6,** 546 (*444*)
– – *Bl. 99r* **6,** 120 (*134*) 469 (*381*) 483 (*395*) 503 (*409*)
– – *Bl. 99v* **6,** 452 (*364*) 463 (*373*) 463 (*374*) 465 (*376*) 480 (*390*) 487 (*396*)
– – *Bl. 101r* **6,** 120 (*134*) 469 (*381*) 483 (*395*)
– – *Bl. 102r* **6,** 503 (*409*) 547 (*445*)
– – *Bl. 103r* **6,** 547 (*446*)
– – *Bl. 104r* **6,** 463 (*373*) 463 (*374*)
– – *Bl. 105r* **6,** 465 (*376*)
– – *Bl. 106r* **6,** 452 (*364*) 465 (*376*) 480 (*390*)
– *NL VII Q2* **4,** 761[74]
– – *Bl. 10r* **6,** 284 (**7*) 293 (**23[a]*)
– – *Bl. 13r* **3,** 488[110]
– – *Bl. 13v* **3,** 490[124]
– – *Bl. 14r* **3,** 478[41] 494[145]

-- *Bl. 14v* **3,** 503[7] 517[79] 523[110] 529[1] **5,** 738[8]
-- *Bl. 15r* **3,** 507[18] 540[51] **5,** 575[50] 583[90] 590[137]
-- *Bl. 15v* **3,** 532[8]
-- *Bl. 16r* **3,** 533[14] 537[28]
-- *Bl. 16v* **3,** 538[33] 539[34. 37] **5,** 763[214]
-- *Bl. 17v* **3,** 549[101] 552[116]
-- *Bl. 18r* **3,** 597[17]
-- *Bl. 18v* **3,** 596[14. 15] 599[23] 601[36]
-- *Bl. 19r* **3,** 604[49] 608[72] 613[4] 617[23]
-- *Bl. 19v* **3,** 624[55]
-- *Bl. 20r* **3,** 600[27] 680[8] 683[34]
-- *Bl. 20v* **3,** 681[17. 23] 682[24]
-- *Bl. 21v* **3,** 682[31] 709[257]
-- *Bl. 22r* **3,** 682[24] **4,** 387[1]
-- *Bl. 23r* **3,** 695[134] 702[190] **5,** 754[136]
-- *Bl. 23v* **3,** 703[203] **4,** 736[479]
-- *Bl. 24r* **3,** 712[274]
-- *Bl. 24v* **3,** 705[228. 230] **4,** 538[166]
-- *Bl. 25v* **3,** 684[46] 686[52] **5,** 940[83]
-- *Bl. 26r* **4,** 406[131]
-- *Bl. 27v* **4,** 428[49]
-- *Bl. 29r* **4,** 448[119] 618[523]
-- *Bl. 29v* **4,** 431[54] 443[101]
-- *Bl. 30r* **4,** 438[82] **5,** 891[973]
-- *Bl. 30v* **3,** 479[42]
-- *Bl. 32v* **4,** 519[109]
-- *Bl. 33r* **4,** 494[7] **5,** 592[149]
-- *Bl. 33v* **4,** 608[474] 631[20] 669[162]
-- *Bl. 34r* **4,** 627[11] 700[301] **5,** 747[76]
-- *Bl. 34v* **4,** 630[16] 706[324] 736[479]
-- *Bl. 35r* **4,** 633[25. 28] 659[124. 125]
-- *Bl. 35v* **4,** 631[21] 633[28] 634–635[35] 665[149] 736[479]
-- *Bl. 36r* **4,** 751[32] 761[73. 75] 780[155]
-- *Bl. 36v* **4,** 746[9] 758[49] 759[56] 779[146] 798[228] 811[284] **5,** 600[204] 681[789] 819[548]
-- *Bl. 37r* **5,** 757[166] 811[502]
-- *Bl. 47r* **4,** 607[469]
-- *Bl. 51v* **4,** 745[3] 751[28] 759[57] 761[69] 770[110] 772[117] **5,** 314$_{12}$
-- *Bl. 58r* **3,** 608[72]
-- *Bl. 58v* **3,** 687[58]
-- *Bl. 59r* **3,** 690[88] 703[203]
-- *Bl. 59v* **3,** 705[228]
-- *Bl. 60r* **4,** 396[51] 406[131] **5,** 891[973]
-- *Bl. 60v* **4,** 521[116] 532[143]
-- *Bl. 61r* **4,** 641[58] 681[226] 736[479]
-- *Bl. 61v* **5,** 714[981]
-- *Bl. 62r* **4,** 606[465] **5,** 682[795]

Kompendium (Erxlebens Anfangsgründe der Naturlehre) 2, 575$_{33-35}$
– *§ 1* **3,** 20$_{6}$ 32$_{14}$
– *§ 3* **2,** 21$_{3-4}$
– *§ 4* **3,** 54$_{2}$
– *§ 8* **3,** 62$_{20}$
– *§ 27* **3,** 81$_{22}$
– *§ 40 ff.* **3,** 86$_{27}$ 130$_{6}$
– *§ 48* **3,** 166$_{8}$ 168$_{9}$
– *§ 50* **1,** 103$_{R1}$
– *§ 51* **1,** 103$_{R2}$
– *§ 53* **3,** 142$_{22}$
– *§ 54* **3,** 143$_{3}$
– *§ 55* **3,** 143$_{10}$ 144$_{6}$
– *§ 60* **3,** 158$_{11}$
– *§ 67 ff.* **3,** 174$_{8}$
– *§ 83* **3,** 197$_{13}$
– *§ 86* **1,** 103$_{R2}$ **2,** 80$_{2}$
– *§ 99 ff.* **3,** 183$_{6}$
– *§ 110* **3,** 185$_{15}$
– *§ 110–112* **3,** 230$_{11}$
– *§ 114* **3,** 188$_{19}$
– *§ 121* **2,** 133[†]
– *§ 129* **2,** 133[†] **3,** 243$_{2}$
– *§ 135* **3,** 252$_{10}$
– *§ 138* **3,** 259$_{9}$
– *§ 159* **3,** 268$_{21}$
– *§ 165* **3,** 274$_{6}$
– *§ 166* **3,** 274$_{11}$
– *§ 167* **3,** 274$_{15}$
– *§ 168* **3,** 276$_{2}$
– *§ 184* **3,** 299$_{12. 21}$
– *§ 187* **3,** 300$_{7}$
– *§ 188* **3,** 300$_{14}$
– *§ 189* **3,** 300$_{3}$

– *§ 201* **3,** 307_{16} 313_{27}
– *§ 215* **3,** 311_{3}
– *§ 237* **3,** 410_{2}
– *§ 248* **3,** 405_{22}
– *§ 315* **4,** 52_{4}
– *§ 327* **4,** 79_{18}
– *§ 329* **4,** 79_{5}
– *§ 383* **4,** 83_{20}
– *§ 408* **4,** 85_{27}
– *§ 416* **4,** 91_{17} 92_{15}
– *§ 419* **4,** 131_{3}
– *§ 424* **4,** 131_{15}
– *§ 426* **4,** 132_{5}
– *§ 428* **4,** 136_{30}
– *§ 431* **4,** 137_{29} 170_{13}
– *§ 432* **4,** 139_{21} 140_{17}
– *§ 433* **4,** 141_{12} 142_{13} 153_{21}
– *§ 434* **4,** 116_{21} 154_{32} 155_{15}
– *§ 451* **4,** $157_{11\text{–}13}$
– *§ 456* **4,** 117_{33} 162_{23}
– *§ 467* **4,** 121_{31}
– *§ 469* **1,** 480_{R15}
– *§ 470* **4,** $168_{2.\,26}$ 169_{5}
– *§ 471* **4,** 170_{19} $172_{15\text{–}16}$
– *§ 475* **4,** 173_{32}
– *§ 482* **4,** 182_{17}
– *§ 484* **4,** 172_{16} 183_{12} 185_{12}
– *§ 488* **1,** 497_{R4} **4,** 186_{4}
– *§ 492* **4,** 186_{16}
– *§ 493* **4,** 187_{4}
– *§ 544* **4,** $269_{28\text{–}29}$
– *§ 612* **5,** 126_{29}
– *§ 625* **5,** 157_{16}
– *§ 637* **5,** $277_{16\text{–}17}$
– *§ 637 (Fig. 92)* **5,** 158_{12}
– *§ 638* **5,** 153_{7}
– *§ 642* **5,** 254_{9}
– *§ 644* **5,** 162_{15}
– *§ 646* **5,** 287_{7}
– *§ 674* **5,** 323_{16}
– *§ 676* **5,** 325_{9} 396_{17}
– *§ 682* **5,** 563_{25}
– *§ 683* **5,** 563_{31}
– *§ 685* **5,** 400_{10}
– *§ 688* **5,** 330_{26}
– *§ 707* **5,** 436_{11}
– *§ 711* **5,** 347_{27}
– *§ 714* **5,** 349_{1} 438_{3}
– *§ 716* **5,** 440_{2}
– *§ 719* **5,** 445_{27}
– *§ 727* **5,** 359_{31} 451_{10}
– *§ 728* **5,** 361_{13}
– *§ 729* **5,** 362_{1} 452_{9}
– *§ 731* **5,** 455_{4}
– *§ 732* **5,** 455_{18} 458_{9}
– *§ 733* **5,** 456_{27} 457_{19} 458_{9} 459_{16} 460_{2}
– *§ 734* **5,** 460_{13}
– *§ 735* **5,** 461_{2}
– *§ 736* **5,** 467_{5}
– *§ 737* **5,** 468_{2}
– *§ 750* **5,** 473_{27}
– *§ 751* **5,** 474_{1}
– *§ 752* **5,** 474_{7}
– *§ 759* **5,** 485_{2} 489_{2}
– *§ 760* **5,** 490_{2}
– *§ 763* **5,** 370_{3}
– *§ 773* **5,** 378_{1}
– *§ 775* **5,** 380_{15}
– *§ 778–782* **5,** 505_{33}
– *§ 786* **5,** 529_{2}
– *§ 787* **5,** 529_{15}
– *Kap. 13* **5,** 315_{8}

Kompendium (^{2}1777)
– *§ 283* **4,** 27_{25}

Kompendium (^{3}1784)
– *Vorrede* **4,** 276_{7}
– *Smeatonsche Luftpumpe* **2,** 239_{19}
– *p. 87* **3,** 186_{30}
– *p. 88* **3,** 186_{27} $188_{12\text{–}14}$ 226_{9}
– *p. 160* **3,** 404_{12}
– *p. 374 (Rand)* **4,** $137_{31\text{–}32}$
– *p. 376 (Rand)* **1,** $442_{R31\text{–}33}$
– *p. 437* **4,** 202_{33}
– *p. 462* **4,** 269_{22}
– *p. 499* **4,** 273_{8}
– *p. 659 (Rand)* **1,** 773_{R16}
– *§ 39* **6,** 11 (14)
– *§ 113. b* **3,** 201_{3} $206_{17\text{–}18}$
– *§ 147* **1,** $256_{R10\text{–}11}$

– *§ 150* **6,** 58 (vor 52)
– *§ 201 Anhang* **3,** 310_{27}
– *§ 236 Zusätze* **2,** 255_{16-17}
– *§ 253 (Rand)* **1,** 298_{R3-4} 743_{R1-3}
– *§ 256* **3,** 382_{12}
– *§ 494. b* **4,** 195_{22} 205_{2}
– *§ 552* **1,** 630_{R4-5}
– *§ 685 (Rand)* **5,** 329_{30}

Kompendium (^{4}1787) **5,** 341_{20} **6,** 1 (vor 1) 452 (*364*)
– *p. XXXIV* **1,** 694_{R20} **5,** 162_{3}
– *p. LV* **1,** 128_{R28-29} 129_{R2-3} 265_{R19}
– *p. 1–24* **6,** 1 (vor 1)
– *p. 17 (Rand)* **1,** 812_{R19}
– *p. 46 (Rand)* **3,** 146_{3} 149_{14} 152_{15}
– *p. 125* **1,** 256_{R1-2}
– *p. 131* **1,** 370_{1}
– *p. 131 (Rand)* **3,** 281_{15}
– *p. 150 (Rand)* **1,** 224_{R11-12}
– *p. 155* **3,** 326_{3}
– *p. 160 (Rand)* **1,** 212_{R12-13} 273_{R23-24}
– *p. 172 (Rand)* **1,** 307_{R3-4}
– *p. 175* **1,** 254_{R10}
– *p. 175 (Rand)* **1,** 256_{R16-17}
– *p. 186* **1,** 243_{R9}
– *p. 191 ff.* **6,** 117 (vor 128)
– *p. 192 (Rand)* **1,** 272_{R11}
– *p. 195* **3,** 422_{25}
– *p. 198* **1,** 267_{R13} **3,** 318_{13}
– *p. 202* **3,** 429_{20}
– *p. 205 (Rand)* **1,** 281_{R4-5}
– *p. 207* **3,** 432_{2}
– *p. 209* **1,** 221_{R1}
– *p. 221* **1,** 286_{R11}
– *p. 263 (Rand)* **1,** 370_{26}
– *p. 344* **1,** 482_{R6}
– *p. 349 (Rand)* **4,** 153_{15}
– *p. 377 (Rand)* **1,** 826_{R13}
– *p. 385* **1,** 71_{R1-3}
– *p. 393 (Rand)* **1,** 499_{R20-21}
– *p. 403* **1,** 514_{R10}
– *p. 403 (Rand)* **1,** 519_{R1}
– *p. 410 (Rand)* **1,** 518_{R11-12}
– *p. 413 (Rand)* **1,** 516_{R2}
– *p. 416* **1,** 505^{4} 524_{R6}
– *p. 416 (Rand)* **1,** 499_{R18-19}
– *p. 426 (Rand)* **1,** 535_{R4}
– *p. 429 (Rand)* **1,** 600_{R10-11}
– *p. 442 (Rand)* **1,** 800_{R1-2}
– *p. 456* **1,** 572_{R1}
– *p. 476 (Rand)* **1,** 573_{R15}
– *p. 487 (Rand)* **1,** 565_{R32-33}
– *p. 491 (Rand)* **1,** 588_{R10}
– *p. 496 (Rand)* **1,** 632_{R10}
– *p. 510 (Rand)* **1,** 632_{R17-18}
– *p. 511 (Rand)* **1,** 759_{R11}
– *p. 513 (Rand)* **1,** 754_{R29}
– *p. 530* **5,** 160_{15-16}
– *p. 538 (Rand)* **1,** 814_{R36}
– *p. 570 (Rand)* **1,** 676_{R3-5}
– *p. 590* **5,** 216_{15}
– *p. 599 (Rand)* **1,** 771_{R2} **5,** 358_{26}
– *p. 610* **5,** 119_{30}
– *p. 613 (Rand)* **1,** 299_{R1-2}
– *p. 624* **1,** 632_{R16}
– *p. 635* **1,** 315_{R3}
– *p. 646 (Rand)* **1,** 784_{R40}–785_{R1} 848_{R18} **5,** 456_{21-22}
– *p. 647* **5,** 457_{26}
– *p. 647 (Rand)* **1,** 810_{R10-11}
– *p. 648 (Rand)* **1,** 764_{R6-7}
– *p. 655 (Rand)* **5,** 77_{22}
– *p. 657* **1,** 782_{R20}
– *p. 660 (Rand)* **1,** 798_{R36} 802_{R23-24}
– *p. 662 (Rand)* **1,** 729_{R11}
– *p. 664 (Rand)* **5,** 474_{4}
– *p. 668 (Rand)* **5,** 473_{30}
– *p. 673* **1,** 813_{R25-26}
– *p. 675 (Rand)* **1,** 660_{R15-16}
– *p. 677* **5,** 495_{10}
– *p. 685 (Rand)* **1,** 477_{R5-6} 815_{R26}
– *p. 707 (Rand)* **1,** 842_{R37}
– *§ 19* **6,** 1 (vor 1)
– *§ 21* **6,** 2 (2)
– *§ 29* **6,** 2 (3)
– *§ 32* **3,** 113_{11} **6,** 6 (9) 435 (*344*) 436 (*347*)
– *§ 49* **1,** 114_{R8}
– *§ 55* **6,** 14 (19)
– *§ 58* **6,** 14 (20)

– § *60* **6,** 15 (22)
– § *64–66* **6,** 15 (23)
– § *67* **6,** 29 (vor 25)
– § *86* **6,** 40 (27)
– § *90* **6,** 40 (28)
– § *92* **6,** 44 (33) 441 (*353*)
– § *96* **6,** 48 (vor 39)
– § *99* **1,** 94_{R1} 920_{8} **6,** 49 (vor 43)
– § *114* **6,** 50 (44)
– § *117* **6,** 50 (vor 45)
– § *131 b* **3,** 248_{13} **6,** 54 (48)
– § *138* **6,** 55 (vor 49)
– § *142* **6,** 57 (vor 51)
– § *155* **6,** 62 (56)
– § *157* **6,** 64 (59) 453 (*365*)
– § *161* **6,** 64 (60) 65 (61) 65 (62)
– § *166* **6,** 66
– § *168* **6,** 67 (65) 455 (*366*)
– § *169* **6,** 68 (67)
– § *176* **6,** 72 (70)
– § *180* **6,** 74 (vor 74)
– § *185* **6,** 75 (75)
– § *201* **6,** 76 (78)
– § *201 a* **6,** 77 (vor 80)
– § *201 c* **6,** 77 (81)
– § *201 d* **3,** 313_{27}
– § *202* **6,** 78 (vor 82)
– § *202–203* **6,** 78 (82)
– § *205* **6,** 78 (83) 462 (*372*)
– § *210* **6,** 79 (89)
– § *211* **6,** 80 (91) 465 (*376*)
– § *211 (Rand)* **1,** $255_{R32–35}$
– § *214* **6,** 81 (93)
– § *216* **6,** 466 (*377*)
– § *232* **6,** 117 (126)
– § *237* **6,** 127 (vor 152)
– § *244* **6,** 133 (vor 159)
– § *248* **1,** $237_{R1–3}$ **6,** 480 (*391*)
– § *252* **6,** 136 (vor 163)
– § *256* **6,** 141 (vor 173)
– § *264–279* **6,** 144 (vor 180)
– § *297* **6,** 147 (vor 184)
– § *315* **6,** 147 (184)
– § *321* **6,** 148 (vor 185)
– § *326* **6,** 148 (187)
– § *330* **6,** 155 (vor 191)
– § *340* **6,** 165 (vor 197)
– § *343* **6,** 165 (197)
– § *346* **6,** 165 (198)
– § *347* **6,** 166 (199)
– § *348* **6,** 167 (vor 201)
– § *362* **6,** 170 (vor 207)
– § *376* **6,** 176 (215)
– § *379* **6,** 176 (216)
– § *383–392* **6,** 179 (vor 218)
– § *393* **6,** 182 (vor 219)
– § *395* **6,** 186 (vor 222)
– § *397 und 398* **6,** 187 (224)
– § *404–406* **6,** 189 (230)
– § *408* **6,** 174 (211)
– § *409* **6,** 190 (231)
– § *410* **6,** 192 (232)
– § *411* **6,** 192 (233)
– § *413* **6,** 193 (235)
– § *414* **6,** 196 (236)
– § *417* **6,** 197 (vor 237)
– § *419* **6,** 197 (vor 237) 202 (247)
– § *422 f.* **6,** 197 (239)
– § *432* **6,** 198 (vor 240)
– § *433* **6,** 201 (246)
– § *451* **6,** 202 (vor 247)
– § *462* **6,** 202 (247)
– § *469* **6,** 205 (vor 254)
– § *470* **1,** 485_{R7}
– § *484* **4,** $218_{23–24}$
– § *494 k. (Rand)* **1,** $514_{R30–31}$
– § *498* **6,** 209 (265)
– § *508* **6,** 218 (vor 269)
– § *511* **6,** 222 (vor 276)
– § *516* **6,** 230 (282)
– § *517* **6,** 230 (281) 233 (283)
– § *518* **6,** 233 (285)
– § *523* **6,** 235
– § *525* **6,** 236 (vor 290)
– § *526* **6,** 236 (290)
– § *528* **6,** 241 (293)
– § *529* **6,** 241 (294)
– § *534* **6,** 247 (303)
– § *535* **6,** 247 (304)
– § *537* **6,** 244 (297)
– § *538* **6,** 241 (295)
– § *538. b* **6,** 250

– *§ 538. f* **4,** 317_{23} **6,** 254 (313)
– *§ 538. g* **4,** 319_{33} **6,** 255 (vor 314)
– *§ 549. o* **1,** 541_{R3}
– *§ 550* **6,** 257 (vor 317)
– *§ 553* **6,** 259 (vor 318)
– *§ 558* **6,** 260 (vor 323)
– *§ 570. a* **4,** 378_{9}
– *§ 701* **1,** 732_{R13}
– *§ 715* **5,** 442_{5}
– *§ 775* **1,** 120_{R1}
– *§ 784* **1,** $850_{R12–13}$

Kompendium (^{5}**1791**)
– *p. XXXV* **1,** $210_{R1–2}$
– *p. 87* **3,** 223_{10}
– *p. 206* **2,** 270_{26} 272_{8}
– *p. 214* **1,** 776_{R5}
– *p. 225* **3,** 334_{7}
– *§ 494. f* **4,** 210_{9}
– *§ 494. h* **4,** 211_{14}
– *§ 494. i* **4,** 212_{7}
– *§ 494. m* **1,** $497_{R6–7}$
– *§ 633* **5,** 253_{22}
– *§ 636* **5,** 159_{11}
– *§ 733* **5,** 467_{18}

Kompendium (^{6}**1794**) **5,** 401_{19}
– *Vorrede* **2,** 279_{29}
– *p. LII* **6,** 84 (*94*)
– *p. 241* **1,** 308_{R25}
– *p. 325* **1,** $949_{2–3}$
– *p. 329* **1,** 947_{10}
– *p. 344* **1,** 946_{29}
– *p. 381* **1,** 931_{29}
– *p. 399* **1,** 71_{R3}
– *p. 410* **6,** 457
– *p. 453* **4,** 208_{6}
– *p. 469* **1,** 960_{5}
– *p. 532* **4,** 276_{18}
– *p. 535* **2,** 23_{15}
– *p. 602* **5,** 274_{24}
– *p. 694* **5,** 359_{29}
– *p. 701* **5,** 462_{17}
– *p. 704* **5,** 462_{21}
– *p. 714* **1,** 974_{4}
– *p. 743* **5,** $490_{21–22}$
– *p. 766* **1,** $940_{16–17}$
– *§ 19* **3,** 88_{4} 90_{12}
– *§ 23* **3,** 101_{2}
– *§ 32* **3,** 119_{7}
– *§ 38* **3,** 121_{20}
– *§ 40* **3,** 136_{4}
– *§ 49* **1,** 923_{17}
– *§ 110* **3,** 235_{16}
– *§ 241* **3,** 440_{2}
– *§ 251. c* **3,** 399_{21}
– *§ 340* **1,** 946_{19}
– *§ 438* **1,** 930_{24}
– *§ 473* **1,** 915_{26} **3,** 117_{10} 119_{8}
– *§ 494. q* **4,** 208_{10}
– *§ 494. r* **4,** 208_{8}
– *§ 494. t* **4,** 208_{9}
– *§ 494. y*
– *§ 591* **5,** $159_{16–17}$
– *§ 628* **5,** 117_{28}
– *§ 635* **5,** $156_{9–10}$
– *§ 637.a* **5,** 275_{12} 277_{31}
– *§ 637.b* **5,** 159_{17}
– *§ 658* **5,** 190_{10}
– *§ 666* **5,** 195_{27}
– *§ 728 (Rand)* **1,** 776_{R8}
– *§ 773* **5,** 508_{2}

Leih-Bibliothek (NL VI, 58) **5,** 648^{539}
– *Bl. 7v* **5,** 649^{556}
– *Bl. 8r* **6,** 187 (*225*)
– *Bl. 57r* **6,** 190 (*230*) 218 (*268*)
– *Bl. 58r* **6,** 41 (*32*) 77 (*81*) 224 (*276*) 242 (*296*)
– *Bl. 58v* **6,** 41 (*32*) 188 (*227*) 208 (*258*)
– *Bl. 59r* **6,** 42 269 (*334*)
– *Bl. 59v* **6,** 225 (*278*)
– *Bl. 60v* **6,** 42 (*32*) 71 (*69*) 269 (*334*)
– *Bl. 61r* **6,** 169 (*204*) 209 (*265*)
– *Bl. 61v* **6,** 107 (*118*) 184 (*220*)
– *Bl. 62r* **6,** 42 (*32*) 74 (*73*) 204 (*252*) 265 (*331*) 268 (*332*)
– *Bl. 62v* **6,** 58 (*52*) 71 (*69*) 262 (*326*)

– *Bl. 63r* **6,** 42 (*32*) 184 (*220*) 262 (*326*)
– *Bl. 64r* **6,** 9 (*13*)
– *Bl. 65v* **6,** 74 (*73*) 265 (*331*)
– *Bl. 66v* **6,** 40 195 (*235*) 489 (*397*)
– *Bl. 67r* **6,** 6 (*9*) 261 (*324*)
– *Bl. 67v* **5,** 792[373] **6,** 7 (*12*) 9 (*13*) 249 275 (*340*) 516 (*422*)
– *Bl. 68r* **4,** 397[54] **6,** 269 (*334*) 488 (*397*)
– *Bl. 68v* **4,** 397[54] **5,** 792[373] **6,** 85 (*97*) 488 (*397*)
– *Bl. 69r* **5,** 792[373]
– *Bl. 69r–71v* **6,** 501 (*405*)
– *Bl. 70r* **6,** 120 124 (*145*) 276 (*341*)
– *Bl. 72r* **6,** 457 (*368*)
– *Bl. 73r* **6,** 188 (*227*) 488 (*397*) 520 (*423*)
– *Bl. 74r* **6,** 56 (*50*) 118 (*129*) 120 (*133*) 123 (*143*) 124 (*145*) 125 (*146*)
– *Bl. 74v* **6,** 516 (*422*)
– *Bl. 75r* **6,** 543 (*434*)
– *Bl. 75v* **6,** 118 (*129*) 123 (*143*)
– *Bl. 76r* **4,** 532[144]
– *Bl. 77r* **6,** 488 (*397*) 521 (*423*)
– *Bl. 77v* **6,** 545 (*441*)

Sudelbücher
– *A 227* **4,** 417[13]
– *A 229* **5,** 314_{1}
– *A 255* **5,** 646[531]
– *A 257* **5,** 572[29]
– *B 20* **5,** 579[72]
– *B 43* **5,** 664[647]
– *B 197* **5,** 579[72]
– *B 242* **5,** 662[636]
– *B 380* **5,** 921[1181]
– *C 91* **5,** 573[34]
– *C 178* **5,** 573[34] 576[54]
– *C 180* **5,** 576[54]
– *C 192* **5,** 576[54]
– *C 193* **5,** 576[54]
– *C 312* **4,** 761[74]
– *D 113* **5,** 658[596. 597]
– *D 212* **4,** 477[243]
– *D 230* **5,** 579[72]
– *D 684* **5,** 624[370]
– *D 706* **5,** 647[531]
– *D 721* **5,** 719[1017]
– *D 729* **4,** 642[66] **5,** 896[994]
– *D 738* **5,** 624[372]
– *D 740* **5,** 647[531]
– *D 741* **5,** 664[643]
– *D 742* **4,** 722[404]
– *E 20* **5,** 589[125]
– *E 32* **3,** 476[24]
– *E 106* **4,** 422[33. 33]
– *E 133* **4,** 761[74]
– *E 142* **5,** 590[130]
– *E 251* **5,** 581[78]
– *E 407* **5,** 590[129]
– *E 509* **5,** 575[47]
– *F 34* **5,** 921[1181]
– *F 53* **3,** 495[163]
– *F 296* **5,** 581[78]
– *F 309* **5,** 647[531]
– *F 324* **5,** 576[54]
– *F 407* **4,** 661[136]
– *F 594* **5,** 664[643]
– *F 633* **5,** 586[107]
– *F 644* **5,** 599[191]
– *F 676* **2,** $420_{23–25}$
– *F 888* **3,** 454[77] **5,** 793[377]
– *G 71* **3,** 543[65] **5,** 580[72]
– *G (p. 146) [nicht überl.]* **5,** 97_{30}
– *H 5* **5,** 579[72]
– *H 175* **1,** XX[37]
– *H 176* **3,** 487[105] 576[251]
– *H 183* **3,** 591[315]
– *H 203* **3,** 485[86]
– *H 204* **3,** 667[304]
– *H (p. 6) [nicht überl.]* **3,** 360_{17}
– *H (p. XXXIX und XL) [nicht überl.]* **4,** 139_{15}
– *H (p. L) [nicht überl.]* **1,** 971_{15}
– *J 20* **5,** 653[576]
– *J 33* **1,** 129_{R15}
– *J 105* **5,** 878[926]
– *J 212–214* **3,** 545[83]
– *J 259* **5,** 686[827]

– *J 393* **3,** 568[199]
– *J 432* **5,** 872[899]
– *J 433* **5,** 721[1035]
– *J 463* **3,** 466[157]
– *J 473* **3,** 575[244]
– *J 490* **3,** 450[52]
– *J 531* **3,** 510[49]
– *J 567* **5,** 671[713]
– *J 643* **3,** 448[40]
– *J 646* **3,** 485[89]
– *J 757* **3,** 511[50]
– *J 796* **5,** 909[1058]
– *J 860* **5,** 721[1035]
– *J 927* **4,** 512[81]
– *J 1021* **3,** 451[64]
– *J 1055* **1,** 945$_{12}$ **6,** 552 (453)
– *J 1082* **1,** 557$_{R3}$
– *J 1168* **4,** 447[117]
– *J 1214* **3,** 662[283] 672[326]
– *J 1267* **4,** 218$_{17}$ 623[534]
– *J 1273* **4,** 710[337]
– *J 1285* **3,** 642[188] **4,** 572[281]
– *J 1286* **3,** 642[188] **4,** 572[281]
– *J 1295* **3,** 326$_{13}$ **4,** 232$_{2}$ 572[281]
– *J 1298* **3,** 326$_{13-14}$ **4,** 232$_{2}$ 572[281]
– *J 1299* **3,** 326$_{13-14}$ **4,** 232$_{2}$ 572[281]
– *J 1301* **4,** 624[538]
– *J 1305* **4,** 395[50]
– *J 1307* **4,** 395[50]
– *J 1308* **4,** 396[50]
– *J 1311* **4,** 445[107]
– *J 1313* **4,** 232$_{5}$
– *J 1318* **4,** 538[173]
– *J 1320* **1,** 845$_{R8-9}$ **5,** 813[515]
– *J 1320–1323* **1,** 845$_{R20-21}$
– *J 1320–1324* **5,** 408$_{1}$
– *J 1321* **5,** 814[515]
– *J 1322* **5,** 814[515]
– *J 1323* **5,** 814[515]
– *J 1324* **5,** 814[515]
– *J 1338* **4,** 623[535]
– *J 1340* **3,** 673[330]
– *J 1390* **4,** 396[50]
– *J 1392* **4,** 395[50]
– *J 1396* **3,** 649[215]
– *J 1414* **4,** 613[492]
– *J 1416* **3,** 565[185] 567[197] 568[200]
– *J 1418* **3,** 567[196]
– *J 1419* **1,** XVI[19] **3,** 559[136]
– *J 1429* **4,** 810[279]
– *J 1444* **4,** 623[536]
– *J 1472* **4,** 612[484]
– *J 1484* **3,** 565[185]
– *J 1485* **3,** 563[158]
– *J 1497* **1,** 35$_{R4}$
– *J 1514* **4,** 623[535]
– *J 1521* **1,** XVI[17] **3,** 467[161]
– *J 1522* **5,** 791[369]
– *J 1532* **3,** 448[40]
– *J 1537* **3,** 448[40] 471[186] 487[105] 568[203]
– *J 1539* **4,** 621[529]
– *J 1550* **5,** 672[715]
– *J 1551* **3,** 562[157] **5,** 910[1061]
– *J 1570* **4,** 792[208]
– *J 1577* **5,** 907[1049]
– *J 1579* **5,** 907[1050]
– *J 1585* **3,** 564[169] 571[215]
– *J 1592* **4,** 600[426]
– *J 1595* **5,** 314$_{16}$
– *J 1612* **4,** 687[249]
– *J 1633* **5,** 772[285]
– *J 1641* **6,** 520 (422)
– *J 1644* **5,** 791[368]
– *J 1656* **3,** 667[304]
– *J 1670* **4,** 232$_{9}$
– *J 1681* **4,** 647[84]
– *J 1699* **3,** 655[245]
– *J 1703* **6,** 431 ([*230])
– *J 1722* **3,** 662[281]
– *J 1728* **4,** 710[337]
– *J 1733* **6,** 500 (404)
– *J 1735* **6,** 461 (370)
– *J 1736* **6,** 562 (476)
– *J 1738* **6,** 500 (404)
– *J 1741* **4,** 775[131]
– *J 1742* **3,** 637[169]
– *J 1753* **3,** 643[188] **4,** 572[281]
– *J 1775* **3,** 569[208]
– *J 1783* **4,** 622[531]
– *J 1784* **4,** 517[104] 809[274]
– *J 1790* **4,** 622[531]

– *J 1797* **4,** 609^{476}
– *J 1799* **4,** 622^{530}
– *J 1800* **4,** 605^{464}
– *J 1802* **4,** 609^{476} 624^{537}
– *J 1808* **5,** 604^{232}
– *J 1809* **4,** 618^{522}
– *J 1811* **4,** 622^{530}
– *J 1814* **4,** 613^{493}
– *J 1822* **4,** 609^{477}
– *J 1823* **1,** 145_{R4} **3,** 547^{95} 553^{124}
– *J 1826* **3,** 562^{157} **5,** 910^{1061}
– *J 1841* **3,** 458^{103} 460^{117}
– *J 1847* **4,** 624^{540}
– *J 1850* **4,** 613^{494}
– *J 1895* **4,** 619^{524}
– *J 1896* **4,** 607^{468}
– *J 1897* **4,** 620^{527}
– *J 1898* **4,** 610^{478}
– *J 1899* **3,** 460^{117}
– *J 1904* **3,** 665^{299} 667^{303}
– *J 1908* **3,** 460^{117}
– *J 1938* **4,** 622^{530}
– *J 1946* **4,** 229_{28}
– *J 1948* **4,** 624^{541}
– *J 1950* **5,** 314_{20}
– *J 1953* **3,** 658^{261}
– *J 1967* **3,** 543^{64} 676^{344}
– *J 1970* **4,** 623^{532}
– *J 1971* **3,** 637^{169}
– *J 1976* **3,** 655^{239}
– *J 1980* **4,** 810^{279}
– *J 1989* **5,** 314_{5}
– *J 1990* **5,** 771^{280}
– *J 2000* **1,** 563_{R11}
– *J 2005* **1,** 724_{R4-5}
– *J 2017* **5,** 846^{712}
– *J 2018* **3,** 658^{263} **4,** 646^{82}
– *J 2030* **5,** 771^{280}
– *J 2031* **5,** 656^{591}
– *J 2063* **3,** 372_{28-29} 429_{12-15}
– *J 2078* **3,** 543^{66}
– *J 2086* **4,** 491^{292}
– *J 2120* **4,** 677^{210}
– *J 2122–2129* **1,** 950_{9-10}
– *J 2134* **3,** 664^{298}
– *J 2135* **3,** 677^{346}
– *J 2144* **4,** 710^{337}
– *J 2166* **4,** 226_{5-6}
– *K 19* **3,** 353_{22}
– *K 20* **3,** 353_{22}
– *K 21* **3,** 353_{22}
– *K 64* **3,** 448^{40} 449^{43} 470^{185} 487^{105}
– *K 74* **3,** 448^{40}
– *K 77* **3,** 448^{40}
– *K 320* **3,** 591^{315}
– *K 324* **3,** 665^{300}
– *K 326* **3,** 667^{307}
– *K 328* **3,** 677^{348} **6,** 500 (*404*)
– *K 335* **3,** 677^{345}
– *K 342* **4,** 399^{70}
– *K 344* **4,** 397^{54}
– *K 345* **4,** 387^{13}
– *K 347* **4,** 393^{35}
– *K 350* **4,** 392^{27}
– *K 384* **4,** 640^{56}
– *K 391* **5,** 801^{439}
– *K 398* **4,** 763^{82} 772^{119}
– *K 399* **4,** 764^{82} 773^{121} 784^{171}
– *K 416* **3,** 485^{86} 543^{64}
4, 776^{134}
– *K [ohne nähere Angabe]* **3,** 68_{21}
– *K (p. XIX) [nicht überl.]* **3,** 429_{14}
– *K (p. XXIII) [nicht überl.]*
1, 948_{29} **3,** 355_{5} **4,** 227_{16-17}
– *K (p. XXIV) [nicht überl.]*
1, 948_{29}
– *K (p. XXXVI) [nicht überl.]*
5, 517_{4}
– *K (p. XXXIX) [nicht überl.]*
1, 239_{R1-3}
– *K (p. XLI) [nicht überl.]* **1,** 936_{9}
– *K (p. XLII) [nicht überl.]* **1,** 938_{14}
– *K (p. XLIV) [nicht überl.]*
1, 948_{25} **4,** 85_{4}
– *K (p. LIII) [nicht überl.]* **1,** 915_{9}
– *K (p. LVI) [nicht überl.]* **1,** 958_{2}
– *K (p. LVII) [nicht überl.]* **1,** 958_{3}
959_{40}
– *K (p. LXII) [nicht überl.]* **1,** 946_{19}
– *K (p. LXXVI) [nicht überl.]*
1, 925_{35}

– *K (p. LXXVII) [nicht überl.]* **5,** 108_{12}
– *K (p. LXXVIII) [nicht überl.]* **1,** 920_{5}
– *K (p. LXXIX) [nicht überl.]* **3,** 142_{26}
– *L 166* **3,** 676[343]
– *L 233* **3,** 676[343]
– *L 303* **5,** 761[200]
– *L 306* **3,** 458[104]
– *L 408* **6,** 552 (453)
– *L 411* **6,** 552 (453)
– *L 435* **5,** 908[1052]
– *L 706* **5,** 908[1052]
– *L 719* **4,** 777[136. 137] 778[139]
– *L 721* **4,** 777[139]
– *L 722* **4,** 778[139]
– *L 727* **4,** 785[178] 786[183]
– *L 728* **4,** 777[137]
– *L 738* **4,** 764[82]
– *L 739* **1,** 971_{16}
– *L 742* **4,** 763[82]
– *L 754* **4,** 777[136]
– *L 759* **3,** 579[268] **5,** 574[44]
– *L 761* **3,** 677[346]
– *L 762* **3,** 677[346. 347]
– *L 767* **4,** 676[210]
– *L 774* **3,** 497[174]
– *L 799* **3,** 449[44] 462[129]
– *L 802* **4,** 778[140. 141]
– *L 807* **5,** 313_{23}
– *L 811* **3,** 481[62]
– *L 816* **4,** 601[435]
– *L 823* **4,** 476[242]
– *L 840* **4,** 403[102]
– *L 842* **4,** 35_{8-9}
– *L 843* **4,** 35_{8-9}
– *L 845* **4,** 35_{8-9}
– *L 866* **3,** 460[117]
– *L 878* **5,** 908[1052]
– *L 879* **5,** 908[1052]
– *L 880* **5,** 908[1052]
– *L 893* **3,** 577[256]
– *L 894* **3,** 578[264]
– *L 917* **4,** 780[148]
– *L 929* **3,** 500[192]
– *L 946* **3,** 591[319]
– *L 954* **5,** 791[369]
– *L 968* **3,** 361_{30-31}

Tagebücher
– *1770 April 4?* **5,** 588[116]
– *1770 Juni 15* **5,** 609[269]
– *1770 August 23* **5,** 608[259]
– *1770 August 25* **6,** 76 (77)
– *1770–1774* **6,** 193 (234)
– *1771 Juli 1* **6,** 187 (225) 188 (226) 192 (234) 261 (324) 264 (330) 265 (331)
– *1771 Juli 20* **6,** 188 (226)
– *1771 August 22 bis 1772 Juli 2* **6,** 265 (331)
– *1772 August 14* **6,** 126 (149)
– *1772 August 20* **6,** 188 (226)
– *1775 März 24* **4,** 449[124]
– *1789 Mai 20* **6,** 7 (12) 9 (13)
– *1790* **6,** 515 (421)
– *1790 Juni 12* **6,** 157 (192)
– *1790 Juni 13* **6,** 157 (192)
– *1790 Juli 27* **4,** 810[279]
– *1790 August 4* **6,** 82 (94)
– *1790 August 11* **6,** 538 (432)
– *1790 August 14* **6,** 100 (111)
– *1790 August 19* **6,** 124 (145)
– *1790 August 21* **6,** 476 (387)
– *1790 August 31* **6,** 42 (32)
– *1790 September 1* **6,** 42 (32)
– *1790 September 3* **6,** 196 (236)
– *1790 September 4* **6,** 495 (399)
– *1790 September 8* **6,** 196 (236)
– *1790 September 9* **6,** 195 (235)
– *1790 September 11* **6,** 195 (235)
– *1790 September 15* **6,** 495 (399)
– *1790 Oktober 18* **6,** 189 (230)
– *1790 Oktober 21* **6,** 121 (136)
– *1790 November 4* **5,** 690[850]
– *1790 November 5* **6,** 530 (426)
– *1790 November 11* **6,** CXIII
– *1790 November 23* **6,** 189 (230)
– *1791* **6,** 438 (352) 460 (370) 476 (387) 483 (395) 495 (399) 516 (422) 538 (432)

– *1791 Januar 4* **6,** 75 (*74*)
– *1791 Januar 5* **6,** 75 (*74*)
– *1791 Januar 10* **6,** 77 (*79*)
– *1791 Januar 12* **6,** 77 (*79*)
– *1791 Januar 25* **6,** 40 (*28*)
– *1791 Februar 7* **6,** 275 (*340*)
– *1791 Februar 8* **6,** 276 (*341*)
– *1791 Februar 10* **6,** 107 (*118*)
– *1791 Februar 13* **6,** 489 (*397*)
– *1791 Februar 15* **6,** 126 (*151*)
– *1791 Februar 20* **6,** 516 (*422*)
– *1791 März 2* **6,** 146 (*183*)
– *1791 März 17* **6,** 209 (*265*)
– *1791 März 28* **6,** 250 (*308*)
– *1791 März 29* **6,** 250 (*308*)
– *1791 April 2* **6,** 516 (*422*)
– *1791 April 8* **6,** 196 (*236*)
– *1791 April 9* **6,** 195 (*235*)
– *1791 April 13* **5,** 720[1030] 938[54]
– *1791 April 27* **6,** 488 (*397*)
– *1791 Mai 9* **6,** 488 (*397*)
– *1791 Mai 31* **6,** 488 (*397*)
– *1791 Juli 4* **6,** 71 (*69*)
– *1791 Juli 6* **6,** 453 (*365*) 466 (*377*)
– *1791 Juli 13* **6,** 75 (*74*)
– *1791 August 5* **6,** LI
– *1791 August 8* **5,** 607[256] **6,** LI
– *1791 August 10* **6,** LI
– *1791 August 11* **3,** 446[22]
– *1791 August 20* **6,** 213 (*265*)
– *1791 August 24* **6,** 476 (*387*)
– *1791 August 25* **6,** 107 (*118*) 478 (*387*)
– *1791 August 27* **6,** 466 (*377*)
– *1791 September 2* **6,** 74 (*73*)
– *1791 September 7* **6,** 195 (*235*) 488 (*397*)
– *1791 September 20* **4,** 585[364]
– *1791 September 21* **6,** LI
– *1791 September 22* **6,** LI 214 (*267*)
– *1791 September 29* **6,** 196 (*236*)
– *1791 September 30* **6,** 257 (*317*)
– *1791 November 7* **5,** 690[850]
– *1791 November 17* **6,** 269 (*334*)
– *1791 Dezember 15* **6,** 75 (*74*)
– *1791 Dezember 16* **6,** 510 (*417*)
– *1791 Dezember 24* **6,** 510 (*417*)
– *1792* **6,** 257 (*317*) 442 (*355*) 455 (*366*) 472 (*382*) 492 (*398*) 501 (*406*) 510 (*417*) 533 (*428*) 534 (*429*) 536 (*431*) 539 (*433*)
– *1792 Januar 1* **5,** 792[373]
– *1792 Januar 9* **6,** 214 (*267*)
– *1792 Januar 14* **5,** 731[1106]
– *1792 Januar 20* **6,** 214 (*267*)
– *1792 Januar 21* **6,** 121 (*136*)
– *1792 Februar 4* **6,** 509 (*414*)
– *1792 Februar 7* **6,** 488 (*397*)
– *1792 Februar 12* **6,** 196 (*236*)
– *1792 Februar 15* **5,** 631[411] **6,** 200 (*243*)
– *1792 Februar 18* **6,** 214 (*267*)
– *1792 Februar 22* **6,** 82 (*94*)
– *1792 März 8* **6,** 275 (*340*)
– *1792 März 18* **6,** 539 (*433*)
– *1792 März 25* **6,** 558 (*461*)
– *1792 März 26* **6,** 192 (*233*) 214 (*267*)
– *1792 März 28* **6,** 214 (*267*)
– *1792 März 29* **6,** 195 (*235*) 196 (*236*)
– *1792 März 30* **6,** 195 (*235*)
– *1792 April 3* **6,** 29 (*25*) 275 (*340*)
– *1792 April 5* **6,** 276 (*341*)
– *1792 April 6* **6,** 276 (*341*)
– *1792 April 7* **4,** 512[81]
– *1792 Mai 12* **6,** 488 (*397*)
– *1792 Mai 18* **6,** 538 (*432*)
– *1792 Mai 21* **6,** 501 (*406*)
– *1792 Mai 24* **6,** 491 (*398*) 501 (*406*)
– *1792 Juni 8* **6,** 107 (*118*)
– *1792 Juni 17* **6,** 257 (*317*) 455 (*366*) 536 (*431*)
– *1792 Juni 20* **6,** 536 (*431*)
– *1792 August 6* **6,** 82 (*94*)
– *1792 August 10* **6,** 97 (*108*)
– *1792 August 11* **6,** 533 (*428*)
– *1792 September 5* **6,** 196 (*236*)
– *1792 September 6* **6,** 559 (*467*)

– *1792 September 8* **4**, 608[472] **6**, 195 (*235*)
– *1792 September 10* **6**, 559 (*467*)
– *1792 September 12* **6**, 559 (*467*)
– *1792 Oktober 3* **6**, 209 (*265*)
– *1792 November 8* **5**, 690[850]
– *1792 November 29* **5**, 240₁
– *1792 Dezember 7* **6**, 520 (*423*)
– *1792 Dezember 18* **6**, 520 (*423*)
– *1792 Dezember 19* **6**, 520 (*423*)
– *1793* **6**, 496 (*401*)
– *1793 Januar 12* **6**, 196 (*236*)
– *1793 Januar 25* **6**, 482 (*394*)
– *1793 Februar 5* **4**, 406[131]
– *1793 Februar 7* **4**, 406[131] 411[179]
– *1793 Februar 8* **6**, 482 (*394*)
– *1793 Februar 11* **6**, 257 (*317*)
– *1793 Februar 15* **6**, 179 (*218*)
– *1793 März 13* **6**, 257 (*317*)
– *1793 März 16* **6**, 195 (*235*)
– *1793 März 21* **6**, 196 (*236*)
– *1793 April 27* **6**, 557 (*460*)
– *1793 Mai 31* **6**, 203 (*251*)
– *1793 Juni 12* **3**, 446[22]
– *1793 Juli 1* **6**, 488 (*397*)
– *1793 Juli 17* **3**, 446[22]
– *1793 Juli 21* **6**, 536 (*431*)
– *1793 Juli 29* **6**, 457 (*368*)
– *1793 August 3* **6**, 121 (*136*)
– *1793 August 15* **6**, 107 (*118*)
– *1793 August 17* **6**, 474 (*383*) 547 (*447*)
– *1793 September 5* **6**, 196 (*236*)
– *1793 Oktober 4* **6**, 148 (*186*)
– *1793 Oktober 15* **6**, 190 (*230*)
– *1793 Oktober 23* **6**, 483 (*395*)
– *1793 November 7* **5**, 690[850]
– *1793 November 29* **6**, 440 (*353*)
– *1793 Dezember 12* **6**, 534 (*430*)
– *1794 Januar 14* **6**, 558 (*462*)
– *1794 Januar 15* **6**, 557 (*461*)
– *1794 Januar 16* **6**, 75 (*74*) 514 (*419*)
– *1794 Februar 6* **6**, 520 (*423*)
– *1794 Februar 22* **6**, 276 (*341*)
– *1794 März 8* **6**, 82 (*94*)
– *1794 März 12* **6**, 496 (*400*)
– *1794 März 22* **6**, 226 (*279*)
– *1794 März 27* **6**, 197 (*239*)
– *1794 April 2* **6**, 124 (*145*)
– *1794 April 10* **6**, 196 (*236*)
– *1794 Mai 26* **6**, 264 (*327*)
– *1794 Juni 2* **6**, 457 (*368*)
– *1794 Juni 19* **3**, 446[22]
– *1794 Juni 24* **6**, 532 (*427*)
– *1794 Juni 26* **6**, 532 (*427*)
– *1794 Juni 27* **6**, 532 (*427*)
– *1794 Juli 15* **6**, 521 (*423*)
– *1794 Juli 21* **3**, 446[22]
– *1794 Juli 30* **6**, 462 (*371*)
– *1794 September 16* **6**, 242 (*296*)
– *1794 September 19* **6**, 78 (*84*)
– *1794 September 23* **6**, 462 (*371*)
– *1794 September 25* **6**, 462 (*371*)
– *1794 November 6* **5**, 690[850]
– *1794 Dezember 10* **6**, 451 (*363*)
– *1795* **6**, 26 (*23*) 120 (*134*) 438 (*352*) 440 (*353*) 469 (*381*)
– *1795 Januar 11* **6**, 538 (*432*)
– *1795 Januar 23* **6**, 82 (*94*)
– *1795 Januar 24* **6**, 82 (*94*)
– *1795 März 21* **5**, 733[1113]
– *1795 März 24* **6**, 496 (*402*)
– *1795 Juni 10* **3**, 446[22]
– *1795 Juni 25* **3**, 571[216]
– *1795 Juli 2* **3**, 571[219]
– *1795 Juli 10* **3**, 446[22]
– *1795 Oktober 26* **6**, 46 (*36*)
– *1795 November 5* **5**, 690[850]
– *1795 November 17* **6**, 257 (*317*)
– *1795 Dezember 5* **6**, 451 (*363*)
– *1796 Januar 16* **6**, 469 (*381*)
– *1796 Januar 20* **6**, 469 (*381*)
– *1796 Januar 25* **6**, 483 (*395*)
– *1796 Januar 30* **6**, 469 (*381*)
– *1796 Februar 6* **6**, 120 (*134*)
– *1796 Februar 7* **6**, 120 (*134*)
– *1796 Februar 29* **6**, 82 (*94*)
– *1796 Mai 3* **3**, 507[19]
– *1796 Mai 31* **6**, 42 (*32*)
– *1796 Juni 6* **6**, 503 (*409*)
– *1796 August 3* **3**, 446[22]

– *1796 August 6* **6,** 121 (*136*)
– *1796 August 10* **6,** 120 (*134*)
– *1796 September 14* **6,** 488 (*397*)
– *1796 Oktober 14* **6,** 487 (*396*)
– *1796 November 3* **5,** 690[850]
– *1796 November 6* **6,** 487 (*396*)
– *1796 November 13* **6,** 154 (*190*)
– *1796 Dezember 15*
– *1796 Dez. 15* **3,** 468[167]
– *1796 Dez. 16* **3,** 468[167]
– *1797 Februar 17* **6,** 269 (*334*)
– *1799 Januar 24* **6,** 478 (*387*)

Verschiedenes
– *Keras Amaltheias*
– – *KA 60* **5,** 655[583]
– – *KA 216* **4,** 674[194]
– – *KA 222* **4,** 417[13]
– – *KA 230* **3,** 495[163]
– *NL IV*
– – *18* **5,** 671[714]
– – *29, Beilage Bl. 2v* **4,** 422[33]
– – *46, p. 48* **5,** 792[373]
– *NL VI*
– – *52, Bl. 8. 10–12* **5,** 758[184]
– *Undatierbare Bemerkungen*
– – *UB 65* (NL IX D 1, Bl. 7r) **5,** 791[367]
– – *UB 66* (NL IX D 1, Bl. 7v) **5,** 792[370]
– – *UB 67* (NL VIII E 3, Bl. 1r) **5,** 582[83]

Vorarbeiten zur Kopernikus-Biographie (NL V 22a u. 22b, NL VI 57) **5,** 580[72] 595[174] 599[191. 193] 600[202] 663[642] 695[884] 697[892] 698[900]

Vorlesungen zur Naturlehre (Edition)
– *1: Erxleben* **5,** 598[189]
– – *Vorrede*
– – – *S. 6* **3,** 464[137]
– – – *S. 11* **4,** 666[153] 668[159]
– – – *S. 13* **3,** 696[140]
– – *Beschreibung der Smeatonschen Luftpumpe*
– – – *S. 21* **3,** 692[102] **4,** 387[1] **6,** 84
– – – *S. 25* **3,** 708[251]
– – – *S. 26* **3,** 691[101] **6,** 97 (*107*) 105
– – *Abschnitt 1 Einleitung*
– – – *S. 31* **3,** 448[41] 454[88]
– – – *S. 33* **3,** 458[109]
– – – *S. 46* **4,** 773[125]
– – *Abschnitt 2 Körper überhaupt*
– – – *S. 60* **4,** 799[233]
– – – *S. 65* **3,** 475[9]
– – – *S. 69* **3,** 570[214] **5,** 574[44]
– – – *S. 70* **3,** 498[181] 680[7]
– – – *S. 73* **3,** 499[189]
– – *Abschnitt 3 Bewegung*
– – – *S. 81* **3,** 468[172]
– – – *S. 85* **3,** 514[67]
– – – *S. 87* **3,** 558[133]
– – – *S. 88* **3,** 558[133]
– – – *S. 92* **3,** 505[17]
– – – *S. 93* **4,** 659[121]
– – *Abschnitt 4 Mechanik*
– – – *S. 95* **5,** 577[60]
– – – *S. 101* **3,** 525[1]
– – – *S. 105* **3,** 531[6]
– – – *S. 107* **3,** 533[15]
– – – *S. 111* **3,** 534[20]
– – – *S. 113* **3,** 540[46]
– – – *S. 114* **3,** 541[55] **6,** 34
– – – *S. 116* **3,** 542[58] **5,** 705[948] **6,** 447
– – – *S. 117* **5,** 669[702] 705[948] 739[13]
– – – *S. 121* **3,** 542[62]
– – – *S. 122* **3,** 541[54] 543[70] 557[132]
– – – *S. 125* **3,** 542[63] 544[71]
– – – *S. 126* **3,** 515[68] 544[71]
– – – *S. 127* **3,** 544[71]
– – – *S. 128* **3,** 544[71] 558[133]
– – – *S. 129* **3,** 544[71. 73] 558[133]
– – – *S. 130* **3,** 544[73]
– – – *S. 131* **3,** 544[73. 74. 75] **6,** 451 (*362*)
– – – *S. 132* **3,** 544[73] 546[89]
– – – *S. 133* **3,** 544[73]

– – – *S. 143* **3,** 584[286] **6,** 55
– – – *S. 144* **6,** 55
– – – *S. 145* **3,** 547[95]
– – – *S. 150* **6,** 56
– – – *S. 156* **3,** 552[120]
– – *Abschnitt 5 Hydrostatik* **6,** 460 (*369*)
– – – *S. 161* **3,** 451[66]
– – – *S. 163* **3,** 597[17] **6,** 64
– – – *S. 164* **3,** 593[5] 605[57] **5,** 842[694]
– – – *S. 165* **3,** 595[10] **5,** 842[694]
– – – *S. 166* **5,** 842[694]
– – – *S. 168* **3,** 597[18]
– – – *S. 169* **3,** 597[20]
– – – *S. 170* **3,** 607[71]
– – – *S. 172* **3,** 606[67]
– – – *S. 173* **3,** 606[66]
– – – *S. 174* **3,** 607[72]
– – – *S. 175* **3,** 603[44] 604[51]
– – – *S. 176* **3,** 599[23] 603[46] **6,** 71 71
– – – *S. 177* **3,** 600[32] **5,** 705[946]
– – – *S. 180* **3,** 608[74]
– – – *S. 181* **6,** 460 (*369*)
– – – *S. 182* **3,** 604[48]
– – – *S. 183* **3,** 604[47] 606[68] 611[106] 681[18] **4,** 760[65]
– – – *S. 184* **3,** 606[68] 611[106]
– – – *S. 185* **3,** 603[45] 606[68] 611[106]
– – – *S. 186* **3,** 606[68] 611[106]
– – *Abschnitt 6 flüssige Körper* **6,** 461 (*370*)
– – – *S. 188* **3,** 613[2]
– – – *S. 191* **3,** 618[30]
– – – *S. 192* **3,** 616[19]
– – – *S. 193* **3,** 611[105]
– – – *S. 194* **3,** 611[105]
– – – *S. 195* **3,** 611[105] 619[37]
– – – *S. 196* **3,** 611[105]
– – – *S. 197* **3,** 611[105]
– – – *S. 198* **3,** 618[36] **6,** 4
– – – *S. 202* **3,** 533[18] **5,** 859[822]
– – – *S. 205* **3,** 622[52]
– – – *S. 207* **3,** 625[59] **5,** 807[477]
– – – *S. 208* **3,** 628[90] **5,** 807[477]
– – – *S. 209* **5,** 795[389] 807[477]
– – – *S. 210* **3,** 705[224] **5,** 807[477]
– – – *S. 213* **3,** 629[102]
– – – *S. 214* **3,** 698[151] 705[224]
– – – *S. 218* **4,** 677[210]
– – – *S. 219* **5,** 649[557] 862[846]
– – – *S. 224* **4,** 572[280]
– – – *S. 225* **4,** 755[43]
– – – *S. 226* **3,** 574[234]
– – – *S. 226* **3,** 624[56] **4,** 733[466] 755[43]
– – – *S. 227* **3,** 574[234] 647[209] **4,** 755[43]
– – – *S. 228* **3,** 574[234] **4,** 755[43]
– – – *S. 229* **3,** 574[234] **4,** 755[43]
– – – *S. 230* **3,** 574[234] **4,** 755[43]
– – – *S. 231* **3,** 574[234] **4,** 755[43]
– – *Abschnitt 7 Luft*
– – – *S. 233* **3,** 680[7]
– – – *S. 234* **3,** 679[1]
– – – *S. 235* **3,** 680[15] **6,** 462 (*372*) 463 (*373*) 463 (*374*)
– – – *S. 238* **3,** 680[16]
– – – *S. 239* **3,** 683[32. 33. 39]
– – – *S. 241* **3,** 682[31]
– – – *S. 242* **3,** 684[43] **4,** 581[331]
– – – *S. 243* **3,** 681[19]
– – – *S. 248* **3,** 691[101]
– – – *S. 251* **3,** 691[99]
– – – *S. 254* **3,** 682[24]
– – – *S. 255* **3,** 709[258] 710[262]
– – – *S. 256* **3,** 681[22] **6,** 94 (*104*) 137 (*165*) 200 (*243*)
– – – *S. 257* **3,** 683[35]
– – – *S. 262* **3,** 695[127]
– – – *S. 263* **3,** 717[307]
– – – *S. 264* **3,** 705[224] 717[307]
– – – *S. 265* **3,** 695[137] 698[154] 699[166]
– – – *S. 267* **3,** 657[255] 704[222] 705[223]
– – – *S. 268* **3,** 596[16] 597[17] 655[241] 704[219]
– – – *S. 269* **3,** 700[173. 173]
– – – *S. 270* **3,** 600[31. 32] 694[121] 720[338] **4,** 646[83]
– – – *S. 271* **3,** 603[42. 44. 45. 46] 604[47]
– – – *S. 272* **3,** 704[218. 218] 720[343] **4,** 575[295]
– – – *S. 273* **3,** 704[221] **6,** 476 (*386*)

– – – *S. 274* **3,** 702[198] **5,** 835[661]
– – – *S. 275* **3,** 606[67. 68] 607[71] 702[198] **6,** 472 (*382*) 474 (*383*)
– – – *S. 276* **3,** 607[72] 608[74] 702[198]
– – – *S. 277* **4,** 501[52]
– – – *S. 280* **3,** 709[254] 722[372] **5,** 767[256]
– – – *S. 282* **3,** 611[105. 106]
– – – *S. 283* **3,** 713[275] 726[409] **6,** 479 (*389*)
– – – *S. 284* **4,** 595[403]
– – – *S. 286* **3,** 705[226] **6,** 94 (*104*) 480 (*390*)
– – – *S. 287* **3,** 600[27]
– – – *S. 289* **6,** 108 481
– – – *S. 292* **3,** 597[19] 702[194]
– – – *S. 293* **3,** 701[186] 702[194]
– – – *S. 294* **3,** 701[186] 702[194]
– – – *S. 295* **3,** 701[186]
– – – *S. 296* **3,** 701[186]
– – – *S. 297* **5,** 753[129]
– – – *S. 298* **5,** 753[129] **6,** 481 (*392*)
– – – *S. 299* **3,** 615[9] 616[19] **5,** 753[129. 130]
– – – *S. 300* **3,** 681[17. 17] **5,** 753[129]
– – – *S. 302* **3,** 617[22] 618[36]
– – – *S. 303* **3,** 684[46] 685[48]
– – – *S. 304* **3,** 622[52] 624[56] 684[46] **4,** 710[337] 711[339]
– – – *S. 305* **3,** 684[46] 685[50] 686[54]
– – – *S. 307* **6,** 101
– – – *S. 309* **4,** 387[2] 388[7. 11]
– – – *S. 310* **4,** 387[5]
– – – *S. 311* **4,** 387[5] 388[10] 411[176]
– – – *S. 312* **5,** 593[159]
– – – *S. 313* **4,** 387[18] 390[19] 395[47] 396[53] 401[93] 404[108] **5,** 614[303] 713[979]
– – – *S. 315* **4,** 390[20]
– – – *S. 318* **6,** 417
– – – *S. 322* **4,** 410[165]
– – – *S. 323* **4,** 406[129] 410[166]
– – – *S. 326* **6,** 482 (*394*)
– – – *S. 327* **4,** 409[158] 414[194]
– – – *S. 328* **4,** 405[122]
– – *Abschnitt 8 Licht*
– – – *S. 336* **4,** 416[1]
– – – *S. 340* **4,** 449[126] **6,** 558
– – – *S. 342* **4,** 455[145] 457[154]
– – – *S. 344* **4,** 755[42]
– – – *S. 346* **4,** 417[9]
– – – *S. 348* **4,** 420[30] 755[43] **6,** 147 (*184*)
– – – *S. 352* **3,** 452[67]
– – – *S. 355* **4,** 464[182]
– – – *S. 357* **6,** 149
– – – *S. 374* **4,** 429[52]
– – – *S. 375* **4,** 436[74]
– – – *S. 391* **4,** 448[119]
– – – *S. 392* **4,** 471[220]
– – – *S. 394* **6,** 438 (*350*)
– – – *S. 395* **4,** 443[98]
– – – *S. 396* **4,** 443[98] 477[247]
– – – *S. 397* **4,** 443[98]
– – – *S. 398* **5,** 807[477]
– – – *S. 404* **3,** 705[224]
– – – *S. 410* **4,** 435[67]
– – – *S. 413* **4,** 439[85]
– – – *S. 415* **6,** 172 (*210*)
– – – *S. 417* **4,** 443[99]
– – – *S. 418* **6,** 496 (*400*)
– – – *S. 421* **6,** 496 (*400*)
– – *Abschnitt 9 Wärme*
– – – *S. 426* **3,** 709[254]
– – – *S. 427* **6,** 503 (*409*)
– – – *S. 428* **4,** 503[63]
– – – *S. 429* **4,** 495[11]
– – – *S. 430* **4,** 495[11] 496[15]
– – – *S. 433* **3,** 611[106] **5,** 859[822]
– – – *S. 434* **3,** 611[106] **4,** 496[17]
– – – *S. 435* **3,** 611[106]
– – – *S. 436* **3,** 611[106]
– – – *S. 438* **5,** 767[256]
– – – *S. 441* **3,** 701[181]
– – – *S. 442* **6,** 499
– – – *S. 443* **4,** 498[27]
– – – *S. 445* **4,** 536[158] **5,** 767[259] 771[276]
– – – *S. 446* **5,** 842[694]
– – – *S. 447* **5,** 767[257]
– – – *S. 453* **5,** 858[816]

– – – *S. 462* **3,** 683[34]
– – – *S. 463* **5,** 859[822]
– – – *S. 465* **4,** 547[200]
– – – *S. 466* **4,** 547[200]
– – – *S. 467* **6,** 502
– – – *S. 468* **6,** 502
– – – *S. 470* **4,** 545[196]
– – – *S. 477* **4,** 501[47]
– – – *S. 485* **3,** 476[23] 495[160]
– – – *S. 488* **4,** 564[253] **5,** 793[383]
– – – *S. 496* **4,** 416[8]
– – – *S. 502* **4,** 582[336]
– – – *S. 503* **4,** 585[357]
– – – *S. 506* **4,** 597[414]
– – – *S. 507* **4,** 657[119]
– – – *S. 515* **4,** 595[402]
– – – *S. 516* **6,** 469
– – *Abschnitt 10 Elektrizität*
– – – *S. 525* **4,** 804[261] **6,** 208 (*258*)
– – – *S. 527* **4,** 675[203]
– – – *S. 528* **4,** 684[237]
– – – *S. 529* **4,** 639[49] 670[163]
– – – *S. 530* **4,** 627[7] 640[53]
– – – *S. 531* **4,** 677[213]
– – – *S. 532* **4,** 626[3] 627[8] 630[15]
– – – *S. 533* **4,** 675[199]
– – – *S. 534* **6,** 108
– – – *S. 536* **4,** 690[266] **6,** 558 (*462*)
– – – *S. 537* **4,** 627[10]
– – – *S. 538* **4,** 628[11] **6,** 219 (*270*)
– – – *S. 539* **4,** 644[77] 648[92]
– – – *S. 540* **4,** 697[284] 726[427]
– – – *S. 541* **5,** 772[295]
– – – *S. 542* **6,** 208 (*259*)
– – – *S. 544* **4,** 710[337]
– – – *S. 545* **4,** 618[520]
– – – *S. 547* **4,** 705[323] **6,** 233 (*283*)
– – – *S. 548* **4,** 630[16] 702[308]
– – – *S. 551* **4,** 630[17]
– – – *S. 552* **4,** 735[479] **6,** 427 (**224*)
– – – *S. 555* **4,** 711[339] **6,** 241 (*293*)
– – – *S. 556* **4,** 632[25] 744[522] 808[270]
– – – *S. 558* **4,** 715[364]
– – – *S. 559* **4,** 633[28] 804[256]
– – – *S. 561* **4,** 633[27] **6,** 240 (*292*)
– – – *S. 562* **4,** 659[125] **6,** 235 248
– – – *S. 563* **4,** 660[133]
– – – *S. 564* **4,** 659[124]
– – – *S. 565* **4,** 633[29] **6,** 512
– – – *S. 566* **4,** 724[421]
– – – *S. 567* **4,** 632[23] 657[117] 685[238]
– – – *S. 570* **4,** 634[33. 35]
– – – *S. 573* **4,** 663[143] 692[274] 723[420] 724[423] 725[426] 726[435] 806[265]
– – – *S. 574* **4,** 635[38] 664[147] **6,** 257
– – – *S. 576* **4,** 664[145]
– – – *S. 577* **4,** 635[37]
– – – *S. 578* **4,** 664[148]
– – – *S. 582* **4,** 635[39]
– – – *S. 586* **4,** 655[108] 666[153] 707[326] 800[239]
– – – *S. 587* **4,** 638[43] 668[158]
– – – *S. 588* **4,** 638[44] 656[112] 668[159] 727[438] 728[440]
– – – *S. 589* **4,** 631[22] 657[119] 662[140] 806[265]
– – – *S. 590* **4,** 662[141] 663[142] **6,** 224
– – – *S. 592* **4,** 664[144]
– – – *S. 593* **4,** 634[31]
– – – *S. 598* **4,** 460[164] 636[40] 702[311] 806[261]
– – – *S. 601* **4,** 643[73]
– – – *S. 602* **4,** 740[499]
– – – *S. 603* **4,** 741[503]
– – *Abschnitt 11 Magnetismus*
– – – *S. 609* **3,** 500[194] **4,** 763[82] 765[91] 766[92]
– – – *S. 612* **4,** 792[208]
– – – *S. 613* **4,** 751[30] 782[161]
– – – *S. 616* **4,** 785[176]
– – – *S. 617* **4,** 758[52]
– – – *S. 618* **4,** 755[47] 784[173]
– – – *S. 619* **4,** 747[18]
– – – *S. 622* **4,** 769[105] 792[211]
– – – *S. 623* **4,** 751[25] 798[231]
– – – *S. 624* **4,** 799[233. 235] 800[239] 804[257. 260] **5,** 896[995]
– – – *S. 626* **4,** 806[265]
– – – *S. 630* **4,** 809[276] 810[278. 279]
– – – *S. 631* **4,** 805[264]
– – – *S. 632* **3,** 567[196] **4,** 805[264]
– – – *S. 633* **4,** 819[326]

--- *S. 635* **4**, 773[125] 803[252]
-- *Abschnitt 12 Weltgebäude*
--- *S. 636* **5**, 678[761]
--- *S. 641* **5**, 739[15]
--- *S. 643* **5**, 678[759] 739[15]
--- *S. 644* **5**, 739[15. 16]
--- *S. 648* **5**, 739[9]
--- *S. 649* **5**, 739[16]
--- *S. 650* **4**, 457[153] **5**, 577[60] 611[279] 739[12. 17] 756[150. 153] 809[494]
--- *S. 653* **3**, 459[115]
--- *S. 655* **5**, 697[892]
--- *S. 656* **5**, 679[774] 739[15] **6**, 425
--- *S. 658* **5**, 640[477] 739[15]
--- *S. 659* **5**, 739[15]
--- *S. 662* **5**, 641[478]
--- *S. 665* **5**, 641[479] 694[880]
--- *S. 668* **5**, 764[236]
--- *S. 669* **5**, 634[437]
--- *S. 674* **5**, 628[400] 629[406]
--- *S. 676* **5**, 641[484] 642[490]
--- *S. 677* **5**, 764[236]
--- *S. 678* **4**, 457[153]
--- *S. 679* **5**, 606[249] 627[396]
--- *S. 682* **5**, 625[386] 656[589]
--- *S. 685* **5**, 632[421]
--- *S. 687* **5**, 622[364] 624[370] 717[993. 995] 719[1011]
--- *S. 689* **5**, 688[835] 717[996] 720[1027] 917[1141]
--- *S. 690* **5**, 645[521]
--- *S. 691* **4**, 388[12] 457[153]
--- *S. 692* **3**, 656[245]
--- *S. 693* **5**, 731[1095. 1096]
--- *S. 699* **5**, 574[42]
--- *S. 702* **5**, 658[596] **6**, 424 (*222)
--- *S. 708* **5**, 669[703]
--- *S. 714* **5**, 673[721]
--- *S. 715* **5**, 684[812] 685[821]
--- *S. 718* **5**, 687[830]
-- *Abschnitt 13 Erde insbesondere* **5**, 640[476]
--- *S. 722* **5**, 739[17] 740[26]
--- *S. 726* **5**, 766[249]
--- *S. 728* **3**, 681[20] **5**, 746[66]
--- *S. 729* **4**, 677[212]
--- *S. 730* **5**, 747[77]
--- *S. 732* **5**, 747[79] 748[84]
--- *S. 733* **5**, 759[191] 931[9]
--- *S. 734* **5**, 933[33]
--- *S. 735* **5**, 934[39]
--- *S. 736* **5**, 755[148] 940[75]
--- *S. 737* **5**, 935[42]
--- *S. 738* **5**, 748[87] 935[45]
--- *S. 739* **5**, 739[13]
--- *S. 742* **5**, 750[105]
--- *S. 751* **4**, 753[35] 782[165] **5**, 799[427]
--- *S. 752* **4**, 759[58]
--- *S. 753* **4**, 747[18]
--- *S. 754* **5**, 883[934]
--- *S. 756* **5**, 759[189]
--- *S. 757* **4**, 769[105] **5**, 758[184]
--- *S. 758* **4**, 759[59. 60]
--- *S. 759* **4**, 753[36] **5**, 823[582]
--- *S. 761* **3**, 568[202] **5**, 760[195]
--- *S. 762* **5**, 761[201] 800[671]
--- *S. 765* **5**, 838[678]
--- *S. 769* **5**, 763[222]
--- *S. 773* **5**, 767[255]
--- *S. 774* **5**, 858[819]
--- *S. 775* **5**, 768[262]
--- *S. 780* **3**, 548[98] **5**, 855[785] 857[815]
--- *S. 781* **5**, 851[770. 770]
--- *S. 784* **5**, 771[280] 861[837]
--- *S. 786* **5**, 750[97]
--- *S. 788* **3**, 454[80]
--- *S. 795* **5**, 772[288]
--- *S. 796* **5**, 865[870] 872[905]
--- *S. 797* **5**, 775[308] 776[310] 871[894]
--- *S. 799* **5**, 776[311]
--- *S. 800* **5**, 775[307]
--- *S. 801* **4**, 387[17] **5**, 779[318]
--- *S. 804* **5**, 884[945]
--- *S. 805* **5**, 874[913] 882[929]
--- *S. 806* **5**, 877[921]
--- *S. 810* **5**, 896[993]
--- *S. 811* **5**, 892[977] 894[985. 986]
--- *S. 812* **5**, 886[957] 888[962] 897[1002]

– – – *S. 813* **4,** 804[259]
– – – *S. 814* **5,** 783[331] 905[1035]
– – – *S. 818* **5,** 905[1039]
– – – *S. 821* **5,** 905[1042]
– – – *S. 822* **5,** 906[1046]
– – – *S. 823* **5,** 786[345] 788[354]
– – – *S. 825* **3,** 681[20]
– – – *S. 826* **5,** 907[1048]
– – – *S. 831* **5,** 915[1118]
– – – *S. 832* **5,** 912[1076]
– – – *S. 833* **5,** 795[392] 912[1077]
– – – *S. 835* **5,** 912[1078]
– – – *S. 836* **5,** 912[1087. 1090]
– – – *S. 837* **5,** 915[1129]
– – – *S. 838* **5,** 912[1087]
– – – *S. 839* **5,** 795[391]
– – – *S. 840* **5,** 796[402] 912[1087]
– – – *S. 842* **5,** 915[1124]
– – – *S. 843* **5,** 914[1114] 925[1237. 1238]
– – – *S. 844* **5,** 803[445]
– – – *S. 845* **5,** 926[1241]
– – – *S. 847* **5,** 928[1269]
– – – *S. 848* **5,** 914[1114] 929[1274]
– – – *S. 849* **5,** 912[1085]
– – – *S. 850* **5,** 796[398] 912[1088]
– – – *S. 851* **5,** 912[1080. 1082]
– – – *S. 852* **5,** 913[1093. 1094. 1097]
– – – *S. 853* **5,** 914[1114]
– – *Anhang A*
– – – *S. 886* **3,** 670[317]
– – – *S. 891* **3,** 664[297]
– – – *S. 894* **3,** 652[226] **4,** 732[460] 738[484]
– – – *S. 902* **3,** 667[306]
– – *Anhang B*
– – – *S. 938* **3,** 722[371]
– – – *S. 953* **3,** 665[298]
– – – *S. 914* **3,** 467[166]
– – – *S. 923* **3,** 540[46]
– – – *S. 928* **3,** 659[272]
– – – *S. 936* **3,** 704[207] 721[351] 722[367]
– – – *S. 942* **4,** 387[5]
– – – *S. 945* **6,** 552
– – – *S. 952* **3,** 642[186]
– – *Tafeln* **6,** 105 (*115*)
– *3: Experimentalphysik I* **5,** 595[172]
– – *Kap. 1 Einleitung* **3,** 630[106] 715[296] 716[298] **4,** 456[151] 642[72] 646[81] 727[438] **5,** 579[71] 690[852] **6,** 140 (*170*)
– – *Kap. 2 Körper überhaupt* **3,** 605[55] 611[102] **4,** 674[189. 192] 745[8] **5,** 588[120] 590[130] **6,** 8 (*12*) 24 (*23.7*) 435 (*344*) 436 (*345*) 438 (*350*)
– – *Kap. 3 Bewegung* **4,** 646[81] **5,** 590[130] 591[137] 603[224] 604[225] 624[378] 669[706] 701[918] **6,** 15 (*20*) 16 (*23.1*) 26 (*23*)
– – *Kap. 4 Mechanik* **3,** 689[75] **4,** 503[63] 560[241] 722[410] 781[157] 802[244] 809[274] **5,** 574[42. 43] 575[49] 579[71. 72] 583[91] 589[124] 590[130] 592[148] 605[235] 670[706] 700[913] 705[948] 826[600] **6,** 31 (*25*) 32 (*25a*) 34 (*25c*) 36 (*25d*) 36 42 (*32*) 46 (*36*) 56 (*50*) 321 (**37f*)
– – *Kap. 5 Hydrostatik* **3,** 627[84] 680[7] 687[61] 688[65] **4,** 403[103] 628[13] 769[105] **5,** 574[41] 594[162] 805[461] 842[694] 921[1178] 931[11] **6,** 61 (*55*) 62 (*56*) 69 (*67*) 71 (*77*) 80 (*92*) 454 (*365*) 455 (*366*) 455 (*367*) 457
– – *Kap. 6 flüssige Körper* **3,** 682[27] 684[45] 694[120] 699[161] 700[175] 702[189] 703[205] 714[285] 720[338] 721[351] **4,** 646[82–84] 667[156] 677[210] 727[438] 731[459] 733[466] 738[484] 744[522] 776[134] 800[240] **5,** 574[44] 791[366] 795[389] **6,** 75 (*74*) 79 (*87*) 123 (*142*) 551 (*451*)
– – *Kap. 7 Luft* **3,** 685[49. 51] **4,** 461[169] 494[4. 8] 500[41. 42. 45] 501[48] 630[18] 638[46] 646[82] 667[156] 668[158] 704[313] 764[83] **5,** 754[136] 793[382] 835[661] 931[12] 935[41. 49] **6,** 81 (*93*) 82 (*94*) 84 (*94*) 101 (*111*) 124 (*143*) 132 (*155*) 134 141 (*173*) 462 (*372*) 469 (*379*) 472 (*382*)

– 4: *Experimentalphysik II* 5, 595[172]
– – *Kap. 7a Schall und Musik* **4,** 497[25] 502[61] 576[302] **5,** 593[159] 642[489] 774[302] 831[634] **6,** 417 (*213) 489 (397) 550 (449) 550 (450) 553 (453) 560 (468)
– – *Kap. 8 Optik* **4,** 449[125] 559[239] 574[290] 576[301] 607[466] 645[79] 649[93] 658[120] 706[325] **5,** 575[48] 601[213] 617[329] 626[391] 627[394] 662[632] 691[860] 692[864] 720[1029] 736[1150] 763[217] 891[973] **6,** 147 (184) 149 (187) 152 (188) 157 (192) 160 (193) 162 (194) 163 (195) 166 (199) 172 (210) 177 (216) 178 (217) 182 (219) 184 (220) 184 (221) 186 (222) 187 (224) 187 (226) 190 (230) 196 (236) 196 (235) 327 (*61) 538 (432) 558 (461)
– – *Kap. 9 Wärme* **3,** 692[104] **4,** 416[8] 479[248] 638[44] 657[119] 704[313] 734[467] 738[483] **5,** 590[130] 592[149] 620[350] 660[619] 664[643] 784[334] 785[339. 341] 793[381. 383] 858[820] **6,** 134 (161) 198 (240) 200 (244) 202 (247) 202 (248) 203 (251) 207 (256) 356 (*122) 360 (*136) 361 (*138) 418 (*215) 499 (404) 501 (405) 514 (420) 559 (464) 560 562 (476)
– – *Kap. 10 Elektrizität* **4,** 458[156] 758[53] 780[149] 803[251] 804[256] 806[265] 808[268] 809[272] 815[307] **5,** 569[3] 575[46] 579[72] 644[511] 680[781] 772[289–296] 774[305] 775[308] 776[309. 312] 777[313] 778[315] 780[323] 862[848] 867[879] 870[890] 878[926] 887[961] 889[965] 892[978] 896[994. 996] 897[1000] **6,** 123 (141) 208 (259) 209 (262) 209 (263) 212 (265) 215 (267) 218 (268) 218 (269) 219 (270) 219 (271) 220 (272) 221 222 (274) 222 (275) 224 (276) 232 (282) 233 (284) 234 (287) 235 (289) 241 (294) 244 (297) 246 247 (302) 247 (303) 253 (309) 253 (310) 254 (312) 255 (314) 255 (315) 258 (317) 504 (410) 507 (412) 509 (414) 510 (417) 512 (415) 543 (435) 548 (448) 556 (456)
– – *Kap. 11 Magnetismus* **4,** 676[207] 702[309] 718[383] 744[517] **5,** 573[38] 576[52] 758[175–183] 819[545. 546. 548] 822[575] 824[586] 828[618] 831[634. 636] 832[642] 833[643] 834[651] 897[998. 1000. 1001] **6,** 259 (318) 259 (320) 260 (322) 260 (323) 261 (324) 262 (327) 264 (328) 264 (329) 266 (331) 268 (333) 408 (*198) 412 (*199) 413 (*202) 413 (*204) 414 (*205) 414 (*206) 415 (*208) 415 (*209) 543 (436)
– 5: *Astronomie* **6,** 269 (*vor 334*)
– – *Kap. 12 Astronomie* **5,** 738[5. 7] 739[9. 12. 14. 16] 764[225. 236] 794[388] 836[666] **6,** 272 (336) 514 (419) 518 (422) 521 530 (426)
– – *Kap. 13 Erde insbesondere* **4,** 497[26] 641[60. 61] 642[66] 647[86] 677[212] 679[222] 702[309] 744[517. 518] 753[35] 759[56. 58] 808[268] **5,** 107$_{11}$ 574[45] 575[50] 592[142] 604[227] 640[476] 641[482] 654[582] 666[671] 693[878] 717[999] 930[1] 935[45] **6,** 24 (23.7) 57 (51) 266 (331) 268 (332) 273 (337) 274 (338) 275 (339) 275 (340) 276 (341)
– – *Kap. 13a Höhenmessen* **5,** 738[4] **6,** 141 (173)
– 6: *Instrumente* **4,** 670[163] **5,** 682[795] 714[981]

Vorlesungsnotizen
s.a. Lichtenberg, Georg Christoph – Schriften – Vorlesung – Manuskripte.
– *nicht identifiziert* **1,** 268$_{R1}$ 277$_{R31}$ 481$_{R18}$ 490$_{R2-3}$ **5,** 245$_{16}$ 341$_{31}$

– *Büchelgen A* (NL VII F 2 A)
– – *1, Bl. 2r* **3**, 180_{13}
– – *1, Bl. 9r* **3**, 599[25]
– – *1, Bl. 9v* **3**, 599[26]
– – *1, Bl. 11r* **3**, 601[35]
– – *2, Bl. 2v* **3**, 463[131]
– – *2, Bl. 4r* **5**, 588[116]
– – *2, Bl. 6v* **4**, 53_{9}
– – *2, Bl. 12v* **3**, 709[254]
– – *2, Bl. 17r* **4**, 631[23]
– – *3, Bl. 3r* **6**, 467 (377)
– – *3, Bl. 3v* **3**, 710[264]
– – *3, Bl. 4v* **3**, 712[274]
– – *3, Bl. 7v* **4**, 391[24]
– – *3, Bl. 8r* **4**, 391[24]
– *Büchelgen B* (NL VII F 2 B) **5**, 576[55]
– – *1* **3**, 84_{28}
– – *1, Bl. 2v* **3**, 504[13]
– – *1, Bl. 15r* **4**, 456[151]
– – *1, Bl. 16* **5**, 83_{13}
– – *1, Bl. 16v* **5**, 81_{27} 82_{33}
– – *2, Bl. 1v* **3**, 710[265]
– – *2, Bl. 4r* **5**, 78_{28}
– – *2, Bl. 4v* **5**, 81_{17}
– – *2, Bl. 4v–6r* **5**, 81_{24}
– – *2, Bl. 13v* **3**, 542[61]
– – *3, Bl. 5r–7r* **1**, 147_{R3} **3**, 193_{25}
– – *3, Bl. 5v* **3**, 688[65]
– – *3, Bl. 9r* **3**, 594[9]
– – *3, Bl. 9v* **3**, 604[52] 605[54]
– – *3, Bl. 10r* **3**, 600[27]
– – *3, Bl. 13v* **3**, 601[36]
– – *3, Bl. 14r* **3**, 603[43]
– – *3, Bl. 15v* **3**, 680[7]
– – *3, Bl. 19r* **3**, 684[42]
– – *4, Bl. 2v–3v* **3**, 692[103]
– – *4, Bl. 3v* **3**, 705[225]
– – *4, Bl. 6r* **3**, 384_{29} 712[275]
– – *4, Bl. 9r–10v* **4**, 7_{15}
– – *4, Bl. 13r –v* **3**, 709[255]
– *Büchelgen C* (NL VII F 2 C)
– – *1, Bl. 6r* **5**, 627[394]
– – *2, Bl. 17v* **5**, 739[14]
– – *3, Bl. 5v* **4**, 648[90]
– – *3, Bl. 11r* **3**, 605[54]
– – *3, Bl. 13r* **3**, 600[27]
– – *3, Bl. 13v* **3**, 597[21] 599[25]
– – *3, Bl. 14v* **6**, 71 (69)
– – *3, Bl. 15v* **5**, 647[537]
– – *3, Bl. 19v* **4**, 641[65]
– – *4* **4**, 405[120]
– – *4, Bl. 3v* **3**, 619[38] **5**, 574[44]
– – *5, Bl. 2r* **4**, 480[252]
– *Büchelgen D* (NL VII F 2 D)
– – *1, Bl. 22r* **3**, 605[54]
– – *2, Bl. 2r* **3**, 597[20] 600[27]
– – *2, Bl. 6v* **3**, 679[4] 680[7]
– – *2, Bl. 7r* **3**, 684[42]
– – *2, Bl. 19r* **4**, 498[31]
– – *2, Bl. 20v–21r* **4**, 631[21]
– – *3, Bl. 2r* **4**, 420[28]
– *Büchelgen E* (NL VII F 2 E)
– – *1, Bl. 3r* **4**, 456[151]
– – *2, Bl. 6r* **3**, 605[54]
– – *2, Bl. 7r* **3**, 605[54. 54]
– – *2, Bl. 9r* **3**, 607[72]
– – *2, Bl. 10r* **3**, 603[45]
– *Büchelgen F* (NL VII F 2 F)
– – *1, Bl. 4v* **3**, 493[142]
– – *1, Bl. 8v* **3**, 514[66]
– – *2, Bl. 2v* **3**, 595[12]
– – *2, Bl. 3r* **3**, 605[54]
– – *2, Bl. 4r* **3**, 602[41]
– – *2, Bl. 5r–v* **3**, 597[17]
– – *2, Bl. 7v* **3**, 680[7]
– – *2, Bl. 12v* **3**, 600[27]
– – *2, Bl. 13r* **3**, 688[65]
– – *2, Bl. 13v* **3**, 711[271]
– – *2, Bl. 14v* **3**, 405_{2}
– – *3, Bl. 2r* **3**, 692[106]
– – *3, Bl. 7v* **3**, 682[26]
– – *3, Bl. 12v–15r* **4**, 392[28]
– – *4, Bl. 6r* **4**, 628[13]
– – *4, Bl. 7r* **4**, 736[479]
– – *4, Bl. 9v–10r* **4**, 642[65]
– – *4, Bl. 11v* **4**, 715[364]
– – *4, Bl. 12v* **4**, 420[29]
– *Büchelgen G* (NL VII F 2 G)
– – *1, Bl. 2r* **3**, 466[158]
– – *2, Bl. 2v* **3**, 593[2]
– – *2, Bl. 12v* **3**, 711[271]

– – *3, Bl. 9v* **4,** 390[21]
– – *3, Bl. 17r* **4,** 527[124]
– – *3, Bl. 22v* **4,** 631[22]
– – *3, Bl. 23v* **4,** 659[123]
– *[Büchelgen H]* (NL VII F 1, Bl. 4–24) **3,** 76$_{22}$
– – *Bl. 4* **3,** 466[158]
– – *Bl. 4v–5r* **3,** 466[159]
– – *Bl. 5r* **3,** 480[56]
– – *Bl. 6r* **3,** 76$_{11}$
– – *Bl. 9v* **3,** 618[28]
– – *Bl. 10r* **3,** 617[22]
– – *Bl. 14r* **3,** 692[106]
– – *Bl. 15v* **3,** 719[324]
– – *Bl. 18r* **3,** 704[210]
– – *Bl. 18v* **3,** 705[225]
– *Büchelgen J* (NL VII F 2 J)
– – *1* **3,** 80$_{35}$ 177$_{12}$
– – *1, Bl. 2r* **3,** 594[7. 8]
– – *1, Bl. 2v* **3,** 479[45]
– – *1, Bl. 9r* **3,** 83$_{18}$
– – *1, Bl. 10r* **3,** 84$_{26}$ 493[140]
– – *1, Bl. 12r* **3,** 511[55]
– – *1, Bl. 19v* **3,** 191$_{13}$
– – *1, Bl. 23r–24r* **3,** 266$_{6}$
– – *2, Bl. 1v* **3,** 266$_{6}$ 605[54]
– – *2, Bl. 4–5* **3,** 269$_{19–28.\ 28}$ 271$_{14}$
– – *2, Bl. 6v–7r* **3,** 299$_{19}$
– – *2, Bl. 12v* **3,** 680[7]
– – *2, Bl. 13r–v* **3,** 680[17]
– – *2, Bl. 13v* **3,** 379$_{13}$ 381$_{11.\ 26}$
– – *2, Bl. 15v* **3,** 600[27]
– – *2, Bl. 16r* **3,** 688[67]
– – *2, Bl. 21v* **3,** 705[225]
– – *2, Bl. 21–22r* **5,** 759[190]
– – *2, Bl. 23r* **3,** 687[62] 688[65]
– – *3, Bl. 2r* **4,** 50$_{23}$ 419[21] **5,** 627[394]
– – *3, Bl. 8v* **3,** 709[254]
– – *3, Bl. 12v* **4,** 116$_{19}$
– – *3, Bl. 13v* **4,** 116$_{22–23}$
– – *3, Bl. 14r* **4,** 117$_{21}$
– – *3, Bl. 14v* **4,** 117$_{22}$
– – *3, Bl. 21v* **4,** 631[22]
– – *3, Bl. 22r* **4,** 660[135]
– *Büchelgen K* (NL VII F 2 K)
– – *2, Bl. 8v* **3,** 188$_{18}$
– – *5, Bl. 13v (VNat 3, 415,22–23)* **3,** 463[130]
– – *5, Bl. 14v* **4,** 463[178]
– – *6, Bl. 7v* **4,** 475[233]
– – *6, Bl. 8v* **4,** 474[232]
– – *6, Bl. 11r* **4,** 472[223]
– – *6, Bl. 20r* **4,** 118$_{14}$
– – *6, Bl. 21r* **3,** 687[62] **4,** 121$_{18}$
– – *6, Bl. 23r* **4,** 546[198]
– – *7, Bl. 20r* **4,** 277$_{6}$
– – *7, Bl. 20r–v* **4,** 255$_{24}$
– – *7, Bl. 20–21* **4,** 277$_{7}$
– – *8, Bl. 3v* **4,** 260$_{5}$
– *Büchelgen L* (NL VII F 2 L)
– – *1, Bl. 16r–22v* **1,** 147$_{R3}$
– *Hefte NL VII A* **1,** XII[10] XIV[12] XV[15] XVII[20. 22. 24. 25] XVIII[28] XIX[31]
– – *9, Bl. 24r* **3,** 468[168] 488[106]
– – *12, Bl. 44r* **3,** 502[4]
– – *13, Bl. 66r* **1,** 34$_{R11}$
– – *13, Bl. 72r* **3,** 488[106]
– *Hefte NL VII B*
– – *2* **3,** 654[235]
– – *4, Bl. 17r* **3,** 345$_{31}$
– – *5, Bl. 26r–27v* **1,** 218$_{R17–18}$
– – *6* **3,** 654[235]
– – *8, Bl. 41* **1,** 270$_{R2–3}$
– *Hefte NL VII C*
– – *4, Bl. 12–13* **4,** 661[136] 721[404]
– *Hefte NL VII D*
– – *1, Bl. 10r–13r* **3,** 468[168]
– – *1, Bl. 18r–22v* **1,** 84$_{R8}$
– – *1, Bl. 23r* **3,** 484[78]
– – *1, Bl. 37r* **3,** 593[1]
– – *2, Bl. 12* **1,** 147$_{R2}$
– – *2, Bl. 25* **3,** 156$_{20}$
– – *2, Bl. 29* **1,** 93$_{R1}$
– – *2, Bl. 30r; 31r* **1,** 88$_{R6}$
– *Hefte NL VII E*
– – *6, Bl. 14v* **3,** 513[61]
– *Hefte NL VII G*
– – *Bl. 3r* **3,** 656[245]
– *Hefte NL VII N*
– – *Bl. 9r* **4,** 390[18]
– – *Bl. 9v* **4,** 394[40]

– – *Bl. 20* **5,** 679[777]
– *Hefte NL VII O*
– – *Bl. 58* **4,** 661[136] 721[404]
– *Hefte NL VIII A*
– – *1, Bl. 1* **2,** 141[*]
– – *2* **1,** 129_{R1}
– – *2, Bl. 9v–10r* **3,** 232_{23}
– – *2, Bl. 28r* **3,** 210_{34} 212_{14}
– – *2, Bl. 28v* **3,** 207_{13}
– – *2, Bl. 29r* **3,** 212_{15} 215_{25}
– – *2, Bl. 31r* **3,** 215_{26}
– – *2, Bl. 31r* **3,** 584[288]
– – *2, Bl. 32r. 34–36r* **3,** 229_{2} 461[124]
– – *3, Bl. 3* **1,** 143_{R2}
– – *3, Bl. 5* **2,** 146_{7}
– – *3, Bl. 6–8* **3,** 193_{13}
– – *3, Bl. 6–9* **1,** 146_{R9}
– – *4, Bl. 1* **1,** 147_{R5}
– *Hefte NL VIII B* **4,** 9_{31}
– – *Bl. 6r–v* **4,** 36_{19}
– – *Bl. 12r; 13r* **1,** 312_{R31-33}
– *Hefte NL VIII C*
– – *1, Bl. 4r* **1,** 242_{R3-4}
– – *3, Bl. 2* **1,** 265_{R20-21}
– – *3, Bl. 8r* **1,** 270_{R2-3}
– – *3, Bl. 9r* **3,** 627[89]
– – *3, Bl. 31* **3,** 703[202]
– – *4, Bl. 3* **3,** 678[354]
– – *4, Bl. 4r* **1,** 276_{R1}
– – *4, Bl. 5* **3,** 703[202]
– – *4, Bl. 12* **1,** 282_{R1}
– *Hefte NL VIII D*
– – *2, Bl. 2–4* **3,** 465[152] **4,** 48_{30}
– – *3, Bl. 3r* **1,** 356_{R1}
– – *4, Bl. 1r–v* **4,** 53_{9}
– – *9, Bl. 1–5* **4,** 68_{36}
– *Hefte NL VIII E*
– – *2, Bl. 1r* **1,** 524_{R17}
– – *3, Bl. 1r,* s. Verschiedenes – Undatierbare Bemerkungen – UB 67.
– – *3, Bl. 2* **1,** 436_{22} 437_{R34}
– – *3, Bl. 4* **1,** 433_{R4}
– – *3, Bl. 6r* **1,** 439_{R20}
– – *3, Bl. 7r* **1,** 440_{R1}
– – *4, Bl. 4. 6* **4,** 153_{12}
– – *4, Bl. 8r* **4,** 153_{12}
– – *4, Bl. 16* **1,** 444_{R34}
– – *5, Bl. 1/2. 4–7* **1,** 462_{2}
– – *5, Bl. 5v* **4,** 548[204]
– – *7, Bl. 5r* **1,** 487_{35}
– – *8, Bl. 1r* **1,** 494_{27} 502_{R22-23}
– – *9, Bl. 2–3r. 4r* **1,** 496_{R1}
– – *9, Bl. 2–3r. 4r. 5r* **4,** 218_{22-23}
– – *9, Bl. 5r* **1,** $499_{5.\ R16}$
– – *10, Bl. 2v* **4,** 233_{9}
– – *10, Bl. 6r* **4,** 231_{15-16}
– – *10, Bl. 7v* **4,** 224_{12-23}
– – *10, Bl. 8r* **4,** 230_{33}
– – *10, Bl. 9v* **4,** 221_{35}
– – *10, Bl. 18v* **4,** 221_{18}
– – *11, Bl. 1r* **1,** $502_{9.\ R12}$
– – *11, Bl. 2. 4r* **1,** 503_{R33-34} 504_{R10}
– *Hefte NL VIII F*
– – *Bl. 6* **3,** 502[4]
– – *Bl. 21r–22r* **4,** 743[512]
– – *Bl. 21v* **4,** 289_{25}
– – *Bl. 27* **4,** 708[327]
– – *Bl. 29–30* **4,** 666[153] 668[158] 738[484]
– – *Bl. 34r* **4,** 689[257]
– – *Bl. 36* **4,** 684[234]
– – *Bl. 41–42* **1,** 573_{R11-13}
– – *Bl. 47* **4,** 720[391]
– – *Bl. 47– 49r* **4,** 262_{27}
– – *Bl. 48r* **4,** 263_{5}
– – *Bl. 54* **4,** 734[468]
– – *Bl. 57* **4,** 253_{19} 278_{25}
– – *Bl. 61* **4,** 725[426]
– – *Bl. 62–63r* **4,** 738[480. 482]
– – *Bl. 64v–65* **4,** 738[480. 482]
– – *Bl. 69r–v* **4,** 262_{10} 690[266] 691[268]
– – *Bl. 71r* **6,** 211 (265) 216 (267) 224 (276) 244 (296)
– – *Bl. 79* **4,** 670[163]
– – *Bl. 81v* **6,** 211 (265)
– *Hefte NL VIII G*
– – *1* **4,** 815[308]
– – *1, Bl. 2r–9r* **4,** 780[156]
– – *1, Bl. 20r* **4,** 782[163]
– – *1, Bl. 21* **4,** 782[163]

– – *1, Bl. 28r* **4,** 782[163]
– – *1, Bl. 29r* **4,** 345_{19} 362_{13}
– – *3, Bl. 2* **4,** 759[58]
– – *3, Bl. 5–6* **4,** 759[58]
– – *3, Bl. 14* **5,** 762[205]
– – *3, Bl. 22* **4,** 759[56]
– – *3, Bl. 25r* **1,** 753_{R1}
– *Hefte NL IX B*
– – *Bl. 7r* **1,** 844_{R3}
– – *Bl. 14r* **1,** 780_{R1} **5,** 456_{22}
– *Hefte NL IX C*
– – *Bl. 2* **5,** 937[52]
– – *Bl. 3* **5,** 937[52]
– – *Bl. 3r* **5,** 939[72]
– – *Bl. 3v* **4,** 398[61]
– – *Bl. 7r* **4,** 398[61]
– – *Bl. 9r* **5,** 940[81]
– – *Bl. 9v* **5,** 938[57. 58]
– – *Bl. 11* **5,** 937[52]
– – *Bl. 11r* **5,** 940[78. 80] 941[84]
– – *Bl. 11v* **5,** 940[77. 79]
– – *Bl. 14r* **5,** 934[37]
– – *Bl. 20r* **5,** 938[55. 59. 60]
– – *Bl. 24r* **5,** 940[76]
– *Hefte NL IX D*
– – *1, Bl. 2–3* **1,** $688_{R18–19}$
– – *1, Bl. 4r–5v* **5,** 526_{33}
– – *1, Bl. 14–15* **5,** 501_{19}
– – *1, Bl. 17r.18r* **5,** 793[376]
– – *1, Bl. 32r* **5,** 501_{18}
– – *1, Bl. 34r* **5,** 501_{21}
– – *1, Bl. 41r* **5,** 381_{12}
– – *3, Bl. 4–5* **1,** 776_{1}
– – *3, Bl. 7r* **1,** 778_{26}
– – *3, Bl. 8. 9* **1,** 779_{9}
– – *3, Bl. 9. 12r* **1,** 779_{29}
– – *3, Bl. 10* **5,** $456_{19–20}$
– – *3, Bl. 10. 11r* **1,** 780_{R1}
– – *3, Bl. 13r* **1,** 781_{30}
– – *3, Bl. 15* **1,** 783_{8}
– – *3, Bl. 16r* **1,** 783_{27}
– – *4, Bl. 4v* **5,** 872[904]
– – *5* **4,** 641[60]
– – *6* **4,** 647[86]
– – *9* **4,** 641[61]
– – *10, Bl. 6* **1,** 810_{R19}
– – *10, Bl. 11r* **1,** 813_{R6}
– – *11, Bl. 8v* **5,** 501_{15}
– *Hefte NL IX E* **1,** $637_{R3–4}$
– – *Bl. 1* **5,** 702[930]
– – *Bl. 3r* **5,** 609[267]
– – *Bl. 3v* **5,** 609[271]
– – *Bl. 5v* **5,** 569[2]
– – *Bl. 5v* **5,** $318_{9–10}$
– – *Bl. 20r* **1,** 844_{15}
– – *Bl. 21v* **5,** 838[677]
– – *Bl. 31–32* **1,** 728_{R1}
– – *Bl. 38r* **1,** 722_{R17} **5,** 613[289]
– – *Bl. 38v* **5,** $106_{16–17}$
– – *Bl. 56r* **5,** $341_{1–22}$
– – *Bl. 64r* **1,** $762_{R24–25}$
– – *Bl. 64v* **5,** 800[670]
– – *Bl. 65r* **1,** 737_{R30}
– – *Bl. 66r* **1,** 766_{R9}
– *Hefte NL IX F* **1,** XIV[11] **3,** 561[146]
– – *Bl. [0]r* **5,** 616[319]
– – *Bl. 7* **5,** 706[953]
– – *Bl. 8r* **5,** $245_{18–19}$ 611[283]
– – *Bl. 12r* **5,** 279_{4}
– – *Bl. 24–25r* **5,** 686[826]
– – *Bl. 26r* **5,** 274_{33}
– – *Bl. 28r–29r* **5,** 274_{3}
– – *Bl. 30r* **5,** 273_{31}
– – *Bl. 30r* **5,** 273_{32}
– – *Bl. 30r* **5,** 273_{30}
– – *Bl. 33r* **5,** 272_{18}
– – *Bl. 34v* **5,** 724[1061]
– – *Bl. 36* **5,** 278_{23} 279_{4}
– – *Bl. 37r* **5,** 275_{17}
– – *Bl. 40; 36* **5,** 275_{24}
– – *Bl. 41r* **5,** 275_{7}
– – *Bl. 45r* **5,** 277_{9}
– – *Bl. 58r–59r***5,** 381_{27}
– – *Bl. 66; 68r; 67* **1,** $701_{R15–16}$
– – *Bl. 73v–74r* **3,** 464[135]
– – *Bl. 75r* **5,** $378_{30–31}$
– – *Bl. 81r* **5,** 206_{6}
– – *Bl. 102r* **1,** 697_{R21}
– – *Bl. 107r* **5,** 690[850]
– – *Bl. 119r* **5,** 703[935]
– – *Bl. 123* **2,** 649_{2} **5,** 701[918]
– – *Bl. 126r* **5,** 690[854]

-- *Bl. 132; 147–148; 114; 125r* **5**, 604[230]
-- *Bl. 134* **5**, 599[192]
-- *Bl. 148* **5**, 83_{16}
-- *Bl. 153r* **1**, 963_{28}
-- *Bl. 154–156r* **5**, 587[109]
-- *Bl. 172r* **5**, 615[316] 714[981]
-- *Bl. 175r* **5**, 620[346]
-- *Bl. 176–177* **5**, 638[459]
-- *Bl. 186r ff.* **5**, 130_{3}
– *Übersichten (*NL VII F 1, Bl. 54–83) **3**, 76_{22} 446[22] 605[53] **5**, 635[440]
-- *Bl. 54r* **5**, 702[929]
-- *Bl. 55r* **5**, 635[440]
-- *Bl. 56ar* **3**, 600[27]
-- *Bl. 58r* **3**, 600[27]
-- *Bl. 58v–59r* **5**, 705[951]
-- *Bl. 59v* **5**, 635[440]
-- *Bl. 60rb* **5**, 814[518]
-- *Bl. 62v* **4**, 799[233]
-- *Bl. 73v* **5**, 635[440]
-- *Bl. 74ar* **3**, 600[27]
-- *Bl. 74rb* **5**, 814[518]
-- *Bl. 75r* **5**, 938[54]
-- *Bl. 76v* **3**, 600[27]
-- *Bl. 78r* **5**, 691[859]
-- *Bl. 78v* **5**, 635[440] 718[1010]
-- *Bl. 79rb* **5**, 814[518]

Zettelsammlung (NL VII P)
– *1, Bl. 2* **4**, 704[314]
– *1, Bl. 3* **4**, 704[314]
– *1, Bl. 5* **4**, 805[261]
– *1, Bl. 6* **4**, 704[314]
– *1, Bl. 7* **4**, 704[314]
– *1, Bl. 8* **4**, 704[314]
– *1, Bl. 11* **4**, 704[314]
– *1, Bl. 14* **4**, 769[106]
– *1, Bl. 21* **4**, 726[435]
– *1, Bl. 24–28* **4**, 661[136]
– *1, Bl. 29* **4**, 765[91]
– *6, Bl. 16* **4**, 742[505]
– *6, Bl. 17* **4**, 626[2]
– *12.1, Bl. 16* **4**, 218_{22}
– *12.2, Bl. 32* **4**, 704[314]
– *12.2, Bl. 33* **4**, 665[152]
– *12.3, Bl. 64r* **4**, 417[12]
– *12.3, Bl. 80* **4**, 607[467]

Register der edierten Handschriften

NL IV 37
– *Bl. 36* **3**, 257$_{12}$

NL V 25, Beilage
– *Bl. 1/3* **3**, 334$_{9}$
– *Bl. 2* **3**, 333$_{14}$

NL VII A 2
– *Bl. 2* **3**, 235$_{18}$
NL VII A 3
– *Bl. 3* **3**, 234$_{8}$
NL VII A 5
– *Bl. 5/8* **3**, 5$_{19}$ 9$_{6}$
– *Bl. 6/7* **3**, 6$_{20}$ 7$_{26}$
– *Bl. 9* **3**, 38$_{27}$ 40$_{2}$
– *Bl. 10* **3**, 40$_{29}$
– *Bl. 11/12* **3**, 41$_{10}$ 42$_{23}$ 44$_{5}$ 45$_{12}$
– *Bl. 13* **3**, 46$_{1}$ 47$_{2}$
– *Bl. 14* **3**, 57$_{5}$ 58$_{12}$
– *Bl. 15* **3**, 59$_{8}$
NL VII A 6
– *Bl. 16* **3**, 17$_{6}$
NL VII A 7
– *Bl. 17* **3**, 16$_{2}$
– *Bl. 18* **3**, 47$_{13}$ 48$_{3}$
NL VII A 8
– *Bl. 19* **3**, 13$_{6}$
– *Bl. 20* **3**, 14$_{15}$
– *Bl. 21* **3**, 15$_{8}$
– *Bl. 22* **3**, 15$_{16}$
– *Bl. 23* **3**, 12$_{9}$
NL VII A 10
– *Bl. 26/27* **3**, 71$_{2}$
NL VII A 11
– *Bl. 28/29* **3**, 89$_{12}$ 90$_{1}$
NL VII A 12
– *Bl. 31/32* **3**, 4$_{3}$ 5$_{12}$
– *Bl. 33/34* **3**, 10$_{14}$ 11$_{28}$
– *Bl. 35* **3**, 18$_{10}$
– *Bl. 36* **3**, 19$_{3}$
– *Bl. 37* **3**, 20$_{1}$
– *Bl. 38* **3**, 21$_{7}$
– *Bl. 39* **3**, 21$_{29}$
– *Bl. 40* **3**, 23$_{15}$
– *Bl. 41* **3**, 22$_{8}$ 24$_{15}$
– *Bl. 42* **3**, 23$_{22}$ 24$_{15}$
– *Bl. 43* **3**, 24$_{25}$
– *Bl. 44* **3**, 25$_{6}$
– *Bl. 45* **3**, 26$_{29}$
– *Bl. 46* **3**, 27$_{25}$
– *Bl. 47* **3**, 28$_{16}$ 29$_{18}$
– *Bl. 48* **3**, 29$_{25}$ 30$_{12}$
– *Bl. 49* **3**, 30$_{17}$
– *Bl. 50* **3**, 31$_{2}$
– *Bl. 51* **3**, 31$_{21}$
– *Bl. 52* **3**, 32$_{9}$
– *Bl. 53* **3**, 32$_{26}$
– *Bl. 54* **3**, 33$_{14}$
– *Bl. 55* **3**, 33$_{31}$
– *Bl. 56* **3**, 34$_{17}$
– *Bl. 58* **3**, 35$_{16. 31}$
– *Bl. 59* **3**, 36$_{3. 24}$
– *Bl. 60* **3**, 37$_{28}$
– *Bl. 61* **3**, 38$_{12}$
NL VII A 13
– *Bl. 63* **3**, 54$_{2}$
– *Bl. 64* **3**, 55$_{12. 31}$
– *Bl. 65* **3**, 60$_{15}$
– *Bl. 66* **3**, 61$_{14}$
– *Bl. 67* **3**, 63$_{3}$
– *Bl. 68* **3**, 49$_{30}$
– *Bl. 69* **3**, 48$_{28}$ 49$_{20}$
– *Bl. 70* **3**, 50$_{15}$ 51$_{7}$ 53$_{20}$
– *Bl. 71* **3**, 63$_{30}$
– *Bl. 72* **3**, 64$_{16}$
– *Bl. 73* **3**, 65$_{1}$
– *Bl. 74* **3**, 65$_{13}$
– *Bl. 75* **3**, 66$_{7}$
– *Bl. 76* **3**, 66$_{26}$
– *Bl. 77* **3**, 67$_{10}$

NL VII B 1
– *Bl. 2/3* **3**, 353$_{12}$ 354$_{30}$ 358$_{2}$
– *Bl. 4/5* **3**, 356$_{1}$ 357$_{14}$
– *Bl. 6/7* **3**, 358$_{25}$ 359$_{34}$
NL VII B 2
– *Bl. 8/9* **3**, 348$_{27}$ 350$_{4}$
– *Bl. 10/11* **3**, 351$_{8}$ 352$_{10}$
– *Bl. 14* **3**, 346$_{22}$
NL VII B 3
– *Bl. 15* **3**, 360$_{19}$
– *Bl. 16* **3**, 361$_{9}$
NL VII B 4
– *Bl. 17/18* **3**, 341$_{19}$ 343$_{23}$
– *Bl. 19* **3**, 345$_{31}$
NL VII B 5
– *Bl. 20/21* **3**, 325$_{9}$ 327$_{12}$
– *Bl. 22/23* **3**, 330$_{9}$ 331$_{21}$
– *Bl. 24* **3**, 347$_{13}$
– *Bl. 26/27* **3**, 313$_{27}$ 315$_{3}$
– *Bl. 28/29* **3**, 348$_{2}$
NL VII B 6
– *Bl. 30/31* **3**, 335$_{2. 25}$
NL VII B 7
– *Bl. 33/34* **3**, 364$_{4}$ 365$_{10}$
– *Bl. 35/36* **3**, 366$_{16}$ 367$_{21}$
– *Bl. 37/38* **3**, 368$_{35}$ 370$_{13}$
– *Bl. 39/40* **3**, 371$_{25}$
NL VII B 8
– *Bl. 41* **3**, 318$_{26}$
– *Bl. 42* **3**, 320$_{13}$
NL VII B 9
– *Bl. 43* **3**, 337$_{24}$
– *Bl. 44* **3**, 339$_{15}$
NL VII B 10
– *Bl. 46* **3**, 440$_{2}$
– *Bl. 47* **3**, 442$_{12}$
NL VII B 11
– *Bl. 50* **3**, 363$_{12}$

NL VII C 3
– *Bl. 11* **5**, 480_{22}
NL VII C 6
– *Bl. 16/17* **5**, 347_{27} 349_{23}
– *Bl. 18* **4**, 315_{20}

NL VII D 1
– *Bl. 1* **3**, 88_{3} 89_{8}
– *Bl. 2* **3**, 90_{11}
– *Bl. 3* **3**, 90_{31}
– *Bl. 4* **3**, 91_{13}
– *Bl. 5* **3**, 92_{8}
– *Bl. 6* **3**, 92_{26}
– *Bl. 7* **3**, 93_{8} $94_{15.\ 31}$
– *Bl. 8* **3**, 95_{2}
– *Bl. 9* **3**, 95_{12} 96_{8}
– *Bl. 10* **3**, 109_{2}
– *Bl. 11* **3**, 109_{18}
– *Bl. 12* **3**, 110_{3}
– *Bl. 13* **3**, 110_{18}
– *Bl. 14* **3**, $107_{2.\ 23}$
– *Bl. 15* **3**, 108_{12}
– *Bl. 16/17* **3**, 104_{8} 105_{8} $106_{1.\ 20}$
– *Bl. 18* **3**, 99_{28}
– *Bl. 19* **3**, 98_{15}
– *Bl. 20* **3**, 101_{2}
– *Bl. 21* **3**, 100_{22} 102_{2}
– *Bl. 23* **3**, 102_{20} 103_{11}
– *Bl. 24* **3**, 93_{19}
– *Bl. 25* **3**, 111_{2}
– *Bl. 26* **3**, 119_{6} 120_{7}
– *Bl. 27* **3**, 121_{1}
– *Bl. 28* **3**, 113_{11} 115_{16}
– *Bl. 29* **3**, 111_{14} 112_{11}
– *Bl. 30* **3**, 113_{24}
– *Bl. 31* **3**, 114_{7}
– *Bl. 32* **3**, 114_{27}
– *Bl. 33/34* **3**, 122_{13} $123_{4.\ 29}$ 124_{15}
– *Bl. 35/36* **3**, $125_{2.\ 26}$
– *Bl. 37* **3**, 121_{19}

NL VII D 2
– *Bl. 2* **3**, 136_{3}
– *Bl. 3* **3**, 136_{28}
– *Bl. 4* **3**, 137_{13}
– *Bl. 5* **3**, 137_{32}
– *Bl. 6* **3**, 138_{14}
– *Bl. 7* **3**, 163_{11}
– *Bl. 8* **3**, 139_{10}
– *Bl. 9* **3**, 140_{14}
– *Bl. 10* **3**, 141_{9}
– *Bl. 12* **3**, 258_{2}
– *Bl. 13* **3**, 142_{2}
– *Bl. 14* **3**, 141_{21}
– *Bl. 15* **3**, 156_{22}
– *Bl. 16* **3**, 154_{30}
– *Bl. 17* **3**, 155_{25}
– *Bl. 18* **3**, 144_{5}
– *Bl. 19* **3**, 146_{4}
– *Bl. 20* **3**, 147_{20} 149_{24}
– *Bl. 21* **3**, 148_{8} 150_{3}
– *Bl. 22* **3**, 149_{3} 150_{17}
– *Bl. 23* **3**, 157_{25}
– *Bl. 24* **3**, 150_{21}
– *Bl. 25* **3**, 152_{8}
– *Bl. 26* **3**, 153_{28}
– *Bl. 27* **3**, 142_{22} 143_{26}
– *Bl. 28* **3**, 143_{18}
– *Bl. 29* **3**, 162_{18}
– *Bl. 30* **3**, 158_{10} 160_{12}
– *Bl. 31* **3**, 159_{5} 160_{21}
– *Bl. 34* **3**, 164_{10}
– *Bl. 35* **3**, 166_{20}
– *Bl. 36* **3**, 167_{12}
NL VII D 3
– *Bl. 1* **3**, $116_{2.\ 30}$
– *Bl. 2* **3**, 117_{24} 118_{21}
NL VII D 4
– *Bl. 1* **3**, 97_{5} 98_{5}
NL VII D 5
– *Bl. 1* **3**, 274_{26}
– *Bl. 2* **3**, 275_{24}

NL VII E 7
– *Bl. 17* **3**, 67_{21} 68_{22}
– *Bl. 18* **3**, 68_{26} 69_{15}
– *Bl. 19* **3**, 70_{4}
NL VII E 8
– *Bl. 20/22* **3**, 197_{3}
NL VII E 9
– *Bl. 25* **3**, 312_{19}

NL VII F 1
– *Bl. 6* **3**, 76_{12}

NL VII F 2, A 1
– *Bl. 2* **3**, 180_{14} 181_{4}
– *Bl. 3* **3**, 182_{6}
– *Bl. 4* **3**, 182_{23}
NL VII F 2, A 2
– *Bl. 6* **4**, 53_{10}

NL VII F 2, B 1
– *Bl. 7* **5**, 34_{8}
– *Bl. 8* **5**, 34_{12}
– *Bl. 9* **5**, 35_{23}
– *Bl. 16* **5**, 36_{1}
NL VII F 2, B 2
– *Bl. 4* **5**, 37_{9}
– *Bl. 5* **5**, 37_{33}
– *Bl. 6* **5**, 38_{28}
– *Bl. 7* **5**, 39_{24}
– *Bl. 8* **5**, 40_{18}
– *Bl. 10/11* **5**, 40_{25}
– *Bl. 12* **5**, 42_{1}
– *Bl. 14* **5**, 42_{2}
– *Bl. 15* **5**, 42_{22}
NL VII F 2, B 3
– *Bl. 5* **3**, 193_{26}
– *Bl. 6* **3**, 195_{1}
– *Bl. 7* **3**, 196_{21} **5**, 43_{4}
– *Bl. 8* **5**, 43_{24}
– *Bl. 12* **5**, 44_{17}
– *Bl. 13* **5**, 44_{32}
– *Bl. 17* **5**, 45_{19}
– *Bl. 18* **5**, 45_{35}
– *Bl. 19* **5**, 47_{6}

NL VII F 2, B 4
– *Bl. 1* **5**, 47_{17} 48_{6}
– *Bl. 2* **5**, 49_{11}
– *Bl. 4* **5**, 49_{27}
– *Bl. 5* **5**, 50_{11}
– *Bl. 6* **3**, 384_{30} 385_{8}
– *Bl. 7* **3**, 385_{30}
– *Bl. 8* **3**, 386_{35}
– *Bl. 9* **3**, 388_{5} **4**, 7_{16}
– *Bl. 10* **4**, 8_{25}
– *Bl. 11* **5**, 51_{1}
– *Bl. 13* **5**, 51_{6}
NL VII F 2, B 5
– *Bl. 3* **5**, 51_{19}
– *Bl. 4* **5**, 52_{4}
– *Bl. 6* **5**, 52_{19}
– *Bl. 7* **5**, 53_{1}

NL VII F 2, C 1
– *Bl. 2* **5**, 53_{6}
– *Bl. 3* **5**, 54_{14}

NL VII F 2, F 2
– *Bl. 14* **3**, 405_{3}

NL VII F 2, J 1
– *Bl. 6* **3**, 81_{1}
– *Bl. 7* **3**, 82_{9} 84_{21}
– *Bl. 8* **3**, 83_{19} 84_{26} 85_{18}
– *Bl. 9* **3**, 83_{22} 86_{11}
– *Bl. 10* **3**, 84_{27} 87_{8}
– *Bl. 15* **3**, 177_{13}
– *Bl. 16* **3**, 178_{8}
– *Bl. 19* **3**, 191_{14}
– *Bl. 23* **3**, 266_{7}
– *Bl. 24* **3**, 267_{6}
NL VII F 2, J 2
– *Bl. 1* **3**, 267_{9}
– *Bl. 5* **3**, 270_{15}
– *Bl. 6* **3**, 299_{20}
– *Bl. 7* **3**, 299_{35}
– *Bl. 8* **3**, 301_{8}
– *Bl. 9* **3**, 302_{8}
– *Bl. 13* **3**, 379_{14}
NL VII F 2, J 3
– *Bl. 2* **4**, 50_{24}
– *Bl. 4* **3**, 269_{29}
– *Bl. 8* **5**, 364_{2}
– *Bl. 9* **5**, 364_{21}
– *Bl. 10* **5**, 365_{27}
– *Bl. 12* **4**, 116_{20}
– *Bl. 13* **4**, 116_{24}
– *Bl. 14* **4**, 116_{30} 117_{23}
– *Bl. 15* **5**, 366_{17}
– *Bl. 16* **5**, 367_{6}
– *Bl. 17* **5**, 367_{30}
– *Bl. 18* **5**, 368_{12}
– *Bl. 19* **5**, 369_{16}

NL VII F 2, K 1
– *Bl. 2* **3**, 76_{5}
– *Bl. 3* **3**, 77_{16}
– *Bl. 4* **3**, 78_{16}
– *Bl. 5* **3**, 79_{15}
– *Bl. 6* **3**, 80_{6}
– *Bl. 8* **3**, 130_{4}
– *Bl. 9* **3**, 130_{6}
– *Bl. 10* **3**, 130_{9}
– *Bl. 11* **3**, 131_{13}
– *Bl. 12* **3**, 132_{5}
– *Bl. 13* **3**, 132_{29}
– *Bl. 14* **3**, 133_{31} 174_{5}
– *Bl. 15* **3**, 134_{17} 174_{6}
NL VII F 2, K 2
– *Bl. 2* **3**, 174_{11}
– *Bl. 3* **3**, 175_{15} 179_{25}
– *Bl. 4* **3**, 180_{5} 182_{23}
– *Bl. 5* **3**, 183_{17}
– *Bl. 6* **3**, 184_{16}
– *Bl. 7* **3**, 185_{11}
– *Bl. 8* **3**, 186_{12}
– *Bl. 9* **3**, 187_{12}
– *Bl. 10* **3**, 188_{14}
– *Bl. 11* **3**, 189_{8}
– *Bl. 12* **3**, 190_{11}
NL VII F 2, K 3
– *Bl. 2* **3**, 191_{10}
– *Bl. 3* **3**, 193_{5} 266_{5}
– *Bl. 4* **3**, 268_{1}
– *Bl. 5* **3**, 269_{8}
– *Bl. 6* **3**, 271_{23} 298_{5}
– *Bl. 7* **3**, 272_{26} 298_{23}
– *Bl. 8* **3**, 299_{18} 302_{26}
– *Bl. 9* **3**, 303_{27}
– *Bl. 10* **3**, 304_{26}
– *Bl. 11* **3**, 305_{8}
– *Bl. 12* **3**, 306_{2}
– *Bl. 13* **3**, 306_{23}
– *Bl. 14* **3**, 307_{3}
– *Bl. 15* **3**, 307_{17}
– *Bl. 16* **3**, 308_{11}
– *Bl. 17* **3**, 308_{32}
– *Bl. 18* **3**, 310_{1} 378_{5}
– *Bl. 19* **3**, 378_{14}
– *Bl. 20* **3**, 380_{5}
– *Bl. 21* **3**, 381_{3}
– *Bl. 22* **3**, 382_{4}
– *Bl. 23* **3**, 383_{7}
– *Bl. 24* **3**, 384_{10}
NL VII F 2, K 4
– *Bl. 2* **3**, 384_{26} 388_{6}
– *Bl. 3* **3**, 388_{33} 389_{14}
– *Bl. 4* **3**, 389_{28}
– *Bl. 5* **3**, 390_{29}
– *Bl. 6* **3**, 391_{9}
– *Bl. 7* **3**, 391_{30}
– *Bl. 8* **3**, 392_{17}
– *Bl. 10* **3**, 393_{24}
– *Bl. 11* **3**, 394_{7}
– *Bl. 12* **3**, 394_{31}
– *Bl. 13* **3**, 395_{31}
– *Bl. 14* **3**, 396_{23}
– *Bl. 15* **3**, 397_{13}
– *Bl. 16* **3**, 397_{28}
– *Bl. 17* **3**, 398_{10}
– *Bl. 18* **3**, 398_{26}
– *Bl. 19* **3**, 400_{1}
– *Bl. 20* **3**, 400_{32}
– *Bl. 21* **3**, 401_{30}
– *Bl. 22* **3**, 403_{1}
– *Bl. 23* **3**, 403_{32} 405_{23}
NL VII F 2, K 5
– *Bl. 2* **3**, 405_{25}
– *Bl. 3* **3**, 406_{12}

– *Bl. 4* **3**, 407_{5}
– *Bl. 5* **3**, 407_{27}
– *Bl. 6* **3**, 408_{11}
– *Bl. 7* **3**, 408_{28}
– *Bl. 8* **3**, 410_{1}
– *Bl. 9* **3**, 410_{16}
– *Bl. 10* **3**, 411_{19}
– *Bl. 11* **3**, 413_{11}
– *Bl. 12* **3**, 413_{28}
– *Bl. 13* **3**, 414_{29}
– *Bl. 14* **3**, 415_{28}
4, 48_{5}
– *Bl. 15* **4**, 48_{14}
– *Bl. 16* **4**, 49_{15}
– *Bl. 17* **4**, 50_{23}
– *Bl. 18* **4**, 51_{27}
– *Bl. 19* **4**, 52_{26}
– *Bl. 20* **4**, 54_{16}
– *Bl. 21* **4**, 55_{22}
– *Bl. 22* **4**, 56_{18}
– *Bl. 23* **4**, 58_{1}

NL VII F 2, K 6
– *Bl. 2* **4**, 58_{20}
– *Bl. 3* **4**, 60_{5}
– *Bl. 4* **4**, 60_{31}
– *Bl. 5* **4**, 61_{22}
– *Bl. 6* **4**, 62_{13}
– *Bl. 7* **4**, 63_{11}
– *Bl. 8* **4**, 64_{19}
– *Bl. 9* **4**, 65_{21}
– *Bl. 10* **4**, 66_{16}
– *Bl. 11* **4**, 67_{3} 109_{5}
– *Bl. 12* **4**, 68_{23} 109_{7}
– *Bl. 13* **4**, 109_{26}
– *Bl. 14* **4**, 110_{28}
– *Bl. 15* **4**, 111_{31}
– *Bl. 16* **4**, 112_{30}
– *Bl. 17* **4**, 113_{22}
– *Bl. 18* **4**, 114_{21}
– *Bl. 19* **4**, 115_{27}
– *Bl. 20* **4**, 117_{6} 118_{18}
– *Bl. 21* **4**, 119_{5}
– *Bl. 22* **4**, 120_{7}
– *Bl. 23* **4**, 121_{4}
– *Bl. 24* **4**, 122_{3}

NL VII F 2, K 7
– *Bl. 2* **4**, 122_{21}
– *Bl. 3* **4**, 123_{6}
– *Bl. 4* **4**, 123_{26}
– *Bl. 5* **4**, 125_{1}
– *Bl. 6* **4**, 126_{1}
– *Bl. 7* **4**, 126_{32}
– *Bl. 8* **4**, 127_{11}
– *Bl. 9* **4**, 127_{29}
– *Bl. 10* **4**, 128_{18} 245_{4}
– *Bl. 11* **4**, 129_{23} 245_{6}
– *Bl. 12* **4**, 245_{18}
– *Bl. 13* **4**, 246_{19}
– *Bl. 14* **4**, 247_{28}
– *Bl. 15* **4**, 248_{30}
– *Bl. 16* **4**, 250_{2}
– *Bl. 17* **4**, 251_{5}
– *Bl. 18* **4**, 252_{6}
– *Bl. 19* **4**, 253_{9}
– *Bl. 20* **4**, 254_{10}
– *Bl. 21* **4**, 255_{10}
– *Bl. 22* **4**, 256_{8}
– *Bl. 23* **4**, 256_{35}

NL VII F 2, K 8
– *Bl. 2* **4**, 257_{22}
– *Bl. 3* **4**, 258_{23}
– *Bl. 4* **4**, 259_{19}
– *Bl. 5* **4**, 260_{16}
– *Bl. 6* **4**, 261_{11}
– *Bl. 7* **4**, 262_{11} 344_{4}
– *Bl. 8* **4**, 263_{9} 344_{6}
– *Bl. 9* **4**, 263_{33} 344_{11}
– *Bl. 10* **4**, 345_{11}
– *Bl. 11* **4**, 346_{4}
– *Bl. 12* **4**, 346_{34}
– *Bl. 13* **4**, 347_{34}
– *Bl. 14* **4**, 348_{28}
– *Bl. 15* **4**, 7_{5} 349_{31}

NL VII G
– *Bl. 1/2* **5**, 478_{6} 480_{11}

NL VII M
– *Bl. 3* **5**, 548_{23}

NL VII N
– *Bl. 8* **5**, 250_{14}
– *Bl. 10* **5**, 284_{2}
– *Bl. 13* **5**, 253_{15}
– *Bl. 17* **5**, 224_{16}
– *Bl. 20* **5**, 291_{6}

NL VII O
– *Bl. 2* **4**, 182_{12}
– *Bl. 4* **4**, 204_{22}
– *Bl. 8* **3**, 364_{2}
– *Bl. 12/14* **4**, 209_{22}
– *Bl. 13* **4**, 208_{23}
– *Bl. 27* **4**, 313_{10}
– *Bl. 36* **3**, 282_{18}
– *Bl. 37* **5**, 277_{2}
– *Bl. 38* **3**, 285_{28}
– *Bl. 40* **4**, 178_{16}
– *Bl. 41* **3**, 281_{2}
– *Bl. 45/46* **3**, $332_{2.\,27}$
– *Bl. 47* **3**, 332_{32}
4, 331_{29}
– *Bl. 65* **3**, 287_{19}
– *Bl. 66/67* **4**, 141_{2}
– *Bl. 70/72* **3**, 289_{26}
290_{6}
– *Bl. 71* **3**, 279_{8} 280_{21}
– *Bl. 73* **3**, 289_{1}
– *Bl. 74* **3**, 337_{11}

NL VIII A 1
– *Bl. 1* **3**, 244_{17}
– *Bl. 2* **3**, 243_{24}
– *Bl. 3* **3**, 247_{17}

NL VIII A 2
– *Bl. 2* **3**, 238_{2}
– *Bl. 3* **3**, 237_{2}
– *Bl. 4/5* **3**, 239_{8} 240_{16}
– *Bl. 6* **3**, 241_{24}
– *Bl. 7* **3**, 238_{26}
– *Bl. 8* **3**, 217_{15}
– *Bl. 9* **3**, 219_{14}
– *Bl. 10* **3**, 221_{16}
– *Bl. 11/12* **3**, 224_{2}
225_{27}
– *Bl. 13* **3**, 233_{5}

– *Bl. 14/15* **3,** 227_{27} 229_{18}
– *Bl. 16/17* **3,** 230_{32} 232_{35}
– *Bl. 19* **3,** 200_{2}
– *Bl. 20* **3,** 222_{16}
– *Bl. 21/22* **3,** 213_{12}
– *Bl. 23* **3,** 214_{7}
– *Bl. 24* **3,** 215_{18}
– *Bl. 25/26* **3,** 213_{22}
– *Bl. 27* **3,** 205_{26}
– *Bl. 28* **3,** 207_{24} 208_{20}
– *Bl. 29* **3,** 209_{23}
– *Bl. 30/31* **3,** 211_{30}
– *Bl. 32* **3,** 201_{2}
– *Bl. 33* **3,** 216_{24}
– *Bl. 34* **3,** 201_{15}
– *Bl. 35/36* **3,** 203_{10} 205_{8}

NL VIII A 3
– *Bl. 1* **3,** 243_{2}
– *Bl. 2* **3,** 247_{26}
– *Bl. 3* **3,** 248_{13}
– *Bl. 4* **3,** 199_{2}
– *Bl. 5* **3,** 250_{2}
– *Bl. 6* **3,** 252_{9}
– *Bl. 7* **3,** 254_{21}
– *Bl. 8* **3,** 256_{9}
– *Bl. 9* **3,** 257_{2}

NL VIII A 4
– *Bl. 1* **3,** 259_{9}

NL VIII A 5
– *Bl. 1* **3,** 273_{3}
– *Bl. 2* **3,** 274_{6}
– *Bl. 3/4* **3,** 276_{2} 277_{15}
– *Bl. 5* **3,** 278_{17}

NL VIII B
– *Bl. 2/3* **4,** 34_{15}
– *Bl. 4* **4,** 32_{13}
– *Bl. 5* **4,** 23_{26}
– *Bl. 6/7* **4,** 27_{6} 29_{9}
– *Bl. 8* **4,** 35_{11}
– *Bl. 9* **4,** 36_{4}
– *Bl. 10* **4,** 37_{23}
– *Bl. 11* **4,** 38_{7}
– *Bl. 12* **4,** 14_{2}
– *Bl. 13* **4,** 14_{20}
– *Bl. 14* **4,** 22_{20}
– *Bl. 15* **4,** 10_{3}
– *Bl. 18* **4,** 19_{2}
– *Bl. 19* **4,** 12_{17}
– *Bl. 20* **4,** 12_{2}
– *Bl. 21* **4,** 20_{5} 21_{15}
– *Bl. 22* **4,** 21_{18}
– *Bl. 23* **4,** 39_{15}
– *Bl. 24* **4,** 33_{17}
– *Bl. 25* **4,** 15_{2}
– *Bl. 26* **4,** 15_{21}
– *Bl. 27* **4,** 16_{16}
– *Bl. 28/29* **4,** 17_{6} 18_{14}

NL VIII C 1
– *Bl. 2* **3,** 417_{3}
– *Bl. 4* **3,** 311_{3}

NL VIII C 2
– *Bl. 3/4* **3,** 417_{12}

NL VIII C 3
– *Bl. 2* **3,** 422_{25}
– *Bl. 6* **3,** 418_{22}
– *Bl. 7* **3,** 417_{8}
– *Bl. 8* **3,** 318_{13}
– *Bl. 9* **3,** 421_{22}
– *Bl. 31* **3,** 422_{20}
– *Bl. 33* **3,** 430_{2}
– *Bl. 40* **3,** 419_{22}
– *Bl. 41* **3,** 425_{16}
– *Bl. 42* **3,** 424_{25}
– *Bl. 43* **3,** 424_{10}
– *Bl. 44* **3,** 425_{9}
– *Bl. 45/46* **3,** 316_{16} 317_{24}
– *Bl. 47* **3,** 320_{29}
– *Bl. 48* **3,** 321_{2}
– *Bl. 49* **3,** 322_{14}
– *Bl. 50* **3,** 311_{19}
– *Bl. 51/52* **3,** 322_{26} 324_{14}
– *Bl. 61* **3,** 426_{2}
– *Bl. 62* **3,** 427_{22}

NL VIII C 4
– *Bl. 3* **3,** 428_{9}
– *Bl. 4* **3,** 429_{20}
– *Bl. 5* **3,** 431_{2}
– *Bl. 6/7* **3,** 439_{9}
– *Bl. 8/9* **3,** 435_{9} 437_{12}
– *Bl. 10* **3,** 431_{7}
– *Bl. 11* **3,** 434_{28}
– *Bl. 12* **3,** 432_{2}
– *Bl. 13* **3,** 443_{6}

NL VIII D 1
– *Bl. 5* **4,** 69_{3}

NL VIII D 2
– *Bl. 1* **4,** 76_{2}
– *Bl. 2* **4,** 69_{23}
– *Bl. 3* **4,** 71_{11}
– *Bl. 4* **4,** 73_{18}

NL VIII D 3
– *Bl. 1/2* **4,** 76_{12} 78_{12}
– *Bl. 3* **4,** 79_{18}

NL VIII D 4
– *Bl. 1* **4,** 80_{18}

NL VIII D 5
– *Bl. 2* **4,** 82_{19}
– *Bl. 3* **4,** 83_{8}

NL VIII D 6
– *Bl. 1* **4,** 83_{20}

NL VIII D 7
– *Bl. 1* **4,** 85_{19}

NL VIII D 8
– *Bl. 1/2* **4,** 85_{27} 87_{32}

NL VIII D 9
– *Bl. 1/2* **4,** 92_{15}
– *Bl. 3* **4,** 91_{17}
– *Bl. 4* **4,** 91_{10}
– *Bl. 5* **4,** 90_{4}

NL VIII E 1
– *Bl. 1/2* **4,** 177_{1}

NL VIII E 2
– *Bl. 1* **3,** 442_{24} **4,** 214_{2}
– *Bl. 2/3* **4,** 175_{4} 176_{30}
– *Bl. 4* **4,** 131_{3}

NL VIII E 3
– *Bl. 1* **4,** 131_{15}
– *Bl. 2* **4,** 136_{30}
– *Bl. 3* **4,** 135_{16}
– *Bl. 4* **4,** 132_{5}
– *Bl. 5* **4,** 135_{11}
– *Bl. 6* **4,** 170_{13}
– *Bl. 7* **4,** 137_{29}
NL VIII E 4
– *Bl. 1* **4,** 138_{15}
– *Bl. 2* **4,** 139_{21}
– *Bl. 3* **4,** 154_{32}
– *Bl. 4/6* **4,** $145_{2.\ 3}$ 146_{17} $147_{7.\ 8}$
– *Bl. 5* **4,** 148_{8}
– *Bl. 8/9* **4,** 152_{11}
– *Bl. 10* **4,** 140_{17}
– *Bl. 11* **4,** 141_{12}
– *Bl. 12* **4,** 152_{2}
– *Bl. 13/14* **4,** 142_{13} 144_{2}
– *Bl. 15* **4,** 153_{2}
– *Bl. 16* **4,** 153_{21}
– *Bl. 18* **4,** 149_{22}
– *Bl. 19* **4,** 150_{2}
– *Bl. 20* **4,** 151_{2}
– *Bl. 21* **4,** 151_{12}
NL VIII E 5
– *Bl. 1/2* **4,** 157_{11} 159_{1}
– *Bl. 3* **4,** 167_{11}
– *Bl. 4/5* **4,** 160_{21} 163_{4}
– *Bl. 6/7* **4,** 164_{30} 166_{5}
NL VIII E 6
– *Bl. 1* **4,** 168_{2}
– *Bl. 2* **4,** 168_{26}
– *Bl. 3* **4,** 169_{5}
– *Bl. 4/5* **4,** 170_{19} 172_{11}
– *Bl. 6/7* **4,** $172_{15.\ 17}$
NL VIII E 7
– *Bl. 1/2* **4,** 155_{15} 156_{35}
– *Bl. 3/4* **4,** 178_{28} 181_{4}
– *Bl. 5* **4,** 173_{32}
NL VIII E 8
– *Bl. 1* **4,** 182_{17}
NL VIII E 9
– *Bl. 1* **4,** 207_{29}
– *Bl. 2/3* **4,** 183_{12} 185_{1}
– *Bl. 4* **4,** 185_{12}
– *Bl. 5* **4,** 186_{4}
NL VIII E 10
– *Bl. 1* **4,** 214_{10}
– *Bl. 2/3* **4,** 214_{16}
– *Bl. 4* **4,** 215_{18} 217_{22}
– *Bl. 5* **4,** 216_{14}
– *Bl. 6* **4,** 218_{21}
– *Bl. 7/8* **4,** 220_{16} 222_{1}
– *Bl. 9/10* **4,** 223_{13} 224_{27}
– *Bl. 11/12* **4,** 226_{7} 227_{16}
– *Bl. 13/15* **4,** 228_{8} 229_{30}
– *Bl. 16/17* **4,** 230_{5} 231_{18}
– *Bl. 18/19* **4,** 231_{23} 232_{20} 233_{11}
– *Bl. 20* **5,** 495_{19}
NL VIII E 11
– *Bl. 1* **4,** 186_{16}
– *Bl. 2* **4,** 187_{4}
– *Bl. 3* **4,** 189_{2}
– *Bl. 4* **4,** 188_{25}
– *Bl. 5* **4,** 193_{32}
– *Bl. 6* **4,** 208_{12}
– *Bl. 7* **4,** 189_{15}
– *Bl. 8* **4,** 192_{21}
– *Bl. 9* **4,** 191_{13}
NL VIII E 12
– *Bl. 1/2* **4,** 195_{22} 197_{15}
– *Bl. 3/4* **4,** 198_{32} 200_{4}
– *Bl. 5/6* **4,** 201_{25} 203_{8}
– *Bl. 7* **4,** 213_{13}
– *Bl. 8* **4,** 205_{2}
– *Bl. 9* **4,** 210_{9}
– *Bl. 10* **4,** 206_{8}
– *Bl. 11* **4,** 211_{14}
– *Bl. 12* **4,** 174_{22}
NL VIII F
– *Bl. 2* **4,** 289_{32}
– *Bl. 3/4* **4,** 297_{2} 299_{7}
– *Bl. 5/6* **4,** 264_{3}
– *Bl. 7* **4,** 265_{10}
– *Bl. 8/9* **4,** 267_{6} 268_{32}
– *Bl. 10/11* **4,** 270_{27} 272_{13}
– *Bl. 12/13* **4,** 274_{15} 276_{13}
– *Bl. 14* **4,** 277_{10}
– *Bl. 16* **4,** 281_{28}
– *Bl. 17* **4,** 281_{2}
– *Bl. 18* **4,** 282_{9}
– *Bl. 19* **4,** 300_{30}
– *Bl. 20* **4,** 299_{22}
– *Bl. 21* **4,** 288_{27}
– *Bl. 22* **4,** 289_{18}
– *Bl. 23* **4,** 283_{2}
– *Bl. 24* **4,** 335_{16}
– *Bl. 27* **4,** 303_{2}
– *Bl. 28* **4,** 324_{5}
– *Bl. 29* **4,** 324_{11}
– *Bl. 30* **4,** 325_{29}
– *Bl. 33* **4,** 304_{9}
– *Bl. 34* **4,** 335_{10}
– *Bl. 35* **4,** 317_{18}
– *Bl. 36/37* **4,** 287_{6}
– *Bl. 38* **4,** 295_{6}
– *Bl. 39* **4,** 295_{11}
– *Bl. 40* **4,** 316_{2}
– *Bl. 41/42* **4,** 317_{23} 319_{6}
– *Bl. 45/46* **4,** 311_{5}
– *Bl. 47* **4,** 309_{2}
– *Bl. 48* **4,** 306_{23}
– *Bl. 49* **4,** 308_{32}
– *Bl. 52/73* **4,** 317_{13}
– *Bl. 54* **4,** 295_{24}
– *Bl. 55* **4,** 291_{7}
– *Bl. 56* **4,** 293_{23}
– *Bl. 57* **4,** 283_{21}
– *Bl. 58* **4,** 286_{3}
– *Bl. 59/60* **4,** 319_{33} 321_{22}
– *Bl. 61* **4,** 323_{2}

– *Bl. 62/63* **4,** 328_{25} 330_{8}
– *Bl. 64/65* **4,** $327_{2.\,9}$
– *Bl. 67* **4,** 278_{18}
– *Bl. 68* **4,** 290_{23}
– *Bl. 69* **4,** 332_{12}
– *Bl. 70* **4,** 334_{2}
– *Bl. 72* **4,** 311_{25}
– *Bl. 75* **4,** 286_{18}
– *Bl. 76* **4,** 304_{29}
– *Bl. 77* **4,** 306_{2}
– *Bl. 78* **4,** 331_{2}
– *Bl. 83* **4,** 282_{5}

NL VIII G 1
– *Bl. 2* **4,** 364_{15}
– *Bl. 3* **4,** 365_{4}
– *Bl. 4* **4,** 365_{20}
– *Bl. 5* **4,** 366_{1}
– *Bl. 6* **4,** 366_{17}
– *Bl. 7* **4,** 366_{31}
– *Bl. 8* **4,** 367_{17}
– *Bl. 9* **4,** 367_{27}
– *Bl. 10* **4,** 374_{18}
– *Bl. 11* **4,** 358_{14}
– *Bl. 12* **4,** 380_{11}
– *Bl. 13/14* **4,** $362_{6.\,16}$ 364_{1}
– *Bl. 15* **4,** 356_{26}
– *Bl. 16* **4,** 356_{6}
– *Bl. 17* **4,** 359_{15}
– *Bl. 18/19* **4,** 359_{29} 360_{33}
– *Bl. 20* **4,** 351_{3}
– *Bl. 21* **4,** 351_{30}
– *Bl. 22* **4,** 355_{8}
– *Bl. 23* **4,** 369_{2}
– *Bl. 24* **4,** 370_{11}
– *Bl. 25* **4,** 378_{3}
– *Bl. 26* **4,** 371_{10}
– *Bl. 27* **4,** 353_{2}
– *Bl. 28* **4,** 353_{28}
– *Bl. 29* **4,** 354_{17}
– *Bl. 30* **4,** 377_{17}
– *Bl. 31* **4,** 376_{12}
– *Bl. 32* **4,** 357_{9}
– *Bl. 33* **4,** 368_{11}
– *Bl. 34* **4,** 354_{12}
– *Bl. 35* **5,** 434_{2}
– *Bl. 36* **5,** 435_{3}
– *Bl. 37* **5,** 436_{2}

NL VIII G 2
– *Bl. 2* **3,** 17_{16}
– *Bl. 3* **3,** 52_{4} 53_{1}
– *Bl. 4/12* **4,** 384_{24}
– *Bl. 5* **4,** 378_{13}
– *Bl. 6* **4,** 385_{29}
– *Bl. 7* **4,** 381_{29}
– *Bl. 8* **4,** 383_{11}
– *Bl. 9* **4,** 385_{22}
– *Bl. 11* **4,** 386_{7}

NL VIII G 3
– *Bl. 2/3* **5,** 420_{9}
– *Bl. 3* **5,** 421_{24}
– *Bl. 4* **5,** 430_{7}
– *Bl. 5* **5,** 419_{28}
– *Bl. 6* **5,** 419_{2}
– *Bl. 7* **5,** 429_{4}
– *Bl. 9* **5,** 427_{21}
– *Bl. 10* **5,** 425_{15}
– *Bl. 11* **5,** 423_{17}
– *Bl. 12* **5,** 432_{6}
– *Bl. 13* **5,** 436_{26}
– *Bl. 15* **5,** 417_{8}
– *Bl. 16/17* **5,** 422_{2} 423_{10}
– *Bl. 18* **5,** 431_{2}
– *Bl. 19* **5,** 418_{10}
– *Bl. 20* **5,** 433_{2}
– *Bl. 21* **5,** 435_{14}
– *Bl. 22* **5,** 417_{23}
– *Bl. 23* **5,** 437_{16}
– *Bl. 24* **5,** 433_{25}
– *Bl. 25* **5,** 436_{11}
– *Bl. 26* **5,** 418_{16}

NL IX A
– *Bl. 2* **4,** 133_{31}

NL IX B
– *Bl. 2* **5,** 532_{18}
– *Bl. 3/4* **5,** 393_{17}
– *Bl. 5* **5,** 522_{16}
– *Bl. 6* **5,** 523_{8}
– *Bl. 7* **5,** 529_{14}
– *Bl. 8* **5,** 531_{6}
– *Bl. 9/10* **5,** 496_{12}
– *Bl. 11/12* **5,** 390_{18} 392_{5}
– *Bl. 13* **5,** 529_{23}
– *Bl. 14* **5,** 460_{2}

NL IX C
– *Bl. 2* **5,** 560_{14}
– *Bl. 3* **5,** 561_{1}
– *Bl. 4* **5,** 557_{2}
– *Bl. 5* **5,** 549_{13}
– *Bl. 6* **5,** 563_{2}
– *Bl. 7* **5,** 563_{17}
– *Bl. 8* **5,** 551_{2}
– *Bl. 10/12* **5,** 565_{6} 566_{18}
– *Bl. 11* **5,** 564_{2} 567_{2}
– *Bl. 13* **5,** 556_{9}
– *Bl. 14/23* **5,** 552_{14}
– *Bl. 15* **5,** 543_{18}
– *Bl. 16* **5,** 544_{4}
– *Bl. 17* **5,** 544_{22}
– *Bl. 18* **5,** 546_{1} 559_{12}
– *Bl. 19* **5,** 547_{15}
– *Bl. 20* **5,** 555_{2}
– *Bl. 21* **5,** 562_{12}
– *Bl. 22* **5,** 558_{18}
– *Bl. 24* **5,** 542_{3}
– *Bl. 26* **5,** 554_{16}
– *Bl. 27* **5,** 554_{1}
– *Bl. 28* **5,** 552_{23}

NL IX D 1
– *Bl. 2/3* **5,** 511_{2} 512_{17}
– *Bl. 4/5* **5,** 516_{2} 517_{14}
– *Bl. 6/7* **5,** 518_{24}
– *Bl. 8/9* **5,** 524_{5} 525_{9}
– *Bl. 10/11* **5,** 526_{11} 527_{14}
– *Bl. 12/13* **5,** 528_{13}
– *Bl. 14/15* **5,** 513_{18} 515_{2}

– *Bl. 16* 5, 520_{2}
– *Bl. 19/20* 5, 499_{2} 500_{14}
– *Bl. 21/22* 5, 502_{2} 503_{2}
– *Bl. 23/24* 5, 504_{17} $505_{5.\,22}$
– *Bl. 25/26* 5, 506_{30} 508_{13}
– *Bl. 27/28* 5, 509_{26}
– *Bl. 29* 5, 503_{11}
– *Bl. 30* 5, 503_{18}
– *Bl. 31/32* 5, 378_{32} 380_{12} 381_{25}
– *Bl. 33/34* 5, 382_{2} 383_{20}
– *Bl. 35/36* 5, 385_{6} 386_{20}
– *Bl. 37/38* 5, 387_{34} 389_{12}
– *Bl. 39/40* 5, 521_{9}
– *Bl. 41* 5, 381_{13}
– *Bl. 42* 5, 531_{2}
– *Bl. 43* 5, 528_{18}
– *Bl. 44* 5, 504_{9}

NL IX D 2
– *Bl. 1* 5, 446_{4} 475_{8}
– *Bl. 2* 5, 446_{16}
– *Bl. 3/4* 5, 351_{2} 352_{17}
– *Bl. 5/6* 5, 354_{12} 356_{21}
– *Bl. 7/9* 5, 358_{21} 359_{30}
– *Bl. 8* 5, 451_{10}
– *Bl. 10/11* 5, 361_{13} 363_{2}

NL IX D 3
– *Bl. 1/2* 5, 447_{10} 449_{5}
– *Bl. 3* 5, 451_{1}
– *Bl. 4* 5, 452_{9}
– *Bl. 5* 5, 454_{5}
– *Bl. 6* 5, 454_{17}
– *Bl. 7* 5, 455_{4}
– *Bl. 8* 5, 455_{18}
– *Bl. 9* 5, 458_{9}
– *Bl. 10* 5, 456_{27}
– *Bl. 11* 5, 457_{19}
– *Bl. 12* 5, 459_{16}
– *Bl. 13* 5, 460_{13}
– *Bl. 14* 5, 462_{15}
– *Bl. 15* 5, 461_{2}
– *Bl. 16* 5, 467_{5}
– *Bl. 17* 5, 468_{2}

NL IX D 4
– *Bl. 1* 5, 473_{5}
– *Bl. 2/3* 5, 473_{15}
– *Bl. 4* 5, 474_{9}

NL IX D 5
– *Bl. 1* 5, 468_{21}
– *Bl. 2* 5, 469_{4}

NL IX D 6
– *Bl. 2* 5, 475_{10}

NL IX D 8
– *Bl. 1* 5, 475_{2}

NL IX D 9
– *Bl. 1/4* 5, 471_{2}
– *Bl. 2* 5, 471_{3}
– *Bl. 3* 5, 472_{16}

NL IX D 10
– *Bl. 1* 5, 483_{2}
– *Bl. 2* 5, 483_{9}
– *Bl. 3/4* 5, 485_{9} 486_{17}
– *Bl. 5* 5, 487_{24}
– *Bl. 6* 5, 489_{2}
– *Bl. 7/8* 5, 483_{22}
– *Bl. 9* 5, 482_{15}
– *Bl. 10* 5, 485_{2}
– *Bl. 11* 5, 490_{2}

NL IX D 11
– *Bl. 1* 5, 490_{14}
– *Bl. 2/16* 5, 493_{2} 494_{8}
– *Bl. 3/6* 5, 370_{3} 371_{36} 374_{32}
– *Bl. 4/5* 5, 373_{19}
– *Bl. 7/8* 5, 375_{18} 377_{7}
– *Bl. 9* 5, 496_{2}
– *Bl. 10* 5, 497_{11}
– *Bl. 11/12* 5, 490_{20} 492_{9}
– *Bl. 13* 5, 494_{24}
– *Bl. 14* 5, 498_{2}
– *Bl. 15* 5, 494_{15}

NL IX E
– *Bl. 1* 5, 237_{2}
– *Bl. 2* 5, 239_{7}
– *Bl. 3* 5, 94_{7}
– *Bl. 4* 5, 96_{28} 97_{15}
– *Bl. 5* 5, 97_{20}
– *Bl. 6/11* 5, 284_{17}
– *Bl. 7* 5, 482_{2}
– *Bl. 10* 5, 463_{19}
– *Bl. 20* 5, 529_{2}
– *Bl. 21* 5, 443_{4}
– *Bl. 22* 5, 400_{24}
– *Bl. 23* 5, 341_{1}
– *Bl. 24* 5, 341_{22}
– *Bl. 25/26* 5, 343_{28} 345_{33}
– *Bl. 27* 5, 438_{2}
– *Bl. 29/30* 5, 326_{14} 328_{18}
– *Bl. 31/32* 5, 396_{17} 397_{27}
– *Bl. 33* 5, 396_{2} 399_{4}
– *Bl. 34/35* 5, 323_{5} 324_{9}
– *Bl. 36* 5, 320_{20}
– *Bl. 37* 5, 395_{17}
– *Bl. 38* 5, 318_{16}
– *Bl. 39* 5, 313_{15}
– *Bl. 40/41* 5, 315_{8} 316_{26}
– *Bl. 42/43* 5, 331_{6} 332_{27}
– *Bl. 44* 5, 400_{2} 463_{10}
– *Bl. 45/46* 5, 334_{7} 336_{4}
– *Bl. 47* 5, 416_{8}
– *Bl. 48/49* 5, 413_{7} 415_{2}
– *Bl. 50/51* 5, 403_{2} 405_{10}
– *Bl. 52/53* 5, 407_{12} 409_{1}
– *Bl. 54/55* 5, 402_{2}

– *Bl. 56/57* **5**, 338_{25} 340_{13} 341_{17} 342_{26}
– *Bl. 58* **5**, 409_{6}
– *Bl. 59/60* **5**, 410_{20} 411_{23}
– *Bl. 61* **5**, 438_{23}
– *Bl. 62/63* **5**, 440_{2} 441_{29}
– *Bl. 64* **5**, 442_{5}
– *Bl. 65* **5**, 400_{10}
– *Bl. 66* **5**, 445_{27}
– *Bl. 67* **5**, 443_{20}
– *Bl. 68/69* **5**, 445_{2}

NL IX F
– *Bl. 1* **5**, 66_{26}
– *Bl. 2* **5**, 67_{34}
– *Bl. 4* **5**, 233_{23}
– *Bl. 7* **5**, 246_{2}
– *Bl. 8* **5**, 244_{2}
– *Bl. 9* **5**, 241_{2}
– *Bl. 10* **5**, 23_{32}
– *Bl. 11* **5**, 291_{25}
– *Bl. 12* **5**, 281_{1}
– *Bl. 13* **5**, 282_{17}
– *Bl. 14* **5**, 158_{26}
– *Bl. 15* **5**, 266_{16}
– *Bl. 17* **5**, 70_{16}
– *Bl. 18* **5**, 69_{9}
– *Bl. 19/21* **5**, 463_{23} 465_{16}
– *Bl. 20* **5**, 465_{2}
– *Bl. 24/25* **5**, 293_{20} 295_{4}
– *Bl. 26* **5**, 156_{24}
– *Bl. 27* **5**, 275_{27}
– *Bl. 28/29* **5**, 150_{22} 151_{15} 152_{23} 153_{33}
– *Bl. 30* **5**, 152_{1}
– *Bl. 31/32* **5**, 119_{7} 121_{6}
– *Bl. 33* **5**, 151_{3}
– *Bl. 34* **5**, 272_{2}
– *Bl. 35* **5**, 273_{2}
– *Bl. 36* **5**, 279_{16}
– *Bl. 37* **5**, 277_{7}
– *Bl. 38/39* **5**, 273_{19} 275_{1}
– *Bl. 40* **5**, 278_{4}
– *Bl. 41* **5**, 281_{16}
– *Bl. 42* **5**, 276_{22}
– *Bl. 43* **5**, 156_{1} 157_{12}
– *Bl. 44* **5**, 283_{12}
– *Bl. 45* **5**, 149_{2}
– *Bl. 46/48* **5**, 159_{15} 161_{3}
– *Bl. 49* **5**, 163_{1}
– *Bl. 50/53* **5**, 164_{24} 166_{30} 169_{29}
– *Bl. 51* **5**, 167_{22}
– *Bl. 52* **5**, 168_{27}
– *Bl. 54* **5**, 170_{23}
– *Bl. 55* **5**, 172_{19}
– *Bl. 56* **5**, 174_{14}
– *Bl. 57/58* **5**, 176_{22} 178_{11}
– *Bl. 59/60* **5**, 179_{33} 181_{18}
– *Bl. 61/62* **5**, 182_{30} 184_{10}
– *Bl. 63/64* **5**, 288_{28} 289_{28}
– *Bl. 65* **5**, 290_{21}
– *Bl. 66* **5**, 285_{11}
– *Bl. 67* **5**, 287_{7}
– *Bl. 68/69* **5**, 286_{20}
– *Bl. 70/73* **5**, 186_{3}
– *Bl. 71* **5**, 188_{15}
– *Bl. 72* **5**, 191_{18}
– *Bl. 73* **5**, 187_{13} 189_{15}
– *Bl. 74/75* **5**, 190_{3} $192_{3.\,4}$
– *Bl. 76/77* **5**, 193_{26} 195_{7}
– *Bl. 78/79* **5**, 196_{30} 198_{25} 200_{17}
– *Bl. 80* **5**, 199_{16}
– *Bl. 81* **5**, 206_{6}
– *Bl. 82/83* **5**, 201_{29} 203_{13}
– *Bl. 84/85* **5**, 204_{28} 206_{25} 207_{3}
– *Bl. 87/88* **5**, 208_{19} 210_{1}
– *Bl. 89/90* **5**, 211_{33} 213_{21}
– *Bl. 91/93* **5**, 215_{19} 217_{3}
– *Bl. 92* **5**, 292_{25}
– *Bl. 94/95* **5**, 218_{25} 220_{7}
– *Bl. 99/100* **5**, 276_{15}
– *Bl. 101* **5**, 253_{22}
– *Bl. 102* **5**, 254_{9}
– *Bl. 104/105* **5**, 30_{4} 32_{12}
– *Bl. 106/107* **5**, 222_{3} 223_{23}
– *Bl. 108* **5**, 73_{22}
– *Bl. 109/110* **5**, 71_{11} 72_{17}
– *Bl. 111* **5**, 26_{13}
– *Bl. 112* **5**, 27_{33}
– *Bl. 114* **5**, 63_{5}
– *Bl. 115/116* **5**, 54_{19} 56_{1}
– *Bl. 118* **5**, 395_{3}
– *Bl. 119* **5**, 243_{2}
– *Bl. 120* **5**, 259_{18}
– *Bl. 121* **5**, 88_{15}
– *Bl. 122* **5**, 236_{1}
– *Bl. 123* **5**, 234_{2}
– *Bl. 124* **5**, 232_{31}
– *Bl. 125* **5**, 64_{24}
– *Bl. 126* **5**, 225_{14}
– *Bl. 127* **5**, 226_{4}
– *Bl. 128/129* **5**, 228_{2}
– *Bl. 130* **5**, 229_{6}
– *Bl. 131* **5**, 230_{2}
– *Bl. 132* **5**, 58_{11}
– *Bl. 133* **5**, 230_{21}
– *Bl. 134* **5**, 231_{27}
– *Bl. 135/136* **5**, 13_{4} 15_{9}
– *Bl. 137/138* **5**, 16_{25} 18_{6}

- *Bl. 139* 5, 20_{1}
- *Bl. 140/141* 5, 21_{14} 23_{6}
- *Bl. 142* 5, 25_{14}
- *Bl. 143* 5, 75_{15}
- *Bl. 144/145* 5, 77_{9} 79_{2}
- *Bl. 146* 5, 81_{19}
- *Bl. 147/148* 5, 59_{28} 61_{10}
- *Bl. 149* 5, 83_{16}
- *Bl. 150* 5, 85_{12}
- *Bl. 151/152* 5, 87_{2} 89_{18} 90_{10}
- *Bl. 153* 5, 92_{13}
- *Bl. 154/155* 5, 263_{14} 265_{1}
- *Bl. 156/157* 5, 265_{28}
- *Bl. 158/159* 5, 25_{2} 99_{1} 100_{4}
- *Bl. 160* 5, 102_{18}
- *Bl. 161* 5, 102_{37}
- *Bl. 162* 5, 102_{5} 103_{24}
- *Bl. 163* 5, 105_{12}
- *Bl. 164* 5, 247_{2}
- *Bl. 165* 5, 242_{2}
- *Bl. 166/169* 5, 141_{31} 145_{17}
- *Bl. 167* 5, 48_{9}
- *Bl. 168* 5, 144_{7}
- *Bl. 170* 5, 268_{2}
- *Bl. 171* 5, 269_{2}
- *Bl. 172* 5, 248_{2}
- *Bl. 173* 5, 252_{2}
- *Bl. 174* 5, 252_{7}
- *Bl. 176/177* 5, 270_{17} 271_{5}
- *Bl. 178/209* 5, $267_{7.\ 29}$
- *Bl. 179/180* 5, 113_{15} 114_{26}
- *Bl. 181/182* 5, 115_{35} 117_{21}
- *Bl. 183* 5, 252_{26}
- *Bl. 184/185* 5, 128_{1} 129_{8}
- *Bl. 186* 5, 127_{31} 132_{7}
- *Bl. 187* 5, 133_{33}
- *Bl. 188/189* 5, 135_{7} 137_{15}
- *Bl. 190/191* 5, 138_{33} 140_{16}
- *Bl. 192* 5, 147_{6} 150_{13}
- *Bl. 193* 5, 107_{15}
- *Bl. 194/196* 5, 249_{8}
- *Bl. 195* 5, 250_{27}
- *Bl. 197* 5, 109_{25}
- *Bl. 198* 5, 111_{25}
- *Bl. 199/201* 5, 260_{22} 262_{3}
- *Bl. 202* 5, 254_{18}
- *Bl. 203/204* 5, 255_{26} 257_{26}
- *Bl. 205/206* 5, 123_{21} 125_{28}
- *Bl. 207* 5, 130_{8}
- *Bl. 208* 5, 117_{28}